HANDBUCH DER ANALYTISCHEN CHEMIE

HERAUSGEGEBEN

VON

W. FRESENIUS UND G. JANDER

WIESBADEN BERLIN

DRITTER TEIL

QUANTITATIVE BESTIMMUNGS- UND TRENNUNGSMETHODEN

BAND Va β

ELEMENTE DER FÜNFTEN HAUPTGRUPPE

(PHOSPHOR).

SPRINGER-VERLAG BERLIN HEIDELBERG GMBH

1953

ELEMENTE DER FÜNFTEN HAUPTGRUPPE

PHOSPHOR

BEARBEITET

VON

R. KLEMENT

BESTIMMUNG DER PHOSPHORSÄURE IM BIOLOGISCHEN MATERIAL

VON

K. LANG

MIT 32 ABBILDUNGEN

SPRINGER-VERLAG BERLIN HEIDELBERG GMBH

1953

ISBN 978-3-662-27303-6 ISBN 978-3-662-28790-3 (eBook)
DOI 10.1007/978-3-662-28790-3

URSPRUNGLICH ERSCHIENEN BEI SPRINGER-VERLAG OHG., BERLIN/GÖTTINGEN/HEIDELBERG 1953
SOFTCOVER REPRINT OF THE HARDCOVER 1ST EDITION 1953

Inhaltsverzeichnis.

Verzeichnis der Zeitschriften und ihrer Abkürzungen.

Abkürzung	Zeitschrift
A.	LIEBIGS Annalen der Chemie; bis **172** (1874): Annalen der Chemie und Pharmacie.
Acc. Sci. med. Ferrara	Accademia delle scienze mediche di Ferrara.
A. Ch.	Annales de Chimie; vor 1914: Annales de Chimie et de Physique.
Acta Comment. Univ. Tartu	Acta et Commentationes Universitatis Tartuensis (Dorpatensis).
Acta med. Scand.	Acta Medica Scandinavica.
Agricultura	Agricultura.
Am. Chem. J. (Am. Ch.)	American Chemical Journal; seit 1917 vereinigt mit Am. Soc.
Am. Fertilizer	The American Fertilizer.
Am. J. Physiol.	American Journal of Physiology.
Am. J. Sci.	American Journal of Science.
Am. Soc.	Journal of the American Chemical Society.
Am. Soc. Test. Mater. (Am. Soc. Testing Materials)	American Society of Testing Materials.
Anal. Chem.	Analytical Chemistry, früher Ind. Eng. Chem. Anal. Edit.
Anal. chim. Acta	Analytica chimica acta.
Analyst	The Analyst.
An. Argentina	Anales de la asociación química Argentina.
An. Españ.	Anales de la sociedad española de física y química; seit 1941: Anales de fisica y quimica (Madrid).
An. Farm. Bioquim.	Anales de farmacia y bioquímica (Buenos Aires).
Angew. Ch.	Angewandte Chemie, vor 1932: Zeitschrift für angewandte Chemie.
Ann. Acad. Sci. Fenn.	Annales academiae scientiarum fennicae.
Ann. agronom.	Annales agronomiques.
Ann. Chim. anal.	Annales de Chimie analytique et de Chimie appliquée.
Ann. Chim. appl(ic).	Annali di chimica applicata.
Ann. Falsific.	Annales des Falsifications et des Fraudes.
Ann. Office nat. Combustibles liquides	Annales de l'Office National des Combustibles Liquides.
Ann. Phys.	Annalen der Physik (GRÜNEISEN und PLANCK).
Ann. Sci. agronom. Franç.	Annales de la Science agronomique française et étrangère; nach 1930: Annales agronomiques.
Ann. Soc. Sci. Bruxelles	Annales de la société scientifique de Bruxelles, Série A: Sciences mathématiques; Série B: Sciences physiques et naturelles.
Anz. Akad. Wiss. Wien, math.-naturwiss. Kl.	Anzeiger der Akademie der Wissenschaften in Wien, Mathematische-Naturwissenschaftliche Klasse.
Anz. Krakau. Akad.	Anzeiger der Akademie der Wissenschaften, Krakau.
Apoth.-Z.	Apotheker-Zeitung.
Ar.	Archiv der Pharmazie.
Arch. Eisenhüttenw.	Archiv für das Eisenhüttenwesen.
Arch. exp. Pathol.	Archiv für experimentelle Pathologie und Pharmakologie (NAUNYN-SCHMIEDEBERG).
Arch. Math. Naturvidensk (Arch. F. Mathem. og Naturvid.)	Archiv for Mathematik og Naturvidenskab.
Arch. Néerland. Physiol.	Archives Néerlandaises de Physiologie de l'Homme et des Animaux.
Arch. Phys. biol.	Archives de Physique biologique et de Chimie-Physique des Corps organisés.
Arch. Physiol.	Archiv für die gesamte Physiologie des Menschen und der Tiere (PFLÜGER).
Arch. Sci. biol.	Archivio di scienze biologiche (Italy).
Arch. Sci. phys. nat. Genève	Archives des Sciences physiques et naturelles, Genève.

Abkürzung	Zeitschrift
Atti Accad. Lincei	Atti della Reale Accademia nazionale dei Lincei.
Atti Accad. Sci. Torino	Atti della Reale Accademia delle Scienze di Torino.
Atti Congr. naz. Chim. pura applic.	Atti del congresso nazionale di chimica pura ed applicata.
Atti X Congr. int. Chim., Roma (Atti Congr. int. Chim. Roma)	Atti del X Congresso Internazionale di Chimica (Roma).
Austr. J. exp. Biol. med. Sci.	Australian Journal of Experimental Biology and Medical Science.
B.	Berichte der Deutschen Chemischen Gesellschaft.
Ber. dtsch. keram. Ges.	Berichte der Deutschen Keramischen Gesellschaft.
Ber. dtsch. pharm. Ges.	Berichte der Deutschen Pharmazeutischen Gesellschaft.
Ber. oberhess. Ges. Naturk.	Bericht der oberhessischen Gesellschaft für Natur- und Heilkunde.
Ber. Wien. Akad.	Sitzungsberichte der Akademie der Wissenschaften, Wien.
Betriebslab.	Betriebslaboratorium; russ.: Sawodskaja Laboratorija.
Biochem. J.	Biochemical Journal.
Biol. Bl.	Biological Bulletin of the Marine Biological Laboratory; seit 1930: Biological Bulletin.
Bio. Z.	Biochemische Zeitschrift.
Bl.	Bulletin de la Société chimique de France; vor 1907: Bulletin de la Société chimique de Paris.
Bl. Acad. Roum.	Bulletin de la section scientifique de l'Académie Roumaine.
Bl. Acad. Russie	Bulletin de l'Academie des Sciences de Russie; seit 1925: Bl. Acad. URSS.
Bl. Acad. Sci. Pétersb.	Bulletin de l'Académie impériale des Sciences, Pétersbourg; seit 1917: Bl. Acad. Russie.
Bl. Acad. URSS.	Bulletin de l'Académie des Sciences de l'U[nion des] R[épubliques] S[oviétiques] S[ocialistes].
Bl. Acad. URSS., Sér. chim.	Bulletin de l'Académie des Sciences de l'U[nion des] R[épubliques] S[oviétiques] S[ocialistes], Sér. chimique.
Bl. agric. chem. Soc. Japan	Bulletin of the Agricultural Chemical Society of Japan.
Bl. Am. phys. Soc.	Bulletin of the American Physical Society.
Bl. Assoc. techn. Fonderie (Bull. [Ass.] techn. Fonderie)	Bulletin de l'Association Technique de Fonderie.
Bl. Biol. pharm.	Bulletin des Biologistes pharmaciens.
Bl. Bur. Mines Washington	Bulletin, Bureau of Mines, Washington
Bl. chem. Soc. Japan	Bulletin of the Chemical Society of Japan.
Bl. Chim. pura apl. Bukarest (B. Chim. pura aplicata Bukarest)	Buletinul de Chimie Pură si Aplicată (al Societătii Române de Chimie) Bukarest.
Bl. Inst. physic. chem. Res. (Abstr.) Tôkyô	Bulletin of the Institute of Physical and Chemical Research, Abstracts, Tôkyô.
Bl. Sci. pharmacol.	Bulletin des Sciences pharmacologiques.
Bl. Soc. chim. Belg.	Bulletin de la Société chimique de Belgique.
Bl. Soc. Chim. biol.	Bulletin de la Société de Chimie biologique.
Bl. Soc. chim. Paris	Vgl. Bl.
Bl. Soc. Min.	Bulletin de la Société française de Minéralogie.
Bl. Soc. Mulhouse	Bulletin de la Société industrielle de Mulhouse.
Bl. Soc. Pharm. Bordeaux	Bulletin des Travaux de la Société de Pharmacie de Bordeaux.
Bl. Soc. România	Buletinul societatii de chimie din România.
Bodenkunde Pflanzenernähr.	Bodenkunde und Pflanzenernährung: 1. Folge (Band **1** bis **45**) heißt: Zeitschrift für Pflanzenernährung, Düngung und Bodenkunde.
Boll. chim. farm.	Bolletino chimico-farmaceutico.
Branntwein-Ind. (russ.)	Branntwein-Industrie (russisch).
Brit. chem. Abstr.	British Chemical Abstracts.
Bur. Stand. J. Res.	Bureau of Standards Journal of Research.
C.	Chemisches Zentralblatt.
Canad. Chem. Metallurgy (Can. Chem. Met.)	Canadian Chemistry and Metallurgy; ab Bd. **22** (1938): Canadian Chemistry and Process Industries.
Canadian J. Res.	Canadian Journal of Research.
Časopis českoslov. Lékárn.	Časopis československého, Lékárnictva.

Abkürzung	Zeitschrift
Cereal Chem.	Cereal Chemistry.
Chem. Abstr.	Chemical Abstracts.
Chem. Age	Chemical Age.
Chem. Apparatur	Chemische Apparatur.
Chem. eng. min. Rev.	Chemical Engineering and Mining Review.
Chem. Ind.	Chemistry and Industry.
Chemisat. soc. Agric. (Chemisat. socialist. Agr.) (russ.)	Chemisation of Socialistic Agriculture (russisch).
Chemist-Analyst	The Chemist-Analyst.
Chem. J. Ser. A	Chemisches Journal Serie A, Journal für allgemeine Chemie; russ.: Chimitscheski Shurnal Sser. A, Shurnal obschtschei Chimii.
Chem. J. Ser. B	Chemisches Journal Serie B, Journal für angewandte Chemie; russ.: Chimitscheski Shurnal Sser. B, Shurnal prikladnoi Chimii.
Chem. Listy	Chemické Listy pro vědu a průmysl.
Chem. Metallurg. Eng. (Chem. Met. Engin.)	Chemical and Metallurgical Engineering.
Chem. N.	Chemical News.
Chem. Obzor	Chemický Obzor.
Chem. Reviews	Chemical Reviews.
Chem. social. Agric.	Chemisation of socialistic Agriculture; russ.: Chimisazia ssozialistitscheskogo Semledelija.
Chem. Trade J. chem. Engr. (Chem. Trade J.)	Chemical Trade Journal and Chemical Engineer.
Chem. Weekbl.	Chemisch Weekblad.
Ch. Fabr.	Die chemische Fabrik.
Chim. e Ind. (Milano)	Chimica e Industria (Milano).
Chim. Ind.	Chimie & Industrie.
Chim. Ind. 17. Congr. Paris	Chimie & Industrie, 17. Congrès, Paris.
Ch. Ind.	Die chemische Industrie.
Ch. Z.	Chemiker-Zeitung.
Ch. Z. Chem. techn. Übersicht	Chemiker-Zeitung, Chemisch-technische Übersicht.
Ch. Z. Repert.	Chemiker-Zeitung, Repertorium.
Coll. Trav. chim. Tchécosl.	Collection des Travaux chimiques de Tchécoslovaquie
C. r.	Comptes rendus de l'Académie des Sciences.
C. r. Acad. URSS.	Comptes rendus (Doklady) de l'académie des sciences de l'U[nion des] R[épubliques] S[oviétiques] S[ocialistes].
C. r. Carlsberg	Comptes rendus des Travaux du Laboratoire de Carlsberg.
C. r. Soc. Biol.	Comptes rendus de la Société de Biologie.
Current Sci.	Current Science.
Dansk Tidsskr. Farm.	Dansk Tidsskrift for Farmaci.
Dingl. J.	DINGLERS Polytechnisches Journal.
Dtsch. med. Wschr.	Deutsche medizinische Wochenschrift.
Dtsch. tierärztl. Wschr.	Deutsche tierärztliche Wochenschrift.
Eng. Min. Journ.	Engineering and Mining Journal.
E. P.	Englisches Patent.
Erzmetall	Zeitschrift für Erzbergbau und Metallhüttenwesen; neue Folge von „Metall und Erz".
Fenno-Chem.	Fenno-Chemica.
Finska Kemistsamfundets Medd.	Finska Kemistsamfundets Meddelanden; fortgesetzt unter der Bezeichnung: Fenno-Chemica.
Fortschr. Chem. Physik physik. Chem.	Fortschritte der Chemie, Physik und physikalischen Chemie.
Fr.	Zeitschrift für analytische Chemie (FRESENIUS).
G.	Gazzetta chimica italiana.
Gas- und Wasserfach	Das Gas- und Wasserfach; vor 1922: Journal für Gasbeleuchtung sowie für Wasserversorgung.
Gen. electr. Rev. (General Electric Rev.)	General Electric Review.
Giorn. Biol. appl. Ind. chim. aliment. (G. Biol. appl. Ind. chim.)	Giornale di Biologia Applicata alla Industria Chimica ed Alimentare; ab Bd. **5** (1935): Giornale di Biologia Industriale Agraria ed Alimentare.

Abkürzung	Zeitschrift
Giorn. Chim. ind. ed applic. (Giorn. Chim. ind. appl.)	Giornale di Chimica Industriale ed Applicata.
Glastechn. Ber.	Glastechnische Berichte.
Glückauf	Glückauf, berg- und hüttenmännische Zeitschrift.
H.	Zeitschrift für physiologische Chemie (HOPPE-SEYLER).
Helv.	Helvetica chimica acta.
Ind. Chemist (chem. Manufacturer) (Ind. Chemist a. Chemical Manufacturer)	Industrial Chemist and Chemical Manufacturer.
Ind. chimica	L'Industria chimica, mineraria e metallurgica.
Ind. eng. Chem.	Industrial and Engineering Chemistry.
Ind. eng. Chem. Anal. Edit.	Industrial and Engineering Chemistry, Analytical Edition.
Ing. Chimiste (Bruxelles)	Ingénieur Chimiste (Bruxelles).
Internat. Sugar J.	International Sugar Journal.
J. agric. Sci.	Journal of Agricultural Science.
J. Am. ceram. Soc.	Journal of the American Ceramic Society.
J. Am. Leather Chem.	Journal of the American Leather Chemists' Association.
J. Am. med. Assoc.	Journal of the American Medical Association.
J. Am. pharm. Assoc.	Journal of the American Pharmaceutical Association.
J. Am. Soc. Agron.	Journal of the American Society of Agronomy.
J. Am. Water Works Assoc.	Journal of the American Water Works Association.
J. anal. appl. Chem.	Journal of Analytical and Applied Chemistry.
J. Assoc. offic. agric. Chem.	Journal of the Association of Official Agricultural Chemists.
J. Biochem.	Journal of Biochemistry (Japan).
J. biol. Chem.	Journal of Biological Chemistry.
Jbr.	Jahresberichte über die Fortschritte der Chemie (LIEBIG und KOPP), 1847—1910.
Jb. Radioakt.	Jahrbuch der Radioaktivität und Elektronik.
J. chem. Educat.	Journal of Chemical Education.
J. chem. Ind.	Journal der chemischen Industrie; russ.: Shurnal Chimitscheskoi Promyschlennosti.
J. chem. Physics (J. chem. Phys.)	Journal of Chemical Physics.
J. chem. Soc.	Journal of the Chemical Society of London.
J. chem. Soc. Japan	Journal of the Chemical Society of Japan.
J. Chim. appl. (J. chem. applic.) (russ.)	Journal de Chimie Appliquée (russisch).
J. Chim. phys.	Journal de Chimie physique; seit 1931: ... et Revue générale des Colloides.
J. chos. med. Assoc.	Journal of the Chosen Medical Association (Japan).
Jernkont. Ann.	Jernkontorets Annaler.
J. ind. eng. Chem.	Journal of Industrial and Engineering Chemistry; seit 1923: Ind. eng. Chem.
J. Indian chem. Soc.	Journal of the Indian Chemical Society.
J. Indian Inst. Sci.	Journal of the Indian Institute of Science.
J. Inst. Brew.	Journal of the Institute of Brewing.
J. Inst. Petrol. Tech.	Journal of the Institution of Petroleum Technologists.
J. Iron Steel Inst.	Journal of the Iron and Steel Institute.
J. Labor clin. Med.	Journal of Laboratory and Clinical Medicine.
J. Landwirtsch.	Journal für Landwirtschaft.
J. of Hyg. (Brit.)	Journal of Hygiene (britisch).
J. opt. Soc. Am.	Journal of the Optical Society of America.
J. Pharm. Belg.	Journal de Pharmacie de Belgique.
J. Pharm. Chim.	Journal de Pharmacie et de Chimie.
J. pharm. Soc. Japan	Journal of the Pharmaceutical Society of Japan.
J. physic. Chem.	Journal of Physical Chemistry.
J. Physiol.	Journal of Physiology.
J. pr.	Journal für praktische Chemie.
J. Pr. Austr. chem. Inst.	Journal and Proceedings of the Australian Chemical Institute.
J. Res. Nat. Bureau of Standards	Journal of Research of the National Bureau of Standards, früher: Bur. Stand. J. Res.
J. Russ. phys.-chem. Ges.	Journal der russischen physikalisch-chemischen Gesellschaft.
J. S. African chem. Inst.	Journal of the South African Chemical Institute.

Abkürzung	Zeitschrift
J. Sci. Soil Manure	Journal of the Sciences of Soil and Manure (Japan).
J. Soc. chem. Ind.	Journal of the Society of Chemical Industrie (Chemistry and Industry).
J. Soc. chem. Ind. Japan (Suppl.)	Journal of the Society of Chemical Industry, Japan. Supplement.
J. Soc. Dyers Colourists	Journal of the Society of Dyers and Colourists.
J. Washington Acad. Sci.	Journal of the Washington Academy of Sciences.
J. Zucker-Ind.	Journal der Zuckerindustrie; russ.: Shurnal Sakharnoi Promyschlennosti.
Keem. Teated	Keemia Teated (Tartu).
Kem. Maanedsbl. nord. Handelsbl. kem. Ind.	Kemisk Maanedsblad og Nordisk Handelsblad for Kemisk Industri.
Klin. Wschr.	Klinische Wochenschrift.
Koks u. Chem. (russ.)	Koks und Chemie (russisch).
Kolloidchem. Beih.	Kolloidchemische Beihefte.
Kolloid-Z.	Kolloid-Zeitschrift.
Lantbruks-Akad. Handl. Tidskr.	Kungl. Lantbruks-Akademiens Handlingar och Tidskrift.
Lantbruks-Högskol. Ann.	Lantbruks-Högskolans Annaler.
L. V. St.	Landwirtschaftliche Versuchsstationen.
M.	Monatshefte für Chemie.
Magyar Chem. Folyóirat	Magyar Chemiai Folyóirat (Ungarische chemische Zeitschrift).
Malayan agric. J.	Malayan Agricultural Journal.
Medd. Centralanst. Försöksväs. jordbruks., landwirtsch.-chem. Abt.	Meddelande från Centralanstalten för Försöksväsendet på Jordbruksområdet, landbrukskemi.
Medd. Nobelinst.	Meddelanden från K. Vetenskapsakademiens Nobelinstitut.
Med. Doswiadczalna i Spoleczna	Medycyna Doswiadczalna i Spoleczna.
Mem. Sci. Kyoto Univ.	Memoirs of the College of Science, Kyoto Imperial University
Metal Ind. (London)	Metal Industry (London).
Metallurgia ital. (Metallurg. Ital.)	Metallurgia Italiana.
Metallwirtschaft (Metallwirtsch., Metallwiss., Metalltechn.)	Metallwirtschaft, Metallwissenschaft, Metalltechnik.
Met. Erz	Metall und Erz.
Mikrochemie (Mikrochem.)	Mikrochemie, vereinigt mit Mikrochimica acta.
Mikrochim. A.	Mikrochimica acta.
Milchw. Forsch.	Milchwirtschaftliche Forschungen.
Mitt. berg- u. hüttenmänn. Abt. kgl. ung. Palatin-Joseph-Universität Sopron	Mitteilungen der berg- und hüttenmännischen Abteilung der königlich ungarischen Palatin-Joseph-Universität, Sopron.
Mitt. Forsch.-Anst. G.H. Hütte (Gutehoffnungshütte-Konzerns)	Mitteilungen aus den Forschungsanstalten des Gutehoffnungshütte-Konzerns.
Mitt. Geb. Lebensmitteluntersuch. Hyg.	Mitteilungen auf dem Gebiet der Lebensmitteluntersuchung und Hygiene.
Mitt. Kali-Forsch.-Anst.	Mitteilungen der Kali-Forschungsanstalt.
Mitt. K.W.I. Eisenforschg. (Düsseldorf)	Mitteilungen aus dem Kaiser-Wilhelm-Institut für Eisenforschung zu Düsseldorf.
Nachr. Götting. Ges.	Nachrichten der Kgl. Gesellschaft der Wissenschaften, Göttingen; seit 1923 fällt „Kgl." fort.
Nature	Nature (London).
Naturwiss.	Naturwissenschaften.
Natuurwetensch. Tijdschr.	Natuurwetenschappelijk Tijdschrift.
Nederl. Tijdschr. Geneesk.	Nederlandsch Tijdschrift voor Geneeskunde.
Neues Jahrb. Mineral. Geol.	Neues Jahrbuch für Mineralogie, Geologie und Paläontologie.
New Zealand J. Sci. Tech.	New Zealand Journal of Science and Technology.
Öst. Ch. Z.	Österreichische Chemiker-Zeitung.
Onderstepoort J. Vet. Sci.	Onderstepoort Journal of Veterinary Science and Animal Industry.
P. C. H.	Pharmazeutische Zentralhalle.

Abkürzung	Zeitschrift
Ph. Ch.	Zeitschrift für physikalische Chemie.
Pharm. Weekbl.	Pharmaceutisch Weekblad.
Pharm. Z.	Pharmazeutische Zeitung.
Phil. Mag.	Philosophical Magazine and Journal of Science.
Phil. Trans.	Philosophical Transactions of the Royal Society of London.
Phys. Rev.	Physical Review.
Phys. Z.	Physikalische Zeitschrift.
Plant Physiol.	Plant Physiology.
Pogg. Ann.	Annalen der Physik und Chemie, herausgegeben von POGGENDORFF (1824—1877); dann Wied. Ann. (1877—1899); seit 1900: Ann. Phys.
Pr. Am. Acad.	Proceedings of the American Academy of Arts and Sciences, Boston.
Pr. Am. Soc. Test. Mater. (Pr. Am. Soc. for testing Materials)	Proceedings of the American Society for Testing Materials.
Pr. (chem. Soc.)	Proceedings of the Chemical Society (London).
Pr. Indian Acad. Sci.	Proceedings of the Indian Academy of Sciences.
Pr. internat. Soc. Soil Sci.	Proceedings of the International Society of Soil Science.
Pr. Leningrad Dept. Inst. Fert.	Proceedings of the Leningrad Departmental Institute of Fertilizers.
Pr. Roy. Soc. Edinburgh	Proceedings of the Royal Society of Edinburgh.
Pr. Roy. Soc. London Ser. A	Proceedings of the Royal Society (London). Serie A: Mathematical and Physical Sciences.
Pr. Roy. Soc. New South Wales	Proceedings of the Royal Society of New South Wales.
Pr. Soc. Cambridge	Proceedings of the Cambridge Philosophical Society.
Problems Nutrit.	Problems of Nutrition; russ.: Woprossy Pitanija.
Pr. Oklahoma Acad. Sci.	Proceedings of the Oklahoma Academy of Science.
Pr. Soc. exp. Biol. Med.	Proceedings of the Society for Experimental Biology and Medicine.
Pr. Utah Acad. Sci.	Proceedings of the Utah Academy of Sciences.
Przemysl Chem.	Przemysl Chemiczny.
Publ. Health Rep.	Public Health Reports.
R.	Recueil des Travaux chimiques des Pays-Bas.
Radium	Le Radium, seit 1920: Journal de Physique et Le Radium.
Rep. Connecticut agric. Exp. Stat.	Report of the Connecticut Agricultural Experiment Station.
Repert. anal. Chem.	Repertorium der analytischen Chemie (1881—1887).
Répert. Chim. appl.	Répertoire de Chimie pure et appliquée (von 1864 ab: Bulletin de la Société chimique de France).
Rep. Invest. (Rep. Investig.)	United States Department Interior, Bureau of Mines, Report of Investigation.
Rev. brasil. chim. (Revista brasileira de chimica)	Revista Brasileira de Chimica (São Paulo).
Rev. Centro Estud. Farm. Bioquim.	Revista del centro estudiantes de farmacia y bioquímica.
Rev. Mét.	Revue de Métallurgie.
Rev. univ. des Min.	Revue universelle des Mines.
Roczniki Chem.	Roczniki Chemji.
Schweiz. Apoth. Z.	Schweizerische Apotheker-Zeitung.
Schweiz. med. Wschr.	Schweizerische medizinische Wochenschrift.
Schw. J.	SCHWEIGGERS Journal für Chemie und Physik (Nürnberg, Berlin 1811—1833, 68 Bde.).
Science	Science (New York).
Sci. Pap. Inst. Tôkyô	Scientific Papers of the Institute of Physical and Chemical Research Tôkyô.
Sci. quart. nat. Univ. Peking	Science Quarterly of the National University of Peking.
Sci. Rep. Tôhoku (Imp. Univ.)	Science Reports of the Tôhoku Imperial University.
Skand. Arch. Physiol.	Skandinavisches Archiv für Physiologie.
Soc.	Journal of the Chemical Society of London.

Abkürzung	Zeitschrift
Soc. chem. Ind. Victoria (Proc.)	Society of Chemical Industry of Viktoria, Proceedings.
Soil Sci.	Soil Science.
Spectrochim. Acta	Spectrochimica Acta.
Sprechsaal	Sprechsaal für Keramik-Glas-Email.
Stahl Eisen	Stahl und Eisen.
Svensk Tekn. Tidskr.	Svensk Teknisk Tidskrift.
Sv. V.A.H. (Sv VAH, Sv. Vet. Akad. Handl.)	Svenska Vetenskaps-Akademiens-Handlingar.
Techn. Mitt. Krupp	Technische Mitteilungen KRUPP.
Tôhoku J. exp. Med.	Tôhoku Journal of Experimental Medicine.
Trans. Am. electrochem. Soc.	Transactions of the American Electrochemical Society.
Trans. Am. Inst. min. metalling. Eng. (Trans. Am. Inst. Min. Eng.)	Transactions of the American Institute of Mining and Metallurgical Engineers.
Trans. Butlerov Inst. chem. Technol. Kazan	Transactions of the BUTLEROV Institute; (seit 1935: KIROV Institute) for Chemical Technology of Kazan.
Trans. ceram. Soc. England	Transactions of the Ceramic Society, England; ab Bd. **38** (1939): Transactions of the British Ceramic Society.
Trans. Dublin Soc.	Scientific Transactions of the Royal Dublin Society.
Trans. Faraday Soc.	Transactions of the FARADAY Society.
Trans. Roy. Soc. Edinburgh	Transactions of the Royal Society of Edinburgh.
Trans. sci. Inst. Fert.	Transactions of the Scientific Institute of Fertilizers and Insectofungicides (USSR.).
Trans. Sci. Soc. China	Transactions of the Science Society of China.
Trav. Inst. Etat Radium (russ.)	Travaux de l'Institut d'Etat de Radium (russisch).
Trav. Lab. biogéochim. Acad. Sci. URSS.	Travaux du laboratoire biogéochimique de l'académie des sciences de l'U[nion des] R[épubliques] S[oviétiques] S[ocialistes].
Uchen. Zapiski Kazan. Gosud. Univ.	Uchenye Zapiski Kazanskogo Gosudarstvennogo Universiteta (USSR.).
Ukrain. chem. J.	Ukrainian Chemical Journal (Journal chimique de l'Ukraine).
Union pharm.	Union pharmaceutique.
Union S. Africa Dept. Agric.	Union of South Africa. Department of Agriculture.
Univ. Illinois Bl.	University of Illinois, Bulletin.
U.S. Dep. Commerce Bur. Mines Bl. (U.S. Bur. Min. B.)	U.S. Department of Commerce, Bureau of Mines, Bulletin.
U.S. Dep. Interior Bur. (U.S. Mines Bull.)	United States Department of the Interior, Bureau of Mines, Bulletin.
U.S. Dept. Agric. Bl.	United States Department of Agriculture, Bulletins.
U.S. Geol. Surv. Bl.	United States Geological Survey Bulletin.
Verh. phys. Ges.	Verhandlungen der Deutschen physikalischen Gesellschaft.
Vorratspflege u. Lebensmittelforsch.	Vorratspflege und Lebensmittelforschung.
Washington Acad. Science	Journal of the Washington Academy of Sciences.
Wschr. Brauerei	Wochenschrift für Brauerei.
Wied. Ann.	Annalen der Physik und Chemie, herausgegeben von WIEDEMANN; s. Pogg. Ann.
Wien. klin. Wschr.	Wiener klinische Wochenschrift.
Wien. med. Wschr.	Wiener medizinische Wochenschrift.
Wiss. Nachr. Zucker-Ind.	Wissenschaftliche Nachrichten der Zuckerindustrie (ukrain.).
Wiss. Veröffentl. Siemens-Konzern	Wissenschaftliche Veröffentlichungen aus dem SIEMENS-Konzern (seit 1935: aus den SIEMENS-Werken).
Z. anorg. Ch.	Zeitschrift für anorganische und allgemeine Chemie.
Zbl. Min. Geol. Paläont. Abt. A	Zentralblatt für Mineralogie, Geologie und Paläontologie, Abt. A: Mineralogie und Petrographie.
Z. Chem. Ind. Kolloide	Zeitschrift für Chemie und Industrie der Kolloide; seit 1913: Kolloid-Zeitschrift.
Z. Deutsch. Öl- u. Fettind.	Zeitschrift für Deutsche Öl- und Fettindustrie.
Z. El. Ch.	Zeitschrift für Elektrochemie.

Abkürzung	Zeitschrift
Zentr. wiss. Forsch.-Inst. Leder-Ind.	Zentrales wissenschaftliches Forschungsinstitut für die Lederindustrie; russ.: Zentralny nautschno-issledowatelski Institut koshewennoi Promyschlennosti, Sbornik Rabot.
Z. ges. Brauw.	Zeitschrift für das gesamte Brauwesen.
Z. ges. Kältetechnik (-Industrie)	Zeitschrift für die gesamte Kältetechnik (-Industrie).
Z. Hygiene	Zeitschrift für Hygiene und Infektionskrankheiten.
Z. klin. Med.	Zeitschrift für klinische Medizin.
Z. Krist.	Zeitschrift für Kristallographie und Mineralogie.
Z. landw. Vers.-Wes. Österr.	Zeitschrift für das landwirtschaftliche Versuchswesen in Deutsch-Österreich; 1925—1933 genannt: Fortschritte der Landwirtschaft.
Z. Lebensm.	Zeitschrift für Untersuchung der Lebensmittel; bis 1925: Zeitschrift für Untersuchung der Nahrungs- und Genußmittel sowie der Gebrauchsgegenstände.
Z. Metallkunde	Zeitschrift für Metallkunde.
Z. Naturforschg.	Zeitschrift für Naturforschung.
Z. Oberschl. Berg- u. Hüttenmänn. Verb.	Zeitschrift des Oberschlesischen Berg- und Hüttenmännischen Verbandes.
Z. öffentl. Ch.	Zeitschrift für öffentliche Chemie.
Z. Pflanzenernähr. Düng. Bodenkunde	Vgl. Bodenkunde Pflanzenernähr.
Z. Phys.	Zeitschrift für Physik.
Z. pr. Geol.	Zeitschrift für praktische Geologie.
Zprávy česk. keram. společnosti	Zprávy československé keramické společnosti.
Z. techn. Phys. (russ.)	Zeitschrift für technische Physik (russ.).
Z. VDI (Z. Ver. dtsch. Ing.)	Zeitschrift des Vereins Deutscher Ingenieure.

Abkürzungen oft benutzter Sammelwerke.

Abkürzung	Sammelwerk
Berl-Lunge	BERL-LUNGE: Chemisch-technische Untersuchungsmethoden, 8. Aufl. Berlin 1931—1934. Bis zur 7. Aufl. „LUNGE-BERL" genannt.
GM.	GMELINS Handbuch der anorganischen Chemie, 8. Aufl. Berlin.
Handb. Pflanzenanal.	Handbuch der Pflanzenanalyse (KLEIN).
Lunge-Berl	Vgl. BERL-LUNGE.
Schiedsverfahren	Analyse der Metalle. Erster Band: Schiedsverfahren. 2. Aufl. Berlin-Göttingen-Heidelberg 1949.

Phosphor.

P, Atomgewicht 30,975, Ordnungszahl 15.

Von **Robert Klement**, Regensburg.

Mit 32 Abbildungen.

Inhaltsübersicht.

Seite

Vorbemerkungen.

Die große Rolle, die der Phosphor sowohl in der belebten und unbelebten Welt als auch in der wissenschaftlichen Forschung und in der chemischen Technik spielt, läßt den großen Umfang der Literatur über die analytischen Bestimmungsverfahren dieses Elementes verständlich erscheinen. Da der Orthophosphorsäure unter den Verbindungen des Phosphors die größte Bedeutung zukommt, weil sie in den Organismen in verschiedenen Verbindungen vorkommt, weil sie in verschiedenen Formen in den Handelsdüngern in umfangreichem Maße verwendet wird und nicht zuletzt, weil sie in vielen Gesteinen enthalten ist, so ist über deren Bestimmung eine Fülle von Arbeitsvorschriften ausgearbeitet worden. Als meist unerwünschtem Bestandteil in Metallen und ihren Legierungen, allen voran im Eisen, kommt dem Phosphor eine große Bedeutung zu, und damit ist auch dessen Bestimmung, die fast immer auf der Überführung in Phosphorsäure beruht, von großer Wichtigkeit. Andere Verbindungen des Phosphors, vor allem die Säuren: phosphorige Säure, unterphosphorige Säure und Unterphosphorsäure haben nur geringe Bedeutung, und daher ist auch ihre analytische Chemie von geringem Umfange. Das Phosphin spielt eine gewisse Rolle in manchen Untersuchungen. Der elementare Phosphor findet mannigfache Verwendung, und damit müssen die einschlägigen Bestimmungsverfahren hier Berücksichtigung finden.

Durch die Arbeiten von HÖNIGSCHMID mit seinen Mitarbeitern MENN bzw. HIRSCHBOLD-WITTNER konnte die „beunruhigende Unsicherheit“ über das Atomgewicht des Phosphors beseitigt werden. Lange Zeit galt als internationaler Wert die auf den Arbeiten von BAXTER und MOORE beruhende Zahl 31,02. Aus massenspektroskopischen Messungen ergab sich die Zahl 30,98. Der von RITCHIE im Jahre 1930 aus der Dichte des Phosphins abgeleitete Wert 30,977 konnte sich nicht gegen den internationalen Wert durchsetzen, und erst die obenerwähnten Arbeiten von HÖNIGSCHMID und Mitarbeitern aus den Jahren 1937 und 1940, die aus der Analyse des Phosphoroxychlorides bzw. des Phosphoroxybromides die Werte 30,978 bzw. 30,974 ergaben, führten zur Anerkennung des massenspektroskopischen Wertes 30,98, der in die internationale Atomgewichtstabelle aufgenommen wurde[1].

Die Literatur für dieses Kapitel des Handbuches der analytischen Chemie ist, soweit sie im Hinblick auf die lückenhafte Berichterstattung während des Krieges 1939/45 und der darauf folgenden Jahre dem Verfasser zugänglich geworden ist, bis Ende 1952 berücksichtigt.

Literatur.

BAXTER, G. P., u. CH. I. MOORE: Z. anorg. Ch. **74**, 365 (1912); **80**, 185 (1913).

HÖNIGSCHMID, O., u. F. HIRSCHBOLD-WITTNER: Z. anorg. Ch. **243**, 355 (1940). — HÖNIGSCHMID, O., u. W. MENN: Z. anorg. Ch. **235**, 129 (1937).

RITCHIE, H.: Pr. Roy. Soc. London Ser. A **128**, 551 (1930).

1. Abschnitt.

Orthophosphorsäure.

H_3PO_4, Molekulargewicht 98,00.

Bestimmungsmöglichkeiten.

I. Die **gewichtsanalytische Bestimmung** der Phosphorsäure kann hauptsächlich mit Hilfe folgender Abscheidungsformen erfolgen:

1. Fällung von Ammoniummolybdophosphat und dessen Wägung, § 1/A 1, S. 32,
2. Fällung von Ammoniummolybdophosphat und Umwandlung in die Wägungsform $P_2O_5 \cdot 24\,MoO_3$, § 1/A 2, S. 53,
3. Fällung von Ammoniummolybdophosphat und Umwandlung in die Wägungsform $NH_4MgPO_4 \cdot 6\,H_2O$ bzw. $Mg_2P_2O_7$, § 1/A 3, S. 55,
4. Fällung von Ammoniummagnesiumphosphat und dessen Wägung als Hexahydrat oder dessen Umwandlung in Magnesiumpyrophosphat und dessen Wägung, § 2, S. 118,
5. Fällung von Tristrychninmolybdophosphat und dessen Wägung, § 1/C 2, S. 79.

Geringere Bedeutung haben die folgenden Verfahren:

6. Fällung von Trioxinmolybdophosphat und dessen Wägung, § 1/B, S. 70,
7. Fällung von Nitrato-pentammin-kobalt(III)-molybdophosphat und dessen Wägung, § 1/E, S. 110,
8. Fällung von Disilber-thallium(I)-phosphat und dessen Wägung, § 5/E, S. 147.

II. Für die **maßanalytische Bestimmung** der Phosphorsäure können folgende Verfahren herangezogen werden:

Säure-Base-Titration.

1. Unmittelbare Titration der freien Phosphorsäure, § 4/B, S. 139,
2. Titration nach Zusatz von Calciumchlorid, § 4/B, S. 139,

[1] *Anmerkung bei der Korrektur.* Als neuester Wert für das Atomgewicht soll 30,975 gelten. Er ist auch durch massenspektroskopische Messung [H. T. MOTZ: Phys. Rev. **81**, 1061 (1951)] gestützt [Z. anorg. Ch. **271**, 3 (1952)].

3. Titration nach Zusatz von Silbernitrat, § 5/D, S. 146,
4. Fällung von Ammoniummolybdophosphat, dessen Auflösung in Natronlauge und Titration von deren Überschuß, § 1/A 4, S. 58,
5. Fällung von Strychninmolybdophosphat, dessen Auflösung in Natronlauge und Titration von deren Überschuß, § 1/C 2, S. 79,
6. Fällung von Ammoniummagnesiumphosphat, dessen Auflösung in Salzsäure und Titration von deren Überschuß, § 2/B 1, S. 126,
7. Fällung von Benzidinphosphat und dessen Titration mit Natronlauge, § 9, S. 158.

Komplexometrisch.
Durch Titration des Magnesiums mit Komplexon in der Lösung des Ammoniummagnesiumphosphates, § 2/B, S. 126.

Argentometrisch.
1. Fällung von Silberphosphat und Titration des überschüssig angewendeten Silbers nach VOLHARD, § 5/A, S. 143,
2. Fällung von Silberphosphat und titrimetrische Bestimmung von dessen Silbergehalt, § 5/B, S. 144.

Manganometrisch.
1. Fällung von Ammoniummolybdophosphat, dessen Reduktion mittels Zink- oder Cadmiumamalgams und Titration des 4wertigen Molybdäns mit Kaliumpermanganat, § 1/A 4, S. 66,
2. Fällung von Ammoniummolybdophosphat, dessen Reduktion mittels schwefliger Säure zu Phosphomolybdänblau und dessen Titration mit Kaliumpermanganat, § 1/A 4, S. 68,
3. Fällung von Ammoniumuranylphosphat, dessen Reduktion mittels Zinks oder Aluminiums zu 4wertigem Uran und dessen Titration mit Kaliumpermanganat, § 3/B, S. 131.

Mit Kaliumdichromat. Fällung von Ammoniumuranylphosphat, dessen Reduktion mittels Zink- oder Wismutamalgams zu 4wertigem Uran und dessen Titration mit Kaliumdichromat und Diphenylamin als Redoxindicator, § 3/B, S. 132.

Jodometrisch. Fällung von Ammoniummagnesiumphosphat, dessen Umsetzung mit Natriumhypobromit, wobei Ammoniak zu Stickstoff oxydiert wird, und Rücktitration des Hypobromitüberschusses, § 2/B 2, S. 128.

Cerometrisch. Fällung von Ammoniummolybdophosphat, dessen Reduktion mittels des Silberreduktors zu 5wertigem Molybdän und dessen Titration mit Cer(IV)-sulfat und Eisen(II)-o-Phenanthrolin als Redoxindicator, § 1/A 4, S. 68.

Potentiometrisch.
1. Mit Uranylnitrat, § 3/D, S. 133.
2. Mit Natronlauge, § 4/B 5, S. 141.

Konduktometrisch. Mit Wismutylperchlorat, § 8/A, S. 153.

Amperometrisch.
1. Als Alkaliuranylphosphat, § 3/E, S. 133.
2. Als Bleiphosphat, § 6, S. 149.

III. Für die **colorimetrische und photometrische Bestimmung** der Phosphorsäure sind folgende Verfahren vorgeschlagen worden:
1. Erzeugung von Phosphomolybdänblau aus Dodekamolybdophosphorsäure
   a) durch Zinn(II)-chlorid, § 1/D 1, S. 83,
   b) durch Hydrochinon, § 1/D 2, S. 95,
   c) durch Hydrazin, § 1/D 3, S. 97,

d) durch Photo-Rex, § 1/D 4, S. 98,
e) durch Aminonaphthalinsulfosäure, § 1/D 5, S. 102,
f) nach ZINZADZE, § 1/D 6, S. 104,
g) nach DENIGÈS, § 1/D 7, S. 106,
h) auf verschiedene Weisen, § 1/D 8, S. 107.

2. Erzeugung der gelben Farbe der Dodekamolybdophosphorsäure, § 1/E, S. 113.
3. Erzeugung der gelbroten Farbe der Vanadatomolybdophosphorsäure, § 10/B, S. 167 und § 15/A, S. 243.
4. Fällung von Oxinmolybdophosphat und Bestimmung von dessen Oxingehalt mittels Phosphorwolframsäure, § 1/B 2, S. 70.
5. Durch Ausbleichung der violetten Farbe von Eisen(III)-salicylat, § 7, S. 150.
6. Ermittlung des Überschusses des Urans bei der Fällung von Ammoniumuranylphosphat mittels gelben Blutlaugensalzes, § 3/C, S. 132.

IV. Die **nephelometrische Bestimmung** der Phosphorsäure kann erfolgen durch Erzeugung von Strychninmolybdophosphat, § 1/C 1, S. 73.

V. Für die **sedimetrische Bestimmung** der Phosphorsäure kommen folgende Verfahren in Betracht:
1. Messung des Sedimentvolumens von Ammoniummolybdophosphat, § 1/A 5, S. 69.
2. Messung des Sedimentvolumens von Oxinmolybdophosphat, § 1/B 3, S. 71.

VI. Die **polarographische Bestimmung** der Phosphorsäure kann erfolgen:
1. Durch Reduktion des überschüssig angewendeten Ammoniummolybdates nach der Fällung von Ammoniummolybdophosphat, § 1/E 5, S. 113.
2. Mittels Wismutylperchlorats, § 8/C, S. 155.

VII. Folgende **verschiedene Bestimmungsverfahren** für Phosphorsäure sind vorgeschlagen worden:
1. Unmittelbare Titration mit Ammoniummolybdat, § 1/A 4, S. 65.
2. Unmittelbare Titration mit Wismutylperchlorat und Jodid als Indicator, § 8/D, S. 155.
3. Tüpfeltitration mit Uranylacetat und gelbem Blutlaugensalz als Indicator, § 3, S. 130.
4. Titration einer ammoniakalischen, Tetraoxyanthrachinon enthaltenden Phosphatlösung mit Magnesiumsulfat, § 2/B 4, S. 128.
5. Fällung von Ammoniummolybdophosphat, dessen Reduktion zu 3wertigem Molybdän und dessen Titration mit Methylenblau zu 5wertigem Molybdän, § 1/A 4, S. 67.
6. Messung des Volumens der Ätherverbindung der Dodekamolybdophosphorsäure, § 1/E 2, S. 111.

VIII. **Spektralanalytische Bestimmung** siehe 7. Abschnitt, § 4, S. 366.

Zusammenstellungen von Bestimmungsverfahren für Phosphorsäure haben sowohl STREBINGER als auch MANLY veröffentlicht.

Eignung der wichtigsten Verfahren.

Als das beste Verfahren zur Bestimmung der Phosphorsäure ist das zu einer hohen Vollkommenheit ausgebildete Molybdatverfahren zu bezeichnen, das auf der Fällung des Triammoniumdodekamolybdophosphates (Ammoniummolybdophosphat) $(NH_4)_3[P(Mo_3O_{10})_4]$ aus salpetersaurer Lösung beruht. Dieses Verfahren kann sowohl zur Ermittlung *größerer* als auch *sehr kleiner* Phosphormengen dienen, wie sich allein schon aus der Tatsache ergibt, daß 1 mg P rd. 70 mg Niederschlag liefert. Die Mengenbestimmung des Niederschlages kann außer auf gewichtsanalytischem Wege auch durch maßanalytische Bestimmung, z. B. durch Säure-Base-Titration, erfolgen, und hierbei entspricht 1 ml 0,1 n NaOH 0,111 mg P. Es ist also schon bei gewöhnlicher Arbeitsweise möglich, selbst kleine Mengen Phosphor mit großer Genauigkeit zu bestimmen. Es ist daher nicht verwunderlich, daß das Molybdatverfahren das meist gebrauchte Phosphorbestimmungsverfahren geworden ist, und daß es besonders in den Laboratorien der Düngemittelindustrie und in den landwirtschaftlichen Untersuchungsanstalten, aber auch in den Metallhüttenlaboratorien und an vielen anderen Stellen in umfangreichster Weise verwendet wird. Diese Beliebtheit verdankt das Molybdatverfahren auch seiner colorimetrischen Auswertbarkeit. Mit dem colorimetrischen Verfahren der Bestimmung als Phosphomolybdänblau kann bis etwa 0,1 γ P/ml erfaßt werden. Diese Menge ist wohl überhaupt als die unterste Grenze der bisher bekannten Bestimmungsverfahren für Phosphor anzusehen. Sehr kleine Phosphormengen lassen sich durch die Fällung als Tristrychninmolybdophosphat bestimmen, wobei durch die gravimetrische Methode etwa bis zu 1 γ P, durch die nephelometrische Methode etwa bis zu 0,2 γ P/ml erfaßt werden können.

Von den sonstigen Verfahren zur Bestimmung *größerer* Mengen ($>$ 20 mg) Phosphor ist als wichtig nur noch das der Fällung als Ammoniummagnesiumphosphat zu nennen. Es ist weniger allgemein anwendbar als das obengenannte Molybdatverfahren, weil die Fällung aus ammoniakalischer Lösung erfolgen muß. Hierbei stören selbstverständlich viele andere etwa gleichzeitig anwesende Kationen, die bei der Molybdatfällung ohne weiteres vorhanden sein dürfen. Wenn auch diese Störungen durch mancherlei Kunstgriffe ausgeschaltet werden können, so bleibt die Fällung eines reinen Niederschlages doch oft zweifelhaft. Es ist deshalb die Bestimmung des Phosphors als Ammoniummagnesiumphosphat am besten nur in solchen Lösungen angezeigt, die möglichst wenig Fremdionen enthalten. In solchen Lösungen kann das Verfahren sogar in mikrochemischem Maßstabe Verwendung finden.

Von den maßanalytischen Bestimmungsverfahren des Phosphors hat das früher sehr weitverbreitete der Titration mit Uranylacetat mit der Endpunktsanzeige durch Tüpfeln mit gelbem Blutlaugensalz heute gar keine Bedeutung mehr. An seine Stelle ist die schon oben (im ersten Absatz) erwähnte Titration des Ammoniummolybdophosphates getreten, die sowohl alkalimetrisch als auch oxydimetrisch erfolgen kann. Größere Bedeutung hat die erstgenannte Arbeitsweise. Die direkte acidimetrische Titration der freien Phosphorsäure und ihrer sauren Salze ist auf verschiedene Arten möglich und unter gegebenen Umständen anzuraten. Die elektrometrische Endpunktsanzeige hat bei den Titrationen der Phosphorsäure geringere Bedeutung.

Die Bestimmung *kleinerer* Mengen von Phosphorsäure ($<$ 20 mg) erfolgt am sichersten durch die im ersten Absatz angeführten Molybdatverfahren. Für die Halbmikrobestimmung (bis 0,6 mg P) ist die Fällung als Nitrato-pentammin-kobalt(III)-molybdophosphat zu nennen.

Für *Mikrobestimmungen* auf gewichtsanalytischen und anderen Wegen eignen sich wiederum am besten die eingangs erwähnten Molybdatverfahren. Als Besonderheit wäre hier noch auf die sedimetrische Bestimmung sehr kleiner Phosphormengen (bis etwa 5 γ P) mittels Oxinmolybdophosphats hinzuweisen.

SCHLEICHER und BOCHEM haben eine Bewertung der Brauchbarkeit einiger Bestimmungsverfahren mitgeteilt. Sie finden, daß das Verfahren von SCHMITZ (siehe § 2, S. 120) als Standardverfahren anzusehen sei, während unter den Mikroverfahren das KORTÜMsche (siehe § 7, S. 150) den höchsten Leistungswert besitzt und das SPLITTGERBERsche (siehe § 14/B, S. 225) sich durch seine hohe Empfindlichkeit in besonderer Stellung befindet.

Auflösung des Untersuchungsmaterials.

Die Phosphate der Alkalimetalle und des Ammoniums und die Dihydrogenphosphate der Erdalkalimetalle sind in Wasser löslich. Alle anderen Metallphosphate sind in Wasser unlöslich, sie lösen sich aber mehr oder weniger leicht in Mineralsäuren. Auch in Mineralsäuren schwer löslich bzw. unlöslich sind die Phosphate des Titans und Zirkoniums und die Adsorptionsverbindung des Zinn(IV)-oxydhydrates mit Phosphorsäure. Jene können durch Schmelzen mit Alkalicarbonat, diese auf verschiedene Weisen (siehe § 16/B, S. 267) aufgeschlossen werden. Einige Phosphate sind auch in organischen Säuren löslich, bzw. wird die Phosphorsäure durch solche Säuren aus Phosphaten herausgelöst. Diese Art des Aufschlusses, insbesondere mit Citronensäure, spielt in der Untersuchung der Phosphathandelsdünger eine Rolle, und sie wird in § 11, S. 176 ausführlich beschrieben. Dort und in § 10, S. 158 sind auch Aufschlußarten für Sonderfälle angeführt.

Wenn Materialien, die Titan, Zirkonium, Wolfram, aber auch Eisen enthalten, untersucht werden müssen, so werden im Laufe der Analyse phosphorhaltige Niederschläge erhalten, die bei ungeeigneter Behandlung zu Phosphorverlusten führen. Hierauf machen LUNDELL und HOFFMAN aufmerksam. Scheinbar reine Filter können noch farblose Phosphate, wie von Titan, Zirkonium, Zinn enthalten, so daß beim Wegwerfen deren Phosphorgehalt unbemerkt verlorengeht. Am häufigsten tritt dieser Fall ein, wenn der Niederschlag von Ammoniummolybdophosphat zwecks Umwandlung in Ammoniummagnesiumphosphat in verdünntem Ammoniak gelöst und die Lösung filtriert wird, oder wenn ein unreiner Niederschlag von Ammoniummagnesiumphosphat in Säure gelöst wird.

Es ist auch bisweilen schwierig, allen Phosphor aus unlöslichen Phosphaten durch Schmelzen mit Alkalicarbonat und Auslaugen zu extrahieren. Selbst durch zweimaliges sorgfältiges Schmelzen von 0,1 g Zirkon- oder Titanphosphat und darauf folgendes Auslaugen mit Wasser erhält man nicht den gesamten Phosphor.

Beim Schmelzen mit Kaliumhydrogensulfat im bedeckten Tiegel dürfen phosphorhaltige Stoffe nicht höher erhitzt werden, als gerade notwendig ist, um die Schmelze im Fluß zu erhalten. Die dabei trotzdem entstehenden geringen Phosphorverluste können vernachlässigt werden. Es ist aber darauf zu achten, daß beim Schmelzen mit Hydrogensulfat Meta- und Pyrophosphat entstehen können, die durch längeres Kochen mit Salpetersäure in Orthophosphat übergeführt werden müssen.

Die Temperatur, bei der sich beim Abrauchen von Phosphaten mit Schwefelsäure merkliche Mengen Phosphorsäure verflüchtigen, fanden HILLEBRAND und LUNDELL zu 200°. Schmelzen von Disulfat (Pyrosulfat) lassen schon bei dunkler Rotglut merkliche Mengen Phosphorsäure entweichen. In Übereinstimmung mit LUNDELL und HOFFMAN fanden L. FRESENIUS und FROMMES, daß Phosphorsäure verflüchtigt wird, wenn sie mit Schwefelsäure so hoch und so lange erhitzt wird, bis alle Schwefelsäure abgeraucht ist. Unlösliche Rückstände dürfen deshalb bei der Behandlung mit Flußsäure und Schwefelsäure zur Austreibung der Flußsäure nur so lange erhitzt werden, bis gerade Schwefelsäurenebel auftreten. Überschüssige Flußsäure kann auch gefahrlos durch mehrmaliges Abdampfen mit Salpetersäure verjagt werden. STEINHÄUSER und STADLER geben an, daß bei Gegenwart von etwas Natriumsulfat beim Abrauchen mit Schwefelsäure keine merklichen Phosphorverluste auftreten. Es kann sich höchstens etwas Pyrophosphat bilden, das aber durch 1- bis 2stündiges Kochen mit Salpetersäure vollständig in Orthophosphat übergeht. Wenn aber Flußsäure abgeraucht und der Rückstand danach auf 500° geglüht wird, so entstehen merkliche Verluste. Die Verfasser führen diese auf eine scheinbar größere Flüchtigkeit der Phosphorsäure bei Gegenwart von Flußsäure zurück. Die Verluste lassen sich vermeiden, wenn nur kurze Zeit auf dunkle Rotglut erhitzt wird. — VASTAGH hat beim Erhitzen mit Schwefelsäure keine Verflüchtigung von Phosphorsäure beobachtet.

Literatur.

FRESENIUS, L., u. M. FROMMES: Fr. **87**, 278 (1932).
HILLEBRAND, W. F., u. G. E. F. LUNDELL: Am. Soc. **42**, 2609 (1920).
LUNDELL, G. E. F., u. J. I. HOFFMAN: Ind. eng. Chem. **15**, 44 (1923); durch Fr. **85**, 293 (1931).
MANLY, R. S.: Mikrochem. **27**, 145 (1939).
SCHLEICHER, A., u. J. BOCHEM: Fr. **136**, 4 (1952). — STEINHÄUSER, K., u. J. STADLER: Fr. **91**, 165 (1933). — STREBINGER, R.: Mikrochem. **7**, 119 (1929).
VASTAGH, G.: bei SCHULEK, E., u. I. BOLDISZÁR: Fr. **120**, 422 (1940).

§ 1. Bestimmung durch Überführung in Dodekamolybdophosphat.

Die größte Bedeutung unter allen Phosphorbestimmungsverfahren hat das Molybdatverfahren. Es beruht auf der Bildung der Dodekamolybdophosphorsäure, einer Heteropolysäure von der Summenformel $H_3[PO_4 \cdot 12MoO_3]$, aus Phosphat und Molybdat bei Gegenwart starker Mineralsäuren, insbesondere von Salpetersäure. Diese Heteropolysäure bildet mit Ammoniumsalzen und mit organischen Basen gut kristallisierte, sehr schwer lösliche Salze von gelber Farbe. Diese Salze dienen entweder als solche als Wägungsformen, oder sie werden zweckentsprechend in andere Wägungsformen umgewandelt, oder es können titrimetrische, colorimetrische oder nephelometrische Bestimmungsverfahren damit ausgeführt werden. Diese Wandlungsfähigkeit der Dodekamolybdophosphate einerseits hat es bewirkt, daß das Molybdatverfahren seine heutige hervorragende Stellung unter allen Phosphorbestimmungsverfahren erlangt hat. Andererseits ist es allen anderen dieser Verfahren vorzuziehen, weil der infolge des großen Formelgewichtes der Dodekamolybdophosphate bei nur geringem Phosphorgehalt immer nur recht kleine Faktor eine erhöhte Genauigkeit verbürgt. Es kommt noch hinzu, daß es sowohl im Makromaßstab als auch bis herab zu wenigen Gamma Phosphor in gleich günstiger Weise anwendbar ist. Endlich läßt sich die Phosphorsäure durch die Fällung mit Molybdat neben zahlreichen Kationen ohne besondere Schwierigkeit bestimmen bzw. von diesen abtrennen. Im letzteren Falle kann höchstens das überschüssig angewendete Molybdat bei der Weiterverarbeitung des Filtrates zur etwaigen Bestimmung der Kationen stören bzw. seine Entfernung Schwierigkeiten bereiten (siehe § 10/C, S. 173).

Das Verfahren der Fällung der Phosphorsäure mittels Ammoniummolybdates in salpetersaurer Lösung ist zum ersten Male von SONNENSCHEIN (1851) angewendet worden. Um seine Vervollkommnung ist besonders R. FRESENIUS (1864 ff.) bemüht gewesen, dem viele Autoren gefolgt sind. SONNENSCHEIN brachte das gefällte Ammoniumdodekamolybdophosphat (im folgenden kürzer Ammoniummolybdophosphat genannt) nicht zur Wägung, sondern nach dessen Lösung in Ammoniak fällte er das Phosphat als Ammoniummagnesiumphosphat, das zu Magnesiumpyrophosphat verglüht wurde. Diese Arbeitsweise ist bis heute in Gebrauch und wird wegen ihrer sehr großen Genauigkeit neuestens besonders empfohlen (NYDAHL). Es ist jedoch nicht zu verkennen, daß eine Phosphorbestimmung durch die Umfällung umständlich wird, und so hat es nicht an zahlreichen Versuchen gefehlt, das SONNENSCHEINsche Verfahren zu vereinfachen, insbesondere dadurch, daß das Ammoniummolybdophosphat unmittelbar gewogen wird. Hierzu machte FINKENER den Vorschlag, den Niederschlag vom Papierfilter in einen gewogenen Porzellantiegel zu spritzen. Am Papier haftende Anteile werden in wenig warmem, verdünntem Ammoniak gelöst. Die eingedampfte Lösung wird mit Salpetersäure im Überschuß versetzt und dann schnell in den Tiegel gebracht. Nun wird die Lösung im Tiegel eingedampft und der Rückstand geglüht, ohne daß sich der Niederschlag dunkel färbt (siehe S. 53). Da der geglühte wasserfreie Niederschlag sehr hygroskopisch ist, muß die Wägung mit Vorsicht geschehen. Diese FINKENERsche Arbeitsweise ist heute nicht mehr gebräuchlich, weil das Abfiltrieren des Niederschlages mit Hilfe von Filtertiegeln vorgenommen wird.

Wie auf S. 35 ausgeführt wird, ist die Zusammensetzung des gelben Niederschlages von mancherlei Einflüssen abhängig, und eine gleichbleibende Zusammensetzung ist nur bei genauester Einhaltung bestimmter Bedingungen zu erzielen. In der Ausarbeitung einer dahingehenden Vorschrift am erfolgreichsten war v. LORENZ (a), seine Arbeitsweise ist mit nur kleinen Änderungen allgemein angenommen und vor allen Dingen auch für die reihenmäßige Untersuchung der Düngemittel durch die Landwirtschaftlichen Untersuchungsanstalten übernommen worden.

Eine bedeutungsvolle Variante des Molybdatverfahrens stammt von MEINEKE (1885), welcher zeigte, daß beim Glühen des gelben Niederschlages des Ammoniummolybdophosphates eine anhydrische Verbindung der Zusammensetzung $P_2O_5 \cdot 24 MoO_3$ von blauschwarzer Farbe entsteht, die als Wägungsform gut brauchbar ist. Späterhin hat insbesondere WOY eingehendere Angaben zur Verbesserung des Verfahrens gemacht. NYDAHL bezeichnet diese Bestimmungsform als die genaueste.

Von großer Bedeutung war der Vorschlag THILOS (1887), den gelben Niederschlag in Ammoniak zu lösen und die Lösung mit Säure bis zum Umschlag von Lackmus zurückzutitrieren. THILO erwähnt schon die Möglichkeit, als Lösungsmittel Natron- oder Kalilauge und als Indicator Phenolphthalein zu verwenden. Diesen Vorschlag griffen nahezu gleichzeitig HANDY und sowohl PEMBERTON als auch HUNDESHAGEN (a) auf (1892/94), und in dieser Form hat das Verfahren bis heute seine Anwendung gefunden, nicht ohne daß viele Forscher zahlreiche Untersuchungen zur Erhöhung der Genauigkeit angestellt hätten. Außerdem sind noch andersartige maßanalytische Verfahren unter Benutzung des Ammoniummolybdophosphates entwickelt worden.

Eine colorimetrische Bestimmungsart der Phosphorsäure auf Grund der gelben Farbe der Dodekamolybdophosphorsäure schlug im Jahre 1880 WEST-KNIGHTS vor, bei welcher die Gelbfärbung einer unbekannten gegen die einer bekannten Probelösung verglichen wird[1]. Das für Wasseranalysen ausgearbeitete Verfahren soll nach Abscheidung der störenden Kieselsäure bis herab zu $50\,\gamma$ P_2O_5 brauchbar sein. JOLLES und NEURATH konnten mit Erfolg die direkte Colorimetrie mit Hilfe des Kaliummolybdophosphates durchführen, aber nur wenn weniger als 1 mg P_2O_5 in 20 ml Lösung vorhanden sind, da sonst Trübung eintritt.

Im Jahre 1887 beobachtete OSMOND die Blaufärbung des gefällten Ammoniummolybdophosphates durch Zinn(II)-chlorid. Auf diese Bildung des Phosphomolybdänblaus gründen sich die in der Folgezeit so mannigfach variierten colorimetrischen Verfahren zur Bestimmung insbesondere kleiner und kleinster Mengen Phosphor. Die in qualitativer Hinsicht gemachte Beobachtung von SPIEGEL und MAASS, daß Phenylhydrazin ebenfalls die Bildung von Molybdänblau bewirkt, führte über die Zufallsentdeckung von TAYLOR und MILLER (a), daß Lävulose in gleichem Sinne wirkt, zu der durch die gleichen Forscher angestellten systematischen Prüfung vieler anorganischer und organischer Reduktionsmittel, unter welchen TAYLOR und MILLER Phenylhydrazin, Hydrochinon und Metol auswählten. In den folgenden Jahrzehnten sind sehr viele Abänderungen und Verbesserungen des colorimetrischen Molybdänblauverfahrens bekanntgeworden, das besonders in der physiologischen Chemie große Bedeutung erlangt hat (siehe besonders den Abschnitt über die Bestimmung des Phosphors in biologischen Stoffen, S. 288).

Das von STRUVE schon 1873 als schmutziggelber Niederschlag beschriebene Strychnindodekamolybdophosphat kam erst sehr viel später (1909) zur Geltung, als POUGET und CHOUCHAK (a) seine Brauchbarkeit für eine nephelometrische Bestimmungsmethode erkannten. Besonders in der Hand von KLEINMANN (e) wurde das Verfahren sorgfältig geprüft und verbessert. Es kann übrigens auch als gravimetrisches Verfahren angewendet werden (EMBDEN).

Von den zahlreichen anderen Möglichkeiten zur Bestimmung der Phosphorsäure

---

[1] Siehe auch S. 113.

mittels des Molybdatverfahrens soll hier nur noch das sedimetrische Verfahren erwähnt werden, das nach CHOMSE mit Hilfe des Oxindodekamolybdophosphates ausgeführt werden kann.

Schon diese kurze Aufzählung einiger Möglichkeiten der Phosphorbestimmung mittels Molybdat zeigt die große Vielfalt dieses Verfahrens, über welches im folgenden eingehend berichtet wird.

A. Bestimmung als Ammoniummolybdophosphat.

1. Durch unmittelbare Wägung des Ammoniummolybdophosphates.

Die Fällung der Phosphorsäure aus salpetersaurer Lösung mittels Ammoniummolybdates wurde bereits von FRESENIUS, NEUBAUER und LUCK (1871) in einem von sieben der bedeutendsten Fabriken künstlicher Dünger in Mittel- und Süddeutschland angeforderten Gutachten als obenanstehend, besonders bei Gegenwart alkalischer Erden, Erden und Schwermetallen, bezeichnet. Bei genauer und vorsichtiger Operation ist alle Phosphorsäure im Niederschlage enthalten. (Diesen führen die Autoren allerdings in Ammoniummagnesiumphosphat, siehe S. 55, über.) Unter Berücksichtigung der Schwierigkeiten bei anderen Verfahren, z. B. dem Uran- oder Wismutverfahren, kann nur das Molybdatverfahren allgemeine Anwendung finden. Es liefert völlig genaue Resultate und ist daher die beste wissenschaftliche Methode. Alle anderen Verfahren, seien sie gewichts- oder maßanalytisch, werden bei Gegenwart von Aluminium und 3wertigem Eisen entweder ungenau oder umständlich. ABESSER, JANI und MÄRCKER (1873) halten das Molybdatverfahren für die vollkommenste Trennungsmethode von alkalischen Erden und Schwermetallen. Auch STÜNKEL, WETZKE und WAGNER (1882) schließen sich diesen Ansichten an. (Die beiden Arbeitsgruppen führen jedoch das Ammoniummolybdophosphat ebenfalls in Ammoniummagnesiumphosphat über.)

Bei dem Versuche, gefälltes Ammoniummolybdophosphat unmittelbar zu wägen, treten Schwierigkeiten auf, weil der Niederschlag eine schwankende Zusammensetzung aufweisen kann. Die hierdurch bedingten Abweichungen sind jedoch wegen des kleinen Umrechnungsfaktors nicht allzu groß, besonders wenn die vorgeschriebenen Fällungsbedingungen genau eingehalten werden, sie sind aber bei Präzisionsanalysen nicht zu vernachlässigen. Es ist daher eine Fülle von Arbeiten über den Einfluß der verschiedenen Fällungsbedingungen auf die Zusammensetzung des Niederschlages ausgeführt worden.

Eine der ältesten Untersuchungen zur Aufklärung störender Einflüsse bei der Fällung und zur Festlegung der Bedingungen, die zu gleichmäßigen und zuverlässigen Ergebnissen führen, rührt von HUNDESHAGEN (b) her (1889). Seine ausgezeichneten Ergebnisse wurden noch übertroffen durch diejenigen, welche v. LORENZ (a) (1900) erzielen konnte. Dessen für die Untersuchung von Düngemitteln ausgearbeitete Vorschrift wurde von NEUBAUER und LÜCKER (1912) vereinfacht, und in dieser Form ist das Verfahren im wesentlichen bis heute in Anwendung. Die Erfolge v. LORENZ' berechtigten diesen auch, die ergebnislosen Anstrengungen G. JÖRGENSENS, Fällungsbedingungen für einen konstant zusammengesetzten Niederschlag festzulegen, als unnötig zu erklären, wenn JÖRGENSEN die LORENZ-Methode berücksichtigt hätte und sein eigenes Verfahren erneut zu empfehlen [v. LORENZ (b)][1]. In neuester Zeit bestätigte SPENGLER (a) (1937) die Brauchbarkeit des LORENZ-Verfahrens, wenn die von ihm (SPENGLER) angegebene Arbeitsvorschrift genau eingehalten wird. SPENGLER stellt die genaue Zusammensetzung des nach den v. LORENZschen Vorschriften

[1] Wegen des kostspieligen Evakuierungsapparates (siehe S. 34) will STUTZER das Verfahren nach v. LORENZ-NEUBAUER vereinfachen durch Trocknen des mit Aceton gewaschenen Niederschlages bei 100 bis 105°, „was sich als gleichwertig erwiesen hat" (siehe dazu Bemerkung IV auf S. 35).

erzeugten Niederschlages fest und teilt den dafür gültigen Umrechnungsfaktor mit [SPENGLER (d)]. Nach GISIGER (a) (1938/39) verbürgt nur das LORENZ-Verfahren mit seiner Fällung durch ein molybdatreiches und sulfathaltiges Reagens eine überaus konstante Zusammensetzung des Niederschlages mit einem konstanten Verhältnis von Phosphor zu Molybdän. Der Einfluß von Calcium, Aluminium, 3wertigem Eisen und Kieselsäure — was besonders bei der Untersuchung von Düngemitteln zu berücksichtigen ist — wird durch die kleine Einwaage und den großen Reagensüberschuß vollkommen zurückgedrängt. Die äußerst sorgfältigen Untersuchungen von NYDAHL (1942) führen diesen Autor jedoch zu der Erklärung, daß das direkte Molybdatverfahren für ganz exakte wissenschaftliche Zwecke nicht empfehlenswert sei, daß es jedoch für technische Analysen als durchaus brauchbar angewendet werden könne.

Von den außerordentlich zahlreichen Vorschriften über die Zusammensetzung der benötigten Reagenzien, über die Ausführung der Fällung und die folgende Behandlung des Niederschlages und ihre mannigfachen Abwandlungen kann hier nicht ausführlich Mitteilung gemacht werden. Das v. LORENZsche Verfahren wird hier in der Fassung von SPENGLER (a, d) in Anlehnung an die Vorschrift im „Methodenbuch" (Handbuch der landwirtschaftlichen Versuchs- und Untersuchungsmethodik, herausgegeben vom Verband Deutscher Landwirtschaftlicher Untersuchungsanstalten, 2. Band, Neudamm und Berlin 1941), welche von NEUBAUER und LÜCKER stammt, angeführt.

Verfahren von v. LORENZ nach NEUBAUER-LÜCKER und SPENGLER (a, d).

Reagenzien. Es dürfen nur solche Reagenzien benutzt werden, welche den Anforderungen, die nach MERCKS „Prüfung der chemischen Reagenzien auf Reinheit" an analysenreine Stoffe gestellt werden, entsprechen.

1. Sulfat-Molybdän-Reagens. Man übergießt in einem reichlich 10 l fassenden, nicht zu engen Glaszylinder mit einer bei 10 l Fassungsraum angebrachten Marke 500 g Ammoniumsulfat mit 4500 ml Salpetersäure (D 1,4) und rührt um. Vollständige Lösung des Salzes ist nicht erforderlich. Ferner übergießt man in einer Porzellanschale 1500 g zerkleinertes Ammoniummolybdat mit etwa 4 l siedend heißem Wasser, in dem sich das Salz beim Verrühren bald auflöst. Man kühlt die Lösung auf Raumtemperatur ab, gießt sie unter Umrühren in dünnem Strahle in die ammoniumsulfathaltige Salpetersäure, läßt die Lösung erkalten, füllt dann auf 10 l auf, mischt, filtriert und hebt das fertige Reagens in Flaschen aus braunem Glase (mit Schliffstopfen) an einem dunklen und kühlen Orte auf. (Nach HEIKE soll die Aufbewahrung in grünen Flaschen jede Ausscheidung ausschalten, vorausgesetzt, daß keine großen Temperaturschwankungen auftreten.) Vor der Benutzung läßt man 2 Tage stehen und filtriert, falls erforderlich. Das spezifische Gewicht soll 1,320 sein. Das Reagens soll in 2 bis 3 Wochen verbraucht werden, und unter Umständen muß es vor jeder Anwendung nochmals filtriert werden.

2. Schwefelsäurehaltige Salpetersäure. Man gießt 30 ml konzentrierte Schwefelsäure (D 1,84) zu 1 l Salpetersäure (D 1,20).

3. Salpetersäure (D 1,20). Man vermischt 500 ml konzentrierte Salpetersäure (D 1,4) mit 700 ml Wasser.

4. Waschflüssigkeit. Zu einer Lösung von 20 g Ammoniumnitrat in 1 l Wasser werden 5 ml 20%ige Salpetersäure zugefügt. — NYDAHL verwendet eine 0,25 m Ammoniumnitratlösung, welche 0,04 Mol Salpetersäure in 1 l enthält und deren p_H = 1,5 ist.

5. Aceton. Man verwendet chemisch reines Aceton des Handels, das in braunen Flaschen aufbewahrt wird. Es soll sich mit dem gleichen Raumteil Wasser klar mischen, neutral reagieren, keine über 60° siedenden Anteile enthalten und den folgenden Prüfungen auf die Abwesenheit beachtenswerter Mengen von Wasser, Ammoniak und Aldehyd genügen.

Prüfung auf Wasser. Das Aceton darf wasserfreies Kupfersulfat beim Schütteln höchstens ganz blaßblau färben. Andernfalls ist es mit Kaliumcarbonat zu schütteln und zu destillieren.

Prüfung auf Ammoniak. Ein in den Stopfen der Acetonflasche eingeklemmter, in dem Luftraum über dem Aceton hängender, angefeuchteter Streifen rotes Lackmuspapier darf sich auch im Verlaufe einiger Zeit nicht bläuen, sonst muß das Aceton mit etwas feingepulverter Oxalsäure geschüttelt und destilliert werden.

Prüfung auf Aldehyd. Es werden 10 ml Aceton mit 5 ml ammoniakalischer Silberlösung 15 Min. lang im siedenden Wasserbade unter Rückfluß erhitzt. Die Flüssigkeit darf sich dabei nicht bräunlich färben.

Arbeitsvorschrift. Der klaren, zur Analyse fertigen Lösung entnimmt man mit einer amtlich geeichten Pipette so viel Milliliter, daß in dem abgemessenen Volumen nicht mehr als 50 mg P_2O_5, jedoch mindestens 1 mg in 1 ml enthalten sind, und zwar am besten 10 ml, welche man vorschriftsmäßig in einen 250 bis 300 ml fassenden Weithals-ERLENMEYER-Kolben einfließen läßt, indem man die Pipette senkrecht und frei hält und sie nach einer Wartezeit von 15 Sek. nach dem Auslaufen unter Berührung der Gefäßwand mit der Spitze entfernt. Dazu gibt man 40 ml schwefelsäurehaltige Salpetersäure (2), mischt die Lösungen durch Umschwenken, erhitzt dann auf dem Drahtnetze bis zum Blasenwerfen und schwenkt nach dem Entfernen des Glases vom Drahtnetze zum Ausgleich von Überhitzungen der Glaswände einige Male kräftig um, da sonst leicht geringe Mengen des Niederschlages sich an den überhitzten Stellen festsetzen können oder sich Molybdänsäure dort abscheiden kann. Nach 1 bis 5 Min. werden 50 ml Fällungsreagens (1) rasch und ohne die Gefäßwände zu bespülen in die heiße Lösung gegeben. Dies geschieht am besten mit Hilfe einer 50 ml-Pipette mit abgesprengter Spitze, deren Auslaufszeit ungefähr 2 bis 2,5 Sek., jedenfalls nicht mehr als 5 Sek. betragen soll, indem man ihre Auslaufspitze 1 bis 2 cm über die Flüssigkeitsoberfläche hält. Sofort nach dem Auslaufen der Pipette schwenkt man den Kolben einige Male um. Sobald sich der größte Teil des Niederschlages abgesetzt hat, was längstens nach 5 Min. der Fall ist, schwenkt man nochmal 20 bis 30 Sek. lang tüchtig um. Nach mindestens 3 bis 4 Std. (bei reinen Alkaliphosphatlösungen schon nach ½ bis 1 Std., sonst fällt man am besten abends und filtriert am anderen Morgen) filtriert man die Lösung durch einen trockenen NEUBAUER-Tiegel (siehe Bemerkung X, S. 38) oder einen Jenaer Glasfiltertiegel 1 G 4. Nachdem die über dem Niederschlage stehende Flüssigkeit abgegossen und durchgelaufen ist, wäscht man den Niederschlag noch 2- bis 3 mal dekantierend mit der Waschflüssigkeit (4), wobei nach jeweils kräftigem Durchschütteln 1 bis 2 Min. gewartet wird, bevor man die überstehende Flüssigkeit in den Glasfiltertiegel gießt. (Diese Behandlung des Niederschlages durch ausreichendes Dekantieren mit der Waschflüssigkeit ist wesentlich [SPENGLER, d].) Schließlich spült man auch den Niederschlag in den Tiegel, wobei man jetzt noch leicht anhaftende Reste desselben mit Hilfe eines Gummiwischers entfernt, und füllt ihn unter kräftigem Aufwirbeln des Niederschlages noch 2 mal auf. Dann wird scharf abgesaugt, bis die dabei auftretenden Flüssigkeitsnebel verschwunden sind. Der Tiegel wird dann unter vorsichtigem, aber kräftigem Aufwirbeln des Niederschlages 1 mal ganz und 2 mal mindestens halb mit Aceton gefüllt und jedesmal abgesaugt, ohne den Niederschlag fest zusammenbacken zu lassen. Das geschieht erst beim letzten scharfen Absaugen. Der Niederschlag darf dann kaum noch nach Aceton riechen. Man wischt den Tiegel gut ab und bringt ihn sofort in einen Vakuumexsiccator, den man 1 Std. lang bei 15 bis 20 Torr evakuiert. Danach ist der Tiegel möglichst bald zu wägen, nachdem er bis dahin in einem Exsiccator gestanden hat. Vorzuziehen sind kleine Exsiccatoren mit nicht mehr als 3 Tiegeln oder die von der Firma C. Gerhardt, Bonn, zu beziehende Apparatur, die so eingerichtet ist, daß über jeden Tiegel einzeln eine kleine Glaskappe gesetzt werden kann, welche sich sowohl mit der Vakuumpumpe und dem gemeinsamen Manometer als auch mit der Außenluft verbinden läßt. Bei der Evakuierung muß der Trocknungsraum dauernd an die Pumpe angeschlossen sein. Die Niederschläge dürfen beim Wägen nicht mehr nach Aceton riechen, andernfalls das Evakuieren fortgesetzt werden muß.

Berechnung. Als Umrechnungsfaktor für P_2O_5 geben NEUBAUER und LÜCKER bzw. das Methodenbuch den Wert 0,03295 an. Auf Grund seiner sorgfältigen Untersuchungen über die Zusammensetzung des Niederschlages (siehe unten) und unter Berücksichtigung der neuen Atomgewichte für Phosphor und Molybdän errechnet SPENGLER (d) als Faktor den Wert 0,032866. Dieser Wert ist um 0,25% niedriger als jener, aber er dürfte unter Berücksichtigung der Atomgewichte jenem vorzuziehen sein, zumal die kleine Abweichung der Faktoren von nur geringem Einfluß auf das Ergebnis bez. des Phosphatgehaltes des untersuchten Stoffes ist. — Der Umrechnungsfaktor für P ist entsprechend 0,014345.

Bemerkungen. **I. Genauigkeit.** Bei Einhaltung der oben gegebenen Fällungsvorschrift ist eine sehr gute Genauigkeit zu erzielen.

II. Anwendungsbereich. Das Verfahren ist nahezu für jede beliebige Menge Phosphor, die bestimmt werden soll, anwendbar. Je Analyse soll jedoch nicht mehr als 50 mg P_2O_5 anwesend sein. Auch im mikrochemischen Maßstabe kann das Verfahren angewendet werden (siehe S. 51).

III. Vorteil des Verfahrens. Wegen des geringen Gehaltes des Niederschlages an Phosphor kann das Verfahren mit sehr kleiner Einwaage auskommen, ist also in dieser Hinsicht materialsparend. Allerdings verbraucht es große Mengen an dem wertvollen Ammoniummolybdat. Da dieses jedoch nahezu vollständig zurückgewonnen werden kann (siehe S. 41), so ist das Verfahren dennoch nicht besonders kostspielig. Vor allen Dingen gilt es als *das* Verfahren für internationale Schiedsanalysen.

IV. Zusammensetzung des Niederschlages. HUNDESHAGEN (b) hat festgestellt, daß die Niederschläge, wenn sie von beigemengter freier Molybdänsäure frei, mit kalter, verdünnter Salpetersäure gewaschen und bei 130 bis 150° getrocknet sind, die Zusammensetzung $(NH_4)_3PO_4 \cdot 12\,MoO_3$ haben. Hierbei ist es gleichgültig, ob die Fällungen in stärker oder schwächer saurer, salpetersaurer, salzsaurer oder schwefelsaurer, mehr oder weniger Ammoniumsalze enthaltender, konzentrierter oder verdünnter, heißer oder kalter Lösung entstanden waren. Wenn der Niederschlag bei Gegenwart überschüssiger Säure gefällt, mit kalter verdünnter Salpetersäure gewaschen und im Exsiccator über Calciumchlorid und Kaliumhydroxyd getrocknet ist, so enthält er noch 2 Mol Salpetersäure und 1 Mol Wasser. Diese beiden Bestandteile lassen sich durch Trocknen bei 130° entfernen, und dann hat der Niederschlag die oben angegebene Zusammensetzung. Diese Schlußfolgerungen ergeben sich aus dem Verbrauch an Natronlauge für das Auflösen der verschieden zusammengesetzten Stoffe, nämlich der reine, bei 130° getrocknete erfordert einen Verbrauch von 23,46 Mol NaOH auf 1 P nach der Gleichung: $(NH_4)_3PO_4 \cdot 12\,MoO_3 + 23\,NaOH \rightarrow 11\,Na_2MoO_4 + (NH_4)_2MoO_4 + NaNH_4HPO_4 + 11\,H_2O$, während der exsiccatortrockene Stoff 25,38 Mol NaOH erfordert, also rd. 2 Mol mehr zur Neutralisation der darin enthaltenen 2 Mol Salpetersäure (siehe S. 58).

Im Gegensatz zu HUNDESHAGEN findet ISHIBASHI nur 1 Mol HNO_3 und 2 Mol H_2O in dem exsiccatortrockenen Niederschlage, und diese sollen erst bei einer Temperatur von 250 bis 300° entweichen. In diesem Zustande sei der Niederschlag sehr hygroskopisch.

v. LORENZ (a) hatte gefunden, daß beim Trocknen des Niederschlages über Calciumchlorid oder Schwefelsäure oder gar im Trockenschrank bei etwa 100° kein gutes Resultat zu erzielen sei. Durch Verlust von Kristallwasser wird bei den beiden erstgenannten Trockenmitteln erst nach Tagen das Gewicht konstant, im letztgenannten Falle wird ein äußerst hygroskopisches Produkt erhalten, das auf der Waage schnell Feuchtigkeit anzieht.

Nach NYDAHL stehen sich aber beim Trocknen des Niederschlages zwei Fehlerquellen gegenüber. Wenn nur bei 150° getrocknet wird, so ist im Niederschlage noch etwas Wasser vorhanden, bei Temperaturen aber, bei denen es in genügend kurzer Zeit restlos entfernt wird, treten Ammoniakverluste auf. Der getrocknete Niederschlag ist überdies außerordentlich hygroskopisch. Dieselbe Feststellung trifft auch SARUDI (v. STETINA) für Niederschläge, die bei 160 bis 180° getrocknet sind. Er empfiehlt deshalb, das Trocknen der Tiegel in gut schließenden Wägegläsern vorzunehmen, sie in den geschlossenen Gefäßen abkühlen zu lassen und zu wägen.

Der mit Aceton nach den Angaben von NEUBAUER und LÜCKER gewaschene und danach im Vakuum getrocknete Niederschlag hat nach den quantitativen Bestimmungen des Acetongehaltes, welche SPENGLER (d) ausgeführt hat, die Zusammensetzung $[(NH_4)_3PO_4 \cdot 12\,MoO_3]_8[NH_4HMoO_4 \cdot H_2MoO_4]_4 \cdot NH_4HMoO_4 \cdot 24\,H_2O \cdot 5\,CH_3COCH_3$. Er enthält bei dem Formelgewicht 17277,628 4,37% $(NH_4)_2O$, 3,29% P_2O_5, 87,48% MoO_3, 3,18% H_2O und 1,68% Aceton. Daraus berechnet sich der oben angegebene Umrechnungsfaktor 0,032866 für P_2O_5. SPENGLER findet in Übereinstimmung mit GISIGER (a) das Verhältnis $4\,P_2O_5 : 105\,MoO_3$ (siehe S. 58), wie es die obige Formel wiedergibt.

Bereits SEYDA war der Ansicht, daß zu hohe Werte nicht durch Adsorption von Alkalisalzen, sondern durch Mitfällen von Molybdänsäure verursacht werden, namentlich bei Fällungen in der Siedehitze. Auch TERLET und BRIAU sind der Meinung, daß der Niederschlag keine Salpetersäure, sondern adsorbierte Molybdänsäure enthalte. Ebenso wendet sich SPENGLER (b) gegen die Annahme von im Niederschlage gebundener Salpetersäure, vielmehr sei Molybdänsäure in einem festen Verhältnis von P : Mo = 8 : 105 darin enthalten.

Aus den umfangreichen Untersuchungen NYDAHLS folgt, daß der Niederschlag bei quantitativer Ausfällung aus salpetersaurer Lösung innerhalb eines ziemlich großen Intervalles die berechnete Zusammensetzung mit P : Mo = 1 : 12 und NH_3 : P = 3 : 1 hat. Bei einem Überschuß von Molybdän ist gleichzeitig ein Überschuß an Ammoniak vorhanden, was auch in SPENGLERS Formel zum Ausdruck kommt. Die bei steigender Molybdatkonzentration und fallender Salpetersäurekonzentration festzustellende kontinuierliche Zunahme des Molybdängehaltes des Niederschlages beruht auf einer von der Korngröße des Niederschlages unabhängigen Sorption. Durch Behandeln mit 1,25 n oder 0,75 n Salpetersäure als Elutionslösung erhält der Niederschlag die richtige Zusammensetzung. Adsorbierte kleine Nitratmengen können durch Waschen mit angesäuerter Ammoniumsulfatlösung leicht beseitigt werden. Ferner sind Wasser, Alkohol und Aceton adsorbiert, und zwar so stark, daß das Aceton noch nach 20stündigem Trocknen bei 150° nicht vollständig entfernt ist.

Nach THISTLETHWAITES Versuchen tritt bei einer Fällungstemperatur oberhalb von 70° Zersetzung des Niederschlages und Ausfällung von Molybdänsäure ein. Durch kaliumnitrathaltiges Waschwasser werden zwei bis drei Ammoniumionen durch Kaliumionen ersetzt[1]. Aber auch beim Auswaschen mit ammoniumnitrathaltigem Wasser hat der Niederschlag nicht die von HUNDESHAGEN (b) angegebene Formel, sondern er scheint der Zusammensetzung $(NH_4)_3PO_4 \cdot (NH_4)_2HPO_4 \cdot 24\,MoO_3$ näherzukommen. Längeres Stehen des Niederschlages ist ohne Einfluß auf seine Zusammensetzung. Trocknung bei Raumtemperatur im Vakuum oder bei 130° an der Luft bewirkt keine nachweislichen Unterschiede in der Zusammensetzung, so daß

---

[1] MEIER und TREADWELL stellen fest, daß beim Schütteln von Ammoniummolybdophosphat mit je 50 ml Wasser eine Abspaltung von Ammoniak erfolgt. Zum Beispiel verlieren 126,3 mg $(NH_4)_3PO_4 \cdot 12\,MoO_3$ 580 γ NH_4 und steigend bis 999,6 mg Niederschlag 2450 γ NH_4. Bei Behandlung mit 50 ml 0,005 n Kaliumchloridlösung, entsprechend 18,65 mg KCl, und Schütteln bei 20° C bis zur Einstellung des stationären Endzustandes werden von 400 mg bzw. von 800 mg Ammoniummolybdophosphat 32% bzw. 50% des Ammoniums durch Kalium ausgetauscht (siehe auch S. 38).

die für den ersten Fall bisher angenommene Formel $(NH_4)_3PO_4 \cdot 12\,MoO_3 \cdot 2\,HNO_3 \cdot H_2O$ ebenfalls in Zweifel gezogen wird. Aber DUPUIS und DUVAL finden bei der Untersuchung des Ammoniummolybdophosphatniederschlages mit der Thermowaage, daß der lufttrockene Niederschlag von der Zusammensetzung $(NH_4)_3PO_4 \cdot 12\,MoO_3 \cdot 2\,HNO_3 \cdot H_2O$ bis 180° kein Wasser, sondern nur 2 Moleküle Salpetersäure verliert. Von 180 bis 410° liegt die Verbindung $(NH_4)_3PO_4 \cdot 12\,MoO_3$ vor, aus der bei höherem Erhitzen schließlich die anhydrische Verbindung entsteht (siehe S. 53).

V. Die Temperatur der Fällung soll nach SPENGLER (b) 85° betragen. Diese Temperatur ist in der Lösung etwa vorhanden, wenn nach der oben mitgeteilten Arbeitsvorschrift gehandelt wird. Auf jeden Fall ist hohe Temperatur niedriger vorzuziehen, worauf schon HUNDESHAGEN (b) hingewiesen hat. Er erhielt in der Hitze große, gut ausgebildete Oktaeder, in der Kälte jedoch nur schlecht geformte Körper. Noch vorher hatte ATTERBERG Kochen der Lösung bei der Fällung empfohlen, jedoch ist bei dieser hohen Temperatur große Gefahr für die Ausscheidung von freier Molybdänsäure gegeben. PELLET (b, d) fällt durch Erhitzen im siedenden Wasserbade. Nach LUNDELL und HOFFMAN entsteht der Niederschlag bei 10 bis 20° langsam, und er ist dann nur schwer auszuwaschen. Bei hoher Temperatur von 80 bis 90° erscheint die Fällung sofort, aber der Niederschlag enthält mehr Molybdänsäure und Fremdstoffe, z. B. Arsen beigemengt. Nach NYDAHL soll die Temperatur der Lösung zwischen 20° und der Siedetemperatur liegen, aber die Fällung darf nicht bei dieser hohen Temperatur vorgenommen werden, da auch bei Verwendung neutraler Ammoniummolybdatlösung leicht Bildung von unlöslichen Polymolybdaten eintritt. Bei einer Steigerung der Fällungstemperatur beobachtete NYDAHL nämlich eine Zunahme des Molybdängehaltes des Niederschlages. Daher dürfte auch die Vorschrift von v. ENDRÉDY, die Molybdatlösung der siedenden Lösung zuzufügen, nicht günstig sein. Zur Fällung empfiehlt NYDAHL, die Lösung zum Sieden zu erhitzen und das Reagens auf ein solches Volumen verdünnt zuzusetzen, daß sich eine geeignete Mischungstemperatur einstellt. LUNDELL und HOFFMAN empfehlen als beste Fällungstemperatur 40 bis 60°, THISTLETHWAITE 50 bis 70°.

VI. Die Zeit zwischen der Fällung und dem Filtrieren schwankt nach den Angaben der verschiedenen Autoren zwischen 15 Min. und 24 Std. Nach den sehr genauen Untersuchungen NYDAHLS ergibt sich, daß die Ausfällung schon nach 15 Min. vollständig ist und daß nach weiteren 45 Min. keine Veränderung eintritt. Bis zum Filtrieren soll aber immer mindestens 1 Std. gewartet werden. Auch STÜNKEL, WETZKE und WAGNER filtrieren nach 1stündigem Stehen, während LUNDELL und HOFFMAN nur ½ Std. warten. Diese kurzen Zeiten dürften aber nur für reine Alkaliphosphatlösungen angebracht sein, denn NEUBAUER und LÜCKER schreiben für die aus Düngemitteln bereiteten Lösungen, welche also vor allem Calciumionen und häufig Citronensäure enthalten, eine Wartezeit von 2 bis 18 Std. vor. BAXTER läßt ebenfalls 16 Std., SPENGLER in diesen Fällen möglichst über Nacht und v. ENDRÉDY sogar 24 Std. stehen.

VII. Die Konzentration des Ammoniummolybdates zur Erzielung eines möglichst konstant zusammengesetzten Niederschlages und zu seiner quantitativen Fällung hat insbesondere NYDAHL sehr sorgfältig festzustellen versucht. Bei Lösungen, die bez. des Molybdängehaltes 0,001 m sind, ist die Ausfällung bei 50° nur bei $p_H = 1{,}4$ quantitativ, bei 20° aber unvollständig. Bei 50° und noch mehr bei 80° kann bei einer Molybdatkonzentration von 0,12 bis 0,23 m die Säurekonzentration in beträchtlichen Grenzen schwanken, trotzdem wird die Fällung quantitativ. — LUNDELL und HOFFMAN schlagen einen 15- bis 25fachen Überschuß an Molybdat vor, wie dies ursprünglich bereits v. LORENZ gehandhabt hat. — Nach THISTLETHWAITE ist zur quantitativen Fällung ein mindestens 3,5facher Molybdatüberschuß erforderlich.

VIII. Einen **Zusatz von Ammoniumnitrat** zur Fällungslösung machte schon FINKENER in einer Menge von 40 g. Nach NYDAHL soll die Konzentration des Ammoniumnitrates in der Fällungslösung nicht zu hoch sein, sonst kann der Niederschlag zu wenig Molybdän enthalten. HUNDESHAGEN (b) hält einen Zusatz von 5% Ammoniumnitrat für am besten. LUNDELL und HOFFMAN schlagen 5 bis 15% von diesem Salze vor. Nach ihnen bewirkt dieser Zusatz, daß die Fällung schneller vor sich geht und daß sie ein gröberes Korn hat.

IX. Als **Waschflüssigkeit** benützte bereits FINKENER eine salpetersaure 20%ige Ammoniumnitratlösung. WOY verwendet eine salpetersaure Lösung dieses Salzes mit 50 g Ammoniumnitrat und 40 ml Salpetersäure in 1 l, während SEYDA dieselbe Konzentration des Salzes, aber eine Konzentration an Salpetersäure von nur 1% vorschlägt. NYDAHL verwendet eine salpetersaure Ammoniumnitratlösung vom $p_H = 1{,}5$ (siehe unten). Der Unterschied in der relativen Löslichkeit des Niederschlages bei verschiedener Ammoniumnitratkonzentration ist unbedeutend. Dagegen wird eine Abnahme der relativen Löslichkeit beim Waschen mit Wasser und in verstärktem Maße mit saurer Ammoniumnitratlösung festgestellt. Die relative Löslichkeit in Wasser ist 2- bis 3mal so groß wie die Minimallöslichkeit in salpetersaurer Ammoniumnitratlösung. Waschen mit 0,003m Salpetersäure führt zu einer mit der Anzahl der Waschungen zunehmenden Löslichkeit, was durch einen Austausch der Ammoniumionen des Niederschlages gegen die Wasserstoffionen der Lösung erklärt werden kann. [Die Ammoniumionen des Niederschlages können auch durch Natrium- und insbesondere durch Kaliumionen ausgetauscht werden, was auch GISIGER (a) beobachtet hat. Der Austausch ist reversibel und nimmt mit der Konzentration des verdrängenden Ions zu.] Nach TERLET und BRIAU werden beim Auswaschen mit neutraler Kaliumnitratlösung bis zu 50% Ammonium durch Kalium ausgetauscht, in geringerem Maße beim Waschen mit Natriumsulfatlösung. Das Auswaschen mit Wasser bis zu einer Menge von ½ l, wie es ISBERT und STUTZER durchführen, dürfte unzweckmäßig sein. Die Autoren fanden bei Anwendung bis zu 1 l Waschwasser zu niedrige Werte. Ähnliches stellen JODIDI und KELLOGG fest, die deshalb den Niederschlag nur dreimal mit je 5 ml Wasser waschen, was als sehr gering erscheint. Andererseits wäscht PELLET (d) den Niederschlag mit bis 400 ml konzentrierter Ammoniumnitratlösung aus, wobei er jedoch für die Löslichkeit des Niederschlages eine zu addierende Korrektur von 20 bis 25 mg je Liter anwendet. — Nach NYDAHL ist die Zunahme der Löslichkeit mit einer Erhöhung der Temperatur nicht so groß, daß man nicht gegebenenfalls mit warmer Waschflüssigkeit arbeiten könnte. Aber beim Waschen mit siedendem Wasser zersetzt sich der Niederschlag und geht durch das Filter. Das Löslichkeitsgleichgewicht zwischen dem Niederschlag und Wasser bzw. Waschlösung stellt sich nur sehr langsam ein. — Aus Extinktionsmessungen der Molybdophosphorsäure bei 4300 Å folgt nach NYDAHL, daß das Löslichkeitsmaximum des Niederschlages im Intervall $p_H = 3$ bis 5 (entsprechend 2 bis 7m Salpetersäure) und das Löslichkeitsminimum bei $p_H = 1{,}45$ liegt. Deshalb soll die als Waschflüssigkeit angewendete salpetersaure Ammoniumnitratlösung auf ein $p_H \approx 1{,}5$ eingestellt werden.

Um das Ammoniumnitrat, das dem Niederschlage nach dem Auswaschen noch anhaftet, zu entfernen, hat v. LORENZ (b) den Niederschlag mit Alkohol und danach mit Äther ausgewaschen. Diese Art des Waschens haben NEUBAUER und LÜCKER dadurch vereinfacht, daß sie den Niederschlag nur mit Aceton nachwaschen, das zurückgewonnen werden kann (siehe Bemerkung XIII, S. 41). Diese Arbeitsweise hat sich allgemein eingebürgert.

X. Als Filtertiegel zum Abfiltrieren des Ammoniummolybdophosphates eignen sich am besten die von NEUBAUER und LÜCKER erstmalig angewendeten „NEUBAUER-Tiegel“ aus Platin mit Platinschwammfilter. Das Gewicht der leeren Tiegel ist dasselbe, gleichgültig, ob sie nach der Behandlung mit Aceton im Vakuum oder unter Erwärmen getrocknet oder geglüht worden sind. Vor jeder neuen Filtration bringt man den Niederschlag trocken mit einem nicht zu weichen Pinsel heraus und entfernt die letzten Reste, indem man etwas verdünntes Ammoniak durchsaugt und dieses durch Wasser verdrängt. Die Tiegel ändern ihr Gewicht gewöhnlich auch bei wochenlangem Gebrauch nicht, es genügt daher, daß man die Tara erst nach 10 Filtrationen wieder kontrolliert. Die mit der Zeit etwas nachlassende Filtriergeschwindigkeit kann meist durch bloßes schwaches Glühen wiederhergestellt werden. Führt diese Behandlung nicht zum Ziel, so empfiehlt es sich, in dem Tiegel ein leicht schmelzendes Gemisch von Natrium- und Kaliumcarbonat zu schmelzen, bis es durch die Löcher im Boden durchdringt, den Tiegel dann mit Wasser auszukochen, auszuwaschen und schließlich noch mit etwas Salpetersäure zu behandeln. Diese Operation und das von Zeit zu Zeit nötig werdende Glühen müssen außerordentlich behutsam ausgeführt werden, damit die Filterschicht auch nicht die kleinsten Risse bekommt, sonst erhält man sofort trübe Filtrate. Zeigt sich in der Platinschwammschicht doch ein Riß, so ist er unter Schonung der übrigen Filterschicht mit ein wenig Platinmohr zu verschmieren und der Tiegel dann zu glühen. Da die Tiegel nur selten und nur schwach geglüht zu werden brauchen, kann man statt der Platintiegel solche einer Platin-Gold-Legierung mit etwa 10% Platin und 90% Gold verwenden. Auch die Berliner Tiegel mit Porzellanfilterboden und die Jenaer Glasfiltertiegel sind sehr gut geeignet. Sie müssen aber vor jeder Bestimmung neu gewogen werden.

XI. Zur Kontrolle der Bestimmungen verwendet man am besten Kaliumdihydrogenphosphat KH_2PO_4, das man bei etwa 100° trocknet. Man wägt 6,3014 g davon ab und löst das Salz im Meßkolben von 200 ml in Wasser auf. Von dieser in Flaschen mit gut schließendem Glasstopfen aufzubewahrenden Vorratslösung werden je 20 ml auf 200 ml verdünnt. Von dieser verdünnten Lösung enthalten 20 ml 0,032866 g P_2O_5. Bei Verwendung von 20 ml und unter Anwendung der auf S. 33 gegebenen Vorschrift müssen gerade 1,0000 g Niederschlag zur Auswaage kommen. Um bei dieser Kontrolle ganz sicher zu gehen, kann man vor dem Auffüllen der verdünnten Lösung noch die in der zu analysierenden Lösung vorhandenen Nebenbestandteile zusetzen, z. B. Calciumnitrat oder Citronensäure. — Um Lösungen mit hinreichend genau bekanntem Phosphatgehalt darzustellen, geht NYDAHL von Diammoniumhydrogenphosphat $(NH_4)_2HPO_4$ aus, das seinerseits aus Triammoniumphosphat durch Einstellen des Ammoniakdampfdruckes gemäß den Angaben von ROSS, MERZ und JACOB [Ind. eng. Chem. **21**, 286 (1929)] bereitet wird.

XII. Über den **Einfluß von fremden Stoffen** liegen zahlreiche Untersuchungen vor. Bereits R. FRESENIUS (a) fand eine starke Verzögerung der Fällung durch die Anwesenheit von Salzsäure, besonders bei gleichzeitiger Gegenwart von Salpetersäure. Diesen schädlichen Einfluß der Salzsäure bestätigen alle Autoren bis auf den heutigen Tag. So sagt u. a. NYDAHL, daß Salzsäure zum Ansäuern der Fällungslösung ungeeignet sei. Jedoch sind LUNDELL und HOFFMAN der Meinung, daß Salzsäure bis zu 10 Vol.-% vorhanden sein könne. Wenn in diesem Falle die doppelte Menge an Ammoniummolybdatlösung verwendet wird, so werde die Ausfällung vollständig, wenn sie über Nacht stehenbleibt. Chloride sollen einen geringeren Einfluß haben, was FRESENIUS (a) bez. Ammoniumchlorid, Eisen(III)-chlorid und Aluminiumchlorid sagt. SPENGLER (a) gibt an, daß schon 25 mg Natriumchlorid auf 50 mg Kaliumdihydrogenphosphat die Werte stark erhöhen. Durch Abrauchen mit Salpetersäure kann das Chlorid entfernt werden, und es werden dann die theoretischen Werte erhalten. Es soll deshalb keine Phosphorbestimmung in mit Königswasser hergestellten Aufschlüssen von Rohphosphaten ausgeführt werden. Vielmehr soll ein solcher Aufschluß erst noch einmal mit Salpetersäure abgeraucht werden. Nach WINKLER schaden anwesende Chloride bei der Fällung des Ammoniummolybdophosphates nicht, wenn der Niederschlag in Ammoniummagnesiumphosphat (siehe S. 55) übergeführt wird.

Ohne störenden Einfluß sind: bis 1 g CaO auf 50 mg KH_2PO_4 [SPENGLER (a)]; Natrium-, Kalium-, Calcium-, Barium-, Eisen(III)-ionen (v. ENDRÉDY); Essigsäure (ISHIBASHI); lösliche Fluoride und Silicofluoride, sofern nicht Ionen vorhanden sind, welche damit Niederschläge liefern [SPENGLER (a)]. LUNDELL und HOFFMAN stellen aber fest, daß Flußsäure die Fällung verzögere. Borsäure hebt diese schädliche Wirkung auf. Es muß aber zur Fällung mehr Molybdatlösung angewendet werden, und die Fällungslösung muß genügend lange stehenbleiben. Nach FINKENER soll Kieselsäure ohne Einfluß auf die Analyse sein, wenn innerhalb von 24 Std. filtriert wird. Dagegen finden BIRNBAUM und WALDEN, daß schon 0,25 mg SiO_2 bei Gegenwart von 6 mg Phosphor einen meßbaren Überschuß an Molybdat im Niederschlage verursachen. Selbst in Pyrex-Flaschen aufbewahrte Lösungen von Ammoniummolybdat werden innerhalb von 4 Wochen erheblich durch Silicat verunreinigt. Dessen Gegenwart bewirkt eine falsche Zusammensetzung des Ammoniummolybdophosphates (siehe S. 68). G. JÖRGENSEN hat ebenfalls beobachtet, daß ammoniakalische Lösungen Kieselsäure aufnehmen.

Über die Einwirkung der Schwefelsäure gehen die Meinungen der Autoren stark auseinander. Nach LUNDELL und HOFFMAN verhindert Schwefelsäure die quantitative Abscheidung, auch wenn mehr Molybdatlösung angewendet wird. Bei genauen Analysen sei deshalb die Anwendung von Schwefelsäure zu vermeiden. NYDAHL bezeichnet diese Säure als ungeeignet zum Ansäuern, aber v. LORENZ arbeitet gerade bei deren Gegenwart. R. FRESENIUS (a) war der Meinung, daß Schwefelsäure nicht störe, und RICHTERS findet eine starke Beeinträchtigung des Verfahrens durch Natrium- und Kaliumsulfat. v. ENDRÉDY schlägt sogar vor, Sulfate durch Bariumchlorid vor der Molybdatfällung abzuscheiden, da sonst infolge Adsorption des Sulfates an den Niederschlag zu hohe Werte erhalten werden. Da aber bei dem von v. LORENZ ausgearbeiteten, von NEUBAUER und LÜCKER sowohl als auch von SPENGLER bestätigten Verfahren ohnehin mit einem empirischen Faktor gearbeitet wird und die Vorschrift peinlich genau eingehalten werden soll, so braucht der durch die anwesende Schwefelsäure verursachte etwaige Fehler nicht besonders berücksichtigt zu werden.

Ammoniumionen sind ohne Einfluß auf das Verfahren, im Gegenteil wirkt Ammoniumnitrat günstig auf die Abscheidung des Niederschlages ein, und es wird besonders zum Auswaschen empfohlen. Ein zu großer Überschuß daran soll lösend wirken (LUNDELL und HOFFMAN). Nach denselben Autoren soll Ammoniumchlorid und -sulfat besser nicht anwesend sein, da durch sie die Fällung verzögert werden kann. Kleine Mengen schaden nicht, wenn entsprechend mehr Molybdatlösung angewendet wird.

Titan verhindert nach HØRGÅRD die Fällung des Ammoniummolybdophosphates. Durch Zusatz von 10 bis 15 ml konzentrierter Salpetersäure und von 5 bis 10 g Ammoniumnitrat kann der Einfluß kleinerer Titanmengen bis etwa 20 mg ausgeschaltet werden. Siehe auch S. 29 und § 10/A, S. 162.

Gegenwart von Arsenat muß auf jeden Fall vermieden werden, da dieses eine analoge Verbindung wie Phosphat bildet und immer in den Niederschlag eingeschlossen wird.

Vanadium darf nach LUNDELL und HOFFMAN nur in 4wertiger Form vorliegen, und die Fällung muß bei dessen Gegenwart etwas länger stehenbleiben. Etwa vorhandenes 5wertiges Vanadium muß also vor der Fällung reduziert werden (siehe § 15/A, S. 249).

Nach TÄUFEL, THALER und STARKE stört aus nassen Aufschlüssen organischer Stoffe stammendes Selen die Fällung nicht.

Mit steigender Konzentration erhöhen nach KITAJIMA Calcium, Strontium,

Zink, Cadmium, Chrom und Mangan die Menge des Niederschlages, während Magnesium, Kupfer, Eisen, Kobalt und Nickel sich entgegengesetzt verhalten sollen.

Organische Säuren, wie insbesondere Weinsäure und Oxalsäure, verhindern die Ausfällung des Ammoniummolybdophosphates vollständig [HUNDESHAGEN (b), KÖNIG, ISHIBASHI). Nach MADERNA ist dies aber nicht der Fall, wenn genügend Salpetersäure anwesend ist. Dies gilt auch bez. Bernsteinsäure, l-Apfelsäure, Citronensäure, Benzoesäure, Salicylsäure und Phthalsäure. Citronensäure stört in nicht übergroßen Mengen allerdings nicht die Fällung, sie ist anwesend in allen Fällen der Analyse der ,,citronensäurelöslichen Phosphorsäure" in Düngemitteln (siehe § 11, S. 176). Nach v. ENDRÉDY kann bis 0,4 g Citrat bei der Fällung anwesend sein. Manche Autoren setzen sogar Citronensäure bzw. Ammoniumcitrat zu der Fällungslösung hinzu, um einen möglichst reinen Niederschlag zu erhalten. Citronen- und Weinsäure schaden nach LUNDELL und HOFFMAN nicht, wenn nicht mehr als 100 bis 300 mg davon vorliegen. Nach SEYDA beugt Citronensäure besonders in der Kälte dem Mitfällen von Molybdänsäure vor, jedoch nicht bei Temperaturen oberhalb 60° [GRAFTIAN sowie PELLET (c, d)] (siehe auch S. 165). Infolge ihrer Reduktionswirkung wirkt Ascorbinsäure störend (siehe S. 291). DELORY empfiehlt daher, bei mikrochemischen Bestimmungen (etwa 10 γ P) das Phosphat mit Calciumsalz unter Zusatz von puderfeinem Magnesiumcarbonat auszufällen (siehe S. 292), den Niederschlag in üblicher Weise zu zentrifugieren und auszuwaschen, ihn in Überchlorsäure zu lösen und dann wie üblich das Phosphat colorimetrisch zu bestimmen.

XIII. Wiedergewinnung des Acetons. Es ist wirtschaftlich, das Aceton wiederzugewinnen. Zu diesem Zwecke muß es beim Filtrieren des Niederschlages mit Hilfe eines in einen WITTschen Topf eingestellten ERLENMEYER-Kolbens besonders aufgefangen werden. Das jeweils gesondert aufgefangene Aceton sammelt man in einer braunen Flasche, entwässert es mit Kaliumcarbonat und destilliert es mit Hilfe eines Destillieraufsatzes auf dem Wasserbade. Die von 55 bis 60° übergehenden Anteile sind als Waschflüssigkeit verwendbar, wenn sie sich als genügend wasserfrei erweisen (Prüfung auf Wasser siehe S. 34). Während der unter 55° siedende Vorlauf verworfen wird, werden die über 60° siedenden Rückstände in einer braunen Flasche gesammelt. Man setzt zur Wasserentziehung wieder Kaliumcarbonat zu, trennt die wäßrige Schicht ab und wiederholt das Verfahren, bis sich das Kaliumcarbonat nicht mehr ganz auflöst. Das nunmehr abgegossene Aceton schüttelt man zur Bindung des aus dem Ammoniumnitrat entstandenen Ammoniaks mit gepulverter Oxalsäure bis zur schwach sauren Reaktion, filtriert und destilliert das Filtrat abermals. Der Rückstand dieser Destillation ist nicht mehr verwendbar.

XIV. Wiedergewinnung des Ammoniummolybdates. Wegen des hohen Preises und der Seltenheit des Molybdäns ist die Aufarbeitung der Niederschläge und der Lösungen lohnend, und deshalb müssen diese gesammelt werden.

Schon R. FRESENIUS (b) hat eine Vorschrift für die Wiedergewinnung mitgeteilt, welche von MUCK als nicht vorteilhaft bezeichnet worden ist. Die MUCKsche Vorschrift ist auch heute noch in Gebrauch, besonders nachdem NEUBAUER und WOLFERTS eine eingehende Arbeitsanweisung gegeben haben. Diese ist auch vom Methodenbuche übernommen worden. Nach diesem Verfahren wird das in den Filtraten und Waschwässern enthaltene Ammoniummolybdat durch Zusatz von Natriumphosphat vollständig als gelbes Ammoniummolybdophosphat ausgefällt. Dieses und das aus den Tiegeln stammende Salz wird in Ammoniak gelöst, und aus dieser Lösung wird durch Magnesiumnitrat die Phosphorsäure als Ammoniummagnesiumphosphat gefällt. Nach dessen Abscheidung wird die nur noch Ammoniummolybdat (neben überschüssigem Magnesiumsalz) enthaltende Lösung durch Eindampfen zur Kristallisation gebracht. Das Rohsalz wird durch Umkristallisieren gereinigt.

Den von BORNTRÄGER ausgesprochenen Gedanken, zur Wiedergewinnung des Molybdäns aus salpetersaurer Lösung unmittelbar Molybdänsäure auszufällen, hat GISIGER (b) aufgegriffen und in eingehender Vorschrift mitgeteilt. Man fällt die Molybdänsäure aus den Filtraten durch deren teilweise Neutralisation mit Ammoniak. Der abgesaugte und ausgewaschene Niederschlag kann unmittelbar zur Bereitung einer neuen Reagenslösung verwendet werden. Es muß allerdings eine genaue Bestimmung des Gehaltes an MoO_3 in der gefällten Molybdänsäure ausgeführt werden, auf Grund derer das Reagens nach genau angegebener Vorschrift zusammengesetzt wird.

Eine sehr eingehende Vorschrift zur Aufarbeitung der Molybdänrückstände unter unmittelbarer Gewinnung von Ammoniummolybdat in solcher Reinheit, daß es ohne weiteres zum Ansetzen neuer Fällungslösung brauchbar ist, stammt von LEPPER. Er hat für verschiedene Möglichkeiten alle genau einzuhaltenden Verhältnisse festgelegt, und diese werden hier in aller Ausführlichkeit mitgeteilt. Zuvor wird das recht einfache Verfahren von NEUBAUER und WOLFERTS und danach das von GISIGER (b) angegeben.

Nach der Aufarbeitungsmöglichkeit von LENHER und SCHULTZ werden die stark verdünnten Lösungen nach dem Neutralisieren in der Wärme mit Schwefelwasserstoff gefällt. Das erhaltene Molybdänsulfid wird zu Molybdäntrioxyd abgeröstet und dieses in Ammoniak zu Ammoniummolybdat gelöst.

Nach dem Vorschlage von VENATOR wird das in den Filtraten befindliche Molybdat mittels Bariumchloridlösung zusammen mit Bariumsulfat gefällt. Der Niederschlag wird gut ausgewaschen, getrocknet und mit der entsprechenden Menge Ammoniumsulfat behandelt. Hierdurch wird das Bariummolybdat in Ammoniummolybdat und Bariumsulfat verwandelt. Dieses wird abfiltriert und das Ammoniummolybdat durch Kristallisieren von beigemengtem Ammoniumsulfat befreit. Dieses Verfahren ist nach W. FRESENIUS bei der Aufarbeitung citrathaltiger Lösungen nicht anwendbar.

***Vorschrift von* NEUBAUER *und* WOLFERTS** (nach Methodenbuch). 3 l Filtrate mit den Waschflüssigkeiten werden in einer Schale auf etwa 50° erwärmt und zur Abstumpfung der freien Säure mit 600 ml Ammoniak (D 0,91) versetzt. Die Flüssigkeit muß zwar schwach, aber noch deutlich sauer sein. Zu der durch die Reaktionswärme nun auf etwa 80° erhitzten Lösung setzt man 250 ml einer kalt gesättigten Lösung von Dinatriumhydrogenphosphat zu und rührt gründlich um. Nachdem man sich überzeugt hat, daß durch weitere Zugabe von Natriumphosphat oder Ammoniak die Ausfällung nicht vermehrt wird, saugt man den Niederschlag ab, wäscht ihn mit Wasser aus und trocknet ihn. Mit ihm werden die aus den Tiegeln stammenden Niederschläge vereinigt.

4 kg des trockenen gelben Pulvers werden in einem wenigstens 12 l fassenden weithalsigen Standgefäß mit Wasser bis auf etwa 6 l aufgeschlämmt und durch Zugabe von 4 l Ammoniak gelöst. Man fällt nun die Phosphorsäure durch Zugabe einer Lösung von 500 g Magnesiumnitrat, rührt gut um und läßt mehrere Stunden stehen. Das Volumen muß wenigstens 11 l betragen, da sonst bei der Abkühlung Ammoniummolybdat auskristallisiert.

Man überzeugt sich, daß alle Phosphorsäure gefällt ist, dekantiert, saugt den Niederschlag ab, wäscht ihn mit etwa 2%igem Ammoniak aus und dampft das Filtrat in Porzellanschalen ein. Dabei scheidet sich rohes Ammoniummolybdat als kristallinisches Pulver ab. Es wird mit einem Schaumlöffel in dem Maße, als es sich bildet, herausgeschöpft. Man muß genügend Ammoniak zusetzen, um die auf dieser Stufe der Aufarbeitung leicht eintretende Ausscheidung der die Gewinnung eines reinen Salzes erschwerenden Molybdänsäure zu verhüten. Man setzt dieses langsame Abdampfen und Ausschöpfen fort, bis nur noch ein Rest von ½ bis ¾ l bleibt, in dem das überschüssige Magnesiumnitrat so angereichert ist, daß es beim Erkalten neben einem großen Teile des Ammoniummolybdates auskristallisiert. Man bringt das Magnesiumsalz mit wenig Wasser wieder in Lösung und filtriert von dem Kristallbrei des Ammoniummolybdates ab. Diesen setzt man dem ausgeschöpften rohen Ammoniummolybdat zu, und die magnesiumreiche Lösung gibt man zur künftigen Aufarbeitung zu den sauren Filtraten der inzwischen wieder ausgeführten Phosphatbestimmungen. Im weiteren Verlauf der Aufarbeitung ergeben sich mehrmals Ausscheidungen von Molybdänsäure, unreinem Ammoniummolybdat und Flüssigkeitsresten. Alle diese Rückstände werden aufbewahrt, um bei der nächsten Aufarbeitung der eben genannten zur Gewinnung des rohen Molybdates dienenden Lösung zugesetzt zu werden. Die festen Ausscheidungen werden vorher in heißem, verdünntem Ammoniak aufgelöst. In diesem Sinne ist es zu verstehen, wenn nachher von der „Entfernung" dieser Rückstände gesprochen wird. Man hat bei dieser Verwertung aller Rückstände keine Anreicherung an fremden Stoffen zu befürchten, da sie sämtlich im Filtrat des gelben Niederschlages entfernt worden sind.

Das ausgesonderte, rohe Ammoniummolybdat, das getrocknet etwa 94% des Gewichtes des gelben Niederschlages haben würde, wird gut abgesaugt, mit etwas Wasser verrieben und wieder abgesaugt. Es ist dann nahezu magnesiumfrei.

Dieses Rohsalz wird 2 mal umkristallisiert, das erste Mal sofort im noch feuchten Zustande. Dabei kann man beim ersten Male ein wenig Ammoniak zusetzen, wenn die Flüssigkeit Neigung zur Abscheidung größerer Mengen von Molybdänsäure haben sollte. Beim zweiten Umkristallisieren darf kein Ammoniak zugesetzt werden. Man verfährt folgendermaßen: Ein 2 l fassender Porzellantopf wird mit kochendem Wasser halb gefüllt. In das fast auf dem Siedepunkt gehaltene Wasser wird das rohe Ammoniummolybdat allmählich bis zur Sättigung eingetragen. Der Topf wird dabei etwa dreiviertel voll. Die sich oft ausscheidende mäßige Menge Molybdänsäure läßt man etwas absetzen. Man filtriert dann in eine flache Porzellanschale und läßt erkalten, wobei man eine Kristallkruste erhält. Die Mutterlauge wird eingeengt, die während des Erhitzens auftretenden Ausscheidungen werden entfernt, und die Flüssigkeit wird heiß filtriert. Die beim Erkalten gewonnene Kristallkruste wird der ersten Kristallisation hinzugefügt. Dieses Einengen, Filtrieren und Kristallisierenlassen wird mehrmals wiederholt, bis die Ausbeute zu klein wird.

Der schließlich verbleibende Rest der Flüssigkeit wird entfernt. Die gesammelten Kristallkrusten werden mehrere Tage in flacher Schicht an der freien Luft liegen gelassen, damit sich beim Trocknen das noch anhaftende Ammoniak verflüchtigt. Dann werden die Krusten gepulvert, damit sie sich leicht lösen, und noch ein zweites Mal ohne Zugabe von Ammoniak umkristallisiert. Die Flüssigkeit ist jetzt nicht mehr ammoniakalisch, sondern zeigt schwach saure Reaktion, die zur Gewinnung des für die Herstellung des Molybdänreagenses geeigneten sauren Ammoniummolybdates notwendig ist. Die Mutterlaugen können jetzt immer wieder bis auf einen kleinen Rest eingeengt werden, geben aber brauchbare Kristallisationen. Molybdänsäure scheidet sich nicht mehr aus.

Die harten Kristallkrusten entfernt man aus den Kristallisierschalen und läßt sie auf nicht faserndem Fließpapier an einem vor Staub geschützten Ort trocknen. Sie werden zur Herstellung des Molybdänreagenses verwendet.

Im Laufe der Aufarbeitung etwa auftretende Blaufärbung der Ammoniummolybdatlösungen kann durch Oxydation mit wenig ammoniakalischem Wasserstoffperoxyd entfernt werden (PRESCOTT).

***Vorschrift von* GISIGER** (b). Die Filtrate und die alkalische Lösung des Niederschlages, wie sie bei dessen alkalimetrischer Titration anfällt (siehe S. 62), werden getrennt aufbewahrt.

Die alkalische Titrationslösung, aus welcher etwa vorhandene Filterreste über Glaswolle abfiltriert werden, wird in einer Menge von 3 bis 5 l Lösung in einer 10 l fassenden Flasche mit 100 ml technischer, konzentrierter Salpetersäure, 1 l der anfallenden Ammoniumnitratlösung (siehe unten) und etwas Phosphatlösung versetzt. Nach 24stündigem Stehen wird die klare Lösung abgehebert. Der Niederschlag von Ammoniummolybdophosphat wird in der Flasche belassen und angesammelt.

Bei genügender Menge des Niederschlages schlämmt man ihn in Wasser auf und löst ihn in Ammoniak. In einer 5 bis 10 ml betragenden Probe der Lösung wird der Phosphorsäuregehalt als Magnesiumpyrophosphat bestimmt. Hierauf wird mit der aus dieser Bestimmung berechneten Menge Magnesiumnitrat die Phosphorsäure ausgefällt. Nach 24stündigem Stehen wird die molybdathaltige Lösung abfiltriert, aufgehoben und mit den Filtraten aufgearbeitet.

80 l Filtrate von den Fällungen werden in einer großen Schale mit 20 l konzentriertem Ammoniak und nach ½ bis 2 Std. noch mit 3 bis 5 l davon versetzt. Beim zweiten Zusatz entsteht nach kurzem Rühren ein feiner Niederschlag von Molybdänsäure mit etwas Ammoniummolybdat. Innerhalb von 4 Std. wird öfter umgerührt, und nach 24 Std. wird die klare Flüssigkeit abgehebert. Ein Teil davon dient zur Fällung der Lösungen des Niederschlages in Natronlauge (siehe oben), der Rest kann nach dem Eindampfen als Ammoniumnitratdünger verwendet werden. Um den in der Schale befindlichen Niederschlag von der Mutterlauge zu befreien, wird ein mit einem Papierfilter belegter BÜCHNER-Trichter von 12 cm Durchmesser hineingesenkt. Er ist über eine dickwandige Glasflasche mit einer Wasserstrahlpumpe verbunden, und mit dieser Vorrichtung wird die Mutterlauge aus dem Niederschlage herausgesaugt. Es ist hierbei vorteilhaft, den Trichter immer nur 2 bis 3 cm tief einzutauchen und nachzusenken. Wenn der Niederschlag streichbare Konsistenz anzunehmen beginnt, wird er mit passenden Brettchen um die Nutsche angehäuft, so daß diese davon bedeckt ist. Die Nutsche soll sich hierbei 3 bis 4 cm vom Schalenboden entfernt befinden. Nach völligem Absaugen wird der Niederschlag der Molybdänsäure mit 5 bis 6 l Wasser aufgeschlämmt, wieder abgesaugt und das Verfahren mit weniger Wasser noch einmal wiederholt. Der Niederschlag ist jetzt genügend rein zur Weiterverarbeitung. Er wird von der Nutsche entfernt, in Holzkistchen gewogen und zerkleinert.

In zwei Doppelproben werden 2 bis 4 g des Niederschlages auf MoO_3 und NH_3 analysiert. *Molybdäntrioxydbestimmung:* Die in einem Porzellan- oder Quarztiegel befindliche Einwaage wird getrocknet und bei 600° in einem elektrischen Ofen geglüht. Der Rückstand von MoO_3 soll etwa 30 bis 40% des feuchten Niederschlages betragen. Die *Ammoniakbestimmung* wird in bekannter Weise ausgeführt. Die gefundene Ammoniakmenge wird als A bezeichnet und in g angegeben.

Herstellung des Reagenses. Durch Division der ermittelten Menge an Molybdäntrioxyd je kg durch 0,1224 erhält man als R die Anzahl l der daraus herstellbaren neuen Fällungslösung. Die zulässige Menge Ammoniak in g, die im gesamten herzustellenden Reagens vorhanden sein darf, ergibt sich durch Multiplikation der Zahl R mit 25,3. Von 25,3 R g NH_3 wird der Wert von A in g subtrahiert, und so bleibt als Rest diejenige Ammoniakmenge, die für das Lösen des Molybdäntrioxydes verwendet werden darf. Die Umrechnung der g NH_3 auf l konzentriertes Ammoniak erfolgt durch Division durch 227. — Für die Darstellung von R l Reagens sind notwendig: 0,45 R l konzentrierte Salpetersäure und 20,1 R ml konzentrierte Schwefelsäure.

Der Niederschlag des Molybdäntrioxydes in der Schale wird mit heißem Wasser aufgeschlämmt. Die Wassermenge wird so bemessen, daß unter Berücksichtigung des Wassergehaltes des Niederschlages und der erforderlichen Mengen an Ammoniak, Salpetersäure und Schwefelsäure die Anzahl R l des herzustellenden Reagenses nicht überschritten wird. Man gibt unter Rühren das fehlende Ammoniak zu, und der Niederschlag löst sich in etwa 5 Min. auf. Die Molybdatlösung wird in eine Flasche gehebert. In die Schale wird nunmehr die erforderliche Menge an Salpetersäure und Schwefelsäure gegeben und die Molybdatlösung unter Rühren hineingegossen. Nachdem die stark erwärmte Lösung abgekühlt ist, wird sie gemessen, in Flaschen gefüllt und nach Zusatz etwa noch nötigen Wassers einige Tage stehengelassen. Es setzt sich etwas Niederschlag ab, von dem die klare Flüssigkeit abgegossen wird. Der trübe Rest wird blank filtriert. Mit dem nunmehr fertigen Reagens wird vorteilhafterweise eine Probeanalyse ausgeführt. Das Molybdän kann bis zu 98 % wiedergewonnen werden.

***Vorschrift von* Lepper. I. Vorarbeiten zur Rückgewinnung.** Man verwendet zweckmäßig eine Durchschnittsprobe einer größeren Menge von Abfällen.

a) Bestimmung der Molybdänmenge in salpetersaurer Lösung. In einem gewogenen Porzellantiegel werden 5 ml der Lösung mit Ammoniak bis zur alkalischen Reaktion versetzt, auf dem Wasserbade eingedampft, und die Ammoniumsalze werden auf einer Asbestplatte über kleiner Flamme abgeraucht. Den Tiegel stellt man nun in einen kalten Muffelofen, den man auf 500° anheizt und 10 Min. lang auf dieser Temperatur hält. Von dem ausgewogenen Molybdäntrioxyd müssen für Verunreinigungen 100 mg je 100 ml Lösung abgezogen werden.

b) Bestimmung des Säuregehaltes. 100 ml Lösung werden mit 100 ml Wasser und 5 Tropfen Dimethylgelblösung (0,1 % in 90 %igem Alkohol) versetzt. Man titriert mit 25 %igem Ammoniak, bis die Rotfärbung des Indicators nicht mehr deutlich ist. Dann gibt man nochmals 5 Tropfen Indicatorlösung hinzu und titriert weiter bis zur reingelben Färbung. Durch Zugabe von einigen Tropfen Indicator überzeugt man sich von der Beständigkeit der gelben Farbe.

c) Bestimmungen für ammoniakalische Lösungen. Der Molybdängehalt wird wie unter a) ermittelt. — Für die Feststellung der Säuremenge werden 20 ml Lösung nach dem Verdünnen mit 100 ml Wasser mit Salpetersäure (D 1,2) bis zur Farbgleichheit mit einer Lösung aus 10 g Ammoniumsulfat, 120 ml Wasser, 10 Tropfen Dimethylgelblösung und 2 ml 10 %iger Salzsäure titriert, wobei man nach den Angaben unter b) vorgeht.

II. Fällen des Molybdäns als Ammoniummolybdophosphat. Die nach Ib festgestellte Säure wird durch 25 %iges Ammoniak abgestumpft, die restliche Säure soll etwa 5 bis 10 ml Salpetersäure (D 1,4) entsprechen. Da 1 ml Salpetersäure (D 1,4) 1,09 ml Ammoniak (25 %) äquivalent ist, so kann man für den annähernden Wert ohne besondere Umrechnung die ml Säure für die ml Ammoniak setzen. Zu der Lösung wird auf je 1 g des nach Ia ermittelten Gehaltes an Molybdäntrioxyd 0,0411 g P_2O_5 gleich 0,668 ml 10 %iger Ammoniumdihydrogenphosphatlösung zugesetzt. Nach dem Absitzen des Niederschlages wird im Filtrat auf vollständige Fällung und auf Vorhandensein eines Phosphatüberschusses mit wenig Molybdatlösung geprüft. Man verarbeitet am besten je 5 l Lösung in einer 10 l fassenden Flasche aus Jenaer Glas. In der ersten Stunde nach der Fällung wird mehrmals umgeschüttelt und danach die klare Lösung abgehebert oder der Niederschlag auf einer Nutsche abgesaugt.

Zur Berechnung der Ausbeute wird der Niederschlag aus 100 ml Lösung erzeugt, im Porzellanfiltertiegel mit Ammoniumnitrat gewaschen, 1 Std. bei 160° getrocknet und gewogen. Als Gehalt des Trockenrückstandes an Molybdäntrioxyd können 90 % gerechnet werden. Die Ausbeute soll 96 bis 98 % betragen.

Zur Weiterverarbeitung nach IV (siehe S. 46) wird der Niederschlag mehrmals mit schwefelsaurem Wasser (1 ml konzentrierte Schwefelsäure auf 5 l Wasser) geschüttelt, absitzen gelassen und die Flüssigkeit abgehebert. Soll das Ammoniummolybdophosphat von einer Fabrik aufgearbeitet werden, so wird es auf der Nutsche mit der gleichen Waschflüssigkeit gewaschen und dann getrocknet.

III. Fällen des Ammoniummolybdates aus saurer Lösung. A. 1. Probefällung. 100 ml Lösung werden mit der nach Ib festgestellten Menge Ammoniak und 1,5 ml Salpetersäure (D 1,2) umgeschüttelt. Ein Teil der Lösung wird in ein Reagensglas abgefüllt und dessen Wand mit dem Gummiende eines Rührstabes gerieben. Noch in der Wärme und rasch muß eine Kristallisation einsetzen. Der Kristallbrei wird in den ERLENMEYER-Kolben geschüttet, in welchem nach kräftigem Umschütteln die Hauptmenge des Ammoniummolybdates in gut ausgebildeten Kristallen abgeschieden wird. Nach 3 Tagen, während derer bisweilen umgeschüttelt wird, bringt man den Niederschlag mit Hilfe der in einer Spritzflasche befindlichen Mutterlauge in einen Filtertiegel, verglüht ihn zu Molybdäntrioxyd und wägt dieses. Das Filtrat wird mit 5 ml konzentrierter Salpetersäure zum Sieden erhitzt, während einiger Min. tropfenweise mit 10%iger Ammoniumphosphatlösung versetzt und einige Zeit warm stehen gelassen. Hierbei darf nur etwa 0,2 g Molybdäntrioxyd als Ammoniummolybdophosphat ausfallen, sonst ist die Ausbeute schlecht.

2. Fällen aus großer Flüssigkeitsmenge. In eine 10 l fassende Flasche werden 5 l Lösung mit der berechneten Menge Ammoniak versetzt. Man schüttelt um, fügt 75 ml Salpetersäure (D 1,2) hinzu, schüttelt wieder um und nimmt sofort 100 ml Lösung heraus, um sie wie oben zur Kristallisation zu bringen. Den erhaltenen Kristallbrei schüttet man in die Flasche, die man öfter umschüttelt, bis sich die Lösung geklärt hat. Auch nach dem Erkalten wird noch einige Male umgeschüttelt. Ist nach dem Zusatze des Ammoniaks eine Trübung entstanden, so erfolgt das Impfen erst nach Aufhellung durch Säure (nach etwa ¼ Std.). Das auskristallisierte Ammoniummolybdat wird nach 3 Tagen auf einer Nutsche unter Festdrücken des Kuchens scharf abgesaugt. Ohne es auszuwaschen, wird es auf Papier ausgebreitet und an der Luft getrocknet. Die Filtrate werden wie oben durch Phosphatzusatz geprüft und u. U. gesammelt.

Diese Angaben beziehen sich auf Filtrate und Waschwässer des v. LORENZschen Verfahrens. Man erhält zwar auch mit anderen Säurekonzentrationen gute Ausbeuten, aber die Kristallbildung ist dann oft schlecht. Sind in 100 ml Lösung über 4 g MoO_3, so verdünnt man am besten auf 3 bis 4 g. Aus Lösungen mit über 2 g MoO_3 scheidet sich Ammoniummolybdat als grobes Kristallpulver ab. Ist die Reaktionswärme durch den Ammoniakzusatz zu gering, so tritt bei Zusatz der Säure eine milchige Trübung ein, die sich beim Umschütteln löst. Beim Reiben mit einem Glasstabe bildet sich oft eine milchige Trübung oder eine sehr feinkörnige Abscheidung. Deshalb muß mit Gummi gerieben werden, besonders wenn schon einige Kristalle zugegeben werden.

Bei unbefriedigender Ausbeute aus den Filtraten nach der Probefällung [Titration von 100 ml, Zusatz von 1 bis 4 ml Salpetersäure (D 1,2), Impfen, mindestens 8 Tage stehen] sind noch weitere Abscheidungen möglich. Beträgt der Titrationswert jedoch nur 0,3 bis 0,6 ml Ammoniak und haben die Filtrate wochenlang gestanden, so ist keine wesentliche Fällung zu erwarten.

B. 1. Probefällung. 100 ml Lösung mit der nach Ib festgestellten, um 1 ml verminderten Menge Ammoniak werden wie unter A 1 weiter behandelt. Die Ausbeute ist dafür maßgebend, ob weitere Probefällungen mit einer um 0,75 oder 1,25 ml verminderten Menge Ammoniak nötig sind. Bei stark verdünnten Lösungen mit wenig Ammoniumsalzen ist ein um nur 0,5 ml verminderter Zusatz von Ammoniak am günstigsten.

2. Fällung aus großer Flüssigkeitsmenge. 5 l Lösung werden mit der berechneten Menge Ammoniak unter Umschütteln in kleinen Anteilen versetzt und dann wie unter A 2 weiter behandelt. Mit jedem Zusatz muß gewartet werden, bis aufgetretene Trübungen (z. B. bei Gegenwart von Eisen) sich wieder gelöst haben.

Ob das Verfahren A oder das Verfahren B besser ist, muß mit Hilfe mehrerer Probefällungen ausprobiert werden.

IV. Fällen des Ammoniummolybdates aus ammoniakalischer Lösung. 1. Aufarbeitung des Ammoniummolybdophosphates. 1500 g lufttrockenes Pulver werden in 1500 ml Wasser aufgeschlämmt und in 1750 ml 20%igem Ammoniak gelöst. Man versetzt mit einer Lösung von 200 g Magnesiumsulfat und füllt auf 5 l auf. (In einem Reagensglase prüft man in einer Probe mit Phenolphthalein auf alkalische Reaktion.) Wenn sich der Niederschlag nach einigen Tagen abgesetzt hat, prüft man nochmals die alkalische Reaktion der Lösung und ferner 100 ml der Lösung mit 2 Tropfen Ammoniumphosphatlösung auf Magnesiumüberschuß. Den Niederschlag bringt man auf eine Nutsche und wäscht ihn mit 100 ml 2%igem Ammoniak aus. Das Filtrat wird noch einmal durch ein dichtes Filter filtriert.

Ist feuchter Ammoniummolybdophosphatschlamm (nach II, S. 45) vorhanden, so verdünnt man ihn mit Wasser, fügt allmählich Ammoniak bis zur eingetretenen Lösung hinzu und fällt mit Magnesiumsulfat. Hierbei sollen die oben angegebenen Verhältnisse möglichst eingehalten werden, sonst kristallisiert Ammoniummolybdat aus. Im Filtrat bestimmt man den Gehalt an Molybdäntrioxyd und reichert es u. U. mit Rohsalz an.

2. Aufarbeitung anderer Rückstände. Alle lufttrockenen Anteile von rohem Ammoniummolybdat, Molybdäntrioxyd und Molybdänsäure, welche sich nicht zum Ansetzen einer neuen Fällungslösung eignen, werden durch ein 2 mm-Sieb getrieben. In dem Gemisch wird das Molybdäntrioxyd bestimmt. 1500 g löst man mit 1500 ml Wasser und 1250 ml 20%igem Ammoniak, setzt wenig Magnesiumsulfat zu und füllt mit Wasser auf 5 l auf. Nach dem Klarwerden der Mischung prüft man die Lösung wie oben.

3. Ausfällung des Ammoniummolybdates. Man arbeitet am besten in der Wärme. Die nach I c ermittelte Säuremenge ist die unterste Grenze des erforderlichen Zusatzes. In 300 ml fassenden ERLENMEYER-Kolben werden erst einige Probefällungen unter Steigerung des Säurezusatzes um je 1 ml mit 100 ml Lösung, der noch bei den oben erhaltenen konzentrierten Lösungen 20 ml Wasser zugesetzt werden, angestellt. Man läßt die Säure aus einer Bürette zulaufen, und zwar zuerst ¾ des berechneten Zusatzes, erwärmt auf 60 bis 70°, fügt nun den Rest der Säure zu, verschließt den Kolben mit einem Gummistopfen und schüttelt um. Die Ausscheidung muß sofort erfolgen.

Das Ausfällen der Hauptmenge erfolgt durch Behandlung von 500 ml Lösung in einem 1 l fassenden ERLENMEYER-Kolben nach Zusatz von 100 ml Wasser und der auf Grund entsprechender Probefällungen ermittelten Menge Säure. Nach kurzem Stehen wird der Inhalt mehrerer Kolben (bis zu 6) in eine 10 l fassende Flasche geschüttet und darin umgeschüttelt. Nach 1 Std. dekantiert man die Flüssigkeit und saugt das Salz scharf ab, wobei es, ohne es auszuwaschen, fest angedrückt wird. Bei richtig erfolgtem Säurezusatz ist die Nachfällung aus dem Filtrat nur gering. Das grobkörnige Salz wird in einer Ausbeute von 95% und mehr erhalten.

V. Ansetzen der Sulfat-Molybdän-Lösung nach v. LORENZ-NEUBAUER. Hierfür kann die nach LEPPER sehr zweckmäßige Vorschrift von GISIGER (b) (siehe S. 44) dienen, wobei nur berücksichtigt werden muß, daß die handelsübliche Schwefelsäure von der Dichte 1,84 nur 96%ig ist.

1. Man bestimmt die Gehalte an Molybdäntrioxyd und an Ammoniak in dem zurückgewonnenen Salze und berechnet daraus die für 5 l Lösung erforderliche Menge Salz und die des vorhandenen Ammoniaks.

2. Zu dem Salze werden 1,8 l Wasser und das fehlende 25%ige Ammoniak, dessen genauer Gehalt vorher bestimmt werden muß, hinzugefügt. Nach völliger Lösung wird die Mischung in *dünnem* Strahle und *langsam* zu dem Gemisch aus den notwendigen Mengen Salpetersäure und Schwefelsäure hinzugegeben. Man filtriert die fertige Lösung nach 5 bis 6 Tagen durch ein dichtes Filter.

3. Die hergestellte Lösung wird auf ihre einwandfreie Beschaffenheit durch die Fällung einer bekannten Phosphatlösung geprüft.

Die Lösung soll in 5 l enthalten: 612 g MoO_3, 126,5 g NH_3, 105 ml Schwefelsäure (D 1,84), 2250 ml Salpetersäure (D 1,4).

XV. Andere Arbeitsweisen. Auf Grund seiner schon häufig erwähnten sehr sorgfältigen Untersuchungen über die quantitative Fällung des Ammoniummolybdophosphates ist NYDAHL zu einer von den bisher mitgeteilten Vorschriften abweichenden Methode gelangt, welche sich hauptsächlich einer schwach sauren Ammoniummolybdatlösung bedient. Eine ammoniakalische Lösung haben LUNDELL und HOFFMAN benutzt. ISHIBASHI verwendet eine neutrale Lösung von Ammoniummolybdat, während v. ENDRÉDY einen Zusatz von Weinsäure macht. NYDAHL empfiehlt vor allen Dingen die auch schon von anderen Seiten gelegentlich angewendete Umfällung des Niederschlages des Ammoniummolybdophosphates. Auch FALK und SUGIURA sowie WINKLER haben Vorschriften für die Umfällung angegeben. SARUDI (v. STETINA) hat eine sehr eingehende Vorschrift mitgeteilt. Er verwendet eine einfache Ammoniummolybdatlösung. Gegen die Anwendung einer ammoniakalischen Molybdatlösung sprechen die Erfahrungen von BIRNBAUM und WALDEN über die mögliche Verunreinigung einer solchen Lösung durch Aufnahme von Kieselsäure aus den Glasgefäßen (siehe S. 40 und S. 68).

a) Vorschrift von NYDAHL. ***Reagenzien.*** 1. Ammoniummolybdatlösung. $^1/_7$ Mol Ammoniummolybdat (Merck, Erg.-B. 5) = 176,6 g und $^1/_7$ Mol Ammoniak werden zu 1 l gelöst. Die filtrierte Lösung wird so eingestellt, daß die Konzentration des Molybdäns und des Ammoniums je 0,1 m sind. Die Lösung mit einem $p_H \approx 6$ soll besser haltbar sein als eine stark saure.

2. Waschflüssigkeit. Man löst 0,25 Mol Ammoniumnitrat und 0,04 Mol Salpetersäure zu 1 l. Die Lösung hat das $p_H = 1,5$.

Arbeitsvorschrift. Die zu fällende Phosphatlösung wird mit Salpetersäure angesäuert. Salzsäure und Schwefelsäure sind zu vermeiden. Man erhitzt bis nahe an den Siedepunkt und fügt das Reagens hinzu. Bei größeren Niederschlagsmengen genügt es, ½ bis 1 Min. nach Bildung des Niederschlages umzurühren, bei geringen Mengen muß die Lösung während der ersten ½ Std. nach dem Fällen, also solange sie noch warm ist, öfter umgerührt werden. Bis zum Filtrieren muß immer mindestens 1 Std. gewartet werden (siehe Bemerkung IV, S. 35). Man saugt den Niederschlag ab und wäscht ihn mit der angegebenen Waschflüssigkeit aus.

Um den Niederschlag bei Gegenwart von Fremdstoffen zu reinigen, wird er am besten umgefällt. Man bringt den Niederschlag in das Fällungsgefäß zurück und löst ihn in 8 ml 5 n Ammoniak. Bei Benützung desselben Filtertiegels oder -stäbchens braucht der daran haftende Rest des Niederschlages nicht entfernt zu werden. Zu der ammoniakalischen Lösung gibt man 2 ml m Molybdänlösung und verdünnt auf 40 ml. Dann fügt man 60 ml 2,15 n Salpetersäure zu und rührt sofort um.

Um den Niederschlag als Ammoniummolybdophosphat zu wägen, wäscht man ihn mit der Waschflüssigkeit und danach mit Aceton aus. Der Tiegel mit dem Niederschlage wird in einem Gefäße, in welchem die Luft durch Acetondampf verdrängt ist, bei 10 bis 50 Torr Acetondampfdruck getrocknet. Nach ½ Std. kann gewogen werden. Das Verfahren ist für technische Analysen durchaus brauchbar.

b) Vorschrift von SARUDI (v. STETINA). ***Reagenzien.*** 1. 3%ige Ammoniummolybdatlösung. — 2. 34%ige Ammoniumnitratlösung. — 3. 4n Salpetersäure (etwa 25%ig). — 4. 4n Ammoniak. — 5. 1%ige Salpetersäure als Waschflüssigkeit.

Arbeitsvorschrift. Die etwa 50 ml betragende, chloridfreie, ganz schwach salpetersaure Lösung mit 1 bis 100 mg P_2O_5 wird nach den Angaben in Tabelle 1 mit Salpetersäure und Ammoniumnitratlösung versetzt. Die Mischung wird ebenso wie die nötige Menge Ammoniummolybdatlösung bis zum Blasenwerfen erhitzt und diese dann in dünnem Strahle aus einem 150 ml-Tropftrichter mit enger Auslaufspitze zweckmäßig durch die Öffnung eines durchlochten Uhrglases zur umgeschwenkten

Flüssigkeit hinzugegeben. Nach eingetretener Fällung wird noch 1 bis 2 Min. lang umgeschwenkt und sogleich in kaltem Wasser abgekühlt. Nach 2 Std. wird die Flüssigkeit durch ein Papierfilter (Schleicher & Schüll Nr. 589[2] oder 597) abfiltriert und der Niederschlag durch einmaliges Dekantieren mit Waschlösung (5) gewaschen. Das Fällungsgefäß wird unter den Trichter gestellt, und nach Maßgabe der Tabelle 1 wird 4n Ammoniak durch das Filter in das Fällungsgefäß gegeben. Dann wird gemäß den Zahlen der Tabelle 1 Ammoniumnitratlösung und Wasser durch das Filter

Tabelle 1. Nötige Mengen an Reagensflüssigkeiten für die Fällung und Umfällung von Ammoniummolybdophosphat nach SARUDI (V. STETINA).

Erste Fällung

mg P_2O_5	ml Ammonium-molybdatlösung	ml 4n Salpetersäure	ml Ammoniumnitratlösung
100	120	20	30
70	100	20	30
50	80	20	30
20	50	10	20
10	25	10	20
5	15	10	20
2	10	5	15
1	10	5	15

Umfällung

mg P_2O_5	ml 4n Ammoniak	ml Ammonium-nitratlösung	ml Wasser	ml Ammonium-nitratlösung	ml 4n Salpeter-säure
100	15	20	30	1	25
70	15	20	30	1	25
50	15	20	30	1	25
20	10	15	20	1	20
10	} 5 ml auf das Doppelte verdünnt	10	20	1	10
5		10	20	1	10

filtriert und dieses mit Wasser nachgewaschen. Bei diesen Operationen wird das Trichterrohr an der Becherglaswand herumgeführt. Nach Zufügen von 1 ml Ammoniummolybdatlösung (1) wird die Lösung zum Blasenwerfen erhitzt und nun die nötige Menge 4n Salpetersäure durch den Tropftrichter wie oben zugegeben. Nach 1stündigem Stehen in kaltem Wasser wird der Niederschlag mit Waschlösung (5) in einen Porzellanfiltertiegel A 2 übergespült und gewaschen. Nach scharfem Absaugen wird der in einem Wägeglase stehende Tiegel (siehe S. 36) 1 Std. bei 160° getrocknet und danach im Exsiccator 1 Std. lang abkühlen gelassen. Bei 10 bis 1 mg P_2O_5 ist die Wartezeit für das Absitzen des Niederschlages auf 3 bis 8 Std. auszudehnen. Die Menge der Spül- und Waschflüssigkeit soll bei 100 bis 50 mg P_2O_5 80 bis 120 ml betragen, bei kleineren Mengen weniger. Der Faktor für P_2O_5 ist 0,0377.

c) Vorschrift von LUNDELL und HOFFMAN. ***Reagenzien.*** 1. Ammoniummolybdatlösung. 4mal je 55 g Ammoniummolybdat, 50 g Ammoniumnitrat und 40 ml Ammoniak (D 0,95) werden mit Wasser zu 700 ml aufgefüllt. Man erwärmt, bis alles gelöst ist, vereinigt die Lösungen, füllt sie zu 4 l auf, läßt sie über Nacht stehen und filtriert sie durch ein doppeltes Filter. Vor dem Gebrauche wird die Lösung schwach mit Salpetersäure angesäuert. — 2. Waschflüssigkeit. Man verwendet eine Ammoniumnitratlösung mit einem Zusatze von 1% Salpetersäure. Bei Gegenwart von Zinn sind 1,5% Salpetersäure ratsam.

Arbeitsvorschrift. Die etwa 100 bis 200 ml betragende, zu fällende Phosphatlösung soll etwa 5 bis 10 Vol.-% Salpetersäure (D 1,42) und 5 bis 15% Ammoniumnitrat enthalten. Die Temperatur der Lösung soll 40 bis 60° betragen. Man verwendet zur Fällung einen 15- bis 25fachen Überschuß an Molybdatlösung. Durch Schütteln befördert man die Abscheidung. Nach 30 Min. kann man filtrieren. Zum Auswaschen soll nicht zuviel Waschflüssigkeit angewendet werden. Da die Verfasser den Niederschlag des Ammoniummolybdophosphates in Ammoniummagnesiumphosphat überführen, machen sie keine Angaben über die Weiterbehandlung als Wägungsform, welche jedoch ohne weiteres auf die übliche Weise geschehen kann (siehe S. 34).

d) Vorschrift von ISHIBASHI. ***Reagenzien.*** 1. Ammoniummolybdatlösung. 35 g Ammoniummolybdat werden zu 1 l gelöst. — 2. Ammoniumnitratlösung. Man löst 400,3 g Ammoniumnitrat zu 1 l. — 3. 5n Salpetersäure. — 4. 0,4n Salpetersäure.

Arbeitsvorschrift. Die 6 bis 70 mg P_2O_5 enthaltende, neutrale Lösung wird in einem Guß mit der das Doppelte der theoretischen Menge betragenden Ammoniummolybdatlösung versetzt. Die jetzt etwa 60 ml betragende Lösung wird mit je 20 ml der Reagenzien 2 und 3 versetzt. Man erwärmt auf dem Wasserbade auf 50 bis 60°, rührt 5 Min. lang um, läßt 3 Std. stehen und filtriert dann durch einen Filtertiegel. Den mit dem Reagens 4 bis zur Molybdänfreiheit ausgewaschenen Niederschlag trocknet man bei 250 bis 300° bis zur Gewichtskonstanz und läßt ihn im Exsiccator über Phosphorpentoxyd erkalten. Der Niederschlag soll die Zusammensetzung $(NH_4)_3PO_4 \cdot 12\,MoO_3 \cdot HNO_3 \cdot 2\,H_2O$ haben. Zur Berechnung wird aber der Faktor 0,0378 für P_2O_5 benutzt.

e) Vorschrift von FALK und SUGIURA. Der abfiltrierte und gewogene Niederschlag wird in 50 ml Wasser und 3 ml konzentriertem Ammoniak unter Erwärmen gelöst. Man filtriert durch ein Papierfilter, wäscht dieses mit 2,5 %igem Ammoniak und dann mit Wasser aus und versetzt das Filtrat mit 20 ml 50%iger Ammoniumnitratlösung und 1 ml 10%iger Ammoniummolybdatlösung. Die zum Sieden erhitzte Mischung wird tropfenweise mit 20 ml warmer Salpetersäure (3 Teile Säure + 1 Teil Wasser) unter Rühren versetzt. Nach dem Stehen über Nacht wäscht man den Niederschlag 6mal mit Ammoniumnitratlösung (50 g Salz und 10 ml konzentrierte Salpetersäure in 1 l Wasser), einmal mit 1%iger Salpetersäure, trocknet ihn bei 120° und wägt ihn als $(NH_4)_3PO_4 \cdot 12\,MoO_3$ (siehe dazu Bemerkung IV auf S. 35).

f) Vorschrift von WINKLER bei Gegenwart von dreiwertigem Eisen. Der wie üblich gefällte Niederschlag wird in 10 ml 10%igem Ammoniak und 50 ml Wasser gelöst. Zur bräunlichen Lösung gibt man 10 ml 3%ige Ammoniummolybdatlösung hinzu, aber kein Ammoniumnitrat und kocht die Mischung auf. Zur heißen, klaren Lösung werden in dünnem Strahle 20 ml kalte, 25%ige Salpetersäure zugefügt. Man erhält einen so gut wie eisenfreien Niederschlag.

g) Vorschrift von v. ENDRÉDY. ***Reagenzien.*** 1. 4n Salpetersäure. 276 bis 280 ml Salpetersäure (D 1,4) werden zu 1 l aufgefüllt. Der Gehalt wird maßanalytisch kontrolliert und soll um nicht mehr als $\pm 3\%$ vom Soll abweichen.

2. Fällungsreagens. a) 100 g Weinsäure werden in 300 ml Wasser gelöst. b) Man löst 150 g Ammoniummolybdat in 600 ml Wasser. Die Lösungen a und b werden kalt in einen 1 l fassenden Meßkolben filtriert, mit 10 bis 12 Tropfen konzentrierter Salpetersäure versetzt und zu 1 l aufgefüllt. Die Lösung ist fast unbegrenzt haltbar.

3. Waschflüssigkeit. 50 g Ammoniumnitrat und 40 ml Salpetersäure (D 1,4) werden zu 1 l gelöst.

Arbeitsvorschrift. Die Lösung mit 0,3 bis 35 mg P_2O_5 wird mit 8 g Ammoniumnitrat, 20 ml 4n Salpetersäure (1) und so viel Wasser versetzt, daß ihr Volumen etwa 100 ml beträgt. Zu der zum Sieden erhitzten Lösung (siehe dazu Bemerkung V, S. 37) werden aus einer Bürette 20 ml des Fällungsreagenses (2) zugegeben. Die Flamme wird sofort entfernt. Nach 5 Min. schwenkt man um, läßt 24 Std. stehen, filtriert, wäscht mit 25 ml kalter und 50 ml heißer Waschflüssigkeit (3), dann mit 5 ml und mit 15 ml Aceton, trocknet im Luftstrom und wägt nach 24stündigem

Stehen im Exsiccator. (Der Niederschlag kann auch zu $P_2O_5 \cdot 24MoO_3$ verglüht werden, siehe S. 53.)

Zur Berechnung dient der empirische Faktor 0,0355. Das Ergebnis ist zu korrigieren, und zwar bei den Fällen, bei denen keine größere Genauigkeit als 0,6 bis 0,8% (bezogen auf die Menge des Niederschlages) verlangt wird, durch Subtraktion von 3 mg bei Gewichten des Niederschlages zwischen 100 und 800 mg, jedoch nicht darüber oder darunter, oder bei größeren Ansprüchen an Genauigkeit durch die Werte in folgender empirisch ermittelten Tabelle 2:

Tabelle 2. Korrekturwerte nach v. ENDRÉDY.

Niederschlag in g	Verbesserungswert in mg		Niederschlag in g	Verbesserungswert in mg	
0,01	−1,3	*−0,7*	0,45	−3,7	—
5	−2,4	—	50	−3,8	*−4,5*
10	−3,0	*−2,2*	60	−3,1	*−3,7*
20	−3,5	*−3,5*	70	−2,1	*−1,5*
30	−3,5	*−4,4*	80	−0,4	*+0,8*
35	−2,7	—	90	+2,0	*+2,7*
40	−2,7	*−4,6*	1,00	+4,9	*+4,4*

Bemerkung zur Tabelle: Die kursiv gesetzten Zahlen beziehen sich auf die Bemerkung I auf S. 54.

XVI. Mikrochemische Arbeitsverfahren. LIEB hat das v. LORENZ-Verfahren für die mikrochemische Phosphorbestimmung übernommen. Nach seiner Vorschrift kann 0,4 bis 1 mg P ermittelt werden. KUHN hat den Anwendungsbereich bis zu 30 γ P erweitert, indem er die Fällung längere Zeit stehenläßt. GORBACH und KOSTIČ führen die gravimetrische Mikrobestimmung bis herab zu 5 γ P durch. Als empirischen Faktor gibt KUHN für P_2O_5 0,03328 bzw. für P 0,014525 an auf Grund der Zusammensetzung des Niederschlages gemäß der Formel $(NH_4)_3PO_4 \cdot 14MoO_3$. Unter Berücksichtigung der heute gültigen Atomgewichte errechnen sich die Faktoren bei Zugrundelegung der angegebenen Zusammensetzung des Niederschlages zu 0,032795 für P_2O_5 und zu 0,014313 für P[1]. Die Differenzen in den Faktoren zwischen v. LORENZ, LIEB (0,03332) und KUHN dürften auf den Einfluß der Zeit der Niederschlagsbildung, auf die bei Makro- und Mikroanalysen etwas verschiedene Art der Entwässerung und Wägung sowie auf die immerhin merkliche Löslichkeit des Ammoniummolybdophosphates zurückzuführen sein. Durch nephelometrischen Vergleich mit Phosphorsäurelösungen gleichen Gehaltes an Molybdat und Salpetersäure wurde von KUHN in den Mutterlaugen einer 0,499 mg P enthaltenden, 18 Std. gestandenen Fällung etwa 0,2% des angewendeten Phosphors gefunden. Wenn auch die Niederschläge in ihrer Zusammensetzung etwas schwanken (siehe Bemerkung IV auf S. 35), so lassen sich doch unter gleichartigen Fällungsbedingungen, unabhängig von den vorhandenen Phosphormengen, so gleichmäßige Fällungen erzielen, daß diese für die analytische Bestimmung auch sehr geringer Phosphorgehalte durchaus geeignet erscheinen. Allerdings sind die Vorschriften für die Herstellung der Reagenzien und die Fällungsbedingungen *genauestens* einzuhalten, denn nur für die angegebene Arbeitsweise gilt der obengenannte Faktor. Statt den Niederschlag zu wägen, kann er auch alkalimetrisch titriert werden (siehe S. 58).

a) Verfahren von LIEB-KUHN. ***Reagenzien.*** 1. Sulfat-Molybdän-Reagens. In einem 1 l-Meßkolben löst man 50 g Ammoniumsulfat in 500 ml Salpetersäure (D 1,36). Ferner löst man in einem Becherglase 150 g zerkleinertes Ammoniummolybdat in 400 ml siedend heißem Wasser. Nach dem Erkalten gießt man unter

[1] TSUZUKI, MIWA und KOBAYASHI geben die Faktoren für P zu 0,01442 bzw. für P_2O_5 zu 0,03304 an.

ständigem Schütteln die Molybdatlösung langsam in dünnem Strahle zur Ammoniumsulfatlösung und füllt schließlich mit Wasser bis zur Marke auf. Nach 3 Tagen wird die Lösung durch ein gewöhnliches Filter in eine braune Vorratsflasche gegossen und gut verschlossen aufbewahrt. Zur Entnahme dient eine 15 ml-Pipette. — 2. Verdünnte Salpetersäure (1:1). — 3. Schwefelsäurehaltige Salpetersäure. Man gießt 30 ml Schwefelsäure (D 1,84) zu 1 l Salpetersäure (D 1,19 bis 1,21), die man durch Vermischen von 420 ml Salpetersäure (D 1,40) mit 580 ml Wasser erhält; 2 ml-Pipette. — 4. 2%ige Ammoniumnitratlösung. Reagiert die Lösung nicht schwach sauer, so ist sie mit einigen Tropfen Salpetersäure ganz schwach anzusäuern; Spritzflasche. — 5. Reiner Alkohol (95 bis 96%); Spritzflasche. — 6. Äther (alkohol- und wasserfrei). 150 ml Äther sollen bei Raumtemperatur 1 ml Wasser klar lösen. — 7. Aceton p. a. Es muß frei von Aldehyden sein.

Arbeitsvorschrift. Die Probelösung, die sich in einem, mit Dichromatschwefelsäure sorgfältig gereinigten weiten Reagensglase (100 ml Inhalt) befindet, wird mit 2 ml schwefelsäurehaltiger Salpetersäure versetzt und mit Wasser auf 15 ml ergänzt (Marke vorher anbringen). Das Reagensglas bringt man in ein kochendes Wasserbad (1 l-Becherglas) und filtriert inzwischen — wenn nötig — das Molybdatreagens. Zur Fällung nimmt man das Reagensglas aus dem Wasserbade und läßt 15 ml Reagens in feinem Strahle aus der Pipette in die Mitte der Lösung laufen (nicht an der Wandung zufließen lassen!). Nach 2 bis 3 Min. schwenkt man tüchtig um und läßt dann zur vollständigen Ausscheidung des Ammoniummolybdophosphates *mindestens 6 Std.* stehen. Bei weniger als 0,5 mg P sind 6 bis 18, unter 0,05 mg P bis zu 36 Std. erforderlich. Es ist auch darauf zu achten, daß nach erfolgter Fällung das Reagensglas nicht mehr in das Wasserbad gebracht wird, weil es sonst zur Ausscheidung von freier Molybdänsäure kommt. Während der Ausscheidung des Niederschlages präpariert man ein neues Filterröhrchen nach PREGL oder reinigt ein schon benutztes durch Herauslösen des Niederschlages mit Ammoniak. Man wäscht es, gleichgültig, ob ein neues oder schon benutztes Filterröhrchen verwendet wird, mit Wasser, heißer verdünnter Salpetersäure und destilliertem Wasser und verdrängt schließlich das Wasser durch zweimaliges Auffüllen mit Alkohol, Äther oder Aceton. Das Filterröhrchen wird zuerst mit feuchtem Flanell, dann mit trockenen Rehlederläppchen gereinigt und — ohne es mit der Hand zu berühren — in einen leeren Exsiccator gebracht, der *kein Trockenmittel* enthält. Sodann evakuiert man den Exsiccator an der Wasserstrahlpumpe und läßt das Filterröhrchen mindestens $1/2$ Std. im Vakuum. Ist nach Ablauf dieser Zeit an dem Filterröhrchen kein Äther- oder Acetongeruch mehr festzustellen, so ist es für die Wägung bereit. Unmittelbar bevor man zum Absaugen des Niederschlages schreitet, entnimmt man das Filterröhrchen dem Exsiccator und notiert die Zeit, die zwischen der Entnahme und der Wägung verstreicht, was zweckmäßig in 5 Min. geschehen soll. Nach genau gleicher Zeit hat man später auch die Wägung des Niederschlages durchzuführen. Der Niederschlag wird mit der Absaugevorrichtung nach PREGL in das Filterröhrchen gehebert. Zuerst saugt man die überstehende Flüssigkeit bis auf einen kleinen Rest ab, wäscht den Niederschlag gründlich mit der 2%igen Ammoniumnitratlösung und bringt ihn dann erst auf das Filter. Zur Entfernung der letzten Niederschlagsreste spritzt man die Wandung des Reagensglases unter Drehen abwechselnd mit der Ammoniumnitratlösung und Alkohol gut ab und füllt schließlich zur Verdrängung des Wassers das Filterröhrchen zweimal mit Alkohol und Äther oder Aceton. Nach dem Wischen und Trocknen wird nun das Filterröhrchen wie vorher gewogen. Da das Gewicht des Ammoniummolybdophosphates im Verhältnis zu dem des darin enthaltenen Phosphors sehr groß ist, genügt es, auch bei geringem Phosphorgehalt der Substanz, die Wägung auf $\pm 0{,}01$ mg genau vorzunehmen.

Bemerkung. Der *Fehler* beträgt nach KUHN für 1,25 bis 0,03 mg P $\pm 1\%$.

b) Verfahren von Gorbach und Kostič. *Apparate.* Nernst-Donau-Waage; Mikrobecher 0,5 ml Inhalt, 0,2 bis 0,3 mm Wandstärke, 15 × 7 mm groß; Mikrostäbchen nach Emich, dessen Capillare 1,2 mm äußeren und 0,8 mm inneren Durchmesser hat, mit einer Halbkugel für die Aufnahme des Asbestfilters von 2,5 bis 3 mm Durchmesser.

Reagenzien nach Lieb-Kuhn (siehe S. 51).

Arbeitsvorschrift. Man bringt mittels einer Mikropipette 0,1 ml Lösung in das vorher mit Filterstäbchen gewogene Mikrobecherchen und erwärmt auf einem Heizblock (105°). Man fügt 0,1 bis 0,3 ml Molybdatreagens hinzu, erwärmt noch 2 Min. auf dem Heizblock und läßt zugedeckt 2 Tage stehen. Unter Umständen muß verdunstetes Wasser ergänzt werden. Man saugt ab und wäscht 3mal abwechselnd mit Ammoniumnitratlösung und absolutem Alkohol, 3- bis 5mal mit Alkohol, 2mal mit Aceton, trocknet ¾ Std. im Vakuumexsiccator und wägt. Berechnung wie bei Lieb-Kuhn. Anwendbarkeit für 5 bis 50 γ P. Fehler —0,2%.

2. Durch Wägung als $P_2O_5 \cdot 24MoO_3$.

Die Umwandlung des gelben Ammoniummolybdophosphates bei Glühtemperatur, genauer bei Temperaturen zwischen etwa 400 und 550°[1], in blauschwarzes Molybdophosphorsäureanhydrid $P_2O_5 \cdot 24MoO_3$ veranlaßte Meineke (a) dazu, diese Verbindung als Wägungsform bei Phosphorbestimmungen in Eisen und Eisenerzen zu verwenden. In einer späteren Arbeit (b) stellte er die hier angegebene Formel als richtig fest und verbesserte den analytischen Faktor. Nur 1 Jahr später gab Woy (a) eine sehr genaue Arbeitsvorschrift für die Fällung des Ammoniummolybdophosphates und für seine Umwandlung in die Wägungsform $P_2O_5 \cdot 24MoO_3$. Insbesondere empfahl er zur Reinigung des Niederschlages des Ammoniummolybdophosphates dessen Umfällung (siehe S. 48 und S. 49). In einer zweiten, gleichzeitigen Arbeit teilte Woy (b) die Anwendungsmöglichkeit seines Verfahrens auf Düngephosphate und Aschen mit. Seyda modifizierte kurz darauf das Fällungsverfahren, um einen möglichst einwandfrei zusammengesetzten Niederschlag zu erhalten (siehe dazu die Ausführungen auf S. 35). Hanamann (a) wandte das Meinekesche Verfahren schon vor Woy an, er verwirft in einer späteren Arbeit (b) die doppelte Fällung. Auch Sherman und Hyde finden bei einer Nachprüfung der Woyschen Methode, daß eine zweimalige Fällung nicht erforderlich sei, aber Chesneau tritt wieder für die doppelte Fällung ein. Auf Grund seiner sehr kritischen Untersuchungen kommt Nydahl auch zu dem Schluß, daß der Niederschlag des Ammoniummolybdophosphates bei Gegenwart von Fremdstoffen durch Umfällen zu reinigen sei (siehe S. 48). van Kampen hält das Verfahren von Woy für besser als das von Hundeshagen (a) (siehe S. 58), während Maude derselben Meinung ist bez. des Ammoniummagnesiumphosphatverfahrens.

Für die erste Fällung des Ammoniummolybdophosphatniederschlages gilt alles das, was auf den S. 34ff. gesagt wird. Hier werden im Zusammenhange mit den Arbeiten der einschlägigen Autoren noch einige Arbeitsvorschriften für die Fällung in Kürze mitgeteilt.

Verfahren von Woy (a). ***Reagenzien.*** 1. Ammoniummolybdatlösung. 120 g Ammoniummolybdat werden in 4 l Wasser gelöst. — 2. Ammoniumnitratlösung. Man löst 340 g Ammoniumnitrat in 1 l Wasser. — 3. Salpetersäure (D 1,153). — 4. Waschflüssigkeit. 200 g Ammoniumnitrat und 160 ml Salpetersäure werden zu 4 l gelöst.

Arbeitsvorschrift. In einem 400 ml fassenden Becherglase wird die abgemessene Lösung mit 30 ml Ammoniumnitratlösung (2) und 10 bis 20 ml Salpetersäure (3)

[1] Nach Dupuis und Duval entweichen zwischen 410° und 540° aus zwei Molekülen $(NH_4)_3PO_4 \cdot 12MoO_3$ (s. S. 37) sechs Moleküle NH_3 und drei Moleküle H_2O. Danach erfolgt unregelmäßig die Bildung von $P_2O_5 \cdot 24MoO_3$. Oberhalb von 850° sublimiert Molybdäntrioxyd.

bis zum Blasenwerfen erhitzt. Aus einem Tropftrichter wird die siedend heiße Molybdatlösung (1) in dünnem Strahle unter Schwenken (kein Glasstab!) hinzugegeben und das Becherglas beiseite gestellt. Man wendet je mg P_2O_5 1 ml Molybdatlösung an und fügt 20 ml im Überschuß hinzu. Die Filtration erfolgt durch einen GOOCH-Tiegel, an dessen Stelle heutzutage besser ein Porzellanfiltertiegel benutzt wird. Der Niederschlag wird mit der Waschflüssigkeit (4), danach mit Alkohol und Äther gewaschen. (Das Waschen kann auch mit Aceton erfolgen.) Der Tiegel wird in einen passenden Nickeltiegel gestellt und 15 Min. lang geglüht.

Um einen genauer zusammengesetzten Niederschlag zu erhalten, ist es ratsam, den ersten Niederschlag umzufällen. Hierzu wird der Niederschlag in 10 ml 8%igem Ammoniak aufgelöst. Man fügt 20 ml Ammoniumnitratlösung (2), 30 ml Wasser und 1 ml Ammoniummolybdatlösung (1) hinzu, erhitzt zum Blasenwerfen und läßt aus einem Tropftrichter 20 ml heiße Salpetersäure zulaufen. Nach 10 Min. wird filtriert und wie oben weiter behandelt. Nunmehr werden richtige Werte erhalten.

Für die *Berechnung* von P_2O_5 dient der Faktor 0,03947 (siehe Bemerkung I).

***Bemerkungen.* I. Die Genauigkeit** ist nach NYDAHL bei Einhaltung der von ihm angegebenen Vorsichtsmaßnahmen (siehe S. 36ff.) die beste überhaupt mit einem Molybdatverfahren zu erzielende. — v. ENDRÉDY jedoch rechnet mit dem empirischen Faktor 0,0392 und gibt die in der Tabelle 2 auf S. 51 angegebenen empirisch ermittelten Korrekturwerte.

II. Als beste Glühtemperatur gibt NYDAHL 550° an, wobei für das Durchschreiten der Temperatur von 300 bis 550° 2 Std. nötig sind. Der geglühte Stoff soll eine gleichmäßig blauschwarze Farbe aufweisen. CHRISTENSEN allerdings glüht in der Bunsenflamme so lange, bis die blauschwarze Farbe in hellgelblichgrün übergegangen ist.

III. Einfluß fremder Stoffe. Natrium-, Kalium-, Ammonium- und Calciumnitrat sind ohne Einfluß auf die Fällung. Eisen(III)-chlorid sowie Ammoniumchlorid verlangsamen die Abscheidung, und Calciumchlorid bewirkt zu niedrige Werte [WOY (a)]. SHERMAN und HYDE finden, daß die Gegenwart selbst beträchtlicher Mengen der gewöhnlichen Säuren und Basen ohne wesentlichen Einfluß auf das Ergebnis sei. Nach P. NEUMANN ist das geglühte $P_2O_5 \cdot 24\,MoO_3$ bei Gegenwart von Eisen (z. B. aus Thomasmehl) eisenhaltig, so daß zuviel Phosphor gefunden wird. Er fällt deshalb in der Kälte, wie dies auch schon HANAMANN (a) angegeben hat, und filtriert schon nach 30 Min. ab.

IV. Andere Arbeitsweisen. a) Vorschrift von SEYDA. Das Verfahren beruht auf der Anwendung einer citronensäurehaltigen Ammoniummolybdatlösung (siehe auch S. 166) und Umfällung des Niederschlages. Das Glühen zum Anhydrid erfolgt nach WOY.

Reagenzien. 1. Citronensäurehaltige Ammoniummolybdatlösung. 150 g gepulvertes Ammoniummolybdat werden in 600 ml warmem Wasser gelöst. Zu der abgekühlten Lösung fügt man 1 l Salpetersäure (D 1,19) und 400 g Ammoniumnitrat. Nach Abkühlung auf 15° füllt man die Mischung im Meßkolben auf 2 l auf und filtriert die Lösung nach mehreren Tagen. In 1 l dieser Lösung werden 10 g Citronensäure gelöst. Nach 24stdg. Stehen filtriert man. — 2. Salpetersäure (D 1,15). — 3. 8%iges Ammoniak. — 4. Verdünnte Molybdatlösung: 0,1%ige Ammoniummolybdatlösung mit 10% Ammoniumnitrat in einer Spritzflasche. — 5. Waschflüssigkeit: 5%ige Ammoniumnitratlösung mit 1% Salpetersäure.

Arbeitsvorschrift. 25 ml Phosphatlösung werden auf dem siedenden Wasserbade mit 100 ml Fällungsreagens (1) gefällt. Nach 20 bis 30 Min. filtriert man und wäscht mit heißer Waschflüssigkeit aus. Die Hauptmenge des Niederschlages spült man mit Hilfe der verdünnten Molybdatlösung (4) in das Fällungsgefäß zurück, löst sie in 10 ml Ammoniak (3), spült das Filter 3 mal mit der Molybdatlösung (4) aus und bringt die Lösung zum Sieden. Nunmehr fällt man durch Zugabe von 20 ml Salpetersäure (2) und arbeitet nach den Angaben von WOY weiter.

b) Vorschrift von CHRISTENSEN. ***Fällungsreagens.*** 150 g Ammoniummolybdat werden in 150 ml Ammoniak (D 0,91) und 850 ml Wasser gelöst. Die Lösung mischt man mit 1 l Salpetersäure (D 1,2).

Arbeitsvorschrift. Für je 10 mg P_2O_5 läßt man je 10 ml Fällungsreagens in die 50° warme Lösung eintropfen, rührt um und filtriert nach 3stündigem Stehen. Man erhitzt den abgetrennten Niederschlag über einer Bunsenflamme, bis er nach vorübergehender Blauschwarzfärbung hellgelblichgrün geworden ist.

c) Vorschriften von FREY. α) Fällung bei Raumtemperatur. Man löst 1 g der zu untersuchenden Probe in 25 ml 50%iger Salpetersäure, bringt im Meßkolben auf 250 ml, entnimmt davon 25 ml und versetzt mit 10 ml 25%iger Salpetersäure, so daß in 25 ml Lösung insgesamt 15 ml 25%iger Salpetersäure enthalten sind. Diese Bedingung gilt auch für auf anderem Wege erhaltene Lösungen. Nach Zusatz von 25 ml Ammoniumnitratlösung mit 340 g des Salzes im Liter fällt man unter mechanischem Rühren mit Ammoniummolybdatlösung, die im Liter 30 g des kristallisierten Salzes (4 Mol Wasser) enthält. 1 ml davon genügt zur Fällung von 1 mg P_2O_5. Die zuzusetzende Menge Ammoniummolybdatlösung ergibt sich aus der Formel $[{}^1/_2(M + m) + 50]$ ml, in der M den maximalen, m den minimalen zu erwartenden Phosphorsäuregehalt bedeuten. Bei 60 mg P_2O_5 verwendet man im allgemeinen 80 ml. Die in einem 400 ml-Becherglase befindliche Lösung versetzt man unter Rühren mit einem einfachen Glasrührer von 200 U/Min. in einem Guß mit der Molybdatlösung, dekantiert nach 12 Min. langem Rühren in einen gewogenen Porzellanfiltertiegel und wäscht mit insgesamt 75 ml Waschflüssigkeit (100 g Ammoniumnitrat, 80 ml 25%ige Salpetersäure im Liter) aus. — β) Fällung unter Erwärmen. Unter möglichster Beschränkung der Salpetersäuremenge (3 bis 15 ml 25%ige Säure zum Lösen) fällt man in Gegenwart von 25 ml Ammoniumnitratlösung mit einem großen Überschuß von Ammoniummolybdatlösung unter gelegentlichem Rühren von Hand oder mechanisch. Bei Erscheinen der weißen Fällung von Enneamolybdophosphat gibt man in einem Guß 50 ml kalte Salpetersäure (D 1,38) zu und erwärmt unter schwachem Rühren innerhalb 3 bis 4 Min. auf 80°. Danach kann man den Niederschlag wie unter α) angegeben sofort filtrieren und auswaschen. — Der Filtertiegel mit dem Niederschlag wird 10 Min. auf 350° erhitzt. Zur Berechnung dient bei Einhaltung obiger Angaben der theoretische Faktor 0,03783 für P_2O_5. Beim Erhitzen auf 550° tritt teilweise Reduktion des Molybdäns ein. — Salzsäure beeinflußt die Fällung um höchstens $\pm$ 0,2%, wenn beim Lösen auf 1 g Substanz nicht mehr als 20 ml Säure (D 1,19) verwendet werden, also $^1/_{10}$ davon bei der Fällung anwesend ist.

3. Durch Überführung in Ammoniummagnesiumphosphat und Wägung als Magnesiumpyrophosphat.

Dieses Verfahren rührt von SONNENSCHEIN her, welcher als Erster die Fällung der Phosphorsäure mittels Ammoniummolybdates durchführte. Das abgeschiedene Ammoniummolybdophosphat wird in Ammoniak gelöst, und aus dieser Lösung wird durch Magnesiamischung in üblicher Weise Ammoniummagnesiumphosphat gefällt, das durch Glühen in Magnesiumpyrophosphat als Wägungsform verwandelt wird. Diese nicht ganz einfache Art der Phosphorbestimmung war lange Zeit im Gebrauche, bis die vorstehend eingehend beschriebenen einfacheren Verfahren allmählich Eingang in die analytische Praxis fanden. Wie bei diesen haben sich auch mit dem hier zu behandelnden Verfahren viele Autoren beschäftigt in dem Bemühen, möglichst genaue Ergebnisse zu erzielen. Aus neuester Zeit liegt das Urteil von NYDAHL vor, nach welchem nur das SONNENSCHEINsche Verfahren mit einer Fehlergrenze von $\pm$0,1% das einzige Molybdatverfahren für hohe Ansprüche sei.

Das SONNENSCHEINsche Verfahren hat aber dennoch seine große Bedeutung eingebüßt, nachdem durch die sorgfältigen Untersuchungen vieler Autoren das

v. LORENZsche Verfahren zu einer hohen Vollkommenheit entwickelt worden ist (siehe S. 32). Danach bietet das SONNENSCHEIN-Verfahren keinen Vorzug gegenüber dem LORENZ-Verfahren, denn bei einem P_2O_5-Gehalt von 3,3% des LORENZ-Niederschlages gegenüber dem des Magnesiumpyrophosphates mit 63,8% braucht man bei jener Arbeitsweise mindestens die 5fache Menge Ammoniummolybdat, um eine genügend große Auswaage zu erhalten, ganz abgesehen davon, daß durch das Umfällen die Untersuchung umständlicher wird und viele Stunden länger dauert.

Um die Festlegung der besten Arbeitsbedingungen waren besonders R. FRESENIUS, NEUBAUER und LUCK, ABESSER, JANI und MÄRCKER und PEITSCH, ROHN und WAGNER bemüht. STÜNKEL, WETZKE und WAGNER haben eine sehr brauchbare Vorschrift angegeben, welche hier unten mitgeteilt wird. In einer kritischen Untersuchung haben LUNDELL und HOFFMAN das Verfahren noch verbessert und insbesondere zahlreiche Fehlermöglichkeiten diskutiert.

Das SONNENSCHEINsche Verfahren ist über einen großen Bereich bez. des vorhandenen Phosphors anwendbar, und es ist sogar von THURNWALD und BENEDETTI-PICHLER für Mikrobestimmungen als brauchbar erwiesen worden. Allerdings benutzen die Verfasser das Ammoniummagnesiumphosphat-6-Hydrat als Wägungsform.

Bei Anwendung des SONNENSCHEIN-Verfahrens zur Phosphorbestimmung wird empfohlen, die Ausführungen über die Fällung des Ammoniummagnesiumphosphates in § 2 auf S. 119ff. zu beachten.

Arbeitsvorschrift. Die Lösung, welche etwa 100 bis 200 mg P_2O_5 enthalten soll, wird nach den Angaben auf S. 33 mit Ammoniummolybdat gefällt. Nach wenigstens 1stündigem Stehen wird der Niederschlag abfiltriert und mit Ammoniumnitratlösung ausgewaschen. Man durchsticht das Filter und spült den Niederschlag mit 2,5%igem Ammoniak in das Fällungsgefäß zurück. Nachdem man das Volumen der Lösung mit 2,5%igem Ammoniak auf etwa 75 ml gebracht hat, fügt man für je 100 mg P_2O_5 10 ml Magnesiamischung (aus Magnesiumchlorid bereitet, siehe S. 120) tropfenweise unter Rühren hinzu. Nach 2stündigem Stehen filtriert man den Niederschlag durch einen Porzellanfiltertiegel ab, wäscht ihn mit 2%igem Ammoniak aus und glüht nach dem Trocknen bei 110° im elektrischen Ofen.

Bemerkungen. **I. Die Genauigkeit** beträgt bei sorgfältigem Arbeiten mindestens $\pm 0{,}1\%$ (NYDAHL).

II. Anwendungsbereich. Schon R. FRESENIUS (c) fand das SONNENSCHEIN-Verfahren anwendbar auch bei Gegenwart von Erdalkalimetallen, Aluminiumoxyd, Eisenoxyd u. a., wogegen Weinsäure und ähnlich wirkende organische Substanzen abwesend sein müssen.

III. Störungen. Das in der Fällungslösung vorhandene Ammoniummolybdat kann zu Störungen Anlaß geben. Um das Mitreißen des Molybdats zu verhindern, schlägt FÖRSTER vor, die ammoniakalische Lösung des Niederschlages von Ammoniummolybdophosphat vor dem Zusatz der Magnesiamischung zu erwärmen, wodurch sofort ein kristalliner Niederschlag erfolgt. Wenn der Niederschlag mit ammoniakalischer Ammoniumnitratlösung gewaschen wird, so erhält man einen rein weißen Glührückstand. — Als Hauptfehlerquelle bezeichnen McCANDLESS und BURTON den Zusatz von Salzsäure nach der Neutralisation der ammoniakalischen Lösung des Ammoniummolybdophosphates. Man müsse genau neutralisieren, denn ein Überschuß an Salzsäure ergäbe positive, Überschuß an Ammoniak negative Fehler. — Bei Gegenwart mancher Stoffe löst sich das zuerst gefällte Ammoniummolybdophosphat nicht klar in Ammoniak auf. Es hinterbleibt dann ein phosphorhaltiger Rückstand, der unter allen Umständen abfiltriert werden muß. Man wäscht ihn gut aus, schmilzt ihn mit Alkalicarbonat, laugt die Schmelze mit Wasser aus, filtriert, säuert an und fügt die Lösung zur Hauptlösung hinzu (siehe S. 29, LUNDELL und HOFFMAN). — Wegen anderer Störungen siehe § 2, S. 125.

IV. Arbeitsweise von Rosenheim und Jaenicke. Die Lösung des Niederschlages von Ammoniummolybdophosphat in Ammoniak wird auf 250 ml verdünnt. Man fügt 2 g Ammoniumnitrat und 1 g Magnesiumnitrat hinzu. Nach dem Absetzen des Niederschlages werden 50 ml verdünntes Ammoniak zugesetzt. Durch diese Arbeitsweise wird die Bildung schwer löslicher Molybdate vermieden. Die Lösung wird kühl gehalten, unter Umständen in Eis abgekühlt. Der Niederschlag wird einmal umgefällt. Er bleibt dann beim Glühen schneeweiß und ist frei von Molybdän.

V. Prüfung des Magnesiumpyrophosphates auf Molybdän. Der Niederschlag wird nach Ross in 10 ml heißer Salzsäure (1:1) gelöst. Von der auf 100 ml aufgefüllten Lösung werden 10 ml in eine kleine Porzellanschale gegeben, und es werden 5 Tropfen Natriumsulfidlösung (1:10) zugefügt. Bei Gegenwart von Molybdän tritt Schwärzung auf. Unter Umständen muß die Molybdänmenge quantitativ bestimmt werden.

VI. Vorschrift für Mikromengen von Thurnwald und Benedetti-Pichler. ***Reagenzien.*** 1. Ammoniummolybdatlösung: Eine Lösung von 8 g Ammoniummolybdat in 20 ml heißem Wasser wird mit einer Lösung von 20 g Ammoniumnitrat (chemisch rein) in 30 ml Wasser gemischt. Die Mischung wird unter Rühren in 50 ml Salpetersäure (1:1) eingegossen. Nach 1tägigem Stehen filtriert man das fertige Reagens, von welchem je ½ ml für 1 mg P_2O_5 nötig ist. — 2. Waschlösung: 2 g Ammoniumnitrat und 1 ml konzentrierte Salpetersäure werden zu 100 ml aufgelöst. — 3. 10%iges Ammoniak. — 4. 10%ige Lösung von kristallisiertem Magnesiumchlorid. — 5. 1%iges Ammoniak. — 6. Absolutes Methanol.

Arbeitsvorschrift. Man wägt 1 bis 5 mg Substanz in einen Mikrobecher ein und löst sie in 0,3 ml 1%iger Salpetersäure auf. Auf einem Wasserbade erhitzt man die Lösung auf 70° und fügt eine zur Fällung genügende Menge Ammoniummolybdatlösung hinzu. Nachdem die Mischung ½ Std. warm gestanden hat, wird die Lösung durch ein Glasfilterstäbchen mit Asbestfilter abgesaugt. Der Niederschlag wird mit der Waschflüssigkeit ausgewaschen. Man gibt die Waschflüssigkeit tropfenweise auf und saugt jedesmal gut ab. Insgesamt sollen etwa 1 bis 2 ml Waschflüssigkeit verbraucht werden. Nun nimmt man das Filterstäbchen von der Saugvorrichtung ab und stellt es in den Mikrobecher. Man gibt 0,1 ml 10%iges Ammoniak zu und löst den Niederschlag unter Drehen und Neigen des Filterstäbchens schnell auf. Nach Zusatz von 0,4 ml Wasser zieht man die Lösung durch das Filterstäbchen ab und fängt sie in einem zweiten Becher, der vorher mit seinem Filterstäbchen tariert wurde, auf. Man wäscht mit 0,5 ml lauwarmem Wasser tropfenweise nach. Die Lösung wird auf dem Wasserbade erwärmt und bei Siedehitze mit 0,1 ml Magnesiumchloridlösung versetzt. Es fällt sofort ein amorpher Niederschlag aus. Man entfernt den Becher vom Wasserbade, schwenkt ihn um, versetzt mit 1 Tropfen 10%igem Ammoniak und läßt ihn bedeckt 15 bis 20 Min. bei Raumtemperatur stehen. Diese Zeit genügt zum Kristallisieren des Niederschlages. Man zieht die Lösung ab und wäscht den Niederschlag tropfenweise mit 2 ml 1%igem Ammoniak und 2mal mit je 1 ml absolutem Methanol. Bei Raumtemperatur trocknet man im Trockenrohr nach Benedetti-Pichler und Schneider durch viertelstündiges Durchleiten von Luft, welche vorher eine Schicht von kristallisiertem Calciumchlorid passiert hat. Danach wird der Becher feucht und trocken abgewischt und nach 10 Min. das Ammoniummagnesiumphosphat-6-Hydrat gewogen.

Bemerkungen. a) Die Genauigkeit beträgt etwa $\pm 0,1\%$. — b) Störungen. Organische Säuren und Chloride stören. Chloride werden durch Abrauchen mit Salpetersäure entfernt. Kieselsäure darf nicht anwesend sein. — c) Die Temperatur braucht nicht genau eingehalten zu werden, weil die Mitfällung kleiner Mengen Molybdän nicht schadet. Das v. Lorenzsche Reagens (siehe S. 33) ist hier unbrauchbar.

4. Durch maßanalytische Bestimmung.

I. Alkalimetrische Titration. Die Eigenschaft des Ammoniummolybdophosphates, sich leicht in Alkalilaugen und in Ammoniak aufzulösen nach der Gleichung:

$$(NH_4)_3PO_4 \cdot 12\,MoO_3 + 23\,NaOH = 11\,Na_2MoO_4 + (NH_4)_2MoO_4 + NaNH_4HPO_4 + 11\,H_2O$$

wurde von THILO benutzt, um eine Phosphorbestimmung auf alkalimetrischem Wege nach vorangegangener Fällung und Abtrennung des Ammoniummolybdophosphates auszuführen. THILO verwendete Ammoniak als Lösungsmittel und titrierte die ammoniakalische Lösung mit Säure bis zum Umschlag von Lackmus. Er erwähnt aber bereits die Möglichkeit, als Lösungsmittel Natronlauge oder Kalilauge und als Indicator Phenolphthalein zu verwenden. Diesen Vorschlag griffen fast gleichzeitig HANDY und sowohl PEMBERTON als auch HUNDESHAGEN (a) auf, und in dieser Form ist das Verfahren bis heute in Anwendung geblieben.

Die eben erwähnten Autoren beließen das Ammoniak in der alkalischen Lösung, was wegen seiner Flüchtigkeit nicht unbedenklich erscheint. Es bedeutete deshalb einen Fortschritt, als A. NEUMANN das Verfahren dahingehend änderte, daß er das Ammoniak durch Kochen der alkalischen Lösung entfernte. Dies bedingt einen größeren Verbrauch an Natronlauge gemäß der Gleichung:

$$(NH_4)_3PO_4 \cdot 12\,MoO_3 + 26\,NaOH = 12\,Na_2MoO_4 + Na_2HPO_4 + 3\,NH_3 + 14\,H_2O.$$

Der notwendige Überschuß an Alkalihydroxyd wird mit Schwefelsäure zurückgemessen. Bei dieser Arbeitsweise ist jedoch keine Rücksicht genommen auf einen etwaigen Carbonatgehalt der Lauge, welcher bei der Titration mit Säure mit Phenolphthalein als Indicator störend wirkt. Aus diesem Grunde titrierte GREGERSEN den Überschuß an Lauge mit einem Überschuß von Säure zurück und maß diesen erst zurück, nachdem anwesendes Kohlendioxyd durch Kochen entfernt worden war. In dieser Form hat das alkalimetrische Verfahren bis zum heutigen Tage Anwendung gefunden. Es ist insbesondere durch die sorgfältigen Untersuchungen SPENGLERS (b, c) und GISIGERS (a) noch verfeinert worden.

Den schwachen Punkt des NEUMANNschen Verfahrens, nämlich die Erkennung des Punktes der vollständigen Entfernung des Ammoniaks wegen des geringen Überschusses an Lauge umgeht BANG dadurch, daß er das frei gemachte Ammoniak mit Formaldehyd zu Hexamethylentetramin (Urotropin) bindet, danach mit Säure übertitriert und dann mit Lauge zurückmißt. Nach TERLET und BRIAU vollzieht sich die Umsetzung nach der Gleichung:

$$4\,(NH_4)_3PO_4 \cdot 12\,MoO_3 \cdot 2\,HNO_3 + 112\,NaOH + 18\,HCHO = 48\,Na_2MoO_4 + 8\,NaNO_3 + 4\,Na_2HPO_4 + 3\,(CH_2)_6N_4 + 82\,H_2O,$$

d. h. auf 1 P_2O_5 kommen 56 NaOH. Diese Arbeitsweise ist von SCHEFFER noch etwas verfeinert worden. SPENGLER (b) und GISIGER (a) halten diese Methode für sehr gut.

Was die Genauigkeit des alkalimetrischen Verfahrens angeht, so ist die Einschränkung zu machen, welche überhaupt für das Molybdatverfahren gilt: der gelbe Niederschlag des Ammoniummolybdophosphates hat keine absolut konstante Zusammensetzung[1]. Daher ist der Verbrauch an Lauge für die Auflösung des Niederschlages schwankend, und daher werden keine absolut sicheren Ergebnisse erzielt. Alle Bearbeiter sind sich über diesen Punkt einig, und ihre Bestrebungen sind immer dahin

[1] GISIGER (a) findet den Niederschlag des Ammoniummolybdophosphates frei von Nitrat und wie v. LORENZ frei von Sulfat. Da er aber einen größeren Verbrauch an Natronlauge beobachtet, als der theoretischen Zusammensetzung entspricht, selbst wenn bis zu 15 mal ausgewaschen wird, so kann der Niederschlag nur säurereicher oder, was dasselbe ist, ammoniakärmer sein. GISIGER gibt folgende Formel für den Niederschlag an:

$$8\,[(NH_4)_3PO_4 \cdot 12\,MoO_3] \cdot NH_4 \cdot 9\,MoO_3 \cdot \underbrace{(42{,}4\,H_2O \cdot 1{,}8\,NH_4NO_3)}_{\text{adsorbiert}}.$$

[Vergleiche damit die Formel von SPENGLER (d), S. 36.]

gegangen, durch strikte Anwendung genauestens ausgearbeiteter Bedingungen zu verläßlichen Ergebnissen zu gelangen. Da aber das alkalimetrische Verfahren verhältnismäßig schnell ausführbar ist, so ist es bei Reihenbestimmungen sehr vorteilhaft, wenn nicht auf äußerste Genauigkeit Rücksicht genommen werden muß. So hat schon PELLET (a) das Titrationsverfahren für nicht so zuverlässig erachtet wie das Wägungsverfahren. Auch BAXTER und GRIFFIN fanden die Titration nach PEMBERTON nicht genau. NYDAHL äußert sich in seiner kritischen Arbeit dahin, daß das maßanalytische Verfahren nach THILO-PEMBERTON in seiner Genauigkeit nicht dem gravimetrischen entspräche. Genaue Werte sind höchstens dann zu erhalten, wenn der Ammoniakgehalt des Niederschlages dem berechneten gleich käme.

Trotz dieser Unzulänglichkeiten ist aber das alkalimetrische Verfahren auch für mikrochemische Bestimmungen vorgeschlagen worden. Insbesondere KLEINMANN (b) und KUHN haben die einschlägigen Arbeitsbedingungen so formuliert, daß die Fehlergrenze sich um ± 1 bis 2% bewegt.

Zusammenfassend sei gesagt, daß das alkalimetrische Verfahren in den heutigen Ausführungsformen unter Anwendung eines empirischen Faktors durchaus brauchbar erscheint, sofern nicht sehr hohe Ansprüche an die Genauigkeit gestellt werden müssen.

Arbeitsvorschrift von* NEUMANN-GREGERSEN. *Reagenzien. 1. 10%ige Ammoniummolybdatlösung (kalt gelöst und filtriert). — 2. 50%ige Ammoniumnitratlösung. — 3. 0,5n Natronlauge. — 4. 0,5n Schwefelsäure.

Arbeitsvorschrift. Die etwa 150 ml betragende Phosphatlösung, welche 10 ml konzentrierte Schwefelsäure und 10 ml konzentrierte Salpetersäure enthalten soll, wird mit 50 ml Ammoniumnitratlösung (2) versetzt und auf 70 bis 80° erwärmt. Man fällt mit 40 ml Ammoniummolybdatlösung (1). Vor dem Filtrieren gibt man auf ein Papierfilter von 5 bis 6 cm Radius eiskaltes Wasser, wodurch ein blankes Filtrieren der warmen Fällungsflüssigkeit erreicht wird. Das Filter wird immer nur zu $^2/_3$ gefüllt. Man dekantiert die Flüssigkeit durch das Filter, rührt den Niederschlag mit 150 ml eiskaltem Wasser auf, läßt ihn absitzen, gießt die Lösung auf das Filter und wiederholt das Verfahren 3- bis 4mal, bis das Waschwasser gerade nicht mehr sauer gegen Lackmus reagiert. Es darf nicht zu lange gewaschen werden, weil sonst der Niederschlag durch das Filter laufen kann. Das Filter wird in das Fällungsgefäß gebracht und nach Zufügen von 150 ml Wasser zerteilt. Nun wird 0,5n Natronlauge bis zur Lösung des Niederschlages und noch 5 bis 6 ml im Überschuß zugefügt. Man kocht zur Vertreibung des Ammoniaks 15 Min. lang, fügt dann Phenolphthalein und 0,5n Schwefelsäure im Überschuß hinzu und kocht nochmals 5 Min. Nach dem Abkühlen der Lösung titriert man mit 0,5n Natronlauge bis zur auftretenden Rotfärbung. 1 ml 0,5n NaOH = 1,2674 mg P_2O_5.

***Bemerkungen.* a) Die Genauigkeit** ist abhängig von der Zusammensetzung des Niederschlages (siehe Bemerkung b). Bei Anwendung des empirisch ermittelten Faktors läßt sich eine befriedigende Genauigkeit erzielen. LAGERS findet ziemlich gute Werte, und NYSSENS gibt einen Fehler von nur 0,13% an. — Nach LUNDELL und HOFFMAN muß man den Niederschlag in carbonatfreier Natronlauge auflösen und das Ammoniak wegkochen. Bei genauen Analysen muß die Maßlösung auf eine Substanz mit gleichem und bekanntem Phosphorgehalt unter genau denselben Bedingungen wie bei der Analyse eingestellt werden. Zum Abfiltrieren des Niederschlages sind Papierfilter schlecht geeignet, weil sich die Säure schwer auswaschen läßt.

b) Zusammensetzung des Niederschlages und empirischer Faktor (siehe dazu die Ausführungen auf S. 35ff.). Bereits NEUMANN stellte fest, daß der Verbrauch an Natronlauge zur Auflösung des Ammoniummolybdophosphates und zur Austreibung des Ammoniaks nicht der Gleichung auf S. 58 entspricht, nach welcher auf 1 P 26 Mol NaOH kommen, sondern daß hierfür 28 Mol NaOH erforderlich sind. Er führte den Mehrverbrauch an Natronlauge auf einen Gehalt des Niederschlages an Salpetersäure im Verhältnis von 2 HNO_3 : 1 P zurück. Unter dieser Annahme ergibt sich der „NEUMANN-Faktor" zu 1,2674 mg P_2O_5 bzw. zu 0,5531 mg P je ml 0,5 n NaOH. RICHARDSON fand den Niederschlag schwefelsäurehaltig, und er empfiehlt, in der Analysenlösung anwesende Schwefelsäure vor der Bestimmung mit Bariumchlorid auszufällen. Dann sollen richtige Werte bei der Titration erhalten werden. BAXTER und GRIFFIN führten die Schwankungen in der Zusammensetzung des Niederschlages auf einen Gehalt an Molybdänsäure zurück. Sie finden einen Verbrauch von 24 Mol NaOH (ohne Austreibung des Ammoniaks) und halten demnach das alkalimetrische Verfahren für ungenau. HISSINK und VAN DER WAERDEN kommen zu ähnlichen Folgerungen. Die eingehenden Versuche von FALK und SUGIURA mit Hilfe verschiedener Verfahren zeigen eindeutig, daß der Niederschlag aus schwefelsaurer Lösung eine andere Zusammensetzung aufweist als aus schwefelsäurefreier Lösung. Er enthält keine Salpetersäure, denn beim Trocknen ändert er seine Zusammensetzung nicht und verbraucht naß oder trocken dieselbe Menge Natronlauge. Durch Bestimmung der Schwefelsäure und der anderen Komponenten im Niederschlage stellen die Autoren die Summenformel $(NH_4)_{14}(PO_4)_4SO_4 \cdot 53MoO_3$ auf, welche zur vollständigen Umsetzung 29 Äquivalente NaOH auf 1 P erfordert. Bei Abwesenheit von Schwefelsäure soll der Niederschlag aber genau das Verhältnis P:Mo = 1:12 haben. Die Titration des Niederschlages gibt also nur dann befriedigende Ergebnisse, wenn genau ausgearbeitete Fällungsbedingungen eingehalten werden, und wenn mit einem empirischen Faktor gerechnet wird. Die Verfasser halten überhaupt das gravimetrische Verfahren nach Umfällung des Ammoniummolybdophosphates für einwandfreier (siehe S. 48). Sehr sorgfältige Analysen von HEUBNER mit dem NEUMANN-GREGERSEN-Verfahren führen diesen Autor zu dem empirischen Faktor 0,575 mg P je ml 0,5 n NaOH. HEUBNER vermag für die Abweichung seiner Zahlen besonders von denen GREGERSENS keinen Grund anzugeben. Zu dem gleichen Faktor wie HEUBNER gelangt JODIDI, welcher das GREGERSENsche Verfahren des zweimaligen Übertitrierens wegen der Verlängerung der Arbeitszeit als schlecht hinstellt. Er empfiehlt, eine Blindprobe anzustellen, welche die Irrtümer, die durch Verunreinigung der Reagenzien, durch den Gehalt der Titrationslösungen an Kohlendioxyd und durch die Einwirkung der Lauge auf das Filter entstehen, kompensiert. Den bei der Blindprobe gefundenen Verbrauch an Lauge setzt man von den bei der Bestimmung erhaltenen Werten ab. Eine Blindprobe kann für eine Reihe von Bestimmungen gelten. Die Abweichungen des Faktors bei der Titration nach NEUMANN-GREGERSEN, wie sie HEUBNER findet, beruhen nach KLEINMANN (b) auf der Löslichkeit des Ammoniummolybdophosphates in Wasser. Bei dem Ersatz des Waschwassers durch 50%igen Alkohol ist der theoretische Faktor anzuwenden. IVERSEN findet wieder den Faktor 0,5526 im Gegensatz zu HEUBNER und in annähernder Übereinstimmung mit GREGERSEN. Er sieht die Ursache der Abweichungen teilweise in der nicht ganz zu vernachlässigenden Löslichkeit des Niederschlages im Waschwasser, teilweise in der Anwesenheit des Filters in der kochenden Lauge. Da auch KUHN bei der mikrochemischen Bestimmung in Übereinstimmung mit IVERSEN den Faktor 0,553 findet, so ist wohl dieser als der beste anzusehen, zumal bereits NEUMANN diesen Wert fand. Bez. des Faktors bei der Titration unter Formalinzusatz nach BANG-SCHEFFER siehe S. 61.

c) Über das **Auswaschen des Niederschlages** sind von verschiedenen Seiten verschiedene Ansichten geäußert worden. GISIGER (a) stellt fest, daß das Auswaschen mit Wasser ohne Einfluß auf die Zusammensetzung des Niederschlages sei, selbst wenn bis zu 15 mal ausgewaschen wird. Kaliumsalzlösungen, wie Kaliumnitrat oder Kaliumsulfat hingegen tauschen aus dem Niederschlage Ammoniumionen gegen Kaliumionen aus, scheinen aber auch Molybdat zu entfernen. Natriumsalze bewirken diesen Austausch in geringerem Maße. In jedem Falle müssen aber Abweichungen von den richtigen Ergebnissen eintreten. SPENGLER (b) empfiehlt, den Niederschlag zuerst mit Ammoniumnitratlösung zu waschen. Um das Ammoniumnitrat zu entfernen, kann dann mit 30 bis 60 ml 1%iger Natriumsulfatlösung gewaschen werden, denn nun trete eigenartigerweise keine Abspaltung mehr ein. Auch NYDAHL empfiehlt, zuerst mit Ammoniumnitratlösung, dann aber mit Wasser zu waschen. Wenn gleich mit Wasser gewaschen wird, so nimmt der Ammoniakgehalt des Niederschlages ab. Beim Waschen mit Natrium- oder Kaliumsulfatlösung wird Ammoniumion ausgetauscht, was zu niedrige Befunde im Gefolge hat. Ganz abwegig ist es, mit alkalischen Flüssigkeiten zu waschen, da diese Lösungen den Niederschlag angreifen, sobald die Säure entfernt ist (WLADIMIROW und LOBANOW).

d) Andere *Arbeitsvorschriften.* WILLIAMS führt die Fällung des Ammoniummolybdophosphates in der Kälte aus, saugt den Niederschlag auf einem Asbestfilter ab und titriert ihn samt dem Filter mit Kalilauge. — Ebenso arbeitet HIBBARD. Zum Auswaschen benutzt er reinstes Wasser und zum Zurücktitrieren der Kalilauge Salpetersäure. — HEIDENHAIN fällt Kaliummolybdophosphat und titriert dieses. — Nach dem Vorgange von BANG führt SCHEFFER die Titration des in Natronlauge gelösten Niederschlages bei Gegenwart von Formalin durch. Dieses reagiert mit dem vorhandenen Ammoniak unter Bildung von Urotropin nach der Gleichung:

$$4\,NH_3 + 6\,HCHO \longrightarrow (CH_2)_6N_4 + 6\,H_2O.$$

Das Urotropin ist auf die Titration ohne Einfluß, solange im alkalischen Bereich titriert wird. Es wird deshalb Phenolphthalein als Indicator benutzt. Der Zusatz des Formaldehyds muß unmittelbar vor der Rücktitration mit Säure erfolgen, da bei längerem Stehen der Formaldehyd mit der Natronlauge reagiert.

***α) Arbeitsvorschrift von* SCHEFFER.** Die Fällung erfolgt genau nach der Vorschrift von v. LORENZ-NEUBAUER (siehe S. 33). Nach 2 bis 18 Std. wird wie üblich durch einen Glasfiltertiegel filtriert. Man wäscht mit ½- bis 1%iger, völlig neutraler Natriumsulfatlösung bis zur neutralen Reaktion der Waschlösung gegen Lackmus. Dann bringt man den Tiegel mit Niederschlag in eine weithalsige Flasche und gibt aus einer Bürette 25 ml 0,4n Natronlauge hinzu. Nachdem die Flasche zwecks Ausschluß des Kohlendioxydes der Luft verschlossen ist, schüttelt man um und läßt zwecks Lösung des Niederschlages einige Zeit stehen. Wenn keine vollständige Lösung eintritt, wird noch einmal die gleiche Menge Natronlauge zugefügt. Nun werden 5 ml 40%iges Formalin, das Phenolphthalein im Verhältnis 1500:1 enthält, zugesetzt (bzw. 10 ml, wenn 50 ml NaOH gebraucht wurden), es wird umgeschüttelt und mit 0,1n HCl titriert. 1 ml 0,1n NaOH = 0,2537 mg P_2O_5. Dieser Faktor ist aus einem Verbrauch von 56 Mol NaOH auf 1 P_2O_5 berechnet[1]. — Diese Arbeitsweise wird von SPENGLER (b) als gut brauchbar angesehen. In einer anderen Arbeit (c) steht folgende

***β) Arbeitsvorschrift von* SPENGLER.** Reagenzien und Fällungsvorschrift sind die gleichen, wie sie für die gravimetrische Bestimmung anzuwenden sind (siehe S. 33). Für die Fällung ist jedoch die Einschränkung zu machen, daß sie längstens 2 Min. nach der Entfernung des Fällungsgefäßes von der Flamme erfolgt sein soll.

Nach 1- bis 3stündigem Stehen filtriert man den Niederschlag durch ein gehärtetes Filter, wobei zum Schutze gegen ein Reißen des Filters beim Absaugen ein Siebkonus in die Spitze eines einfachen Glastrichters gelegt wird. Der Kolbeninhalt wird unter Auswaschen mit 130 bis 150 ml Ammoniumnitratlösung vollständig auf das Filter gespült, das man nur etwa zur Hälfte füllt, weil die Niederschläge Neigung zum Klettern haben. Dann wäscht man mit etwa 60 ml 50%igem oder stärkerem Alkohol

[1] Wenn der Niederschlag unter Zusatz von Ammoniummolybdat umgefällt wird, so werden nach BOURDON und COTTE bei der Titration nach SCHEFFER unter Zusatz von Formaldehyd 56 Äquivalente NaOH verbraucht. Unterbleibt der Zusatz von Ammoniummolybdat, so hat der Niederschlag genau die Zusammensetzung $(NH_4)_3PO_4 \cdot 12\,MoO_3$ und verbraucht 52 Äquivalente NaOH.

nach. Der zum Schluß ablaufende Alkohol muß *säurefrei* sein. Das ausgewaschene Filter bringt man in das Fällungsgefäß und übergießt es mit 40 ml 0,5n NaOH (auf 0,25n NaOH umrechnen!) und verschließt den Kolben. Unter leichtem Umschütteln löst sich der gelbe Niederschlag klar und farblos auf. Jetzt versetzt man sofort mit 15 ml 35%iger Formalinlösung, welche zuvor unter Zusatz von Phenolphthalein neutralisiert wurde, schüttelt den wieder verschlossenen Kolben einige Male und titriert mit 0,25n HCl bis zum Verschwinden der Rotfärbung. 1 ml 0,25n NaOH = 0,61755 mg P_2O_5. Der hier angeführte Faktor ist aus einem Verbrauch von 57,5 Mol NaOH auf 1 P_2O_5 berechnet. Als vorteilhaft wird eine öftere gravimetrische Kontrolle der Titrationen bezeichnet. Für wichtige Analysen wird die gravimetrische Bestimmung überhaupt als unbedingt vorzuziehen empfohlen.

Bemerkung. Nach PANNETIER steigt bei dem Verfahren von v. LORENZ-SCHEFFER die Menge der Molybdänsäure im Niederschlage mit steigender Temperatur (siehe S. 37). Nur wenn die Fällungstemperatur und -geschwindigkeit sowie die Menge und Art der Waschflüssigkeit genau eingehalten werden, erhält man durch Multiplikation der verbrauchten Milliliter 0,5n Natronlauge mit dem Faktor 1,2685 die angewandte Phosphatmenge. Der stöchiometrische Faktor 1,3361 ergibt zu hohe Werte.

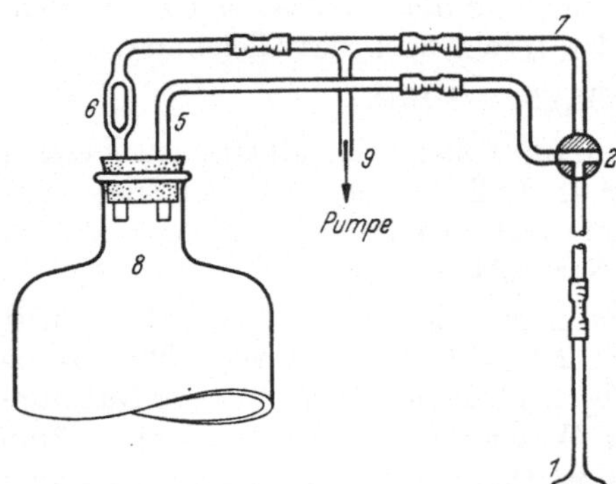

Abb. 1. Apparatur zum Absaugen und Auffangen der Fällungsflüssigkeit. (Nach GISIGER.)

*γ) **Arbeitsvorschrift von*** **GISIGER (a).** Ein schnelleres Absaugen und bequemeres Arbeiten wird nach GISIGER durch „umgekehrte Filtration“[1] mit Filterplättchen (Nr. 602 Schleicher & Schüll) auf einer Schlitzsiebplatte *1* von 2 cm Durchmesser in der in Abb. 1 gezeigten Apparatur erzielt. Zwecks getrennten Auffangens von Fällungslösungen und Waschwässern wird der Drei-Wege-Hahn *2* zweckentsprechend umgestellt. Das Rückschlagventil *6* dient zur Vermeidung des Einströmens von Luft oder Flüssigkeit in die große Vorratsflasche *8*. Das T-Stück zwischen *6* und *7* stellt über den Schlauch *9* die Verbindung mit der Wasserstrahlpumpe her. Es werden vorteilhaft bis zu 6 Drei-Wege-Hähne durch zwei sechsteilige Gabelstücke aus Glasrohr miteinander zu einer Batterie mit einer gemeinsamen Vorratsflasche *8* verbunden. Die in Abb. 1 gezeichnete Stellung des Drei-Wege-Hahnes *2* zeigt die Stellung beim Absaugen der Fällungslösung.

Die in Wasser aufbewahrten Filterscheiben werden auf die Siebplatte gelegt, dann wird das Saugen begonnen. Nach dem Absaugen der Fällungslösung erfolgt das Auswaschen mit Wasser aus einer hochstehenden Vorratsflasche mit Heber und Quetschhahn. Hierbei wird der Drei-Wege-Hahn *2* so umgestellt, daß das Waschwasser unmittelbar in die Wasserstrahlpumpe gelangt. Nach 6maligem Auswaschen wird Hahn *2* geschlossen, das Filterstäbchen abgenommen und mittels durchlaufenden Wassers aus dem Heber des genannten Vorratsgefäßes in das Fällungsgefäß hinein abgespült. Die Titration erfolgt durch Auflösen des Niederschlages in überschüssiger Natronlauge mit Zusatz von Phenolphthalein und sofortige Rücktitration mit Säure, also ohne Verkochen des Ammoniaks. Von diesem geht allerdings etwas verloren, so daß als empirisches Verhältnis P_2O_5:NaOH = 1:50,4 gilt an Stelle des für die Zusammensetzung des Niederschlages (siehe S. 59) berechneten Verhältnisses 1:50,25. 1 ml 0,5n NaOH = 1,4105 mg P_2O_5.

[1] Die umgekehrte Filtration verwenden auch ODIN (ein 6 bis 8 mm weites Glasrohr mit einem durch einen Gummiring festgehaltenen gehärteten Filter) und WIDMARK und VAHLQUIST (Filterstäbchen).

e) Mikrochemische Arbeitsweisen. BOWSER wendete die alkalimetrische Titration des Ammoniummolybdophosphates bei Mengen bis unter 0,8 mg P_2O_5 an. Die Fällung läßt er 1 Std. bei 55°, dann 2 Std. bei Raumtemperatur stehen. Die Titration erfolgt mit 0,02 n KOH. — Das von KLEINMANN (b) angewendete Mikroverfahren ist ebenso wie das von NEUMANN nach den Erfahrungen von KUHN nur bis 0,5 mg P anwendbar. In Übereinstimmung mit IVERSEN sind aber bei genauer Einhaltung der Fällungsvorschrift von LORENZ-LIEB (siehe S. 51) noch 0,1 mg P unter Zugrundelegung des Faktors 0,553 (siehe S. 60) mit einer Genauigkeit von ± 1 bis 2% maßanalytisch bestimmbar. Das Verfahren der Bestimmung des Ammoniakgehaltes des Ammoniummolybdophosphatniederschlages ist als Mikroverfahren bei 0,05 bis 1 mg P bis auf 2 bis 3% richtig. LINDNER und KIRK bestimmen sogar 0,5 bis 9 γ P durch Titration mit 0,1 n Natronlauge. Sie lassen den Niederschlag über Nacht stehen und setzen einen Blindwert in Rechnung. Die alkalimetrische Titration ist sicher anwendbar bis 0,1 mg P, darunter ist das gravimetrische Verfahren (siehe S. 51) vorzuziehen.

α) Arbeitsvorschrift von* KLEINMANN (b) *bis 0,5 mg P. 10 ml der phosphathaltigen Lösung werden mit 6 ml 63%iger Ammoniumnitratlösung, 1 ml Schwefelsäure, 6 ml Wasser und 2 ml 10%iger Ammoniummolybdatlösung versetzt und erwärmt. Nach dem Abkühlen setzt man 2 ml gereinigten, absoluten Alkohol hinzu. Der Niederschlag wird nach genügend langem Stehen durch ein Papierfilter (Schleicher & Schüll Nr. 589) filtriert und mit eiskaltem 40%igen Alkohol ausgewaschen, bis kein Sulfat mehr nachweisbar ist. Man löst den Niederschlag auf dem Filter durch langsames Auftropfen von 0,1 n NaOH auf den Rand des Filters, das man mit Wasser nachwäscht. Ein Mitkochen des Filters mit der Lauge bedingt einen Verbrauch daran und im Gefolge davon zu hohe Werte. Man erhitzt die Lösung zum Sieden, gibt nach etwa 15 Min. 0,1 n Säure im Überschuß hinzu, kocht wieder einige Min. und titriert nach Kühlung unter der Wasserleitung mit Lauge zurück. Der Fehler beträgt etwa 0,5%.

β) Arbeitsvorschrift von* KUHN *bis 0,1 mg P. Die nach der Vorschrift von LIEB (siehe S. 51) in einem 100 ml fassenden Jenaer Becherglas vorgenommene Fällung bleibt über Nacht stehen. Die Lösung wird vorsichtig durch ein gehärtetes Filter von 5 bis 7 cm Durchmesser abgegossen und der Niederschlag 3 mal mit etwas eiskaltem 50%igen Alkohol aus der Spritzflasche ausgewaschen. Die auf das Filter gelangten Teile des Niederschlages werden mit einem scharfen Wasserstrahle sorgfältig in das Fällungsgefäß zurückgespült. Nach Zufügen des Doppelten der zur Lösung des Niederschlages notwendigen Menge 0,1 n NaOH wird mindestens ½ Std. lang gekocht, so daß das Volumen der Flüssigkeit von etwa 50 ml auf etwa 10 ml zurückgeht. Dann fügt man 5 Tropfen einer 0,5%igen Lösung von Phenolphthalein oder von Thymolphthalein hinzu, gibt 0,1 n Säure bis zur Entfärbung und 3 bis 5 ml im Überschuß hinzu, kocht 10 bis 15 Min., kühlt unter der Wasserleitung ab und titriert mit Lauge zurück.

***γ) Arbeitsvorschrift von* TAYLOR *und* MILLER (b).** Der in einem Zentrifugenglase erzeugte Niederschlag wird zuerst mit absolutem, dann mit 50%igem Alkohol gewaschen. Man erreicht hierdurch, daß sich der Niederschlag vollständig am Boden des Glases sammelt und die Flüssigkeit klar abgegossen werden kann. Nun gibt man 5 ml Wasser in das Zentrifugenglas und reibt die Wände mit einer kleinen Gummifahne ab. Die Fahne spült man mit 5 ml absolutem Alkohol in das Glas hinein ab. An den Wänden wird nun mit 50%igem Alkohol heruntergespült. Der Niederschlag wird dann 5 mal mit je 10 ml 50%igem Alkohol ausgewaschen, in Natronlauge gelöst und diese Lösung im ERLENMEYER-Kolben gekocht. Noch besser dampft man die alkalische Lösung bei einer Temperatur unterhalb 100° auf einem Sandbade zur Trockene (am besten über Nacht). Dann nimmt man in Wasser auf und titriert wie üblich fertig. Der Fehler beträgt etwa +1 bis 2%.

II. Andere maßanalytische Verfahren. HUNDESHAGEN (b) hat ein Verfahren zur unmittelbaren Titration einer Phosphatlösung, welche schwach salpetersauer ist und Ammoniumnitrat enthält, vorgeschlagen, das darauf beruht, daß man in der Hitze mit eingestellter Molybdänsäurelösung titriert, bis kein Niederschlag mehr entsteht. Dasselbe Verfahren hat GRETE (a) fast gleichzeitig angewendet, dafür aber in einer anderen Arbeit (b) eine sehr ins Einzelne gehende Vorschrift mitgeteilt. Diese Arbeitsweise wird von GISIGER (a) als praktisch unabhängig von Stoffen, welche die Phosphorsäure begleiten (z. B. in Handelsdüngern), bezeichnet. Wegen der Umständlichkeit hat sich das Verfahren aber kaum eingebürgert, obwohl INCZE es empfiehlt, weil es wegen seiner Genauigkeit an der Spitze der titrimetrischen Verfahren stehe. Auch TUINZING empfiehlt das Verfahren, da er die Schwierigkeiten für übertrieben hält. Selbst Anfänger könnten in kurzer Zeit die Fähigkeit erlangen, Massenanalysen durchzuführen.

Das jodometrische Verfahren von ARTMANN, das auf der Oxydation des Ammoniaks im Niederschlage des Ammoniummolybdophosphates mit Natriumhypobromit zu Stickstoff, der Umsetzung des überschüssigen Hypobromites mit Jodid zu freiem Jod und dessen Titration mit Thiosulfat beruht, dürfte wohl ohne praktische Bedeutung geblieben sein. Wenn auch auf 1 P_2O_5 18 $Na_2S_2O_3$ kommen, so ist die Arbeitsweise so kompliziert, daß nach den Angaben des Autors der Fehler etwa $\pm 0,5\%$ beträgt. Da diese Genauigkeit ohne weiteres von den anderen einfacheren maßanalytischen Verfahren erreicht werden kann, so wird das ARTMANNsche Verfahren hier nicht näher erörtert.

Mehrere Verfahren zu einer maßanalytischen Bestimmung der Phosphorsäure mit Hilfe des Ammoniummolybdophosphates beruhen auf der Reduktion des im Niederschlage enthaltenen 6wertigen Molybdäns zu niedrigerwertigem und dessen oxydimetrischer Titration. So reduziert CAMPBELL in Ammoniak gelöstes Ammoniummolybdophosphat nach dem Ansäuern der Lösung mit Salzsäure mittels Zinn(II)-chlorid, macht dessen Überschuß mit Quecksilber(II)-chlorid unschädlich, versetzt mit Dichromat im Überschuß und titriert unter Tüpfeln mit rotem Blutlaugensalz mit Eisen(II)-chlorid zurück. Diese sehr umständliche Arbeitsweise ist in neuerer Zeit durch Anwendung reduzierender Metalle vereinfacht worden. JAVILLIER und DJELATIDES benutzen hierzu Aluminiumfolie und titrieren das reduzierte Molybdän mit Permanganatlösung, wobei aber der Eisengehalt des Aluminiums berücksichtigt werden muß. SOMEYA reduziert das Molybdän mit Bleiamalgam (a) oder mit Zink- oder Cadmiumamalgam (b) und titriert das entstandene 3wertige Molybdän mit Kaliumpermanganat. Schon früher hatte RANDALL ähnlich gearbeitet. Das im Zinkreduktor erzeugte 3wertige Molybdän wird nach diesem Autor mit Eisen(III)-salz oxydiert und das hierbei entstandene 2wertige Eisen mit Permanganat titriert. Auch P. hat den nach WOY erzeugten Niederschlag mit Zink reduziert und diese Lösung mit Permanganat titriert. HAKOMORI hat in Anlehnung an SOMEYA gearbeitet, und TSCHEPELEWETZKI und FISKINA haben das SOMEYA-Verfahren durch Anwendung von Wismutamalgam modifiziert, wodurch das Molybdän nur bis zur 5wertigen Stufe reduziert wird. THORNTON und ELDERDICE titrieren das durch Zink und Salzsäure erzeugte 3wertige Molybdän mit Methylenblau zu 5wertigem. Hierfür gilt die Umsetzungsgleichung: $C_{16}H_{18}N_3SCl + MoCl_3 + 2\,HCl = C_{16}H_{20}N_3SCl + MoCl_5$ (grün). Das Verfahren ist nur für sehr kleine Phosphormengen bis höchstens 400 γ P brauchbar, es ist für die Bestimmung des Phosphors in Stahl ausgearbeitet worden. BIRNBAUM und WALDEN reduzieren das Molybdän mit Silber zur 5wertigen Stufe und titrieren diese mit Cer(IV)-sulfat. BRESTAK und DAFERT titrieren das durch Natriumsulfit erzeugte Phosphomolybdänblau [Coeruleoverbindung von DENIGÈS (siehe S. 106)] mit Kaliumpermanganat. NYDAHL bezeichnet die Titration mit Permanganat nach Reduktion des Molybdäns für Mengen von etwa 0,5 Millimol Phosphorsäure als genaues Verfahren. Er verwendet als Reduktionsmittel Cadmium.

Nach WOY gefälltes Ammoniummolybdophosphat reduziert VILA mit Wasserstoff bei 700°. Die so reduzierte Verbindung liefert mit Molybdänsäure eine blaugefärbte Lösung, die mit Kaliumpermanganat titriert wird. Das Verfahren eignet sich für die Bestimmung kleiner Mengen Phosphor (10 γ P). CIUREA oxydiert Phosphomolybdänblau nach DENIGÈS (siehe S. 106) mit Chlorwasser, dessen Verbrauch dem Gehalt an Phosphat direkt proportional sei. Das Verfahren, das genauer als das colorimetrische oder nephelometrische sein soll, wird von VOICU abgelehnt, weil es keine befriedigenden Resultate gebe.

Eine aus den Referaten nicht deutlich erkennbare Arbeitsweise wenden einige russische Chemiker an. SSYROKOMSKI und KLIMENKO reduzieren in schwefelsaurer Lösung Ammoniummolybdophosphat mit 2 %igem Zinkamalgam unter Luftabschluß, setzen 3wertiges Molybdän durch Eisen(III)-salz zu 4wertigem um und titrieren mit eingestellter Vanadatlösung und Phenylanthranilsäure, bis die hellgrüne Färbung in Dunkelrotviolett umschlägt. STEPIN wendet das gleiche Verfahren an, jedoch reduziert er in salzsaurer Lösung mit Quecksilber.

a) Unmittelbare Titration mit Ammoniummolybdatlösung nach GRETE (b). Die saure Phosphatlösung wird in Gegenwart von Leim mit eingestellter, schwach ammoniakalischer Molybdatlösung titriert, bis der in weißlichen Wolken von sehr voluminöser Beschaffenheit entstehende Niederschlag nach dem Kochen sich gelb absetzt und bei erneutem Reagenszusatz ausbleibt.

Reagenzien. 1. Leimlösung: 1 kg gewöhnlicher Tischlerleim wird in kaltem Wasser gut aufgeweicht. Das Wasser wird weggeschüttet. Man löst den gequollenen Leim in heißem Wasser unter Zusatz von 250 ml Salpetersäure auf und kocht die Lösung ½ Std. lang. Nach dem Erkalten macht man stark ammoniakalisch und fällt etwa vorhandene Phosphorsäure mit Magnesiamischung. Man fügt 50 ml Ammoniumcarbonatlösung hinzu und füllt auf 10 l auf. Nach dem Umschütteln läßt man die Mischung, ohne zu filtrieren, stehen. *Oder* man quillt Leim auf, löst in Ammoniak, läßt die Lösung längere Zeit stehen, filtriert und neutralisiert. Zur Titration wird eine entsprechende Menge abfiltriert und mit Salpetersäure schwach angesäuert. Die richtige Zubereitung der Leimlösung ist von größter Bedeutung für den Ausfall glatter Titrationen.

2. Molybdatlösung: In einer großen Emailschale mischt man 500 bis 600 ml Leimlösung mit etwa 1 l technischer Salpetersäure (chlorfrei) und läßt hierzu eine konzentrierte Lösung von 400 g Molybdänsäure in wenig technischem Ammoniak unter Umrühren langsam zufließen, bis der entstehende Niederschlag sich eben nicht mehr löst. Man läßt einige Tage unter öfterem Umrühren stehen, filtriert, macht schwach ammoniakalisch und stellt gegen Kaliumdihydrogenphosphat, wie bei der Arbeitsvorschrift angegeben, ein. 1 ml Molybdatlösung soll 2,5 mg P_2O_5 entsprechen.

3. Salpetersaure Ammoniumnitratlösung: Ein Glasballon von 50 l Inhalt wird zur Hälfte mit Wasser gefüllt. Man fügt 10 kg technisches, chlorfreies Ammoniumnitrat und 8,5 l technische Salpetersäure hinzu, rührt um und füllt auf 50 l auf. Die Lösung wird mit 0,25 n $Ba(OH)_2$ eingestellt. 10 ml sollen 64,8 ml 0,25 n $Ba(OH)_2$ verbrauchen. Es sollen also in 1 l Lösung enthalten sein: 200 g Ammoniumnitrat und 26,5 ml Salpetersäure vom spezifischen Gewicht 1,197 bei reiner Säure und bis etwa 1,205 bei technischer Säure je nach Reinheit, davon 1,5 ml zur Einleitung der Reaktion. Z.B. 10 ml Lösung verbrauchen 68,4 ml 0,25 n $Ba(OH)_2$, folglich $64{,}8:68{,}4 = 50:x$, woraus $x = 52{,}7$. Man muß also $52{,}7 - 50 = 2{,}7$ l Wasser zufügen. Danach rührt man wieder um und titriert zur Kontrolle nochmals.

Arbeitsvorschrift. Die phosphathaltige Lösung, der man einige Quarzkörner zur Vermeidung des Stoßens beigegeben hat, wird nach Zusatz von 100 ml salpetersaurer Ammoniumnitratlösung zum Sieden erhitzt. Aus einer Bürette läßt man langsam unter Schütteln so lange Molybdatlösung zufließen, wie noch ein von oben deutlich sichtbarer Niederschlag entsteht. Man kocht wieder auf und schüttelt um, wobei sich der gelbe Niederschlag absetzt. Man fährt mit der Zugabe der Titrationslösung, dem Aufkochen usw. so lange fort, bis, von der Seite gesehen, nur noch eine schwache Reaktion erkennbar ist. Nun werden 5 bis 6 ml der Leimlösung zugesetzt. Nach dem Aufkochen und Absitzen titriert man nun in analoger Weise durch Zusatz von je 3 Tropfen Titrationslösung weiter, bis die letzten 3 Tropfen keinen Niederschlag mehr erzeugen.

Berechnung. Für die zuletzt zugesetzten 3 Tropfen subtrahiert man 0,1 ml und für den Säurewert (siehe Bemerkung δ) 2,5 ml der Titrationslösung von dem Gesamtverbrauch. Gemäß der Einstellung (siehe Bemerkung ε) ergibt die Division der verbleibenden Milliliter durch 2 unmittelbar die Prozente P_2O_5 bei 0,5 g Einwaage.

Bemerkungen. α) Die Genauigkeit ist für technische Analysen als befriedigend zu bezeichnen. — β) Anwendungsbereich und Brauchbarkeit des Verfahrens. Nach den

Angaben GRETEs sind über 100000 Analysen mit Hilfe des Verfahrens ausgeführt worden, wodurch es als erprobt bezeichnet werden kann. Es können stündlich bis 20 Bestimmungen ausgeführt werden. — Noch 0,125 mg P_2O_5 geben eine deutliche Reaktion. — Der Endpunkt der Titration ist scharf erkennbar. — Das Verfahren kann zur Analyse von Handelsdüngern dienen. Hierbei muß citratlösliche Phosphorsäure mit Magnesiamischung gefällt werden, und das ausgefallene Ammoniummagnesiumphosphat wird nach dem Auflösen in Salpetersäure titriert. Wasserlösliche Phosphorsäure kann unmittelbar titriert werden, wenn nicht zu viel freie Säure vorhanden ist. Mit Schwefelsäure aufgeschlossenes Thomasmehl kann nach dem Neutralisieren der Lösung direkt titriert werden. Bei calciumreichen Stoffen muß das Calcium entfernt werden, ehe die Phosphorsäure titriert werden kann. — γ) Störungen. Chloride und organische Säuren stören. Hohe Säurekonzentration bewirkt einen größeren Verbrauch an Molybdatlösung. Saure Lösungen sind deshalb mit Ammoniak gegen Methylorange zu neutralisieren und danach mit einem ganz geringen Überschuß an Salpetersäure anzusäuern, worauf 100 ml der salpetersauren Ammoniumnitratlösung (3) zugefügt werden. — δ) Nach den Angaben GRETEs „verbraucht" die salpetersaure Ammoniumnitratlösung eine gewisse Menge Molybdatlösung. Die Feststellung dieses „Säurewertes" geschieht dadurch, daß 2 mal nacheinander dieselbe Menge Phosphatlösung in der *gleichen* Flüssigkeit titriert wird. Die 1. Bestimmung ergibt die Anzahl Milliliter Molybdatlösung für P_2O_5 + Säure, die 2. nur die Milliliter für P_2O_5 allein, nachdem das Resultat der 1. in Abzug gebracht ist. Die Differenz beider Einzelresultate ist der „Säurewert" gleich der für die Säure allein verbrauchte Molybdänsäuremenge. Die Größe dieser Differenz, d. h. also die Anzahl Milliliter Molybdatlösung, welche der zugesetzten Säuremenge entsprechen, hängt außer von der Konzentration der Säure noch ab von der Konzentration der Titrationslösung. Diese soll aber unter allen Umständen so gewählt werden, daß 1 ml 2,5 mg P_2O_5 entspricht. Es kommt also nur der Säurewert dieser Molybdatlösung gegenüber in Betracht, die daher zuerst einzustellen ist (siehe Bemerkung ε). Soll dann ferner der Säurewert einer bestimmten Anzahl Milliliter entsprechen, z. B. 2,5 ml, dann ist schließlich noch die Säure so zu stellen, daß die zugesetzte Säure genau 2,5 ml der Normalmolybdatlösung entspricht. Beispiel: 25 ml 10%ige Phosphorsäurelösung erfordern 20 ml Molybdatlösung für die Phosphorsäure und 2,5 ml für Säure allein. Die 1. Bestimmung mit Säure erfordert 24 ml, nach Zugabe von abermals 25 ml ohne Säure 45 ml Molybdatlösung. Es sind also allein für 25 ml Phosphorsäurelösung 45 — 24 = 21 ml verbraucht worden. Für die Säure aber war ein Mehrverbrauch von 24 — 21 = 3 ml Molybdatlösung benötigt. Somit sind zunächst je 21 ml Titrationslösung auf 20 ml zu konzentrieren bzw. durch Zufügen stärkerer Lösung konzentrierter zu machen. Hierdurch sinkt die für die Säure beanspruchte Zahl Milliliter Titrationslösung von 3 ml auf 2,85 ml, sollte aber normal 2,5 ml betragen. Es ist daher die zuzusetzende Säure im Verhältnis 2,5 : 2,85 zu verdünnen. — ε) Einstellung der Molybdatlösung. Man löst 200 mg Kaliumdihydrogenphosphat in Wasser, fügt 100 ml salpetersaure Ammoniumnitratlösung (3) hinzu und titriert wie bei der Arbeitsvorschrift angegeben. Um nun beim Arbeiten einen zur Berechnung bequemen Faktor zu haben, stellt man die Molybdatlösung so ein, daß jedes Milliliter derselben 2,5 mg P_2O_5 entspricht, also bei Anwendung von 0,5 g Substanz die verbrauchte Anzahl Milliliter Molybdatlösung nur durch 2 zu dividieren ist, damit man direkt die Prozente an P_2O_5 erhält. Wenn man also zur Titration von 2,5 mg P_2O_5 genau 1 ml Molybdatlösung brauchen sollte, dann müßten die angewendeten 200 mg KH_2PO_4 genau 41,72 ml Molybdatlösung beanspruchen. Da nun die vor Ausführung der Titration zugesetzten 100 ml salpetersaurer Ammoniumnitratlösung (3) für sich den Verbrauch an Molybdatlösung um 2,5 ml erhöhen (siehe Bemerkung δ), so müssen diese den oben berechneten Millilitern zugezählt werden. Es werden also 200 mg KH_2PO_4 = 0,10431 mg P_2O_5 in Wirklichkeit 41,72 + 2,5 ml Molybdatlösung verbrauchen, wenn 1 ml derselben 2,5 mg P_2O_5 anzeigen soll.

b) Oxydimetritrische Titration nach vorangegangener Reduktion des Molybdäns.

α) Verfahren von SOMEYA. Das im Niederschlag des Ammoniummolybdophosphates enthaltene 6wertige Molybdän wird durch Bleiamalgam (a) bzw. durch Zink- oder Cadmiumamalgam (b) zu 3wertigem reduziert. Dieses wird mit Kaliumpermanganat titriert. Es können auch kleine Mengen Phosphor bei Anwendung von 0,02 bis 0,01n $KMnO_4$ bestimmt werden.

Die ***Apparatur*** [SOMEYA (c) (siehe Abb. 2)] zur Reduktion besteht aus dem Tropftrichter *B* von 150 bis 200 ml Inhalt, der mit einem Beschickungstrichter *A* (10 ml) und einem Gaseinleitungsrohr *D* ausgestattet ist. Das mit einem Gummischlauch *E* an *B* befestigte Gefäß *C* faßt etwa 15 bis 20 ml. — Zur Reduktion werden *C* und *E* mit frisch ausgekochtem Wasser beschickt, und in *B* wird 1 ml Wasser gebracht. Der Glashahn *c* und der Quetschhahn *e* werden geschlossen, nachdem die Luftblasen in *C* und *E* durch Zusammendrücken des Schlauches vollständig ausgetrieben sind. Der Reduktor wird mit 100 bis 200 g Amalgam beschickt und die zu reduzierende Lösung durch A in B eingefüllt. Nachdem der Apparat mit Kohlendioxyd gefüllt ist, werden alle Hähne geschlossen, und der Inhalt wird umgeschüttelt. Der Farbwechsel zeigt das Ende der Reduktion an. Durch Öffnen des Hahnes c und durch Pressen des Gummischlauches E wird das Amalgam in das Gefäß C gebracht, wobei das darin befindliche Wasser das Amalgam wäscht. Die Lösung wird in B titriert, wobei die Maßlösung durch den Trichter A zugegeben wird.

Arbeitsvorschrift. Der Niederschlag des Ammoniummolybdophosphates wird mit einer Lösung aus 25 ml konzentrierter Schwefelsäure und 15 ml konzentriertem Ammoniak in 1 l Wasser ausgewaschen. Man löst ihn in 20 ml Ammoniak (1:10) und wäscht das Filter mit derselben Lösung aus. Die in einem geräumigen Becherglase auf ein kleines Volumen eingedampfte Lösung wird in einem mit Blei-, Zink- oder Cadmiumamalgam beschickten Reduktor (siehe Abb. 2) unter einer Atmosphäre von Kohlendioxyd reduziert. Die bei Anwendung von Bleiamalgam rötlichbraune Lösung wird mit Salzsäure, die mit Zink- oder Cadmiumamalgam reduzierte dunkelgrüne Lösung wird mit Schwefelsäure angesäuert und mit Kaliumpermanganatlösung titriert.

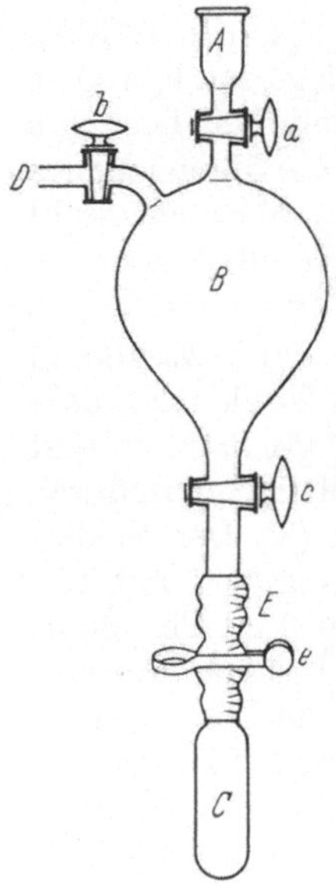

Bemerkung. **Die Genauigkeit** ist bei richtiger Zusammensetzung des Niederschlages sehr gut (siehe dazu die Ausführungen auf S. 35 und S. 59). Der Umschlag ist schärfer bei der schwefelsauren Lösung aus dem Zink- bzw. Cadmiumreduktor als bei der salzsauren Lösung aus dem Bleireduktor.

Abb. 2. Reduktor und Titrationsgefäß. (Nach SOMEYA.)

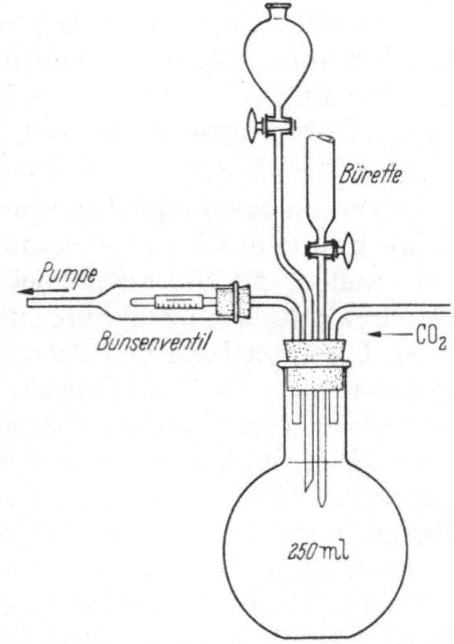

Abb. 3. Apparatur zur Reduktion und Titration. (Nach THORNTON und ELDERDICE.)

β) Verfahren von THORNTON und ELDERDICE. Man löst das gefällte Ammoniummolybdophosphat in Ammoniak, reduziert es in einer Atmosphäre von Kohlendioxyd mit Zink und Salzsäure zu 3wertigem Molybdän, das mit Methylenblau zu 5wertigem oxydiert wird. (Umsetzungsgleichung siehe S. 64.)

Reagens. Methylenblaulösung: Man löst 4 g Methylenblau zu 1 l und stellt die filtrierte Lösung nach dem Ansäuern mit Salzsäure heiß gegen Titan(III)-sulfatlösung in Kohlendioxydatmosphäre ein.

Arbeitsvorschrift. Der Niederschlag des Ammoniummolybdophosphates wird mit saurer Ammoniumchloridlösung gewaschen. Man löst ihn in Ammoniak (D 0,973) und füllt diese Lösung auf 50 ml auf. 10 ml davon werden in der in Abb. 3 gezeigten Apparatur mit 5 g 30-Maschen-Zink versetzt. Man stellt die Saugpumpe an und leitet nach 2 bis 3 Min. aus einem KIPPschen Apparate 10 Min. lang Kohlendioxyd ein. Aus dem Tropftrichter läßt man nun *sehr langsam* 50 ml Salzsäure (D 1,18) zufließen. Nach Beendigung der heftigen Reaktion wird aufgekocht und das überschüssige Zink aufgelöst. Nun titriert man mit Methylenblau über die Farben: lachsrot, hellgelb, hellgrün bis dunkelgrün, womit das Ende der Reaktion erreicht ist.

Bemerkungen. **I. Die Genauigkeit** beträgt etwa $\pm 0,5\%$ für 26 mg P in 50 ml. — **II. Der Anwendungsbereich** des Verfahrens erstreckt sich wegen der grünblauen Eigenfarbe des Methylenblaus auf nur kleine Phosphormengen, die 400 γ P entsprechend 15 mg Molybdän nicht übersteigen sollen. — Das Verfahren ist besonders für die Phosphorbestimmung in Stahl geeignet, weil Eisen die Titration mit Permanganat stört. Bei Anwesenheit von Eisen muß aber mehr Zink zur Reduktion angewendet werden. Der Stahl soll aber nur unter 0,4% P enthalten. — **III.** Eine **Störung** des Verfahrens wird durch Eisen nicht hervorgerufen. Vielleicht wirken größere Mengen von Arsen, Vanadium und Titan störend, jedoch sind die diesbezüglichen Versuche nicht abgeschlossen worden. Eine größere Genauigkeit ist vielleicht durch potentiometrische Titration zu erreichen.

γ) Verfahren von Birnbaum und Walden. Das im Niederschlage des Ammoniummolybdophosphates enthaltene Molybdän wird im Silberreduktor zu 5wertigem Molybdän reduziert. Dieses wird mit Cer(VI)-sulfatlösung unter Verwendung von Eisen(II)-o-Phenanthrolin als Indicator titriert.

Reagenzien. 1. 0,1 m Cer(VI)-sulfatlösung. — 2. Fällungslösung. a) 100 g Ammoniummolybdat werden in 400 ml Wasser und 80 ml Ammoniak gelöst. b) 400 ml 12n Salzsäure werden mit 600 ml Wasser verdünnt. Man gießt 1 Raumteil Lösung a in 2 Raumteile Lösung b und filtriert die Mischung. Zur Fällung ist die 5fache Menge der Theorie anzuwenden. — 3. Saure Ammoniumsulfatlösung. Man vermischt 25 ml 18 m Schwefelsäure mit 15 ml 15 m Ammoniak und mit 960 ml Wasser. — 4. 12 m Salzsäure. — 5. 2n Salzsäure. — 6. 2n Natronlauge.

Arbeitsvorschrift. Die etwa 6 mg P enthaltende Lösung wird auf etwa 100 ml gebracht und mit 5 g Ammoniumchlorid versetzt (Ammoniumnitrat ist nicht brauchbar, weil es zu Störungen bei der Molybdänbestimmung Anlaß gibt). Man fügt 45 ml Fällungslösung (2) hinzu und schüttelt um. Nach 1 bis 3 Std. filtriert man durch einen Glasfiltertiegel und dekantiert mit je 25 ml der Waschlösung (3). Der Niederschlag wird in 2n NaOH gelöst. Die auf etwa 50 ml gebrachte Lösung wird mit 12n HCl neutralisiert und in bezug auf Salzsäure 2n gemacht. Man setzt 3 ml Phosphorsäure (D 1,689) hinzu, erwärmt auf 60 bis 80° und bringt die heiße Lösung auf einen mit heißer 2n HCl angewärmten Silberreduktor. Nach 10 Min. wird die Lösung in ein 400 ml fassendes Becherglas abgezogen und der Reduktor mit 150 ml heißer 2n HCl ausgewaschen. Nach dem Abkühlen wird die Lösung nach Zusatz von 1 Tropfen o-Phenanthrolin-Eisen(II)-lösung mit 0,1m Cer(VI)-sulfatlösung in bekannter Weise titriert. Es sollen etwa 20 ml davon verbraucht werden.

Bemerkungen. **I.** Große **Genauigkeit** kann erzielt werden, wenn der Niederschlag genau die Zusammensetzung P : Mo = 1 : 12 besitzt. Hierfür ist besonders maßgebend die Freiheit der Fällungslösung von Kieselsäure, die aus den Flaschen aufgenommen werden kann. Es ist daher anzuraten, die Lösung nicht in Glasflaschen, auch nicht in Pyrexflaschen aufzubewahren (siehe dazu die Ausführungen auf S. 40). — **II.** Bei **Gegenwart von Eisen** (bis zu 1 g/6 mg P) werden der Lösung vor der Fällung 3 ml 12nHCl zugesetzt. Die Lösung des Niederschlages in Natronlauge wird vor dem Ansäuern durch einen Glasfiltertiegel filtriert. Der Fehler hierbei beträgt bis +0,4%. — **III. Bei kleinen Phosphormengen** titriert man mit 0,01m Cer(VI)-sulfat und bringt eine Korrektur von —0,5 ml wegen Anwesenheit von Eisen im Reagens an. Bei sonst gleicher Arbeitsweise beträgt der Fehler bei 0,6 mg P etwa ±1%. Bei Gegenwart von 1 g Eisen auf 0,6 mg P ist das Verfahren nicht mehr anwendbar.

δ) Verfahren von Brestak und Dafert. Schweflige Säure in statu nascendi reduziert Ammoniummolybdophosphat zu Phosphomolybdänblau (Coeruleoverbindung nach Denigès). Hierfür geben die Verfasser folgende Umsetzungsgleichung an: $H_3PO_4 \cdot 12MoO_3 + H_2SO_3 \rightarrow H_3PO_4 \cdot 11MoO_3 \cdot MoO_2 + H_2SO_4$. Nach dem Verkochen des überschüssigen Schwefeldioxydes titriert man mit Kaliumpermanganat.

Reagenzien. 1. Ammoniummolybdatlösung: 120 g Ammoniummolybdat werden in Wasser gelöst, die Lösung wird auf 4 l aufgefüllt. — 2. Natriumsulfitlösung: Chemisch reines Natriumsulfit wird so oft umkristallisiert, bis es, wenn man es zu Ammoniummolybdatlösung hinzufügt, nach dem Ansäuern der Lösung und nach dem Verkochen der schwefligen Säure keine Blaufärbung hervorruft. 160 g so gereinigtes Natriumsulfit werden in 1 l kaltem Wasser gelöst. — 3. Verdünnte Schwefelsäure: 200 g konzentrierte, eisen- und arsenfreie Schwefelsäure werden auf 1 l verdünnt.

Arbeitsvorschrift. 5 ml Analysenlösung mit etwa 15 bis 20 mg P_2O_5 werden mit 30 ml Natriumsulfitlösung, 40 ml Ammoniummolybdatlösung und 62 ml verdünnter Schwefelsäure versetzt. Man bringt langsam zum Kochen, das man bis zur völligen Vertreibung des Schwefeldioxydes fortsetzt. Die blaue Lösung wird mit 0,1n $KMnO_4$ auf schwach rosa titriert. 1 ml 0,1n $KMnO_4$ = 3,552 mg P_2O_5.

Bemerkungen. **I. Genauigkeit.** In einer Beleganalyse sind 17,75 mg P_2O_5 statt 17,65 mg gefunden worden. — **II.** Die **Reagensmenge** soll für 10 mg P_2O_5 mindestens 1,5 g Na_2SO_3, das sind etwa 10 ml obiger Lösung, betragen. Ein Überschuß ist nicht von Nachteil. — **III.** Die **Anwendung** des Verfahrens auf Superphosphatanalysen ist möglich. Der Zeitbedarf einschließlich Vorbereitung beträgt etwa 50 Min. Das Verfahren ist gleichwertig dem gravimetrischen Molybdatverfahren[1].

5. Durch sedimetrische Bestimmung.

Die Bestimmung von Phosphat durch Messung des Sedimentvolumens des gefällten Ammoniummolybdophosphates ist zum ersten Male von EGGERTZ ausgearbeitet und für die Bestimmung des Phosphors in Eisen und seinen Erzen angewendet worden. KLEINMANN (b) hat das Verfahren verbessert. Nach ihm wird bei Gegenwart von Alkohol bei der Fällung ein Niederschlag gleicher Kristallgröße bei verschiedener Phosphatkonzentration erhalten. Die Höhe der Niederschlagssäule ist vollkommen proportional dem Gehalt an Phosphat, und der Zusatz fremder Stoffe ist ohne Einfluß. Die Arbeitsweise ist jedoch sehr heikel und erfordert viel Übung und Aufmerksamkeit. Das Verfahren ist anwendbar für 2 bis 0,2 mg P_2O_5 in 5 ml Lösung und besonders geeignet für physiologische Untersuchungen, bei denen die Genauigkeit ausreicht. ARRHENIUS und RIEHM halten die sedimetrische Bestimmung für allgemein anwendbar. Siehe auch S. 71.

Verfahren von KLEINMANN] (b). ***Arbeitsvorschrift.*** Die Phosphatlösung (etwa 5 ml) wird in einem 50 ml-Becherglase mit 3 ml 60%iger Ammoniumnitratlösung, 0,5 ml konzentrierter Schwefelsäure, 1 ml 10%iger Ammoniummolybdatlösung und 3 ml absolutem Alkohol versetzt. Die Mischung bleibt bei 37° 18 Std. lang stehen. Das Niederschlagsvolumen wird in Hämatokritröhrchen nach HAMBURGER gemessen. Die Röhrchen werden mit Dichromat-Schwefelsäure, Wasser und der Fällungslösung gesäubert. Man überführt einen Teil des aufgewirbelten Niederschlages in das Röhrchen, das man 10 bis 15 Min. mit 3000 Umdrehungen zentrifugiert. Die Mutterlauge saugt man mittels einer feinen Capillare so ab, daß von dem auf der Oberfläche der Flüssigkeit befindlichen Niederschlage nichts verloren wird. Das Verfahren wiederholt man 4- bis 5mal, bis der gesamte Niederschlag in das Röhrchen gebracht ist. Die Oberflächenschicht und den an den Wandungen sitzenden Teil des Niederschlages spült man mit 50%igem Alkohol in den graduierten Stiel hinein. Man zentrifugiert noch mal 10 bis 15 Min. und zur Kontrolle noch 5 Min. Dann liest man die Niederschlagshöhe ab. Man eicht mit bekannten Phosphatmengen. 2 mg P_2O_5 nehmen etwa ein Volumen von 84 Teilstrichen ein. Der Ablesefehler beträgt etwa 2 Teilstriche. Der Fehler wird mit etwa 1% angegeben.

---

[1] Eine potentiometrische Titration mit Titan(III)-chlorid ist in § 15, S. 246, erwähnt.

B. Bestimmung als Trioxychinoliniumdodekamolybdophosphat $(C_9H_7ON)_3 \cdot H_3[P(Mo_3O_{10})_4] \cdot 4\,H_2O$.

Molekulargewicht 2332,93.

Vorbemerkung.

Wird in dem Ammoniummolybdophosphat das Ammonium durch die organische Base o-Oxychinolin (Oxin) ersetzt, so wird eine orangefarbene Verbindung erhalten, die bei stöchiometrischer Zusammensetzung nur 3,043% P_2O_5 bzw. 1,328% P enthält. BERG und TEITELBAUM empfehlen das Oxinmolybdophosphat (wie es im folgenden genannt werden soll) als besonders geeignet zur Bestimmung geringer Phosphormengen. Nach ihnen beträgt die Empfindlichkeit der Fällung 1:7 Millionen. In der alkoholisch-salzsauren Lösung des Niederschlages kann das Oxin in bekannter Weise bromometrisch titriert werden. BERG hat die Löslichkeit der Verbindung später sogar mit 1:10 Millionen beziffert, und hat gesagt, daß diese eine maßanalytische und gravimetrische, spezifische Phosphorbestimmung gestatte. Inzwischen hatten schon BUCHERER und MEYER (a) eine Bestimmung des Phosphors mit Hilfe des Oxinmolybdophosphates unter Anwendung ihres Filtrationsverfahrens mitgeteilt. Die Verfasser geben die Empfindlichkeit der Fällung jedoch mit nur 1:1,25 Millionen an. SCHARRER (b) führte die Phosphorbestimmung mittels Oxinmolybdophosphates auf gravimetrischem Wege durch. Eine colorimetrische Bestimmung unter Anwendung dieser Verbindung schlagen KING und DELORY vor, wobei sie bis herab zu 2,5 γ P zu erfassen vermögen. Auf sedimetrischem Wege kann CHOMSE kleine Mengen Phosphor bis herab zu etwa 20 γ bestimmen.

1. Gravimetrische Bestimmung.

Verfahren von SCHARRER (b). Man fällt das orangefarbene Oxinmolybdophosphat in schwach salpetersaurer, heißer Lösung und wägt es nach dem Trocknen bei 105°.

Reagenzien. 1. Fällungslösung: a) 5 g Oxin werden in 5 ml Salzsäure (D 1,19) gelöst. Die Lösung wird auf 100 ml aufgefüllt. b) 10%ige Ammoniummolybdatlösung. c) Salzsäure (D 1,19). Man mischt 16 ml a, 42 ml b und 42 ml c. — 2. Waschflüssigkeit: 1%ige Ammoniumnitratlösung.

Arbeitsvorschrift. Die neutrale, höchstens schwach saure Lösung mit etwa 10 mg P_2O_5 auf 100 ml wird auf 70° erwärmt und aus einer Bürette mit 30 ml Fällungslösung versetzt. Nach 12stündigem Stehen filtriert man durch einen Glasfiltertiegel und wäscht mit 10 bis 15 ml 1%iger Ammoniumnitratlösung aus. Man trocknet 4 Std. bei 105° und wägt nach dem Erkalten.

Bemerkungen. **a) Genauigkeit.** Der Fehler wird mit durchschnittlich —0,2% angegeben. Der Niederschlag soll 3,063% P_2O_5 enthalten. — **b)** Durch Kieselsäure bis zur vierfachen Menge der Phosphorsäure wird keine **Störung** hervorgerufen. Größere Mengen müssen entfernt werden. — **c)** Der **Anwendungsbereich** des Verfahrens erstreckt sich auf die Untersuchung von Düngemitteln, Bodenauszügen und Ernteprodukten (nach der Veraschung nach NEUMANN, siehe § 17, S. 274). Nach SCHICK werden gute Ergebnisse nur erhalten, wenn nicht über 10 mg P_2O_5 in der Lösung vorhanden sind. Der Niederschlag braucht nur 1 Std. zu stehen, muß aber 10 Std. lang bei 105° getrocknet werden.

2. Colorimetrische Bestimmung.

Verfahren von KING und DELORY. Man fällt und isoliert das Oxinmolybdophosphat, löst es in Natronlauge und bestimmt das Oxin mit Phosphorwolframmolybdänsäure nach FOLIN und CIOCALTEU durch die sehr intensive Blaufärbung, die 5- bis 10mal stärker ist als bei anderen Stoffen.

Reagenzien. 1. Fällungslösung: Man löst 0,8 g Oxin und 4,2 g Ammoniummolybdat jedes für sich in 5n Salzsäure, mischt die Lösungen und füllt zu 100 ml auf. — 2. Phosphorwolframmolybdänsäure: 50 g Natriumwolframat und 12,5 g Natriummolybdat werden in 350 ml Wasser gelöst. Man fügt 25 ml 85%ige Phosphorsäure und 50 ml konzentrierte Salzsäure hinzu und kocht die Mischung 10 Std. lang unter Rückfluß. Danach werden 75 g Lithiumsulfat, 25 ml Wasser und einige Tropfen Brom zugesetzt. Die Mischung wird 15 Min. lang in gelindem Sieden gehalten, um den Überschuß an Brom zu vertreiben. Nach dem Abkühlen füllt man auf 500 ml auf, filtriert die Lösung und bewahrt sie in braunen Flaschen mit Schliffstopfen auf. — 3. 0,1n Natronlauge. — 4. 10%ige Natriumcarbonatlösung.

Arbeitsvorschrift. Die Lösung, welche 2,5 bis 10 γ P enthalten kann, wird in einem Zentrifugenglase von 15 ml Fassungsvermögen mit 5 ml Wasser und 1 ml Fällungslösung versetzt. Man erwärmt 30 Min. auf 60°, damit der Niederschlag gut ausflockt. Man zentrifugiert und wäscht wie üblich mit Eiswasser aus. Der Niederschlag wird in 5 ml 0,1n NaOH gelöst, mit 0,5 ml Phosphorwolframmolybdänsäure und 2 ml 10%iger Natriumcarbonatlösung versetzt. Man erwärmt 10 Min. lang auf 40° zur Entwicklung der Blaufärbung und colorimetriert nach dem Erkalten.

Bemerkung. **Genauigkeit.** Der Fehler beträgt $\pm 2\%$.

3. Sedimetrische Bestimmung.

Verfahren von Chomse. Man fällt bei Raumtemperatur und zentrifugiert das gelartige Oxinmolybdophosphat. Aus dem Volumen, den dieses einnimmt, bestimmt man mit Hilfe von Eichkurven die vorhandene Phosphormenge. Es lassen sich in wenigen Minuten Phosphormengen von 22 bis 88 γ mit einem mittleren Fehler von $+1,4\,\gamma$ und $-0,5\,\gamma$ in 3,3 mol bestimmen. — Nach Chomse und Bruckmann wird die Fällung unter Zusatz von Gelatine vorgenommen.

Die besondere Schwierigkeit der sedimetrischen Messung besteht in der mangelnden Proportion zwischen der gesuchten Stoffkomponente und der Raumerfüllung des aus einer Vielzahl kleiner Partikel bestehenden Sedimentes. Alle Faktoren müssen so beeinflußt werden, daß im Endeffekt ein Konglomerat gleichmäßig ausgebildeter Kriställchen in stets der gleichen Packung erhalten wird.

Von bedeutendem Einfluß ist die durch Zentrifugieren erteilte Beschleunigung und die Gegenwart gewisser Kolloide, wie SiO_2, Stärke, Gelatine. Durch Zusatz geringer Mengen (phosphatfreier) Gelatine kann die untere Grenze der bestimmbaren Phosphormenge bis auf 5,5 γ herabgesetzt werden.

Ohne Störung sind Kohlendioxyd, Alkali-, Calcium- und Magnesiumsalze in etwa der 10fachen Konzentration der angewendeten Phosphormenge.

Da in 2 Std. drei sedimetrische Bestimmungen in Pflanzenaschen hintereinander gemacht werden können, bietet das Verfahren einen großen Zeitgewinn gegenüber dem Bergschen gravimetrischem, das hierfür 20 Std. erfordert. Beide Verfahren geben aber gut übereinstimmende Ergebnisse.

4. Bestimmung mittels Filtrationsverfahrens.

Verfahren von Bucherer und Meyer (a). Die phosphathaltige Lösung wird aus einer Bürette zu einer Lösung, welche Oxin und Ammoniummolybdat enthält, in dem Maße zugegeben, wie eine abfiltrierte kleine Probe noch einen deutlichen Niederschlag mit 1 Tropfen der Phosphatlösung erzeugt. Das nicht ganz exakte Verfahren dürfte gegenüber den zahlreichen recht genauen Bestimmungsmöglichkeiten keine große Bedeutung besitzen.

Reagenzien. 1. 10%ige Ammoniummolybdatlösung. — 2. Oxinlösung: 6 g Oxin werden in 10 ml konzentrierter Salzsäure gelöst. Man füllt auf 1 l auf. — 3. Phosphatlösung zur Einstellung der Oxinlösung, die in 1 ml etwa 0,6 mg H_3PO_4 enthält und deren Gehalt auf eine übliche Weise ermittelt wird.

Einstellung der Oxinlösung. Man mischt 10 ml konzentrierte Salzsäure mit etwas Wasser und 10 ml Ammoniummolybdatlösung. Aus einer Bürette gibt man 5 bzw. 10 ml Oxinlösung hinzu und bringt auf etwa 100 ml. Unter lebhaftem Schütteln titriert man mit der bekannten

Phosphatlösung in der in diesem Handbuch schon mehrfach beschriebenen Weise (siehe z. B. Kapitel Zink, § 5, S. 107, und Kapitel Wismut, § 6, C, S. 586). Die jeweils entnommenen Proben werden mit 1 Tropfen Phosphatlösung versetzt und etwas erhitzt, bis die Probe beim Abkühlen klar bleibt. 10 ml Oxinlösung sollen etwa 20 bis 25 ml Phosphatlösung entsprechen.

Arbeitsvorschrift. Man führt die Titrationen mit je 20 ml Probelösung, die etwa 9 mg P_2O_5 enthalten soll, durch. Wenn mehr Phosphat vorhanden ist, muß mehr Ammoniummolybdatlösung und mehr Oxinlösung vorgelegt werden. Man soll aber immer etwa 20 bis 25 ml Probelösung verbrauchen, die aus einer Bürette zugegeben wird. Bei weniger als 2 mg P_2O_5 in der Probelösung verwendet man zweckmäßig auch nur 20 bis 25 ml davon und gibt den zur Erreichung des Äquivalenzpunktes erforderlichen Rest in Form von Phosphatlösung (3) hinzu. Vor der jedesmaligen Probenahme wird die Lösung 1 Min. lang auf 60 bis 65° gehalten (Thermometer!). Die jeweils 1 ml betragende Probe wird im Reagensglas wieder auf 60 bis 65° gebracht und sofort 1 Tropfen Phosphatlösung zugesetzt. Tritt im Laufe 1 Min. keine und nach 2 Min. eine leichte Trübung auf, so ist der Äquivalenzpunkt erreicht.

Bemerkungen. **I. Genauigkeit.** Der Fehler beträgt etwa $\pm$ 0,5%. — **II. Störungen.** Ohne Einfluß sind Alkalichloride, die Chloride von Magnesium, Calcium, Eisen, Aluminium, Mangan, Zink, Kupfer, Kobalt, Nickel, ferner Arsen und Kieselsäure. Bei Gegenwart von mehr als 1 g Ammoniumchlorid in 100 ml Lösung tritt eine Verzögerung der Fällung sowie eine voluminöse Ausbildung des Niederschlages ein, so daß er sich schlecht absetzt. Kleinere Mengen, auch von Ammoniumsulfat oder -nitrat oder von Harnstoff stören nicht. Freies Ammoniak in einer Menge von 0,4 mg NH_3 in 100 ml verstärkt die Störung, die durch Neutralisation mit Salzsäure aufgehoben wird. Den Hinweis von NEUHAUS, daß Fluor stark stört, bestätigen BUCHERER und MEYER (b). Es verzögert die Fällungszeit stark und bewirkt eine Farbänderung des Niederschlages von gelbbraun nach hellgrün. Sehr viel Fluor (z. B. 5 g Ammoniumfluorid) verhindert die Ausfällung vollständig. Deshalb muß bei Gegenwart von Fluor die Analysenprobe immer mit Schwefelsäure abgeraucht werden. Citronensäure und Ammoniumcitrat stören stark, wenn über 100 bzw. über 150 mg in 100 ml Lösung anwesend sind. — **III. Anwendungsmöglichkeit.** Trotz der Störung durch Citronensäure kann das Verfahren zur Analyse von Thomasmehl angewendet werden, wenn die Aufschlußlösung so verdünnt wird, daß nicht mehr als die oben angegebene Citronensäure in der Titrationslösung vorhanden ist. Bei Anwesenheit von PETERMANN-Lösung muß mit Salzsäure neutralisiert werden (siehe § 11, S. 185).

C. Bestimmung als Tristrychnindodekamolybdophosphat $(C_{21}H_{22}O_2N_2)_3 \cdot H_3[P(Mo_3O_{10})_4]$. Molekulargewicht 2828,61.

Das Tristrychnindodekamolybdophosphat hat STRUVE im Jahre 1873 als schmutziggelben Niederschlag beschrieben. Erst im Jahre 1909 haben POUGET und CHOUCHAK (a) seine Verwendbarkeit zur Bestimmung von Phosphat erkannt. Sie haben ihr Verfahren als colorimetrisches beschrieben, während es in Wirklichkeit ein nephelometrisches ist, denn es wird die durch den sehr feinen Niederschlag des Strychninmolybdophosphates bewirkte Trübung gemessen. Das Verfahren ist sehr empfindlich, und daher findet es hauptsächlich Anwendung zur Bestimmung sehr kleiner Mengen Phosphor. Nach POUGET und CHOUCHAK beträgt die Empfindlichkeit 1 : 20 Millionen, das entspricht 0,5 γ P in 1 ml. KOBER gibt die Empfindlichkeit mit 1 Teil P in 333 Millionen Teilen Lösung an und bezeichnet die Bestimmung als so empfindlich, daß gewöhnliches Filtrierpapier nicht verwendet werden darf. KLEINMANN (d) gibt als unterste Grenze der Bestimmbarkeit sogar 0,087 γ P in 1 ml, entsprechend 0,2 γ P_2O_5, an, wenn bestimmte Arbeitsbedingungen peinlich genau eingehalten werden. Hierbei ist wesentlich die genaue Einstellung der Säurekonzentration sowie die Anwendung von Natriummolybdat an Stelle des gewöhnlich benutzten Ammoniumsalzes, das für die Verwendung in der Nephelometrie zu große Schwankungen in seiner Beschaffenheit aufweist. Schon POUGET und CHOUCHAK (a) hatten Natriummolybdat verwendet. Ferner spielt auch die Art der anwesenden Säure eine Rolle. POUGET und CHOUCHAK verwendeten Strychninsulfat in salpetersaurer Lösung. Hierbei ist aber die Färbung nicht haltbar, denn nach KLEINMANN (c) findet nach 15 bis 20 Min. Bräunung statt. Deshalb ging KLEINMANN (c) zu salzsaurer Lösung über, die schon KOBER, KOBER und EGERER und sowohl BLOOR als auch MEIGS angewendet hatten. Aber auch die salzsaure Lösung befriedigte nicht, denn das salpetersaure Reagens nach POUGET und CHOUCHAK ist empfindlicher, es lassen sich bis zu 0,5 γ P_2O_5/25 ml Endlösung mit einem maximalen Fehler von 0,5% bestimmen. Allerdings verändert schon eine Änderung der Acidität um 0,4% die Stärke der Trübung merklich. Deshalb muß der Säuregehalt der zu vergleichenden Lösungen gleich, und zwar am besten 6,7 vol.-%ig sein. Schließlich entwickelte KLEINMANN (d) eine sehr sorgfältig erprobte Arbeitsweise unter ausschließlicher Verwendung von Schwefelsäure. In ähnlicher Weise arbeitet auch RAUTERBERG (a). KOCH hingegen wendet Strychninnitrat in salpetersaurer Lösung an. Dadurch, daß er das Reagens vor der Anwendung durch Ultrafiltration reinigt, erzielt er eine sehr gleichmäßige und schnelle Ausbildung der Trübung. Eine sehr genaue Arbeitsvorschrift für äußerst kleine Phosphormengen (bis 0,05 γ P) in organischem Material mit vorhergehender Veraschung haben BERGOLD und PISTER mitgeteilt. Zur Schätzung des Phosphatgehaltes von Wasser hat MEDINGER das Verfahren von POUGET und CHOUCHAK mit einer kleinen Abänderung angewendet.

Eine gravimetrische Anwendungsart des Strychninmolybdophosphates für Mikrobestimmungen des Phosphors hat EMBDEN angegeben. Während er das Verfahren zur Bestimmung von 1 bis 4 mg P_2O_5 benutzt, hat MYRBÄCK die Arbeitsweise so verfeinert, daß noch 20 bis 500 γ P_2O_5 bestimmt werden können, wobei an Stelle der gravimetrischen Arbeitsweise auch die alkalimetrische Titration nach NEUMANN treten kann. In gleicher Weise arbeiten ROCHE sowie PROSKURIAKOFF und TEMERIN. Auch HOAGLAND benutzt die Fällung als Strychninmolybdophosphat. GORBACH und KOSTIČ haben die gravimetrische Mikrobestimmung für sehr geringe Phosphormengen (5 bis 1 γ) ausgearbeitet. — HEIMANN und HEIMANN-GEIERHAAS berücksichtigen besonders den Einfluß der zur Mineralisierung organischer Stoffe verwendeten Reagenzien auf die gravimetrische Mikrobestimmung. Es lassen sich brauchbare und einwandfreie Ergebnisse nur bei Einhaltung der von den Verfassern angegebenen Vorsichtsmaßnahmen erzielen.

TISDALL hat das Molybdän im Niederschlage von Strychninmolybdophosphat durch eine 20%ige Lösung von gelbem Blutlaugensalz und konzentrierter Salzsäure reduziert und die leuchtendgrüne Färbung colorimetriert. Durch nasse Verbrennung des Niederschlages und gasvolumetrische Bestimmung des entstehenden Kohlendioxydes hat KIRK 5 bis 20 γ P mit einem Fehler von $\pm 0,5$% bestimmt.

1. Nephelometrische Bestimmung.

I. Verfahren von POUGET und CHOUCHAK. Die Verfasser verwendeten ursprünglich handelsübliches Natriummolybdat (a), aber sie entschlossen sich später (b) dazu, eine Lösung von Natriummolybdat aus den Komponenten herzustellen. Das Reagens muß immer frisch bereitet werden.

Reagens. a) 95 g Molybdäntrioxyd und 30 g wasserfreies Natriumcarbonat werden heiß in 500 bis 600 ml Wasser gelöst. Nach dem Erkalten werden 200 ml Salpetersäure (D 1,33) zugefügt. Man füllt die Mischung auf 1 l auf. — b) 2 g neutrales Strychninsulfat werden in 90 ml heißem Wasser gelöst. Nach dem Erkalten füllt man auf 100 ml auf. — Bei Gebrauch mischt man 10 ml der Lösung a mit 1 ml der Lösung b und filtriert die Mischung.

Arbeitsvorschrift. Die Lösung, welche nicht mehr als 10 bis 50 γ P_2O_5 enthalten soll, wird mit 10 ml 35%iger Salpetersäure versetzt und durch ein zuvor mit Salpetersäure und Wasser gewaschenes Filter in einen 50 ml fassenden Meßzylinder filtriert. Das Filter wird mit bis zu 47 ml Wasser nachgewaschen. Man fügt 2 ml Reagenslösung zu, schüttelt um und füllt auf 50 ml auf. In gleicher Weise wird eine Vergleichslösung hergestellt, indem 3 ml einer Phosphatlösung, welche 10 mg P_2O_5/l enthält, angewendet werden. Man vergleicht die Trübung beider Lösungen nach 20 Min.

Bemerkung. *Störung* wird nicht hervorgerufen durch nicht allzu große Mengen Calcium, Magnesium, Eisen(III), Kieselsäure. Die gegenüber Phosphor 20000fache Menge CaO stört nicht, wohl aber die 1200fache Menge Eisen(III). Sehr viel 3wertiges Eisen wird vor der Bestimmung am besten durch Calciumcarbonat ausgefällt.

II. Verfahren von Kober und Egerer. Die Verfasser verbessern das Verfahren von Pouget und Chouchak dadurch, daß sie ein beständiges und farbloses Reagens durch Ersatz der Salpetersäure durch Salzsäure anwenden. Die Konzentration der Salzsäure kann in ziemlich weiten Grenzen schwanken, meist genügt die im Reagens befindliche Menge.

Reagenzien. 1. Strychninmolybdatreagens: Man löst 150 g Natriummolybdat in 250 ml Wasser und fügt unter Schütteln 100 ml Salzsäure (1:1) hinzu. Dann setzt man unter Schütteln allmählich 150 ml 2%ige Strychninsulfatlösung zu. Man läßt über Nacht stehen und filtriert die Lösung (Schleicher & Schüll Nr. 575 oder 589a). Das ganz klare und farblose Reagens ist beständig. — 2. 0,5n Salzsäure: 5 ml einer aus gleichen Teilen Salzsäure (D 1,20) und Wasser bereiteten verdünnten Salzsäure werden auf 100 ml verdünnt. Bei der Titration dieser Säure mit 0,5n Natriumcarbonat sollen 24 ml etwa 30 ml 0,5n Lauge entsprechen. — 3. Standardlösung: Man löst 5 mg KH_2PO_4 zu 1 l.

Arbeitsvorschrift. 30 ml Wasser, 5 ml Salzsäure (2) und 5 ml Reagenslösung (1) werden durch Schütteln gemischt. Man fügt 10 ml Probelösung langsam aus einer Pipette hinzu, mischt vorsichtig durch Umschwenken und mißt nach 3 Min. Die Vergleichslösung wird in der gleichen Weise unter Anwendung von 10 ml Standardlösung (3) hergestellt.

Bemerkungen. a) Anwendungsbereich. Es können bis zu 5 γ P in 10 ml bestimmt werden. — b) Störung ist wegen der großen Verdünnung kaum zu befürchten. Da möglicherweise Ammoniak die Trübung verhindern kann, empfiehlt es sich, stark saure Lösungen mit Natronlauge zu neutralisieren. So geht auch Bloor vor, der saure Lösungen mit 20%iger Natronlauge gegen Phenolphthalein neutralisiert und dann mit 1 Tropfen Salzsäure (1:1) ansäuert. — c) Von der Konzentration der Salzsäure ist nach Meigs die Proportionalität zwischen dem Phosphorgehalt und der Trübung abhängig. Je schwächer die Salzsäure ist, desto geringer ist der Niederschlag. Nebenbei spielt auch die Temperatur eine Rolle. Bei höheren Raumtemperaturen (im Sommer) soll die Lösung 19 Gew.-% HCl enthalten, bei niedrigen Temperaturen besser 17 bis 18 Gew.-%. Kleinmann (c) findet als Optimum einen Säuregehalt von etwa 3,3 Vol.-% HCl. Dieses stellt sich ein durch Zusatz von 14 ml n HCl in 26 ml Gesamtvolumen und dem Säuregehalt des Reagenses selber, der bei Kleinmann 160 ml Salzsäure (D 1,19) in 1 l beträgt.

III. Verfahren von Kleinmann. Ein besonderes Verdienst erwarb sich Kleinmann (f) durch die Konstruktion eines leistungsfähigen Nephelometers (Herstellerfirma: Franz Schmidt und Haensch, Berlin). Das von Kleinmann (c) abgeänderte Pouget-Chouchak-Verfahren ist wegen der Anwendung von Salzsäure nur halb so empfindlich wie das ursprüngliche, und deshalb verbesserte Kleinmann (d) dieses so, daß es innerhalb etwas eingeschränkter Grenzen zuverlässige, ohne Schwankungen reproduzierbare Ergebnisse liefert. Dies geschah durch Anwendung eines schwefelsauren Reagenses in schwefelsaurer Lösung. Hierbei kann bei Benutzung von Mikrogeräten eine Bestimmung bis zu 1 γ P_2O_5 in 5 ml Lösung erfolgen.

Reagenzien. 1. Strychninmolybdatreagens: a) 30 g Molybdänsäure (für Glühfäden) werden in einem 500 ml fassenden Rundkolben mit 10 g wasserfreiem, frisch geglühtem Natriumcarbonat und etwa 200 ml Wasser 15 bis 30 Min. lang gekocht, bis eine klare Lösung entstanden ist. Die filtrierte, noch warme Lösung wird mit 200 ml 10n Schwefelsäure versetzt. Dies geschieht folgendermaßen: Man löst 500 g konzentrierte Schwefelsäure zu 1 l; nach 10facher Verdünnung titriert man diese mit n NaOH und bestimmt den Faktor der 10n Schwefelsäure.

Es wird diejenige Menge der titrierten Schwefelsäure zugesetzt, die genau 200 ml 10n Schwefelsäure entspricht. Nach dem Erkalten der Mischung füllt man im Meßkolben auf 500 ml auf. Es empfiehlt sich, da die Acidität dieser Lösung wesentlich ist, sie dadurch zu prüfen, daß eine 1 : 100 verdünnte Lösung elektrometrisch gemessen wird. Das p_H soll etwa 1,41 sein. — b) 1,6 g Strychninhydrogensulfat werden in 100 ml Wasser unter Erwärmen gelöst. Nach dem Erkalten füllt man im Meßkolben auf 500 ml auf. — In zwei getrennte Gefäße mißt man gleiche Raumteile der Lösungen a und b mit Pipetten ab und gießt in schnellem Guß unter kräftigem Schütteln Lösung b in a. Ein sich bildender Niederschlag wird durch ein quantitatives Filter abfiltriert. Die Mischung ist etwa einen Tag haltbar. Besser setzt man sie vor jedem Versuche frisch an. — 2. Gesättigte Natriumsulfatlösung. — 3. 2n Schwefelsäure, gegen Natronlauge titriert zur genauen Bestimmung des Faktors, um die Acidität für die Messung genau einstellen zu können.

Arbeitsvorschrift. Die zu untersuchende Lösung wird mit 2n Schwefelsäure unter Anwendung des aus dem Faktor errechneten Volumens genau auf 2n eingestellt. Man wendet so viel Milliliter davon an, daß darin 10 bis 50 γ P_2O_5 enthalten sind, aber das Volumen soll nach Zusatz der Schwefelsäure nicht mehr als 9,5 ml betragen. Ist der Gehalt an P_2O_5 ganz unbekannt, so stellt man vorher Probetrübungen her und vergleicht sie visuell mit solchen aus Standardlösungen. Man fügt 4 ml gesättigte Natriumsulfatlösung hinzu, füllt auf 22 ml auf und versetzt mit genau gemessenen 2 ml Strychninmolybdatreagens. Man schüttelt um und schreibt den Zeitpunkt der Zugabe des Fällungsreagenses auf. Gleichzeitig stellt man eine Reihe von Standardtrübungen her. Zur Entwicklung der Trübung läßt man 25 bis 30 Min. stehen und schätzt gegen die Vergleichslösungen, ob mehr oder weniger als 20 γ P_2O_5 vorhanden sind. Danach erfolgt die weitere Untersuchung.

a) *20 γ und mehr.* Zur Untersuchungs- und Vergleichslösung gibt man 1 ml Wasser hinzu und mißt während der Zeit von 15 bis 20 Min. nach dem Wasserzusatz, also während der 3. Viertelstunde nach dem Reagenszusatz.

b) *20 γ und weniger.* 30 Min. nach dem Reagenszusatz fügt man 1 ml 2n Schwefelsäure hinzu und mißt während der 4. Viertelstunde nach dem Reagenszusatz.

Die Messung erfolgt in dem Nephelometer nach Kleinmann (f).

Bemerkungen. **a) Genauigkeit.** Der Fehler beträgt etwa $\pm 2\%$. — **b) Anwendungsbereich.** Das Verfahren ist bis 5 γ P_2O_5 brauchbar. Bei Anwendung von je $1/5$ aller Lösungen und von Mikromeßgeräten kann man bis zu 1 γ P_2O_5 herunterkommen. — **c) Einfluß fremder Stoffe.** Sulfate, Magnesium in 200facher Menge und Eisen in 20- bis 100facher Menge stören nicht. Bei Gegenwart von Natriumsulfat erzeugt Arsenation keine Trübung. Korenman fand, daß ein 2- bis 3facher Überschuß an Arsenation ohne Störung sei.

IV. Verfahren von Rauterberg (a). Dieser Verfasser wendet das nephelometrische Verfahren zur Untersuchung von Böden an, und zwar werden nur 10 bis 500 mg Boden zum Ansatz gebracht. Das nephelometrische Verfahren ist besonders dann anzuraten, wenn der Eisengehalt des Bodens die colorimetrische Bestimmung (siehe S. 81) stört. Die Messung der Transparenz der getrübten Lösung erfolgt im Pulfrich-Photometer. Die Ablesung der vorhandenen Phosphormenge erfolgt aus einer Eichkurve, bei welcher auf der Ordinate die Konzentration und auf der Abszisse in logarithmischer Teilung die Extinktion aufgetragen ist. Die Extinktion E ist von der Transparenz T nach der Gleichung $E = -\lg T$ nahezu linear abhängig. Die Kurve ist eine Gerade, welche in hohen und niedrigen Konzentrationen der Abszisse zugebogen ist. Es ist also das Lambert-Beersche Gesetz nicht streng erfüllt, und die Messungen müssen bei der Konzentration erfolgen, bei denen die Eichkurve eine Gerade ist. Unbedingt muß immer die gleiche Schichtdicke angewendet werden. Da ein salzsaures Reagens bisweilen versagt, benutzt Rauterberg ein schwefelsaures, aus reiner Molybdänsäure hergestelltes. Die Entstehung der Trübung ist vor allem abhängig von der Schwefelsäuremenge, jedoch auch von der Zusammensetzung des Reagenses. KLEINMANN (e) hält gegen RAUTERBERG alle seine Befunde aufrecht, und RAUTERBERG (b) führt die Unstimmigkeiten möglicherweise auf die Anwendung des PULFRICH-Photometers gegenüber dem KLEINMANNschen Apparat zurück. Er beruft sich vor allem auf sein Reagens, das niemals versagen soll. In einer späteren Arbeit (c) gibt RAUTERBERG eine Vorschrift für sehr geringe Phosphormengen.

Reagenzien. 1. Strychninmolybdatreagens. 7,5 g Molybdäntrioxyd werden in einem Jenaer KJELDAHL-Kolben unter Kochen in 60 ml Schwefelsäure (D 1,785) gelöst. Nach dem Erkalten gießt man die Lösung in etwa 900 ml Wasser, in dem 2 g Strychninsulfat gelöst sind. Man kocht 15 Min. lang, wobei sich häufig eine schwache Trübung bildet. Nach dem Abkühlen füllt man im Meßkolben auf 1000 ml auf. Nachdem sich nach einigen Tagen die Trübung zusammengeballt hat, wird durch ein mit Schwefelsäure gewaschenes Filter (Schleicher & Schüll Nr. 589 Blau- oder Schwarzband) filtriert. Ein später, etwa nach Monaten, sich bildender Niederschlag von feinen Kristallen des Strychninsulfates muß auch abfiltriert werden. Das Reagens soll hierdurch nicht verändert werden. — 2. 2,0n Schwefelsäure. — 3. Standardlösungen. a) 1,917 g KH_2PO_4/l, 1 ml = 1 mg P_2O_5. b) 100 ml Lösung a und 500 ml 2n Schwefelsäure werden zu 1 l aufgefüllt. 1 ml = 100 γ P_2O_5. c) 50 ml Lösung b und 475 ml 2n Schwefelsäure werden zu 1 l aufgefüllt. 1 ml = 5 γ P_2O_5. Die Lösungen b und c sind genau n an Schwefelsäure.

Arbeitsvorschrift. 1. Bestimmung der Extinktionskurve. 2,5, 5, 10, 20, 30 und 40 γ P_2O_5 aus Standardlösung 3c werden in einen 25 ml fassenden Meßkolben aus Jenaer Glas eingemessen. Dazu gibt man so viel Schwefelsäure, daß genau 5 ml 2n Schwefelsäure vorhanden sind. Mit Wasser bringt man das Volumen auf 18 bis 20 ml, fügt mit einer Pipette 5 ml Reagens (1) hinzu und füllt zur Marke auf. Man schüttelt 10 mal um. Nach 15 bis 30 Min. hat sich die volle Stärke der Trübung entwickelt, die je nach der Stärke mehrere Std. konstant bleibt. Man mißt in 30 mm-Küvetten, die zugedeckt und mit faserfreiem Filtrierpapier abgewischt werden, im PULFRICH-Photometer unter Verwendung des Filters S 53 in der Dunkelkammer. Aus der gemessenen Transparenz berechnet man die Extinktion und zeichnet danach die Kurve (siehe oben). — 2. Bestimmung des Phosphorgehaltes einer unbekannten Lösung. Die Lösung mit einem Gehalt von 5 bis 30 γ P_2O_5 wird genau wie unter 1. angegeben behandelt. Saure oder alkalische Lösungen werden neutralisiert und danach mit genau 5 ml 2n Schwefelsäure versetzt.

Bemerkungen. **a) Genauigkeit.** Der Fehler beträgt etwa $\pm 3\%$. — **b) Anwendungsbereich.** Das Verfahren ist brauchbar für die Bestimmung von 5 bis 30 γ P_2O_5 in 15 bis 20 ml Lösung. Darunter und darüber ist es unsicher. — **c)** Zur Ausschließung des **Einflusses der Temperatur** ist die Anwendung eines Thermostaten empfehlenswert. — **d)** Die zur Entwicklung des Trübungsmaximums nötige **Wartezeit** muß dadurch bestimmt werden, daß besonders bei neuen Reagenzien alle 5 Min. gemessen wird. — **e)** Eine **Störung** wird nicht hervorgerufen durch kleine Mengen von Natrium, Magnesium, Calcium, Eisen und Kieselsäure. — **f)** Für **sehr geringe Phosphormengen** gibt RAUTERBERG (c) eine besondere ***Vorschrift.*** In einem 25 ml-Meßkolben werden bis 16 ml neutrale Lösung mit 0,5 bis 7 γ P_2O_5 mit 4 ml 2n Schwefelsäure und 5 ml Strychninmolybdatreagens versetzt. Man füllt mit Wasser zur Marke auf und schüttelt um. Nach 40 bis 60 Min. gießt man die Mischung in ein Becherglas von 50 ml Inhalt und stellt im PULFRICH-Trübungsmesser fest, wievielmal so stark die Mischung getrübt ist wie ein getrübtes Glasprisma. Außerdem werden bekannte Lösungen genau so behandelt, und daraus wird eine Eichkurve gezeichnet. Der Phosphorgehalt der unbekannten Lösung wird daraus abgelesen. Es wird also nicht direkt die unbekannte Lösung mit einer bekannten Lösung verglichen, sondern mit einer Kurve, die aus verschiedenen bekannten Lösungen erhalten ist. Dadurch wird eine größere

Sicherheit erreicht, weil es bemerkt wird, wenn eine bekannte Lösung zufällig einen falschen Wert gibt. Die bekannten Lösungen kontrollieren sich gegenseitig, da die Eichkurve eine Gerade ist.

V. Verfahren von Koch. Das insbesondere für die Phosphorbestimmung in Eisen ausgearbeitete Verfahren bedient sich ausschließlich salpetersaurer Lösungen. Dadurch, daß nach der Vorschrift die Molybdatlösung mit der Strychninnitratlösung erst kurz vor dem Versuche gemischt wird, besteht keine Gefahr einer Verfärbung oder Trübung durch alternde Gemische. Vor allem ist das salpetersaure Reagens viel empfindlicher als z. B. das von Rauterberg. Das fertige Reagens wird überdies durch ein grobes Cellafilter filtriert und muß innerhalb von 30 Min. verbraucht sein. Wegen des ultrafiltrierten Reagenses tritt die Trübung so regelmäßig und schnell auf, daß schon 5 Min. zur Entwicklung genügen und nicht 30 Min. wie bei den anderen Verfahren gewartet werden muß. Nach 5 Min. nimmt die Trübungstiefe nur sehr langsam zu, und nach 1 Std. kann Flockung erfolgen. Man mißt im Pulfrich-Photometer unter Verwendung des Filters S 72. Die Extinktion ist dem Phosphorgehalt nicht vollkommen proportional, jedoch zwischen 20 und 100 γ P_2O_5/100 ml genügend gleichmäßig, so daß die Auswertung nicht auf Schwierigkeiten stößt. Die Herstellung der Eichkurve geschieht unter den Versuchsbedingungen. Wenn bisweilen größere Abweichungen auftreten, so kommen diese aus altem Reagens. Deshalb soll dieses immer frisch angesetzt werden (siehe oben). Anwendung konstanter Temperatur, z. B. von 20°, ist anzuraten.

Reagens. 9,5 g reinstes Molybdäntrioxyd (p. a.) und 3 g reinstes Natriumcarbonat werden in einem kleinen Erlenmeyer-Kolben in 60 ml Wasser unter Erwärmen gelöst. Zu der abgekühlten Lösung gibt man schnell 20 ml Salpetersäure (D 1,33) und füllt auf 100 ml auf. Ferner löst man 2 g Strychninnitrat in 100 ml Wasser durch leichtes Erwärmen. 5 ml Strychninnitratlösung läßt man schnell in 50 ml Natriummolybdatlösung einfließen und schüttelt die Mischung gut um. Man filtriert sie sofort durch ein grobes Cellafilter und verbraucht die für 5 Bestimmungen ausreichende Lösung innerhalb von 30 Min.

Arbeitsvorschrift. Die 20° warme Lösung wird mit 10 ml Reagens versetzt. Man füllt mit Wasser auf 100 ml auf und bringt die Mischung nach einigen Min. in die 50 mm-Küvette des Pulfrich-Photometers. 5 Min. nach der Zugabe des Reagenses mißt man mit Filter S 72 und entnimmt den gesuchten Phosphorwert aus einer Eichkurve.

Bemerkungen. a) Bezüglich der **Genauigkeit** ist auf die gute Übereinstimmung mit der gravimetrischen und titrimetrischen Bestimmung hingewiesen. — b) Eine **Störung** wird auch durch die 1200fache Menge Eisen nicht bewirkt.

VI. Verfahren von Bergold und Pister. Die Verfasser messen die Trübung im Spektralphotometer. Sie geben eine Vorschrift zur Bestimmung des Phosphors in Veraschungslösungen von organischen Stoffen.

Als ***Photometer*** dient das Spektralphotometer nach Kortüm mit einer Osram-Lampe (Type 8110) für 6 Volt und 5 Ampere unter Zwischenschaltung eines Spannungsgleichhalters von Siemens (Type Esrgl 100 Watt) und eines aus dem Netz gespeisten Transformators hoher Leistung (20 Ampere). Als Nullinstrument wird das Multiflex-Galvanometer MG 2 von Lange (Empfindlichkeit $4 \cdot 10^{-9}$ Ampere/mm) verwendet. Ferner werden die Blaufilter GG 15 und BG 12 von Schott benutzt. — Die Lampe wird 10 Min. vor der Messung eingeschaltet. Zwischen dem Blaufilter und der Lampe befindet sich ein Blechschieber, der nur für die kurze Dauer der Messung entfernt wird. Der etwa zu erwartende Extinktionswert wird vor der Entfernung des Blechschiebers eingestellt. Der Lichtzeiger des Galvanometers wird nur kurzfristig eingeschaltet, und die Nullpunktslage des Galvanometers muß zwischen den einzelnen Messungen unbedingt nachreguliert werden.

Reagens. Die Stammlösung wird nach der Vorschrift von RAUTERBERG (siehe S. 76) hergestellt, sie ist einige Wochen haltbar. 203 ml davon werden zum Gebrauch mit doppelt destilliertem Wasser zu 1000 ml aufgefüllt, und eine schwache Trübung wird jeweils durch einen Glasfiltertiegel G 3 abfiltriert.

Arbeitsvorschrift. Die nach dem unten beschriebenen Verfahren gewonnenen Lösungen sollen bei dem Mikroverfahren (a) 0,46 ml, bei dem Ultramikroverfahren (b) 0,15 ml an Volumen einnehmen. Wegen der Größe der zu dem Photometer gehörenden Küvetten wird die Lösung bei (a) mit 31,34 ml, bei (b) mit 10,35 ml Reagens versetzt, sofort umgeschüttelt und 3 Std. lang in ein Wasserbad von 20° $\pm$0,03° C gestellt. Dann wird sie in die Küvette gefüllt [bei (a) 3 cm, bei (b) 5 cm Schichtdicke] und sofort gemessen. Der Blindwert einer phosphorfreien veraschten Probe soll bei (a) 30, bei (b) 50 Trommelteile (von 2000) nicht übersteigen, andernfalls muß das Reagens noch einmal filtriert werden.

Die *Veraschung* wird am besten in Quarzkölbchen vorgenommen, die 19 cm lang sind und deren Kugel einen Durchmesser von 3,5 cm und deren Hals einen inneren Durchmesser von 1,1 cm besitzt. Das Material mit 0,5 bis 8 γ P (a) bzw. mit 0,05 bis 0,5 γ P (b) wird mit 1,5 ml Schwefelsäure (D 1,262) bzw. mit 1,95 ml Schwefelsäure (D 1,090) übergossen und 5 Std. lang im Trockenschrank bei 150° abgedampft. Dann werden die Kolben 2 Std. lang in einem elektrischen Ofen, aus dem die Hälse zu $^3/_4$ ihrer Länge herausragen, auf 210 bis 220° erhitzt. Nach Erreichen der Temperatur wird 1 Tropfen 30%iges Wasserstoffperoxyd (p. a.) und nach je 30 Min. noch 2mal je 1 Tropfen zugegeben. Es dürfen bei der Veraschung keine Schwefelsäurenebel entweichen (siehe Bemerkung b).

Bemerkungen. **a)** Der **Fehler** liegt bei 0,5 bis 8 γ P zwischen $\pm$7,3 und 0,9%. — **b)** Die **Säureabhängigkeit der Trübungsstärke** ist sehr groß. Deshalb ist die genaue Einhaltung der Temperatur bei der Veraschung notwendig. Am besten wird in 0,71 n Schwefelsäure gearbeitet. — **c)** Die **Trübungsstärke** nimmt nach 3 Std. bei über 2 γ P/ 31,8 ml ab. — **d)** Die **Temperatur** muß konstant gehalten werden, weil die Trübungsstärke davon abhängig ist. — **e)** Die **Eichkurve** muß für jedes neu angesetzte Molybdatreagens neu erstellt werden.

VII. Verfahren von MEDINGER. Die nephelometrische Bestimmung mittels Strychninmolybdats kann nach MEDINGER vorzüglich zur schnellen Wasseranalyse verwendet werden. Hierfür eignet sich nämlich nicht das kurz vorher von SERGER mitgeteilte Verfahren der Nephelometrie mit Ammoniummolybdat bei 70°. Dieses kann unter Umständen für Abwässer, in denen der Phosphatgehalt höher ist, in Betracht kommen, nicht aber für Trinkwässer.

Reagens. Eine Lösung von 40 g Ammoniummolybdat in 100 ml Wasser wird allmählich mit 80 ml gesättigter (etwa 1%iger) Strychninnitratlösung versetzt, bis die anfangs entstehende Trübung nach dem Umschütteln nicht mehr ganz verschwindet. Diese Lösung fügt man zu 180 ml Salpetersäure (D 1,4) und läßt über Nacht stehen. Die Empfindlichkeit des Reagenses nimmt während einiger Tage ab. Auf Zusatz einiger Tropfen Strychninnitratlösung wird sie für einige Wochen wieder normal. Dann fügt man wieder Strychninnitratlösung hinzu, und schließlich bleibt das Reagens monatelang unverändert.

Arbeitsvorschrift (für Wasser). In ein Reagensglas gibt man 20 Tropfen Reagens und fügt schnell 10 ml des zu prüfenden Wassers hinzu. Die Menge des vorhandenen Phosphates schätzt man nach den folgenden Angaben in Tabelle 3 ab.

Tabelle 3. Abschätzung des Phosphatgehaltes.

Phosphatgehalt in mg P_2O_5/l Wasser	Beschaffenheit der Trübung
10	Sofort sehr starke Trübung, ballt sich nach 20 Sek. zusammen
7,5	Sofort sehr starke Trübung, ballt sich nach 1 Min. zusammen
5	Sofort sehr starke Trübung, ballt sich nach 2 Min. zusammen
2,5	Sofort sehr starke Trübung, ballt sich nach 2½ bis 3 Min. zusammen
1	Sofort schwache Trübung, rasch zunehmend
0,75	Nach 2 bis 3 Sek. schwache Trübung, zunehmend
0,5	Nach 3 bis 5 Sek. schwache Trübung, zunehmend
0,25	Nach 20 Sek. schwache Trübung, zunehmend

Bemerkungen. a) Die **Grenze der Empfindlichkeit** liegt bei etwa 0,1 mg P_2O_5/l. Bei 2 Tropfen Reagens und 1 ml Wasser sind noch 0,1 γ P_2O_5 sicher nachweisbar. — **b) Störungen** werden nicht hervorgerufen durch Ca, Mg, Fe, SiO_2 und organische Stoffe, nach Ablauf einiger Zeit bilden sich aber Trübungen und Niederschläge, deshalb muß innerhalb von 30 Sek. beobachtet werden. — **c) Abänderung von Grégoire** durch Anwendung von *Chinin.* Man löst 1 g Chininsulfat in salpetersaurem Wasser und fällt das Sulfat mit der berechneten Menge Bariumchlorid aus. Das Filtrat vom Bariumsulfat versetzt man mit einer Lösung von 40 g Ammoniummolybdat in wenig Wasser und 500 ml Salpetersäure (D 1,2). Die Mischung füllt man auf 1000 ml auf. Die Probe mit 2 bis 2,5 γ P_2O_5 wird mit 2 ml Reagens versetzt und im Meßkolben auf 50 ml aufgefüllt. Kieselsäure stört in der 25fachen Menge gegenüber dem vorhandenen P_2O_5. Eisen und Aluminium stören, Alkalien und Calcium sind ohne Einfluß.

2. Gravimetrische und alkalimetrische Mikrobestimmung.

Verfahren von Embden. ***Reagens.*** a) 50 g Ammoniummolybdat werden in 150 ml Wasser unter Erwärmen gelöst. 1 Raumteil der filtrierten Lösung wird in 3 Raumteile Salpetersäure [aus 2 Raumteilen Salpetersäure (D 1,4) und 1 Raumteil Wasser] eingegossen. — b) 15 g Strychninnitrat werden unter Erwärmen in 1 l Wasser gelöst. Unmittelbar vor der Fällung gießt man 1 Raumteil der Lösung a unter Umschütteln in 3 Raumteile der Lösung b.

Arbeitsvorschrift. 60 ml der 1 bis 4 mg P_2O_5 enthaltenden Lösung werden in der Kälte mit 20 ml Reagenslösung versetzt. Man läßt 30 bis 40 Min. stehen und filtriert dann durch einen Glasfiltertiegel. Zuerst spült man mit 25 ml des auf das Fünffache verdünnten Reagenses über und wäscht dann mit eiskaltem Wasser aus, bis Lackmuspapier nicht mehr gerötet wird. Der Niederschlag wird bei 105 bis 110° getrocknet. Das Gewicht des Niederschlages ist „sehr annähernd das 39fache des angewendeten P_2O_5-Gewichtes".

Bemerkungen. **I.** Eine **Störung** bewirken größere Mengen von Magnesium und Calcium durch Niederschlagsbildung, aber nur, wenn die Fällung länger als 1 Std. steht. — **II. Andere Arbeitsweisen.** a) Vorschrift von Myrbäck für die Bestimmung von 500 bis 20 γ P_2O_5. 10 ml Lösung werden mit 3 ml Embden-Reagens gefällt. Nach 1 Std. filtriert man durch ein Preglsches Filterröhrchen, wäscht mit eiskaltem Wasser und wägt nach dem Trocknen bei 100°. Anstatt zu wägen, kann man den Niederschlag nach Neumann mit Lauge wie üblich titrieren (siehe S. 58). Hierzu wird die wie oben vorgenommene Fällung 3mal mit 15 ml 1%iger Natriumnitratlösung gewaschen. Die Nitratlösung wird mit ausgekochtem Wasser hergestellt. Man titriert in bekannter Weise. Zur Berechnung wird der empirische Faktor P:NaOH = 1:19 angegeben.

b) Vorschrift von Proskuriakoff und Temerin. Als Fällungsreagens dient eine Mischung aus 1 Teil 1%iger Strychninnitratlösung und 3 Teilen einer Lösung von 50 g Ammoniummolybdat in 150 ml Wasser, die mit dem gleichen Raumteil Schwefelsäure aus 2 Volumina konzentrierter Schwefelsäure und 1 Volumen Wasser versetzt ist. Im Zentrifugenglase vermischt man einige Milliliter der Lösung mit 20 bis 200 γ P mit 1 bis 3 ml Reagens (je nach der vorhandenen P-Menge). Nach 30 bis 40 Min., während der man bisweilen umschüttelt, zentrifugiert man 3 Min. lang mit 3000 bis 4000 Umdrehungen. Man wäscht 3mal mit je 5 ml 5%iger Kaliumnitratlösung, welche mit stark verdünnter Lauge gegen Phenolphthalein neutralisiert wurde. Der Niederschlag wird in 0,025 n kohlensäurefreier Natronlauge gelöst und einige Min. im siedenden Wasserbade gehalten. Mit 0,025 n Salzsäure wird übertitriert, wieder im Wasserbade erwärmt und mit Natronlauge zurücktitriert. Zur Berechnung dient der empirische Faktor P:NaOH = 1:20, also 1 ml 0,025 n NaOH = 38,75 γ P. Der Fehler beträgt maximal $\pm 1\%$.

c) Vorschrift von Gorbach und Kostič. Bezüglich der Apparatur wird auf die Angaben auf S. 53 verwiesen. 0,1 ml Lösung mit 1 bis 5 γ P wird mit 0,03 bis 0,2 ml Reagenslösung nach Embden vermischt. Man läßt bei gewöhnlicher Temperatur 5 Std. bedeckt stehen und saugt dann ab. Der Niederschlag wird 2mal mit eiskaltem, 5fach verdünntem Fällungsreagens, 3mal mit wenig eiskaltem Wasser, 2mal mit eiskaltem Alkohol und 2mal mit eiskaltem Aceton gewaschen. Man trocknet $^3/_4$ Std. im Vakuumexsiccator. Der P-Gehalt beträgt $^1/_{98}$ des Niederschlagsgewichtes (siehe unten). Der Fehler beträgt bis —4,5%.

d) Vorschrift von Heimann und Heimann-Geierhaas. Um brauchbare und einwandfreie Ergebnisse zu erzielen, müssen mehrere Vorsichtsmaßnahmen genau eingehalten werden. 1. Die Fällung darf nicht länger als 2 Std. stehenbleiben, und der Blindwert (siehe unten) muß berücksichtigt werden. 2. Die Katalysatoren des Aufschlusses organischer Stoffe ($CuSO_4$, CuO, $HgSO_4$, Hg_2SO_4, Hg) beeinflussen, mit Ausnahme von Quecksilber, das normalerweise in verhältnismäßig hoher Konzentration (1 g und mehr) angewendet wird, die Bestimmung nicht. Durch die Ausfällung des Quecksilbers mit Schwefelwasserstoff kann diese Störung (zu hohe Werte) ausgeschaltet werden. 3. Sowohl Selen als auch das Selen enthaltende Wieninger-Reaktionsgemisch können erhebliche positive Fehler verursachen. Für einwandfreie Bestimmungen dürfen in der Fällungslösung höchstens 5 mg Se oder 500 mg Wieninger-Reaktionsgemisch vorliegen. Bei höheren Selenmengen müssen diese vor der Bestimmung nach dem unten angegebenen Verfahren entfernt werden. 4. Auch Wasserstoffperoxyd stört schon in geringen Mengen im Sinne einer Erhöhung der Werte. Zur Zerstörung des Wasserstoffperoxydes oder vielleicht vorliegender Peroxyschwefelsäuren muß deshalb bei Aufschlüssen mit Wasserstoffperoxyd vor der Fällung genügend lange gekocht werden. Zur vollständigen Entfernung der Peroxyschwefelsäuren empfiehlt sich eine Behandlung mit 6%iger Schwefeldioxydlösung unter Aufkochen. 5. Der Umrechnungsfaktor 98 für P ist nach den Verfassern durch den richtigen Wert 89,3 zu ersetzen. Sie halten den in den Jahren 1926 bis 1928 in die Literatur eingegangenen Wert 98 für einen Druckfehler!

Reagenzien. 1. 1,5%ige Strychninnitratlösung. — 2. Molybdatlösung. 33,33 g Ammoniummolybdat werden in 100 ml Wasser gelöst. Diese Lösung wird unter Umschütteln zu 300 ml verdünnter Salpetersäure [2 Teile konzentrierte Säure (D 1,4) und 1 Teil Wasser] zugegeben. Dieses Reagens ist nur begrenzt haltbar und nur so lange verwendbar, als noch keine Ausscheidung von Molybdänsäure eingetreten ist. — *Kurz vor Gebrauch* wird das eigentliche Fällungsreagens durch Eingießen von 1 Teil Strychninnitratlösung in 3 Teile Molybdatlösung hergestellt.

Arbeitsvorschrift. Die Lösung mit 0,4 bis 1,7 mg P wird gegen Methylrot neutralisiert und mit Wasser bis zu einem Volumen von etwa 60 ml verdünnt. Man gibt schnell 20 ml Fällungsreagens hinzu und schüttelt mehrmals um. Nach 20 Min. wird durch einen Glasfiltertiegel G 3 oder 4 filtriert. Der Niederschlag wird zunächst mit 25 ml eiskaltem, auf das Fünffache verdünnten Fällungsreagens übergespült und dann so lange mit eiskaltem Wasser ausgewaschen, bis das Waschwasser gegen Lackmus neutral reagiert. Man trocknet 1 bis 2 Std. bei 105 bis 110°.

Bestimmung des Blindwertes. Zur Blindprobe müssen alle Lösungen in der Zusammensetzung und Menge, wie sie zur Fällung verwendet werden, herangezogen werden, also auch mit den Mineralisierungskatalysatoren und den u. U. nötigen Reagenzien zu deren Entfernung. Da die P-Mengen der Reagenzien unter der nach Embden erfaßbaren Menge von 0,4 mg P liegen, muß eine Phosphatlösung zugesetzt werden, deren P-Gehalt 0,4 bis 1,7 mg beträgt. Bei entsprechender Arbeitsweise können auch P-Mengen bis herab zu 50 γ P (mit Abweichungen von 1 bis 2 γ) bestimmt werden.

Entfernung von Selen. Die Aufschlußlösung wird mit Wasser verdünnt und mit Ammoniak neutralisiert. Nach Zugabe von 5 ml 10%iger Salzsäure und 15 ml 6%iger Schwefeldioxydlösung wird erwärmt und nach kurzem Stehen aufgekocht. Dieser Vorgang des Zusatzes der Reagenzien und des Aufkochens wird 3mal wiederholt, damit alles Selen ausfällt. Nach dem Stehen über Nacht wird das Selen abfiltriert und die übliche Fällung ausgeführt.

D. Bestimmung durch colorimetrische Messung des durch Reduktionsmittel erzeugten Phosphomolybdänblaus.

Die Bestimmung von Phosphat mittels colorimetrischer Messung des durch Reduktionsmittel aus Ammoniummolybdophosphat bzw. aus der zugehörigen Molybdophosphorsäure erzeugten Phosphomolybdänblaus geht auf die Beobachtung von OSMOND zurück, der gefälltes Ammoniummolybdophosphat mit Zinn(II)-chlorid zu einer blauen Verbindung reduzierte. Diese Reaktion hat die größte Bedeutung in der Colorimetrie des Phosphates erlangt. Die auf die Reaktion zwischen Molybdänblau und Phosphorsäure sich gründenden verschiedenen Verfahren beruhen im Prinzip darauf, daß eine Phosphatlösung mit Ammoniummolybdat und einem Reduktionsmittel versetzt und die entstehende Blaufärbung gegen eine aus einer Standardlösung auf gleiche Weise erhaltene Färbung verglichen oder photometrisch gemessen wird.

Molybdänsäure wird durch verschiedene Reduktionsmittel in bekannter Weise zu Molybdänblau reduziert. Wenn sie aber in Heteropolyverbindungen eingebaut ist, unterliegt sie verstärkter Reduktion bzw. ist sie ein stärkeres Oxydationsmittel. FEIGL und KRUMHOLZ haben zuerst den Gedanken ausgesprochen, daß die Stabilitätsverhältnisse im MoO_3-Molekül offenbar durch dessen koordinative Bindung derart verändert werden, daß die Reduktion zu niederen Oxyden des Molybdäns leichter erfolgen kann. Nach KRUMHOLZ ist die Beschleunigung der Reaktion katalytischer Natur, aber der Katalysator wird durch ein Endprodukt der Reaktion, das Molybdänblau, größtenteils inaktiviert. Es ist aber nur ein Teil der komplex gebundenen MoO_3-Moleküle reduzierbar, und zwar etwa ein Sechstel. Von denjenigen Säuren, die Heteropolysäuren mit Molybdat zu bilden vermögen, besitzt die Phosphorsäure die größte katalytische Wirkung.

BERENBLUM und CHAIN (a) haben umfangreiche Untersuchungen über das Molybdänblauverfahren angestellt. Sie stellen fest, daß alle reduzierenden Stoffe auch in Abwesenheit von Phosphat Molybdänsäure reduzieren. Die Reduktionsgeschwindigkeit ist am größten bei etwa 0,2 n Schwefelsäure und vermindert sich schnell vollständig mit steigender Acidität. Phosphat erhöht die reduzierte Menge an Molybdänsäure. Diese Beschleunigung läßt sich in einem weiten Bereich der Acidität feststellen, nimmt aber mit ihrer Zunahme ab. Der Anteil der Reduktion der Molybdänsäure, die beschleunigende Wirkung des Phosphates und die bei den Reaktionen erreichten Endpunkte hängen sämtlich von der Konzentration des Molybdates und der Reduktionsmittel und deren Natur ab. Je stärker das reduzierende Reagens ist, desto größer ist die Anzahl Moleküle MoO_3, die je Atom P reduziert werden. Die katalytische Aktivierung der Reduktion der Molybdänsäure durch Phosphat wird bestätigt. Die Reaktion verläuft nicht vollständig, sie erreicht aber einen definierten Endpunkt, weil das Reduktionsprodukt den Katalysator inaktiviert. Es gibt keine Spezifität für bestimmte Reduktionsmittel für Molybdänsäure allein, höchstens bei hoher Säurekonzentration. Das Verfahren mit Zinn(II)-chlorid als Reduktionsmittel geht bis an die Grenze der Empfindlichkeit, weil Zinn(II)-chlorid die höchste Zahl von reduzierten Molekülen des MoO_3 je Atom P erzeugt. — TREADWELL und SCHAEPPI finden für das Molybdän im Molybdänblau eine mittlere Wertigkeitsstufe von 5,67. Wird ein solches Produkt in Form des Sulfatblaus mit steigenden Mengen Phosphorsäure versetzt, so beobachtet man eine Zunahme der Farbstärke des resultierenden Blaus, bis das Verhältnis P:Mo = 1:12 erreicht ist. Ob die angegebene „Konstitutionsformel" den wirklichen Verhältnissen gerecht wird, bleibe dahingestellt.

Nach SCHEEL geben die Verfahren zur Erzeugung von Molybdänblau Anlaß zu Schwierigkeiten, weil die Geschwindigkeit der Reaktion und die Farbtiefe durch verschiedene Faktoren beeinflußt werden, wie durch die angewendete Menge Molybdänsäure, durch die Art des Reduktionsmittels, durch die Temperatur, durch die Wasserstoffionenkonzentration, durch Neutralsalze und durch Eisen(III)-salze (siehe die Bemerkungen auf S. 89 u. 99).

Die bei der Reduktion der Molybdophosphorsäure entstehende blaue Verbindung ist eine komplexe Verbindung zwischen Orthophosphorsäure und Molybdänblau, welche insbesondere von DENIGÈS untersucht worden ist. Dieser Verfasser unterscheidet 3 Arten von Molybdänblau: 1. eine instabile Form, welche aus 10%iger Ammoniummolybdatlösung, die mit dem gleichen Raumteil konzentrierter Schwefelsäure versetzt ist, durch die Einwirkung von Zinn(II)-salz, Kupfer, Aluminium, Hydrochinon entsteht. Die durch Äther nicht ausschüttelbare Blaufärbung verschwindet bei einer Konzentration der Schwefelsäure unterhalb 25 Vol.-% und oberhalb 75 Vol.-%. 2. ein stabiles Molybdänblau von der Formel $4MoO_3 \cdot MoO_2 \cdot aq$, das in Äther unlöslich ist und durch Äther aus Lösungen ausgeflockt wird. 3. ein stabiles Molybdänblau, das bei Gegenwart von Phosphorsäure entsteht, die Zusammensetzung $H_3PO_4(MoO_2 \cdot 4MoO_3) \cdot 4H_2O$ hat und sich aus 4 n Schwefelsäure durch Äther vollkommen extrahieren und aus dieser Lösung in hexagonalen Kristallen gewinnen läßt.

Durch die Bemühungen zahlreicher Bearbeiter ist das Verfahren zu einer hohen Vollkommenheit entwickelt worden. Es sind insbesondere viele Reduktionsmittel auf ihre Brauchbarkeit geprüft worden. Von anorganischen Reduktionsmitteln ist von RIEGLER das Hydrazin angewendet worden, das auch andere Autoren vorgeschlagen haben. In jüngster Zeit haben BOLTZ und MELLON (a) eingehende Untersuchungen über dieses Reduktionsmittel angestellt. WU hat Jodwasserstoffsäure vorgeschlagen, und LOSANA hat das isolierte Ammoniummolybdophosphat mit Natriumthiosulfat reduziert. Auf ganz andere Weise erzeugt DENIGÈS die Blaufärbung: er reduziert Molybdänsäure z. B. mit Kupfer, und diese gelbliche Lösung wird bei Gegenwart von Phosphatspuren blau. Anstatt Molybdänsäure durch ein Fremdmetall zu reduzieren, benutzt ZINZADZE metallisches Molybdän selbst dazu, und die so erzeugte farblose Reagenslösung wird durch geringe Mengen Phosphat intensiv blau gefärbt.

Auf der Suche nach anderen Reduktionsmitteln, besonders solchen organischer Natur, fanden TAYLOR und MILLER zahlreiche brauchbare Stoffe wie Hydrochinon, Metol, Amidol, (Hydrazin) und Phenylhydrazin. Besonders das Hydrochinon hat nach der Verbesserung des Arbeitsverfahrens durch BELL und DOISY weitgehende Anwendung gefunden. In der 1,2,4-Aminonaphtholsulfosäure fanden FISKE und SUBBAROW ein sehr gutes Reduktionsmittel, das besonders in der physiologischen Chemie zu großer Bedeutung gelangt ist. Außer den schon genannten photographischen Entwicklersubstanzen (Metol, Amidol) sind als verwendbar noch anzuführen: Photo-Rex, das jetzt viel verwendet wird, Rodinal und Glycin. Es sind außerdem noch vorgeschlagen worden: die tautomere Form des Hydrochinons „quinol" (DAVIES und DAVIES); „Elon" (p-Methylaminophenolsulfat) durch VAN DER LINGEN, in 3%iger Lösung mit Zusatz von Natriumsulfit, das eine tiefere und klarere Färbung erzeugen soll als Hydrochinon; Benzidin durch MICHALTSCHITSCHIN (bei Gegenwart von Weinsäure wird die auf Filtrierpapier erzeugte Blaufärbung gegen eine solche aus Standardlösungen verglichen) und Ascorbinsäure von AMMON und HINSBERG.

Das von MISSON stammende Verfahren, das auf der Bildung einer orangefarbenen Molybdatovanadatophosphorsäure beruht, ist in neuerer Zeit als sehr gut brauchbares Verfahren erkannt worden. Es wird ausführlich beschrieben in § 10, B, S. 167, und § 15, A, S. 243.

OELSEN hat ein Verfahren entwickelt, bei dem das gefällte Ammoniummolybdophosphat in Ammoniak gelöst und diese Lösung mit Wasserstoffperoxyd versetzt wird. Die dabei auftretende starke Gelbfärbung wird vor eintretender Blasenbildung photometriert.

1. Reduktion mit Zinn(II)-chlorid.

Das Verfahren beruht auf der Erzeugung der Molybdophosphorsäure durch Versetzen der zu prüfenden Phosphatlösung mit Ammoniummolybdatlösung und danach folgende Reduktion mit salzsaurer Zinn(II)-chloridlösung. Die alsbald entstehende Blaufärbung wird entweder durch colorimetrischen Vergleich gegen eine gleich behandelte Vergleichslösung mit bekanntem Phosphatgehalt oder in einem Photometer gemessen und der Phosphatgehalt der unbekannten Lösung aus dieser Messung ermittelt. Dieses Verfahren, das auf OSMOND zurückgeht, wird von vielen späteren Autoren als DENIGÈS-Verfahren bezeichnet. Dieses ist nicht korrekt, denn man kann höchstens von einer Wiederentdeckung durch DENIGÈS sprechen, der die Reduktion von Molybdophosphat mit Zinn(II)-chlorid als qualitative Reaktion ausgeführt hat [DENIGÈS (a)]. Er hat festgestellt, daß der blaue Farbstoff mit Äther ausgeschüttelt werden kann und daß die störende Wirkung von Fluorid durch Borsäure behoben wird. Die Reaktion erfolgt nach TISCHER (b) in Anlehnung an DENIGÈS (e) nach der Gleichung:

$$[P(Mo_3O_{10})_4]''' + 11H^{\cdot} + 4\,Sn^{\cdot\cdot} \rightleftarrows (MoO_2\cdot 4\,MoO_3)_2\cdot H_3PO_4 + 2\,MoO_2 + 4\,Sn^{\cdot\cdot\cdot\cdot} + 4\,H_2O.$$

Wegen seiner großen Empfindlichkeit findet das Verfahren nur zur Bestimmung sehr kleiner Phosphormengen in der Größenordnung von wenigen Gamma P Anwendung.

Während BERENBLUM und CHAIN (a) Zinn(II)-chlorid für das beste Reduktionsmittel ansehen, erheben WOODS und MELLON dagegen gewisse Einwände. Bei niedriger Phosphatkonzentration soll leicht Trübung eintreten, die Farbe relativ unbeständig und die Lösung schlecht haltbar sein. Auch ZINZADZE (b) hält die Farbe für wenig beständig, jedoch wirkt Zinn(II)-chlorid schnell, und die Reaktion ist sehr empfindlich. Bei Einhaltung gleichbleibender Arbeitsbedingungen ist aber mit der Erzielung sehr guter und brauchbarer Ergebnisse zu rechnen. Eine fast vollständige Ausschaltung störender Faktoren und eine gesteigerte Empfindlichkeit wird erreicht durch Extraktion der Molybdophosphorsäure mittels Isobutylalkohol [BERENBLUM und CHAIN (b)] und ihrer Reduktion mit Zinn(II)-chlorid in der nichtwäßrigen Lösung. Gleichzeitig hat STOLL diese Extraktion mittels Essigester oder Amylalkohol-Äther vorgeschlagen. Die Extraktion haben auch angewendet: RAINBOW mit Isoamylalkohol, PONS und GUTHRIE mit Isobutylalkohol, ZELLER ebenso mit apparativer Verbesserung und MARTIN und DOTY mit einer Mischung von Isobutylalkohol und Benzol (1:1).

STOLL findet eine Abnahme der Fähigkeit der Molybdophosphorsäure zur Bildung ihres blauen Reduktionsproduktes in wäßrigem Medium mit zunehmendem Alter. Wenn man erst 30 Min. nach der Bildung der Heteropolysäure die Zinn(II)-salzlösung zufügt, ist die Farbintensität schon geringer, als sie nach sofortigem Zusatz des Reduktionsmittels ist. In ätherischer Lösung ist diese Erscheinung weniger ausgeprägt, denn sie macht sich erst praktisch nach 24 Std. bemerkbar. Es ist daher die Arbeitsweise der Extraktion der Molybdophosphorsäure mit organischen Lösungsmitteln sehr empfehlenswert.

Nach DUNAJEW (a) hat das Verfahren der Reduktion, wie es DENIGÈS (a) angegeben hat, nur eine äußerst geringe Genauigkeit. Zwischen der Intensität der Färbung und der Menge des vorhandenen Phosphates bestehe kein proportionales Verhältnis. Wenn nicht die Konzentrationen der Probe- und der Vergleichslösung möglichst gleich gehalten werden, kann ein Fehler bis zu 30% entstehen. Auf Veranlassung von DUNAJEW haben deshalb MALJUGIN und CHRENOWA das Verfahren verbessert. DUNAJEW (b) hat auch festgestellt, daß die Bildung des Molybdänblaus nur der Orthophosphorsäure eigentümlich ist, so daß diese auf diese Weise unmittelbar im Gemisch mit Pyrophosphorsäure, Metaphosphorsäure, phosphoriger und unterphosphoriger Säure bestimmt werden kann (siehe hierzu die Ausführungen auf S. 101 über die Beobachtungen von RUDY und MÜLLER).

Wenn die Blaufärbung gegen die von Vergleichslösungen gemessen wird, so sollen diese in ihrer Phosphatkonzentration möglichst wenig von der der zu bestimmenden Lösung abweichen, auch soll die Acidität beider Lösungen möglichst dieselbe sein. Wenn nötig, sollen die Lösungen zwecks Klärung nicht filtriert, sondern zentrifugiert werden, und sie sollen keine oxydierend wirkenden Stoffe enthalten (v. WRANGELL).

Reagenzien. 1. Zinn(II)-chloridlösung. Zur Bereitung der Zinn(II)-chloridlösung wird entweder käufliches Salz in Salzsäure gelöst oder es wird metallisches Zinn in Salzsäure aufgelöst. Die Konzentration der Vorratslösung bewegt sich zwischen 0,2% [KUTTNER und LICHTENSTEIN, BERENBLUM und CHAIN (b)] und 10% [SCHARRER (a), DUNAJEW bzw. MALJUGIN und CHRENOWA, HAHN]. v. WRANGELL wendete 1%ige Lösung an, und eine 2,5%ige Lösung wird stark bevorzugt [TRUOG und MEYER, CHAPMAN (a), WOODS und MELLON (a)]. Um die Oxydation der Lösung durch Luftsauerstoff auszuschließen, haben TRUOG und MEYER die Bedeckung mit einer Schicht Mineralöl vorgeschlagen. Diese Vorsichtsmaßnahme versagt aber nach CHAPMAN (a, b), der deshalb den Reduktionswert der Lösung von Zeit zu Zeit nachprüft, damit immer gleiche Mengen Zinn(II)-ion zugegeben werden. Geringe Schwankungen schaden nicht (a). Um die Zersetzung der Lösung hintanzuhalten, bewahren sie KUTTNER und LICHTENSTEIN sowie BODANSKY im Kühlschrank, DYER und WRENSHALL unter Wasserstoff auf. Vielfach wird auch die Verwendung brauner Flaschen vorgeschlagen. Sehr zweckmäßig ist es, die Lösung immer frisch zu bereiten, wie dies schon v. WRANGELL angegeben hat. Von längerer Haltbarkeit sind freilich die konzentrierteren Lösungen, von denen entweder nur wenige Tropfen zur Reaktion verwendet werden oder die vor der Benutzung zweckentsprechend verdünnt werden. Tabelle 4 zeigt eine Zusammenstellung der von den verschiedenen Verfassern angegebenen Vorschriften zur Bereitung der Zinn(II)-chloridlösung aus käuflichem, kristallisiertem Zinn(II)-chlorid.

Tabelle 4. Vorschriften zur Bereitung der Zinn(II)-chloridlösung aus käuflichem Zinn(II)-chlorid.

Angewendete Menge in g	Lösungsmittel und dessen Menge in ml	Lösung auffüllen auf ml	Verfasser	Bemerkungen
1	Wasser, 100	—	v. WRANGELL	Vor jedem Gebrauch frisch bereiten
113	Konz. HCl, 200	1000	SCHARRER (a)	—
25	Wasser, 900	—	TRUOG u. MEYER	100 ml konz. HCl zusetzen, mit Mineralöl bedecken
10	Konz. HCl, 25	—	KUTTNER u. LICHTENSTEIN	In brauner Flasche kühl aufbewahren. 4 bis 6 Wochen haltbar. Zum Gebrauche 1 Teil + 200 Teile Wasser
15	Konz. HCl, 25	—	BODANSKY	Wie KUTTNER u. LICHTENSTEIN. Verdünnte Lösung zwischen den Analysen in Eisschrank stellen
0,16	Gummi arabicumlösung, 200 ml	—	ZINZADZE (b)	10 g Gummi arabicum in 1 l Wasser (50°) lösen, 1 ml Toluol zusetzen. 3 bis 4 Wochen haltbar. Die damit hergestellte Zinn(II)-chloridlösung 12 Std. haltbar
10	Konz. HCl, 25	—	BERENBLUM u. CHAIN (b)	Zum Gebrauche jedesmal frisch auf das 200fache mit n H_2SO_4 verdünnen
10	Konz. HCl, 10	400	WOODS u. MELLON (a)	—
10	Konz. HCl, 100	—	HAHN	12 Std. haltbar

Einige Verfasser gehen von metallischem Zinn aus, das sie in konzentrierter Salzsäure lösen. Es folgen hier einige diesbezügliche Vorschriften.

Vorschrift von PFEILSTICKER. 0,25 g Zinnfolie werden in einem Reagensglase, das bei 5 und bei 20 ml Marken trägt, in 5 ml konzentrierter Salzsäure gelöst. Man füllt mit Wasser auf 20 ml auf, läßt den schwarzen Rückstand sich absetzen und gießt die klare Lösung in einen ERLENMEYER-Kolben in 100 ml Wasser ein. Die Lösung muß jeden Tag frisch bereitet werden.

Vorschrift von TISCHER (a). 0,25 g Zinnpulver löst man unter Zusatz von 2 Tropfen 4%iger Kupfersulfatlösung in 5 ml konzentrierter Salzsäure und füllt auf 25 ml auf. Die Lösung ist 12 Std. haltbar.

Vorschrift von MALJUGIN und CHRENOWA. Man löst in einem Kolben 2 g Zinn unter Zusatz von 2 bis 4 Tropfen einer 4%igen Kupfersulfatlösung in 30 bis 40 ml konzentrierter Salzsäure. Die Lösung wird in einer Porzellanschale völlig eingedampft und alle Salzsäure vertrieben. Den Rückstand löst man in 10 ml einer aus 150 ml konzentrierter Schwefelsäure und 850 ml Wasser bereiteten verdünnten Schwefelsäure. In einer gut verschlossenen Flasche ist diese Lösung 1 bis 2 Monate haltbar. Zum Gebrauche verdünnt man a) 1 Teil mit 1 Teil Wasser (10%ige Lösung) bzw. b) 1 ml mit 5 ml der eben erwähnten verdünnten Schwefelsäure und mit 14 ml Wasser (1%ige Lösung). Die verdünnten Lösungen sind einige Tage haltbar.

2. Molybdat-Reagens. Fast alle Autoren empfehlen die Benutzung einer schwefelsauren Ammoniummolybdatlösung, so vor allen Dingen v. WRANGELL. Die Konzentration an Molybdat wechselt jedoch bei den einzelnen Autoren etwas. KUTTNER und COHEN sowohl als auch KUTTNER und LICHTENSTEIN verwenden eine 7,5%ige Lösung von reinstem Natriummolybdat, für deren Bereitung aus Molybdänsäure BODANSKY eine genaue Vorschrift mitteilt. RANGANATHAN findet jedoch keinen Vorteil bei der Verwendung des Natriumsalzes, und es liegt auch wohl nach den Erfahrungen der meisten Autoren kaum eine Veranlassung vor, von der Verwendung des Ammoniummolybdates abzugehen. ZINZADZE (b) verwendet eine Lösung von Molybdäntrioxyd in Schwefelsäure. In Tabelle 5 sind Vorschriften verschiedener Verfasser zur Bereitung der Reagenslösung zusammengestellt.

Tabelle 5. Vorschriften zur Bereitung der Ammoniummolybdatlösung.

ml Ammonium-molybdatlösung	Konzentration in %	Mischen mit ml Schwefelsäure	Konzentration	Verfasser	Bemerkungen
100	10	100	98%	v. WRANGELL	—
20	5	400	1 n	TRUOG u. MEYER	Zu 1 l auffüllen
200	10	700 ml Wasser und 200 ml Schwefelsäure		PFEILSTICKER	Haltbar, keine Blaufärbung
1000	2	850 ml Wasser und 150 ml konz. Schwefelsäure		MALJUGIN u. CHRENOWA	1 Monat haltbar
100	10	300	1:1	TISCHER (b)	Im Dunkeln aufbewahrt über 1½ Jahre haltbar

Einige andere Vorschriften, die teils neutrale Lösung, teils eine solche aus Natriummolybdat fordern, sind im folgenden angeführt.

Vorschrift von BODANSKY. Man kühlt 100 ml n Schwefelsäure in Eis ab, gießt unter Schütteln schnell 100 ml einer 7,5%igen Natriummolybdatlösung (90 g reinste Molybdänsäure werden in 250 ml 5n NaOH gelöst, die Lösung wird zu 2 l aufgefüllt; sie soll gegen Phenolphthalein schwach alkalisch sein) hinzu und vermischt mit 200 ml Wasser. Die Lösung wird täglich erneuert. Unter Außerachtlassung dieser Vorschrift hat die Lösung bisweilen einen gelblichen Ton, der auf Zusatz von Zinn(II)-chlorid blau wird.

Vorschrift von BERENBLUM und CHAIN (b). Eine 5%ige Ammoniummolybdatlösung wird in einer paraffinierten Flasche aufbewahrt, damit keine Kieselsäure gelöst wird, die ebenfalls Blaufärbung erzeugt.

Vorschriften von Woods und Mellon (a). a) Man bereitet eine 2,5%ige Lösung von Ammoniummolybdat in 10n Schwefelsäure. — b) In 100 ml 3,5n Salzsäure werden 1,5 g Ammoniummolybdat gelöst.

Vorschrift von Zinzadze (b). Genau 4,01 g reinstes Molybdäntrioxyd werden unter Erhitzen in 101 ml 25n Schwefelsäure gelöst. Nach dem Erkalten füllt man zu 1 l auf. Die Acidität ist dann genau 2,5 n.

Arbeitsvorschriften. Soweit für die Bestimmung nicht besondere Vorschriften ausgearbeitet sind (siehe Bemerkung XV, S. 92), stimmen die Angaben über die Ausführung der Analyse bei den meisten Autoren überein. Man versetzt die Probelösung mit Molybdatlösung, danach mit Zinn(II)-chloridlösung und läßt die Blaufärbung sich während 5 bis 30 Min. entwickeln. Nach Ablauf dieser Zeit wird colorimetriert (siehe dazu Bemerkung V auf S. 88). Einige Originalvorschriften seien angeführt.

Vorschrift von v. Wrangell. 90 ml Lösung mit 10 bis 40 γ P_2O_5 werden mit 1,5 ml Molybdatlösung (siehe Tabelle 5) und mit 0,75 ml Zinn(II)-chloridlösung (siehe Tabelle 4, S. 84) versetzt. Man füllt auf 100 ml auf und schüttelt durch. Bei weniger als 10 γ P_2O_5 nimmt man nur die Hälfte an Reagens. Man läßt 5 Min. stehen und vergleicht im Tauchcolorimeter von Lautenschläger mit einer Lösung, die 20 γ P_2O_5 in 10 ml enthält.

Vorschrift von Scharrer (a). In Fellenberg-Röhrchen von 2 ml Inhalt werden 0,5 ml der Untersuchungslösung mit höchstens 10 mg P_2O_5 in 100 ml mit 0,1 ml Ammoniummolybdatlösung (56 g/750 ml Wasser) und 0,3 ml Zinn(II)-chloridlösung (siehe Tabelle 4, S. 84) versetzt. Man hält die Mischung 5 Min. bei 80°, bis die Lösung in durchfallendem Lichte klar erscheint, läßt erkalten, schüttelt mit 0,5 ml Amylalkohol durch und zentrifugiert 2 Min. lang mit 2000 Umdrehungen. Der colorimetrische Vergleich wird mit gleich behandelten Lösungen bekannten Gehaltes vorgenommen.

Vorschrift von Pfeilsticker. In einen 300 ml fassenden Erlenmeyer-Kolben mißt man mit einer Pipette 100 ml Wasser ein und fügt 1 ml der zu untersuchenden Lösung hinzu. Die Pipette, mit welcher die Lösung gemessen wurde, wird mit dem Wasser aus dem Kolben durch Ansaugen ausgespült. Aus einer Bürette läßt man 4,0 ml Molybdatlösung (siehe Tabelle 5, S. 85) zufließen. Unter Schütteln gibt man dann in einem Zuge während 2 bis 3 Min. 4,0 ml Zinn(II)-chloridlösung aus einer Bürette hinzu. Nach 15 bis 20 Min. wird colorimetriert.

Vorschrift von Maljugin und Chrenowa. In einem Meßkolben von 100 ml Inhalt wird die Phosphatlösung mit 25 ml Molybdatreagens (siehe Tabelle 5, S. 85) und so viel Wasser versetzt, daß das Volumen der Mischung 98 ml beträgt. Man mischt durch Umschütteln und gibt einige Tropfen Zinn(II)-chloridlösung hinzu (siehe Bemerkung VII auf S. 88). Nach dem Umschütteln wird zur Marke aufgefüllt. 10 bis 15 Min. nach dem Zusatz der Zinn(II)-chloridlösung wird colorimetriert und noch einmal 2 bis 3 Min. nach erneuter Zugabe des Zinnreagenses.

Vorschrift von Dickman und Bray. Die Probelösung wird in einem Reagensglase, das bei 35 ml eine Marke trägt, bis zu dieser Marke mit Wasser verdünnt. Saure Lösungen werden zuvor nach Zusatz von 5 Tropfen Chinaldinrot mit Ammoniak (1:1) neutralisiert und dann aufgefüllt. Man gibt 10 ml Molybdatlösung (15 g Ammoniummolybdat in 300 ml Wasser, versetzt mit 350 ml 10 n HCl und zu 1 l aufgefüllt) und tropfenweise 5 ml frisch bereitete Zinn(II)-chloridlösung hinzu. Nach einiger Zeit wird colorimetriert.

Vorschrift von Hahn. In einem Meßkolben von 100 ml verdünnt man die Probe mit 50 ml Wasser, fügt 1 Tropfen 1%ige Lösung von α-Dinitrophenol und aus einer Bürette so viel 3n Natriumacetatlösung hinzu, bis die Lösung schwach gelb gefärbt ist. Nun füllt man auf 85 ml auf, gibt 2 ml Molybdatreagens nach Tischer (siehe Tabelle 5, S. 85) und 3 Tropfen Zinn(II)-chloridlösung (siehe Tabelle 4, S. 84) hinzu und schüttelt kräftig um. Nach dem Auffüllen bis zur Marke läßt man 30 Min. im

Dunkeln stehen und photometriert. Es ist in gleicher Weise eine Blindprobe anzustellen.

Vorschrift von Zinzadze (b). 0,5 bis 15 ml Lösung mit 10 bis 300 γ P_2O_5 bringt man in eine 50 ml fassende Meßflasche, die bei 30 ml eine Marke trägt. Nach Zusatz von 5 Tropfen kaltgesättigter 2,4-Dinitrophenollösung neutralisiert man mit 2%iger Natriumhydrogencarbonatlösung (2 Monate haltbar) oder mit n Schwefelsäure bis zur schwachen Gelbfärbung. Nun fügt man 5 ml n Schwefelsäure und 5 ml 8%iger Natriumhydrogensulfitlösung (8 Tage haltbar) hinzu und füllt auf 30 ml auf. Man erwärmt 1 Std. auf dem Wasserbade oder läßt über Nacht stehen. Man gibt 5 ml Molybdatreagens (siehe S. 86), 5 ml Zinn(II)-chloridlösung und Wasser bis zu 50 ml hinzu. Ohne nochmals zu erwärmen (andernfalls verschwindet die Farbe in wenigen Minuten!) wird nach 20 Min. colorimetriert.

***Bemerkungen.* I. Genauigkeit.** Pfeilsticker gibt an, daß gute Übereinstimmung mit den gravimetrischen Verfahren bestehe. Maljugin und Chrenowa geben den mittleren Fehler mit 0,2 bis 0,3% an. Kuttner und Lichtenstein sowohl als auch Bodansky finden einen Fehler von $\pm 1\%$. — Nach Rudy und Müller entstehen positive Fehler durch Adsorption von Phosphat in Gefäßen, in denen vorher Phosphatlösungen gestanden haben. Umgekehrt entsteht ein negativer Fehler bei Verwendung von Gläsern, welche häufig mit Säure ausgekocht wurden. Bei neuen *Jenaer* Gefäßen ist diese Erscheinung nicht zu beobachten. Die Adsorption des Phosphates vollzieht sich auf der Kieselsäurehaut des Glases. Bei Gegenwart von 2n Schwefelsäure erfolgt die Absorption nicht. Zur Vermeidung der durch die Adsorption möglichen Fehler empfehlen Rudy und Müller, die zu verwendenden Gefäße zu reinigen: 1. mit starker Natriumcarbonatlösung, 2. mit 2n Schwefelsäure (½ Std. bei Raumtemperatur unter Umrühren), 3. mit Leitungswasser und 4. mit destilliertem Wasser. — Eine Fehlerquelle kann nach Clausen und Shroyer durch Senkung in der Absorptionskurve zwischen 400 und 800 mμ auftreten, und zwar oberhalb 0,14 mg P/100 ml. Eine Farbänderung ist mit dieser Erscheinung nicht verbunden. Die Verfasser machen keine Angaben zur Vermeidung dieser Senkungen. — **II. Anwendungsbereich.** Bei gewöhnlicher Arbeitsweise dürfte 2 γ P als unterste Grenze der Bestimmbarkeit anzusehen sein (Maljugin und Chrenowa). Kuttner und Lichtenstein geben 5 γ P in 5 ml an. Bei Verwendung eines Komparators soll sich die untere Grenze aber bis zu 0,5 γ P verschieben. Nach Bodansky lassen sich 12 bis 36 γ P in 5 ml Lösung bestimmen. Bei Einhaltung genauer Versuchsbedingungen, Anwendung bestimmter Farbfilter und unter der Voraussetzung der Gültigkeit des Lambert-Beerschen Gesetzes (siehe Bemerkung X auf S. 91) beträgt die Empfindlichkeit nach Dyer und Wrenshall sowie nach Smith, Dyer, Wrenshall und de Long 0,02 bis 0,4 Teile P in 1 Million Teile Lösung, d. h. 0,02 bis 0,4 γ P in 1 ml. — **III. Anwendungsmöglichkeiten.** Das Verfahren ist besonders empfehlenswert für phosphorarme Stoffe und Lösungen, z. B. von Wasser, Pflanzenaschen, Bodenauszügen, Neubauer-Keimpflanzen und biologischen Flüssigkeiten. Wenn der Phosphatgehalt der Probe größer ist, so kann das Verfahren ebenfalls angewendet werden, wenn nicht durch die notwendige Verdünnung ein zu großer Fehler entsteht. — **IV. Apparate zur colorimetrischen Messung.** Selbstverständlich eignen sich alle gebräuchlichen Colorimeter. v. Wrangell benutzte ein Tauchcolorimeter von Lautenschläger, Pfeilsticker das Duboscq-Colorimeter. Das Pulfrich-Photometer wird von Stoll, das Lange-Colorimeter von Hahn mit Schott-Filter GG 11 und einer Schichtdicke von 15 mm angewendet. Ein objektiv arbeitendes Colorimeter mit Photozelle beschreiben Eddy und de Eds in Anlehnung an Samuel und Shokey bei Anwendung der Arbeitsweise von Kuttner und Lichtenstein: Das Licht einer 6 Volt-Lampe, die von einer 6 Volt-Batterie über einen Widerstand gespeist wird, geht von unten durch einen Nessler-Zylinder mit flachem Boden, tritt durch die zu untersuchende Lösung aus und gelangt zur Photozelle. Die genannten Teile befinden sich in einem lichtdichten Kasten, der durch eine horizontale Wand in zwei Teile geteilt ist, einen für die Lichtquelle und einen darunter angeordneten Reflektor und den anderen für den NESSLER-Zylinder und die Photozelle. In der Scheidewand befindet sich eine Öffnung von 3,75 cm Durchmesser, um Licht durchzulassen. Der Photostrom wird in einer geeigneten Schaltung (im Original) mit einem empfindlichen Galvanometer ($2{,}5 \cdot 10^{-8}$ Ampere/mm) gemessen. Wegen der schwachen Lichtquelle ist die Temperaturerhöhung ohne Bedeutung. In der Schaltung dient ein veränderlicher Widerstand dazu, auf der Galvanometerskala gleiche Ausschläge für gleiche Lichtintensitäten zu erzielen und so die Entladung der Batterie auszugleichen. Bei Anstreben größerer Genauigkeit müssen die Glühbirne, der NESSLER-Zylinder und die Photozelle fleckenlos sein. Auch Fingerabdrücke stören. Der Vorschaltwiderstand im Lampenstromkreis muß so hohe Belastung vertragen, daß er sich durch den gewöhnlichen Verbrauch der Glühlampe nicht erwärmt. Sonst entstehen durch Schwankungen seiner Temperatur wechselnde Ausschläge am Galvanometer. Man muß immer den gleichen NESSLER-Zylinder und die gleiche Photozelle für Eichung und Messung benutzen, weil jeder Zylinder und jede Photozelle eine andere Eichkurve ergeben. Ebenso muß die Färbung der Lösung immer in gleicher Weise hervorgerufen werden, weil die Anordnung gegen geringe Unterschiede in der Lichtdurchlässigkeit sehr empfindlich ist. Zur Messung schaltet man den Apparat 5 Min. lang ein, reguliert das Galvanometer auf möglichst große Empfindlichkeit und sorgt dafür, daß der volle Galvanometerausschlag vorhanden ist, wenn das Licht durch destilliertes Wasser gegangen ist. Man nimmt eine Eichkurve mit 5 Lösungen zwischen 1 und $10\,\gamma$ P auf, indem man den Galvanometerausschlag notiert. Die Herstellung der Lösungen erfolgt nach dem Verfahren von KUTTNER und LICHTENSTEIN. Die Untersuchungslösung wird in genau der gleichen Weise behandelt. Aus dem Galvanometerausschlag und der Eichkurve folgt der Phosphorgehalt mit einem Fehler von etwa 2 bis 3%. — **V.** Die **Zeit für die Dauer der Farbentwicklung** geben sowohl v. WRANGELL als auch SCHARRER (a) mit 5 Min. nach dem Zusatz des Zinn(II)-chlorides als ausreichend an. DYER und WRENSHALL finden das Maximum der Farbtiefe ebenfalls nach 5 Min. Nach WOODS und MELLON (a) darf die Messung frühestens 4 Min., spätestens 10 Min. nach der Zinnzugabe erfolgen. Während bei anderen Reduktionsmitteln (siehe die folgenden Abschnitte) die Endpunkte der Farbentwicklung nicht innerhalb von 30 Min. erreicht werden, bei manchen nicht einmal nach 3 Tagen, ist bei Anwendung von Zinn(II)-chlorid die Farbentwicklung „sehr schnell" zu erzielen. Je kräftiger das Reduktionsmittel überhaupt wirkt, desto tiefer ist der sich einstellende blaue Farbton. PFEILSTICKER colorimetriert aber erst 15 bis 20 Min. nach dem Zusatz der Zinn(II)-lösung. TISCHER (b) beobachtete, daß die Farbintensität durch ein Maximum geht, das nach Ausweis der Abb. 4 bei etwa 5 Min. erreicht ist. Im Gegensatz zu anderen Beobachtern stellt TISCHER fest, daß die Intensität danach wieder absinkt und erst nach ungefähr 30 Min. nach Zusatz des Reduktionsmittels lange Zeit konstant (und kleiner) bleibt. Einen gleichartigen Verlauf der Farbintensität findet auch HAHN. Es ist deshalb notwendig, immer die gleiche Zeit zwischen dem Zusatz des Zinnreagenses und der Messung abzuwarten und dies auch bei der Aufstellung einer Eichkurve zu beachten. — **VI. Über den Einfluß der Temperatur** äußern sich TISCHER (b) und DYER und WRENSHALL sowie DICKMAN und BRAY dahingehend, daß es vorteilhaft sei, immer bei gleicher Temperatur zu arbeiten. — **VII. Die erforderliche Menge Zinn(II)-reagens** braucht nach WOODS

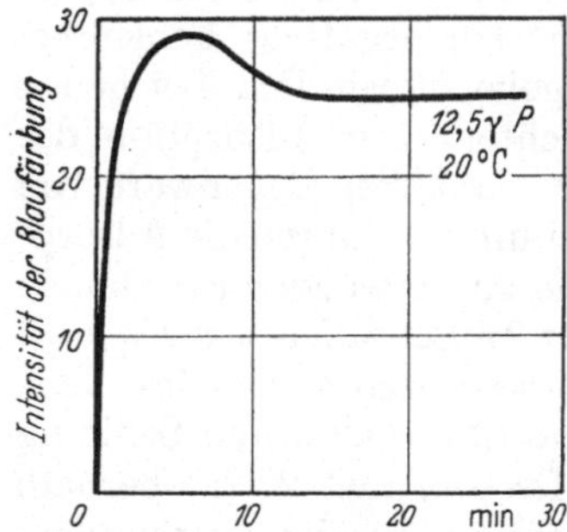

Abb. 4. Verlauf der Farbentwicklung. (Nach TISCHER.)

und MELLON nicht ganz genau dosiert zu werden; auf 100 ml Lösung genügen 0,5 ml 0,1 m Zinn(II)-chloridlösung. Auf jeden Fall muß eine ausreichende Menge zugesetzt werden. Genaue Angaben machen MALJUGIN und CHRENOWA. Für 2 bis 50 γ P sind 1 bis 5 Tropfen des 1%igen Reagenses (siehe S. 85), bis 200 γ P sind 1 bis 2 Tropfen des 10%igen Reagenses und bis 1 mg P sind 5 bis 7 Tropfen desselben Reagenses erforderlich usw. Bei Zusatz je eines weiteren Tropfens des Reagenses darf keine Zunahme der Farbintensität eintreten. Ein zu großer Überschuß ist schädlich, weil dabei Braunfärbung auftreten kann. Nur bei Anwesenheit oxydierender Stoffe ist eine größere Menge Reagens erforderlich. — Nach TISCHER (b) sind 3 Tropfen der von ihm beschriebenen Lösung auf höchstens 50 γ P zu verwenden. — **VIII. Störungen.** Die Stoffe, welche die Reduktion der Molybdophosphorsäure durch Zinn(II)-salz stören, teilen BERENBLUM und CHAIN (a) in drei Gruppen ein: A. Stoffe, welche die Wasserstoffionenkonzentration und daher den Betrag an reduzierbarer Molybdänsäure ändern, wie Säuren, Basen, Puffersubstanzen (siehe auch Bemerkung IX auf S. 91); B. Stoffe, welche schwer reduzierbare Molybdänkomplexe bilden, wie Fluoride, Citrate, Oxalate; C. Stoffe, welche die Konzentration des reduzierenden Reagenses ändern, wie Nitrit, Hypochlorit u. a. Im einzelnen sind noch folgende Angaben zu machen. 150 mg NH_4F/l vernichten nach v. WRANGELL die durch 100 γ P_2O_5 hervorgerufene Blaufärbung völlig. Borsäure hebt die durch Fluorid verursachte Störung auf, jedoch sind 25 Mol H_3BO_3 je Mol HF nötig. Dieselbe Auffassung hat TISCHER (b). — SiO_2 bewirkt Blaufärbung wie Phosphorsäure selbst. Nach v. WRANGELL wirkt die aus Rhenaniaphosphat stammende Kieselsäure stärker als die aus Thomasmehl oder Rohphosphaten herrührende. Größere Mengen Kieselsäure sind durch Abdampfen mit Salzsäure vor der Anwendung des Zinn(II)-Verfahrens zu entfernen. Nach TISCHER (b) stören jedoch bis 40 mg SiO_2 nicht (siehe Tabelle 6, S. 90). Nach CHAPMAN (b) stört Kieselsäure in jedem Falle, und auch TRUOG und MEYER berichten von der durch Kieselsäure bewirkten Störung, wenn die Lösung einen Gehalt von nur 0,0007% SiO_2 aufweist. — BERGER gibt an, daß erst 50 mg SiO_2/l eine erkennbare Färbung hervorrufen, und daß 144 mg SiO_2/l eine Färbung, die etwa 3 γ P/l entspricht, erzeugen. — Da Arsenat ebenso wie Phosphat eine reduzierbare Heteropolysäure mit Molybdat bildet, so wirkt es stark störend. Es muß deshalb immer auf Arsenat geprüft (v. WRANGELL), und bei dessen Anwesenheit muß es entfernt werden[1]. — Eisen(III)-ion bildet nach TRUOG und MEYER bei einem Gehalt der Lösung von 0,0004 bis 0,006% grüngefärbte Niederschläge. Nach TISCHER (b) setzt 3wertiges Eisen die Farbe stark herab. Ein Zusatz von 1 bis 2 ml 0,01%iger Kaliumcyanidlösung vor dem Zufügen der Reagenzien kann bis zu 30 γ $Fe^{\cdots}$ aufheben. Auch Mangan stört nach diesem Autor stark. DYER und WRENSHALL schalten den die Reaktion störenden Einfluß des Eisens durch starkes Verdünnen der Lösung und Verwendung der 2- bis 3fachen Menge Zinn(II)-chlorid aus. Spuren von Eisen oder Kupfer stören nicht (KUTTNER und LICHTENSTEIN). Nach MALKOW kann die Gegenwart von Eisen zu falschen Ergebnissen führen, weil es den Vorgang der Reduktion des 6wertigen Molybdäns verstärkt und auch bei Abwesenheit von Phosphat die Reduktion des Molybdates begünstigt. — Nach TRUOG und MEYER sind unschädlich Eisen(II), Mangan, Aluminium, Titan bis 0,002%, NO_3' bis 0,01% N, CaO und MgO bis zu 0,1%. Vor allen Dingen müssen die Reagenzien, Filtrierpapiere und Glasgeräte phosphat- und arsenatfrei sein. Frische Gläser sind vor Gebrauch 24 Std. in Dichromatschwefelsäure zu baden. — KUTTNER und LICHTENSTEIN geben folgende Zusammenstellung von störenden Einflüssen: Hypochlorite und Nitrite stören sehr stark; Sulfate stören je nach der vorhandenen Konzentration; Weinsäure und ihre Salze stören oberhalb von 0,002%, und sie wirken selbst reduzierend oberhalb von 0,04%; Citronensäure und ihre Salze wirken doppelt so stark wie Wein-

[1] Zur Entfernung von Arsenat empfiehlt FEDOSSOW Verflüchtigung. Die Flüssigkeit wird auf $^1/_3$ ihres Anfangsvolumens eingedampft und mit konzentrierter Salzsäure und Zink versetzt.

säure. Essigsäure stört nicht, erzeugt jedoch oberhalb 5% purpurfarbige Töne. — Nach WOODS und MELLON sind folgende organische Stoffe ohne störenden Einfluß, wenn nicht mehr als 500 Teile auf 1000 Teile Lösung vorhanden sind: Acetat, Benzoat, Formiat, Lactat, Salicylat. Citrat, Oxalat und Tartrat schwächen die Farbe ab. — Anorganische Säuren, wie Schwefelsäure, Salzsäure, Salpetersäure, wirken farbmindernd, Chloride auch farbändernd (TISCHER). Sulfate und Nitrate vertiefen in höheren Konzentrationen die Farbe (TISCHER). Nach KUTTNER und LICHTENSTEIN muß die Konzentration der Salzsäure über 2n sein, wenn sie die Farbbeständigkeit vermindern und die Ausbildung des Farbmaximums verzögern soll. Salpetersäure stört nach diesen Verfassern bei einer Konzentration oberhalb 0,003%. Nach DICKMAN und BRAY stört NO_3' nicht bis zu 2,5% und ClO_4' nicht bis 5%. Wegen der Säureeinwirkung siehe auch Bemerkung IX auf S. 91. — WOODS und MELLON (a)

Tabelle 6. Höchstzulässige Mengen von Begleitstoffen nach TISCHER (b).

Stoff	Normalität	mg bei 20° C	Verhältnis zum P-Gehalt (25 γ) der Lösung
H_2SO_4	0,00367	18	720
HNO_3	0,00367	23	920
HCl	0,002	7	290
Na_2SO_4	0,03	213	8520
K_2SO_4		261	10440
$(NH_4)_2SO_4$		198	7920
$NaNO_3$	0,065	552	22100
KNO_3		657	26290
NH_4NO_3		520	20810
$Mg(NO_3)_2$		482	19280
$Ca(NO_3)_2$		533	21330
NaCl	0,003	17,5	700
KCl		22	810
NH_4Cl		16	640
$MgCl_2$		14	570
$CaCl_2$		16,6	660
$Fe(NO_3)_3$*	0,000016	0,13	5
$Fe_2(SO_4)_3$*	0,000016	0,11	4
$FeSO_4$*	0,000010	0,08	3
$MnSO_4$	0,000014	0,11	4
$MnCl_2$	0,000014	0,09	3,6
SiO_2	—	40	1600
H_2O_2	—	0,01	0,4

* Nach Zusatz von 2 ml 0,01% KCN.

geben eine Zusammenstellung der von ihnen geprüften Einflüsse der verschiedensten Ionen. Hiernach bewirken in schwefelsaurer Lösung Fehler unter 2% Li, Na, K, NH_4, Be, Mg, Ca, Al, Ce(III), Th, Mn bei 500 Teilen auf 1000 Teile; Sr, Ba, Ag, Pb, Hg, Zr stören wegen der Bildung von Niederschlägen; Sb, Bi, Cd, Cr(VI), Cu(II), Fe(III), Zn stören wegen Bildung löslicher, die Farbe schwächender Komplexe; Ce(IV) stört wegen seiner Oxydationswirkung, Fe(II) wegen seiner Reduktionswirkung; Co, Ni, $UO_2^{\cdot\cdot}$ stören infolge ihrer Eigenfarbe; ohne störenden Einfluß sind 500 Teile Carbonat, Nitrat, Perchlorat, Sulfat, Sulfit und Tetraborat auf 1000 Teile; Chlorat, Chlorostannat, Cyanid, Dichromat, Nitrit[1], Rhodanid, Thiosulfat, Vanadat, Wolframat, Arsenit stören wegen ihrer Oxydations- bzw. Reduk-

[1] Nitrit stört nach GREENBERG, WEINBERGER und SAWYER schon bei Anwesenheit von 1 Teil zu 1 Million (1 ppm). Bei kleinen Nitritmengen kann ein Überschuß von etwa 0,25 ml an Zinn(II)-chloridlösung angewendet werden, was aber nicht sehr empfehlenswert ist. Besser ist es, das Nitrit zu zerstören, wozu Azid weniger gut als Amidosulfonsäure geeignet ist. Von dieser werden 10 g in möglichst wenig Wasser gelöst, und diese Lösung wird zu 1 l des kalten Molybdat-Schwefelsäurereagenses hinzugefügt. Die Mischung ist 30 Tage lang haltbar. Hierdurch können bis zu 25 ppm Nitrit ausgeschaltet werden. Die Extinktion wird nicht erheblich gestört, aber für genaues Arbeiten ist eine besondere Eichkurve nötig.

tionswirkung; Halogene, besonders Fluorid, schwächen die Farbe. — Die organischen Stoffe aus Bodenauszügen stören nach DYER und WRENSHALL die Reaktion und die Empfindlichkeit nicht. — Genaue Angaben über die höchstzulässigen Mengen von Begleitstoffen hat TISCHER (b) gemacht, diese sind in Tabelle 6 zusammengestellt. — **IX. Die Konzentration der Säure** ist von Einfluß auf die Farbstärke. Da die freie Säure die Farbe abschwächt, schlägt PFEILSTICKER vor, in der Probelösung und der Standardlösung die gleiche Wasserstoffionenkonzentration einzustellen. Nach TISCHER (b) ist die günstigste Wasserstoffionenkonzentration die einer 0,17n Schwefelsäure. Bei stärkerer Acidität wird die Farbintensität schwächer, aber andererseits steigt der Einfluß der Kieselsäure bei kleinerer Acidität. Diese günstigste Acidität wird bei Anwendung des TISCHERschen Reagenses (siehe Tabelle 5, S. 85) und der eines Lösungsvolumens von 100 ml nach Zusatz aller Reagenzien und von Wasser erreicht. HAHN bestätigt dies; er sagt, daß zur Erzielung vergleichbarer Ergebnisse bei jedem neuen Ansatz des Reagenses die Normalität der dazu notwendigen Schwefelsäure (1:1 = 19,4n) genau eingestellt werden muß. Nach WOODS und MELLON (a) soll die Acidität der Lösung 0,4n in bezug auf Schwefelsäure oder 0,7n in bezug auf Salzsäure sein. Nach HAHN löscht bereits 1 ml konzentrierte Schwefelsäure zu 100 ml Reaktionsmischung die Blaufärbung vollständig aus. Trichloressigsäure ist dagegen praktisch ohne Einfluß. Stark schwefelsaure Lösungen, wie sie nach dem Aufschluß organischer Stoffe anfallen, müssen daher neutralisiert werden. Man verwendet hierzu 3n Natriumacetatlösung und α-Dinitrophenol in 1%iger wäßriger Lösung als Indicator, weil es im sauren Gebiet farblos ist und also keine Beeinflussung durch die Eigenfarbe des Indicators vorhanden ist (Umschlagsgebiet: $p_H = 2,8$ bis 4,4). Die sorgfältige und stets gleichartige Ausführung der Neutralisation ist eine äußerst wichtige Vorbedingung für die Genauigkeit des Verfahrens. — **X. Über die Erfüllung des LAMBERT-BEERschen Gesetzes** stellen WOODS und MELLON fest, daß es in schwefelsaurer Lösung erfüllt ist von 0,05 bis 1 Teil P in 1000 Teilen Lösung und in salzsaurer Lösung bis zu 2,5 Teilen P. PFEILSTICKER findet, daß bei der Messung mit dem DUBOSCQ-Colorimeter die Schichtdicke nicht streng umgekehrt proportional der Konzentration ist. Er gibt deshalb die in Tabelle 7 angeführten Korrekturwerte, welche von der Ablesung abzuziehen sind. Große Abweichungen vom LAMBERT-BEERschen Gesetz bis zu 20% zwischen der Probe und der Standardlösung fand BODANSKY. Er gibt seinerseits einen Korrekturfaktor an, der sich bei Verwendung eines amerikanischen LEITZ-Colorimeters nach der Gleichung

$$\frac{0,48}{\text{Ablesung für Probe}} - 0,004 = \text{mg P}$$

errechnet. Die Korrekturfaktoren finden sich berechnet in einer umfangreichen Tabelle, von deren Wiedergabe hier abgesehen wird. — **XI.** Bezüglich des **Einflusses des Lichtes** auf die blaue Farbe empfehlen TISCHER (b) und HAHN, die Proben bis zur colorimetrischen Messung im Dunkeln aufzubewahren. — **XII. Lösungen zum Farbvergleich** werden am besten aus Phosphatlösungen mit genau bekanntem Phosphorgehalt, der sich in möglichst engen Grenzen an den Phosphorgehalt in der Probelösung anlehnen soll, in peinlich genau der gleichen Weise wie die Probelösung bez. Zusatzes der Reagenzien, Acidität, Temperatur, Zeitdauer usw. hergestellt. Es sind auch Farblösungen zum Farbvergleich vorgeschlagen worden, so von DENIGÈS und TISCHER (b) (siehe unten). Diese Lösungen verblassen aber nach den Erfahrungen von CHAPMAN (a) schnell, und er verwendet deshalb blaugefärbte Gläser, die vor

Tabelle 7. Korrekturwerte für die Ablesung mit dem DUBOSCQ-Colorimeter nach PFEILSTICKER.

Ablesung	Korrektur	Ablesung	Korrektur
98	0,5	90	3,0
97	1,0	89	3,0
96	1,0	88	3,5
95	1,5	87	3,5
94	2,0	86	4,0
93	2,0	85	4,0
92	2,5	84	4,5
91	3,0		

Gebrauch mit bekannten Lösungen geeicht werden. MEYER empfiehlt, besser eine Molybdänblaulösung anzuwenden. Er löst 2,5 g Ammoniummolybdat in 100 ml 10n Schwefelsäure und reduziert mit Zinn(II)-chlorid. Die so hergestellten haltbaren Lösungen haben eine unbedeutend geringe Abweichung in der Farbnuance und können entsprechend verdünnt werden. Auch TISCHER (b) hat festgestellt, daß die Lösungen des Molybdänblaus ohne weiteres verdünnt werden können. — *Vergleichslösungen von* DENIGÈS-TISCHER (b): a) 3 g Kupferacetat und 1,8 g Kupfersulfat werden unter Zusatz von 2 ml Eisessig zu 50 ml gelöst; b) zu 36 ml 5%iger Kobaltnitratlösung gibt man 2 ml Eisessig und löst in dieser Mischung 3 g Kupferacetat. Aus diesen beiden Lösungen stellt man sich durch geeignete Mischung und Verdünnung sowie durch tropfenweisen Zusatz von alkoholischer Methylrotlösung Vergleichslösungen her, die man so lange korrigiert, bis im Colorimeter die genau gleiche Färbung wie die von Phosphormolybdänblau festzustellen ist. — Nach DANET (a) kann mit den Farblösungen nach DENIGÈS keine brauchbare Vergleichsskala hergestellt werden. DANET (b) gibt folgende *Vorschrift*: 5 ml Indigocarminlösung (1:500), 0,8 ml Nigroinlösung (1 : 500) und 0,1 ml Pikrinsäurelösung (1:100) werden mit destilliertem Wasser auf 100 ml aufgefüllt. — **XIII.** Es ist durchaus anzuraten, immer eine **Blindprobe** mit den Reagenzien anzustellen. Diese muß vollkommen farblos bleiben, allerhöchstens einen ganz verschwindend bläulichen Ton aufweisen. MCCLELLAND und HARDWICK empfehlen, die bei Abwesenheit von Phosphor auftretende Blaufärbung mit Zinn(II)-chlorid durch Zusatz von 1 ml 4%iger Kaliumchloratlösung aufzuheben. — **XIV.** Als **Phosphatstandardlösung** wird eine Lösung von Kaliumdihydrogenphosphat verwendet. HAHN gibt folgende Vorschrift: 439,4 mg KH_2PO_4, über Schwefelsäure im Exsiccator getrocknet, werden unter Zusatz von 33 ml konzentrierter Schwefelsäure zu 1 l gelöst. Die in 1 ml 0,1 mg P enthaltende Lösung ist unbegrenzt haltbar. Zum Gebrauche wird sie zweckentsprechend mit Wasser verdünnt und alsbald verbraucht. — **XV. Besondere Arbeitsvorschriften.** Die Phosphorbestimmung mittels Phosphomolybdänblau kann besonders empfindlich gestaltet werden, wenn die Phosphomolybdänsäure vor der Reduktion mit Zinn(II)-chlorid durch Extraktion mittels eines organischen Lösungsmittels aus der wäßrigen Phase entfernt wird und wenn die Reduktion erst in der organischen Lösung erfolgt. Eine derartige Arbeitsweise haben gleichzeitig BERENBLUM und CHAIN (b) sowie STOLL vorgeschlagen. BERENBLUM und CHAIN extrahieren die Phosphormolybdänsäure mit Isobutylalkohol, sie können im gewöhnlichen Verfahren 100 bis 1 γ P, im Mikroverfahren 10 bis 0,1 γ P bestimmen. Nach STOLL kann die freie Phosphormolybdänsäure mit Amylalkohol, Äther, Essigester oder mit Mischungen daraus extrahiert werden. Die Molybdokieselsäure geht nicht in den Auszug hinein, damit ist also gleichzeitig die durch Kieselsäure bedingte Störung der gewöhnlichen Arbeitsweise ausgeschaltet. Am besten eignet sich zur Extraktion eine Mischung von Amylalkohol mit Äther im Verhältnis 1:1 oder Essigester. Eine Mischung von Amylalkohol mit Äther im Verhältnis 3:1 ergibt aber eine höhere Farbintensität als Essigester. Das LAMBERT-BEERsche Gesetz ist gültig bei 0 bis 1 γ P in 10 ml.

a) Vorschrift von BERENBLUM und CHAIN (b). Makroverfahren. Stark saure oder alkalische Lösungen werden neutralisiert. 5 ml der neutralisierten Lösung werden im Scheidetrichter mit 0,5 ml 10n Schwefelsäure, 2 ml destilliertem Wasser, 2,5 ml Ammoniummolybdatlösung (siehe S. 85) und 10 ml Isobutylalkohol versetzt. Man schüttelt 1 bis 2 Min. und entfernt die wäßrige Schicht. Die alkoholische Lösung wird 2mal mit je 5 ml n Schwefelsäure gewaschen und dann 30 Sek. lang mit 15 ml verdünnter Zinn(II)-chloridlösung (siehe S. 84) geschüttelt. Die wäßrige Schicht wird entfernt. Die blaue Lösung wird in ein 10 ml fassendes Meßkölbchen gebracht und der Scheidetrichter mit Alkohol gewaschen. Die Lösung im Meßkolben wird mit dieser Waschlösung aufgefüllt. Die Messung erfolgt im Colorimeter oder Photometer nach der Eichung mit bekannten Phosphormengen.

Mikroverfahren. Man arbeitet mit Mikropipetten und dem in Abb. 5 gezeigten Mischgefäß an Stelle eines Scheidetrichters. Man mißt in einem Mikrotiegel ab: 0,05 ml 10 n Schwefelsäure, 0,25 ml Ammoniummolybdatlösung und 0,5 ml Probelösung. Die Mischung wird in das Schüttelgefäß eingesaugt, indem dessen Spitze in die Flüssigkeit eingetaucht und an dem Mundstück mit Hilfe eines Gummischlauches gesaugt wird. Den Tiegel spült man mit 0,2 ml Wasser aus und saugt das Waschwasser in das Mischgefäß. Danach saugt man 1 ml Isobutylalkohol ein, verschließt die Öffnungen mit den Fingern und schüttelt. Man verfährt in analoger Weise wie beim Makroverfahren weiter, nimmt aber nur 1 ml n Schwefelsäure zum Waschen, 1,5 ml Zinn(II)-chloridlösung und füllt mit Alkohol im 10 ml-Meßkölbchen auf.

b) Vorschrift von Stoll. Die Extraktion gelingt am besten aus 0,1 n schwefelsaurer Lösung. Bei kleinerer Säurekonzentration geht Molybdänsäure in den Auszug und ergibt, da sie ebenfalls durch Zinn(II)-chlorid reduziert wird, selbst eine Blaufärbung. Man schüttelt 3 mal mit Essigester je 1 Min. lang aus, bringt die Auszüge in eine Planküvette und versetzt mit 1 Tropfen üblicher Zinn(II)-chloridlösung je 5 ml Essigester. Die Messung erfolgt im Pulfrich-Photometer unter Benutzung des Filters S 72. Wegen der Anwendung des Verfahrens zur Analyse von Meerwasser siehe § 14, A, S. 220.

c) Vorschrift von Pons und Guthrie. Die Vorschrift ist vor allen Dingen zur Bestimmung des anorganischen Phosphors in pflanzlichem Material ausgearbeitet. Sie ist anwendbar auch bei großen Mengen an Protein und färbenden Bestandteilen. Die Extraktion des anorganischen Phosphats erfolgt mittels 0,75 n Trichloressigsäurelösung.

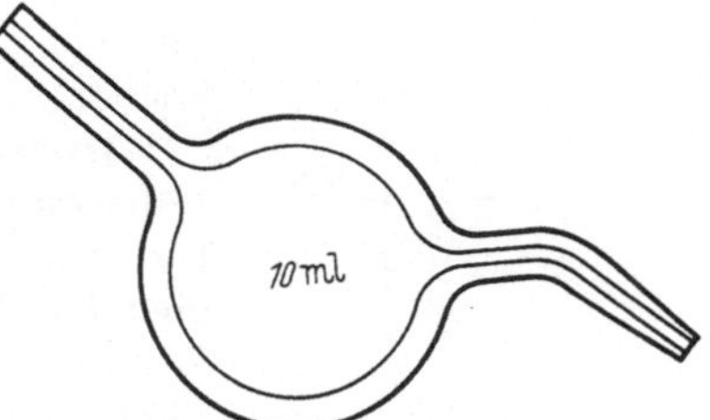

Abb. 5. Mischgefäß. (Nach Berenblum und Chain.)

Reagens. Ammoniummolybdatlösung. 50 g Ammoniummolybdat werden in einer Mischung von 400 ml 10 n Schwefelsäure und 500 ml Wasser gelöst. Die auf 1000 ml aufgefüllte Lösung wird in einer paraffinierten Flasche aufbewahrt.

Arbeitsvorschrift. Die Lösung mit etwa 50 bis 450 γ anorganischem Phosphor (gewöhnlich 2 ml) wird in einen 125 ml-Schütteltrichter, der bei 20 ml eine Marke hat, einpipettiert. Dann werden 5 ml Molybdatreagens und Wasser bis zur 20 ml-Marke zugegeben. Nach Zusatz von 10 ml Isobutanol wird 2 Min. lang geschüttelt. Die wäßrige Schicht wird verworfen und die alkoholische Schicht mit 10 ml etwa n Schwefelsäure einmal gewaschen. Man fügt 15 ml verdünnte Zinn(II)-chloridlösung nach Berenblum und Chain (siehe Tabelle 4, S. 84) hinzu, schüttelt 1 Min. lang und verwirft die wäßrige Schicht. Die blaue Isobutanollösung wird in einen 50 ml-Meßkolben gebracht, der Schütteltrichter mit Äthanol ausgespült und der Meßkolben damit aufgefüllt. Man mißt die Extinktion photometrisch bei 730 mμ in der Zeit zwischen 40 Min. und 19 Std. nach der Farbentwicklung gegen eine Lösung, die alle Reagenzien enthält. Das Verfahren ist sehr gut reproduzierbar.

d) Vorschrift von Martin und Doty. Die Verfasser verkürzen das Verfahren von Pons und Guthrie bez. der Farbentwicklung, der Extraktionsdauer und der Ausschaltung der Störung durch Proteine.

Reagenzien. 1. Isobutanol-Benzol-Mischung 1:1. Das Benzol soll thiophenfrei sein. — 2. Alkoholische Schwefelsäure. 20 ml konzentrierte Schwefelsäure werden mit 980 ml 99,5%igem Äthanol gemischt.

Arbeitsvorschrift. Die Lösung mit etwa 20 bis 80 γ P wird in einem Reagensglase (25 × 200 mm) mit Wasser auf 20 ml verdünnt, mit 25 ml Extraktionsmittel (1) (Aufsaugen mit Hilfe eines Gummiballes) und 5 ml Molybdatreagens nach Pons und Guthrie versetzt. Nach dem Verschließen des Reagensglases mit einem Gummistopfen wird 15 Sek. lang geschüttelt. Nach der Trennung der Schichten werden 10 ml der Lösungsmittelschicht abpipettiert und in einen 50 ml-Meßkolben übergeführt. Die Pipette wird mit alkoholischer Schwefelsäure (2) ausgespült und der Meßkolben mit diesem Reagens bis etwa auf 45 ml aufgefüllt. Dann wird 1 ml Zinn(II)-chloridlösung nach BERENBLUM und CHAIN (siehe Tabelle 4, S. 84) zugesetzt und der Kolben mit der alkoholischen Schwefelsäure zur Marke aufgefüllt. Die photometrische Messung erfolgt gegen eine analog bereitete Blindprobe bei 625 bis 725 mμ.

Bemerkungen. 1. Bei der Untersuchung proteinhaltiger Lösungen wird die Probe nur auf 15 ml verdünnt und nach Zusatz von 25 ml Extraktionsgemisch (1) nacheinander mit 5 ml Silicowolframsäurelösung und dann mit 5 ml Molybdatreagens versetzt. Blindprobe und Eichkurve werden entsprechend hergestellt. Schnelles Arbeiten ist zu empfehlen. — 2. Wenn die Blaufärbung, die normalerweise 24 Std. haltbar ist, unbeständig erscheint, so ist daran wahrscheinlich der Alkohol schuld, und es wird dann zweckmäßig ein anderer verwendet.

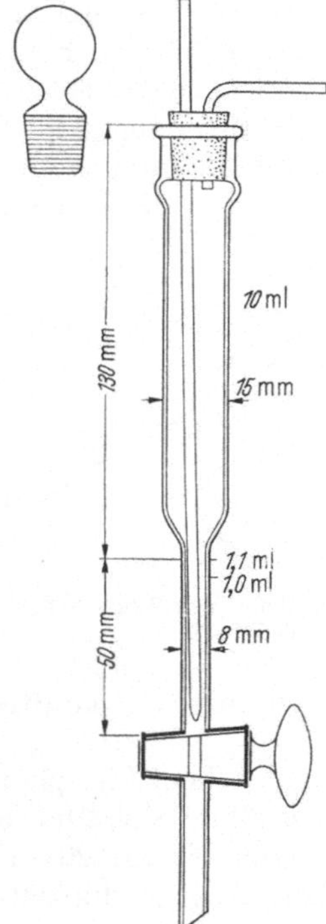

Abb. 6. Extraktionsgefäß. (Nach ZELLER.)

e) Vorschrift von ZELLER. Die Extraktion mittels Isobutanols wird gleichzeitig in mehreren zweckmäßig konstruierten Gefäßen mit Hilfe eines Gasstromes ausgeführt.

Apparatur. Die Form und Abmessungen des Extraktionsgefäßes können aus Abb. 6 entnommen werden. Wichtig für das richtige Funktionieren ist die Form des eintauchenden Endes des Gaseinleitungsrohres. Dessen Öffnung ist so eng zu halten, daß genügend Gasdruck erhalten bleibt, um die Durchströmung der Reaktionsflüssigkeit zu bewirken, auch wenn die übrigen, mit der gleichen Gasleitung verbundenen Gaseinleitungsrohre offen, d. h. nicht eingetaucht sind. Bei der Herstellung werden die Glasrohre nur wenig ausgezogen, und die Öffnung wird durch Rundschmelzen bis zur gewünschten Größe verkleinert. Auf diese Weise geformte Ausströmöffnungen werden beim Gebrauch nicht so leicht beschädigt. Als Kontrolle für die richtige Ausführung wird der Reihe nach je eine der Capillaren eingetaucht, wobei sofort eine Durchperlung der in dem Gefäß enthaltenen Flüssigkeit erfolgt. Die Extraktionsgefäße werden am besten an einem passenden Ständer in sogenannte Thermometerklammern gesteckt, die sowohl sicheren Halt gewähren als auch die Möglichkeit bieten, die Gefäße mit einer Hand zu befestigen und zu entfernen. Oberhalb der Gefäße wird eine entsprechende Reihe von Klammern angebracht, in welche die Stopfen eingehängt werden können, so daß die Gaseinleitungsrohre nicht mehr in die Flüssigkeit eintauchen (Rohrende etwa 10 cm oberhalb des Spiegels). Die unter den Gefäßen angebrachten Trichter dienen zur Aufnahme der Waschflüssigkeit. Aus einer hochstehenden Flasche mit destilliertem Wasser werden mit Hilfe von Gummischlauch, Quetschhahn und gebogenem Glasrohr die Gefäße gespült (Photographie der Anordnung im Original). Wegen der Belästigung durch verdampfendes Butanol wird die Apparatur unter einem Abzug aufgestellt. Voraussetzung für die Gewinnung zuverlässiger Ergebnisse ist die gewissenhafte Reinhaltung der Gefäße. Unmittelbar nach der Entleerung werden sie 3 mal mit destilliertem Wasser gespült. Einmal täglich werden der Waschflüssigkeit einige Tropfen gesättigter Kaliumcarbonatlösung zugesetzt, und es wird ein Gasstrom durchgeleitet. Dann wird gründlich mit Wasser nachgespült. Einmal wöchentlich wird mit Dichromat-Schwefelsäure gereinigt. Die allmähliche Anätzung der Wände macht schließlich Ersatz nötig.

Die ***Herstellung der Reagenzien*** erfolgt nach den Angaben von BERENBLUM und CHAIN (siehe Tabelle 4 und 5, S. 84 und S. 85), nur wird die Zinn(II)-chloridstammlösung zum Gebrauch nur auf das 50fache verdünnt. Alle Reagenzien werden in Reagensgläsern in Thermosflaschen mit Eiswasser über Tage aufbewahrt zwecks Einhaltung gleichmäßiger Bedingungen, Haltbarmachung unbeständiger Reagenzien (und zum Schutz säureempfindlicher Phosphorsäureester bei biochemischen Untersuchungen).

Arbeitsvorschrift. In das Extraktionsgefäß werden einpipettiert: 0,7 ml Probelösung (kleinere Volumina mit eisgekühltem destilliertem Wasser auffüllen), 0,05 ml 10 n Schwefelsäure (Endkonzentration 0,5 n), 0,25 ml Ammoniummolybdatlösung (Endkonzentration 0,63%) und 1 ml Isobutanol. Hierauf wird der Gasstrom eingeschaltet (Luft, CO_2, N_2). Dies geschieht einfach dadurch, daß der Gasstrom während der ganzen Zeit, solange die Apparatur in Betrieb ist, laufen gelassen wird. Die mit der Stoppuhr kontrollierte Extraktionsdauer beträgt 60 Sek. Nach Ausschaltung des Gaseinleitungsrohres wird die wäßrige Phase entleert, 1 ml n Schwefelsäure zugegeben und 30 Sek. lang der Gasstrom durchgeleitet. Dieser Waschvorgang wird nach der Entfernung der Waschflüssigkeit noch einmal wiederholt. Nun wird die wäßrige Phase besonders sorgfältig entfernt. Dann wird die Isobutanol-Lösung mit Zinn(II)-chloridlösung (keine Mengenangabe im Original!) vermischt und 30 Sek. lang Gas durchgeleitet. In dieser Zeit ist die Entwicklung des blauen Farbtones beendet. Das Gaseinleitungsrohr wird aufgehängt, mit einigen Tropfen n Schwefelsäure abgespült und ganz aus dem Gefäß entfernt. Die wäßrige Phase wird fortgeschüttet und das Gefäß mit 95%igem Äthanol bis zur 1 ml-Marke und mit n Schwefelsäure bis zur 10 ml-Marke aufgefüllt. Nun wird der Glasstopfen aufgesetzt, die Mischung kräftig geschüttelt, bis alles in Lösung gegangen ist, und diese im Stufenphotometer mit dem Filter S 75 in 1 mm dicker Schicht gemessen.

Bemerkungen. 1. Der Anwendungsbereich umfaßt 2 bis 15 γ P/ml. Das Verfahren ist besonders zur Bestimmung von enzymatisch frei gemachtem Phosphat geeignet. — 2. Der Gasstrom ist so zu regeln, daß kräftige Durchmischung eintritt, daß aber die Verdampfung des Isobutanols und das Verspritzen der Flüssigkeit an die Wand minimal bleiben. Wenn die Abmessungen der Gefäße und die Öffnungen der Gaseinleitungsrohre nicht gleich groß sind, so ist die Verdampfung des Lösungsmittels in den verschiedenen Gefäßen ungleich groß, was nach Entfernung der überschüssigen Zinnchloridlösung leicht kontrolliert werden kann. Derartige Unterschiede in der Verdampfungsgeschwindigkeit sind durch Ausprobieren verschiedener Öffnungen der Einleitungsrohre auszuschalten, weil damit die Gaszufuhr verhältnismäßig niedrig gehalten werden kann, was sich auf die Genauigkeit der Verfahren günstig auswirkt. Wenn sechs Gefäße gleichzeitig in Betrieb sind, benötigt eine Bestimmung bei einiger Übung 3 bis 4 Min. — 3. Störungen. Zu den drei von BERENBLUM und CHAIN angegebenen Gruppen von störenden Stoffen (siehe S. 89) kommt noch eine vierte hinzu, nämlich Gewebsextrakte, Körperflüssigkeiten und anderes biologische Material, die in nicht genau bekannter Weise auf die Bildung des blauen Farbstoffes einwirken. Durch die Extraktion können die ersten drei Gruppen weitgehend, die vierte ebenfalls praktisch vollständig ausgeschaltet werden. So sind Extrakte von Rattenleber, -gehirn und -muskeln ohne Einfluß. Auch Cystein, Ascorbinsäure, Semicarbacid, Hydroxylamin und Kaliumcyanid bewirken keine Störung.

2. Reduktion mit Hydrochinon.

Das von BELL und DOISY entwickelte Verfahren beruht auf der Reduktion der auf bekannte Weise erzeugten Molybdophosphorsäure durch Hydrochinon in alkalischer Lösung. Die alkalische Reaktion, die durch Anwendung einer Natriumcarbonatlösung hervorgerufen wird, verstärkt die blaue Farbe des Phosphomolybdänblaus. Grünliche Farbtöne, die durch das bei der Reaktion aus dem Hydrochinon entstehende Chinon hervorgerufen werden, lassen sich durch gleichzeitigen Zusatz von Sulfit ausschalten. BELL und DOISY stellten auch fest, daß die von TAYLOR und MILLER (b) geübte Isolierung des Ammoniummolybdophosphatniederschlages vor seiner Reduktion unnötig sei, und daß die Reduktion in der Lösung der freien Molybdophosphorsäure erfolgen könne. Hierdurch wird die Grenze der Bestimmungsmöglichkeit zu kleineren Phosphorwerten verschoben, und BELL und DOISY können mit ihrem neuen Verfahren bis zu 5 γ P in 100 ml Lösung erfassen. BRIGGS änderte das Verfahren von BELL und DOISY dahingehend ab, daß er den grünen Farbton der sauren Lösung zur Colorimetrierung verwendet. Die grüne Farbe ist zwar schwächer, deshalb wird die Bestimmung kleiner Phosphormengen schwieriger, aber sie ist beständiger als die blaue Farbe. Das BRIGGSsche Verfahren ist aber wohl kaum zu größerer Anwendung gekommen, während das ursprüngliche Verfahren von BELL und DOISY sich großer Beliebtheit erfreut und besonders in der physiologischen Chemie benutzt wird. URBACH führte die Colorimetrierung der Blaufärbung nach BELL und DOISY im PULFRICH-Photometer durch. Man kann das Filter S 72 anwenden, das für das Auge günstiger ist als das ebenfalls brauchbare Filter S 61. Das LAMBERT-BEERsche Gesetz ist erfüllt. Es muß aber das Sonnenlicht von der blauen Lösung ferngehalten werden, und auch das Licht der Photometerlampe verändert die blaue Färbung innerhalb von 2 Min. ZAMBOTTI führt die Messung nach BRIGGS im PULFRICH-Photometer mit dem Filter S 72 durch. Nach den Mitteilungen von WOODS und MELLON hat die Anwendung von Hydrochinon gegenüber anderen Reduktionsmitteln die Nachteile geringerer Empfindlichkeit, längerer Zeitdauer der Farbentwicklung und des Einhaltens bestimmter Temperatur. URBACH arbeitete bei Raumtemperatur (16 bis 19°). Nach WOODS und MELLON kann die Mischung nach der Zugabe des Hydrochinons bis zu 25 Min. stehen, nicht jedoch nach dem Zufügen des Sulfits. Die Sulfitlösung muß überdies genau dosiert werden, während die Farbe durch Änderungen der Konzentration des Molybdates oder des Hydrochinons kaum beeinflußt wird. Das BEERsche Gesetz ist gültig von 0,1 bis 10 Teilen auf 1000 Teile Lösung. Bezüglich der BRIGGSschen Abänderung stellen WOODS und MELLON fest, daß die Farbe der Untersuchungslösung weniger von der Menge der Reagenzien abhängt, als von der Zeit, welche die Lösung gestanden hat, und daß die Reaktion noch nach 5 Tagen unvollständig sei. Die Messung muß deshalb immer nach genau gleichen Zeiten erfolgen. Das BEERsche Gesetz ist aber gültig für 0,5 bis 12 Teile P in 1000 Teilen Lösung. Als allgemeiner Nachteil der Anwendung von Hydrochinon und der Natriumcarbonat-Natriumsulfit-Lösung ist die geringe Haltbarkeit der Lösungen zu bezeichnen. Die Hydrochinonlösung färbt sich innerhalb weniger Tage braun und ist dann nicht mehr brauchbar. Am besten wird sie täglich neu bereitet. Die Natriumcarbonat-Natriumsulfit-Lösung hält sich in gut verschlossener Flasche allerhöchstens 2 Wochen. Es ist vorteilhafter, auch diese Lösung in kürzeren Zwischenräumen neu anzusetzen. — Das Verfahren von BELL und DOISY ist bei Gegenwart von Calcium nicht anwendbar, weil Calciumcarbonat gefällt wird (SCHEEL).

I. Verfahren von BELL und DOISY. ***Reagenzien.*** 1. Ammoniummolybdatlösung: 50 g Ammoniummolybdat werden in 1 l n Schwefelsäure ohne jede Erwärmung gelöst. Zur Prüfung der Brauchbarkeit der Lösung schlägt URBACH vor, 5 ml davon mit 5 ml Hydrochinonlösung und nach 5 Min. mit 25 ml Carbonatsulfitlösung zu versetzen. Wenn hierbei die Lösung nicht völlig farblos bleibt, muß sie verworfen werden. Es ist vorteilhaft, die Lösung in einer Flasche mit gut schließendem Schliffstopfen im Dunkeln aufzubewahren. — 2. Hydrochinonlösung: Man löst 2 g Hydrochinon (reinst) in 100 ml Wasser und fügt 0,1 ml konzentrierte Schwefelsäure hinzu. Die in einer gut verschlossenen Flasche aufbewahrte Lösung ist nach spätestens

2 bis 3 Tagen zu erneuern, auf jeden Fall aber sofort dann, wenn sie einen bräunlichen Farbton annimmt. — 3. Carbonatsulfitlösung: Man löst 75 g wasserfreies Natriumsulfit in 500 ml Wasser und gießt diese Lösung in 2 l 20%iger Lösung von wasserfreiem Natriumcarbonat. Die in gut verschlossener Flasche aufbewahrte, filtrierte Lösung ist nach spätestens 2 Wochen zu erneuern. — 4. Vergleichslösung: 4,394 g feinst gepulvertes, einige Tage über Schwefelsäure getrocknetes Kaliumdihydrogenphosphat werden zu 1 l gelöst. Die mit etwas Chloroform versetzte, in gut verschlossener Flasche aufbewahrte Lösung ist haltbar. Sie enthält in 1 ml 1 mg P.

Arbeitsvorschrift. Die auf 25 ml verdünnte Probelösung wird mit 5 ml Ammoniummolybdatlösung und mit 5 ml Hydrochinonlösung versetzt und umgeschüttelt. Man läßt 5 Min. stehen, fügt dann 25 ml Carbonatsulfitlösung hinzu und füllt im Meßkolben auf 100 ml auf. Nach 10 Min. wird colorimetriert oder im Photometer gemessen. Man verwendet zum PULFRICH-Photometer das Filter S 72 oder S 61 und 5 cm-Küvetten. Die Messung muß innerhalb von 30 Min. nach dem Zusatz der Carbonatsulfitlösung beendet sein, weil sonst Farbänderung eintritt (URBACH). Die Phosphorwerte entnimmt man aus einer analog erstellten Eichkurve. — Wenn bei Anwendung des Verfahrens eine Veraschung organischer Substanz vorhergegangen ist, so soll diese nach SJOLLEMA und GIETELING nicht mit Salpetersäure ausgeführt werden, weil deren Reste zu niedrige Werte bedingen. Besser ist es, mit Schwefelsäure, Kaliumsulfat und Kupfersulfat zu veraschen (siehe auch § 17, A, S. 277).

II. Verfahren von BRIGGS. ***Reagenzien.*** 1. Ammoniummolybdatlösung: 25 g Ammoniummolybdat werden in 300 ml Wasser gelöst. Man fügt eine Lösung von 75 ml konzentrierter Schwefelsäure in 125 ml Wasser hinzu. — 2. 0,5%ige Hydrochinonlösung, der 1 Tropfen konzentrierte Schwefelsäure zugesetzt ist. — 3. 20%ige Natriumsulfitlösung, frisch bereitet.

Arbeitsvorschrift. In einem Meßkolben von 100 ml Inhalt wird die Probe auf 25 ml verdünnt. Man fügt 5 ml Ammoniummolybdatlösung, 1 ml Natriumsulfitlösung und 1 ml Hydrochinonlösung hinzu, füllt auf 100 ml auf, läßt 1 Std. stehen und mißt. — Nach RIMINGTON hemmt eine Konzentration von über 1,4 n Ammoniumsulfat die Farbentwicklung.

III. Verfahren von ZAMBOTTI. ***Reagenzien.*** 1. Ammoniummolybdatlösung: 2,5 g Ammoniummolybdat werden in 100 ml n Schwefelsäure gelöst. — 2. Hydrochinonlösung (siehe S. 96). — 3. 10%ige Natriumsulfitlösung. — 4. 0,033 n Schwefelsäure: 1 ml konzentrierte Schwefelsäure wird zu 1 l gelöst.

Arbeitsvorschrift. Die Lösung, welche 0,1 bis 0,3 mg P enthält, wird in einem 50 ml-Meßkolben, eine Lösung mit mehr als 0,3 mg P in einem 100 ml-Meßkolben mit 30 bis 35 ml bzw. mit 65 bis 70 ml 0,033 n Schwefelsäure versetzt. Man fügt 2 ml Ammoniummolybdatlösung, 2 ml Hydrochinonlösung, nach 10 Min. 3 ml Sulfitlösung hinzu und füllt sofort mit 0,033 n Schwefelsäure zur Marke auf. Die Lösung soll ein $p_H = 2{,}5$ bis 2,9 haben. Man mißt im PULFRICH-Photometer mit Filter S 72 und ermittelt die P-Werte aus einer Eichkurve.

3. Reduktion mit Hydrazin.

Die Möglichkeit, Ammoniummolybdophosphat durch Hydrazin zu Molybdänblau zu reduzieren, haben bereits TAYLOR und MILLER (a) erkannt. Nach RIEGLER (b) wird diese Reduktion durch Erhitzen des Ammoniummolybdophosphates mit Hydraziniumsulfat vorgenommen, und es sollen noch 100 γ P_2O_5 bestimmbar sein. KLEINMANN (a) fand Hydraziniumchlorid wegen dessen größerer Löslichkeit noch besser als das Sulfat, gibt jedoch an, daß die Farbtiefe und die Molybdänkonzentration nicht proportional seien und verwirft deshalb das Verfahren der Reduktion mit Hydrazin. ETIENNE reduzierte wiederum das aus Phosphat mit Ammoniummolybdat und Benzidinchlorhydrat erzeugte Benzidinmolybdophosphat $(H_2N \cdot C_6H_4 \cdot C_6H_4 \cdot NH_2)_3 \cdot 2\,H_3PO_4 \cdot 24\,MoO_3 \cdot 22(?)H_2O$ durch Hydraziniumsulfat zu Phosphomolybdänblau. Er führt die colorimetrische Bestimmung von 0,2 bis 1,5 mg P in 100 ml Lösung in Roheisen, Stahl, Erzen, Rotkupfer und Bronze mit Standardlösungen durch. Erst in neuester Zeit haben KATZ und PROCTOR die Reduktion mit Hydraziniumsulfat für die Untersuchung hochlegierter Stähle (mit einem Gehalt an Chrom, Niob. und Wolfram), bei denen die Eigenfarbe der Bestandteile in der zu untersuchenden Lösung stören kann, neu ausgearbeitet (siehe § 15, A, S. 250ff.). Fast zu gleicher Zeit wie KATZ und PROCTOR haben BOLTZ und MELLON eingehende Mitteilungen zu der Reduktion mit Hydrazin gemacht. Danach ist das Verfahren durchaus brauchbar. Wegen der geringen Haltbarkeit des Reagenses ist es allerdings anderen Verfahren nicht besonders vorzuziehen, jedoch ist die Färbung 12 Std. haltbar.

Verfahren von BOLTZ und MELLON. ***Reagens.*** 25 ml einer 2,5%igen Lösung von Natriummolybdat in 10n Schwefelsäure werden mit 10 ml 0,15%iger Hydraziniumsulfatlösung gemischt. Man füllt mit doppelt destilliertem Wasser zu 100 ml auf. Das unbeständige Reagens ist für jeden Versuch neu anzusetzen.

Arbeitsvorschrift. Die in 25 ml Lösung nicht mehr als 0,1 mg P als Phosphat enthaltende Lösung wird gegen Lackmus neutralisiert. Man versetzt sie in einem 50 ml fassenden Meßkolben mit 20 ml Reagens und füllt zur Marke auf. Nach dem Durchmischen erwärmt man 10 Min. lang im Wasserbade, kühlt danach schnell ab, schüttelt um, füllt wenn nötig wieder zur Marke auf und mißt eine 1 cm dicke Schicht bei 830 mμ.

Bemerkungen. **I. Genauigkeit.** Der Fehler beträgt bis 2%. — **II. Konzentration der Reagenzien.** Die günstigste Molybdatkonzentration wird durch Anwendung der oben angeführten 2,5%igen Lösung erzielt. Die Konzentration der Schwefelsäure soll 1n sein. Ist sie kleiner, so wird Molybdat reduziert. Bei Einhaltung obiger Arbeitsvorschrift ist die beste Säurekonzentration gerade erreicht. Eine Menge von 3 mg Hydrazin ist ausreichend. — **III. Das LAMBERT-BEERsche Gesetz** gilt von 0 bis 1,5 Teile P auf 1 Million Teile Lösung für 1 cm Schichtdicke. — **IV. Störungen.** Je 1000 Teile folgender Ionen auf 1 Million Teile Lösung stören nicht: Al, Cd, $Cr^{\cdot\cdot\cdot}$, Cu, Co, Ca, $Fe^{\cdot\cdot}$, Mg, $Mn^{\cdot\cdot}$, Ni, Zn, Cl', Br', F', Silicat, Borat, Vanadat, Acetat, Citrat. Die doppelte Menge NH_4 stört ebenfalls nicht. Erlaubt sind je 500 Teile ClO_4' und C_2O_4''. Es stören (immer auf 1 Million Teile Lösung) 40 Teile Arsenat und Wolframat, 100 Teile $Sn^{\cdot\cdot}$, 200 Teile Arsenit und Nitrit, über 200 Teile $Fe^{\cdot\cdot\cdot}$ (wahrscheinlich wegen Verbrauch von Hydrazin), 1000 Teile Ba, Pb, Sb, Bi, ClO_4', C_2O_4''.

4. Reduktion mit Photo-Rex.

Das von ERNST TSCHOPP und EM. TSCHOPP empfohlene Verfahren mit Photo-Rex = p-Methylamino-phenolsulfat ist von SCHEEL genauer geprüft und verbessert worden. Während SCHEEL für die Messungen das PULFRICH-Photometer benutzt, hat SCHNELL eine Arbeitsanweisung für die Verwendung des SCHUHKNECHT-WAIBEL-Gerätes gegeben. VELTMAN hat das Verfahren auf die Untersuchung aller Konzentrationen an Phosphat in Rohphosphaten und Düngemitteln untersucht und dabei das lichtelektrische Colorimeter nach LANGE (Universalmodell IV) benutzt. Da bei hohen Phosphatkonzentrationen eine starke Verdünnung der Lösung nötig ist, durch die große Fehler entstehen können, andrerseits aber nur solche Farbintensitäten zur Messung kommen können, die in den Meßbereich des Apparates fallen, so müssen diese beiden Faktoren aufeinander abgestimmt werden. Es werden deshalb die 10 ml-Mikroflachküvetten mit einer Schichtdicke von 10 mm und eine Konzentration von 4 mg Substanz (mit 6 bis 23% P_2O_5) gewählt. Sehr großer Wert ist auf die Konstanthaltung der Spannung für die Photometerlampe zu legen. VELTMAN empfiehlt eine Großoberflächenbatterie (Type 2HO4 der Akkumulatorenfabrik Hoppecke, Westfalen, 4 Volt, 48 Ah), die nach jedesmaliger Abschaltung des Meßgerätes durch einen Gleichrichter aus dem Netz wieder aufgeladen wird. — RUDY und MÜLLER haben das Verfahren für die Bestimmung von 0,5 bis 5 mg P_2O_5/l für Kühlwasser bei Gegenwart von Meta-, Pyro- und Polyphosphat ausgearbeitet. Für diesen Zweck sind alkalische Verfahren nicht anwendbar. Die genannten Phosphate verursachen während der zur Entwicklung der maximalen Blaufärbung erforderlichen Zeit keine wesentlichen Fehler durch Bildung von Orthophosphat, besonders dann nicht, wenn eine Temperatur von 15 bis 25° eingehalten wird. Siehe auch § 12, A, S. 212.

I. Verfahren von Scheel. ***Reagenzien***[1]. 1. Ammoniummolybdatlösung: Man löst 50 g Ammoniummolybdat in 500 ml 10n Schwefelsäure, füllt auf 1000 ml auf und filtriert. — 2. Photo-Rex-Lösung: 1 g Photo-Rex, 5 g Natriumsulfit (wasserfrei) und 150 g Natriumhydrogensulfit werden in 500 ml Wasser gelöst. Die filtrierte Lösung ist in gut verschlossener Flasche lange haltbar. — 3. Natriumacetatlösung: 100 ml 5n NaOH (eingestellt auf die Schwefelsäure der Lösung 1) werden mit Essigsäure neutralisiert. Man füllt auf 2000 ml auf und filtriert. — 4. Vergleichslösung: 1,9167 g Kaliumdihydrogenphosphat, im Exsiccator über Schwefelsäure getrocknet, werden zu 1 l gelöst. Man fügt einige Tropfen Chloroform hinzu. Die gravimetrisch eingestellte Lösung enthält in 1 ml 1 mg P_2O_5.

Eichung des Photometers. Mit einer geeichten 1 ml-Pipette entnimmt man der Vergleichslösung, die entsprechend verdünnt ist, eine Menge von 0,5 bis 2,5 mg P_2O_5. In einem 100 ml-Meßkolben verdünnt man die Probe auf 50 ml, fügt 5 ml Photo-Rex-Lösung und 10 ml Ammoniummolybdatlösung hinzu. Nach 10 Min. versetzt man mit 20 ml Natriumacetatlösung und füllt auf 100 ml auf. Man mißt im Pulfrich-Photometer unter Benutzung des Filters S 72 mit 1 cm-Küvetten. Wenn die nach den Ablesungen gezeichnete Eichkurve nicht den Nullpunkt schneidet, so ist entweder der Nullpunkt des Photometers ungenau eingestellt oder die Reagenzien sind unrein.

Die ***Ausführung der Bestimmung*** geschieht in gleicher Weise wie soeben für die Eichung des Photometers beschrieben.

Bemerkungen. **a) Genauigkeit.** Der Pipettierfehler beträgt bei richtigem Arbeiten (Auslaufenlassen der Pipette am Kolbenhals, Abstreifen nach 20 Sek.) $\pm 0,1\%$. Der Fehler der Farbmessung beläuft sich insgesamt auf etwa $\pm 0,3\%$. Der gesamte Analysenfehler macht etwa $\pm 0,6\%$ aus. — **b)** Der **Anwendungsbereich** liegt nach Tschopp und Tschopp zwischen 200 und 50 γ P. Das Lambert-Beersche Gesetz ist nach Scheel aber erfüllt für 0 bis 5 mg P_2O_5. — **c) Einfluß der Wasserstoffionenkonzentration.** Das Maximum der Farbtiefe ist nach etwa 15 Min. erreicht, es nimmt dann nur noch sehr langsam zu. Diese Zunahme ist abhängig von der Wasserstoffionenkonzentration. Deshalb muß die weitere Zunahme der Farbtiefe verhindert werden durch die der anwesenden Säure äquivalente Menge Natriumacetatlösung, die 10 Min. nach Vermischen der Reagenzien zugefügt wird. Eine allmähliche Entfärbung, wie sie Zinzadze (a) angibt, hat Scheel nie beobachtet. — **d) Der Einfluß der Temperatur** ist gering, wenn die Reaktion nach 10 Min. abgebremst wird. Dennoch ist es gut, größere Temperaturschwankungen zu vermeiden. — **e) Störungen.** Ohne Einfluß sind Schwefelsäure und Salzsäure, 10 mg Fe_2O_3, 20 mg CaO, 20 mg K_2O, 20 bis 70 mg Citronensäure, 10 mg SiO_2. 20 mg SiO_2 vertiefen die Farbe, können aber durch 20 mg Citronensäure eliminiert werden. Nach längerer Zeit macht sich dieser Einfluß aber doch bemerkbar. Sulfid stört, man oxydiert es mit Permanganat, ebenso wie eine größere Menge Citronensäure. Tschopp und Tschopp sind der Meinung, daß Oxalat, Citrat, Tartrat, Nitrit und Wasserstoffperoxyd stören, und daß diese Stoffe mit Kaliumpermanganat in der Wärme zu zerstören sind. Schwefelwasserstoff muß ausgekocht werden. Eisen(II), Mangan(II) und Kupfer(I) stören nicht. Eisen(III) beeinflußt in kleinsten Mengen die Intensität der Farbe bei Abwesenheit von Hydrogensulfit. Der Einfluß von Kieselsäure wird durch Hydrogen-

[1] Nach Veltman muß die Ammoniummolybdatlösung mindestens 8 Tage vor Gebrauch angesetzt, dunkel und kühl aufbewahrt werden. Für die Reduktionslösung werden 15 g Photo-Rex, 50 g Natriumsulfit (rein, trocken) und 1500 g Natriumhydrogensulfit zu 10 l Wasser gelöst. Die Lösung wird in eine dunkle Flasche filtriert und kühl und dunkel aufbewahrt. Für die Acetatlösung werden 3400 g kristallisiertes Natriumacetat (chemisch rein) in Wasser gelöst zu 10 l aufgefüllt, und die Lösung wird filtriert.

sulfit ausgeschaltet. Stark saure Lösungen müssen neutralisiert werden. — **f) Anwendung des SCHUHKNECHT-WAIBEL-Gerätes nach SCHNELL.** Alle Messungen müssen bei der gleichen Spannung der Lampe (z. B. 3,9 Volt) ausgeführt werden. Hierfür wird ein Regelwiderstand (5 bis 10 Ohm) und ein Voltmeter in den Stromkreis der Küvettenlampe eingeschaltet. Die Anodenspannung für die Photozelle beträgt 50 Volt. Um hierbei noch einen genügend großen Ausschlag zu erhalten, ist es notwendig, das Lämpchen für die Küvettenbeleuchtung von 6 Volt durch ein Klarglaslämpchen von 4 Volt mit gerader Wendel zu ersetzen. Hierbei wird die Irisblende ganz geöffnet und mit der großen Blendenöffnung des Blendenschirmes am Photozellengehäuse gearbeitet. Auf diese Weise erzielt man bei 50 Volt Anodenspannung für eine Lösung von 2 mg P_2O_5 in 100 ml Lösung einen Ausschlag von 100 Skalenteilen des Lichtmarkengalvanometers. — Zur *Eichung* läßt man den Apparat 30 Min. lang einbrennen, und zwar so, daß man die nach SCHEEL angefärbte Lösung, die 1 mg P_2O_5 in 100 ml enthält, in die Küvette einfüllt und mit Hilfe der Irisblende an der Küvette und durch Einstellen des Widerstandes für die Küvettenbeleuchtung die Lichtmarke des Galvanometers auf etwa 50 einstellt. Nach ½ Std. wird der Zeiger genau auf 50 gestellt. Dann wird mit höheren Konzentrationen gemessen. Nach jeder dritten bis vierten Messung wird mit der am niedrigsten konzentrierten Lösung wieder geprüft, ob der Zeiger noch auf den Teilstrich 50 einspielt. Bei einer unter Umständen notwendigen Regulierung der Einstellung des Apparates während der Eichung, sowie auch späterhin, ist folgendermaßen vorzugehen: 1. Man beobachtet das Voltmeter im Küvettenlampenstromkreis, ob sich die Spannung verändert hat. Wenn dies der Fall ist, so wird sie mittels des Widerstandes wieder auf die Größe (z. B. 3,9 Volt) eingestellt, mit der bei der Anfertigung der Eichkurve gearbeitet worden ist. 2. Wenn die Spannung konstant geblieben ist, verstellt man die Irisblende der Küvette derart, daß der gewünschte Galvanometerausschlag erzielt wird. — Auf gleichbleibende Raumtemperatur ist zu achten. Die Messungen für die Eichkurve müssen mehrmals ausgeführt werden, bis sie konstant sind. Jede Lösung muß 2mal gemessen werden. Die Differenz der Ablesungen soll höchstens 0,3 Teilstriche betragen, andernfalls eine 3. Messung gemacht werden muß. Vor jeder Messung der Analysenlösungen muß man mit der Standardlösung messen, damit man sich überzeugen kann, daß sich die Empfindlichkeit der Zelle nicht geändert hat. Nach jeder 8. bis 10. Analysenlösung mißt man 1mal mit der Standardlösung. — Der mittlere Fehler beträgt 0,53 Skalenteile. Da nach der Eichkurve 1 Skalenteil = 0,3 mg P_2O_5 ist, so entspricht das 0,159 mg P_2O_5. Wenn z. B. 30 mg P_2O_5 angewendet sind, so entspricht dies 0,53%. — SCHNELL hat dieses Verfahren zur Analyse von Pflanzenaschen benutzt (siehe § 13, S. 217). Er verwendet 5 ml der auf 100 ml aufgefüllten Aschenlösung, fügt 45 ml Wasser hinzu und arbeitet dann genau nach der Vorschrift von SCHEEL (siehe S. 99) weiter. — **g) Anwendung des LANGE-Colorimeters für alle Phosphatkonzentrationen nach VELTMAN.** Die Vorbereitung der Analysenlösungen von Düngemitteln geschieht nach den Konventionsvorschriften (siehe § 11, S. 176). Entsprechend den für die einzelnen Düngemittel vorgeschriebenen verschiedenen Konzentrationen der Ausgangslösungen muß die Verdünnung des Filtrates modifiziert werden. Es empfiehlt sich als allgemeine Regel, vom Filtrat der Ausgangslösung so viel zu entnehmen, wie 1 g Substanz entspricht, und diese Menge auf 1000 ml zu verdünnen. Bei sehr hochprozentigen Phosphaten wird die halbe Menge genommen. Von den 1000 ml Lösung entnimmt man 4 ml, die in einem 100 ml-Meßkolben mit 30 ml Wasser verdünnt werden. Man schüttelt einmal kurz um, fügt 5 ml Ammoniummolybdatlösung hinzu und schüttelt wieder kurz um. Nach genau 15 Min. werden 5 ml Reduktionslösung dazugegeben, und wieder wird einmal kurz umgeschüttelt. Nach 30 Min. fügt man 20 ml Acetatlösung zu und kann sofort oder bei kühler Aufbewahrung bis etwa 6 Std. später messen. Gleichzeitig stellt man in der gleichen Weise eine Blindlösung her, die in 1 ml 0,1 g P_2O_5 enthält.

Wegen der Vorschriften über die Eichung des Colorimeters und über die Messung muß auf das Original verwiesen werden. — An einer großen Anzahl von Analysen hat sich die Brauchbarkeit des Verfahrens völlig erwiesen. Der vorgeschriebene Analysenspielraum für Düngemittel ist in keinem Falle überschritten worden, vielmehr beträgt die mittlere Abweichung der colorimetrischen von der gravimetrischen Analyse $^1/_2$ bis $^1/_4$ des konventionellen Lieferungs- und Analysenspielraumes.

II. Verfahren von Rudy und Müller. ***Reagenzien.*** 1. 2,5%ige Ammoniummolybdatlösung in 5n Schwefelsäure. — 2. Photo-Rex-Lösung: 0,5 g Photo-Rex werden in einer Mischung aus 195 ml 15%iger Natriumhydrogensulfitlösung und 5 ml 20%iger Natriumsulfitlösung gelöst.

Arbeitsvorschrift. In einem 100 ml fassenden Meßkolben wird die 0,2 bis 1 mg P_2O_5 enthaltende Lösung auf 50 bis 60 ml verdünnt. Man gibt je 10 ml der Reagenzien hinzu und füllt zur Marke auf. Ebenso behandelt man eine Standardlösung (siehe Reagenzien, S. 99). Man erwärmt 15 Min. lang auf 20° und mißt im Duboscq-Colorimeter mit Rotfilter (Firma Krüß, Hamburg). Siehe auch § 14, B, S. 228.

Bemerkungen. **a) Einfluß von Metaphosphat.** 200 γ Ortho-P_2O_5 sind neben Metaphosphat noch gut bestimmbar, bei 0,1 mg wird die Bestimmung unsicher. „Hexa"metaphosphat gibt aber während der 15 Min. langen Entwicklungszeit wegen seiner Hydratisierung zu Orthophosphat einen geringen Eigenwert an Färbung. — **b) Einfluß von Säuren.** Steigende Säuremengen setzen die Ergebnisse herab, wie aus Tabelle 8 hervorgeht. Es sind bei den Versuchen je 0,5 mg P_2O_5 in 100 ml Endvolumen vorhanden gewesen. — **c) Einfluß von Salzen.** 40 ml 2n NaCl, 2n $NaNO_3$, n Na_2SO_4, 25 ml 2n $ZnSO_4$, 5 ml 2n $CaCl_2$, 50 ml $CaSO_4$-Lösung (dH 40°) in jeweils 100 ml Lösung mit 0,5 mg P_2O_5 sind ohne Einfluß auf die Farbtiefe. — **d) Einfluß von Silicaten.** Alle bisher vorgeschlagenen Verfahren zur Ausschaltung des Einflusses der Silicate versagen bei den im sauren Gebiet arbeitenden Verfahren, auch die Extraktionsverfahren (siehe S. 92). Die Verfasser haben deshalb die durch Silicate verursachte Blaufärbung gemessen. Kolloide Kieselsäure bis zu 1 g SiO_2/l ruft keine Blaufärbung hervor. Von den Silicaten wirken am stärksten die Orthosilicate, zunehmend schwächeren Einfluß haben Metasilicate und Polysilicate ($Na_2Si_2O_5$ bzw. $Na_2Si_3O_7$). Tabelle 9 gibt die Werte der Blaufärbung für Orthosilicat umgerechnet auf mg P_2O_5. Wie ersichtlich, geht die Blaufärbung nicht mit der Konzentration parallel, verdünntere Lösungen sprechen stärker an. 2 mg SiO_2 als Orthosilicat stören also nicht wesentlich, selbst bei kleinen Mengen P_2O_5 (0,2 mg/100 ml), wenn nach 15 Min. abgelesen wird. Bei 1 mg P_2O_5 verursachen auch 40 mg SiO_2 keine wesentlichen Fehler. Höhere Silicate beein-

Tabelle 8. Einfluß von Säuren auf die Versuchsergebnisse.

ml zugesetzte Säure	Gefunden mg P_2O_5 bei Gegenwart von		
	2 n HCl	2 n H_2SO_4	2 n HNO_3
5	0,5	0,5	0,5
10	0,5	0,5	0,47
12,5	0,49	0,5	0,47
15	0,48	0,49	0,46
20	0,43	0,48	0,45

Tabelle 9. Einfluß der Kieselsäure auf die Phosphatbestimmung.

In 100 ml als Orthosilicat vorhandenes SiO_2 in mg	Die Blaufärbung entspricht nach Std. „mg P_2O_5"			
	¼	½	¾	1
38	0,07	0,11	0,15	0,19
19	0,05	0,08	—	0,17
9,5	0,04	0,06	—	0,11
3,8	0,03	0,05	0,07	0,09
1,9	0,02	0,03	0,05	0,07

trächtigen noch weniger. Insgesamt ist festzuhalten, daß für genaue Orthophosphatbestimmungen in Kühlwässern nicht mehr als 40 mg SiO_2 in Form von Ortho- oder Metasilicat im Liter vorhanden sein dürfen, wenn 50 ml Kühlwasser zur Analyse kommen. Die obere Grenze der SiO_2-Menge, bei der eine colorimetrische Bestimmung der in Frage kommenden kleinen Mengen P_2O_5 überhaupt noch einen Sinn hat, liegt bei etwa 200 mg SiO_2/l.

5. Reduktion mit Aminonaphtholsulfonsäuren.

Wegen der möglichen Unregelmäßigkeiten bei der Anwendung von Hydrochinon als Reduktionsmittel, insbesondere des Zurückgehens der Farbe in alkalischer Lösung, was BRIGGS durch das Weglassen des Alkalis vermeidet (siehe S. 97), haben FISKE und SUBBAROW 1,2,4-Aminonaphtholsulfonsäure als Reduktionsmittel gewählt. Das Verfahren ist von vielen Autoren geprüft und als brauchbar gefunden worden. Wenige Jahre nach seiner Ausarbeitung hat VÁSARHELY isomere Aminonaphtholsulfonsäuren und -disulfonsäuren in ihrer Wirksamkeit verglichen. WOODS und MELLON haben ebenfalls die isomeren Aminonaphtholsulfonsäuren geprüft und gefunden, daß die Verbindungen mit den Substituenten in 2,5,7- bzw. 1,4,8- bzw. 2,6,8-Stellung weniger brauchbar sind als die von FISKE und SUBBAROW angewendete 1,2,4-Verbindung. Das Erhitzen der Lösung zur Farbentwicklung sei ungünstig. ROTH arbeitet mit dem Natriumsalz der 1-Amino-2-oxy-naphthalin-6-sulfosäure = Eikonogen (Agfa) (oder mit Photo-Rex, siehe S. 98). TEORELL (a) hat durch Anwendung des PULFRICH-Photometers bedeutend geringere Phosphormengen mit größerer Genauigkeit erfassen können, als dies FISKE und SUBBAROW durch die gewöhnliche Colorimetrie konnten. KING hat das Verfahren dadurch modifiziert, daß er an Stelle der allgemein üblichen Schwefelsäure 60- oder 72%ige Perchlorsäure setzte. Die Perchlorsäure bietet keinen Nachteil gegenüber der Schwefelsäure, wohl aber den Vorteil, daß sie bei der Veraschung organischer Stoffe angewendet werden kann. GIANI hat mit dem Verfahren von FISKE und SUBBAROW mit dem PULFRICH-Photometer bei 2 bis 64 γ P/10 ml gute Werte erhalten, aber nicht mit dem DUBOSCQ-Colorimeter. Auch ROTHSCHILD (a) mißt mit dem PULFRICH-Photometer, und zwar am besten mit dem Filter S 72. Die geradlinige Eichkurve geht nach ihm durch den Koordinatenanfangspunkt. Den Einwand von SCHAAF, daß das Filter S 66 besser als S 72 sei, weist ROTHSCHILD (b) zurück mit dem Hinweis, daß das Verfahren von SCHAAF mit einem Fehler von $\pm 3\%$ arbeite. Die Farbintensität bleibt mehrere Std. konstant. SCHEEL hält das Verfahren von FISKE und SUBBAROW für besser als das von BELL und DOISY mit Hydrochinon. Aber die Zeitdauer zur Erreichung des Farbmaximums ist abhängig von dem Gehalt der Lösung an Säure und störenden Stoffen. Es müssen deshalb für jede Bestimmung mehrere Messungen ausgeführt werden. Zum gleichen Ergebnis kommen BROSE und JONES. Mit Hilfe einer sehr empfindlichen photoelektrischen Anordnung, durch welche noch 0,001 P/ml festgestellt und Änderungen von weniger als 0,1 γ genau ermittelt werden können, finden sie bei der Reaktion von FISKE und SUBBAROW, daß die Farbtiefe stark von der Zeit abhängt, und daß die Frist, innerhalb welcher die Farbe ihre endgültige Tiefe erreicht, eine Funktion der Phosphatmenge ist. Zunächst vertieft sich die Farbe sehr rasch, dann sehr langsam, oft über Stunden. Bei etwa 0,1 γ P ändert sich die Farbe nach 20 Min. sehr langsam. Bei etwa 1 γ P sollte man erst nach 2 Std. colorimetrieren. Daher ist die gewöhnliche colorimetrische Bestimmung grundsätzlich mit zwei Fehlermöglichkeiten behaftet: 1. Die langsame Farbvertiefung wird unter Umständen gar nicht bemerkt. 2. Der Vergleich von zwei Lösungen mit etwas verschiedenem Gehalt kann zu einem Zeitpunkt vorgenommen werden, an welchem sich die Farbe in beiden Lösungen noch nicht gleichmäßig entwickelt hat. Man soll also erst dann vergleichen, wenn man ganz sicher ist, daß sich die Farbe nur noch sehr langsam ändert.

Reagenzien. 1. 1,2,4-Aminonaphtholsulfonsäure: Die Handelsware wird zuerst umkristallisiert. Hierzu wird 1 l Wasser auf 90° erwärmt und darin 150 g Natriumhydrogensulfit und 10 g Natriumsulfit gelöst. Man fügt 15 g rohe Säure hinzu und schüttelt so lange um, bis sich alles bis auf die Verunreinigungen gelöst hat. Man filtriert durch ein großes Filter, kühlt unter der Wasserleitung ab und fügt 10 ml konzentrierte Salzsäure hinzu. Die ausgeschiedene Säure wird abgesaugt, mit 300 ml Wasser und dann mit Alkohol so lange gewaschen, bis die Waschflüssigkeit farblos abläuft. Man trocknet die Säure im Dunkeln an der Luft und bewahrt sie in einer braunen Flasche auf. Zur Bereitung des Reagenses löst man 0,5 g in 195 ml frisch bereiteter 15%iger Natriumhydrogensulfitlösung und 5 ml 20%iger Natriumsulfitlösung (20 g $Na_2SO_3 \cdot 7H_2O$ + 38 ml Wasser) durch Schütteln in einer verschlossenen Flasche. Wenn das Natriumhydrogensulfit alt ist, muß mehr Natriumsulfit verwendet werden. Man fügt aber immer nur je 1 ml hinzu und schüttelt bis zur Lösung. Die Lösung ist bei Fernhaltung der Luft 2 Wochen haltbar. — 2. Ammoniummolybdatlösung: Man löst 25 g Ammoniummolybdat in 200 ml Wasser und gießt die Lösung in 500 ml 10n Schwefelsäure (450 ml konzentrierte Schwefelsäure zu 1300 ml Wasser). Die Mischung wird zu 1 l aufgefüllt.

Arbeitsvorschrift. 5 ml Lösung mit etwa 400 γ P werden auf 65 ml verdünnt. Man fügt 10 ml Ammoniummolybdatlösung und 4 ml Aminonaphtholsulfonsäurelösung hinzu, schüttelt um und füllt zu 100 ml auf. Nach 5 Min. wird gemessen.

Bemerkungen. **I. Genauigkeit.** Der Fehler beträgt nach TEORELL (a) $\pm 2\%$. LOHMANN und JENDRASSIK finden Übereinstimmung mit dem Verfahren von EMBDEN (siehe S. 79) innerhalb derselben Grenzen. ROTH gibt den Fehler mit nur $\pm 0{,}1\%$ an. — **II. Anwendungsbereich.** FISKE und SUBBAROW bestimmen etwa 400 γ P, aber TEORELL kann durch die Anwendung des PULFRICH-Photometers kleinere Mengen zwischen 10 und 50 γ P ermitteln. Für diese Menge wird nach ROTHSCHILD (b) die 10 mm-Küvette gebraucht, während bei 60 bis 100 γ P die 5 mm-Küvette ausreichend ist. Nach ROTH kann im Stufenphotometer bis zu 0,2 γ P/ml, im lichtelektrischen Colorimeter bis zu 1 γ P/ml erfaßt werden. — **III.** Das **LAMBERT-BEERsche Gesetz** ist nach ROTH genau erfüllt. Nach WOODS und MELLON gilt es für 0,2 bis 10 Teile in 1000 Teilen. TEORELL (a) gibt eine Formel für die Berechnung aus der gemessenen Extinktion, deren Fehler er später (b) berichtigt. Da gebräuchlicherweise die Bestimmung unter Benutzung einer Eichkurve erfolgt, kann hier von der Wiedergabe dieser Formel abgesehen werden. — **IV.** Die **Konzentration der Schwefelsäure** soll nach TEORELL (a) nicht zu hoch sein. Bei sauren Lösungen, z. B. solchen aus der Veraschung organischer Stoffe mit Schwefelsäure, soll weniger als 1,5 ml zugesetzt werden (siehe Bemerkung VII). Nach WOODS und MELLON ist die beste Acidität zwischen 0,6 und 1,3 n. BAMANN, NOWOTNY und ROHR stellen fest, daß bei Einhaltung einer Entwicklungszeit von 15 Min. der theoretische (oder fast theoretische) Wert für das Phosphat auch dann gefunden wird, wenn die Acidität der Schwefelsäure sich zwischen 0,7n und 1,3n bewegt. In diesen Grenzen ist zwar der Entwicklungsverlauf durchaus verschieden, aber nach Erreichung der Farbtiefe, die der anwesenden Phosphatmenge entspricht, schreitet die Farbentwicklung in der bis zur festgesetzten Entwicklungsdauer von 15 Min. verbleibenden restlichen Zeit nunmehr so langsam voran, daß sie nicht ins Gewicht fällt. — **V.** Der **Einfluß der Temperatur** ist nach TEORELL (a) stark, besonders im Hinblick auf die zur Farbentwicklung nötige Zeit. TEORELL arbeitet bei 18 bis 25°. LOHMANN und JENDRASSIK erwärmen die Mischung zur Farbentwicklung 5 Min. lang bei 37° im Wasserbade, ebenso BAMANN, NOWOTNY und ROHR, die danach noch 10 Min. lang bei 20° halten. In ähnlicher Weise geht ROTH vor, er erwärmt 7 Min. lang bei 37 bis 40°. WOODS und MELLON aber halten Erwärmung für ungünstig. — **VI. Störungen.** Viele Salze stören in ähnlicher Weise wie bei anderen colorimetrischen Bestimmungen mittels Molybdänblau. Sehr stark stört Arsenat. Hierüber machte BRAUNSTEIN (a) Angaben. Er änderte das ursprüngliche Verfahren dahin ab, daß er bei Gegenwart von Arsenat sehr bald colorimetrierte. Überdies liefert nach seiner Feststellung (b) m/600 bis m/300 Arsenatlösung eine für die Colorimetrierung zu schwache Blaufärbung. Diese wird allerdings bei mehrstündigem Stehen bei Raumtemperatur dunkler als die aus der äquivalenten Menge Phosphat. Die Farbe von Phosphat + Arsenat sei zu jedem Zeitpunkt additiv. BARRENSCHEEN, BANGA und BRAUN finden, daß die Angaben von BRAUNSTEIN bez. der Anwesenheit von Arsenat allein richtig sind, daß aber bei gleichzeitiger Gegenwart von Phosphat durch induzierende Wirkung des Arsenates eine verstärkte Blaufärbung auftrete. Die von TSCHOPP und TSCHOPP vorgeschlagene Reduktion des Arsenates mit Hydrogensulfit sei nicht erfolgreich. BRAUNSTEIN (c) verteidigt sich durch den Hinweis auf den von ihm vorgeschlagenen Zusatz von Trichloressigsäure. Ohne einen solchen tritt schnelles Nachdunkeln ein, mit einem Zusatz bleibt dieses aus. Diese Wirkung scheint für die Trichloressigsäure spezifisch zu sein, denn eine Erhöhung der Wasserstoffionenkonzentration durch Schwefelsäure in der gleichen Konzentration verhindert das Nachdunkeln nicht. PETT jedoch entfernt Arsenat, indem er zu der Lösung 0,5 ml 3n Schwefelsäure und 0,4 g Natriumhydrogensulfit hinzufügt und 1 Std. auf 50° erwärmt. Dann werden die üblichen Reagenzien zugesetzt. Infolge der höheren Temperatur entwickelt sich die Blaufärbung sofort, und die Ablesung kann sogleich erfolgen. Die Vergleichsproben müssen auch mindestens 3 Min. auf 50° erwärmt werden. ROTH reduziert das Arsenat in salzsaurer Lösung durch Hydrazin und verflüchtigt es als Arsen(III)-chlorid. — **VII. Abänderungen der Arbeitsvorschrift.** *a) Nach* TEORELL (a). Die Phosphatlösung wird mit 1,5 ml 12,5n Schwefelsäure und 2 ml 5%iger Ammoniummolybdatlösung versetzt und mit Wasser auf ein Volumen von 25,5 ml gebracht. Nach 1 Min. fügt man 1 ml Aminonaphtholsulfonsäurelösung hinzu. Nach 15 Min., spätestens nach 45 Min., wird die Blaufärbung im PULFRICH-Photometer gemessen. — *b) Nach* BROSE *und* JONES. Die Reagenslösung wird bereitet aus 0,1 g Aminonaphtholsulfonsäure, 5,48 g Natriummetabisulfit, 1,2 g kristallisiertem Natriumsulfit und 50 ml Wasser.

6. Verfahren von ZINZADZE.

Bei allen bisher besprochenen colorimetrischen Verfahren und bei den auf S. 106ff. angeführten wird das Reduktionsmittel immer im Überschuß zugegeben. Hierdurch kann aber die Reduktion weiter als bis zur Stufe des Molybdänblaus gehen, d. h. es können noch niedrigere Oxyde des Molybdäns entstehen, welche geringere Farbintensitäten aufweisen. Die blaue Lösung hellt sich also auf, nachdem sie ein Maximum durchschritten hat, bei welchem die colorimetrische Messung gerade stattfinden müßte. Es sind also Fehlermöglichkeiten vorhanden. Eine beständige Molybdänblaulösung ist nach ZINZADZE nur zu erhalten, wenn sie frei von Beimengungen ist. Deshalb wird sie durch Reduktion mit Molybdänpulver selber hergestellt. Das neue Verfahren von ZINZADZE (a) benutzt also als Grundreagens eine Lösung von chemisch reinem Molybdänblau in 50%iger Schwefelsäure, welche kein Reduktionsmittel enthält. Diese blaue Lösung entfärbt sich auf ungeklärte Weise völlig bei *Abwesenheit* von Phosphat nach der Verdünnung auf etwa das 5fache. Bei *Anwesenheit* von Phosphat (und von Arsenat) dagegen erscheint die Farbe wieder und ist innerhalb der Grenzen 1 γ bis 1 mg P_2O_5 (oder As_2O_5)/100 ml dem Gehalt daran genau proportional. Das Reagens ist bis zu 3 Jahre und darüber haltbar, die damit erzeugte blaue Farbe 7 bis 10 Tage unverändert. In einer späteren Arbeit (b) hat ZINZADZE das Verfahren vervollkommnet durch genaue Einstellung des Reduktionswertes des Reagenses. WOODS und MELLON haben das Verfahren von ZINZADZE mit anderen colorimetrischen Methoden verglichen. Sie stellen fest, daß die Farbe nach dem 25 Min. währenden Erhitzen bei 100° voll entwickelt, und daß das Gesetz von LAMBERT-BEER bei 0,1 bis 5 Teile P in 1000 Teilen Lösung erfüllt ist. Die Empfindlichkeit des Verfahrens und die Beständigkeit der Lösung ist größer als bei der Arbeitsweise mit Zinn(II)-chlorid, auch stören Kiesel- und Arsensäure weniger. Ein Nachteil besteht aber darin, daß die Lösung 30 Min. lang auf 100° erhitzt werden muß. Das Verfahren von ZINZADZE wird besonders von den deutschen landwirtschaftlichen Versuchsanstalten benutzt, und SCHMITT und BREITWIESER haben das photoelektrische Gerät von SCHUHKNECHT-WAIBEL zur Kaliumbestimmung mit einem Zusatzgerät ausgestattet, das auf Grund der Reaktion von ZINZADZE eine schnelle und genaue Bestimmung kleiner Phosphormengen z. B. in Keimpflanzenaschen, in Ernteprodukten usw. gestattet. Das Zusatzgerät besteht aus einer Beleuchtungseinrichtung und einer Durchflußküvette mit einklappbarem Halter, die vor den Kondensor und die Photozelle geschaltet werden kann. In die Küvette wird die nach der Vorschrift von ZINZADZE hergestellte blaue Lösung eingefüllt. Man benutzt ein Rotfilter und mißt mit dem Lichtmarkengalvanometer von Siemens & Halske. Die Ermittlung der Phosphorwerte erfolgt aus einer Eichkurve, die auf gleiche Weise mit bekannten Phosphorgehalten aufgenommen wird.

Reagenzien. 1. Molybdänlösung: a) In einem 3 l fassenden ERLENMEYER-Kolben werden 40,11 g Molybdäntrioxyd in 1010 ml 25n Schwefelsäure (phosphor- und arsenfrei) unter Erwärmen gelöst, jedoch so, daß keine weißen Dämpfe auftreten. Nach völligem Abkühlen füllt man zu 1 l auf. Die Lösung hat meist einen bläulichen Schimmer. — b) In einem 3 l fassenden ERLENMEYER-Kolben löst man 1,78 g reinstes Molybdänpulver in 500 ml obiger Molybdänsäurelösung unter 15 Min. langem Kochen auf. Nach der Abkühlung der Lösung wird von einem etwa ungelösten Rest dekantiert und zu 500 ml aufgefüllt. 5 ml dieser Lösung werden mit Wasser auf 50 ml verdünnt und mit 0,1n $KMnO_4$-Lösung titriert. Hierbei sollen genau 5 ml verbraucht werden. Andernfalls sind also entsprechende Raumteile der Lösungen a und b zu mischen. Die Mischung ist jahrelang unverändert gebrauchsfähig. Zur Prüfung auf ihre Acidität werden 10 ml mit Wasser zu 500 ml aufgefüllt. 10 ml dieser verdünnten Lösung sollen 24,9 bis 25,1 ml 0,1n Lauge (carbonatfrei) verbrauchen. — 2. n Schwefelsäure. — 3. 2%ige Natriumhydrogencarbonatlösung (2 Monate haltbar). — 4. Kalt gesättigte Lösung von 2,4-Dinitrophenol. — 5. 8%ige Natriumhydrogensulfitlösung (8 Tage haltbar). — 6. Standardlösung: 76,7 mg KH_2PO_4 werden in 200 ml Wasser gelöst. Man setzt 10 ml n Schwefelsäure und 6 Tropfen 0,1n $KMnO_4$ hinzu und füllt zu 2 l auf. Die Lösung, die in 1 ml 20 γ P_2O_5 enthält, ist unbegrenzt haltbar.

Arbeitsvorschrift. 0,5 bis 15 ml Lösung mit 10 bis 300 γ P_2O_5 werden in einer Meßflasche von 50 ml Inhalt, die bei 30 ml eine Marke trägt, mit 5 Tropfen Dinitrophenollösung versetzt und dann mit n Schwefelsäure oder mit Natriumhydrogencarbonatlösung bis zur schwachen Gelbfärbung des Indicators neutralisiert. Nun werden 5 ml n Schwefelsäure und 5 ml Natriumhydrogensulfitlösung zugefügt, mit Wasser auf 30 ml ergänzt und kräftig geschüttelt. Nach einstündigem Verweilen auf dem Wasserbade oder nach dem Stehen über Nacht fügt man 5 ml Molybdänlösung (1 b), die im Verhältnis 1:10 verdünnt ist, hinzu, erwärmt 30 Min. im Wasserbade, kühlt ab, füllt auf 50 ml auf, schüttelt durch und colorimetriert. Die Färbung ist bei Lichtausschluß 2 bis 3 Tage unverändert haltbar.

Bemerkungen. **I.** Die **Genauigkeit** wird als vorzüglich im Vergleich zum Verfahren von v. LORENZ bezeichnet [ZINZADZE (a)]. — **II.** Die **Prüfung des Reagenses auf Reinheit** von störenden Stoffen erfolgt durch Versetzen von 5 ml Reagens mit kochendem Wasser und Stehenlassen. Wenn innerhalb ½ Std. keine Blaufärbung auftritt, ist das Reagens verwendungsfähig. — **III.** Zwischen der Vergleichslösung und der zu untersuchenden Lösung soll kein größerer **Konzentrationsunterschied** als 1:2, höchstens 1:3 sein. Die Lösungen dürfen aber nicht verdünnt werden. Wenn die Farbstärke diejenige überschreitet, die etwa 1 mg P_2O_5/100 ml entspricht, muß eine neue Bestimmung mit weniger Ausgangslösung angesetzt werden. — **IV. Anwendungsbereich.** Das Verfahren ist am besten anwendbar für P_2O_5-Mengen zwischen 1 mg und 10 γ/100 ml Lösung. Daher ist es nur brauchbar für phosphorarme Stoffe, wie Pflanzenaschen und Bodenauszüge, nicht aber für Mineralphosphate oder Düngemittel. — **V. Störungen.** Ohne Einfluß sind bis 150 mg SiO_2, 20 mg As_2O_5, 50 mg Salpetersäure, 50 mg Fe_2O_3 [ZINZADZE (b)]. Säuren und Basen stören ziemlich stark, sie sind daher zu neutralisieren. Die stark störenden Chloride sind durch Abrauchen mit Schwefelsäure zu entfernen. Organische Stoffe, besonders Oxalsäure und Citronensäure und ihre Salze, stören stark. Man oxydiert sie mit 0,01 n $KMnO_4$-Lösung. Im allgemeinen ist das Verhältnis der Stoffe, die stören können, zu dem vorhandenen Phosphor so, daß in den meisten Fällen kein Einfluß festzustellen ist. Bei Anwesenheit größerer Mengen Eisen(III) tritt ein grünlicher Farbton auf. Nach WOODS und MELLON dürfen 2 Teile Eisen(III), 25 Teile Arsenat, 100 Teile Arsenit und 25 Teile Silicat auf 1000 Teile Lösung nicht überschritten werden, Borat ist ohne Einfluß.

7. Verfahren von DENIGÉS.

Das colorimetrische Verfahren zur Bestimmung von Phosphat durch die Blaufärbung, welche Reduktionsmittel anorganischer oder organischer Natur bei der Einwirkung auf Dodekamolybdophosphat hervorrufen, wird von DENIGÈS (b, c) als „Coeruleo-Molybdimetrie“ bezeichnet. Die Blaufärbung wird nach diesem Autor nicht durch Molybdänblau bewirkt, wenn auch diese Bezeichnung meist dafür verwendet wird. Vielmehr soll es sich nach DENIGÈS (e) um eine Art Heteropolysäureverbindung handeln, in welcher ein Teil des 6wertigen Molybdäns zu 4wertigem reduziert ist, und welche die Zusammensetzung $H_3PO_4[4\,MoO_3 \cdot MoO_2] \cdot aq$ hat. Es sind nämlich mehrere Stoffe zu unterscheiden (siehe S. 81). Gibt man zu einer Lösung, die bis zu einem ganz bestimmten Punkte reduziert ist, die also noch 6wertiges Molybdän enthält, Phosphat hinzu, so entsteht das sogenannte „Coeruleosalz“, das in Äther löslich ist.

Das Verfahren beruht auf der Reduktion von Molybdänsäure mit Kupfer zu einer gelblich gefärbten Lösung, die durch Zusatz geringster Spuren von Phosphat intensiv blau gefärbt wird. Die Blaufärbung wird gegen eine gleich bereitete Lösung mit bekanntem Phosphatgehalt oder gegen Farblösungen gleichen Farbtones und gleicher Farbtiefe verglichen. Man kann 2 bis 12 mg P_2O_5/l erfassen (d). Das Verfahren ist sehr geeignet für Wasseranalysen, auch für die Untersuchung von Wein (mit WALPOLE-Komparator zur Aufhebung der Eigenfarbe), Milch, Boden, Getreide und biologischen Flüssigkeiten (d). Es ist aber nicht zu weitgehender Anwendung gelangt, wohl insbesondere durch die von ZINZADZE angebrachte Änderung der Reduktion der Molybdänsäure mittels metallischen Molybdäns, wodurch ein sehr sauberes und jahrelang haltbares Reagens entsteht (siehe S. 104). MOSCHEL fand Störung des Verfahrens von DENIGÈS durch Filtrierpapier, das vor seiner Anwendung auf einen Gehalt an Phosphat geprüft werden und bei positivem Ausfall der Probe erschöpfend ausgewaschen werden muß. PEREIRA untersuchte Einflüsse des Lösungsmittels, der Temperatur und von Eisen(III)-salzen auf das Verfahren.

Reagenzien. Molybdänlösung. In eine Pulverflasche mit Schliffstopfen gibt man 0,5 g Kupferspäne und füllt die Flasche völlig mit einer Lösung aus gleichen Raumteilen 10%iger Ammoniummolybdatlösung und konzentrierter Schwefelsäure, die zuvor noch im Verhältnis 3:1 mit Wasser verdünnt wird. Man schüttelt von Zeit zu Zeit um und gießt die gelbliche Lösung nach 1 Std. in eine braune Flasche ab. Sie ist etwa 1 Woche haltbar.

Arbeitsvorschrift. In ein ganz weißes Reagensglas bringt man 5 ml Probelösung und fügt 5 Tropfen Reagenslösung hinzu. Man schüttelt um, kocht 5 bis 6 Sek. lang, kühlt ab und vergleicht die entstandene Blaufärbung mit einer solchen aus Lösungen bekannten Phosphatgehaltes oder mit Vergleichslösungen (siehe Bemerkung II).

Bemerkungen. **I.** Der **Anwendungsbereich** des Verfahrens erstreckt sich bis 0,4 γ P/ml, günstigstenfalls bis 0,15 γ P/ml. — **II. Vergleichslösungen** [DENIGÈS (f)]. Man löst 3 g Kupferacetat, 1,8 g Kupfersulfat und 2 ml Eisessig in 50 ml Wasser. *Oder:* Man füllt 36 ml 5%ige Kobaltnitratlösung unter Zusatz von 3 g Kupferacetat und 2 ml Eisessig mit Wasser zu 50 ml auf. Die Lösungen sind in Farbton und Farbtiefe gleichwertig mit der Flüssigkeit, die bei Einwirkung des Molybdänreagenses auf 5 ml einer Lösung von 12 mg P_2O_5/l entsteht. Die Lösungen sind unempfindlich gegen Licht und Wärme. Ihre Anwendung geschieht in gleicher Schichtdicke wie die der Probelösung. Unter Umständen müssen die Vergleichslösungen passend verdünnt werden (siehe S. 92).

8. Reduktion mit verschiedenen Reduktionsmitteln.

KLEINMANN (a) prüfte die Brauchbarkeit verschiedener Reduktionsmittel, wie Tannin, Brenzcatechin und Pyrogallol, die aber sämtlich als wenig geeignet befunden wurden. Auch die Rotfärbung des mit Zinn(II)-chlorid reduzierten Ammoniummolybdophosphates mit Kaliumrhodanid erwies sich als unbrauchbar. Hingegen hält KLEINMANN (a) die grünlich gelbbraune Färbung mit Kaliumhexacyanoferrat(II), die etwa 15 Min. haltbar ist, für verwendbar. Wegen der umständlichen Arbeitsweise durch die Isolierung des Niederschlages ist das Verfahren heute nicht mehr empfehlenswert, zumal genügend andere sehr gute colorimetrische Verfahren zur Verfügung stehen. — ROCKSTEIN und HERRON haben unter Verwendung von Eisen(II)-sulfat als Reduktionsmittel bei der Bestimmung von anorganischen Phosphaten in Phosphatasen gute Erfolge erzielt.

Die von WU zur Reduktion der Molybdophosphorsäure in saurer Lösung angewendete Jodwasserstoffsäure, welche auch HOLMAN benutzt, ist insofern weniger zu empfehlen, als die Entwicklung der Farbe nach 2 Std. noch nicht das Maximum erreicht hat.

Unter den organischen Reduktionsmitteln sind noch zu erwähnen die Ascorbinsäure, die AMMON und HINSBERG anwendeten, das „quinol", die tautomere Ketoform des Hydrochinons $OC\langle{}^{CH=CH}_{CH=CH}\rangle CHOH$, die DAVIES und DAVIES benutzten, und mehrere photographische Entwicklersubstanzen. TSCHOPP und TSCHOPP prüften diese Stoffe aromatischer Natur auf ihre Reduktionswirkung. Diese wird erhöht, wenn Amino- und Hydroxylgruppen in para-Stellung vorhanden sind. Maximale Reduktionswirkung tritt ein, wenn mehrere derartige Gruppen in einem Molekül auftreten, jedoch muß je eine davon in para-Stellung stehen. Das schon von TAYLOR und MILLER geprüfte Metol = Monomethyl-p-aminophenol-m-methylsulfat wenden auch TSCHOPP und TSCHOPP an. Dieselben Verfasser empfehlen auch Rodinal = p-Aminophenol und Glycin = p-Oxyphenylglycin. Die mögliche Reduktion der Molybdokieselsäure wird durch die Gegenwart von Natriumhydrogensulfit unterbunden. Auch Amidol = 2,4-Diamino-phenolhydrochlorid (MÜLLER; ALLEN) ist hier zu nennen. Die Ascorbinsäure ist nach AMMON und HINSBERG dem Eikonogen (siehe S. 102) vorzuziehen, weil dieses wenig haltbar ist und vor seiner Anwendung einer sorgfältigen Umkristallisation bedarf. Allerdings muß auch die Lösung der Ascorbinsäure jedesmal frisch als letzter Teil des Arbeitsganges hergestellt und zugefügt werden. Man verwendet 5 mg je Probe mit 0,1 bis 0,3 mg P_2O_5, erwärmt die Lösung 20 Min. lang auf 37° und kühlt in Wasser von Raumtemperatur ab. Da das BEERsche Gesetz nicht ganz erfüllt ist, muß mit Hilfe einer Eichkurve gearbeitet werden. Bei Gegenwart von Arsenat wird dieses mit Natriumhydrogensulfit reduziert und die Phosphorbestimmung bei 70° ausgeführt.

I. Verfahren von DAVIES und DAVIES. ***Reagenzien.*** 1. 5%ige Ammoniummolybdatlösung. — 2. 15%ige Schwefelsäure. Man verdünnt 15 ml konzentrierte Schwefelsäure mit Wasser auf 100 ml. — 3. 0,25 g Quinol und 7,5 g kristallisiertes Natriumsulfit werden *in 50 ml Wasser gelöst.*

Arbeitsvorschrift (a). Die Probelösung wird auf 9 ml verdünnt, mit 2 ml Schwefelsäure und 1 ml Ammoniummolybdatlösung versetzt und 1 Std. hingestellt. Nun fügt man 1 ml Quinollösung hinzu und füllt schnell mit Wasser zu 15 ml auf. Nach $^1/_2$ Std. wird colorimetriert.

Bemerkungen. **a)** Der **Fehler** beträgt $\pm$ 2% und weniger. — **b) Störungen** (b). Der störende Einfluß organischer Säuren kann durch erhöhten Zusatz von Ammoniummolybdat behoben werden. Bei Gegenwart von 80 γ P, $1{,}0 \cdot 10^{-4}$ Mol Ammoniummolybdat und 2 ml 15%iger Schwefelsäure verhindern folgende Mengen organischer Säuren die Entwicklung der Farbe vollständig: Citronensäure 3,6, Oxalsäure 8,0, Brenztraubensäure 10,0, Weinsäure 10,4, Malonsäure 21,0, Milchsäure 29,0, Glykolsäure 64,0 — alle Werte mal 10^{-4} g-Mol. Selbst große Mengen Ameisensäure, Essigsäure, Schleimsäure, Maleinsäure, Fumarsäure, Glycerin, Glykokoll, Harnstoff, Glucose und Fructose stören nicht.

II. Verfahren von Terada. Die von Spiegel und Maass aufgefundene qualitative Reaktion der Reduktion von Ammoniummolybdophosphat mit Phenylhydrazin haben auch Taylor und Miller (b) in den Kreis ihrer Untersuchungen einbezogen. Kleinmann (a) stellte fest, daß die Färbung keine reinen Töne, bisweilen rötliche, aufweise, die durch Verunreinigungen des Phenylhydrazins verursacht seien. Terada hat eine Vorschrift für diese Arbeitsweise mitgeteilt, die sich an diejenige von Taylor und Miller bzw. von Embden insofern anlehnt, als der Niederschlag des Strychninmolybdophosphates erst isoliert und dann nach seiner Auflösung in Natriumcarbonatlösung mit Phenylhydrazin zu einer weinroten Lösung reduziert wird. Auch Wandrowsky wendet das Terada-Verfahren an.

Reagenzien. 1. Strychninmolybdatlösung. 3 g Ammoniummolybdat und 0,15 g brucinfreies Strychninnitrat werden einzeln in je 20 ml heißem Wasser gelöst. Die gemischten Lösungen werden mit 25%iger Salpetersäure zu 100 ml aufgefüllt. Das in brauner Flasche aufbewahrte Reagens wird vor jedesmaligem Gebrauche filtriert. — 2. 5%ige Salpetersäure. — 3. 10%ige Natriumcarbonatlösung. — 4. Phenylhydrazinlösung. 2 g Phenylhydraziniumchlorid und 0,5 g Oxalsäure werden in 100 ml 30%iger Essigsäure gelöst. Die braune Flüssigkeit wird filtriert. — 5. Vergleichslösung. 265 mg Ammoniummolybdophosphat werden in 5%iger Natriumcarbonatlösung gelöst; die Lösung wird auf 200 ml aufgefüllt. Der P_2O_5-Gehalt beträgt 3,784%.

Arbeitsvorschrift. 5 ml Probelösung werden im Zentrifugenglase (15 ml Fassungsvermögen) mit 5 ml Strychninmolybdatlösung versetzt. Nach 1 bis 2 Std. wird zentrifugiert. Der Niederschlag wird 3 mal mit je 5 ml 5%iger Salpetersäure gewaschen, dann unter leichtem Erwärmen in 1 bis 2 ml 10%iger Natriumcarbonatlösung gelöst. Nach Zusatz von 10 ml Phenylhydrazinlösung erwärmt man 30 Min. lang im Wasserbade auf 70 bis 80°, füllt dann auf 100 ml auf und colorimetriert.

Bemerkungen. **a)** Der **Fehler** wird bei 0,3 bis 0,06 mg P_2O_5 mit $\pm$ 0,4% angegeben. — **b)** Die **Haltbarkeit der Färbung** erstreckt sich auf 30 Min. im Sonnenlicht und 5 bis 8 Tage in einer dunklen Flasche.

III. Verfahren mit Amidol. Müller fand, daß Metol nicht so gut sei wie Amidol, das durch Trichloressigsäure in seiner Wirkung nicht gehemmt werde. Die schnell sich entwickelnde Farbe bleibt lange konstant, und das Lambert-Beersche Gesetz ist erfüllt. Wegen der Abhängigkeit der nach Fiske und Subbarow (siehe S. 102) erzeugten blauen Farbe von der Zeit und der Temperatur hat Allen ebenfalls die Anwendung von Amidol vorgeschlagen.

a) Verfahren von Müller.

Reagenzien. 1. Ammoniummolybdatlösung. Man gießt eine Lösung von 25 g Ammoniummolybdat in 200 ml Wasser in 300 ml 10 n Schwefelsäure ein und füllt zu 1 l auf. — 2. Amidollösung. 0,5 g Amidol werden in 100 ml 5%iger Natriumsulfitlösung gelöst. Die in brauner Flasche aufbewahrte Lösung ist einige Zeit haltbar. — 3. 10%ige Trichloressigsäurelösung.

Arbeitsvorschrift. Die 50 bis 100 γ P enthaltende Lösung wird mit 2,5 ml Ammoniummolybdatlösung, 2 ml Amidollösung und 5 ml 10%iger Trichloressigsäurelösung versetzt und zu 20 ml aufgefüllt. Nach einigen Min. wird colorimetriert.

b) Verfahren von Allen.

Reagenzien. 1. 8,3%ige Ammoniummolybdatlösung. — 2. Amidollösung. 2 g Amidol und 40 g Natriumhydrogensulfit werden in (aus Glas destilliertem) Wasser gelöst. Die Lösung wird auf 200 ml aufgefüllt. Die in außen geschwärzter, gut verschlossener Flasche aufbewahrte Lösung ist höchstens 10 Tage haltbar. — 3. 60%ige Perchlorsäure.

Arbeitsvorschrift. Die Lösung mit bis zu 400 γ P wird in einem 25 ml-Meßkolben der Reihe nach mit 2 ml Perchlorsäure, 2 ml Amidollösung und 1 ml Ammoniummolybdatlösung versetzt. Man füllt mit Wasser zur Marke auf und mißt nach 5 bis 30 Min. im PULFRICH-Photometer unter Benutzung des Filters S 72. Die P-Werte entnimmt man einer Eichkurve, die mit bekannten P-Mengen in gleicher W ise erhalten wird.

Bemerkungen. α) Der *Extinktionskoeffizient* ändert sich nicht zwischen 8 und 26° und nicht bei kleinen Änderungen beim Reagenszusatz. Nach längerer Zeit nimmt die Blaufärbung zu. — β) Die erlaubte *Höchstkonzentration an störenden Stoffen* ist folgende:

	Bei 10 γ P	Bei 400 γ P
$(NH_4)_2SO_4$	0,75 m	0,4 m
NaCl.	0,6	0,5
$NaNO_3$.	0,8	0,5
NaF	0,02	0,01
$FeCl_3$	0,0013	0,0013
Na_2SiO_3	0,00011	0,0043
Trichloressigsäure . . .	0,5	0,25
Alkohol	1,8	

Die Empfindlichkeit gegenüber Kieselsäure ist viel größer, wenn die Molybdatlösung vor der Amidollösung zu der Probe gegeben wird. — γ) *Abänderung des Verfahrens von* BERENBLUM *und* CHAIN (siehe S. 92) für gefärbte und trübe Lösungen aus Pflanzenextrakten. Man bereitet die Lösung genau wie in der Arbeitsvorschrift angegeben. Nach Entwicklung der Blaufärbung wird 1 ml 10%ige Oxalsäure zugefügt. Dann bringt man die Lösung in den Scheidetrichter und spült den Meßkolben mit Isobutylalkohol aus. Man gibt noch 10 ml Isobutylalkohol in den Scheidetrichter und schüttelt durch. Die wäßrige Schicht wird in ein sauberes Gefäß abgelassen und der Scheidetrichter mit Alkohol ausgespült. Die wäßrige Schicht bringt man nun wieder in den Scheidetrichter und schüttelt noch einmal mit 5 ml Isobutylalkohol. Beide Isobutylalkohollösungen werden mit Alkohol im 25 ml-Meßkolben aufgefüllt und innerhalb von 24 Std. im PULFRICH-Photometer gemessen. — δ) Durch *Erhöhung der Temperatur* auf 60° tritt nach EGSGAARD eine Steigerung der Empfindlichkeit um über 50% ein. Nach demselben Verfasser soll die Lösung 0,66 n an Schwefelsäure sein.

E. Verschiedene Arbeitsverfahren.

Die hier aufgeführten Verfahren haben in der Praxis nur wenig Anwendung gefunden. Wenn sie hier erwähnt werden, so geschieht es einerseits der Vollständigkeit der Berichterstattung halber, andererseits weil die Verfahren manches Interessante darbieten.

RIEGLER (a) löst gefälltes Ammoniummolybdophosphat in Ammoniak auf und fällt mit Bariumchlorid das darin enthaltene Phosphat und Molybdat. Der Niederschlag, für den die Formel $Ba_{27}(MoO_4)_{24}(PO_4)_2 \cdot 24 H_2O$ angegeben wird, wird filtriert und gewogen. Das Verfahren soll ausgezeichnete Werte liefern. Ganz ähnlich arbeitet POSTERNAK, nach dessen Angaben der Niederschlag die Zusammensetzung $4 Ba_{27}(PO_4)_2(MoO_4)_{24} \cdot Ba_9SO_4(MoO_4)_8$ haben soll. Beide Verfahren schließen durch die Fällung der Bariumsalze aus ammoniakalischer Lösung die Gefahr der Mitfällung von Bariumcarbonat in sich, was POSTERNAK zu vermeiden sucht, indem er mit frisch bereiteter Ammoniakflüssigkeit und in mit Uhrgläsern bedeckten Gefäßen arbeitet. — Eine Variante seiner Arbeitsweise teilt RIEGLER (a) mit. Danach erfolgt die Fällung des Phosphates und Molybdates mit eingestellter Bariumchloridlösung. Deren Überschuß wird mit Jodat gefällt, und das Bariumjodat wird mit Hydraziniumsulfat umgesetzt, wobei Stickstoff entwickelt wird: $Ba(JO_3)_2 + 3 (N_2H_6)SO_4 = 3 N_2 + BaSO_4 + 2 H_2SO_4 + 2 HJ + 6 H_2O$. Die Ausführung erfolgt im KNOP-WAGNERschen Azotometer. Da 1 ml N_2 (0°, 760 Torr) 0,078 mg P_2O_5 entspricht, so ist das Verfahren hauptsächlich für kleine Mengen P_2O_5 (1 bis 2 mg) anwendbar. Wegen der Löslichkeit des Bariumjodates ist noch eine zu addierende Korrektur von 0,4 mg P_2O_5 anzubringen. Von einer Beschreibung des Verfahrens wird hier abgesehen, sie kann nachgelesen werden in diesem Handbuche Teil III, Band IIa, Kapitel „Magnesium", § 3, S. 158.

Statt der eben beschriebenen Fällung des Molybdates mit Barium führt RAPER diese unter Anwendung von Blei aus. Obwohl KLEINMANN (a) diese Arbeitsweise als nicht brauchbar bezeichnet, da die Werte immer um 1 bis 2% zu hoch lägen, wendet sie BIAZZO doch wieder an. Er teilt zwei Möglichkeiten mit: Man mißt den zur Fällung des Ammoniummolybdophosphates angewendeten Überschuß an Molybdat mit Bleiacetatlösung, die gegen bekannte Phosphatlösung eingestellt ist (a), oder man löst den Niederschlag des Ammoniummolybdophosphates in Ammoniak, fällt das Phosphat als Ammoniummagnesiumphosphat und titriert das Molybdat mit Bleiacetatlösung (b).

FURMAN und STATE teilen eine Halbmikrobestimmung für Phosphat auf Grund der Fällung des Nitrato-pentammin-kobalt(III)-salzes der Dodekamolybdophosphorsäure mit, und TETTAMANZI fällt diese Säure durch Triäthanolamin, löst den Niederschlag in Ammoniak und bestimmt das Phosphat durch Überführung in Ammoniummagnesiumphosphat.

ISBERT und STUTZER haben die Phosphorsäure bestimmt, indem sie das Ammoniak aus dem Niederschlage des Ammoniummolybdophosphates nach der Destillation titrieren. Sie bezeichnen das Verfahren als nicht sehr genau und höchstens geeignet für die Betriebskontrolle in Düngerfabriken, nicht für landwirtschaftliche Versuchsanstalten. JOLLES und NEURATH versuchten die colorimetrische Bestimmung des Ammoniaks aus dem Niederschlage nach NESSLER ohne Erfolg. SVANBERG, SJÖBERG und ZIMMERLUND bestimmen den Ammoniakgehalt im Ammoniummolybdophosphat mit Hilfe des Mikro-KJELDAHL-Verfahrens von BANG bei 0,05 bis 1 mg P auf 2 bis 3% genau. Es ist erforderlich, die Reagenzien zu eichen, weil der Ammoniakgehalt sich nach diesem Verfahren um einige Prozente höher erweist, als der theoretischen Formel $(NH_4)_3PO_4 \cdot 12MoO_3$ entspricht. DIEMAIR und BAIER bestimmen den Ammoniumgehalt des unter bestimmten Bedingungen gefällten Ammoniummolybdophosphates in der PARNAS-WAGNER-Apparatur, und sie haben an 2000 Einzelbestimmungen gezeigt, daß das Verfahren gut reproduzierbare Werte im Bereiche von 0,3 bis 1 mg P liefert. CLARENS (a, b) bestimmt Phosphat aus dem Ammoniummolybdophosphat durch gasvolumetrische Messung des durch Natriumhypobromit aus dessen Ammoniakgehalt entwickelten Stickstoffes. VILLIERS bezeichnet dieses Verfahren weder als genau noch als leicht ausführbar, was CLARENS (c) jedoch bestreitet (siehe S. 64).

ČUPR und HEMALA ersetzen das Strychnin (siehe S. 72) durch Pyridin (gleiche Volumina Pyridin und Salpetersäure) und beschreiben ein Spezialnephelometer, das an Stelle der Stromstärke einer photoelektrischen Zelle deren Spannung mißt.

BOLTZ und MELLON (b) greifen auf den Vorschlag von WEST-KNIGHTS (siehe S. 31) zurück und messen die gelbe Färbung der freien Molybdophosphorsäure im BECKMAN-Photometer.

COPAUX und nach ihm DARIC messen das Volumen, welches die Ätherverbindung der Molybdophosphorsäure einnimmt. Das Verfahren kann als Schnellmethode bezeichnet werden.

Durch eine polarographische Bestimmung des Molybdations läßt sich nach UHL eine Phosphatbestimmung in Gegenwart von Erdalkalimetallen, Eisen und Aluminium bei 4 bis 8 mg P_2O_5 mit brauchbarer Genauigkeit durchführen, bei kleineren Mengen ist das Verfahren kaum zu empfehlen. BOLTZ, DE VRIES und MELLON sowie CHLOPIN, RAFALOWITSCH und PRIWALOWA haben sich ebenfalls mit polarographischen Studien zur Bestimmung von Ammoniummolybdophosphat beschäftigt.

1. Halbmikroverfahren von FURMAN und STATE durch Fällung und Wägung des Nitrato-pentammin-kobalt(III)-salzes der Dodekamolybdophosphorsäure.

Reagenzien. 1. Nitrato-pentammin-kobalt(III)-nitrat: 20 g Kobaltcarbonat werden in der nötigen Menge verdünnter Salpetersäure gelöst. Die auf ein Volumen von 100 ml gebrachte warme Lösung wird mit 200 ml konzentriertem Ammoniak versetzt. Unter schwachem Sieden fügt man je Atom Kobalt 1 Atom Jod (gepulvert) in Anteilen zu. Nach ½stündigem Erwärmen ist alles Jod verschwunden und dafür ein bräunlichgelber kristalliner Niederschlag von $[Co(NH_3)_6]J(NO_3)_2$ entstanden. Nach völligem Erkalten filtriert man. Das rote Filtrat wird so lange mit Salpetersäure versetzt, bis ein Niederschlag von $[Co(NH_3)_5H_2O](NO_3)_3$ auszufallen beginnt. Dann fügt man noch 500 ml Salpetersäure hinzu und erwärmt 3 Std. auf dem Wasserbade. Hierbei erfolgt die Abscheidung des gewünschten Salzes. Zur Reinigung löst man es in der Wärme in verdünntem Ammoniak und erwärmt die Lösung mit einem Überschuß an konzentrierter Salpetersäure auf dem Wasserbade. Die ausgeschiedenen Kristalle werden mit verdünnter Salpetersäure und Alkohol gewaschen (S. M. JÖRGENSEN). Ausbeute etwa 25 g Salz. Zur Bereitung des Fällungsreagenses löst man 8,5 g bei 40° in 1 l Wasser und rührt die Lösung lebhaft, bis sie kalt geworden ist. Das ausgeschiedene Salz wird abfiltriert. Die Lösung ist 1 Monat haltbar. — 2. Natriummolybdatlösung: Molybdäntrioxyd wird geglüht, mit Salpetersäure abgeraucht und wieder geglüht. 100 g davon werden in möglichst wenig frisch bereiteter Natronlauge gelöst. Man säuert die Lösung eben mit Schwefelsäure an und füllt zu 500 ml auf. Die Mischung soll möglichst farblos sein. — 3. 6n Schwefelsäure.

Arbeitsvorschrift. Die Phosphatlösung wird mit 6 ml 6n Schwefelsäure versetzt und bis auf ein Volumen von 8 ml eingedampft. Dann fügt man für jedes mg P 1 ml Natriummolybdatlösung hinzu, erwärmt auf 90° und versetzt mit so viel Fällungsreagens (1), daß die klare Flüssigkeit eine dunkle Farbe annimmt und fügt noch 3 bis 5 ml im Überschuß hinzu. Man hält 5 Min. auf 90° und rührt kräftig um. Bei 2 mg P und weniger erscheint der Niederschlag langsam, man kann die Gefäßwand zwecks schnellerer Abscheidung kratzen. Bei Gegenwart von viel Phosphor muß man länger erhitzen, damit der Niederschlag sicher kristallin wird. Das Volumen soll nach der Fällung nicht mehr als höchstens 18 bis 20 ml betragen, andernfalls muß eingedampft werden. Nach dem Abkühlen filtriert man durch einen Filtertiegel, wäscht mit 0,3n Salpetersäure bis zum Verschwinden der Reaktion auf Sulfat und dann mit wenig Wasser zur Entfernung der Salpetersäure. Danach wird 3mal mit je 5 ml 95%igem Alkohol und 2mal mit je 5 ml Äther gewaschen, Luft durch den Tiegel gesaugt, dieser abgewischt und 30 Min. im Vakuumexsiccator über Calciumchlorid getrocknet.

Bemerkungen. **I.** Über die **Genauigkeit** wird im Referat keine präzise Angabe gemacht, das Verfahren wird als „recht genau" bezeichnet. — **II.** Der günstigste **Anwendungsbereich** liegt bei 0,6 bis 16 mg P. Darüber soll das Verfahren nicht angewendet werden, weil die zur Fällung nötige Lösung des Komplexsalzes ein zu großes Volumen ergäbe. Das Verfahren ist nicht anwendbar für Mineralien und für Eisenlegierungen. — **III.** Das **Lösungsvolumen** muß klein gehalten werden wegen der Löslichkeit der Verbindung. Es sind keine organischen Flüssigkeiten gefunden worden, welche die Löslichkeit des Niederschlages vermindern, ohne ihn ungünstig zu beeinflussen. — **IV. Störungen.** Nitrate, Chloride und Fluoride stören. Man raucht die Lösung mit Schwefelsäure bis zum Auftreten weißer Nebel ab und verdünnt den Rückstand auf 5 bis 8 ml. — Eisen und wenig Calcium stören nicht. Mehr Calcium gibt Calciumsulfat, das man aus dem Niederschlage mit 0,5n Salpetersäure ausziehen kann, indem man den Tiegel mehrmals mit Säure füllt, einige Zeit stehenläßt und dann absaugt. Ammonium stört, weil sich Ammoniummolybdophosphat bilden kann. Bei Gegenwart von größeren Mengen Kalium geht dieses in den Niederschlag. Citrat und Tartrat stören wegen ihrer Komplexbildung mit dem Molybdat.

2. Bestimmung durch Messung des Volumens der Ätherverbindung der Dodekamolybdophosphorsäure nach COPAUX.

In genügend saurer Lösung bilden sich nach Zufügen von Äther drei Schichten: Äther, wäßrige Lösung und gelbe Molybdophosphorsäure-Äther-Verbindung. Deren Volumen wird gemessen und mit dem aus einer Lösung mit bekanntem Phosphorgehalt verglichen.

Reagenzien. 1. Schwefelsäure, 200 g/l. — 2. Natriummolybdatlösung: 100 g Molybdäntrioxyd werden mit 32 g Natriumcarbonat zu 1 l gelöst. — 3. Äther, alkoholfrei. — 4. Vergleichslösung: 5 g Ammoniumphosphat werden zu 1 l gelöst. Die Lösung wird gravimetrisch eingestellt.

Apparatur. Man verwendet Gefäße zum Dekantieren, welche aus einer Glaskugel von 60 ml Inhalt bestehen. Diese hat einen kurzen Hals mit umgelegtem Rand und ein angesetztes Röhrchen von 80 mm Länge und 6 mm Durchmesser, das 2 ml faßt und in $^1/_{10}$ ml geteilt ist.

Arbeitsvorschrift. In das Gefäß bringt man 10 ml Phosphatlösung und fügt je 10 ml Schwefelsäure und Äther hinzu. Man verschließt das Gefäß mit dem Daumen und schüttelt kräftig durch. Nun werden in 5 bis 6 Anteilen 15 ml Natriummolybdatlösung zugesetzt und jedesmal fest umgeschüttelt. Die Mischung wird in einer Handzentrifuge 1 bis 2 Min. lang zentrifugiert und das Volumen der untersten Schicht gemessen. In gleicher Weise wird die Vergleichslösung behandelt. Bei einem Gehalt der Molybdophosphorsäure-Äther-Verbindung von 1,73% P_2O_5 und dem spezifischen Gewicbt 1,23 bei 20° entspricht 1 mg P_2O_5 einem Raum von $^1/_{20}$ ml. Die Bestimmung dauert nach der Vorbereitung der Lösung 15 Min.

Bemerkungen. **I. Genauigkeit.** COPAUX gibt an, daß die erhaltenen Werte gut seien, und DARIC teilt einen Fehler von $\pm 0{,}6\%$ mit. — **II.** Der **Einfluß der Temperatur** kann nach DARIC eliminiert werden durch die Formel $P_2O_5 = 0{,}99 + 0{,}004\ (t - 15)$ mg für $t = 2$ bis 26°. — **III.** Die **Anwendbarkeit des Verfahrens** erstreckt sich auch auf citronensäurehaltige Lösungen, wenn mehr Molybdat und an Stelle der Schwefelsäure Salzsäure (10 ml HCl aus 1 Teil Wasser und 1 Teil HCl 22° Bé) angewendet wird und auf Thomasmehle nach Entfernung der Kieselsäure (DARIC). — **IV.** Bei **Gegenwart von Arsenat** ist nach COURTOIS folgendermaßen zu arbeiten: Die Probe mit nicht über 175 mg As_2O_5 wird mit je 10 ml 20 vol.-%iger Schwefelsäure und 20%iger Natriumsulfitlösung ½ Std. lang auf dem Wasserbade erhitzt und nach dem Abkühlen mit so viel 0,1 n Jodlösung versetzt, daß die blaßgelbe Farbe bis 5 Min. lang bestehenbleibt. Dann wird wie oben weitergearbeitet und baldigst zentrifugiert.

3. Mikroverfahren durch Destillation des Ammoniaks aus Ammoniummolybdophosphat nach DIEMAIR und BAIER.

Das Verfahren hat sich besonders bewährt zur Phosphorbestimmung bei Stoffwechselversuchen in raschwüchsigen Nährhefen (Torula utilis), und es ist anwendbar bei Phosphormengen von etwa 0,3 bis 1 mg. Zur Erzielung genauer Werte erfordert es die genaue Einhaltung der hier angegebenen Vorschrift. Bei Reihenbestimmungen benötigt es einen Zeitaufwand von nur 15 Min.

Reagenzien. 1. 34%ige Ammoniumsulfatlösung. — 2. 3%ige Ammoniummolybdatlösung. — 3. 33%ige Natronlauge. — 4. 0,25 n Natronlauge. — 5. n/70 HCl. — 6. Tashiro-Indicator[1]. — 7. Abs. Äthanol. — 8. Wasserfreier Äther.

Arbeitsvorschrift. Die nach dem nassen Aufschluß erhaltene Phosphatlösung wird in einen 100 ml-ERLENMEYER-Kolben mit weitem Hals einpipettiert, mit destilliertem Wasser auf 25 ml aufgefüllt und mit 10 ml Ammoniumsulfatlösung (1), 7,5 ml Ammoniummolybdatlösung (2) und 5 ml konzentrierter Salpetersäure versetzt. Hierauf wird die Lösung über einem Asbestnetz mit einem Bunsenbrenner bis auf 94° erhitzt, der Brenner sofort entfernt und ein Rührwerk eingeschaltet. Nach 5 Min. langem Rühren wird der Rührer abgestellt und der an ihm haftende Niederschlag in den Kolben gebracht. Der Inhalt des Kolbens wird durch einen

[1] 200 ml 0,1% Methylrot in Alkohol und 50 ml 0,1% Methylenblau in Alkohol mischen und in brauner Flasche aufbewahren. Zum Gebrauch 1 Teil Indicatorlösung mit 1 Teil Alkohol und 2 Teilen Wasser mischen.

Glasfiltertiegel (G 4) abgesaugt und der in dem Kolben verbliebene Niederschlag mit 40 bis 50 ml destilliertem Wasser in den Tiegel gespült. Der so erhaltene Niederschlag wird unter Aufwirbeln und Absaugen mit je 20 ml Alkohol und Äther getrocknet. Dann wird der Niederschlag im Tiegel mit 3mal 5 ml 0,25 n NaOH gelöst und die Lösung in einen ERLENMEYER-Kolben abgesaugt. Mit dieser Lösung wird die Stickstoffbestimmung nach PARNAS-WAGNER durchgeführt. Der erhaltene Stickstoffwert wird mit dem Faktor 0,738 multipliziert und ergibt den Phosphorgehalt in der untersuchten Lösung. Hierbei wird das entweichende Ammoniak nicht in Säure, sondern in Wasser aufgefangen und unmittelbar titriert. Unter der Voraussetzung einer einwandfreien Kühlung treten keine Ammoniakverluste in der Vorlage auf.

4. Bestimmung durch photometrische Messung der gelben Farbe der Molybdophosphorsäure nach BOLTZ und MELLON (b).

Arbeitsvorschrift. Die Probelösung, die 0 bis 1 mg PO_4''', keine Kieselsäure und störende Bestandteile höchstens in den passenden Konzentrationen gemäß Bemerkung III enthält, wird gegen Lackmus neutralisiert, dann mit 5 ml 2,8 n Salpetersäure versetzt und zu 50 ml aufgefüllt. Nach Zusatz von 5 ml 10%iger Natriummolybdatlösung mißt man photometrisch bei 380, 400 oder 420 mμ, je nach der anwesenden Phosphatmenge und der gewünschten Empfindlichkeit gegen destilliertes Wasser.

Bemerkungen. **I.** Die **Farbentwicklung** wird bei Raumtemperatur vorgenommen, weil höhere Temperatur (60°) die Farbe vertieft. — **II.** Die **Beständigkeit der Farbe** hält mindestens 1 Std. an. — **III. Störungen.** Mit 1000 ppm Al, Be, Ca, Cd, Mg, Mn(II), K, Na, Zn, Br', ClO_3', SO_4'', NO_3' treten keine Fehler auf. Reduktionsmittel wie J', Sn(II), Fe(II) und SO_3'' müssen abwesend sein. Folgende Mengen an anderen Ionen sind erlaubt (in ppm): NH_4 750, Ba 750, Bi 0, Cu 100, Co 200, Fe(III) 0, Pb 200, Ni 40, AsO_4''' 0, BO_3''' 750, Cl' 500, F' 20, SiO_3'' 0, WO_4'' 0, VO_3' 0. — **IV.** Das **BEERsche Gesetz** ist für 0 bis 25 ppm P erfüllt. Dieser Bereich ist größer als für Molybdänblau, und dieses Verfahren ist weniger empfindlich als das Molybdänblauverfahren. Die Hauptfehler werden durch die Anwesenheit von Eisen und Kieselsäure bedingt, die entfernt werden müssen, wobei das Eisen auch komplex gebunden werden kann.

5. Bestimmung durch polarographische Messung der Reduktion des Molybdates nach UHL.

In Gegenwart von freier Milchsäure ist nach UHL die polarographische Reduktion des Molybdat-Ions innerhalb gewisser Grenzen unabhängig von der Säurekonzentration. Somit kann die Bestimmung des Phosphates durch Messung des überschüssigen Molybdates nach der Fällung von Ammoniummolybdophosphat in Gegenwart von Alkali-, Erdalkalimetallen und von Eisen und Aluminium in dem Intervall von 0,4 bis 1,0 Volt erfolgen. — STERN führt eine indirekte Phosphatbestimmung durch polarographische Bestimmung des Molybdates in salpetersaurer Lösung bei ziemlich hoher Konzentration an Ammoniumnitrat durch, und zwar als Differenz zwischen der Molybdatkonzentration vor und nach der Fällung von Ammoniummolybdophosphat. Das zeit- und materialsparende Verfahren arbeitet mit einem Fehler von 1 bis 2%. — In ähnlicher Weise wie UHL arbeiten CHLOPIN, RAFALOWITSCH und PRIWALOWA. — In einer polarographischen Studie über Molybdophosphorsäure finden BOLTZ, DE VRIES und MELLON für reine Ammoniummolybdatlösungen in einem Hilfselektrolyten aus 150 ml 0,2 m Na_2HPO_4, 850 ml 0,1 m Citronensäure und 0,1 Mol Kaliumchlorid (p_H 2,8) zwei wohldefinierte Stufen, deren Halbwellenpotentiale bei —0,23 Volt bzw. —0,58 Volt liegen. Die Höhe der zweiten Welle ist doppelt so groß wie die der ersten. Die erste Stufe entspricht wahrscheinlich dem Übergang von 6- zu 5wertigem, die zweite Stufe dem von 5- zu 3wertigem

Molybdän. Für Molybdophosphorsäure werden keine sehr befriedigenden Ergebnisse erhalten. Es könnten zwei Reduktionsstufen existieren, aber die Höhen der Stufen sind entweder nur angenähert den Konzentrationen proportional, oder sie sind nicht gut definiert.

Reagenzien. 1. 34%ige Ammoniumnitratlösung. — 2. Kaliumoxalatchloridlösung: 230 g Kaliumoxalat und 74,6 g Kaliumchlorid werden zu 1 l gelöst. — 3. 2n Natronlauge (angenähert genau). — 4. 2n Salpetersäure (angenähert genau). — 5. Milchsäurelösung: 240 ml Milchsäure (D 1,21) werden zu 1 l aufgefüllt. — 6. Bromphenolblaulösung: 0,1 g Bromphenolblau wird in 1,5 ml 0,1n NaOH gelöst. Man füllt die Lösung zu 250 ml auf. — 7. Verdünnungslösung: Je 100 ml Kaliumoxalatchloridlösung und Milchsäurelösung, 200 ml Ammoniumnitratlösung und 20 ml Salpetersäure werden zu 1 l verdünnt. — 8. 3,1%ige Ammoniummolybdatlösung.

Arbeitsvorschrift. In einem Meßkolben von 100 ml Inhalt wird die salpetersaure Phosphatlösung, welche in 50 ml nicht mehr als 10 mg P_2O_5 enthalten soll, mit 20 ml Ammoniumnitratlösung versetzt und mit Natronlauge neutralisiert, bis ein Niederschlag erscheint, der gerade wieder mit Salpetersäure gelöst wird. Man fügt noch 10 ml Salpetersäure und 10 ml Ammoniummolybdatlösung hinzu, läßt über Nacht stehen, füllt zur Marke auf und filtriert durch ein Faltenfilter. Genau 50 ml Filtrat werden in einem 100 ml fassenden Meßkolben mit 10 ml Kaliumoxalatchloridlösung, 15 Tropfen Bromphenolblaulösung und so viel Natronlauge versetzt, bis die Mischung blaurot geworden ist. Man fügt nun tropfenweise so lange Salpetersäure zu, bis der rötliche Stich der rötlichblauen Lösung in bräunliches Gelbgrün umgeschlagen ist. Dann setzt man 10 ml Milchsäurelösung und 2 ml Salpetersäure hinzu, füllt auf 100 ml auf und nimmt die polarographische Kurve bei passender Empfindlichkeit auf. Sollte die Kurve zu steil werden, so wird die Lösung in bekannten Verhältnissen mit der Verdünnungslösung (7) verdünnt und die Messung wiederholt.

Man stellt eine Eichkurve her, indem man für die gleiche Tropfcapillare mit der gleichen Menge der gleichen Molybdatlösung und bekannten steigenden Phosphatmengen für eine Normaltemperatur polarographische Messungen durchführt. Aus dieser Eichkurve kann der Phosphatgehalt der unbekannten Lösung sofort abgelesen werden.

Bemerkungen. **I.** Die **Genauigkeit** wird für 4 bis 8 mg P_2O_5 als gut bezeichnet. Für kleinere Mengen kann das Verfahren nicht empfohlen werden. — **II. Störungen.** Abwesend müssen sein: Zink, Wasserstoffperoxyd, Nitrit, Essigsäure und andere schwache Säuren, Tylose, Gelatine, Chlorid, zusammen 600 mg Fe, Al, Ca, Mg in 50 ml Lösung. — Nach CHLOPIN und Mitarbeitern stören auch Kieselsäure und größere Mengen Arsen, diese müssen entfernt werden. Geringe Mengen von Erdalkalimetallen, Eisen, Kupfer, Aluminium und Mangan dürfen anwesend sein.

Literatur.

ABESSER, O., W. JANI u. M. MÄRCKER: Fr. **12**, 251 (1873). — ALLEN, R. J. L.: Biochem. J. **34**, 858 (1940). — AMMON, R., u. K. HINSBERG: H. **239**, 207 (1936). — ARRHENIUS, O., u. H. RIEHM: Medd. Nobelinst. **6** Nr 14, 1 (1926); durch C. **97**, **II**, 469 (1926). — ARTMANN, P.: Fr. **49**, 1 (1910). — ATTERBERG, A.: L. V. St. **26**, 423 (1881); durch Fr. **21**, 568 (1882).

BAMANN, E., E. NOWOTNY u. L. ROHR: B. **81**, 438 (1948). — BANG, J.: Bio. Z. **32**, 443 (1911). — BARRENSCHEEN, H. K., J. BANGA u. K. BRAUN: Bio. Z. **265**, 148 (1933). — BAXTER, G. P.: Am. Chem. J. **28**, 298 (1902); durch C. **73**, **II**, 1342 (1902). — BAXTER, G. P., u. R. C. GRIFFIN: Am. Chem. J. **34**, 204 (1905); durch C. **76**, **II**, 1513 (1905). — BELL, R. D., u. E. A. DOISY: J. biol. Chem. **44**, 55 (1920). — BENEDETTI-PICHLER, A. A., u. F. SCHNEIDER: Mikrochem., EMICH-Festschrift, S. 1 (1930). — BERENBLUM, I., u. E. CHAIN: (a) Biochem. J. **32**, 286 (1938); (b) 295. — BERG, R.: Angew. Ch. **47**, 403 (1934) (Vortragsreferat). — BERG, R., u. M. TEITELBAUM: Angew. Ch. **41**, 611 (1928) (Vortragsreferat). — BERGER, F.: Int. Rev. ges. Hydrobiol. Hydrogr. **37**, 420 (1938); durch C. **110**, **I**, 1619 (1939). — BERGOLD, G., u. L. PISTER:

Z. Naturforschg. 3b, 332 (1948). — BIAZZO, R.: (a) Ann. Chim. appl. **21**, 75 (1931); durch C. **102, I**, 3377 (1931); (b) **21**, 105 (1931); durch C. **102, II**, 91 (1931). — BIRNBAUM, N., u. G. H. WALDEN: Am. Soc. **60**, 66 (1938). — BLOOR, W. R.: J. biol. Chem. **24**, 452 (1916). — BODANSKY, A.: J. biol. Chem. **99**, 197 (1932/33). — BOLTZ, D. F., u. M. G. MELLON: (a) Anal. Chem. **19**, 873 (1947); (b) **20**, 749 (1948). — BOLTZ, D. F., TH. DE VRIES u. M. G. MELLON: Anal. Chem. **21**, 563 (1949). — BORNTRÄGER, H.: Fr. **33**, 341 (1894). — BOURDON, D., u. J. COTTE: Bl. [5] **16**, 429 (1949); durch C. **121, I**, 900 (1950). — BOWSER, L. T.: Am. Chem. J. **45**, 230 (1911); durch C. **82, I**, 1653 (1911). — BRAUNSTEIN, A. E.: (a) Bio. Z. **240**, 68 (1931); (b) J. biol. Chem. **98**, 379 (1932); (c) Bio. Z. **267**, 400 (1933). — BRESTAK, L., u. O. A. DAFERT: Angew. Ch. **43**, 216 (1930). — BRIGGS, A. P.: J. biol. Chem. **53**, 13 (1922). — BROSE, H. L., u. E. B. JONES: Nature **138**, 644 (1936); durch Fr. **112**, 446 (1938). — BUCHERER, H. TH., u. F. W. MEIER: (a) Fr. **85**, 331 (1931); (b) Fr. **104**, 23 (1936).

CAMPBELL, E. D.: J. anal. Chem. **1**, 370; durch Fr. **28**, 703 (1889). — MCCANDLESS, J. M., u. J. I. BURTON: Ind. eng. Chem. **16**, 1267 (1924); durch C. **96, I**, 1230 (1925). — CHAPMAN, H. D.: (a) Ind. eng. Chem. Anal. Edit. **3**, 282 (1931); durch Fr. **97**, 285 (1934); (b) Soil Sci. **33**, 125 (1932); durch C. **104, I**, 463 (1933). — CHESNEAU, G.: C. r. **146**, 758 (1908). — CHLOPIN N. JA., N. A. RAFALOWITSCH u. K. P. PRIWALOWA: Betriebslab. **15**, 1305 (1949); durch Fr. **132**, 383 (1951). — CHOMSE, H.: Angew. Ch. A **59**, 245 (1947) (Vortragsreferat). — CHOMSE, H., u. BRUCKMANN: Mh. Veterinärmed. **5**, 159 (1950); durch C. **122, I**, 1352 (1951). — CHRISTENSEN, P.: Fr. **47**, 529 (1908). — CIUREA, V. V.: Bl. Soc. România **9**, 86 (1927); durch C. **99, I**, 2114 (1928). — CLARENS, J.: Bl. [4] **23**, (a) 146; (b) 159 (1918); (c) Bl. [4] **25**, 87 (1919). — CLAUSEN, D. F., u. J. H. SHROYER: Anal. Chem. **20**, 925 (1948). — MCCLELLAND, J. A. C., u. P. J. HARDWICK: Analyst **69**, 305 (1944); durch C. **116, II**, 692 (1945). — COPAUX, H.: C. r. **173**, 656 (1921). — COURTOIS, J.: J. Pharm. Chim. [8] **23**, 404 (1936); durch C. **107, II**, 2574 (1936). — ČUPR, U., u. M. HEMALA: Public. faculté sci. Univ. Masaryk Nr 313 (1949); durch JACOB, K. D.: Anal. Chem. **22**, 216 (1950).

DANET, R.: (a) J. Pharm. Chim. [8] **5**, 490 (1927); durch C. **98, II**, 1189 (1927); (b) Bl. Biol. pharm. **1937**, 512; durch C. **109, II**, 740 (1938). — DARIC, J.: Bl. [4] **35**, 409 (1924). — DAVIES, W. C., u. D. R. DAVIES: (a) Soc. **1931**, 1207; (b) Biochem. J. **26**, 2046 (1932). — DELORY, G. E.: Biochem. J. **32**, 1161 (1938). — DENIGÈS, G.: (a) C. r. **171**, 802 (1920); (b) **184**, 687 (1927); (c) **185**, 777 (1927); (d) **186**, 318 (1928); (e) Mikrochem., PREGL-Festschrift, S. 27 (1929); Ann. Chim. **13**, 492 (1930); durch C. **101, II**, 1103 (1930); (f) Bl. Soc. Pharm. **68**, 1 (1930); durch C. **102, I**, 2088 (1931). — DICKMAN, S. R., u. R. H. BRAY: Ind. eng. Chem. Anal. Edit. **12**, 665 (1940); durch C. **112, II**, 1771 (1941). — DIEMAIR, W., u. R. BAIER: Fr. **133**, 7 (1951); **134**, 468 (1952). — DUNAJEW, A.: (a) Fr. **80**, 252 (1930); (b) J. angew. Ch. (russ.) **3**, 105 (1930); durch C. **101, II**, 97 (1930). — DUPUIS, TH., u. CL. DUVAL: C. r. **229**, 51 (1949); durch C. **121, I**, 1512 (1950). — DYER, W. J., u. C. L. WRENSHALL: Canadian J. Res. **16** Sect. B, 97 (1938); durch C. **110, I**, 1211 (1939).

EDDY, C. W., u. F. DE EDS: Ind. eng. Chem. Anal. Edit. **9**, 12 (1937); durch Fr. **113**, 449 (1938). — EGGERTZ, V.: J. pr. **79**, 496 (1860). — EGSGAARD, J.: Acta physiol. scand. **16**, 179 (1948); durch Abstr. **1949**, 326 (Nr 2550). — EMBDEN, G.: H. **113**, 138 (1921). — v. ENDRÉDY, A.: Z. anorg. Ch. **194**, 239 (1930). — ETIENNE, H.: Bl. Soc. chim. Belg. **45**, 516 (1936); durch Fr. **113**, 449 (1938).

FALK, K. G., u. K. SUGIURA: Am. Soc. **37**, 1507 (1915). — FEDOSSOW, M. W.: Betriebslab. **16**, 1395 (1950); durch C. **122, I**, 3093 (1951). — FEIGL, F., u. P. KRUMHOLZ: B. **62**, 1138 (1929). — FINKENER, R.: B. **11**, 1638 (1878). — FISKE, C. H., u. Y. SUBBAROW: J. biol. Chem. **66**, 375 (1925). — FÖRSTER, O.: Ch. Z. **16**, 109 (1892). — FOLIN, O., u. V. CIOCALTEU: J. biol. Chem. **73**, 627 (1927). — FRESENIUS, R.: (a) Fr. **3**, 446 (1864); (b) **10**, 204 (1871); (c) B. **15**, 331 (1882). — FRESENIUS, R., C. NEUBAUER u. E. LUCK: Fr. **10**, 133 (1871). — FRESENIUS, W.: Fr. **26**, 351 (1887). — FREY, M.: Bl. [5] **17**, 685 (1950); durch Fr. **134**, 148 (1951). — FURMAN, N. H., u. H. M. STATE: Ind. eng. Chem. Anal. Edit. 8, 420 (1936); durch Fr. **112**, 444 (1938).

GIANI, M.: Giorn. Chim. ind. appl. **15**, 432 (1933); durch C. **105, I**, 88 (1934). — GISIGER, L.: (a) Fr. **115**, 15 (1938/39); (b) **117**, 17 (1939). — GORBACH, G., u. M. KOSTIČ: Mikrochem. **23**, 176 (1937). — GRAFTIAN, J.: Bl. Assoc. Chim. de Sucr. et Dist. **24**, 315 (1906); durch C. **77, II**, 1737 (1906). — GREENBERG, A. E., L. W. WEINBERGER u. CL. N. SAWYER: Anal. Chem. **22**, 499 (1950). — GREGERSEN, J. P.: H. **53**, 453 (1907). — GRÉGOIRE, A.: Bl. Soc. chim. Belg. **29**, 253 (1920); durch C. **91, IV**, 496 (1920). — GRETE, A.: (a) B. **21**, 2762 (1888); (b) **42**, 3106 (1909).

HAHN, F.: Angew. Ch. A **60**, 207 (1948). — HAKAMORI, SH. I.: Sci. Rep. Tôhoku Imp. Univ. **16**, 719 (1927); durch C. **99, I**, 382 (1928). — HAMBURGER, H. J.: Bio. Z. **71**, 451 (1915). — HANAMANN, J.: (a) Ch. Z. **19**, 553 (1895); (b) Z. landw. Vers.-Wes. Österr. **3**, 53 (1900); durch C. **71, I**, 488 (1900). — HANDY, J. O.: Chem. N. **1892**, 324; durch H. BECKURTS: Die Methoden der Maßanalyse, S. 169. Braunschweig 1913. — HEIDENHAIN, H.: Ind. eng. Chem. **10**, 426 (1918); durch C. **89, II**, 989 (1918). — HEIKE, W.: Stahl Eisen **29, II**, 1446 (1909). — HEIMANN, W., u. A. HEIMANN-GEIERHAAS: Fr. **133**, 255 (1951). — HEUBNER, W.: Bio. Z.

64, 393 (1914). — HIBBARD, P. L.: Ind. eng. Chem. 5, 998 (1913); durch C. 85, I, 426 (1914). — HISSINK, D. J., u. H. VAN DER WAERDEN: Chem. Weekbl. 2, 179 (1905); durch C. 76, I, 1188 (1905). — HOAGLAND, CH. L.: J. biol. Chem. 136, 543 (1940); durch C. 112, II, 379 (1941). — HOLMAN, W. J. M.: Biochem. J. 37, 256 (1943); durch C. 115, I, 571 (1944). — HØRGÅRD, G.: Fr. 95, 329 (1933). — HUNDESHAGEN, F.: (a) Ch. Z. 18, 506 u. 547 (1894); (b) Fr. 28, 141 (1889).

INCZE, G.: L. V. St. 88, 433 (1916); durch C. 87, II, 521 (1916). — ISBERT, A., u. J. STUTZER: Fr. 26, 583 (1887). — ISHIBASHI, M.: Mem. Sci. Kyoto Univ. Ser. A 12, 135 (1929); durch C. 100, II, 1184 (1929). — IVERSEN, P.: Bio. Z. 104, 15 (1920).

JAVILLIER, M., u. D. DJELATIDES: Bl. Soc. Chim. biol. 10, 342 (1928); durch C. 99, II, 1801 (1928). — JODIDI, S. L.: Am. Soc. 37, 1708 (1915). — JODIDI, S. L., u. E. H. KELLOGG: J. Franklin Inst. 180, 349 (1915); durch C. 87, I, 78 (1916). — JÖRGENSEN, G.: Fr. 46, 370 (1907); 107, 161 (1936); 108, 190 (1937). — JÖRGENSEN, S. M.: J. pr. 18, 243 (1878); [2] 23, 229 (1881). — JOLLES, A., u. F. NEURATH: M. 19, 5 (1898).

KAMPEN, G. B. VAN: Chem. Weekbl. 3, 576 (1906); durch C. 77, II, 1357 (1906). — KATZ, H. L., u. K. L. PROCTOR: Anal. Chem. 19, 612 (1947). — KING, E. J.: Biochem. J. 26, 292 (1932). — KING, E. J., u. G. E. DELORY: Biochem. J. 31, 2046 (1937). — KIRK, E.: J. biol. Chem. 106, 191 (1934). — KITAJIMA, S.: Sci. Pap. Inst. Tôkyô 16, 285 (1931); durch C. 103, I, 1270 (1932). — KLEINMANN, H.: (a) Bio. Z. 99, 54 (1919); (b) 99, 95 (1919); (c) 99, 150 (1919); (d) 174, 43 (1926); (e) Mikrochem. 11, 139 (1932); (f) Bio. Z. 99, 115 (1919). — KOBER, P. A.: J. Soc. chem. Ind. 37, T. 75 (1918); durch C. 90, II, 470 (1919); Ind. eng. Chem. 10, 556 (1918); durch Fr. 79, 54 (1930). — KOBER, P. A., u. G. EGERER: Am. Soc. 37, 2373 (1915). — KOCH, W.: Techn. Mitt. Krupp, Forschungsber. 1938, 37. — KÖNIG, J.: Fr. 10, 305 (1871). — KORENMAN, I. M.: Chem. J. Ser. B 9, 1507 (1936); durch C. 108, II, 631 (1937). — KRUMHOLZ, P.: Z. anorg. Ch. 212, 97 (1933). — KUHN, R.: H. 129, 64 (1923). — KUTTNER, T., u. H. R. COHEN: J. biol. Chem. 75, 517 (1927). — KUTTNER, T., u. L. LICHTENSTEIN: J. biol. Chem. 86, 671 (1930).

LAGERS, G. H. G.: Chem. Weekbl. 4, 632 (1907); durch C. 78, II, 1549 (1907); Fr. 47, 561 (1908). — LENHER, V., u. M. P. SCHULTZ: Ind. eng. Chem. 9, 684 (1917); durch Fr. 79, 294 (1930). — LEPPER, W.: Z. Pflanzenernähr. Düng. Bodenkunde 23 (68), 115 (1941). — LIEB, H.: in F. PREGL: Die quantitative organische Mikroanalyse, 4. Aufl., S. 156. Berlin 1935, herausgegeb. von H. ROTH. — LINDNER, R., u. P. L. KIRK: Mikrochem. 22, 300 (1937). — LINGEN, G. VAN DER: Analyst 58, 755 (1933); durch C. 105, I, 1082 (1934). — LOHMANN, K., u. L. JENDRASSIK: Bio. Z. 178, 419 (1926). — v. LORENZ, N.: (a) L. V. St. 51, 183 (1901); durch Fr. 46, 193 (1907); (b) Öst. Ch. Z. [2] 14, 1 (1911); durch C. 82, I, 686 (1911). — LOSANA, L.: Giorn. Chim. ind. appl. 4, 60 (1922); durch C. 93, II, 976 (1922). — LUNDELL, G. E. F., u. J. I. HOFFMAN: Ind. eng. Chem. 15, 44 (1923); durch Fr. 85, 293 (1931).

MADERNA, G.: Atti Accad. Lincei [5] 19, I, 827 (1910); durch C. 81, II, 761 (1910). — MALJUGIN, A., u. E. CHRENOWA: bei A. DUNAJEW: Fr. 80, 256 (1930). — MALKOW, A.: J. appl. Chem. (russ.) 19, 577 (1946); durch C. 118, I, 486 (1947) (Akademie-Verlag, Berlin). — MARTIN, J. B., u. D. M. DOTY: Anal. Chem. 21, 965 (1949). — MAUDE, A. H.: Chem. N. 101, 241 (1910); durch C. 81, II, 335 (1910). — MEDINGER, P.: Ch. Z. 39, 781 (1915). — MEIER, D., u. W. D. TREADWELL: Helv. 34, 155 (1951). — MEIGS, E. B.: J. biol. Chem. 36, 335 (1918). — MEINEKE, C.: (a) Repert. anal. Chem. 5, 153 (1885); (b) Ch. Z. 20, 108 (1896). — *Methodenbuch* (Handbuch der landwirtschaftlichen Versuchs- und Untersuchungsmethodik, herausgegeb. vom Verband Deutscher Landwirtschaftlicher Untersuchungsanstalten, Neudamm und Berlin 1941, 2. Band, S. 56—61. — MEYER, A. H.: Science 72, 174 (1930); durch C. 101, II, 3318 (1930). — MICHALTSCHITSCHIN, G. T.: Bl. sci. Univ. Etat Kiev Sér. chim. 3, Nr 3, 79 (1937); durch C. 111, II, 3230 (1940). — MOSCHEL, A. I.: Lab.-Prax. (russ.) 14, Nr 1, 25 (1939); durch C. 110, II, 4036 (1939). — MUCK, F.: Fr. 8, 377 (1869); 10, 307 (1871). — MÜLLER, E.: H. 237, 35 (1935). — MYRBÄCK, K.: H. 148, 200 (1925).

NEUBAUER, H., u. F. LÜCKER: Fr. 51, 161 (1912). — NEUBAUER, H., u. E. WOLFERTS: Fr. 58, 445 (1919). — NEUHAUS, F. W.: Fr. 104, 416 (1936). — NEUMANN, A.: H. 37, 115 (1902). — NEUMANN, P.: Fr. 37, 303 (1898). — NYDAHL, F.: Lantbruks-Högskol. Ann. 10, 109 (1942); durch Fr. 126, 342 (1943). — NYSSENS, P.: Bl. Soc. chim. Belg. 34, 232 (1925); durch C. 97, I, 984 (1926).

ODIN, M.: Acta paediatrica 9, 392 (1930); durch C. 102, II, 602 (1931). — OELSEN, W.: Naturforschung und Medizin in Deutschland, FIAT-Review 29, 83 u. 146. — OSMOND, F.: Bl. 47, 745 (1887).

P.: P. C. H. 49, 1035 (1908). — PANNETIER, G.: Chim. anal. 30, 15 (1948); durch C. 120, I, 327 (1949) (Akademie-Verlag, Berlin). — PEITSCH, B., W. ROHN u. P. WAGNER: Fr. 19, 444 (1880). — PELLET, H.: (a) Ann. Chim. anal. 5, 244 (1900); durch C. 71, II, 444 (1900); (b) 6, 248 (1901); durch C. 72, II, 501 (1901); (c) Bl. Assoc. Chim. de Sucr. et Dist. 24, 525 (1906); durch C. 78, I, 505 (1907); (d) Ann. Chim. anal. 14, 7 (1909); durch C. 80, I, 1504 (1909). — PEMBERTON, M. H.: Am. Soc. 15, 382 (1893). — PEREIRA, R. S.: Bl. Soc. Chim. biol. 21, 827 (1939); durch C. 111, I, 918 (1940). — PETT, L. B.: Biochem. J. 27, 1672 (1933). — PFEILSTICKER, K.: Fr. 82, 276 (1930). — PONS, W. A., u. J. D. GUTHRIE: Anal. Chem. 18, 184 (1946).

— POSTERNAK, S.: Bl. [4] **27**, 507, 564 (1920). — POUGET, L., u. D. CHOUCHAK: (a) Bl. [4] **5**, 104 (1909); (b) **9**, 649 (1911). — PRESCOTT, J. A.: Analyst **40**, 390 (1915). — PROSKURIAKOFF, N., u. S. TEMERIN: Bio. Z. **263**, 387 (1933).

RAINBOW, C.: Nature **157**, 268 (1946); durch Fr. **129**, 440 (1949). — RANDALL, D. L.: Am. J. Sci. Silliman [4] **24**, 313 (1907); durch C. **78, II**, 1593 (1907). — RANGANATHAN, R.: Indian J. med. Res. **18**, 109 (1930); durch C. **101, II**, 3061 (1930). — RAPER, H. St.: Biochem. J. **8**, 649 (1915). — RAUTERBERG, E.: (a) Mikrochem. **10**, 467 (1932); (b) **12**, 117 (1932); (c) Z. Pflanzenernähr. Düng. Bodenkunde A **31**, 43 (1933). — RICHARDSON, W. D.: Am. Soc. **29**, 1314 (1907). — RICHTERS, E.: Dingl. J. **199**, 183 (1871); durch Fr. **10**, 469 (1871). — RIEGLER, E.: (a) Fr. **41**, 675 (1902); (b) Bl. Sect. sci. Acad. roumaine **2**, 272 (1915); durch C. **86, I**, 1280 (1915). — RIMINGTON, C.: Biochem. J. **18**, 1297 (1924). — ROCHE, J.: Bl. Soc. Chim. biol. **10**, 1061 (1928); durch C. **100, I**, 270 (1929). — ROCKSTEIN, M., u. P. W. HERRON: Anal. Chem. **23**, 1500 (1951). — ROSENHEIM, A., u. J. JAENICKE: Z. anorg. Ch. **101**, 218 (1917). — ROSS, W. H.: J. Assoc. offic. agric. Chem. **10**, 190 (1927); durch C. **98, II**, 2003 (1927). — ROSS, W. H., A. R. MERZ u. K. D. JACOB: Ind. eng. Chem. **21**, 286 (1929). — ROTH, H.: Mikrochem. **31**, 290 (1944); durch Angew. Ch. B **19**, 45 (1947). — ROTHSCHILD, F.: (a) Helv. **18**, 245 (1935); (b) Klin. Wschr. **15**, 792 (1936); durch C. **107, II**, 1982 (1936). — RUDY, H., u. K. E. MÜLLER: Angew. Ch. A **60**, 280 (1948).

SAMUEL, R. L., u. H. H. SHOKEY: J. Assoc. offic. agric. Chem. **17**, 141 (1934); durch Fr. **107**, 70 (1936). — SARUDI (V. STETINA), I.: Fr. **129**, 100 (1949). — SCHAAF, F.: Klin. Wschr. **15**, 1105 (1936); durch C. **109, I**, 2224 (1938). — SCHARRER, K.: (a) Fortschr. d. Landwirtsch. **2**, 80 (1927); durch C. **98, I**, 1711 (1927); (b) Bio. Z. **261**, 444 (1933). — SCHEEL, K. C.: Fr. **105**, 256 (1936). — SCHEFFER, F.: L. V. St. **105**, 335 (1927); durch Fr. **102**, 233 (1935). — SCHICK, I. R.: Betriebslab. **8**, 1179 (1939); durch C. **112, I**, 1072 (1941). — SCHMITT, L., u. W. BREITWIESER: Z. Pflanzenernähr. Düng. Bodenkunde **15**, 268 (1939). — SCHNELL, J.: Spectrochim. Acta [Berlin] **2**, 71 (1941). — SERGER, H.: Ch. Z. **39**, 613 (1915). — SEYDA, A.: Ch. Z. **25**, 759 (1901). — SHERMAN, H. C., u. H. ST. J. HYDE: Am. Soc. **22**, 652 (1900); durch C. **71, II**, 1035 (1900). — SJOLLEMA, B., u. H. GIETELING: Chem. Weekbl. **20**, 658, 670 (1923); durch C. **95, I**, 1836 (1924). — SMITH, G. R., W. J. DYER, C. L. WRENSHALL u. W. A. DE LONG: Canadian J. Res. **17**, Sect. B 178 (1939); durch C. **110, II**, 3854 (1939). — SOMEYA, K.: (a) Z. anorg. Ch. **148**, 58 (1925); (b) **175**, 347 (1928); (c) **138**, 293 (1924). — SONNENSCHEIN, F. L.: J. pr. **53**, 339 (1851). — SPENGLER, W.: (a) Fr. **110**, 321 (1937); (b) **111**, 241 (1938); (c) **114**, 385 (1938); (d) **124**, 241 (1942). — SPIEGEL, L., u. TH. A. MAASS: B. **36**, 512 (1903). — SSYROKOMSKI, W. S., u. J. W. KLIMENKO: Betriebslab. **7**, 1093 (1938); durch C. **110, I**, 3228 (1939). — STEPIN, W. W.: Betriebslab. **8**, 799 (1939); durch C. **112, I**, 1201 (1941). — STERN, A.: Ind. eng. Chem. Anal. Edit. **14**, 74 (1942); durch C. **116, I**, 326 (1945). — STOLL, K.: Fr. **112**, 81 (1938). — STRUVE, H.: Fr. **12**, 172 (1873). — STÜNKEL, C., TH. WETZKE u. P. WAGNER: Fr. **21**, 353 (1882). — STUTZER, A.: L. V. St. **94**, 251 (1919); durch Fr. **61**, 134 (1922). — SVANBERG, O., K. SJÖBERG u. G. ZIMMERLUND: Arkiv för Kemi, Min. och Geol. **8**, Nr 10, 1 (1921); durch C. **93, IV**, 349 (1922).

TÄUFEL, K., H. THALER u. K. STARKE: Angew. Ch. **48**, 191 (1935). — TAYLOR, A. E., u. C. W. MILLER: (a) J. biol. Chem. **17**, 531 (1914); (b) **18**, 215 (1914). — TEORELL, T.: (a) Bio. Z. **230**, 1 (1930); (b) **232**, 485 (1931). — TERADA, Y.: Bio. Z. **145**, 426 (1924). — TERLET, H., u. A. BRIAU: Ann. Falsific. **28**, 546 (1935); durch Fr. **109**, 442 (1937). — TETTAMANZI, A.: Atti Accad. Sci. Torino **71, I**, 116 (1935); durch C. **108, I**, 554 (1937). — THILO, E.: Ch. Z. **11**, 193 (1887). — THISTLETHWAITE, W. P.: Analyst **72**, 531 (1947); durch C. **119, II**, 396 (1948) (Verlag Chemie, Weinheim). — THORNTON, W. M., u. H. L. ELDERDICE: Am. Soc. **45**, 668 (1923). — THURNWALD, H., u. A. A. BENEDETTI-PICHLER: Fr. **86**, 41 (1931). — TISCHER, J.: (a) Mikrochem. **12**, 65 (1932); (b) Z. Pflanzenernähr. Düng. Bodenkunde A **33**, 192 (1934). — TISDALL, F. F.: J. biol. Chem. **50**, 329 (1922). — TREADWELL, W. D., u. Y. SCHAEPPI: Helv. **29**, 771 (1946). — TRUOG, E., u. A. H. MEYER: Ind. eng. Chem. Anal. Edit. **1**, 136 (1928); durch Fr. **80**, 302 (1930). — TSCHEPELEWETZKI, M. L., u. R. A. FISKINA: Chem. J. Ser. B **4**, 859 (1931); durch C. **103, II**, 254 (1932). — TSCHOPP, ERNST, u. EM. TSCHOPP: Helv. **15**, 793 (1932). — TSUZUKI, Y., M. MIWA u. E. KOBAYASHI: Anal. Chem. **23**, 1179 (1951). — TUINZING, R. W.: L. V. St. **94**, 191 (1919); durch C. **91, II**, 372 (1920).

UHL, F. A.: Fr. **110**, 102 (1937). — URBACH, C.: Mikrochem. **13**, 31 (1933).

VÁSÁRHELY, B.: Mikrochem., PREGL-Festschrift, S. 329 (1929). — VELTMAN, G. H.: Fr. **135**, 340 (1952). — VENATOR, W.: Ch. Z. **9**, 1068 (1885). — VILA, A.: C. r. **177**, 1219 (1923); durch C. **95, I**, 1242 (1924). — VILLIERS, A.: Bl. [4] **23**, 305 (1918). — VOICU, I.: Bl. Soc. România **10**, 50 (1928); durch C. **99, II**, 1800 (1928).

WANDROWSKY, B.: Angew. Ch. **47**, 404 (1934) (Vortragsreferat). — WEST-KNIGHTS, J.: Analyst **5**, 195 (1880); durch Fr. **21**, 572 (1882). — WIDMARK, G., u. B. VAHLQUIST: Bio. Z. **230**, 245 (1931). — WILLIAMS, C. B.: Am. Soc. **23**, 8 (1901); durch C. **72, I**, 854 (1901). — WINKLER, L. W.: Angew. Ch. **32**, 101 (1919). — WLADIMIROW, L. W., u. L. N. LOBANOW: Betriebslab. **4**, 882 (1935); durch Fr. **113**, 451 (1938). — WOODS, J. T., u. M. G. MELLON: Ind. eng. Chem. Anal. Edit. **13**, 760 (1941); durch C. **114, I**, 1301 (1943). — WOY, R.: (a) Ch. Z. **21**,

441 (1897); (b) 469. — WRANGELL, M. v.: Landwirtsch. Jb. **63**, 669 (1926); durch C. **97**, **II**, 816 (1926). — WU, HSEIN: J. biol. Chem. **43**, 189 (1920).
ZAMBOTTI, V.: Mikrochem. **26**, 113 (1939). — ZELLER, E. A.: Helv. **32**, 2512 (1949). — ZINZADZE, SCH. (CH.): (a) Z. Pflanzenernähr. Düng. Bodenkunde A **16**, 129 (1930); (b) Ind. eng. Chem. Anal. Edit. **7**, 227 (1935); durch Fr. **106**, 284 (1936).

§ 2. Bestimmung durch Fällung als Ammoniummagnesiumphosphat.

Vorbemerkung.

Das Verfahren der Bestimmung der Phosphorsäure durch Fällung als Ammoniummagnesiumphosphat ist wohl als das älteste zu bezeichnen. Trotz der großen Bedeutung, die das in § 1 besprochene Molybdatverfahren erlangt hat, ist das hier in Rede stehende auch jetzt noch wichtig. Besonders bei Vorliegen reiner Phosphatlösungen, insbesondere bei Abwesenheit größerer Mengen von Alkalimetall-Ionen und von Sulfat, ist es gut anwendbar. Die früher fast allein übliche Art der Überführung des erhaltenen Niederschlages in Magnesiumpyrophosphat durch Glühen hat gewiß manche Vorzüge, aber es hat sich zeigen lassen, daß diese Operation nicht unbedingt erforderlich ist, daß vielmehr die Fällungsform selbst als Wägungsform und sogar für Mikrobestimmungen anwendbar ist.

Das Verfahren beruht grundsätzlich darauf, in Gegenwart von Ammoniumchlorid und Ammoniak die in der Lösung vorhandenen Phosphat-Ionen mittels Magnesiumchloridlösung als Ammoniummagnesiumphosphat auszufällen. Der Niederschlag kann als solcher oder nach der durch Glühen vorgenommenen Umwandlung in Magnesiumpyrophosphat gewogen, oder er kann maßanalytisch bestimmt werden. Selbstverständlich kann die darin enthaltene Phosphorsäure auch auf jede andere dafür gangbare Weise ermittelt werden.

Bei der großen Bedeutung, welche die Phosphorsäure hat, kann es nicht verwundern, daß ihre Bestimmungsverfahren einer sehr intensiven Bearbeitung unterzogen worden sind. Das ist auch der Fall für das hier besprochene, und es ist eine Fülle von sich teilweise widersprechenden Verbesserungs- und Abänderungsvorschlägen in der Literatur erschienen, auf welche hier nicht im einzelnen eingegangen werden kann, zumal viele von ihnen nach dem heutigen Stande der Wissenschaft als überholt anzusehen sind.

Löslichkeit des Ammoniummagnesiumphosphates.

Der farblose, kristalline Niederschlag des Ammoniummagnesiumphosphates ist in Wasser schwer löslich, aber die Löslichkeit ist doch so beträchtlich, daß sie in keiner Weise bei quantitativen Bestimmungen vernachlässigt werden kann. Die Löslichkeit wird erheblich erniedrigt durch die Gegenwart von Ammoniak, sie ist jedoch auch hierbei noch so groß, daß sie bei genauen Bestimmungen berücksichtigt werden muß. KLEINMANN hat die Löslichkeit des Ammoniummagnesiumphosphates mittels seines Strychninmolybdatverfahrens (siehe § 1, C, S. 74) geprüft. Bei Anwesenheit von 1 mg P_2O_5 in 50 bis 75 ml Flüssigkeit, gleichgültig ob heiß oder kalt gefällt und wie lange gestanden, werden etwa 6 γ P_2O_5 nicht gefällt. Bei Vorliegen von 0,1 mg P_2O_5 sind es entsprechend 3 γ. Genaue Bestimmungen der Löslichkeit des Ammoniummagnesiumphosphates in verschiedenen Lösungen

Tabelle 10.
Löslichkeit von $NH_4MgPO_4 \cdot 6\,H_2O$ in verschiedenen Flüssigkeiten bei 25° C.

Lösungsmittel	Löslichkeit g/l
Wasser	0,0987
0,01 n NH_4Cl	0,1185
0,02 n NH_4Cl	0,1119
0,1 n NH_4Cl	0,1613
1 n NH_4Cl	0,3452
n NH_4Cl + 5 n NH_3	0,0248
0,01 n NH_3	0,0107
0,1 n NH_3	0,0086
1 n NH_3	0,0074
5 n NH_3	0,0090

haben TANANAEFF und SSAWTSCHENKO durchgeführt und dabei die in Tabelle 10 zusammengestellten Werte erhalten.

Auch UNCLES und SMITH haben gefunden, daß schon verhältnismäßig geringe Mengen Ammoniak die Löslichkeit wesentlich herabsetzen, und daß mit zunehmender Ammoniakkonzentration die Löslichkeit ganz unbedeutend wird.

In allen, auch verdünnten Säuren ist das Ammoniummagnesiumphosphat leicht löslich, und es wird aus diesen Lösungen auf Zusatz von Ammoniak wieder gefällt.

A. Gravimetrische Bestimmung.

1. Vorschriften für die Fällung des Ammoniummagnesiumphosphates.

Die Fällung der Phosphorsäure als Ammoniummagnesiumphosphat kann sowohl in kalter als auch in heißer Lösung erfolgen. Die Ansichten der verschiedenen Bearbeiter darüber, welche Arbeitsweise vorzuziehen sei, gehen sehr stark auseinander. Es hat sich aber im wesentlichen die Anwendung der heißen Fällung durchgesetzt, wenn auch die Einwände gegen dieses Verfahren nicht von der Hand zu weisen sind. Der wichtigste dieser Art ist der Hinweis auf die Möglichkeit der Ausfällung von Magnesiumhydroxyd (BRUNNER, BUBE), jedoch ist bei Gegenwart einer genügenden Menge von Ammoniumchlorid diese Gefahr nicht allzu groß. Manche Bearbeiter empfehlen eine Umfällung, wie KUBEL, dem jedoch von KISSEL sowie von SCHUMANN widersprochen wird. Es ist auch von mehreren Seiten darauf hingewiesen worden, daß das Verfahren der Fällung des Ammoniummagnesiumphosphates als Kompensationsmethode zu betrachten sei, aber schon R. FRESENIUS, NEUBAUER und LUCK halten die Bestimmung als Magnesiumpyrophosphat für die genaueste und empfehlenswerteste, wenn nur Alkalimetall-Ionen und keine störenden Säuren in der Lösung anwesend sind und wenn die Vorschriften genau eingehalten werden. BILTZ und BILTZ empfehlen die Fällung aus heißer Lösung.

Da bei der Fällung überschüssiges Magnesiumsalz, also ein nicht flüchtiger Stoff, anwesend sein muß, so muß vermieden werden, daß der Niederschlag Fällungsmittel mitreißt oder einschließt. Diese Fehler werden dadurch vermieden, daß man während der Fällung einen Überschuß an freiem Ammoniak in der Lösung vermeidet, d. h. Ammoniak zur sauren Lösung langsam hinzutropft. Nach beendeter Abscheidung kann reichlich Ammoniak zugesetzt werden.

Als Fällungsmittel wurde anfänglich nur Magnesiumsulfat verwendet. ABESSER, JANI und MÄRCKER bewiesen aber, daß nur eine salzsaure Magnesiumchloridlösung („Magnesiamixtur") richtige Werte liefert, weil der Niederschlag dann beim Glühen kein Gewicht verliert, im Gegensatz zu der bei Gegenwart von Sulfat vorgenommenen Fällung. Schon kurz zuvor war auch BRUNNER zur Verwendung von Magnesiumchlorid übergegangen. Obwohl bis zum heutigen Tage diese Arbeitsweise besonders gebräuchlich ist, verwenden manche Autoren doch Magnesiumsulfat mit gutem Erfolge (WINKLER; HAHN und Mitarbeiter; KRILENKO; NJEGOVAN und MARJANOVIC; SCHULEK und BOLDISZÁR).

Um die Abscheidung eines gut kristallisierten Niederschlages zu befördern, sind verschiedene Zusätze zur Fällungslösung empfohlen worden. Als erster Vorschlag ist hier wohl der von WARINGTON bezüglich Citronensäure gemachte zu nennen, den LUNDELL und HOFFMAN übernommen haben (siehe S. 120). Nach v. LORENZ soll ein solcher Zusatz in Form von Ammoniumcitrat mit Sicherheit die Ausfällung von Magnesiumhydroxyd verhindern (siehe § 11, A, S. 178). SCHMITZ (b) hat eine starke Lösung von Ammoniumacetat zugefügt und hierdurch eine gute Kristallisation erreicht. Der Zusatz von Ammoniumhydrogentartrat bewirkt nach HAHN, VIEWEG und MEYER eine starke Verzögerung der Fällung infolge Komplexbildung, ohne jedoch die Vollständigkeit der Abscheidung zu verhindern. Man erhält aber eine sehr grobe Fällung von großer Reinheit, die sich gut filtrieren läßt.

Als Fällungsmittel verwendet man am vorteilhaftesten eine schwach salzsaure, mit Ammoniumchlorid versetzte Magnesiumchloridlösung. Die Benutzung einer ammoniakalischen „Magnesiamixtur“ ist nicht zu empfehlen, weil diese Glas angreift und dadurch einen Gehalt an Kieselsäure erfährt, welcher bei der Fällung zu höheren Ergebnissen führen kann.

Ob man den erhaltenen Niederschlag als solchen zur Wägung bringt oder ob man ihn durch Glühen in Magnesiumpyrophosphat umwandelt, hängt von gewissen Zweckmäßigkeitsgründen ab. Für die Überführung in das geglühte Pyrophosphat sind zahlreiche Arbeitsvorschriften mitgeteilt worden, die die Erzeugung eines rein weißen Produktes zum Ziele haben.

Bei sorgfältiger Arbeitsweise lassen sich sehr gute Ergebnisse erzielen.

I. Fällungsreagens nach Schmitz (a). 55 g kristallisiertes Magnesiumchlorid und 105 g Ammoniumchlorid werden in Wasser gelöst. Die nötigenfalls filtrierte Lösung wird nach dem Auffüllen auf 1000 ml mit einigen Tropfen Methylorange versetzt und mit verdünnter Salzsäure schwach angesäuert.

II. Fällungsvorschrift von Schmitz (b). Die phosphathaltige Lösung wird mit verdünnter Salzsäure schwach angesäuert. Man fügt 30 ml Fällungsreagens und so viel einer 20%igen Ammoniumacetatlösung hinzu, daß die Flüssigkeit 5 g an diesem Salze enthält. Nachdem man noch einige Tropfen Phenolphthaleinlösung zugegeben hat, erhitzt man die Mischung zum Sieden und läßt aus einer Bürette 2,5%ige Ammoniaklösung unter Umrühren mit einem Glasstabe (Wände des Fällungsgefäßes nicht berühren!) so lange zufließen, bis eine milchige, opalisierende Trübung auftritt. Sobald diese bemerkbar ist, unterbricht man den Zusatz des Ammoniaks und rührt so lange, bis die Trübung verschwunden und der Niederschlag kristallin geworden ist, wozu etwa $\frac{1}{2}$ bis 1 Min. genügt. Dann läßt man unter Umrühren weiter Ammoniaklösung zufließen, und zwar so langsam, daß man die einzelnen Tropfen noch zählen kann. Sobald schwache Rotfärbung sichtbar wird, hört man mit dem Ammoniakzusatz auf. Der zum Umrühren benutzte Glasstab wird mit Salzsäure (1:10) abgespült und dann noch einmal Ammoniak bis zur eben wahrnehmbaren Rotfärbung zugesetzt. Nach dem vollständigen Erkalten gibt man $\frac{1}{5}$ des Raumteiles der Mischung an konzentriertem Ammoniak hinzu, worauf nach einigen Min. filtriert werden kann.

III. Fällungsvorschriften von Järvinen. Die Fällung der Phosphorsäure wird nach Järvinen (a) „umgekehrt“ in der Kälte vorgenommen, d. h. es wird die Phosphatlösung in die Magnesiumchloridlösung eingegossen. Nach einer anderen Vorschrift (b) läßt man heiße Lösungen miteinander reagieren.

Die schwach ammoniakalische Phosphatlösung läßt man langsam unter Umrühren in völlig neutrale Magnesiumchloridlösung einfließen. Diese Lösung enthält 102 g Magnesiumchlorid und 53 g Ammoniumchlorid in 1 l, es sind für 0,1 g P_2O_5 je 10 ml erforderlich. Der Niederschlag scheidet sich langsam und kristallin ab. Die Lösung soll nach der Fällung nicht nach Ammoniak riechen.

IV. Fällungsvorschrift von Lundell und Hoffman. Die schwach salzsaure Phosphatlösung versetzt man mit 200 bis 500 mg Citronensäure und bringt sie auf 50 bis 75 ml. Man fügt den 5- bis 10fachen Überschuß an Fällungsreagens nach Schmitz und dann tropfenweise unter Umrühren bis zur Neutralisation Ammoniak (D 0,90) zu. Dann gibt man einen kleinen Überschuß an Ammoniak hinzu und dann noch so viel davon, daß die Flüssigkeit schließlich 3 bis 5 Vol.-% NH_3 enthält. Nach 3 bis 4 Std., bei kleinen Mengen nach 24 Std., filtriert man ab.

V. Fällungsvorschrift von Njegovan und Marjanovic. Die Lösung mit 100 bis 500 mg P_2O_5 wird zur Trockene eingedampft. Man nimmt mit 5 ml Schwefelsäure auf, gibt 5 ml kalt gesättigte Magnesiumsulfatlösung, einige Tropfen Phenolphthaleinlösung und 25%ige Ammoniumacetatlösung hinzu und fällt unter Zusatz von konzentriertem Ammoniak bis zur Rotfärbung. Nach dem Zusatz von 200 ml Wasser erwärmt man 1 Std. auf dem Wasserbade und filtriert nach dem Erkalten.

VI. Fällungsvorschrift von Winkler. 100 ml Lösung mit etwa 100 mg P_2O_5 werden mit 2,5 g Ammoniumchlorid versetzt und neutralisiert. Man erhitzt bis fast zum Sieden, entfernt die Flamme, gibt 10 ml 10%iges Ammoniak hinzu und läßt unter Umschwenken aus einer Bürette 0,5 ml Magnesiumsulfatlösung (10 g $MgSO_4 \cdot 7 H_2O$ und 5 g NH_4Cl in 100 ml) zutropfen. Man wartet einige Min., bis der kristallin gewordene Niederschlag sich abgesetzt hat und fügt dann noch bis zu 10 ml Magnesiumsulfatlösung hinzu. Nach völligem Erkalten wird abfiltriert.

VII. Fällungsvorschriften von Hahn, Vieweg und Meyer. Um einen möglichst reinen Niederschlag von Ammoniummagnesiumphosphat zu erzeugen, muß man versuchen, in der Fällungslösung zunächst einige Keime davon zu erzeugen und dann den Niederschlag sich sehr langsam vermehren zu lassen. Hierfür erscheint das Verfahren der „Fällung bei extremer Verdünnung“ sehr geeignet. Es erlaubt, auch bei Gegenwart von Alkalimetall-Ionen zu sehr guten Ergebnissen zu kommen; der durchschnittliche Fehler beträgt nur +0,02%. — Eine andere Möglichkeit, das Ammoniummagnesiumphosphat durch langsame Kristallisation in reiner Form zu erhalten, besteht darin, die Abscheidung durch Anwesenheit von Ammoniumhydrogentartrat infolge Komplexbildung stark zu verzögern. Durch intensives Rühren kann aber die Fällungszeit verkürzt werden, ohne daß die Güte der Fällung darunter leidet. Der Fehler bewegt sich zwischen +0,4 und —0,05%.

a) Fällung bei extremer Verdünnung. In einem Becherglase von 600 bis 800 ml Inhalt werden 100 ml 2n Ammoniumchlorid und 100 ml 3n Ammoniak zum Sieden erhitzt und weiterhin gerade eben im Sieden erhalten. Aus zwei nur als Tropfvorrichtung dienenden Büretten läßt man die Phosphatlösung und die ihr möglichst gleich starke Magnesiumsulfatlösung langsam, in etwa 30 Min., eintropfen. Es sollen in gleichen Zeiten ungefähr äquivalente Mengen der reagierenden Stoffe eintropfen. Es ist deshalb gut, den Gehalt der zu bestimmenden Lösung ungefähr zu kennen. Um zu vermeiden, daß sich in der Wärme, wenn auch nur geringe Mengen Hahnfett lösen und in die Lösung gelangen, ist es zweckmäßig, ein etwa 20 bis 25 cm langes Rohrstück zwischen Hahn und Becherglas einzufügen. Der erste sichtbare Niederschlag erscheint meist nach etwa 5 Min., wenn die Lösungen nicht zu stark verdünnt sind. Nach Zulauf der beiden Lösungen wird die Phosphatbürette noch 3mal mit insgesamt 50 ml Wasser nachgespült. Aus der Magnesiumsulfatbürette läßt man in 5 bis 10 Min. dieselbe Menge Lösung wie zuvor zutropfen. Darauf werden noch 100 ml 3n Ammoniak in einem Gusse zugegeben, und die Fällung wird sich selbst überlassen. Beim Abkühlen scheidet sich das Ammoniummagnesiumphosphat in großen Kristallen ab, die, meist strahlig angeordnet, öfters eine Länge von 5 mm erreichen. Nach dem Stehenlassen, zweckmäßig über Nacht, wird abfiltriert.

b) Fällung bei Gegenwart von Ammoniumhydrogentartrat. Die Phosphatlösung wird auf etwa 0,01 m verdünnt (aus 100 ml Lösung sollen etwa 100 bis 150 mg $Mg_2P_2O_7$ erhalten werden). Auf je 100 ml Lösung gibt man 0,6 g kristallisiertes Magnesiumsulfat und 5 g Ammoniumhydrogentartrat hinzu. Man erwärmt auf Wasserbadtemperatur und fügt in einem Gusse 40 ml 10%iges Ammoniak von 60 bis 70° je 100 ml Lösung hinzu. Hierbei soll im ersten Augenblicke kein Niederschlag entstehen. Nach etwa 15 Min. rührt man mit einem Glasstabe um, und nach 1stündigem Stehen auf dem Wasserbade versetzt man noch mit 50 ml 10%igem Ammoniak. Dann läßt man entweder über Nacht stehen oder rührt mechanisch bis zum Erkalten. Die folgende Verarbeitung ist die übliche.

Bei Gegenwart mäßiger Mengen Alkalien fällt bei der ersten Zugabe von Ammoniak sofort ein geringer Niederschlag aus. Sollte dieser nach 1stündigem Stehen auf dem Wasserbade nicht ganz kristallin geworden sein, so fügt man nochmals Ammoniak (30 bis 40 ml) hinzu, läßt noch ½ Std. auf dem Wasserbade stehen und fügt noch 50 ml Ammoniak hinzu. Bei Gegenwart von viel Alkali ist der Niederschlag immer amorph. Man läßt ihn dann über Nacht stehen, filtriert ihn durch einen Glasfiltertiegel ab und löst ihn in Salzsäure. Unter Anwendung von $^2/_3$ der zuerst angewendeten Menge Magnesiumsulfat, der gleichen Menge Ammoniumhydrogentartrat und von 250 ml Wasser wird die Fällung wie oben beschrieben wiederholt.

VIII. Fällungsvorschrift von Washburn und Shear. Die Verfasser führen eine doppelte Fällung durch.

Die salzsaure Lösung wird mit 0,5m Magnesiumchloridlösung (10 ml für 50 mg P) versetzt. Man fällt langsam unter Rühren mit 9m Ammoniak bis zur Blaufärbung von Thymolblau. Dann gibt man einen Überschuß von Ammoniak (etwa 5 ml) hinzu, ergänzt zu 125 ml und läßt über Nacht stehen. Die über dem Niederschlage stehende Flüssigkeit dekantiert man durch einen ungewogenen Filtertiegel und schüttet sie weg. Der in den Tiegel gelangte Niederschlag wird in 40 ml 1n Salzsäure gelöst. Die Lösung bringt man in das Fällungsgefäß zurück und spült den Tiegel mit 60 ml Wasser nach. Man fügt 3 ml Magnesiumchloridlösung und einige Tropfen Methylrotlösung hinzu, fällt mit Ammoniak bis zur Gelbfärbung und arbeitet weiter wie oben. Bez. der Weiterverarbeitung siehe S. 123.

2. Wägung als Ammoniummagnesiumphosphat-6-Hydrat.
$NH_4MgPO_4 \cdot 6H_2O$, Molekulargewicht 245,44.

Die unmittelbare Wägung des bei der Fällung erhaltenen Niederschlages des Ammoniummagnesiumphosphat-6-Hydrates bedeutet auf jeden Fall eine Ersparnis an Energie und Zeit bei Erzielung durchaus guter Ergebnisse. Außerdem ist der analytische Faktor über doppelt so klein wie bei Magnesiumpyrophosphat, weshalb also grundsätzlich genauere Ergebnisse zu erwarten sind. Wesentlich ist die Innehaltung der Vorschriften über die Trocknung des Niederschlages, um eine Abgabe von Kristallwasser zu vermeiden. Nach den Erfahrungen von Bube ist eine Umwandlung des Salzes erst bei etwa 57° zu erwarten. Jones hat wohl als erster die Überführung in Magnesiumpyrophosphat als „überflüssig" bezeichnet und durch Trocknen des gut ausgewaschenen Niederschlages auf einem Wattefilter im Luftbad bei 40° gute Ergebnisse erhalten. Winkler erzielte „günstige" Ergebnisse nach Auswaschen des Niederschlages mit 1%igem Ammoniak und danach mit 96%igem Alkohol (Fällungsvorschrift siehe S. 121). Er benutzt jedoch einen Korrekturwert (siehe S. 123). Das Trocknen erfolgt unter Benutzung eines mit Calciumchlorid beschickten Turmes (siehe § 1, A, S. 57). Washburn und Shear waschen den Niederschlag mit Alkohol und Äther aus und trocknen ihn bei 37°. Mehlig erhält genaue Ergebnisse, wenn er den Niederschlag im Gooch-Tiegel mit 1,5 m Ammoniak, danach mehrmals mit Alkohol, schließlich mit Äther wäscht und ihn im Exsiccator über Calciumchlorid trocknet. Schulek und Boldiszár benutzen zum Auswaschen des Niederschlages 1%iges Ammoniak und danach Alkohol. Das Trocknen erfolgt in einem durch gesättigte Calciumchloridlösung gesaugten Luftstrome. Auf Grund sorgfältiger Untersuchungen hat Lederle das Verfahren vereinfacht und auf die Reihenbestimmung der Phosphorsäure in Düngemitteln (Thomasmehle) übertragen (siehe § 11, B, S. 195). Zum Auswaschen des Niederschlages wird, folgend auf Ammoniak, wasserfreies Aceton verwendet, das im Vakuum entfernt wird. Allerdings muß eine Korrektur an der Auswaage angebracht werden (in Analogie zu Winkler). Dieses Verfahren, das keine besondere Apparatur erfordert, ist von Uhl geprüft worden. Er empfiehlt es, weil es eine wesentliche Vereinfachung bedeutet und zufriedenstellend in Übereinstimung mit der offiziellen Analysenvorschrift arbeitet.

I. Vorschrift von Winkler. Der nach der Vorschrift auf S. 121 gefällte Niederschlag wird nach 24stündigem Stehen abfiltriert, mit 50 ml 1%igem Ammoniak und dann mit 6 ml 96%igem Alkohol ausgewaschen. Man trocknet in einem Luftstrom, der einen mit kristallisiertem Calciumchlorid beschickten Turm passiert hat. Dieses Durchsaugen muß nach Lederle oft sehr lange fortgesetzt werden. An der Auswaage sind folgende Korrekturen vorzunehmen:

Gewicht des Niederschlages in mg . . .	500	100	50	10
Korrektur in mg	—1,4	—1,3	—1,1	—0,6.

Ist der Fällung des Ammoniummagnesiumphosphates eine solche als Ammoniummolybdophosphat vorhergegangen, so lauten die Korrekturwerte:

Gewicht des Niederschlages in mg . . .	500	250	100	50	10
Korrektur in mg	—2,5	—2,3	—2,1	—1,5	—0,7.

II. Vorschrift von Washburn und Shear. Der nach der Vorschrift auf S. 122 gefällte Niederschlag wird durch einen Filtertiegel abfiltriert. Der Tiegel ist zuvor mit verdünnter Salzsäure, Wasser, Alkohol und Äther gewaschen und bei 37° 1 Std. lang getrocknet, abgekühlt und gewogen worden. Man bringt den Niederschlag mit Hilfe des geklärten Filtrates in den Tiegel, wäscht ihn 3mal mit je 5 ml im Eisschrank abgekühltem 0,04 m Ammoniak, 3mal mit je 5 ml über KOH destilliertem Alkohol und 1mal mit 5 ml Äther. Danach trocknet man ihn 1 Std. lang bei 37°, läßt ihn 1 Std. lang im Exsiccator abkühlen und wägt ihn.

III. Vorschrift von Schulek und Boldiszár. Der nach der Vorschrift von Winkler (siehe S. 121) gefällte Niederschlag wird nach 24stündigem Stehen durch einen Glasfiltertiegel der in Abb. 7 gezeigten Form abfiltriert. Man wäscht unter jedesmaligem scharfen Absaugen mit 50 ml 1%igem Ammoniak und danach 3mal mit je 5 ml 96%igem, über KOH destilliertem Alkohol unter jedesmaligem Aufwirbeln mit einem Glasstab aus. Man trocknet 15 Min. lang und wägt. Es können 2 bis 3 Bestimmungen in einem Tiegel gemacht werden. Dieser wird mit 10%iger Salzsäure gereinigt, mit heißem Wasser chloridfrei gewaschen und nach Ausspülen mit Alkohol im Luftstrome getrocknet.

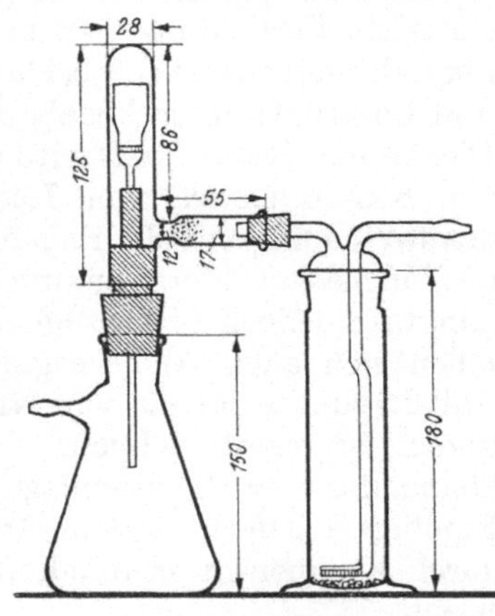

Abb. 7. Trockenapparatur. (Nach Schulek und Boldiszár.)

Die Trockenapparatur (siehe Abb. 7) bedarf keiner besonderen Beschreibung. Die Jenaer Gaswaschflasche G 2 enthält neben etwas festem Calciumchlorid eine gesättigte Lösung desselben. Bei tiefer Temperatur muß die etwa auskristallisierte Füllung in warmem Wasser aufgetaut werden. Etwaige Schaumbildung kann durch Auskochen der Lösung oder durch Zugabe einiger Tropfen 10%iger Salzsäure aufgehoben werden.

IV. Vorschrift von Lederle. Der in üblicher Weise gefällte Niederschlag wird auf einem Filtertiegel abfiltriert und mit verdünntem Ammoniak und danach mit wasserfreiem Aceton gewaschen. Das Waschaceton wird gesondert aufgefangen und aufgearbeitet (siehe § 1, A. S. 41). Man trocknet sorgfältig im Vakuum bis zum Verschwinden des Geruches nach Aceton. Genauere Angaben hierüber und über die absolute Wasserfreiheit des Acetons siehe § 1, A, S. 33. Die Tiegel können mehrmals benutzt werden. Man entfernt die Hauptmenge des Niederschlages mechanisch und stellt das neue Leergewicht fest. Bei Anwendung des theoretischen Faktors 0,2894 werden viel zu hohe Ergebnisse erhalten. Es ist deshalb der empirische Faktor 0,2759 zu benutzen, der übrigens dem v. Lorenz-Faktor für das Molybdatverfahren proportional ist.

3. Wägung als Magnesiumpyrophosphat.

$Mg_2P_2O_7$, Molekulargewicht 222,60.

Diese Wägungsform ist viel bekannter als die des Ammoniummagnesiumphosphat-6-Hydrates, jedoch keineswegs immer genauer als dieses. Die Umwandlung: $2\,NH_4MgPO_4 \cdot 6\,H_2O \rightarrow Mg_2P_2O_7 + 2\,NH_3 + 13\,H_2O$ vollzieht sich stufenweise: Das Kristallwasser entweicht gleich zu Beginn der Erhitzung. Über 200° entweicht

Ammoniak, und bei 300° ist die Zusammensetzung $MgHPO_4$ erreicht. Über 400° beginnt dann allmählich der Übergang in Magnesiumpyrophosphat, der gegen 650° beendet ist. Beim höheren Erhitzen erleidet der Stoff keine weitere Veränderung.

Auf die Erzielung eines formelgerecht zusammengesetzten Glühproduktes haben die Analytiker sehr viel Arbeit angewendet. Es kann hier nur in Kürze auf die wichtigsten Erkenntnisse eingegangen werden.

NEUBAUER hat in sehr sorgfältigen Untersuchungen gefunden, daß beim Glühen des Ammoniummagnesiumphosphates eine Verflüchtigung von Phosphorpentoxyd zu beobachten ist. Er bewies diese Verflüchtigung dadurch, daß er einen mit einer dünnen Schicht von Magnesiumoxyd belegten Tiegeldeckel benutzte, der eine merkliche Gewichtszunahme zeigte, und in der abgelösten Schicht ließ sich einwandfrei Phosphorsäure nachweisen. NEUBAUER führte die Verflüchtigung auf einen Gehalt des Niederschlages an anderen Magnesiumphosphaten zurück, wie insbesondere die Verbindung $(NH_4)_4Mg(PO_4)_2$ und Trimagnesiumphosphat $Mg_3(PO_4)_2$. Die erstgenannte Verbindung geht beim Glühen erst in Magnesiummetaphosphat $Mg(PO_3)_2$ über, das seinerseits erst bei längerem Glühen oder bei höherer Temperatur (HOFFMAN und LUNDELL) unter Abgabe von P_2O_5 in Magnesiumpyrophosphat verwandelt wird. Die Ansicht NEUBAUERS wird unterstützt von GOOCH und AUSTIN, von BALAREW (c), von KARAOGLANOV, von JÖRGENSEN und von HOFFMAN und LUNDELL. KARAOGLANOV nahm auch die Existenz von Doppelverbindungen von Magnesiumphosphat mit Magnesiumchlorid an, um Fehler bei der Phosphorsäurebestimmung zu erklären, ihm wird jedoch diesbezüglich von ISHIBASHI widersprochen. Nach BALAREW (b) sollen sich auch Alkalimagnesiumphosphate bilden können. BUBE konnte keine Anhaltspunkte für die von NEUBAUER angenommene Bildung von $(NH_4)_4Mg(PO_4)_2$ finden, er meint vielmehr, daß unter Umständen Ammoniumphosphat ausfallen könne, das vom Niederschlage eingeschlossen wird, und das beim Glühen zu niedrige Ergebnisse liefert. Andere Analytiker sind der Meinung, daß richtige Werte nur durch Kompensation erhalten werden, so insbesondere BALAREW (d) und KLEINMANN.

Das geglühte Magnesiumpyrophosphat hat oft eine graue Farbe, es soll jedoch rein weiß sein. Die graue Verfärbung kann auf organische Beimengungen des Niederschlages zurückgeführt werden, z. B. auf den Gehalt des Ammoniaks an Pyridinbasen, auf Filtrierpapierfasern oder Spuren Gummi der Gummiwischer. Um ein rein weißes Magnesiumpyrophosphat zu erhalten, muß das graue Produkt nachbehandelt werden, wozu verschiedene Vorschläge gemacht worden sind. BROOKMANN hat empfohlen, den Niederschlag auf dem Filter und im Fällungsgefäß befindliche Reste davon in Salpetersäure zu lösen, die Lösung einzudampfen und den Rückstand zu glühen. Auch LUNDELL und HOFFMAN empfehlen dieses Verfahren. Es darf nach diesen Autoren aber auf keinen Fall der einmal geglühte Rückstand in Salpetersäure gelöst und ebenso behandelt werden. Wohl könne aber der geglühte Niederschlag mit etwas Salpetersäure angefeuchtet, eingetrocknet und noch einmal geglüht werden. Gegen diese Art der Behandlung des Niederschlages oder Glühproduktes wendet sich McNABB, weil beim Glühen des Trockenrückstandes ein Verlust an P_2O_5 eintritt. Wenn aber die salpetersaure Lösung vor dem Eindampfen stark ammoniakalisch gemacht und dann der Trockenrückstand geglüht wird, so tritt kein Verlust an P_2O_5 ein, und die Fehler bewegen sich zwischen $-0{,}03$ und $+0{,}04\%$. Den schon von FÖRSTER (siehe § 1, A, S. 56) gemachten Vorschlag, den Niederschlag vor dem Glühen mit 10%iger, schwach ammoniakalischer Ammoniumnitratlösung zu waschen, wiederholt SCHOLES empfehlend. SCHUHECKER erzielt die Weißfärbung eines grauen Glühproduktes durch eine etwas umständliche Behandlung mit Perchlorsäure und Salpetersäure. Nach HAHN, VIEWEG und MEYER wird ein pulveriges und rein weißes Glühprodukt dadurch erhalten, daß der Niederschlag am Schluß mit einem Gemisch aus 3 Teilen 10%igem Ammoniak und 2 Teilen Methanol ausgewaschen wird.

Die Glühtemperatur kann bis auf 1000° gesteigert werden. Höhere Temperaturen anzuwenden ist nicht erforderlich, eher schädlich, denn bei etwa 1200° wird der Niederschlag leichter (HOFFMAN und LUNDELL). Auch ist bei Benutzung von Platintiegeln bei so hohen Temperaturen die Verflüchtigung des Platins zu berücksichtigen. Das Glühen kann vor dem Gebläse oder über einem kräftigen TECLU-Brenner erfolgen, besser ist die Anwendung eines elektrischen Tiegelofens. Reduzierende Atmosphäre muß unbedingt vermieden werden. Außer Platintiegeln können auch Porzellanfiltertiegel, nicht aber Glasfiltertiegel benutzt werden.

Arbeitsvorschrift. Die sauberste Arbeitsweise bietet die Verwendung von Platinfiltertiegeln nach NEUBAUER oder von Porzellanfiltertiegeln. Der feuchte Niederschlag wird über der Flamme oder im elektrischen Ofen vorsichtig getrocknet und dann geglüht.

Wird durch ein Papierfilter filtriert, so werden Filter und Niederschlag im Trockenschrank getrocknet. Man bringt soviel wie möglich des getrockneten Niederschlages in den Glühtiegel (aus Platin oder Porzellan), verbrennt das Filter in einer Platinspirale, gibt die Asche in den Tiegel, erhitzt zuerst mit kleiner Flamme, bis kein Ammoniak mehr entweicht, und steigert die Temperatur bis zur Glühhitze.

4. Bemerkungen über den Einfluß fremder Stoffe.

Besonders störend wirkt die Anwesenheit von größeren Mengen Sulfat. In diesem Falle verliert der Niederschlag beim Glühen erheblich an Gewicht. Hierauf haben schon R. FRESENIUS, NEUBAUER und LUCK sowie HEINTZ hingewiesen. Es empfiehlt sich in solchen Fällen eine Umfällung des zuerst erhaltenen Niederschlages. Nach BALAREW (a) soll höhere Temperatur bei der Fällung den Fehler verkleinern. — Ebenso sind größere Mengen Alkalimetall-Ionen störend, weil sie eine Erhöhung der Ergebnisse bewirken. Ihre Ausschaltung kann leicht nach dem Verfahren von HAHN, VIEWEG und MEYER erfolgen (siehe S. 121). — Bei Gegenwart von Aluminium und 3wertigem Eisen werden schlechte Werte erhalten. Nach R. FRESENIUS, NEUBAUER und LUCK läßt sich deren Einfluß trotz Zusatz von Weinsäure oder Citronensäure nicht ausschalten. LASNE jedoch behauptet das Gegenteil für den Fall der Anwesenheit einer genügend großen Menge Ammoniumcitrat. KRILENKO gibt hierfür 3 bis 5 ml gesättigter Lösung an. — Arsenat gibt die gleiche Fällung wie Phosphat, es muß also auf jeden Fall entfernt werden. Nach LUNDELL und HOFFMAN wird hierzu die salzsaure Analysenlösung unter Zusatz von Ammoniumbromid eingedampft und das Arsen hierdurch verflüchtigt. — Anwesende Kieselsäure oder Silicofluorid verursachen zu hohe Werte, weil Kieselsäure in den Niederschlag gelangt. LUNDELL und HOFFMAN schlagen vor, das geglühte Magnesiumpyrophosphat in Säure aufzulösen, wobei die Kieselsäure zurückbleibt und zurückgewogen werden kann. — Wenn die Analysensubstanz Titan, Zirkonium, Vanadium, Zinn oder große Mengen Eisen enthält, so gelangen Teile davon in den Niederschlag des Ammoniummagnesiumphosphates hinein. LUNDELL und HOFFMAN beseitigen den Einfluß dieser Elemente durch eine zweite Fällung. Die erste Fällung wird wie üblich ausgeführt, aber es werden 3 bis 5 g Citronensäure zugesetzt und ein 25- bis 50facher Überschuß an Magnesiumchloridlösung angewendet. Man läßt (besonders bei Anwesenheit von Vanadium) 12 bis 24 Std. kalt stehen, filtriert den Niederschlag ab und löst ihn in verdünnter Salzsäure. Diese Lösung wird mit 200 bis 500 mg Citronensäure und 1 bis 3 ml Magnesiumchloridlösung versetzt und wie üblich gefällt. Waren größere Mengen Titan oder Zirkonium vorhanden, so kann der erste Niederschlag trotz zugesetzter Citronensäure doch etwas Titan- oder Zirkoniumphosphat enthalten, welches dann beim Auflösen in Salzsäure zurückbleibt. Dann wird das zum Filtrieren der salzsauren Lösung dienende Filter im Platintiegel verascht, die Asche mit Natriumcarbonat geschmolzen, die Schmelze mit Wasser aufgeweicht und die filtrierte, alkalische Lösung zur Hauptlösung zugefügt. — NEUBAUER befürwortet, auch bei Abwesenheit aller Basen, die in ammoniakalischer Lösung mit Phosphorsäure schwerlösliche Verbindungen bilden, nicht direkt die Phosphorsäure mit Magnesiumchlorid zu fällen, sondern erst die Molybdatfällung vorzunehmen (siehe § 1, A, S. 32) und das Ammoniummolybdophosphat in Ammoniummagnesiumphosphat zu verwandeln. — Durch Anwendung von Komplexon (Äthylendiamintetraessigsäure) können HUDITZ, FLASCHKA und PETZOLD alle Störungen, insbesondere durch Calcium, aber auch durch Barium, Strontium, Eisen, Aluminium, Chrom, Titan, Mangan, Kobalt, Nickel, Zink, Cadmium und Blei ausschalten. Hierbei ist die Kombination mit anderen Maskierungsmitteln, wie z. B. Citronensäure, möglich (siehe unten).

B. Maßanalytische Bestimmung.

1. Acidimetrische Titration.

STOLBA hat als Erster vorgeschlagen, den Niederschlag des Ammoniummagnesiumphosphates acidimetrisch zu titrieren. Hierzu wird der Niederschlag in Wasser aufgeschlämmt und mit 0,1 n Säure unter Verwendung von Methylorange als Indicator titriert. Auf Grund der Umsetzung: $NH_4MgPO_4 + 2\,HCl = NH_4H_2PO_4 + MgCl_2$ entspricht 1 ml 0,1 n HCl 1,549 mg P = 3,549 mg P_2O_5. HUNDESHAGEN (a, b) hat das Verfahren mit gutem Erfolge angewendet. RASCHIG findet den Umschlag nicht sehr scharf, er empfiehlt deshalb, mit Säure überzutitrieren und dann mit Natronlauge zurückzumessen. In gleicher Weise arbeiten BELLUCCI und CORSINI.

Arbeitsvorschrift. Der Niederschlag wird auf dem Filter mit 2,5%igem Ammoniak ausgewaschen. Danach macht man ihn durch Waschen mit (neutralisiertem) Alkohol völlig ammoniakfrei. (Nach RASCHIG genügt zweimaliges Waschen mit 10 bzw. 5 ml Wasser.) Der Niederschlag wird mit dem Filter durch kräftiges Schütteln in einem ERLENMEYER-Kolben in Wasser suspendiert. Man gibt Methylorange oder Methylrot hinzu und titriert mit Salzsäure über. Dann wird mit Natronlauge zurücktitriert.

2. Titration mit Äthylendiamintetraessigsäure.

Wie SCHWARZENBACH und Mitarbeiter zeigten, läßt sich Magnesium mit Komplexon sehr genau titrieren. Damit läßt sich über eine Magnesiumtitration das Phosphat-Ion indirekt maßanalytisch bestimmen (HUDITZ, FLASCHKA und PETZOLD), was sogar auch im Mikromaßstab möglich ist (FLASCHKA und HOLASEK). Das Verfahren beruht darauf, daß gefälltes, abfiltriertes und ausgewaschenes Ammoniummagnesiumphosphat in Lösung gebracht und mit der Komplexonlösung gegen Eriochromschwarz T bei p_H 8 bis 10 titriert wird. Da in der alkalischen Lösung die Tendenz zur erneuten Ausfällung des Ammoniummagnesiumphosphates besteht, so muß die Lösung verdünnt werden, wodurch sie bei Mengen etwa unterhalb 10 mg P klar bleibt. Bei Mengen über 10 mg P in 100 ml muß zur sauren Auflösung des Niederschlages eine gemessene Menge Komplexonmaßlösung zugesetzt, dann alkalisch gemacht und mit eingestellter Magnesiumsalzlösung der Überschuß an Komplexon zurücktitriert werden. Dieser Weg empfiehlt sich auch bei kleinen Phosphatmengen dann, wenn das Ammoniummagnesiumphosphat aus Schwermetallsalzlösungen (insbesondere Eisen, Mangan, Kupfer) abgeschieden wurde.

Reagenzien. 1. *0,1 m Komplexon(III)-lösung* (Natriumsalz der Äthylendiamintetraessigsäure). 37,21 g Komplexon werden zu 1 Liter gelöst. Die Lösung ist titerkonstant, wenn sie in Flaschen, die kein Erdalkalimetall abgeben (Jenaer Glas, ausgedämpft oder lange im Gebrauch), aufbewahrt wird. — 2. *2 m Komplexon(III)-lösung.* 120 g Komplexon(II) (freie Säure) werden in Wasser suspendiert, mit 6 n Natronlauge in Lösung gebracht (bis $p_H \approx 7$) und mit Wasser auf 200 ml verdünnt. — 3. *0,1 n Magnesiumchloridlösung*, gegen Komplexonlösung eingestellt. — 4. *Pufferlösung.* 5,4 g Ammoniumchlorid werden in 55 ml konzentriertem Ammoniak p. a. gelöst, und die Lösung wird mit Wasser zu 100 ml aufgefüllt. — 5. *Indicator.* Man verreibt Eriochromschwarz T mit Natriumchlorid p.a. im Verhältnis 1:500 und gibt je Titration so viel zu, daß eine kräftige Färbung auftritt.

***Arbeitsvorschriften.* I. Für reine Phosphatlösungen.** Man versetzt die schwach saure Probelösung mit Magnesiamischung und scheidet mit verdünntem Ammoniak in der Siedehitze das Doppelsalz ab. Kratzen der Gefäßwand oder deren rauhe Oberfläche beschleunigen die Abscheidung in erwünschter Weise. Der Niederschlag wird durch einen Porzellanfiltertiegel A 2 filtriert, ohne ihn vollständig darauf zu bringen, ausgewaschen und in verdünnter Salzsäure gelöst. Man spült mit reichlich Wasser nach. Nun gibt man mittels Pipette Komplexonmaßlösung (1) im Überschuß zu. Die Lösung neutralisiert man mit verdünntem Ammoniak gegen eine kleine (!) Menge Methylrot, gibt Pufferlösung und Indicator zu und titriert mit eingestellter Magnesiumsalzlösung (3) bis zum Umschlag von Blau nach Weinrot. — Einfacher ist es, den Niederschlag in 5 ml n Salzsäure zu lösen. Statt zu neutralisieren und zu puffern, setzt man 10 ml 3 n Ammoniak zu. Diese Mengen und Konzentrationen sind so berechnet, daß sich der für die Titration nötige p_H-Wert von selbst einstellt. Bei sehr geringen Phosphatmengen kann nach starkem Verdünnen direkt mit Komplexonmaßlösung titriert werden (Umschlag Weinrot nach Blau). Bei geringen Mengen und verdünnter Maßlösung tritt ein violetter Zwischenton auf. Man titriert, bis der letzte rote Stich aus der Lösung verschwunden ist. — **II. Bei Gegenwart störender Kationen.** Die saure Probelösung wird mit einer zur vollständigen komplexen Bindung des störenden Kations ausreichenden Menge an Komplexonlösung (2) versetzt. Ein Überschuß schadet nicht. Man muß nur bedenken, daß der Überschuß eine ihm äquivalente Menge Magnesium aus der Magnesiamixtur bindet, was bei deren Zugabe entsprechend zu berücksichtigen ist. Fällung, folgende Verarbeitung des Niederschlages und Titration erfolgen wie oben beschrieben. Bei Schwermetallsalzen ist auf besonders gutes Auswaschen des Niederschlages zu achten, weil selbst geringe Spuren dieser Kationen den Indicatorumschlag stören. — Sind mehrere störende Kationen vorhanden, z. B. Eisen, Aluminium und Titan, so können diese durch Citronensäure gebunden werden, und daneben lassen sich Calcium, Barium, Strontium, Mangan, Blei usw. durch Komplexon ausschalten. Die sonstige Arbeitsweise ist die gleiche, nur darf die Lösung nach der Fällung nicht zu stark ammoniakalisch gemacht werden, weil sonst Schwierigkeiten beim Filtrieren, besonders bei Gegenwart von Aluminium, auftreten. — **III.** Bei **Mikromengen** wird nach FLASCHKA und HOLASEK der abfiltrierte Niederschlag von Ammoniummagnesiumphosphat mit 1 ml n HCl vom Filter gelöst und dieses mit Wasser reichlich nachgewaschen. Sodann verdünnt man je nach der Menge Niederschlag auf 50 bis 100 ml und fügt 2 ml 3 n Ammoniak zu. Die angegebenen Mengen und Konzentrationen von Salzsäure und Ammoniak sind so berechnet, daß der für die Titration nötige p_H-Wert von 8 bis 10 erreicht wird. Es fällt auch kein Niederschlag aus, sofern man nicht erwärmt oder während der Titration mit dem Rührstab an der Wand kratzt. Man setzt Indicatorpulver zu, bis eine kräftige weinrote Farbe entsteht, und titriert mit 0,01 bis 0,001 m Komplexon(III)-maßlösung bis zum Umschlag nach rein Blau. Der letzte rote Stich muß aus der Lösung verschwunden sein. 1 ml 0,01 m Maßlösung entspricht 309,8 γ P.

Bemerkungen. I. Die **Genauigkeit** ist ausgezeichnet. Bei einer Titration auf ± 1 Tropfen (meistens $+$) entspricht dies bei 0,1 m Komplexonlösung 0,09 mg P. — II. Die **Aufbewahrung der Maßlösungen** und der anderen Reagenslösungen muß besonders bei der Mikrotitration unter besonderen Vorsichtsmaßnahmen geschehen. Nur sehr häufig ausgedämpfte Flaschen bürgen dafür, daß keine Spuren von Calcium- oder Magnesium-Ionen in die Lösungen geraten, die andernfalls die Titration sehr fehlerhaft machen. Auch die Titrationsgefäße sind entsprechend auszuwählen. Werden auch nur Spuren von Erdalkali-Ionen aus diesen in die Lösung abgegeben, so tritt immer wieder ein rückläufiger Indicatorumschlag auf. Besondere Beachtung muß auch dem „destillierten Wasser" gewidmet werden. Es ist sehr vorteilhaft, besonders für komplexometrische Mikrotitrationen, durch Ionenaustauscher gereinigtes Wasser zu gebrauchen. Eine Säule von 2 cm Durchmesser und 15 cm Länge, mit einem Kationenaustauscher beschickt, liefert je Stunde etwa 300 bis 400 ml einwandfreies Wasser und ist erst nach Durchlauf von etwa 40 bis 50 l wieder zu regenerieren, wenn von gewöhnlichem destilliertem Wasser ausgegangen wird. Man entfernt auch gleichzeitig die oft vorhandenen Schwermetallspuren (Kupfer), die auf den Indicator schädlichen Einfluß haben.

3. Jodometrische Titration.

Nach einem Vorschlage von BRANDIS wird das in dem Niederschlage enthaltene Ammoniak durch Natriumhypobromit zu Stickstoff oxydiert. Das unverbrauchte Hypobromit wird jodometrisch zurückgemessen. Die Umsetzung vollzieht sich nach der Gleichung:

$$2\,NH_4MgPO_4 + 3\,NaBrO + 2\,NaOH = 2\,NaMgPO_4 + N_2 + 3\,NaBr + 5\,H_2O.$$

Da das Hypobromit mit Jodid nach der Gleichung: $NaBrO + 2\,HJ = J_2 + NaBr + H_2O$ reagiert, so entsprechen also 3 J gerade 1 PO_4.

Arbeitsvorschrift. Der mit Alkohol gewaschene Niederschlag wird nach dem Trocknen bei höchstens 60° in möglichst wenig 4 n Schwefelsäure gelöst. Man macht die Lösung mit 2 n Natronlauge schwach alkalisch, fügt 50 ml eingestellte Natriumhypobromitlösung und kurze Zeit danach 2 bis 3 g Kaliumjodid und 15 bis 20 ml 4 n Schwefelsäure hinzu. Das ausgeschiedene Jod wird mit Natriumthiosulfatlösung titriert. Nach Abzug dieser Jodmenge von der gesamten, der Hypobromitlösung entsprechenden, wird diejenige Jodmenge erhalten, welche der Phosphorsäure entspricht.

Eine andere jodometrische Bestimmung siehe dieses Handbuch III. Teil, Bd. 2a, Kapitel „Magnesium", § 3, S. 151.

4. Titration mit Magnesiumsulfat und Tetraoxy-anthrachinon als Indicator.

Versetzt man eine ammoniakalische, ammoniumsalzhaltige Phosphatlösung mit einer Lösung von 1,2,5,8-Tetraoxy-anthrachinon, und gibt man nun Magnesiumsulfatlösung hinzu, so schlägt die zuerst rote Farbe nach Blau um. Diese Reaktion kann nach HAHN und MEYER zur maßanalytischen Bestimmung der Phosphorsäure dienen, wenn gewisse Konzentrationsbedingungen eingehalten werden. Das Verfahren erfordert auch einige Übung, um den nicht ganz deutlichen Umschlagspunkt zu erkennen. Es ist aber schnell ausführbar und auch bei Gegenwart von Alkalien anwendbar. Hierbei ist es nur notwendig, kräftig (mechanisch) zu rühren.

Reagenzien. 1. 0,1 m Magnesiumsulfatlösung. — 2. Farbstofflösung: 0,2 g 1,2,5,8-Tetraoxy-anthrachinon und 10 g kristallisiertes Natriumacetat werden im Mörser innig verrieben. 0,3 g dieser Mischung werden in Alkohol gelöst. (Im Original keine Mengenangabe für Alkohol.)

Arbeitsvorschrift. 100 ml Lösung, welche nicht mehr als 2,5 mmol Phosphat, mindestens 10 mmol Ammoniumchlorid und 150 mmol freies Ammoniak (10 ml 25%iges Ammoniak) enthält, werden mit 2 ml Farbstofflösung und 2 ml Magnesiumsulfatlösung versetzt. Man rührt kräftig, am besten mechanisch. Aus der schwach getrübten, blauen Lösung scheidet sich ziemlich schnell Ammoniummagnesiumphosphat ab, und die Lösung wird wieder rot. Nun gibt man weiter tropfenweise, aber ziemlich schnell, Magnesiumsulfatlösung zu. An der Einfallsstelle bildet sich ein größer werdender blauer Streifen, der auf den nahenden Umschlag hinweist. Von da ab titriert man tropfenweise zu Ende. Die Titration dauert etwa 2 bis 5 Min. Der Fehler schwankt zwischen −1,1% und +0,4%.

Auf die refraktometrische Bestimmung der Phosphorsäure in der schwefelsauren Lösung des Ammoniummagnesiumphosphates nach WAGNER und SCHULTZE sei hier nur hingewiesen. Das Verfahren ist näher beschrieben in diesem Handbuch III. Teil, Bd. 2a, Kapitel „Magnesium", § 3, S. 159.

Literatur.

ABESSER, O., W. JANI u. M. MÄRCKER: Fr. **12**, 239 (1873).

BALAREW, D.: (a) Z. anorg. Ch. **101**, 229 (1917); (b) **102**, 241 (1918); (c) **103**, 73 (1918); (d) **104**, 53 (1918). — BELLUCCI, I., u. R. CORSINI: Ann. Chim. appl. **28**, 325 (1938); durch C. **110**, **I**, 1211 (1939). — BILTZ, H., u. W. BILTZ: Ausführung quantitativer Analysen, 4. Aufl., S. 89. Leipzig 1942. — BRANDIS, R.: Fr. **49**, 152 (1910). — BROOKMANN, K.: Fr. **21**, 551 (1882). — BRUNNER, L.: Fr. **11**, 30 (1872). — BUBE, K.: Fr. **49**, 525 (1910).

FLASCHKA, H., u. A. HOLASEK: Mikrochem. **39**, 101 (1952). — FÖRSTER, O.: Ch. Z. **16**, 109 (1892). — FRESENIUS, R., C. NEUBAUER u. E. LUCK: Fr. **10**, 133 (1871).

GOOCH, F. A., u. M. AUSTIN: Z. anorg. Ch. **20**, 121 (1899).

HAHN, F. L., u. H. MEYER: B. **60**, 975 (1927). — HAHN, F. L., K. VIEWEG u. H. MEYER: B. **60**, 971 (1927). — HEINTZ, W.: Fr. **9**, 16 (1870); **13**, 14 (1874). — HOFFMAN, J. I., u. G. E. F. LUNDELL: Bur. Stand. J. Res. **5**, 279 (1930); durch Fr. **95**, 203 (1933). — HUDITZ, F., H. FLASCHKA u. I. PETZOLD: Fr. **135**, 333 (1952). — HUNDESHAGEN, F.: (a) Ch. Z. **18**, 445 u. 490 (1894); (b) Z. öffentl. Ch. **17**, 283 (1911); durch C. **82**, **II**, 1485 (1911).

ISHIBASHI, M.: Mem. Sci. Kyoto Univ. Serie A **12**, 23 (1929); durch C. **100**, **II**, 1183 (1929).

JÄRVINEN, K. K.: (a) Fr. **43**, 279 (1904); (b) **44**, 333 (1905). — JÖRGENSEN, G.: Fr. **66**, 209 (1925). — JONES, W.: J. biol. Chem. **25**, 87 (1916).

KARAOGLANOV, Z.: Fr. **57**, 497 (1918). — KISSEL, E.: Fr. **8**, 164 (1869). — KLEINMANN, H.: Bio. Z. **99**, 25 (1919). — KRILENKO, N.: Arch. Hemiju Farmaciju Zagreb **2**, 197 (1928); durch C. **100**, **II**, 1829 (1929). — KUBEL, W.: Fr. **8**, 125 (1869).

LASNE, H.: Bl. [3] **17**, 823 (1897); durch C. **68**, **II**, 874 (1897). — LEDERLE, P.: Fr. **121**, 241 (1941). — LORENZ, N. v.: Fr. **32**, 64 (1893). — LUNDELL, G. E. F., u. J. I. HOFFMAN: Ind. eng. Chem. **15**, 44 (1923); durch Fr. **85**, 293 (1931).

MEHLIG, J. P.: J. chem. Educat. **12**, 288 (1935); durch C. **107**, **I**, 389 (1936).

MCNABB, W. M.: Am. Soc. **49**, 891 (1927). — NEUBAUER, H.: Z. anorg. Ch. **2**, 45 (1892); **4**, 251 (1893); **10**, 60 (1895). — NJEGOVAN, V., u. V. MARJANOVIC: Chem. Listy **26**, 449 (1932); durch C. **104**, **I**, 3107 (1933).

RASCHIG, F.: Angew. Ch. **18**, 374 (1905).

SCHMITZ, B.: (a) Fr. **45**, 512 (1906); (b) **65**, 46 (1924/25). — SCHOLES, S. R.: Chemist-Analyst **25**, 86 (1936); durch Fr. **113**, 451 (1938). — SCHUHECKER, K.: Fr. **116**, 14 (1939). — SCHULEK, E., u. I. BOLDISZÁR: Fr. **120**, 421 (1940). — SCHUMANN, C.: Fr. **11**, 382 (1872). — SCHWARZENBACH, G., W. BIEDERMANN u. F. BANGERTER: Helv. **29**, 811 (1946). — SCHWARZENBACH, G., u. W. BIEDERMANN: Chimia **2**, 56 (1948). — STOLBA, F.: S.-B. k. böhm. Ges. Wiss. **1876**, Heft 5; durch Fr. **16**, 100 (1877).

TANANAEFF, A. N., u. P. S. SSAWTSCHENKO: Ukrain. chem. J. **7**, Wiss. Teil 203 (1932); durch C. **104**, **II**, 1899 (1933).

UHL, F. A.: Fr. **122**, 398 (1941). — UNCLES, R. F., u. G. B. L. SMITH: Ind. eng. Chem. Anal. Edit. **18**, 699 (1946).

WAGNER, B., u. F. SCHULTZE: Fr. **46**, 501 (1907). — WARINGTON, R.: Soc. **1863**, **I**, 304; durch Fr. **3**, 147 (1864). — WASHBURN, M. L., u. M. J. SHEAR: J. biol. Chem. **99**, 21 (1932/33). — WINKLER, L. W.: Angew. Ch. **32**, 99 (1919).

§ 3. Bestimmung durch Titration mit Uranylsalz.

Allgemeines.

Die maßanalytische Bestimmung der Phosphorsäure mittels Uranylacetat beruht auf der Ausfällung des Uranylphosphates UO_2HPO_4 bzw. bei Anwesenheit von Ammoniumsalzen von Ammoniumuranylphosphat $NH_4UO_2PO_4$. Der erste Überschuß an Uranylsalz kann entweder durch einen passenden Farbstoff oder besser durch Tüpfeln mit Kaliumhexacyanoferrat(II) (gelbes Blutlaugensalz) erkannt werden. Gegenüber dieser maßanalytischen Bestimmung tritt die gravimetrische völlig in den Hintergrund. Als Wägungsform kann das beim Glühen der obenerwähnten Niederschläge entstehende Uranylpyrophosphat $(UO_2)_2P_2O_7$ dienen (LEWIS). Während in früheren Jahrzehnten die Uranyltitration der Phosphorsäure das vorherrschende Verfahren war, ist es jetzt in seiner Bedeutung stärkstens zurückgegangen. Dieses ist darauf zurückzuführen, daß das Molybdatverfahren (siehe § 1) zu einer großen Vollkommenheit gebracht wurde.

Der erste Analytiker, der die Uranyltitration der Phosphorsäure ausführte, war LECONTE. Er versetzte die neutrale, siedende Phosphatlösung so lange mit sehr verdünnter Uranyl*nitrat*lösung, als noch ein Niederschlag entstand. Erst 9 Jahre später teilte NEUBAUER seine „Neuentdeckung" der Titration der Phosphorsäure mit Uranyl*acetat* mit, bei welcher die später allgemein übernommene Tüpfelmethode mit gelbem Blutlaugensalz erstmalig angewendet wurde. Fast gleichzeitig beschrieb PINCUS das gleiche Verfahren, dessen Störungsmöglichkeiten er in der Anwesenheit von Aluminium und 3wertigem Eisen erkannte, während die Erdalkalimetalle einschließlich Magnesium die Bestimmung nicht beeinträchtigen. Der Vorschlag, zur Maskierung des Eisens bei Phosphoritanalysen Citronensäure zuzusetzen, soll nach BIRNBAUM und CHOJNACKI wenig empfehlenswert sein, weil diese die Erkennung des Endpunktes erschwert. Hingegen verwendet wiederum GRAESER diesen Zusatz bei der Analyse von Lahnphosphat mit gutem Erfolge. Er verwendet auch *festes* gelbes Blutlaugensalz zur Endpunktsbestimmung. R. FRESENIUS, NEUBAUER und LUCK kommen zu dem Schluß, daß die Uranyltitration für Phosphoritanalysen unbrauchbar sei, während die gravimetrische Bestimmung nur dann gut sei, wenn nur Alkalien und Erdalkalien anwesend, Aluminium und 3wertiges Eisen aber abwesend sind. Erwähnt werden soll hier die Arbeitsweise von VILLE wegen seiner Vorrichtung für „umgekehrte Filtration"[1] durch einen mit Filtrierpapier belegten Konus als Vorläufer des heute oft üblichen Filterstäbchens. VILLE fällte das Phosphat als Ammoniummagnesiumphosphat und titrierte dessen salpetersaure Lösung mit Uranylsalz. Die Schwierigkeiten der Titerstellung der Uranylsalzlösung erkannte schon NEUBAUER. Auf den Einfluß der Menge des zugesetzten Natriumacetates wies SCHUMANN hin mit dem Bemerken, daß dessen Menge bei der Titerstellung und bei der Analyse in demselben Verhältnis zur Flüssigkeitsmenge stehen müsse. BROOCKMANN fand, daß die verschiedenen Mengen der Phosphorsäure bei der Probe und bei der Einstellung die Ursache für die Abweichungen zwischen dem gravimetrisch und dem titrimetrisch ermittelten Wert sei. Er gibt deshalb eine Tabelle für Korrekturen an. ABESSER, JANI und MÄRCKER empfahlen zur Titerstellung die Anwendung einer sauren Calciumphosphatlösung an Stelle von Natriumphosphat, von Uranylacetat statt -nitrat und immer frisch bereiteter Blutlaugensalzlösung. C. MOHR fand einen Unterschied bis zu 5% bei der Analyse kalkarmer bzw. kalkreicher Phosphatlösungen. Es ist daher der Calciumgehalt der zu analysierenden Lösung sehr stark zu berücksichtigen.

An die Stelle der direkten Titration können verschiedene indirekte Verfahren treten, die darauf beruhen, daß das im Niederschlage enthaltene Uran reduziert und dann mit Kaliumpermanganat titriert wird (PULMAN u. a.). Die intensive Braunfärbung des Uranylhexacyanoferrat(II) kann auch zur colorimetrischen Bestimmung von Phosphat dienen (GIBSON u. a.). Die potentiometrische Bestimmung ist nur mit geringem Erfolge versucht worden. Das gleiche gilt von der Konduktometrie (CHRÉTIEN und KRAFT). Die Arbeitsweise von CHRÉTIEN und KRAFT benutzen KOLTHOFF und COHN für die ampèrometrische Messung, jedoch kommen auch sie nur zu einer Genauigkeit von 1%.

Da die Uranyltitration der Phosphorsäure heute keine große Bedeutung mehr besitzt und nach KOLTHOFF keine besonders genauen Werte liefert, so wird sie in diesem Handbuche nur kurz behandelt.

A. Direkte Titration.

Arbeitsvorschrift (nach STRECKER und SCHIFFER). Die Alkaliphosphatlösung (etwa 30 ml) wird mit 15 ml Ammoniumacetatlösung [100 g Salz und 100 g Essigsäure (D 1,04) werden zu 1 l gelöst] versetzt. Man erhitzt zum Sieden und fügt die

[1] Siehe auch Fußnote 1 auf S. 62.

Hauptmenge Uranylacetatlösung auf einmal zu. Nachdem die Mischung wieder zum Sieden erhitzt ist, titriert man tropfenweise zu Ende. Den Endpunkt erkennt man durch die Braunfärbung von feinst gepulvertem gelbem Blutlaugensalz, das man auf einer Tüpfelplatte in einem kleinen Häufchen anwendet.

Bemerkungen. **1. Anwendung von Indicatoren.** Nach Repiton (a) soll Cochenilletinktur besser sein als das Tüpfeln mit Blutlaugensalz. Auch Vozárik empfiehlt diesen Indicator. Der Umschlag erfolgt nach Graugrün über die Farben Dunkelrot und Hellziegelrot. — Duparc und Rogovine verwenden Natriumsalicylat als Indicator und gleichzeitig als Puffersubstanz. Salicylat bildet mit Uranylsalz eine gelborange gefärbte Verbindung von der Konstitution $C_6H_4(COONa)—O—UO_2—O—C_6H_4(COONa)$ [Benzolring—O—UO_2—O—Benzolring, mit COONa bzw. NaOOC in ortho-Stellung]. Die Arbeitsweise ist auf S. 133 näher beschrieben. — **2.** Der **Anwendungsbereich** des direkten Titrationsverfahrens reicht nach Kleinmann bis zu 10 mg P_2O_5, bei kleineren Phosphormengen wird die Bestimmung unsicher. — **3.** Die **Einstellung der Uranylacetatlösung** erfolgt am besten gegen eine Calciumphosphatlösung, zum mindesten dann, wenn calciumhaltige Lösungen titriert werden müssen. So empfiehlt Müller eine salpetersaure Lösung von primärem Calciumphosphat, Repiton (b) eine solche von geglühtem Tricalciumphosphat. — **4.** Zur **Analyse von Schwermetallphosphaten** empfiehlt Seeligmann, diese mit starker Natronlauge bei 90 bis 95° umzusetzen. Die mit Wasser verdünnte Aufschlußlösung wird nach nochmaligem Aufkochen zu 1000 ml aufgefüllt. Ein aliquoter Teil wird filtriert, mit Essigsäure angesäuert und titriert. Für technische Zwecke soll das Verfahren genügend genau sein.

B. Indirekte Titration.

Man fällt Ammoniumuranylphosphat, löst es in Säure, reduziert es durch Zink oder durch Titan(III)-sulfat und titriert das reduzierte Uran mit Kaliumpermanganat. Der erste Vorschlag dieser Art stammt von Pulman; Jander und Reeh haben das Verfahren sehr vereinfacht. Someya benutzt in Anlehnung an Saito die Amalgame des Zinks oder Wismuts, während die Reduktion mit Titan(III)-sulfat nach Newton und Hughes recht umständlich ist, so daß sie hier nur erwähnt zu werden braucht.

***1. Arbeitsvorschrift von* Pulman.** Das gefällte Ammoniumuranylphosphat wird auf einem mit sehr feinem Asbest beschickten Gooch-Tiegel (bzw. Glasfiltertiegel mit sehr feiner Fritte) abgesaugt und mit einer schwach essigsauren, verdünnten Ammoniumacetatlösung ausgewaschen. Man löst es in verdünnter Schwefelsäure und stellt die Lösung auf ein Verhältnis von Säure zu Wasser = 1:6 ein. Die erhitzte Lösung gibt man auf den in einer Bürette befindlichen Zinkreduktor nach Jones (amalgamiertes Zink), den man zuvor mit einigen Millilitern verdünnter Schwefelsäure durchspült hat. Die reduzierte Lösung läßt man in eine offene Porzellanschale tropfen. Hierbei geht Uran, das weiter als bis zur 4wertigen Stufe reduziert worden ist, wieder in 4wertiges Uran von meergrüner Farbe über. Der Reduktor wird mit 250 ml heißem Wasser nachgespült und die Lösung mit Permanganat titriert.

***2. Arbeitsvorschrift von* Jander *und* Reeh.** Der Niederschlag des Ammoniumuranylphosphates wird auf einem Membranfilter abgesaugt. Man spült ihn mit 100 ml Wasser in einen Erlenmeyer-Kolben von 400 ml Inhalt, löst ihn in 20 ml konzentrierter Schwefelsäure und erhitzt die Mischung bis zum beginnenden Sieden. Man verschließt den Kolben mit einem Gummistopfen, der ein Bunsen-Ventil trägt, und durch den durch eine zweite Bohrung ein Glasstab geführt ist, an dessen unteres Ende ein kurzes, weites Reagensglas mit Löchern angeschmolzen ist. Dieses ist mit Aluminiumfolie gefüllt. Durch Senken bringt man es in die Lösung und beläßt es etwa 1 bis 2 Std. darin. Nach beendeter Reduktion zu 4wertigem Uran zieht man die Vorrichtung aus der Lösung heraus. Diese wird mit Permanganat titriert. Man erhält gute Werte, die unter Umständen durch Berücksichtigung eines Eisengehaltes des Aluminiums korrigiert werden müssen. — Man kann den Niederschlag auch auf dem Filter in warmer Schwefelsäure (1:5) lösen und die Lösung in einen in einem WITTschen Topfe stehenden ERLENMEYER-Kolben hineinsaugen und dann wie oben weiterarbeiten.

***3. Arbeitsvorschrift von* SOMEYA.** Man fällt nach SAITO kristallines Ammoniumuranylphosphat aus. Hierzu werden 2 bis 10 ml Ammoniumphosphatlösung nach Zusatz von 15 bis 30 ml 30%iger Essigsäure und 10 bis 40 ml Wasser zum Sieden erhitzt. Man fügt ein Gemisch aus 10 bis 40 ml 0,05 m Uranylacetatlösung, 5 bis 25 ml obiger Essigsäure, 5 bis 20 ml m Ammoniumacetatlösung und 5 bis 50 ml Wasser hinzu, das ebenfalls bis zum Blasenwerfen erhitzt ist, und schüttelt alles gut um. Dann fügt man die gleiche Menge Wasser hinzu, läßt abkühlen, filtriert den Niederschlag auf einem Papierfilter ab und wäscht ihn mit 2%iger Ammoniumacetatlösung, bis das Waschwasser keine Reaktion mehr mit gelbem Blutlaugensalz gibt. Dann löst man den Niederschlag in Salzsäure, reduziert die Lösung unter Kohlendioxyd mit Zink- oder mit Wismutamalgam (siehe § 1, A, S. 66), versetzt sie mit dem gleichen Raumteil Wasser und titriert mit Kaliumdichromatlösung und Diphenylamin als Redoxindicator. Da sich die Reduktion bei Raumtemperatur leicht vollzieht und nur 3 Min. beansprucht, so ist das Verfahren schneller ausführbar als das von JANDER und REEH. Die erhaltenen Werte sind gut, wenn nicht mehr als 100 mg P_2O_5 auf 200 ml Fällungsvolumen vorhanden sind, weil andernfalls der Niederschlag leicht schleimig wird.

Bemerkung. Das 6wertige Uran wird durch Zinkamalgam zum 3wertigen, durch Wismutamalgam zum 4wertigen reduziert. Die Konzentration der Salzsäure soll bei Anwendung des Zinkamalgams 2 bis 6 n, bei Wismutamalgam 6 bis 10 n sein.

C. Colorimetrische Bestimmung.

Man kann den Uranylsalzüberschuß im Filtrat der Ammoniumuranylphosphatfällung durch colorimetrischen Vergleich ermitteln (GIBSON und ESTES; HINSBERG und LANG). Ähnlich arbeitet LECLÈRE unter Verwendung des PULFRICH-Photometers. DUPARC und ROGOVINE benutzen die gelborange Farbe der Uranylsalicylsäureverbindung (siehe S. 131) zur Colorimetrie.

1. Verfahren von GIBSON und ESTES. ***Reagenzien.*** *1. Uranylacetatlösung:* 35,46 g Uranylacetat werden in 1000 ml Wasser gelöst. Man stellt die Lösung durch direkte Titration (siehe S. 130) ein und verdünnt Teile davon zur Colorimetrie auf das 50fache. — *2. Pufferlösung:* 20 g Natriumacetat werden in Wasser gelöst. Man fügt 100 ml 30%ige Essigsäure hinzu und füllt zu 1 l auf. — *3. 10%ige Lösung von gelbem Blutlaugensalz.*

Arbeitsvorschrift. Saure Lösungen werden mit Ammoniak neutralisiert. Überschüssiges Ammoniak wird verkocht, bis ein eingeworfenes Stückchen Lackmuspapier wieder rot geworden ist. Man bringt das Volumen der Lösung auf 10 bis 15 ml, fügt 5 ml Pufferlösung, genau 50 ml Uranylacetatlösung hinzu und füllt zu 100 ml auf. In derselben Weise stellt man eine Vergleichslösung aus der Pufferlösung und der Uranylacetatlösung her. Nach dem Stehen über Nacht entnimmt man der Probelösung 10 ml klare Flüssigkeit, versetzt sie mit 1,5 ml der Blutlaugensalzlösung und füllt die Mischung im Meßkolben auf 100 ml auf. Die beiden Lösungen werden colorimetrisch verglichen. — Bei Gegenwart von Sulfat tritt eine Verzögerung der Farbentwicklung bis zu 15 Min. ein.

2. Verfahren von HINSBERG und LANG. ***Reagenzien.*** *1. Uranylacetatlösung:* 2,1215 g Uranylacetat werden in 1000 ml Wasser gelöst. — *2. 0,5%ige Lösung von gelbem Blutlaugensalz.* — *3. Pufferlösung:* 105 g Ammoniumacetat und 100 ml Eisessig werden zu 1 l gelöst.

Arbeitsvorschrift. Die Phosphatlösung wird mit 2 ml Uranylacetatlösung und 1 ml Pufferlösung versetzt und mit Wasser auf 10 ml aufgefüllt. Den Niederschlag zentrifugiert man ab und versetzt 5 ml der klaren Flüssigkeit mit 2 ml Blutlaugensalzlösung. Nach 30 Min. colorimetriert man gegen eine Blindprobe aus 2 ml Uranylacetatlösung, 1 ml Pufferlösung und 7 ml Wasser, von welcher Mischung 5 ml mit 2 ml Blutlaugensalzlösung versetzt werden.

Bemerkungen. **I.** Der **Fehler** beträgt unter 1%. — **II.** Der **günstigste Meßbereich** ist vorhanden, wenn 25 bis 75% der vorgelegten Uranylacetatlösung verbraucht sind. Man muß also die Menge an dieser Lösung der vorhandenen Phosphormenge anpassen. — **III. Störungen.** Hoher Gehalt an Salzen oder an Säure stört, weil das Kolloid ausflockt. Oxalat, Citrat und Fluorid hemmen schon in geringer Konzentration die Entwicklung der Farbe. Diese bleibt an sich mehrere Stunden unverändert.

3. Verfahren von Leclère. ***Arbeitsvorschrift.*** 10 ml Lösung mit höchstens 0,5 mg P_2O_5 werden gegen Methylrot neutralisiert. Man fügt 2 ml Acetatpuffer (50 g Essigsäure und 100 g Natriumacetat in 1 l) und 2 ml 4%ige Uranylacetatlösung hinzu und erwärmt 5 Min. auf dem Wasserbade. Den Niederschlag zentrifugiert man ab, dekantiert ihn mit 10fach verdünnter Acetatpufferlösung und löst ihn in 0,5 ml Salzsäure (1:10). Die Lösung wird mit Glycerinwasser (1:2) und mit 0,5 ml 20%iger Lösung von gelbem Blutlaugensalzlösung versetzt. Nach 20 Min. mißt man im Pulfrich-Photometer bei 5300 oder 5700 Å. Die Bestimmung ist auf 5 bis 10% genau.

4. Verfahren von Duparc und Rogovine. ***Reagenzien.*** *1. Uranylacetatlösung:* Man löst 13 bis 15 g Uranylacetat in 1 l Wasser. — *2. 10%ige Natriumsalicylatlösung.* — *3. Calciumphosphatlösung:* 5,46 g Tricalciumphosphat werden in Salpetersäure gelöst, und die Lösung wird zu 1 l aufgefüllt.

Arbeitsvorschrift. In 2 Gläser bringt man je 20 ml der Probe und der Calciumphosphatlösung (3). Man fügt je 50 ml Wasser und je 10 ml Natriumsalicylatlösung hinzu und erhitzt beide Mischungen zum Sieden. Nun läßt man die Uranylacetatlösung bis zur Farbgleichheit zufließen. Zum besseren Farbvergleich läßt man den Niederschlag sich absetzen oder zentrifugiert ihn.

Es sind keine Beleganalysen für das zur Harnanalyse verwendete Verfahren mitgeteilt.

D. Potentiometrische Bestimmung.

Zur potentiometrischen Bestimmung der Phosphorsäure unter Verwendung von Uranylsalzlösung als Titrierflüssigkeit ist es nötig, die Erkennung des Endpunktes zu verschärfen. Hierzu verwendet Bodforss einen Zusatz von Hydrochinon, welches das 6wertige Uran zu 4wertigem reduziert. Man mißt also eigentlich das Redoxpotential $UO_2^{\cdot\cdot}/U^{\cdot\cdot\cdot\cdot}$. Der Titrationssprung ist aber doch noch undeutlich und die Bestimmung zeitraubend. Atanasiu und Velculescu konnten bei Verwendung von Platin-Nickel-Elektroden an Stelle der Kalomelelektrode genaue Werte erhalten mit einem Potentialsprung von etwa 120 mV. Sie geben folgende

Arbeitsvorschrift. Die Lösung wird mit 10%iger Essigsäure unter Verwendung von Thymolblau auf den p_H-Wert 5,5 bis 6 eingestellt. Man erwärmt auf 60 bis 70° und fügt so viel Hydrochinon hinzu, daß die Lösung etwa 0,5 bis 1%ig daran wird. Dann titriert man langsam mit einer gravimetrisch eingestellten 0,1 m Uranylacetatlösung. Es fällt Uranylhydrogenphosphat UO_2HPO_4 aus. Alkalien, Ammonium und Erdalkalien stören nicht.

E. Ampèrometrische Bestimmung.

Die Fällung der Doppeluranylphosphate von der Zusammensetzung MUO_2PO_4, in denen M = Na, K, NH_4, Ca/2 ist, die in Essigsäure unlöslich und in Mineralsäuren leicht löslich sind, benutzen Kolthoff und Cohn für die ampèrometrische Bestimmung der Phosphorsäure. Das Verfahren ist aber wegen der sehr beschränkten Anwendungsmöglichkeit infolge zahlreicher Störungen anderen Phosphatbestimmungsverfahren stark unterlegen.

Reagenzien. *1. Maßlösung.* 0,1 m Uranylacetatlösung wird durch Lösen von 42,422 g Uranylacetat ($UO_2(CH_3CO_2)_2 \cdot 2\,H_2O$) in 300 ml Wasser, Zufügen von 6 bis 10 ml Eisessig und Auffüllen zu 1 l hergestellt und gegen Phosphatlösung eingestellt. — *2. Phosphatlösung.* Kaliumdihydrogenphosphat nach SÖRENSEN wird 1 Std. lang bei 110° getrocknet. Durch Lösen von 1,3614 g in 1 l Wasser wird eine 0,01 m Lösung bereitet.

Arbeitsvorschrift. Die Probelösung wird so verdünnt, daß, alle Zugaben einbegriffen, im Endvolumen eine Phosphatkonzentration vorhanden ist, die nicht größer als 0,01 m bzw. bei Gegenwart von Calcium (und Sulfat) nicht größer als 0,005 m ist. Die Konzentration des Calciums bzw. des Sulfates soll 0,02 m bzw. 0,01 m nicht übersteigen. Falls vor der Messung eine Neutralisation der Lösung nötig ist, so wird diese mit Bromkresolgrün als Indicator bis zur grünen Farbe der Lösung ausgeführt. Der Lösung werden etwa 0,5 ml 0,1 m Essigsäure und so viel Kaliumchlorid zugefügt, daß die Chloridionenkonzentration etwa 0,1 m ist. Dann wird die Probe in die Titrierzelle gebracht und Alkohol bis zu einem Gehalt von 20% zugesetzt. Um die Luft zu vertreiben, wird 15 Min. lang Stickstoff durch die Lösung geleitet, bis der Reststrom konstant ist. Die Titration wird bei Raumtemperatur bei einem Potential von —0,7 bis —0,8 Volt ausgeführt.

Bemerkungen. **1.** Die **Genauigkeit** ist 1% und besser, wenn die Phosphatkonzentration 0,01 m bis 0,0003 m ist. Sie beträgt 4% bei 0,0001 m. — **2. Störungen.** Citrat, Tartrat und Oxalat stören, sie werden durch Zusatz von Schwefelsäure und Salpetersäure zerstört. — 2- und 3wertiges Eisen müssen entfernt werden, z. B. mit Kupferron. Hierzu wird die Lösung mit Salzsäure auf eine Konzentration von 10% HCl gebracht, mit Eis gekühlt und mit 0,5 m Kupferronlösung gefällt. Der Niederschlag und der Kupferronüberschuß sowie dessen Zersetzungsprodukte werden ausgeäthert. Die wäßrige Phase wird durch vorsichtiges Erwärmen oder durch Einleiten von Stickstoff vom Äther befreit, gegen Bromkresolgrün neutralisiert, mit Alkohol versetzt und titriert. — Magnesium in nicht zu großen Mengen stört nicht. Barium bildet bei Alkoholzusatz einen Niederschlag, der mit 1 m Essigsäure durch tropfenweisen Zusatz gelöst wird. Bei Gegenwart von Calcium und Sulfat wird aus ammoniakalischer Lösung Calciumphosphat gefällt. Die Lösung des nicht ausgewaschenen Niederschlages in Salzsäure wird wie üblich neutralisiert. Ein 100fach molarer Überschuß an Calcium erlaubt dann noch die Bestimmung mit 0,5% Genauigkeit. — Pyrophosphat, Arsenat und Vanadat stören, Pyrophosphat kann mittels Cadmiumsalz gefällt werden. — Alle Metalle, die bei dem p_H-Wert 3,5 Niederschläge mit Phosphat bilden, z. B. Blei, Aluminium und Chrom, müssen vor der Bestimmung abgetrennt werden.

Literatur.

ABESSER, O., W. JANI u. M. MÄRCKER: Fr **12**, 254 (1873). — ATANASIU, J. A., u. A. J. VELCULESCU: Fr. **102**, 344 (1935).

BIRNBAUM, K., u. C. CHOJNACKI: Fr. **9**, 203 (1870). — BODFORSS, S.: Svensk Kem. Tidskr. **37**, 296 (1925); durch C. **97**, **I**, 1675 (1926). — BROOCKMANN, K.: Fr. **22**, 90 (1883).

CHRÉTIEN, A., u. J. KRAFT: Bl. [5] **5**, 1399 (1938); durch Fr. **124**, 60 (1942).

DUPARC, L., u. E. ROGOVINE: Helv. **11**, 598 (1928).

FRESENIUS, R., G. NEUBAUER u. E. LUCK: Fr. **10**, 136 (1871).

GIBSON, R. B., u. C. ESTES: J. biol. Chem. **6**, 349 (1909). — GRAESER, P.: Fr. **9**, 355 (1870).

HINSBERG, K., u. K. LANG: Bio. Z. **196**, 465 (1928).

JANDER, G., u. K. REEH: Z. anorg. Ch. **129**, 302 (1923).

KLEINMANN, H.: Bio. Z. **99**, 35 (1919). — KOLTHOFF, I. M.: Die Maßanalyse, 2. Teil, S. 66. Berlin 1928. — KOLTHOFF, I. M., u. G. COHN: Ind. eng. Chem. Anal. Edit. **14**, 412 (1942); durch Fr. **129**, 290 (1949).

LECLÈRE, M. A.: J. Pharm. Chim. [8] **28**, 152 (1938); durch C. **110**, **I**, 1010 (1939). — LECONTE: C. r. **29**, 55 (1849); durch H. BECKURTS: Die Methoden der Maßanalyse, S. 949. Braunschweig 1913. — LEWIS, D. T.: Analyst **65**, 560 (1940); durch C. **112**, **II**, 927 (1941).

MOHR, C.: Fr. **21**, 216 (1882). — MÜLLER, J. A.: Bl. [3] **25**, 1000 (1901); durch C. **73**, **I**, 223 (1902).

NEUBAUER: Korrespondenzblatt Ver. wiss. Heilkunde **1858**; durch H. BECKURTS: Die Methoden der Maßanalyse, S. 950. Braunschweig 1913. — NEWTON, H. D., u. J. L. HUGHES: Am. Soc. **37**, 1711 (1915).

PINCUS: J. pr. **76**, 104 (1859). — PULMAN, O. S.: Am. J. Sci. [4] **16**, 229 (1903); durch C. **74**, **II**, 851 (1903).

REPITON, F.: (a) Moniteur scient. [4] **21**, **II**, 753 (1907); durch C. **78**, **II**, 2078 (1907); (b) 815; durch C. **79**, **I**, 295 (1908).

SAITO, SH.: J. chem. Soc. Japan **45**, 74 (1924); durch C. **99**, **I**, 382 (1928). — SCHUMANN, C.: Fr. **11**, 388 (1872). — SEELIGMANN, F.: Ch. Z. **44**, 599 (1920). — SOMEYA, K.: Z. anorg. Ch. **152**, 382 (1926). — STRECKER, W., u. P. SCHIFFER: Fr. **50**, 495 (1911).

VILLE, G.: C. r. **75**, 344 (1872); durch Fr. **11**, 437 (1872). — VOZÁRIK, A.: H. **76**, 433 (1912).

§ 4. Bestimmung durch Säure-Base-Titration.

A. Allgemeines.

Orthophosphorsäure ist eine 3basige, mittelstarke Säure, deren elektrolytische Dissoziation in 3 Stufen erfolgt, gemäß den Gleichgewichten:

(1) $$H_3PO_4 \rightleftarrows H^{\cdot} + H_2PO_4{}',$$

(2) $$H_2PO_4{}' \rightleftarrows H^{\cdot} + HPO_4{}'',$$

(3) $$HPO_4{}'' \rightleftarrows H^{\cdot} + PO_4{}'''.$$

Die zugehörigen Dissoziationskonstanten haben bei 18° die Werte: $K_1 = 1{,}1 \cdot 10^{-2}$. $K_2 = 1{,}2 \cdot 10^{-7}$ und $K_3 = 1{,}8 \cdot 10^{-12}$. Während also die erste Dissoziationsstufe der einer mittelstarken Säure entspricht, ist die zweite Dissoziation nur mit einer ziemlich schwachen Säure zu vergleichen, und die dritte Dissoziationsstufe entspricht einer sehr schwachen Säure. Daher reagieren die verschiedenen Alkalimetallsalze der Phosphorsäure in ihren wäßrigen Lösungen keineswegs neutral gegen Indicatoren. Die primären Salze $Me^IH_2PO_4$ reagieren wegen des Gleichgewichtes (2) sauer ($p_H = 4{,}5$), sekundäre Phosphate $Me^I{}_2HPO_4$ reagieren schwach basisch ($p_H = 8{,}3$) wegen des hydrolytischen Gleichgewichtes

(4) $$HPO_4{}'' + H_2O \rightleftarrows H_2PO_4{}' + OH',$$

und die tertiären Alkalisalze $Me^I{}_3PO_4$ reagieren sehr stark alkalisch ($p_H = 14{,}5$) infolge des hydrolytischen Gleichgewichtes

(5) $$PO_4{}''' + H_2O \rightleftarrows HPO_4{}'' + OH'.$$

Infolge dieser Verhältnisse ist es keineswegs gleichgültig, welcher Indicator bei der acidimetrischen Bestimmung der Phosphorsäure angewendet wird. Je nach dem Umschlagsgebiet des betreffenden Indicators wird bei der Neutralisation mit einer starken Lauge, also z. B. Natronlauge, die erste bzw. zweite bzw. dritte Stufe der Salzbildung erreicht, und daher ist auch die Berechnung des Ergebnisses so durchzuführen, daß man 1 Mol bzw. $^1/_2$ Mol bzw. $^1/_3$ Mol H_3PO_4 in Anschlag bringt. Es ist hierbei allerdings die Einschränkung zu machen, daß bei Verwendung der üblichen Indicatoren der Äquivalenzpunkt der dritten Stufe nur äußerst ungenau erfaßt wird, so daß diese Stufe praktisch bei der alkalimetrischen Bestimmung nicht in Betracht kommt, sofern die Titration nicht unter besonderen Umständen (z. B. Zusatz von Calciumchlorid) durchgeführt wird.

Aus diesen Tatsachen ergeben sich einige praktisch wichtige Folgerungen. Wenn freie Phosphorsäure vorliegt, so kann sie durch alkalimetrische Titration als ein- oder zweibasige Säure bestimmt werden. Alkaliphosphate können durch alkalimetrische Titration von der Monoalkaliphosphatstufe zur Dialkaliphosphatstufe und umgekehrt bestimmt werden. Auch in Triphosphaten definierter Zusammensetzung kann die Phosphorsäure acidimetrisch gemessen werden, indem die Lösung des Salzes mit einer starken Säure bis zum sekundären oder primären Phosphat titriert wird. Bei Gegenwart anderer starker Säuren kann die Titration der Phosphorsäure in der Weise ausgeführt werden, daß durch Titration bis zum Umschlag von z. B. Methylorange die Fremdsäure und gleichzeitig die Phosphorsäure bis zur Monophosphatstufe neutralisiert werden, und daß der Verbrauch an Lauge bei anschließender Titration bis zum Umschlag von Phenolphthalein als Maß für die vorhandene Phosphorsäure benutzt wird.

Die hier geschilderten Verhältnisse sind von den Analytikern schon frühzeitig erkannt worden. Die erste Angabe über die Kennzeichnung der Monophosphatstufe mittels Indicatoren stammt von SCHLICKUM, der dafür Lackmus ungeeignet, aber Cochenille brauchbar findet und auch Beispiele für die Titration von reiner Phosphorsäure bis zum primären Phosphat gibt. Der heute viel verwendete Indicator Methylorange ist zuerst von JOLY für die Titration der Phosphorsäure vorgeschlagen worden. Da das Umschlagsgebiet des Methylorange zwischen den p_H-Werten 3,1 und 4,4 liegt, so wird bei Anwendung dieses Indicators also das primäre Salz gebildet, es trifft daher beim Umschlag des Indicators auf 1 Äquivalent Lauge 1 Mol Phosphorsäure. Man muß jedoch nicht auf die Mischfarbe des Indicators, sondern auf die Säurefarbe (rot) titrieren. Besser verwendet man nach KOLTHOFF (f) zum Farbvergleich eine mit Methylorange versetzte Kaliumdihydrogenphosphatlösung (KH_2PO_4) von etwa der gleichen Konzentration, wie sie die austitrierte Lösung aufweist. Die Bestimmung ist nach diesem Autor auf etwa 0,5% genau. Nach KOLTHOFF (d) können Phosphate in 0,1 n Lösung bis zur ersten Stufe auch gegen Dimethylgelb titriert werden (Umschlagsgebiet $p_H = 2,9$ bis 4,0). Allerdings ist es besser, das Phosphat (z. B. gefälltes Ammoniummagnesiumphosphat) in überschüssiger Säure aufzulösen und deren Überschuß mit Lauge zurückzumessen. — Es ist als Indicator für die Titration der Phosphorsäure bis zur ersten Stufe auch Bromkresolgrün (Umschlagsgebiet $p_H = 3,8$ bis 5,4) anwendbar. Mit diesem Indicator wird bis auf einen gelbgrünen Farbton titriert.

Die Titration der Phosphorsäure bis zur zweiten Stufe, also bis zur Bildung des sekundären Alkalisalzes, ist weniger genau als die bis zur ersten Stufe. Das hierfür meist angewendete Phenolphthalein befriedigt nicht ganz. Nach KOLTHOFF (f) beginnt der Umschlag schon etwa 7% vor dem Äquivalenzpunkt. Genauer wird die Titration bei halber Sättigung der Titrationslösung mit fest zugefügtem Natriumchlorid [KOLTHOFF (a)]. Dieses drängt die Hydrolyse zurück, verschiebt also das Gleichgewicht (2) nach rechts. Wenn nun auf einen schwach rosa Farbton titriert wird, so wird eine Genauigkeit von etwa 1% erreicht. Wenn als Indicator Thymolphthalein verwendet wird, so darf kein Natriumchlorid zugesetzt werden. Bei Benützung carbonatfreier Lauge kann man bis zu einer Genauigkeit von etwa 0,5 bis 1% gelangen (bis schwach blau titrieren!). Zur Titration bis zur zweiten Stufe ist auch Kresolphthalein (Umschlagsgebiet $p_H = 8,2$ bis 9,8) vorgeschlagen worden (SMITH). — Nach KOLTHOFF (b) kann die zweite Stufe der Phosphorsäure mit Kalkwasser und Dimethylamidoazobenzol als Indicator nicht titriert werden, sondern nur die erste, weil kein Calciumhydrogenphosphat $CaHPO_4$ ausfällt, sondern „hauptsächlich" Tricalciumphosphat (siehe dazu S. 137).

Nach DE LA ROCHE hat der Indicator Poirierblau C 4 B einen Umschlag bei $p_H = 10,4$, so daß hiermit die dritte Stufe der Phosphorsäure erreicht werden kann. Da aber bei $p_H = 12$ erst je 50% Hydrogenphosphat-Ionen und Phosphat-Ionen nebeneinander vorliegen, so kann eine Titration mit dem genannten Indicator kaum zu richtigen Werten führen. Es ist auch nicht üblich, unter gewöhnlichen Bedingungen bis zu dieser Stufe zu titrieren.

Mit Mischindicatoren kann nach KOLTHOFF (e) die zweite Stufe scharf titriert werden. In Betracht kommt eine Mischung von Naphtholphthalein (1 Teil 0,1%ige alkoholische Lösung) mit Phenolphthalein (3 Teile ebensolcher Lösung) mit dem

Umschlag bei $p_H = 9,7$. Der von MOERK bzw. von MOERK und HUGHES vorgeschlagene Mischindicator aus Methylorange und Indigocarmin ist kaum zu empfehlen, einmal weil die Mischung wenig haltbar ist und also immer frisch angesetzt werden muß, und zum andern Mal, weil Indigocarmin in alkalischem Medium zersetzt wird. LEITHE verwendet bei der Titration unter Zusatz von Calciumchlorid einen aus Phenolphthalein, Dimethylgelb und Methylenblau zusammengesetzten Mischindicator. Auf die Zusammenstellung der Farben der gebräuchlichen Indicatoren bei der Titration mit 0,1 n Lauge bis zur Bildung von primärem bzw. sekundärem bzw. tertiärem Phosphat von DUBSKÝ und LANGER sei hingewiesen.

KOCSIS und v. SZ. NAGY verwenden Chromotropsäure (1,8-Dioxynaphthalin-3,6-disulfosäure) als Indicator bei der Fluorescenzmaßanalyse in ultraviolettem Licht.

An Stelle von Natronlauge als Meßlösung hat CAVALIER Lösungen von Calciumhydroxyd bzw. Strontiumhydroxyd bzw. Bariumhydroxyd zur Titration von Phosphorsäure benutzt. Hierbei entstehen Niederschläge der Erdalkaliphosphate, die in kristalliner Form auftreten müssen, wenn überhaupt die Titrationen richtige Ergebnisse liefern sollen. Bei Verwendung von Methylorange als Indicator erfolgt in allen drei Fällen der Umschlag bei der ersten Stufe. Mit Phenolphthalein wird mit Strontium- bzw. Bariumhydroxyd die zweite Stufe, mit Calciumhydroxyd in 0,01 n Lösung „mit mäßiger Schärfe“ die dritte Stufe erreicht. KOLTHOFF (b) titriert mit Kalkwasser und Dimethylaminoazobenzol als Indicator bis zur ersten Stufe. Die zweite Stufe ist mit Calciumhydroxyd nicht zu erreichen, weil als Niederschlag niemals Calciumhydrogenphosphat ($CaHPO_4$), sondern immer nur „tertiäres“ Calciumphosphat (siehe dazu unten) auftritt. VILLARD (a) empfiehlt Barytwasser zur Titration, weil die Umschlagspunkte mit Natronlauge schlecht erkennbar seien. Die Verwendung von Strontiumhydroxyd ist weniger gut [VILLARD (b)].

Ganz anders liegen die Verhältnisse, wenn vor oder während der Titration ein Neutralsalz eines Metalls, das ein unlösliches tertiäres Phosphat bildet, zugesetzt wird. Als meist benutztes Salz kommt nach dem Vorschlage von BONGARTZ Calciumchlorid in Betracht. Nach den damaligen Anschauungen bildet sich das unlösliche tertiäre Calciumphosphat, und es werden drei Äquivalente der starken Salzsäure frei, die nun titriert werden können:

$$2\,H_3PO_4 + 3\,CaCl_2 \longrightarrow Ca_3(PO_4)_2 + 6HCl.$$

Obwohl schon PFYL darauf hingewiesen hat, daß die Calciumphosphate zu hydrolytischen Reaktionen neigen, und obwohl er deshalb die Einhaltung genau definierter Arbeitsbedingungen vorgeschrieben hat, ohne jedoch eine sehr große Genauigkeit zu erreichen, ist erst durch neuere Untersuchungen einwandfrei festgestellt worden, daß bei der Umsetzung zwischen Phosphat und Calciumchlorid kein tertiäres Calciumphosphat entsteht. Dieses ist in wäßrigem Medium gar nicht beständig, sondern geht infolge von Hydrolyse in Hydroxylapatit $Ca_{10}(PO_4)_6(OH)_2$ über (TRÖMEL und MÖLLER; SCHLEEDE, SCHMIDT und KINDT). Wenn aber Hydroxylapatit gefällt wird, so werden je nachdem, welche Ionenart im Überschuß vorhanden ist, Calcium-Ionen oder Phosphat-Ionen vom Hydroxylapatit adsorbiert. So ist es zu erklären, daß bei seiner Analyse das für tertiäres Calciumphosphat geltende Verhältnis $Ca:PO_4 = 3:2$ gefunden werden kann. Wenn also Phosphat-Ionen im Überschuß vorhanden sind, und das ist der Fall, wenn eine Phosphorsäurelösung oder die eines Phosphates mit Calciumchloridlösung nach BONGARTZ versetzt wird, so wird durch deren Adsorption etwa die Zusammensetzung des tertiären Calciumphosphates erreicht (TRÖMEL und MÖLLER). Es ist also infolge von Kompensation möglich, mit diesem Verfahren nach BONGARTZ zu brauchbaren Ergebnissen zu gelangen. Nach KOLTHOFF (g) ist allerdings mit keiner größeren Genauigkeit als 1 bis 2% zu rechnen. Bewußt auf den „Apatitpunkt“ hat zuerst DAMSGAARD-SÖRENSEN titriert, deren Arbeitsweise JENSEN geprüft und abgeändert hat.

CLARENS und MARGULIS titrieren mit Calciumhydroxyd ebenfalls auf die Bildung von Hydroxylapatit. Sie legen den Neutralpunkt durch graphische Darstellung fest. Das Verfahren ist aber langwierig, weil die Lösung 24 Std. lang geschüttelt werden muß. Zusammenfassend muß gesagt werden, daß ein besonderer Vorteil bei der Anwendung des Zusatzes von Calciumchlorid nicht zu erwarten ist. Überdies haben TRAVERS und PERRON festgestellt, daß bei dieser Arbeitsweise zu hohe Werte gefunden werden.

Die Benutzung von Bariumchlorid anstatt des Calciumchlorides haben MALY und HINTEREGGER vorgeschlagen. LYONS hat entsprechend gearbeitet. Diese Arbeitsweise läßt aber ebenfalls nicht auf die Erreichung brauchbarer Werte hoffen. Die Verhältnisse bei der Anwesenheit von Magnesiumchlorid haben BILTZ und MARCUS untersucht. Die Titration verläuft bis zum Magnesiumhydrogenphosphat $MgHPO_4$. Dieses setzt sich aber nach der Gleichung $4\,MgHPO_4 = Mg_3(PO_4)_2 + Mg(H_2PO_4)_2$ um, so daß unter Trübung tertiäres Magnesiumphosphat auftritt. Es wird also etwas Phosphorsäure bis zur 3 wertigen Stufe titriert, so daß ein Mehrverbrauch an Lauge eintritt. Nach den Autoren läßt sich Phosphorsäure mit Magnesiumchloridzusatz „ziemlich genau", aber nur durch Kompensation titrieren. WAGENAAR hat die dritte Stufe der Phosphorsäure nach der Fällung mit Bleinitrat bis zur Gelbfärbung mit Methylorange titriert (siehe auch § 6, S. 148). An dieser Stelle sei noch auf die Möglichkeit der acidimetrischen Titration der Phosphorsäure nach der Fällung von Silberphosphat hingewiesen, die in § 5, S. 146 näher besprochen wird.

Die Bestimmung der Endpunkte der Titrationen der Phosphorsäure kann selbstverständlich auch auf elektrometrischem Wege, und zwar sowohl durch Potentiometrie als auch durch Konduktometrie erfolgen. Nach LANZING und VAN DER WOLK kann durch Konduktometrie die erste Stufe bei einer Konzentration von 0,1 n und höher genau erfaßt werden. Die zweite Stufe läßt sich bei etwas niedrigerer Konzentration bestimmen. Bei einer Normalität von 0,3 n und 0,2 n kann auch noch die dritte Stufe ermittelt werden, jedoch verläuft die Kurve wegen der Hydrolyse sehr flach. Für das Gelingen der Bestimmung sind folgende Bedingungen einzuhalten: Verwendung carbonatfreier Lauge, Fernhaltung der Luft vom Leitfähigkeitsgefäß, Konstanthaltung der Temperatur (Thermostat), Konzentration der Phosphorsäure nicht über 0,1 n, Beschränkung der Bestimmung auf die Erreichung der ersten Stufe. HIGGINS und Mitarbeiter bestimmen in sehr verdünnten Lösungen auch nur die erste Stufe konduktometrisch unter Anwendung von 0,000275 n H_3PO_4 und 0,02 n NaOH. Die zweite Stufe können sie nicht erfassen. Sie führen dies darauf zurück, daß nach der ersten Stufe die Konzentration der Wasserstoff-Ionen im Verhältnis zu den Konzentrationen der anderen Ionen sehr verringert ist, und daß die Wasserstoff-Ionen als für die Leitfähigkeit verantwortlich ausfallen.

Potentiometrisch können nach SANFOURCHE mittels der Wasserstoffelektrode die erste und die dritte Stufe bei Anwendung von Calciumhydroxyd bzw. von Strontiumhydroxyd erfaßt werden, bei Anwendung von Bariumhydroxyd die erste und zweite Stufe. Diese beiden Stufen können auch mit Natronlauge und der Wasserstoffelektrode ermittelt werden. Mit der Chinhydronelektrode und Natronlauge soll auch die dritte Stufe erreicht werden können. Dies erscheint vollkommen widersprechend, da die Chinhydronelektrode bekanntlich nur bis zu einem p_H-Wert etwa = 8 brauchbar ist, während bei Vorliegen des tertiären Natriumphosphates die Lösung einen p_H-Wert von etwa 14 hat. Daher wendet sich auch HAHN gegen diesen Befund von SANFOURCHE. HAHN erklärt ihn so, daß SANFOURCHE wahrscheinlich das im Chinhydron enthaltene Hydrochinon als einbasige Säure mittitriert hat, weil nach SANFOURCHE der Wendepunkt nur dann einwandfrei erkennbar war, wenn die Lösung bei der Alkalität des dritten Ausgleiches nahezu an Chinhydron gesättigt war. Die Konzentrationen der benutzten Lösungen waren je 0,1 m. Schon kurz vorher hatten HAHN und KLOCKMANN gezeigt, daß man die dritte Stufe der Phosphorsäure potentiometrisch nur dann erfassen kann, wenn man in konzentrierten Lösungen gegen die Wasserstoffelektrode mißt. Hierzu ist eine gesättigte Lösung von Dinatriumhydrogenphosphat und 20 n NaOH erforderlich. Da solche Konzentrationen aber ohne analytische Bedeutung sind, so hat also die Bestimmung der dritten Stufe der Phosphorsäure auf potentiometrischem Wege keinen Sinn in der analytischen Chemie. Mittels der Antimonelektrode können nach VOGEL alle drei Stufen erfaßt werden, wobei die Potentialeinstellung bei Raumtemperatur sehr schnell erfolgt. Auch mit Kalkwasser werden nach WENGEROWA, BRUTZKUSS und PALMER alle drei Stufen an der Antimonelektrode erhalten, mit Ammoniak aber nur die erste und die zweite. — Bei potentiometrischer Titration reiner Phosphorsäurelösungen an einer Antimonelektrode kann nach FISCHER und KRAFT unter möglichst vollständigem Ausschluß von Kohlendioxyd und beim Arbeiten unter günstigsten Konzentrationsverhältnissen (60 ml Anfangsvolumen, 0,1 n Lauge, 0,033 ml Tropfenvolumen, etwa 10 ml 0,1 n H_3PO_4) eine Genauigkeit von $\pm$ 0,3% erreicht werden. — Auch andere Autoren empfehlen den völligen Ausschluß von Kohlendioxyd bei der potentiometrischen Titration (siehe § 10, A, S. 164).

B. Arbeitsvorschriften.

1. Direkte alkalimetrische Titration.

I. Titration bis zur 1. Säurestufe. Man mißt die zu bestimmende Phosphorsäurelösung in einen PHILIPPS-Becher ab, gibt einige Tropfen Methylorangelösung hinzu und titriert mit Natronlauge bis zu einem solchen Farbtone, wie ihn eine 0,1 m Lösung von Kaliumdihydrogenphosphat, die mit Methylorange versetzt ist, besitzt. Die Konzentration der Natronlauge ist zweckmäßig 0,1 n oder höher, die der Phosphorsäurelösung soll sich nicht sehr von dieser Konzentration unterscheiden. 1 ml 0,1 n NaOH = 9,800 mg H_3PO_4. Genauigkeit etwa 0,5%.

II. Titration bis zur 2. Säurestufe. Man mißt die zu bestimmende Phosphorsäurelösung in einen PHILIPPS-Becher ab, sättigt sie zur Hälfte mit Natriumchlorid, fügt einige Tropfen Phenolphthaleinlösung hinzu und titriert mit Natronlauge auf schwach Rosa. Genauigkeit etwa 1%.

An Stelle von Phenolphthalein kann Thymolphthalein benutzt werden. In diesem Falle darf kein Natriumchlorid zugesetzt werden. Man titriert auf einen schwach blauen Farbton. 1 ml 0,1 n NaOH = 4,900 mg H_3PO_4.

2. Alkalimetrische Titration unter Zusatz von Calciumchlorid.

I. Vorschrift von BONGARTZ-KOLTHOFF (g). Die Lösung, die nicht mehr als 70 mg P_2O_5 enthalten soll, wird gegen Dimethylgelb neutralisiert. Man fügt 30 ml 40%ige *neutrale* Calciumchloridlösung hinzu und erhitzt die Mischung in einem Jenaer ERLENMEYER-Kolben zum Sieden. Dann kühlt man auf 14° ab, versetzt mit Phenolphthaleinlösung und titriert unter Schütteln mit carbonatfreier Lauge bis zur deutlichen Rosafärbung. Den mit einem Gummistopfen verschlossenen Kolben läßt man 2 Std. bei 14° stehen. Die in dieser Zeit farblos gewordene Lösung wird nochmals auf Rosa titriert. Genauigkeit etwa 1 bis 2%. 1 ml 0,1 n NaOH = 4,900 mg H_3PO_4.

II. Vorschrift von SMITH. 1 g 20%ige Phosphorsäure wird mit Wasser und 2 Tropfen einer 0,04%igen Lösung von Dimethylaminoazobenzol versetzt und mit 0,2 n NaOH bis zur hellgelben Farbe titriert. Zu dieser Lösung fügt man einige Tropfen einer 0,04%igen Lösung von Kresolphthalein in 60%igem Alkohol und titriert mit 0,2 n NaOH bis zur Rosafärbung. Dann fügt man eine wäßrige Lösung von 5 g Calciumchlorid hinzu, erwärmt auf 70° und titriert bis zum ersten Erscheinen der Rosafärbung. Dieses Resultat soll das 3fache der ersten Titration sein. Das Verfahren dient zur schnellen Bestimmung für pharmazeutische Zwecke.

III. Vorschrift von Damsgaard-Sörensen. Man stellt den ersten oder zweiten Umschlagspunkt mit dem Mischindicator Methylrot–Phenolphthalein (0,1 g Methylrot und 0,4 g Phenolphthalein in 100 ml 90%igem Alkohol) durch Vergleich mit Pufferlösungen ein, und zwar den ersten gegen 40 ml Citratpuffer + 10 ml 0,1 n HCl und den zweiten gegen 40 ml Boratpuffer + 10 ml 0,1 n HCl. Dann gibt man überschüssiges Calciumchlorid zu und titriert mit Natronlauge, bis eine schwache Rotfärbung nach 2 Min. Kochzeit nicht mehr verschwindet. Der Verbrauch an NaOH soll dann das 3½fache dessen der ersten Stufe sein und dem „Apatitpunkt" (siehe S. 137) entsprechen.

Ammoniak und Kohlensäure müssen vor der Bestimmung entfernt werden, weil sie zu Störungen Anlaß geben. Magnesium, Strontium und Barium stören nicht in sehr kleinen Mengen. Aluminium und 3wertiges Eisen wirken auch in kleinen Mengen störend. Den störenden Einfluß des Fluors schaltet Jensen durch eine Abänderung des Verfahrens aus. Ammoniak stört nach diesem Verfasser nicht.

IV. Vorschrift von Leithe. ***Reagenzien.*** 1. Mischindicator. 1 g Phenolphthalein, 0,1 g Dimethylgelb und 0,07 g Methylenblau werden in 150 ml Alkohol gelöst. — 2. Calciumchloridlösung. Man bereitet eine 14%ige Lösung (D 1,10) aus entsprechenden Mengen Salz und Wasser, gibt einige Tropfen des Mischindicators und 0,5 n Salzsäure bis zum eben rötlichen Farbton hinzu, verkocht etwa anwesende Kohlensäure, läßt erkalten und titriert mit 0,5 n Natronlauge auf Graugrün.

Arbeitsvorschrift. 5 g feinstgepulverte Substanz (Phosphorit, Präcipitat oder dergleichen) werden in einem mit Steigrohr versehenen Kölbchen mit 25 ml 4 n Salzsäure oder Salpetersäure 10 Min. lang gelinde gekocht. Nach dem Abkühlen wird die Lösung in einen 100 ml-Meßkolben zur Marke aufgefüllt und dann filtriert. (Bei Superphosphat wird mit 10 ml 4 n Salzsäure gekocht und zu 250 ml aufgefüllt.) 20 ml Filtrat (von Superphosphat 10 ml) werden nach Zugabe von 10 ml Calciumchloridlösung und 10 Tropfen Mischindicator mit 0,5 n Natronlauge bei guter Beleuchtung unter ständigem Schütteln titriert. In der anfangs violettroten Probe bildet sich bei fortschreitendem Zusatz von Natronlauge ein Niederschlag, der sich wieder löst, außer bei Gegenwart von Aluminium und Eisen. Die rote Farbe verblaßt und schlägt nach Grau um (Übergang $H_3PO_4 \rightarrow NaH_2PO_4$). Die Lösung muß in der Durchsicht rein grau ohne rötlichen oder grünen Ton sein. Nach fortgesetztem Natronlaugeszusatz wird die Probe grün, und die Menge des Niederschlages nimmt zu. Der an der Einfallstelle auftretende rote Farbton des Phenolphthaleins verschwindet zunächst durch starkes Schütteln. Der Zusatz der Lauge wird fortgesetzt, bis der ausgeprägt rote Ton 20 Sek. lang bestehenbleibt. Dann nimmt man ihn durch höchstens 2 Tropfen 0,5 n Salzsäure bis zum blaßrötlichen Farbton wieder weg und zieht das Volumen der hierzu verbrauchten Säure von der Laugenmenge ab. 1 ml 0,5 n NaOH (zwischen den beiden Farbumschlägen) = 17,8 mg P_2O_5.

Störungen. Aluminium, Eisen(III) und Chrom(III) stören die Bestimmung, nur bei kleinen Gehalten daran ist der Fehler wenig merklich. Störende Eisengehalte können ausgeglichen werden, wenn man für je 10 mg Fe_2O_3 0,1 ml 0,5 n NaOH zum Laugenverbrauch zwischen beiden Farbumschlägen addiert. Schwache Säuren, wie Kohlensäure, Schwefelwasserstoff und schweflige Säure, stören und können in der mineralsauren Lösung durch Kochen beseitigt werden. Kieselsäure wird durch Eindampfen der sauren Lösung abgeschieden.

3. Fluorescenztitration nach Kocsis und v. Sz. Nagy.

Indicatorlösung. 5%ige wäßrige Lösung von Chromotropsäure. — Die in ultraviolettem Licht undurchsichtig grünlichbraune Lösung erfährt durch geringe Mengen Lauge eine erhebliche Steigerung der Eigenfluorescenz zu einem leuchtenden Farbton, während geringe Mengen Säure die Fluorescenz gänzlich auslöschen.

Arbeitsvorschrift. Man arbeitet in nichtfluorescierenden Gefäßen mit ebensolchem Glasstab zum Umrühren und erzeugt das ultraviolette Licht mit der UV-Lampe nach Haitinger.

Beim Versetzen der Phosphorsäurelösung mit Lauge erhält die nichtfluorescierende Lösung in der Nähe des Äquivalenzpunktes einen sehr schwachen, kaum bemerkbaren, bläulichgrauen Stich, der beim Äquivalenzpunkt scharf nach hellblau umschlägt. Dieser Farbton ist mit der Fluorescenzfarbe der wäßrigen Chromotropsäurelösung identisch. Durch fortgesetzten Zusatz von Lauge wird die Farbe leuchtend stark und ändert sich durch übermäßigen Laugezusatz nicht weiter.

4. Titration der Phosphorsäure bei Gegenwart von Borsäure.

Nach BILTZ und MARCUS können Phosphorsäure und Borsäure bei Gegenwart von Magnesiumchlorid „ziemlich genau", aber nur durch Kompensation bestimmt werden. Bei Gegenwart von Calciumchlorid ist die Bestimmung „leidlich genau unter der Annahme, daß die Phosphorsäure mit Calciumchlorid dreibasig titriert wird". Nach KOLTHOFF (c) kann anwesende Borsäure durch Natriumcitrat unschädlich gemacht werden. Nach den Erfahrungen von DEERNS ist aber der Umschlag des Indicators besonders bei der Phosphorsäure unscharf. Die Reaktion an den Endpunkten der Phosphorsäure- und Borsäuretitration ist von den vorhandenen Mengen Phosphat, Borat und Citrat abhängig. Ein Gemisch von primärem Phosphat, Borsäure und Citrat ist nicht sofort nach dem Mischen im Gleichgewicht, sondern dieses stellt sich nur langsam ein.

Vorschrift von KOLTHOFF (c). Die mit Dimethylgelb neutralisierte Lösung wird mit 5 bis 10 ml 40%iger Natriumcitratlösung versetzt und mit 0,1 n Lauge gegen Phenolphthalein bis zur Rotfärbung, die mindestens 3 Min. bestehenbleiben soll, titriert. Nach Zusatz von Mannit wird sodann die Borsäure titriert.

5. Potentiometrische Titration.

I. Vorschrift von VOGEL. Die Apparatur besteht aus 2 Antimonelektroden, die zuvor durch Eintauchen in konzentrierte Salpetersäure und nachfolgendes Wässern auf der Oberfläche aktiviert werden. Die eine Elektrode wird in die zu titrierende Lösung gebracht, die zweite befindet sich in einem Becherglas mit 0,1 n HCl, die Stromleitung erfolgt über einen mit konzentrierter Kaliumchloridlösung gefüllten Heber. Das Potential zwischen den beiden Antimonelektroden dieser Konzentrationskette wird zweckmäßig nach dem Kompensationsverfahren mit dem Capillarelektrometer gemessen. Die Potentialeinstellung erfolgt bei Raumtemperatur sehr schnell. Man kann alle drei Stufen der Phosphorsäure messen.

Zur Bestimmung der wasserlöslichen Phosphorsäure in Superphosphat werden 20 g Superphosphat mit 2 g Calciumcarbonat und 1 l Wasser kräftig geschüttelt. 20 ml der filtrierten Lösung werden titriert.

II. Vorschrift von WENGEROWA, BRUTZKUSS und PALMER. Zur Betriebsüberwachung wird eine Antimonelektrode in die zu überwachende Lösung, welche das Gefäß durchströmt, und eine zweite in eine entsprechende filtrierte Lösung mit dem gewünschten p_H-Wert eingetaucht. Die Verbindung erfolgt über einen dicken Filtrierpapierstopfen. Die Elektroden werden mit einem empfindlichen Galvanometer verbunden. Der Einfluß der Strömung und der Trübung muß experimentell bestimmt und danach berücksichtigt werden.

Literatur.

BILTZ, W., u. E. MARCUS: Z. anorg. Ch. **77**, 131 (1912). — BONGARTZ, J.: Ar. **222**, 846 (1884).

CAVALIER, J.: C. r. **132**, 1330 (1901); Bl. [3] **25**, 796, 903 (1901). — CLARENS, J., u. H. MARGULIS: Bl. [5] **4**, 2081 (1937).

DAMSGAARD-SÖRENSEN, P.: Kem. Maanedsbl. nord. Handelsbl. kem. Ind. **15**, 73 (1934); durch C. **105**, **II**, 3992 (1934). — DEERNS, W. M.: Chem. Weekbl. **25**, 268 (1928); durch C. **99**, **II**, 171 (1928). — DUBSKÝ, J. V., u. A. LANGER: Fr. **93**, 272 (1933).

FISCHER, J., u. G. KRAFT: Fr. **135**, 321 (1952).

HAHN, F. L.: Angew. Ch. **45**, 77 (1932). — HAHN, F. L., u. R. KLOCKMANN: Ph. Ch. A **151**, 80 (1930). — HAITINGER, M.: Mikrochem. **9**, 430 (1931). — HIGGINS, CH. C., D. ROY MCCULLAGH, F. HOWORKA u. E. E. MENDENHALL: Am. Soc. **63**, 2295 (1941).

JENSEN, A. T.: Kong. veterin.- og landsbohøjskole Aarskr. **1935**, 41; durch C. **106**, **II**, 255 (1935). — JOLY, A.: C. r. **94**, 529 (1881); durch Fr. **21**, 571 (1882).
KOCSIS, E. A., u. Z. v. SZ. NAGY: Fr. **108**, 317 (1937). — KOLTHOFF, I. M.: (a) Chem. Weekbl. **12**, 644 (1915); durch C. **86**, **II**, 580 (1915); (b) **12**, 662 (1915): durch C. **86**, **II**, 581 (1915); (c) **19**, 449 (1922); durch C. **94**, **II**, 605 (1923); (d) Die Maßanalyse, 2. Aufl. 1931, 2. Teil, S. 160; (e) S. 66; (f) S. 145; (g) S. 146.
LANZING, J. C., u. L. J. VAN DER WOLK: R. **48**, 83 (1929). — LEITHE, W.: Mikrochem. **33**, 200 (1947); durch Fr. **129**, 289 (1949); C. **118**, E 248 (1947). — LYONS, A. B.: Pharm. Rev. **26**, 97 (1908); durch C. **79**, **I**, 1991 (1908).
MALY, R., u. F. HINTEREGGER: Fr. **15**, 417 (1876). — MOERK, F. X.: Am. J. Pharm. **94**, 641 (1922); durch C. **94**, **IV**, 487 (1923). — MOERK, F. X., u. C. J. HUGHES: Am. J. Pharm. **94**, 650 (1922); durch C. **94**, **IV**, 488 (1923); **95**, 671 (1923); durch C. **95**, **I**, 944 (1924).
PFYL, B.: Arb. Kais. Gesundheitsamt **47**, 1 (1914); durch C. **85**, **I**, 916 (1914).
ROCHE, B. DE LA: Bl. [5] **2**, 1148 (1935); durch Fr. **105**, 446 (1936).
SANFOURCHE, A.: C. r. **192**, 1225 (1931). — SCHLEEDE, A., W. SCHMIDT u. H. KINDT: Z. El. Ch. **38**, 633 (1932). — SCHLICKUM, O.: Ar. [3] **15**, 325 (1879). — SMITH, W.: Quart. J. Pharmac. Pharmacol. **2**, 238 (1929); durch C. **100**, **II**, 2920 (1929).
TRAVERS, A., u. PERRON: A. Ch. [10] **2**, 43 (1924). — TRÖMEL, G., u. H. MÖLLER: Z. anorg. Ch. **206**, 227 (1932).
VILLARD, P.: (a) C. r. **191**, 1101 (1930); (b) **192**, 1332 (1931). — VOGEL, J. CH.: J. Soc. chem. Ind. **49** Transact. 297 (1930); durch Fr. **93**, 453 (1933).
WAGENAAR, M.: Pharm. Weekbl. **48**, 845 (1911); durch C. **82**, **II**, 721 (1911). — WENGEROWA, W. J., J. B. BRUTZKUSS u. E. W. PALMER: Betriebslab. **3**, 1105 (1934); durch C. **106**, **II**, 2992 (1935).

§ 5. Bestimmung durch Fällung als Silberphosphat.

Ag_3PO_4, Molekulargewicht 418,62.

Allgemeines.

Die Bestimmung der Phosphorsäure durch Fällung als tertiäres Silberphosphat Ag_3PO_4 eignet sich nicht zur gravimetrischen Ermittlung. Jedoch ist das Verfahren vielseitiger Anwendung fähig, wenn es auf maßanalytischem Wege ausgeführt wird. COTTERAU war wohl der erste Analytiker, der mit Lackmus genau neutralisierte Alkaliphosphatlösungen mit Silberlösung titrierte, bis die nach jedem Zusatze durch Schütteln geklärte Flüssigkeit auf weiteren Zusatz keine Trübung mehr erfährt. MOHR fällte die Phosphorsäure mit einem Überschuß an Silbernitratlösung quantitativ aus und versuchte, den Überschuß an Silber mit Natriumchloridlösung und Kaliumchromat als Indicator zurückzutitrieren. Er erhielt zu hohe Werte und gab deshalb das Verfahren auf. Die Bestimmung der Phosphorsäure mittels Fällung des Silberphosphates kam aber dennoch zu einer gewissen Bedeutung als analytisches Verfahren, nachdem PERROT die Ausfällung in gepufferter, essigsaurer Lösung vornahm, KRATSCHMER und SZTANKOVANSZKY die Befunde PERROTS bestätigten und selber die Rücktitration des überschüssigen Silbers nach VOLHARD durchführten und HOLLEMAN die letztere Arbeitsweise verfeinerte. Nach den Arbeiten mehrerer Autoren, die bis in die jüngste Zeit reichen, kann diese Verfahrensweise als brauchbar und zeitsparend bezeichnet werden. Als eine Variante kann die argentometrische Bestimmung des Silbers nach VOLHARD im isolierten Niederschlage gelten (LE GUYON und MAY). Von Bedeutung ist auch die akalimetrische Titration der bei der Fällung des Silberphosphates gemäß der Umsetzungsgleichung, z. B.

$$3\,Na_2HPO_4 + 6\,AgNO_3 = 2\,Ag_3PO_4 + 6\,NaNO_3 + H_3PO_4$$

aus sauren Alkaliphosphaten entstehenden freien Phosphorsäure [WILKIE (a)], die verschiedene Abwandlungen erfahren hat. Die potentiometrische Bestimmung des Silberphosphates haben BREDFORD und Mitarbeiter und MICHALSKI versucht. KLEINMANN kann die Nephelometrie des Silberphosphates nicht empfehlen. Das Silber-Thallium(I)-phosphat Ag_2TlPO_4 benutzen SPACU und Mitarbeiter zur gravimetrischen Phosphatbestimmung.

Löslichkeit des Silberphosphates. KOLTHOFF (a, c) hat für die Löslichkeit des Silberphosphates unter verschiedenen Bedingungen die folgenden Werte der Silberionenkonzentration angegeben:

Silberionen-konzentration	p_H	Bemerkungen
$4,4 \cdot 10^{-3}$	5,2	In Wasser
$3 \cdot 10^{-3}$	5,7	In Acetatpuffer
$2,2 \cdot 10^{-3}$	6,0	In Acetatpuffer
$1,8 \cdot 10^{-3}$	7,0	In Acetatpuffer
$1,6 \cdot 10^{-3}$	7,6	In Acetatpuffer
$1,2 \cdot 10^{-3}$	7,8	In $NaHCO_3$
$3,5 \cdot 10^{-5}$	10,8	In gesättigter Magnesiumoxydsuspension
10^{-5}	11,2	In 0,1 n Natriumcarbonatlösung

A. Argentometrische Titration.

Das Verfahren beruht auf der Ausfällung des tertiären Silberphosphates durch eine eingestellte Silbernitratlösung in einer mit Ammonium- oder Natriumacetat gepufferten Lösung und der Bestimmung des überschüssigen Silbers in einem aliquoten Teile des Filtrates nach VOLHARD (KRATSCHMER und SZTANKOVANSZKY; HOLLEMAN). Für das Gelingen der Analyse ist die genaue Neutralisation der Fällungslösung bzw. vollständige Pufferung dringend erforderlich, damit die Ausfällung des Silberphosphates quantitativ werde. Um diese Forderung zu erfüllen, sind verschiedene Vorschläge gemacht worden. Neben der üblichen Neutralisation mit Lauge bzw. der Pufferung mit Acetat ist besonders die Anwendung von Zinkoxyd nach ROSIN bzw. von Zinkhydroxyd nach MAURINA erwähnenswert.

1. Verfahren von KOLTHOFF (b). ***Arbeitsvorschriften.*** a) Die Analysenlösung wird mit einem nicht zu großen Überschuß einer eingestellten Silbernitratlösung versetzt. Man neutralisiert mit chloridfreier Lauge bis zur Zwischenfarbe von Phenolrot (Umschlagsgebiet: p_H 6,8 bis 8,0) und füllt mit Wasser zu einem bekannten Volumen auf. Den Niederschlag filtriert man auf einem trockenen Filter ab und bestimmt in einem aliquoten Teile des Filtrates den Silberüberschuß nach VOLHARD. — b) Die Analysenlösung, die gegen Methylorange nicht mehr sauer reagiert, wird mit einem Überschuß einer eingestellten Silbernitratlösung und mit wenigstens 2 g Natriumacetat versetzt. Man filtriert den Niederschlag ab und arbeitet weiter wie unter a. HOLLEMAN empfiehlt die Verwendung dunkler Meßgefäße und Trichter oder überhaupt Arbeiten im Dunklen.

Bemerkung. **Die Genauigkeit** beträgt nach KOLTHOFF (b) etwa 0,5%. STRECKER und SCHIFFER erhielten bei ähnlicher Arbeitsweise gute Werte. Nach WILKIE (b) ergibt die Titration nach HOLLEMAN nach obiger Arbeitsvorschrift b zu hohe Werte. Nach demselben Verfasser (c) beruht dies auf der Mitfällung von Silberacetat. Um dies zu vermeiden, soll nur eine möglichst geringe Menge Natriumacetat (10 ml etwa 0,1 n Lösung) zugesetzt werden. Dann sollen die Ergebnisse sehr gute sein.

2. Verfahren von ROSIN.

Die bei der Fällung saurer Phosphate mit Silbernitratlösung entstehende freie Phosphorsäure (siehe die Umsetzungsgleichung auf S. 142) wird nach ROSIN durch zugesetztes Zinkoxyd neutralisiert, indem tertiäres Zinkphosphat gebildet wird. Dieses setzt sich mit Silbernitrat zu tertiärem Silberphosphat um. ROSIN fand nämlich, daß in Essigsäure lösliche Phosphate (also diejenigen der alkalischen Erden, des Magnesiums, Zinks, Mangans, Kobalts, Nickels, Kupfers, Cadmiums) mit Silbernitrat Silberphosphat bilden, wozu die in Essigsäure unlöslichen Phosphate des 3wertigen Eisens, Aluminiums, Wismuts, Bleis nicht fähig sind.

Arbeitsvorschrift. Man neutralisiert die Probelösung gegen Phenolphthalein und versetzt sie in einem Meßkolben von 200 ml Inhalt mit einem mindestens 30%igen

Überschuß einer 0,1 n Silbernitratlösung. Dann fügt man Zinkoxyd in kleinen Anteilen hinzu und schüttelt je einige Minuten um, bis ein eingeworfenes kleines Stückchen Lackmuspapier nicht mehr verfärbt wird. Nun füllt man zur Marke auf, läßt absitzen und filtriert alsbald durch ein trockenes Filter, damit nicht durch das überschüssige Zinkoxyd etwas Silberoxyd ausgefällt wird. In 100 ml des Filtrates wird der Silberüberschuß nach VOLHARD titriert.

***Bemerkungen.* I. Störungen** bewirken schon sehr kleine Mengen Aluminium und Eisen(III). Calcium, Chlorid, Sulfat und Nitrat stören nicht. — **II. Zur Analyse von gefälltem Calciumphosphat** wird dieses einige Minuten mit der doppelten theoretischen Menge 0,1 n Silbernitratlösung geschüttelt, wobei quantitativ tertiäres Silberphosphat und Calciumnitrat entstehen. Unter Verwendung der obigen Vorschrift ist die Bestimmung also ohne weiteres möglich. — **III. Ersatz des Zinkoxydes durch Zinkhydroxyd** hat MAURINA vorgeschlagen. Dieses wird hergestellt durch Schütteln von Zinkcarbonat mit dem Doppelten der theoretisch erforderlichen Menge 10%iger Kalilauge. Nach der Umsetzung wird das Zinkhydroxyd alkalifrei ausgewaschen und als wäßrige Suspension angewendet. — **IV. Abänderung von BURY.** BURY hält das Verfahren von ROSIN für umständlich. Er schlägt vor, dadurch einfacher zu arbeiten, daß an Stelle des Zinkoxydes Kupfercarbonat verwendet wird, und daß der Überschuß an Silber mit einer Lösung von gelbem Blutlaugensalz gemessen wird, wobei gelöstes Kupfer als Indicator dient. Die nötige Neutralisation der Probelösung wird am besten mit 0,1 n Boraxlösung ausgeführt.

3. Verfahren von HARBO.

50 ml sehr verdünnter reiner Alkali- oder Calciumphosphatlösung (etwa 10^{-3} m) werden mit 3 Tropfen Methylrotlösung und dann mit 0,2 n Salpetersäure bis zur Rotfärbung versetzt. Man fügt so viel 0,1 n Silbernitratlösung hinzu, daß die Silberkonzentration nach der Fällung etwa 0,003 bis 0,005 beträgt. Unter Schütteln fügt man vorsichtig tropfenweise 0,2 n Natronlauge bis zur rein gelben Farbe und unter weiterem Schütteln etwa $^1/_{10}$ des Volumens 5%iger Natriumacetatlösung hinzu. Nachdem die Mischung 15 Min. oder länger im Dunkeln gestanden hat, filtriert man den Niederschlag durch ein feuchtes Filter ab und wäscht ihn 2 mal mit je 20 ml 0,01 m Natriumacetatlösung aus. In einem Teile des Filtrates titriert man den Silberüberschuß nach VOLHARD mit 0,02 n Ammoniumrhodanidlösung.

B. Argentometrische Bestimmung des Silbers im Silberphosphatniederschlag.

Das Verfahren beruht auf der Bestimmung des Silbers nach VOLHARD in der salpetersauren Lösung des Silberphosphatniederschlages nach dessen Isolierung (LE GUYON und MAY) bzw. nach BLOOM und MCNABB durch Titration mit Kaliumjodid und Cer(IV)-salz (RUBIN und MCNABB). Nach KOLTHOFF (b) ist diese Arbeitsweise weniger genau (es entsteht ein Fehler von etwa 1%), weil sich etwas Silberphosphat beim Auswaschen auflöst.

1. Arbeitsvorschrift von LE GUYON und MAY. Man fällt die chloridfreie, salpetersaure, mit einem Überschuß an Natriumacetat versetzte Phosphatlösung mit einem Überschuß von Silbernitrat. Der Silberphosphatniederschlag wird auf einem Asbestfilter abfiltriert und mit destilliertem Wasser silberfrei gewaschen. Dann löst man den Niederschlag in Salpetersäure und bestimmt das Silber nach VOLHARD. — Bei Gegenwart von Chlorid in der Analysenlösung fällt zuerst Silberchlorid, dann erst Silberphosphat aus. Jenes hinterbleibt bei der Behandlung des Niederschlages mit Salpetersäure auf dem Filter. — Zur Kontrolle kann man den Silberüberschuß im Filtrat bestimmen.

2. Arbeitsvorschrift von RUBIN und MCNABB. Die Ausfällung des Silberphosphates geschieht nach der Vorschrift von KOLTHOFF (b) (siehe S. 143). Wegen der Löslichkeit des Silberphosphates erfolgt das Auswaschen des Niederschlages mit gesättigter Silberphosphatlösung so lange, bis ein Teil des Filtrates bei der Prüfung auf Silber nur noch eine schwache Trübung ergibt. Man löst den Niederschlag in etwa 30 ml heißer 2 n Salpetersäure, wäscht das Filter mit heißem Wasser aus und fängt die Lösungen im Fällungsgefäß auf. Man fügt so viel 6 n Schwefelsäure hinzu, daß die Mischung etwa 1 bis 2 n daran ist, versetzt mit 3 Tropfen 0,1 n Cer(IV)-ammoniumsulfatlösung und 0,5 ml 0,5%iger Stärkelösung. Nachdem man das Volumen der Lösung auf etwa 150 ml gebracht hat, titriert man mit 0,1 n Kaliumjodidlösung (durch Einwägen des Salzes hergestellt) auf einen beständigen blaugrünen Farbton (Verfahren der Silbertitration von Bloom und McNabb). Von dem erhaltenen Wert subtrahiert man diejenige Menge Kaliumjodidlösung, die bei einem Leerversuch ohne Silbernitrat zur Erzeugung der gleichen Farbe nötig ist. Die erhaltenen Ergebnisse sind gut.

C. Potentiometrische Titration.

Die Phosphatbestimmung durch potentiometrische Titration der zur Fällung erforderlichen Silbermenge bzw. von deren Überschuß nach erfolgter Fällung scheint nicht sehr gangbar zu sein. Es liegen darüber nur drei Arbeiten vor. Bredford, Lamb und Spicer erhielten keine sehr guten Ergebnisse, obwohl sie eine zweite Bürette mit 0,1 n NaOH benutzen, um die frei werdende Säure zu neutralisieren. Bei Gegenwart von Calcium fällen sie mittels Natriumfluorid aus der salpetersauren Lösung Calciumfluorid aus und führen danach die Bestimmung durch. Michalski filtrierte das quantitativ ausgefällte Silberphosphat ab und titrierte den Silberüberschuß potentiometrisch mit Kaliumchlorid oder -jodid. Das Abfiltrieren des Silberphosphates ist notwendig, weil es sich sonst mit dem Chlorid bzw. Jodid zu Silberhalogenid umsetzt. Der Fehler wird mit +0,5% angegeben. Er ist abhängig von der Menge des zur Fällung benutzten Silbers, d. h. von der Menge des Niederschlages, was durch Mitreißen von Silber erklärt wird. Anwesende Ammoniumsalze werden durch Kochen mit Natronlauge entfernt; bei Gegenwart von Calcium werden die Werte etwas zu niedrig; Eisen(III)- und Aluminiumhalogenide machen die Titration unmöglich. Flatt und Brunisholz haben jedoch unter Einhaltung eines bestimmten p_H-Wertes bei solchen Phosphatlösungen, die keine anderen mit Silber-Ionen fällbaren Anionen enthalten, recht gute Ergebnisse erzielen können. Um einen eindeutigen Potentialsprung nach der Gleichung $PO_4''' + 3\,Ag^{\cdot} = Ag_3PO_4$ zu bekommen, muß die Phosphorsäure als PO_4'''-Anion in der Lösung vorliegen. Man muß also im alkalischen Medium titrieren. Andererseits darf die Alkalität zur Vermeidung der Bildung von Silberoxyd nicht zu hoch sein. Aus den Untersuchungen der Verfasser ergibt sich, daß der p_H-Wert einer 0,01 m Phosphatlösung 9,5 nicht überschreiten darf. Andrerseits werden die Titrationskurven bei einem p_H-Wert von unter 8,5 zu flach. Der Potentialsprung ist kleiner als der bei der argentometrischen Chloridtitration, auch verläuft die Kurve bei Phosphorsäure asymmetrisch; ihr Wendepunkt ist nicht mit dem Äquivalenzpunkt identisch, worauf bei der Auswertung der Ergebnisse geachtet werden muß. Als geeignetsten Puffer empfehlen die Verfasser Borax, der den p_H-Wert der Phosphatlösung in weitem Borat-Konzentrationsbereich ohne Störungen auf 9,2 bis 9,3 konstant hält. — Die Verfasser empfehlen ein zweites Verfahren, das in der Fällung des Phosphats mit überschüssigem Silbernitrat und Rücktitration des Silberüberschusses nach dem Abfiltrieren des Silberphosphates besteht. Bei dieser Methode ist zu beachten, daß infolge des Überschusses an Silbernitrat bei p_H 9 das Löslichkeitsprodukt des Silberoxydes überschritten würde. Es genügt aber unter den gewählten Bedingungen die Einhaltung des p_H-Wertes von etwa 7 für die vollständige Silberphosphatfällung. Als Puffer dient das System Ammonium/Silberdiammin-Ion, dessen p_H-Wert nur von der Konzentration an Ammonium-Ion und dem Verhältnis der Konzentrationen an Gesamtsilber und Gesamtammoniak abhängt.

Arbeitsvorschriften. 1. Die Lösung, die keine anderen mit Silber-Ion fällbaren Anionen und keine anderen Kationen als die der Alkalimetalle und des Wasserstoffes enthält, wird mit Natronlauge oder Salpetersäure auf p_H 8 gebracht (schwache Rosafärbung von Phenolphthalein). Dann fügt man 30 ml 0,1 m Boraxlösung zu, verdünnt auf etwa 100 ml und titriert langsam mit 0,1 n Silbernitratlösung. Indicatorelektrode ist reines Silberblech, Vergleichselektrode ein mit Silberchlorid bedecktes Silberblech, das in 0,1 n Kaliumchloridlösung eintaucht. — 2. Die neutrale oder schwach saure Phosphatlösung, die nicht mehr als 100 mg P_2O_5 enthalten soll, wird in einem 250 ml-Meßkolben mit 50,0 ml 0,1 n Silbernitratlösung versetzt. Nach Zugabe einiger Tropfen Benzylorangelösung neutralisiert man mit 0,5 n Natronlauge bis zum Umschlagspunkt und spült den Kolbenhals mit destilliertem Wasser nach. Ist der Niederschlag bräunlich statt gelb, dann gibt man 1 bis 2 ml 0,1 n Salpetersäure zu und läßt vor Licht geschützt 5 Min. stehen. Nun neutralisiert man mit 0,1 n Boraxlösung bis zum Farbumschlag von Methylrot (p_H 6). Es folgt ein Zusatz von 2,5 ml Puffergemisch aus 0,2 Mol Ammoniak und 0,1 Mol Ammoniumnitrat im Liter oder aus 7,5 ml 0,1 n Ammoniumnitratlösung und 5 ml 0,1 n Boraxlösung. Die Boraxlösung ist *nach* dem Ammoniumnitrat zuzugeben. Nach dem Auffüllen zur Marke schüttelt man um, läßt absitzen und filtriert durch ein trockenes Filter. 100 ml des Filtrates säuert man mit 1 ml verdünnter Schwefelsäure an und titriert das Silber mit 0,1 n

Kaliumbromidlösung potentiometrisch (oder nach VOLHARD). 1 Mol P_2O_5 erfordert zur Fällung als Ag_3PO_4 60,0 ml 0,1 n Silbernitratlösung.

Bemerkungen. Es gelten die Bemerkungen 2, 3 und 6 (siehe unten), mit Ausnahme des Sulfat-Ions. Dieses stört infolge Fällung von Silbersulfat, wenn es in einer Menge von mehr als 100 mg vorliegt. Die Genauigkeit des Verfahrens beträgt ± 0,2 mg P_2O_5. Bei Verwendung der angeführten Reagensmengen muß man mindestens 10% der zugesetzten Silbernitratmenge zurücktitrieren, d. h. mindestens 2 ml bei einer Entnahme von 100 ml des Filtrates. Zur Bestimmung von Phosphaten und Halogeniden nebeneinander titriert man zuerst deren Summe auf die unter 2. angegebene Art und dann in einer besonderen Probe das Halogen-Ion allein mit Silbernitrat in saurer Lösung.

D. Acidimetrische Titration.

Die acidimetrische Titration der Phosphorsäure nach ihrer Fällung als Silberphosphat beruht auf der Freimachung je eines Äquivalentes Säure auf je ein saures Wasserstoffatom eines sauren Alkaliphosphates, wie sich dies z. B. aus der Umsetzungsgleichung

$$NaH_2PO_4 + 3\,AgNO_3 + 2\,CH_3CO_2Na = 2\,CH_3CO_2H + Ag_3PO_4 + 3\,NaNO_3$$

ergibt, und deren Titration mit Lauge. WILKIE (a) hat diese Titration mit Barytlauge und Phenolphthalein als Indicator ausgeführt. Da seine Ergebnisse nicht befriedigend sind, hat HEGEDÜS das Verfahren modifiziert. Da es aber bei Gegenwart von Ammoniumsalzen und von Erdalkalisalzen versagt, so hat es nach der Ansicht von KOLTHOFF (b) nur geringe Bedeutung und braucht hier nicht näher beschrieben zu werden. SANFOURCHE und FOCET fällen das Phosphat mit einem großen Überschuß an Silbernitrat und titrieren die frei gemachte Säure mit Natronlauge und Methylrot als Indicator. In der gleichen Weise arbeitet SIMMICH, der aber als Indicator Bromthymolblau vorschlägt. Er empfiehlt auch, bei großer Menge des Niederschlages diesen abzufiltrieren und das überschüssige Natronlauge enthaltende Filtrat mit 0,1 n Schwefelsäure zurückzutitrieren. Aber auch die Arbeitsweise von SIMMICH ist unbefriedigend, wie BRUNISHOLZ gefunden hat. Nach diesem Verfasser ist das p_H der Lösungen von der Konzentration des Silbernitrates, damit also von dem Volumen der Lösung abhängig. Man arbeitet am besten in dem Gebiet $p_H = 5$ bis 7 mit den Indicatoren Chlorphenolrot (5 bis 6,6) bzw. Bromthymolblau (6,0 bis 7,6), wenn auf dessen grünen Farbton eingestellt wird. — UBALDINI und GUERRIERI (a) zerstören die entstehende freie Säure durch Zugabe von Methanol und Natriumnitrit, aus denen flüchtiges Methylnitrit gebildet wird. Nach einer anderen Vorschrift derselben Verfasser (b) wird Glykokoll zugesetzt, das Silber bei Zugabe von Natronlauge bis zum p_H 8 bis 9 in Lösung hält. Zur Maskierung etwa anwesenden Aluminiums und Eisens verwenden sie Natriumfluorid, falls nicht mehr als 100 mg Ca anwesend sind.

Arbeitsvorschrift von BRUNISHOLZ. Die Analysenlösung wird mit so viel n Silbernitratlösung versetzt, daß die Konzentration des Silbernitrates gegen Ende der Titration etwa 0,05 bis 0,1 n ist. Man nimmt also 0,5 bis 1 ml je 10 ml Endvolumen mehr als zur Fällung nötig ist. Nach Zusatz von 1 Tropfen Indicatorlösung (0,1%ige Lösung in 20%igem Alkohol) auf 5 ml Lösung titriert man mit carbonatfreier 0,1 n Natronlauge aus einer Bürette mit sehr feiner Spitze unter heftigem Schütteln. Gegen Ende der Titration setzt sich der Niederschlag ab, dann titriert man tropfenweise und wartet jeweils einige Sekunden, bis der Niederschlag sich wieder abgesetzt hat.

***Bemerkungen.* 1.** Für die **Berechnung** beachtet man, daß je Wasserstoff-Ion je 1 Äquivalent Lauge erforderlich ist. — **2. Vorsichtsmaßnahme.** Es muß kohlendioxydfreies Wasser verwendet und die Natronlauge langsam zugefügt werden, weil sich sonst Silberoxyd bilden kann, das sich nur schwer umsetzt. — **3. Einfluß des Lichtes.** Tageslicht ist fernzuhalten und dafür diffuses Licht geringer Intensität zu verwenden. Bei künstlichem Tageslicht kann Chlorphenolrot nicht, bei gewöhnlichem künstlichem Licht muß es angewendet werden. — **4.** Für die **Analyse von Phosphaten** oder deren Mischungen wird die Lösung zunächst auf den p_H-Wert der 1. Dissoziationsstufe der Phosphorsäure eingestellt (siehe § 4, A, S. 135) und dann titriert. Hierzu verwendet man als Indicator Bromkresolgrün, und man vergleicht den Farbumschlag gegen eine 0,03 m Kaliumdihydrogenphosphatvergleichslösung. Dann arbeitet man wie oben weiter. Bromkresolgrün stört nicht, weil es vom Silberphosphatniederschlag adsorbiert wird. Man muß nur den Umschlag des Chlorphenolrots schärfer beobachten. — **5. Genauigkeit.** Es werden gute Werte für reine Phosphorsäure (Fehler etwa $\pm 0{,}1\%$), weniger gute (Fehler etwa $\pm 0{,}2\%$) für die Salze erhalten. — **6. Störungen.** Calcium-, Chlorid- und Sulfat-Ionen stören kaum. Bei Gegenwart von Aluminium oder 3wertigem Eisen ist das Verfahren unbrauchbar. Auch Ammoniumsalze wirken störend.

Arbeitsvorschriften von UBALDINI und GUERRIERI. Die etwa 100 bis 150 ml betragende, saure oder neutrale Lösung wird bei 70 bis 80° mit 20 ml Methanol, Silbernitrat und Natriumnitrit im Überschuß versetzt. Bei einer Temperatur von 50 bis 60° entsteht in 5 bis 6 Min. Methylnitrit, das durch einen Luftstrom entfernt wird. Der Niederschlag wird abgesaugt und entweder bei 100° getrocknet oder in Salpetersäure gelöst und das Silber nach VOLHARD titriert. Störende Kationen wie Al und Fe können mittels Ionenaustauschers entfernt werden. — 4 g Phosphorit werden mit 20 ml konzentrierter Salpetersäure gekocht. Von der auf 1 l aufgefüllten Lösung werden 50 ml mit Natronlauge neutralisiert und nacheinander mit 10 ml 10%iger Natriumfluoridlösung, 5 ml 10%iger Glykokollösung, 50 ml 0,1 n Silbernitratlösung und tropfenweise mit 0,1 n Natronlauge unter Umrühren bis zum p_H 7 bis 8 versetzt. Die Lösung mit dem Niederschlag des Silberphosphates wird auf 250 ml aufgefüllt. Nachdem die Mischung einige Minuten im Dunkeln gestanden hat, filtriert man sie durch ein trockenes Filter und bestimmt in 200 ml den Silberüberschuß nach VOLHARD. — Bei Superphosphat wird die Lösung auf 500 ml aufgefüllt. — Das Verfahren ist für citrathaltige Lösungen nicht anwendbar, es sei denn, das Phosphat werde als Ammoniummagnesiumphosphat gefällt, dieses in Salpetersäure gelöst und dann nach vorstehender Vorschrift titriert. Bei Abwesenheit von Aluminium und Eisen unterbleibt der Zusatz von Natriumfluorid. Die Übereinstimmung der hier mitgeteilten Titration mit der Phosphatbestimmung als Magnesiumpyrophosphat beträgt $\pm$ 0,1 bis 0,2%.

E. Gravimetrische Bestimmung als Silber-Thallium(I)-phosphat.

Ag_2TlPO_4, Molekulargewicht 515,13.

Das Verfahren beruht auf der Fällung des Silber-Thallium(I)-phosphates durch aufeinanderfolgenden Zusatz von Thallium(I)-acetat- und Silbernitratlösung (SPACU und Mitarbeiter). Der weiße Niederschlag ist unlöslich in Wasser, Alkohol und Äther. Infolge des hohen Molekulargewichtes hat die Verbindung einen günstigen analytischen Faktor, denn sie enthält nur 6,02% P gegenüber Magnesiumpyrophosphat mit 27,86% P, und sie ist deshalb zur gravimetrischen Phosphorbestimmung brauchbar.

Reagenzien. *1. 4%ige Thallium(I)-acetatlösung. — 2. 0,1 n Silbernitratlösung.*

Arbeitsvorschrift. 25 ml Lösung mit 50 bis 100 mg $Na_2HPO_4 \cdot 12\,H_2O$ werden mit 6 bis 12 ml Thallium(I)-acetatlösung und dann unter Umrühren aus einer Bürette mit 10 bis 20 ml Silbernitratlösung versetzt. Man muß einen großen Thalliumüberschuß (P:Tl = 1:4) anwenden und die Silbernitratlösung tropfenweise zufügen, weil der Niederschlag sonst etwas Silberphosphat enthält. Der sofort ausfallende, schön weiße Niederschlag wird mit 70%igem Alkohol quantitativ in einen Porzellanfiltertiegel gebracht und damit ausgewaschen. Man wäscht 2 mal mit reinem Alkohol, 5 mal mit Äther nach, trocknet 20 Min. im Vakuum über Calciumchlorid und wägt. Zur Berechnung dient der Faktor 0,18446 für PO_4'''.

Bemerkungen. **1. Genauigkeit.** Die erhaltenen Werte sind meist etwas kleiner, als die Theorie verlangt. — **2.** Die **Filtertiegel** sind ebenso wie der Niederschlag zu waschen, zu trocknen und zu wägen. — **3. Einfluß des Lichtes.** Der Niederschlag ist vor Licht zu schützen. — **4. Saure Lösungen** sollen nicht mit Ammoniak, sondern mit 2 n Kalilauge gegen Methylorange neutralisiert, dann mit 2 n Salpetersäure ganz schwach angesäuert werden. Danach werden sie einige Minuten gekocht, nun mit verdünntem Ammoniak ganz schwach übersättigt, und der Überschuß des Ammoniaks wird auf dem Wasserbade ausgetrieben. — **5.** Auch die **potentiometrische Bestimmung** ist möglich (SPACU und DRAGULESCU) bei Gegenwart von 40 bis 50% Alkohol und einem anfänglichen Überschuß an Natriumacetat. Man titriert mit einer Lösung, die Silbernitrat und Thallium(I)-nitrat im Verhältnis 2 : > 1 enthält unter Benutzung der Kalomelelektrode mit einem Fehler von 0,3 bis 0,5%.

Literatur.

BLOOM, A., u. W. M. MCNABB: Ind. eng. Chem. Anal. Edit. **8**, 167 (1936); durch C. **107, II,** 2182 (1936). — BREDFORD, M. H., F. R. LAMB u. W. E. SPICER: Am. Soc. **52**, 583 (1930). — BRUNISHOLZ, G.: Helv. **30**, 2028 (1947). — BURY, F. W.: J. Soc. chem. Ind. **41** Transact. 352 (1922); durch C. **94, II,** 1172 (1923).

COTTERAU: C. r. **28**, 128 (1849); durch H. BECKURTS: Die Methode der Maßanalyse, S. 979. Braunschweig 1913.

FLATT, R., u. G. BRUNISHOLZ: Anal. chim. Acta **1**, 124 (1947); durch Fr. **130**, 257 (1950).

LE GUYON, R. F., u. R. M. MAY: Bl. [4] **37**, 1291 (1925).

HARBO, J.: Farmac. Tid. **52**, 541 (1942); durch C. **114, I,** 188 (1943). — HEGEDÜS, M.: Fr. **75**, 111 (1928). — HOLLEMAN, A. F.: R. **12**, 1 (1893); durch B. **26, IV,** 728 (1893); Fr. **33**, 185 (1894).

KLEINMANN, H.: Bio. Z. **99**, 19 (1919). — KOLTHOFF, I. M.: (a) Die Maßanalyse, 2. Teil, S. 251; (b) S. 253. Berlin 1928; (c) Pharm. Weekbl. **59**, 205 (1922). — KRATSCHMER u. SZTANKOVANSZKY: Fr. **21**, 523 (1882).

MAURINA, F. A.: J. Am. pharm. Assoc. **17**, 668 (1929); durch C. **100, I,** 1240 (1929). — MICHALSKI, E.: Roczniki Chem. **15**, 468 (1935); durch C. **107, I,** 2397 (1936). — MOHR, F.: Lehrbuch der chemisch-analytischen Titriermethoden, 1. Aufl., II, S. 89. Braunschweig 1855; durch H. BECKURTS: Die Methoden der Maßanalyse, S. 980. Braunschweig 1913.

PERROT, E.: C. r. **93**, 495 (1881); durch Fr. **21**, 569 (1882).

ROSIN, J.: Am. Soc. **33**, 1099 (1911); durch C. **82, II,** 987 (1911). — RUBIN, N., u. W. M. MCNABB: Analyst **62**, 123 (1937); durch Fr. **112**, 444 (1938).

SANFOURCHE, A., u. B. FOCET: Bl. [4] **53**, 963 (1933). — SIMMICH, H.: Angew. Ch. **48**, 566 (1935). — SPACU, G., u. L. DIMA: Fr. **120**, 317 (1940). — SPACU, G., u. C. DRAGULESCU: Bl. Sect. sci. Acad. roum. **22**, 367 (1940); durch C. **111, II,** 1998 (1940). — SPACU, G., u. P. SPACU: Bl. Sect. sci. Acad. roum. **22**, 147 (1939); durch C. **111, I,** 2137 (1940). — STRECKER, W., u. P. SCHIFFER: Fr. **50**, 495 (1911).

UBALDINI, I., u. F. GUERRIERI: (a) Ann. Chim. applic. **39**, 291 (1949); durch C. **121, I,** 1641 (1950); (b) Chim. e Ind. (Milano) **33**, 436 (1951); durch C. **123**, 3381 (1952).

WILKIE, J. M.: (a) J. Soc. chem. Ind. **28**, 68 (1909); durch C. **80, I,** 1114 (1909); (b) **28**, 464 (1909); durch C. **80, I,** 2016 (1909); (c) **29**, 794 (1910); durch C. **81, II,** 761 (1910).

§ 6. Bestimmung als Bleiphosphat.

Die Ausfällung eines schwer löslichen Bleiphosphates aus einer schwach sauren Lösung eines Phosphates auf Zusatz von Bleiacetatlösung ist schon frühzeitig als maßanalytisches Bestimmungsverfahren für Phosphorsäure angewendet worden. Die unmittelbare Titration benutzten MORIDE und BOBBIERE, und MOHR (a) arbeitete in ähnlicher Weise. Als Variante hat MOHR (b) mit überschüssiger Bleisalzlösung titriert und diesen Überschuß mit Chromat und Silbersalz als Indicator zurückgemessen. Da aber nach SCHWARZ das ausgefällte Bleiphosphat vor der Rücktitration abfiltriert werden muß, so wird das Verfahren umständlich. Diese Arbeitsverfahren haben sich denn auch nicht eingebürgert, und erst etwa siebzig Jahre später beschäftigen sich einige Analytiker wieder mit der Titration der Phosphorsäure mittels Bleisalz. HARMS und JANDER fanden, daß reine Phosphatlösungen in siedendem, schwach essigsaurem Medium leicht und schnell mit Bleiacetatlösung konduktometrisch titriert werden können. Dem hierbei auftretenden Niederschlag erteilen die Verfasser die mutmaßliche Zusammensetzung $Pb_{10}(PO_4)_6(CH_3CO_2)_2$. Bei Raumtemperatur soll sich hingegen normales tertiäres Bleiphosphat $Pb_3(PO_4)_2$ bilden, aber bei dieser Temperatur erfolgt die Einstellung der Leitfähigkeit nur langsam. Die Verfasser bezeichnen das Verfahren als wenig anwendungsfähig, weil Sulfat,

Silicat und viele Metalle in essigsaurer Lösung stören, während in stärker saurer Lösung das Bleiphosphat löslich ist. Sie gaben deshalb weitere Bemühungen um eine Ausgestaltung des Verfahrens auf, zumal sie in der konduktometrischen Bestimmung mittels Wismutperchlorat ein allgemeiner anwendbares Verfahren fanden (siehe § 8, S. 152). Bez. der Zusammensetzung der Niederschläge stellte KLEMENT in anderem Zusammenhange fest, daß das gewöhnliche tertiäre Bleiphosphat $Pb_3(PO_4)_2$ sich nur unter besonderen Umständen, wie sie bei analytischer Arbeitsweise ausgeschlossen sind, bildet, daß hingegen gefälltes Bleiphosphat ein mehr oder weniger verunreinigter Blei-Hydroxylapatit $Pb_{10}(PO_4)_6(OH)_2$ ist. Es gilt daher für alle Verfahren der Bestimmung der Phosphorsäure mittels Bleisalzen, daß die erhaltenen Werte höchstens infolge von Kompensation richtig sein können (siehe dazu das in § 4, A, S. 137 Gesagte über den Calcium-Hydroxylapatit). Es sollen deshalb hier auch die neueren Arbeiten nur kurz erwähnt werden. WELLINGS führte die direkte Titration löslicher Phosphate mit Bleiacetatlösung in Gegenwart von Dibromfluorescein als Adsorptionsindicator durch. Der Endpunkt der Titration ist erreicht, wenn auf dem Niederschlage eine dauernde Rosafärbung auftritt. Der Analysenfehler soll 0,5% nicht übersteigen. CATTELAIN und CHABRIER lösen gefälltes Bleiphosphat nach dem Filtrieren und Auswaschen in einem Überschuß von Salpetersäure, fügen noch Schwefelsäure hinzu und titrieren nunmehr die in Freiheit gesetzte Phosphorsäure zusammen mit den beiden anderen Säuren mit Natronlauge, zunächst unter Verwendung von Methylorange, dann nach Zusatz von Phenolphthalein. Mit dem ersten Indicator werden alle drei Säuren erfaßt, der Umschlag des zweiten Indicators entspricht dem Übergange von primärem in sekundäres Phosphat, also der vorhandenen Phosphatmenge. EVANS fand, daß eine neutrale, stark verdünnte Bleinitratlösung mit einer sehr schwach salpetersauren Mischung aus alkoholischer Diphenylcarbazidlösung und Pyridin eine Rotfärbung ergibt, deren Intensität dem Bleigehalte proportional ist. Zur Phosphatbestimmung wird die Analysenlösung mit dem Farbreagens versetzt und mit Bleinitratlösung bis zum Auftreten einer schwachen Rosafärbung titriert. ALEXEJEWA erzielte bei der potentiometrischen Titration von Phosphatlösungen mit Bleinitratlösung an einer Bleiamalgamelektrode (hergestellt durch Auflösen von 2% Pb in Quecksilber) gute Resultate. Eine ampèrometrische Titration mit Bleiacetatlösung in Wasserstoffatmosphäre beschreiben TOROPOWA und JAKOWLEWA.

Literatur.

ALEXEJEWA, O. S.: Betriebslab. **9**, 1336 (1940); durch C. **113**, **II**, 1723 (1942).

CATTELAIN, E., u. P. CHABRIER: C. r. **205**, 49 (1937).

EVANS, B. S.: Analyst **64**, 2 (1939); durch C. **110**, **I**, 4232 (1939).

HARMS, J., u. G. JANDER: Angew. Ch. **49**, 106 (1936) (Fußnote 5).

KLEMENT, R.: Z. anorg. Ch. **237**, 161 (1938).

MOHR, FR.: (a) Lehrbuch der chem.-analyt. Titriermethode, 2. Aufl., S. 391. Braunschweig 1862; durch H. BECKURTS: Die Methoden der Maßanalyse, S. 948. Braunschweig 1913; (b) Fr. **2**, 253 (1863). — MORIDE u. BOBBIERE: Chem. Gazz. **1849**, 280; durch H. BECKURTS: Die Methoden der Maßanalyse, S. 948. Braunschweig 1913.

SCHWARZ, H.: Fr. **2**, 392 (1863).

TOROPOWA, W. F., u. G. S. JAKOWLEWA: J. anal. Ch. (russ.) **1**, 290 (1946); durch C. **118**, **I**, 745 (1947) (Verlag Chemie, Weinheim).

WELLINGS, A. W.: Analyst **60**, 316 (1935); durch Fr. **106**, 295 (1936).

§ 7. Bestimmung als Eisen(III)-phosphat.

Nach einer Angabe von J. v. LIEBIG bestimmte BREED den Phosphatgehalt des Harnes, indem er diesen mit einer eingestellten Lösung von Eisen(III)-chlorid bei Gegenwart von Natriumacetat titrierte, bis eine filtrierte Probe der Mischung mit gelbem Blutlaugensalz eine Blaufärbung zeigte. — Die Arbeitsweise von SPICA, nämlich die Titration der Phosphorsäure mit Kaliumeisenalaun und Salicylsäure als

Indicator, wird von ARNOLD und WEDEMEYER durchaus abgelehnt, weil sie ganz unsicher, langwierig und teuer sei. KORTÜM, KORTÜM-SEILER und FINCKH benutzen aber gerade die violette Farbe der Eisen(III)-salicylat-Komplexverbindung, die durch Phosphat aufgehellt wird, weil das Eisen in dem starken Komplex einer Eisenphosphorsäure (etwa $H_3[Fe(PO_4)_2]$) gebunden wird, zu einer sehr gut ausgearbeiteten und weitgehend anwendungsfähigen photometrischen Bestimmungsweise. Die Farbe ist konstant und tagelang unverändert haltbar. Aus der Farbintensität kann mit Hilfe einer Eichkurve die Phosphatkonzentration ermittelt werden.

Photometrische Bestimmung.

Reagenzien. *1. Eisen(III)-chloridlösung:* 5,406 g $FeCl_3 \cdot 6H_2O$ p. a. werden in 1000 ml n Salzsäure gelöst. Diese Vorratslösung wird zum Gebrauche auf das Zehnfache verdünnt, sie ist dann $2 \cdot 10^{-3}$ m. — *2. $2 \cdot 10^{-3}$ m Natriumsalicylatlösung:* 320 mg Natriumsalicylat werden zu 1 l gelöst. — *3. β-Dinitrophenol:* Man löst 0,46 g Indicator in 100 ml 0,025 n NaOH.

Arbeitsvorschrift. Die Analysenlösung wird in einem Meßkolben von 250 ml Inhalt mit Wasser auf 50 ml verdünnt und nach Zufügen von 3 Tropfen Indicatorlösung (3) mit verdünnter Salzsäure bzw. verdünnter Natronlauge neutralisiert, bis sie nur noch schwach hellgelb gefärbt ist (Farbvergleich gegen eine Standardlösung vom p_H-Wert etwa 2). Nun fügt man je 25 ml Natriumsalicylatlösung und Eisen(III)-chloridlösung hinzu und füllt zur Marke auf. Man mißt im lichtelektrischen Spektralphotometer mit 4 cm Schichtdicke und unter Anwendung eines Filters mit dem Schwerpunkt bei $\lambda = 5500$ Å (Schottfilter VG 9). Die anwesende Phosphatmenge entnimmt man aus einer Eichkurve, die bei gleicher Arbeitsweise mit Hilfe einer $2 \cdot 10^{-3}$ m Kaliumdihydrogenphosphatlösung (272,3 mg/l) hergestellt wird.

Bemerkungen. **I. Genauigkeit und Anwendungsbereich.** Der Fehler beträgt $\pm 0,1$ bis 0,2% bei einer günstigsten Phosphatkonzentration zwischen $2 \cdot 10^{-4}$ und $4 \cdot 10^{-4}$ m. — **II. Die Temperaturabhängigkeit der Eichkurve** ist sehr gering. Einer Änderung von 10° entspricht eine Extinktionsänderung von etwa 2,2%. — **III. Einstellung des p_H-Wertes.** Die Geschwindigkeit der Bildung des Eisenphosphatkomplexes ist abhängig vom p_H-Wert. Sie erfolgt augenblicklich nur bei einem $p_H < 2$. Schon bei $p_H = 2,7$ stellt sich auch innerhalb von 24 Std. kein Gleichgewicht ein. Aber auch die Farbintensität des violetten Eisen(III)-salicylat-Komplexes ist abhängig vom p_H-Wert. Das Maximum liegt etwa bei $p_H = 2,7$, während bei stärkerer Acidität die Farbe verblaßt. Die Empfindlichkeit ist aber bei $p_H = 2$ kleiner als bei $p_H = 2,7$. Um jedoch augenblickliche Einstellung des Gleichgewichtes zu erreichen, wird $p_H = 2$ gewählt, wobei der Nachteil geringerer Empfindlichkeit in Kauf genommen wird. Wird die Wasserstoffionenkonzentration um 5% geändert, so ändert sich die Extinktion um 1%. Es läßt sich aber mit β-Dinitrophenol als Indicator die Wasserstoffionenkonzentration einer unbekannten Lösung leicht auf 5% genau einstellen. — **IV. Die Empfindlichkeit** ist abhängig vom Verhältnis der Eisen(III)-konzentration zu der Konzentration des Salicylates. Sie ist am größten bei möglichst kleinen und möglichst äquimolaren Konzentrationen, die zu je $2 \cdot 10^{-4}$ m und für Phosphat zu $4 \cdot 10^{-4}$ m gefunden wurden. — **V. Störungen.** Da Sulfat stark stört, können die Lösungen nur mit Salzsäure oder Perchlorsäure angesäuert werden. Es stören ferner alle Ionen, welche mit 3wertigem Eisen bzw. mit Salicylsäure Komplexverbindungen bilden, z. B. Citrat bzw. Arsenat. Kieselsäure stört wenig. — **VI. Bei Gegenwart von 3wertigem Eisen** muß dessen Menge in einer besonderen Probe ermittelt werden, z.B. nach der Reduktion zu 2wertigem Eisen mit o-Phenanthrolin. Es wird dann die entsprechende Menge Eisen(III)-chloridlösung für die Phosphatbestimmung weniger zugegeben. Große Mengen an 3wertigem Eisen müssen entfernt werden (siehe Bemerkung VII). — **VII. Arbeitsweise in besonderen Fällen.** a) Entfernung von Schwermetallkationen. *1. Durch den Ionenaustauscher Wofatit KS.* Man benutzt die in

Abb. 8 gezeigte Vorrichtung[1]. Der Wofatit wird über Nacht gequollen, dann einige Male mit 2 n Salzsäure behandelt und sorgfältig mit destilliertem Wasser gewaschen. Vor dem Einfüllen des Wofatites wird das Rohr mit Wasser gefüllt, damit keine Luftblasen in der Wofatitschicht sitzenbleiben. Man bringt die Analysenlösung auf und regelt die Durchflußgeschwindigkeit auf 4 bis 5 ml je Min. Bei den gezeichneten Dimensionen verwirft man 80 ml Vorlauf und fängt dann die Lösung auf. Sie ist dann eisenfrei, wenn nicht zu große Mengen anwesend sind, die infolge von Komplexbildung Phosphorsäure festhalten. Dieses Abtrennungsverfahren ist nur anwendbar, wenn maximal doppelt soviel Eisen(III) wie Phosphat vorhanden ist und ein $p_H \approx 1$ eingestellt ist. Der Wofatit entfernt auch farbige, die photometrische Messung störende Ionen, wie Kupfer oder Nickel. Bei Anwesenheit von Aluminium (Analyse von Leichtmetall-Legierungen auf Phosphor) treten ähnliche Störungen wie bei Eisen auf. Sie sind jedoch unabhängig vom Aluminiumüberschuß und von der Phosphatkonzentration. Mit einer Korrektur von etwa $\pm 3\%$ ist das Verfahren brauchbar für die Phosphorbestimmung in Aluminiumlegierungen (siehe § 16, C, S. 268). Das Wofatitverfahren ist nur anwendbar, wenn die Konzentration der Kationen nicht groß ist gegen die Konzentration des Phosphates. — *2. Durch elektrolytische Abscheidung.* Diese erfolgt unter Verwendung der in Abb. 10 wiedergegebenen Apparatur. Man wählt den p_H-Wert der Lösung möglichst hoch, damit auch gegen Schluß der Elektrolyse bei geringem Gehalt an 3wertigem Eisen die Wasserstoffabscheidung nach Möglich-

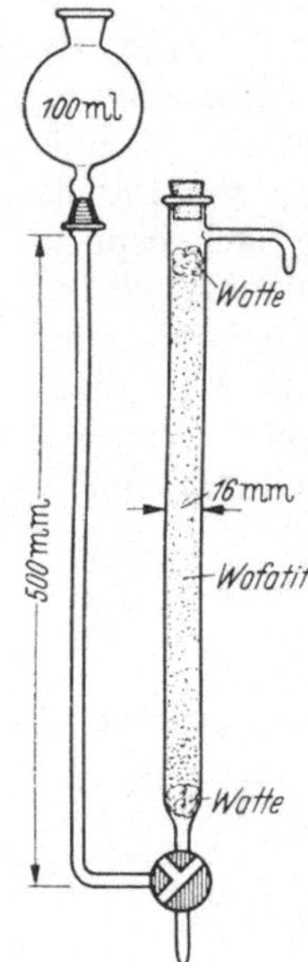

Abb. 8. Ionenaustauschersäule. (Nach KORTÜM und Mitarbeitern.)

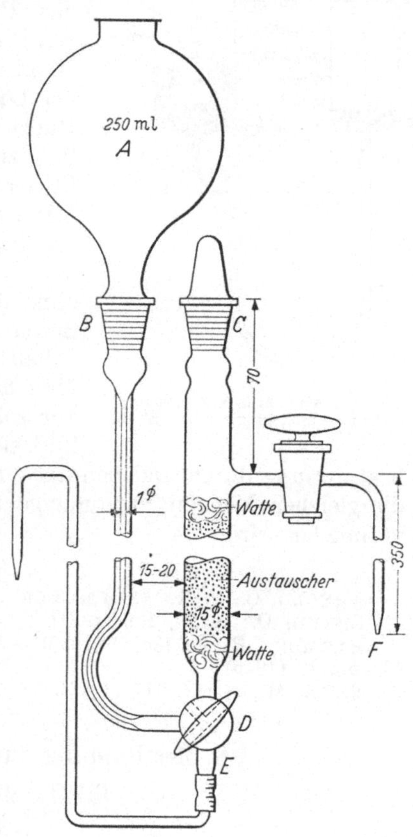

Abb. 9. Ionenaustauschersäule (nach KLEMENT) zum Eluieren im „Gegenstrom".

[1] Die Austauschersäule ist von KLEMENT weiter entwickelt worden, wie Abb. 9 zeigt. Diese Anordnung erlaubt das Eluieren der vom Austauscher gebundenen Ionen im „Gegenstrom". Als Zulaufrohr dient eine nicht zu enge Capillare, durch die das tote Volumen etwas verringert wird. In der Hauptsache aber ist der Apparat mit zwei Schliffen *B* und *C* versehen, die es gestatten, den Trichter *A* nach Bedarf auf das Zulaufrohr *B* bzw. auf die eigentliche Austauschersäule *C* zu setzen. Man arbeitet so, daß die zu analysierende Lösung in der in der Abbildung gezeichneten Anordnung bei entsprechender Stellung des Drei-Wege-Hahnes *D* die Austauscherschicht von unten nach oben durchströmt. Ebenso wird das Waschwasser geleitet. Zum Eluieren der vom Austauscher gebundenen Ionen wird der Trichter auf den Schliff *C* gesetzt und der Drei-Wege-Hahn so gestellt, daß die Eluierflüssigkeit die Austauscherschicht von oben nach unten durchfließt. Das Eluat wird also bei *E* auslaufen gelassen. Diese Arbeitsweise hat den großen Vorteil, daß viel weniger Eluierflüssigkeit und Waschwasser nötig sind als beim Eluieren von unten nach oben. Daher ist auch der Zeitbedarf für das Eluieren nach dem hier beschriebenen Verfahren geringer. An den Drei-Wege-Hahn wird bei *E* ein zweimal U-förmig gebogenes dünnes Glasrohr mittels eines Stückes Gummischlauch befestigt. Hierdurch wird unter allen Umständen ein Leerlaufen der Austauscherschicht vermieden.

keit klein gehalten wird. Chloridhaltige Lösungen sind ebenso zu vermeiden wie nitrathaltige. Die Vorbereitung der Stahlprobe ist weiter unten unter b beschrieben. Man elektrolysiert bis zum Ausbleiben der Rhodanidreaktion. Es ist zweckmäßig, außer dem Elektrolyten auch das Quecksilber zu rühren, weil dann eine schnellere und weitergehende Aufnahme des Eisens im Quecksilber erfolgt. Dieses reinigt man durch Destillation. Nach der Beendigung der Elektrolyse filtriert man die Lösung unmittelbar in einen Meßkolben hinein und bestimmt das Phosphat. — b) Phosphorbestimmung in Stählen (siehe § 15, A, S. 230). 0,4 g Probe werden in 10 ml Königswasser (1:1) gelöst. Nach dem Einengen der Lösung in einer Porzellanschale dampft man den Rückstand 2 mal mit je 10 ml 70%iger Perchlorsäure bis fast zur Trockene ab. Man nimmt mit Wasser auf, filtriert in einen 100 ml-Meßkolben und wäscht das Filter aus. 25 ml Lösung ($p_H \approx 1$) werden 30 Min. lang mit 3 Ampère Stromstärke elektrolysiert. Dann stellt man den Rührer ab, senkt den Quecksilberspiegel, ohne den Strom abzustellen und filtriert die Lösung durch ein hartes Filter in einen Meßkolben von 100 ml Inhalt. Gefäß und Filter werden sorgfältig nachgespült. Man neutralisiert die Lösung mit 2 n Natronlauge bis zur schwachen Gelbfärbung von β-Dinitrophenol und füllt sie zur Marke auf. Dann führt man die Phosphatbestimmung durch und benutzt eine Vergleichslösung, die kein Phosphat, dagegen die gleichen Mengen Natronlauge und Perchlorsäure enthält, damit ein Salzfehler vermieden wird.

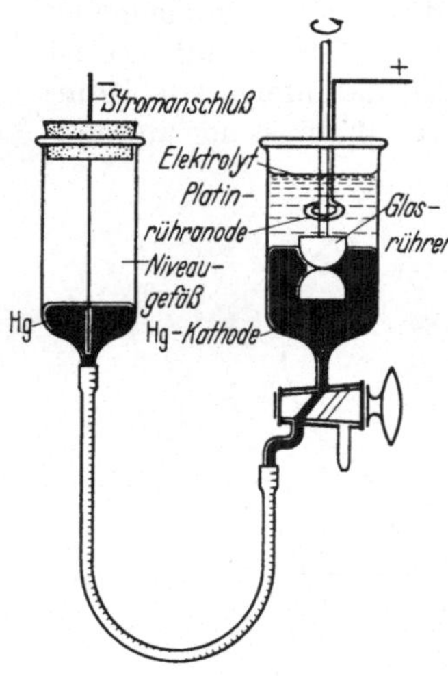

Abb. 10. Apparatur zur elektrolytischen Abscheidung von Eisen.

Literatur.

ARNOLD, C., u. K. WEDEMEYER: Angew. Ch. **2**, 603 (1892).
BREED, D.: A. **78**, 150 (1851).
KLEMENT, R.: Fr. **136**, 19 (1952). — KORTÜM, G., M. KORTÜM-SEILER u. B. FINCKH: Angew. Ch. **58**, 37 (1945).
SPICA, M.: G. **12**, 117 (1892).

§ 8. Bestimmung durch Fällung als Wismutphosphat.

$BiPO_4$, Molekulargewicht 303,98.

Vorbemerkung.

Das Verfahren, Phosphat aus salpetersaurer Lösung durch Wismutnitrat als unlösliches, weißes Wismutphosphat auszufällen, hat zum ersten Male CHANCEL angewendet. Das Verfahren ist aber nicht genau wegen der leicht eintretenden Mitfällung basischer Wismutsalze. BIRNBAUM und CHOJNACKI haben deshalb das Verfahren von CHANCEL abgeändert. Sie fällen aus sehr verdünnter, sehr schwach salpetersaurer Lösung in der Hitze mit einer schwach salpetersauren Wismutnitratlösung. Das ausgefällte Wismutphosphat wird gelöst, das Wismut durch Schwefelwasserstoff als braunes Wismutsulfid ausgefällt, und im Filtrat dieser Fällung wird dann die Phosphorsäure titrimetrisch mit Uranylsalz bestimmt. Dieses umständliche Verfahren hat sich nicht durchzusetzen vermocht, zumal sowohl ADRIANSZ als auch FRESENIUS, NEUBAUER und LUCK feststellten, daß das Verfahren nur bei Abwesenheit von Aluminium und 3wertigem Eisen brauchbare Werte liefert, daß es also für die Analyse von Phosphoriten nicht brauchbar ist.

Erst in jüngster Zeit ist die Bestimmung der Phosphorsäure mittels Wismutsalzen wieder aufgenommen worden, aber nicht auf gravimetrischem, sondern vielmehr auf titrimetrischem bzw. elektrometrischem Wege. Zuerst ist hier die Arbeit von HARMS und JANDER zu nennen, nach welcher Phosphat in perchlorsaurer Lösung mit einer Lösung von Wismutylperchlorat ($BiOClO_4$) konduktometrisch titriert wird. Mit Hilfe einer etwas modifizierten Polarographie bestimmt NEUBERGER Phosphat ebenfalls unter Anwendung des Wismutylperchlorates. RATHJE benutzt das gleiche Reagens, aber er bestimmt den Endpunkt der Umsetzung durch die rote Farbe von Wismutoxyjodid, das sich auf Zusatz der ersten überschüssigen Menge des Reagenses mit vorher zugefügtem Jodid bildet. Dieses keine besondere Apparatur erfordernde Verfahren hat sich für viele Zwecke gut bewährt. — Die polarographische Bestimmung des Wismutüberschusses nach der Fällung von Wismutphosphat beschreiben CHLOPIN, RAFALOWITSCH und PRIWALOWA.

Die Arbeiten von KESCHAN (KEŠANS), bei denen Wismutphosphat gefällt wird, dienen nicht der Bestimmung der Phosphorsäure, sondern vielmehr ihrer Abtrennung von Kationen und derer Bestimmung. Deshalb seien diese Arbeiten hier nur angeführt, ohne sie näher zu beschreiben.

Da das Wismutphosphat in den hier zu behandelnden Arbeiten nicht isoliert wird, also nicht als Wägungsform für die Bestimmung von Phosphat in Betracht kommt, so kann von einer Schilderung seiner Eigenschaften abgesehen werden. Diese sind näher beschrieben in diesem Handbuch III. Teil, Bd. 5a γ, Kapitel „Wismut“, § 2, S. 540.

A. Konduktometrische Bestimmung.

Bei Vorhandensein der zur Konduktometrie notwendigen Apparatur läßt sich die Bestimmung der Phosphorsäure in perchlorsaurer Lösung mittels Wismutylperchlorat nach HARMS und JANDER in Gegenwart der meisten Kationen und Anionen in 10 bis 15 Min. ausführen. Der Verlauf der Leitfähigkeitskurve wird im wesentlichen bedingt durch die Änderung der Wasserstoffionenkonzentration während der Titration und ist abhängig von der Säurekonzentration der vorgelegten Lösung. In 0,5 n Perchlorsäure liegen hauptsächlich Dihydrogenphosphationen H_2PO_4' vor, die bei der Fällung mit Wismutylperchlorat freie Perchlorat-Ionen liefern. Es erfolgt also ein schwacher Anstieg der Leitfähigkeit. Dann erfolgt ein starker Abfall wegen des sich einstellenden Gleichgewichtes: $BiOClO_4 + HClO_4 \rightleftarrows Bi(OH)(ClO_4)_2$. Dieser Verlauf der Leitfähigkeitskurve ist in Abb. 11 dargestellt. Wegen der überaus guten Leitfähigkeit der perchlorsauren Lösung muß ein besonders gebautes Leitfähigkeitsgefäß verwendet werden.

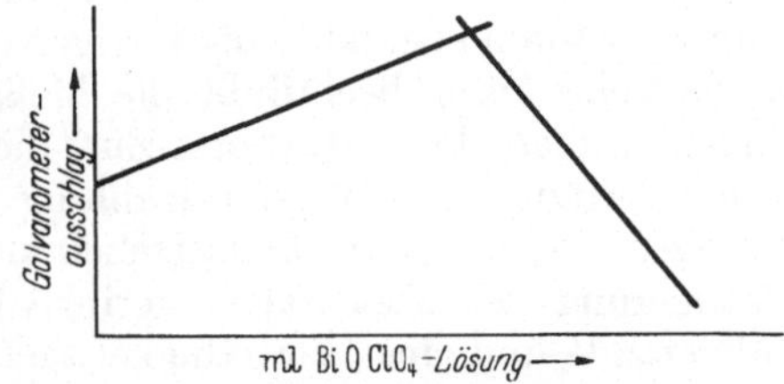

Abb. 11. Leitfähigkeitskurve der Titration von Phosphat mit $BiOClO_4$. (Nach HARMS und G. JANDER.)

Apparatur. Man benutzt die übliche Leitfähigkeitsapparatur mit Wechselstromgalvanometer. Die Widerstände dürfen nicht zu hoch gewählt werden. Der Vergleichswiderstand soll etwa 20 Ohm haben. Der Widerstand der Meßbrücke soll etwa 15 bis 20 Ohm und der innere Widerstand des Galvanometers etwa 24 Ohm betragen. Die Spannung an den Enden der Brückenschaltung soll so gering wie möglich sein, um Störungen durch Stromwärme im Elektrolyten, durch Polarisation und durch übermäßige Belastung der Apparatur zu vermeiden. Es genügen daher 1 bis 2 Volt. Die Form des wegen der sehr guten Leitfähigkeit zu verwendenden Gefäßes ist aus Abb. 12 ersichtlich. Das Gefäß besitzt am unteren Ende einen Schliffstopfen. Sein Inhalt beträgt etwa 40 ml und sein Widerstand etwa 100 Ohm.

Reagens. 0,5 m $BiOClO_4$-Lösung. Das Präparat kann im Handel bezogen werden.

Arbeitsvorschrift. In das Leitfähigkeitsgefäß werden 5 bis 30 ml Phosphatlösung (etwa 0,05 m) eingemessen. Man versetzt mit 5 bis 10 ml 2 n Perchlorsäure und ergänzt mit Wasser zu 40 ml. Die Reagenslösung läßt man aus einer 5 ml fassenden Bürette, die in $^1/_{100}$ ml geteilt ist und ein Vorratsgefäß besitzt, durch die zu einer Capillare ausgezogenen und in die Lösung eintauchenden Spitze zufließen. $^1/_2$ bis 1 Min. nach jedem Reagenszusatz liest man ab und trägt die Werte graphisch auf. Der Schnittpunkt der Leitfähigkeitsgeraden entspricht dem Äquivalenzpunkt. An den Wänden und an den Elektroden angesetztes Wismutphosphat braucht nicht entfernt zu werden. Nur dürfen die platinierten Elektroden niemals trocken an der Luft stehen.

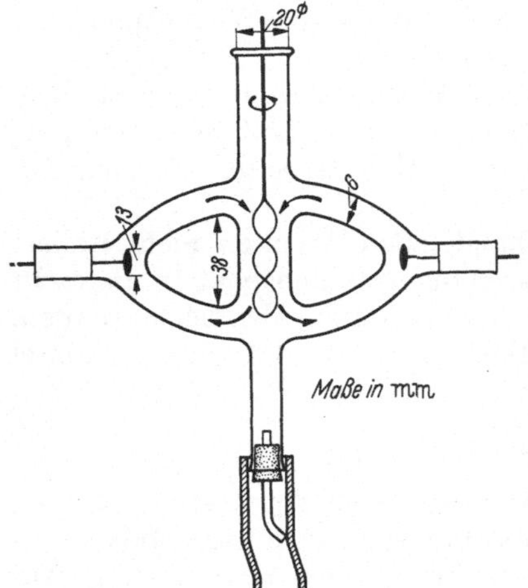

Abb. 12. Leitfähigkeitsgefäß zur Titration von Phosphat mit $BiOClO_4$. (Nach HARMS und G. JANDER.)

Bemerkungen. **1.** Die **Genauigkeit** der konduktometrischen Bestimmung befindet sich in Übereinstimmung mit der gravimetrischen Bestimmung als Ammoniummagnesiumphosphat. — **2.** Die **Anwendungsmöglichkeit** erstreckt sich auf die Analyse von Apatit, Thomasmehl, Mischdünger (wegen dessen Sulfatgehaltes siehe Bemerkung 3). — **3. Störungen.** Es stören nicht: Magnesium, Calcium, Kupfer, Zink, Nickel, Mangan, Eisen(II), Aluminium, kleine Mengen Eisen(III). Größere Mengen 3wertigen Eisens können durch metallisches Zink zu 2wertigem reduziert werden. Kieselsäure ist ohne Einfluß. Silber und Blei wirken störend, ebenso Salzsäure, Salpetersäure und Schwefelsäure in großen Mengen. Sulfat wird am besten durch Bariumchlorid gefällt. Citronensäure stört, kann aber durch Abrauchen mit Perchlorsäure entfernt werden. Arsenat, Titan, Hafnium, Zirkonium und Thorium stören ebenfalls, die letztgenannten Kationen sind aber kaum wichtig. — **4.** Die **Temperatur** beeinflußt die Meßgenauigkeit, aber meist nicht während der kurzen Dauer der Titration. Zur Sicherheit muß man das Leitfähigkeitsgefäß gegen Luftzug und Wärmestrahlung schützen, auch nur temperierte Lösungen benutzen. — **5. Polarisationserscheinungen** lassen sich vermeiden durch sorgfältige Platinierung der Elektroden, geringe Stromdichte, geeignete Wahl der Brückenwiderstände und eines Leitfähigkeitsgefäßes mit hoher Widerstandskapazität.

B. Polarometrische Bestimmung.

Die Polarometrie ist eine Polarographie mit visueller Beobachtung an einem Zeigergalvanometer. Man benutzt zur Messung das „Polarometer" nach ABRESCH, dessen Schaltschema in der Arbeit von NEUBERGER abgebildet ist. Das Verfahren der Phosphatbestimmung beruht nach diesem Verfasser darauf, daß erst dann ein Stromanstieg erfolgt, wenn das gesamte Phosphat-Ion durch das reduzierbare Wismut-Ion als unlösliches Wismutphosphat ausgefällt und unmittelbar danach ein geringer Überschuß an Wismut-Ion vorhanden ist.

Reagens. 0,25 m bis 0,125 m $BiOClO_4$-Lösung.

Arbeitsvorschrift. In das Becherglas *1* (siehe Abb. 13) bringt man 5 ml Lösung mit etwa 50 mg P_2O_5, 40 ml Wasser und 0,5 ml 70%iger Perchlorsäurelösung. Die 10 ml fassende Bürette *B* ist in $^1/_{20}$ ml eingeteilt. Man verbindet die Meßanordnung mit dem Polarometer und läßt aus der Tropfkathode *K* 1 bis 2 Tropfen Quecksilber in der Sek. fallen. Man schaltet den Strom ein und stellt die Spannung so ein, daß das Voltmeter eine das Reduktionspotential des Wismuts etwas übersteigende Spannung zeigt (etwa 0,3 Volt). Das Galvanometer wird auf eine mittlere Empfindlichkeit eingestellt, der Zeiger soll sich in der Mitte der Skala befinden. Der immer vorhandene Grundstrom wird unter Umständen kompensiert. Die Geschwindigkeit des Rührers *R* wird so geregelt, daß keine Stromschwankungen durch eine Verzerrung der Tropfen auftreten. Nun läßt man die Reagenslösung aus der Bürette zulaufen. Wegen der Verzögerung der Niederschlagsbildung erfolgt zuerst ein starker Stromanstieg, der nach der Bildung des Niederschlages bei weiterem Reagenszusatz innerhalb einiger Sekunden zurückgeht. Gegen Ende der Titration erfolgt ein Rückgang der Galvanometernadel. Man wartet dann 15 bis 30 Sek., bevor man den nächsten Tropfen Reagens zusetzt. Der erste Tropfen überschüssiger Reagenslösung läßt die Stromstärke sprunghaft steigen. Die abgelesenen Werte trägt man in ein Koordinatensystem ein, wobei auf der Abszisse die verbrauchten Milliliter Reagenslösung und auf der Ordinate die Skalenteile des Galvanometers aufgetragen werden. Der Endpunkt der Titration wird durch den ersten gleichmäßigen Stromstärkesprung angezeigt, weil dieser leicht erkennbar und reproduzierbar ist. Die Einstellung der Reagenslösung erfolgt auf analoge Weise.

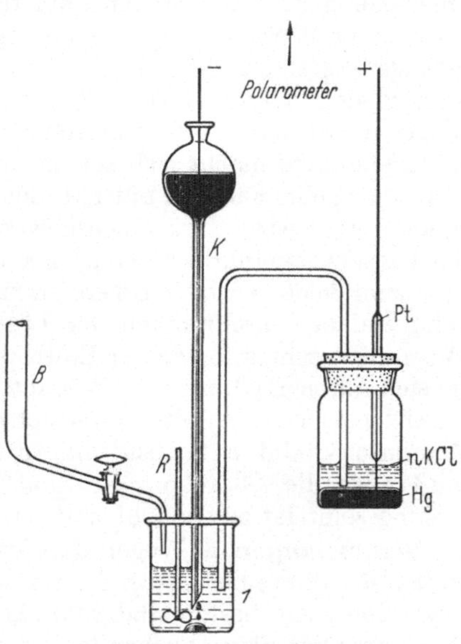

Abb. 13. Apparatur zur polarometrischen Bestimmung. (Nach NEUBERGER.)

Bemerkungen. **1. Genauigkeit.** Der Fehler beträgt $-0{,}04\%$. — **2. Anwendungsbereich.** Das Verfahren kann für die Analyse von Superphosphat verwendet werden, nicht aber für Thomasmehl oder zur Phosphorbestimmung in Roheisen wegen des 3wertigen Eisens, dessen Reduktionspotential zu nahe bei dem des Wismuts liegt.

C. Polarographische Bestimmung.

Nach CHLOPIN, RAFALOWITSCH und PRIWALOWA kann die polarographische Bestimmung nach erfolgter Fällung von Wismutphosphat in der klaren Lösung, die an Salpetersäure 1 n sein soll, vorgenommen werden. Die Lösung darf keine Chlor-Ionen enthalten. Zur Herstellung der Eichkurve fügt man zur bestimmten Menge Phosphatlösung 0,5 ml n Salpetersäure, erwärmt auf dem Wasserbade, versetzt mit 1 ml Wismutnitratlösung (0,6 g Bi/ml), erwärmt erneut 2 bis 3 Min., verdünnt nach dem Abkühlen mit n Salpetersäure auf 10 ml und zentrifugiert. Die klare Lösung wird in die polarographische Zelle gebracht. Man leitet 10 Min. Wasserstoff hindurch und polarographiert nach Zugabe von 2 Tropfen 1%iger Gelatinelösung bei 0 bis —2 Volt. Bei der Untersuchung von Leitungs- und Abwässern werden infolge der Bildung von schwerlöslichen basischen Wismutsalzen erhöhte Phosphatmengen gefunden.

D. Maßanalytische Bestimmung.

Wenn man eine saure, mit Kaliumjodid versetzte Phosphatlösung nach RATHJE mit einer Wismutylperchloratlösung titriert, so fällt zunächst das unlösliche Wismutphosphat aus, und dann bildet der erste Überschuß an Wismut-Ion mit dem vorhandenen Jod-Ion unlösliches Wismutoxyjodid, das durch seine rote Farbe den Endpunkt anzeigt: $Bi^{\cdot\cdot\cdot} + J' + 2OH' = BiOJ + H_2O$. Das Verfahren ist anwendbar für die Analyse von Rohphosphaten, Rhenaniaphosphat, Superphosphat, Thomasmehl, Bodenauszüge und Pflanzenaschen, und es ist bei richtiger Arbeitsweise oft besser als die gravimetrische oder colorimetrische Bestimmung.

Reagens. Eine abgewogene Menge käuflichen Wismutylperchlorates wird in Wasser zu einer passenden Konzentration aufgelöst. Die Lösung wird gegen eine Phosphatlösung mit bekanntem Gehalt eingestellt. Eine Urtiterlösung kann hergestellt werden durch Auflösen von reinstem metallischem Wismut in Salpetersäure, Abrauchen mit Perchlorsäure und entsprechende Verdünnung. Die Lösung ist etwa ½ Jahr haltbar.

Arbeitsvorschrift. Man löst die Substanz mit etwa 10 bis 100 mg P_2O_5 in Perchlorsäure und raucht die Mischung bei Gegenwart von Fluorid, Chlorid und Bromid ab. Nach dem Verdünnen auf 30 ml versetzt man bei Anwesenheit von Sulfat mit einer genügenden Menge Bariumperchlorat (besser als Nitrat) und neutralisiert die Mischung mit Natronlauge bis zur beginnenden Trübung. Nun säuert man mit 0,5 ml 20%iger Perchlorsäure an, fügt 1 ml 1%iger Kaliumjodidlösung hinzu und erhitzt zum Sieden. Unter starkem Umschwenken gibt man *langsam* die Reagenslösung hinzu, wobei man die Lösung immer wieder zum Sieden erhitzt. Die Nähe des Umschlagspunktes macht sich schon vorher dadurch bemerkbar, daß an der Eintropf stelle eine gelbe Färbung auftritt, die bei weiterem Wismutzusatz intensiver wird. Besonders jetzt wird stark umgeschwenkt und öfter aufgekocht. Die Entscheidung, ob der Umschlagspunkt schon oder noch nicht erreicht ist, kann getroffen werden, wenn man zum Sieden erhitzt: Im ersten Falle verschwindet eine Rotfärbung, die bei nicht genügendem Umschwenken der Lösung während der Titration durch örtlich hohe Wismutkonzentration an der Eintropfstelle entstanden ist; im zweiten Falle verstärkt sie sich durch Hydrolyse zu Wismutoxyjodid. Ist übertitriert, so kann durch Zusatz eines Überschusses weiterer phosphathaltiger Lösung und durch Erhitzen das rote Wismutoxyjodid aufgelöst und in Wismutphosphat verwandelt werden. Hierbei muß aber die Säurekonzentration unter 0,4 ml 20%ige Perchlorsäure in 10 ml Lösung sein. Ist zu stark übertitriert, so löst sich das Wismutoxyjodid nur langsam.

Bemerkungen. **1.** Wegen der **Genauigkeit** siehe Bemerkung 2. — **2.** Die **Konzentration der Säure** beeinflußt die Löslichkeit des Wismutphosphates und des Wismutoxyjodides. Am besten sind 0,05 bis 0,5 ml 20%ige Perchlorsäure in 10 ml Lösung. Wenn weniger Säure vorhanden ist, fällt das Wismutphosphat gelatinös und absorbiert Fremdstoffe. Bei höherer Säurekonzentration erfolgt der Umschlag nicht von Farblos nach Rot, sondern von Gelb nach Rot, was schwerer erkennbar ist. 1 ml 20%ige Perchlorsäure in 10 ml bewirkt ein um 0,1 mg P_2O_5 erhöhtes Ergebnis, also bei Vorliegen von 50 mg P_2O_5 einen Fehler von 0,2% je ml $HClO_4$, und einen entsprechend größeren bei kleineren Phosphatmengen. — **3.** Hohe **Jodidkonzentration** ist schädlich wegen der Bildung des komplexen Tetrajodowismut-Ions $[BiJ_4]'$. Am besten sind 3 mg KJ in 10 ml Lösung. Bei kleiner Säurekonzentration kann man bis zu 10 mg gehen, bei höherer Konzentration an Säure nimmt man besser nur 2 mg KJ in 10 ml Lösung. — **4.** Das **Volumen der Lösung** soll höchstens 5 mal soviel Milliliter betragen, wie mg P_2O_5 anwesend sind, sonst übersteigt der Fehler 0,2% (siehe Bemerkung 2). — **5. Störungen.** Erst 50 mal mehr Nitrat als das vorhandene Phosphat vergrößert das Ergebnis um 1%. Nitrit, Chlorat und andere Oxydationsmittel stören erheblich. Sulfat, Chlorid, Bromid und Fluorid bilden schwerlösliche Wismutsalze, verbrauchen also Reagenslösung. Das Ergebnis wird um 1% erniedrigt bei Anwesenheit der 10fachen Menge Magnesium, Erdalkalimetalle, Mangan, Zink, Cadmium, Eisen(II), Kobalt, Nickel, Kupfer, der 3fachen Menge Blei, der ½fachen Menge Aluminium und Chrom. 3wertiges Eisen und Silber stören durch Herabsetzung der Jodidkonzentration. Titan, Thorium und Zinn stören auch in kleinen Mengen. 3wertiges Eisen und Titan können durch metallisches Eisen oder Zink reduziert werden. Citronensäure, auch Glycerin und Zucker, stören auch in kleinen Konzentrationen sehr stark. Bei Anwesenheit großer Mengen von Fremdstoffen fällt man besser die Phosphorsäure mit Ammoniummolybdat (siehe § 1, S. 32) und überführt das Ammoniummolybdophosphat in Ammoniummagnesiumphosphat, das man in Perchlorsäure löst. Diese Lösung titriert man dann wie oben angegeben.

Literatur.

ABRESCH, K.: Angew. Ch. **48**, 683 (1935). — ADRIANSZ, A.: Arch. Néerland. Physiol. Bd. 5; durch Fr. **10**, 473 (1871).

BIRNBAUM, K., u. C. CHOJNACKI: Fr. **9**, 203 (1870).

CHANCEL, G.: C. r. **50**, 416 (1860); **51**, 883 (1860). — CHLOPIN, N. JA., N. A. RAFALOWITSCH u. K. P. PRIWALOWA: Betriebslab. **15**, 1305 (1949); durch Fr. **132**, 383 (1951).

FRESENIUS, R., C. NEUBAUER u. E. LUCK: Fr. **10**, 135 (1871).

HARMS, J., u. G. JANDER: Angew. Ch. **49**, 106 (1936).

KESCHAN (KEŠANS), A.: Fr. **65**, 346 (1924/25); **125**, 6 (1943); **128**, 215 (1948).

NEUBERGER, A.: Fr. **116**, 1 (1939).

RATHJE, W.: Angew. Ch. **51**, 256 (1938).

§ 9. Verschiedene Bestimmungsverfahren.

Obgleich die hier aufzuführenden Verfahren mit Ausnahme der radiometrischen keine besondere Bedeutung besitzen, mögen sie der Vollständigkeit halber erwähnt werden.

In Analogie zu der bekannten Fällung der Phosphorsäure als Ammoniummagnesiumphosphat (siehe § 2, S. 118) hat ISHIBASHI die Abscheidung als Zink- bzw. Mangan(II)-verbindung versucht. Die Fällung als Ammoniumzinkphosphat soll bei Einhaltung bestimmter Bedingungen brauchbar sein. Die Verbindung kann in Zinkoxalat verwandelt werden, in welchem das Oxalat mit Kaliumpermanganat titriert wird [ISHIBASHI (a)]. Die Abscheidung als Ammoniummangan(II)-phosphat ist nach ISHIBASHI (b) nur einwandfrei, wenn der Fällungslösung zur Vermeidung der Oxydation des 2wertigen Mangans zu Mangan(IV)-oxydhydrat Hydroxylammoniumchloridlösung zugesetzt wird. Die Fällung erfolgt in der Siedehitze nach Zusatz von Mangan(II)-chloridlösung mit 1%igem Ammoniak. Die Abscheidung des seidenglänzenden Niederschlages wird durch Zusatz von 20%igem Ammoniak und mehrstündigem Stehen vervollständigt. Der Niederschlag wird mit ammoniakalischer, hydroxylammoniumchloridhaltiger Ammoniumchloridlösung gewaschen, getrocknet und zu Mangan(II)-pyrophosphat geglüht. Der Fehler soll nur 0,01 bis 0,03% betragen. Man kann den Niederschlag auch in Schwefelsäure lösen und das Mangan mit Kaliumpermanganat titrieren (c).

Eine Titration mit einer Zinkchloridlösung in essigsaurer, mit Ammoniumacetat gepufferter Lösung hat KRAUSE beschrieben. Es wird so lange titriert, bis das kristallinisch fallende Ammoniumzinkphosphat vollständig gefällt ist und bis keine Trübung auf einen weiteren Tropfen Reagenszusatz erfolgt. Die Zinkchloridlösung enthält etwa 20 mg Zn in 1 ml, entsprechend 30 mg H_3PO_4, also 1 Tropfen entspricht etwa 1,5 mg H_3PO_4. Das Verfahren kann also keinen Anspruch auf hohe Genauigkeit erheben. Es ist überdies unbrauchbar bei Gegenwart von Calcium, kann also für die Düngemittelanalyse nur angewendet werden nach einem Aufschluß des Probegutes mit Schwefelsäure. Der Verfasser sagt selbst, daß die Brauchbarkeit des Verfahrens erst durch zahlreiche Versuche an umfangreichem Versuchsmaterial geklärt und in Einzelheiten noch durchgearbeitet werden muß.

Die Abscheidung der Phosphorsäure als Quecksilber(I)-phosphat haben MAYR und BURGER zu einer potentiometrischen Bestimmung benutzt. Der mittels Quecksilber(I)-nitratlösung gefällte rein weiße, kristalline Niederschlag wird abfiltriert, und ein aliquoter Teil des Filtrates wird mit 0,1 n Natriumoxalatlösung potentiometrisch titriert. In umständlicher Weise behandeln IONESCO-MATIU und POPESCO den Niederschlag, den sie oxydierend lösen, um in der Lösung das 2wertige Quecksilber mit Natriumchloridlösung zu titrieren. WIERCIŃSKI fällt mit Quecksilber(I)-perchloratlösung, löst den Niederschlag ebenfalls oxydierend und titriert das 2wertige Quecksilber mit Ammoniumrhodanid.

Mittels Zirkonoxychlorid $ZrOCl_2$ fällen STUMPER und METTELOCK aus salzsaurer Lösung einen Niederschlag, der nach dem Trocknen bei 130°, darauffolgender Behandlung mit Salzsäure und schließlichem Glühen bei 1050° die Zusammensetzung $Zr_2P_2O_9$ haben soll.

In analoger Weise wie Schwefelsäure kann Phosphorsäure nach DEL CAMPO als Benzidinphosphat gefällt werden. Die Phosphorsäure wirkt hierbei zweibasig. Das abfiltrierte und in Wasser aufgeschlämmte Benzidinphosphat wird mit 0,1 n Natronlauge und Phenolphthalein als Indicator titriert. Weil Benzidinphosphat in n Salzsäure löslich ist, kann Phosphat neben Sulfat bestimmt werden (siehe § 11, A, S. 182).

Zur radiometrischen Bestimmung nach EHRENBERG fällt man Phosphat bei Gegenwart von ThB mit Calciumchlorid in ammoniakalischer Lösung und bestimmt die Aktivität in aliquoten Teilen der eingedampften Lösung nach dem Abzentrifugieren des Niederschlages. — Kleinste Spuren radioaktiven Phosphors werden nach SEABORG und LIVINGOOD ohne Zerstörung des Materials durch Messung der Halbwertszeit ermittelt. — Radioaktiven Phosphor in Pflanzenmaterial bestimmt MCAULIFFE in der salpetersauren Lösung der Asche mittels eines Flüssigkeitszählrohres.

Literatur.

MCAULIFFE, C.: Anal. Chem. **21**, 1059 (1949); durch Fr. **131**, 323 (1950).

CAMPO, A. DEL: Chim. et Ind. **23**, Sonder-Nr. 3 *bis*, 182 (1930); durch C. **101**, **II**, 1738 (1930).

EHRENBERG, R.: Mikrochemie, PREGL-Festschrift, S. 61 (1929).

IONESCO-MATIU, A., u. A. POPESCO: Bl. [4] **51**, 769 (1932). — ISHIBASHI, M.: (a) Mem. Sci. Kyoto Univ. Ser. A **12**, 49 (1929); durch C. **100**, **II**, 1184 (1929); (b) 39; durch C. **100**, **II**, 1183 (1929); (c) Anniversary Vol. dedic. to Masumi Chikashige **1930**, 1; durch C. **102**, **II**, 880 (1931).

KRAUSE, H.: Fr. **126**, 404 (1944).

MAYR, C., u. G. BURGER: M. **56**, 113 (1930).

SEABORG, G. T., u. J. J. LIVINGOOD: Am. Soc. **60**, 1784 (1938). — STUMPER, R., u. P. METTELOCK: C. r. **224**, 122 (1947); durch C. **118**, 756 (1947) (Akademie-Verlag, Berlin).

WIERCIŃSKI, J.: Przemysl Chem. **20**, 75 (1936); durch Fr. **111**, 30 (1937/38).

§ 10. Bestimmung der Phosphorsäure in Erzen, Schlacken und Aschen.

Allgemeines.

Die Bestimmung der Phosphorsäure in Erzen hat eine sehr große Bedeutung. Die Phosphaterze: Phosphorit, Apatit u. a. bilden die Ausgangsstoffe für die fabrikatorische Herstellung der künstlichen Phosphordüngemittel. Ihre Phosphatgehaltsbestimmung ist daher von außerordentlich großer Wichtigkeit. In den bei der Eisenverhüttung gebräuchlichen Erzen findet sich als Nebenbestandteil hauptsächlich Calciumphosphat in der Form des Apatites [1] (TRÖMEL), und über diesen Weg gelangt der Phosphor schließlich in die Thomasschlacke. Da diese in gemahlenem Zustande als Thomasmehl einen sehr wichtigen Phosphorhandelsdünger darstellt, so ist auch die Bestimmung des Phosphatgehaltes in den Eisenerzen von erheblicher Bedeutung. Die Bestimmung der Phosphorsäure in diesen beiden Erzsorten wird deshalb in diesem Paragraphen ausführlich beschrieben. Daran anschließend wird die Phosphatbestimmung in einigen anderen Erzarten behandelt. Da bei der Verhüttung der Eisenerze auch der Phosphorgehalt des dabei verwendeten Kokses bzw. der daraus entstehenden Asche eine Rolle spielt, so wird an dieser Stelle auch dessen Bestimmung beschrieben. Außerdem wird die Bestimmung des Phosphors in einigen Schlacken angeführt.

[1] Nach neueren Erkenntnissen ist das in allen natürlichen Phosphaterzen (Phosphoriten) vorliegende Calciumphosphat ausschließlich Apatit $Ca_{10}(PO_4)_6X_2$, in dem X aus wechselnden Beträgen Fluor, Hydroxyl und Chlor besteht, die sich isomorph vertreten können (SCHLEEDE, SCHMIDT und KINDT; RATHJE und GIESECKE).

A. Bestimmung der Phosphorsäure in Phosphaterzen.

Vorbemerkung.

Um die Bestimmung der Phosphorsäure in Phosphaterzen ausführen zu können, müssen diese in Lösung gebracht werden. Hierzu sind alle Mineralsäuren anwendbar. Während früher als Lösungsmittel Salzsäure gebräuchlich war (R. FRESENIUS), die aber mit Salpetersäure abgeraucht werden muß, wird heute vielfach Königswasser für den Aufschluß empfohlen (SUCHIER), jedoch muß auch in diesem Falle mit Salpetersäure abgedampft werden, um das Chlorid zu entfernen. Dieses würde bei der folgenden Fällung der Phosphorsäure als Ammoniummolybdophosphat stören (siehe § 1). Im allgemeinen genügt aber das Auflösen des Erzes in Salpetersäure. Da aber die in Rohphosphaten immer enthaltenen Bestandteile Fluor, Aluminium und Alkalimetalle Anlaß zur Bildung schwer löslicher Aluminiumfluorokomplexverbindungen geben, so können durch deren Mitfällung zu hohe Werte für Phosphorsäure erhalten werden. Da das Abfiltrieren zeitraubend ist, der Niederschlag auch Phosphorsäure einschließen und diese also der Fällung entziehen kann, so ist es zweckmäßig, das Fluor beim Aufschluß zu entfernen. Das geschieht am besten durch Verwendung von Schwefelsäure als Lösungsmittel [SPENGLER (a)]. Hierbei wird auch gleichzeitig ein etwaiger Chloridgehalt des Erzes entfernt. Schon R. FRESENIUS, NEUBAUER und LUCK empfahlen den Aufschluß mit 5%iger Schwefelsäure, wenn die Auflösung größerer Mengen von Aluminium und Eisen vermieden werden soll. — Neuerdings hat DORA MAGER festgestellt, daß das übliche Kochen der Phosphate mit Säuren zumindest bei weicherdigen Rohphosphaten, aber auch bei technischen Produkten, wie Thomasmehl, Rhenaniaphosphat, RÖCHLING-Phosphat, Kalkammonphosphat, Superphosphat und Knochenmehl, durch einstündiges Schütteln der fein gemahlenen Stoffe (bis unter 1 mm Korngröße) mit 5%iger Salzsäure ersetzt werden kann. In der Lösung kann die Phosphatfällung nach v. LORENZ in bester Übereinstimmung mit den bekannten Verbandsmethoden vorgenommen werden. Das Verfahren besitzt die großen Vorteile der Zeitersparnis, der Verbilligung und Vereinfachung der Arbeitsweise. — Nach ROSANOW (b) löst auch 2%ige Citronensäure bei wiederholter Anwendung nicht nur aus Phosphoriten, sondern auch aus Apatit sämtliche Phosphorsäure heraus. Danach könnte also auch diese in analoger Weise wie bei der Untersuchung der Düngemittel (siehe § 11) bei der der Erze Verwendung finden. Es ist jedoch im Schrifttum keine weitere Anwendung dieser Arbeitsweise mitgeteilt worden.

Die Bestimmung der Phosphorsäure in der Aufschlußlösung geschah früher hauptsächlich durch Fällung als Ammoniummolybdophosphat und dessen Überführung in Ammoniummagnesiumphosphat (siehe § 1, A, S. 55). Es kann jedoch unmittelbar Ammoniummagnesiumphosphat gefällt werden, wenn eine genügende Menge Ammoniumcitrat anwesend ist (siehe § 11, S. 180). Nach einer vergleichenden Untersuchung von ROSANOW und ISSAKOW wird das Molybdatverfahren von WOY (siehe § 1, A, S. 53) als das genaueste angesehen, dann folgt das Citratverfahren nach BÖTTCHER (siehe § 11, S. 180), obwohl dieses nur als Kompensationsverfahren anzusehen ist. Das Molybdatverfahren nach v. LORENZ ist nur bei Benutzung empirischer Faktoren brauchbar, was SPENGLER (b) zur Ausarbeitung einer sehr genauen Arbeitsvorschrift geführt hat. Auch die colorimetrische Auswertung des Molybdatverfahrens (siehe § 1, D, S. 81) ist anwendbar, jedoch ist zu berücksichtigen, daß durch die notwendige sehr starke Verdünnung der Aufschlußlösung eine erhebliche Fehlerbreite in Kauf genommen werden muß. Durch Anwendung eines Kationenaustauschers werden HELRICH und RIEMAN in die Lage versetzt, die Phosphorsäure eines Erzes alkalimetrisch bei geringstem Zeitaufwand zu bestimmen. Nach den Erfahrungen von KLEMENT mit dieser Arbeitsweise (Anwendung von Wofatit) kann das Verfahren bestens empfohlen werden. Hier sollen auch die Arbeiten von SAMUELSON und von RUNEBERG und SAMUELSON erwähnt werden, obwohl sie sich nicht unmittelbar auf die Bestimmung der Phosphorsäure beziehen. Die genannten Verfasser haben die Bestimmung von Eisen und Aluminium bzw. von Alkalimetallen in Gegenwart von Phosphorsäure beschrieben. Sie binden die Kationen aus der schwach salzsauren Lösung an einen mit Wasserstoffionen gesättigten Austauscher (hierzu kann Wofatit KS benutzt werden), während die Phosphorsäure (und Salzsäure) den Austauscher frei passieren. Es ist ohne Zweifel möglich, in dieser durchgelaufenen Lösung die Phosphorsäure in üblicher Weise quantitativ zu bestimmen, obwohl die Verfasser hierzu keine Beleganalysen mitteilen. Die an den Austauscher gebundenen Kationen werden durch dessen Behandlung mit 2 n Salzsäure herausgelöst, und sie werden in dieser Lösung in bekannter Weise bestimmt. Die Verfasser, die auch Apatitkonzentrat, Pebblephosphat und technisches Dicalciumphosphat untersucht haben, teilen ausgezeichnete Beleganalysen mit. Schwierigkeiten können bei Anwesenheit von 3 wertigem Chrom auftreten. Die allgemeine Arbeitsweise ist in § 7, S. 151 beschrieben. — Wegen einer maßanalytischen Bestimmung der Phosphorsäure mittels Wismutylperchlorates siehe § 8, D, S. 155.

Da es für die Verwendung der Phosphaterze als Ausgangsstoffe für die Herstellung von künstlichen Düngemitteln wichtig ist, neben dem Gehalt an Phosphorsäure auch den an den anderen Bestandteilen zu kennen, so wird hier eine kurze Beschreibung der Gesamtanalyse der Phosphaterze mitgeteilt.

1. Gesamtanalyse von Rohphosphaten.

Die hier folgende Beschreibung der Gesamtanalyse von Rohphosphaten beruht auf den Angaben von SUCHIER. HOFFMAN und LUNDELL haben eine ähnliche Vorschrift angegeben. — Es werden in Rohphosphaten gewöhnlich bestimmt: Feuchtigkeit, Glühverlust, P_2O_5, $Al_2O_3 + Fe_2O_3$, CaO, MgO, (MnO), F, SiO_2, CO_2, SO_3, seltener Cl und J.

Bestimmung der Feuchtigkeit. 10 g Rohphosphat werden bis zur Gewichtskonstanz bei 105° getrocknet.

Bestimmung des Glühverlustes. 2 g Rohphosphat werden ½ Std. über einem TECLU-Brenner geglüht. Falls das Phosphat stark sintert, wird das Glühen mit einer neuen Probe nach Zusatz von 1 bis 2 g geglühten Quarzes wiederholt.

Bestimmung von P_2O_5. 5 g bei 105° getrocknete Substanz werden in einem 500 ml-Meßkolben mit 50 ml Königswasser übergossen und erst über freier Flamme, später auf einem Sandbade bis zur Sirupdicke eingedampft, um die Kieselsäure abzuscheiden. Nach dem Erkalten des fast erstarrten Rückstandes gibt man 10 ml Salpetersäure (D 1,2) und 50 ml Wasser hinzu und kocht 1 Min. lang auf. Nach dem Erkalten der Mischung auf Raumtemperatur füllt man zur Marke auf, schüttelt gut durch und filtriert durch ein trockenes Filter. 50 ml Filtrat = 0,5 g Einwaage werden mit Ammoniummolybdatlösung gefällt (siehe § 1, S. 33). Der Niederschlag wird so lange gewaschen, bis er frei von Calcium ist (Probe: 1 ml Waschwasser darf nach Zusatz von 0,5 ml 30%iger Schwefelsäure und 2 ml Alkohol keine Trübung zeigen), und in Ammoniummagnesiumphosphat überführt (siehe § 1, A, S. 55). Diese Vorschrift ist nur für Rohphosphate mit einem Gehalt von 25 bis 38% P_2O_5 anwendbar, bei höheren Gehalten wird nur eine solche Menge Filtrat verwendet, die 0,4 g Einwaage entspricht. Nach HOFFMAN und LUNDELL kann die Mengenbestimmung des Niederschlages auch durch alkalimetrische Titration (siehe § 1, A, S. 58) erfolgen. Hierbei muß aber die zur Auflösung des Ammoniummolybdophosphates zu verwendende Natronlauge gegen ein Erz mit genau ermitteltem Phosphatgehalt eingestellt werden. Siehe auch die sehr genaue Vorschrift von SPENGLER auf S. 162ff. — Bei Gegenwart von organischer Substanz im Rohphosphat schreibt das Methodenbuch den Aufschluß mit Schwefelsäure und Salpetersäure vor (siehe § 11, D, S. 200).

Bestimmung von $Al_2O_3 + Fe_2O_3$. 10 g Rohphosphat werden in einem 500 ml-Meßkolben mit 5 ml Wasser angefeuchtet, mit 50 ml konzentrierter Salzsäure in kleinen Anteilen versetzt und auf ein Viertel des Gesamtraumteiles eingedampft. Dieses Abrauchen wird noch 2mal mit je 50 ml Salzsäure wiederholt. Dann wird zur Marke aufgefüllt und durch ein trockenes Filter filtriert. 50 ml des Filtrates = 1 g Einwaage werden in einem hohen Becherglase auf die Hälfte eingedampft und zur Abscheidung des Calciums noch heiß mit 10 ml konzentrierter Schwefelsäure versetzt. Nach dem Abkühlen werden 150 ml absoluter Alkohol zugegeben, und die Mischung wird unter öfterem Umrühren 3 Std. stehengelassen. Das abgeschiedene Calciumsulfat wird so lange mit absolutem Alkohol ausgewaschen, bis 1 ml Filtrat nach Zusatz von 10 ml Wasser und 1 Tropfen Methylorange keine Rotfärbung mehr zeigt. Aus dem Filtrat wird der Alkohol abdestilliert. Der Rückstand wird bei Anwesenheit organischer Stoffe mit 30 ml Bromwasser und 10 ml konzentrierter Salzsäure oxydiert. Nach dem Verkochen des überschüssigen Broms wird die Lösung mit 40 ml einer aus gleichen Teilen von 10%igem Wasserstoffperoxyd und 10%igem Ammoniak bereiteten Mischung versetzt. Der Überschuß des Ammoniaks wird ausgekocht. Der entstandene Niederschlag von Aluminiumphosphat und Eisen(III)-phosphat wird abfiltriert, mit heißem Wasser bis zur Sulfatfreiheit ausgewaschen, getrocknet und geglüht. Die Hälfte des Gewichtes des Glührückstandes wird als $Al_2O_3 + Fe_2O_3$ berechnet. Zur gesonderten Bestimmung des Fe_2O_3 wird der Glührückstand mit Schwefelsäure abgeraucht und das Eisen wie üblich manganometrisch bestimmt. — Bei kleinen Eisengehalten muß eine höhere Einwaage genommen werden. — HOFFMAN und LUNDELL führen den Aufschluß mit Perchlorsäure, Salzsäure oder Salpetersäure in üblicher Weise durch. Zur Bestimmung des „löslichen $Al_2O_3 + Fe_2O_3$“ werden 2,5 g Rohphosphat mit 50 ml Salzsäure (1:1) und 1 g Borax aufgeschlossen. — Zur Bestimmung der Sesquioxyde entfernt KRASNOWSKI die Phosphorsäure mittels Zinnfolie.

Bestimmung von $Al_2O_3 + Fe_2O_3$ mittels Austauschers nach SAMUELSON. Die Vorbereitung des Austauschers ist in § 7, S. 151, beschrieben. 20 g Rohphosphat werden in üblicher Weise mit 100 ml konzentrierter Salzsäure und 50 ml konzentrierter Salpetersäure gelöst. Der Rückstand der eingedampften Lösung wird mit 100 ml Wasser und 15 ml konzentrierter Salzsäure aufgekocht, und die filtrierte Lösung wird auf 1000 ml aufgefüllt. 50 ml davon werden mit dem Austauscher behandelt, der mit 300 bis 400 ml Wasser nachgewaschen wird. Danach wird der Austauscher mit 250 bis 300 ml 2 n Salzsäure behandelt, wodurch die Kationen (Al + Fe) herausgelöst werden. Diese werden in der abgelaufenen Lösung in bekannter Weise bestimmt. Nach dem Auswaschen des Austauschers mit destilliertem Wasser, bis dieses gegen Methylorange neutral ist, ist der Austauscher für eine neue Analyse bereit.

Bestimmung von CaO. Das oben ausgefällte Calciumsulfat wird getrocknet und schwach geglüht. — HOFFMAN und LUNDELL empfehlen die doppelte Fällung des Calciums als Oxalat bei $p_H = 3$ bis 4 (Bromphenolblau als Indicator) und Titration mit Kaliumpermanganat, was KLEMENT (unveröffentlichte Analysen) als brauchbar bestätigen kann.

Bestimmung von MgO. Das Filtrat der oben beschriebenen Fällung von $AlPO_4 + FePO_4$ wird auf 150 ml eingedampft und das Magnesium wie üblich gefällt. — Nach HOFFMAN und LUNDELL läßt sich das Magnesium am besten nach der Entfernung des Calciums als Calciumsulfat (siehe oben) aus alkoholischer Lösung und Abdampfen des Alkohols in Gegenwart von Ammoniumcitrat als Ammoniummagnesiumphosphat fällen.

Die **Bestimmung von MnO** erfolgt nach HOFFMAN und LUNDELL nach Oxydation mit Natriumperjodat in stark saurer Lösung colorimetrisch.

Bestimmung von F. Das Fluor wird als Siliciumfluorid oder als Silicofluorwasserstoffsäure abdestilliert. Die Vorschriften hierfür sind ausführlich beschrieben in diesem Handbuch, Teil III, Bd. 7, a, α, Kapitel „Fluor". — Nach HOFFMAN und LUNDELL stört freier oder Pyrit-Schwefel die Titration des Fluors mit Thoriumnitrat. In solchen Fällen muß entweder 2mal destilliert oder die Probe zuvor gelinde geglüht werden. Zur Vermeidung von Explosionen bei Gegenwart organischer Stoffe bei der Destillation mit Perchlorsäure wird die Destillation mit konzentrierter Schwefelsäure vorgenommen und das Fluor als Bleichlorofluorid bestimmt.

Bestimmung von SiO_2. 2 g Rohphosphat werden in einer Porzellanschale 2mal mit je 10 ml Salzsäure (D 1,18) abgeraucht. Der Rückstand wird im Trockenschrank 3 Std. bei 120° gehalten, dann mit 2 bis 3 ml konzentrierter Salzsäure und 50 ml heißem Wasser aufgenommen, abfiltriert, geglüht, gewogen, mit Flußsäure abgeraucht und der Rückstand zurückgewogen. — HOFFMAN und LUNDELL konnten kein genaues Bestimmungsverfahren entwickeln.

Die **Bestimmung von CO_2** wird in üblicher Weise vorgenommen.

Bestimmung von SO_3. 10 g Rohphosphat werden mit 100 ml Salzsäure (D 1,18) zum Sieden erhitzt und bis auf 50 ml eingedampft. Nach dem Zusatz von 150 ml heißem Wasser wird vom Ungelösten abfiltriert und das Filter chlorfrei gewaschen. Im Filtrat erfolgt die Sulfatbestimmung in bekannter Weise.

2. Gravimetrische Bestimmung der Phosphorsäure.

I. *Arbeitsvorschrift* von SPENGLER (a). 5 g des feingepulverten Phosphates werden in einem Jenaer Aufschlußkolben mit breitem Boden (Kegelform, 500 ml Inhalt) mit wenig Wasser angefeuchtet, mit 30 ml konzentrierter Schwefelsäure und 2 bis 3 ml Salpetersäure (D 1,4) übergossen. Die Mischung wird bei Apatiten 1 Std., bei anderen Phosphaten $^3/_4$ Std. gekocht. Nach dem Abkühlen wird unter Schütteln vorsichtig Wasser in kleinen Anteilen zugesetzt, dann weiter Wasser zugesetzt, bis der Kolben größtenteils gefüllt ist, auf 20° abgekühlt und bis zur Marke aufgefüllt. Man schüttelt gut durch und filtriert durch ein doppeltes Faltenfilter, wobei die ersten Anteile des Filtrates verworfen werden. Die Fällung der Phosphorsäure mittels Ammoniummolybdates ist in § 1, A, S. 33 genau beschrieben.

Den Umrechnungsfaktor zur Berechnung des P_2O_5-Gehaltes aus dem ausgewogenen Niederschlage gibt SPENGLER (c) zu 0,032648 (lg 51386) an, wobei das Gipsvolumen berücksichtigt ist. Hierzu ist der Kalkgehalt der trockenen Rohphosphate mit $50 \pm 2\%$ CaO gesetzt. Bei 5 g Einwaage sind das 7,6762 g $CaSO_4 \cdot 2\,H_2O$. Bei einem spezifischen Gewicht = 2,32 ist das Volumen = 3,309 ml, woraus sich ein Umrechnungsfaktor = 0,9934 ergibt. Zur Vermeidung doppelten Rechnens ist dieser Umrechnungsfaktor gleich in den oben angegebenen Faktor eingerechnet. Der infolge Abweichungen des Kalkgehaltes um mehrere Prozente mögliche Fehler für P_2O_5 liegt meist unter 0,01%, kann also im allgemeinen vernachlässigt werden.

Es empfiehlt sich, die schwefelsaure Aufschlußlösung abends zu fällen und am anderen Morgen zu filtrieren. Unter dieser Bedingung sind die Ergebnisse sehr gut.

Ein beim Aufschluß unlöslich bleibender, titanhaltiger Anteil (bei Kola-Apatit etwa 1%) enthält durchschnittlich 0,1% P_2O_5, der für gewöhnlich in Rechnung gestellt und addiert werden kann [SPENGLER (b)].

II. *Arbeitsvorschrift* von MAGER. 5 g Probe, die feiner als 1 mm sein muß, werden in einen 500 ml-STOHMANN-Kolben gebracht, mit 5%iger Salzsäure bis zur Marke aufgefüllt und im Rotierapparat 1 Std. geschüttelt. Dann wird durch ein trockenes Faltenfilter filtriert, wobei die ersten Anteile des Filtrates verworfen werden. Vom Filtrat wird eine zweckentsprechende Menge noch einmal verdünnt, und von dieser verdünnten Lösung wird ein aliquoter Teil in bekannter Weise nach v. LORENZ gefällt.

III. Andere Arbeitsvorschriften. Für *Lahnphosphate* empfahl R. FRESENIUS, 0,5 g Substanz mit 8 ml konzentrierter Salzsäure 1 Std. auf dem Wasserbade zu erwärmen, die Lösung einzudampfen, 2 ml Salzsäure und nach einiger Zeit 10 ml Salpetersäure (D 1,2) und Wasser zuzusetzen. Die vom Unlöslichen abfiltrierte Lösung und das Waschwasser werden eingedampft, der Rückstand wird mit 5 ml Salpetersäure in ein Becherglas gespült und die Lösung mit

Ammoniummolybdat gefällt. Der Niederschlag wird in Ammoniummagnesiumphosphat übergeführt, das zu Pyrophosphat geglüht wird.

JÖRGENSEN behandelt 5 g Erz mit 20 ml Salpetersäure (D 1,21) in gelinder Wärme, filtriert, füllt auf 250 ml auf und nimmt davon 50 ml zur P_2O_5-Bestimmung nach R. FRESENIUS (siehe oben).

Um die Phosphorsäure in einem schwefelsauren Aufschluß von den Sulfaten zu trennen, versetzen MOESER und FRANK die Lösungmit 95%igem Alkohol, in dem die Phosphorsäure löslich ist. Durch einen Zusatz von alkoholischer Kalilauge wird gut filtrierbares Kaliumsulfat gebildet, wodurch die Filtration verbessert wird. 0,3 bis 0,5 g Erz werden mit 4 bis 6 ml konzentrierter Schwefelsäure zum Sieden erhitzt, aber nicht bis zur Trockne eingedampft. Nach dem Erkalten versetzt man mit 30 bis 40 ml 95%igem Alkohol und 2 ml 10%iger alkoholischer Kalilauge. Nach dem Erkalten dekantiert man auf ein alkoholfeuchtes Filter, bringt dann den Niederschlag darauf und wäscht 4- bis 6 mal mit 95%igem Alkohol aus. Nach dem Versetzen mit dem gleichen Raumteil Wasser wird mit Ammoniak schwach alkalisch gemacht und die Phosphorsäure als Ammoniummagnesiumphosphat gefällt. (Das Verfahren ist schlecht anwendbar bei manganreicher Thomasschlacke.)

KAPSHULL löst die Probe in 2 ml konzentrierter Salpetersäure und 20 ml konzentrierter Salzsäure, dampft zur Trockne, löst in Salzsäure (1:1) und filtriert die Kieselsäure ab. In dem mit Ammoniumcitrat versetzten Filtrat wird die Phosphorsäure als Ammoniummagnesiumphosphat gefällt.

KRASNOWSKI behandelt 5 g Phosphorit mit Königswasser. Aus der abfiltrierten Lösung wird die Kieselsäure abgeschieden und bestimmt. Aus einem aliquoten Teile des Filtrates der Kieselsäurefällung erfolgt die Bestimmung der Phosphorsäure nach WOY (siehe § 1, A, S. 53).

Eine „beschleunigte" Analyse teilt TSCHEPELEWETZKI mit. 2,5 g Phosphorit werden 30 Min. lang mit 60 bis 70 ml 20%iger Salzsäure gekocht. Man verdünnt mit Wasser und filtriert in einen Meßkolben. Der unlösliche Rückstand wird gewaschen, geglüht, gewogen und mit Natriumcarbonat geschmolzen. Aus der Lösung der Schmelze wird die Kieselsäure abgeschieden und das Filtrat davon zur Hauptlösung gegeben. Die Phosphorsäure wird mittels des Citratverfahrens (siehe § 11, S. 183) oder mittels Ammoniummolybdat, die übrigen Bestandteile des Erzes werden auf die üblichen Weisen bestimmt.

Die mit Königswasser hergestellte Aufschlußlösung von Phosphoritflotaten wird nach WLADIMIROW auf 10 ml eingeengt, mit 15 ml 50%iger Ammoniumcitratlösung, 15 ml gesättigter Ammoniumchloridlösung und 20 ml 25%igem Ammoniak versetzt. Die gallertartig ausfallende Kieselsäure wird nach 15 Min. abfiltriert. Im Filtrat wird die Phosphorsäure mit Magnesiamixtur gefällt.

KANEWSKAJA beschreibt eine Schnellmethode, die sich darauf gründet, daß säureunlösliche Rückstände nicht wie gewöhnlich mit Flußsäure behandelt, sondern daß die Probe sofort mit Soda geschmolzen wird. Die Lösung der Schmelze in verdünnter Salzsäure wird mit Ammoniak neutralisiert und aufgekocht. Der Niederschlag wird sofort abfiltriert und in warmer verdünnter Salpetersäure gelöst. Die Lösung dient zur Bestimmung der Phosphorsäure.

Mit Hilfe der hydrostatischen Waage und einer optischen Ablesevorrichtung bestimmen MARKOWA und FILIPPOWA die Phosphorsäure in Phosphorit. Ammoniummolybdophosphat wird an einem Uhrglase niedergeschlagen, dieses mittels eines Fadens an einem dünnen, elastischen Glasstabe befestigt und in genau horizontaler Lage in einen Meßzylinder gebracht. Die Ablenkung des Glasstabes aus vorher fixierter Lage ist proportional der Niederschlagsmenge, die an einer Skala abgelesen wird. Das Verfahren dauert 7 Min.

Bemerkungen. Aus den Aufschlußlösungen muß die Kieselsäure entfernt werden, weil sonst zu hohe Werte für die Phosphorsäure erhalten werden (WLADIMIROW). So fanden auch KASARINOWA-OKNINA und FILIPPOWA in sauren Auszügen von Phosphoriten von Karatan erst richtige Werte nach dem Abscheiden der Kieselsäure durch mehrmaliges Eindampfen mit Salzsäure. MCCANDLESS empfiehlt, den bis zur Sirupkonsistenz eingedampften Rückstand der Behandlung der Phosphaterze mit Königswasser nach der Überführung in den Meßkolben und Auffüllen zur Marke *sofort* zu filtrieren, um eine Wiederauflösung der abgeschiedenen Kieselsäure zu verhüten.

Bei der Fällung der Phosphorsäure als Ammoniummolybdophosphat in Gegenwart von Citronensäure (siehe § 11, S. 193) werden bei kalkreichen Mineralphosphaten nach ALBERTI zu niedrige Werte erhalten, weil die Citronensäure teilweise neutralisiert wird. Es wird empfohlen, anwesendes Calciumcarbonat vorher zu bestimmen, dann die zu dessen Neutralisation nötige Menge Citronensäurelösung und danach erst die vorgeschriebene Menge 2%ige Citronensäurelösung zuzusetzen.

3. Alkalimetrische Bestimmung der Phosphorsäure.

I. Verfahren von HELRICH und RIEMAN mittels Austauschers. Bringt man eine Phosphatlösung auf einen mit Wasserstoff-Ionen beladenen Kationenaustauscher, so werden von diesem die Kationen der Lösung gebunden und dafür seine eigenen

Wasserstoff-Ionen ausgetauscht, und es resultiert eine Lösung von freier Phosphorsäure, die in üblicher Weise mit Lauge titriert werden kann (siehe § 4). Dieses neuartige, sehr elegante Verfahren benutzen HELRICH und RIEMAN zur Bestimmung der Phosphorsäure in Phosphaterzen.

Reagenzien. *1. Carbonatfreie, 0,1 n Natronlauge. — 2. 18 n Natronlauge* (in paraffinierter Flasche aufzubewahren). — *3. Salzsäure* in den Normalitäten: 0,1 n, n, 6 n und 12 n. — *4. Pufferlösungen:* a) $p_H = 4{,}63$: 17 ml 1,3 m Natriumacetatlösung, 25 ml m Essigsäure, 360 ml Wasser und 3 Tropfen Methylrotlösung: $p_H = 8{,}98$: 130 ml 0,1 m Boraxlösung, 40 ml 0,1 n Salzsäure, 230 ml Wasser, 3 Tropfen Methylrotlösung und 1 Tropfen Phenolphthaleinlösung.

Arbeitsvorschrift. Die 40 cm lange Säule wird mit 170 ml Austauscher (Amberlite IR 100) gefüllt und mit Leitungswasser ausgewaschen. Das Einfahren geschieht mit 500 ml n HCl und das Auswaschen mit 300 ml destilliertem Wasser (siehe auch § 7, S. 150).

450 bis 550 mg Phosphaterz werden in einem 150 ml fassenden Becherglase mit 15 ml 12 n HCl 30 Min. in schwachem Sieden gehalten, wobei das Glas zugedeckt wird. Die Lösung wird auf einem Dampfbade zur Trockne verdampft und noch 1 Std. länger darauf erwärmt. Man fügt nun 2 ml 6 n HCl und 98 ml Wasser hinzu, bringt die Lösung auf die Säule, läßt in 10 Min. durchlaufen und fängt den Durchlauf in einer Kasserolle von 1 l Inhalt auf. Die Säule wird mit 300 ml Wasser nachgewaschen, das man ebenfalls in der Kasserolle auffängt. Nach Zusatz von 3 Tropfen Methylrotlösung gibt man 18 n NaOH bis zur Gelbfärbung zu, danach sofort tropfenweise n HCl, bis die Lösung leicht rosa ist. Man stellt nun die Lösung mit 0,1 n HCl auf den p_H-Wert 4,63 unter Vergleich mit der Pufferlösung (4a) ein, gibt 1 Tropfen Phenolphthaleinlösung zu und titriert mit 0,1 n NaOH bis zum p_H-Wert 8,98, den man mit dem Vergleichspuffer (4b) kontrolliert.

Bemerkungen. **Genauigkeit.** Die Übereinstimmung der so erhaltenen Werte mit gravimetrisch ermittelten ist gut. — Das Eindampfen der Lösung ist nötig, um Fluor zu vertreiben, durch dessen Anwesenheit infolge seiner Pufferwirkung falsche Werte erhalten würden. — Der **Zeitbedarf** ist sehr gering. Es lassen sich zwei Bestimmungen in knapp 4 Std. ausführen, wovon allein 3 Std. für das Eindampfen und Trocknen notwendig sind. — **Einfluß des Eisens.** Bei einer Nachprüfung des oben beschriebenen Verfahrens finden GOUDIE und RIEMAN, daß auf dem Austauscher nach längerem Gebrauch eine so große Menge Eisen haften bleibt, daß schließlich ein Teil davon im Durchlauf bei der Phosphorsäure erscheint. Dadurch werden zu hohe Werte erzielt. Um das Eisen vom Austauscher vollständig zu entfernen, wird dessen Behandlung mit einer Lösung von Diammoniumcitrat, welches das Eisen komplex bindet, empfohlen. An Stelle des Amberlite ist auch die Verwendung von Dowex 50 besser. Außerdem wird empfohlen, die Titration potentiometrisch auszuführen. — Den **Einfluß der Kohlensäure** auf die Titration wollen die Verfasser dadurch umgehen, daß sie die Natronlauge (CO_2-frei aus 18 n NaOH mit CO_2-freiem Wasser bereitet) auf analoge Weise einstellen, wie die Bestimmung ausgeführt wird. Dazu werden 350 mg Kaliumdihydrogenphosphat (bei 110° getrocknet) in 150 ml Wasser gelöst. Nach Zusatz von 2 ml 6 n Salzsäure und 3 Tropfen 0,003 m Methylorangelösung wird 18 m Natronlauge bis zur Gelbfärbung tropfenweise, dann 1 m Salzsäure bis zur Rotfärbung zugefügt. Nun wird potentiometrisch mit der Natronlauge auf die p_H-Werte 4,6 und 9,1 titriert. KINDT, BALIS und LIEBHAFSKY empfehlen aber, alle Reagenzien von Kohlendioxyd zu befreien und in einer ebenfalls davon freien Atmosphäre zu titrieren, wobei sie die Anwendung einer Glaselektrode bevorzugen.

II. Verfahren von KASSNER, CRAMMER und OZIER. Das Verfahren beruht auf der Mitverwendung von Perchlorsäure zum Aufschluß, einer Ammoniummolybdatlösung mit einem Zusatz von Citronensäure[1] und eines Mischindicators zur Titration des Niederschlages, der genau beim stöchiometrischen Endpunkt umschlägt.

Reagenzien. 1. *Citratmolybdatlösung.* a) Man löst in 1360 ml Wasser 54 g Ammoniumnitrat, 52,6 g Citronensäure und 68 g Ammoniummolybdat. — b) 253 ml Salpetersäure (D 1,42) werden mit 310 ml Wasser verdünnt. Man gießt Lösung a in Lösung b und klärt die Mischung durch Zugabe einiger Tropfen Ammoniumphosphatlösung und etwas Filterbrei, Aufkochen und Stehenlassen über Nacht. (Die Lösung bleibt sieben und mehr Jahre lang klar.) — 2. *Mischindicator.* Man behandelt getrennt je 0,1 g Phenolrot und Bromthymolblau mit Natronlauge im Achatmörser. Wenn sich der Indicator vollständig gelöst hat, bringt man den p_H-Wert mit Salpetersäure auf 7,5 und verdünnt auf 250 ml. Man mischt 40 ml Bromthymolblaulösung mit 25 ml Phenolrotlösung und verwendet 0,5 ml des Lösungsgemisches für je 100 ml Endvolumen. — 3. Carbonatfreie *0,3 n Natronlauge,* mit Kaliumhydrogenphthalat gegen Phenolphthalein eingestellt. — 4. *0,1 n Salpetersäure,* gegen Phenolphthalein eingestellt.

Arbeitsvorschrift. 1 g Probe wird mit 15 ml Wasser befeuchtet. Nach Zusatz von 5 ml konzentrierter Salpetersäure und 10 bis 20 ml 60- bis 70%iger Perchlorsäure wird bis zum Auftreten dicker weißer Nebel erhitzt und dann noch zwecks Abscheidung der Kieselsäure 20 Min. lang gelinde gekocht. Man läßt etwas abkühlen, fügt 75 ml Wasser hinzu und kocht noch einmal auf. Man filtriert noch heiß in einen 250 ml-Meßkolben und wäscht das Filter mit heißer, verdünnter Salpetersäure und heißem Wasser aus. Wenn der Rückstand (SiO_2) phosphathaltig ist, wird er mit Flußsäure und Salpetersäure behandelt. Ein hierbei zurückbleibender Rest wird mit Natriumcarbonat geschmolzen und die Lösung der Schmelze zu der im Meßkolben befindlichen hinzugefügt. 25 ml der aufgefüllten Lösung werden mit 80 ml Citratmolybdatlösung versetzt, aufgekocht und 2 bis 3 Min. im Sieden erhalten. Es kann sofort oder später filtriert werden. Der Niederschlag wird 4- bis 5mal durch Dekantieren mit neutraler 1%iger Kaliumnitratlösung oder mit kaltem Wasser gewaschen, und zwar mit je 20 bis 25 ml. Dann wird der Niederschlag in den Filtertiegel gebracht und hierin noch 10mal ausgewaschen. Der Tiegel wird in das Fällungsgefäß gebracht und der Niederschlag in Natronlauge (3) gelöst. Man fügt 15 ml im Überschuß und 1 ml Indicator hinzu und titriert mit Salpetersäure (4) bis zur Gelbfärbung. Dann nimmt man den Tiegel aus dem Gefäß, verdünnt die Lösung auf etwa 200 ml und titriert im direkten Sonnenlicht oder bei einer Tageslichtlampe mit Natronlauge zurück, bis eine leichte Purpurfarbe auftritt. Kurz vor dem Endpunkt ist die Lösung praktisch farblos.

4. Colorimetrische Bestimmung der Phosphorsäure.

Für die colorimetrische Bestimmung der Phosphorsäure in Phosphaterzen dient ausschließlich die Erzeugung der Färbung des Phosphomolybdänblaus. So arbeitet ROSANOW (a) nach dem Verfahren von DENIGÈS (siehe § 1, D, S. 106), und er stellt fest, daß die Anwesenheit von Königswasser die Bestimmung fast gar nicht beeinflußt, und daß eine Konzentration von 0,5 bis 0,3 mg P_2O_5/l am günstigsten sei. MARKOWA hält die Erzeugung der Blaufärbung mit Benzidin (siehe § 1, D, S. 82) für die Phosphoritanalyse für brauchbar. Die Probe kann in Königswasser gelöst werden; Eisen, Aluminium, Calcium und Kieselsäure sind ohne Einfluß auf die Genauigkeit. SAGORSKI colorimetriert, indem der aus dem salzsauren Auszug durch Fällung mit Molybdatlösung erhaltene Niederschlag in Alkali gelöst und mittels Hydrochinons reduziert wird (siehe § 1, D, S. 95). Siehe auch die in § 11, B, S. 196 angeführte colorimetrische Bestimmung.

[1] Organische Oxysäuren als Zusatz bei der Molybdatfällung verwenden auch LIPOWITZ (Weinsäure): Pogg. Ann. **119,** 135 (1860); H. PELLET: Bl. Soc. chim. Belg. **3,** 51 (1888/89); F. GRAFTIAN: Atti VI Congr. int. Chim. appl. Roma **1,** 64 (1906); V. VINCENT: Ann. Falsific. **23,** 475 (1930), die Letztgenannten Citronensäure (siehe auch S. 48 und S. 54).

B. Bestimmung der Phosphorsäure in Eisenerzen.

Bei der Bestimmung der Phosphorsäure in Eisenerzen handelt es sich fast ausschließlich um die Ermittlung kleiner Mengen, die einige Prozente selten übersteigen. Es kommt deshalb heutzutage nur das Molybdatverfahren (siehe § 1) in Betracht, das es erlaubt, kleine Mengen Phosphat ohne vorhergehende Anreicherung mit großer Genauigkeit zu erfassen. Wenn es sich um die Bestimmung kleinster Phosphatmengen (unter 0,1%) handelt, so wird vorteilhaft die colorimetrische Bestimmung über das Phosphomolybdänblau anzuwenden sein. Im allgemeinen wird man mit der gravimetrischen oder titrimetrischen Mengenbestimmung des Ammoniummolybdophosphatniederschlages auskommen. — Auf die ältere, sehr umständliche Arbeitsweise von REIMEN, die von R. als unzweckmäßig bezeichnet wird, braucht hier nicht eingegangen zu werden. Eine sehr brauchbare Arbeitsvorschrift hat der Chemiker-Fachausschuß des Vereins Deutscher Eisenhüttenleute mitgeteilt.

1. Gravimetrische und titrimetrische Bestimmung der Phosphorsäure.

I. Gravimetrische Bestimmung. ***Arbeitsvorschrift*** des Chemiker-Fachausschusses des Vereins Deutscher Eisenhüttenleute. Die Einwaage des Erzes hat sich nach dessen Phosphorgehalt zu richten. Sie beträgt:

bei % P:	0,1	0,1 bis 0,5	0,5 bis 1	1 bis 2	über 2
	5 g	2 g	1 g	0,5 bis 0,6 g	0,3 bis 0,5 g.

Die Einwaage des Erzes wird in einer Porzellanschale mit Wasser angefeuchtet und mit 20 bis 50 ml Salzsäure (D 1,19) übergossen. Nach erfolgter Auflösung werden 2 ml Salpetersäure (D 1,4) zugefügt, und die Mischung wird scharf eingedampft. Man fügt zum Rückstand 10 bis 20 ml Salzsäure und 30 bis 40 ml Wasser hinzu, filtriert und wäscht abwechselnd mit Salzsäure und heißem Wasser. Ein etwaiger phosphorhaltiger Rückstand wird mit Flußsäure aufgeschlossen und die Lösung zur Hauptlösung zugefügt. Diese soll nicht mehr als 150 ml betragen. Der beim Neutralisieren mit Ammoniak entstandene Niederschlag wird in Salpetersäure gelöst. Es werden noch höchstens 5 ml Salpetersäure im Überschuß zugesetzt, dann wird auf 100 ml eingedampft. Nach dem Zusatz von 20 ml Ammoniumnitratlösung (1:1) wird mit Ammoniummolybdat gefällt (siehe § 1, A, S. 32).

Bei *sehr geringen Phosphormengen* im Erz (unter 0,001%) und einer verlangten Fehlergrenze von $\pm 0{,}001\%$ werden die genau abgemessenen Reagensmengen blind analysiert und die gleichen Gerätegläser wie bei der eigentlichen Bestimmung benutzt. Die Niederschläge von zwei Einwaagen werden in Ammoniak gelöst und die vereinigten Lösungen wieder gefällt (siehe § 1, A, S. 48). Nach 24stündigem Stehen wird der Niederschlag weiter verarbeitet.

Arsen in geringer Menge schadet nicht. Größere Mengen werden mittels Bromwasserstoffsäure oder Ammoniumbromid und Salzsäure vertrieben.

In *titanhaltigen Erzen* bleibt ein Teil der Phosphorsäure bei dem unlöslichen Titandioxyd (siehe S. 29). Der Rückstand wird mit Natriumcarbonat geschmolzen. Die Schmelze wird in Wasser gelöst, das Ungelöste nur mit 1%iger Salpetersäure ausgewaschen, da sonst Titandioxyd trübe durchläuft, und die Lösung zur Hauptlösung hinzugefügt. — Das von RIDSDALE vorgeschlagene Verfahren, titanhaltige Erze ohne Schmelzvorgang zu analysieren, ist ziemlich umständlich. Das Erz wird in Salpetersäure und Flußsäure gelöst und die Kieselsäure verflüchtigt. Aus der Lösung wird das Arsen durch Destillation entfernt. Man trennt zunächst Phosphor und Titan von der Hauptmenge des Eisens (siehe § 15, A, S. 248) und dann den Phosphor vom Titan mittels Kupferron.

II. Titrimetrische Bestimmung. ***Arbeitsvorschrift von* KASSNER *und* OZIER.** Bei Eisenerzen ist eine doppelt so starke Citratmolybdatlösung anzuwenden wie bei Phosphaterzen (siehe S. 165), weil Eisen unter Verbrauch von Citrat Komplexverbindungen bildet.

2 g Erz werden mit 20 ml konzentrierter Salzsäure erhitzt, bis Lösung eingetreten ist. Dann werden 5 bis 10 ml konzentrierte Salpetersäure und 12 bis 15 ml 60- bis 70%ige Perchlorsäure zugefügt, und die Mischung wird bis zum Auftreten dicker weißer Nebel erhitzt, was 5 Min. lang fortgesetzt wird. Der abfiltrierte Rückstand wird mit heißer 1%iger Salpetersäure und mit heißem Wasser ausgewaschen. Er wird wie auf S. 165 angegeben weiterverarbeitet. Die notfalls filtrierte Lösung der Natriumcarbonatschmelze wird mit wenig Eisen(III)-chloridlösung und Ammoniak versetzt. Die Lösung des mit heißem Wasser gewaschenen und in höchstens 20 ml heißer Salpetersäure (1:2) gelösten Niederschlages wird zu der Hauptlösung zugegeben. Das auf 80 ml gebrachte Gesamtfiltrat wird mit 100 ml der doppelt starken Citratmolybdatlösung versetzt und wie auf S. 165 angegeben weiterverarbeitet.

Bemerkungen. Etwa anwesendes Arsen soll vor der Fällung entfernt werden. — Zur Lösung des Niederschlages soll ein genügender Überschuß an Natronlauge verwendet werden. Dann ist der Endpunkt scharf. Bei Anwendung von zu wenig Lauge wird der Endpunkt zu schnell erreicht, und die Färbung verschwindet wieder. — Als maximale Fehler werden angegeben 0,001% bei 0,007% P_2O_5 und 0,04% bei 1,01% P_2O_5.

2. Colorimetrische Bestimmung.

Für die colorimetrische Bestimmung eignen sich grundsätzlich alle in § 1, D, S. 81 beschriebenen Verfahren. Hier soll noch eine besondere, von MISSON benutzte Arbeitsweise beschrieben werden, die auf dem colorimetrischen Vergleich der gelbroten Farbe des Ammoniummolybdovanadatophosphates beruht. Dieses Verfahren ist in jüngster Zeit von mehreren Seiten einer neuen Untersuchung unterworfen worden, und dabei ist seine besonders gute Brauchbarkeit für die verschiedensten Gebiete der Phosphorbestimmung erkannt worden, vor allem dann, wenn die Farbmessung auf photometrischem Wege erfolgt (WILLARD und CENTER; BARTON; RAUTERBERG und OSSENBERG-NEUHAUS; GERICKE und KURMIES; siehe auch besonders § 15, A, S. 241). Es können bei diesem Verfahren ungefähr die gleichen Mengen Phosphat erfaßt werden, die auch bei den üblichen Makromethoden zur Bestimmung gelangen. Das Verfahren ist unempfindlich gegen zufällig anwesende Phosphatspuren u. dgl., und gerade dies ist ein großer Vorteil gegenüber den Mikromethoden der Phosphatbestimmung. Nach den Versuchen von RAUTERBERG und OSSENBERG-NEUHAUS macht es nichts aus, wenn von Salpetersäure und Molybdat 10 oder 20% mehr oder weniger angewendet werden, als ihrer Arbeitsvorschrift entspricht. Eine Steigerung der Vanadatmenge um mehr als 10% bewirkt eine Vertiefung der gelben Farbe. Diese ist sehr lange haltbar, sie bleibt mindestens 1 Woche lang unverändert.

I. Verfahren von MISSON. ***Reagenzien.*** *1. Ammoniumvanadatlösung.* 2,345 g Ammoniumvanadat werden in 500 ml siedendem Wasser gelöst. Man gibt 20 ml konzentrierte Salpetersäure hinzu und füllt zu 1000 ml auf. — *2. 10%ige Ammoniummolybdatlösung*[1]. — *3. Wasserstoffperoxydlösung,* bereitet aus 100 ml reiner Salpetersäure, 900 ml Wasser und 40 g Natriumperoxyd.

Arbeitsvorschrift. Das Erz wird mit Königswasser auf dem Sandbade zur Trockne eingedampft. Man nimmt mit Salzsäure auf, verdünnt mit Wasser und filtriert. Das Filtrat wird zur Vertreibung der Salzsäure mehrmals mit Salpetersäure

---

[1] Reagens nach BARTON. 400 ml 10%ige Ammoniummolybdatlösung und eine Mischung einer Lösung von 1 g Ammoniumvanadat in 300 ml Wasser mit 200 ml konzentrierter Salpetersäure werden vermischt und mit Wasser zu 1 Liter aufgefüllt.

abgeraucht. Man nimmt mit Salpetersäure auf, versetzt die Lösung in einem ERLENMEYER-Kolben mit 10 ml 0,8%iger Kaliumpermanganatlösung, kocht 2 Min., fügt 10 ml Wasserstoffperoxydlösung und 20 ml Ammoniumvanadatlösung hinzu, kocht auf, versetzt mit 10 ml Ammoniummolybdatlösung, füllt auf 110 ml auf und vergleicht die Färbung mit einer analog bereiteten aus einer Phosphatlösung mit bekanntem Gehalt.

Die Einwaage beträgt bei geringem Phosphorgehalt (0,01 bis 0,2%) 1 g Mineral, bei hohem Gehalt (0,2 bis 2,5%) 0,5 g Mineral.

II. ***Arbeitsvorschrift von* WILLARD *und* CENTER.** 0,5 g Eisenerz werden mit 10 ml Salzsäure bis fast zur Trockne abgedampft. Man kocht mit 13 ml konzentrierter Perchlorsäure auf und versetzt nach dem Abkühlen mit 10 ml Ammoniumvanadatlösung (siehe oben). Zu der in einen 100 ml-Meßkolben filtrierten Lösung fügt man 15 ml Ammoniummolybdatlösung (50 g MoO_3 auf 200 ml Wasser werden mit 40 ml Ammoniak versetzt und zu 500 ml aufgefüllt) hinzu und füllt zur Marke auf. Man mißt bei 450 mμ und entnimmt den Phosphorgehalt einer Eichkurve. Die Bestimmung dauert 30 Min.

III. ***Arbeitsvorschrift von* BARTON.** 0,5 g trockenes, gepulvertes Erz (100 Maschen) werden auf 0,5 mg genau gewogen und mit 10 ml Salzsäure (1:1) 2 bis 3 Min. lang gekocht. Nach dem Verdünnen auf 25 ml filtriert man schnell ab, fängt das Filtrat in einem 500 ml-Meßkolben auf und ergänzt die Lösung mit Wasser bis zur Marke. Zu 5 ml dieser Lösung, die man in einen 100 ml-Meßkolben gegeben hat, fügt man etwa 50 ml Wasser, 25 ml Reagenslösung (siehe Fußnote 1, S. 167) und Wasser bis zur Marke. Nach dem Vermischen wird nach 2 Min. bei 400 mμ gemessen. Eine Blindprobe dient als Vergleichslösung.

IV. ***Arbeitsvorschrift von* RAUTERBERG *und* OSSENBERG-NEUHAUS.** In einem 100 ml-Meßkolben werden zu 20 ml neutraler Phosphatlösung 10 ml Salpetersäure (1:2), 10 ml Ammoniumvanadatlösung (2,5 g Ammoniumvanadat in 500 ml siedendem Wasser gelöst, nach Abkühlen mit 20 ml Salpetersäure angesäuert und mit Wasser auf 1 Liter verdünnt) und 10 ml 5%iger Ammoniummolybdatlösung gegeben und mit Wasser zur Marke aufgefüllt (Reihenfolge der Zusätze genau einhalten!). Die Gelbfärbung wird entweder einige Stunden nach dem Auffüllen oder am nächsten Tage gemessen.

V. ***Arbeitsvorschrift von* GERICKE *und* KURMIES.** Die Verfasser haben das Verfahren von MISSON zur Untersuchung aller Phosphate ausgearbeitet. Sie mischen das Reagens aus den drei Bestandteilen in der Reihenfolge: Salpetersäure (1:2), Vanadatlösung (siehe oben unter IV.), Ammoniummolybdatlösung (siehe ebenda) im Verhältnis 1:1:1 und bewahren es in einer braunen Flasche auf, in der es praktisch unbegrenzt haltbar ist. Zur Ausführung der Bestimmung wird von der neutralen oder schwach sauren Phosphatlösung eine Menge, die 0,25 bis 6,0 mg P_2O_5 enthalten kann, in einen 100 ml-Meßkolben gebracht und mit 30 ml Mischreagens versetzt. Dann wird mit Wasser aufgefüllt und umgeschüttelt. Nach 5 Min. kann die Farblösung colorimetriert werden. Man muß nur immer innerhalb derselben Zeit messen, da sonst geringe Abweichungen auftreten. Auf die Abwesenheit von Pyrophosphat muß geachtet werden, da dieses keine Färbung gibt. Wenn also bei der Bereitung der Probe Eindampfen, Glühen und Veraschen nötig ist, so muß durch Kochen mit Salpetersäure für die Umwandlung von Pyro- in Orthophosphat gesorgt werden.

Ohne Einfluß sind 2, 5 und 10 ml n HCl, n H_2SO_4, n Essigsäure und n Trichloressigsäure. Citronensäure in einer Menge von 2 ml 2%iger Lösung verändert das Ergebnis nicht, größere Mengen verursachen beträchtliche Abweichungen durch Grünfärbung der Lösung. 2 ml n Oxalsäure beeinträchtigen bereits das Ergebnis etwas. Fluor verzögert die Farbentwicklung. Bei 20 bis 200 mg F bei Gegenwart von 1 mg P_2O_5 kann die Farbmessung nach 20 Std. mit richtigen Ergebnissen erfolgen. Bei größeren Mengen an P_2O_5 wird der Fehler beträchtlich. Wasserstoffperoxyd darf nicht vorhanden sein. Kieselsäure gibt zwar die gleiche Färbung wie Phosphorsäure, aber sie entwickelt sich langsamer. Deshalb braucht die Kieselsäure nicht abgeschieden zu werden, wenn nicht mehr als 1 mg SiO_2 in 100 ml vorhanden ist und wenn schnell genug gearbeitet und innerhalb von 5 Min. gemessen wird. Mehr als 200 mg Sulfat in 100 ml stören. Eisen stört bei einer Menge von 10 mg, wobei noch das Anion von verschiedenem Einfluß ist. Als Filter bei der photometrischen Messung ist ein solches mit einer Wellenlänge von etwa 440 mμ am besten. Die Eichkurve ist in derselben Weise wie bei der Bestimmung anzulegen, sie verläuft nahezu geradlinig, da das BEER-LAMBERTsche Gesetz praktisch gültig ist. Die Blindlösung wird mit der gleichen Menge Reagens angesetzt. Bei gefärbten Probelösungen ist eine entsprechende Korrektur vorzunehmen.

C. Bestimmung der Phosphorsäure in verschiedenen Erzen.

1. Bestimmung der Phosphorsäure in Vanadinerzen.

Die Bestimmung geringer Phosphormengen in hochprozentigen Vanadinerzen ist schwierig, weil Vanadium in der Form von Vanadinsäure die Fällung von Phosphat durch Molybdat verhindert. In Konzentraten mit bis zu 20% Vanadinsäure sind oft nur 0,02 bis 0,25% P enthalten. Nach KRIESEL lassen sich gute Erfolge erzielen durch Fällung des zur 4wertigen Stufe reduzierten Vanadiums aus salzsaurer Lösung mit gelbem Blutlaugensalz, nachdem der Phosphor durch Fällung als Aluminiumphosphat angereichert ist. Für Betriebsanalysen ist dieses umständliche Verfahren jedoch wenig geeignet. Am besten ist es, die Phosphorsäure in salpetersaurer-schwefelsaurer Lösung mit Zinn(IV)-oxyd zu fällen, Phosphor von Zinn (und Arsen) durch Schmelzen des Niederschlages mit Kaliumcyanid zu trennen und mitgerissene Vanadinsäure durch gelbes Blutlaugensalz abzuscheiden. KROPF (b) hält dieses Verfahren für gefährlich und zu umständlich. Er hat vorgeschlagen [KROPF (a)], Vanadinsäure durch Citronensäure oder Weinsäure zu reduzieren. Phosphor läßt sich leicht durch Fällung als basisches Aluminiumphosphat von Vanadium und Arsen trennen, wenn folgende Maßnahmen eingehalten werden: Die Fällung erfolgt aus schwach salpetersaurer Lösung nach Zusatz eines löslichen Aluminiumsalzes bei Gegenwart von Wasserstoffperoxyd mit Ammoniak. Dabei fallen nur geringe Mengen Vanadium mit. Der Niederschlag wird in heißer, stark verdünnter Salpetersäure gelöst und das Phosphat nach Zusatz von Citratlösung mit Ammoniummolybdat gefällt (siehe § 18, D, S. 302). Nach den Erfahrungen von STENGEL führt die Mehrzahl der bekannten Methoden bei Vanadiumschlacken zu unsicheren Werten. Das von ihm ausgearbeitete Verfahren vermeidet diese Schwierigkeiten dadurch, daß nach der Abscheidung der Kieselsäure die dann folgende Vorbereitung der Lösung zur Fällung der Phosphorsäure in der Kälte durchgeführt wird, so daß eine Wiederoxydation des bereits zum größten Teil reduzierten Vanadiums vermieden wird. Die Fällung erfolgt in der Kälte und bei Gegenwart von Eisen(II)-sulfat.

***Arbeitsvorschrift von* KROPF (a).** 1 g Substanz (Erz, Schlacke, Aufschluß hochprozentiger Vanadiumlegierung) wird in Königswasser gelöst. Der durch Eindampfen der Lösung entstandene Rückstand wird schwach geröstet und in 20 ml Salzsäure (D 1,12) gelöst. Nach Zusatz von 60 ml Wasser wird die Kieselsäure abfiltriert. Das Filtrat wird nach der in § 18, D, S. 302 angegebenen Vorschrift weiter behandelt. Bei gleichzeitiger Gegenwart von Arsen wird dieses vor der Phosphorsäurebestimmung durch Schwefelwasserstoff entfernt.

***Arbeitsvorschrift von* KRIESEL.** 10 g Substanz werden mit 75 ml Salzsäure (D 1,19) und 25 ml Wasser unter Erwärmen gelöst. Die Lösung wird mit einigen Millilitern Salpetersäure oxydiert und nach Zusatz von 30 ml Schwefelsäure (1:1) abgeraucht. Nach dem Erkalten werden 100 ml Wasser zugefügt. Ungelöst bleibendes Bleisulfat und Kieselsäure werden abfiltriert, und das Filtrat wird auf 50 ml eingedampft. Nun werden 50 ml konzentrierte Salpetersäure und 1 g Zinnspäne zugesetzt. Nachdem die Mischung über Nacht an heißer Stelle gestanden hat, wird sie mit 400 ml heißem Wasser vermischt und durch ein doppeltes Filter (11 cm Durchmesser) filtriert. Das 2mal mit heißem Wasser gewaschene Filter wird getrocknet und mit dem Niederschlag verascht, wobei ein Teil des Arsens flüchtig geht. Der Rückstand wird im bedeckten Nickeltiegel mit 5 g Kaliumcyanid 5 Min. lang geschmolzen. Die Schmelze wird in heißem Wasser gelöst und das metallische Zinn abfiltriert. Die Lösung wird nach dem Zusatz von 20 ml konzentrierter Salzsäure 20 Min. lang gekocht, um die Blausäure zu vertreiben, abgekühlt, in einen 500 ml-Meßkolben gebracht, mit einer Lösung von gelbem Blutlaugensalz versetzt und zur Marke aufgefüllt. Es sind meistens 25 ml 2%ige Blutlaugensalzlösung ausreichend. Die Mischung wird durch ein trockenes Filter filtriert. 450 ml Filtrat werden in der Kälte mit 10 ml eisenfreier Aluminiumsalzlösung, entsprechend 0,1 g Aluminium, und Ammoniak im Überschuß versetzt. Der die gesamte Phosphorsäure enthaltende Niederschlag wird abfiltriert und 2mal mit Wasser gewaschen. Der Niederschlag wird in das Fällungsgefäß zurückgespült und in Salzsäure gelöst. Aus der zur Trockne eingedampften Lösung wird die Kieselsäure abgeschieden. Eine beim Eindampfen etwa auftretende Blaufärbung (aus Spuren gelben Blutlaugensalzes herrührend) wird durch Zusatz von Kaliumchlorat zum Verschwinden gebracht. Der Trockenrückstand wird mit Salpetersäure und Wasser aufgenommen, die Kieselsäure abfiltriert, und in der Lösung wird die Phosphorsäure mit Ammoniummolybdat gefällt. Der Niederschlag wird umgefällt (siehe § 1, S. 48).

2. Bestimmung der Phosphorsäure in Wolframerzen.

Arbeitsvorschrift von **Johnson.** Das Erz wird mit 100 ml Salzsäure zum Sieden erhitzt. Nach 30 Min. wird 0,1 g Kaliumchlorat zugefügt und weiter erhitzt. Der Zusatz von Kaliumchlorat und das Sieden werden so lange fortgesetzt, bis die Farbe des Erzes bei hochprozentigen Erzen von Braun in Gelb, bei Scheelit in Hellgelb übergegangen ist. Nun wird zur Trockne eingedampft und der Rückstand im bedeckten Gefäße mit 50 ml konzentrierter Salzsäure 10 Min. lang erhitzt. Zur Abscheidung der Wolframsäure werden 50 ml Wasser zugefügt, und die Mischung wird 15 Min. lang gekocht. Nach dem Abfiltrieren unter Zusatz von Filterbrei wird nach den Angaben in § 15, A, S. 252 weitergearbeitet. — Wolframtrioxyd und Wolframsäure werden in gleicher Weise wie oben mit Kaliumchlorat behandelt und weiter bearbeitet.

Schoeller hat einen Analysengang für die Bestimmung des Phosphors in Wolframit und Scheelit mitgeteilt.

3. Bestimmung der Phosphorsäure in Manganerzen.

Arbeitsvorschrift von **Wowtschenko** ***und*** **Romaschtschenko.** 0,1 g Manganerz (mit einem Gehalt von 0,3% P) wird in 2 bis 3 ml konzentrierter Salzsäure gelöst. Die abfiltrierte Lösung, die nicht mehr als 25 ml betragen soll, wird mit Ammoniak (1:1) bis zur Trübung, dann mit Salzsäure (D 1,055) und noch mit 2 ml derselben Säure im Überschuß versetzt und nach Zufügung von 6 ml 20%iger Natriumsulfitlösung zur Reduktion des 3wertigen Eisens zum Sieden erhitzt. Zu der nach dem Erkalten farblosen Lösung werden 12 ml Salzsäure und tropfenweise 4 ml 5%ige Ammoniummolybdatlösung gegeben. Nach 6 Min. wird die Mischung im Meßkolben auf 50 ml aufgefüllt und die gelbe Färbung colorimetriert[1].

---

[1] Analog arbeiten Pronenko und Kamjany bei Eisenerzen.

4. Bestimmung der Phosphorsäure in Kalkstein.

Zur Anreicherung der Phosphorsäure für die Bestimmung in Kalkstein nimmt HINDEN eine Fällung mit Calciumcarbonat vor. MATZEWITSCH bedient sich der sehr empfindlichen Fällung des Phosphats als Oxinmolybdophosphat (siehe § 1, B, S. 70) und bestimmt das Oxin bromatometrisch.

Arbeitsvorschrift von HINDEN. 25 g der Probe werden mit 100 ml Wasser und allmählich mit 120 ml verdünnter Salpetersäure [gleiche Raumteile Salpetersäure (D 1,3) und Wasser] übergossen. Die noch 5 bis 10 Min. lang gekochte Lösung wird filtriert und das Filter heiß ausgewaschen. Das Filtrat wird zum Kochen gebracht und mit 30 bis 50 ml verdünntem Ammoniak (1:1) *ganz schwach* alkalisch gemacht, so daß eine schwache Trübung durch Eisen(III)-hydroxyd und Aluminiumhydroxyd auftritt. Unter Umständen muß der Lösung vorher etwas Eisen(III)-chloridlösung zugefügt werden. Nun gibt man 0,5 g reinstes gefälltes Calciumcarbonat zu, kocht 5 Min. stark und läßt absitzen. Der Niederschlag enthält die gesamte Phosphorsäure. Er wird abfiltriert, heiß ausgewaschen und auf dem Filter in 5 bis 10 ml verdünnter Salpetersäure (1:1) gelöst. Das Filtrat wird eingedampft, um etwa vorhandene Kieselsäure abzuscheiden. Der Rückstand wird mit Wasser und Salpetersäure aufgenommen, und aus der Lösung wird die Phosphorsäure als Ammoniummolybdophosphat gefällt.

5. Bestimmung der Phosphorsäure in Silicaten.

THURNWALD und BENEDETTI-PICHLER beschreiben einen vollständigen Analysengang für die Untersuchung des Berylliumsilicates Kolbeckit mit einer Einwaage von 2 bis 4 mg. Die Einwaage wird mit Natriumcarbonat geschmolzen, die Kieselsäure in üblicher Weise abgeschieden und mit Flußsäure abgeraucht. Im Filtrat erfolgt die Fällung der Phosphorsäure mit Ammoniummolybdat. Dessen Überschuß wird durch Fällung von Molybdänsulfid mittels Schwefelwasserstoffes unter Druck entfernt, und nunmehr werden die übrigen Bestandteile ermittelt (siehe auch § 18, F, S. 304). Die Beschreibung des Ganges einer Mikrogesamtanalyse eines Silicates mit 8 gesonderten Einwaagen, darunter einer für Phosphorsäure, teilt HECHT mit. Da die Verfahren außer der Mikromethodik nichts Neues bieten, wird hier von einer eingehenden Beschreibung abgesehen (siehe jedoch S. 173).

Zur Vermeidung der Entfernung des Molybdatüberschusses von der Phosphorsäurebestimmung werden nach LASSIEUR aus dem Filtrate die Oxyde des Aluminiums und Eisens und der größte Teil des Calciums durch Ammoniak und Ammoniumcarbonat ausgefällt. Der Niederschlag wird in Salzsäure gelöst und mitgefallenes Molybdän mit Schwefelwasserstoff gefällt. Im Filtrat dieser Fällung werden Aluminium und Eisen wie üblich bestimmt. Wenn Phosphorsäure gegenüber Aluminium und Eisen nur in geringer Menge, etwa $^1/_{10}$ von diesen, vorhanden ist, so werden Aluminium und Eisen ohne vorherige Phosphorsäureabscheidung gefällt. Hierbei fällt diese mit, ohne daß Calciumphosphat mitgerissen wird. Man glüht den Niederschlag und wägt die Summe der Oxyde und des Phosphorpentoxydes. Dann schließt man mit Hydrogensulfat auf und bestimmt in einem aliquoten Teile der Lösung der Schmelze Phosphorsäure und in einem anderen Teile Aluminium und Eisen wie üblich.

Arbeitsvorschrift von CAVAZZI für *Puzzolan* (mit einem Gehalt von 0,066 bis 0,593% P_2O_5): 10 g Substanz werden mit je 50 ml Wasser und Salzsäure $^3/_4$ Std. lang gekocht. Man fügt 100 ml Wasser hinzu, filtriert, wäscht aus, raucht nach Zusatz von Salpetersäure und Schwefelsäure bis zum Auftreten weißer Schwefelsäurenebel ab und erhitzt den Rückstand bis zur Rotglut. Der Rückstand wird gepulvert und mit 6 ml Salpetersäure und 40 ml Wasser gekocht. In der filtrierten Lösung wird Ammoniummolybdophosphat gefällt, das in Ammoniummagnesiumphosphat übergeführt wird.

6. Bestimmung der Phosphorsäure in Bauxit und Tonerdepräparaten.

Für die Untersuchung von Bauxit und von Tonerdepräparaten gibt URECH eine Vorschrift, die die Bildung des Phosphomolybdänblaus aus Ammoniummolybdophosphat durch Zinn(II)-chlorid verwendet (siehe § 1, D, S. 83). Allgemein ist zu bemerken, daß in Aluminatlaugen 5wertiges Arsen zu 3wertigem reduziert oder durch Fällung mit Schwefelwasserstoff entfernt werden muß. Wird Tonerde mit Natriumdisulfat (Natriumpyrosulfat) im Platintiegel aufgeschlossen, so muß in Lösung gegangenes Platin mit Schwefelwasserstoff ausgefällt werden, weil sonst durch Reduktion des Platins durch Zinn(II)-chlorid eine Grünfärbung der Lösung auftritt. Ammoniumalaun ist auf die colorimetrische Bestimmung ohne Einfluß. Alle Reagenzien müssen auf ihren Blindwert erprobt werden.

I. Untersuchung von Bauxit. 2 bis 3 g Bauxit werden mit 10 g Natrium-Kaliumcarbonat 30 Min. lang unter Umrühren mit einem Platindraht geschmolzen. Die Schmelze wird mit Wasser gründlich ausgekocht und die Lösung filtriert. Das Filtrat wird mit etwas konzentrierter Salpetersäure und 30 ml Schwefelsäure (D 1,6) bis zum Auftreten weißer Nebel abgeraucht. Die Kieselsäure wird wie üblich abgetrennt und die Lösung mit Ammoniak gegen Kongo neutralisiert und auf 1000 ml aufgefüllt. Die colorimetrische Bestimmung erfolgt in üblicher Weise in 100 ml Lösung.

II. Untersuchung von Aluminatlauge. 5 ml Aluminatlauge werden mit verdünnter Schwefelsäure versetzt, bis sie klar geworden sind, und dann mit Ammoniak gegen Kongo bis zur schmutzigblauen Farbe neutralisiert. Bei 70° wird $\frac{1}{2}$ Std. lang Schwefeldioxyd eingeleitet, dann $^3/_4$ Std. lang durch Einleiten von Kohlendioxyd das Schwefeldioxyd entfernt. Das hierbei verdampfende Wasser ist durch heißes destilliertes Wasser zu ersetzen. Man läßt im Kohlendioxydstrom erkalten, füllt auf 1000 ml auf, colorimetriert und berechnet den P_2O_5-Gehalt auf 1 l Lauge. Für Betriebsanalysen kann die Behandlung mit Schwefeldioxyd wegfallen.

Für die Untersuchung von Aluminatlösungen gibt TARTAROWSKI eine Vorschrift zur Bestimmung von 0,1 bis 0,3 mg P_2O_5. 25 bis 30 ml Lösung werden im Colorimeterzylinder tropfenweise mit Salzsäure (1:1) versetzt, bis eine klare Lösung entstanden ist. Diese wird noch mit 5 ml Salzsäure und dann mit 3 ml 5%iger Ammoniummolybdatlösung versetzt, durchgemischt und mit Zinn(II)-chloridlösung reduziert. Die Färbung wird mit einer solchen aus einer gleich behandelten Standardlösung verglichen. Selbst große Mengen Kieselsäure sind ohne Einfluß.

III. Untersuchung von calcinierter Tonerde. 2,5 g Substanz werden in einer bedeckten Platinschale von 100 ml Inhalt mit 35 g Natriumhydrogensulfat geschmolzen. Wenn die Schmelze klar geworden ist, läßt man sie erkalten, löst sie in Wasser und gibt 30 ml Schwefelsäure (D 1,6) hinzu. Durch Einleiten von Schwefelwasserstoff wird in Lösung gegangenes Platin gefällt. Das Filtrat des Schwefelwasserstoffniederschlages wird mit 30 ml Schwefelsäure (D 1,6) und 10 ml konzentrierter Salpetersäure bis zum Auftreten weißer Nebel erhitzt. Man nimmt mit Wasser auf, filtriert, neutralisiert mit Ammoniak (gegen Kongorot als Indicator) und füllt im Meßkolben auf 500 ml auf. Das Colorimetrieren erfolgt wie üblich.

IV. Untersuchung von Tonerdehydrat. 10 bis 15 g bei 105° getrocknetes Tonerdehydrat werden in einer Porzellanschale in 50 ml Schwefelsäure (D 1,6) gelöst. Die mit Ammoniak gegen Kongo neutralisierte Lösung wird im Meßkolben zu 1000 ml aufgefüllt und in bekannter Weise colorimetriert.

7. Bestimmung der Phosphorsäure in Monazit.

Für die Untersuchung von Monazit haben HECHT und KROUPA eine Vorschrift für eine Mikroanalyse angegeben. Um nach der Fällung der Phosphorsäure als Ammoniummolybdophosphat überschüssiges Molybdän zu entfernen, benutzen die Verfasser die Fällung als Molybdänsulfid. Sie arbeiten aber im Gegensatz zu THURNWALD und BENEDETTI-PICHLER (siehe S. 171) ohne Mikrodruckflasche, weil diese unhandlich sei. Es dauert allerdings die Fällung ohne Druck länger als die unter Druck, aber auch bei Anwendung der Druckflasche ist eine doppelte Molybdänsulfid-Fällung nötig, ohne daß alles Molybdän entfernt wird.

Arbeitsvorschrift. Auf einer Mikrowaage werden etwa 20 bis 30 mg Monazit samt Platintauchfilter nach EMICH in einen gewogenen, dünnwandigen Platintiegel von hoher Form und 25 ml Fassungsvermögen eingewogen. Man gibt 1 ml konzentrierte Schwefelsäure hinzu und erhitzt vorsichtig über einer Mikroflamme, bis einige Minuten lang dicke Dämpfe entweichen, ohne jedoch bis zur Trockne einzudampfen. Nach der Abkühlung werden 3 bis 4 ml Wasser und 1 bis 1,5 ml konzentrierte Salpetersäure zugegeben. Nach dem Erwärmen auf dem Wasserbade saugt man durch das Platinfilter ab, wäscht 4mal mit heißer Salpetersäure (1:3) nach, wobei man das Filtrat in einem Porzellantiegel auffängt. Der Rückstand enthält die Gangart, hauptsächlich Siliciumdioxyd. Das Filtrat wird bis auf 2 ml eingedampft, mit 6 bis 7 ml Wasser und bei 70° mit einem kleinen Überschuß von Ammoniummolybdatlösung versetzt. Man läßt über Nacht absitzen und filtriert dann durch ein Porzellantauchfilter in einen Porzellantiegel von hoher Form und mit 25 ml Fassungsvermögen. Der mit warmer, salpetersaurer 2%iger Ammoniumnitratlösung gewaschene Niederschlag wird in 1 ml 10%igem Ammoniak gelöst und die Lösung in einem samt Porzellantauchfilter bei 450° gewichtskonstant erhitzten, gewogenen Porzellantiegel übergesaugt. Man spült mit ammoniakalischem Wasser nach, engt die Lösung auf etwa 8 ml ein, erhitzt auf dem Wasserbade und fügt 1 ml konzentrierte Salpetersäure und 0,5 ml Ammoniummolybdatlösung hinzu. Nach dem Stehen über Nacht wird der Niederschlag, wie oben angegeben, abfiltriert und ausgewaschen. Tiegel, Filter und Niederschlag werden bei 105° getrocknet und dann bei 450° zu $P_2O_5 \cdot 24\,MoO_3$ geglüht (siehe § 1, A, S. 53).

Entfernung des überschüssigen Molybdäns. Die vereinigten Filtrate werden auf dem Wasserbade eingedampft, allmählich mit konzentrierter Salzsäure versetzt und im bedeckten Tiegel so lange auf dem Wasserbade weiter erwärmt, bis keine Stickoxyde mehr entweichen. Bisweilen wird etwas Salzsäure nachgegeben. Wenn keine Gasentwicklung mehr stattfindet, wird die Lösung eingedampft und bis zum Auftreten von Schwefelsäurenebeln erhitzt. Man gibt 10 ml Wasser zu, erwärmt auf dem Wasserbade und leitet Schwefelwasserstoff bis zum Erkalten der Lösung ein. Das Mikroeinleitungsrohr wird mit Schwefelwasserstoffwasser abgespritzt, der Tiegel zugedeckt und auf dem Wasserbade bis zum Aufhören der Gasentwicklung erwärmt. Das Uhrglas wird abgespritzt, die Lösung bis auf etwa 10 ml eingedampft, wieder Schwefelwasserstoff eingeleitet und das Verfahren noch 3mal wiederholt. Die Lösung wird durch ein Porzellanfilter in einen Porzellantiegel übergesaugt. Man spült mit verdünntem Schwefelwasserstoffwasser nach und dampft zur Weiterverarbeitung ein. Den Tiegel mit dem Niederschlag des Molybdänsulfides bedeckt man mit einem Uhrglas, das in der Mitte ein enges Loch hat, in welches der Stiel des Porzellanfilters paßt. Man löst den Niederschlag in 1 bis 2 ml Königswasser, dampft die Lösung mehrmals mit Salzsäure ab, zerdrückt den Rückstand, nimmt ihn mit 8 bis 10 ml Wasser auf und fällt noch einmal, wie oben beschrieben, 3mal mit Schwefelwasserstoff. Das Filtrat dieser Fällung wird zu dem der ersten hinzugegeben.

D. Bestimmung der Phosphorsäure in Aschen und Schlacken.

Zur Bestimmung des Phosphatgehaltes in Asche von Koks und in Schlacken dient ebenfalls das Molybdatverfahren in seinen verschiedenen Ausführungsformen.

1. Bestimmung der Phosphorsäure in Aschen.

Nach ULLMANN und BUCH wird Koksasche mit Salpetersäure und Flußsäure gelöst, die Lösung eingedampft und nach dem Aufnehmen mit Wasser und Filtrieren mit Ammoniummolybdat gefällt. Auch EDWARDS, MARSON und BRISCOE halten die Extraktion der Phosphorsäure mittels Flußsäure und Salpetersäure für das beste Verfahren. Nach CAMPREDON genügt selbst eine 15- bis 20stündige Behandlung der Asche mit konzentrierter Salzsäure nicht zum vollständigen Aufschluß. Er schmilzt deshalb die Asche mit Alkalicarbonat. MISSON verwendet hierfür Kaliumhydroxyd. SKILLING und BALLANTINE empfehlen, die Asche bei 140° mit Schwefelsäure auszuziehen, weil hierbei Siliciumdioxyd und Titandioxyd ungelöst zurückbleiben und die Analyse nicht komplizieren (siehe unten). Das Verfahren ist im Original beschrieben.

Zur Bestimmung des Phosphors im Koks oxydiert SILVERMAN diesen mit Salpetersäure und Perchlorsäure unter Anwendung von Kaliumpermanganat und Kaliumdichromat als Katalysatoren. Genaue Angaben müssen dem Original entnommen werden. DESCHALIT, PROSSNIRINA und GUREWITSCH veraschen Koks oder Kohle unter Zusatz von Calciumcarbonat und untersuchen den Rückstand, während SIMMERSBACH Koks mehrmals mit siedender Salzsäure extrahiert und in diesem Auszug die Phosphorsäure bestimmt. Für die Untersuchung vanadinhaltiger Aschen hat ACCARDO (c) eine Vorschrift mitgeteilt.

I. *Arbeitsvorschrift von* MISSON (siehe S. 167). 0,625 g Koksasche werden im Silbertiegel mit 10 g Kaliumhydroxyd 6 Min. lang geschmolzen. Die wäßrige Lösung der Schmelze wird zu 500 ml aufgefüllt. 400 ml Filtrat = 0,5 g Einwaage werden mit Salpetersäure angesäuert und mit der salpetersauren Lösung von 0,2 g Stahl mit einem Gehalt von 0,02% P versetzt. Die zum Sieden erhitzte Lösung wird mit Ammoniak versetzt. Die salpetersaure Lösung des entstandenen Niederschlages wird auf 30 ml eingedampft, filtriert und mit der salpetersauren Lösung von 0,8 g Stahl mit einem Gehalt von 0,02% P versetzt. Dann wird weiter gearbeitet, wie auf S. 167 angegeben ist.

II. Verfahren von ACCARDO. Nach ACCARDO (a) ist die Vorschrift des Deutschen Kokereiausschusses für die Bestimmung von Phosphor in Koks bei Gegenwart von Vanadium und Titan ungeeignet. Etwa vorhandenes Vanadium muß durch Schwefeldioxyd vor der Fällung mit Ammoniummolybdat reduziert werden. Titan in einer Menge unter 0,2% ist unschädlich. ACCARDO (b) hat eine Arbeitsvorschrift mitgeteilt, die er später abgeändert hat [ACCARDO (c)], und die hier angeführt wird.

Arbeitsvorschrift. 0,5 g Asche werden mit Salpetersäure und Flußsäure gelöst. Die Lösung wird nach dem Zusatz von 12 ml Schwefelsäure (1:1) auf dem Wasserbade bis fast zur Trockne eingedampft. Dann werden 15 ml gesättigte Schwefeldioxydlösung und 40 ml Wasser zugefügt. Die Mischung wird bis zur Vertreibung des Schwefeldioxydes gekocht. Nach dem Abkühlen wird Ammoniak in kleinem Überschuß, dann Salpetersäure und 30 g festes Ammoniumnitrat zugegeben. Die *kalte* Lösung wird mit 35 bis 40 ml Ammoniummolybdatlösung versetzt, auf 50 bis 55° erwärmt, nach Zusatz von 10 Tropfen Salpetersäure (D 1,42) 5 Min. lang zum Sieden erhitzt, 5 Min. lang gerührt und über Nacht stehengelassen. Der Niederschlag wird nach dem Lösen in Ammoniak umgefällt (siehe § 1, A, S. 48) und alkalimetrisch bestimmt (siehe § 1, A, S. 58).

III. *Arbeitsvorschrift von* SIMMERSBACH für Koks. 5 g feingepulverter, trockener Koks werden mit 100 ml Salzsäure (D 1,05) 1 Std. lang gekocht. Der abfiltrierte Rückstand wird 5mal mit je 50 ml Wasser und 10 ml Salzsäure aufgekocht und die Lösung nach dem Absetzen des Ungelösten jedesmal abfiltriert. Der Rückstand wird mit heißem Wasser ausgewaschen, und die Filtrate werden eingedampft. Man versetzt sie mit Ammoniak bis zum Auftreten eines Niederschlages und löst diesen in Salzsäure. (Unter Umständen wird nun eine Sulfatbestimmung mit Bariumchlorid ausgeführt.) Das Filtrat vom Bariumsulfatniederschlag wird mit Ammoniak und Salpetersäure versetzt und die Phosphorsäure wie üblich mit Ammoniummolybdat gefällt.

IV. *Arbeitsvorschrift von* DESCHALIT, PROSSNIRINA *und* GUREWITSCH für Kohle und Koks. 1 g Substanz wird nach Zusatz von 3 g Calciumcarbonat im Porzellantiegel verascht. Der mit 35 ml konzentrierter Salzsäure und 25 ml Wasser hergestellte Auszug der Asche wird filtriert. In der Lösung wird Oxinmolybdophosphat gefällt und das darin enthaltene Oxin bromatometrisch bestimmt (siehe § 1, B, S. 70).

2. Bestimmung der Phosphorsäure in Schlacken.

I. *Arbeitsvorschrift von* PIPER für vanadiumhaltige Schlacke. Wegen der in der Schlacke vorhandenen Eisengranalien ist auf sorgfältige Probenahme zu achten.

1 kg Rohschlacke wird auf etwa 5 mm Korngröße zerkleinert und hieraus eine Durchschnittsprobe von genau 200 g gezogen. Diese wird weiter gepulvert, bis das Mehl durch ein 400 Maschen-Sieb (20 DIN 1171) geht und der Rückstand nur noch aus blanken Eisenflittern besteht. Diese enthalten 85 bis 95% Fe und werden bei einer Vollanalyse mit 90% angesetzt. Das Mehl wird dann weiter gepulvert, bis es ein 900-Maschen-Sieb passiert.

1,25 g Mehl werden mit 30 ml Salzsäure (D 1,12) und 10 ml Salpetersäure (D 1,4) zur Trockne eingedampft. Der Rückstand wird 2mal mit Salzsäure und dann mit 50 ml Salzsäure noch 1mal bis zur Hälfte eingedampft. Man filtriert noch heiß und wäscht das Filter mit heißem, salzsaurem Wasser aus (Filtrat 1). Der rein weiße Rückstand von Siliciumdioxyd wird mit Flußsäure abgeraucht, der hierbei bleibende Rest mit Kaliumhydrogensulfat geschmolzen und die Lösung der Schmelze mit Filtrat 1 vereinigt. Bei Vorliegen eines *dunklen* Rückstandes wird dieser mit 5 g Kaliumhydrogensulfat im Platintiegel geschmolzen. Aus der wäßrigen Lösung wird die Kieselsäure abgeschieden und das Filtrat davon zu Filtrat 1 hinzugegeben. Von der auf 250 ml aufgefüllten Gesamtlösung werden 50 ml = 0,25 g Einwaage mit 30 ml Schwefelsäure (1:1) abgeraucht. Nach Zusatz von 50 ml schwefliger Säure wird nochmals abgeraucht. Zu der auf 300 ml gebrachten Lösung werden 70 g festes Ammoniumnitrat und bei Raumtemperatur 80 ml Ammoniummolybdatlösung gegeben. Nach 10 Min. langem Schütteln läßt man den Niederschlag bei 60° absitzen, filtriert ihn ab, gibt ihn in das Fällungsgefäß zurück, löst ihn in Natronlauge, fügt 25 ml Eisen(II)-sulfatlösung (50 g $FeSO_4 \cdot 7\,H_2O$ und 200 g Schwefelsäure auf 1 l) hinzu und füllt auf 300 ml auf. Nach dem Zusatz von 40 g Ammoniumnitrat wird die Lösung bis zum Farbumschlag erwärmt und mit 10 ml Ammoniummolybdatlösung versetzt. Die Mengenbestimmung des Ammoniummolybdophosphatniederschlages erfolgt alkalimetrisch (siehe § 1, A, S. 58).

II. ***Arbeitsvorschrift von*** **Krolewetz** für chromhaltige Schlacke. 1 bis 2 g Schlacke werden in Salzsäure (D 1,19) gelöst und unter Zusatz von Kaliumchlorat eingedampft. Ausgeschiedene Kieselsäure wird abfiltriert und aus dem Filtrat durch Ammoniak die Phosphorsäure zusammen mit Eisen gefällt. In diesem Niederschlage wird die Phosphorsäure auf bekannte Weise bestimmt. — Bei hohem Chromgehalt wird die Schlacke vor der Analyse mit Natriumperoxyd geschmolzen.

III. ***Arbeitsvorschrift von*** **Pestow** für Schlacke. 0,2 bis 0,3 g Schlacke werden mit der 10fachen Menge Natriumkaliumcarbonat bei 400° geschmolzen. Die Lösung der Schmelze in 10 bis 15 ml Wasser wird mit 8 bis 10 ml konzentrierter Salzsäure versetzt. Die filtrierte Lösung wird mit Ammoniak fast neutralisiert und auf 100 ml aufgefüllt. 1 ml dieser Lösung dient zur colorimetrischen Bestimmung mittels Zinn(II)-chlorids (siehe § 1, D, S. 83).

Literatur.

Accardo, A.: (a) Riv. tecn. Ferrovie ital. **54**, 298 (1938); durch C. **110**, **I**, 1906 (1939); (b) Congr. Chim. ind. Paris **17**, **I**, 459 (1937); durch C. **109**, **II**, 1165 (1938); (c) Congr Chim. ind. Nancy **18**, **I**, 164 (1938); durch C. **110**, **II**, 2872 (1939). — Alberti, E.: Ann. R. Staz. sperim. Agraria Modena **3**, 193 (1932/34); durch C. **106**, **II**, 269 (1935).

Barton, Ch. J.: Anal. Chem. **20**, 1068 (1948).

Campredon, L.: C. r. **123**, 1000 (1896); durch C. **68**, **I**, 262 (1897). — McCandless, J. M.: Am. Fertilizer **56**, 57 (1922); durch C. **93**, **II**, 1203 (1922). — Cavazzi, A.: Ann. Chim. appl. **11**, 93 (1919); durch C. **90**, **IV**, 1030 (1919). — Chemiker-Fachausschuß des Vereins Deutscher Eisenhüttenleute: Stahl Eisen **40**, 381 (1920).

Deschalit, G. I., N. M. Prossnirina u. A. B. Gurewitsch: Chem. fest. Brennstoffe (russ.) **7**, 243 (1936); durch Fr. **111**, 143 (1937/38).

Edwards, H. A., C. B. Marson u. H. V. A. Briscoe: J. Soc. chem. Ind. **51** Transact. 179 (1932); durch C. **103**, **II**, 1108 (1932).

Fresenius, R.: Fr. **6**, 403 (1867). — Fresenius, R., C. Neubauer u. E. Luck: Fr. **10**, 140 (1871).

GERICKE, S., u. B. KURMIES: Fr. **137**, 15 (1952). — GOUDIE, A. J., u. W. RIEMAN: Anal. Chem. **24**, 1067 (1952).

HECHT, F.: Mikrochim. A. **2**, 188 (1937); durch C. **109**, **I**, 3085 (1938). — HECHT, F., u. E. KROUPA: Fr. **102**, 81 (1935). — HELRICH, K., u. W. RIEMAN: Anal. Chem. **19**, 651 (1947). — HINDEN, F.: Fr. **54**, 214 (1915). — HOFFMAN, J. I., u. G. E. F. LUNDELL: Bur. Stand. J. Res. **20**, 607 (1938); durch C. **109**, **II**, 2798 (1938).

JÖRGENSEN, G.: Analyst **34**, 392 (1909); durch C. **80**, **II**, 1377 (1909). — JOHNSON, CH. M.: Ind. eng. Chem. **5**, 297 (1913); durch C. **84**, **I**, 1891 (1913).

KANEWSKAJA, R. J.: Betriebslab. **16**, 356 (1950); durch C. **121**, **II**, 1265 (1950). — KAPSHULL, F.: Chemist-Analyst **17** Nr 1, 11 (1928); durch C. **99**, **I**, 1984 (1928). — KASARINOWA-OKNINA, W. A., u. A. G. FILIPPOWA: Betriebslab. **8**, 356 (1939); durch C. **111**, **II**, 3250 (1940). — KASSNER, J. L., H. P. CRAMMER u. M. A. OZIER: Anal. Chem. **20**, 1052 (1948). — KASSNER, J. L., u. M. A. OZIER: Anal. Chem. **22**, 194 (1950). — KINDT, B. H., E. W. BALIS u. H. A. LIEBHAFSKY: Anal. Chem. **24**, 1501 (1952). — KLEMENT, R.: Fr. **127**, 2 (1944); **128**, 106 (1948). — KRASNOWSKI, A.: J. chem. Ind. (russ.) **5**, 408 (1928); durch C. **99**, **II**, 2173 (1928). — KRIESEL, F. W.: Ch. Z. **47**, 177 (1923). — KROLEWETZ, S. M.: Chem. J. Ser. B **7**, 636 (1934); durch C. **106**, **I**, 2566 (1935). — KROPF, A.: (a) Ch. Z. **41**, 877, 890 (1917); (b) **47**, 565 (1923).

LASSIEUR, A.: Ann. Chim. anal. [2] **16**, 197 (1934); durch Fr. **108**, 420 (1937).

MAGER, DORA: Fr. **131**, 270 (1950). — MARKOWA, G. A.: Düngung u. Ernte (russ.) **1931**, 832; durch C. **103**, **II**, 1943 (1932). — MARKOWA, G. A., u. A. G. FILIPPOWA: Betriebslab. **7**, 1360 (1938); durch C. **111**, **I**, 2205 (1940). — MATZEWITSCH, W. S.: Betriebslab. **9**, 229 (1940); durch C. **112**, **I**, 1999 (1941). — Methodenbuch (Handbuch der landwirtschaftlichen Versuchs- und Untersuchungsmethodik), herausgegeb. vom Verband Deutscher Landwirtschaftlicher Untersuchungsanstalten, 2. Band, S. 50 bis 51. Neudamm u. Berlin 1941. — MISSON, G.: Bl. Soc. chim. Belg. **31**, 222 (1923); Ann. Chim. anal. [2] **4**, 267 (1922); durch C. **94**, **II**, 121 (1923). — MOESER, L., u. G. FRANK: Fr. **52**, 346 (1913).

PESTOW, N. E.: J. chem. Ind. (russ.) **1932** Nr 11, 42; durch C. **105**, **I**, 1546 (1934). — PIPER, E.: Stahl Eisen **59**, 862 (1939). — PRONENKO, N. I., u. M. I. KAMJANY: Betriebslab. **10**, 423 (1941); durch C. **113**, **II**, 2825 (1942).

R.: Stahl Eisen **25**, 1361 (1905). — RATHJE, W., u. F. GIESECKE: B. **74**, 349 (1941). — RAUTERBERG, E., u. H. OSSENBERG-NEUHAUS: Z. Pflanzenernähr. Düng. Bodenkunde **53**, 149 (1951); durch Fr. **136**, 452 (1952). — REIMEN, PH.: Stahl Eisen **25**, 1359 (1905). — RIDSDALE, N. D.: Chem. N. **120**, 219 (1920); durch C. **92**, **II**, 212 (1921). — ROSANOW, S.: (a) Trans. Inst. Fertilizers (russ.) **1928**, 139; durch C. **100**, **I**, 1482 (1929); (b) Phosphorsäure **4**, 641 (1934); durch C. **106**, **I**, 2715 (1935). — ROSANOW, S. N., u. E. N. ISSAKOW: Fr. **86**, 352 (1931). — RUNEBERG, G., u. O. SAMUELSON: Svensk kem. Tidskr. **57**, 91 (1945).

SAGORSKI, M. F.: Betriebslab. **4**, 1039 (1935); durch Fr. **111**, 143 (1937/38). — SAMUELSON, O.: Svensk kem. Tidskr. **52**, 241 (1940). — SCHLEEDE, A., W. SCHMIDT u. H. KINDT: Z. El. Ch. **38**, 633 (1932). — SCHOELLER, W. R.: Sands, Clays Minerals **2**, Nr 2, 67 (1934); durch C. **106**, **II**, 2251 (1935). — SILVERMAN, L.: Ind. eng. Chem. Anal. Edit. **13**, 524 (1941); durch C. **113**, **I**, 1581 (1942). — SIMMERSBACH, O.: Stahl Eisen **33**, 2077 (1913). — SKILLING, W. J., u. E. D. BALLANTINE: J. Soc. chem. Ind. **48** Transact. 115 (1929); durch C. **101**, **II**, 663 (1930). — SPENGLER, W.: (a) Fr. **110**, 321 (1937); (b) **114**, 405 (1938); (c) **124**, 241 (1942). — STENGEL, E.: Arch. Eisenhüttenw. **13**, 205 (1939); durch Naturforschung und Medizin in Deutschland, FIAT-Review **29**, S. 202. — SUCHIER, A.: Angew. Ch. **43**, 313 (1930); Die Analysenmethoden der Düngemittel, S. 9 bis 16. Berlin 1931.

TARTAROWSKI, W. J.: Light Metals (russ.) **5**, 7 (1936); durch C. **108**, **II**, 443 (1937). — THURNWALD, H., u. A. A. BENEDETTI-PICHLER: Mikrochem. **11**, 200 (1932). — TRÖMEL, G.: Angew. Ch. **61**, 245 (1949). — TSCHEPELEWETZKI, M. L.: Betriebslab. **1**, 36 (1932); durch C. **105**, **II**, 3282 (1934).

ULLMANN, H. M., u. N. W. BUCH: Chem. N. **101**, 6 (1910); durch C. **81**, **I**, 773 (1910). — URECH, P.: Fr. **92**, 81 (1933).

WILLARD, H. H., u. E. J. CENTER: Ind. eng. Chem. Anal. Edit. **13**, 81 (1941); durch C. **112**, **II**, 2116 (1941). — WLADIMIROW, L. W.: Betriebslab. **3**, 800 (1934); durch C. **106**, **II**, 1080 (1935). — WOWTSCHENKO, J. I., u. W. A. ROMASCHTSCHENKO: Betriebslab. **10**, 643 (1941); durch C. **114**, **I**, 1085 (1943).

§ 11. Bestimmung der Phosphorsäure in Düngemitteln.

Vorbemerkungen.

Die handelsmäßige Bewertung der Phosphorsäuredüngemittel erfolgt auf Grund ihres Gehaltes an Gesamtphosphorsäure, citronensäurelöslicher, citratlöslicher, wasserlöslicher und freier Phosphorsäure. Die Bestimmung dieser Gehalte kann nach verschiedenen Verfahren erfolgen, die unter Bezugnahme auf die sorgfältigen und langjährigen Untersuchungen vieler Bearbeiter von interessierten Stellen kritisch gesichtet und als verbindliche Verfahren eingeführt worden sind. Für die verschiedenen Länder sind bisweilen kleine Abweichungen der Verfahren untereinander vorhanden. Die hier gegebene Darstellung schließt sich unter Berücksichtigung des einschlägigen Schrifttums besonders an das deutsche „Methodenbuch" (Handbuch der landwirtschaftlichen Versuchs- und Untersuchungsmethodik, herausgegeben vom Verband Deutscher Landwirtschaftlicher Untersuchungsanstalten, 2. Band, Neudamm und Berlin, 1941) an. Die außerordentlich umfangreiche Literatur über die Untersuchungsverfahren der Phosphorsäuredüngemittel ist hier keineswegs lückenlos zitiert. Es sind vor allen Dingen nur diejenigen Arbeiten herangezogen worden, die einen wichtigen Fortschritt gebracht haben. Die Literatur der letzten 30 Jahre ist, soweit sie zugänglich gewesen ist, nahezu vollständig bearbeitet worden.

Die Verfahren, die zur Bewertung bestimmter Phosphorsäuredüngemittel ausgearbeitet worden sind, können nicht ohne weiteres auf andere derartige Düngemittel übertragen werden. Hierauf hat schon WAGNER (b) und in neuerer Zeit DREYSPRING hingewiesen. Nach diesem Autor ist es nicht angängig, eine konventionelle Methode, die nur für einen ganz bestimmten Phosphorsäureträger (in diesem Falle Thomasmehl) ausgearbeitet ist, einfach auf einen anderen (z. B. weicherdige Rohphosphate) zu übertragen, wie dies ROBERTSON und DICKINSON getan haben. Um hierbei zu vermeiden, daß falsche Werte vorgetäuscht werden, müßten die Ergebnisse nicht auf g *Substanz*, sondern mindestens auf g *Gesamt*-P_2O_5 bezogen werden.

Als Bestimmungsform für die Phosphorsäure dient meist das Ammoniummolybdophosphat oder das Ammoniummagnesiumphosphat, die entweder als solche ausgewogen oder alkalimetrisch bestimmt werden. Die Anwendung colorimetrischer Verfahren ist erst in neuerer Zeit für die Düngemittelanalyse empfohlen worden, und zwar kommt hierfür ausschließlich die Phosphomolybdänblaumethode (siehe § 1, D, S. 81) in Betracht. So hat DENIGÈS sein in § 1, D, S. 106 beschriebenes Verfahren für Dünger (und Böden) angewendet. PESTOW hat genaue Arbeitsvorschriften für rationelle Massenanalysen mit Hilfe des Zinn(II)-chloridverfahrens mitgeteilt. POPP und WESTERHOFF haben die colorimetrischen Verfahren von ZINZADZE (siehe § 1, D, S. 104) und von SCHEEL (siehe § 1, D, S. 98) geprüft. Sie halten das erstgenannte Verfahren für unbrauchbar, weil der Fehler wegen der starken Verdünnung bis 1:100000 zu groß wird. Das Verfahren von SCHEEL ist besser brauchbar, weil bei diesem mit einer zehnmal höheren Konzentration gearbeitet werden kann. Während SCHEEL die colorimetrische Bestimmung bei der Analyse von Superphosphat anwendet (siehe S. 186), hat LEDERLE (a) die Benutzung des Verfahrens von SCHEEL auf die citronensauren Auszüge des Thomasmehls ausgedehnt[1]. Bez. der alkalimetrischen Bestimmung des Ammoniummolybdophosphates sei auf die vereinfachte Titrationsmethode von WILHELMJ und SIEMENS hingewiesen (siehe S. 196). Es soll auch nicht versäumt werden, auf die modernen Verfahren des Ionenaustausches an zweckentsprechenden Kunstharzen (Wofatit, Lewatit, Amberlite, Dowex u. a.) aufmerksam zu machen, die mindestens für die Bestimmung der Gesamtphosphorsäure in Betracht kommen. Soweit dem Verfasser das einschlägige Schrifttum bekanntgeworden ist, sind diese Verfahren zwar noch nicht auf die Düngemittelanalyse angewendet worden, es ist aber in § 10, A, S. 163 für die Analyse von Phosphaterzen ein solches beschrieben. — Wegen einer maßanalytischen Bestimmung der Phosphorsäure mittels Wismutylperchlorates siehe § 8, C, S. 155.

---

[1] Das Verfahren von SCHEEL hat VELTMAN in einer sehr sorgfältigen Studie für die serienmäßige Analyse aller Arten von Düngemitteln (7 bis 25% P_2O_5) für alle Formen der Phosphorsäure als Schnellmethode ausgearbeitet. Die Abweichung von der gravimetrischen Konventionsmethode beträgt $\pm$ 0,15% bei einem zulässigen Analysenspielraum von $\pm$ 0,30 bis 0,50%. Der Zeitbedarf je Analyse ist etwa $^1/_5$ bis $^1/_{12}$ desjenigen der gravimetrischen Verfahren. Das Verfahren ist in Einzelheiten in § 1, D, S. 100, beschrieben.

Was die *Genauigkeit* der Phosphorsäurebestimmung in Düngemitteln angeht, so ist allgemein zu bemerken, daß es sich bei manchen Bestimmungsmethoden um Kompensationsverfahren handelt, während bei anderen mit empirischen Faktoren gerechnet werden muß. Jenes trifft hauptsächlich bei der Bestimmung der Phosphorsäure als Ammoniummagnesiumphosphat, dieses bei der Fällung als Ammoniummolybdophosphat zu. Im allgemeinen ist ein bestimmter *Analysenspielraum* einzuhalten. Hierunter ist der äußerst zulässige Betrag der Schwankungen von Analysenergebnissen bei vollkommen gleichartigem Material zu verstehen. Wenn also jeder Fehler bei der Probenahme (siehe unten) ausgeschaltet ist, sollen nur dann Analysenergebnisse in verschiedenen Händen, auch in verschiedenen Laboratorien, als praktisch gleich richtig gelten, wenn ihre Abweichungen, in Prozenten der Untersuchungsprobe ausgedrückt, bei Phosphorsäure in allen Formen nicht größer sind als 0,30% P_2O_5 [Methodenbuch (a)]. Wie nötig die Sicherung der Verfahren zur Phosphorsäurebestimmung aus wirtschaftlichen Rücksichten ist, ergibt sich aus einer Berechnung von ABESSER, JANI und MÄRCKER (1873), nach welcher bei einem Fehler in der Phosphorsäurebestimmung um nur +0,25% die Landwirtschaft der damaligen preußischen Provinz Sachsen um jährlich 50000 Thaler geschädigt würde. Es kann aber heute gesagt werden, daß durch die Vervollkommnung der Analysenverfahren für die Phosphorsäuredüngemittel der Analysenfehler meist nur etwa ±0,1% betragen wird.

Für die Vorbereitung der Untersuchungsproben hat die Versammlung der Interessenten zu Halle (1882) vor allen Dingen das Verlangen nach einer genügend großen Durchschnittsprobe gestellt. Deren Menge soll mindestens 500 g betragen. Das Methodenbuch (a) gibt folgende Anweisungen. Bei der mechanischen Vorbereitung der Proben für die Untersuchung ist der größte Wert auf die Herstellung einer gleichmäßigen Mischung zu legen. Im allgemeinen sind die Proben durch ein 2 mm-Sieb abzusieben. Bei feuchten Proben, z. B. bei Superphosphaten und seinen Mischungen, beschränkt sich die Vorbereitung auf sorgfältiges Mischen und Zerteilen von Klümpchen. Man verreibt die Proben zweckmäßig in einer großen Reibschale sehr leicht, ohne fest aufzudrücken. Auch Thomasphosphate werden durch ein 2 mm-Sieb abgesiebt und die gröberen Teile durch leichtes Zerdrücken durch das Sieb gebracht. Bleibt ein Rückstand, der sich nicht leicht zerdrücken läßt, so wird dieser gewogen, von der Untersuchung ausgeschlossen und bei Feststellung des Ergebnisses als wertloser Anteil in Rechnung gestellt. Es ist nicht statthaft, Thomasphosphate durch ein feineres Sieb zu bringen, wie dies mitunter von manchen Einsendern gefordert wird. Auch dürfen die Proben nicht zur Entfernung von Eisenteilchen mit dem Magneten bearbeitet werden. Die Vorbereitung der Proben ist bei allen Düngemitteln, die stark hygroskopisch sind oder leicht Kohlensäure aufnehmen, besonders schnell und sorgfältig vorzunehmen.

Die Durchschnittsgehalte an P_2O_5 liegen bei den verschiedenen Phosphorsäuredüngemitteln bei folgenden Werten:

Superphosphat	15—20%	Nitrophoska	10—30%
Doppelsuperphosphat	45%	Leunaphosphat.	20%
Thomasphosphat	15—20%		
Rhenaniaphosphat	15—25% bzw. 29%.		

Eine allgemeine Kritik der Verfahren zur Bestimmung der wertbestimmenden Bestandteile der Düngemittel hat JACOB gegeben.

A. Bestimmung der Phosphorsäure in Superphosphat.

Allgemeines.

Unter Superphosphat versteht man das durch die Einwirkung von Schwefelsäure auf Rohphosphat entstandene Produkt. Diese Einwirkung bezweckt die Umwandlung des Apatites des Rohphosphates (siehe dazu § 10, S. 158), der von den

Kulturpflanzen nur sehr langsam assimiliert werden kann, in wasserlösliches und dadurch leicht assimilierbares Monocalciumdihydrogenphosphat (im folgenden einfach Monocalciumphosphat genannt) nach der Gleichung:

$$Ca_3(PO_4)_2 + 2\,H_2SO_4 + 5\,H_2O = Ca(H_2PO_4)_2 \cdot H_2O + 2\,CaSO_4 \cdot 2\,H_2O.$$

(In dieser Gleichung und in den folgenden steht für die Formel des Apatits diejenige des Tricalciumphosphates.) Neben dieser Hauptreaktion vollziehen sich sogleich oder später einige andere, z. B. findet die Bildung freier Phosphorsäure statt:

$$Ca_3(PO_4)_2 + 3\,H_2SO_4 + 6\,H_2O = 2\,H_3PO_4 + 3\,CaSO_4 \cdot 2\,H_2O;$$

diese setzt sich nach einiger Zeit weiter unter Bildung von Monocalciumphosphat um:

$$Ca_3(PO_4)_2 + 4\,H_3PO_4 + 3\,H_2O = 3\,Ca(H_2PO_4)_2 \cdot H_2O.$$

Wenn nicht genügend Schwefelsäure vorhanden ist, so findet eine Umsetzung zu Calciumhydrogenphosphat (im folgenden Dicalciumphosphat genannt), das nur citratlöslich ist, statt:

$$Ca_3(PO_4)_2 + H_2SO_4 + 6\,H_2O = 2\,CaHPO_4 \cdot 2\,H_2O + CaSO_4 \cdot 2\,H_2O,$$

oder es spielt sich eine Umsetzung zwischen Tricalciumphosphat und Monocalciumphosphat zu Dicalciumphosphat ab:

$$Ca_3(PO_4)_2 + Ca(H_2PO_4)_2 \cdot H_2O + 8\,H_2O = 4\,CaHPO_4 \cdot 2\,H_2O.$$

Der Übergang der wasserlöslichen Phosphorsäure in citratlösliche wird als *Rückgang* der Phosphorsäure bezeichnet. Dieser Vorgang tritt hauptsächlich bei der Lagerung des Superphosphates ein, und besonders leicht dann, wenn das Rohphosphat mehr als 3% Eisen(III)-oxyd und Aluminiumoxyd enthält. Jenes bildet mit der Schwefelsäure Eisen(III)-sulfat, das sich folgendermaßen umsetzen kann:

$$Fe_2(SO_4)_3 + Ca(H_2PO_4)_2 \cdot H_2O + 5\,H_2O = 2\,FePO_4 \cdot 2\,H_2O + CaSO_4 \cdot 2\,H_2O + 2\,H_2SO_4.$$

Andere Folgereaktionen sollen nicht mehr angeführt werden.

Unter Doppelsuperphosphat wird ein Produkt verstanden, das durch die Einwirkung von Phosphorsäure auf Rohphosphat entsteht und das daher nur Monocalciumphosphat und keinen Gips enthält:

$$Ca_3(PO_4)_2 + 4\,H_3PO_4 + 3\,H_2O = 3\,Ca(H_2PO_4)_2 \cdot H_2O.$$

Superphosphat wird in Deutschland nach seinem Gehalt an wasserlöslicher Phosphorsäure bewertet. Die Bestimmung der Phosphorsäure in der erhaltenen Lösung geschieht mit Hilfe des „Citratverfahrens“ (siehe S. 180). Von Wichtigkeit ist auch die Kenntnis der citratlöslichen Phosphorsäure, die durch Behandlung des Superphosphates mit schwach ammoniakalischer Ammoniumcitratlösung nach PETERMANN (a) und Fällung nach v. LORENZ[1] (siehe S. 184) bestimmt wird. In manchen Ländern, z. B. in Belgien, ist diese Bestimmung vorgeschrieben. Seltener wird die Gesamtphosphorsäure ermittelt, um aus der Differenz zwischen dieser und der wasserlöslichen Phosphorsäure den Gehalt an „unlöslicher Phosphorsäure“ zu erhalten (VIGNON). Die Kenntnis der freien Phosphorsäure im Superphosphat ist ebenfalls von Bedeutung.

Wenn deutsche Phosphaterze, die reich an Eisen(III)-oxyd und Aluminiumoxyd sind, für die Bereitung von Superphosphat dienen, so muß dieses nach dem Gehalt an citratlöslicher Phosphorsäure bewertet werden, weil ein restloser Aufschluß zu wasserlöslicher Phosphorsäure nicht erreicht werden kann *(Landwirtschaftliche Versuchsstation Hamburg-Horn)*.

[1] v. LORENZ (a) hat sein „übliches“ Verfahren (siehe § 1, A, S. 33) für die Düngemitteluntersuchung beschrieben. Dieses Verfahren hat der Verband der Landwirtschaftlichen Versuchsstationen im Deutschen Reich im Jahre 1906 zu prüfen beschlossen. Die Prüfung hat bis zum Jahre 1907 die unwidersprochene Zuverlässigkeit und Brauchbarkeit des Verfahrens ergeben, und es ist daraufhin als „Verbandsmethode“, d. h. als Methode des Verbandes Deutscher Landwirtschaftlicher Untersuchungsanstalten eingeführt worden [v. LORENZ (c)].

In dem Bestreben, die Superphosphate und andere Phosphorsäuredüngemittel von verschiedenen Chemikern in gleichartiger Weise untersuchen zu lassen, fand schon im Jahre 1872 in Magdeburg eine Versammlung der interessierten Stellen zum Zwecke der Beschlußfassung über die zu benutzenden Verfahren statt. Der Wunsch nach anderen, zweckmäßigeren Verfahren führte zu der *Versammlung der Interessenten zu Halle* im Jahre 1881. Die dort gefaßten Beschlüsse wurden in Hannover im Jahre 1889 teilweise umgestoßen (*Beschlüsse der Versammlung der Chemiker an deutschen Düngerfabriken und der Handelschemiker* ...), während über die Bestimmung der citratlöslichen Phosphorsäure kein endgültiger Beschluß zustande kam. Aber schon ein Jahr später kam es in Bremen zu neuen Vereinbarungen, die z. T. die früheren Verfahren (von 1881) wieder befürworteten und die zum ersten Male das Molybdatverfahren zur Grundlage bei Schiedsverfahren machten (*Neue Vereinbarungen mit den Versuchsstationen und Handelschemikern* ...). Auf die Einzelheiten der umfangreichen Verhandlungen kann hier nicht eingegangen werden.

1. Bestimmung der Gesamtphosphorsäure.

I. Auflösung des Untersuchungsmaterials. ***Arbeitsvorschrift*** **des Methodenbuches (b).** 5 g Superphosphat werden in einen 250 ml-Kochkolben eingewogen, mit etwa 15 ml Wasser durchfeuchtet und mit 30 ml Schwefelsäure (D 1,84) unter öfterem Umschwenken etwa 20 Min. bis zum völligen Aufschluß erhitzt. Der noch warme Aufschluß wird sodann mit Wasser verdünnt und die heiße Flüssigkeit zur Zerteilung etwa vorhandener Krusten umgeschwenkt. Nach dem Erkalten füllt man den Kolben bis zur Marke auf, schüttelt gut um und filtriert durch ein trockenes Faltenfilter. In einem aliquoten Teile des Filtrates wird die Phosphorsäure nach der Methode von v. LORENZ (siehe § 1, A, S. 33) oder nach der Citratmethode (siehe unten) gefällt (Verbandsmethode).

Bemerkung. Mit dem Auffüllen zur Marke und dem Mischen der Flüssigkeit darf nicht unnötig lange gewartet werden, weil es sonst Schwierigkeiten machen kann, die von dem Niederschlage eingehüllte konzentriertere Lösung gleichmäßig zu verteilen.

Arbeitsvorschrift **des Verbandes der Landwirtschaftlichen Versuchsstationen in Österreich nach SUCHIER (a)** (Näherungsverfahren). 10 g Superphosphat werden in einem 500 ml-Meßkolben mit einigen Tropfen Salpetersäure angefeuchtet und mit 50 ml konzentrierter Schwefelsäure bis zum Auftreten von Nebeln erhitzt. Nach dem Abkühlen werden 400 ml Wasser zugefügt. Die Mischung wird bis zum Verschwinden des Geruches nach Stickstoffoxyden gekocht, dann bis zur Marke verdünnt und filtriert. Wegen der Fällung siehe S. 182.

Arbeitsvorschrift von **SUCHIER (a).** 10 g Superphosphat werden in einem 500 ml-Meßkolben mit 100 ml Salzsäure (D 1,12) und 50 ml konzentrierter Salpetersäure ½ Std. lang lebhaft gekocht. Der nach dem Eindampfen der Lösung sirupöse Rückstand wird mit 300 ml Wasser aufgenommen und diese Lösung nach Zugabe von 20 ml konzentrierter Salzsäure gekocht. Nach dem Erkalten wird die Lösung zur Marke aufgefüllt, umgeschüttelt und durch ein trockenes Faltenfilter filtriert. Wegen der Fällung siehe S. 182.

II. Ausfällung der Phosphorsäure nach der Citratmethode. Bei Gegenwart von Citronensäure bleibt eine Lösung von Phosphorsäure auf Zugabe von Ammoniak trotz der Gegenwart von Eisen, Aluminium und Calcium klar, jedoch wird die Abscheidung durch Magnesiumsalz als Ammoniummagnesiumphosphat nicht verhindert, wenn dieser Niederschlag auch langsamer entsteht und starkes Umrühren der Flüssigkeit notwendig macht. Das Verfahren ist für alle kieselsäurearmen Phosphatlösungen, also für Superphosphat anwendbar [Methodenbuch (e)]. Nach SPENGLER (a) gibt das Citrat-Magnesia-Verfahren bei der Bestimmung der Gesamtphosphorsäure im Superphosphat streuende Werte, hingegen das Molybdatverfahren nach SPENGLER (siehe § 1, A, S. 33) unter Berücksichtigung des Gipsvolumens (siehe § 10, S. 162) theoretisch richtige Werte.

Schon KÖNIG sowie auch REITMAYR wiesen darauf hin, daß bei der Fällung von Ammoniummagnesiumphosphat aus calciumhaltigen Lösungen bei Gegenwart von Citrat Calcium mitgefällt wird, andrerseits soll aber infolge vergrößerter Löslichkeit des Niederschlages in der Citratlösung eine Erniedrigung festzustellen sein. Das Citrat-Magnesia-Verfahren ist also ein Kompensationsverfahren. Es ist am besten geeignet für calciumarme Lösungen, wie sie beim Aufschluß des Probegutes mit Schwefelsäure erhalten werden. Nach SCHENKE soll eine mineralsaure Düngemittellösung vor der Anwendung des Citratverfahrens erst mit Ammoniak neutralisiert werden. Nur so sei Übereinstimmung des Citratverfahrens mit dem Molybdatverfahren zu erzielen. HOFFMAN und LUNDELL empfehlen eine doppelte Fällung mit Magnesiamischung in Gegenwart von Ammoniumcitrat, und zwar das erste Mal mit einem großen Überschuß und das zweite Mal mit der gewöhnlichen Menge an Fällungsreagens. Hierbei stören Calcium, Eisen und Aluminium nicht.

Während JÖRGENSEN die Anwendung möglichst großer Einwaagen empfiehlt, um Unterschiede, welche selbst nach sorgfältigster Mischung pulverförmiger Proben vorkommen können, bestens auszugleichen, ist LEDERLE (b) anderer Meinung. Nach LEDERLE erweist es sich als nicht unbedenklich, zur Fällung der Phosphorsäure in Superphosphaten eine Lösungsmenge zu verwenden, die 1 g Substanz entspricht, weil die Niederschlagsmenge sehr groß wird und sich schlecht auswaschen läßt, auch weil die Tiegel so voll werden, daß sie nicht sehr oft hintereinander verwendet werden können. Er schlägt vor, nicht 20 g Superphosphat auf 1000 ml, sondern 10 g auf die gleiche Menge Lösung zur Ausschüttelung zu bringen. Es käme dann nur eine 0,5 g entsprechende Substanzmenge zur Fällung der Phosphorsäure in Anwendung. Obwohl Beleganalysen die Brauchbarkeit der Abänderung zeigen, haben die „Verbandsmethoden" sie bisher nicht übernommen.

Schon frühzeitig wies SVOBODA (a) darauf hin, daß ammoniakalische Citratlösungen Glasbestandteile auflösen und unbrauchbar werden, wenn sie zu lange stehen. FOERSTER (a) hielt diese Gefahr allerdings für klein, da Versuchsstationen die Lösungen wohl kaum monatelang aufbewahren, aber SVOBODA (b) hielt dennoch seine Warnung aufrecht, zumal auch VERWEIJ in nur 2 Monate alter ammoniakalischer Citratlösung Kieselsäure nachwies. Neuerdings stellte LEDERLE (b) fest, daß über ein Jahr alte Lösungen von Ammoniumcitrat in der wäßrigen Ausschüttelung von Superphosphat innerhalb einiger Minuten das Ausfallen eines Niederschlages von Calciumsilicofluorid veranlassen, der durch aus der Flasche gelöste Kieselsäure und dem Fluorgehalt des Superphosphates hervorgerufen wird.

a) Verfahren des Methodenbuches (e). ***Reagenzien.*** *1. Ammoniumcitratlösung.* Man stellt sich zunächst eine Citronensäurelösung her, die im Liter 800 g kristallisierte Citronensäure enthält. Von dieser Lösung werden 1,25 l in einer 10 l-Flasche mit etwa 4 l Wasser und 3,5 l Ammoniakflüssigkeit (D 0,91) übergossen. Die Flüssigkeit wird nach dem Abkühlen mit Wasser auf 10 l gebracht. Die Ammoniakzugabe hat langsam unter fleißigem Umschütteln und am besten unter Kühlung zu erfolgen, damit Ammoniakverluste möglichst vermieden werden. Zu geringer Ammoniakgehalt der Citratlösung ist eine Fehlerquelle. Verlustfrei hergestellte und aufbewahrte Citratlösung enthält in 100 ml 10 g Citronensäure und 7,96 g Gesamtammoniak, entsprechend 6,55 g N. Davon sind 5,53 g freies Ammoniak, entsprechend 4,54 g N. — Zur Prüfung verdünnt man 25 ml der Ammoniumcitratlösung (am besten mit einem auf Einguß geeichten und nachzuspülenden Meßkölbchen gemessen) auf 1 l und verwendet davon 50 ml zur Ammoniakbestimmung. Diese 50 ml entsprechen 1,25 ml der ursprünglichen Citratlösung. Sie müssen bei Ausschluß aller Verluste 81,8 mg Ammoniakstickstoff enthalten. — *2. Magnesiumchloridlösung.* 550 g kristallisiertes Magnesiumchlorid, 700 g Ammoniumchlorid und 2,5 l Ammoniakflüssigkeit (D 0,96) werden mit Wasser auf 10 l gelöst.

Arbeitsvorschrift. 50 ml (= 1 g Substanz) des gewonnenen Filtrates (siehe S. 180) werden zur Neutralisation mit Ammoniak (D 0,925) bis zur beginnenden Trübung versetzt. Dann werden 50 ml Ammoniumcitratlösung und danach 25 ml Magnesiumchloridlösung zugegeben und sofort im Rührapparat 1 Std. lang ausgerührt. Die Filtration des erhaltenen Niederschlages wird unter wiederholtem Dekantieren durch einen NEUBAUER-Tiegel (siehe § 1, A, S. 38) vorgenommen. Das Dekantieren und Überspülen des Niederschlages in den Tiegel geschieht mit 2%igem Ammoniak. Der im Tiegel befindliche Niederschlag wird noch einmal mit 2%igem Ammoniak ausgewaschen. Den Tiegel trocknet man vorerst über einer kleinen Flamme, bis Ammoniak und Kristallwasser verdampft sind. Darauf vergrößert man allmählich die Flamme auf volle Stärke. Schließlich glüht man den Tiegel zur Umwandlung des Niederschlages in Magnesiumpyrophosphat im elektrischen Ofen bei 1100° etwa 5 Min. lang.

b) Verfahren des Verbandes der Landwirtschaftlichen Versuchsstationen in Österreich nach SUCHIER (a) (Näherungsverfahren). 50 ml (= 1 g Substanz) des gewonnenen Filtrates (siehe S. 180) werden mit ammoniakalischer Magnesiumchloridlösung gefällt. — *Herstellung der Magnesiumchloridlösung:* Zu 1000 ml Wasser werden 200 ml Ammoniak (D 0,91) und 84 g Ammoniumchlorid zugegeben. Nach der Auflösung werden 66 g kristallisiertes Magnesiumchlorid gelöst. Vor Gebrauch wird die Lösung filtriert.

c) Verfahren von SUCHIER (a). ***Reagenzien.*** *1. Ammoniumcitratlösung.* Eine Lösung von 1100 g Citronensäure in 5 l Wasser wird mit 4 l Ammoniak (D 0,91) vermischt und mit Wasser zu 10 l ergänzt. — *2. Magnesiumchloridlösung.* Die Lösung von 550 g kristallisiertem Magnesiumchlorid und von 1050 g Ammoniumchlorid in 6,5 l Wasser wird mit 3,5 l Ammoniak (D 0,91) vermischt. Nach 24 Std. wird die Mischung filtriert.

Arbeitsvorschrift. 50 ml (= 1 g Substanz) des gewonnenen Filtrates (siehe S. 180) werden mit 50 ml Ammoniumcitratlösung und mit 25 ml Magnesiumchloridlösung gefällt.

III. Andere Verfahren. VORTMANN fällt das Calcium in der Aufschlußlösung als Oxalat aus, filtriert es ab oder berücksichtigt sein Volumen, fällt anwesendes Eisen als Sulfid und danach die Phosphorsäure als Ammoniummagnesiumphosphat. — ROMEO und CRUPI bestimmen die Gesamtphosphorsäure im Superphosphat nach einem Titrationsverfahren. Zum Aufschluß werden 10 g Substanz mit 30 ml 30%iger Schwefelsäure unter Rückfluß $^1/_2$ Std. gelinde gekocht. Nach dem Abkühlen werden zur Ausfällung des Calciumsulfates 100 ml 95%iger Alkohol zugesetzt. Der abfiltrierte Niederschlag wird mit 75%igem Alkohol säurefrei gewaschen, bis 250 ml Lösung erhalten sind. 25 ml davon werden nach dem Verdünnen mit 175 ml Wasser mit 0,5 n Natronlauge gegen Phenolphthalein titriert (Wert a). Andere 25 ml Lösung werden mit 400 ml Benzidinlösung gefällt. [6,8 g Benzidin werden in 500 ml Wasser aufgeschlämmt und mit 24 ml Salzsäure (D 1,1) in Lösung gebracht. Die Lösung wird auf 1 l verdünnt.] Nach 10 Min. wird der Niederschlag des Benzidinphosphates abgesaugt und mit 30 ml Wasser in kleinen Anteilen ausgewaschen. Das Filter mit dem Niederschlage wird in 100 ml Wasser suspendiert und diese Mischung mit 0,5 n Natronlauge gegen Phenolphthalein titriert (Wert b). Die Berechnung erfolgt nach der Formel $(b - a) \cdot 0{,}01776 \cdot 100 = \%\ P_2O_5$ (siehe § 9, S. 158).

2. Bestimmung der wasserlöslichen Phosphorsäure.

Über die beste Art der Bestimmung der wasserlöslichen Phosphorsäure in Superphosphat sind die Meinungen geteilt. Die eine Richtung, die besonders für deutsche Verhältnisse maßgebend ist, hält es für richtig, eine bestimmte Menge Superphosphat mit einer größeren Menge Wasser zu schütteln, während eine andere Richtung, z. B. das belgische Verfahren (CRISPO), das Superphosphat nacheinander mit jeweils kleineren Mengen Wasser verreibt, wobei die erhaltenen Lösungen jeweils abfiltriert werden. Diese Behandlung wird so lange fortgesetzt, bis das letzte Filtrat keine

Phosphorsäurereaktion mehr zeigt. CRISPO ist der Ansicht, daß das Auswaschverfahren bessere Resultate als das Schüttelverfahren liefere. Diese Arbeitsweise dürfte auf R. FRESENIUS zurückgehen, der sie selbst angewendet hat. Während RÜMPLER entgegen den Beschlüssen der Interessentenversammlung zu Magdeburg im Jahre 1872 die FRESENIUSsche Arbeitsweise für die richtige hält, findet es STOCK gleichgültig, ob das Superphosphat mehrmals mit kleinen Mengen Wasser oder einmal mit einer größeren Menge ausgezogen wird. Für Deutschland hat sich, wie schon gesagt, dieses letztere Verfahren durchgesetzt. Das Schütteln erfolgt hierbei unter Verwendung des Rotierapparates nach WAGNER (a). SCHLIEBS ersetzte das Schütteln durch Einblasen von Luft. — Eine potentiometrische Bestimmung der wasserlöslichen Phosphorsäure siehe § 4, B, S. 141. — Nach MEPPEN und SCHEEL versagt die Extraktion mit Wasser bei Superphosphaten mit basischen Zuschlägen und bei gedarrtem Superphosphat. Jene geben zu tiefe, diese zu hohe Werte. — GUTHRIE und NANCE beschreiben eine Schnellmethode zur direkten Bestimmung freier und wasserlöslicher Phosphorsäure durch stufenweise Titration eines wäßrigen Auszuges mit Hilfe geeigneter Indicatoren. — EPPS bestimmt die wasserlösliche und die citratlösliche Phosphorsäure photometrisch nach dem Verfahren von MISSON (siehe § 10, B, S. 167).

I. Herstellung des wäßrigen Auszuges. ***Arbeitsvorschriften*** **des Methodenbuches (d).** *a) Für Superphosphat und Ammoniaksuperphosphat.* 10 g Substanz werden in eine STOHMANNsche Flasche von 500 ml Inhalt eingewogen und zunächst nur etwa 200 ml Wasser unter lebhaftem Umschütteln zugegeben. Dadurch soll das Anhaften der Substanz an der Glaswand und starke Klumpenbildung vermieden werden. Dann wird mit Wasser bis zur Marke aufgefüllt und im Rotierapparat nach WAGNER (a), der in der Minute 30 bis 40 Umdrehungen machen soll, 30 Min. lang bei Raumtemperatur geschüttelt. Schütteln mit der Hand ist unzulässig. Hierauf wird durch ein trockenes Faltenfilter filtriert. — *b) Für Doppelsuperphosphat.* 20 g Substanz werden mit etwa 800 ml Wasser in einer 1 l fassenden STOHMANNschen Flasche 24 Std. häufig umgeschüttelt [FOERSTER (b)]. Dann wird zur Marke aufgefüllt und die Lösung filtriert. 25 ml Filtrat werden zur Umwandlung etwa vorhandener Pyrophosphorsäure in Orthophosphorsäure mit 10 ml Salpetersäure (D 1,40) 10 Min. lang gekocht.

Bemerkungen. Bei der Bestimmung der wasserlöslichen Phosphorsäure in Ammoniaksuperphosphat darf nach BÜTTNER die Temperatur beim Schütteln nicht zu tief absinken. — Wenn der wäßrige Auszug (und auch der Auszug mit Ammoniumcitratlösung, siehe S. 184) nicht klar filtriert werden kann, weil kolloides Phosphat durch das Filter geht, so soll nach MARTIN und SHOREY zum Digerieren 2%ige Ammoniumchloridlösung bzw. 2% Ammoniumchlorid enthaltende Ammoniumcitratlösung verwendet werden. Auch bei Superphosphat mit organischen Zusätzen dauert nach MCINTIRE, JONES und HARDIN das Filtrieren der wäßrigen Auszüge sehr lange. Sie schlagen deshalb vor, die Lösung nach dem Zusatz von Filterbrei abzusaugen.

II. Ausfällung der Phosphorsäure nach der Citratmethode. ***Arbeitsvorschriften*** **des Methodenbuches (f).** Reagenzien siehe S. 181. — *a) Für Superphosphat und seine Mischungen.* Von der wäßrigen Superphosphatausschüttelung werden 50 ml (=1 g Substanz) mit 50 ml Ammoniumcitratlösung und danach mit 25 ml Magnesiumchloridlösung in einem dickwandigen Becherglase versetzt. Diese ist rasch zuzugeben und sofort mit der Lösung durch Rühren oder Umschwenken gleichmäßig zu vermischen. Sodann wird im Rührapparat $\frac{1}{2}$ Std. lang gerührt. Das Filtrieren, Auswaschen und Glühen des Niederschlages wird wie auf S. 182 beschrieben ausgeführt. — *b) Für Superphosphat und Doppelsuperphosphat mit mehr als 20% P_2O_5.* Von diesen nimmt man nur 25 ml (= 0,5 g Substanz) der wäßrigen Ausschüttelung, aber dieselben Reagensmengen. Von Doppelsuperphosphat werden zur Umwandlung der etwa vorhandenen Meta- und Pyrophosphorsäure in die Orthoform 25 ml 10 Min.

lang mit 10 ml Salpetersäure (D 1,40) gekocht. Nach dem Zusatz der Ammoniumcitratlösung wird eine dem Salpetersäurezusatz entsprechende Menge Ammoniak hinzugefügt und dann wie unter a verfahren.

Bemerkungen. Nach SPENGLER (a) gibt zwar das in § 1, A, S. 33 beschriebene Molybdatverfahren unter Berücksichtigung des Gipsvolumens sehr gute Werte, aber das Citratverfahren ist für die Bestimmung der wasserlöslichen Phosphorsäure doch etwas besser. — Um Fehler zu vermeiden, ist es nach SUCHIER (a) unbedingt notwendig, die Lösung mit der Ammoniumcitratlösung sehr gut zu vermischen und dann erst die Magnesiumchloridlösung zuzufügen, weil auf diese Weise sicher ein kristalliner Niederschlag erhalten wird. — ROMANSKI (b) versetzt den wäßrigen Auszug mit ammoniumcitrathaltiger Magnesiamixtur und neutralisiert danach mit Ammoniak. Der auf diese Weise erhaltene kristalline Niederschlag wird abgesaugt, mit Alkohol und Benzin gewaschen und im Vakuum getrocknet. Der empirische Faktor für P_2O_5 ist 28. — Bei Lösungen, welche reich an Ammoniumsalzen sind (Am–Sup–Ka) tritt die Fällung des Ammoniummagnesiumphosphates langsamer ein. Bei wenig Phosphorsäure läßt man deshalb die Fällung länger stehen [Methodenbuch (f)].

III. Photometrische Bestimmung der Phosphorsäure nach EPPS. ***Reagenzien.*** 1. *Molybdat-Vanadatlösung*, siehe S. 167, Fußnote 1. — 2. *Ammoniumcitratlösung.* Man löst 370 g kristallisierte Citronensäure in 1500 ml Wasser, neutralisiert nahezu mit 345 ml 28- bis 29%iger Ammoniaklösung, stellt dann sorgfältig auf p_H 7 ein und verdünnt, wenn nötig, zu dem spezifischen Gewicht 1,09 bei 20° C. — ***Arbeitsvorschrift.*** Man bringt 1 g Probe auf ein 9 cm-Filter und wäscht sie 10mal mit je 10 ml Wasser. Zu den Filtraten fügt man 25 ml konzentrierte Salpetersäure. Innerhalb 1 Std. gibt man Filter mit Rückstand in eine 250 ml-Flasche mit 100 ml Citratlösung (2), die man zuvor im Wasserbade auf 65° erwärmt hat. Die verschlossene Flasche wird unter gelegentlichem Lüften des Stopfens geschüttelt, bis das Filter breiartig verteilt ist. Die lose verschlossene Flasche wird nun im Wasserbade bei 65° genau 1 Std. lang stehengelassen, wobei sie alle 5 Min. umgeschüttelt wird. Hierbei muß die Oberfläche des Wassers über derjenigen der Flüssigkeit in der Flasche stehen. Die Lösung wird nun unter Saugen zu den Waschwässern filtriert und der Rückstand mit 65° warmem Wasser so lange gewaschen, bis genau 500 ml Filtrat gesammelt sind. In einem 100 ml-Meßkolben mischt man 5 ml dieser Lösung mit 25 ml Wasser und 25 ml Molybdat-Vanadat-Lösung und füllt zur Marke auf. Nach 10 Min. photometriert man bei 400 mμ gegen eine Blindprobe, die aus einer Lösung von Kaliumdihydrogenphosphat (0,025%ig an P_2O_5) mit der gleichen Phosphatmenge wie die der Probe, 25 ml Salpetersäure und 100 ml Citratlösung bereitet und zu 500 ml aufgefüllt ist. Mit dieser Lösung wird die Farbentwicklung wie eben beschrieben durchgeführt. Die Reproduzierbarkeit beträgt 0,2% P_2O_5.

IV. Andere Verfahren. Es wird auf das auf S. 186 angeführte Verfahren von SCHEEL hingewiesen. — SANFOURCHE und FOCET bestimmen die wasserlösliche Phosphorsäure durch Titration mit Natriumcarbonatlösung gegen Methylorange, setzen dann Silbernitratlösung und Methylrot hinzu und titrieren, ohne abzufiltrieren, mit Natriumcarbonatlösung zu Ende (siehe § 5, S. 142). Das Verfahren gibt ebenso genaue Werte wie das gewichtsanalytische.

3. Bestimmung der citratlöslichen Phosphorsäure.

Unter citratlöslicher Phosphorsäure des Superphosphates wird diejenige Menge Phosphorsäure verstanden, die als Dicalciumphosphat darin vorhanden ist (siehe S. 179).

Die Citronensäure spielt in der Düngemittelanalyse zwei in ihrem Wesen völlig voneinander verschiedene Rollen. Sie ist erstens Komplexbildner zur Verhütung der Ausfällung von Aluminium und Eisen als Phosphate in alkalischer Lösung

(Citratmethode, siehe z. B. S. 180) und zweitens Lösungsmittel für Phosphate, und zwar in schwach saurer Ammoniumcitratlösung bei Superphosphat und Glühphosphat bzw. als freie Säure bei Thomasphosphat.

Ursprünglich diente das Extraktionsverfahren mit Ammoniumcitratlösung zur Bestimmung der „zurückgegangenen" Phosphorsäure (siehe S. 179). Hierfür verwendete CHESSHIRE Lösungen von Ammoniumoxalat bzw. von Natriumhydrogencarbonat. Während GIBSON für diese Arbeitsweise eintrat, verwarfen sie sowohl HUGHES als auch SUTTON. Auch R. FRESENIUS, NEUBAUER und LUCK erzielten mit diesen Lösungen ungünstige Ergebnisse, und sie gingen deshalb zur Anwendung einer neutralen Ammoniumcitratlösung über. Obwohl sich diese Arbeitsweise grundsätzlich im Gebrauche erhielt, wurden immer wieder Arbeiten veröffentlicht, in denen die Verfasser Oxalatlösungen benutzen (GROSSFELD; TELETOW und BYSSTRITZKAJA). Die von ALBERT und SIEGFRIED (a) verwendete ammoniakalische Tartratlösung gaben die Verfasser (b) zugunsten der Citratlösung bald wieder auf. Eine grundsätzliche Verbesserung der Arbeitsmethodik lieferte PETERMANN (a) durch die bis heute allein gebräuchliche saure Ammoniumcitratlösung, die nur unwesentliche Abänderungen [PETERMANN (b)] erfahren hat. Die Vorschrift zu ihrer Herstellung von NEUBAUER und WOLFERTS ist vom Methodenbuch (d) übernommen worden und wird unten mitgeteilt. Obwohl BOSWORTH neutrale Ammoniumcitratlösung und auch ihren Ersatz durch neutrale Natriumcitratlösung für unbrauchbar erachtete, empfahl SHUEY (a) wiederum erstere. Die auf S. 202 näher beschriebene Citratlösung von MCINTIRE, SHAW und HARDIN enthält eine große Menge Ammoniumnitrat.

Die Zubereitung der PETERMANNschen Lösung muß mit großer Sorgfalt geschehen. Nach EKHOLM beeinflussen Schwankungen der Alkalität der Lösung zwar die Löslichkeit von Dicalciumphosphat um nur wenige Prozente, die von Aluminium- und Eisenphosphat aber bis zu 10%. Bei steigendem p_H-Wert der Lösung sinkt nach BLJACHER und TSCHEPELEWETZKI die Löslichkeit.

I. Auflösung des Untersuchungsmaterials. a) Verfahren des Methodenbuches (d). ***Reagens*** (PETERMANNsche Lösung nach der Vorschrift von NEUBAUER und WOLFERTS). Auf jedes Liter der herzustellenden Ammoniumcitratlösung werden 173 g kristallisierte Citronensäure (unverwittert, bleifrei) gelöst, und so viel Ammoniakflüssigkeit, deren Gehalt durch Titration oder Destillation zu ermitteln ist, wird langsam und unter Kühlung zugesetzt, daß auf 1 l der fertigen Lösung 42,0 g Ammoniakstickstoff entfallen. Es werden 536,9 ml Ammoniakflüssigkeit (D_{15} 0,960) gebraucht, da diese in 1 l 78,22 g Ammoniakstickstoff enthält. Man läßt nun auf 15° erkalten und füllt mit Wasser von 15° auf das herzustellende Volumen auf. Das spezifische Gewicht der Lösung ist 1,082 bis 1,083. Bei der Herstellung ist jeder Ammoniakverlust zu vermeiden. Man kann die Citronensäure aus einem Tropftrichter, der dicht auf einen Kolben mit der Ammoniakflüssigkeit gesetzt wird, langsam in die gekühlte Ammoniaklösung einfließen lassen. Die aus dem Kolben entweichende Luft muß die Citronensäurelösung im Tropftrichter durchstreichen, wobei sie ihren Ammoniakgehalt abgibt. Zur Kontrolle der fertigen Lösung bestimmt man außer dem spezifischen Gewicht den Stickstoffgehalt. Man verdünnt 25 ml auf 250 ml und nimmt davon 25 ml, entsprechend 2,5 ml der ursprünglichen Lösung. Es müssen darin 105,0 mg N enthalten sein.

Arbeitsvorschrift. 1,0 g Substanz wird mit 100 ml PETERMANNscher Citratlösung in einer Reibschale zerrieben und in einen 250 ml-Kolben gespült. Für das Zerreiben und Überspülen dürfen nicht mehr als 100 ml Citratlösung verwendet werden. Nun wird 3 Std. lang im Rotierapparat geschüttelt und alsdann noch 1 Std. lang im Wasserbade bei 40° behandelt. Nach dem Erkalten füllt man mit Wasser zur Marke auf und filtriert. Man entnimmt 25 ml dieser Lösung (= 0,1 g Einwaage) zur Ausfällung der Phosphorsäure nach v. LORENZ (siehe S. 186).

b) Verfahren von SUCHIER (a). ***Arbeitsvorschrift.*** 2,5 g Superphosphat oder Ammoniaksuperphosphat werden in einer kleinen Reibschale trocken zerrieben. Nach Zusatz von 20 bis 25 ml Wasser wird weiter gerieben und die Flüssigkeit auf ein trockenes Filter dekantiert. Das Filtrat wird in einem 250 ml-Meßkolben aufgefangen. Der Rückstand in der Reibschale wird noch 3mal ebenso behandelt. Es muß kräftig und anhaltend gerieben werden, bis die Masse nicht mehr knirscht. Der Rückstand wird auf das Filter gebracht und mit Wasser so lange ausgewaschen, bis das Filtrat 200 ml beträgt. Wenn das Filtrat trübe ist, wird es durch tropfenweisen Zusatz von Salzsäure oder Salpetersäure geklärt und danach auf 250 ml aufgefüllt.

Das Filter mit dem Rückstande wird in eine STOHMANNsche Flasche von 250 ml Inhalt gebracht und mit 100 ml PETERMANNscher Citratlösung so lange geschüttelt, bis das Filter zerteilt ist. Dann bleibt die Mischung 15 Std. lang bei Raumtemperatur und 1 Std. lang bei 40° oder 4 Std. lang bei 40° stehen, wobei sie alle Viertelstunden umgeschüttelt wird. Nach dem Erkalten und Auffüllen zur Marke wird sie filtriert. 50 ml dieses Filtrates und 50 ml des Filtrates des wäßrigen Auszuges werden gemischt, und in dieser Mischung wird die Phosphorsäure nach v. LORENZ bestimmt.

II. Ausfällung der Phosphorsäure nach v. LORENZ. Das Verfahren der Ausfällung der Phosphorsäure nach v. LORENZ als Ammoniummolybdophosphat ist ausführlich in § 1, A, S. 33 beschrieben. Bei der Analyse der Düngemittel sind noch folgende Bemerkungen zu beachten [Methodenbuch (e)]. Das vorgeschriebene Volumen der Phosphorsäurelösung mißt man mit einer genauen, nicht zu schnell fließenden Pipette in ein 250 ml fassendes Becherglas, am besten aus Jenaer Glas. Liegt ein schwefelsaurer Aufschluß eines Düngers vor, so wird das abgemessene Volumen der Phosphorsäurelösung mit Salpetersäure (D 1,2) mit Hilfe eines genauen Meßzylinders auf 50 ml ergänzt. In allen übrigen Fällen wird das abgemessene Volumen der Düngerlösung mit schwefelsäurehaltiger Salpetersäure auf 50 ml gebracht.

Die zur Fällung fertige Phosphatlösung soll enthalten: 0,8 bis 1,5 ml freie konzentrierte Schwefelsäure (D 1,84), 10 bis 20 g freie Salpetersäure, entsprechend rd. 25 bis 50 ml Salpetersäure (D 1,2) oder rd. 10 bis 20 ml Salpetersäure (D 1,4), nicht mehr als 50 mg P_2O_5 und von anderen häufiger vorkommenden Stoffen nicht mehr als 0,5 g Salzsäure, 1 g Citronensäure, 1 g Ammoniumsalz, je 0,5 g Natriumsalz, Kaliumchlorid, Eisen-, Aluminium-, Magnesiumoxyd, Mangansalz, Calciumsalz, 5 g Kaliumnitrat, 1 g Kaliumsulfat. Größere Mengen Sulfate, wie von Sulfationen überhaupt, machen das Ergebnis zu niedrig. Die in gewöhnlicher Weise hergestellten Düngemittellösungen, von denen nur 10 bis 20 ml verwendet werden, enthalten immer weniger als die angegebenen Höchstmengen, bieten also keine Schwierigkeiten. Ist der Gehalt an Chlorionen zu hoch, so entfernt man sie durch Abdampfen mit Salpetersäure. Auch ein zu hoher Schwefelsäuregehalt kann leicht durch vorsichtiges Abrauchen genügend vermindert werden.

Wird die citratlösliche Phosphorsäure durch Fällung von Ammoniummagnesiumphosphat bestimmt, so muß die Fällung über Nacht stehenbleiben (MÜLLER).

III. Colorimetrische Bestimmung der Phosphorsäure. Das in § 1, D, S. 98 ausführlich beschriebene Verfahren zur colorimetrischen Bestimmung von Phosphorsäure von SCHEEL läßt sich auch mit Vorteil in der Düngemittelanalyse anwenden. Bei guter Übereinstimmung mit dem gewichtsanalytischen Verfahren nach v. LORENZ und mit dem Citratverfahren ist es vor allen Dingen sehr zeitsparend, denn in 1½ Std. können 10 Bestimmungen ausgeführt werden. Die Herstellung der Lösungen der Düngemittel erfolgt nach den üblichen Verfahren mit solchen Einwaagen, daß die Lösung etwa 1 bis 2,5 mg P_2O_5/ml enthält. Bei Superphosphat werden also 10 g auf 1 l, von Ammoniaksuperphosphat 20 g auf 1 l Lösung eingewogen. Eine Entfernung von Kieselsäure ist nicht notwendig. Bei einem Aufschluß des Düngemittels mit Schwefelsäure ist deren Menge bei dem Acetatzusatz zu berücksichtigen, unter Umständen muß mehr Acetatlösung zugesetzt werden. POPP und WESTERHOFF haben das Verfahren von SCHEEL empfohlen. Die erhaltenen Werte fallen zwar bisweilen über den zulässigen Analysenspielraum hinaus (siehe S. 178), aber diese Abweichung ist meist nur geringfügig. Der größte Wert muß auf die genaueste Abmessung der Düngemittellösungen gelegt werden, da die größten Fehler durch die nötige Verdünnung 1:10000 bedingt werden. Meist wird 1 ml Lösung abgemessen werden müssen, in dieser soll 1 bis 2 mg P_2O_5 enthalten sein. Bei einem Gehalt der Düngemittel über 20% P_2O_5 kommt die halbe Menge zur Einwaage wie sonst. Bei Gegenwart freier Schwefelsäure in der Lösung wird der Acetatzusatz um 0,5 bis 1 ml erhöht. BUTENKO und KIRSCH empfehlen das SCHEEL-Verfahren ebenfalls.

IV. Andere Verfahren. Um die citratlösliche Phosphorsäure in Superphosphat schneller als nach PETERMANN bestimmen zu können, verreibt SEIB 2,5 g Substanz mit 10 ml warmer 20%iger Schwefelsäure in einer Reibschale, gießt die Flüssigkeit in einen 250 ml-Meßkolben ab und wiederholt das Verreiben 3 mal. Dann werden 70 ml derselben Schwefelsäure zu der Lösung zugefügt, und diese wird $^1/_2$ Std. lang im Schüttelapparat geschüttelt. Nach dem Auffüllen zur Marke wird filtriert, und 50 ml Filtrat dienen zur Fällung von Ammoniummagnesiumphosphat. — ILJIN und TSCHAPYGIN stellen die Lösung in gleicher Weise wie SUCHIER (a) (siehe S. 186) her, nur mit dem Unterschied, daß sie die Behandlung des Filterrückstandes mit PETERMANNscher Lösung $^3/_4$ Std. lang bei 70° vornehmen. Die weitere Verarbeitung erfolgt wiederum in Anlehnung an SUCHIER (a), und die Fällung der Phosphorsäure geschieht nach dem Citratverfahren (siehe S. 180).

4. Bestimmung der freien Phosphorsäure.

Superphosphat ist in der Hauptsache ein Gemisch aus Calciumsulfat verschiedener Hydratationsstufen mit Monocalciumphosphat und einer gewissen Menge freier Phosphorsäure, die mit Monocalciumphosphat gesättigt ist (siehe die Umsetzungsgleichungen auf S. 179). In gesättigten Lösungen von Monocalciumphosphat tritt teilweise Zersetzung dieses Salzes ein, die zu dem Gleichgewicht $Ca(H_2PO_4)_2 \rightleftarrows CaHPO_4 + H_3PO_4$ führt. Dieses Gleichgewicht hat zur Folge, daß, solange noch in dem Superphosphat eine gewisse Menge freies Wasser enthalten ist, notwendigerweise auch noch eine gewisse Menge freier Phosphorsäure vorhanden sein muß. Auch bei Anwesenheit überschüssiger basischer Zuschläge kann freie Phosphorsäure deshalb niemals zum Verschwinden gebracht werden, es sei denn, daß so viel davon zugesetzt wird, daß sämtliches Monocalciumphosphat in Dicalciumphosphat übergeführt wird (MEPPEN und SCHEEL).

Um die freie Phosphorsäure im Superphosphat bestimmen zu können, muß sie auf zweckentsprechende Weise extrahiert werden. Hierzu sind die verschiedensten Lösungsmittel vorgeschlagen worden. Am einfachsten wird der zur Bestimmung der wasserlöslichen Phosphorsäure angefertigte wäßrige Auszug (siehe S. 182) benutzt und die freie Säure durch alkalimetrische Titration ermittelt [Methodenbuch (g); SUCHIER (a)]. Das Verfahren ist jedoch von vielen Seiten als unzuverlässig kritisiert und der Ersatz des Wassers durch organische Lösungsmittel vorgeschlagen worden. Nach TSCHEPELEWETZKI wird die freie Acidität des Superphosphates öfter zu hoch gefunden, da Monocalciumphosphat in Gegenwart von *wenig* Wasser sich zu Dicalciumphosphat und freier Phosphorsäure zersetzt (siehe oben). Diese Zersetzung findet aber nicht statt, wenn die Substanz in *viel* Wasser gelöst wird. Er schlägt deshalb vor, das Superphosphat in viel Wasser aufzulösen und den zur Titration dienenden aliquoten Teil der Lösung nochmals zu verdünnen.

Als organisches Lösungsmittel hat SCHUCHT (a) Aceton vorgeschlagen. Die Titration der freien Säure erfolgt nach Zusatz von Kaliumoxalat und Natriumchlorid mit 0,5 n Natronlauge gegen Methylorange. SHUEY (b) schüttelt 2 g Superphosphat mit 100 ml Aceton 2 Std. lang. 50 ml des Filtrates werden mit ausgekochtem Wasser auf 250 ml verdünnt, dann mit 0,1 n Natronlauge zuerst gegen Methylrot und dann weiter gegen Phenolphthalein titriert. Die Differenz zwischen dem Gesamtverbrauch und dem der ersten Titration entspricht $\frac{1}{2}$ Mol H_3PO_4, die zwischen dem Gesamtverbrauch und dem Doppelten der zweiten Titration entspricht der vorhandenen Schwefelsäure. WOLFKOWITSCH und WLADIMIROW ebensowohl als auch ISHIBASHI und ferner HILL und BEESON empfehlen Aceton zur Bestimmung der freien Säuren im Superphosphat. Eine Mischung von Aceton und Äther benutzen MEPPEN und SCHEEL, deren Verfahren das Methodenbuch (g) übernommen hat. Mit Alkohol extrahieren SCHUCHT (b) und WILKINSON, und auch im Methodenbuch (g) findet sich eine diesbezügliche Vorschrift. Nach LEHRECKE ist das Alkoholverfahren unzuverlässig. Dieser Autor hat die Extraktion mit Cyclohexanol $C_6H_{11}OH$ durchgeführt. Dieser Stoff hat ein ausgeprägtes Lösevermögen für Phosphorsäure, dagegen keines für die übrigen Stoffe des Superphosphates. Wegen der Wiedergewinnung des Lösungsmittels verursacht das Verfahren keine großen Kosten. MEPPEN und SCHEEL halten das Cyclohexanolverfahren zwar für gut, aber für zu teuer. Sie verwerfen auch die Extraktion mit Alkohol oder mit Aceton als ganz schlecht und die mit Äther als unbrauchbar. HERZFELDER extrahierte die freie Phosphorsäure im SOXHLET-Apparat mit wasserfreiem Äther 10 Std. lang, nahm dann mit Wasser auf und titrierte die Säure alkalimetrisch. VON DORMAEL führte die Extraktion durch gelegentliches Schütteln von 5 g Superphosphat mit 100 ml Äther während 3 Std. aus. Auch HILL und BEESON benutzen einen Ätherextrakt zur Bestimmung der freien Phosphorsäure und des Fluorwasserstoffes. Das von SANFOURCHE und FOCET vorgeschlagene Äthylformiat ist nach LEHRECKE aus verschiedenen Gründen unbrauchbar. Auch HILL und BEESON, die das Verfahren abänderten, bekamen bei technischen Superphosphaten zu niedrige Werte. Nach MEPPEN und SCHEEL ist das Verfahren aber brauchbar, wenn das Superphosphat mehrmals mit dem Lösungsmittel verrieben und die Phosphorsäure gewichtsanalytisch bestimmt wird.

I. Extraktion mit Wasser. ***Arbeitsvorschrift* des Methodenbuches (g).** Von der zur Bestimmung der wasserlöslichen Phosphorsäure hergestellten Superphosphatlösung (20 g/l) (siehe S. 183) werden 50 ml (= 1 g Substanz) in einem ERLENMEYER-Kolben mit Wasser auf etwa 300 ml verdünnt und mit 3 Tropfen Methylorange als Indicator versetzt. Man titriert dann mit 0,5 n Natronlauge. 1 ml 0,5 n NaOH = 35,5 mg P_2O_5.

II. Extraktion mit Alkohol. ***Arbeitsvorschrift* des Methodenbuches (g).** 5 g Superphosphat werden in einem 250 ml-Meßkolben mit absolutem Alkohol bis zur Marke aufgefüllt, ½ Std. lang geschüttelt und filtriert. Vom Filtrat werden 50 ml (= 1 g Substanz) auf dem Wasserbade verdampft. Der Rückstand wird mit heißem Wasser aufgenommen, quantitativ in einen ERLENMEYER-Kolben filtriert und mit 0,5 n Natronlauge titriert. Als Indicator werden 3 Tropfen Methylorangelösung verwendet.

III. Extraktion mit Aceton-Äther-Gemisch. ***Arbeitsvorschrift* von MEPPEN und SCHEEL.** 2 g Superphosphat werden auf ein mit Aceton-Äther-Gemisch (1:1) gewaschenes, bei 60° getrocknetes und gewogenes Papierfilter (11 cm) gebracht und 3mal durch Aufspritzen von Aceton-Äther-Gemisch ausgewaschen. Der Rückstand wird mit Aceton-Äther in eine Reibschale gespritzt und kräftig verrieben. Hierbei treten keine merklichen Umsetzungen der freien Phosphorsäure ein, da der Hauptteil der freien Säure bereits ausgewaschen ist. Der Rückstand wird dann auf das gleiche Filter zurückgebracht und noch 3mal mit Aceton-Äther ausgewaschen. Das Filtrat soll insgesamt 100 bis 120 ml betragen. Das Filter mit dem Rückstand wird 30 Min. bei 60° getrocknet und gewogen. Der Gewichtsverlust bedeutet freie Phosphorsäure + freies Wasser. Das Filtrat wird mit 10 ml verdünnter Schwefelsäure (etwa 2 n) versetzt und die Hauptmenge des organischen Extraktionsmittels abdestilliert. Der Destillationsrückstand wird quantitativ in ein Becherglas gespült, mit 10 ml Citratlösung (siehe S. 181) und 100 ml verdünntem Ammoniak versetzt. Nach Zusatz von 10 ml Magnesiumchloridlösung (siehe S. 181) wird das sich bildende Ammoniummagnesiumphosphat ausgerührt und die Phosphorsäure weiter in der üblichen Weise bestimmt. Der auf diesem Wege gefundene Prozentsatz freier Phosphorsäure wird auf H_3PO_4 umgerechnet. Nach Subtraktion von dem anfänglich ermittelten Gewichtsverlust des Superphosphates ergibt sich der Gehalt an freiem Wasser.

Bemerkungen. Der so ermittelte Wert ist im allgemeinen um einige Zehntel Prozente zu hoch, weil durch die Behandlung mit dem organischen Lösungsmittel noch geringe Mengen organischer Substanzen und Fluorverbindungen aus dem Superphosphat herausgelöst werden. Diese Stoffe können auch gesondert bestimmt und in Anrechnung gebracht werden. — Für diese Bestimmung werden Papierfilter verwendet, weil das Abfiltrieren durch einen Glasfiltertiegel wegen der außerordentlichen Feinheit des im Superphosphat enthaltenen Calciumsulfats große Schwierigkeiten bereitet. Da die Papierfilter jedoch bei verschieden langer Trockendauer keine Konstanz zeigen, ist es notwendig, stets dieselbe Trockenzeit (30 Min.) anzuwenden. Das Trocknen der Papierfilter mit und ohne Niederschlag geschieht zweckmäßig in flachen Wägegläschen.

IV. Extraktion mit Cyclohexanol. ***Arbeitsvorschrift*** **von Lehrecke.** 2 g gut zerkleinertes Superphosphat werden in einem kleinen Mörser mit 50 ml Cyclohexanol 5 Min. lang gut verrieben. Das Gemisch wird in 2 Zentrifugengläser von je 30 ml Inhalt gebracht und 15 Min. lang zentrifugiert. Von der klaren Lösung werden 25 ml (= 1 g Substanz) abgegossen oder abpipettiert und 30 Min. lang mit 250 ml Wasser ausgeschüttelt. Ohne das Cyclohexanol abzutrennen, wird mit 0,5 n Natronlauge und Methylorange als Indicator bis nahe an den Umschlagspunkt titriert. Nach nochmaligem Umschütteln wird die Mischung durch ein Faltenfilter filtriert, das das Cyclohexanol zurückhält. Nun wird bis zum p_H-Wert 4,4 unter Vergleich mit einer Pufferlösung fertig titriert.

Vergleichslösung. 10 g Superphosphat werden in einem Stohmann-Kolben ½ Std. lang mit 500 ml Wasser geschüttelt. 50 ml der durch ein Faltenfilter geklärten Lösung (= 1 g Substanz) werden in einem Erlenmeyer-Kolben nach Zusatz von 50 ml Wasser und 5 Tropfen 0,04%iger Methylorangelösung mit 0,5 n Natronlauge bis zum p_H-Wert 3,8 titriert, wobei folgende Vergleichslösung benutzt wird. 5,105 g Kaliumhydrogenphthalat werden in einem 500 ml-Meßkolben in 150 ml Wasser gelöst. Nach Zusatz von 1 ml 0,5 n Natronlauge wird die Lösung zu 500 ml aufgefüllt. 100 ml dieser Lösung haben nach Zusatz von 5 Tropfen Methylorange den gleichen Farbton wie die bis zu $p_H = 3{,}8$ titrierte Superphosphatlösung. Die in einen Erlenmeyer-Kolben von 250 ml Inhalt mit Gummistopfen abgefüllte Vergleichslösung wird jede Woche erneuert.

Das Verfahren zeigt gute Übereinstimmung mit den durch Extraktion mit Wasser erhaltenen Werten.

5. Bestimmung des freien Wassers.

Die Bestimmung des freien Wassers im Superphosphat erfolgt durch Extraktion mit wasserfreien organischen Lösungsmitteln. Hierfür hat Schucht (b) absoluten Alkohol vorgeschlagen. Nach Meppen und Scheel wird am besten ein Gemisch aus gleichen Teilen Aceton und Äther benutzt (siehe S. 188). Lehrecke hat ein ähnliches Verfahren unter Verwendung von Cyclohexanol und Äther angegeben.

Arbeitsvorschrift **von Lehrecke.** Das Gemisch aus 2 g Superphosphat und 50 ml Cyclohexanol (siehe oben) wird nach dem Verreiben mit 30 ml Äther vermischt, auf einem Glasfiltertiegel abgesaugt und mit Äther–Cyclohexanol-Gemisch (1 : 2) und reinem Äther ausgewaschen. Der Äther wird auf dem Wasserbade verdampft und die freie Säure wie oben angegeben titriert. Der Glasfiltertiegel wird getrocknet und gewogen. Aus der Einwaage a, dem Gewicht des Rückstandes b und der freien Säure c in g H_3PO_4 ergibt sich für freies Wasser w (einschl. organischer Substanz) $w = a - b - c$. Die organische Substanz kann durch Abdampfen des Cyclohexanols und Wägung des Rückstandes, der der Summe H_3PO_4 + organische Substanz entspricht, bestimmt werden.

6. Verschiedene Verfahren zur Titration der freien Säure.

Als Indicator hat OSTERSETZER alizarinsulfosaures Natrium vorgeschlagen. LOBANOW titriert mit α-Naphtholphthalein bis zur zweiten Säurestufe der Phosphorsäure bis zur höchsten Farbintensität ($p_H = 9,6$) und titriert dann mit Schwefelsäure bis zur ersten Stufe gegen Methylorange zurück. EMMERLING benutzt die in § 4, B, S. 139, beschriebene Titration unter Zusatz von Calciumchlorid. Auf das von ZÖCKLER völlig abgelehnte Verfahren von GERHARDT, die freie Säure im Superphosphat durch Zusatz von Calciumcarbonat und Bestimmung des unverbrauchten Calciumcarbonates zu ermitteln, braucht nicht näher eingegangen zu werden.

7. Einige außerdeutsche Verfahren für die Analyse von Superphosphat.

I. Amerikanisches Verfahren [nach SUCHIER (a)]. 2 g Superphosphat werden auf einem Filter, das jedesmal leer laufen muß, mit Wasser so lange ausgewaschen, bis 250 ml Filtrat gesammelt sind. In einem aliquoten Teil davon wird die wasserlösliche Phosphorsäure bestimmt. Der Filterrückstand wird mit 100 ml 65° warmer neutraler Ammoniumcitratlösung (D 1,09) bei 65° alle 5 Min. kräftig umgeschüttelt. Nach genau 30 Min. wird schnell filtriert, der Rückstand mit 65° warmem Wasser ausgewaschen und das Filter verascht. In der Asche wird die unlösliche Phosphorsäure ermittelt. Die citratlösliche Phosphorsäure ergibt sich aus der Differenz Gesamtphosphorsäure — unlösliche Phosphorsäure — wasserlösliche Phosphorsäure. Die Summe von wasserlöslicher und citratlöslicher Phosphorsäure ergibt die nutzbare Phosphorsäure.

II. Belgisches Verfahren (nach CRISPO). Zur Bestimmung der wasserlöslichen Phosphorsäure werden 5 g Superphosphat in einem kleinen Mörser trocken zerrieben, dann wird etwas Wasser zugefügt und weiter gerieben, bis alle Knöllchen zerstört sind. Nun wird noch etwas Wasser zugesetzt und umgerührt. Nach dem Absitzen wird die Lösung durch ein Filter in einen 500 ml-Meßkolben dekantiert. Das Verfahren wird 2mal wiederholt, wobei die Lösung erst dann auf das Filter gegossen wird, wenn es ganz leer gelaufen ist. Schließlich wird der Rückstand auf das Filter gebracht und so lange ausgewaschen, bis das Filtrat keine Phosphorsäurereaktion mehr gibt. Falls sich die ersten klaren Anteile der Lösung beim Zufließen der späteren verdünnteren Lösungen trüben, wird vor dem Auffüllen Salpetersäure zur Klärung zugefügt. Die Bestimmung der Phosphorsäure erfolgt in einem aliquoten Teile der Lösung nach dem Verfahren von v. LORENZ.

III. Französisches Verfahren [nach SUCHIER (a)]. 1,25 g Superphosphat werden in einem Glasmörser mit 20 ml Wasser lose verrührt, ohne zu reiben. Nach dem Absetzen wird die Flüssigkeit auf ein Filter dekantiert und das Filtrat in einem 125 ml-Meßkolben aufgefangen. Nachdem die Behandlung 3- bis 4mal wiederholt ist, wird der Rückstand fein zerrieben, auf das Filter gebracht und ausgewaschen, bis der Kolben bis zur Marke gefüllt ist. Eine etwaige Trübung wird durch etwas Salpetersäure zuvor gelöst. Das Filter mit dem Rückstande wird in einer anderen 125 ml-Flasche mit 50 ml Citratlösung übergossen (400 g Citronensäure werden in 22%igem Ammoniak gelöst, nach dem Erkalten wird mit 22%igem Ammoniak zum Liter aufgefüllt) und das Filter zerteilt. Nach Zugabe von 50 ml Wasser bleibt die Mischung unter öfterem Umschütteln 18 Std. lang stehen. Dann wird die Lösung bis zur Marke aufgefüllt und durch ein trockenes Filter filtriert. Je 100 ml von beiden Lösungen (= 1 g Substanz) werden vermischt, und in dieser Mischung wird die Phosphorsäure als Ammoniummagnesiumphosphat gefällt.

B. Bestimmung der Phosphorsäure in Thomasmehl.

Das als Nebenprodukt der Stahlerzeugung entstehende Thomasmehl enthält die Phosphorsäure hauptsächlich in Form des Silicocarnotites, dessen Idealformel $5\,CaO \cdot P_2O_5 \cdot SiO_2$ zu schreiben ist. Die Phosphorsäure dieses Stoffes kann von den Kulturpflanzen aufgenommen werden, und deshalb, und auch aus anderen Gründen, ist Thomasmehl als hochwertiges Kunstdüngemittel geschätzt. Die Bewertung des Thomasmehles gründet sich auf seinen Gehalt an citronensäurelöslicher Phosphorsäure, das ist derjenige Anteil der Gesamtphosphorsäure, der von einer 2%igen Citronensäurelösung aus dem Thomasmehl herausgelöst wird. Bis etwa zur Jahrhundertwende ist es üblich gewesen, das Thomasmehl nach der citratlöslichen Phosphorsäure zu kennzeichnen, d. h. nach dem Anteil der Phosphorsäure, der in einer sauren Ammoniumcitratlösung löslich ist. Auf das umfangreiche Schrifttum, das sich mit dem Für und Wider der beiden Verfahren beschäftigt, wird hier nicht eingegangen, zumal heutzutage lediglich das Citronensäureverfahren angewendet wird. Aus den vergleichenden Untersuchungen über die Bestimmung der nutzbaren Phosphorsäure in Thomasmehl (Rohphosphaten, Superphosphaten und Böden) von HAMENCE und TAYLOR sei erwähnt, daß das Ausschüttelungsverfahren mit 2%iger

Citronensäure um so höhere Resultate liefert, je feiner die Probe ist[1]. Außerdem löst sich um so mehr, je mehr Lösungsmittel man im Verhältnis zur Probe anwendet. Die Auflösung in 2%iger Citronensäurelösung sollte nach Meinung der Verfasser bei der Untersuchung von basischen Schlacken herangezogen werden. Die direkte Phosphatbestimmung in der citronensauren Lösung mit Magnesiamixtur gibt nach den Erfahrungen der Verfasser immer zu hohe Werte (1 bis 2%), die wahrscheinlich auf die Mitfällung von Calciumcitrat zurückzuführen sind. In Citratlösungen sollte man also zunächst Ammoniummolybdophosphat fällen und dieses in Magnesiumpyrophosphat überführen.

Bei der Phosphorsäurebestimmung des Thomasmehles kann der hohe Gehalt dieses Stoffes an Kieselsäure, die z. T. in die citrathaltige Lösung gelangt, bei der Fällung störend wirken. Etwas abgeschwächt wird der störende Einfluß der Kieselsäure durch die Anwendung der Citronensäurelösung (HERZFELD). Allerdings tritt diese Störung durch Kieselsäure nur in Erscheinung, wenn die Fällung der Phosphorsäure in Form von Ammoniummagnesiumphosphat geschieht, selbst bei Anwesenheit ammoniakalischer Ammoniumcitratlösung. Deshalb schlugen KELLNER und BÖTTCHER vor, die citronensaure Lösung des Thomasmehles auf ihren Gehalt an Kieselsäure zu prüfen. Fällt die Probe negativ aus, so kann die Fällung des Ammoniummagnesiumphosphates ohne weiteres vorgenommen werden, andernfalls muß die Kieselsäure in üblicher Weise durch Abdampfen der Lösung mit Salzsäure abgeschieden werden. Dieses Verfahren schreibt das Methodenbuch (f) heute noch für kieselsäurereiche Thomasmehle vor.

Ausführung der KELLNER-BÖTTCHER-Probe. 50 ml des citronensauren Auszuges werden mit 50 ml ammoniakalischer Citratlösung gemischt (1100 g Citronensäure und 4000 g 24%iges Ammoniak werden zu 10 l gelöst). Die Mischung wird auf freier Flamme kurze Zeit (etwa 1 Min. lang) aufgekocht und 10 bis 15 Min. hingestellt. Scheidet sich in dieser Zeit ein in Salzsäure nicht vollständig auflösbarer Niederschlag aus, so gebietet es die Vorsicht, vor der Ausführung der Fällung der Phosphorsäure als Ammoniummagnesiumphosphat die Kieselsäure abzuscheiden.

Manche Autoren sind jedoch der Meinung, die Kieselsäure in jedem Falle abzuscheiden, so WESTHAUSSER als auch H. FRESENIUS. Auch HUNDESHAGEN empfahl diese Arbeitsweise; um sie jedoch zu vermeiden, darf zwischen der Herstellung und Filtration der Untersuchungslösung und der Phosphorsäurefällung nicht länger als 1 bis 2 Std. gewartet werden.

Im Jahre 1903 entdeckte WEIBULL, daß ein Zusatz von Eisen(III)-salz die Ausfällung von Kieselsäure bei der Phosphorsäurefällung mit Magnesiamischung in Gegenwart von Ammoniumcitrat verhindert. GUERRY und TOUSSAINT bestätigten diesen Befund, und sie setzen zur Analysenlösung 25 ml 0,33%ige Eisen(III)-chloridlösung hinzu. Nun tritt aber noch eine Störung der Analyse ein, die auf einen Sulfidgehalt des Thomasmehles zurückgeht. Durch diesen findet eine Fällung von Eisensulfid statt. Um den Schwefelwasserstoff unschädlich zu machen, oxydieren GUERRY und TOUSSAINT ihn durch Salpetersäure. An Stelle von Salpetersäure benutzte POPP (a) Wasserstoffperoxyd, und zwar 10 ml 0,3%ige Lösung, und genau so verfuhr fast gleichzeitig SIMMERMACHER. POPP (a, b) gab die unten mitgeteilte Vorschrift für die Herstellung der Eisencitratlösung, und so ist das noch heute benutzte Verfahren als POPP-Verfahren bezeichnet worden. POPP (c) gab ferner an, daß der Eisengehalt des angewendeten Eisen(III)-chlorides bei der Bereitung der Eisencitratlösung keine Rolle spiele, daß aber viel Wasserstoffperoxyd das Ergebnis deutlich herabdrücke. CELICHOWSKI und PILZ prüften das POPP-Verfahren, u. a. mit dem Ergebnis, daß das Wasserstoffperoxyd nicht zu alt sein dürfe und daß es deshalb vor Anwendung auf seine Wirksamkeit zu prüfen sei. Auch HAUSSDING (a) empfahl die Arbeitsweise von POPP, und diese ist zur Verbandsmethode erklärt worden.

[1] Dieselbe Erfahrung machen BARBIER und TROCMÉ.

Da das Citratverfahren zur Fällung der Phosphorsäure als Ammoniummagnesiumphosphat ein Kompensationsverfahren ist (siehe S. 180) bzw. nach NEUBAUER (b) immer zu hohe Werte bei der Anwendung auf die Analyse von Thomasmehl liefert, auch wenn Eisencitratlösung zugesetzt wird, wobei nach diesem Autor die Hauptursache hierfür in der Mitfällung mehrerer Milligramm Calciumphosphat liegt, so ist es nicht verwunderlich, wenn zahlreiche Bearbeiter sich um den Ersatz des Citratverfahrens durch das Molybdatverfahren bemüht haben. Schon NEUBAUER (a) trat im Jahre 1902 für die Anwendung des Molybdatverfahrens unter Benutzung ammoniumnitratfreier Molybdatlösung ein, wodurch die durch Kieselsäure verursachten Fehler ausgeschaltet werden können. v. LORENZ (b) empfahl gleichfalls seine Methode. Auch PELLET sowie HAUSSDING (b) sind für die Anwendung des Molybdatverfahrens eingetreten, jedoch haben sich DUBBERS und CELICHOWSKI gegen HAUSSDINGS (b) Ansicht ausgesprochen, sie halten das v. LORENZ-Verfahren für unsicher, während das POPP-Verfahren recht befriedigende Sicherheit gewährt. Dagegen kommt HOLLE bei einem Vergleich der verschiedenen Verfahren zu dem Urteil, daß das v. LORENZ-Verfahren die idealsten Werte liefere. WAGNER, KUNZE und SIMMERMACHER haben ebenfalls die verschiedenen Verfahren geprüft, sie kommen zu dem Schluß, daß das Verfahren nach v. LORENZ umständlich sei. Auch WOY empfahl sein in § 1, A, S. 53 beschriebenes Verfahren für die Bestimmung der Phosphorsäure im Citronensäureauszug von Thomasmehl, wobei die Umfällung des Ammoniummolybdophosphates und unter Umständen noch die Umwandlung in Ammoniummagnesiumphosphat vorgeschrieben wird.

Um den Einfluß der Citronensäure auszuschalten, sind auch Vorschläge gemacht worden, diese in der Analysenlösung zu zerstören, z. B. von MACH und PASSON, die zu diesem Zwecke mit Schwefelsäure, Salpetersäure und einem Tropfen Quecksilber erhitzen. Diese unnötige Erschwerung der Analyse hat sich selbstverständlich nicht durchsetzen können.

Gegen den Vorschlag von HARTLEB, die Citronensäure durch verdünnte Salpetersäure zu ersetzen, wenden sich sowohl WAGNER (c) als auch PILZ[1].

Nach dem Methodenbuche wird im Thomasmehl Gesamtphosphorsäure in der mit Schwefelsäure erzeugten Aufschlußlösung nach dem Citratverfahren (siehe S. 180) bestimmt. Die verwertbare Phosphorsäure wird in der Aufschlußlösung, die durch die Behandlung mit 2%iger Citronensäurelösung bereitet wird, nach POPP unter Zusatz von Eisencitrat ermittelt. Bei kieselsäurereichen Proben wird, wenn die Durchführung des POPP-Verfahrens auf Schwierigkeiten stößt, die Kieselsäure durch Eindampfen der Lösung mit Salzsäure abgeschieden und im Filtrat von diesem Niederschlage die Phosphorsäure nach dem Citratverfahren gefällt.

In der Literatur zur Thomasmehlanalyse wird immer wieder auf die Fällung der Phosphorsäure nach dem Verfahren von v. LORENZ hingewiesen. SPENGLER (b) hat die Anwendung seines in § 1, A, S. 33 ausführlich beschriebenen Verfahrens für die Untersuchung von Thomasmehl geprüft. Er kommt zu dem Schluß, daß es für die Bestimmung der Gesamtphosphorsäure gute Werte liefert, wenn das Gipsvolumen berücksichtigt wird, während die Citratmethode niedrigere und streuende Werte liefere. Bei Thomasmehl mit einem Gehalt von 50 $\pm 2\%$ CaO werden bei 10 g Einwaage 15,35 g $CaSO_4 \cdot 2\,H_2O$ gebildet, die bei einer Dichte D 2,32 einen Raum von 6,62 ml einnehmen. Das Ergebnis der Analyse ist deshalb mit dem Faktor 0,98675 zu multiplizieren. Bei stärkeren Abweichungen im CaO-Gehalt des Thomas mehles ist der Faktor entsprechend umzurechnen. Die citronensäurelösliche Phosphorsäure kann sehr gut nach dem Molybdatverfahren ohne vorherige Kieselsäureabscheidung bestimmt werden. Allerdings arbeitet die POPP-Methode ebenfalls schnell

[1] HEIDUSCHKA und WÜNSCHE versuchten die Citronensäure durch Milchsäure zu ersetzen. Dabei wurden nur geringe Abweichungen (0,3% P_2O_5) gegenüber der gewöhnlichen Arbeitsweise festgestellt.

und gut, aber die Salzsäuremethode ist umständlich. Auch GISIGER gibt an, das Gips- und Kieselsäurevolumen zu berücksichtigen. Bei 10 g Thomasmehl auf 500 ml tritt bei dem Schwefelsäureaufschluß eine Volumenvermehrung um 4,12 ml = 0,82% ein. Daher muß entweder ein Kolben mit einer Marke bei 504 ml oder nur eine Einwaage von 9,92 g benutzt werden. Richtige Werte werden wegen des hohen Calciumgehaltes nur nach v. LORENZ oder mit Hilfe des in § 1, A, S. 62 beschriebenen Verfahrens von GISIGER erhalten. Die Werte nach POPP fallen um 0,25% zu hoch aus. GISIGER schlägt vor, die Menge der Eisencitratlösung zu verdoppeln. — Es sei noch hingewiesen auf die vereinfachte maßanalytische Bestimmung von WILHELMJ und SIEMENS und auf die colorimetrische Bestimmung von LEDERLE (d) (siehe S. 196). — Schließlich sei noch bemerkt, daß ROMANSKI (a) das aus dem citronensauren Auszug gefällte Ammoniummolybdophosphat mit Alkohol und Benzin auswäscht, und daß BUCHERER und MEYER ihr in § 1, B, S. 71 erwähntes umständliches Verfahren auch für die Thomasmehlanalyse ausgearbeitet haben.

1. Bestimmung der Gesamtphosphorsäure.

I. *Arbeitsvorschrift* des Methodenbuches (b, e). Der Aufschluß des Thomasmehles erfolgt in der auf S. 180 für Superphosphat beschriebenen Weise. Für die Fällung der Phosphorsäure in der Aufschlußlösung nach dem Citratverfahren gilt die auf S. 180 für Superphosphat mitgeteilte Vorschrift.

II. *Arbeitsvorschrift* von CHERITAT und VIGNAU. Man erwärmt 2,5 g Schlackenmehl mit 10 ml Salpetersäure (D 1,4) und 25 ml konzentrierter Schwefelsäure, erhält $^1/_2$ Std. lang in gelindem Sieden, kühlt und verdünnt in einem Meßkolben auf 250 ml. In einem hohen Becherglase versetzt man 20 ml mit 30 ml Salpetersäure (D 1,2), erhitzt zum Sieden und fügt 50 ml Molybdatlösung hinzu. Nach kurzem Umschütteln bleibt der Niederschlag mindestens 2 Std. bei Raumtemperatur ruhig stehen. Dann wird die überstehende Flüssigkeit mit einer Frittenfilterröhre abgesaugt und der Niederschlag 4mal mit je 30 ml 1%iger Natriumsulfatlösung gewaschen. Der abgesaugte Niederschlag wird mit 50 ml Wasser aufgeschlämmt und die Filterröhre abgespült. Man löst den Niederschlag in 20 ml n Natronlauge, ergänzt mit Wasser auf etwa 130 ml und kocht 20 Min. lang unter Vermeidung von Siedeverzug. Dann setzt man 20 ml n Salzsäure hinzu und titriert in der Hitze mit Natronlauge gegen Phenolphthalein auf Schwachrosa. % $P_2O_5 = V/P \cdot 3{,}17$ (V = ml zur Titration verbrauchte Natronlauge, P = Einwaage in Gramm).

2. Bestimmung der citronensäurelöslichen Phosphorsäure.

I. Herstellung der Lösung. Verfahren des Methodenbuches (c). *Reagens.* *2%ige Citronensäurelösung.* Diese Lösung enthält 2 Gewichtsteile Citronensäure in 100 Raumteilen. Man stellt sich zunächst eine 5mal so starke, also in dem genannten Sinne 10%ige Vorratslösung her, indem man 1 kg unverwitterte, kristallisierte Citronensäure (bleifrei) in Wasser löst und die Lösung auf 10 l verdünnt. Sie kann durch Zugabe von 5 g Salicylsäure haltbar gemacht werden. Zur Prüfung der Säurekonzentration dieser Vorratslösung verdünnt man 50 ml auf 500 ml und nimmt davon 50 ml, entsprechend 0,5 g Citronensäure. Diese werden mit 0,25 n Natronlauge unter Verwendung von Phenolphthalein als Indicator titriert. Da die Citronensäure ($C_6H_8O_7 \cdot H_2O$) das Molekulargewicht 210,16 hat, 42,03 g Ammoniakstickstoff neutralisiert und beide Zahlen zufällig fast genau im Verhältnis von 5:1 stehen, so ist die Menge der in 1 l der Vorratslösung enthaltenen Citronensäure dieselbe Zahl wie die in Milligramm ausgedrückte Menge Stickstoff, der die zur Neutralisation verbrauchten Titrierlauge entspricht. — Beispiel: 1 ml 0,25 n NaOH entspricht 3,502 mg N. Zur Neutralisation von 50 ml der wie angegeben verdünnten Citronensäurelösung werden 28,57 ml 0,25 n NaOH verbraucht. Also enthält 1 l Vorratslösung, wie nötig, $3{,}502 \cdot 28{,}57 = 100{,}0$ g Citronensäure. — Ein Raumteil der Vorratslösung wird nun mit Wasser auf 5 Raumteile verdünnt und so die 2%ige Citronensäurelösung erhalten.

Arbeitsvorschrift. 5,0 g des durch ein 2 mm-Sieb gegebenen Thomasmehles werden in eine 500 ml fassende trockene STOHMANNsche Flasche gebracht. Der

Flaschenhals soll wenigstens 2 cm lichte Weite und über der Marke eine Länge von mindestens 8 cm besitzen, damit beim Umschütteln genügend Spielraum für die Flüssigkeit bleibt. Um ein Zusammenbacken der Substanz zu vermeiden, gibt man 2 bis 3 ml Alkohol in die Flasche und schüttelt gut um. Dann wird die Flasche unter beständigem Umschwenken mit 2%iger Citronensäurelösung von 17,5° C bis zur Marke aufgefüllt und mit einem Gummistopfen gut verschlossen. Hierauf wird die Flasche in den Rotierapparat nach WAGNER (a) eingespannt, der in der Minute 30 bis 40 Umdrehungen machen soll. Die Schütteldauer beträgt genau 30 Min. und wird zweckmäßig mit den bekannten Zeitmessern ermittelt. Dann wird sofort durch ein Faltenfilter von etwa 24 cm Durchmesser in ein trockenes oder mit dem ersten Filtrat ausgespültes Glasgefäß filtriert. Das Filtrat ist stets auf volle Klarheit zu prüfen. Von diesem werden 50 ml (= 0,5 g Substanz) in ein dickwandiges Becherglas pipettiert und nach der Eisencitratmethode (siehe unten) weiterbehandelt. Ergeben sich bei deren Durchführung Schwierigkeiten, dann ist nach der Salzsäuremethode (siehe unten) zu arbeiten.

Bemerkung. Die vorgeschriebene Temperatur der Citronensäurelösung von 17,5° C ist möglichst genau einzuhalten. Es empfiehlt sich, bei starker Sommerhitze über die Schüttelflaschen mit Filz ausgekleidete Blechhülsen zu ziehen und die Citronensäurelösung vor dem Einfüllen in die Schüttelflaschen etwas unter 17,5° C abzukühlen, so daß die richtige Temperatur in die Mitte der Anfangs- und Endtemperatur der Flüssigkeit zu liegen kommt.

II. Ausfällung der Phosphorsäure. Verfahren des Methodenbuches (f). ***Reagenzien.*** Die ammoniakalische Ammoniumcitratlösung und die Magnesiumchloridlösung sind auf S. 181 beschrieben. — *Eisencitratlösung.* Man verwendet die ebenda genannte Citronensäurelösung, die im Liter 800 g Citronensäure enthält. Von dieser Lösung werden 1,25 l in eine mit einer Marke für 5 l versehene Glasflasche gebracht, die gegen Temperaturwechsel nicht zu empfindlich ist. Man löst außerdem 30 g Eisen(III)-chlorid (unzersetzt, leicht und klar löslich) unter schwachem Erwärmen in etwa 50 ml Wasser, gießt die Lösung auf die Citronensäurelösung und spült mit wenig Wasser nach. Nun gießt man sehr langsam unter fleißigem Umschütteln und unter Kühlung 3,5 l Ammoniakflüssigkeit (D 0,91) zu, füllt nach völligem Abkühlen auf Raumtemperatur zur Marke auf und mischt. — Die Eisencitratlösung enthält die doppelte Menge Citronensäure und Ammoniak wie die Ammoniumcitratlösung (siehe S. 181). Zur Gehaltsprüfung verfährt man deshalb genau so, wie dort angegeben ist, nur mit dem Unterschied, daß man von der verdünnten Lösung (25 ml auf 1 l) nicht 50 ml, sondern 25 ml verwendet. Sie müssen bei Ausschluß aller Verluste ebenfalls 81,8 mg Ammoniakstickstoff enthalten. — *Wasserstoffperoxyd.* 100 ml des 30%igen Perhydrols (Merck) werden auf 1 l verdünnt. Die Haltbarkeit der Lösung wird durch Zusatz von 5 ml Alkohol verbessert. Bei der Prüfung dürfen 50 ml der gebrauchsfertigen Lösung, nach dem Eindampfen auf etwa 10 ml mit etwas Ammoniumchlorid, Ammoniak und Magnesiumchloridlösung versetzt, sich auch nach längerem Stehen nicht trüben. Der Gehalt ist am besten jodometrisch zu bestimmen.

Arbeitsvorschriften. a) Eisencitratmethode. Von dem nach der Vorschrift (siehe oben) gewonnenen Filtrat werden 50 ml (= 0,5 g Substanz) mit der Pipette abgemessen und in ein 600 ml fassendes dickwandiges Becherglas übergeführt. Dann werden nacheinander 25 ml Eisencitratlösung, 1 ml Wasserstoffperoxydlösung und 25 ml Magnesiumchloridlösung hinzugefügt. Das Ganze wird zur beschleunigten Ausfällung des Niederschlages in einem Rührapparat 30 Min. lang ausgerührt. Die Filtration und weitere Behandlung des Niederschlages ist auf S. 182 beschrieben. — b) Salzsäuremethode mit Abscheidung der Kieselsäure. Von dem citronensauren Auszug werden 100 ml unter Zusatz von etwa 5 ml 25%iger Salzsäure auf dem Wasserbade bis fast zur Trockne eingedampft. Der Rückstand wird mit etwa 2 ml Salzsäure aufgenommen und mit einem Gummiwischer fein zerrieben. Danach spült man die Flüssigkeit in einen 100 ml-Meßkolben über, kocht, läßt erkalten, füllt auf und filtriert. Von dem Filtrat werden 50 ml (= 0,5 g Substanz) mit 50 ml Ammoniumcitratlösung und 25 ml Magnesiumchloridlösung ausgerührt und dann wie unter a weiterbehandelt.

Bemerkungen. Die Eisencitratmethode ist eine Konventionsmethode. Ihre Ergebnisse zeigen den wahren Phosphorsäuregehalt nicht mit absoluter Genauigkeit an, da der Niederschlag mit geringen Mengen von anderen Stoffen, namentlich Calciumphosphat, verunreinigt ist. — Es kommen mitunter Thomasmehle vor, bei denen der Eisengehalt im citronensauren Auszug im Verhältnis zum Kieselsäuregehalt der Lösung so niedrig ist, daß der Zusatz von Eisen in der Ammoniumcitratlösung nicht ausreicht, um alle Kieselsäure in Lösung zu halten. Solche Auszüge besitzen eine auffallend helle Färbung. In diesen Fällen ist der Eisengehalt der Ammoniumcitratlösung durch Zusatz einer geringen Menge Eisen(III)-chloridlösung zu erhöhen.

3. Andere Bestimmungsverfahren für die Phosphorsäure in den citronensauren Auszügen des Thomasmehles.

Lederle (c) hat vorgeschlagen, das in üblicher Weise mittels des Eisencitratverfahrens nach Popp ausgefällte Ammoniummagnesiumphosphat-6-Hydrat unmittelbar zu wägen und nicht durch Glühen in Magnesiumpyrophosphat zu verwandeln. Hierbei wird Arbeit, Zeit, Heizgas oder -strom gespart, auch können die Platin-Neubauer-Tiegel entbehrt werden, ohne daß die Genauigkeit der Bestimmung leidet, die im Gegenteil durch das fast doppelt so große Molekulargewicht des Ammoniummagnesiumphosphat-6-Hydrates gegenüber dem Magnesiumpyrophosphat erhöht wird. Bei 145 Bestimmungen fand Lederle (c) im Durchschnitt einen Fehler von nur $\pm 0{,}12\%$ (siehe auch § 2, A, S. 123). Außerdem hat Lederle (d) das von Scheel in § 1, D, S. 98 genau beschriebene Verfahren der colorimetrischen Messung von Phosphomolybdänblau, das durch Photo-Rex erzeugt wird, auf die Analyse des citronensauren Auszuges von Thomasmehl übertragen, wobei er das Gerät von Schuhknecht und Waibel verwendet. Schließlich haben Wilhelmj und Siemens ein schnell und einfach ausführbares Verfahren zur alkalimetrischen Titration des Ammoniummolybdophosphates beschrieben, bei dem selbst ziemlich große Mengen Kieselsäure (bis zu 140 mg SiO_2) ohne Einfluß auf die Titration sind, jedoch ist das Abfiltrieren des Niederschlages dann schwieriger. Es braucht aber im allgemeinen die Kieselsäure nicht entfernt zu werden. Die Fehler liegen innerhalb des erlaubten Spielraumes und betragen durchschnittlich $\pm 0{,}2\%$. Es ist allerdings ein genaues und sorgfältiges Arbeiten erforderlich, da sich geringe Fehler im Verbrauch von Lauge oder Säure erheblich bemerkbar machen, weshalb auch die verwendete Apparatur öfter nachzuprüfen ist. Der Zeitbedarf ist gering, er beträgt vom Zeitpunkt der Fällung ab bis zum fertigen Ergebnis ½ Std., aber davon allein 15 Min. für die Wartezeit vor dem Absaugen.

I. Verfahren von Lederle (c). Wägung des Ammoniummagnesiumphosphat-6-Hydrates.

Arbeitsvorschrift. Das wie üblich gefällte Ammoniummagnesiumphosphat-6-Hydrat (siehe S. 194) wird auf einem Porzellanfiltertiegel A 2 abgesaugt und mit 2,5%igem Ammoniak ausgewaschen. Der Tiegel wird danach auf eine andere Saugflasche gesetzt und dreimal mit Aceton, das aus einer Spritzflasche unter sorgfältigem Abspülen der Tiegelwand aufgespritzt wird, ausgewaschen. Er wird im Vakuumexsiccator 10 Min. lang bei mindestens 100 Torr getrocknet. Wegen des Calciumgehaltes des Niederschlages ist der empirische Faktor 0,2788 zur Berechnung anzuwenden. Um bei einer Einwaage von 0,5 g Substanz den Prozentgehalt an P_2O_5 zu finden, wird das Gewicht des Niederschlages mit dem Faktor 55,76 multipliziert.

II. Verfahren von Lederle (d). Colorimetrische Bestimmung.

Reagenzien. 1. Photo-Rex-Lösung. *a) Vorratslösung.* 2 g Photo-Rex, 10 g Natriumsulfit und 300 g Natriumhydrogensulfit werden zusammen in einem 1 l-Meßkolben in 900 ml Wasser unter schwachem Erwärmen gelöst. Nach dem Abkühlen wird zur Marke aufgefüllt. In einer braunen Flasche aufbewahrt, ist die Lösung lange haltbar. — *b) Gebrauchslösung.* Die Vorratslösung wird auf das Fünffache verdünnt. — 2. Molybdatlösung. *a) Vorratslösung.* Die Lösung von 50 g Ammoniummolybdat in 400 ml Wasser wird in einem 1 l-Meßkolben mit 500 ml 10 n Schwefelsäure vermischt. Dann wird die Mischung bis zur Marke aufgefüllt. Die Lösung ist haltbar, wenn sie in einer braunen Flasche aufbewahrt wird. — *b) Gebrauchslösung.* 20 ml der Vorratslösung werden auf 500 ml verdünnt. — 3. Acetatlösung. *a) Vorratslösung.* 200 g kristallisiertes Natriumacetat werden zu 1 l aufgelöst. Bei Zusatz von Chloroform ist die Lösung lange haltbar. — *b) Gebrauchslösung.* 70 ml der Vorratslösung werden auf 350 ml verdünnt. — 4. Eichlösung. *a) Vorratslösung.* 1,9170 g Kaliumdihydrogenphosphat nach Sörensen, das längere Zeit über Schwefelsäure getrocknet ist, wird zu 1 l gelöst. Der Lösung wird etwas Chloroform zugefügt. Sie enthält in 1 ml 1 mg P_2O_5. — *b) Gebrauchslösung.* 50,0 ml werden auf 500 ml verdünnt. Die Lösung ist nach Zusatz von Chloroform mehrere Wochen haltbar. Sie enthält 0,1 mg P_2O_5 in 1 ml.

Arbeitsvorschrift. Man pipettiert mittels einer amtlich geeichten Pipette 10,0 ml des citronensauren Auszuges (5 g/500 ml) [bzw. der Superphosphat-Ausschüttelung (20 g/1000 ml)] in einen amtlich geeichten Meßkolben von 200 ml (bzw. von 400 ml) Inhalt, füllt bis zur Marke auf und schüttelt um. Von dieser Lösung pipettiert man 10 ml in einen 100 ml-Meßkolben, fügt zur Oxydation etwa vorhandenen Schwefelwasserstoffes 1 bis 2 Tropfen m Kaliumpermanganatlösung hinzu und läßt bis zur Entfärbung stehen. Nun versetzt man mit 5 ml Photo-Rex-Lösung und 50 ml Molybdatlösung und läßt 10 Min. lang stehen. Dann füllt man mit Acetatlösung bis zur Marke auf und mißt innerhalb von 2 Std. im Meßgerät von Schuhknecht-Waibel. Zu dessen Eichung werden 5,0, 6,0 . . . 10,0 ml Eichlösung entsprechend 0,5 . . . 1,0 mg P_2O_5 in 100 ml-Kolben mit Wasser zu 10 ml ergänzt und dann, wie eben beschrieben, weiter behandelt. Mit der für 5 ml Eichlösung erhaltenen Anfärbung wird das Lichtmarkengalvanometer genau auf den Skalenteil 100 eingestellt. Sodann werden die Messungen mit den anderen Eichlösungen vorgenommen und die Eichkurve gezeichnet, aus welcher nach Multiplikation mit dem Faktor 20 die gesuchten Phosphorsäurewerte entnommen werden. Während des Untersuchungsganges wird die Einstellung des Lichtmarkengalvanometers auf den Skalenteil 100 ab und zu nachgeprüft (siehe auch § 1, D, S. 100).

Aufarbeitung der Molybdatlösung. Die blaugefärbte Lösung wird durch Zusatz von Wasserstoffperoxyd und Ammoniak oxydiert und dann in bekannter Weise aufgearbeitet (siehe § 1, A, S. 41).

III. Verfahren von Wilhelmj und Siemens. Alkalimetrische Titration. Die Grundlagen dieser Titration sind in § 1, A, S. 58 besprochen worden. Wilhelmj und Siemens benutzen von den mehrfachen Möglichkeiten die einfachste, nämlich das Verfahren von Thilo, das auf der Auflösung des gefällten Ammoniummolybdophosphates in Natronlauge und Rücktitration von deren Überschuß mit Schwefelsäure (also ohne Verkochen des Ammoniaks) beruht. Sie bedienen sich der von Seuthe eingeführten und in § 15, A, S. 236 beschriebenen Vereinfachung zur schnellen Einstellung der Maßlösungen auf eine bekannte Phosphormenge und zur Ablesung der gefundenen Gehalte ohne Umrechnung, und sie haben die Methode für die Anwendung im agrikulturchemischen Laboratorium ausgestaltet.

Die *apparative Einrichtung* ist aus Abb. 14 zu ersehen. Die linke Flasche enthält 0,5 n Natronlauge, die rechte 0,25 n Schwefelsäure. An beide Flaschen sind Überlaufbüretten ohne Einteilung angeschlossen. Hinter ihnen befindet sich eine Tafel, die von links nach rechts verschoben werden kann und die unter Glas die in Abb. 15 gezeigte Skala trägt. Bei der linken Einteilung dient die Entfernung von 1,5 cm als Einheit, bei der rechten eine solche von 1 cm. Beide Teilungen sind etwa 30 cm voneinander entfernt. Verbindet man die einzelnen Punkte der Skala, die so aufgetragen werden, daß die Mittellinie genau waagerecht verläuft, so erhält man ein nach rechts zusammenlaufendes Strahlenbündel. Die Skala muß so angebracht werden, daß der Mittelstrich (5) absolut waagerecht bleibt.

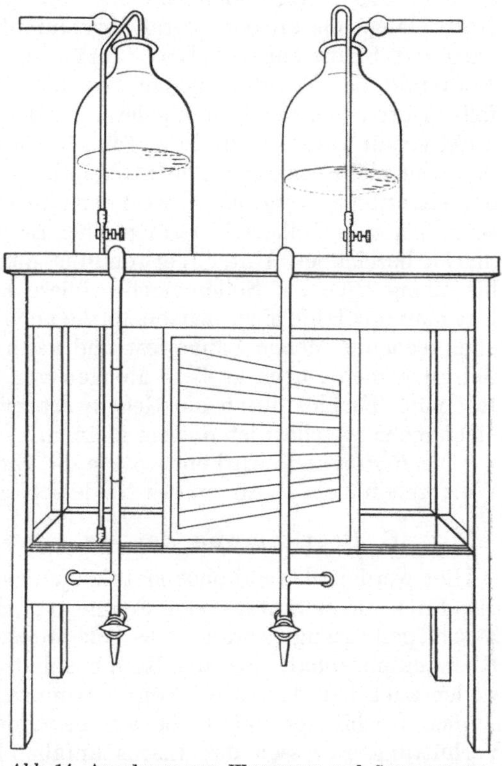
Abb. 14. Anordnung von WILHELMJ und SIEMENS zur alkalimetrischen Titration von Ammoniummolybdophosphat.

Einstellung der Natronlauge. Es wird eine gewichtsanalytisch nach v. LORENZ eingestellte Natriumphosphatlösung mit 5 mg P_2O_5/20 ml benötigt. Der daraus erzeugte Niederschlag von Ammoniummolybdophosphat wird mit 2%iger Ammoniumnitratlösung auf das in Abb. 16 gezeigte Saugfilter gebracht und säurefrei, danach mit Wasser ammoniumnitratfrei gewaschen.

Zunächst wird durch Titration der Lauge gegen die Säure mit Phenolphthalein als Indicator diejenige Menge Lauge festgestellt, die der Menge Schwefelsäure entspricht, die man bis zum Teilstrich 5 in einen ERLENMEYER-Kolben einlaufen läßt. Diese Laugen-

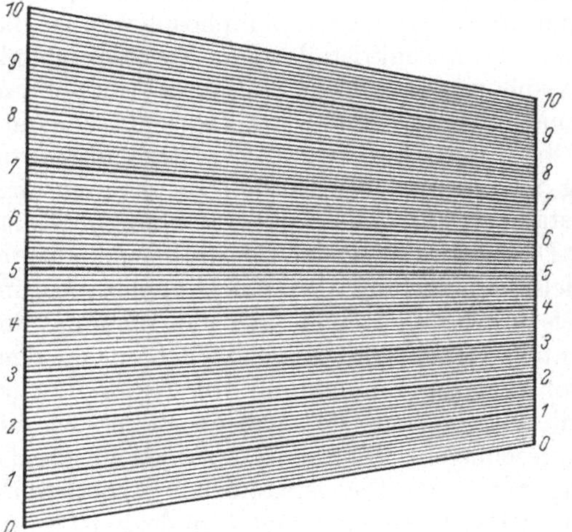

Abb. 15. Fluchtlinientafel zur Anordnung von WILHELMJ und SIEMENS.

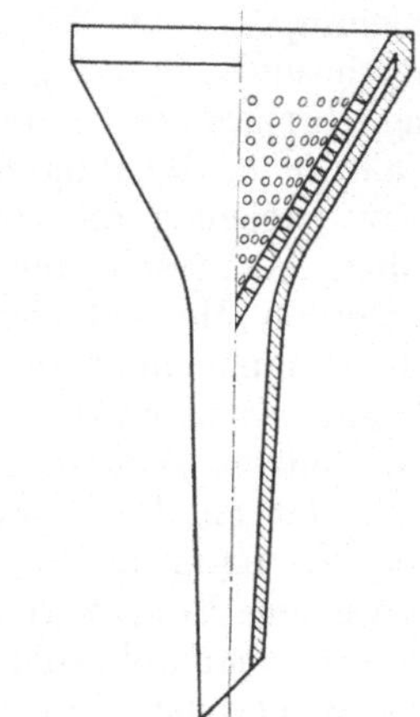
Abb. 16. Saugtrichter. (Nach WILHELMJ und SIEMENS.)

menge wird durch eine verschiebbare Marke an der Bürette festgelegt. (Die Marke wird aus Messingdraht, der gerade verschiebbar um die Bürette herumgelegt wird, angefertigt.) Da auf den Mittelstrich 5 eingestellt wird und dieser

Prozente angeben soll, so muß die Phosphatlösung genau 5 mg P_2O_5 enthalten. Man nimmt also den Niederschlag davon (siehe oben) und bringt ihn samt Filter in einen 500 ml fassenden ERLENMEYER-Kolben, gibt etwas Wasser dazu und läßt Natronlauge bis an den Metallring einlaufen. Nach Zufügen von Phenolphthalein wird mit Säure zurücktitriert. Jetzt verschiebt man die Skalentafel so, daß der Endpunkt der Titration genau mit dem 10. Teilstrich der Skalentafel zusammenfällt. Durch mehrmaliges Wiederholen der Titration wird die richtige Stellung der Tafel genau festgelegt und die Tafel selbst durch eine Klemmschraube festgehalten, damit sie nicht verrutscht. Jetzt entsprechen 5 Skalenteile 5 mg P_2O_5. Um den Bereich der Titration zu vergrößern, wird der Laugenverbrauch festgestellt, der der Schwefelsäure bis zum Teilstrich 0 entspricht. Er wird wiederum durch eine Messingdrahtmarke bezeichnet. Unter Verwendung dieser Laugenmenge steigt dann die Skala bis 10 mg P_2O_5 an. Sollen noch größere Phosphorsäuremengen titriert werden, so legt man mit Hilfe einer dritten Marke nochmals diese der Schwefelsäure von 0 bis 10 entsprechende Menge Lauge fest und kann jetzt 20 mg P_2O_5 titrieren. Es empfiehlt sich aber nicht, noch größere Mengen von P_2O_5 zu titrieren, da der Umschlag von Rot nach Farblos durch die Gegenwart größerer Ammoniakmengen in der Lösung nicht mehr so scharf ist wie bei kleinen.

Die *Bestimmung* wird ebenso wie die Einstellung ausgeführt. Es genügen 10 Min. Wartezeit für das Absitzen des Niederschlages selbst bei kleinen Mengen P_2O_5.

C. Bestimmung der Phosphorsäure in Glühphosphaten.

Hier werden als Glühphosphate diejenigen Phosphorsäuredüngemittel bezeichnet, die durch einen Sinter- oder Schmelzvorgang aus natürlichen Phosphaterzen und Zuschlägen erzeugt werden. Das bekannteste dieser künstlichen Düngemittel ist das Rhenaniaphosphat, das aus Rohphosphat unter Zusatz von Kalk und Sand, bisweilen auch bei Gegenwart von Natriumcarbonat hergestellt wird. In jüngerer Zeit ist das „Röchlingphosphat" bekanntgeworden, zu dessen Erzeugung die bei gewissen Verhüttungsprozessen des Eisens anfallende „Sodaschlacke" verwendet wird. Es ist hier nicht der Ort, auf andere ähnliche Glühphosphate einzugehen, zumal die beiden genannten Sorten wohl die einzigen sind, die bisher größere Verwendung gefunden haben. Der Träger der Phosphorsäure in solchen Glühphosphaten ist das Natriumcalciumphosphat $NaCaPO_4$, meist in mischkristallartiger Verbindung mit Dicalciumorthosilicat Ca_2SiO_4. Diese Phosphorsäure ist löslich in saurer Ammoniumcitratlösung (PETERMANN-Lösung), und nach diesem Anteil werden sowohl Rhenaniaphosphat als auch Röchlingphosphat bewertet. Auf Grund der Ergebnisse von Vegetationsversuchen ist die Bewertung nach Citronensäurelöslichkeit, die ursprünglich nur dem Thomasphosphat zugestanden hat, auch dem Röchlingphosphat zugebilligt worden [Methodenbuch (c)]. Die Bestimmung der Gesamtphosphorsäure, die bei Rhenaniaphosphat im Schwefelsäureaufschluß, bei Röchlingphosphat im Aufschluß mit Salpetersäure–Schwefelsäure erfolgt, und die Bestimmung des citrat- bzw. citronensäurelöslichen Anteils geschehen ausschließlich nach dem v. LORENZ-Verfahren. Dieses dürfte wohl auf die Empfehlung von NEUBAUER (c) zurückgehen. LEDERLE (a) hatte für die Bestimmung der Phosphorsäure das auf S. 194 beschriebene POPP-Verfahren vorgeschlagen, dies hält MILEFF jedoch für die Analyse von Rhenaniaphosphat für unbrauchbar. Die zeitraubende Arbeitsweise von MILEFF, welche die Fällung von Eisen(III)-phosphat benutzt, in dessen Lösung in Salzsäure die Phosphatfällung nach dem Citratverfahren (siehe S. 180) erfolgt, wird hier nicht näher erläutert. — JACOB, RADER und TREMEARNE fanden eine Erhöhung der Citratlöslichkeit bei Rhenaniaphosphat durch Filterfasern, die wahrscheinlich dadurch bedingt ist, daß die Fasern das Zusammenbacken des Phosphates verhindern. Die besten Löslichkeitswerte werden erhalten bei Mahlungen zwischen 20 und 200 Maschen, das entspricht Korngrößen zwischen 0,833 und 0,074 mm.

1. Bestimmung der Gesamtphosphorsäure.

I. In Rhenaniaphosphat. Die Bestimmung der Gesamtphosphorsäure in Rhenaniaphosphat geschieht durch Aufschluß mit konzentrierter Schwefelsäure (siehe S. 180) und Fällung nach v. LORENZ (siehe § 1, A, S. 33) [Methodenbuch (b, e)].

II. In Röchlingphosphat. ***Arbeitsvorschrift*** **des Methodenbuches (b).** Man feuchtet in einem 500 ml-Meßkolben 5 g Substanz mit etwa 25 ml Wasser an, übergießt mit 65 ml Salpetersäure (D 1,40) und 35 ml konzentrierter Schwefelsäure und läßt unter wiederholtem Umschwenken 3 Std. lang auf dem siedenden Wasserbade stehen. Sodann kocht man 15 Min., kühlt ab, füllt mit Wasser zur Marke auf und filtriert. Danach werden 15 ml Filtrat (= 0,15 g Substanz) mit 35 ml Salpetersäure (D 1,2) versetzt, und die Phosphorsäure wird — ohne Zusatz von Salpetersäure–Schwefelsäure — nach v. LORENZ gefällt (vorläufige Verbandsmethode).

2. Bestimmung der citratlöslichen Phosphorsäure.

I. In Rhenaniaphosphat. ***Arbeitsvorschrift*** **des Methodenbuches (d).** 2,5 g Rhenaniaphosphat, das feiner als 1 mm sein muß, werden unzerrieben in eine trockene STOHMANN-Flasche (250 ml) gebracht, die über der Marke genügenden Raum zum wirksamen Durchschütteln der Flüssigkeit besitzt. Die Probe wird mit Ammoniumcitratlösung nach PETERMANN (siehe S. 185) übergossen und rasch umgeschwenkt, damit die Substanz nicht festbäckt. Dann wird mit der Citratlösung zur Marke aufgefüllt und 2 Std. lang in einer Drehvorrichtung bei 30 bis 40 Umdrehungen in der Minute geschüttelt. Die Temperatur soll möglichst 20° C betragen. Nach Beendigung der Ausschüttelung wird sofort filtriert. Vom Filtrat werden 10 ml (0,1 g Substanz) zur Phosphorsäurebestimmung nach v. LORENZ benutzt (Verbandsmethode).

II. In Röchlingphosphat. Nach der ***Arbeitsvorschrift*** **des Methodenbuches (d)** erfolgt diese Bestimmung genau so, wie sie auf S. 185 für Superphosphat beschrieben ist.

3. Bestimmung der citronensäurelöslichen Phosphorsäure in Röchlingphosphat.

Arbeitsvorschrift **des Methodenbuches (c).** In eine trockene STOHMANN-Flasche von 500 ml Inhalt werden zunächst einige ml 2%ige Citronensäurelösung (siehe S. 193) eingegossen, und anschließend wird die abgewogene Probe von 5,0 g Röchlingphosphat zugesetzt. Durch Umschwenken muß dafür gesorgt werden, daß keine Klumpenbildung eintritt. Sodann wird mit der Citronensäurelösung bis zur Marke aufgefüllt und genau 30 Min. lang mit dem Rotierapparat bei 30 bis 40 Umdrehungen in der Minute ausgeschüttelt. Sofort wird durch ein trockenes Faltenfilter in ein trockenes Glas abfiltriert. Von dem Filtrat werden 10 ml (= 0,1 g Substanz) nach v. LORENZ weiter behandelt (vorläufige Verbandsmethode).

D. Bestimmung der Phosphorsäure in Guano und Knochenmehl.

Guano, Knochen-, Fisch- und Fleischmehl enthalten organische Substanzen, die wegen ihres störenden Einflusses auf die Phosphatfällung vor deren Ausführung zerstört werden müssen. Zu diesem Zweck schlug GILBERT vor, Guano mit Natriumcarbonat und Kaliumchlorat oxydierend zu schmelzen, und diesen Vorgang bestätigten MÄRCKER, ULEX und R. FRESENIUS als einfach, bequem und absolut sicher. An Stelle des Kaliumchlorates kann auch Kaliumnitrat benutzt werden. Wenn jedoch die Phosphatbestimmung mittels des Molybdatverfahrens erfolgt, so kann die Oxydationsschmelze entbehrt werden, und es genügt nach SCHUMANN, die Substanz mit Salpetersäure (D 1,2) zu kochen. SUCHIER (b) schließt Guano mit Königswasser nach der in § 10, A, S. 160 mitgeteilten Vorschrift auf. — Die Phosphorsäure im rohen Guano ist z. T. citratlöslich, in aufgeschlossenem Guano ist sie auch wasserlöslich [Methodenbuch (k)]. — Für die Analyse von Knochenmehl schlug HESS die Kjeldahlisierung vor. Es war auch üblich, Knochenmehl auf seinen Gehalt an citratlöslicher Phosphorsäure zu untersuchen, jedoch beträgt dieser Anteil nach GEBEK nur etwa 80% der Gesamtphosphorsäure. METHNER machte den Vorschlag, die verwertbare Phosphorsäure durch die Löslichkeit in Citronensäure zu kennzeichnen. Heute werden die oben genannten Stoffe nur nach dem Gehalt an Gesamtphosphorsäure bewertet. Der Aufschluß erfolgt nach dem Methodenbuch (b) nach dem KJELDAHL-Verfahren, und die Fällung der Phosphorsäure nach dem Verfahren von v. LORENZ. — In Humushandelsdünger wird der Gehalt an Gesamtphosphorsäure durch Aufschluß nach dem KJELDAHL-Verfahren oder durch Veraschen mit Calciumcarbonat ermittelt [Methodenbuch (l)].

***Arbeitsvorschrift* des Methodenbuches (b).** Man bringt 5 g Substanz in einen 500 ml-Kochkolben, durchfeuchtet mit etwa 15 ml Wasser und fügt nach Zugabe von einigen Körnchen Kupfersulfat (etwa 0,5 g) 30 bis 40 ml Schwefelsäure (D 1,84) zu. Dann gibt man mit Vorsicht 20 ml Salpetersäure (D 1,40) zu. Diese Maßnahme pflegt mit einer starken Anfangsreaktion einherzugehen, weshalb man erst nach ihrem Abflauen langsam mit dem Erhitzen bis zum Sieden des Kolbeninhaltes beginnt. Das Kochen wird zur Zersetzung der organischen Substanz, somit bis zum Klarwerden der Flüssigkeit fortgesetzt. Nötigenfalls sind nochmals kleinere Mengen Salpetersäure zuzusetzen, und nach dem Zugeben ist jedesmal eine gewisse Zeit zu kochen. Zur Entfernung der überschüssigen Salpetersäure ist nach vollendetem Aufschluß unter häufigem Umschütteln des Kolbens bis zum Aufhören der Entwicklung von Stickstoffoxyden und bis zum Auftreten weißer Schwefelsäurenebel zu kochen. Nachdem sich der Kolbeninhalt abgekühlt und man unter Umschütteln des Kolbens 200 ml Wasser zugegeben hat, wird zur Überführung etwa gebildeter Pyrophosphorsäure in Orthophosphorsäure nochmals 5 bis 10 Min. lang gekocht. Nach dem Abkühlen des Aufschlusses wird bis zur Marke aufgefüllt, sorgfältig durchgemischt und durch ein trockenes Faltenfilter filtriert. Die ersten Anteile des Filtrates werden wie üblich verworfen. Von dem klaren Filtrat werden 15 ml (= 0,15 g Substanz) nach v. LORENZ weiterbehandelt.

Bemerkungen. Carbonathaltige Analysensubstanzen (auch Rohphosphat) werden zuerst mit Wasser durchfeuchtet und dann mit 20 ml Salpetersäure versetzt. Nach dem Nachlassen der Reaktion werden dann 40 ml Schwefelsäure zugegeben. Die folgende Behandlung ist die gleiche wie oben. — Enthalten die Düngestoffe sehr viel organische Substanz (z. B. Stallmist, Humushandelsdünger u. a.), so werden sie bei Gegenwart von Calciumcarbonat verascht [Methodenbuch (l)] (siehe § 17, A, S. 273). Die Bestimmung der Phosphorsäure geschieht nach v. LORENZ in Lösungen der Asche, deren Verdünnungsgrad sich nach dem Phosphorsäuregehalt des Untersuchungsmaterials richtet.

***Arbeitsvorschrift von* SUCHIER (c).** *Für Knochenmehl.* 20 g Substanz werden 3 Std. lang bei 105° getrocknet. Davon werden 10 g in einem 1000 ml-Meßkolben mit 150 ml Königswasser bis zur Sirupdicke eingedampft, und der Rückstand wird mehrmals unter Zusatz von 20 ml konzentrierter Salzsäure so lange gekocht, bis kein Chlorgeruch mehr wahrnehmbar ist. Dann wird zur Marke aufgefüllt und filtriert. 50 ml Filtrat (= 0,5 g Substanz) werden zur Phosphorsäurebestimmung nach dem Citratverfahren (siehe S. 180) weiterbehandelt. — *Für entleimtes Knochenmehl.* 10 g einer sorgfältig gezogenen Durchschnittsprobe werden in einem 1000 ml-Meßkolben tropfenweise mit Salpetersäure (D 1,52) versetzt, bis sich die Flüssigkeit aufhellt und die Hauptreaktion vorüber ist. Dann werden vorsichtig in kleinen Anteilen 100 ml konzentrierte Salzsäure zugefügt. Nach dem Eindampfen auf etwa 10 ml wird das Verfahren mit je 50 ml Salzsäure noch zweimal wiederholt. Dann wird die Lösung zur Marke aufgefüllt und filtriert. In 50 ml Filtrat (= 0,5 g Substanz) wird die Phosphorsäure nach dem Citratverfahren (siehe S. 180) bestimmt.

E. Bestimmung der Phosphorsäure in Mischdüngemitteln, in Präcipitat und in Futterkalk.

1. Bestimmung der Phosphorsäure in Mischdüngemitteln.

Als Mischdüngemittel werden hier behandelt: Nitrophoska, Kalkammonphosphat u. a. Anschließend wird eine konduktometrische Untersuchungsmethode von G. JANDER, GENSCH und HECHT für Ammoniumphosphate besprochen.

Bei Nitrophoska wird zwischen Gesamt-, wasserlöslicher und citratlöslicher Phosphorsäure unterschieden. Kalkammonphosphat (Kampdünger) wird nach dem Gehalt an Gesamt- und citronensäurelöslicher Phosphorsäure bewertet. MCINTIRE, SHAW und HARDIN haben für Mischdüngemittel eine Ammoniumnitrat enthaltende Ammoniumcitratlösung vorgeschlagen. Die Fällung der Phosphorsäure geschieht mit Ausnahme der Gesamtphosphorsäure des Kalkammonphosphates nach dem Verfahren von v. LORENZ. STOLZENBURG hat für die Bestimmung der citratlöslichen Phosphorsäure in kalkhaltigem Nitrophoska eine Vorschrift für die Fällung als Ammoniummagnesiumphosphat ausgearbeitet, um unter besonderen Umständen Ammoniummolybdat zu sparen.

I. Bestimmung der Gesamtphosphorsäure. a) In Nitrophoska. ***Arbeitsvorschrift* des Methodenbuches (b).** 5 g der fein zerriebenen Probe werden in einen 500 ml-Kochkolben gebracht, und es werden etwa 200 ml Wasser zugefügt. Die Lösung wird mit etwa 50 ml Salpetersäure (D 1,4) versetzt und hierauf 10 Min. lang gekocht. Dann läßt man abkühlen und füllt zur Marke auf. Man pipettiert 10 ml (= 0,1 g Substanz) in ein Becherglas ab und verfährt weiter nach dem Verfahren von v. LORENZ (siehe § 1, A, S. 32) (Industriemethode).

***Arbeitsvorschrift von* SUCHIER (d).** 10 g Substanz werden in einem 500 ml-Meßkolben mit 50 ml Königswasser bis zur Sirupdicke eingedampft. Nach dem Abkühlen auf 60° werden 50 ml konzentrierte Salpetersäure zugesetzt, und das Eindampfen wird wiederholt. Nach dem Abkühlen werden 10 ml Salpetersäure (D 1,2) und 50 ml Wasser zugesetzt. Die Mischung wird 1 Min. lang aufgekocht, nach dem Erkalten zur Marke aufgefüllt und durch ein trockenes Filter filtriert. Die Bestimmung des Phosphates erfolgt in einem aliquoten Teile des Filtrates nach v. LORENZ.

b) In Kalkammonphosphat. Die Bestimmung erfolgt in der gleichen Weise wie bei Superphosphat (siehe S. 180).

II. Bestimmung der wasserlöslichen Phosphorsäure in Nitrophoska. ***Arbeitsvorschrift* des Methodenbuches (d).** 10 g der fein zerriebenen Probe werden in eine 500 ml-STOHMANN-Flasche gebracht und mit 400 ml Wasser übergossen. Die Flasche wird 30 Min. lang im Rotierapparat bei 30 bis 40 Umdrehungen in der Minute geschüttelt. Dann wird zur Marke aufgefüllt, gut durchgeschüttelt und filtriert. 250 ml dieser Lösung (= 5,0 g Substanz) werden in einen 500 ml-Meßkolben gebracht, und der Kolben wird zur Marke aufgefüllt. Von dieser Lösung entnimmt man mittels einer Pipette 10 ml (= 0,1 g Substanz) und bestimmt darin das Phosphat nach v. LORENZ (Industriemethode).

III. Bestimmung der citratlöslichen Phosphorsäure in Nitrophoska und Stickstoffkalkphosphat. ***Arbeitsvorschrift* des Methodenbuches (d, h, i).** Diese ist die gleiche wie für die Bestimmung der citratlöslichen Phosphorsäure in Superphosphat und ist auf S. 185 beschrieben.

***Arbeitsvorschrift von* LEPPER.** 2 g Nitrophoska (1 mm-Sieb) werden mit 250 ml PETERMANN-Lösung 3 Std. lang im Rotierapparat bei 30 bis 40 Umdrehungen in der Minute geschüttelt. Die Lösung wird filtriert, und 15 ml des Filtrates dienen zur Bestimmung des Phosphates nach v. LORENZ (abgekürztes Verfahren).

Bemerkung. Nach dem abgekürzten Verfahren von LEPPER werden im Durchschnitt 0,38% P_2O_5 weniger gefunden als nach der Industriemethode [Methodenbuch (d), siehe oben]. Ob die durch Erwärmen auf 40° in Lösung gegangene Phosphorsäure als pflanzenphysiologisch wertvoll angesehen werden kann, bezweifelt LEPPER.

Arbeitsvorschrift von **STOLZENBURG.** 100 ml Filtrat der nach der Vorschrift des Methodenbuches (d) (siehe oben) gewonnenen Lösung (= 0,4 g Substanz) werden in einem 400 ml fassenden Becherglase mit 25 ml Magnesiumchloridlösung (siehe S. 181) versetzt. Die ½ Std. lang ausgerührte Lösung wird nach 30 Min. oder nach dem Stehen über Nacht durch ein Papierfilter (Schleicher & Schüll Nr. 589[2] Weißband) filtriert und dieses mit 2,5%igem Ammoniak chloridfrei gewaschen. Es wird mit dem Niederschlage im Porzellantiegel verascht und im elektrischen Ofen geglüht.

IV. Bestimmung der citronensäurelöslichen Phosphorsäure in Kalkammonphosphat und Kalkammonphosphatsalpeter. ***Arbeitsvorschrift*** **des Methodenbuches (c, h).** Die Probe wird zunächst durch ein Sieb mit 2 mm Lochweite gebracht. Eine Durchschnittsprobe davon wird dann so fein zerrieben, daß sie durch das Thomasmehl-Feinsieb geht. Von dieser Probe werden 5,0 g mit 500 ml 2%iger Citronensäurelösung (siehe S. 193) wie Thomasmehl (siehe S. 194) ½ Std. lang im Rotierapparat geschüttelt. Danach wird filtriert. Vom Filtrat wird ein aliquoter Teil nach der Methode von v. LORENZ (siehe § 1, A, S. 33) weiterbehandelt (Verbandsmethode).

Bemerkung. Das Absieben der Analysenprobe durch das Thomasmehl-Feinsieb soll keine Bevorzugung des Kalkammonphosphates vor anderen Düngemitteln bedeuten. Das Thomasmehl selbst geht zu mehr als 90% durch das Feinmehlsieb. Vom Kalkammonphosphat sind mehr als 40% wasserlöslich, und wenn man die Proben, nachdem sie das 2 mm-Sieb passiert haben, ohne sie weiter zu zerkleinern, länger als ½ Std. mit Citronensäurelösung schüttelt, so erhält man ständig steigende Werte, während der Maximalwert bei Verwendung einer vorher durch das Feinmehlsieb gebrachten Probe erreicht wird.

V. Bestimmung der citronensäurelöslichen Phosphorsäure in Mischdüngemitteln. Verfahren von McINTIRE, SHAW und HARDIN.

Reagens. 80 g Ammoniumnitrat, 50 ml m Citronensäurelösung und 75 ml m Ammoniak werden zu 1 l gelöst. Die Lösung hat den p_H-Wert 4,2.

Arbeitsvorschrift (für Mischdüngemittel, Knochenmehl und basische Schlacken). 1 g Substanz wird in einem Porzellanschälchen mit 5 ml Lösungsmittel zerrieben, die Mischung auf ein gewogenes (?) 9 cm-Filter gebracht und mehrmals mit je 10 ml Lösungsmittel ausgelaugt. Das Filtrat wird in einem Becherglas von 150 ml Inhalt aufgefangen und mit 0,5 ml 0,04%iger Bromkresolgrünlösung versetzt. Wenn der Indicator eine blaue oder bläulichgrüne Färbung annimmt, wird so lange tropfenweise verdünnte Salpetersäure (1:9) zugefügt, bis die Farbe hellgrün geworden ist. Wenn das Filtrat auf 100 ml gekommen ist, wird das Filter mit dem Rückstand in eine 250 ml fassende Aufschlußflasche gebracht, zerteilt und der Kolbenhals abgespült. Man verbindet den Kolben mit einem Übergangsrohr mit einem Sicherheitsaufsatz gegen das Überspritzen und bringt ein weites Reagensglas, das man mittels eines Gummibandes am Hauptgefäß befestigen kann, als Vorlage darunter an. Nun erwärmt man den Inhalt des Kolbens zum Kochen und leitet aus einem Dampfentwickler 30 Min. lang Dampf so durch die Lösung, daß sich immer ein Flüssigkeitsvolumen von 100 ml im Kolben befindet. Dann werden die Überleitungen in den Kolben hinein abgespült, dieser wird unter der Wasserleitung gekühlt und die vorher gewonnene Auslaugelösung zugefügt. Nach dem Auffüllen zur Marke und Mischen wird durch ein Faltenfilter filtriert, wobei die ersten 25 bis 50 ml Filtrat verworfen werden. 25 ml Filtrat (= 0,1 g Substanz) werden nach v. LORENZ weiterbehandelt.

Bei Superphosphat wird ebenso verfahren, jedoch nur 15 Min. lang Dampf eingeleitet. — Von Glühphosphat werden nur 0,5 g eingewogen.

VI. Konduktometrische Bestimmung von Ammoniumphosphat. Verfahren von G. Jander, Gensch und Hecht. Bei reinem primärem oder sekundärem Ammoniumphosphat kann der Phosphatgehalt aus dem Ammoniakgehalt berechnet werden, der seinerseits konduktometrisch mit Natronlauge ermittelt wird. Auch bei Gemischen ist eine Bestimmung möglich. Der Abschnitt *B—C* (siehe Abb. 17) entspricht der Überführung des primären in das sekundäre Phosphat. Die Projektion $\overline{BC}$ auf die Abszisse hat bei der Titration von reinem primären Phosphat die gleiche Länge wie die Verdrängungsgerade *CD*, denn es werden für beide Vorgänge genau äquivalente Laugemengen verbraucht:

$$NH_4H_2PO_4 + NaOH = NaNH_4HPO_4 + H_2O,$$

$$NaNH_4HPO_4 + NaOH = Na_2HPO_4 + NH_4OH.$$

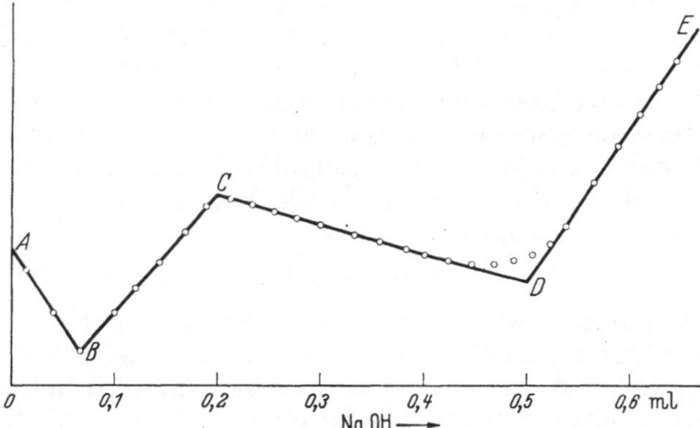

Abb. 17. Leitfähigkeitskurve der Titration von Ammoniumphosphat. (Nach G. Jander, Gensch und Hecht.)

Bei der Titration von reinem sekundärem Ammoniumphosphat hat die Projektion von *BC* nur die halbe Länge wie *CD*. Das kommt aus folgendem Vorgang. Die ursprüngliche Lösung wird mit Salzsäure angesäuert:

$$(NH_4)_2HPO_4 + HCl = NH_4Cl + NH_4H_2PO_4.$$

Der Neutralisation der überschüssigen Säure entspricht das Kurvenstück *AB*. Im weiteren Verlauf wird aber nicht sekundäres Ammoniumphosphat, sondern äquivalente Mengen von Ammoniumchlorid und primärem Ammoniumphosphat titriert. In den Abschnitt *BC* geht daher nur der Anteil an primärem Phosphat ein, während die Verdrängungsgerade *CD* sowohl den Ammoniakgehalt von diesem als auch den vom Ammoniumchlorid erfaßt. Der Abschnitt *BC* ist daher ein Maß für die Phosphorsäuremenge. Daraus ergibt sich die Möglichkeit zur Bestimmung des Ammoniak- und Phosphorsäuregehaltes nebeneinander durch *eine* Titration.

Tabelle 11. Düngesalze und Mischdünger, die mittels konduktometrischer Titration untersucht werden können.

Technische Bezeichnung	Zusammensetzung	Genauigkeit
Diammoniumphosphat . .	$(NH_4)_2HPO_4$	0,075%
Leunaphos.	$(NH_4)_2SO_4$, $(NH_4)_2HPO_4$	0,17 %
Hakaphos	$(NH_4)_2HPO_4$, KNO_3, Harnstoff	0,145%

Bei Mischungen von primärem und sekundärem Ammoniumphosphat kann auch deren Mischungsverhältnis angegeben werden, denn Strecke *BC* gibt die Menge des primären Phosphates an. Bei solch einer Analyse erfolgt freilich kein Säurezusatz.

Als durchschnittlicher Fehler bez. P_2O_5 wird $\pm 0,25\%$ angegeben. Es muß mit möglichst carbonatfreier Lauge und mit ausgekochtem Wasser gearbeitet werden.

Bei *technischen Düngemitteln* kann die konduktometrische Titration auch in Gegenwart von Harnstoff und von *kleinen* Mengen Calcium ausgeführt werden (Gensch und Jander). Größere Mengen Calcium stören die Phosphatbestimmung so erheblich, daß sie unmöglich wird. Wenn das Calcium zuvor als Sulfat oder Oxalat abgetrennt wird, so vermindert diese Operation den auf Schnelligkeit beruhenden Wert der konduktometrischen Titration so stark, daß dieser Vorteil völlig zurücktritt. Tabelle 11 enthält diejenigen im Handel befindlichen Düngesalze und

Mischdünger, die hinsichtlich ihres Phosphorsäure- (und Ammoniak-) Gehaltes nach der konduktometrischen Methode analysiert werden können (ohne Anspruch auf Vollständigkeit). Die erreichbare Genauigkeit ist aus derselben Tabelle zu entnehmen.

2. Bestimmung der Phosphorsäure in Präcipitat.

Zur Bestimmung der Phosphorsäure in Präcipitat (Dicalciumphosphat $CaHPO_4 \cdot 2H_2O$) gibt das Methodenbuch (b, d) Vorschriften bez. der Gesamt- und der citratlöslichen Phosphorsäure, wie sie in genau gleicher Weise für die entsprechenden Bestimmungen bei Superphosphat gelten (siehe S. 180 u. S. 184). Kofmann ersetzt zur Bestimmung der assimilierbaren Phosphorsäure in Präcipitaten das 3stündige Schütteln durch 53 (?) Min. langes Erwärmen auf 60°.

Für die Untersuchung von primärem und sekundärem Calciumphosphat sind außer den eben erwähnten Verfahren verschiedene andere beschrieben worden. Die von Mollenda angegebene Arbeitsweise hat Kolthoff verbessert. Sie beruht auf der Ausfällung des Calciums durch Natriumoxalat und Titration des entstandenen primären Natriumphosphates:

$$Ca(H_2PO_4)_2 + Na_2C_2O_4 = 2\,NaH_2PO_4 + CaC_2O_4.$$

Die Substanz wird in Salzsäure gelöst, die Lösung mit Natronlauge gegen Dimethylamidoazobenzol als Indicator neutralisiert und aufgefüllt. 25 ml Lösung werden mit neutralem Natriumoxalat versetzt und mit 0,1 n Natronlauge gegen Phenolphthalein als Indicator titriert (siehe dazu § 4, S. 135). — Grünhut hat eine maßanalytische Methode zur Bestimmung der Zusammensetzung von sekundärem Calciumphosphat entwickelt. Obwohl es sich hierbei um die Untersuchung der DAB 6-Ware handelt, soll die Methode doch hier an dieser Stelle ihren Platz finden. — Heublum hat ein maßanalytisches Verfahren mitgeteilt, das auch für die Untersuchung von Fischmehl dienen kann. Schließlich ist die Methode von Leithe anzuführen, die sich der Titration mit einem Mischindicator bedient.

Zur Untersuchung von Gemischen verschiedener Calciumphosphate haben sowohl Whittaker, Lundstrom und Hill als auch Tartar, Colman und Kretschmar Verfahren angegeben. Jene Verfasser verwenden zur Trennung von primärem und sekundärem Calciumphosphat die Unlöslichkeit des letzteren in Alkohol gegenüber der Löslichkeit von Harnstoffphosphat in diesem Medium, das sich aus primärem Calciumphosphat und Harnstoff bildet, während diese Autoren alkalimetrische Titrationen bis zu bestimmten, elektrometrisch oder colorimetrisch ermittelten p_H-Werten durchführen.

I. Verfahren von Grünhut. Für die maßanalytische Bestimmung der Zusammensetzung von sekundärem Calciumphosphat ermittelt man

die wasserlösliche Alkalität gegen Methylorange	$= a$	Millimolprozent
die Gesamtalkalität gegen Methylorange	$= c$	,,
den wasserlöslichen Phosphatrest (PO_4)	$= b$	,,
den Gesamtphosphatrest (PO_4)	$= d$	,,

Dann ist der Prozentgehalt des untersuchten Phosphats an

$$Ca(H_2PO_4)_2 = (b - a) \cdot 0{,}11709 \quad (A)$$
$$CaHPO_4 \cdot 2\,H_2O = [2\,(d - b + a) - c] \cdot 0{,}17215 \quad (B)$$
$$Ca_3(PO_4)_2 = [c - (d - b + a)] \cdot 0{,}15515 \quad (C).$$

Arbeitsvorschrift. *a) Bestimmung von a und b.* 5 g Substanz werden in einem 250 ml-Meßkolben mit 200 ml kaltem Wasser ½ Std. lang geschüttelt. Dann füllt man zur Marke auf und filtriert sofort durch ein trockenes Faltenfilter. 100 ml Filtrat versetzt man mit 4 Tropfen Methylorangelösung und titriert mit 0,1 n Salzsäure. Die verbrauchte Anzahl Milliliter, multipliziert mit 5, ergibt die wasserlösliche

Alkalität von 100 g Phosphat, ausgedrückt in Millimolprozent. Die austitrierte Flüssigkeit wird mit 40 ml neutraler 40%iger Calciumchloridlösung und einigen Tropfen Phenolphthaleinlösung versetzt und bei 15° mit 0,1 n Natronlauge bis zur Rotfärbung titriert. Die Lösung bleibt 1 Std. stehen, und wenn sie sich inzwischen entfärbt hat, wird noch Natronlauge bis zum Wiederauftreten der Farbe zugegeben. Die verbrauchte Anzahl Milliliter ergeben mit 2,5 multipliziert die Millimolprozente wasserlöslichen Phosphats (PO_4). — *b) Bestimmung von c und d.* 2 g Substanz werden in einem 250 ml-Meßkolben mit 20 ml kaltem Wasser übergossen und nach Zusatz von 25 ml n Salzsäure gekocht. Nach dem Abkühlen wird zur Marke aufgefüllt und, wenn nötig, filtriert. 25 ml der Lösung (= 0,2 g Substanz) werden nach Zugabe von 3 Tropfen Methylorangelösung mit 0,1 n Natronlauge bis zur deutlichen Gelbfärbung titriert und dann mit 0,1 n Salzsäure zurücktitriert. Bildet man die Summe aus den ursprünglich zugesetzten und jetzt verbrauchten Millilitern n und 0,1 n Salzsäure und zieht hiervon die verbrauchten Milliliter 0,1 n Natronlauge ab, so entspricht diese Differenz, multipliziert mit 50, der Gesamtalkalität in Millimolprozenten. Die neutralisierte Flüssigkeit wird wie unter a mit Calciumchloridlösung und Phenolphthalein versetzt und mit 0,1 n Natronlauge titriert. Die verbrauchten Milliliter 0,1 n Natronlauge ergeben mit 25 multipliziert die Millimolprozente *d*.

Berechnung. Es seien z. B. gefunden $a = 4{,}5$, $b = 11{,}6$, $c = 634{,}4$, $d = 565{,}2$. Daraus folgt: $A = 0{,}8\%$, $B = 82{,}9\%$, $C = 11{,}8\%$.

II. Verfahren von Heublum. Das Verfahren berücksichtigt die Anwesenheit von Aluminium und Eisen bei der Bestimmung der Phosphorsäure in Fischmehl, das durch Schmelzen mit Natriumcarbonat und Natriumnitrat aufgeschlossen ist. Es wird in zwei Titrationen der Gehalt der Lösung an primärem Calciumphosphat bzw. an den primären Phosphaten von Aluminium und Eisen bestimmt. Hierfür gibt der Verfasser folgende Umsetzungsgleichungen an:

$$(1)\quad Ca(H_2PO_4)_2 + 2\,CaCl_2 + 4\,KOH = Ca_3(PO_4)_2 + 4\,KCl + 4\,H_2O,$$

$$(2)\quad 2\,R_2^{III}(HPO_4)_3 + 2\,R^{III}(NO_3)_3 + 6\,KOH = 6\,R^{III}PO_4 + 6\,KNO_3 + 6\,H_2O \quad (R^{III} = Al, Fe).$$

Arbeitsvorschrift. a) Titration nach Gleichung (1) und (2). Die Lösung wird bis zur schwachen Gelbfärbung von Methylorange neutralisiert. Dann wird aus einer Bürette tropfenweise Salpetersäure bis zur Rotfärbung zugefügt und dann aus einer Mikrobürette mit n Natronlauge bis zur schwachen Gelbfärbung titriert. Nun werden 5 ml m Calciumchloridlösung und Phenolphthalein zugefügt, und die Mischung wird mit Kalilauge bis zur schwachen Rosafärbung titriert. Die verbrauchten Milliliter Lauge entsprechen den gesamten sauren Phosphaten. — b) Titration nach Gleichung (2). Zur Bestimmung der an Aluminium und Eisen gebundenen Phosphorsäure wird die gleiche Menge Lösung wie bei der ersten Titration mit Ammoniak im Überschuß und dann mit Essigsäure bis zur stark sauren Reaktion versetzt und zum Sieden erhitzt. Der entstandene Niederschlag wird abfiltriert und ausgewaschen. Er wird mit wenig Salzsäure vom Filter heruntergelöst und dieses mit heißem Wasser ausgewaschen. Die abgekühlte Lösung wird, wie unter a angegeben, aber ohne Zusatz von Calciumchlorid, titriert.

Bei der Titration nach a entspricht 1 ml n Lauge 35,49 mg P_2O_5, nach b 70,98 mg P_2O_5.

***Arbeitsvorschrift* für Fischmehl.** 2 g Fischmehl werden mit einem Gemisch aus Natriumcarbonat und Natriumnitrat (8 g) geschmolzen. Die Lösung der Schmelze in Salpetersäure (1:2) wird zur Trockne gedampft, der Rückstand mit Wasser aufgenommen, filtriert und im Meßkolben zu 100 ml aufgefüllt. Je 50 ml Lösung dienen zu den oben beschriebenen Titrationen.

***Arbeitsvorschrift* für Hefe.** 10 g Hefe werden mit 0,5 g Ammoniumnitrat verkohlt, und dieses Produkt wird mit 4 g des Natriumcarbonat-Natriumnitrat-Gemisches aufgeschmolzen und dann wie oben weiterbehandelt.

Bemerkung. Wenn kein Aluminium und Eisen anwesend sind, wird die freie Säure nur unter Zusatz von Methylorange neutralisiert und das saure Salz bei Gegenwart von Calciumchlorid und Phenolphthalein titriert.

III. Verfahren von Leithe. Zur Bestimmung der Phosphorsäure in Düngemitteln, Rohphosphaten, Bodenauszügen und Lebensmitteln titriert Leithe die entsprechenden mineralsauren Lösungen unter Zusatz von Calciumchlorid mit einem Mischindicator.

Indicatorlösung. 1 g Phenolphthalein, 0,1 g Dimethylgelb und 0,07 g Methylenblau werden in 150 ml Alkohol gelöst.

Arbeitsvorschrift. Die stark saure, mit dem Indicator und überschüssigem Calciumchlorid versetzte Analysenlösung ist anfangs violettrot. Beim allmählich und unter Schütteln erfolgenden Zusatz von Lauge scheidet sich an der Einlaufstelle zunächst ein Niederschlag ab, der sich beim Schütteln wieder löst. Die rote Farbe verblaßt allmählich und schlägt ziemlich scharf nach Grau um, wenn alle freie Phosphorsäure in Dihydrogenphosphat übergeführt ist. Der Laugeverbrauch bei diesem Umschlag wird aufgeschrieben. Bei weiterem Laugezusatz wird die Flüssigkeit rein grün, die Menge des Niederschlages nimmt zu. Der an der Einlaufstelle auftretende rote Farbton des Phenolphthaleins verschwindet zunächst durch starkes Schütteln. Es wird Lauge zugesetzt, bis der ausgeprägt rote Farbton 20 Sek. lang bestehen bleibt, dann wird er durch vorsichtigen Zusatz einer in der Normalität der Lauge entsprechenden Salzsäure bis zum blaßrötlichen Farbton wieder fortgenommen. Das Volumen der hierzu verbrauchten Säure wird von der Laugemenge abgezogen. Es muß aber vermieden werden, daß ein wesentlicher Überschuß an Lauge auftritt, da der gebildete Niederschlag sonst Hydroxylionen adsorbieren kann. — Eisen, Aluminium und Chrom stören, bei geringen Gehalten ist der Fehler jedoch wenig merklich. Schwache Säuren, wie Kohlensäure, schweflige Säure und Schwefelwasserstoff, stören, sie werden ausgekocht. Kieselsäure muß durch Eindampfen der Lösung abgeschieden werden.

IV. Untersuchung von Monocalciumphosphat. Verfahren von Whittaker, Lundstrom und Hill. Bei der Umsetzung von Monocalciumphosphat mit Harnstoff entsteht Harnstoffphosphat, das in Alkohol löslich ist, und Dicalciumphosphat, das darin unlöslich ist:

$$Ca(H_2PO_4)_2 \cdot H_2O + CO(NH_2)_2 = CO(NH_2)_2 \cdot H_3PO_4 + CaHPO_4 + H_2O.$$

Arbeitsvorschrift. 1 g Monocalciumphosphat wird in einem 100 ml-Meßkolben mit 50 ml einer Lösung von 90 g Harnstoff in 100 ml Wasser 4 Std. lang geschüttelt. 25 ml des Filtrates werden mit 75 bis 100 ml 95%igem Alkohol vermischt, umgerührt und filtriert. Das Filter wird mit 300 bis 350 ml Alkohol ausgewaschen. Filtrat und Waschflüssigkeit werden auf 500 ml verdünnt. 25 ml davon werden zur Trockne eingedampft, dann mehrmals mit 5 ml Salzsäure und 25 ml Salpetersäure zur Zerstörung des Harnstoffes abgeraucht. Der Rückstand wird mit 10 ml konzentrierter Salpetersäure und etwas Wasser aufgenommen, die Lösung mit Ammoniak neutralisiert, mit Salpetersäure schwach angesäuert, mit Wasser auf 75 ml verdünnt und das Phosphat als Ammoniummolybdophosphat gefällt.

V. Bestimmung von Monocalciumphosphat neben anderen Calciumorthophosphaten. Verfahren von Tartar, Colman und Kretchmar. Zur Bestimmung von Monocalciumphosphat in Gemischen von verschiedenen Calciumorthophosphaten titriert man mit 0,2 n Natronlauge bis zu einem p_H-Wert = 5,15 der Lösung. Hierbei vollzieht sich die Umsetzung

$$Ca(H_2PO_4)_2 \cdot H_2O + NaOH = CaHPO_4 \cdot 2\,H_2O + NaH_2PO_4.$$

Die Ermittlung des p_H-Wertes erfolgt auf elektrometrischem oder colorimetrischem Wege.

In *Abwesenheit von tertiärem Calciumphosphat* bringt man 1 g Substanz in ein Titriergefäß mit Wasserstoffelektrode, fügt 7 ml Wasser zu und titriert mit Natronlauge bis $p_H = 5{,}15$. Der Gehalt an primärem Calciumphosphat ergibt sich aus der Überlegung, daß 1 g 100%iges Salz 20 ml Lauge benötigen. Bei Gemischen erhält man den Prozentsatz an primärem Calciumphosphat aus dem Verhältnis der Zahl der verbrauchten Milliliter: 20. Infolge der durch die 7 ml Wasser bewirkten Verdünnung wird mit abnehmendem Gehalt an primärem Calciumphosphat der Endpunkt der Titration zu früh erreicht. Zur Ausschaltung dieses Fehlers dient die empirisch ermittelte Korrektur aus Tabelle 12 bzw. aus einer nach diesen Werten gezeichneten Kurve.

Tabelle 12. Fehler bei der Titration von 1 g Monocalciumphosphat.

$Ca(H_2PO_4)_2 \cdot H_2O$ titriert	$Ca(H_2PO_4)_2 \cdot H_2O$ anwesend in %	$Ca(H_2PO_4)_2 \cdot H_2O$ berechnet aus der Titration in %	Fehler für 1 g in %
1,00	100	100,00	0,00
0,50	50	49,80	0,20
0,25	25	24,70	0,30
0,10	10	9,53	0,47
0,05	5	4,39	0,61
0,02	2	1,01	0,99

Bei Gegenwart von Tricalciumphosphat wird zunächst eine Titration in der oben geschilderten Weise ausgeführt. Danach wird das gereinigte Gefäß mit 7 ml Wasser, der soeben ermittelten Menge Lauge und einem Überschuß von 0,5 ml davon beschickt, und diese Lösung wird mit 1 g Substanz mehrere Minuten lang kräftig geschüttelt. Das Schütteln wird so lange wiederholt, bis der p_H-Wert konstant bleibt. Mit Hilfe dieses Wertes und der nach den Werten aus Tabelle 13 gezeichneten Kurve wird der Prozentsatz an primärem Calciumphosphat berechnet.

Tabelle 13. Prozentsatz an primärem Calciumphosphat aus dem Verbrauch an 0,2 n NaOH und dem p_H-Wert.

ml 0,2 n NaOH	15	17	18	18,5	19	19,5	20	20,5	21	21,5	22	22,5	23,5	25,5
p_H	3,63	3,92	4,11	4,30	4,56	4,83	5,15	5,46	5,68	5,79	5,91	5,97	6,11	6,37

3. Bestimmung der Phosphorsäure in Futterkalk.

Zur Bestimmung der verwertbaren Phosphorsäure in Futterkalk, in dem sie hauptsächlich als Dicalciumphosphat vorliegt, empfehlen FINGERLING und GROMBACH die für Superphosphat geltende Vorschrift bez. der citratlöslichen Phosphorsäure (siehe S. 184) mit der Abänderung, daß 100 ml Filtrat mit 20 ml konzentrierter Salpetersäure zur Hälfte eingedampft werden. Nach dem Erkalten und Neutralisieren mit Ammoniak wird die Phosphorsäure in üblicher Weise nach dem Citratverfahren (siehe S. 180) bestimmt. HOFFMANN hält dieses Verfahren nur dann für richtig, wenn der Futterkalk Dicalciumphosphat-2-Hydrat enthält. Liegt jedoch die wasserfreie Verbindung vor, so befriedigt noch am besten die für Nitrophoska übliche Methode (siehe S. 201). Nach HOFFMANN ist die Bewertung der Qualität des Futterkalkes nach seinem Gehalt an citratlöslicher Phosphorsäure überhaupt abzulehnen, weil es nicht feststeht, ob die Citratlöslichkeit der Verwertung durch den Tierkörper entspricht. Er schlägt vor, die Gesamtphosphorsäure als wertbestimmenden Bestandteil festzulegen mit dem Zusatz, daß mindestens rd. 80% davon nach den Verbandsmethoden löslich sein sollen.

Literatur.

ABESSER, O., W. JANI u. M. MÄRCKER: Fr. **12**, 239 (1873). — ALBERT, H., u. L. SIEGFRIED: (a) Fr. **16**, 182 (1877); (b) Fr. **18**, 220 (1879).

BARBIER, G., u. S. TROCMÉ: C. r. acad. agr. France **34**, 799 (1948); durch K. D. JACOB: s. dort. — Beschlüsse der Versammlung der Chemiker an deutschen Düngerfabriken und der Handelschemiker zur Beratung einer Verbesserung und Erweiterung der in Halle 1881 festgestellten einheitlichen Untersuchungsmethoden: Angew. Ch. **2**, 690 (1889); **3**, 62 (1890). — BLJACHER, G. S., u. M. L. TSCHEPELEWETZKI: Betriebslab. **3**, 593 (1934); durch C. **107**, **I**, 2187 (1936). — BOSWORTH, A. W.: Ind. eng. Chem. **6**, 227 (1914); durch C. **85**, **I**, 1521 (1914). — BUCHERER, H. TH., u. F. W. MEIER: Fr. **85**, 331 (1931); **104**, 23 (1936). — BÜTTNER, E.: Ch. Z. **37**, 662 (1913). — BUTENKO, G. A., u. N. W. KIRSCH: Betriebslab. **9**, 555 (1940); durch C. **113**, **I**, 2815 (1942).

CELICHOWSKI u. F. PILZ: Z. landw. Vers.-Wes. Österr. **18**, 581 (1915); durch C. **87**, **I**, 79 (1916). — CHERITAT, R., u. M. VIGNAU: Chim. anal. **31**, 125 (1949); durch Fr. **131**, 319 (1950). — CHESSHIRE, J. A.: Chem. N. **19**, 111, 229 (1869); durch Fr. **9**, 524; 526 (1870). — CRISPO, D.: Fr. **30**, 301 (1891).

DENIGÈS, G.: C. r. **186**, 1052 (1928). — DORMAEL, J. VAN: Bl. Soc. chim. Belg. **21**, 103 (1907); durch C. **78**, **I**, 1455 (1907). — DREYSPRING, C.: Angew. Ch. **49**, 585 (1936). — DUBBERS, H., u. CELICHOWSKI: Landwirtsch. Jb. **47**, 71 (1914); durch C. **86**, **I**, 218 (1915).

EKHOLM, B.: Svensk kem. Tidskr. **33**, 7 (1921); durch C. **92**, **IV**, 184 (1921). — EMMERLING, A.: L. V. St. **32**, 429 (1886); durch Fr. **26**, 244 (1887); Ch. Z. **9**, 1465 (1885). — EPPS JR., E. A.: Anal. Chem. **22**, 1062 (1950).

FINGERLING, G., u. A. GROMBACH: Fr. **46**, 756 (1907). — FOERSTER, O.: (a) Ch. Z. **28**, 147 (1904); (b) Ch. Z. **33**, 685 (1909). — FRESENIUS, H.: Fr. **45**, 103 (1906). — FRESENIUS, R.: Fr. **7**, 304 (1868). — FRESENIUS, R., C. NEUBAUER u. E. LUCK: Fr. **10**, 149 (1871).

GEBEK, L.: Angew. Ch. **7**, 193 (1894). — GENSCH, CHR., u. G. JANDER: Fr. **130**, 200 (1950). — GERHARDT: Ch. Z. **29**, 178 (1905). — GIBSON, A.: Chem. N. **20**, 123 (1869); durch Fr. **9**, 525 (1870). — GILBERT, C.: Fr. **12**, 1 (1873). — GISIGER, L.: Landwirtsch. Jb. Schweiz **61**, 71 (1947); durch C. **119**, **I**, 851 (1948) (Akademie-Verlag, Berlin). — GROSSFELD, J.: Fr. **57**, 28 (1918). — GRÜNHUT, L.: P. C. H. **60**, 111 (1919). — GUERRY, E., u. E. TOUSSAINT: Bl. Soc. chim. Belg. **20**, 167 (1906); durch C. **77**, **II**, 1085 (1906). — GUTHRIE, F. C., u. J. T. NANCE: J. Soc. chem. Ind. (London) **68**, 176 (1949); durch K. D. JACOB: s. dort.

HAMENCE, J. H., u. G. TAYLOR: Chem. Ind. **1950**, 799; durch Fr. **135**, 376 (1952). — HARTLEB, R.: Angew. Ch. **31**, 61 (1918). — HAUSSDING, F.: (a) Landwirtsch. Jb. **45**, 119 (1913); durch C. **85**, **I**, 2016 (1914); (b) Landwirtsch. Jb. **46**, 327 (1914); durch C. **85**, **II**, 506 (1914). — HEIDUSCHKA, A., u. H. WÜNSCHE: Ch. Z. **63**, 317 (1939). — HERZFELD, A.: Z. Ver. Rübenzucker-Industrie **1900**, 77; durch C. **71**, **I**, 625 (1900). — HERZFELDER, A.-D.: L. V. St. **58**, 471 (1903); durch C. **74**, **II**, 684 (1903). — HESS, W.: Angew. Ch. **6**, 74 (1893). — HEUBLUM, R.: Phosphorsäure **5**, 636 (1935); durch Fr. **112**, 459 (1938). — HILL, W. L., u. K. C. BEESON: J. Assoc. offic. agric. Chem. **19**, 328 (1936); durch C. **107**, **II**, 3940 (1936). — HOFFMAN, J. I., u. G. E. F. LUNDELL: J. Res. Nat. Bureau of Standards **19**, 59 (1937); durch C. **108**, **II**, 3922 (1937). — HOFFMANN, O.: Z. Tierernähr. Futtermittelkunde **2**, 82 (1939); durch C. **110**, **II**, 759 (1939). — HOLLE, W.: Ch. Z. **38**, 1083 (1914). — HUGHES, J.: Chem. N. **19**, 266 (1869); durch Fr. **9**, 524 (1870). — HUNDESHAGEN, F.: Z. öffentl. Ch. **16**, 463 (1910); durch C. **82**, **I**, 427 (1911).

ILJIN, N. W., u. W. F. TSCHAPYGIN: J. chem. Ind. (russ.) **12**, 819 (1935); durch C. **107**, **I**, 3203 (1936). — ISHIBASHI, M.: Mem. Sci. Kyoto Univ. Ser. A **13**, 291 (1930); durch C. **102**, **I**, 974 (1931).

JACOB, K. D.: Anal. Chem. **22**, 215 (1950). — JACOB, K. D., L. F. RADER u. T. H. TREMEARNE: J. Assoc. offic. agric. Chem. **29**, 449 (1936); durch C. **108**, **I**, 3394 (1937). — JANDER, G., CHR. GENSCH u. H. HECHT: Fr. **128**, 474 (1948). — JÖRGENSEN, G.: Fr. **108**, 190 (1937).

KELLNER, O., u. O. BÖTTCHER: Ch. Z. **26**, 1151 (1902). — KÖNIG, A.: Ch. Z. **5**, 62 (1881). — KOFMANN, A. P.: Betriebslab. **4**, 705 (1935); durch Fr. **107**, 73 (1936). — KOLTHOFF, I. M.: Pharm. Weekbl. **52**, 1053 (1915); durch C. **86**, **II**, 979 (1915); Chem. Weekbl. **13**, 910 (1916); durch C. **87**, **II**, 692 (1916).

Landwirtschaftliche Versuchsstation Hamburg-Horn: Ch. Z. **45**, 487 (1921). — LEDERLE, P.: (a) Ch. Z. **41**, 87 (1917); (b) Fr. **100**, 81 (1935); (c) Fr. **121**, 241 (1941); (d) Fr. **121**, 403 (1941). — LEHRECKE, H.: Angew. Ch. **49**, 620 (1936). — LEITHE, W.: Mikrochem. **33**, 200 (1947); durch Fr. **129**, 289 (1949). — LEPPER, W.: L. V. St. **123**, 345 (1935); durch Fr. **112**, 458 (1938). — LOBANOW, L. N.: Betriebslab. **3**, 598 (1934); durch C. **107**, **I**, 2150 (1936). — LORENZ, N. v.: (a) L. V. St. **55**, 183 (1901); durch C. **72**, **I**, 644 (1901); (b) Ch. Z. **27**, 495 (1903); (c) Ch. Z. **32**, 707 (1908).

MACH, F., u. M. PASSON: Angew. Ch. **9**, 129 (1896). — MÄRCKER, M., G. L. ULEX u. R. FRESENIUS: Fr. **12**, 10 (1873). — MARTIN, J. B., u. E. C. SHOREY: J. Assoc. offic. agric. Chem. **13**, 133 (1930); durch C. **101**, **I**, 3715 (1930). — MCINTIRE, W. H., R. M. JONES u. L. J. HARDIN: J. Assoc. offic. agric. Chem. **18**, 301 (1935); durch C. **106**, **II**, 3427 (1935). — MCINTIRE, W. H., W. M. SHAW u. L. J. HARDIN: J. Assoc. offic. agric. Chem. **21**, 113 (1938); Ind. eng. Chem. Anal. Edit. **10**, 143 (1938); durch Fr. **124**, 73 (1942). — MEPPEN, B., u. K. C. SCHEEL: Angew. Ch. **50**, 811 (1937). — METHNER, TH.: Angew. Ch. **14**, 134 (1901). — Methodenbuch (Handbuch der landwirtschaftlichen Versuchs- und Untersuchungsmethodik), herausgegeb. vom Verband Deutscher Landwirtschaftlicher Untersuchungsanstalten, Neudamm u. Berlin 1941,

2. Band, (a) S. 2; (b) S. 50 bis 52; (c) S. 52 bis 54; (d) S. 54 bis 55; (e) S. 56 bis 61; (f) S. 61 bis 63; (g) S. 64 bis 65; (h) S. 82 bis 83; (i) S. 84; (k) S. 85; (l) S. 102. — MILEFF, D. P.: Z. Pflanzenernähr. Düng. Bodenkunde Abt. A **33**, 350 (1934). — MOLLENDA, A.: Fr. **22**, 155 (1883). — MÜLLER, P.: Ch. Z. **45**, 178 (1921).

NEUBAUER, H.: (a) Angew. Ch. **15**, 1133 (1902); (b) L. V. St. **82**, 465 (1914); durch C. **85**, **I**, 2015 (1914); (c) L. V. St. **95**, 10 (1920); durch C. **91**, **IV**, 124 (1920). — NEUBAUER, H., u. E. WOLFERTS: L. V. St. **89**, 197 (1916); durch C. **88**, **I**, 690 (1917). — Neue Vereinbarungen mit den Versuchsstationen und Handelschemikern zwecks gemeinsamer Methoden: Angew. Ch. **3**, 701 (1890).

OSTERSETZER, J.: Chem. N. **91**, 215 (1905); durch C. **76**, **I**, 1736 (1905).

PELLET, H.: Ann. Chim. anal. **11**, 331 (1906); durch C. **77**, **II**, 1284 (1906). — PESTOW, N. E.: J. chem. Ind. (russ.) **8**, Nr 15/16, 22; Nr 20, 15 (1931); durch C. **103**, **II**, 274 (1932). — PETERMANN, A.: (a) Méthodes suivies dans l'analyse des matières fertilisantes, publiées par A. PETERMANN, Gembloux 1897; (b) Fr. **19**, 374 (1880). — PILZ, F.: Z. landw. Vers.-Wes. Österr. **22**, 32 (1919); durch C. **90**, **II**, 915 (1919). — POPP, M.: (a) Ch. Z. **36**, 937 (1912); (b) Ch. Z. **37**, 1085 (1913); (c) Ch. Z. **40**, 257 (1916). — POPP, M., u. H. WESTERHOFF: Z. Pflanzenernähr. Düng. Bodenkunde **49**, 19 (1937).

REITMAYR, O.: Angew. Ch. **2**, 702 (1889); **3**, 196 (1890). — ROBERTSON, G. S., u. F. DICKINSON: J. Soc. chem. Ind. **42**, 59 (1923); durch C. **94**, **IV**, 12 (1923). — ROMANSKI, Z.: (a) Ch. Z. **33**, 46 (1909); (b) Ch. Z. **35**, 163 (1911). — ROMEO, A., u. V. CRUPI: Chim. Ind., Agric., Biol., Realizzaz. corp. **14**, 95 (1938); durch C. **110**, **I**, 776 (1939). — RÜMPLER, A.: Fr. **12**, 151 (1873).

SANFOURCHE, A., u. B. FOCET: Bl. [4] **53**, 1232, 1239 (1933). — SCHEEL, K. C.: Fr. **105**, 265 (1936). — SCHENKE, V.: L. V. St. **62**, 3 (1905); durch Fr. **46**, 461 (1907). — SCHLIEBS, G.: Ch. Z. **30**, 584 (1906). — SCHUCHT, L.: (a) Chem. Ind. **28**, 505 (1905); durch C. **76**, **II**, 1294 (1905); (b) Angew. Ch. **19**, 183 (1906). — SCHUMANN, C.: Fr. **14**, 301 (1875). — SEIB, O.: Fr. **44**, 397 (1905). — SHUEY, PH. McG.: (a) Ind. eng. Chem. **9**, 1045 (1917); durch C. **89**, **I**, 1065 (1918); (b) Ind. eng. Chem. **17**, 269 (1925); durch C. **96**, **I**, 2406 (1925). — SIMMERMACHER, W.: Ch. Z. **37**, 145 (1913). — SPENGLER, W.: (a) Fr. **117**, 169 (1939); (b) Fr. **117**, 161 (1939). — STOCK, W. F. K.: J. Soc. chem. Ind. **16**, 107 (1897); durch C. **68**, **I**, 771 (1897). — STOLZENBURG, U.: Z. Pflanzenernähr. Düng. Bodenkunde **71**, 124 (1942). — SUCHIER, A.: Die Analysenmethoden der Düngemittel, (a) S. 20 bis 27; (b) S. 286; (c) S. 287; (d) S. 64. Berlin 1931. — SUTTON, F.: Chem. N. **20**, 77 (1869); durch Fr. **9**, 525 (1870). — SVOBODA, H.: (a) Ch. Z. **27**, 1203 (1903); (b) **29**, 453 (1905).

TARTAR, H. V., I. S. COLMAN u. L. L. KRETCHMAR: Ind. eng. Chem. Anal. Edit. **9**, 384 (1937); durch Fr. **117**, 345 (1939). — TELETOW, I. S., u. S. J. BYSSTRITZKAJA: Arb. VI. allruss. Mendelejew-Kongr. theoret. angew. Ch. 1932, **2**, Teil 1, 549 (1935); durch Fr. **111**, 146 (1937/38). — TSCHEPELEWETZKI, M. L.: Betriebslab. **6**, 292 (1937); durch Fr. **124**, 72 (1942).

VELTMAN, G. H.: Fr. **135**, 340 (1952). — Versammlung der Interessenten zu Halle: Fr. **21** 286 (1882). — VERWEIJ, A.: Fr. **42**, 167 (1903). — VIGNON, L.: C. r. **126**, 1522 (1898); Bl. [3] **19**, 860 (1898); durch C. **69**, **II**, 132, 1281 (1898). — VORTMANN, G.: Fr. **56**, 465 (1917).

WAGNER, P.: (a) Ch. Z. **19**, 1419 (1895); (b) Ch. Z. **21**, 905 (1897); (c) Angew. Ch. **31**, 136 (1918). — WAGNER, P., R. KUNZE u. W. SIMMERMACHER: L. V. St. **66**, 257 (1907); durch C. **78**, **II**, 739 (1907). — WEIBULL, M.: L. V. St. **58**, 263 (1903); durch C. **74**, **II**, 67 (1903). — WESTHAUSSER, F.: Fr. **44**, 187 (1905). — WHITTAKER, C. W., F. O. LUNDSTROM u. W. L. HILL: J. Assoc. offic. agric. Chem. **18**, 122 (1935); durch Fr. **111**, 146 (1937/38). — WILHELMJ, A., u. K. H. SIEMENS: Phosphorsäure **5**, 362 (1935). — WILKINSON, J. F.: A. P. 1462840; durch C. **94**, **IV**, 794 (1923). — WOLFKOWITSCH, S., u. L. WLADIMIROW: Trans. Ind. Fertilizers (russ.) **1928** Nr 55, 99; durch C. **100**, **I**, 1497 (1929). — WOY, R.: Ch. Z. **27**, 279 (1903).

ZÖCKLER, R.: Ch. Z. **29**, 226 (1905).

§ 12. Bestimmung der Phosphorsäure in Bodenauszügen.

Die Kenntnis des Phosphorsäuregehaltes eines Bodens dient als Grundlage für die Beurteilung der Phosphorsäurebedürftigkeit dieses Bodens, d. h. dafür, ob der Boden zusätzlicher Düngung mit künstlichen Phosphordüngemitteln und wieviel davon bedarf oder nicht. Um den Phosphorsäuregehalt eines Bodens zu ermitteln, sind verschiedene Verfahren in Gebrauch. Die wichtigsten sind die Keimpflanzenmethode nach NEUBAUER (b) und die Extraktionsmethoden. In diesem Paragraphen wird die Phosphorsäurebestimmung in solchen Extrakten behandelt, während der Keimpflanzenmethode der folgende Paragraph gewidmet wird.

Zur Extraktion einer nach den Regeln der Bodenkunde entnommenen Probe des zu untersuchenden Bodens sind die verschiedensten Lösungen angewendet worden. Heutzutage ist das am meisten angewendete Verfahren dasjenige von

EGNÉR, das sich einer schwach sauren Calciumlactatlösung bedient. Es handelt sich nämlich bei der Extraktion des Bodens darum, diejenige Menge Phosphorsäure zu ermitteln, die von den Pflanzenwurzeln aufgenommen werden kann. Diese scheiden schwach saure Säfte aus, die die Bodenphosphate zu lösen vermögen. Deshalb muß im Modellversuch, wie ihn die Extraktion des Bodens zur Bestimmung der aufnehmbaren Phosphorsäure darstellt, eine Lösung verwendet werden, die etwa den Verhältnissen in den Säften der Pflanzenwurzeln entspricht. Vor der Einführung des EGNÉR-Verfahrens wurde in Anlehnung an die Düngemitteluntersuchung (siehe § 11, B, S. 190) vielfach eine 1%ige Citronensäurelösung zur Bodenextraktion verwendet.

In Kürze seien hier andere Extraktionsarten angeführt. Mit Salzsäure arbeiten u. a. NEUBAUER (a) sowie HORNBERGER. HALE und HARTLEY extrahieren entweder mit HCl (D 1,115) 10 Std. lang oder mit 2 n HNO_3 2 Std. lang. Beide Lösungsmittel lösen die gleiche Menge Phosphorsäure, aber mit Salzsäure gehen mehr störende organische Stoffe in Lösung. ANTONIANI und BONETTI lösen den Boden in einer Mischung von 30 ml Salzsäure (D 1,18) und 20 ml Salpetersäure (D 1,4), und sie bestimmen die in Lösung gegangene Phosphorsäure durch Fällung als Strychninmolybdophosphat (siehe § 1, C, S. 72). VOLK und JONES bedienen sich einer Mischung aus 2 Teilen Salpetersäure und 1 Teil 70%iger Perchlorsäure. MCLEAN schließt den Boden nach NEUMANN mit Salpetersäure und Schwefelsäure auf[1] (siehe § 17, A, S. 274). Gewöhnliches Wasser als Extraktionsmittel benutzt SCHLOESING FILS, wobei er 10 Std. lang schüttelt. In möglichster Angleichung der Verhältnisse der Phosphorsäureaufnahme durch Pflanzen wählt PLOTZ eine Lösung, die der Zusammensetzung des Zuckerrübensaftes entspricht, und zieht damit die Bodenproben aus. WILLIAMS verascht die Bodenprobe, raucht 3mal mit Flußsäure ab und schmilzt den Rückstand mit Natrium-Kaliumcarbonat. In der von Kieselsäure befreiten Lösung der Schmelze erfolgt schließlich die Bestimmung der Phosphorsäure. DUPUIS schüttelt mit einer Lösung von Ammoniumfluorid und Salzsäure bei gewöhnlicher Temperatur. Das Verfahren ist schnell ausführbar, aber für stark kalkhaltige Böden wegen des zu geringen Säuregehaltes der Extraktionslösung nicht zu verwenden. ATKINSON, BISHOP und LEVICK extrahieren den getrockneten Boden mit einer Natriumacetatlösung vom p_H-Wert 4,85 unter Zusatz von etwas Aktivkohle. Etwa anwesendes Arsenat wird durch Sulfit reduziert. Die Bestimmung des Phosphates geschieht nach FISKE-SUBBAROW (siehe § 1, D, S. 102).

Nach dem Methodenbuch wird die Gesamtphosphorsäure durch Aufschluß mit Königswasser bestimmt. Hierzu werden 30 g Boden in einem 500 ml-Meßkolben mit 200 bis 250 ml Königswasser $1^1/_2$ Std. lang auf freier Flamme erhitzt. Nach dem Erkalten wird zur Marke aufgefüllt und filtriert. Man dampft 300 ml Filtrat ein und behandelt den Rückstand 2mal mit konzentrierter Salpetersäure. Nach der Abscheidung der Kieselsäure wird mit verdünnter Salpetersäure aufgenommen und Ammoniummolybdophosphat gefällt und gewogen.

Um in den Bodenauszügen die Phosphorsäure zu bestimmen, wird heutzutage ausschließlich das colorimetrische Verfahren mittels Phosphomolybdänblaus angewendet. Dies hat seine Berechtigung aus folgenden Überlegungen. Erstens handelt es sich bei dem üblichen EGNÉR-Verfahren nur um kleine Mengen in Lösung gegangener Phosphorsäure, so daß ein gravimetrisches oder titrimetrisches Verfahren nicht angebracht ist. Zweitens ist die Probenahme mit einem erheblichen Fehler behaftet, und daher genügt bereits ein Verfahren mit einer Genauigkeit von einigen Prozenten vollkommen. Diese wird aber von den colorimetrischen Verfahren leicht erreicht. Drittens soll die Bestimmung möglichst schnell ausführbar sein und nicht zu hohe Kosten verursachen. Alle Bedingungen erfüllen gerade die colorimetrischen

[1] Dieselbe Aufschlußmischung benutzen RAMEAU und TEN HAVE.

Verfahren am besten. In den Ausführungsformen von HERRMANN und LEDERLE sowie von RIEHM ist das EGNÉR-Verfahren zu einer hohen Vollkommenheit entwickelt worden.

Von den in § 1, D, S. 81 besprochenen colorimetrischen Verfahren ist nach HERRMANN und LEDERLE (b) eine Kombination des Zinn(II)-chlorid-Verfahrens mit dem Photo-Rex-Verfahren das günstigste (Näheres siehe S. 212). ALTEN, WEILAND und LOOFMANN prüften verschiedene Verfahren auf ihre Brauchbarkeit und fanden das ZINZADZE-Verfahren (siehe § 1, D, S. 104) und das TERADA-Verfahren (siehe § 1, D, S. 108) für Bodenauszüge anwendbar, wobei dieses jenem bei Anwesenheit von Salpetersäure oder Nitraten vorzuziehen sei. Bei sehr kleinen P_2O_5-Mengen (2 bis 40 γ) ist die nephelometrische Bestimmung nach RAUTERBERG (siehe § 1, C, S. 75) geeignet. Mit Zinn(II)-chlorid arbeitet ATKINS. BELGRAVE fand, daß dieses Reagens bei sauren Bodenauszügen nicht brauchbar sei, weil dreiwertiges Eisen und die Wasserstoffionen stören. Man kann das dreiwertige Eisen durch Zink zum zweiwertigen reduzieren und die Säure durch Zusatz von Ammoniumacetat abstumpfen. NIKLAS erwähnt ein Schnellverfahren zur Phosphorsäurebestimmung im Boden außerhalb des Laboratoriums mit Hilfe von Zinn(II)-chlorid und eines Komparators. Er braucht nur 15 Sek. mit der Hand geschüttelt zu werden. Leider ist keine Arbeitsvorschrift mitgeteilt. ZINZADZE hat seine beiden Verfahren (siehe § 1, D, S. 104) zur Anwendung auf die Bodenanalyse empfohlen.

Es sind zur Bestimmung der Phosphorsäure in den Bodenauszügen auch andere als colorimetrische Verfahren vorgeschlagen worden. So haben ANTONIANI und JONA das EMBDEN-Verfahren mit Strychninmolybdophosphat (siehe § 1, C, S. 79) als für die Bodenuntersuchung brauchbar gefunden. PREISINGER und FRODL sowie FRODL haben eine Vorschrift zur jodometrischen Titration des Ammoniummolybdophosphates nach ARTMANN (siehe § 1, E, S. 109) mitgeteilt. Wegen der recht umständlichen Arbeitsweise braucht hier nicht näher darauf eingegangen zu werden. Das sedimetrische Bestimmungsverfahren nach EGGERTZ-GOETZ (siehe § 15, A, S. 245) hat GULLY vorgeschlagen. KASERER und GREISENEGGER schließen den Boden nach KJELDAHL auf und titrieren das aus der Lösung gefällte Ammoniummolybdophosphat alkalimetrisch. — Wegen einer maßanalytischen Bestimmung der Phosphorsäure mittels Wismutylperchlorates siehe § 8, C, S. 155.

Zur *Entfärbung von gefärbten Bodenauszügen* hat HIBBARD einige Hinweise gegeben. 50 ml gefärbte Lösung werden mit 5 ml gesättigtem Bromwasser und dann mit 5 Tropfen oder mehr 5 n Natronlauge versetzt, bis die braune Farbe verschwunden ist. Nun werden 5 Tropfen 5 n Salzsäure zugefügt, worauf Brom frei werden soll. Ist das nicht der Fall, so muß der Zusatz von Bromwasser, Natronlauge und Salzsäure wiederholt werden. Zur Reduktion des freien Broms und zu seiner Entfärbung werden 5 ml 5%ige Natriumsulfitlösung zugesetzt. Sollte der Sulfitzusatz bei der nachfolgenden Bestimmung schädlich sein, so muß das Brom durch Einleiten von Luft oder durch Kochen entfernt werden. — Bei starker Färbung müssen mehr als 5 ml Bromwasser verwendet werden. Es ist aber nicht empfehlenswert, fertige Natriumhypobromitlösung anzuwenden, weil deren Bleichwirkung mit der Zeit nachläßt.

A. Bestimmung der Phosphorsäure in den mittels des Lactatverfahrens nach EGNÉR erhaltenen Bodenauszügen.

Nach dem Verfahren von EGNÉR werden 5 g Boden mit 250 ml einer Lösung, die 0,02 n an Calciumlactat und 0,01 n an Salzsäure ist und einen p_H-Wert $= 3{,}5$[1] hat, in einer Selterswasserflasche 2 Std. lang bei $20 \pm 0{,}1°$ geschüttelt. Die Calciumlactatlösung hat folgende Vorzüge. Sie extrahiert aus dem Boden Phosphorsäuremengen derselben Größenordnung wie die Keimpflanzen nach NEUBAUER (b). Die

[1] Nach Methodenbuch beträgt der p_H-Wert 3,7.

Lösung ist sowohl gegenüber dem p_H-Wert als auch gegenüber der Calciumionenkonzentration gut gepuffert, zwei Faktoren, die auf die Löslichkeit der Phosphate im Boden großen Einfluß haben. Wegen ihres Calciumgehaltes werden sehr wenig Humusstoffe gelöst [RIEHM (a)].

Die Bestimmung der in Lösung gegangenen Phosphorsäure erfolgt mittels Zinn(II)-chlorid. HERRMANN und LEDERLE (a) haben in sehr eingehenden Untersuchungen gefunden, daß diese Bestimmungsart Nachteile hat, weil Reaktionstemperatur und Ablesungszeit genau eingehalten werden müssen, und weil die Colorimeterröhren durch Zinnoxyd getrübt und nur schwer gereinigt werden können. Sie ersetzen deshalb das Zinn(II)-chlorid durch Photo-Rex, bei dessen Anwendung diese Nachteile wegfallen. Aber dieses Verfahren ist weniger empfindlich. Die daraufhin angestellten Versuche, die Tiefe der Anfärbung zu verstärken, führten durch die kombinierte Anwendung von Photo-Rex und Zinn(II)-chlorid zu einem vollen Erfolge. Die Haltbarkeit der Färbung ist ausgezeichnet, die Temperaturabhängigkeit ist sehr gering, und die Colorimeterröhren bleiben sauber. Die zunächst ausgearbeiteten Vorschriften wurden später (b) insofern geändert, als der Ammoniummolybdatlösung keine Schwefelsäure zugefügt wird, wodurch eine bessere Haltbarkeit der Molybdat-Photo-Rex-Mischung erreicht wird. Außerdem wurde gefunden, daß eine doppelt so große Menge Calciumlactat wie bei dem ursprünglichen EGNÉR-Verfahren bei der Herstellung der Bodenauszüge von Vorteil sei. Schließlich haben HERRMANN und LEDERLE (c) die hier unten mitgeteilte Vorschrift angegeben, bei der das Anfärbeverfahren eine Kombination der Arbeitsweisen von LEDERLE, von HERRMANN, LEDERLE und METZEN (siehe § 13) und von HERRMANN und LEDERLE (a) mit denen von HERRMANN und LEDERLE (b) ist. Durch die Abänderung des lichtelektrischen Colorimeters von LANGE durch RIEHM (a) ist eine weitere Beschleunigung der Bestimmung möglich geworden. Durch Anwendung automatischer Pipetten und einer ebensolchen Filtriervorrichtung nach RIEHM (c) können stündlich 40 Bestimmungen durchgeführt werden. Um die mit dem Lactatverfahren erhaltenen Phosphomolybdänblaufärbungen im Zeiß-Meßgerät nach SCHUHKNECHT-WAIBEL messen zu können, haben HERRMANN, HOFMANN und LEDERLE ein einfaches Zusatzgerät konstruiert, das in gleich sicherer und einfacher Weise die Bestimmung ausführen läßt wie die Benutzung des Spezialcolorimeters nach RIEHM-LANGE[1].

Verfahren von HERRMANN und LEDERLE (c).

Reagenzien. *1. Lactatlösung*[2]*:* 50 ml Calciumlactatlösung (Merck) werden zu 1000 ml aufgefüllt. Es kann hierzu Leitungswasser verwendet werden, wenn nicht im Auszug gleichzeitig Kalium bestimmt werden soll. Das Wasser muß aber auf jeden Fall mit der erforderlichen Menge Salzsäure neutralisiert werden. Der p_H-Wert der Gebrauchslösung muß 3,55 $\pm$0,05 sein. Es müssen dann auch die Eichlösungen mit dem neutralisierten Leitungswasser bereitet werden. — *2. Photo-Rex-Reagens.* a) Vorratslösung: 2 g Photo-Rex (Merck), 10 g Natriumsulfit und 300 g Natriumhydrogensulfit werden in einem 1 l-Meßkolben unter schwachem Erwärmen in etwa 800 ml Wasser gelöst. Nach dem Abkühlen wird zur Marke aufgefüllt. Eine etwaige Trübung wird absitzen gelassen. Die Lösung ist in einer braunen, vor Licht

[1] DECHERING beschreibt ein photoelektrisches Colorimeter, bestehend aus einer durch Akkumulatoren gespeisten 4-Volt-Lampe und einer Thermosäule, die einander gegenüber angeordnet sind. Zwischen ihnen befindet sich das Gefäß mit der Phosphatlösung. Der in der Thermosäule auftretende Strom wird mit einem Galvanometer gemessen. Es lassen sich 160 Bestimmungen in 1 Std. ausführen.

[2] Nach dem Methodenbuch löst man 1 Mol chemisch reines Calciumlactat (308,23 g) in etwa 3 l destilliertem Wasser unter Erwärmen, fügt 1 Mol Salzsäure (etwa 200 ml 5 n HCl) hinzu und füllt nach dem Erkalten auf 4 l auf. Bei Zusatz einiger Tropfen Chloroform ist die Lösung etwa 1 Woche lang haltbar. p_H-Wert etwa 3,2. Zum Gebrauche werden 40 ml der Vorratslösung auf 1 l verdünnt. p_H-Wert 3,7. Diese Lösung muß täglich frisch bereitet werden.

geschützten und gut verschlossenen Flasche lange Zeit haltbar. — b) Gebrauchslösung: 1 Teil der Vorratslösung wird mit 3 Teilen Wasser verdünnt. — *3. Molybdänreagens.* a) Vorratslösung: In einem 1 l-Meßkolben werden 50 g kristallisiertes Ammoniummolybdat in 800 ml Wasser bei höchstens 60° gelöst. Nach der Abkühlung wird zur Marke aufgefüllt. In einer braunen, gut verschlossenen Flasche ist die Lösung lange Zeit haltbar. — b) Gebrauchslösung. Die Vorratslösung wird mit dem gleichen Raumteil Wasser verdünnt. — *4. Molybdän-Photo-Rex-Gemisch:* Es werden 1 Raumteil der Lösung 3b und 1 Raumteil der Lösung 2b vermischt. Die Mischung ist einige Wochen haltbar, wenn sie in einer braunen, gut verschlossenen Flasche aufbewahrt wird. Eine leichte Blaufärbung kann vernachlässigt werden. — *5. Zinn(II)-chloridreagens:* 3,5 g kristallisiertes Zinn(II)-chlorid werden in einem 1 l-Meßkolben in 550 ml 10 n Salzsäure gelöst. Mit Wasser wird bis zur Marke aufgefüllt. Die Lösung wird in einer braunen Flasche unter Kohlendioxyd aufbewahrt, und durch eine zweckmäßige Einrichtung wird ihr die erforderliche Menge entnommen[1]. — *6. Phosphat-Standardlösung:* 191,7 mg über Schwefelsäure getrocknetes Kaliumdihydrogenphosphat (SÖRENSEN) werden zu 1 l gelöst. 1 ml entspricht 0,1 mg P_2O_5. Zur Konservierung wird etwas Chloroform zugesetzt.

Arbeitsvorschrift. a) Bodenauszug. 5 g lufttrockene Feinerde (2 mm) werden in einer EGNÉR-Schüttelflasche mit 250 ml Lactatlösung (1) $1^1/_2$ Std. lang bei 15 bis 20° in einer Schüttelmaschine geschüttelt. Hierzu dient vorteilhaft die von RIEHM (c) gezeigte Bauart, die 40 Flaschen mit einem Male zu schütteln gestattet. Sodann filtriert man alsbald 25 ml in ein Colorimeterrohr. Die ersten durch das Filter gehenden Anteile des Filtrates werden verworfen. (Wenn gleichzeitig eine K_2O-Bestimmung gemacht werden soll, so nimmt man die ersten 25 ml für die Phosphorsäurebestimmung und die nächsten für die Kalibestimmung.) — b) Meßlösung. Nach spätestens 3 bis 4 Std. nach dem Filtrieren saugt man die Lösung bis zur 25 ml-Marke ab, gibt aus automatischen Pipetten 2 ml Molybdän-Photo-Rex-Gemisch (4) und 1 ml Zinn(II)-chloridreagens (5) hinzu und mischt durch Umdrehen der mit einer Gummischeibe verschlossenen Röhren. Nach frühestens 30 Min., spätestens 6 Std., mißt man im lichtelektrischen Colorimeter nach RIEHM-LANGE. — c) Bestimmung der Apparatkonstante. 6 ml Phosphat-Standardlösung (6) werden in einem 500 ml-Meßkolben mit 25 ml Merckscher Lactatlösung versetzt und mit Wasser bis zur Marke aufgefüllt. 25 ml dieser Lösung werden, wie unter b) beschrieben, angefärbt und nach genau gleicher Zeit gemessen. Der Galvanometerzeiger wird durch Änderung des Widerstandes auf die Marke 41,5 eingestellt. Die nach Entfernen der Röhre eingetretene Zeigerstellung ist die „Apparatkonstante", auf welche der Zeiger während der folgenden eigentlichen Messungen, wenn erforderlich, immer wieder einzustellen ist. Es ist zu beachten, daß die Apparatkonstante etwa 0 beträgt, keinesfalls darf der Zeiger einen so großen Minuswert aufweisen, daß er an der Arretierung anschlägt. In diesem Falle müßte die Zeigerstellung weiter nach links gerückt werden. — d) Eichen der Skala. 0 bis 40 ml Phosphat-Standardlösung (6), entsprechend 0 bis 40 mg P_2O_5 in 100 g Boden, und jeweils 25 ml Mercksche Lactatlösung werden zu 500 ml aufgefüllt. Die dabei erhaltenen Anfärbungen werden gemessen, wobei von der 6 mg P_2O_5-Standardlösung, deren Anfärbung stets auf den gleichen Teilstrich 41,5 einzustellen ist, ausgegangen wird. Diese Lösung wird sicherheitshalber mehrmals angefärbt und abgelesen. Aus den abgelesenen Werten werden eine Eichkurve und eine Eichtabelle angelegt.

Bemerkungen. 1. Der *Einfluß der Temperatur* ist zwischen 10 und 30° unbedeutend. — 2. Die *Haltbarkeit der Färbung* erstreckt sich nach den ersten 30 Min. bis zu 18 Std. — 3. Ein *Einfluß der Kieselsäure* ist nicht festzustellen. — 4. Die *Anwendbarkeit des Verfahrens* (mit Doppellactatlösung) auf kalkreiche Böden (bis

[1] JESSEN und CONSTANTIN prüfen den Wirkungswert der Zinn(II)-chloridlösung jodometrisch. Die Zinn(II)-chloridlösung wird aus metallischem Zinn täglich frisch bereitet.

über 30% $CaCO_3$ [RIEHM, b]) ist bei einmaliger Ausschüttelung möglich. (Gleichzeitig kann eine Kalibestimmung gemacht werden.) — OKÁČ hat beim EGNÉR-Verfahren festgestellt, daß es bei kalkreichen Böden schwer sei, die schwach saure Endreaktion aufrechtzuerhalten. Er schlägt deshalb vor, je nach dem bekannten Gehalt des Bodens an Calciumcarbonat, folgende Einwaagen zu nehmen: 5 g Boden mit 0 bis 0,5% CaO, 5 g Boden mit 0,5 bis 1,5% CaO, mit Kontrolle der Endreaktion, 1 g Boden mit über 1,5% CaO. — 5. Die *Treffsicherheit* dieses an 928 Bodenproben geprüften Verfahrens ist die gleiche wie die des Keimpflanzenverfahrens (siehe § 13), es kann also dieses ersetzen. — 6. *Messen der Färbung im Zeiß-Phosphorsäuremeßgerät* nach HERRMANN, HOFMANN und LEDERLE. Das zur Aufnahme der Colorimeterröhren dienende Zusatzgerät kann an Hand der Abb. 18 selbst angefertigt werden. Als Aufnahmekästchen (*1*) eignet sich am besten ein vierkantiges, rund ausgebohrtes Holzstück von 100 mm Länge und 30 mm Kantenbreite, wobei die Bohrung um ein weniges größer als die äußere Weite des Colorimeterglases sein muß, damit dessen reibungsloses Einsetzen gewährleistet ist. Das Kästchen kann man aber noch einfacher aus vier passenden Brettern zusammenbasteln. In die Einführungsöffnung wird zweckmäßigerweise ein Metall- oder Glasring eingesetzt, um eine sichere und leichte Führung beim Einschieben der Röhren zu erzielen. Der Boden des Kästchens wird durchlocht, damit die Flüssigkeit bei etwa eintretendem Zerbrechen eines Colorimeterglases ablaufen kann. Vorder- und Hinterwand werden mit einem 40 mm hohen und 9 mm breiten Spalt für den Durchgang des Lichtstrahles versehen. Als Träger des Aufnahmekästchens dient ein kleines Brett von 117 mm Länge und 87 mm Breite, in das ebenfalls ein Spalt von gleicher Länge und Breite wie bei dem Kästchen eingeschnitten wird. Das Brett ist so zu bemessen, daß es auf den Trägerkopf des schwarzen Blendschirmes (*2*) zu sitzen kommt, wobei für das links daneben befindliche Achsenlager der ausschwenkbaren Küvette (*3*) eine entsprechende Aussparung (*4*) anzubringen ist. Der Lichtspalt wird genau senkrecht zur Linsenmitte angebracht. Rechts wird ein passendes Klötzchen befestigt (*5*), das zum Arretieren mit dem Knebel (*6*) dient. Aufnahmekästchen und Grundbrett werden mit kleinen Holzschrauben so miteinander verbunden, daß die Lichtspalten in eine Ebene und in die Mittelachse der Linse zu liegen kommen und somit die Lichtstrahlen ungehindert hindurchgehen können. Um das Zusatzgerät unverrückbar an Stelle der herausgeklappten Durchlaufküvette einsetzen zu können, wird links zwischen Blendschirm und herausgeklapptem Küvettenträger ein Holz- oder Korkkeil (*7*) eingeklemmt; zugleich ist der Knebel an der rechten Seite so zu drehen, daß das Klötzchen fest angedrückt wird. — Zur eigentlichen Messung wird das mit dem weißen Blendschirm verbundene Photozellengehäuse auf der Gleitschiene soweit wie möglich nach links gegen den großen schwarzen Blendschirm gerückt. Dann ist nach Lösen der Arretierungsschraube des Lampengehäuses dieses so weit einzuschwenken, daß der Lichtstrahl genau durch die Mitte der Linse und somit durch den Spalt des Zusatzgerätes geht. Die günstigste Anodenspannung beträgt etwa 50 Volt. Die vor der Linse des schwarzen Blendschirmes angebrachte Irisblende wird nach dem Einstellen der Beleuchtungsanlage und Anschließen der übrigen Leitungen so geöffnet, daß beim Messen der mit 6 mg P_2O_5-Standardlösung erhaltenen Anfärbung der Ausschlag des Lichtmarkengalvanometers auf Teilstrich 50 zu stehen kommt,

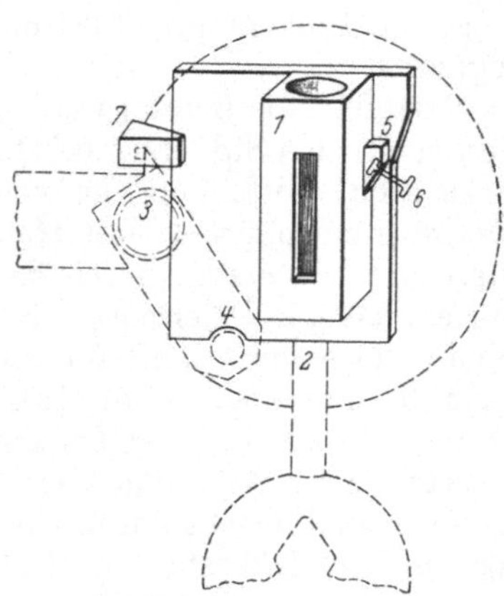

Abb. 18. Zusatzgerät zum Zeiß-Phosphorsäuremeßgerät. (Nach HERRMANN und LEDERLE.)

da bei dieser Einstellung die günstigsten Ablesungswerte erhalten werden. Die Feineinstellung auf Teilstrich 50 erhält man am besten durch geringe Änderung der Anodenspannung. Nunmehr nimmt man das Anfärben der Eichlösungen, wie oben beschrieben, vor und führt die Messungen durch. — Die Messungen der Anfärbungen können selbstverständlich auch mit der Durchlaufküvette des SCHUHKNECHT-WAIBEL-Gerätes erfolgen. Hierzu stellt man die Lichtmarke für die 6 mg P_2O_5-Standardlösung auf den Teilstrich 60 ein und verfährt im übrigen in üblicher Weise. — 7. Aus *arsenhaltigen Böden* (z. B. Weinbergsböden) nimmt Lactatlösung Arsen auf, und wenn dieses in 5wertiger Form vorliegt, erhöht es die Phosphatwerte, und zwar analog RIEHM (a) in folgender Weise:

2 mg As_2O_5	entsprechen	1,3 mg P_2O_5
6 mg As_2O_5	„	3,7 mg P_2O_5
20 mg As_2O_5	„	12,0 mg P_2O_5

3wertiges Arsen ist ohne Einfluß. Wenn der Boden arsenhaltig ist, muß also dessen Oxydationsstufe festgestellt werden. Vorschriften hierzu sollen später mitgeteilt werden. Keimpflanzen nehmen kein Arsen aus den Böden auf, dieses Verfahren (siehe § 13, S. 217) arbeitet also immer einwandfrei [LEDERLE (b)].

B. Bestimmung der Phosphorsäure in den mittels Citronensäure erhaltenen Bodenauszügen.

Zur Extraktion einer Bodenprobe mittels Citronensäure dient eine 1%ige Lösung dieser Säure, mit der eine größere Menge Boden mehrere Stunden lang geschüttelt wird. Das Verfahren ist jedoch für kalkreiche Böden nicht anwendbar, weil der Kalk einen Teil der Citronensäure neutralisiert und deshalb deren Lösungsvermögen für die Bodenphosphate herabsetzt (COUSINS und HAMMOND). RAVENNA sowie ALEXEJEWA schlagen deshalb vor, den Carbonatgehalt des Bodens zu bestimmen und die daraus berechnete Menge Citronensäure der Extraktionslösung zuzufügen.

Die Bestimmung der Phosphorsäure in den Bodenauszügen kann mittels des Molybdatverfahrens auf die übliche Weise erfolgen. Unter anderem haben ANTONIANI und BONETTI vorgeschlagen, die Fällung als Strychninmolybdophosphat anzuwenden. Die Vorbereitung der Fällungslösung ist jedoch in diesem Falle sowohl als auch bei anderen Bestimmungsverfahren recht umständlich. Es soll deshalb hier nicht näher darauf eingegangen werden, zumal durch ARRHENIUS die colorimetrische Bestimmung der Phosphorsäure durch die Bildung des Phosphomolybdänblaus mittels Hydrochinons mit bestem Erfolge durchgeführt worden ist. Da die Arbeitsweise ausführlich beschrieben ist (siehe § 1, D, S. 95), so braucht sie hier nicht wiederholt zu werden. FORT hat die gute Brauchbarkeit des Verfahrens von ARRHENIUS festgestellt, jedoch sind auch nach seiner Meinung carbonatreiche Böden nicht sehr geeignet für die Untersuchung nach dem Citronensäureverfahren. — ALEXEJEWA bestimmt die Phosphorsäure in 1 ml des Auszuges mit 6 Tropfen 1%iger Zinn(II)-chloridlösung.

C. Bestimmung der Phosphorsäure in salzsauren Bodenauszügen.

Für die Untersuchung salzsaurer Bodenauszüge hat NEUBAUER (a) ein umständliches Verfahren mitgeteilt. Es beruht darauf, daß Eisen(III)- und Aluminiumchlorid schon bei mäßigem Erhitzen in die unlöslichen Oxyde übergehen, wobei die Phosphorsäure zugleich als unlösliches Eisen(III)-phosphat abgeschieden wird. Der salzsaure Bodenauszug wird daher eingedampft und der Rückstand schwach geglüht. Der in Wasser unlösliche Teil des Rückstandes wird in verdünnter Schwefelsäure gelöst und in dieser Lösung die Phosphorsäure nach v. LORENZ gefällt (siehe § 1, A, S. 32). Da die Extraktion der Bodenproben mit Salzsäure heutzutage in der Bodenkunde wohl keine Rolle mehr spielt, möge das hier Gesagte genügen.

D. Bestimmung der Phosphorsäure in Moorböden.

Nach den Erfahrungen von ARND und LEISEN können flammenphotometrisch bzw. colorimetrisch nur Aschenauszüge, die folgenden Bedingungen entsprechen, untersucht werden. Sie dürfen nicht mehr als 6% CaO berechnet auf Trockensubstanz enthalten. Die Farbtiefe der Aschenauszüge darf nicht größer sein als die Färbung einer unter Zusatz von 5 ml 25%iger Salzsäure erhaltenen Lösung von 10 g kristallisiertem Eisen(III)-chlorid in 500 ml Wasser. Die Auszüge müssen frei von Salpetersäure und Nitraten sein, und sie sind deshalb mehrmals mit Salzsäure abzurauchen. Wenn die Auszüge diesen Bedingungen nicht entsprechen, so muß die Bestimmung der Phosphorsäure auf gravimetrischem Wege erfolgen. Um aber in Auszügen von Moorböden dennoch eine colorimetrische Bestimmung vornehmen zu können, verdünnen ARND und LEISEN den Auszug stark, um den Eisengehalt herunterzusetzen, außerdem reduzieren sie das dreiwertige Eisen durch Sulfit zum zweiwertigen. Da durch die große Verdünnung aber der Phosphatgehalt stark erniedrigt wird, setzen sie eine bekannte Menge Phosphat hinzu, so daß die Bestimmung also indirekt wird.

Arbeitsvorschrift. Eine 50 g Bodentrockensubstanz entsprechende Menge lufttrockenen Moorbodens wird verascht und die Asche mit 10%iger Salzsäure unter Zusatz von wenig Salpetersäure aufgeschlossen. Die Kieselsäure wird abgeschieden und die Lösung mit Salzsäure zu 500 ml aufgefüllt. 100 ml Lösung werden auf dem Wasserbade in einer Porzellanschale zur Trockne verdampft und noch einmal nach Zusatz einiger Milliliter 25%iger Salzsäure eingedampft. Die mit 1 bis 5 ml 25%iger Salzsäure unter Erwärmen hergestellte Lösung des Rückstandes wird mit heißem Wasser in einen 100 ml-Meßkolben gespült, mit 25 ml einer Lösung von 974,4 mg Dikaliumhydrogenphosphat in 1000 ml Wasser vermischt und zur Marke aufgefüllt. 1 ml dieser Lösung wird mit 5 ml 5%iger Natriumsulfitlösung einige Sek. geschüttelt und dann nach dem Verfahren von ZINZADZE (siehe § 1, D, S. 104) untersucht. Die Messung muß spätestens nach 2 bis 3 Std. erfolgen, weil sonst Oxydation des zweiwertigen Eisens zu dreiwertigem eintritt.

Literatur.

ALEXEJEWA, A. W.: Chem. social. Agric. (russ.) **1935** Nr 8, 41; durch C. **107**, **I**, 2187 (1936) — ALTEN, F., H. WEILAND u. H. LOOFMANN: Z. Pflanzenernähr. Düng. Bodenkunde A **32**, 33 (1933). — ANTONIANI, C., u. S. BONETTI: Giorn. Chim. ind. appl. **11**, 154 (1929); durch C. **100**, **II**, 3247 (1929). — ANTONIANI, C., u. R. B. JONA: Giorn. Chim. ind. appl. **10**, 203 (1928); durch C. **99**, **II**, 1259 (1928). — ARND, TH., u. E. LEISEN: Z. Pflanzenernähr. Düng. Bodenkunde **30** (75), 51 (1943). — ARRHENIUS, O.: Z. Pflanzenernähr. Düng. Bodenkunde A **14**, 185 (1929). — ATKINS, W. R. G.: J. agric. Sci. **14**, 192 (1924); durch C. **95**, **II**, 1625 (1924). — ATKINSON, H. J., R. F. BISHOP u. R. LEVICK: Sci. Agric. **30**, 61 (1950); durch Fr. **133**, 214 (1951).

BELGRAVE, W. N. C.: Malayan agric. J. **16**, 361 (1928); durch C. **100**, **I**, 2098 (1929).

COUSINS, H. H., u. H. S. HAMMOND: Analyst **28**, 238 (1903); durch C. **74**, **II**, 741 (1903).

DECHERING, F. J. A.: Chem. Weekbl. **45**, 521 (1949); durch C. **121**, **II**, 2727 (1950). — DUPUIS, M.: Ann. Ind. Nat. Rech. Agronom. Sér. A **1**, 10 (1950); durch Fr. **136**, 237 (1952).

EGNÉR, H.: Medd. Nr 425 från Centralanstalten för försöksvärsendet pa jordbruksvonrådet. Avdeln för lantbrukskemi Nr 51, Stockholm 1932.

FORT, J.: Phosphorsäure **3**, 312 (1933); durch Fr. **107**, 445 (1936). — FRODL, F.: Ch. Z. **50**, 825, 839, 868 (1926).

GULLY, E.: Ch. Z. **25**, 419 (1901).

HALE, H., u. W. L. HARTLEY: Ind. eng. Chem. **8**, 1028 (1916); durch C. **89**, **I**, 650 (1918). — HERRMANN, R., A. HOFMANN u. P. LEDERLE: Z. Pflanzenernähr. Düng. Bodenkunde **34** (79), 344 (1944). — HERRMANN, R., u. P. LEDERLE: (a) Z. Pflanzenernähr. Düng. Bodenkunde **26**, 105 (1941); (b) **32** (77), 306 (1943); (c) **34** (79), 1 (1944). — HIBBARD, P. L.: Ind. eng. Chem. Anal. Edit. **4**, 283 (1932); durch Fr. **92**, 369 (1933). — HORNBERGER, R.: L. V. St. **82**, 299 (1913); durch C. **84**, **II**, 1515 (1913).

JESSEN, W., u. G. CONSTANTIN: Z. Pflanzenernähr. Düng. Bodenkunde **44**, 168 (1949).

KASERER, H., u. I. K. GREISENEGGER: Z. landw. Vers.-Wes. Österr. **13**, 795 (1910); durch C. **81**, **II**. 1631 (1910).

MCLEAN, W.: J. agric. Sci. **26**, 331 (1936); durch C. **107**, **II**, 2601 (1936). — LEDERLE, P.: (a) Fr. **121**, 403 (1941); (b) Z. Pflanzenernähr. Düng. Bodenkunde **48**, 85 (1949).

Methodenbuch (Handbuch der landwirtschaftlichen Versuchs- und Untersuchungsmethodik) Band 1: Die Untersuchung von Böden, herausgegeb. von R. THUN und R. HERRMANN, 2. Aufl. Neudamm u. Hamburg 1949.

NEUBAUER, H.: (a) L. V. St. **63**, 141 (1905); durch Fr. **46**, 190 (1907); (b) L. V. St. **100**, 119 (1923). — NIKLAS, H.: Z. Pflanzenernähr. Düng. Bodenkunde **29** (74), 310 (1943).

OKÁČ, A.: Z. Pflanzenernähr. Düng. Bodenkunde **32** (77), 315 (1943).

PLOTZ, J.: Öst. Ch. Z. **3**, 127 (1900); durch C. **71**, **I**, 996 (1900). — PREISINGER, J., u. FR. FRODL: Z. landw. Vers.-Wes. Österr. **17**, 92 (1914); durch C. **85**, **II**, 589 (1914).

RAMEAU, J. TH. L. B., u. J. TEN HAVE: Chem. Weekbl. **47**, 1005 (1951); durch Fr. **136**, 453 (1952). — RAVENNA, C.: Giorn. Chim. ind. appl. **5**, 129 (1923); durch C. **94**, **II**, 1214 (1923). — RIEHM, H.: (a) Z. Pflanzenernähr. Düng. Bodenkunde **9/10**, 30 (1938); (b) Phosphorsäure **1**, 167 (1942); durch C. **114**, **I**, 878 (1943); (c) Angew. Ch. **58**, 73 (1945).

SCHLOESING FILS, TH.: C. r. **127**, 327 (1898); durch C. **69**, **II**, 670 (1898).

VOLK, G. W., u. R. JONES: Pr. Soil Sci. Soc. Am. **2**, 197 (1937); durch C. **110**, **II**, 3335 (1939).

WILLIAMS, C. B.: Am. Soc. **25**, 491 (1903); durch C. **74**, **II**, 143 (1903).

ZINZADZE, SCH.: Z. Pflanzenernähr. Düng. Bodenkunde A **23**, 447 (1932).

§ 13. Bestimmung der Phosphorsäure in Pflanzenaschen.

Zur Ermittlung der Phosphorsäurebedürftigkeit eines Bodens dient außer den in § 12 beschriebenen Extraktionsverfahren das Keimpflanzenverfahren von NEUBAUER. Hierzu werden 100 Körner Petkuser Winterroggen, nach bestimmten Regeln vorbereitet, in 100 g Boden (auf Trockensubstanz bezogen), der mit Sand und Wasser vermischt ist, ausgesät. Die Keimung wird in je 4 Ansätzen bei 18 bis 22° vorgenommen. Nach 17 Tagen werden die Pflanzen abgeschnitten und mit den von dem Boden befreiten Wurzeln verascht. Eine in Quarzsand gezogene Keimpflanzenprobe wird ebenfalls verascht. In den Aschen wird die aufgenommene Phosphorsäure bestimmt. Die Differenz aus beiden Proben entspricht dem P_2O_5-Gehalt des Bodens und gibt das Maß für den Phosphorsäurebedarf des betr. Bodens ab. Diese Bestimmung erfolgt ausschließlich durch die colorimetrische Messung von Phosphomolybdänblau. HERRMANN und SINDLINGER erzeugen dieses nach dem Verfahren von ZINZADZE (siehe § 1, D, S. 104). Obwohl zahlreiche Bodenkundler (HAGER und STOLLENWERK; HOFFMANN; MÜLLER; SCHMITT) diese Arbeitsweise als brauchbar bestätigten und höchstens kleine Veränderungen anbrachten, und GIESECKE, MICHAEL und SCHULTE an Stelle des PULFRICH-Photometers zur Vereinfachung der Messung das LANGE-Colorimeter mit günstigem Erfolge benutzten, fanden HERRMANN, LEDERLE und VON METZEN, daß nur bei peinlichst genauer Beachtung der Arbeitsbedingungen übereinstimmende Ergebnisse gewährleistet seien. Insbesondere seien die Ergebnisse in hohem Maße abhängig von der sorgfältigen Einhaltung der Wasserbadtemperatur und wegen der großen Verdünnung von der genauen Bemessung der Aschenlösung sowie der Reagenzien. Das Verfahren von TISCHER (siehe § 1, D, S. 83) sei wegen hoher Empfindlichkeit und Umständlichkeit für Massenbestimmungen ungeeignet. Von mindestens ebenso großer Sicherheit wie das ZINZADZE-Verfahren ist das für die Untersuchung der Asche von Keimpflanzen abgeänderte Photo-Rex-Verfahren nach SCHEEL (siehe § 1, D, S. 98), das einfach, handlich, schnell und genau arbeitet. Die Abmessung der Reagenzien braucht nicht so sehr genau zu sein, die Temperatur kann zwischen 15 und 25° schwanken, und die Farbe bleibt 6 Std. bestehen. GIESECKE und KUHN bestätigen die guten Erfahrungen mit dieser Arbeitsweise. Um den Einfluß der Kieselsäure ganz auszuschalten, macht LEDERLE noch einen Zusatz von Citronensäure bei sonstiger Beibehaltung der Vorschrift, die hier als einzige mitgeteilt wird. — Wegen einer maßanalytischen Bestimmung der Phosphorsäure mittels Wismutylperchlorates siehe § 8, C, S. 155.

Verfahren von LEDERLE.

Das Verfahren von LEDERLE zur Bestimmung der Phosphorsäure in Aschen von Keimpflanzen vermeidet das Eindampfen der Aschenlösung mit Säure. Durch eine verhältnismäßig niedrige Veraschungstemperatur wird vermieden, daß ein Teil der Orthophosphorsäure in Pyrophosphorsäure übergeht und dadurch der Bestimmung entzogen wird. Das Verfahren arbeitet also sparsam an Heizgas oder -strom, Zeit, Material und Geld. Die erhaltenen Werte stehen in ausgezeichneter Übereinstimmung mit solchen aus gravimetrischen Bestimmungen nach v. LORENZ.

Reagenzien. 1. **Molybdatlösung:** 50 g Ammoniummolybdat werden unter schwachem Erwärmen in 400 ml Wasser gelöst. Nach dem Abkühlen werden 500 ml 10 n Schwefelsäure zugefügt, und die Mischung wird zu 1 l aufgefüllt. — 2. **Photo-Rex-Lösung:** 2 g Photo-Rex (Merck), 10 g Natriumsulfit und 300 g Natriumhydrogensulfit werden unter schwachem Erwärmen in 200 ml Wasser gelöst. Von der nach dem Erkalten zu 1 l aufgefüllten Lösung wird zum Gebrauch 1 Teil mit 4 Teilen Wasser verdünnt. — 3. **Molybdat-Citronensäurelösung:** Man mischt kurz vor Gebrauch frisch und in solcher Menge, wie sie für die Proben und die Eichlösungen erforderlich ist, 2 ml Molybdatlösung (1) mit 1 ml 1%iger Citronensäure und 47 ml Wasser. — 4. **Natriumacetatlösung:** Eine Lösung von 200 g kristallisiertem Natriumacetat in 1000 ml Wasser wird zum Gebrauch auf das Fünffache verdünnt. — 5. **Phosphat-Standardlösung:** 191,7 mg im Exsiccator über Schwefelsäure getrocknetes Kaliumdihydrogenphosphat nach SÖRENSEN werden in 1000 ml Wasser gelöst. 1 ml entspricht 0,1 mg P_2O_5.

Arbeitsvorschrift. Die Keimpflanzen werden in einer Porzellanschale von 100 ml Fassungsvermögen 2 Std. auf 500° erhitzt, wobei die Schale mit einem Aluminiumblech bedeckt ist. Nach Beendigung der Veraschung, d. h. wenn kein Kohlenstoff mehr vorhanden ist, läßt man erkalten, fügt 10 ml Salpetersäure (D 1,2) hinzu und läßt ½ Std. stehen. Dann gibt man 50 ml heißes Wasser hinzu, läßt erkalten und füllt auf 100 ml auf. Von der durch ein phosphatfreies Filter (Prüfung!) filtrierten Lösung bringt man mittels einer amtlich geeichten Pipette 2,5 ml in einen ebensolchen 100 ml-Meßkolben mit Glasstopfen, fügt 7,5 ml Wasser und 50 ml Molybdat-Citronensäurelösung (3) hinzu und schüttelt um. Man läßt, vor Licht geschützt, über Nacht stehen, versetzt mit 5 ml Photo-Rex-Lösung (2) und füllt nach 30 Min. mit Natriumacetatlösung (4) bis zur Marke auf. Innerhalb von 6 Std. wird die Mischung photometriert.

Zur gleichen Zeit werden die Eichlösungen hergestellt, indem 5 bis 10 ml der Phosphat-Standardlösung (5) mit 0,25 ml Salpetersäure (D 1,2) versetzt, auf 10 ml aufgefüllt und sonst, wie eben beschrieben, behandelt werden.

Die Messung erfolgt mit dem Phosphorsäuremeßgerät nach SCHUHKNECHT-WAIBEL, wobei die Lichtmarke des Galvanometers mit der Eichlösung 5 ml = 0,5 mg P_2O_5 auf den Teilstrich 100 eingestellt wird. Mit den Werten aus den Standardlösungen wird eine Eichkurve angelegt. Bei Verwendung von 2,5 ml Aschenlösung werden die Ergebnisse mit 40 multipliziert, um auf 100 g Boden zu kommen.

Literatur.

GIESECKE, F., u. L. KUHN: Z. Pflanzenernähr. Düng. Bodenkunde **24** (69), 370 (1941). — GIESECKE, F., H. MICHAEL u. L. SCHULTE: Z. Pflanzenernähr. Düng. Bodenkunde **7** (52), 171 (1938).

HAGER, G., u. W. STOLLENWERK: Z. Pflanzenernähr. Düng. Bodenkunde **4** (49), 8 (1937). — HERRMANN, R., P. LEDERLE u. O. v. METZEN: Z. Pflanzenernähr. Düng. Bodenkunde **24** (69), 356 (1941). — HERRMANN, R., u. FR. SINDLINGER: Z. Pflanzenernähr. Düng. Bodenkunde **4** (49), 1 (1937). — HOFFMANN, O.: Z. Pflanzenernähr. Düng. Bodenkunde **4** (49), 16 (1937).

LEDERLE, P.: Z. Pflanzenernähr. Düng. Bodenkunde **38** (83), 73 (1947).

MÜLLER, F. W.: Z. Pflanzenernähr. Düng. Bodenkunde **4** (49), 13 (1937).

NEUBAUER, H.: L. V. St. **100**, 119 (1923); Z. Pflanzenernähr. Düng. Bodenkunde **8**, 219 (1929).

SCHMITT, L.: Z. Pflanzenernähr. Düng. Bodenkunde **4** (49), 10 (1937).

§ 14. Bestimmung der Phosphorsäure in Wasser.

Die Kenntnis des Phosphatgehaltes in Meerwasser, Süßwasser und Trinkwasser ist für viele Wissenschaftszweige, Industriebetriebe und für die Hygiene von Bedeutung. Im Kesselhausbetrieb, in dem Phosphate als Wasserenthärtungsmittel in umfangreicher Weise verwendet werden, muß möglichst in Schnellverfahren der

Gehalt des Kesselspeisewassers an Phosphat festgestellt werden können. Es ist auch wichtig, den Phosphatgehalt von Abwässern zu kennen. In diesem Paragraphen werden die für die jeweiligen Bedarfszweige wichtigen Bestimmungsverfahren für Phosphat beschrieben. Bei allen kommt heutzutage fast ausschließlich die colorimetrische Bestimmung mit Hilfe von Phosphomolybdänblau in Betracht. Dessen Bildung wird von den verschiedenen Autoren auf verschiedene Weisen vorgenommen.

A. Bestimmung der Phosphorsäure in Meerwasser, Süßwasser und Trinkwasser.

Für die Bestimmung der Phosphorsäure ist nach den vergleichenden Untersuchungen von ROBINSON und WIRTH bei normalem, geringem Phosphorgehalt das Verfahren mit Zinn(II)-chlorid (siehe § 1, D, S. 83) brauchbar, während die Verfahren von BELL und DOISY (siehe § 1, D, S. 95) und von FISKE und SUBBAROW (siehe § 1, D, S. 102) nur bei außergewöhnlich hohem Phosphorgehalt anwendbar sind. KUISEL jedoch benutzt gerade das letztgenannte Verfahren im Anschluß an eine sehr sorgfältige Untersuchung.

Für die Untersuchung von Süßwasser hat OHLE eine umfangreiche Arbeit durchgeführt. Auch BRUJEWITSCH und Mitarbeiter haben sich eingehend damit beschäftigt. Die genannten Autoren ebenso wie TAYLOR verwenden zur Bildung des Phosphomolybdänblaus Zinn(II)-chlorid. Die umständliche Arbeitsweise von CAUSSE (Fällung des Eisens und der Phosphorsäure mit der Sublimatverbindung des p-amidobenzolsulfosauren Natriums und langwierige Trennung) kann als veraltet bezeichnet und deshalb hier übergangen werden.

Für die Bestimmung des Phosphatgehaltes in Trinkwasser hat LEPIERRE (a) den Vergleich der Gelbfärbung, die auf Zusatz von Ammoniummolybdat entsteht, gegen Kaliumchromatlösung vorgeschlagen. Für diese Arbeitsweise ist aber die Entfernung der Kieselsäure eine Grundbedingung. JOLLES hielt die Verwendung von Kaliummolybdat für besser als die von Ammoniummolybdat, und er vergleicht die Gelbfärbung gegen die mit Phosphat-Standardlösungen erzeugte. Wenn das Wasser unter 1 mg P_2O_5 in 20 ml enthält, so versagt das Verfahren. Den Einfluß der Kieselsäure versucht er durch Eindampfen und Erhitzen der Probe auf 130° auszuschließen. Ganz ähnlich arbeiten WOODMAN und CAYVAN, was LEPIERRE (b) veranlaßt, seinen Prioritätsanspruch geltend zu machen. VEITCH empfiehlt das Verfahren von WOODMAN und CAYVAN (richtig: das von LEPIERRE) für Bodenauszüge und Dränagewasser, stellt sorgfältige Untersuchungen über Störungen durch Eisen und Kieselsäure an und gibt genaue Anweisungen. In ähnlicher Weise arbeitet auch WINKLER nach einer Anreicherung des Phosphats durch Fällung als Eisen(III)-phosphat nach Zusatz von Eisen(III)-chlorid und Alaun zu 1 l Wasser, Auflösen des Niederschlages in Salpetersäure und Bildung des Ammoniummolybdophosphates. Diese Arbeitsweise ist nach der Einführung der Bestimmung mittels Phosphomolybdänblau als veraltet und nicht mehr gebräuchlich anzusehen. — Über die Bestimmung des Phosphats durch die Messung der Trübung, die durch Strychninmolybdophosphat entsteht und die SERGER vorgeschlagen und MEDINGER verbessert hat, ist in § 1, C, S. 78 berichtet worden. Auch KOLTHOFF empfiehlt diese Arbeitsweise, mit welcher bis zu 0,1 mg P_2O_5 in 1 l Wasser bestimmt werden kann. Es braucht an dieser Stelle nicht näher auf das Verfahren eingegangen zu werden, weil es in § 1, C, S. 72 ausführlich beschrieben ist. Ob die von POSTIC, RABATÉ und COURTOIS empfohlene Vergleichstrübung mit einem kolloiden System von Benzoe sehr gut brauchbar ist, möchte der Verfasser dahingestellt sein lassen. Die Arbeitsweise der Bildung des Phosphomolybdänblaus mittels Natriumthiosulfats, die PESEZ für die Trinkwasseranalyse empfiehlt, soll nur erwähnt werden. In der in § 1, D, S. 97 angeführten umständlichen Arbeitsweise von RIEGLER ersetzt van Eck für die Untersuchung von Trinkwasser das Hydraziniumsulfat durch Zinn(II)-chlorid. Es erübrigt, auf dieses Verfahren näher einzugehen. — Hier soll nur das Verfahren von Urbach, das sich des Hydrochinons zur Bildung des Phosphomolybdänblaus bedient, und das sorgfältig ausgearbeitet worden ist, eingehender beschrieben werden.

1. Bestimmung der Phosphorsäure in Meerwasser.

I. Verfahren von Kalle. a) Bestimmung des Gesamtphosphors. 50 ml Meerwasser werden mit 1 ml konzentrierter Schwefelsäure versetzt und in einer paraffinierten Flasche luftdicht verschlossen. 25,5 ml der Mischung werden in einem 50 ml-Kjeldahl-Kolben nach Zusatz von 1 ml konzentrierter Schwefelsäure und 0,2 ml 0,001 m Kupfersulfatlösung vorsichtig eingedampft. Man erhitzt 40 Min. lang und löst den Rückstand in 5 ml Wasser. Zur Reduktion von fünfwertigem Arsen zu dreiwertigem wird 1 ml 4%ige Thioharnstofflösung zugesetzt. Nach 30 Min. wird die Mischung aus einer Bürette mit 2,5%igem Ammoniak bis zur Gelbfärbung von zugesetzten 5 Tropfen 0,05%iger γ-Dinitrophenollösung titriert. In der auf 50 ml aufgefüllten Lösung wird das Phosphat bestimmt (siehe c).

b) Bestimmung des Plankton-Phosphors. Meerwasser wird durch Schleicher-Schüll-Blaubandfilter Nr. 589 filtriert und im Filtrat das Phosphat wie unter a) bestimmt. Die Differenz gegenüber dem Gesamtphosphor entspricht dem Phosphorgehalt des abfiltrierten Planktons, aus dem auf die Gesamtmenge der lebenden Substanz geschlossen werden kann.

c) Bestimmung des Phosphats. ***Reagenzien.*** *1. Molybdatlösung:* 1 Raumteil 10%ige Ammoniummolybdatlösung und 3 Raumteile 50 vol.-%ige Schwefelsäure werden vermischt. Eine schwache Blaufärbung der Mischung wird durch einige Tropfen 0,1 n Kaliumpermanganatlösung zum Verschwinden gebracht. — *2. Zinn(II)-chloridlösung:* Man löst 125 mg Zinn(II)-chlorid in 8 ml konzentrierter Salzsäure und füllt zu 25 ml auf. Die Lösung wird täglich frisch bereitet.

Arbeitsvorschrift. 50 ml Lösung (siehe a) werden mit 0,5 ml Molybdatlösung und im Abstand von 10 Min. mit je 0,15 ml Zinn(II)-chloridlösung versetzt. Die bei möglichst konstanter Temperatur gehaltene Mischung wird 5 Min. nach dem zweiten Zusatz im Pulfrich-Photometer mit dem Filter S 72 gemessen.

Bemerkungen. α) **Genauigkeit.** 0 bis 40 mg P/m^3 können mit $\pm$ 0,6 mg P/m^3 bestimmt werden. — β) Zur **Bestimmung des organischen Phosphors** empfiehlt Robinson Perchlorsäure an Stelle von Schwefelsäure–Salpetersäure. 100 ml Wasser werden mit 0,2 ml 72%iger Perchlorsäure abgeraucht. Nach dem Neutralisieren mit Ammoniak erfolgt die Phosphatbestimmung wie oben.

II. Verfahren von Stoll. Auf der Grundlage seines sehr eleganten Verfahrens der Extraktion freier Molybdophosphorsäure mit Essigester (siehe § 1, D, S. 93) hat Stoll eine Arbeitsvorschrift für die Analyse von Ostsee- und Boddenwasser mitgeteilt. Bei einem Gehalt von 5 bis 40 mg P_2O_5/m^3 wird eine hinreichende Farbtiefe für die Photometrierung mit dem Pulfrich-Photometer durch Extraktion von 50 ml Wasser und bei einer Schichtdicke von 4 cm erzielt. Die Extraktion erfolgt mit insgesamt 10 ml Essigester in zwei Anteilen. Vor der Extraktion wird dem Wasser 50 vol.-%ige Schwefelsäure zugefügt.

Arbeitsvorschrift. 50 ml Wasser werden in einem Schütteltrichter von 200 ml Inhalt mit 15 ml Schwefelsäure (1:1) und 0,5 ml 10%iger Ammoniummolybdatlösung versetzt und jeweils gut durchgemischt. Nun werden 7 ml Essigester zugesetzt und 1 Min. lang durchgeschüttelt. Sobald sich die Hauptmenge des Esters nach einigem Warten abgeschieden hat, wird die untere, wäßrige Lösung durch den Hahn, der Esterauszug jedoch, um eine Vermischung mit Wasser zu vermeiden, durch die obere Öffnung des Schütteltrichters in eine Plankûvette von 4 cm Schichtdicke, 0,7 cm Breite und 10 ml Fassungsvermögen gegeben und sofort 1 Tropfen frisch bereitete Zinn(II)-chloridlösung zugefügt. Eine vollständige Trennung der Phasen ist nach dem ersten Ausschütteln nicht erforderlich. Nunmehr wird ein zweites Mal mit 3 ml Essigester ausgeschüttelt. Eine dritte Extraktion erübrigt sich. Nach dem Vereinigen der beiden Fraktionen klärt man den Auszug durch Hinzufügen von 1 Tropfen Ester unter leichtem Schwenken der Küvette. Geschieht die Abtrennung des Esters von der wäßrigen Lösung nicht sorgfältig genug, so ist eine Beseitigung der Trübung meistens nicht mehr möglich. Dies trifft immer zu, wenn der Ester durch den Hahn statt durch die obere Öffnung abgelassen wurde. (Siehe dazu die äußerst zweckmäßige Anwendung eines Schütteltrichters mit Zwei-Wege-Hahn, die im 2. Abschnitt, § 6, S. 320 beschrieben ist.)

2. Bestimmung der Phosphorsäure in Süßwasser.

Allgemeines. Für die allgemeine Arbeitsweise bei der Untersuchung von Seewasser (Züricher See) hat Kuisel bekannte Verfahren umgeändert und verbessert. Die Probeflaschen werden mit Dichromatschwefelsäure gewaschen und ausgedämpft. 5 l Wasser werden durch ein Porzellanfilter D 2 in einen ebenso vorbehandelten Jenaer Rundkolben filtriert und mit so viel Salzsäure, wie der Härte entspricht, versetzt. Der Kolben wird in ein elektrisch geheiztes Glycerinbad gestellt und mit einem 2 mal durchbohrten, ausgekochten und mit Acetylcellulose lackierten Korkstopfen verschlossen. Durch die eine Bohrung führt ein 2 cm weites Jenaer Glasrohr zum Kühler, durch die andere eine Jenaer Glascapillare, die an eine mit verdünnter Phosphorsäure beschickte Waschflasche (mittels ausgekochten Gummischlauches) angeschlossen ist (Luftfilter). Das Wasser wird bei etwa 60° in Vakuum der Wasserstrahlpumpe bis fast zur Trockne eingedampft. Mit doppelt destilliertem Wasser wird der Rückstand in einen 100 ml-Meßkolben gespült und damit bis zur Marke aufgefüllt. Diese Lösung wird in dunkelgrünen, sorgfältig gereinigten Jenaer Stopfenflaschen im Eisschrank aufbewahrt, und 10 ml davon dienen zur Phosphatbestimmung. Alle Glasgeräte einschl. Pipetten müssen mit Sodalösung, dann mit Dichromatschwefelsäure gewaschen und danach ausgedämpft werden. Die Ausdämpfvorrichtung darf keine Gummiverbindungen haben und muß mit doppelt destilliertem Wasser beschickt werden. Nur so lassen sich Phosphatspuren aussschalten.

Die Zustandsformen des Phosphors in natürlichen Gewässern hat Ohle gemäß folgendem Schema angegeben:

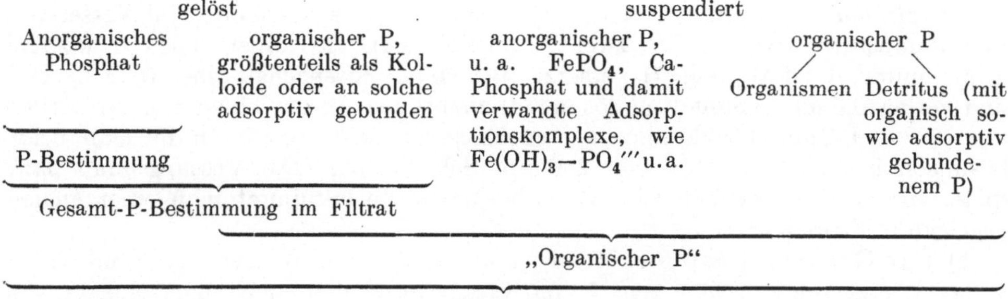

Die Bestimmung des Phosphates erfolgt nach Ohle am besten mittels Zinn(II)-chlorids. Der störende Einfluß des Eisens wird durch einen Zusatz von Kaliumcyanid ausgeschaltet (nach Tischer, siehe § 1, D, S. 83). Brujewitsch und Kosstromina haben Vorschriften zur Bestimmung des mineralischen und des organischen Phosphors in natürlichen Wässern mitgeteilt. Da das Molybdatverfahren in trüben und gefärbten Wässern versagt, schlagen Brujewitsch und Pletnikowa vor, die suspendierten Stoffe durch bakteriologische Membranultrafilter zu entfernen.

I. Verfahren von Kuisel. Die Bestimmung erfolgt nach dem Verfahren von Fiske und Subbarow mittels Amidonaphtholsulfonsäure (siehe § 1, D, S. 102). Reagenzien siehe dort.

Arbeitsvorschrift. 10 ml eingedampftes Wasser (siehe oben) = 500 ml Originalwasser werden mit 1 ml Natriumhydrogensulfitlösung, 1 ml Ammoniummolybdatlösung und nach kurzer Zeit mit 0,5 ml Reduktionslösung versetzt. Gleichzeitig werden eine Vergleichslösung und die Versuchslösung mit einer bekannten, zugesetzten Menge Phosphat ebenso behandelt. Alle drei Gläser werden gleichzeitig in ein 30° warmes Bad gestellt, nach 10 Min. schnell unter der Wasserleitung abgekühlt, auf 25 ml aufgefüllt und colorimetriert.

Bemerkung. Da alle käuflichen Hydrogensulfite Phosphat enthalten, bereitet man selbst eine 15%ige Lösung durch Einleiten von Schwefeldioxyd in reinste Natronlauge.

II. Verfahren von Ohle. Um die Bildung von Silicomolybdänblau nicht zu begünstigen, sollen Molybdat und Schwefelsäure nicht getrennt zugegeben werden. Es darf nur doppelt destilliertes Wasser zum Ansetzen der Reagenzien usw. verwendet werden. Die Zinn(II)-chloridlösung darf nicht zugetropft, sondern muß aus einer in $^1/_{100}$ ml geteilten Pipette zugegeben werden. Durch Natriumchlorid wird die Farbe des Phosphomolybdänblaus nach Grünblau verschoben. Es ist deshalb notwendig, den Standardlösungen eine solche Menge Natriumchlorid zuzusetzen, wie sie in den Proben enthalten ist. Die photometrische Messung erfolgt im Pulfrich-Photometer unter Verwendung des Filters S 61. Die Parallelprobe wird ebenfalls mit der schwefelsauren Ammoniummolybdatlösung versetzt[1].

Reagenzien. **1. Ammoniummolybdatlösung:** 1 Raumteil 10%ige Ammoniummolybdatlösung und 3 Raumteile 50%ige Schwefelsäure werden vermischt. — **2. Zinn(II)-chloridlösung:** Man löst 1 g kristallisiertes Zinn(II)-chlorid in 10 ml 25%iger Salzsäure, fügt ein Stück Zinn und 40 ml Wasser zu und überschichtet die Lösung mit Paraffinöl. — **3. Phosphat-Standardlösung:** 439 mg Kaliumdihydrogenphosphat werden in 1000 ml Wasser gelöst. 1 ml Lösung entspricht 0,1 mg P. Die Lösung wird zum Gebrauch verdünnt. — **4. Kaliumcyanidlösung:** In 100 ml Wasser werden 10 mg Kaliumcyanid gelöst. — **5. 0,5 ‰ Lösung von p-Nitrophenol** in Wasser. — **6. 2,5%iges Ammoniak.** — **7. 4%ige Thioharnstofflösung** (zur Reduktion von fünfwertigem Arsen).

Arbeitsvorschriften. a) Für anorganisches Phosphat. Je 25 ml Wasser von Raumtemperatur werden in zwei 50 ml-Erlenmeyer-Kolben mit je 0,25 ml Ammoniummolybdatlösung (1) versetzt. Bei einem Eisengehalt über 0,05 mg Fe/l sind vorher 0,5 ml Kaliumcyanidlösung (4) zuzugeben. In den einen Kolben werden nun 0,030 ml Zinn(II)-chloridlösung eingemessen. Nach 10 Min. mißt man beide Lösungen in Mikroküvetten von 250 mm Schichtdicke. Die Messung muß nach spätestens 30 Min. beendet sein. Die Phosphorwerte entnimmt man einer analog angelegten Eichkurve.

b) Für Gesamtphosphor. 10 ml zu untersuchendes Wasser und 10 ml destilliertes Wasser werden in einem 50 ml-Kjeldahl-Kolben nach dem Zusatz von 0,4 ml konzentrierter Schwefelsäure (für forensische Zwecke) auf einem Sandbade bis zum Auftreten von Nebeln erhitzt. Nach dem Abkühlen bis etwa 40° wird tropfenweise reinstes Perhydrol zugesetzt und die Mischung schwach erwärmt. Bei Wasser genügen im allgemeinen 4 Tropfen, bis der Rückstand farblos ist. Dann wird nochmals stärker erhitzt, bis die Mischung wieder raucht und die Schwefelsäurenebel im Laufe von 10 Min. lichter werden. Nach dem Abkühlen auf 40° und dem Zusatz von 10 ml destilliertem Wasser wird noch einmal bis zum Rauchen

---

[1] Wegen der Störung der Molybdänblaureaktion durch Nitrit und dessen Beseitigung s. S. 90, Fußnote 1.

erhitzt. Nun wird wieder abgekühlt und 10 ml destilliertes Wasser zugesetzt. Wenn die Mischung Raumtemperatur angenommen hat, wird mit Ammoniak (6) bei Gegenwart von 2 Tropfen p-Nitrophenollösung (5) als Indicator bis auf schwach Gelb neutralisiert, wozu etwa 11 ml erforderlich sind. Nun werden 2 ml n Schwefelsäure zugefügt und die Lösung im Meßkolben mit destilliertem Wasser auf 50 ml aufgefüllt. Nach dem Zentrifugieren eines Teiles dieser Lösung werden 2 ml in einem 50 ml-Meßkolben mit etwa 40 ml destilliertem Wasser versetzt, und im übrigen wird wie unter a) angegeben verfahren. Bei Gegenwart von Arsen werden 0,5 ml Thioharnstofflösung zugegeben und die Lösung ½ Std. stehengelassen (nach KALLE, siehe S. 220).

c) Für Schlämme, Sedimente, Bodenproben. Diese werden bei 105° getrocknet und im Achatmörser gepulvert. 50 mg davon werden in einem kleinen Schiffchen aus Jenaer Glas (12 × 5 × 3 mm) mit kleinen Füßchen und Griff eingewogen. Das Schiffchen wird in den KJELDAHL-Kolben hineingleiten gelassen, es dient gleich als Siedestein. Der Aufschluß wird in gleicher Weise vorgenommen, wie unter b) beschrieben. Der Perhydrolzusatz beträgt etwa 8 bis 10 Tropfen, die in Anteilen zugegeben werden, wobei jedesmal erwärmt wird, bis die Aufschlußmischung farblos ist.

III. Verfahren von BRUJEWITSCH und KOSSTROMINA. Die Verfasser haben das Verfahren von KALLE (siehe S. 220) abgeändert, indem sie u. a. kein Kupfersulfat bei der Kjeldahlisierung zusetzen.

Arbeitsvorschrift. Je nach dem Phosphorgehalt werden 25,5 ml oder 51 ml mit 2 ml konzentrierter Schwefelsäure in einem 100 ml-KJELDAHL-Kolben erhitzt. Um bei zu starkem Erhitzen einen Verlust an Phosphorsäure zu vermeiden, die hierbei flüchtig gehen soll (siehe dazu die Ausführungen auf S. 29), wird auf den Kolben ein loser Glasstopfen mit Wasser als Kühler aufgesetzt. Der Rückstand wird mit Wasser in einen 100 ml-Meßkolben gebracht und dieser bis zur Marke gefüllt. Die Lösung wird durch ein phosphatfreies Filter filtriert.

In 25 ml bzw. in 50 ml wird nach dem Neutralisieren mit 2,5%igem Ammoniak (Dinitrophenol als Indicator) bis zur sehr schwach gelben Färbung und Ansäuern mit 1 ml 10%iger Schwefelsäure und dem Auffüllen auf 100 ml das Phosphat nach DENIGÈS bestimmt (siehe § 1, D, S. 106).

Bemerkungen. a) Die Bestimmung des gelösten, mineralischen Phosphors erfolgt am 1. Tage nach der Probenahme im filtrierten, nicht angesäuerten Wasser. — b) Zur Bestimmung des im Wasser nicht löslichen Phosphors der Schwebestoffe läßt man 100 ml nicht filtriertes Wasser nach Zusatz von 2 ml konzentrierter Schwefelsäure über Nacht stehen und filtriert dann durch ein phosphatfreies Filter. Je nach dem Phosphatgehalt werden 10,2 ml, 25,5 ml oder 51 ml wie oben behandelt. — c) Zur Entfernung suspendierter Stoffe in trüben Wässern verwenden BRUJEWITSCH und PLETNIKOWA bakteriologische Membranultrafilter. Gefärbte Kolloide werden durch eine Fällung von Bariumsulfat mitgerissen. Hierzu werden 200 ml Wasser in der Kälte mit 1 ml 8%iger Schwefelsäure und 1 ml 10%iger Bariumchloridlösung versetzt und 2 Std. stehengelassen. Eine verbleibende Färbung wird bei der colorimetrischen Messung durch Kompensation ausgeschaltet. Die Koagulation wird erst nach der Ultrafiltration vorgenommen, weil sonst durch die Säure der in den suspendierten Teilchen enthaltene Phosphor mehr oder weniger in Lösung gehen und zu hohe Werte vortäuschen kann. Es müssen aber beide Anteile berücksichtigt werden.

3. Bestimmung der Phosphorsäure in Trinkwasser nach URBACH.

Im Anschluß an die in § 1, D, S. 96 erwähnte Untersuchung hat URBACH (a) eine Vorschrift für die Untersuchung von Trinkwasser angegeben. Diese hat er [URBACH (b)] kurz danach in die hier mitgeteilte Form gebracht. Durch den Zusatz einer 7%igen Natriumhydrogensulfitlösung wird der Einfluß der Kieselsäure ausgeschaltet. Es wird dann nicht die Molybdokieselsäure, wohl aber die Molybdophosphorsäure gebildet. Daher kann die Phosphorsäure neben der Kieselsäure bestimmt werden.

Reagenzien. **1. Ammoniummolybdatlösung:** 50 g Ammoniummolybdat werden in 1000 ml n Schwefelsäure gelöst. — **2. Hydrochinonlösung:** 2 g Hydrochinon werden in 100 ml Wasser gelöst. Es werden einige Tropfen (0,1 ml) konzentrierte Schwefelsäure der Lösung zugefügt. — **3. Carbonat-Sulfitlösung:** Eine Lösung von 7,5 g wasserfreiem Natriumsulfit in 50 ml Wasser und eine Lösung von 40 g wasserfreiem Natriumcarbonat in 200 ml Wasser werden vermischt. — **4. Gesättigte Natriumacetatlösung. — 5. Verdünnte Essigsäure. — 6. 4%ige Ammoniumoxalatlösung. — 7. 7%ige Natriumhydrogensulfitlösung.**

Arbeitsvorschrift. 100 ml Wasser oder mehr werden zur Fällung des Calciums mit 2 bis 3 ml Natriumacetatlösung (4) und mit verdünnter Essigsäure (5) bis zur schwach sauren Reaktion versetzt. In der Hitze wird durch Zusatz von Ammoniumoxalatlösung (6) Calciumoxalat ausgefällt. Dieses wird abfiltriert und mit warmem Wasser gewaschen. Das auf 15 ml eingedampfte Filtrat wird in einem KJELDAHL-Kolben mit 1 ml konzentrierter Schwefelsäure, 1 ml konzentrierter Salpetersäure und einigen Quarzsiedesteinchen so lange erhitzt, als braune Dämpfe entweichen, aber keinesfalls bis zur Trockne eingedampft. Der Rückstand wird mit 10 ml destilliertem Wasser aufgekocht, die Lösung durch ein Filter (Schleicher & Schüll Nr. 575) in einen 100 ml-Meßkolben filtriert und Kolben und Filter mit 10 bis 15 ml destilliertem Wasser ausgespült. Die Lösung wird mit Natronlauge neutralisiert, abgekühlt, mit 5 ml Natriumhydrogensulfitlösung (7) versetzt und umgeschüttelt. Nun werden je 5 ml Ammoniummolybdatlösung (1) und Hydrochinonlösung (2) zugefügt. Nach 10 Min. werden 32 ml Carbonatsulfitlösung (3) zugesetzt. Die auf 100 ml aufgefüllte Mischung wird im PULFRICH-Photometer mit dem Filter S 61 in Küvetten von 10 bis 30 mm Länge gegen optisch reines Wasser gemessen und der Phosphorgehalt aus einer Eichkurve abgelesen.

Abänderung von ZIMMERMANN (a). Bei Gegenwart von Oxalsäure ist die Bildung der Molybdophosphorsäure behindert. Bei sehr kleinen Gehalten des Wassers an Phosphat müssen die Verunreinigungen der Reagenzien an Phosphat (und Silicat) berücksichtigt werden. Deshalb ist es besser, gegen genau wie die Probe behandelte Vergleichslösungen zu messen als gegen Wasser allein. Es ist vor allem nur aus Silberkühlern doppelt destilliertes Wasser zu verwenden.

Arbeitsvorschrift. Die Eichkurve wird hergestellt aus einer Lösung von Kaliumdihydrogenphosphat mit 0,01 mg P_2O_5/ml. Davon werden 2 bis 20 ml, um je 2 ml steigend, auf 200 ml verdünnt und mit 10 ml Natriumhydrogensulfitlösung (7), 5 ml Ammoniummolybdatlösung (1) und 5 ml Hydrochinonlösung (2) versetzt. Nach 5 Min. werden 35 ml Carbonatsulfitlösung (3) zugegeben. Man mißt im PULFRICH-Photometer mit dem Filter S 61 gegen eine aus 200 ml Wasser und denselben Reagenzien hergestellte Vergleichslösung in 250 mm langen Küvetten. Die zu untersuchende Wasserprobe wird analog behandelt.

Die Extinktion ist nach 5 bis 10 Min. langer Belichtung mit der Photometerlampe konstant. Bei höheren Phosphatgehalten wird mit kürzeren Küvetten gemessen. Bis zu 0,2 mg SiO_2/l ist das Verfahren brauchbar. Bei größeren Mengen Kieselsäure wird mehr Natriumhydrogensulfitlösung zugegeben, dann muß aber eine neue Eichkurve mit diesem größeren Zusatz angelegt werden. Nach der Meinung von RUDY und MÜLLER hat die Arbeitsweise Nachteile. In einer späteren Arbeit hat ZIMMERMANN (b) einige Verbesserungen mitgeteilt. An Stelle von Hydrochinon wird Metol verwendet. Das Filter S 61 wird durch S 72 ersetzt. Eisen in 2- oder 3wertiger Form stört nicht, solange die Eigenfarbe in dem entsprechenden Spektralgebiet noch nicht meßbar ist, d. h. bis 10 mg absolut. Unter 200 mg SiO_2/l stören ebenfalls nicht.

Arbeitsvorschrift. 20 ml Wasser werden nacheinander mit 0,1 ml 20%iger Citronensäure, 0,4 ml 35%iger Natriumhydrogensulfitlösung, 0,8 ml 5%iger Ammoniummolybdatlösung (unter Zusatz von 50 ml konzentrierter Schwefelsäure auf 1 Liter) und 0,8 ml 2%iger Metollösung (unter Zusatz von 1 ml konzentrierter Schwefelsäure auf 1 Liter) versetzt. Nach 30 Min. mißt man im PULFRICH-Photometer in Küvetten von 50 oder 250 mm Länge gegen eine Lösung aus 20 ml destilliertem Wasser mit allen Zusätzen.

B. Bestimmung der Phosphorsäure in Kesselwasser.

Zur Beseitigung der Härte des Wassers werden dem Kesselspeisewasser verschiedene Natriumphosphate zugesetzt. Die Bestimmung ihrer Menge, meist ausgedrückt als P_2O_5, muß im Kesselhaus auf einfache Weise erfolgen. Hierzu ist am geeignetesten das Molybdatverfahren in zwei Ausführungsformen, nämlich der Beobachtung des Auftretens des Niederschlages von Ammoniummolybdophosphat einerseits, „Budenheimer Verfahren" oder des auf verschiedene Weise erzeugten Phosphomolybdänblaus andrerseits, „SPLITTGERBER-Verfahren".

1. Budenheimer Verfahren.

Reagens. 15 ml kalt gesättigte Ammoniummolybdatlösung werden in 100 ml Salpetersäure (D 1,15) unter Umrühren eingegossen.

Arbeitsvorschrift. Genau 1 ml Wasser wird in ein Reagensglas eingefüllt, und es werden einige Körnchen Ammoniumnitrat zugegeben. In einem anderen Reagensglas werden 10 ml Reagens auf 70° erwärmt und dann zu der Wasserprobe zugefügt. Die Mischung wird gut umgeschüttelt. Bei der folgenden Beobachtung kommt es einzig und allein auf die Entstehung eines gelben Niederschlages an; eine bei klar bleibender Lösung auftretende Gelbfärbung spielt keine Rolle.

Wenn sofort eine Trübung eintritt, so enthält das Kesselspeisewasser unötig viel Phosphat. Tritt die Trübung nach 1 bis 3 Min. auf, so ist im Wasser eine angemessene Menge Phosphat enthalten, die zwischen 10 und 50 mg P_2O_5/l liegt. Wenn nach 15 Min. kein Niederschlag entstanden ist, so ist kein Phosphat vorhanden. Die Trübung ist am besten zu erkennen, wenn man von oben in das Reagensglas hineinschaut. Wählt man als Unterlage ein Stück weißes Papier, so erkennt man das Entstehen der Trübung daran, daß man nicht mehr von oben durch die Lösung hindurchschauen kann. 25 mg SiO_2/l stören die Reaktion wegen der dadurch bedingten Gelbfärbung.

Abänderung von LIANDER. Zur Verschärfung der Reaktion verwendet LIANDER die Bildung von Chininmolybdophosphat (siehe § 1, C, S. 79), wobei der Einfluß der Kieselsäure durch höhere Säurekonzentration unschädlich gemacht wird. Da das Verfahren gegenübeı allen anderen vollkommen zurücktritt, werden hier keine näheren Angaben dazu gemacht.

2. SPLITTGERBER-Verfahren.

Bei dem ursprünglichen SPLITTGERBER-Verfahren wird das Phosphomolybdänblau durch eine Zinn(II)-chloridlösung erzeugt. Wegen derer geringen Haltbarkeit ist es durch Anwendung einer Zinnfolie, die in die saure, mit Ammoniummolybdatlösung versetzte Wasserprobe eingelegt wird, verbessert worden. AMMER hat die beiden Abarten der Ausführung geprüft und fast keinen Unterschied zwischen ihnen gefunden.

Reagenzien. *1. Ammoniummolybdatlösung:* 100 ml 10%ige Ammoniummolybdatlösung und 300 ml 50 vol.-%ige Schwefelsäure werden vermischt. — *2. Zinn(II)-chloridlösung:* 0,1 g Zinn wird unter Zusatz einer Spur Kupfersulfat in 2 ml Salzsäure (D 1,125) gelöst. Die Lösung wird auf 10 ml verdünnt.

Arbeitsvorschrift. 10 ml genau neutralisiertes Wasser werden mit je 3 Tropfen der Reagenzien versetzt. Die Blaufärbung wird nach 5 Min. mit einer Reihe von ebenso behandelten Lösungen mit 0,2; 0,5; 1,0; 2,0; 3,0; 4,0 und 5,0 mg P_2O_5/l verglichen. 50 mg SiO_2/l stören.

Abänderung mit Zinnfolie (Kesselbetrieb). 10 ml des erforderlichenfalls mit Holzkohle entfärbten und neutralisierten Wassers werden mit einer Messerspitze Natriumchlorid (0,2 bis 0,3 g) und 3 bis 6 Tropfen Ammoniummolybdatlösung (1) versetzt. In die Mischung wird ein Streifen Zinnfolie eingelegt, der nach 15 Min. langem Stehen entfernt wird. Die entstandene Blaufärbung wird im durchfallenden Lichte in etwa 1 m Entfernung zwischen Auge und Glas mit einer Farbvergleichstafel oder mit Lösungen bekannten Gehaltes an P_2O_5 verglichen.

Auch wenn die Färbung des Reagensglasinhaltes innerhalb der Farbtonleiter liegt, muß zur Sicherheit stets die Untersuchung mit einem in bekannter Weise verdünnten Wasser wiederholt werden. Vor dem Auffüllen der Verdünnungen mit destilliertem Wasser (Kondensat) auf das gewünschte Maß gibt man mindestens 10 ml 3%ige Natriumchloridlösung hinzu. Diese Maßnahme ist deshalb erforderlich, weil schon von Phosphatgehalten über 2 mg an keine weitere Farbtonverstärkung einzutreten braucht, d. h. der durch z. B. 500 mg/l hervorgerufene Farbton braucht nicht verschieden zu sein von dem durch 3 oder 5 mg erzeugten. Daher sind die Verdünnungen in wechselnden Verhältnissen so oft zu wiederholen, bis vergleichende Prüfungen mit mindestens zwei verschiedenen Verdünnungen nach dem Umrechnen mit dem Verdünnungsfaktor übereinstimmende Ergebnisse zeigen.

Bemerkungen. **I. Alkalisch reagierende Wasserproben** müssen mit so viel Salzsäure versetzt werden, bis Phenolphthalein nicht mehr rot gefärbt ist. Auf jeden Fall muß die Probe nach dem Reagenszusatz sauer sein. — **II. Der Zusatz von Natriumchlorid** in einer Menge von etwa 0,3 g ist nur bei völlig salzfreien Wasserproben erforderlich. — **III. Die Genauigkeit** des Verfahrens ist nach AMMER für 1 mg P_2O_5/l bei Anwendung von 10 ml zur Ausführung der Reaktion nur gewährleistet, wenn 4 Tropfen Reagens und ein Zinnstreifen von der Größe 5 × 50 mm und 0,01 bis 0,02 mm Dicke angewendet werden, und wenn die Mischung entweder sofort umgeschüttelt und nach 2 Min. verglichen oder nach 20 Min. umgeschüttelt und dann verglichen wird. Die Vergleichslösungen sind sinngemäß zu behandeln. — Nach DEMBERG können durch den Zustand der Zinnfolie Fehler entstehen. Frische Folien geben zu niedrige, gebrauchte zu hohe Werte. Die Angabe, 4 Tropfen Reagens zuzusetzen, ist ungenau. Je nach der Beschaffenheit der Tropfpipette fallen diese verschieden groß aus. Auch ist ein Verzählen möglich. DEMBERG hat deshalb das Verfahren abgeändert (siehe S. 228). — **IV. Ein Einfluß gelöster Kieselsäure** ist bis zu 50 mg SiO_2/l nicht vorhanden. Darüber hinaus tritt eine geringe Farbvertiefung und Grünstichigkeit auf. — **V. Gefärbte Wässer** werden nach AMMER durch 10 Min. langes Schütteln mit Tierkohle und Filtrieren durch ein doppeltes Filter entfärbt. Hierbei wird sogleich der SiO_2-Gehalt vermindert. Bei schwach gelblich gefärbtem Wasser werden den Vergleichslösungen einige Tropfen einer empirisch hergestellten, sehr stark verdünnten Lösung von Bismarckbraun zugefügt (Kesselbetrieb). WILKINSON verwendet hierzu Caramellösung. — **VI. Bei Gegenwart von Metaphosphat** kann dieses erst nach erfolgter Hydratation zu Orthophosphat erfaßt werden. AMMER schlägt vor, 5 ml der neutralisierten Wasserprobe nach Zusatz von 4 Tropfen Molybdatreagens 75 Min. im siedenden Wasserbade zu erwärmen, nach dem Abkühlen wieder auf 5 ml zu ergänzen und dann die Bestimmung, wie oben angegeben, auszuführen. Es wird also 1. ohne zu erwärmen das Orthophosphat allein und 2. nach dem Erwärmen die Summe von Orthophosphat und Metaphosphat bestimmt. Siehe auch das auf S. 228 angeführte Verfahren von RUDY und MÜLLER. — **VII. Zum Farbvergleich** sind verschiedene Vorschläge gemacht worden. Als haltbare Vergleichslösungen können Lösungen von Indigocarmin in passender Verdünnung Verwendung finden (Kesselbetrieb). RICHTER hat ein einfaches Colorimeter mit einer lichtbeständigen Farbskala beschrieben, die Phosphatgehalten von 1 bis 5 mg P_2O_5/l entspricht. Ein einfaches Colorimeter beschreibt auch KROEMER. Zwischen zwei matten und durchsichtigen Glasplatten (9 × 12 cm) sind drei verschieden blaue Farbstreifen angebracht, die 1, 3 und 5 mg P_2O_5/l entsprechen. Dazwischen befindet sich je ein für das Prüfglas passender Ausschnitt. Dieses trägt Marken bei 1,0, 2,5, 5,0 und 10,0 ml. Wenn die Blaufärbung dunkler ist als 5 mg entsprechend, so werden geringere Wassermengen zur Probe genommen und diese auf jeweils 10 ml aufgefüllt. Dieses Verfahren sei für die Betriebskontrolle ausreichend. Es können auch die Phosphatcolorimeter der Farbnorm G.m.b.H. Großbothen i. Sa. oder der Chemischen Werke Albert Wiesbaden-Biebrich verwendet werden.

3. Andere Verfahren.

Weil das Zinn(II)-chlorid-Verfahren bei hohem Gehalt des Wassers an Kieselsäure und geringem an Phosphat versagt, hat SULFRIAN zur Abschätzung des Phosphatgehaltes in Kesselspeisewasser die Tüpfelreaktion von FEIGL mit Benzidin bei Gegenwart von Weinsäure zur Maskierung der Kieselsäure angewendet, die für die Bedürfnisse der Speisewasserpflege ausreichend ist. Dasselbe Reagens verwendet DEMBERG für colorimetrischen Vergleich. Nach dem Verfahren von BELL und DOISY (siehe § 1, D, S. 95) arbeitet SCARNITT. AMMER hält diese Arbeitsweise für weniger vorteilhaft, weil sie gegen Eisen und organische Stoffe ziemlich empfindlich sei. HEDRICH wendet das Photo-Rex-Verfahren von SCHEEL in der Abänderung von LEDERLE (siehe § 1, D, S. 99 u. S. 196) ohne Photometer durch colorimetrischen Vergleich mit bekannten Lösungen in NESSLER-Gläsern an. Auch RUDY und MÜLLER verwenden Photo-Rex und messen im DUBOSCQ-Colorimeter. Nach EDELSTEJN und PETACKIJ kann das colorimetrische Verfahren durch Phosphatschlamm gestört werden. Sie empfehlen, die filtrierte Probe durch einen Kationenaustauscher zu schicken und das Phosphat im Durchlauf zu bestimmen (siehe § 7, S. 150). JANSSEN beschreibt eine potentiometrische Bestimmung durch Zusatz schwefelsaurer Ammoniummolybdatlösung und Titration mit 0,1 n Zinn(II)-chloridlösung gegen eine Kalomel- und eine Platinelektrode.

I. Verfahren von SULFRIAN. ***Reagenzien.*** 1. Ammoniummolybdatlösung: Eine Lösung von 7,5 g Ammoniummolybdat in 50 ml Wasser wird in 50 ml Salpetersäure (D 1,2) eingegossen, und in der Mischung werden 15 g Weinsäure gelöst. Die Mischung muß unter Umständen filtriert werden. — 2. Benzidinlösung: 50 mg Benzidin oder dessen salzsaures Salz werden in 10 ml Eisessig gelöst. Die Lösung wird auf 100 ml aufgefüllt. — 3. Kalt gesättigte Natriumacetatlösung. — 4. Vergleichslösungen mit 5 bzw. 10 mg P_2O_5/l.

Arbeitsvorschrift. Es werden 5 Glaszylinder benötigt, die je 2 Marken tragen, von denen die untere das durch die obere begrenzte Volumen halbiert (als Besteck lieferbar durch F. & M. Lautenschläger, München).

Man füllt den ersten Zylinder mit dem filtrierten und, wenn nötig, mit konzentrierter Essigsäure neutralisiertem Wasser, daraus den zweiten bis zur unteren Marke und mit destilliertem Wasser bis zur oberen, dann den dritten ebenso usw. bis zum fünften, und rührt jeweils mit einem Glasstabe um. Man erhält so die 2-, 4-, 8- und 16fache Verdünnung der Wasserprobe. Auf Filtrierpapier gibt man je 1 Tropfen Molybdatreagens (1) und Wasserprobe und hält es über ein warmes Drahtnetz. Dann fügt man je 1 Tropfen Benzidinlösung und Natriumacetatlösung hinzu und vergleicht mit ebenso erzeugten Färbungen der Vergleichslösungen (4). Bei annähernder Gleichheit der Farbe wählt man aus Sicherheitsgründen diejenige der höheren Konzentration als der Vergleichsprobe. Besteht z. B. Übereinstimmung des dritten Zylinders = 4fache Verdünnung mit der Vergleichslösung (4) = 10 mg

P_2O_5/l, dann enthält das Wasser etwa 40 mg P_2O_5/l. Dann muß der Zylinder 4 mit der Vergleichslösung (4) = 5 mg übereinstimmen.

II. Verfahren von Demberg. ***Reagenzien.*** 1. Ammoniummolybdatlösung. Eine Lösung von 10 g Ammoniummolybdat und 10 g kristallisiertem Natriumsulfat in 100 ml Wasser wird in 100 ml Salpetersäure (D 1,28) eingegossen. — 2. Benzidinlösung. Eine Lösung von 0,1 g Benzidin in 20 ml Eisessig wird zu 100 ml aufgefüllt. — 3. Gesättigte Natriumacetatlösung, die immer Bodenkörper enthalten muß.

Arbeitsvorschrift. 2 ml Kesselwasser werden mit 0,5 ml Molybdatreagens (1) und 0,3 ml Benzidinlösung (2) versetzt, mit Natriumacetatlösung (3) zu 10 ml aufgefüllt und alsbald im Lange-Photometer gemessen. Wenn bei zu hohem Phosphatgehalt Flockung eintritt, so wird eine verdünnte Wasserprobe zur Bestimmung verwendet. Für technische Betriebe kann ein Vergleichscolorimeter mit gefärbten Gläsern (Firma A. Dargatz, Hamburg) verwendet werden.

Bemerkungen. Bis zu 15 mg P_2O_5/l ist das Beersche Gesetz erfüllt. Fehler beim Abmessen der Reagenzien sind ohne Einfluß, es muß nur immer auf 10 ml verdünnt werden. Der SiO_2-Gehalt kann bis 300 mg/l betragen. Chlorid und Sulfat sind ohne Einfluß, es findet auch keine Fällung von Benzidinsulfat statt. Fahrenkamp zeigte, daß die Reduzierbarkeit der Molybdokieselsäure durch das Benzidinreagens von dem Zeitmaß der Abpufferung der Lösung stark abhängig ist. Bei schneller Zugabe ist die Empfindlichkeit der Phosphatreaktion etwa 10 mal so groß wie die der Silicatreaktion. Dagegen kann bei langsamer Zugabe dieses Verhältnis nur noch 1:3 betragen und kann dann in keinem Falle vernachlässigt werden. Das Verfahren kann also überall dort, wo es sich nicht um entkieseltes Speisewasser handelt, nicht angewendet werden.

III. Verfahren von Hedrich. In 8 Nessler-Gläser gibt man 50 ml destilliertes Wasser und aus einer Mikrobürette 0,10 bis 0,80 ml einer Phosphatlösung mit 0,1 mg P_2O_5 in 1 ml, fügt 5 ml Photo-Rex-Lösung (siehe § 1, D, S. 98) und Molybdatlösung hinzu und füllt auf 100 ml auf. Nach 20 Min. wird 1,4 g Natriumacetat (1 kleiner Hornlöffel voll) zugesetzt. Die Lösungen sind 2 Tage haltbar. In gleicher Weise wird das zu untersuchende Wasser behandelt. Man vergleicht die auf einer weißen Unterlage stehenden Gläser in der Aufsicht von oben. An Stelle der Nessler-Gläser können hohe Bechergläser verwendet werden.

IV. Verfahren von Rudy und Müller. Zur Bestimmung von Orthophosphat neben Metaphosphat in Kühlwässern haben Rudy und Müller ein Verfahren angegeben, das sich auf ihre in § 1, D, S. 101 angeführte Arbeitsweise gründet.

Die *Bestimmung des Gehaltes an Orthophosphat* erfolgt auf die dort beschriebene Weise.

Um die *Bestimmung des Metaphosphatgehaltes* auszuführen, wird das Metaphosphat durch Kochen in Orthophosphat übergeführt und dann die Summe beider Phosphate ermittelt, aus der sich durch Differenzbildung das Metaphosphat ergibt.

Arbeitsvorschrift. Man beschickt einen 300 ml-Erlenmeyer-Kolben mit 100 ml filtriertem Kühlwasser, fügt 0,5 ml konzentrierte Schwefelsäure hinzu und erwärmt 1 Std. lang mit kleiner Flamme zum Sieden, wobei man einen Trichter auf den Kolben setzt. Eine längere Erhitzung ist nicht nötig, die Hydratation des Metaphosphates zu Orthophosphat ist dann sicher vollendet. Nach dem Abkühlen überführt man die Lösung in einen 100 ml-Meßkolben, spült den Kochkolben mit Wasser nach und füllt zur Marke auf. Mit 50 ml dieser Lösung wird die Phosphatbestimmung, wie oben angegeben, ausgeführt.

Sollte das Kühlwasser verhältnismäßig weich sein, so wird vor der Hydratation 1 g kristallisiertes Natriumsulfat dem Wasser zugesetzt, um Adsorption an der Glaswand zu vermeiden. Bei hartem Wasser ist dieser Zusatz nicht erforderlich.

C. Bestimmung der Phosphorsäure in Abwässern.

Bei der Bestimmung von Phosphorsäure in Abwässern bereitet nach JAMIESON die Zerstörung der organischen Substanz die größte Schwierigkeit. Er dampft 50 ml Wasser mit 2 ml Salpetersäure (D 1,07) ab, setzt zum Rückstand 2 ml Salpetersäure und 0,5 ml 0,1%ige Kaliumpermanganatlösung, dampft zur Trockne, erhitzt 1 Std. auf 100°, nimmt mit 3 ml Salpetersäure und 15 ml Wasser auf, filtriert und bestimmt das Phosphat colorimetrisch. MARZAHN kocht 100 ml Abwasser mit 20 ml konzentrierter Salpetersäure stark ein und bestimmt ausgefälltes Ammoniummolybdophosphat titrimetrisch.

Literatur.

AMMER, G.: Wärme **55**, 307 (1932).

BRUJEWITSCH, S. W., u. A. A. KOSSTROMINA: Chem. J. Ser. B **11**, 682 (1938); durch C. **109**, **II**, 2631 (1938). — BRUJEWITSCH, S. W., u. J. I. PLETNIKOWA: Chem. J. Ser. B **9**, 925 (1936); durch C. **108**, **I**, 149 (1937).

CAUSSE, H.: C. r. **137**, 708 (1903); durch C. **74**, **II**, 1471 (1903).

DEMBERG, W.: Angew. Ch. **55**, 318 (1942).

ECK, P. N. VAN: Pharm. Weekbl. **55**, 1037 (1918); durch C. **89**, **II**, 661 (1918). — EDELSTEJN, S. A., u. V. J. PETACKIJ: Betriebslab. **15**, 850 (1949); durch Fr. **131**, 314 (1950).

FAHRENKAMP, E. S.: Mitt. Ver. Großkesselbes. **89**, 103 (1942); durch Naturforschung und Medizin in Deutschland, FIAT-Review **29**, 230. — FEIGL, F.: Qualitative Analyse mit Hilfe von Tüpfelreaktionen, 3. Aufl., S. 334. Leipzig 1938.

HEDRICH, G.: Wärme **67**, 97 (1944).

JAMIESON, G. S.: Ind. eng. Chem. **5**, 301 (1913); durch C. **84**, **I**, 1940 (1913). — JANSSEN, C.: Anal. chim. Acta **2**, 625 (1948). — JOLLES, A.: Arch. Hyg. **34**, 22 (1899); durch C. **70**, **I**, 375 (1899).

KALLE, K.: Ann. Hydrogr. maritim. Meteorol. **62**, 65, 95 (1934); **63**, 58, 195 (1935); durch C. **107**, **I**, 830/831 (1936). — *Kesselbetrieb*, herausgegeb. vom Verein der Großkesselbesitzer, 2. Aufl., S. 226. Berlin 1931. — KOLTHOFF, I. M.: Pharm. Weekbl. **54**, 1005 (1917); durch C. **89**, **I**, 652 (1918). — KROEMER: Wärme **56**, 833 (1933). — KUISEL, H. F.: Helv. **18**, 178, 332 (1935).

LEPIERRE, CH.: (a) Bl. [3] **15**, 1213 (1896); durch C. **68**, **I**, 126 (1897); (b) Bl. [3] **25**, 800 (1901); durch C. **72**, **II**, 867 (1901). — LIANDER, H.: IVA **1937**, 103; durch C. **109**, **I**, 1847 (1938).

MARZAHN, W.: Hygien. Rdsch. **29**, 525 (1919); durch C. **90**, **IV**, 564 (1919). — MEDINGER, P.: Ch. Z. **39**, 781 (1915).

OHLE, W.: Angew. Ch. **51**, 906 (1938).

PESEZ, M.: J. Pharm. Chim. [9] **2** (133), 127 (1942); durch C. **113**, **II**, 209 (1942). — POSTIC, F., J. RABATÉ u. J. COURTOIS: J. Pharm. Chim. [9] **2** (133), 122 (1942); durch C. **113**, **II**, 208 (1942).

RICHTER, H.: Ch. Z. **56**, 992 (1932). — ROBINSON, R. J.: Ind. eng. Chem. Anal. Edit. **13**, 465 (1941); durch C. **113**, **I**, 1412 (1942). — ROBINSON, R. J., u. H. E. WIRTH: Ind. eng. Chem. Anal. Edit. **7**, 147 (1935); durch C. **107**, **I**, 2986 (1936). — RUDY, H., u. K. E. MÜLLER: Angew. Ch. A **60**, 280 (1948).

SCARNITT, E. W.: Ind. eng. Chem. Anal. Edit. **3**, 23 (1931); durch C. **102**, **I**, 2519 (1931). — SERGER, H.: Ch. Z. **39**, 613 (1915). — SPLITTGERBER, H.: Mitt. Ver. Großkesselbes. Nr 22, S. 36 (1929). — STOLL, K.: Fr. **112**, 81 (1938). — SULFRIAN, A.: Wärme **55**, 371 (1932).

TAYLOR, D. M.: J. Am. Water Works Assoc. **29**, 1983 (1937); durch C. **109**, **I**, 3509 (1938).

URBACH, C.: (a) Mikrochem. **13**, 31 (1933); (b) **13**, 201 (1933); **14**, 198 (1934).

VEITCH, F. P.: Am. Soc. **25**, 169 (1903); durch C. **74**, **I**, 786 (1903).

WILKINSON, N. T.: J. Soc. chem. Ind. **57**, 292 (1938); durch C. **110**, **I**, 754 (1939). — WINKLER, L. W.: Angew. Ch. **28**, 22 (1915). — WOODMAN, A. G., u. L. L. CAYVAN: Am. Soc. **23**, 96 (1900); durch C. **72**, **I**, 1015 (1901).

ZIMMERMANN, M.: (a) Angew. Ch. **55**, 28 (1942; (b) **62**, 291 (1950).

§ 15. Bestimmung des Phosphors in Eisen und Eisenlegierungen.

Allgemeines.

Das Roheisen, das bei der Verhüttung der Eisenerze im Hochofen gewonnen wird, enthält als unerwünschte, für manche Verwendungszwecke des Eisens unbedingt zu entfernende Beimengung u. a. Phosphor in einer mehr oder weniger großen

Menge, je nach dem Gehalt der Ausgangsstoffe Eisenerz, Koks und Zuschläge an diesem Element. Roheisen enthält 0,1 bis 0,3% P, Gießereiroheisen noch wesentlich mehr. In hochwertigen Stählen liegt der Phosphorgehalt, der bei höheren Werten Kaltsprödigkeit bedingt, meist unter 0,03%, in Sonderstählen unter 0,08%, und er ist nur ausnahmsweise höher. Um diese kleinen Phosphormengen zu bestimmen, kann selbstverständlich nur ein empfindliches Verfahren in Betracht kommen, und das ist ausschließlich das Molybdatverfahren (siehe § 1, S. 32). Dieses wird nur selten in der gewichtsanalytischen Ausführungsform angewendet, auch deswegen selten, weil diese Form es nicht gestattet, mit der in der Eisenindustrie geforderten möglichst großen Schnelligkeit zu arbeiten. Infolgedessen erfolgt die Mengenbestimmung des Niederschlages von Ammoniummolybdophosphat sehr häufig durch alkalimetrische Titration. In neuerer Zeit dringen auch colorimetrische Verfahren mit photometrischer Messung mehr und mehr in das Eisenhüttenlaboratorium ein. Die sedimetrische Bestimmung nach GOETZ-EGGERTZ hat wohl nur geringe Bedeutung, hingegen wird die nephelometrische Bestimmung mittels Strychninmolybdophosphat neuerdings empfohlen (KOCH).

Wegen der spektralanalytischen Bestimmung des Phosphors siehe 7. Abschnitt, § 4, S. 368.

Bei der großen Bedeutung der Phosphorbestimmung in Eisen und Eisenlegierungen ist es nicht verwunderlich, wenn von vielen Seiten mannigfache Vorschläge, Verbesserungen und Abänderungen der bekannten Verfahren mitgeteilt worden sind. Selbst im Rahmen dieses Handbuches ist es nicht möglich, auf alle diese Einzelheiten einzugehen, und deshalb sollen nur die wichtigsten Verfahren herangezogen werden.

A. Bestimmung des Phosphors in Roheisen, Gußeisen und Stahl.

1. In Roheisen, Gußeisen und unlegierten Stählen.

I. Als Ammoniummolybdophosphat. a) Maßanalytische und gewichtsanalytische Bestimmung. α) *Auflösung, Fällung und Bestimmung.*

Um den in Eisen und Stahl enthaltenen, meist in Form von Eisenphosphiden vorliegenden Phosphor mittels des Molybdatverfahrens bestimmen zu können, ist es erforderlich, den Phosphor durch ein passendes Oxydationsmittel in Orthophosphorsäure überzuführen und gleichzeitig das Eisen oder den Stahl aufzulösen. Abgesehen von einigen hierfür vorgeschlagenen und auf S. 232 angeführten Sonderverfahren ist es üblich, die Probe in Salpetersäure aufzulösen. Hierbei wird der Phosphor des Phosphides zum mindesten teilweise zu Orthophosphorsäure oxydiert, aber selbst mit konzentrierter Salpetersäure kann der Phosphor nicht vollständig in Phosphorsäure übergeführt werden (SCHNEIDER). Ein Entweichen von Phosphin, das sich also der Oxydation entzöge, wodurch zu niedrige Phosphorwerte erhalten würden, ist nicht zu befürchten. Es ist dagegen völlig unangebracht, als Lösungsmittel Salzsäure anzuwenden, denn mit dieser würde das Phosphid reichlich Phosphin entwickeln. Die Verwendung von Königswasser als Lösungsmittel ist umstritten. Bei der Auflösung der Eisenprobe in Salpetersäure verbleibt ein Teil des Phosphors in niedriger oxydierter Form, und es ist deshalb erforderlich, diesen Teil ebenfalls zu Orthophosphorsäure zu oxydieren. Hierfür wird neben anderen Stoffen (siehe S. 232) fast ausschließlich Kaliumpermanganatlösung verwendet. Das bei deren Einwirkung entstehende Mangan(IV)-oxydhydrat und der Überschuß an Kaliumpermanganat wird mittels Natrium- oder Kaliumnitritlösung entfernt. Die jetzt vorliegende Lösung dient zur Fällung des Ammoniummolybdophosphates, das maßanalytisch durch Auflösen in eingestellter Natronlauge und Rücktitration der unverbrauchten Lauge mit Schwefelsäure nach THILO-PEMBERTON-HUNDESHAGEN (siehe § 1, A, S. 58) bestimmt wird.

KASSNER und OZIER empfehlen die Fällung des Ammoniummolybdophosphates in Gegenwart von Citronensäure analog ihrem für die Analyse von Eisenerzen beschriebenen Verfahren (siehe § 10, B, S. 166). Wenn nicht die besonderen Vorschriften zur Lösung der Proben verwendet werden, so können die gewöhnlichen Lösungsverfahren benutzt werden, unter den Voraussetzungen, daß die Lösung vor dem Zusatz der Citrat-Molybdatlösung nicht mehr als 80 bis 100 ml beträgt, nicht mehr als 10 g Ammoniumnitrat oder deren Äquivalent nach Zufügen von 6 ml Salpetersäure (D 1,42) oder nicht mehr als 6 ml 60%ige Perchlorsäure enthält.

***Arbeitsvorschrift von* WEIHRICH (a),** brauchbar für alle in Salpetersäure löslichen Stähle mit weniger als 0,5% Si, 0,1% As, 0,2% V, 3% W, 2% Mo, 0,15% Ti oder Zr, und ohne Ta und Nb.

4 g Späne werden in einem ERLENMEYER-Kolben von 300 ml Fassungsvermögen in 60 ml Salpetersäure (1:1) gelöst. Nach dem Auskochen der Stickstoffoxyde wird die heiße Lösung mit 5 ml 3%iger Kaliumpermanganatlösung versetzt und 2 Min. gekocht. Nach dem Zusatz von 5 bis 10 ml 10%iger Natrium- oder Kaliumnitritlösung wird die Mischung auf die Hälfte eingedampft. Dann werden 30 ml 30%ige Ammoniumnitratlösung zugefügt, und die auf 40 bis 60° erwärmte Lösung wird mit 40 bis 50 ml Ammoniummolybdatlösung versetzt (man löst 600 g Ammoniummolybdat in 2 l Wasser, gießt die Lösung langsam in 2 l konzentrierte Salpetersäure, fügt 4 l Wasser hinzu, läßt 1 Woche stehen und filtriert, wenn nötig). Der mit einem Gummistopfen verschlossene Kolben wird 3 Min. lang umgeschüttelt. Nachdem die Mischung 30 bis 40 Min. bei 40° gestanden hat, wird der Niederschlag auf einem Papierfilter abfiltriert oder auf einem Glasfiltertiegel 1 G 4 abgesaugt (siehe auch die Arbeitsweise von SEUTHE, S. 236) und mit Natriumsulfatlösung ausgewaschen, bis das Waschwasser säurefrei ist.

Zur *maßanalytischen Bestimmung* wird das Filter mit dem Niederschlage im Fällungskolben in 15 bis 30 ml Natronlauge (54 g NaOH in 10 l Wasser) gelöst. Die mit 200 ml kohlendioxydfreiem Wasser[1] verdünnte Lösung wird mit Schwefelsäure (34 ml konzentrierte Schwefelsäure in 10 l Wasser) und Phenolphthalein als Indicator bis zur Farblosigkeit titriert. Der Titer der Lauge wird mit einem gleich behandelten Normalstahl von nicht wesentlich abweichendem Phosphorgehalt bestimmt. Bei 4 g Einwaage entspricht 1 ml Natronlauge $\frac{\text{\% P des Normalstahles}}{\text{verbrauchte ml NaOH}}$ % P. Mangan, Nickel, Kobalt, Kupfer, Aluminium und Kohlenstoff sind ohne Einfluß auf die Bestimmung. Abänderungen des Verfahrens bei anderen als den oben angegebenen Gehalten siehe S. 246ff.

Zur *gewichtsanalytischen Bestimmung* wird der im Glasfiltertiegel gesammelte Niederschlag erst mit ammoniumnitrathaltigem Wasser, dann mit salpetersaurem Wasser eisenfrei gewaschen und nach dem Trocknen bei 105° als $(NH_4)_3PO_4 \cdot 12MoO_3 \cdot H_2O$ mit 1,637% P gewogen. Der Fehler beim gewichtsanalytischen Verfahren ist kleiner als beim maßanalytischen.

Die *Umwandlung des Ammoniummolybdophosphates in Ammoniummagnesiumphosphat* empfiehlt WEIHRICH (a) fallweise für Proben mit hohen Phosphorgehalten. Hierzu wird der Niederschlag in heißer ammoniakalischer Ammoniumcitratlösung aufgelöst und nach dem Ansäuern der Lösung mit Salzsäure mit Magnesiamixtur gefällt (siehe § 1, A, S. 55). Zur Prüfung auf Reinheit wird der geglühte und ausgewogene Niederschlag in 5 ml Salpetersäure (1:1) und 20 ml Wasser gelöst. Ein etwaiger unlöslicher Rückstand wird abfiltriert und bestimmt.

Die *Genauigkeit* beträgt

	gewichtsanalytisch	maßanalytisch
bis 0,03% P	0,0010% P	0,002 % P
über 0,03 bis 0,05% P	0,0015% P	0,0025% P
über 0,05 bis 0,10% P	0,0020% P	0,0035% P
über 0,10 bis 0,20% P	0,004 % P	0,007 % P
über 0,20 bis 1,00% P	0,010 % P	0,015 % P

[1] Kohlendioxydfreie Luft wird 15 Min. lang durch das Wasser geleitet.

***Arbeitsvorschriften von* SWOBODA (b).** *I. Für unlegierte Stähle und für Nickel-, Chrom-Nickel-, Molybdän-, Kobalt- und Manganstähle ohne Wolfram, Vanadium, Titan und wenig Silicium.*

Die Einwaage richtet sich nach dem Phosphorgehalt der Probe, und zwar beträgt sie

bis 0,05% P	4 g
bis 0,10% P	3 g
bis 0,20% P	2 g
bis 0,40% P	1 g
über 0,40% P	0,5 g

Die Einwaage wird in einem 500 ml fassenden ERLENMEYER-Kolben mit 65 ml Salpetersäure (D 1,2) in Lösung gebracht und diese einige Min. gekocht, um Stickstoffoxyde zu vertreiben. Nach Zusatz von 10 ml 4%iger Kaliumpermanganatlösung wird das ausgeschiedene Mangan(IV)-oxydhydrat mittels tropfenweisen Zusatzes von Kaliumnitritlösung (100 g KNO_2 in 100 ml Wasser) aufgelöst; entstehende Stickstoffoxyde werden verkocht. Nun werden zu der Lösung entsprechend der Einwaage 25 bzw. 30 bzw. 35 bzw. 40 ml ammoniakalische Ammoniumnitratlösung zugesetzt. (Man löst 2,5 kg Ammoniumnitrat in 2,5 l Wasser und fügt 1 l Ammoniak [D 0,91] hinzu.) Die auf 65 bis 70° erwärmte Lösung wird mit 50 ml Ammoniummolybdatlösung versetzt. (Man löst 300 g Ammoniummolybdat in 2 l Wasser, gießt die Lösung langsam in 2 l Salpetersäure [D 1,2] und filtriert nach einigen Tagen.) Nach 1stündigem Stehen wird der Niederschlag abfiltriert, zuerst eisenfrei mit Wasser, das 2% Salpetersäure und 5% Ammoniumnitrat enthält und dann säurefrei mit 15%iger, gegen Phenolphthalein neutralisierter Natriumsulfatlösung gewaschen. Die maßanalytische Bestimmung geschieht durch Auflösen des Niederschlages in 0,1 n Natronlauge und Rücktitration mit 0,1 n Schwefelsäure, ohne daß die alkalische Lösung gekocht wird. 1 ml 0,1 n NaOH = 0,1349 mg P.

II. Für Roheisen bei Abwesenheit von Graphit und viel Silicium.

Die Arbeitsweise ist die gleiche wie unter I. beschrieben.

III. Für Roheisen bei Anwesenheit von Graphit und viel Silicium.

1 bis 4 g Probespäne werden mit 65 ml Salpetersäure (D 1,2) gekocht. Nach Vertreibung der Stickstoffoxyde werden 20 ml Salzsäure (D 1,19) und 10 Tropfen Flußsäure zugefügt. Die auf ein Volumen von etwa 15 bis 20 ml eingedampfte Lösung wird nach Zusatz von 80 ml Salpetersäure (D 1,4) wieder eingeengt. Nun wird die Lösung mit 50 ml Salpetersäure (D 1,2) versetzt, gekocht, mit 10 bis 25 ml 4%iger Kaliumpermanganatlösung oxydiert, mit Kaliumnitrit geklärt und nach dem Verkochen der Stickstoffoxyde mit Salpetersäure (D 1,2) in einen 100 ml-Meßkolben gebracht. Die Lösung wird durch ein trockenes Filter filtriert, und 50 ml des Filtrates werden mit der der Einwaage entsprechenden Menge Ammoniumnitratlösung versetzt und wie unter I. angegeben weiterbehandelt.

β) Andere Arbeitsvorschriften. In Tabelle 14 sind Angaben verschiedener Verfasser über Einwaagen und Salpetersäuremengen zur Analyse von Roheisen, Gußeisen und Stahl zusammengestellt.

Zur Oxydation der beim Auflösen der Probe in Salpetersäure teilweise entstehenden niedrigeren Oxydationsstufen des Phosphors hat GINSBURG an Stelle des meist verwendeten Kaliumpermanganates Kaliumchlorat vorgeschlagen. MOROS sowie SCHKOTOWA (b) verwenden hierzu Königswasser, und MOROS erzielt gute Übereinstimmung von 0,03 bis 0,14 ‰, während STÖCKMANN die Verwendung von Königswasser strengstens verwirft, weil infolge Entweichens phosphorhaltiger Gase zu niedrige Werte erhalten werden[1].

[1] An Stelle von Permanganat verwenden HARRISON und PARRATT Brom-Salzsäure. MIKULIN benutzt als Lösungsmittel 15 ml einer Mischung von 304 g Ammoniumnitrat, 140 ml konzentrierter Salpetersäure und 200 ml Wasser. Zur Beschleunigung der Lösung schlägt BARKOW einen Zusatz von 4 bis 8 Tropfen Wasserstoffperoxyd zu Salpetersäure (D 1,15) und Erwärmung auf 40° und höher vor.

Tabelle 14. Zusammenstellung von Vorschriften über Einwaagen und Salpetersäuremengen bei der Analyse von Roheisen, Gußeisen und Stahl.

Material	Einwaage in g	Salpetersäure ml	Salpetersäure Konzentration	Verfasser
Stahl	1	20	1 : 1	BURSSUK (a)
Stahl	4	60	D 1,2	KINDER (b)
Stahl	1	20	D 1,2	KONKIN
Stahl	2	—	1 : 1,5	SCHKOTOWA (a)
Stahl	1	20	D 1,2	SCHRÖDER (b)
Stahl	2	45	1 : 2	VOGELSSON und KASATSCHKOWA
Gußeisen	1	20	1 : 1	BURSSUK (b)
Roheisen	0,25	25	D 1,15	KEMPF[1]
Roheisen	0,4—2	20—60	D 1,2	KINDER (b)
Roheisen	4	60	D 1,2	MÜLLER (a)
Gußeisen	1—4	30	1 : 2	VOGELSSON und KASATSCHKOWA

[1] Unter Zusatz von 3 bis 5 Tropfen Perhydrol.

Tabelle 15 enthält Angaben verschiedener Verfasser über Reagenzien zur Reduktion des aus dem zugefügten Kaliumpermanganat entstandenen Mangan(IV)-oxydhydrates.

Tabelle 15. Zusammenstellung von Reduktionsmitteln zur Auflösung des aus Kaliumpermanganat entstandenen Mangan(IV)-oxydhydrates.

Stoff	Anzuwendende Menge	Verfasser
Na_2SO_3	1—2 ml, 20%	BURSSUK (a)
	— 10%	KONKIN
	— 20%	MATWEJEWA
$NaHSO_3$	—	PORTEVIN und LEROY
H_2SO_3	10 ml, 1,5%	SCHRÖDER (b)
NH_4HSO_3	1—5 ml, 1 : 10	SUSANO und BARNETT
$(NH_4)_2C_2O_4$	10 ml, 4%	KEMPF
	10 ml, 4%	RIDSDALE (a)
	—	SEUTHE (b)
Absoluter Alkohol neben Nitrit . . .	—	MÜLLER (b)
Na_2O_2	—	MÜLLER (a)
	—	GETZOW
HCl	D 1,2	MAHON
	—	WDOWISZEWSKI (a)
	—	SMITH
NH_4Cl	20 ml, 20%	FRICKE
$FeSO_4$	—	VOGELSSON und KASATSCHKOWA
Zucker	—	AUCHY
	15%	DANFORTH
	—	OHLY (a, b)
	—	RAMORINO

Im folgenden werden einige Vorschriften zusammengestellt, die sich von den vorerwähnten in einigen Punkten unterscheiden.

***Arbeitsvorschrift von* DILLNER.** (Amerikanisches Leitverfahren für Roheisen [1908].) 2 g Probespäne werden in 50 ml Salpetersäure (D 1,13) gelöst. Nach Zusatz von 10 ml Salzsäure wird zur Trockne eingedampft. Der Rückstand wird mit 25 bis 30 ml konzentrierter Salzsäure aufgenommen, die Lösung mit 30 ml Wasser verdünnt und filtriert. Lösung und Waschwasser werden auf 25 ml eingeengt und mit 20 ml konzentrierter Salpetersäure bis zur Hautbildung eingedampft. Dies wird mit 30 ml Salpetersäure (D 1,2) wiederholt. Der Rückstand wird in 150 ml Wasser gelöst, die Lösung auf 70 bis 80° erwärmt und mit 50 ml Molybdatlösung (siehe unten) versetzt. Der Niederschlag wird 3 mal mit 3%iger Salpetersäure und 2 mal mit Alkohol gewaschen und bei 100° getrocknet und gewogen. — Zur Bereitung des Fällungsreagenses werden 100 g Molybdänsäure in 250 ml Wasser gelöst. Die Lösung wird mit 150 ml Ammoniak und 65 ml Salpetersäure (D 1,42) versetzt und in 400 ml konzentrierte Salpetersäure eingegossen. Schließlich werden 1100 ml Wasser zugefügt.

***Arbeitsvorschrift von* Ridsdale (a).** 2 g Stahl werden in 55 ml Salpetersäure (D 1,2) gelöst. Nach dem Verkochen der Stickstoffoxyde werden 5 ml 5%ige Kaliumpermanganatlösung zugefügt, und die Mischung wird 2 Min. lang gelinde gekocht. Nach Zugabe von 10 bis 13 ml 4%iger Ammoniumoxalatlösung wird die Mischung 2 Min. im Sieden gehalten, dann werden 15 ml 60%ige Ammoniumnitratlösung zugefügt. Die jetzt 85 ml betragende Lösung wird zum Sieden erhitzt, der Brenner fortgenommen und 50 ml kalte 5%ige Ammoniummolybdatlösung zugesetzt. Die Mischung wird genau 2 Min. lang geschüttelt und 5 bis 15 Min. lang bei Raumtemperatur stehengelassen (bei weniger als 0,02% P genau 15 Min.). Der Niederschlag ist völlig frei von Silicium und Arsen und wird wie üblich titrimetrisch bestimmt.

***Arbeitsvorschrift von* Schkotowa (b).** 1 bis 2 g graues Gußeisen werden in einer Mischung von 20 bis 30 ml Salpetersäure (D 1,4) und 4 ml Salzsäure (D 1,19) gelöst. Die auf 6 bis 7 ml eingedampfte Lösung wird mit 15 ml Salpetersäure (D 1,4) nochmals eingedampft. Der Rückstand wird mit 10 ml Salpetersäure (1:1) aufgenommen. Die zum Sieden erhitzte Lösung wird mit 15 ml 0,1%iger Gelatinelösung versetzt, 4 bis 5 Min. lang warm gehalten und filtriert. Das Filtrat wird zum Sieden erhitzt, mit 3 bis 5 ml 5%iger Kaliumpermanganatlösung oxydiert, mit Natriumnitritlösung geklärt, mit 20 ml 50%iger Ammoniumnitratlösung und Ammoniummolybdatlösung versetzt. — Weißes Gußeisen wird in 12,5 ml Salpetersäure (D 1,4) und 12,5 ml Salzsäure (D 1,19) gelöst und ebenso weiterverarbeitet, nur mit dem Unterschied, daß die Lösung nach dem Gelatinezusatz nach einigem Stehen zum Sieden erhitzt und dann sofort filtriert wird.

***Arbeitsvorschriften von* Etheridge.** *1. Für Kohlenstoffstähle, Schmiedeeisen, reines Eisen* (nur einige Tausendstel % P). 2 g Probespäne werden in einem Erlenmeyer-Kolben (300 ml) mit 45 ml Salpetersäure (D 1,2) 5 Min. lang gekocht. Die Lösung wird heiß mit gesättigter Kaliumpermanganatlösung versetzt, bis ein bleibender Niederschlag von Mangan(IV)-oxydhydrat vorhanden ist, 5 Min. lang gekocht, sorgfältig mit festem Natriumnitrit versetzt und zur Vertreibung der Stickstoffoxyde gekocht. Nach der Abkühlung wird die Lösung mit 10 ml Ammoniak (1:1) abgestumpft, ohne daß ein Niederschlag auftritt, dann auf 50° erwärmt und mit Ammoniummolybdat gefällt. — *2. Für Gußeisen.* Bei geringem Phosphorgehalt werden 2 g wie oben angeführt behandelt. Bei hohem Phosphorgehalt werden nur 0,25 g unter Zusatz von 1,75 g Elektrolyteisen (durchschnittlich 0,002% P) verarbeitet.

***Arbeitsvorschrift von* Ridsdale (b)** für *Hämatiteisen* mit Gehalten bis zu 0,75% Titan und bis zu 0,15% Arsen. Die unter Zusatz von Ammoniumfluorid aus 5 g Eisen und Salpetersäure erhaltene Lösung wird auf 70 ml verdünnt. 42 ml davon (= 3 g Einwaage) werden mit Permanganat oxydiert, mit Ammoniumoxalat geklärt und mit Ammoniummolybdat gefällt. Der Niederschlag wird in ammoniakalischer Ammoniumcitratlösung gelöst, und in dieser Lösung wird das Phosphat mit Eisencitratmolybdatlösung gefällt. Der Niederschlag wird maßanalytisch bestimmt.

***Arbeitsvorschrift von* Burton-Smith.** Die Lösung von 3 g Spänen in 35 ml Salpetersäure (D 1,2) wird zur Trockne gedampft, und der Rückstand wird geglüht, bis keine roten Dämpfe mehr entweichen. Der Glührückstand wird 2mal mit 20 ml Salzsäure (D 1,19) und 2 ml Salpetersäure (D 1,4) bis zur Teigkonsistenz abgedampft und mit heißem Wasser bis genau 30 ml gelöst. 20 ml hiervon (= 2 g Einwaage) werden mit Ammoniummolybdat versetzt. Das ausgefällte Ammoniummolybdophosphat wird nach Finkener (siehe § 1, A, S. 30) bestimmt.

***Arbeitsvorschrift von* Kassner *und* Ozier.** Man löst nach bekannten Verfahren, verwendet aber nur soviel Säure, daß nicht mehr als 8 ml Ammoniak (D 0,90) zur Einstellung der Acidität nötig sind. Dann verfährt man weiter wie bei der Analyse von Eisenerz (siehe § 10, B, S. 166).

γ) Perchlorsäure als Lösungsmittel. Zur Auflösung der Probe, besonders in den Fällen, in denen hochlegierte Stähle in Salpetersäure nur schwer oder unvollständig löslich sind, haben Susano und Barnett 60%ige Perchlorsäure vorgeschlagen. Diese Konzentration der Perchlorsäure ist mindestens erforderlich, weil bei Anwendung von nur 50%iger Säure bis zu 15% des Phosphors verlorengehen können. Raab benutzt eine 70%ige Perchlorsäure. Seuthe und Schaefer haben eine Mischsäure aus 3 Teilen 60%iger Perchlorsäure und 1 Teil Salpetersäure (D 1,2) angewendet. Nach ihren Angaben erfolgt die Auflösung schnell bei geringem Verbrauch, die Oxydation mit Kaliumpermanganat und dessen Reduktion fallen fort, und die Lösung braucht nicht durch Eindampfen konzentriert zu werden. Die Anwendung der Mischsäure bedeutet also einen Zeitgewinn. Solche Mischsäuren benutzen auch Hague und Bright (5 Teile Salpetersäure [D 1,2] und 3 Teile 60%ige Perchlorsäure) sowie Adelt und Gruendler (gleiche Teile Salpetersäure [D 1,2] und Perchlorsäure [D 1,67]). Da dieses Lösungsverfahren jedoch meist nur für hochlegierte Stähle angewendet wird, so wird hier nur eine Arbeitsvorschrift von Raab angeführt, während andere Vorschriften auf S. 246 gebracht werden. — STEINBERG und SMITH benutzen als Lösungsmittel eine Mischung aus 0,2 g Natriumdichromat, 10 ml Salpetersäure (D 1,2), 5 ml Salzsäure (1:1) und 25 ml Perchlorsäure. Bei seiner Anwendung ist auf völlige Abwesenheit von Öl, Fasern, Papier oder anderen organischen Stoffen zu achten.

CROALL verwendet eine Mischung von Perchlorsäure, Salzsäure und Flußsäure, und KRAUS teilt ein Schnellverfahren mit 30%iger Perchlorsäure mit.

***Arbeitsvorschrift von* RAAB.** 1 g Späne von Gußeisen (bei Stahl 2 bis 5 g) werden in 15 ml (bzw. 20 bis 40 ml) 70%iger Perchlorsäure gelöst. (Wenn 60%ige, technische Perchlorsäure verwendet wird, so ist deren etwaiger Gehalt an Phosphor, Mangan und Chrom festzustellen.) Die Lösung wird 10 bis 15 Min. lang auf einer Heizplatte erhitzt, dann abgekühlt und vorsichtig mit 30 bis 40 ml heißem Wasser versetzt und gekocht. Ausgeschiedenes Siliciumdioxyd wird abfiltriert, 3- bis 4mal mit heißem salpetersaurem Wasser und 4- bis 5mal mit heißem Wasser gewaschen. Von dem in einem 200 ml-Meßkolben aufgefangenen und aufgefüllten Filtrat werden 100 ml mit Ammoniak, dann mit Salpetersäure und Ammoniummolybdat versetzt. Die Bestimmung des gefällten Ammoniummolybdophosphates erfolgt maßanalytisch. — Bei der Analyse von legiertem Gußeisen und Stählen werden 5 g mit 50 ml Perchlorsäure gelöst. Die Lösung wird mit 150 ml Wasser verdünnt, 5 bis 10 Min. gekocht, um Chlor zu vertreiben, und dann wie vorstehend beschrieben weiterbehandelt.

***Arbeitsvorschrift von* CROALL.** 0,5 g der feingepulverten Probe werden mit 3 bis 4 ml Perchlorsäure, 1 ml Salzsäure und 10 bis 12 ml Flußsäure (im Referat keine Konzentrationsangaben!) im Platintiegel unter ständigem Umrühren bis zum beginnenden Rauchen der Perchlorsäure erhitzt. Man gibt noch einmal 3 bis 4 ml Flußsäure und Perchlorsäure zu und fährt mit dem mäßigen Abrauchen 5 bis 10 Min. lang fort. Nach dem Abkühlen überführt man den Tiegelinhalt in ein Becherglas, erwärmt nach Zusatz von je 5 ml Salzsäure und Perchlorsäure bis zu deren Sieden und kocht noch 5 Min. im offenen Glase zur Vertreibung der Flußsäure.

***Arbeitsvorschrift von* KRAUS.** Man übergießt 0,5 g Probe in einem breiten 250 ml-Becherglase mit 25 ml 30%iger Perchlorsäure und erhitzt das bedeckte Becherglas zuerst auf dem Sandbade bis zur vollständigen Lösung der Probe und dann über freier Flamme bis zum Auftreten weißer Nebel. Nach Entfernung des Uhrglases läßt man noch 5 Min. lang kräftig rauchen. Nach Entfernung der Heizquelle gibt man 25 ml heißes Wasser in das Becherglas, löst die Salzkrusten und kocht die Lösung auf.

δ) Schnellverfahren. Für den Betrieb in Eisenhüttenlaboratorien ist es oft von Wichtigkeit, den Betrieb der Hütte laufend zu überwachen. Hierbei müssen alle Analysen der einlaufenden Proben mit möglichst großer Schnelligkeit ausgeführt werden. Für die Bestimmung des Phosphors hat KEMPF mit Hilfe besonders zweckmäßiger Anlage des Laboratoriums, die hier nicht näher geschildert werden kann, und durch eine schnell ausführbare Arbeitsweise Bedingungen geschaffen, die den gestellten Anforderungen in hohem Maße genügen. Für eine Analyse werden einschließlich Probenahme und Aufbereitung nur 9 Min. benötigt. Die Probe wird auf der Mischerbühne beim Füllen der Pfanne mit einem Löffel aus Stahl geschöpft und in einer Kupferkokille in Stäbchen gegossen. Die Stäbchen werden gepulvert und durch ein DIN-Sieb 1171 Nr. 80 gesiebt. Die weitere Verarbeitung ist unten angeführt. — SEUTHE (a, b) hat durch die von ihm ersonnene und bereits in § 11, B, S. 196 beschriebene zweckmäßige Titrationsvorrichtung zur Bestimmung des Ammoniummolybdophosphates den Zeitbedarf für eine Bestimmung auf 8 Min. heruntergesetzt. Bei Stählen mit nur geringem Phosphorgehalt ist aber ein Schnellverfahren nicht anwendbar, weil der Niederschlag des Ammoniummolybdophosphates nur langsam ausfällt und längere Zeit für die quantitative Abscheidung erforderlich ist. Um aber auch in solchen Fällen das Schnellverfahren anwenden zu können, macht SEUTHE einen Zusatz von 0,05% P in Form von 5 ml Natriumphosphatlösung passenden Gehaltes. Durch Anwendung einer Schüttelvorrichtung wird die Zeit für die Abscheidung des Niederschlages auf 1,5 Min. herabgesetzt. Alle Apparaturen sind im Laboratorium zweckmäßig angeordnet. — Durch Anwendung von Zentrifugen kann der Zeitbedarf für die einzelne Analyse ebenfalls heruntergesetzt werden (KEFELI und BERLINER; MILOSSLAWSKI, BARAL-KUDYSCH und KALINA).

***Arbeitsvorschrift von* KEMPF.** 0,25 g der vorbereiteten Probe (siehe oben) werden in einem ERLENMEYER-Kolben (300 ml Inhalt) mit 25 ml Salpetersäure (D 1,15) und 3 bis 5 Tropfen Perhydrol auf einer Heizplatte in Lösung gebracht. Die Lösung wird mit 10 ml 2,5%iger Kaliumpermanganatlösung oxydiert und mit 10 ml 4%iger Ammoniumoxalatlösung geklärt. Die Fällung der Phosphorsäure erfolgt durch Zusatz von 50 ml Ammoniummolybdatlösung und von Filterbrei. Nach dem Schütteln wird der Niederschlag abgesaugt, ausgewaschen und maßanalytisch bestimmt, indem er in Natronlauge gelöst, die Lösung mit 100 ml Wasser verdünnt und nach Zusatz von 2 Tropfen Phenolphthalein mit Schwefelsäure bis zur Farblosigkeit titriert wird.

***Arbeitsvorschrift von* SEUTHE (b).** Die Probe wird entweder in üblicher Weise in Salpetersäure (siehe S. 231) oder in Perchlorsäure (siehe S. 234) gelöst, ebenso wird die Fällung des Ammoniummolybdophosphates ausgeführt. Das Absaugen des Niederschlages erfolgt mit Hilfe des in Abb. 16, S. 197, gezeigten Saugtrichters, wobei in die Saugleitung ein Drei-Wege-Hahn zur Trennung von Mutterlauge (zum Zwecke der Aufarbeitung) und Waschwasser eingeschaltet wird (siehe Abb. 1, S. 62). Die Vorrichtung zur Titration ist in § 11, B, S. 196 eingehend beschrieben. Die hier zu verwendende Skala ist von 0,0 bis 0,200% P eingeteilt mit einer Unterteilung von 0,002% P. Sie ist 25 cm lang, links 28,5 cm und rechts 23,5 cm hoch. Der Teilstrich 0,100% P liegt genau waagerecht. Die Vorratsflaschen enthalten etwa 0,1 n Lösungen von Natronlauge (links) und Schwefelsäure (rechts).

Zur Einstellung wird die Menge Natronlauge ermittelt, die der Schwefelsäure vom Bürettenüberlauf bis zum untersten Teilstrich (0,200) entspricht. Es wird eine solche Menge Normalstahl eingewogen und in bekannter Weise gelöst und weiterbehandelt, daß der Niederschlag von Ammoniummolybdophosphat einem Phosphorgehalt von 0,1% P entspricht. Nach der Vorschrift von SEUTHE (a) wird der Niederschlag in Natronlauge gelöst und mit Schwefelsäure bis zum Farbumschlag von Phenolphthalein titriert. Da dieser meist nicht bei 0,2 erfolgt, wie es sein müßte, so wird die Skala entweder nach links oder rechts bis zu dieser Stelle verschoben. Durch Wiederholung der Titration wird die Richtigkeit der Einstellung kontrolliert. Nach genauer Festlegung des 0,200-Punktes wird Schwefelsäure bis zum Nullpunkt der Skala in einen Kolben laufen gelassen und in gleicher Weise mit Natronlauge bis zum Umschlag titriert und dann umgekehrt verfahren. Hat man die Menge Lauge ermittelt, die der Schwefelsäure bis zum Nullpunkt entspricht, dann wird dieser Punkt endgültig mit der beweglichen Marke gekennzeichnet. Da die Teilung von 0,100 bis 0,200% P genau der von 0,0 bis 0,100% P entspricht, so ist die zusätzliche Menge Lauge ebenfalls genau 0,100% P äquivalent. Bei einer erneuten Titration des Normalstahles unter Zusatz der zuletzt festgestellten Menge Lauge erfolgt der Umschlag daher genau bei 0,100% P, und die Einstellung der Lösungen ist damit beendet. — In der späteren Vorschrift von SEUTHE (b) wird angegeben, den Phosphorgehalt eines Normalstahles unter Zugabe von Natronlauge zu bestimmen und die Skala so weit zu verschieben, daß der Teilstrich, der dem Phosphorgehalt des Normalstahles entspricht, mit dem Meniskus der Schwefelsäure übereinstimmt. Damit ist die Einstellung der Lösungen beendet. Die Zwischenräume der Teilstriche in senkrechter Richtung sind gleich groß, ein Mehr- oder Minderverbrauch an Lauge zeigt daher höheren oder niederen Phosphorgehalt an. Da die Zwischenräume von links nach rechts größer werden, können auch Schwankungen in der Stärke der Lösungen bis zu 10% durch einfaches Verschieben der Skala ausgeglichen werden. Der Meßbereich der Skala kann durch doppelte oder dreifache Vorlage der Lauge verdoppelt oder verdreifacht werden.

ε) *Aufschlußverfahren ohne Anwendung von Säure.* Wenn die Eisenprobe in Kupfer(II)-chloridlösung gelöst wird, so bleibt das Eisenphosphid ungelöst zurück. MEINEKE löst den Rückstand sodann in Salpetersäure unter Zusatz von Kaliumchlorat, fällt in der Lösung erst Schwefel als Bariumsulfat und im Filtrat davon durch Zusatz von Ammoniak Eisen(III)-phosphat, das in Salpetersäure gelöst wird. In dieser Lösung wird Ammoniummolybdophosphat gefällt. Noch umständlicher geht HASWELL vor. Er löst die Probe unter Kühlung während 12 Std. in einer 7%igen Kupfer(II)-chloridlösung mit Ammoniumchloridzusatz. ANTONY schließt in einer Oxydationsschmelze aus 4 Teilen Mangan(IV)-oxyd, 1 Teil Kaliumpermanganat und 2 Teilen Natriumcarbonat auf, wobei 5 g der feinst verteilten Probe mit 40 g des Oxydationsgemisches geschmolzen werden. Mit heißem Wasser wird die Schmelze gelöst, die Lösung wird filtriert und mit Salpetersäure angesäuert. Die Phosphorsäure wird als Eisen(III)-phosphat gefällt und in diesem Niederschlag bestimmt, nachdem zuvor durch eine Fällung mit Schwefelwasserstoff anwesendes Arsen entfernt worden ist.

ζ) *Fehlergrenze.* Als Fehlergrenze bei Schiedsanalysen hat der Chemiker-Fachausschuß des Vereins deutscher Eisenhüttenleute 0,05% angegeben. Dieser Wert wird von den Hüttenlaboratorien im allgemeinen eingehalten. — QUADRAT und VČELÁK (a) haben den Fehler festgestellt, der bei der gravimetrischen Phosphorbestimmung in Eisenhüttenprodukten entsteht, wenn die salpetersaure Lösung der Probe nur einmal zur Trockene eingedampft und nur einmal mit Molybdatlösung gefällt wird. Nach ihrer Erfahrung fallen hierbei die Ergebnisse um etwa 0,5% zu hoch aus.

η) *Einfluß fremder Elemente.* Großen Einfluß auf die Genauigkeit der Phosphorbestimmung in Eisenhüttenprodukten haben die Elemente Arsen, Titan und Silicium. Bei Anwesenheit von Arsen wird dieses als Ammoniummolybdoarsenat mitgefällt, seine Entfernung ist also unbedingt vorzunehmen, sobald die Arsenmenge einen gewissen Wert überschreitet (0,02%, ETHERIDGE). Nach HINRICHSEN und FRANK sowie FRANK und HINRICHSEN übersteigen die Fehler bei einem Gehalt der Proben bis zu 0,05% As nicht den Betrag von 0,015% im Phosphorgehalt. Die Mitfällung des Arsens wird nach diesen Verfassern teilweise durch freie Salzsäure (20 bis 25 ml), vollständig aber nur durch die vorherige Entfernung des Arsens verhindert. Ob das Verfahren von LUCAS, den Einfluß des Arsens durch Fällung von Eisen(III)-phosphat aus essigsaurer Lösung zusammen mit basischem Eisen(III)-acetat auszuschalten, wirksam ist, erscheint unwahrscheinlich. Hingegen dürfte die Entfernung des Arsens als Tribromid sehr empfehlenswert sein. Dies haben RIDSDALE (a), ferner KINDER (b) sowie WEIHRICH (a) durchgeführt. RIDSDALE (a) verwendet Salzsäure und Ammoniumbromid, KINDER (b) Brom und Bromwasserstoff und WEIHRICH (a) Brom-Salzsäure oder ein Gemisch aus 80 ml Salzsäure und 2 g Kaliumbromid. WLASSOWA und MARUNOWA-SCHADRINA empfehlen, hierbei die Bromwasserstoffsäure (D 1,49) durch Bromwasserstoffgas, welches aus Kaliumbromid und Schwefelsäure unmittelbar erzeugt wird, zu ersetzen. Mehrfach wird die Entfernung des Arsens durch Fällung mit Schwefelwasserstoff empfohlen (ARIANO, ETHERIDGE). ARIANO führt die Fällung aus, nachdem das dreiwertige Eisen durch Ammoniumhydrogensulfit zu zweiwertigem reduziert worden ist. COMPAGNO schlägt die Abscheidung des Arsens auf Kupfer nach REINSCH vor.

***Arbeitsvorschrift von* RIDSDALE (a).** Die Lösung der Probe in Salpetersäure wird zur Trockene eingedampft und der Rückstand zur Zerstörung der Nitrate geröstet (hierbei wird gleichzeitig der Phosphor vollständig oxydiert). Der Rückstand wird in 40 ml Salzsäure (D 1,16) gelöst und die Lösung erforderlichenfalls filtriert. Nachdem in der klaren Lösung 1 g Zink aufgelöst ist, werden 5 g Ammoniumbromid zugefügt. Nun wird die Lösung vorsichtig und rasch bis zur teigigen Beschaffenheit verdampft, wobei sich das Arsen vollständig verflüchtigt. Der Rückstand wird mit 20 ml Salzsäure aufgenommen, mit 10 ml starker Salpetersäure anteilweise oxydiert und auf 70 ml verdünnt. In dieser Lösung wird das Phosphat in bekannter Weise bestimmt.

***Arbeitsvorschrift von* ETHERIDGE.** Der Niederschlag des Ammoniummolybdophosphates wird einmal mit Kaliumnitratlösung gewaschen, dann auf dem Filter mit 20 ml Ammoniak (1:1) gelöst und das Filter ausgewaschen. Dann wird heiße

Salzsäure auf das Filter gegeben und dieses nochmals ausgewaschen. Nach Zugabe von 0,5 g Zinkstaub zum Filtrat wird die abfiltrierte Lösung mit Schwefelwasserstoff gesättigt, über Nacht stehengelassen und filtriert. Nach dem Verkochen des Schwefelwasserstoffes wird Salpetersäure (D 1,2), die 0,1 g Elektrolyteisen gelöst enthält, zugegeben, und die Mischung wird zwecks Oxydation erwärmt. In der abgekühlten Lösung wird durch Zusatz von Ammoniak das gesamte Eisen einschließlich Phosphat gefällt. Der mit heißem Wasser gewaschene Niederschlag wird in 45 ml Salpetersäure (D 1,2) gelöst. In dieser Lösung werden 1,9 g Elektrolyteisen gelöst, die Lösung wird auf 45 ml eingedampft und weiterbehandelt, wie auf S. 234 beschrieben. Für den aus dem Elektrolyteisen stammenden Phosphor (durchschnittlich 0,002% P) ist eine Korrektur anzubringen.

***Arbeitsvorschrift von* Compagno.** 2 g Probe werden in 40 ml Salpetersäure (1:1) gelöst. Nach Zusatz von 5 ml Schwefelsäure wird die Lösung zur Trockene abgeraucht. Der Rückstand wird in Wasser gelöst, die Lösung filtriert und das Filtrat zur Trockene eingedampft. Mit 100 ml konzentrierter Salzsäure wird der Rückstand aufgenommen, und in die Lösung werden 2 g Kupfer gebracht. Nach dem Aufhören der Reaktion wird die Lösung auf ⅓ ihres Volumens eingeengt, in einen Kolben gegossen, das Kupfer mit verdünnter Salzsäure nachgewaschen und das Phosphat wie üblich bestimmt.

Titan stört außerordentlich, wenn mehr als 0,1% davon vorhanden ist. Es gelangt ein Teil des Phosphors in den Niederschlag von Titan(IV)-oxyd. Dieser muß dann mit Natriumcarbonat aufgeschmolzen werden, und in der Lösung der Schmelze kann die Phosphorsäure bestimmt werden (siehe § 1, A, S. 40).

Der Einfluß des Siliciums ist weniger gefährlich. Bis zu einem Gehalt von 0,5% Si stört es nicht, bei höherem Gehalt muß es als Siliciumdioxyd vor der Fällung des Ammoniummolybdophosphates abgeschieden oder durch Abrauchen mit Flußsäure verflüchtigt werden. Wenn keine Ammoniumsalze vorhanden sind, so kann nach Spüller und Kalmann Phosphor nach dem Molybdatverfahren auch in siliciumreichem Stahl und Roheisen ohne vorherige Abscheidung des Siliciums genau bestimmt werden.

Ohne Einfluß sind 1% Kupfer, 20% Nickel und 5% Kobalt; bei Gegenwart von Wolfram geht ein Teil der Phosphorsäure in den Wolframniederschlag, bei Anwesenheit von Vanadium bildet dieses in fünfwertiger Form komplexe Molybdovanadatophosphorsäure, es ist deshalb das Vanadium zuvor mit 10 ml 20%iger Natriumsulfitlösung zu reduzieren [Kinder (b)].

Nach Weihrich stören Weinsäure, Citronensäure und Oxalsäure, diese sind also zu vermeiden. Auch Flußsäure stört, sie kann entweder durch mehrmaliges Abdampfen mit Salpetersäure entfernt oder durch Zusatz von Borax oder Borsäure unschädlich gemacht werden.

ϑ) Wiedergewinnung des Ammoniummolybdates. Bei der Aufarbeitung der Filtrate von der Fällung des Ammoniummolybdophosphates zum Zwecke der Wiedergewinnung des Ammoniummolybdates ist darauf Rücksicht zu nehmen, daß sie ziemlich viel Eisen enthalten. Infolgedessen unterscheidet sich die Aufarbeitung von der in § 1, A, S. 41 beschriebenen Weise. Es wird bei den meisten Vorschriften nicht, wie dort beschrieben, festes Ammoniummolybdat gewonnen, sondern es wird eine Lösung, die von dem zur ersten Fällung von Ammoniummolybdophosphat aus den Filtraten überschüssig angewendeten Natriumphosphat befreit ist, gleich zum Ansetzen neuer Fällungslösung verwendet. Hierbei ist es ohne Bedeutung, wenn kleine Mengen von Eisen noch anwesend sind. Eine solche Lösung enthält von der Aufarbeitung her aber noch größere Mengen Ammonium- und Magnesiumsalz. Nach Stamm werden hierdurch bei der Verwendung zu neuen Phosphorbestimmungen in Eisenproben unsichere Werte erhalten. Solche Unsicherheit kann vermieden werden, wenn die Mutterlaugen nach ARMSTRONG eingedampft werden. Hierbei scheidet sich ziemlich reine Molybdänsäure aus, die in Ammoniak gelöst werden kann, und diese Lösung dient zu neuen Bestimmungen. In ähnlicher Weise verfährt auch STAMM sowie RUBRICIUS. FRIEDRICH (a) hat etwas umständlicher gearbeitet, worauf STAMM hingewiesen hat. Nachdem FRIEDRICH (b) seine Arbeitsweise gegen die Einwände STAMMS verteidigt hatte, vereinfachte er [FRIEDRICH (c)] später sein Verfahren. Auch KINDER (a) hält das Verfahren von FRIEDRICH für umständlich, und er schlägt ein einfacheres vor. Es werden hier die verschiedenen Methoden mitgeteilt, denn es kann kaum einer ein besonderer Vorteil zugeschrieben werden.

Verfahren von KINDER (a). Die Filtrate werden mittels Natriumphosphats gefällt, und die Mischung wird in Glasballons oder halben Holzfässern gesammelt. (Die Mutterlauge kann nach dem Neutralisieren mit Kalkmilch als Stickstoffdünger Verwendung finden.) Wenn eine genügende Menge Niederschlag gesammelt ist, wird die Mutterlauge abdekantiert und der Niederschlag mehrmals mit 0,1%iger Natriumsulfatlösung unter Dekantieren ausgewaschen, bis eine Probe nach dem Lösen in verdünntem Ammoniak keinen wesentlichen Niederschlag von Eisen(III)-phosphat mehr liefert. Dann wird der Niederschlag getrocknet. Daraus wird neue Fällungslösung auf folgende Weise bereitet: 325 g trockner Niederschlag werden in 1100 ml Ammoniak (D 0,96) gelöst. Die durch etwas Eisen(III)-phosphat meist getrübte Lösung wird mit 100 ml einer Lösung aus 30 g kristallisiertem Magnesiumchlorid und 30 g Ammoniumchlorid versetzt. Der ausgeschiedene Niederschlag wird nach dem Absitzen durch ein Papierfilter abfiltriert. Je 420 ml Filtrat werden in 1200 ml Salpetersäure (D 1,2) eingetragen. Die Lösung bleibt einige Tage stehen und kann dann benutzt werden.

Der noch molybdänhaltige Niederschlag des Ammoniummagnesiumphosphates kann zu neuen sauren Rückständen gegeben werden, so daß alle Molybdänreste erfaßt werden.

Verfahren von LYNAS. Die Fällung aus den Filtraten erfolgt mit dem Fünffachen der berechneten Menge Phosphat. Der Niederschlag des Ammoniummolybdophosphates wird durch Dekantieren gewaschen und in einer Schale getrocknet. 210 g Niederschlag werden in 800 ml Wasser suspendiert und in 600 ml Ammoniak gelöst. Die Lösung wird mit einer Lösung von 35 g Magnesiumnitrat in 100 ml Wasser versetzt. Der Niederschlag des Ammoniummagnesiumphosphates wird abfiltriert und mit verdünntem Ammoniak ausgewaschen. Das Filtrat wird zu 1900 ml Salpetersäure (1:1) gegeben. Die jetzt 3500 ml betragende Flüssigkeit enthält die übliche Menge an Ammoniumnitrat.

Verfahren von ARMSTRONG. Filtrate und Niederschläge werden auf dem Wasserbade stark eingeengt. Nach dem Erkalten wird die Mischung mit dem halben Raumteil Wasser verdünnt, und die Flüssigkeit wird nach dem Absitzen des Niederschlages weggegossen. Zur Entfernung löslicher Eisensalze wird der Rückstand mehrmals mit kaltem Wasser behandelt, dann in Ammoniak (1:1) gelöst und die Lösung mehrere Std. stehengelassen. Ausgeschiedenes Eisenhydroxyd wird durch Asbest abfiltriert. Aus der Dichte des Filtrates wird unter Zuhilfenahme einer im Original mitgeteilten Tabelle diejenige Menge MoO_3 berechnet, welche nötig ist, damit 1 ml Lösung 0,2825 g MoO_3 als Ammoniummolybdat enthält.

Die Bestimmung des Molybdatgehaltes der Lösung aus ihrem spezifischen Gewicht ist nach STAMM recht ungenau, weil die Lösung noch Ammoniak und wechselnde Mengen an Ammoniumnitrat enthält.

Verfahren von STAMM. Die Filtrate (ohne Waschwässer) werden mit gesättigter Natriumcarbonatlösung kalt neutralisiert und so lange gekocht, bis Molybdänsäure in kristalliner, gelblichweißer Form ausfällt. Besondere Aufmerksamkeit ist der Neutralisation der Lösung zu widmen. Wird sie zu wenig neutralisiert, so scheidet sich die Molybdänsäure in schleimiger, schlecht absitzender Form ab, wodurch die Trennung von der Eisenlösung unvollkommen wird. Bei zu weitgehender Neutralisation fällt Eisen mit aus, und die Molybdänsäure wird gelbbraun. Der richtige Punkt der Neutralisation ist an dem Farbwechsel der Lösung von rein Gelb nach Gelblichrot zu erkennen. Die über der ausgeschiedenen Molybdänsäure stehende Flüssigkeit wird abgegossen, sie ist molybdänfrei. Die Niederschläge aus mehreren Kochungen werden in einer Flasche gesammelt und öfter umgerührt. Die überstehende Lösung wird abgezogen und noch einmal gekocht, um etwas gelöste Molybdänsäure abzuscheiden. Die Molybdänsäure aus der Flasche wird abgesaugt und 2mal mit Wasser gewaschen. Die Waschwässer werden zu neuen Filtraten zugefügt und mitgekocht, um Molybdänreste zu gewinnen. Die gereinigte Molybdänsäure wird in einer Pulverflasche von 3 bis 4 l Inhalt mit konzentriertem Ammoniak tüchtig geschüttelt. Die Mischung wird mit Wasser verdünnt und bei 40° über Nacht stehengelassen. Die Flüssigkeit wird abgehebert und die Operation nach Zusatz von Ammoniak noch einmal wiederholt. Ausgeschiedenes Eisen(III)-hydroxyd wird abgesaugt. (Dieses kann aus mehreren Operationen gesammelt und mit wenig Ammoniak behandelt werden, um noch Molybdänreste zu erfassen.) Die Filtrate, denen zweckmäßig etwas Wasserstoffperoxyd zugesetzt wird, werden eingedampft. Hierbei scheidet sich etwas Eisen- und Manganhydroxyd ab, von dem die Lösung abgetrennt wird. In 10 ml dieser Lösung wird der Molybdängehalt nach einem bekannten Verfahren ermittelt und unter dessen Berücksichtigung durch Zusatz von Salpetersäure neues Fällungsreagens hergestellt.

Verfahren von Rubricius. 1,5 l Filtrate (ohne Waschwässer) werden mit 100 ml 6%iger Ammoniumnitratlösung versetzt und in einem auf einem Drahtnetz stehenden, mit einer Klammer befestigten Rundkolben trotz heftigen Stoßens so lange gekocht, bis nur noch 500 ml Flüssigkeit vorhanden sind, was etwa 2 Std. dauert. Nach dem Erkalten wird der Kolbeninhalt mit 1 l Wasser vermischt und der pulverförmige gelbe Niederschlag durch ein Faltenfilter abfiltriert. Er wird mit salpetersaurer, 3%iger Ammoniumnitratlösung gewaschen und getrocknet. Es ist vorteilhaft, mehrere Kochungen in einem hohen Standgefäß zu sammeln, die überstehende Flüssigkeit abzuhebern, den Niederschlag erst durch Dekantieren zu waschen, dann abzusaugen und weiter zu waschen. Die Ausfällung ist nahezu quantitativ. Die in der Molybdänsäure enthaltene kleine Menge Eisen wird quantitativ bestimmt, und beim Ansetzen von neuem Fällungsreagens wird die entsprechende größere Menge Molybdänsäure eingewogen.

Verfahren von Friedrich (c). Man fällt die Filtrate erst mit Natriumphosphatlösung, löst den Niederschlag in Ammoniak und versetzt diese Lösung mit Magnesiumchlorid- (besser -nitrat-) Lösung. Nach dem Abfiltrieren des Ammoniummagnesiumphosphates wird die Lösung ganz allmählich mit Salzsäure versetzt, so daß ein kristalliner Niederschlag ausfällt. Nach beendeter Ausfällung bleibt die durch die Neutralisation stark erwärmte Lösung über Nacht stehen. Dann wird das ausgeschiedene Ammoniummolybdat abgesaugt, mit Wasser gewaschen und getrocknet. Es ist frei von Eisen und Magnesium. Die Mutterlauge kann mit der salzsauren Lösung des Ammoniummagnesiumphosphates versetzt werden. Hierbei fällt nochmals etwas Ammoniummolybdophosphat aus, und es können so noch Reste von Molybdän erfaßt werden.

Verfahren von Beneš. Zur Entfernung des Eisens aus dem zurückzugewinnenden Ammoniummolybdat geht Beneš in mehreren Stufen vor.

1. Fällung in salpetersaurer Lösung. Die in einem Glasballon gesammelten Filtrate (etwa 100 l aus etwa 440 Bestimmungen) werden mit 300 g festem Natriumphosphat versetzt und mit Dampf auf 70° erhitzt. Nach 24 Std. wird die Mutterlauge F_1 abgezogen, der Niederschlag mit salpetersaurem Wasser dekantiert und gewaschen und das Waschwasser zur Lösung F_1 zugefügt.

2. Fällung durch Eindampfen. Lösung F_1 wird auf dem Wasserbade eingedampft, der Rückstand von der Flüssigkeit F_2 getrennt.

3. Fällung in salzsaurer Lösung. Etwa 25 l F_2 werden mit 1 l konzentriertem Ammoniak durchmischt, mit 5 l konzentrierter Salzsäure versetzt und durch Dampf auf 70° erwärmt. Nach 24 Std. wird wie bei 1. weitergearbeitet. Hierbei wird die Mutterlauge F_3 erhalten.

4. Fällung durch Eindampfen. Mutterlauge F_3 wird weiter eingedampft. Der hellbraune Niederschlag wird zweimal dekantiert und mehrere Stunden mit Salzsäure (1:1) auf dem Wasserbade behandelt. Er wird durch Dekantieren gewaschen.

Die gesammelten Niederschläge werden in Ammoniak gelöst. Die filtrierte Lösung wird mit Magnesiumsalz versetzt, der Niederschlag abfiltriert und das Filtrat mit Salpetersäure versetzt. Diese Lösung wird wieder für die Phosphorbestimmung benutzt und gibt keine Unterschiede in den gefundenen Werten gegenüber frischer Lösung.

Eisenarme Waschwässer werden zum Waschen eisenreicher Stufen verwendet.

Bei einem Verhältnis von Mo : Fe = 1 : 0,2 werden 97,7% Molybdän zurückgewonnen, bei einem Verhältnis 1 : 3,7 nur 8,3%. Beneš empfiehlt deshalb, bei den Analysen nur die Hälfte der sonst üblichen Stahlmenge einzuwägen.

b) Colorimetrische Bestimmungsverfahren. Als colorimetrisches Verfahren zur Bestimmung des Phosphors in Eisenhüttenprodukten kommt nahezu ausschließlich die Beobachtung der Farbintensität von Phosphomolybdänblaulösungen in Betracht. Allgemeines über diese Arbeitsweise ist in § 1, D, S. 81 mitgeteilt. Besonders bevorzugt sind im Eisenhüttenlaboratorium diejenigen Verfahren, die sich der Erzeugung des Phosphomolybdänblaus durch Zinn(II)-chlorid bzw. durch Hydraziniumsulfat bedienen. Es ist ferner vorgeschlagen worden, das normal gefällte Ammoniummolybdophosphat in Natronlauge zu lösen und Schwefelwasserstoff einzuleiten, worauf die Blaufärbung mit solcher aus analog zubereiteter Standardlösung verglichen wird (Hewitt). Namias erzeugt die Blaufärbung durch Behandlung des ausgewaschenen Ammoniummolybdophosphates mit 30 ml einer 1,2%igen Natriumthiosulfatlösung und halbstündigem Erwärmen auf dem Wasserbade. Der colorimetrische Vergleich erfolgt gegen einen ebenso behandelten Normalstahl. Herting (a) hat aber darauf hingewiesen, daß dieses Verfahren länger dauere als die acidimetrische Titration und weniger genau sei[1]. Burssuk (a) verwendet die Gelbfärbung der Dodekamolybdophosphorsäure zur colorimetrischen Messung bei Stahl und empfiehlt dies Verfahren auch für Gußeisen [Burssuk (b)]. Die Genauigkeit bis 0,4% P beträgt 0,0002 bis 0,0006%. Bei dem von Misson stammenden Verfahren wird die gelbrote Färbung des Molybdovanadatophosphatkomplexes zur colorimetrischen bzw. photometrischen Messung verwendet (siehe § 10, B, S. 167). Dieses Verfahren wird neuerdings von verschiedenen Bearbeitern als besonders gut brauchbar empfohlen (siehe S. 243). — Siehe auch die in § 7, S. 150 beschriebene colorimetrische Bestimmung des Phosphors.

α) *Verfahren unter Verwendung von Zinn(II)-chlorid.* Allgemeines über dieses Verfahren ist in § 1, D, S. 83 mitgeteilt worden. Zur Verwendung dieses Verfahrens in der Eisenanalyse ist darauf zu verweisen, daß schon kleinere Mengen dreiwertiges Eisen die Genauigkeit der Bestimmung stark herabsetzen. Es ist daher notwendig, das dreiwertige Eisen zu reduzieren oder aber die freie Dodekamolybdophosphorsäure mit Äther auszuschütteln und die Reduktion mit Zinn(II)-chlorid in der ätherischen Lösung vorzunehmen. Da die Reduktion des dreiwertigen Eisens mittels Natriumhydrogensulfit nach Portevin und Leroy keine Sicherheit gegen eine nachträgliche Rückoxydation bietet, ist es nicht verwunderlich, wenn Adelt und Gruendler das Verfahren für nicht befriedigend befunden haben, obwohl die Verfasser eine Genauigkeit von $\pm 0{,}05\,\gamma$ P angegeben haben. Hoar arbeitet ebenfalls mit Zinn(II)-chlorid, und er setzt bei Stählen mit einem Phosphorgehalt unter

[1] Bacon erzeugt die Blaufärbung durch Eisen(II)-sulfat. — Rydberg löst das mit Natriumchlorid ausgewaschene Ammoniummolybdophosphat in Ammoniak und colorimetriert die nach dem Ansäuern und Versetzen mit Ammoniumthiocyanat und Zinn(II)-chlorid entstehende Rotfärbung.

0,04% etwas Phosphat zu[1]. Folgend werden einige Arbeitsvorschriften unter Verwendung der Extraktion mit Äther angeführt.

***Arbeitsvorschrift von* RASSKIN.** Nach der üblichen Auflösung und Vorbereitung der Stahlprobe werden 2 ml der Lösung mit 1 ml Ammoniummolybdatlösung und 2 ml Äther 2- bis 3 mal umgeschüttelt. Es werden zu dem Ätherauszug 6 bis 7 Tropfen 2%ige Zinn(II)-chloridlösung und dann nochmals 4 bis 5 Tropfen zugesetzt, bis sich die Farbe nicht mehr ändert. Der Farbvergleich wird gegen eine Vergleichslösung vorgenommen, die folgendermaßen bereitet wird (siehe auch § 1, D, S. 91): 1. Man löst 100 g Kupfernitrat in 10 ml Salpetersäure (D 1,4) und 85 ml Wasser; 2. man löst 5 g reines Eisen in 30 bis 40 ml Salpetersäure (D 1,2), dampft die Lösung auf 10 bis 15 ml ein und füllt sie mit Wasser zu 100 ml auf; 3. 1 ml konzentrierte Kobaltnitratlösung und 9 ml Wasser werden vermischt. Aus diesen 3 Lösungen wird folgende Mischung hergestellt: 76 ml Kupfernitratlösung (1), 8,2 ml Eisen(III)-nitratlösung (2) und 15,8 ml Kobaltnitratlösung (3) werden vermischt, und die Mischung wird nach 3 bis 4 Tagen filtriert. Um die gleiche Säurekonzentration wie die Probelösung zu erhalten, wird die Mischung mit der passenden Menge 7%iger Salpetersäure versetzt. Das Verfahren ist anwendbar für Stoffe mit nicht mehr als 0,07% P. — Ähnlich arbeiten RASSKIN, MIROSCHNITSCHENKO und BONDARENKO.

***Arbeitsvorschrift von* MATWEJEWA.** 0,1 g Probe wird in 20 ml Salpetersäure (D 1,2) gelöst, mit 5 ml 3%iger Kaliumpermanganatlösung oxydiert, mit einigen Tropfen 20%iger Natriumsulfitlösung geklärt und auf 250 ml aufgefüllt. 1 ml dieser Lösung wird mit 1 ml Salpetersäure und 1 ml Ammoniummolybdatlösung (150 g Salz/l und 1 l Salpetersäure [D 1,2]) versetzt und mit 2 ml Äther geschüttelt. Die Ätherlösung wird mit 1 ml 1%iger Zinn(II)-chloridlösung versetzt und die blaue Farbe schnell mit einer Farbskala verglichen, zu deren Herstellung 1,00 bis 2,80 ml Kupfernitratlösung, entsprechend 0,13 bis 0,31% P genommen werden (100 g Kupfernitrat in 80 ml Wasser und 10 ml Salpetersäure [D 1,4]), zusätzlich je 0,8 ml mit Kobaltnitrat gesättigter konzentrierter Salpetersäure (1:10) und 7 ml konzentrierte Salpetersäure (siehe auch § 1, D, S. 91). Die gefundenen Werte stimmen mit solchen nach dem acidimetrischen Verfahren gefundenen überein.

***Arbeitsvorschrift von* SCHNEERSSON.** Zum Farbvergleich dient eine Mischung aus 20 ml Kupfernitratlösung (1:3), 3 ml Kobaltnitratlösung (1:10) und 5 ml Kaliumdichromatlösung (1:1000). Die Genauigkeit beträgt 0,005%. Ohne Einfluß sind: 3,5 bis 4% Chrom, bis 4,7% Nickel, bis 1,2% Wolfram, bis 1,1% Mangan und bis 0,2% Vanadium.

β) Verfahren unter Verwendung von Hydraziniumsulfat. HAGUE und BRIGHT haben die photometrische Bestimmung des Phosphors in Eisen mittels durch Hydraziniumsulfat erzeugten Phosphomolybdänblaus durchgeführt. Dieses Verfahren haben ADELT und GRUENDLER für Reihenanalysen abgewandelt durch Benützung größerer Einwaage und des PULFRICH-Photometers. Eine ähnliche Arbeitsvorschrift haben kurz zuvor KATZ und PROCTOR mitgeteilt. Die Verfahren sind vor allen Dingen auch für hochlegierte Stähle brauchbar.

***Arbeitsvorschrift von* HAGUE *und* BRIGHT.** 50 mg Späne werden in einem ERLENMEYER-Kolben (150 ml Inhalt) mit einer Mischung von 5 ml Salpetersäure (D 1,2) und 3 ml 60%iger Perchlorsäure bis zum Rauchen erhitzt. Die rasch ab-

[1] Nach HILL (b) kann die Bestimmung durch Gegenwart von Fluorid beschleunigt werden. Da größere Mengen Salzsäure die Farbe unbeständig machen, wird das Zinn(II)-chlorid nicht in Salzsäure, sondern in Flußsäure gelöst. Zur Farbentwicklung mischt man unmittelbar vor Gebrauch 20 Raumteile 8%iger Ammoniummolybdatlösung mit 80 Raumteilen einer Lösung, die 24 g Natriumfluorid und 2 g Zinn(II)-chlorid im Liter enthält, und fügt zu 25 ml oder weniger der in üblicher Weise bereiteten Probelösung das gleiche Volumen des Lösungsgemisches. Man erhitzt 2 bis 3 Min. in kochendem Wasser, kühlt und mißt die Lichtdurchlässigkeit bei 650 mμ gegen Wasser. Die gewöhnlich in niedriglegierten Stählen enthaltenen Elemente stören nicht.

gekühlte und mit 10 ml Wasser verdünnte Lösung wird mit 15 ml 10%iger Natriumsulfitlösung 20 bis 30 Sek. gekocht. Dann werden 20 ml Molybdathydrazinreagens (siehe S. 251) zugefügt, die Mischung wird 3 bis 4 Min. bei 90° gehalten und dann gerade eben zum Sieden erhitzt, abgekühlt und mit verdünnter Molybdathydrazinlösung auf 50 ml aufgefüllt und lichtelektrisch gemessen.

Die Genauigkeit für Gußeisen mit 0,25 bis 0,80% P beträgt $\pm$ 0,02%, für Stahl mit 0,01 bis 0,11% P $\pm$ 0,003%. Die Zeitdauer für eine Stahlanalyse beträgt 20 Min. oder für 8 Proben nebeneinander 45 Min.

Die Arbeitsvorschriften von KATZ und PROCTOR und von ADELT und GRUENDLER werden auf S. 250ff. mitgeteilt.

γ) *Verfahren von* MISSON. Das Verfahren beruht auf der Bildung einer löslichen komplexen Verbindung von der Zusammensetzung $(NH_4)_3PO_4 \cdot NH_4VO_3 \cdot 16 MoO_3$ mit einer gelbroten (gelborangen) Farbe und deren colorimetrischer Messung[1]. Das Verfahren wurde von MISSON begründet und von SCHRÖDER (a) mit kleinen Abänderungen empfohlen. Später hat SCHRÖDER (b) die Methode noch genauer ausgearbeitet. Nach KLEINMANN ist das Verfahren anwendbar bis herunter zu 1,25 mg P_2O_5 in 100 ml und hinauf bis 100 mg P_2O_5 in 100 ml. Es ist angewendet worden von GETZOW sowie von MURRAY und ASHLEY[2]. KONKIN verwendet es bei Anwesenheit von Arsen. BOGATZKI fand aber die Färbung abhängig vom Eisengehalt, der mit Ammoniummolybdat allein eine Gelbfärbung erzeugt, und vom Säuregehalt. Bei subjektiver colorimetrischer Messung ist das Verfahren von geringerer Bedeutung, nicht aber bei der Messung im PULFRICH-Photometer und bei Phosphorgehalten über 0,04%. Er benutzt ein Kompensationsverfahren, indem er einmal die Lösung mit Ammoniummolybdat allein und das andere Mal mit dem Vanadatzusatz herstellt. Besser ist es aber, das dreiwertige Eisen durch Fluorid zu entfärben. SCHMIDT und KUTIL haben die Arbeitsweise von BOGATZKI verbessert, indem sie zwar auch wie dieser Verfasser den Absorptions*unterschied* messen, aber die Reagenzien in anderer Reihenfolge zugeben, nämlich erst das Vanadat und dann das Molybdat, da hierdurch eine bessere Farbwirkung erzielt werden soll. ADELT und GRUENDLER finden das Verfahren nach MISSON nicht befriedigend. Nach HARRISON und FISHER stört Arsen nicht, aber durch überschüssiges Vanadat wird die Färbung verstärkt. Überschüssige Salpetersäure ergibt eine Schwächung der Farbe, Zusatz von Ammoniak vertieft sie infolge Herabsetzung der Konzentration der freien Säure. Es muß daher immer mit gleicher Säurekonzentration gearbeitet werden. Eine besonders eingehende Studie über die Verwendbarkeit des MISSON-Verfahrens stammt von KITSON und MELLON, und diese wird hier eingehend angeführt.

Vorschrift von KITSON und MELLON. ***Reagenzien.*** 1. *5%ige Ammoniummolybdatlösung*, bei 50° bereitet. — 2. *Vanadatlösung.* 2,5 g Ammoniumvanadat werden in 500 ml kochenden Wassers gelöst. Nachdem die Lösung etwas abgekühlt ist, werden 20 ml konzentrierte Salpetersäure zugefügt. Die Lösung wird auf Raumtemperatur abgekühlt und dann auf 1 l verdünnt.

Arbeitsvorschrift. *Für niedriglegierte Stähle.* 0,5 g Probe werden in 20 ml Salpetersäure (1:2) unter Kochen gelöst. Zur Oxydation werden 5 ml einer frisch bereiteten, 7,5%igen Lösung von Ammoniumperoxydisulfat zugefügt, und danach wird 3 bis 5 Min. lang zur Zerstörung des Überschusses gekocht. Zu der heißen Lösung werden 10 ml Vanadatlösung zugesetzt. Nachdem die Lösung auf Raumtemperatur abgekühlt ist, werden 20 ml Ammoniummolybdatlösung hinzugefügt. Nun wird die Lösung umgeschüttelt und in einen 100 ml-Meßkolben gebracht, in dem sie bis zur Marke verdünnt wird. Zur photometrischen Messung wird ein

[1] Nach MAXIMOWA und KOSLOWSKI hat die Verbindung die Zusammensetzung $P_2O_5 \cdot V_2O_5 \cdot 22 MoO_3 \cdot n H_2O$ (n = 12 bis 35), und sie enthält kein Ammonium.

[2] Auch GABIERSCH sowie HILL (a) und ferner PINSL benutzen das Verfahren.

Filter mit der höchsten Durchlässigkeit bei 470 mμ benutzt, bei spektralphotometrischer Messung erfolgt diese im Bereich von 460 bis 480 mμ.

Bemerkungen. 1. Die *Genauigkeit* entspricht der von gewöhnlichen titrimetrischen Verfahren. Diese werden aber durch die Schnelligkeit und Einfachheit des MISSON-Verfahrens übertroffen. — 2. Die *Beständigkeit der Farbe* erstreckt sich über mindestens 7 Wochen, wenn die Lösungen 5 p.p.m. P oder mehr enthalten. Unterhalb dieser Konzentration nimmt die Farbe langsam zu, aber der Fehler beträgt innerhalb von 2 Wochen etwa 2%. Das BEERsche Gesetz ist bis zu 40 p.p.m. P bei Messungen bei 460 mμ gültig. — 3. Die *beste Säurekonzentration* liegt bei 0,5 n in der Meßlösung. Sie stellt sich ohne weiteres ein, wenn 5 ml Salpetersäure (1:2) auf 50 ml Endvolumen verwendet werden. Schwefelsäure, Perchlorsäure und Salzsäure verhalten sich im allgemeinen wie Salpetersäure, doch ist diese vorzuziehen. — 4. Die *Reihenfolge des Reagenszusatzes* ist unbedingt einzuhalten, nämlich Salpetersäure, Vanadatlösung, Ammoniummolybdatlösung, und nach jedem Zusatz ist gut umzuschütteln. Wenn erst nach dem Zusatz des Vanadates und Molybdates angesäuert wird, entstehen positive Fehler. — 5. Über den *Einfluß fremder Ionen* unterrichtet Tabelle 16. Der Meßfehler bleibt unter 2%, wenn nicht mehr als 1000 p.p.m. folgender

Tabelle 16. Einfluß fremder Ionen auf das Verfahren von MISSON nach KITSON und MELLON.

Ion	Zulässige Menge in p.p.m.	Ion	Zulässige Menge in p.p.m.
$Bi^{\cdot\cdot\cdot}$	400	Cr_2O_7''	4
$Cr^{\cdot\cdot\cdot}$	10	F'	50
$Co^{\cdot\cdot}$	100	J'	0
$Fe^{\cdot\cdot\cdot}$	100	MnO_4'	0
$Th^{\cdot\cdot\cdot\cdot}$	20	SCN'	500
AsO_4'''	125	S_2O_3''	250
Cl'	75	WO_4''	250
$PtCl_6''$	20		

Ionen anwesend sind: Aluminium, Ammonium, Barium, Beryllium, Blei, Cadmium, Calcium, Eisen(III), Kalium, Lithium, Magnesium, Mangan, Quecksilber (I und II), Silber, Strontium, Uran, Zink, Zinn(II), Zirkonium, Acetat, Arsenit, Benzoat, Bromid, Carbonat, Chlorat, Citrat, Cyanid, Formiat, Jodat, Lactat, Nitrat, Nitrit, Oxalat, Perchlorat, Perjodat, Pyrophosphat, Salicylat, Selenat, Silicat, Sulfat, Sulfit, Tartrat und Tetraborat. Kupfer und Nickel stören bei visuellem Vergleich, aber die spektrophotometrische Messung bei 460 mμ wird durch Mengen bis je 1000 p.p.m. nicht beeinflußt. Nur Cer(IV) und Zinn(IV) bilden unter den Versuchsbedingungen Niederschläge. — 6. *Arbeitsvorschrift für andere Stoffe.* Die Probe wird zweckmäßig vorbereitet, und störende Ionen werden gemäß den Angaben in Tabelle 16 entweder entfernt oder auf die zulässige Menge gebracht. Die Lösung wird endlich gegen Lackmus gerade angesäuert und zweckentsprechend verdünnt. Eine Probe soll nicht weniger als 5 γ P enthalten, wenn in NESSLER-Röhren mit visuellem Vergleich gearbeitet wird. Für photometrische Messung in 1 cm-Küvetten sollten 0,1 bis 5 mg P in einem aliquoten Teil anwesend sein. Der Reihenfolge nach werden je 10 ml Salpetersäure (1:2), Vanadat- und Molybdatlösung zugefügt. Nach dem Auffüllen auf 100 ml und Mischen wird sogleich gemessen.

***Arbeitsvorschrift von* SCHRÖDER (b).** 1 g Stahlprobe wird wie üblich aufgelöst und oxydiert, aber mit 10 ml 1,5%iger schwefliger Säure geklärt. Nun fügt man das MISSONsche Vanadatreagens hinzu, verkocht den Überschuß an schwefliger Säure und arbeitet, wie oben angegeben, weiter.

***Arbeitsvorschrift von* BOGATZKI.** 1 g Stahl wird in einem 100 ml-Meßkolben (möglichst enghalsig, um beim Kochen Säureverluste zu vermeiden) in 20 ml Salpetersäure (D 1,2) gelöst. Die Stickstoffoxyde werden ausgekocht, die Lösung wird mit 10 ml 1%iger Kaliumpermanganatlösung oxydiert, 3 Min. lang gekocht und durch tropfenweisen Zusatz von schwefliger Säure (aus einer Tropfflasche) geklärt. Nach dem Kochen und Abkühlen werden nacheinander zugefügt: 50 ml 3%ige Natriumfluoridlösung und 10 ml Ammoniummolybdatlösung (120 g Salz in 1 l Wasser und 5 ml Ammoniak [D 0,91]). Die Lösung wird auf 100 ml aufgefüllt. 50 ml davon werden in einen ERLENMEYER-Kolben abgefüllt. Der Rest der Lösung wird mit 0,5 ml Ammoniumvanadatlösung versetzt (12,5 g NH_4VO_3 werden in 300 ml Wasser in einem 500 ml-Meßkolben unter Erwärmen gelöst; nach dem Erkalten werden 100 ml Salpetersäure [D 1,4] zugefügt, und die Mischung wird zur Marke aufgefüllt). Nach 2 bis 3 Min. werden beide Lösungen im PULFRICH-Photometer mit der Hagephotlampe und dem Filter Hg 436 gemessen. Die Temperatur soll am günstigsten bei 20 bis 25° liegen. Bei einem Phosphorgehalt der Probe unter 0,08% wird eine 3 cm-Küvette, darüber eine solche von 2 cm verwendet. Der Phosphorgehalt wird einer Eichkurve, die aus Stählen mit bekanntem Gehalt erhalten wird, entnommen. Er ergibt sich zu $\% \; P = (k - 0{,}001) \cdot 0{,}292$, wo k die Extinktion für 1 cm Schichtdicke bedeutet. Eine Bestimmung dauert 12 bis 15 Min. Die Genauigkeit beträgt bis 0,05% P 0,001%, bis 0,13% 0,002%. Das Verfahren ist anwendbar auf Chrom-, Nickel-, Kobalt- und Molybdänstähle. Vanadium stört selbstverständlich. Bei Roheisen oder Grauguß muß die Lösung stärker verdünnt oder eine kleinere Schichtdicke verwendet werden. Kohlenstoff und Siliciumdioxyd müssen abfiltriert werden.

***Arbeitsvorschrift von* SCHMIDT *und* KUTIL.** 1 g Stahl wird in einem 100 ml-Meßkolben in 20 ml Salpetersäure (1:1) wie üblich gelöst und die Lösung in bekannter Weise weiterbehandelt. Man fügt 10 ml des MISSONschen Reagenses (aus einer Pipette) hinzu und kocht 2 Min. lang. Nach dem Erkalten füllt man zur Marke auf. Wenn die Lösung getrübt ist, wird sie vor dem Auffüllen titriert. Von dieser fast farblosen Lösung werden 50,0 ml in ein reines trockenes Becherglas abgefüllt, und deren Absorption wird im LANGE-Colorimeter mit Blaufilter und Durchflußküvette gemessen (I). Zu den restlichen 50 ml im Meßkolben werden unter Umschütteln 5 ml 10%ige Ammoniummolybdatlösung (möglichst frisch) zugegeben, und nach 10 Min. wird wieder die Absorption gemessen (II). Aus der Differenz II—I ergibt sich die eigentliche Absorption, die durch die gelborange Färbung der Molybdovanadatophosphorsäure entstanden und die dem Phosphorgehalt des Stahles proportional ist. Dieser wird aus einer Eichkurve, die mit Stählen bekannten Phosphorgehaltes unter genau gleichen Bedingungen hergestellt wird, abgelesen.

Das Verfahren ist anwendbar für Phosphorgehalte von 0,005 bis 0,1%, wenn nicht größere Mengen Vanadium, Nickel, Wolfram und nicht über 16% Chrom anwesend sind. Unter 2% Silicium wirken noch nicht ungünstig.

c) Sedimetrische Bestimmung. In einem heute als sehr umständlich zu bezeichnenden Verfahren hat EGGERTZ die Mengenbestimmung des Niederschlages von Ammoniummolybdophosphat durch Messung des Niederschlagvolumens ausgeführt. Nach einer Mitteilung von WEDDING hat GOETZ das Verfahren von EGGERTZ durch Anwendung der Zentrifuge verbessert. Nahezu gleichzeitig teilten BORNMANN sowie V. REIS (a) eine Verbesserung des Verfahrens durch Anwendung von graduierten Zentrifugengläsern der in Abb. 19 gezeigten Form mit. Das Schleudergefäß faßt nach BORNMANN etwa 60 bis 70 ml. Dessen enger Teil hat ein Volumen von 0,2 ml, ist 40 mm lang und in 40 Teile geteilt. Der in einem Becherglase gefällte Niederschlag wird mit Hilfe von 25%iger Ammoniumnitratlösung in das Schleudergefäß eingebracht. BORNMANN hat innerhalb von 2 Jahren 30000 Bestimmungen auf diese Weise ausgeführt. V. REIS (b) hat seine erste Vorschrift bald verbessert und eine Tabelle für einen Korrekturfaktor mitgeteilt. Die Korrektur ist nötig, weil das Volumen der Niederschläge mit zunehmendem Phosphorgehalt zunehme. Der Faktor verringert sich mit zunehmendem Phosphorgehalt. REINHARDT arbeitet in ähnlicher Weise, er gibt einen aus genauen gewichtsanalytischen Bestimmungen abgeleiteten empirischen Koeffizienten an. In jüngerer Zeit hat TRAVERS die sedimetrische Bestimmung angewendet. Das Verfahren hat heute keine Bedeutung mehr, es ist durch die schneller und leichter ausführbaren maßanalytischen und colorimetrischen Methoden verdrängt worden (siehe auch § 1, A, S. 58 und § 1, B, S. 71).

Abb. 19. Graduiertes Zentrifugenglas zur sedimetrischen Phosphorbestimmung.

II. Als Tristrychniniummolybdophosphat. Das in § 1, C, S. 73 ausführlich besprochene Verfahren der Phosphorsäurebestimmung auf nephelometrischem Wege mit Hilfe des Strychninmolybdophosphates nach POUGET und CHOUCHAK ist von diesen Verfassern für die Bestimmung des Phosphors in Eisen vorgeschlagen worden. Während CLARKE der Meinung ist, daß Arsen störe, was auch naheliegend ist, finden BELLADEN, U. SCAZZOLA und R. SCAZZOLA das Gegenteil. Eine sehr eingehende Untersuchung über die Zusammensetzung des Reagenses, über die Messungsbedingungen mit Hilfe des PULFRICH-Photometers und über die Beeinflussung des Verfahrens durch andere Stoffe hat KOCH angestellt. Dieses Verfahren wird hier näher beschrieben (siehe auch § 1, C, S. 77). Der Zeitbedarf für die Untersuchung unlegierter oder niedriglegierter Stähle beträgt nur 10 Min.

Arbeitsvorschriften. *a) Für in Salpetersäure löslichen Stahl.* Bei Gehalten bis zu 0,08% P werden etwa 100 mg, bei höheren Gehalten etwa 50 mg der Stahlprobe auf einer Halbmikrowaage gewogen und mit genau 20 ml Salpetersäure (D 1,2) (mit der Pipette messen!) unter schwachem Erwärmen in einem 100 ml-Meßkolben gelöst. Durch schwaches Sieden werden die Stickstoffoxyde vertrieben, dann wird die Lösung nach Zusatz von 3 Tropfen gesättigter Kaliumpermanganatlösung kurz aufgekocht und das gebildete Mangan(IV)-oxydhydrat durch einige Tropfen Wasserstoffperoxyd in Lösung gebracht. Nach dem Verdünnen der Lösung auf 80 bis 85 ml und der Abkühlung auf 20° erfolgt die weitere Verarbeitung nach den Angaben in § 1, C, S. 77.

b) Für in Salpetersäure unlöslichen Stahl. 0,2 g Stahl werden in 20 ml Salpetersäure (D 1,2) und 20 ml Salzsäure (D 1,105) gelöst. Etwa ausgeschiedene Wolframsäure wird abfiltriert, und das Filtrat wird auf 50 ml aufgefüllt. Je 25 ml davon werden in einem 100 ml-Meßkolben weiterbehandelt, und zwar ohne Kaliumpermanganat. Die zweite Probe wird zur Kompensation der Eigenfärbung, z. B. von Nickel, ohne Reagenzienzusatz in die sonst mit Wasser gefüllte Küvette des Photometers gebracht. Die Versuchsdauer beträgt bis zu 20 Min.

III. Verschiedene Verfahren. Die hier der Vollständigkeit wegen erwähnten Verfahren dürften wohl kaum jemals umfangreichere Verwendung in Eisenhüttenlaboratorien gefunden haben. Sie sind meist recht umständlich und können mit den vorstehend beschriebenen nicht in Wettbewerb treten. Als veraltet ist das Verfahren von BLAIR zu bezeichnen, nach welchem der in Phosphorsäure übergeführte Phosphor als Eisen(III)-phosphat gefällt wird. Aus dessen mit Citronensäure versetzter Lösung wird Ammoniummagnesiumphosphat gefällt. CLASSEN befreit die salzsaure Lösung der Eisenprobe elektrolytisch von Eisen, fällt Mangan als Dioxydhydrat und die Phosphorsäure im Filtrat dieses Niederschlages als Ammoniummagnesiumphosphat. METZ hat sich bemüht, das an sich sehr genaue, aber außerordentlich umständliche densimetrische Verfahren von POPPER zu verbessern. Es beruht auf Dichtemessungen des Niederschlages von Ammoniummolybdophosphat im Pyknometer. Hier sei auch das Verfahren von CHESNEAU erwähnt, das Fehlerquellen ausschalten will und dadurch zu einer langwierigen Methode mit Umfällung des Ammoniummolybdophosphates wird (siehe § 1, A, S. 48). ARTMANN bestimmt das gefällte Ammoniummolybdophosphat durch Umsetzung mit Hypobromit und dessen jodometrische Rücktitration (siehe § 1, E, S. 109). SHUKOWSKAJA und BERNSTEIN führen eine bromatometrische Titration von wahrscheinlich ausgefälltem Oxinmolybdophosphat aus (siehe § 1, B, S. 70). ISHIMARU löst ausgefälltes Ammoniummolybdophosphat in 6 n Ammoniak und fällt nach Zusatz von Ammoniumacetat und Eisessig das Molybdän mit acetonischer Oxinlösung. Der bei 140° getrocknete Niederschlag hat die Zusammensetzung $MoO_2(C_9H_6ON)_2$, der Faktor für P ist 0,6212. Eine Gruppe von Autoren führt die manganometrische Titration des Ammoniummolybdophosphates nach der Reduktion des Molybdäns durch Zink und Schwefelsäure durch [AUCHY; HERTING (b); WDOWISZEWSKI (b)]. OHLY (b) jedoch hält diese Arbeitsweise für unsicher (siehe § 1, A, S. 66). FORTUNE teilt in jüngster Zeit ein „bewährtes" Verfahren mit, das auf der Fällung von Bleimolybdat aus der Lösung des Ammoniummolybdophosphates und seiner Wägung beruht. Da der Niederschlag aber erst bei 650° geglüht werden muß, und da auch zwei Fällungen und Filtrationen nötig sind, so erscheint das Verfahren so umständlich, daß seine Erwähnung genügen mag. — OELSEN, PLOUM und HUSEMANN lösen das mit einer Lösung, die 10 ml Salzsäure (D 1,19) und 17 g Ammoniumchlorid im Liter enthält, gewaschene Ammoniummolybdophosphat in warmer 5%iger Natronlauge. Die Lösung wird mit Salzsäure neutralisiert und mit 20 ml Salzsäure (1 : 1) und 10 ml 10%iger Ammoniumthiocyanatlösung versetzt. Nach dem Verdünnen auf 100 bis 200 ml wird mit Titan(III)-chloridlösung potentiometrisch titriert [Übergang Mo(VI) in Mo(V)]. Bei Verwendung einer Platinelektrode gegen die Normalkalomelelektrode genügt ein Nullpunktgalvanometer, da der Umschlagspunkt der Reduktion beim Potential Null liegt.

2. In legierten Stählen.

I. Allgemeine Vorschriften. Legierte Stähle lösen sich oft nicht in Salpetersäure, wie dies auf S. 230ff. für einfache Stähle beschrieben ist. CARGILL hat vorgeschlagen, sie in einem Gemisch aus Salpetersäure, Salzsäure und Flußsäure zu lösen. Als recht brauchbar erscheint die in neuerer Zeit mehrfach vorgeschlagene Auflösung in einer Mischung von Salpetersäure und Perchlorsäure (siehe auch S. 234). Zu dem schon von SUSANO und BARNETT benutzten Verfahren haben SEUTHE und SCHAEFER ergänzende Bemerkungen gemacht. Bei der Verwendung von Perchlorsäure ist wegen der möglichen Explosionsgefahr Vorsicht geboten, wenn auch Unglücksfälle bei der Stahlanalyse selten sind. Unter Umständen kann es vorkommen, daß Perchlorsäurenebel mit organischen Staubteilchen in Abzugskaminen Explosionen bewirken.

***Arbeitsvorschrift von* SUSANO *und* BARNETT.** 2 g Stahlspäne werden mit 20 ml 60%iger Perchlorsäure erwärmt. Die Lösung wird noch 30 Min. lang gekocht, dann abgekühlt und auf 100 ml verdünnt. Nun wird Ammoniak (D 0,9) zugefügt, bis ein Niederschlag auftritt, wozu etwa 12 ml erforderlich sind. Dieser wird mit 20 bis 25 ml Salpetersäure (D 1,2) gelöst. Zur Reduktion von sechswertigem Chrom zu dreiwertigem und von fünfwertigem Vanadium zu vierwertigem werden 1 bis 5 ml Ammoniumhydrogensulfitlösung (1:10) zugesetzt. Etwaiges Chlor und Stickstoffoxyde werden durch Kochen vertrieben. Dann wird die Lösung langsam gekühlt und mit Ammoniummolybdatlösung versetzt. Nach 2stündigem Stehen wird der Niederschlag abfiltriert, erst mit 2%iger Salpetersäure bis zur Eisenfreiheit, dann mit Kaliumnitratlösung bis zur neutralen Reaktion der Waschflüssigkeit gewaschen und maßanalytisch bestimmt.

Das Verfahren ist geeignet für rostfreie und gewöhnliche Kohlenstoffstähle und für Eisen mit hohem Phosphorgehalt. Es bietet keine Vorteile, wenn die Proben in Salpetersäure löslich sind. Vanadium stört nicht, wenn seine Menge 0,25% nicht übersteigt und wenn es vor der Fällung reduziert wird. Silicium stört gar nicht.

***Arbeitsvorschrift von* SEUTHE *und* SCHAEFER.** 1 bis 2 g Stahl werden unter Erwärmen in 15 bis 30 ml Mischsäure aus 3 Teilen 60%iger Perchlorsäure und 1 Teil Salpetersäure (D 1,2) gelöst. Bei siliciertem Werkstoff werden einige Tropfen Flußsäure zugefügt. Die Mischung wird bis zum Auftreten weißer Nebel erhitzt, mit 30 ml Wasser verdünnt und dann, wie üblich, Ammoniummolybdophosphat gefällt.

Unlösliche Stähle werden in Königswasser aus 1 Teil Salpetersäure (D 1,4), 2 Teilen Salzsäure (D 1,19) und 3 Teilen Wasser bis zum Aufhören der Gasentwicklung gelöst. Dann wird Perchlorsäure zugefügt und die Mischung bis zum Rauchen erhitzt. Vanadiumhaltige Stähle werden nach dem Lösen und Verdünnen mit Eisen(II)-sulfatlösung reduziert. Die Lösung wolframhaltiger Stähle bleibt 1 Std. stehen, damit die abgeschiedene Wolframsäure sich absetzen kann. Nach dem Abfiltrieren wird die Perchlorsäure abgeraucht und in üblicher Weise weitergearbeitet.

***Arbeitsvorschrift von* KASSNER *und* OZIER.** 0,5 bis 2 g Probe werden in Salzsäure und Salpetersäure unter Zusatz von 1 ml Flußsäure auf einer Heizplatte in Lösung gebracht, und die Kieselsäure wird verflüchtigt. Man fügt dann 30 ml 60- oder 70%ige Perchlorsäure hinzu, raucht ab und erhitzt noch 5 Min. weiter. Nach dem Abkühlen und Verdünnen mit 50 ml Wasser fügt man eine gesättigte Lösung von Schwefeldioxyd oder von Natriumsulfit zu, um Chrom und Vanadium zu reduzieren, verkocht das Schwefeldioxyd und arbeitet weiter, wie in § 10, B, S. 166 beschrieben, muß aber 10 bis 15 Min. kochen, um den Niederschlag vollständig abzuscheiden. — Bei Gegenwart von viel Vanadium sind 150 ml Citrat-Molybdatlösung anzuwenden, und die Fällung muß über Nacht stehen. — Große Mengen von Arsen sind zu verflüchtigen.

II. Bestimmung des Phosphors in silicierten Stählen. Stähle mit einem höheren Gehalt an Silicium als 0,5% werden so behandelt, daß entweder das Silicium als Siliciumdioxyd abgeschieden oder als Siliciumfluorid verflüchtigt wird.

***Arbeitsvorschriften von* WEIHRICH (a).** a) 4 g Stahl (2 oder 1 g Roheisen) werden in 60 ml Salpetersäure (1:1) gelöst. Die gekochte und auf 100 ml verdünnte

Lösung wird durch ein trockenes Filter filtriert. 50 ml Filtrat werden mit 20 ml Salpetersäure (1:1) versetzt und wie üblich weiterbehandelt. — Für genaue Bestimmungen muß das Siliciumdioxyd durch Eindampfen abgeschieden werden. — b) Die Probe wird mit 60 ml Salpetersäure (1:1) gelöst und die ausgekochte Lösung nach dem Zusatz von 20 ml konzentrierter Salzsäure und 10 Tropfen Flußsäure bis zur sirupösen Konsistenz eingedampft. Nach Aufnehmen des Rückstandes mit 80 ml konzentrierter Salpetersäure wird noch einmal eingedampft. Dieser Rückstand wird mit 50 ml Salpetersäure (1:1) aufgenommen und die Lösung in bekannter Weise weiterbehandelt.

III. Bestimmung des Phosphors bei Gegenwart von Titan und Zirkonium. Bei 0,1% übersteigenden Titan- oder Zirkoniummengen verzögern diese Elemente die Fällung des Ammoniummolybdophosphates oder fallen als Titan- bzw. Zirkonphosphat zusammen mit Siliciumdioxyd aus. In diesem Falle wird der Siliciumdioxydniederschlag nach WEIHRICH (a) im Platintiegel mit Flußsäure und Schwefelsäure abgeraucht und der Rückstand mit Natriumcarbonat (nicht Natriumkaliumcarbonat!) aufgeschlossen. Die Schmelze wird mit heißem Wasser ausgelaugt, unlösliches Natriumtitanat oder -zirkonat abfiltriert und mit natriumcarbonathaltigem Wasser gewaschen und das Filtrat im Überschuß mit (etwa 30 ml) Salpetersäure (1:1) versetzt. Entweder wird darin gesondert oder nach der Vereinigung mit der inzwischen mehrfach mit Salpetersäure eingeengten Hauptlösung der Phosphor bestimmt. ETHERIDGE und HIGGS arbeiten bei einem Gehalt bis zu 1% Titan folgendermaßen: 2 g Stahl werden in 45 ml Salpetersäure (D 1,2) gelöst. Die Lösung wird mit Kaliumpermanganat oxydiert, mit Natriumnitrit geklärt, und nach Zusatz von 50 ml Salpetersäure (D 1,42) wird in üblicher Weise Ammoniummolybdophosphat gefällt. Nach PENKOWA und Mitarbeitern wird die Phosphorbestimmung zu niedrig. Die Verfasser teilen eine nach ihren Erfahrungen völlig befriedigende Vorschrift mit (siehe unten)[1].

***Arbeitsvorschrift von* SWOBODA (b).** 4 g Stahl werden in 65 ml Salpetersäure (D 1,2) gelöst, und die Lösung wird zur Trockene eingedampft. Nachdem die Nitrate durch schwaches Glühen zerstört worden sind, wird der Rückstand mit 30 ml Salzsäure (D 1,19) gekocht. Die mit 50 ml Wasser verdünnte Lösung wird nach dem Absitzen von dem titan- und phosphathaltigen Siliciumdioxyd abfiltriert und dieses mit heißer Salzsäure (1:10) eisenfrei gewaschen. Das Filtrat wird eingeengt. Filter und Niederschlag werden verascht und geglüht. Der Rückstand wird mit 0,5 ml Schwefelsäure (1:5) und einigen Millilitern Flußsäure abgeraucht und geglüht. Dieser Rückstand wird mit Natriumcarbonat (nicht Natriumkaliumcarbonat!) 15 Min. lang geschmolzen. Die Schmelze wird mit heißem Wasser ausgelaugt, die Lösung filtriert und das Filter mit heißem natriumcarbonathaltigem Wasser gewaschen. Das Filtrat wird mit dem Hauptfiltrat vereinigt, die Lösung eingeengt, schwach ammoniakalisch gemacht und der entstehende Niederschlag in wenig konzentrierter Salpetersäure gelöst. Es werden noch 5 ml Salpetersäure mehr zugefügt, die Lösung auf 65° erwärmt und mit Ammoniummolybdatlösung versetzt. Die folgende Arbeitsweise ist die übliche.

Bei gleichzeitiger Gegenwart von Vanadium erfolgt die Lösung der Probe nach den auf S. 249 gegebenen Vorschriften. Das ausgefällte Ammoniummolybdophosphat, das noch Titan enthält, wird abfiltriert, einige Male mit 2%iger Salpetersäure gewaschen und in Ammoniak gelöst. Aus dieser Lösung wird in bekannter Weise Ammoniummolybdophosphat erneut gefällt und nun bestimmt.

---

[1] Für hochlegierte Stähle, die Ti, Zr, V, Ta, W, As und Sn enthalten, teilt ein ANONYMUS ein Verfahren unter Verwendung von Perchlorsäure mit. Hohe Konzentration an Salpetersäure ist nötig, um Ti und V zu lösen und um die Abscheidung von Zirkoniumphosphat zu vermeiden. In Gegenwart von Zr, Ta und W okkludiertes Phosphat wird aus ammoniakalischer Lösung als Ammoniummagnesiumphosphat unter Zusatz von Arsenat gewonnen.

***Arbeitsvorschrift von* PENKOWA, DMITRIJEWA *und* JAKOWLEW.** 1 g Legierung wird mit 20 ml Salpetersäure (D 1,4) und 30 ml Salzsäure (D 1,19) gelöst. Die mit Natronlauge neutralisierte Lösung wird in 200 ml siedende 25%ige Natronlauge eingegossen, die Mischung 3 bis 5 Min. lang gekocht, abgekühlt und auf 500 ml aufgefüllt. Man filtriert genau 250 ml (= 0,5 g) ab, säuert mit Salpetersäure an, versetzt mit 25 ml 5%iger Eisen(III)-chloridlösung und macht ammoniakalisch. Der Niederschlag wird abfiltriert, mit ammoniakhaltigem Wasser gewaschen und in 50 ml heißer Salpetersäure (1 : 2) gelöst. Die Lösung wird mit 15 ml 7,5%iger Ammoniumpersulfatlösung gekocht, abgekühlt, und der Phosphor wird colorimetrisch bestimmt. Bei Gegenwart von W, Nb und Zr werden die P-Werte zu niedrig. — Zur *Phosphorbestimmung in Titandioxyd* wird die Probe mit Natriumperoxyd im Eisentiegel 5 bis 10 Min. lang bei 600 bis 700° geschmolzen. Im wäßrigen Auszug der Schmelze erfolgt die Phosphorbestimmung wie oben.

IV. Bestimmung des Phosphors bei Gegenwart von Vanadium, Niob und Tantal. Um den die Fällung des Ammoniummolybdophosphates störenden Einfluß des nach dem Auflösen der Stahlprobe fünfwertig vorliegenden Vanadiums auszuschalten, gehen die meisten Verfasser so vor, daß sie es durch passende Reduktionsmittel in die vierwertige Form überführen. Hierfür empfehlen CAIN und TUCKER Eisen(II)-sulfat und eine Fällungstemperatur von 15 bis 20°. Ganz ähnlich arbeitet WEIHRICH (a). MAITCHELL benutzt MOHRsches Salz, während ROUSSEAU hierzu Natriumnitrit verwendet. Die Fällung muß unmittelbar nach dem Nitritzusatz und unterhalb von 65° erfolgen, damit Rückoxydation vermieden wird. SWOBODA (b) reduziert mit Hydroxylammoniumchlorid, ebenso GUTMANN und JEREMITSCHEW. ETHERIDGE will im Anschluß an JOHNSON (b) den störenden Einfluß des Vanadiums durch einen hohen Gehalt an Salpetersäure und längeres Stehenlassen des Niederschlages ausschalten.

Bei Gegenwart von Niob und Tantal erfolgt das Lösen der Stahlprobe nach WEIHRICH (a) wie bei unlegierten Stählen (siehe S. 230) mittels Salpetersäure (1:1). Die Lösung wird in einem 100 ml-Meßkolben bis zur Marke aufgefüllt, und durch ein trockenes Filter werden Niob- und Tantalsäure abfiltriert. 50 ml des Filtrates dienen zur üblichen Phosphorbestimmung. Auch SWOBODA (b) löst bei Gegenwart von Tantal 4 g Stahl in üblicher Weise. Nach dem Verkochen der Stickstoffoxyde nach dem Nitritzusatz wird die Lösung aber mit Salpetersäure (D 1,2) in einen 100 ml-Meßkolben überführt. Nach der Filtration durch ein trockenes Filter werden 50 ml Filtrat mit 35 ml ammoniakalischer Ammoniumnitratlösung versetzt und dann üblicherweise weiterbehandelt.

***Arbeitsvorschrift von* WEIHRICH (a).** *Für Stahl mit über 0,15% V.* Die in üblicher Weise bereitete Lösung der Stahlprobe wird vor der Fällung des Ammoniummolybdophosphates auf 25° abgekühlt und mit Ammoniak im Überschuß versetzt. Der hierbei entstandene Niederschlag wird gerade mit Salzsäure (1:1) gelöst. Dann werden 25 ml 10%ige Eisen(II)-sulfatlösung und 40 ml Ammoniummolybdatlösung bei 25° zugefügt. Die Mischung bleibt 60 bis 100 Min. bei 30 bis 35° stehen und wird dann in bekannter Weise weiterbehandelt.

***Arbeitsvorschrift von* SWOBODA (b)** *bei Gegenwart von Vanadium.* 4 g Stahl werden in üblicher Weise gelöst. Nach der Klärung der Lösung mit Nitrit wird sie abgekühlt, mit 15 ml 10%iger Hydroxylammoniumchloridlösung versetzt, bei 30 bis 35° gehalten und noch einmal mit 5 ml Hydroxylammoniumchloridlösung und sogleich mit 50 ml Molybdatlösung versetzt. Nach 2stündigem Stehen erfolgt die übliche Weiterverarbeitung.

V. Bestimmung des Phosphors in Chromstählen. Nach SWOBODA (b) lösen sich Stähle mit 0,5 bis 2% Chrom nicht vollständig in Salpetersäure (D 1,2), wohl aber in Salpetersäure geringerer Konzentration, wenn keine blau angelaufenen Späne verwendet werden. Hochlegierte Chromstähle bleiben in Salpetersäure unangegriffen, aber Königswasser führt infolge zu stürmischer Reaktion leicht zu Schwierigkeiten. SWOBODA (b) löst daher niedriglegierte Chromstähle in 65 ml Salpetersäure (D 1,2) und 35 ml Wasser bei einer Einwaage von 4 g und fährt dann in bekannter Weise fort. Seine Arbeitsvorschrift für hochlegierte Chromstähle siehe unten. KIEFER löst in 50%iger Salzsäure, dampft die Lösung mit konzentrierter Salpetersäure bis zur Sirupdicke ein, nimmt mit verdünnter Salpetersäure auf und geht weiterhin in bekannter Weise vor. Zur Oxydation der Lösung ist aber sehr viel Permanganat erforderlich. Da jedoch bei der Behandlung von Chromstahl mit Salzsäure Phosphin entweichen kann, so leitet ETHERIDGE bei Stählen mit 15 bis 20% Cr die Reaktionsgase in eine Vorlage mit Brom-Salzsäure, wenngleich auch ohne diese Vorsichtsmaßregel meist kein Phosphorverlust festzustellen ist. Auch WEIHRICH (a) löst Chromstähle, die sich in Salpetersäure unvollständig lösen, in Salpetersäure und einigen Tropfen Salzsäure, aber auch er stellt hohen Permanganatverbrauch zur Oxydation fest. Sehr chromreiche Stähle können auch in 60 ml konzentrierter Salzsäure unter Zusatz von 4 g Kaliumchlorat oder von 20 ml Brom gelöst werden. In neuerer Zeit ist sowohl von KATZ und PROCTOR als auch von ADELT und GRUENDLER eine Mischung von Salpetersäure und Perchlorsäure als sehr gutes Lösungsmittel für hochlegierte Stähle angewendet worden, bei der eine besondere Oxydation der Lösung unnötig ist. Durch das Abrauchen mit Perchlorsäure werden auch Carbide, die Phosphor enthalten können, vollständig oxydiert. Nach beiden Verfahren erfolgt die Bestimmung colorimetrisch, und da sie sowohl bei Gegenwart von Niob und Wolfram als auch zur gleichzeitigen Bestimmung von Chrom, Nickel und Molybdän anwendbar sind, so werden sie hier ausführlich beschrieben. — In chromhaltigem „EYal-Stahl“ oxydiert KOKORIN das Chrom entweder mit Persulfat in Gegenwart von Silbernitrat oder mit Permanganat und bestimmt das Phosphat mittels Molybdänblaus.

***Arbeitsvorschrift von* SWOBODA (b).** Für hochlegierte Chromstähle: 2 g Späne werden mit 65 ml Salpetersäure (D 1,2) gekocht. Die Flamme wird entfernt, und es werden 10 bis 20 ml Salzsäure (D 1,12) zugesetzt, und zwar zuerst tropfenweise, dann in kleinen Anteilen, wobei nach jedesmaligem Zusatz erwärmt und gekocht wird. Dann werden nochmals 20 ml Salzsäure (D 1,19) und 10 Tropfen Flußsäure zugefügt, und die Mischung wird auf 15 bis 20 ml eingedampft. Diese Lösung wird mit 80 ml Salpetersäure (D 1,4) eingedampft und dies unter Umständen wiederholt, bis alle Chromcarbide gelöst sind. Nach Zusatz von 50 ml Salpetersäure (D 1,2) wird dann zur Fällung des Phosphates geschritten.

***Arbeitsvorschrift von* ETHERIDGE.** 2 g Stahl mit 15 bis 20% Chrom werden mit je 20 ml Salzsäure und Wasser gelöst. Die sich entwickelnden Gase werden durch eine Vorlage mit Bromsalzsäure geleitet (siehe 6. Abschnitt, § 2, S. 350). Der Inhalt der Vorlage wird zu der salzsauren Lösung hinzugefügt, und beide werden unter Zusatz von Salpetersäure so oft zur Trockene verdampft, bis alle Salzsäure verschwunden ist. Nach dem Aufnehmen mit 25 ml Salpetersäure (D 1,2) und 20 ml Wasser wird die Phosphatfällung durchgeführt.

***Arbeitsvorschrift von* WEIHRICH (a).** 4 g hochlegierte Chrom-, Chrom-Silicium- und Chrom-Nickel-Stähle werden mit 60 ml Salpetersäure (1:1) übergossen und erhitzt. Es werden anteilweise 10 bis 20 ml Salzsäure (1:1) zugefügt, und nach jedem Zusatz wird die Mischung aufgekocht. Schließlich werden noch 20 ml konzentrierte Salzsäure zugesetzt. Die Lösung wird bis zur Sirupdicke eingedampft, der Rückstand mit 40 ml konzentrierter Salpetersäure noch einmal eingedampft und mit 60 ml Salpetersäure (1:1) aufgenommen. Die Lösung wird in einem 100 ml-Meßkolben zur Marke aufgefüllt und durch ein trockenes Filter filtriert. 50 ml Filtrat werden wie üblich weiterbehandelt.

Verfahren von KATZ und PROCTOR. ***Reagenzien.*** 1. *Salpetersäure* (D 1,2). — 2. *70%ige Perchlorsäure.* — 3. *10%ige Natriumsulfitlösung.* — 4. *0,15%ige Hydraziniumsulfatlösung.* — 5. *2%ige Lösung von Ammoniummolybdat* in 1 l n Schwefelsäure: Die Mischung von 300 ml konzentrierter Schwefelsäure und 500 ml Wasser wird abgekühlt. Darin werden 20 g Ammoniummolybdat gelöst, dann wird die

Lösung zu 1000 ml aufgefüllt. — 6. *Molybdat-Hydrazin-Lösung:* 125 ml Ammoniummolybdatlösung (5) werden auf 400 ml verdünnt, dann werden 50 ml Hydraziniumsulfatlösung (4) zugefügt, und die Mischung wird zu 500 ml aufgefüllt. Sie ist nicht beständig und muß bei Gebrauch neu angesetzt werden.

Arbeitsvorschrift. 0,1 g der Stahlprobe wird in einem ERLENMEYER-Kolben (200 ml Inhalt) in 10 ml Salpetersäure (1) oder in Königswasser aus gleichen Teilen konzentrierter Salzsäure und konzentrierter Salpetersäure und genau 3 ml Perchlorsäure (2), die aus einer Bürette abgemessen wird, gelöst. Die Lösung wird eingedampft, bis die Perchlorsäure raucht, und wenn nicht viel Chrom, Niob oder Wolfram anwesend sind, wird sie 3 bis 4 Min. rauchen gelassen. Sonst wird vorsichtig 20 bis 30 Min. erhitzt, bis die Perchlorsäure zurückfließt, während nur wenig Dampf entweicht und bis sich Chrom(VI)-oxyd an der Glaswand kondensiert und gerade bis zum Halse des Kolbens kommt. Auch bei Niob- oder Wolframstahl ohne viel Chrom wird 20 bis 30 Min. lang erhitzt. Nach dem Abkühlen wird die Lösung bei Abwesenheit von Niob und Wolfram mit 15 bis 20 ml Wasser verdünnt, bei ihrer Anwesenheit aber nur mit 5 ml. Die Lösung wird in einen 200 ml-Kolben filtriert, und das Filter wird ausgewaschen, bis höchstens 40 ml Filtrat gesammelt sind. Nun werden 15 ml Natriumsulfitlösung (3) zugesetzt. Die Mischung wird 30 Sek. lang gekocht und sofort mit 50 ml Molybdat-Hydrazin-Lösung (6) versetzt. Nachdem die Mischung 20 Min. lang auf dem Wasserbade bei 85 bis 90° gestanden hat, wird sie unter Wasser rasch auf Raumtemperatur gekühlt und im Mischzylinder auf 100 ml gebracht. Die Blaufärbung wird photometrisch mit einem Filter bei 6900 Å gemessen, das eine Störung durch Chrom ausschließt. Der Fehler bei 0,13 bis 0,012% P beträgt $\pm$0,002%.

Verfahren von ADELT und GRUENDLER. Das auf S. 242 angeführte Verfahren von HAGUE und BRIGHT haben ADELT und GRUENDLER für Reihenanalysen abgeändert, indem sie vor allem eine größere Einwaage machen und das PULFRICH-Photometer zur Messung benutzen. Es können auch in aliquoten Teilen der Lösung *einer* Einwaage nicht nur Phosphor, sondern auch Chrom, Nickel und Molybdän bestimmt werden. Als Lösungsmittel dient ein Gemisch aus Salpetersäure und Perchlorsäure.

Reagenzien. 1. *Mischsäure.* Gleiche Teile Salpetersäure (D 1,2) und Perchlorsäure (D 1,67) werden gemischt. — 2. Eine *Lösung von* 150 g kristallisiertem *Natriumsulfit* ($Na_2SO_3 \cdot 7H_2O$) in 1 l Wasser. — 3. *Reduktionsreagens* nach KATZ und PROCTOR, siehe oben. Die Mischung muß täglich frisch bereitet werden.

Arbeitsvorschrift. 500 mg Späne werden in einem ERLENMEYER-Kolben, der bei einem Inhalt von 100 ml eine Marke trägt, mit 20 ml Mischsäure bis zum Rauchen erhitzt. Nach dem Abkühlen wird die Lösung bis zur Marke aufgefüllt. 10 ml Lösung werden in einen 50 ml-Meßkolben eingemessen, mit 10 ml Sulfitlösung (2) versetzt, 20 bis 30 Sek. lang gekocht, dann mit 20 ml Reduktionsreagens (3) vermischt und auf einer Asbestplatte erhitzt, bis die ersten Siedebläschen auftreten, ohne jedoch zu kochen. Nach dem Abkühlen wird die Lösung zur Marke aufgefüllt und in einer 50 mm-Küvette mit dem Filter S 66 gemessen. Es muß der Blindwert mit allen Reagenzien (ohne Stahl) ermittelt werden. Zur Berechnung dient die Formel $c = (e - \text{Blindwert}) \cdot 0{,}0678\%$ P (e = Extinktion).

Bemerkungen. Silicium und Arsen bis zu einer Menge von 0,1% sind ohne Einfluß. Bei Siliciumstählen werden bei der Auflösung 5 Tropfen Flußsäure zugefügt, ebenso bei Schlacken. Bei Wolframstählen muß die Wolframsäure folgendermaßen völlig abgeschieden werden: Nach dem Verdünnen der Lösung mit Wasser werden 10 ml 0,02%ige Gelatinelösung zugesetzt. Nach dem Umschütteln bleibt die Mischung einige Minuten stehen und wird dann zur Marke aufgefüllt. Von dem durch ein trockenes Filter gewonnenen Filtrat werden 10 ml zur Bestimmung wie oben verwendet. Bis zu einem Gehalt des Stahles von 2% Chrom braucht dessen Färbung nicht kompensiert zu werden. Bei höheren Gehalten werden zur Herstellung einer

Kompensationslösung 10 ml der erhaltenen Stahllösung anstatt mit der Reduktionslösung mit 20 ml 8 vol.-%iger Schwefelsäure versetzt und mit Wasser zur Marke aufgefüllt. Bis zu 4% Vanadium, 15% Kupfer und 35% Nickel kann ohne Kompensation gemessen werden. — Die zu der Bestimmung zu verwendenden Gefäße dürfen nicht mit Phosphorsäure oder Phosphaten in Berührung gebracht werden.

Verfahren von West. Man löst in einer Mischung aus Königswasser und Perchlorsäure, dampft ein und röstet den Rückstand. Diesen löst man in 40 ml konzentrierter Salzsäure und kocht die Lösung so lange, bis alles Chrom zur 3wertigen Stufe reduziert ist. Nach dem Verdünnen mit Wasser und Filtrieren gibt man 5 g Ammoniumbromid zu und dampft bis zur breiigen Konsistenz ein. Dann gibt man 10 ml konzentrierte Salpetersäure zu und erwärmt zur Vertreibung des Broms. Die Lösung wird mit Ammoniak neutralisiert und dann mit Salpetersäure angesäuert. Inzwischen hat man den vorher abfiltrierten unlöslichen Rückstand (Titanphosphat) mit Flußsäure abgeraucht, um Kieselsäure zu vertreiben. Den hierbei bleibenden Rückstand nimmt man mit 2 ml Flußsäure und 1 ml Salpetersäure auf und vereinigt die Lösung mit der obigen. Zu dieser fügt man Molybdatlösung und 1 g Borsäure (zur Maskierung des Fluorids) und arbeitet wie üblich weiter.

VI. Bestimmung des Phosphors bei Gegenwart von Molybdän. Wenn sich bei Molybdängehalten über 2% beim Lösen Molybdänsäure ausscheidet, so wird nach Weihrich (a) diese abfiltriert und mit Wasser, das mit Salpetersäure angesäuert ist, ausgewaschen. Der Filterrückstand wird nach dem Veraschen des Filters im Platintiegel mit Natriumkaliumcarbonat aufgeschlossen, die Schmelze mit heißem Wasser ausgelaugt und die Lösung filtriert. Das Filtrat wird mit Salpetersäure angesäuert, mit einer Lösung von 0,2 g Alaun (für höchstens 3 mg P) versetzt und heiß mit Ammoniak gefällt. Der Niederschlag enthält die mit Molybdänsäure ausgefallene Phosphorsäure; er wird abfiltriert, mit heißem Wasser, dem Ammoniumchlorid zugesetzt ist, gewaschen und in Salpetersäure gelöst. Diese Lösung wird mit der Hauptlösung vereinigt. — Es kann auch das Molybdän durch Schwefelwasserstoff gefällt und die Phosphorsäure im Filtrat bestimmt werden. Über die Schwefelwasserstoffällung siehe § 10, C, S. 173.

VII. Bestimmung des Phosphors bei Gegenwart von Wolfram. Reine Wolframstähle mit einem Gehalt bis 3% Wolfram [Weihrich (a)] bzw. bis 5% Wolfram [Swoboda (b)] lösen sich bei einer Einwaage bis 4 g meist in Salpetersäure (D 1,2) ohne Abscheidung von Wolframsäure, wenn keine blau angelaufenen Späne verwendet werden [Swoboda (b)]. Manchmal lassen sich auch 2 g Schnelldrehstahl mit 3,5% Cr und 10 bis 12% W klar auflösen [Swoboda (b)]. In diesen Fällen kann die Phosphorsäure in der klaren Lösung wie unter gewöhnlichen Umständen bestimmt werden. Scheidet sich aber Wolframsäure bei der Auflösung der Stahlprobe aus, dann erfolgt das Lösen unter Zusatz von Flußsäure [Johnson (a)] nach den unten angegebenen Arbeitsvorschriften. Für die Trennung der Phosphorsäure von dem Niederschlag der Wolframsäure sind von Hinrichsen und Dieckmann Vorschriften angegeben worden, die wohl heute kaum eine Rolle spielen, aber dennoch hier mitgeteilt werden sollen. Dagegen möge die sehr umständliche Methode von Gray und Smith, die sich einer Natriumcarbonat-Kaliumnitrat-Schmelze des Löserückstandes und langwieriger Weiterverarbeitung bedient, hier nur erwähnt werden. Einen sehr einfachen Vorschlag hat dagegen Hartmann gemacht.

***Arbeitsvorschrift von* Johnson (a).** 1 g Stahlspäne wird in einer Platinschale in 30 ml konzentrierter Salpetersäure und 3 ml Flußsäure gelöst. Die Lösung wird in einer Porzellanschale zur Trockene verdampft. Zum Rückstand werden 50 ml konzentrierte Salzsäure zugefügt, und die Lösung wird wieder eingedampft. Der Rückstand wird mit 20 ml Salzsäure und 50 ml Wasser aufgenommen, die Lösung heiß abfiltriert und der Rückstand mit einer Mischung aus 1 Teil Salzsäure und 20 Teilen Wasser ausgewaschen. Das Filtrat wird auf 10 ml eingedampft, der Rückstand mit 20 ml Wasser verdünnt und die Lösung filtriert. Nach nochmaligem Eindampfen auf 10 ml wird die Lösung nach Zusatz von 75 ml konzentrierter Salpetersäure bedeckt erhitzt, auf 20 ml eingeengt und nach Zufügen von 50 ml Salpetersäure wieder auf 15 ml eingedampft. Nach Zusatz von 20 ml Wasser wird heiß filtriert, der Rückstand mit einer Mischung aus 2 Teilen Salzsäure und 100 Teilen Wasser ausgewaschen und die Lösung auf 40 ml eingeengt. Nunmehr erfolgt die Oxydation mit Permanganat, Klärung mit Eisen(II)-sulfat und Fällung mit Ammoniummolybdat.

***Arbeitsvorschrift von* Swoboda (b).** 2 g Späne werden mit 60 ml Salpetersäure (D 1,2) und einigen Tropfen Flußsäure gekocht. Dann wird die Lösung zur Trockene eingedampft und der Rückstand nach dem Erkalten mit 100 ml konzentrierter Salzsäure übergossen. Die Wolframsäure geht zunächst in Lösung, aber beim Kochen fällt sie frei von Phosphor (Arsen und Vanadium) aus. Die Mischung wird bis auf 20 ml eingeengt, nach Zusatz von 50 ml Wasser aufgekocht und mit Filterbrei versetzt. Der Niederschlag wird abfiltriert und mit Wasser, das mit Salzsäure angesäuert ist, ausgewaschen, das Filtrat auf ein kleines Volumen eingedampft und nach Zusatz von 80 ml konzentrierter Salpetersäure noch einmal eingedampft. Der Rückstand wird mit 50 ml Salpetersäure (D 1,2) aufgenommen, die Lösung gekocht und nun in üblicher Weise mit Permanganat oxydiert und weiterbehandelt.

***Arbeitsvorschrift von* Hartmann.** Der Niederschlag der Wolframsäure wird mit Ammoniak ausgezogen, wobei der größte Teil der Wolframsäure in Lösung geht. Der Rückstand wird verascht und mit Natriumcarbonat geschmolzen. Die Schmelze wird ausgelaugt, die erhaltene Lösung filtriert, das Filtrat angesäuert und mit Eisen(III)-salzlösung und Ammoniak versetzt. Der Niederschlag, der sicher alle Phosphorsäure enthält, wird in Säure gelöst und diese Lösung mit der Hauptlösung vereinigt.

***Arbeitsvorschrift von* Swoboda (b)** *bei gleichzeitiger Gegenwart von Vanadium und Titan.* 2 g Späne werden mit 65 ml Salpetersäure (D 1,2) übergossen. Die beim Eindampfen der Lösung hinterbleibenden Nitrate werden durch schwaches Glühen zerstört. Der Glührückstand wird mit 30 ml Salzsäure (D 1,19) übergossen und gekocht. Nach dem Verdünnen mit 50 ml Wasser wird die phosphor- und titanhaltige Wolframatokieselsäure nach dem Aufschlämmen mit Filterbrei und Absitzen abfiltriert, mit heißer Salzsäure (1:10) eisenfrei gewaschen und das Filtrat I auf 20 ml eingeengt. Der Rückstand wird wie bei der Analyse von titanhaltigem Stahl (siehe S. 248) behandelt. Das Filtrat der Lösung der Schmelze wird schwach salzsauer gemacht, auf 40 ml eingeengt. dann schwach ammoniakalisch gemacht und mit noch ⅓ seines Raumes mit Ammoniak (D 0,91) versetzt. Dann wird es zum Kochen erhitzt und so lange tropfenweise mit neutraler Magnesiumchloridlösung (50 g $MgCl_2 \cdot 6\,H_2O$ und 150 g NH_4Cl in 1 l Wasser) versetzt (etwa 10 bis 20 ml), als noch ein Niederschlag ausfällt. Nachdem die Mischung umgerührt und abgekühlt ist, wird der Niederschlag nach 4 Std. abfiltriert, mit verdünntem Ammoniak (1:10) chlorfrei gewaschen und in Salpetersäure (D 1,2) gelöst. Diese Lösung wird mit dem noch titan- und vanadiumhaltigen Filtrat I vereinigt, die Mischung schwach ammoniakalisch gemacht und wie bei der Analyse von titanhaltigem Stahl weiterbehandelt, wobei verschieden vorgegangen wird, je nachdem ob Vanadium anwesend ist oder nicht.

Verfahren von Hinrichsen und Dieckmann. Die in § 18, E, S. 303 beschriebene Trennung von Wolfram und Phosphorsäure nach v. Knorre ist auf Wolframstahl, bei dem wenig Phosphor neben viel Wolfram vorliegt, nicht anwendbar. Auch die Trennung mittels Gerbsäure nach Sprenger-Barber (siehe § 18, E, S. 302) ist unmöglich. Bei gleichzeitiger Gegenwart von Chrom versagt auch die Trennung mit Tolidin nach v. Knorre (siehe § 18, E, S. 303). Als gangbaren Weg für die Phosphorbestimmung geben Hinrichsen und Dieckmann an, entweder Ammoniummolybdophosphat auszufällen und in Ammoniummagnesiumphosphat zu verwandeln oder umgekehrt Ammoniummagnesiumphosphat zuerst auszufällen und dieses in Ammoniummolybdophosphat zu verwandeln. Noch besser sei es, Phosphorsäure und Wolframsäure und, falls vorhanden, auch Chromsäure (in diesem Falle nach dem Aufschluß des Stahles mit Natriumperoxyd) gemeinsam mit Quecksilber(I)-nitrat zu fällen, den Niederschlag zu glühen, die Oxyde (P_2O_5, WO_3, Cr_2O_3) mit Natriumkaliumcarbonat zu schmelzen und aus der Lösung der Schmelze Ammoniummagnesiumphosphat zu fällen, das unter Umständen in Ammoniummolybdophosphat verwandelt werden kann. Für die ausschließliche Phosphorbestimmung in Wolframstahl ist die Fällung mit Quecksilber(I)-nitrat nicht nötig. Für diesen Fall gilt folgende

Arbeitsvorschrift. 4 bis 5 g Späne werden in verdünnter Salpetersäure gelöst. Der nach dem Eindampfen der Lösung hinterbleibende Rückstand wird geglüht und mit Salzsäure abgeraucht. Die Kieselsäure und der größte Teil der Wolframsäure werden durch Erhitzen auf 130° unlöslich gemacht und nach dem Versetzen mit Salzsäure und Wasser abfiltriert. Im Filtrat, das nur noch eine kleine Menge Wolframsäure enthält, wird nach dem Einengen Ammoniummolybdophosphat gefällt, das in Ammoniummagnesiumphosphat umgewandelt wird (siehe § 1, A, S. 55). Wenn dieser Niederschlag für eine Wägung zu geringfügig ist, wird er in Salpetersäure gelöst und aus dieser Lösung noch einmal Ammoniummolybdophosphat gefällt. Es muß sowohl der Rückstand aus Siliciumdioxyd und Wolframtrioxyd als auch das Filtrat von der Phosphorsäurefällung auf Phosphorsäure geprüft werden, bei deren Anwesenheit ihre Fällung mit Ammoniummolybdat erfolgen muß. — Die Verfasser teilen gute Belegwerte mit.

B. Bestimmung des Phosphors in Eisenvorlegierungen.

1. In Ferrosilicium.

Der gebräuchlichste Aufschluß für Ferrosilicium ist wohl die Lösung in Salpetersäure und Flußsäure, bisweilen unter Zusatz anderer Mineralsäuren. Es ist auch ein Schmelzaufschluß mit Natriumperoxyd vorgeschlagen worden (Cotton), obwohl schon Hudson das Schmelzverfahren als langwierig bezeichnet hatte. Den Aufschluß durch Schmelzen mit Natriumperoxyd benutzt jedoch auch Weihrich (c) für den Löserückstand von Ferrosilicium, das Titan oder Zirkonium oder beide enthält. Anger erwähnt, daß beim Lösen in konzentrierter Salpetersäure und Flußsäure ein erheblicher Teil des Phosphors (bis 80%) als Phosphin entweichen könne, zu dessen Bestimmung eine besondere Analyse anzusetzen sei. Da spätere Verfasser bei ähnlicher Arbeitsweise diese Störung niemals erwähnen, ist wohl darauf kein Gewicht zu legen.

***Arbeitsvorschrift von* Hudson.** Die Lösung der Probe erfolgt in 20 ml eines Gemisches aus 680 ml Wasser, 250 ml Schwefelsäure (D 1,84), 600 ml Salzsäure (D 1,19) und 320 ml Salpetersäure (D 1,42). Bei einem Siliciumgehalt zwischen 12 und 18% wird die Probe erst mit Königswasser, dann mit dem Säuregemisch behandelt. Die von dem Siliciumdioxyd abfiltrierte Lösung wird auf 20 ml eingeengt, dann mit 35 ml Salpetersäure (D 1,42) nochmals auf 20 ml eingedampft und dann in dieser Lösung die Phosphorsäure in bekannter Weise mit Ammoniummolybdat gefällt.

***Arbeitsvorschrift von* Klinger.** 5 g der Probe werden in einer Platinschale in Salpetersäure unter tropfenweisem Zusatz von Flußsäure gelöst. Durch Eindampfen zur Trockene und Glühen des Rückstandes wird Siliciumfluorid ausgetrieben. Der Glührückstand wird in Salzsäure gelöst, und von Ungelöstem wird abfiltriert. Dieses wird nach dem Veraschen des Filters mit Natriumkaliumcarbonat geschmolzen. Die Lösung der Schmelze wird zum Hauptfiltrat zugegeben, die salzsaure Mischung wird erst ammoniakalisch, dann salpetersauer gemacht und auf 50 ml eingedampft. In dieser Lösung wird Ammoniummolybdophosphat ausgefällt.

***Arbeitsvorschriften von* Cotton.** *1. Aufschluß mit Natriumperoxyd.* 0,5 g der Probe (bis 20% Si) werden im Nickeltiegel mit Natriumperoxyd geschmolzen, und die Schmelze wird in verdünnter Salzsäure gelöst. Nachdem die Lösung über Nacht auf dem Wasserbade getrocknet worden ist, wird der Rückstand mit 40 ml 60%iger Perchlorsäure abgeraucht (30 Min.). Die Lösung wird mit 200 ml Wasser verdünnt und das Siliciumdioxyd abfiltriert. Dieses wird mit 40%iger Salzsäure eisen- und perchloratfrei gewaschen und dann mit Wasser von der Salzsäure befreit. In der Lösung wird die Phosphorsäure bestimmt. — *2. Aufschluß mit Brom und Bromwasserstoffsäure.* 0,5 g der Probe werden mit 10 ml einer Lösung von 1 Teil Brom in 10 Teilen 45 %iger Bromwasserstoffsäure etwa 15 Min. lang erwärmt. Die Lösung wird mit 150 ml heißem Wasser verdünnt, die klare Flüssigkeit abdekantiert und der Rückstand tropfenweise mit 5 ml Salpetersäure und 50 ml Wasser behandelt, dann abfiltriert und wie bei 1. weiterbehandelt. Im Filtrate wird die Phosphorsäure bestimmt.

Arbeitsvorschriften von **WEIHRICH (c).** I. *Für Legierungen der Zusammensetzungen FeSi, FeMnSi, FeAlSi, FeMnAlSi, FeCaSi, FeCaAlSi.* 2 g Probe werden in einer Platinschale mit 50 ml Salpetersäure (1:1) und in Anteilen zugefügten 20 ml Flußsäure bis fast zur Trockene eingedampft. Dies wird nach Zusatz von 30 ml Salpetersäure (1:1) wiederholt. Nun wird der Rückstand mit 30 ml Salpetersäure aufgenommen. Die Lösung wird auf 90° erwärmt, mit 25 ml heiß gesättigter Boraxlösung versetzt und 10 Min. stehengelassen. Hierbei verflüchtigt sich Borfluorid. Nun wird die Lösung in einen Kolben gefüllt, mit Permanganat oxydiert und, wie bekannt, weiterverarbeitet. — II. *Für Ferrosilicium, das Titan oder Zirkonium oder beide enthält.* 2 g der Probe werden in Salpetersäure und Flußsäure gelöst, und die Lösung wird mit 15 ml Schwefelsäure (1:3) zur Trockene verdampft. Die in einem Silbertiegel mit Natriumperoxyd erzeugte Schmelze des Rückstandes wird mit Wasser ausgelaugt, bis 500 ml Filtrat erhalten sind. Im Rückstand befinden sich Titan und Zirkonium. 400 ml des Filtrates = 1,6 g Einwaage werden mit Salpetersäure angesäuert, mit 10 ml 5%iger Alaunlösung und heiß mit Ammoniak versetzt. Der die Phosphorsäure enthaltende Niederschlag wird in bekannter Weise weiterbehandelt.

2. In Ferrotitan.

Der Aufschluß erfolgt nach WEIHRICH (b) wie bei Ferrochrom (siehe S. 259). Ein Zusatz von Aluminiumsalzlösung ist meist unnötig, da die Lösung bereits dieses enthält. — Nach IVANOVA und MALOV verfährt man wie bei Ferromolybdän (siehe S. 260), versetzt aber die oxydierte Lösung mit Ammoniumalaunlösung und scheidet Phosphat gemeinsam mit Aluminiumhydroxyd mittels Ammoniaks ab. Der mit heißem Wasser gewaschene Niederschlag wird in Salpetersäure gelöst, die Lösung in einen 100 ml-Meßkolben übertragen und weiterbehandelt, wie an anderen Stellen beschrieben (siehe S. 258, S. 259 u. S. 260).

3. In Ferrophosphor.

Das Aufschließen von Ferrophosphor kann sowohl durch Lösen in Säuren als auch durch Schmelzen mit Natriumperoxyd erfolgen. WINOGRADOW, RABOWSKI und OKS benutzen als Oxydationsschmelze das Gemisch aus Natriumcarbonat und Kaliumnitrat. Zum Aufschluß von Eisenphosphid benutzen QUADRAT und VČELÁK (b) konzentrierte Schwefelsäure; sie bestimmen die Phosphorsäure gravimetrisch als $P_2O_5 \cdot 24\,MoO_3$ (siehe § 1, A, S. 53). PITZER schließt durch Erwärmen mit 60%iger Perchlorsäure auf.

I. Aufschluß in der Oxydationsschmelze. ***Arbeitsvorschrift von*** **STEPHEN.** 0,5 g gepulverter Ferrophosphor (100 Maschen) werden mit Natriumperoxyd bei schwacher Rotglut geschmolzen. Die Lösung der Schmelze in Wasser wird einige Minuten gekocht, mit Salpetersäure angesäuert und auf 250 ml aufgefüllt. In 50 ml Filtrat, das z. T. mit Ammoniak neutralisiert wird, erfolgt die übliche Phosphorsäurebestimmung.

Arbeitsvorschrift von **WINOGRADOW, RABOWSKI *und* OKS.** 0,5 g Ferrophosphor werden mit 8 g eines Gemisches aus 2 Teilen Natriumcarbonat und 1 Teil Kaliumnitrat geschmolzen. Die Schmelze wird mit heißem Wasser ausgelaugt und der abfiltrierte Rückstand mit 5 g Natriumcarbonat gekocht, abfiltriert und mit 3%iger Natriumcarbonatlösung ausgewaschen. Beide Filtrate werden zu 500 ml aufgefüllt. 100 ml davon werden mit Salzsäure (1:1) neutralisiert, und aus der Lösung wird Ammoniummagnesiumphosphat gefällt, das durch Umfällen gereinigt wird. Im unlöslichen Teil der Schmelze bleiben etwa 0,3% Phosphor zurück. Er wird noch einmal aufgeschmolzen oder in Salpetersäure gelöst und der Phosphor als Ammoniummolybdophosphat gefällt.

Arbeitsvorschrift von **WEIHRICH (I).** 1 g Ferrophosphor wird in einem Silbertiegel mit 10 g Natriumperoxyd geschmolzen. Die Schmelze wird mit 400 ml Wasser in einer Porzellanschale ausgelaugt. Nach dem Kochen wird die Lösung in einen 1 l-Meßkolben gebracht, abgekühlt und zur Marke aufgefüllt. Durch ein Faltenfilter werden 100 ml Filtrat in einem ERLENMEYER-Kolben gesammelt, mit 30 ml Salpetersäure (1:1) aufgekocht, auf 70° abgekühlt und nach Zusatz von 40 ml 30%iger Ammoniumnitratlösung mit 120 ml Ammoniummolybdatlösung (siehe S. 231) gefällt. Ein Umfällen des Niederschlages ist wegen der hohen Konzentration an Alkalimetallsalzen zweckmäßig.

II. Aufschluß mit Säuren. ***Arbeitsvorschrift von*** **POND.** 200 mg Ferrophosphor werden allmählich mit 15 ml eines Gemisches aus 15 ml konzentrierter Salpetersäure, 10 ml konzentrierter Salzsäure und 5 ml konzentrierter Schwefelsäure erhitzt, bis Nebel entweichen. Die Mischung bleibt 1 Std. in der Hitze stehen, wird dann abgekühlt und nach Zusatz von 15 ml konzentrierter Salpetersäure eingedampft. Dies wird nach Zugabe von 15 ml Salpetersäure (1:1) wiederholt. Danach bleibt der Rückstand 1 Std. lang heiß stehen, wird abgekühlt und in 50 ml Salpetersäure (1:1) gelöst. Die Lösung wird gekocht. Ausgeschiedene Kieselsäure wird abfiltriert und mit 3%iger Salpetersäure ausgewaschen, das Filtrat wird auf 50 ml eingeengt und mit Ammoniummolybdatlösung versetzt.

Arbeitsvorschrift von **MILLER.** Etwa 300 mg Ferrophosphor werden mit 8 ml konzentrierter Schwefelsäure erhitzt, mit 25 ml Salzsäure (1:1) aufgenommen und filtriert. Die ammoniakalisch gemachte Lösung wird mit 5 ml gesättigter Citronensäurelösung und 30 ml Ammoniak versetzt, auf 200 ml verdünnt, abgekühlt und mit Magnesiamischung gefällt.

Arbeitsvorschrift von **WEIHRICH (I).** 1 g Ferrophosphor wird in einem bedeckten 600 ml-Becherglase mit 20 ml konzentrierter Salpetersäure und 60 ml konzentrierter Salzsäure übergossen. Die Mischung wird 4 bis 6 Std. bei 60° stehengelassen, dann nach Zufügen von 100 ml Salzsäure zum Sieden erhitzt und zur Trockene eingedampft. Der Rückstand wird mit Salzsäure und Wasser aufgenommen und Kieselsäure abfiltriert. Die Lösung wird in einem 1 l-Meßkolben aufgefangen. Das Filter mit dem Rückstande wird mit heißem, mit Salzsäure versetztem Wasser ausgewaschen und verascht. Der Rückstand wird mit Flußsäure und Schwefelsäure abgeraucht, mit 2 bis 3 g Natriumcarbonat aufgeschlossen, in Wasser gelöst und die Lösung in den Meßkolben filtriert. Das Filter wird mit natriumcarbonathaltigem Wasser ausgewaschen und der Kolben bis zur Marke aufgefüllt. 100 ml = 0,1 g werden zweimal mit Salpetersäure eingedampft, mit 20 ml Salpetersäure (1:1) aufgenommen, mit Kaliumpermanganatlösung oxydiert, mit Nitritlösung geklärt und wie oben unter I (siehe S. 255) weiterverarbeitet.

Arbeitsvorschrift von **PITZER.** 250 mg Ferrophosphor werden unter Erwärmen mit 35 ml 60%iger Perchlorsäure behandelt. Nach 1 Std. wird die Lösung abgekühlt, mit Ammoniak übersättigt, der Niederschlag in Salpetersäure gelöst und die Phosphorsäure wie üblich bestimmt.

***Arbeitsvorschrift von* Kassner *und* Ozier.** Man löst 1 g Ferrophosphor und füllt die Lösung im Meßkolben auf 500 ml auf. 25 ml werden in einem Becherglase mit 50 ml Wasser, 3 bis 5 ml Salpetersäure (D 1,4) und 3 bis 5 ml 2,5%iger Kaliumpermanganatlösung versetzt und gekocht, bis alles Mangan als Dioxyd gefällt ist. Dieses wird durch Natriumnitritlösung gelöst. Nach dem Verkochen der Stickstoffoxyde werden 100 ml Citrat-Molybdatreagens zugefügt, die Mischung wird 5 bis 10 Min. lang gekocht, und es wird weitergearbeitet, wie in § 10, A, S. 166 beschrieben.

4. In Ferrovanadin.

Da die quantitative Fällung von Ammoniummolybdophosphat bei Gegenwart von Vanadat nicht möglich ist, so muß das Vanadat zu vierwertigem Vanadium reduziert werden (siehe S. 249 und § 18, D, S. 301). Hierzu benutzt Swoboda (a) Stahlspäne in salpetersaurer Lösung, Weihrich (g) eine Lösung von Mohrschem Salz. Iwantscheff und Meuwsen, die eine sehr detaillierte Vorschrift mitteilen, verwenden als Reduktionsmittel Hydraziniumsulfat. Die Vorschriften, bei der Analyse von Ferrovanadin Eisen(III)-chlorid mit Äther auszuschütteln, verwirft Schikorr. Bereits Wysor fand, daß beim Ausschütteln einer phosphathaltigen Eisen(III)-chloridlösung mit Äther etwas Phosphorsäure in den Ätherauszug hineingeht. Schikorr untersuchte die Verteilung von Phosphorsäure und Eisen(III)-chlorid in Äther genauer. Er fand, daß Phosphorsäure nur bei Gegenwart von Eisen(III)-chlorid in den Äther übergeht, und zwar befindet sich bei Vorliegen gleicher Mengen wäßriger und ätherischer Lösung etwa $^1/_6$ der Gesamtphosphorsäure im Äther, aber bis 99% $FeCl_3$ im Äther. Es ist also nicht zulässig, bei Phosphorbestimmungen in Eisen(III)-chloridlösungen dieses durch Ausäthern zu entfernen, wie es bei der Analyse von Ferrovanadin vorgeschlagen ist. Die Gegenwart von Vanadium ändert nichts an den Verhältnissen. — Die Vorschrift von Johnson (b), bei der nach langwieriger Vorbereitung der Lösung schließlich Vanadinpentoxyd abfiltriert wird, ehe die Molybdatfällung erfolgt, braucht hier nur erwähnt zu werden. — Ivanova und Malov extrahieren das Phosphomolybdänblau mit Äther und vergleichen die Blaufärbung der ätherischen Lösung mit der einer Vergleichslösung.

***Arbeitsvorschrift von* Weihrich (g).** 2 g Ferrovanadin und parallel dazu zwei Normalstähle mit etwa 0,03% P und 0,07% P werden in je 50 ml Salpetersäure (1:1) gelöst. Wenn mehr als 0,5% Si anwesend sind, wird die Lösung filtriert, andernfalls wird sie sofort gekocht und in üblicher Weise oxydiert und geklärt. Bei 25° wird sie mit 25 bis 30 ml konzentriertem Ammoniak versetzt, der Niederschlag wird in Salzsäure (1:1) gelöst, und nun wird das Vanadat in der Kälte mit 20 bis 25 g Mohrschem Salz zu Vanadylsalz reduziert. Die smaragdgrüne Lösung wird mit 25 ml Ammoniumnitratlösung und bei 25° mit Ammoniummolybdatlösung versetzt. Die Mischung wird 6 Min. lang geschüttelt, sie bleibt dann 2 Std. lang bei 30° stehen, und danach wird das Ammoniummolybdophosphat abfiltriert und maßanalytisch bestimmt. Der Phosphorfaktor für die Berechnung wird auf Grund der gleich behandelten Normalstähle errechnet.

Verfahren von Iwantscheff und Meuwsen. Die Verfasser haben Versuche angestellt, um eine in der Hitze in 10 Min. ausführbare und bei Gegenwart von Vanadium vollständige Fällung von Ammoniummolybdophosphat zu erzielen. Hierbei darf die Phosphorkonzentration das Verhältnis $1:10^4$ nicht wesentlich unterschreiten. Tritt dieser Fall ein, so wird in entsprechender Menge Phosphat zugesetzt. Zur Verhinderung der Ausfällung von Molybdänsäure (siehe § 1, A, S. 37) ist die Anwesenheit von 1,5 bis 3 g Sulfat-Ion je Gramm Ammoniummolybdat geboten. Das anwesende Vanadat, das die quantitative Fällung des Ammoniummolybdophosphates verhindert, wird durch eine genügende Menge Hydraziniumsulfat zu Vanadylsalz reduziert. Etwa gebildetes Molybdänblau wird in Gegenwart von Eisen durch warme Salpetersäure schnell beseitigt, so daß ein rein gelber Niederschlag erhalten wird.

Kleinere Mengen von Arsenat (P : As $\leqq$ 1:3) beeinflussen die Phosphorbestimmung nicht, wenn die durch Hydraziniumsulfat entstandene arsenige Säure mittels bestimmter Mengen Quecksilber(II)-salz katalytisch am Übergang in Arsensäure gehindert wird.

Anwesendes Silicium wird durch Flußsäure und Salpetersäure verflüchtigt. Wenn die Substanz darauf mit konzentrierter Schwefelsäure abgeraucht wird, kann die Behandlung der Lösung mit Kaliumpermanganat wegfallen, denn es liegt dann sicher der gesamte Phosphor als Phosphorsäure vor.

Arbeitsvorschrift. 1 g Ferrovanadin wird in einer Platinschale tropfenweise mit 7 bis 10 ml konzentrierter Salpetersäure übergossen. Wenn die Hauptreaktion vorüber ist, werden anteilweise 5 ml 40%ige Flußsäure zugefügt, wodurch schnell eine klare, gelbgrüne Lösung erhalten wird. Es werden nun 2 ml konzentrierte Schwefelsäure zugesetzt, das Siliciumfluorid und die Flußsäure auf dem Sandbade vertrieben und danach die Lösung bis zum leicht spratzenden, tiefroten Sirup eingedampft. Dieser wird in 10 ml Wasser gelöst, und die Lösung wird mit 0,6 g gepulvertem Hydraziniumsulfat (ausreichend für 800 mg V) versetzt. Die tiefblaue Lösung wird bis zum Nachlassen der Stickstoffentwicklung vorsichtig auf 8 bis 10 ml eingeengt und dann mit Wasser in einen 100 ml-ERLENMEYER-Kolben gespült. Bei 60° werden 30 ml Ammoniummolybdatlösung zugefügt. Der Kolben wird in ein Wasserbad gestellt, das innerhalb von 4 bis 10 Min. zum Sieden erhitzt wird. Nach 2 bis 3 Min. ist die Fällung beendet, und der Niederschlag setzt sich, durch Molybdänblau grün gefärbt, zu Boden. Stürmisches Aufbrausen und Entweichen von Stickstoffoxyden zeigt die Oxydation des Eisens und damit das Ende der Molybdatfällung an. Der Niederschlag muß nun rein gelb aussehen; er wird mit Lauge in üblicher Weise titriert.

Bemerkungen. Es genügt, auf $\pm$ 10 mg genau zu wägen, da die Probe etwa 0,1% P enthält. — Stark konzentrierte Vanadylsalzlösungen von grünstichiger Farbe müssen noch warm mit Wasser verdünnt werden, weil sonst beim Abkühlen Vanadylsulfat ausfällt. — Die Lösung muß noch festes Hydraziniumsulfat als Bodenkörper enthalten, unter Umständen wird nochmals 1 g davon zugefügt. So wird sicher eine geringfügige, aber doch bereits schädliche Vanadatbildung verhindert. — Das Wasserbad ist ein passendes Becherglas mit Glaseinsatz, auf den der ERLENMEYER-Kolben gestellt wird. Dieser darf nicht tiefer eintauchen als bis zur Oberfläche seiner Füllung, sonst kann sich Molybdänsäure abscheiden. Bei Gehalten unter 0,1% P wird langsamer zum Sieden erhitzt (10 Min.). — Siehe die Ausführungen in § 18, D, S. 301.

Arbeitsvorschrift für kleine Einwaagen. Etwa 150 mg ($\pm$ 1 mg) Ferrovanadin werden tropfenweise mit 1,5 ml konzentrierter Salpetersäure und 0,5 ml Flußsäure versetzt und mit 0,15 ml konzentrierter Schwefelsäure abgeraucht und wie oben weiterbehandelt. Der Rückstand wird mit 1 ml Wasser aufgenommen und mit 0,1 g Hydraziniumsulfat reduziert. Die blaue Lösung wird etwas eingeengt und mit 4 ml Ammoniummolybdatlösung samt festem Hydraziniumsulfat in einen 15 ml-Kolben gespült, und dieser wird in ein 50° warmes Wasserbad gestellt, das zum Sieden erhitzt wird, bis die Oxydation des zweiwertigen Eisens unter Stickstoffoxydentwicklung beendet ist. Der Niederschlag wird unter Benutzung von Mikrobüretten maßanalytisch bestimmt.

Das Verfahren liefert gute Ergebnisse.

***Arbeitsvorschrift von* IVANOVA *und* MALOV.** 0,1 g Probe löst man in 40 ml Salpetersäure (1 : 2), oxydiert mit 40 ml 7,5%iger Ammoniumpersulfatlösung und verkocht deren Überschuß. Die Lösung wird zur Reduktion des Vanadiums bei Raumtemperatur mit 40 ml 20%iger Eisen(II)-sulfatlösung versetzt und im Meßkolben auf 200 ml aufgefüllt. 2 ml dieser Lösung versetzt man mit 1 ml Molybdatlösung [76,2 g Ammoniummolybdat, 380 ml konzentrierte Salpetersäure, 50 ml Ammoniaklösung (D 0,90) und 570 ml Wasser], schüttelt um, läßt 3 bis 5 Min. stehen, fügt 2 ml Äther zu, schüttelt gut durch und versetzt mit 10 bis 15 Tropfen einer Lösung von 2 g Zinn(II)-chlorid in 100 ml Salzsäure (D 1,19).

5. In Ferroniob und Ferrotantal.

Der Aufschluß wird wie bei Ferrochrom (siehe dort) vorgenommen, jedoch wird das mit Salpetersäure schwach angesäuerte Filtrat 15 Min. lang gekocht, die abgeschiedene Niob- bzw. Tantalsäure abfiltriert und das Filtrat weiter wie bei Ferrochrom verarbeitet [WEIHRICH (i)].

6. In Ferroselen.

Ferroselen wird wie Ferrochrom aufgeschlossen (siehe dort), aber statt Alaunlösung werden 5 ml 5%ige Eisen(III)-chloridlösung zugefügt, und dann wird wie üblich weitergearbeitet [WEIHRICH (k)].

7. In Ferrochrom.

Der Aufschluß nach R. FRESENIUS und HINTZ im Chlorstrome muß heute als zu langwierig bezeichnet werden. Der Phosphor findet sich hierbei als Phosphat neben Sulfat in der Vorlage und kann erst nach der Abtrennung des Sulfates als Bariumsulfat mit Ammoniummolybdat gefällt werden. Heutzutage erfolgt der Aufschluß des Ferrochroms durch Schmelzen mit Natriumperoxyd. Hierfür gibt WEIHRICH (d) folgende

Arbeitsvorschrift. 2,5 g Ferrochrom werden in einem Silbertiegel mit 10 g Natriumperoxyd geschmolzen. Die Schmelze wird in einer Porzellanschale mit Wasser ausgelaugt, die Lösung 5 Min. lang gekocht, auf 500 ml aufgefüllt und durch ein Faltenfilter filtriert. 400 ml Filtrat = 2 g Einwaage werden mit Salpetersäure angesäuert, aufgekocht und mit Ammoniak versetzt. Der Niederschlag wird in Salpetersäure gelöst, die Lösung wird mit 10 ml 5%iger Eisen(III)-chloridlösung versetzt und wieder mit Ammoniak gefällt. Der den Phosphor enthaltende Niederschlag wird mit heißer 2%iger Ammoniumnitratlösung gewaschen, mit 30 ml Salpetersäure (1:1) vom Filter gelöst, und in dieser Lösung wird die Phosphorsäure in bekannter Weise ermittelt.

***Arbeitsvorschrift von* BABAEV.** Man löst 1 g Späne durch Erwärmen in 30 ml mit Brom gesättigter Salzsäure (D 1,19). Die Lösung wird mit 15 ml Salpetersäure (D 1,4) und 20 ml Schwefelsäure (1:1) eingedampft, mit 100 bis 150 ml Wasser verdünnt und die Kieselsäure abgetrennt. Das Filtrat wird mit 150 ml 20%iger Ammoniumpersulfatlösung 10 bis 15 Min. lang bis zur Rotfärbung gekocht, worauf man Eisen und Phosphat mit Ammoniak fällt. Der Niederschlag wird 4- bis 5mal mit heißem Wasser gewaschen, mit Wasser in einen Kolben gespült, mit 7 bis 8 ml Salpetersäure (D 1,4) gelöst und die Lösung auf 30 bis 40 ml eingeengt. Die konzentrierte Lösung wird zum Sieden gebracht, und die organischen Stoffe werden mit 2 ml 2,5%iger Kaliumpermanganatlösung oxydiert. Der Mangandioxydniederschlag wird durch Kochen mit 5%iger Natriumnitritlösung zersetzt. Man neutralisiert nun die Lösung mit 10 bis 15 ml starkem Ammoniak bis zur vollständigen Fällung von Eisenhydroxyd, welches mit 3 bis 5 ml Salpetersäure (D 1,4) gelöst wird. Die Lösung wird mit 20 g Ammoniumnitrat versetzt, Vanadium mit einigen Tropfen 8%iger Lösung von MOHRschem Salz reduziert und das Phosphat wie üblich gefällt. Für Betriebsanalysen kann die Fällung des Eisens ausgelassen werden. — Für den Schmelzaufschluß empfiehlt BABAEV die Anwendung von Nickeltiegeln. — Die Annahme, daß in Ferrochromguß der Phosphor unregelmäßig verteilt sei, erweist sich durch eingehende Versuche als irrtümlich.

***Arbeitsvorschrift von* IVANOVA *und* MALOV.** 0,5 g löst man in einem Gemisch von 20 ml Salpetersäure (D 1,4) und 70 ml Salzsäure (D 1,19), verdampft zur Trockne, nimmt mit Salpetersäure auf und dampft noch einmal ein. Dann setzt man 20 ml Salpetersäure und 20 ml 7,5%ige Ammoniumpersulfatlösung zum Rückstand hinzu, kocht bis zur vollständigen Zersetzung des überschüssigen Persulfates, überträgt die Lösung in einen 100 ml-Meßkolben und verfährt weiter wie oben (siehe S. 258).

8. In Ferromolybdän.

Zum Aufschluß von Ferromolybdän verwendet SILVERMAN Salpetersäure und Perchlorsäure unter Zusatz von Flußsäure. Die weitere Verarbeitung ist der von WEIHRICH (f) angegebenen analog, bei der nur Salpetersäure als Lösungsmittel dient, sofern die Legierung darin vollständig löslich ist. Andernfalls wird der Aufschluß wie bei Ferrochrom vorgenommen (siehe dort). — IVANOVA und MALOV extrahieren das Phosphomolybdänblau mit Äther und vergleichen die Blaufärbung der ätherischen Lösung mit der einer Vergleichslösung.

***Arbeitsvorschrift von* SILVERMAN.** 1 g Ferromolybdän wird unter Erwärmen in 10 ml Salpetersäure (1 : 2) gelöst, und die Lösung wird mit 10 Tropfen Flußsäure und 10 ml 70%iger Perchlorsäure abgeraucht. Der Rückstand wird mit 25 ml Wasser und 25 ml Ammoniak versetzt. Der Niederschlag mit dem gesamten Phosphat wird in 25 ml Wasser und konzentrierter Salpetersäure gelöst, von der 20 ml im Überschuß zugegeben werden, wobei die Temperatur nicht über 45° steigen darf. Nun werden 50 ml Ammoniummolybdatlösung zugefügt; der Niederschlag wird nach 2 Std. abfiltriert und maßanalytisch bestimmt.

***Arbeitsvorschrift von* WEIHRICH (f).** 2 g Ferromolybdän werden in 50 ml Salpetersäure (1:1) gelöst. Die Lösung wird mit Ammoniak neutralisiert und siedend heiß in 50 ml konzentriertes Ammoniak eingegossen. Der Niederschlag, der das gesamte Phosphat enthält, wird abfiltriert, in Salpetersäure (1:1) gelöst, und die Fällung wird zweimal wiederholt. Dadurch wird der größte Teil des Molybdäns von Phosphor und Eisen abgetrennt. Der Niederschlag wird schließlich in Salpetersäure gelöst und das Phosphat bestimmt.

***Arbeitsvorschrift von* IVANOVA *und* MALOV.** 0,5 g Probe werden wie bei Ferrovanadin (siehe S. 258) beschrieben, gelöst und oxydiert. Man fügt außerdem 10 ml 2,5%ige Kaliumpermanganatlösung zu, kocht 5 Min. lang, reduziert das abgeschiedene Mangan(IV)-oxydhydrat durch tropfenweisen Zusatz einer Lösung von Oxalsäure oder Ammoniumoxalat, verdünnt die Lösung auf 200 bis 250 ml, scheidet Eisenhydroxyd und Eisenphosphat mit Ammoniak ab, filtriert, wäscht mit heißem Wasser, löst den Niederschlag in heißer Salpetersäure (1 : 2) und wiederholt Fällung und Lösung in Salpetersäure. Die nicht mehr als 20 bis 25 ml Salpetersäure (1 : 2) enthaltende (bei größerer Säuremenge auf dieses Volumen einzudampfende) Lösung wird in einen 100 ml-Meßkolben übertragen und wie auf S. 258 angegeben behandelt.

9. In Ferrowolfram.

***Arbeitsvorschrift von* WEIHRICH (e).** 2 g Ferrowolfram werden wie Ferrochrom aufgeschlossen (siehe dort). 400 ml Filtrat = 1,6 g Einwaage werden salpetersauer gemacht, aufgekocht, mit 10 ml 5%iger Alaunlösung versetzt und heiß mit Ammoniak gefällt. Falls der Niederschlag noch wolframhaltig ist, wird er umgefällt. Andernfalls wird er gleich in Salpetersäure gelöst, und in dieser Lösung wird das Phosphat in bekannter Weise gefällt.

10. In Ferromangan.

***Arbeitsvorschrift von* WEIHRICH (b).** Die Lösung von 2 g Ferromangan in 70 ml Salpetersäure (1:1) wird auf 100 ml aufgefüllt und durch ein trockenes Filter filtriert. 50 ml Filtrat werden mit 20 ml Salpetersäure (1:1) versetzt und wie gewöhnlicher Stahl weiterverarbeitet (siehe S. 231). Kieselsäure muß entfernt werden, ebenso größere Mengen Arsen. — Die *Arbeitsvorschrift von* IVANOVA *und* MALOV entspricht der für Ferrovanadin (siehe S. 258), nur wird die Eisen(II)-sulfatlösung weggelassen.

Literatur.

ADELT, M., u. G. A. GRUENDLER: Arch. Eisenhüttenw. **19**, 21 (1948). — ANGER, EARL M.: Trans. Am. electrochem. Soc. **38**, 227 (1918); durch C. **90**, **IV**, 892 (1919). — ANONYMUS: J. Iron Steel Inst. **155**, 373 (1947); durch C. **118 E**, 582 (1947). — ANTONY, U.: G. **31**, **II**, 274 (1901); durch C. **72**, **II**, 1177 (1901). — ARIANO, R.: G. **51**, **I**, 1 (1921); durch C. **92**, **IV**, 167 (1921). — ARMSTRONG, C. G.: Ind. eng. Chem. **7**, 764 (1915); durch C. **86**, **II**, 1130 (1915). —

ARTMANN, P.: Angew. Ch. **26**, 203 (1913). — AUCHY, G.: Am. Soc. **18**, 955 (1896); durch C. **68, I**, 78 (1897).

BABAEV, M. W.: Betriebslab. **15**, 1108 (1949); durch Fr. **133**, 233 (1951). — BACON, A.: Analyst **75**, 321 (1950); durch Fr. **133**, 232 (1951). — BARKOW, B. JA.: Betriebslab. **13**, 1253 (1947); durch C. **118 E**, 90 (1947). — BELLADEN, L., U. SCAZZOLA u. R. SCAZZOLA: Ann. Chim. appl. **23**, 517 (1933); durch C. **105, I**, 2008 (1934). — BENEŠ, V.: Chem. Obzor **16**, 113 (1941); durch C. **113, I**, 2245 (1942). — BLAIR, A.: Fr. **18**, 122 (1879). — BOGATZKI, G.: Arch. Eisenhüttenw. **12**, 195 (1938/39). — BORNMANN, K.: Angew. Ch. **2**, 638 (1889). — BURSSUK, A. J.: (a) Betriebslab. **8**, 12 (1939); durch C. **111, II**, 2928 (1940); (b) Betriebslab. **9**, 95 (1940); durch C. **112, I**, 1707 (1941). — BURTON-SMITH, H.: Chem. Age **13**, Monthly Metallurgical Section 3 (1925); durch C. **96, II**, 1297 (1925).

CAIN, J. R., u. F. H. TUCKER: J. Franklin Inst. **175**, 531 (1913); durch C. **84, II**, 174 (1913). — CARGILL, A. B.: Chemist-Analyst **21** Nr 2, 5 (1932); durch C. **103, II**, 96 (1932). — Chemiker-Fachausschuß des Vereins Deutscher Eisenhüttenleute: Stahl Eisen **29**, 850 (1909). — CHESNEAU, G.: C. r. **145**, 720 (1907); durch Fr. **47**, 704 (1908). — CLARKE, S. G.: Analyst **56**, 518 (1931); durch C. **102, II**, 3021 (1931). — CLASSEN, A.: B. **14**, 2773 (1881). — COMPAGNO, I.: Giorn. Chim. ind. appl. **2**, 493 (1920); durch C. **92, II**, 155 (1921). — COTTON, J. B.: Analyst **66**, 286 (1941); durch C. **113, II**, 2620 (1942). — CROALL, G.: Metallurgia **42**, 99 (1950); durch Fr. **134**, 77 (1951).

DANFORTH, W. C.: Iron Age **1909**, 1120; durch Stahl Eisen **29**, 1357 (1909). — DILLNER, H. E.: Iron Trade Rev. **40**, 914 (1907); durch Fr. **47**, 635 (1908).

EGGERTZ, V.: J. pr. **79**, 496 (1860). — ETHERIDGE, A. T.: Analyst **56**, 14 (1931); durch Fr. **97**, 349 (1934). — ETHERIDGE, A. T., u. D. G. HIGGS: Analyst **65**, 496 (1940); durch C. **112, I**, 2000 (1941).

FORTUNE, J. B.: J. Iron Steel Inst., Advance Copy, Nov. **1943**; Iron Coal Trades Rev. **148**, 163 (1944); durch Fr. **129**, 436 (1949). — FRANK, M., u. F. W. HINRICHSEN: Stahl Eisen **28**, 295 (1908). — FRESENIUS, R., u. E. HINTZ: Fr. **29**, 28 (1890). — FRICKE, L.: Stahl Eisen **26**, 279 (1906). — FRIEDRICH, R.: (a) Ch. Z. **40**, 560 (1916); (b) 718; (c) **41**, 674 (1917).

GABIERSCH, K.: Beiheft **48** Z. Ver. dtsch. Chem., S. 59 (1944); durch Fr. **129**, 441 (1949). — GETZOW, B. B.: Betriebslab. **4**, 349 (1935); durch C. **107, I**, 1465 (1936). — GINSBURG, I. I.: Betriebslab. **4**, 705 (1935); durch C. **108, I**, 1203 (1937). — GOETZ, G. W.: siehe WEDDING, H. — GRAY, G. W., u. J. SMITH: Chem. N. **118**, 258 (1919); durch C. **90, IV**, 559 (1919). — GUTMANN, S. M., u. W. W. JEREMITSCHEW: Betriebslab. **8**, 1218 (1939); durch C. **112, I**, 1448 (1941).

HAGUE, J. L., u. H. A. BRIGHT: J. Res. Nat. Bureau of Standards **26**, 405 (1941); durch C. **113, I**, 85 (1942). — HARRISON, T. S., u. W. FISHER: J. Soc. chem. Ind. **62**, 219 (1943); durch C. **116, I**, 199 (1945). — HARRISON, T. S., u. T. PARRATT: J. Soc. chem. Ind. **64**, 218 (1945); durch Fr. **129**, 436 (1949). — HARTMANN, W. M.: Fr. **97**, 353 (1934), Fußnote 2. — HASWELL, A. E.: Dingl. J. **237**, 314; durch Fr. **21**, 140 (1882). — HERTING, O.: (a) Ch. Z. **21**, 138 (1897); (b) Stahl Eisen **17**, 1005 (1897). — HEWITT, TH. E.: Am. Soc. **27**, 121 (1905); durch C. **76, I**, 1048 (1905). — HILL, U. T.: (a) Anal. Chem. **19**, 318 (1947); durch Fr. **129**, 440 (1949); (b) Anal. Chem. **23**, 1496 (1951); durch Fr. **137**, 142 (1952). — HINRICHSEN, F. W., u. TH. DIECKMANN: Stahl Eisen **29**, 1276 (1909); Mitt. K. Materialprüfungsamt **28**, 229 (1910). — HINRICHSEN, F. W., u. M. FRANK: Mitt. K. Materialprüfungsamt **25**, 293 (1907). — HOAR, T. P.: Analyst **63**, 712 (1938); durch C. **110, I**, 740 (1939). — HUDSON, R. P.: Chemist-Analyst **17** Nr 2, 8 (1928); durch C. **99, II**, 87 (1928).

ISHIMARU, S.: Sci. Rep. Tôhoku Imp. Univ. **24**, 481 (1935); durch C. **107, I**, 3872 (1936). — IVANOVA, N. D., u. S. J. MALOV: Betriebslab. **12**, 246 (1946); durch Fr. **129**, 439 (1949). — IWANTSCHEFF, G., u. A. MEUWSEN: Z. anorg. Ch. **251**, 45 (1943).

JOHNSON, CH. M.: (a) Ind. eng. Chem. **5**, 297 (1913); durch C. **84, I**, 1891 (1913); (b) Ind. eng. Chem. **11**, 113 (1919); durch Fr. **59**, 249 (1920).

KASSNER, J. L., u. M. A. OZIER: Anal. Chem. **22**, 1216 (1950). — KATZ, H. L., u. K. L. PROCTOR: Anal. Chem. **19**, 612 (1947). — KEFELI, M. M., u. J. R. BERLINER: Betriebslab. **4**, 143 (1935); durch C. **107, I**, 1465 (1936). — KEMPF, H.: Stahl Eisen **62**, 136 (1942); Angew. Ch. **55**, 50 (1942); Fr. **126**, 341 (1943). — KIEFER, G. C.: Chemist-Analyst **19** Nr 4, 14 (1930); durch C. **101, II**, 2549 (1930). — KINDER, H.: (a) Stahl Eisen **36**, 1094 (1916); (b) **40**, 381, 468 (1920). — KITSON, R. E., u. M. G. MELLON: Ind. eng. Chem. Anal. Edit. **16**, 379 (1944). — KLEINMANN, H.: H. **99**, 40 (1919). — KLINGER, P.: Arch. Eisenhüttenw. **7**, 551 (1933/34). — KOCH, W.: Techn. Mitt. Krupp, Forschungsber. **1938**, 37. — KOKORIN, A. J.: Betriebslab. **12**, 125 (1946); durch Fr. **129**, 438 (1949). — KONKIN, W. D.: Betriebslab. **8**, 322 (1939); durch C. **111, II**, 1907 (1940). — KRAUS, R.: Fr. **133**, 425 (1951).

LUCAS, M.: Bl. [3] **17/18**, 144 (1896); durch C. **68, I**, 435 (1897). — LYNAS, W. H.: Chem. Metallurg. Eng. **19**, 169 (1918); durch C. **90, II**, 815 (1919).

MAHON, R. W.: Am. Soc. **19**, 792 (1897); durch C. **68, II**, 1157 (1897). — MAITCHELL, J.: Chem. N. **119**, 212 (1919); durch C. **91, IV**, 109 (1920). — MATWEJEWA, K. A.: Betriebslab. **13**, 1136 (1947); durch C. **119, II**, 1055 (1948) (Verlag Chemie, Weinheim); C. **119, II**, 878 (1948)

(Akademie-Verlag, Berlin). — MAXIMOWA, N. W., u. M. T. KOSLOWSKI: J. anal. Chem. [russ.] 2, 353 (1947); durch C. **118 E**, 406 (1947). — MEINEKE, K.: Fr. **10**, 280 (1871). — METZ, E.: Fr. **30**, 200 (1891). — MIKULIN, S. A.: Betriebslab. **11**, 742 (1945); durch Fr. **129**, 436 (1949). — MILLER, H. J.: Chemist-Analyst **17** Nr 1, 10 (1928); durch C. **99**, **I**, 1982 (1928). — MILOSSLAWSKI, N. M., G. S. BARAL-KUDYSCH u. W. O. KALINA: Betriebslab. **4**, 1456 (1935); durch C. **108**, **I**, 1203 (1937). — MISSON, G.: Ch. Z. **32**, 633 (1908). — MOROS, K. N.: Betriebslab. **5**, 868 (1936); durch Fr. **117**, 423 (1939). — MÜLLER, E. R. E.: (a) Ch. Z. **35**, 1201 (1911); (b) **36**, 1490 (1912). — MURRAY, W. M., u. S. E. Q. ASHLEY: Ind. eng. Chem. Anal. Edit. **10**, 1 (1938); durch C. **109**, **II**, 2309 (1938).

NAMIAS, R.: Stahl Eisen **10**, 1060 (1890).

OELSEN, W., H. PLOUM u. TH. HUSEMANN: Naturforschung u. Medizin in Deutschland 1939—1946 (FIAT-Review) **29**, 65 (1948). — OHLY, J.: (a) Chem. N. **76**, 200 (1897); durch C. **68**, **II**, 1058 (1897); (b) Ch. Z. **21**, 939 (1897).

PENKOWA, JE. F., A. M. DMITRIJEWA u. P. JA. JAKOWLEW: Betriebslab. **16**, 744 (1950); durch C. **122**, **I**, 1919 (1951). — PINSL, H.: Neue Gießerei **36**, 380 (1949); durch C. **121**, **I**, 2261 (1950). — PITZER, L. E.: Chemist-Analyst **1926** Nr 47, 8; durch C. **97**, **II**, 1670 (1926). — POND, W. F.: Chemist-Analyst **1925** Nr 45, 16; durch C. **98**, **I**, 150 (1927). — POPPER, R.: Fr. **16**, 157 (1877); **18**, 14 (1879). — PORTEVIN, A., u. A. LEROY: C. r. **206**, 518 (1938). — POUGET, L., u. D. CHOUCHAK: Bl. [4] **5**, 104 (1909).

QUADRAT, O., u. V. VČELÁK: (a) Congr. chim. Ind. Nancy **18**, **II**, 631 (1938); durch Fr. **124**, 440 (1942); (b) Coll. Trav. chim. Tchécosl. **10**, 583 (1938); durch C. **110**, **I**, 2649 (1939).

RAAB, A.: Angew. Ch. **50**, 327 (1937). — RAMORINO, K.: Stahl Eisen **22**, 386 (1902). — RASSKIN, L. D.: Betriebslab. **5**, 267 (1936); durch C. **108**, **I**, 3027 (1937). — RASSKIN, L. D., D. T. MIROSCHNITSCHENKO u. M. M. BONDARENKO: Betriebslab. **7**, 860 (1938); durch C. **110**, **I**, 1611 (1939). — REINHARDT, C.: Ch. Z. **15**, 410 (1891). — REINSCH, H.: Fr. **1**, 220 (1862); **3**, 206 (1864); **5**, 202 (1866). — REIS, M. A. v.: (a) Stahl Eisen **9**, 1025 (1889); (b) **10**, 1059 (1890). — RIDSDALE, W. D.: (a) Chem. N. **118**, 100 (1919); durch C. **90**, **IV**, 106 (1919); (b) Chem. N. **120**, 219 (1920); durch C. **92**, **II**, 212 (1921). — ROUSSEAU, E.: Chim. et Ind. **21** Nr 2bis, 147 (1929); durch C. **101**, **I**, 1978 (1930). — RUBRICIUS, H.: Ch. Z. **40**, 717 (1916). — RYDBERG, O.: Jernkont. Ann. **129**, 32 (1945); durch C. **117**, **I**, 2111 (1946).

SCHIKORR, G.: Mitt. Materialprüfungsamt N. F. **4**, 80 (1926). — SCHKOTOWA, S. N.: (a) Betriebslab. **7**, 1419 (1938); durch Fr. **124**, 439 (1942); (b) Betriebslab. **8**, 213 (1939); durch C. **111**, **II**, 1907 (1940). — SCHMIDT, K. A. F., u. K. KUTIL: Stahl Eisen **64**, 539 (1944). — SCHNEERSSON, S. B.: Betriebslab. **3**, 21 (1934); durch C. **106**, **I**, 2415 (1935). — SCHNEIDER, L.: Öst. Z. Berg-Hütt. **45**, 326, 344 (1897); durch C. **68**, **II**, 385 (1897). — SCHRÖDER, R.: (a) Stahl Eisen **29**, 1158 (1909); (b) **38**, 316 (1918). — SEUTHE, A.: (a) Ch. Z. **61**, 920 (1937); (b) Stahl Eisen **62**, 53 (1942). — SEUTHE, A., u. E. SCHAEFER: Arch. Eisenhüttenw. **10**, 549 (1936/37). — SHUKOWSKAJA, S. S., u. S. S. BERNSTEIN: Betriebslab. **3**, 214 (1934); durch C. **106**, **I**, 2704 (1935). — SILVERMAN, L.: Ind. eng. Chem. Anal. Edit. **13**, 602 (1941); durch C. **113**, **II**, 1270 (1942). — SMITH, H. P.: Chem. N. **91**, 89 (1905); durch C. **76**, **I**, 901 (1905). — SPÜLLER, J., u. S. KALMANN: Fr. **32**, 538 (1893). — STAMM, H.: Ch. Z. **40**, 717 (1916). — STEINBERG, R. H., u. F. W. SMITH: Ind. eng. Chem. Anal. Edit. **13**, 392 (1941); durch C. **113**, **I**, 2435 (1942). — STEPHEN, W. W.: Chemist-Analyst **1922**, 25; durch C. **93**, **IV**, 612 (1922). — STÖCKMANN, C.: Fr. **16**, 174 (1877). — SUSANO, CH. D., u. J. H. BARNETT: Ind. eng. Chem. Anal. Edit. **8**, 183 (1936); durch Fr. **110**, 437 (1937). — SWOBODA, K.: (a) Öst. Ch. Z. **27**, 110 (1924); durch C. **95**, **II**, 1247 (1924); (b) Ch. Z. **57**, 938 (1933).

TRAVERS, A.: Chim. et Ind. **2** T, 49 (1919); durch C. **90**, **IV**, 64 (1919); Ann. Chim. **12**, 67 (1919); durch Fr. **59**, 252 (1920).

VOGELSSON, J. I., u. F. S. KASATSCHKOWA: Betriebslab. **8**, 860 (1940); durch C. **112**, **I**, 672 (1941).

WDOWISZEWSKI, H.: (a) Stahl Eisen **12**, 381 (1892); (b) Ch. Z. **37**, 1069 (1913). — WEDDING, H.: Stahl Eisen **7**, 118 (1887). — WEIHRICH, R.: Die chemische Analyse in der Stahlindustrie, 3. Aufl. 1942 (Sammlung „Die chemische Analyse“, Bd. 31), (a) S. 39 bis 45; (b) S. 145; (c) S. 149; (d) S. 155; (e) S. 165; (f) S. 170; (g) S. 174; (h) S. 178; (i) S. 184; (k) S. 187; (l) S. 188. — WEST, J. L.: Analyst **70**, 82 (1945); durch Fr. **129**, 435 (1949). — WINOGRADOW, A. W., G. W. RABOWSKI u. R. S. OKS: J. chem. Ind. (russ.) **1932** Nr 7, 39; durch C. **104**, **I**, 2584 (1933). — WLASSOWA, A. G., u. A. M. MARUNOWA-SCHADRINA: Betriebslab. **4**, 584 (1935); durch C. **107**, **I**, 2781 (1936). — WYSOR, R. J.: Ind. eng. Chem. **2**, 45 (1910); durch C. **81**, **II**, 41 (1910).

§ 16. Bestimmung des Phosphors in Nichteisenmetallen und ihren Legierungen.

In Nichteisenmetallen und ihren Legierungen liegt der Phosphor wohl ausschließlich in Form von Phosphiden oder von intermetallischen Verbindungen mit mehr oder weniger großem Homogenitätsgebiet vor. Bei der Auflösung der Metalle in Säure bildet sich aus den Phosphiden Phosphin PH_3, das gasförmig entweichen kann. Von dieser Reaktion wird Gebrauch gemacht besonders bei der Phosphorbestimmung in Aluminium und seinen Legierungen. Das Phosphin wird meist an der Luft zu Phosphorpentoxyd verbrannt, und in dessen wäßriger Lösung wird die entstandene Phosphorsäure in bekannter Weise ermittelt. Bei der Analyse der Kupfer- und Zinnlegierungen wird hingegen die Entwicklung von Phosphin dadurch unterdrückt, daß als Lösungsmittel für diese Stoffe ein oxydierendes Agens, in der Hauptsache Salpetersäure, verwendet wird, das den in der Legierung enthaltenen Phosphor sogleich in Phosphorsäure verwandelt, die in der weiterverarbeiteten Lösung in üblicher Weise bestimmt werden kann.

Neben der wichtigen Phosphorbronze und anderen Kupferlegierungen und neben dem Phosphorzinn werden in diesem Paragraphen noch Aluminium und seine Legierungen behandelt. Anschließend wird die Phosphorbestimmung in Cer, Wolfram und Platin besprochen.

Wegen der spektralanalytischen Bestimmung des Phosphors siehe 7. Abschnitt, § 4, S. 368.

A. Bestimmung des Phosphors in Kupferlegierungen.

1. In Phosphorbronze und Phosphorkupfer.

Phosphorkupfer kommt mit einem Gehalt von 5 bis 15, ausnahmsweise bis zu 20% P in den Handel. Als Lösungsmittel kommen in Betracht Salpetersäure, Königswasser, Salpetersäure mit Brom (Bolton) und Salpetersäure mit Weinsäure (Ugnjatschew). Da die Phosphorbronze etwa 9% Zinn neben sehr wenig Phosphor enthält, so bildet sich bei der Auflösung in Salpetersäure Zinn(IV)-oxydhydrat, das Phosphorsäure adsorbiert. Es ist deshalb erforderlich, diesen unlöslichen Rückstand aufzuschließen, was leicht mit Kaliumcyanid erfolgen kann (siehe auch S. 267). Manche Phosphorbronzen enthalten auch Silicium als Legierungsbestandteil, aus dem beim Lösen der Legierung in Salpetersäure Siliciumdioxyd entsteht.

I. Aufschluß mit Salpetersäure. ***Arbeitsvorschrift von*** **Oettel.** 3 bis 10 g Bronze werden in Salpetersäure gelöst, und das ausgeschiedene Zinn(IV)-oxyd wird mit Kaliumcyanid geschmolzen. Die filtrierte, wäßrige Lösung der Schmelze wird zur Vertreibung der Blausäure mit Salzsäure angesäuert und gekocht, und durch Einleiten von Schwefelwasserstoff werden Kupfer und Zinnreste ausgefällt. Nach dem Verkochen des Schwefelwasserstoffes und der Oxydation von dessen Resten mittels Broms wird das Phosphat als Ammoniummagnesiumphosphat gefällt.

Nach Dinan ist das Oettel-Verfahren zwar gut, aber das Zinn kann nicht in einem Gange von der Phosphorsäure getrennt werden. Wegen der salzsauren Lösung kann auch das Molybdatverfahren zur Phosphatfällung nicht angewendet werden. Dinan schlägt deshalb vor, 3 bis 5 g Legierung in Salpetersäure (1:1) zu lösen, den Rückstand nach gutem Auswaschen in ein Becherglas zu spritzen und mit 7 g Oxalsäure und 7 g Ammoniumoxalat zur Lösung des Zinndioxydes zu kochen, bis eine ganz klare Lösung entstanden ist. In dieser wird das Zinn durch Elektrolyse bestimmt. Im Elektrolysat kann die Phosphorsäure nach der Zerstörung des Oxalates als Ammoniummolybdophosphat oder nach Zusatz von 5 g Citronensäure als Ammoniummagnesiumphosphat gefällt werden.

Nach Welwart muß bei der Bestimmung des Phosphors nach Oettel die Phosphorsäure im Filtrat vom Zinndioxyd mitbestimmt werden. Am besten erfolgt die Bestimmung der Gesamtphosphorsäure in den eingedampften salpetersauren Auszügen mit Ammoniummolybdat.

Die Schwierigkeit der Auflösung ist nach Rooney (b) vermeidbar, wenn man Salpetersäure der Dichte 1,2 anwendet und diese erst in der Kälte einwirken läßt.

II. Aufschluß mit Königswasser. Rooney (a) löst 0,5 bis 2 g Legierung in 20 ml konzentrierter Salpetersäure und 10 ml konzentrierter Salzsäure oder in 60 ml

Salpetersäure (D 1,135) und 10 ml konzentrierter Salzsäure, ohne zu kochen. Die mit Wasser auf 70 ml ergänzte Lösung wird abgekühlt, langsam mit 40 ml Ammoniak (D 0,96) versetzt, mit Ammoniummolybdat gefällt und das Ammoniummolybdophosphat alkalimetrisch bestimmt. — In ähnlicher Weise gehen ARNOTT sowie LINDEMANN vor. — PTSCHELINZEW wendet als Lösungsmittel Salpetersäure und Natriumchlorid an und arbeitet im übrigen wie die vorgenannten Verfasser.

USATENKO und DACENKO verwenden einen Kationenaustauscher und bestimmen die Phosphorsäure acidimetrisch. Eine Bestimmung erfordert nur 30 Min. Zeit.

Arbeitsvorschrift. Man löst 0,1 g fein zerkleinerte Substanz in 3 ml Salpetersäure (D 1,4) und 1 ml Salzsäure (D 1,19), dampft ein, glüht den Rückstand einige Minuten, löst in 5 ml Salpetersäure (1:1), verdünnt auf 100 ml und filtriert durch eine Säule mit einem Kationenaustauscher in der H-Form (siehe S. 150) mit einer Geschwindigkeit von 10 ml/Min. Nach dem Auswaschen mit kleinen Mengen Wasser wird das nicht mehr als 100 ml betragende Filtrat mit 2 n Lauge gegen Phenolphthalein neutralisiert. Danach setzt man tropfenweise etwa 0,1 n Salzsäure bis zur Entfärbung zu und titriert die Lösung in Gegenwart von Methylorange mit 0,1 n Salzsäure bis zur Rosafärbung. Der Phosphorgehalt wird aus der verbrauchten Säuremenge unter Berücksichtigung des Säureverbrauches bei einer Blindprobe berechnet. — Das Verfahren ist auch auf Ferrophosphor anwendbar.

III. Aufschluß mit Salpetersäure und Brom. Nach BOLTON wird 1 g 15%ige Phosphorbronze in konzentrierter Salpetersäure mit einem Zusatz von Kaliumnitrat und Brom gelöst. Das überschüssige Brom wird verdampft und die Lösung bis fast zur Trockene eingedampft. Der Rückstand wird mit Wasser aufgenommen, die Lösung mit Ammoniumnitrat und Salpetersäure versetzt und die Phosphorsäure mit Ammoniummolybdat gefällt.

IV. Aufschluß mit Salpetersäure und Weinsäure. UGNJATSCHEW löst 0,5 g Legierung in 5 ml Salpetersäure und einer Lösung von 5 g Weinsäure in 20 ml Wasser, fügt 50 ml Wasser hinzu, neutralisiert mit Ammoniak, säuert mit Salpetersäure an und fällt die Phosphorsäure mit Ammoniummolybdat.

V. Aufschluß mit Perchlorsäure. NORWITZ und NORWITZ lösen 0,5 g Einwaage in 20 ml Salpetersäure (1:1), fügen dann 10 ml 70%ige Perchlorsäure zu, erhitzen mehrere Minuten zum Rauchen und vertreiben dadurch die Salpetersäure. Von der im Meßkolben aufgefüllten Lösung entnimmt man einen passenden aliquoten Teil, versetzt ihn mit 3 ml Perchlorsäure und 15 ml 10%iger Natriumsulfitlösung, erhitzt und hält ½ Min. am Sieden. Dann bestimmt man das Phosphat colorimetrisch mit Molybdat-Hydrazin-Reagens (siehe § 1, D, S. 97).

2. In Kupfer und Messing.

***Arbeitsvorschrift von* LÖWE.** 15 bis 18 g Kupfer werden in Salpetersäure (D 1,2) gelöst. Aus der filtrierten Lösung wird das Silber durch Salzsäure gefällt. Die Lösung wird zur Abscheidung des Bleis mit Schwefelsäure abgeraucht. Aus dem Filtrat vom Bleisulfat werden Wismut, Eisen und Mangan durch Ammoniak gefällt. Das Filtrat dient zur Fällung des Phosphats mittels Magnesiamixtur. Der nach 36 bis 48 Std. abfiltrierte Niederschlag, der neben dem Phosphat auch Arsenat enthält, wird zwecks Trennung der beiden Elemente gelöst. Durch schweflige Säure wird das Arsenat reduziert und durch Einleiten von Schwefelwasserstoff Arsen(III)-sulfid gefällt. Im Filtrat dieser Fällung wird das Phosphat erneut mit Magnesiamischung gefällt.

Einfacher ist es nach SCHÜRMANN, das Arsen vor der Phosphatfällung durch Reduktion mit nascierendem Wasserstoff aus der Lösung zu entfernen. Hierzu wird die salpetersaure Lösung von 2 bis 3 g Bronze oder Messing mit Salzsäure eingedampft, mit 20 ml konzentrierter Salzsäure und 80 ml Wasser aufgenommen und mit 1,5 g

Zinkmagnesiumlegierung in Anteilen und unter guter Kühlung versetzt. Nach 15 Min. langem Erwärmen auf dem Wasserbade wird der Rückstand abfiltriert und mit verdünnter Salzsäure gewaschen. Nach Zusatz von 20 ml schwefliger Säure wird die Lösung bis zum Verschwinden des Schwefeldioxydes gekocht und dann mit Schwefelwasserstoff gesättigt, um alle Arsenspuren zu entfernen. Aus dem in einem Rundkolben über freier Flamme eingedampften Filtrat wird die Phosphorsäure mit Ammoniummolybdat gefällt.

***Arbeitsvorschrift von* Casner *und* Kuebler.** Man löst 2 g Bronze oder Messing in 60 ml Salpetersäure (D 1,13) unter Zusatz von 2 g Natriumchlorid und kocht, bis die roten Dämpfe verschwunden sind. Nach der Abkühlung wird mit Ammoniak teilweise neutralisiert und Ammoniummolybdophosphat gefällt, das alkalimetrisch bestimmt wird. Man erhält brauchbare Ergebnisse von unter 0,01% P bis zu hohen Gehalten mit einem Fehler von $\pm$0,005%.

***Arbeitsvorschrift von* C. C. D.** 2 g Messing werden mit 40 ml konzentrierter Salpetersäure in einer Porzellanschale über einer kleinen Flamme allmählich eingedampft, aber nicht bis zur Trockene. Nach der Zugabe von 30 ml Salpetersäure wird auf 10 ml oder weniger eingedampft. Der erkaltete Rückstand wird mit 40 ml Wasser aufgekocht. Dann wird die Lösung durch ein Filter dekantiert und der weiße Rückstand mit 3 ml Salpetersäure aufgekocht und nach Zusatz von 20 ml Wasser auf dasselbe Filter gebracht. Sollte vermutlich Eisen im Niederschlage sein, so wird das Auskochen des Rückstandes noch einmal wiederholt. Der Niederschlag, der die Oxyde des Phosphors (Zinns, Antimons, Arsens, Siliciums) enthält, wird mit 20 ml heißer, konzentrierter Salzsäure behandelt, die Lösung etwas eingedampft und filtriert. Im Rückstand wird Kieselsäure bestimmt. Zwei Teile des Filtrates dienen zur Bestimmung des Antimons und des Zinns. Aus dem dritten Teile wird durch metallisches Zink der größte Teil des Zinns und Antimons und alles Arsen gefällt. Der Niederschlag wird abfiltriert und ausgewaschen. Die Lösung wird mit etwas Eisennitratlösung und dann mit überschüssigem Ammoniak versetzt. Der Eisen(III)-phosphat enthaltende Niederschlag wird gelöst und das Phosphat mit Ammoniummolybdat gefällt.

Baulieu wendet die sedimetrische Bestimmung des Ammoniummolybdophosphates an (siehe § 1, A, S. 71 und § 15, A, S. 245).

***Arbeitsvorschrift von* Fogelsson.** 1 g Nickelphosphorbronze (0,35% P, 10 bis 11% Sn, 88 bis 89% Cu, 0,5% Ni, 0,1 bis 0,3% Pb) wird mit 10 ml konzentrierter Salpetersäure behandelt. Nach dem Zusatz von 5 ml Wasser werden die Stickstoffoxyde verkocht. Nun wird Wasser zugesetzt und eingedampft und das Verfahren so lange wiederholt, bis der Rückstand rein weiß ist. Dieser wird aufgeschlossen (siehe S. 267) und das abgeschiedene Ammoniummolybdophosphat alkalimetrisch bestimmt.

Filippowa und Kusnetzowa extrahieren bei Vorliegen von 0,001% P und weniger die Molybdophosphorsäure mit Butanol und Chloroform (1:3).

***Arbeitsvorschrift von* Kinnunen *und* Wennerstrand.** 2 g Probematerial werden in möglichst wenig Salpetersäure (D 1,2) gelöst. In Gegenwart von Zinn löst man in einer Mischung, die im Liter 320 ml konzentrierte Salpetersäure und 120 ml konzentrierte Salzsäure, Rest Wasser enthält. Man oxydiert in bekannter Weise mit Kaliumpermanganat und entfernt dessen Überschuß mit Wasserstoffperoxyd. Dann versetzt man mit 0,25%iger salpetersaurer Ammoniumvanadatlösung (siehe § 15, A, S. 243), kocht so lange auf, bis die ursprüngliche Farbe der Lösung wiedergekehrt ist, fügt nach Abkühlung 10 ml 10%ige Ammoniummolybdatlösung zu und schüttelt die Lösung 2mal mit je 25 ml einer Äther-Butanol-Mischung (10:1) aus. Die vereinigten Extrakte wäscht man durch Schütteln mit 25 ml Salpetersäure (1:10), trennt diese ab und ergänzt das Extraktvolumen mit der Lösungsmittelmischung auf 50 ml. Diese Lösung wird photometrisch gegen eine Blindprobe aus den Reagenzien gemessen.

B. Bestimmung des Phosphors in Phosphorzinn.

Die bei der Auflösung von Phosphorzinn in Salpetersäure auftretenden Schwierigkeiten wegen der sich bildenden unlöslichen Adsorptionsverbindung zwischen Zinndioxydhydrat und Phosphorsäure können nach HEMPEL umgangen werden, wenn die Legierung im Chlorstrome aufgeschlossen wird. Das abdestillierende Phosphorpentachlorid und Zinn(IV)-chlorid wird in konzentrierter Salzsäure aufgefangen. Diese Arbeitsweise hat ihre frühere Bedeutung verloren, und deshalb wird sie nicht näher erläutert. Die Auflösung der Probe in Königswasser, wie sie sowohl BERTIAUX als auch SALKIN vornahmen, geht nach GEMMELL und ARCHBUTT so heftig vor sich, daß sich das entstehende Phosphin entzünden kann. Um dies zu vermeiden, arbeitet SALKIN unter Luftabschluß und leitet etwa entstehendes Phosphin zur Oxydation in eine Vorlage mit Bromwasser. GEMMELL und ARCHBUTT schlagen die Anwendung von Salpetersäure (D 1,2) vor, die auch LORD sowie LEE, FEGELY und REICHEL benutzen, diese jedoch als konzentrierte Säure, ebenso wie BILTZ. Bei dieser Arbeitsweise entsteht das unlösliche Zinn(IV)-oxydhydrat, das Phosphorsäure adsorbiert. Es ist deshalb ein Aufschluß dieses Lösungsrückstandes nötig, der durch Kaliumcyanid (OETTEL; LORD; LEE, FEGELY und REICHEL) oder durch Natriumsulfid (BILTZ) erfolgen kann. Bei beiden Verfahren kann die im Porzellantiegel erzeugte alkalische Schmelze zu einer Verunreinigung des gefällten Phosphates durch Aluminium und Kieselsäure führen, und in beiden Fällen ist die erste Trennung von Zinn und Phosphorsäure unvollständig, so daß immer eine besondere Behandlung notwendig ist (GEMMELL und ARCHBUTT). Deshalb schlagen GEMMELL und ARCHBUTT vor, die Legierung in Salzsäure zu lösen und das entstehende Phosphin in Bromwasser aufzufangen, wobei es zu Phosphorsäure oxydiert wird, die dann bestimmt wird. Auch LEE, FEGELY und REICHEL lösen in Salzsäure, aber sie fangen das Phosphin in salpetersaurer Kaliumpermanganatlösung auf. Siehe zu diesen Arbeitsweisen die Vorschriften im 6. Abschnitt, § 2, S. 350.

1. Aufschluß mit Königswasser.

Arbeitsvorschrift von SALKIN (für Phosphorzinn und Metalle und Legierungen, die größere Mengen Phosphor enthalten). Die in einen 300 ml-ERLENMEYER-Kolben eingewogene Probe (1 g) wird mit etwas destilliertem Wasser bedeckt. Der Kolben trägt einen doppelt durchbohrten Gummistopfen. Durch die eine Bohrung führt ein Tropftrichter, dessen Eingußöffnung mit einer Druckluftleitung (25 bis 30 cm Wassersäule Druck) verbunden ist. Die andere Bohrung wird mit einem 5-Kugelrohr verbunden, das mit Brom gesättigte Salpetersäure und 2 ml freies Brom enthält. Der Tropftrichter wird mit einer Mischung aus 10 ml konzentrierter Salpetersäure, 20 ml konzentrierter Salzsäure und 10 ml Wasser beschickt. Diese Mischung wird durch vorsichtiges Öffnen des Tropftrichterhahnes mittels Druckluft behutsam in den Kolben hineingedrückt und der Hahn dann wieder geschlossen. Die Probe löst sich langsam auf, und der größte Teil des vorhandenen Phosphors wird zu Phosphorsäure oxydiert. Sollte doch etwas Phosphin entstehen, so wird es in der Vorlage oxydiert. Der Inhalt des Kolbens wird langsam zum Sieden erhitzt. Dann wird die Flamme kleiner gestellt, der Hahn des Tropftrichters geöffnet und etwa 1½ l Luft eingedrückt. Nach 15 bis 20 Min. wird die Flamme gelöscht. Beide Lösungen werden in einem 500 ml-Becherglas auf nicht weniger als 150 ml eingedampft. Nach dem Abkühlen bringt man die Lösung in einen 250 ml-Meßkolben und füllt sie bis zur Marke auf. 50 ml Lösung = 0,2 g Substanz werden mit 10 ml konzentrierter Salpetersäure und 60 ml Wasser versetzt, zum Kochen gebracht, 5 ml gesättigte Kaliumpermanganatlösung zugefügt und noch 5 Min. gekocht, um alles Chlor zu vertreiben. In der Lösung muß ein Niederschlag von Mangan(IV)-oxydhydrat verbleiben, sonst muß noch einmal Kaliumpermanganat zugesetzt und die Mischung gekocht werden. Bei

Phosphorzinn darf nicht zu lange gekocht werden, weil sich sonst ein weißer Niederschlag bildet, der nicht wieder in Lösung zu bringen ist. Es muß dann eine neue Analyse angesetzt werden. Im Referat ist keine Angabe über die Entfernung des Mangandioxydhydrat-Niederschlages gemacht; sie dürfte durch Zusatz von Nitrit möglich sein (siehe § 15, A, S. 232). Aus der klaren, chloridfreien Lösung wird die Phosphorsäure als Ammoniummolybdophosphat gefällt. Bei dem Verfahren wird Arsen mitgefällt.

PRICE oxydiert die Probe mit einer Mischung aus 3 Teilen Salpetersäure, 1 Teil Salzsäure und 3 Teilen Wasser und fügt bei Gegenwart von mehr als 0,05% Silicium 3 ml Flußsäure hinzu. Nach bekannter Oxydation mit Kaliumpermanganat und Entfernung von dessen Überschuß wird Ammoniummolybdophosphat gefällt, das alkalimetrisch bestimmt wird.

2. Aufschluß mit Salpetersäure.

I. Schmelzen des Rückstandes mit Kaliumcyanid. ***Arbeitsvorschrift von* LEE, FEGELY *und* REICHEL.** 0,5 g Phosphorzinn werden mit 25 ml konzentrierter Salpetersäure so lange auf dem Wasserbade erwärmt, bis der Löserückstand rein weiß ist. Nach dem Verdünnen der Lösung mit Wasser wird er abfiltriert, gewaschen, getrocknet und im bedeckten Tiegel mit der dreifachen Menge Kaliumcyanid geschmolzen. Die Lösung der Schmelze in heißem Wasser wird filtriert, das Filter mit heißem Wasser gewaschen und das Filtrat mit konzentrierter Salzsäure gekocht. Durch Eindampfen zur Trockene wird die aus dem Porzellantiegel stammende Kieselsäure abgeschieden. Der Eindampfrückstand wird mit Salzsäure aufgenommen, und durch Einleiten von Schwefelwasserstoff werden Reste von Zinn gefällt. Der Niederschlag wird abfiltriert, Schwefelwasserstoff wird durch Kochen, und Reste werden durch Bromwasser entfernt, und die Phosphorsäure wird als Ammoniummagnesiumphosphat gefällt.

***Arbeitsvorschrift von* LORD.** Die salpetersaure Lösung wird eingedampft und der Rückstand mit Kaliumcyanid geschmolzen. Der Tiegel wird in ein Becherglas gestellt und die Schmelze durch Einleiten von Dampf gelöst. Die weitere Verarbeitung geschieht wie in der obenstehenden Vorschrift von LEE und Mitarbeitern bis zur Entfernung des Schwefelwasserstoffes. Dann wird die Lösung ammoniakalisch gemacht, der Niederschlag abfiltriert, umgefällt und das Filtrat der zweiten Fällung zu dem der ersten hinzugegeben. In beiden vereinigten Filtraten wird die Phosphorsäure durch Magnesiamixtur gefällt.

II. Schmelzen des Rückstandes mit Natriumsulfid. ***Arbeitsvorschrift von* BILTZ.** 2 bis 3 g Phosphorzinn werden in einer Porzellankasserolle mit 25 ml konzentrierter Salpetersäure und 10 ml Wasser abgeraucht. Der Rückstand wird mit 15 bis 20 g kristallisiertem Natriumsulfid geschmolzen, danach langsam mit 25 ml frischer, konzentrierter Ammoniumsulfidlösung abgeraucht, dann mit 250 ml heißem Wasser und etwas Ammoniumnitrat ½ Std. lang heiß gehalten. Der Niederschlag wird abfiltriert, zuerst mit natriumsulfidhaltigem Wasser, dann mit ammoniumnitrathaltigem Schwefelwasserstoffwasser ausgewaschen. Er enthält Kupfer, Wismut, Eisen, Zink. Das aus dem Filtrat durch Ansäuern mit Essigsäure abgeschiedene Zinn(IV)-sulfid wird am nächsten Tage abfiltriert. Das Filtrat wird nach Zugabe von 100 ml konzentrierter Salpetersäure auf dem Wasserbade eingedampft. Der Rückstand wird mit 25 ml konzentrierter Salzsäure angefeuchtet und mit 50 ml heißem Wasser aufgenommen. Aus dieser Lösung wird die Phosphorsäure als Ammoniummagnesiumphosphat gefällt.

3. Aufschluß mit Salzsäure und Auffangen des Phosphins.

***Arbeitsvorschrift von* GEMMELL *und* ARCHBUTT.** 2 bis 5 g Phosphorzinn werden in einen 500 ml-Kolben mit Tropftrichter und Ableitungsrohr gebracht. Der

Tropftrichterhahn ist ein Zwei-Wege-Hahn und ermöglicht den Eintritt von Gas oder Flüssigkeit in die Apparatur. Das Ableitungsrohr ist mit 3 Waschflaschen verbunden, von denen die beiden ersten mit Brom, die dritte mit Bromwasser gefüllt sind. Nachdem 5 Min. lang Kohlendioxyd durch die Apparatur geleitet ist, werden 50 bis 100 ml konzentrierte Salzsäure in den Kolben gebracht und dieser gelinde erwärmt. Schließlich wird zu gelindem Sieden erhitzt und Kohlendioxyd durch die Apparatur geleitet. In den Waschflaschen wird das entwickelte Phosphin quantitativ absorbiert und zu Phosphorsäure oxydiert. Der Inhalt der Waschflaschen wird in ein Becherglas gebracht, das Brom verdampft und in der Lösung die Phosphorsäure als Ammoniummagnesiumphosphat gefällt. Etwa vorhandenes Arsen muß entfernt werden; siehe dazu die Vorschrift von SCHÜRMANN, S. 264.

***Arbeitsvorschrift von* LEE, FEGELY *und* REICHEL.** 0,5 g feingepulvertes Phosphorzinn, aus dem durch einen Magneten etwa aus dem Bohrer stammende Eisenteilchen entfernt sind, werden in einen Kolben gebracht, der mit einem dreifach gebohrten Gummistopfen verschlossen wird. Dieser trägt einen Tropftrichter und Zu- und Ableitungsrohr für Kohlendioxyd oder Leuchtgas. Daran sind drei Vorlagen mit je 90 ml 0,4%iger Kaliumpermanganatlösung und 10 ml Salpetersäure (D 1,42) angeschlossen. Nachdem die Luft aus der Apparatur verdrängt ist, werden aus dem Tropftrichter 30 ml Salzsäure (D 1,2) zu der Probe gegeben. Der Hahn wird geschlossen und der Inhalt des Kolbens innerhalb von 5 Min. zum Kochen gebracht und so lange gekocht, bis die Probe vollständig zersetzt ist. Dann wird die Apparatur mit Gas durchgespült. (In der Lösung kann das Zinn(II)-chlorid titriert werden.) Der Inhalt der drei Vorlagen wird vereinigt und 1 Min. gekocht. Nun wird Kaliumnitrit zugefügt, die Stickstoffoxyde werden verkocht und auf 50° abgekühlt. Die Lösung wird ammoniakalisch gemacht, dann mit konzentrierter Salpetersäure versetzt und Ammoniummolybdophosphat gefällt. Dieses wird nach der Vorschrift in § 1, A, S. 66 reduziert und mit Permanganat titriert.

C. Bestimmung des Phosphors in Aluminium und dessen Legierungen.

Für die Bestimmung des Phosphors in Aluminium, dessen Gehalt durchschnittlich 0,001% P beträgt, und seinen Legierungen kommt heute allein die Auflösung in Salzsäure in Betracht. Hierbei entwickelt sich aus den vorliegenden Phosphiden gasförmiges Phosphin, das nach STEINHÄUSER an der Luft zu Phosphorpentoxyd verbrannt und zweckentsprechend aufgefangen wird. TREADWELL und HARTNAGEL haben die Arbeitsweise zum Mikroverfahren ausgebaut, und STEINHÄUSER und STADLER bestätigen die Brauchbarkeit der ursprünglichen Vorschrift von STEINHÄUSER. Früher wurde die Phosphorbestimmung in Aluminium nach der Art, wie sie im Roheisen erfolgt (siehe § 15, S. 230), vorgenommen (REGELSBERGER). Nach der Vorschrift der „Mitteilungen des Chemiker-Fachausschusses der Gesellschaft Deutscher Metallhütten- und Bergleute“ (a) geschieht diese Bestimmung folgendermaßen: 5 g Aluminium werden in Salpetersäure (D 1,42) unter Zusatz einiger Milliliter Salzsäure aufgelöst und mit konzentrierter Schwefelsäure bis zum beginnenden Abrauchen erhitzt. Aus dem mit Wasser aufgenommenen Rückstand wird die Kieselsäure abfiltriert. Zum Filtrat wird zur vollständigen Oxydation des Phosphors Kaliumpermanganat zugesetzt, dessen Überschuß durch Kaliumnitrit fortgenommen wird. Danach erfolgt die Fällung des Ammoniummolybdophosphates. Nach STEINHÄUSER kann die Kieselsäure aber wegen der großen Menge Aluminiumsalz nur vollständig abgeschieden werden durch Abrauchen mit viel konzentrierter Schwefelsäure, die jedoch bei der Molybdatfällung stört. Eine Umfällung des Ammoniummolybdophosphates zu Ammoniummagnesiumphosphat führt nicht zum Ziel, da das Ammoniummolybdophosphat auch nach gründlichem Auswaschen immer noch Aluminium enthält und das Ammoniummagnesiumphosphat deshalb nicht kristallin zu bekommen ist. Um diesen Übelständen abzuhelfen, hat STEINHÄUSER das eingangs erwähnte und unten beschriebene Verfahren der Phosphinentwicklung und -verbrennung geschaffen. — Siehe auch die in § 7, S. 149 beschriebene colorimetrische Bestimmung des Phosphors.

Um Phosphor colorimetrisch als Phosphomolybdänblau bestimmen zu können, muß ebenfalls das störende Silicium entfernt werden. PAVELKA und MORTH schreiben hierfür vor, 0,5 g Aluminium in Salzsäure (1:1) unter Zusatz einiger Tropfen Salpetersäure aufzulösen und aus dieser Lösung in üblicher Weise die Kieselsäure abzuscheiden. Das Filtrat wird mit konzentrierter Schwefelsäure abgeraucht und in der Lösung des Rückstandes Ammoniummolybdophosphat gefällt. Dieses wird abzentrifugiert, in Natronlauge gelöst und die Lösung nach dem ganz schwachen Ansäuern mit Salzsäure zu 50 ml aufgefüllt. In 5 ml dieser Lösung erfolgt die colorimetrische Bestimmung nach BELL und DOISY (siehe § 1, A, S. 95). LOSANA und ROSSI schlagen die Auflösung der Probe in Salzsäure und das Auffangen des entwickelten Phosphins in salpetersäurehaltigem Bromwasser vor. Diese Arbeitsweise, deren Prinzip auf S. 267 beschrieben ist, soll aber nur bei solchen Legierungen, die weniger als 1% Kupfer oder Zinn enthalten, brauchbar sein.

1. Verfahren von STEINHÄUSER.

Apparatur. Der in Abb. 20 gezeigten Apparatur liegt nicht die ursprüngliche Anordnung von STEINHÄUSER zugrunde, sondern die kleine Verbesserungen zeigende aus dem Buche „Analyse der Metalle“. Der zur Zersetzung dienende ERLENMEYER-Kolben trägt einen Schliffaufsatz mit einem Einleitungsrohr für Wasserstoff, einen angeschmolzenen, kurzen Rückflußkühler und an einem Schliff einen Tropftrichter. Um zu vermeiden, daß bei plötzlichem Ansteigen des Druckes Gas durch den Tropftrichter entweicht, ist die Einfüllöffnung des Tropftrichters in der in der Abbildung gezeigten Weise mit dem Gasraum des Zersetzungskolbens verbunden. Dadurch herrscht über der Salzsäure im Tropftrichter immer derselbe Druck wie im Zersetzungskolben. Da viele Sorten von Hahnfett Phosphate enthalten, dürfen die Schliffe der Apparatur nur in den oberen Teilen sehr schwach eingefettet werden. Der Wasserstoff, welcher durch die Apparatur geleitet wird, durchströmt zuvor eine Waschflasche mit verdünnter Natronlauge.

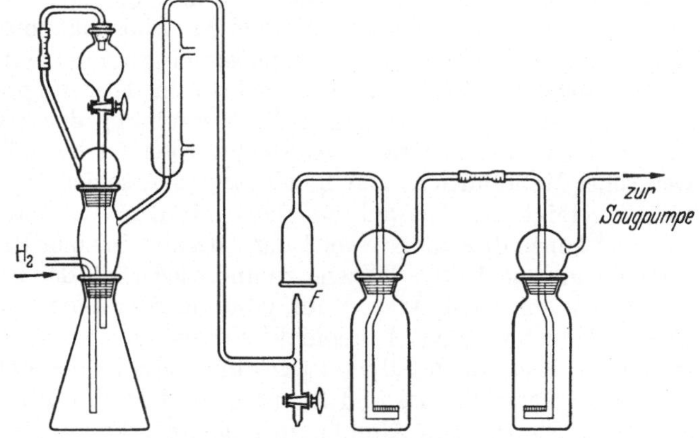

Abb. 20. Verbesserte Apparatur nach STEINHÄUSER.

An der mit F bezeichneten Stelle brennt das Gemisch von Wasserstoff und Phosphin, und die entstandenen Dämpfe strömen durch das Einsaugrohr in die Absorptionsflaschen. Das nach oben gebogene Glasrohr mit der Wasserstoffflamme erhält an der tiefsten Stelle einen Wassersack mit Hahn. Die Zersetzung der Späne geht infolge des Hineintropfens von Salzsäure in den Zersetzungskolben häufig etwas stoßweise vor sich. Dies führt unter Umständen zu einem Verlöschen der Flamme. Aus diesem Grunde läßt man in unmittelbarer Nähe der Austrittsöffnung ein kleines Gasflämmchen mitbrennen, an dem sich der entweichende Wasserstoff immer wieder entzünden kann. In den mit Siebplatten (3 G 3/2—3) versehenen

Absorptionsgefäßen befinden sich je 200 ml Wasser und 2 ml Natronlauge (1:3). Die Sauggeschwindigkeit der Wasserstrahlpumpe wird so eingestellt, daß die Verbrennungsgase nicht außen am Vorstoß (40 mm lichte Weite, 100 mm Höhe) hochsteigen. Die Gasdüse wird so hoch angebracht, daß die 2 bis 3 cm hohe Flamme ganz innerhalb des Vorstoßes brennt.

Arbeitsvorschrift. Man gibt 30 bis 50 g Späne in den Zersetzungskolben. bedeckt sie mit Wasser und verdrängt die Luft durch Einleiten von Wasserstoff (Knallgasprobe!). Man entzündet nun die Flamme und stellt die Ansauggeschwindigkeit, wie oben angegeben, ein. Das Zersetzungsgefäß erwärmt man nun auf etwa 80° und läßt erst langsam, dann schneller Salzsäure (1:1) zutropfen, so daß das Flämmchen immer etwa 2 bis 3 cm hoch brennt, und leitet nach beendeter Zersetzung noch ½ Std. lang Wasserstoff durch die Apparatur, wobei die Lösung selbst schwach kochen soll. Die phosphorsäurehaltige Absorptionslösung wird in ein Becherglas mit 4 ml Schwefelsäure (1:1) gegeben und eingeengt. Der Vorstoß enthält immer einen weißen Belag von Siliciumdioxyd und Phosphorpentoxyd. Die Phosphorsäure läßt sich daraus nicht mit Wasser herauslösen, daher verwendet man zu diesem Zweck eine sehr verdünnte Flußsäure (50 ml 3%ige Flußsäure; etwa 8 g 40%iger Flußsäure entsprechend, welche auf 50 ml verdünnt werden). Man spült damit den Vorstoß bis zu der Siebplatte des ersten Absorptionsgefäßes dreimal aus. Der Angriff auf die Glasgefäße ist sehr gering. In einem Blindversuch wird der Phosphorgehalt der Flußsäure und der Chemikalien ermittelt. Daher ist es nötig, die Menge der verwendeten Flußsäure durch Wägen genau festzustellen. Nach dem Durchspülen gibt man die saure Lösung in eine Platinschale, fügt die eingeengte Absorptionslösung aus den Waschflaschen hinzu und dampft ein. Die überschüssige Schwefelsäure wird durch vorsichtiges Erhitzen verjagt. Dabei darf die Temperatur nicht bis zur Rotglut gesteigert werden, weil sonst Verluste an Phosphorsäure auftreten können (siehe S. 29). Nach dem Erkalten löst man den Rückstand in wenig Wasser und 2 ml heißer, konzentrierter Salpetersäure, bringt die nicht mehr als 50 ml betragende Lösung in ein 100 ml-Becherglas, fällt das Phosphat mit Ammoniummolybdat und bestimmt das Ammoniummolybdophosphat gravimetrisch (siehe § 1, A, S. 32).

Bemerkung. Gegen diese Vorschrift in ihrer ursprünglichen Fassung (STEINHÄUSER) waren Bedenken gegen die Vertreibung der zugesetzten Flußsäure durch Abrauchen mit Schwefelsäure geäußert worden. In den „Mitteilungen der Gesellschaft Deutscher Metallhütten- und Bergleute“ (b) erschien deshalb folgende Abänderung: Man vereinigt die Ausspülflüssigkeit mit der Absorptionsflüssigkeit, versetzt sie mit 2 ml konzentrierter Schwefelsäure, dampft in einer Platinschale auf dem Wasserbade ein, gibt noch etwas Wasser zu und wiederholt das Eindampfen. Den Rückstand nimmt man mit wenig Wasser auf, gibt einige Tropfen einer Eisen(III)-salzlösung zu, übersättigt schwach mit Ammoniak, filtriert den Phosphor enthaltenden Eisenniederschlag ab, löst ihn in Salpetersäure und fällt in der üblichen Weise Phosphor als Molybdat. STEINHÄUSER und STADLER prüften, ob diese Erschwerung der Bestimmung von Phosphor in Aluminium wegen der Flüchtigkeit der Phosphorsäure beim Abrauchen mit Schwefelsäure beibehalten werden muß. Sie kamen zu dem Schluß, daß die Vorschrift in der ursprünglichen Fassung bestehenbleiben kann, wenn man nur darauf achtet, daß vorsichtig erhitzt und nach dem Erhitzen und Aufnehmen mit Wasser 1 Std. zum Sieden erwärmt wird. Die hier oben mitgeteilte Fassung der Arbeitsvorschrift lehnt sich an die in dem Buche „Analyse der Metalle“ gegebene Vorschrift an, die das Verfahren etwas vereinfacht angibt.

2. Mikroverfahren von TREADWELL und HARTNAGEL.

Das Mikroverfahren von TREADWELL und HARTNAGEL zur Phosphorbestimmung in Aluminium lehnt sich an das Verfahren von STEINHÄUSER an. Das aus dem Aluminium mit Salzsäure entwickelte Phosphin wird im Gemisch mit Wasserstoff verbrannt und das entstandene Phosphorpentoxyd in einem Absorptionsgefäß gesammelt. Das geschieht durch intensive Kühlung des Verbrennungsraumes. Silicium scheidet sich als Kieselsäure in kaum sichtbarer Suspension im Kondenswasser ab und beeinflußt die Phosphorbestimmung nicht.

Apparatur. Bombenwasserstoff durchströmt mit einer Geschwindigkeit von etwa 160 ml/Min. die Waschflasche *W* (siehe Abb. 21) und gelangt in den als Zersetzungskolben *Z* dienenden 100 ml fassenden Jenaer Rundkolben. *F* ist ein Druckregler, *B* ein Blasenzähler. Das Trichterrohr *T* dient zum Abziehen der Lösung oder zum Nachfüllen von Wasser zur Milderung der Reaktion. Der Wasserstoff entströmt einer Quarzcapillare von 3 cm Länge und 0,5 mm lichter Weite, an der die Zündung der Flamme durch einen zwischen zwei Platinspitzen übergehenden Funken erfolgt.

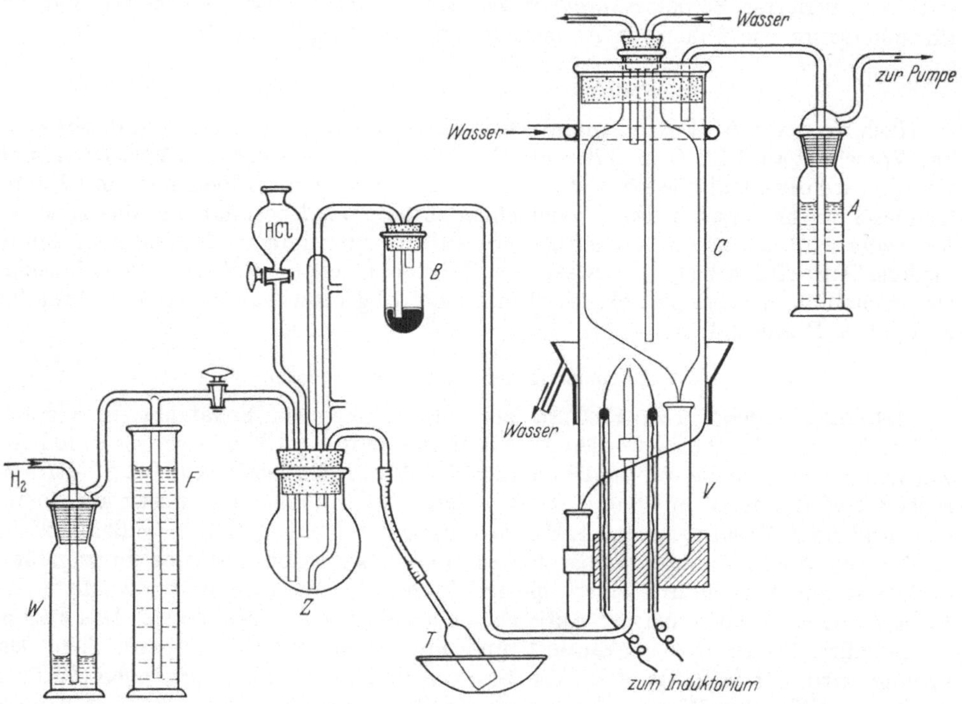

Abb. 21. Apparatur von TREADWELL und HARTNAGEL (Teile *C* und *V* in größerem Maßstabe als die übrigen Teile).

Die Höhe der Flamme wird auf 6 bis 8 mm eingestellt, so daß ihre Spitze den Kühler fast berührt. Dieser Innenkühler in dem Vorstoß *C* füllt dessen lichte Weite bis auf 2 mm aus. Er ist am unteren Ende zugespitzt, so daß das Kondenswasser in das vorgelegte Reagensglas tropft. Eine ähnliche Vorrichtung befindet sich am Vorstoß *C*. Dieser ist 25 cm lang, hat 5 cm lichte Weite, ist unten offen und an seiner Außenseite von Kühlwasser berieselt. Durch die Waschflasche *A* hindurch wird Luft mittels einer Wasserstrahlpumpe mit einer Geschwindigkeit von etwa 1 l/Min. angesaugt.

Arbeitsvorschrift. 0,1 bis 1 g Aluminiumspäne (mit etwa 1 bis 60 γ P) werden in den Zersetzungskolben gebracht, und die Apparatur wird mit Wasserstoff gefüllt, der vor dem Versuch durch einen nicht abgebildeten Drei-Wege-Hahn abgeleitet wird. Nach der Entzündung des Wasserstoffes wird sofort die Kühlung angestellt und 10%ige Salzsäure in den Kolben eingetropft. Nach 20 bis 40 Min. ist die Auflösung der Späne beendet. Danach wird etwa 15 Min. lang Wasserstoff durch die Apparatur geleitet und dann der Kolben mit Wasser gefüllt. Das 5 bis 10 ml betragende Kondensat und das Wasser vom Ausspülen der Vorlage *C* werden in eine Platinschale gebracht und nach Zusatz von 1 bis 2 Tropfen verdünnter Schwefelsäure auf 10 ml eingeengt. In dieser Lösung erfolgt die colorimetrische Bestimmung der Phosphorsäure nach ZINZADZE (siehe § 1, A, S. 104).

Das Verfahren eignet sich auch für phosphorarmes Eisen.

D. Bestimmung des Phosphors in anderen Metallen.

1. Bestimmung des Phosphors in Cer und Cerlegierungen.

***Arbeitsvorschrift von* ARNOLD.** 10 g Substanz (mit Phosphorgehalten von Spuren bis etwa 0,06%) werden vorsichtig in Salpetersäure gelöst. Aus der neutralisierten Lösung werden die Erden als Oxalate gefällt. Das Filtrat wird eingedampft, mit konzentrierter Salpetersäure zur Zerstörung der Oxalsäure versetzt und die Phosphorsäure wie üblich als Ammoniummolybdophosphat gefällt.

2. Bestimmung des Phosphors in Wolfram.

Nach JOHNSON wird Wolframpulver zu Wolframtrioxyd geglüht und dieses nach der Vorschrift in § 10, C, S. 170 weiterbehandelt. Nach AGTE, BECKER-ROSE und HEYNE wird die alkalische Lösung von 1 g Wolframsäure in der Siedehitze mit 100 ml Magnesiamixtur versetzt. Der Niederschlag enthält das Phosphat und das Arsenat. Entweder wird das Arsen in einer besonderen Probe bestimmt, oder der Magnesiumniederschlag wird gelöst, das Arsen als Tribromid verflüchtigt und das Phosphat als Ammoniummolybdophosphat bestimmt. Bei 10 g Einwaage ist das Verfahren bis zu 0,001% P anwendbar.

3. Bestimmung des Phosphors in Platin.

***Arbeitsvorschrift von* FISCHER** zur näherungsweisen Schätzung in Geräteplatin. 0,1 bis 0,2 g Platin werden im Reagensglase in 8 ml Königswasser durch Erwärmen im Wasserbade während 8 bis 12 Std. gelöst. Nach Zusatz von 0,1 g Natriumcarbonat wird dreimal mit Salzsäure eingedampft, dann mit 3 ml Wasser aufgenommen und nach Zusatz von 0,3 g Hydraziniumchlorid gekocht. Zur heißen Lösung wird tropfenweise Ammoniak bis zur schwach alkalischen Reaktion hinzugefügt, und zwar zur Vermeidung einer Spiegelbildung ohne Schütteln in die Mitte der Flüssigkeit. Nach nochmaligem Aufkochen muß die Lösung farblos sein. Das zusammengeballte Platin wird dekantiert und mit wenig Wasser ausgewaschen. Die Lösung wird mit je 2 Tropfen Salpetersäure dreimal eingedampft, nach Zufügen von 2 bis 3 Tropfen Wasser durch Zentrifugieren geklärt und bei 40° mit Ammoniummolybdat versetzt. Die Schätzung des Phosphorgehaltes erfolgt durch Vergleich des Volumens des Niederschlages mit dem aus bekannten Mengen Phosphat erzeugten. Die Erfassungsgrenze beträgt 1 γ P in 0,1 g Geräteplatin.

Literatur.

AGTE, K., H. BECKER-ROSE u. G. HEYNE: Angew. Ch. **38**, 1121 (1925). — Analyse der Metalle, herausgegeb. vom Chemiker-Fachausschuß der Gesellschaft Deutscher Metallhütten- und Bergleute e.V., 1. Band: Schiedsverfahren, 2. Aufl., S. 39/41. Berlin-Göttingen-Heidelberg 1949. — ARNOLD, H.: Fr. **53**, 678 (1914). — ARNOTT, J.: Metal Ind. (London) **16**, 386 (1920); durch C. **91, IV**, 239 (1920).

BAULIEU, W. E.: Ind. eng. Chem. **17**, 908 (1925); durch C. **97, I**, 739 (1926). — BERTIAUX, L.: Ann. Chim. anal. [2] **2**, 167 (1920); durch C. **91, IV**, 269 (1920). — BILTZ, H.: Fr. **66**, 266 (1925). — BOLTON, E. A.: Metal Ind. (London) **16**, 436 (1920); durch C. **91, IV**, 398 (1920).

C. C. D.: Metal Ind. (London) **27**, 139 (1925); durch C. **96, II**, 2219 (1925). — CASNER, J., u. W. KUEBLER: Chemist-Analyst **1922** Nr 38, 3; durch C. **94, II**, 1051 (1923).

DINAN: Moniteur scient. [4] **19**, 94 (1905); durch C. **76, I**, 769 (1905).

FILIPPOWA, N. A., u. L. J. KUSNETZOWA: Betriebslab. **16**, 536 (1950); durch C. **122, II**, 2503 (1951). — FISCHER, J.: Ch. Fabr. **11**, 406 (1938). — FOGELSSON, J. I.: Betriebslab. **4**, 228 (1935); durch C. **107, I**, 1924 (1936).

GEMMELL, W., u. S. L. ARCHBUTT: J. Soc. chem. Ind. **27**, 427 (1908); durch C. **79**, **II**, 97 (1908).
HEMPEL, W.: B. **22**, 2478 (1889).
JOHNSON, CH. M.: Ind. eng. Chem. **5**, 297 (1913); durch C. **84**, **I**, 1891 (1913).
KINNUNEN, J., u. B. WENNERSTRAND: Chemist-Analyst **40**, 33 (1951); durch Fr. **136**, 313 (1952).
LEE, R. E., W. H. FEGELY u. F. H. REICHEL: Ind. eng. Chem. **9**, 663 (1917); durch C. **89**, **I**, 1072 (1918). — LINDEMANN, L.: Ind. eng. Chem. **16**, 916 (1924); durch C. **95**, **II**, 2604 (1924). — LÖWE, J.: Fr. **21**, 516 (1882). — LORD, W.: Chem. N. **118**, 254 (1919); durch C. **90**, **IV**, 560 (1919). — LOSANA, L., u. C. E. ROSSI: Ann. Chim. appl. **7**, 200 (1923); durch C. **94**, **IV**, 786 (1923).
Mitteilungen des Chemiker-Fachausschusses der Gesellschaft Deutscher Metallhütten- und Bergleute: (a) Teil I, S. 114 (1924); durch K. STEINHÄUSER: Fr. **81**, 433 (1930); (b) 2. Aufl. 1931, S. 22; durch K. STEINHÄUSER u. J. STADLER: Fr. **91**, 165 (1933).
NORWITZ, G., u. I. NORWITZ: Metallurgia [Manchester] **42**, 219 (1950); durch Fr. **134**, 62 (1951).
OETTEL, F.: Ch. Z. **20**, 20 (1896); durch C. **57**, **I**, 458 (1896).
PAVELKA, F., u. H. MORTH: Mikrochem. **16**, 239 (1935). — PRICE, J. W.: Metallurgia [Manchester] **42**, 263 (1950); durch Fr. **133**, 302 (1951). — PTSCHELINZEW, D. A.: Betriebslab. **6**, 372 (1937); durch Fr. **124**, 59 (1942).
REGELSBERGER, F.: Angew. Ch. **4**, 442 (1891). — ROONEY, T. E.: (a) Engineering **106**, 332 (1918); durch C. **90**, **II**, 225 (1919); (b) Metal Ind. (London) **16**, 495 (1920); durch C. **91**, **IV**, 399 (1920).
SALKIN, B.: Ind. eng. Chem. **19**, 416 (1927); durch Fr. **85**, 300 (1931). — SCHÜRMANN, E.: Mitt. K. Materialprüfungsamt **27**, 474 (1909). — STEINHÄUSER, K.: Fr. **81**, 433 (1930). — STEINHÄUSER, K., u. J. STADLER: Fr. **91**, 165 (1933).
TREADWELL, W. D., u. J. HARTNAGEL: Helv. **15**, 1023 (1932).
UGNJATSCHEW, N. J.: Chem. J. Ser. A **3**, 500 (1933); durch C. **105**, **II**, 810 (1934). — USATENKO, JU. J., u. O. V. DACENKO: Betriebslab. **15**, 145 (1949); durch Fr. **134**, 62 (1951).
WELWART, N.: Öst. Ch. Z. **26**, 93 (1923); durch C. **94**, **IV**, 352 (1923).

§ 17. Bestimmung des Phosphors in organischen Stoffen.

In organischen Stoffen, besonders solchen aus der belebten Natur, kommt der Phosphor hauptsächlich in Form von Estern der Orthophosphorsäure vor. Zur Bestimmung des Phosphorgehaltes ist in den weitaus meisten Fällen eine Veraschung bzw. besser eine Mineralisierung des Materials erforderlich. In synthetisch hergestellten organischen Verbindungen ist Phosphor in verschiedenen Bindungsformen enthalten. Zur quantitativen Bestimmung ist ebenfalls eine Veraschung bzw. Mineralisierung notwendig. Diese bezweckt in jedem Falle die Bildung von Orthophosphorsäure, die als Bestimmungsform dient. Eine gewöhnliche Verbrennung der organischen Stoffe nach LIEBIG ist nicht möglich, weil häufig der Phosphor nur unvollständig verbrennt. Höchstens eine Verbrennung im Sauerstoffstrome nach BRÜGELMANN ist erfolgreich, aber umständlich (siehe S. 282). Für die Mineralisierung sind die verschiedensten Vorschläge gemacht worden, die hier besprochen werden. Im Anschluß daran wird die Bestimmung des Phosphors in Lebensmitteln, in Wein und in Futtermitteln behandelt.

Nachdem der in den organischen Stoffen enthaltene Phosphor quantitativ in Orthophosphorsäure übergeführt worden ist, kann deren Bestimmung nach einem bekannten Verfahren erfolgen. In der überwiegenden Zahl der Fälle wird hierfür das in § 1, S. 30 ausführlich beschriebene Molybdatverfahren verwendet, und zwar selbstverständlich je nachdem, ob viel oder wenig Phosphor in der Probe enthalten ist, in Form der gravimetrischen bzw. titrimetrischen oder der colorimetrischen Bestimmung. Es wird in diesem Paragraphen nicht immer auf das jeweils angewendete Bestimmungsverfahren hingewiesen werden.

A. Vorbereitung des Untersuchungsmaterials.

Unter Vorbereitung des Untersuchungsmaterials zur Bestimmung des Phosphors in organischen Stoffen ist die Überführung des darin enthaltenen Phosphors in

Orthophosphorsäure zu verstehen. Diese Überführung kann sowohl auf trockenem als auch auf nassem Wege geschehen. Hierbei ist eine gewöhnliche Veraschung kaum anwendbar, weil das Verbrennungsprodukt des Phosphors, das Phosphorpentoxyd, flüchtig ist, falls nicht ursprünglich eine so große Menge von Basen (Metalloxyden) in der entstehenden Asche vorhanden ist, daß diese das sich bildende Phosphorpentoxyd quantitativ als Orthophosphat binden können. Es ist deshalb meist üblich, Metalloxyde oder solche Salze, die diese bei der Veraschung bilden können, dem Untersuchungsmaterial beizumengen. Wenn die Veraschung bei hohen Temperaturen ausgeführt wird, so ist die Möglichkeit zur Bildung von Pyrophosphaten gegeben, die sich der Bestimmung entziehen (v. BÄUMER), wenn nicht für ihre Umwandlung in Orthophosphat gesorgt wird. Hierzu empfiehlt GILBERT das Schmelzen der Asche mit Natriumcarbonat. LEAVITT und LE CLERC kochen die Asche zu diesem Zweck mit Salpetersäure, halten aber eine Nachbehandlung der Asche nach NEUMANN (siehe unten) für zweckmäßiger. Derartige Schwierigkeiten entfallen mit Sicherheit bei der nassen Veraschung, wenn man nicht besondere Maßnahmen bei der Trockenveraschung trifft, die unten angeführt werden.

1. Aufschluß mit Salpetersäure und Zusätzen.

Die für organische Stoffe bekannte Veraschung nach NEUMANN mit einem Gemisch aus konzentrierter Salpetersäure und konzentrierter Schwefelsäure findet auch bei der Phosphorbestimmung Anwendung und ist von LIEB auch für die Mikroanalyse benutzt worden. MARIE hat einen Zusatz von Kaliumpermanganat zur Salpetersäure vorgeschlagen. TSCHOPP verascht mit Salpetersäure und Wasserstoffperoxyd in einer etwas komplizierten, geschlossenen Apparatur. Unter Zusatz von Natriumnitrat zur Salpetersäure arbeiten CHERBULIEZ und MEYER.

BOURDON, COTTE und GIELFRICH zerstören pflanzliche Stoffe (2 g) mit 20 ml Salpetersäure (D 1,38) und 10 ml Perchlorsäure (D 1,16), und WREATH benutzt eine ähnliche Mischung zur Zerstörung einiger organischer Phosphate. HARDIN und MCINTIRE zerstören Hexaäthyltetraphosphat, indem sie 40 mg in 10 ml Wasser mit 5 ml Salzsäure und 5 ml Salpetersäure 16 Std. auf 120° erhitzen. Bei 24 Std. Kochzeit können sie auch Triäthyl- und Monoäthylphosphat vollständig, aber Tritolyl- und Triphenylphosphat nur teilweise zerlegen.

I. Arbeitsvorschrift von **NEUMANN.** Die Substanz wird in einem Jenaer Rundkolben mit langem Hals mit 5 bis 10 ml eines Gemisches aus gleichen Raumteilen konzentrierter Salpetersäure und konzentrierter Schwefelsäure übergossen. Die Mischung wird nach dem Aufhören einer freiwillig eintretenden Reaktion mit *kleiner* Flamme erwärmt, bis die Entwicklung brauner Dämpfe aufgehört hat. Dann werden aus einem Tropftrichter neue Anteile des Säuregemisches zugegeben. Die Mischung wird jedesmal erwärmt, bis sie nicht mehr dunkel gefärbt ist, wobei man gegen das Ende des Aufschlusses stärker erhitzt. Wenn die Flüssigkeit einen in der Wärme nur mehr schwach gelblichen Farbton zeigt, läßt man sie erkalten, fügt den dreifachen Raumteil Wasser hinzu und kocht 5 bis 10 Min. lang. Wenn die Bestimmung des gebildeten Phosphates durch alkalimetrische Titration des Ammoniummolybdophosphates nach NEUMANN (siehe § 1, A, S. 59) erfolgen soll, so dürfen insgesamt nicht mehr als 40 ml Säuregemisch verwendet werden.

WÖRNER hat das Verfahren so abgewandelt, daß er die Veraschung mit 10 ml Säuregemisch einleitet und dann mit konzentrierter Salpetersäure nach Bedarf zu Ende führt.

II. Arbeitsvorschrift von **MARIE.** 1 g Substanz wird mit 15 bis 20 ml konzentrierter Salpetersäure auf dem Wasserbade erwärmt. Wenn die Reaktion nachläßt, werden 5 bis 6 g feingepulvertes Kaliumpermanganat in kleinen Anteilen eingetragen, wobei jedesmal gewartet wird, bis Entfärbung eingetreten ist. Das gebildete Mangan(IV)-oxyd wird durch Zusatz von Natriumnitritlösung aufgelöst. Die Lösung wird eingedampft, um Stickstoffoxyde zu entfernen, und dann wird Ammoniummolybdophosphat ausgefällt, das sorgfältig manganfrei gewaschen wird, ehe es in Ammoniummagnesiumphosphat verwandelt wird.

III. Arbeitsvorschrift von TSCHOPP. Die Veraschung wird mittels Salpetersäure und Wasserstoffperoxyd in einer geschlossenen Apparatur vorgenommen, die in zwei Ausführungen durchgebildet ist, nämlich für Makro- und Mikroanalyse.

a) „Universalapparat für Makroanalyse" (siehe Abb. 22). Das Aufsatzstück A, welches durch eine eingeschmolzene Querwand q aus Glas geteilt ist in eine obere Vorkammer V und eine untere Hauptkammer H, welche wiederum durch eine Querwand p abgeschlossen wird, trägt an einer Seite das Hauptverbindungsrohr r mit Drei-Wege-Hahn d. Dieses Verbindungsrohr ist so angelegt, daß die aus dem Kolben aufsteigenden Säuredämpfe in die Vorkammer V gelangen, wo sie sich infolge der Luftkühlung teilweise kondensieren. Die überdestillierten Dämpfe gelangen nun aus der Vorkammer durch ein seitlich angebrachtes Glasrohr t in die Hauptkammer, wo sie sich noch weiter abkühlen. An letzterer ist ein kleiner Wasser- (Luft-) Kühler k angebracht, welcher gleichzeitig als Druckausgleicher und Kamin für die abgehenden Gase dient. Sobald in der Hauptkammer die kondensierte Veraschungsflüssigkeit ein bestimmtes Niveau erreicht hat, wird sie automatisch durch ein Überlaufrohr s in das Siedegefäß zurückgesaugt. Ein Hahntrichter c (mit kleinem Hahn), durch welchen Salpetersäure, Wasserstoffperoxyd und andere Flüssigkeiten in das Siedegefäß eingeführt werden können, führt in das Überlaufrohr s, welches an seinem unteren Ende d_1 einen Schliff trägt zur Aufnahme von Extraktionshülsen, Filtern usw.[1]. Der aus Spezialglas gefertigte Veraschungskolben B ist durch einen Schliff mit dem Aufsatz A verbunden. Vorteile der Apparates sind darin zu sehen, daß sich nach erfolgter Veraschung die Asche im Kolben B und die verwendete, überschüssige Salpetersäure in reinem Zustande teilweise in der Hauptkammer H befindet, daß man auch mit wenig Veraschungsflüssigkeit auskommt, weil diese immer wieder in den Kolben zurückfließt, und daß Verluste an Phosphor gänzlich ausgeschlossen sind. Auch ist ein Abzug nicht nötig, da die Abgase, bevor sie den Apparat verlassen, eine Flüssigkeitsschicht in der Hauptkammer H passieren, hierbei etwa mitgerissene Teilchen absetzen können und eventuell durch eine Wasserstrahlpumpe abgesaugt werden können. Zur *Reinigung* des Apparates werden 10 ml verdünnte Salpetersäure im Veraschungskolben mit einem Bunsenbrenner erwärmt; die überdestillierenden Säuredämpfe reinigen den Apparat. Soll dieser säurefrei sein, so wird die Salpetersäure durch Wasser bzw. Alkohol ersetzt. Durch Hindurchsaugen oder -blasen von erwärmter Luft kann der Apparat in kurzer Zeit getrocknet werden. (Der Apparat kann auch für Chlor-, Schwefel- und andere Bestimmungen verwendet werden.)

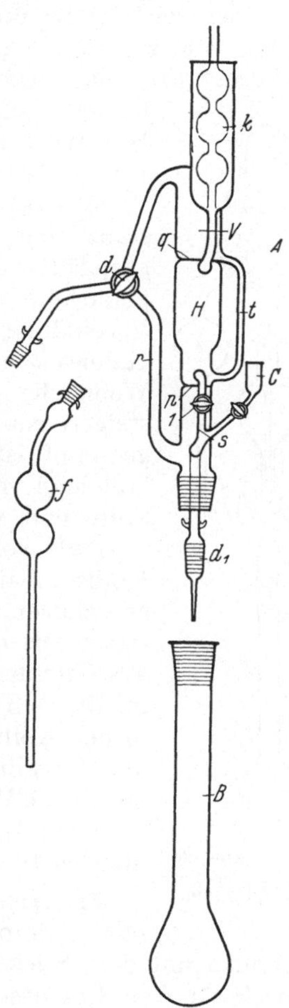

Abb. 22. Universalapparat für Makroanalyse von TSCHOPP.

[1] Der Apparat kann auch für andere als analytische Zwecke, z. B. für Extraktionen, verwendet werden.

b) Apparat für Mikroanalyse (siehe Abb. 23). Der einfachere Apparat arbeitet im Prinzip wie der oben beschriebene Universalapparat, nur fließt die überdestillierte Säure aus dem Behälter *H* nicht automatisch in den Kolben *B* zurück, sondern dies geschieht durch entsprechende Drehung des Hahnes *1*. Bei geschlossenem Hahne *1* müssen die Säuredämpfe durch das Rohr *r* zur Kugel *V* ihren Weg nehmen, von wo aus sie nun durch entsprechende Drehung des Drei-Wege-Hahnes *d* entweder in den Behälter *H* oder durch die Kugel *f* in eine Vorlage übergeführt werden können. Durch den seitlich angebrachten Hahntrichter *c* kann Salpetersäure, Wasserstoffperoxyd usw. zugeführt werden. Bei der Analyse von Flüssigkeiten wird bei Beginn der Veraschung das Wasser über die Kugel *f* abdestilliert; die danach überdestillierende Salpetersäure aber wird durch entsprechende Stellung des Drei-Wege-Hahnes *d* in den Behälter *H* geleitet, von wo sie dann von Zeit zu Zeit wieder in den Kolben *B* abgelassen wird.

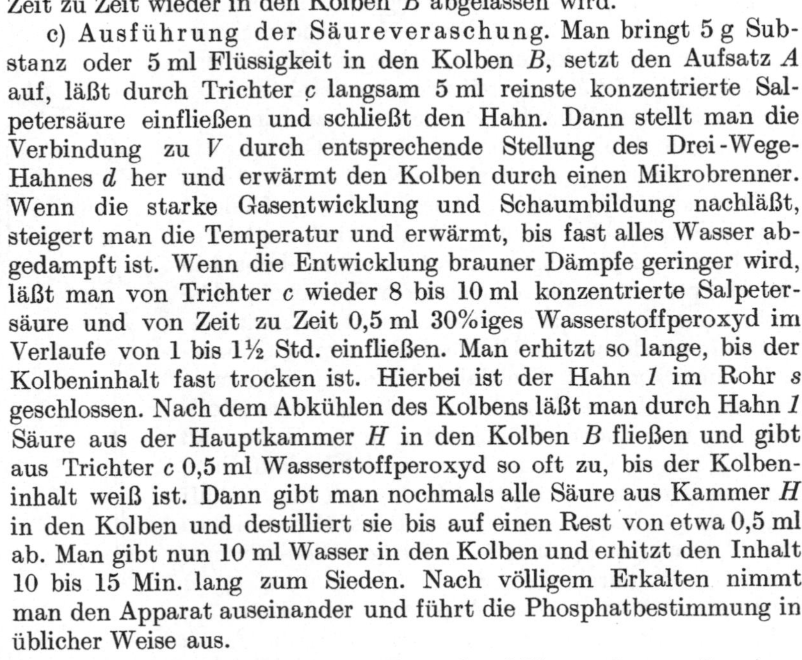

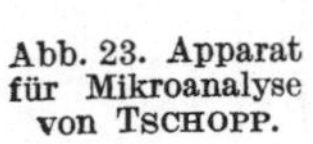
Abb. 23. Apparat für Mikroanalyse von TSCHOPP.

c) Ausführung der Säureveraschung. Man bringt 5 g Substanz oder 5 ml Flüssigkeit in den Kolben *B*, setzt den Aufsatz *A* auf, läßt durch Trichter *c* langsam 5 ml reinste konzentrierte Salpetersäure einfließen und schließt den Hahn. Dann stellt man die Verbindung zu *V* durch entsprechende Stellung des Drei-Wege-Hahnes *d* her und erwärmt den Kolben durch einen Mikrobrenner. Wenn die starke Gasentwicklung und Schaumbildung nachläßt, steigert man die Temperatur und erwärmt, bis fast alles Wasser abgedampft ist. Wenn die Entwicklung brauner Dämpfe geringer wird, läßt man von Trichter *c* wieder 8 bis 10 ml konzentrierte Salpetersäure und von Zeit zu Zeit 0,5 ml 30%iges Wasserstoffperoxyd im Verlaufe von 1 bis 1½ Std. einfließen. Man erhitzt so lange, bis der Kolbeninhalt fast trocken ist. Hierbei ist der Hahn *1* im Rohr *s* geschlossen. Nach dem Abkühlen des Kolbens läßt man durch Hahn *1* Säure aus der Hauptkammer *H* in den Kolben *B* fließen und gibt aus Trichter *c* 0,5 ml Wasserstoffperoxyd so oft zu, bis der Kolbeninhalt weiß ist. Dann gibt man nochmals alle Säure aus Kammer *H* in den Kolben und destilliert sie bis auf einen Rest von etwa 0,5 ml ab. Man gibt nun 10 ml Wasser in den Kolben und erhitzt den Inhalt 10 bis 15 Min. lang zum Sieden. Nach völligem Erkalten nimmt man den Apparat auseinander und führt die Phosphatbestimmung in üblicher Weise aus.

IV. Arbeitsvorschrift von **LIEB** für Mikroanalysen. In einen mit Dichromatschwefelsäure gereinigten Mikro-KJELDAHL-Kolben wägt man mit dem Stickstoffwägeröhrchen 3 bis 5 mg Substanz ein, fügt 0,5 ml Schwefelsäure (D 1,84) und 4 bis 5 Tropfen Salpetersäure (D 1,4) hinzu und erhitzt entweder auf dem Veraschungsgestell oder mittels einer Holzklammer über einer kleinen Flamme, bis die ersten Schwefelsäureschwaden auftreten. Dann fügt man noch zweimal Salpetersäure hinzu und erhitzt nach jedem Zusatz in derselben Weise. Ist die Lösung nach dem Erkalten noch nicht klar, so setzt man 4 bis 5 Tropfen Perhydrol hinzu und erhitzt wieder bis zum Auftreten der Schwefelsäureschwaden. Diese Behandlung wird so lange fortgesetzt, bis die Lösung vollkommen klar ist. Dann wird die Lösung in ein weites Reagensglas gegossen und das Phosphat nach der Vorschrift in § 1, A, S. 51 gefällt[1].

V. Arbeitsvorschrift von **CHERBULIEZ *und* MEYER.** 1 g Substanz und 1 g Natriumnitrat werden gemischt und in einem KJELDAHL-Kolben, auf den ein kleiner Trichter gesetzt ist, mit 30 ml rauchender Salpetersäure 3 bis 4 Std. lang gelinde erhitzt. Am Schluß, wenn der Kolbeninhalt fast trocken ist, erfolgt eine kleine

[1] Bezüglich des Faktors siehe S. 51, Fußnote 1.

Explosion. Zum schwarzen Rückstand werden 30 ml rauchende Salpetersäure gegeben, und die Mischung wird innerhalb von 2 Std. zur Trockene verdampft. Nach Zugabe von 10 ml konzentrierter Salzsäure wird wieder zur Trockene verdampft. Der Rückstand wird mit 50 ml Wasser und 2 ml Salzsäure aufgenommen, die Lösung mit Ammoniumcarbonat neutralisiert, ein entstandener Niederschlag in Salzsäure gelöst und dann 10 ml 20%ige Ammoniumacetatlösung und 2 ml 30%ige Eisen(III)-chloridlösung zugegeben. Der abfiltrierte und ausgewaschene Niederschlag von Eisen(III)-phosphat wird in Salpetersäure gelöst, und in dieser Lösung wird die Phosphorsäure in bekannter Weise gefällt.

2. Aufschluß mit Schwefelsäure und Zusätzen.

Die bekannte Veraschung mit konzentrierter Schwefelsäure nach KJELDAHL wenden JONES und PERKINS an, wobei sie die Phosphorsäure nach dem Aufschluß als Ammoniummolybdophosphat fällen und dieses in Ammoniummagnesiumphosphat-6-Hydrat verwandeln, das unmittelbar ausgewogen wird. TÄUFEL, THALER und STARKE führen den KJELDAHL-Aufschluß unter Zusatz einer Perle Selens aus, das die nachfolgende Phosphatbestimmung nach v. LORENZ nicht stört, aber die Aufschlußzeit stark verkürzt. Schwer oxydable Phosphorverbindungen oxydieren POGGI und POLVERINI in wenigen Stunden vollständig durch ein Gemisch von konzentrierter Schwefelsäure und Kaliumpersulfat, indem sie z. B. 350 mg Substanz mit 80 bis 90 ml Schwefelsäure und 14 g Kaliumpersulfat, das in Anteilen von je 2 bis 3 g zugefügt wird, zum Sieden erhitzen. LIEB und WINTERSTEINER sowie JOSEPHSON und SJÖBERG zerstören die organische Substanz mit Schwefelsäure und Wasserstoffperoxyd. Ebenso arbeitet BAUMANN, vor allem um ein schon bei 180 bis 200° beobachtetes Mitreißen von Phosphorsäure mit den Schwefelsäuredämpfen zu vermeiden. Auf die umständliche Arbeitsweise von CAMIS und BOLCATO zur Entfernung der Schwefelsäure nach dem Aufschluß sei hier nur hingewiesen. Phosphatide werden nach BEVERIDGE und JOHNSON mittels Schwefelsäure und Wasserstoffperoxyd zerstört. JONES, LEE und PEACOCKE schließen Nucleinsäuren mit einer Mischung aus konzentrierter Schwefelsäure, Kupfersulfat, Kaliumhydrogensulfat und etwas gepulvertem Selen in 45 Min. auf, während ein Aufschluß mit Perchlorsäure 7 Std. erfordert. SIMMONS und ROBERTSON (a) verwenden zum Aufschluß von aliphatischen und aromatischen Phosphorsäureestern das unten beschriebene Gemisch aus Schwefelsäure, Salpetersäure und Perchlorsäure mit Natriummolybdat als Katalysator (siehe auch den Aufschluß mit Jodwasserstoffsäure, S. 278).

***Arbeitsvorschrift von* LIEB *und* WINTERSTEINER** *für Mikroanalyse.* 3 bis 6 mg Substanz werden in einem Mikro-KJELDAHL-Kolben nach PREGL mit 0,5 ml konzentrierter Schwefelsäure und 0,5 ml 30%igem Wasserstoffperoxyd mittels kleiner Flamme langsam bis zum Auftreten von Schwefelsäurenebeln erhitzt. Oft ist die Lösung dann schon klar und farblos; wenn nicht, werden noch einmal einige Tropfen Wasserstoffperoxyd zugegeben, und es wird wieder bis zum Erscheinen von Schwefelsäurenebeln erhitzt, und dies Verfahren wird so lange fortgesetzt, bis die Lösung klar geworden ist, aber nicht so weit eingedampft, bis sich Krusten von Phosphorsäure abscheiden. Bei schwer oxydierbaren Stoffen werden erst einige Tropfen konzentrierte Salpetersäure zugesetzt, und die Mischung wird abgeraucht, ehe Wasserstoffperoxyd hinzugefügt wird. Die Aufschlußflüssigkeit wird mit Wasser verdünnt und in der auf S. 276 beschriebenen Weise weiterbehandelt.

***Arbeitsvorschrift von* SIMMONS *und* ROBERTSON (a).** 250 bis 300 mg Substanz werden in einem 500 ml-KJELDAHL-Kolben mit 5 ml Oxydationsgemisch (35 g $Na_2MoO_4 \cdot 2\,H_2O$ in 150 ml Wasser lösen, 150 ml konzentrierte Schwefelsäure und 200 ml konzentrierte Perchlorsäure zufügen) und 10 ml konzentrierter Salpetersäure unter Zusatz von Siedesteinen und Glasperlen 15 Min. lang gekocht. Man fügt dann 2 ml Perchlorsäure zu und erhitzt nach dem Auftreten weißer Dämpfe noch 1 Min. lang weiter. Dann überführt man die Lösung, die eine leicht grünliche Farbe hat, in einen 250 ml-Meßkolben und arbeitet weiter, wie unten beschrieben.

3. Zerstörung mit Jodwasserstoffsäure.

Phosphorsäureester können nach SIMMONS und ROBERTSON (a) durch Kochen mit konzentrierter Jodwasserstoffsäure zerlegt werden. Die Phosphatbestimmung erfolgt nach denselben Verfassern (b) mittels des Verfahrens von MISSON (siehe § 10, B, S. 167), das hier in seinen Besonderheiten für den vorliegenden Zweck erläutert wird.

***Arbeitsvorschriften von* SIMMONS *und* ROBERTSON.** 250 bis 300 mg Substanz werden in einem 500 ml-KJELDAHL-Kolben mit 30 ml Jodwasserstoffsäure (D 1,7) unter Rückfluß gemäß den in Tabelle 17 angegebenen Zeiten gekocht. Danach spült man den Kühler aus, verdünnt vorsichtig auf 100 ml und fügt unter Umschütteln 30 ml konzentrierte Salpetersäure zur Zerstörung der Jodwasserstoffsäure hinzu. Dann wird sehr vorsichtig erwärmt, damit die Mischung nicht überkocht, und dann bis auf 100 ml eingedampft, um letzte Anteile von Jod zu entfernen. Die in einen 250 ml-Meßkolben überführte, bei aliphatischen Stoffen farblose, bei aromatischen schwach grüne oder schwach orangefarbene Lösung dient zur Phosphatbestimmung, entweder mittels alkalimetrischer Titration von gefälltem Ammoniummolybdophosphat oder mittels photometrischer Bestimmung nach der folgenden Vorschrift.

Tabelle 17. Kochzeiten zur Zerstörung von Phosphorsäureestern mit Jodwasserstoffsäure nach SIMMONS und ROBERTSON.

Ester	Kochzeit	Ester	Kochzeit
Hexaäthyltetraphosphat	5 Min.	Triphenylphosphat	12 Std.
Monoäthyltetraphosphat	5 Min.	Tri-o-kresylphosphat	4 Tage
Tributoxy-äthylphosphat	15 Min.	Tri-m-kresylphosphat	3 Tage
Triäthylphosphat	5 Min.	Tri-p-kresylphosphat	5 Tage
„Vapoton“ (50% techn. Tetraäthylpyrophosphat, organisches Lösungsmittel, Emulgator)	6 Std.	Trikresylphosphat	7 Tage

Die *Reagenzien* sind auf S. 167 angeführt. Zur photometrischen Messung sind *Blindlösungen* erforderlich. Diese werden bereitet 1. für die HJ-Spaltung: 30 ml HJ (D 1,7) werden mit 100 ml Wasser verdünnt, mit 30 ml konzentrierter Salpetersäure zersetzt (siehe oben), und auf 250 ml aufgefüllt; 2. für die Oxydationsmischung (siehe S. 277): 5 ml Gemisch werden mit 10 ml konzentrierter Salpetersäure und 2 ml Perchlorsäure bis zum Rauchen erhitzt und dann im Meßkolben auf 250 ml verdünnt. Die *Eichlösungen* werden ebenfalls für jede Aufschlußart gesondert hergestellt. Für den Aufschluß mit Jodwasserstoffsäure werden 1 bis 10 ml Phosphatlösung (mit 0,1 mg P/ml) aus einer 10 ml-Bürette in einen 50 ml-Meßkolben genau abgemessen und mit je 5 ml Jodwasserstoffsäure und den anderen Reagenzien zur Farbentwicklung versetzt, zur Marke aufgefüllt und 10 Min. lang stehengelassen. Als Vergleichslösung dient eine aus den Reagenzien ohne Phosphatzusatz in gleicher Weise bereitete Lösung. Eine zweite Reihe wird in derselben Weise bereitet, aber mit der doppelten Menge an Reagenzien, außer Jodwasserstoffsäure, von der nur 5 ml genommen werden. Diese Reihe wird auf je 100 ml verdünnt. Sie wird für Messungen an Phosphatlösungen, welche auf 100 ml verdünnt werden, angewendet, damit die Phosphorkonzentration kleiner als 1 mg/50 ml als Höchstkonzentration für alle Messungen ist. Die Eichlösungen für den oxydativen Aufschluß (siehe S. 277) werden zweimal, wie eben beschrieben, zubereitet, nur wird an Stelle der Jodwasserstoffsäure das Oxydationsgemisch verwendet. Die Messung in den Versuchslösungen geschieht auf analoge Weise mit je 5 ml Aufschlußlösung, die je nach dem Gehalt an Phosphat mit den zur Farbentwicklung nötigen Reagenzien (je 5 bzw. 10 ml) und Wasser auf 50 bzw. 100 ml verdünnt werden. Die erzielten Ergebnisse sind gut, besonders bei Anwendung der Oxydationsmischung, die für photometrische Messung überhaupt vorzuziehen ist. Das HJ-Verfahren versagt gänzlich bei Triphenylphosphat und Tri-m-kresylphosphat.

4. Veraschung unter Zusatz von Metalloxyden oder Salzen.

Die Verbrennung organischer, phosphorhaltiger Verbindungen nimmt MITSCHERLICH bei Gegenwart von Quecksilberoxyd vor, wobei sich Quecksilberphosphat bildet, in dem das Phosphat bestimmt wird. BAY verbrennt unter Zusatz von Magnesiumoxyd und Natriumcarbonat, GAROLA setzt nur Magnesiumoxyd zu. Aus der salzsauren Lösung wird bei Anwesenheit von Ammoniumcitrat Ammoniummagnesiumphosphat gefällt. VILA verascht bei Gegenwart von Natriumhydroxyd oder von Natriumcarbonat. Mit salpetersaurer Magnesiumnitratlösung zerstört MONTHULÉ, mit Calciumnitrat STUTZER die organische Substanz. LIEB schmilzt mit Natriumcarbonat-Kaliumnitrat-Gemisch und ELEK mit einer Mischung von Kaliumnitrat und Kaliumhydroxyd. Dieses Gemisch verwenden auch JACOBSON und HALL bei Hexaäthyltetraphosphat und Tetraäthylpyrophosphat, von denen sie 40 bis 50 mg in einen kleinen Platintiegel einwägen und dann mit etwa 0,9 g Gemisch (4 Teile KOH, 1 Teil KNO_3) vorsichtig schmelzen. Die Phosphatbestimmung erfolgt nach dem Verfahren von MISSON in der Abänderung von KITSON und MELLON (siehe § 15, A, S. 243). BOOS und CONN schmelzen die organische Substanz mit Natriumcarbonat im Platintiegel und bestimmen das Phosphat amperometrisch nach KOLTHOFF und COHN (siehe § 3, E, S. 133).

***I. Arbeitsvorschrift von* STUTZER.** Die organische Substanz wird in einem Eisentiegel mit der siebenfachen Gewichtsmenge Calciumnitrat gemischt und die Mischung mit der dreifachen Gewichtsmenge des Salzes bedeckt. Man erhitzt zuerst mit einem gewöhnlichen Bunsenbrenner, dann mit einem TECLU-Brenner, wobei man mit einem Platinspatel umrührt. Wenn braune Dämpfe aus der Schmelze entweichen, läßt man erkalten, löst die Schmelze in Wasser und führt die Phosphatbestimmung aus.

***II. Arbeitsvorschrift von* LIEB.** In ein Platinschiffchen werden 2 bis 5 mg Substanz eingewogen, mit der 5- bis 6fachen Menge eines aus gleichen Teilen bereiteten Gemisches aus Natriumcarbonat und Kaliumnitrat überdeckt und mit einem dünnen Platindraht, der im Schiffchen bleibt, gemischt. Dann wird das Schiffchen in ein 15 cm langes, zuvor mit Dichromatschwefelsäure gereinigtes Supremax-Verbrennungsrohr gebracht. Das Rohr ist an einem Ende zu einer weiten, senkrecht nach unten abgebogenen Capillare ausgezogen. Das andere Ende des Rohres ist mit einem Gummistopfen verschlossen, durch den mittels einer verjüngten Capillare Sauerstoff mit einer Geschwindigkeit von 3 bis 4 ml je Sek. eingeleitet werden kann. Wenn die Substanz bei der Verbrennung spritzt, wird nach KUHN erst ein Luftstrom verwendet und dann anschließend der Kohlenstoff im Sauerstoffstrome verbrannt. Ist der Gasstrom eingeschaltet, so beginnt man, das Rohr vor dem Schiffchen zu erhitzen und allmählich mit der Flamme gegen das Schiffchen vorzurücken. Sobald die Hauptreaktion vorüber ist, heizt man mit voller, rauschender Flamme unter dem Schiffchen und läßt danach im Sauerstoffstrome erkalten. Sodann bringt man das Schiffchen in ein Reagensglas, löst die Schmelze durch Kochen in etwa 5 ml verdünnter Salpetersäure (1:1) und filtriert durch ein angefeuchtetes Hartfilter in ein mit Dichromatschwefelsäure gereinigtes weites Reagensglas von 100 ml Inhalt. Kam es beim Schmelzen zum Verspritzen des Gemisches, so bringt man in das Rohr durch die Mündung des schiefgehaltenen Rohres (Capillare nach oben) heiße, verdünnte Salpetersäure. Ist die Schmelze gelöst, so dreht man das Rohr axial um 180° und läßt die Lösung durch die Spitze der Capillare austropfen. Das erkaltete Filtrat wird mit 2 ml schwefelsäurehaltiger Salpetersäure versetzt und, wenn nötig, mit

Wasser auf 15 ml verdünnt. Die Fällung des Phosphates erfolgt nach der Vorschrift in § 1, A, S. 51.

***III. Arbeitsvorschrift von* Elek.** 3 bis 6 mg organische Substanz werden in einem Silbertiegel mit 0,2 g Kaliumnitrat und 1 g Kaliumhydroxyd vermischt. Die Mischung wird vom oberen Tiegelrand her in 2 bis 3 Min. eingeschmolzen. Der bedeckte Tiegel wird einige Minuten auf dem Kupferblock abgekühlt. Dann wird der Schmelzkuchen durch leichten Druck auf die Tiegelwand abgelöst, in einem Pyrex-Reagensglas (30 × 200 mm) gelöst und der Tiegel mit Wasser nachgespült. Die Weiterverarbeitung geschieht nach Lieb (siehe oben).

5. Verbrennung mit Natriumperoxyd in der Bombe.

Die Verbrennung organischer Stoffe mit Natriumperoxyd ist fast gleichzeitig von v. Konek und von Pringsheim vorgeschlagen worden. Während hierzu v. Konek einen Eisen- oder Nickeltiegel verwendet, schreibt Pringsheim die Benutzung eines Silbertiegels vor, und zwar, weil bei der nachfolgenden Fällung des Ammoniummagnesiumphosphates das Eisen stört.

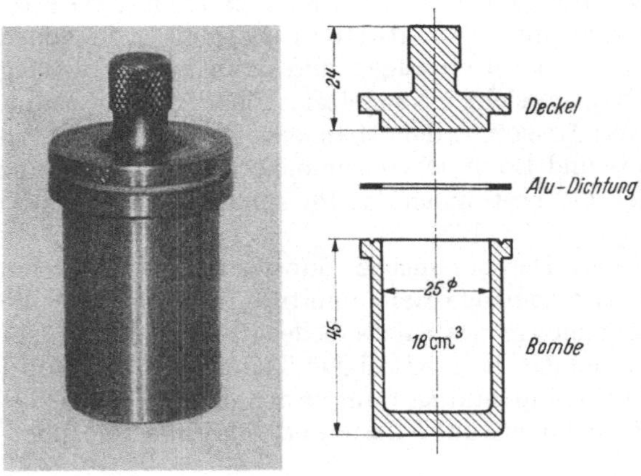

Abb. 24. Makrobombe nach Wurzschmitt und Zimmermann [aus Fortschr. chem. Forsch. 1, 489 (1949/50)].

Bei der Verbrennung von phosphorhaltigen organischen Stoffen in der calorimetrischen Bombe hat Lemoult gefunden, daß Platingefäße unbrauchbar sind, weil sie zerstört werden. Glas-, Quarz- und Porzellangefäße zerbrechen bei der Reaktion. Diese Übelstände werden vermieden, wenn ein Porzellantiegel innen mit einer Schicht von geschmolzenem Kaliumnitrat ausgekleidet wird. Die Verbrennung verläuft dann glatt und vollständig. Garelli und Carli verbrennen jedoch im Quarztiegel. Sie vermischen etwa 0,2 bis 0,4 g Substanz mit Toluol oder Dekalin, geben 10 ml Wasser in die Bombe und lassen diese nach der Verbrennung ½ Std. stehen. Dann wird die Bombe mit heißer, verdünnter Salpetersäure ausgespült, die Lösung eingedampft und die Phosphorsäure bei Gegenwart von Ammoniumcitrat als Ammoniummagnesiumphosphat ausgefällt. Die Verfasser bezeichnen das Verfahren als einfach, genau und sicher. Elek und Hill benutzen eine Mikrobombe und verbrennen die Substanz mit Natriumperoxyd unter Verwendung von Kaliumnitrat und Zucker als Zündmischung. Ebenso gehen Chao-Lun Tseng und Wei unter Benutzung der Parr-Bombe vor. Iolsson und Markina bestimmen den Phosphor in Estern der Dithiophosphorsäure durch Verbrennung in der calorimetrischen Bombe.

Eine weitgehende Verbesserung und Vereinfachung der Verbrennung organischer Stoffe mit Natriumperoxyd in einer Bombe haben Wurzschmitt und Zimmermann ausgearbeitet. Da dieses Verfahren leicht und mit großer Sicherheit ausführbar ist, hat es heute die anderen Methoden stark in den Hintergrund gedrängt. Als Zündmittel wird Äthylenglykol verwendet (Wurzschmitt).

***Arbeitsvorschrift von* Wurzschmitt *und* Zimmermann.** Der Aufschluß in der Metallbombe kann mit Makro-, Halbmikro- oder Mikrosubstanzmengen ausgeführt werden. Es sind dafür nur zwei Bombengrößen (Makrobomben und Mikrobomben) notwendig. Der Aufschluß einer Halbmikroeinwaage (30 mg) kann ohne Schwierigkeit noch in einer Mikrobombe durchgeführt werden. Die Bomben werden aus

Reinnickel (Carbonylnickel) in den aus den Abbildungen 24 und 25 ersichtlichen Abmessungen hergestellt (Lieferfirma Janke & Kunkel, Staufen i. Breisgau).

Während des Aufschlusses wird der Deckel der Bombe durch eine Halterung auf die Bombe gepreßt, wobei als Dichtung ein Aluminiumring verwendet wird. Das Erhitzen der Bomben erfolgt sicherheitshalber in einem Schutzkasten, jedoch kann die Mikrobombe ohne Gefahr während des Erhitzens mit der Hand über das Mikroflämmchen gehalten werden. In der Mikrobombe ist nach etwa 2 bis 5 Min. Erhitzungsdauer ein metallisches Klicken zu hören, das die Reaktion zwischen Analysensubstanz und Natriumperoxyd sicher anzeigt. Auf dieses Geräusch sollte bei jedem Aufschluß geachtet werden. Nach beendetem Aufschluß wird die Bombe in einem Gefäß mit kaltem destilliertem Wasser durch kurzes Eintauchen abgekühlt. Zeichnungen der Halterung und des Schutzkastens im Original.

An Stelle der ursprünglichen Oxydationsmischung aus Natriumperoxyd, Kaliumnitrat und *Rohr*zucker werden 8 Tropfen (genau) Äthylenglykol im Gewicht von 100 mg als Zündsubstanz auf den Boden der Bombe gebracht. Hierzu gibt man so viel (gepulvertes) Natriumperoxyd, daß das Glykol gerade bedeckt ist, worauf die abgewogene Analysensubstanz (fest, in Ampullen eingeschmolzen oder in Näpfchen, hierin, wenn erforderlich, mit etwas wasserfreiem Natriumcarbonat bedeckt) zugegeben wird. Man überschichtet bei Mikro- und Halbmikroeinwaagen mit 3 bis 4 g Natriumperoxyd, bei Makroeinwaagen wird die Bombe unter vorsichtigem Aufstoßen bis 2 mm unterhalb des oberen Randes gefüllt, insgesamt mit etwa 11 g Peroxyd. Sehr voluminöse Stoffe werden zu Pastillen gepreßt. Ein Durchmischen wird nicht vorgenommen, wodurch das Arbeiten vereinfacht und die Verbrennungsreaktion gedämpft wird. Nur sehr leicht flüchtige Substanzen mischt man mit 5 bis 6 g Natriumperoxyd. Tritt schon bei Zugabe der ersten Anteile des Peroxyds Reaktion ein, dann deckt man Glykol und Analysensubstanz mit Natriumcarbonat zu. Während dieser Operationen des Füllens der Bombe muß eine Schutzbrille getragen werden. Nach Verschluß der Bombe und Einsetzen in den Schutzkasten erfolgt die Zündung durch Erhitzen des Bodens der Bombe mit einem Mikrobrenner. Der Zündsatz aus Äthylenglykol und Natriumperoxyd entzündet sich schon bei 56°. Wenn bei organischen Stoffen unverbrannter Kohlenstoff zurückgeblieben ist, stört dies die Weiterverarbeitung der erhaltenen Lösung nicht. Wenn die Reaktion ausgeblieben ist, dann liegt die Masse nach dem Öffnen der Bombe unverändert darin, insbesondere fehlen Spritzer am Deckelinneren. Es empfiehlt sich, die Bombe wieder zu verschließen und etwas kräftiger zu erhitzen. Auf keinen Fall darf der Bombeninhalt mit wenig Wasser versetzt werden, weil hierbei Explosion erfolgen kann. Bei richtig verlaufenem Aufschluß werden Bombe und Bombendeckel (die Dichtung wird mit destilliertem Wasser abgespritzt) in ein Becherglas passender Größe gelegt, das Glas wird mit einem Uhrglas bedeckt, und aus einer Spritzflasche wird so viel destilliertes Wasser zugegeben, daß die umgelegte Bombe zur Hälfte im Wasser liegt. Nach eingetretener Lösung, die durch schwaches Erwärmen eingeleitet wird, nimmt man Bombe und Bombendeckel aus dem Glase heraus und spritzt sie mit Wasser ab.

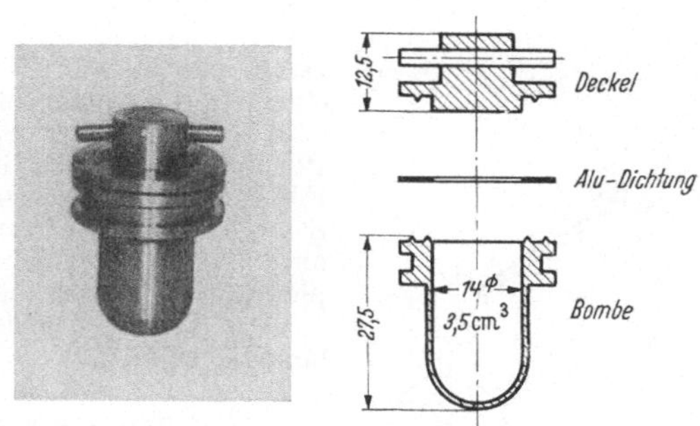

Abb. 25. Mikrobombe nach Wurzschmitt und Zimmermann [aus Fortschr. chem. Forsch. 1, 489 (1949/50].

Die Bestimmung des Phosphates in der Aufschlußlösung kann nach bekannten Verfahren vorgenommen werden, nachdem der Überschuß an Peroxyd durch 10 Min.

dauerndes Kochen zerstört ist. Die mikrochemische Bestimmung wird am besten gravimetrisch nach LIEB (siehe § 1, A, S. 51) ausgeführt. Wenn das Phosphat colorimetrisch bestimmt werden soll, eignen sich Glasampullen oder Glasnäpfchen nicht zum Einwägen der Analysensubstanz. PERKOW und KODDEBUSCH verwenden statt dessen einseitig offene Aluminiumhülsen von 10 mm Durchmesser, 20 mm Höhe und weniger als 0,1 mm Wandstärke mit flachem Boden. Für wenig flüchtige Stoffe eignen sich Hülsen gleicher Art von nur 10 mm Höhe, die man vor dem Einbringen in die Bombe durch Überklappen einer Aluminiumfolie abdeckt. Die Verfasser verwenden zur Phosphatbestimmung die gravimetrische EMBDEN-Methode in der Abänderung von HEIMANN und HEIMANN-GEIERHAAS (siehe § 1, C, S. 80).

6. Verbrennung im Sauerstoffstrome.

Bei der Verbrennung einer organischen, phosphorhaltigen Substanz im Sauerstoffstrome werden die flüchtigen Verbrennungsprodukte, darunter das Phosphorpentoxyd, nach BRÜGELMANN in einer 10 cm langen Schicht von besonders präpariertem Calciumoxyd in gekörnter Form aufgefangen. Nach dem Lösen des Calciumoxyds in Salpetersäure kann das Phosphat wie üblich, z. B. durch Titration mit Uran, bestimmt werden. OLIVIER hat für das Verfahren eine verbesserte und vereinfachte Vorschrift angegeben.

***Arbeitsvorschrift von* OLIVIER.** Die Substanz wird in einem Platinschiffchen mit Calciumoxyd vermischt. Das Schiffchen wird in ein Verbrennungsrohr gebracht und durch zwei Schichten Calciumoxyd von 15 cm und 8 cm Länge eingeschlossen. Dann wird vorsichtig im Sauerstoffstrome verbrannt, indem zuerst das Calciumoxyd erhitzt wird. Nach der Verbrennung wird der Kalk gelöscht, die Mischung mit konzentrierter Salzsäure auf dem Wasserbade eingedampft, dann noch einmal mit Salpetersäure zur Trockene gedampft. Der Rückstand wird in verdünnter Salpetersäure gelöst, die Lösung unter Umständen filtriert und im Filtrat die Phosphorsäure bestimmt. Das Filter mit dem Rückstand wird im Platintiegel mit Flußsäure und Schwefelsäure mehrmals abgedampft. Der Rückstand wird gelöst, unter Zusatz von Calciumoxyd eingedampft, geglüht und die Phosphorsäure in der Asche bestimmt.

Das Verfahren bietet keine Vorteile gegenüber den vorher hier beschriebenen.

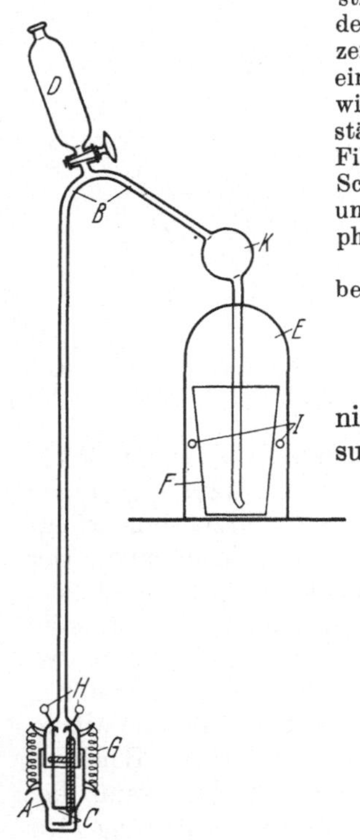

Abb. 26. Apparatur zur elektrolytischen Zerstörung organischer Stoffe nach HELLER.

7. Zerstörung der organischen Substanz durch Elektrolyse.

Das Verfahren von GASPARINI zur Zerstörung der organischen Substanz durch Elektrolyse in salpetersaurer Lösung hat HELLER für die Mikroanalyse ausgestaltet und hierfür eine besondere Apparatur geschaffen. BERGAMINI DI CAPUA führt die Elektrolyse in ganz einfacher Anordnung in 70%iger Schwefelsäure durch. Hierbei wirkt die während der Elektrolyse entstehende Perschwefelsäure bzw. das Wasserstoffperoxyd oxydierend.

***I. Arbeitsvorschrift von* HELLER.** Die Apparatur (siehe Abb. 26) aus Jenaer Hartglas besteht aus dem Becherchen *A* und dem gebogenen Rohr *B*, die durch einen Schliff verbunden und durch die Federn *G* zusammengehalten werden. Knapp oberhalb des Schliffes sind 2 Platindrähte *H* eingeschmolzen, die außen Schlingen und innen Häkchen haben, an denen die Elektroden *C* hängen. Diese sind zwei kreisförmige Platinbleche mit angeschmolzenen Drähten, von denen einer durch ein Glasrohr isoliert und beide durch einen Glasstab versteift sind.

Der Einfülltrichter D ist so angebracht, daß durch geringes Neigen die beiden Schenkel von B gewaschen werden können. Die Glashaube E mit 2 Luftlöchern I schützt den Tiegel F vor Staub, und die Kugel K verhindert das Zurücksteigen der Flüssigkeit aus F.

Der zu analysierende Stoff wird in A eingewogen und der gut entfettete und getrocknete Apparat zusammengesetzt. In den Tiegel F gibt man 0,5 ml Wasser und läßt aus dem Trichter D *sehr langsam* Salpetersäure (D 1,4) zulaufen, bis diese etwa 3 bis 5 mm über der oberen Elektrode steht. Die Elektrolyse wird bei etwa 0,5 bis 0,7 Amp. ausgeführt. Nach Beendigung der Elektrolyse (etwa 2 Std.) wird der kurze Schenkel von B von D aus zwei- bis dreimal ausgewaschen und das Rohrende durch die Löcher I abgespült. Der Becher A wird abgenommen und der Tiegel F unter B gestellt, so daß die Elektroden in F eintauchen. Nun spült man den langen Schenkel von B von D aus zwei- bis dreimal aus, spült den Schliff ab, nimmt die Elektroden mit einer Platinpinzette ab und spült sie ab. Die Lösung wird in einem Jenaer Becherglas von 50 ml Inhalt zur Trockene eingedampft. Dann erfolgt die übliche Molybdatfällung. Man saugt den Niederschlag mit einem Makrofilterstäbchen ab, wäscht ihn mit Aceton, wischt den Becher außen mit einem acetonfeuchten Rehlederlappen ab, trocknet ihn im Vakuum und wägt ihn 5 Min. nach dem Aufheben des Vakuums.

***II. Arbeitsvorschrift von* Bergamini di Capua.** Die Probe wird in konzentrierter Schwefelsäure gelöst und die Lösung mit Wasser bis zu einer 70%igen Säure verdünnt. Unter Umständen wird die Lösung vorher gekocht. Die zu elektrolysierende Flüssigkeit kommt in einen Glasfiltertiegel, der in einem Becherglase mit 70%iger Schwefelsäure steht. Das Niveau im Becherglase wird höher als das im Tiegel eingestellt. Als Anode dient ein dünner Platindraht, als Kathode ein um den Tiegel herumgelegtes Platinblech. Über die weitere Verarbeitung enthält das Referat keine Angabe.

B. Bestimmung des Phosphors in Lebensmitteln.

Zur Bestimmung des Phosphors in Lebensmitteln ist eine Veraschung des Untersuchungsmaterials notwendig. Hierfür sind die Bemerkungen und Vorschriften des Abschnittes A, S. 273ff. gültig, sofern nicht besondere Vorschriften gelten. Bisweilen wird zwischen anorganischem Phosphat und organisch gebundenem Phosphor unterschieden, deren Bestimmung durch passende Extraktion oder durch Differenzbestimmung erfolgen kann. Die Ermittlung wird heutzutage vorteilhaft möglichst mit Hilfe des Molybdatverfahrens, eventuell auf colorimetrischem Wege erfolgen.

Während Pellet eine Veraschung völlig vermeidet, vielmehr die Substanz bei möglichst niedriger Temperatur nur verkohlt und die Kohle mehrmals auszieht, verascht Fleurent erst mit rauchender Salpetersäure und dann nach dem Kjeldahl-Verfahren. Plücker fand das Verfahren nach v. Lorenz (siehe § 1, A, S. 32) für sehr geeignet zur Phosphatbestimmung in der Asche von Lebensmitteln. Für die Bestimmung der Phosphorsäure in Produkten von Zuckerfabriken und Raffinerien empfiehlt Farnell das colorimetrische Verfahren mit Zinn(II)-chlorid (siehe § 1, D, S. 83). Wuhrmann und Högl veraschen kleine Substanzmengen, z. B. von Flüssigkeiten nur 0,2 bis 5 ml in einem Jenaer Reagensglas mit 0,55 ml Schwefelsäure (1:3) und 2 ml Salpetersäure (D 1,4) über freier Flamme. Feste Stoffe werden mit Calciumacetat in einer Platinschale ebenfalls über freier Flamme verbrannt. Die Phosphatbestimmung erfolgt colorimetrisch nach Fiske-Subbarow in der Abänderung von Teorell (siehe § 1, D, S. 104).

Es folgen hier einige Arbeitsvorschriften für die Phosphorbestimmung in Mehl, Teigwaren und Wurst.

***Arbeitsvorschrift von* Kocsis *und* Hegedüs** *für Mehl.* 4 bis 7 g Mehl werden im elektrischen Ofen in 1 bis 1½ Std. verascht. Die in einem Exsiccator abgekühlte Asche wird in einem 250 ml-Becherglase in 15 bis 20 ml 2 n Salpetersäure gelöst und die Lösung auf dem Wasserbade eingedampft. Die Bestimmung des Phosphates erfolgt durch acidimetrische Titration nach Fällung mit Silbernitrat (siehe § 5, S. 146).

Arbeitsvorschriften von* Hanke *für Mehl. 1. Bestimmung der Phosphatide. 5 bis 10 g Mehl und 40 g Bimssteinpulver werden mit 20 ml Wasser angefeuchtet und in einer Extraktionshülse 1 Std. auf 100 bis 105° erwärmt, ohne die Mischung ganz trocknen zu lassen. Dann wird die Mischung 8 Std. lang mit 90%igem Alkohol extrahiert, dann noch einmal angefeuchtet und erhitzt und dann 6 Std. lang mit einer Benzol-Alkohol-Mischung 1:1 extrahiert. — 2. Bestimmung des anorganischen Phosphors. Der Extrakt wird eingedampft, der Rückstand mit Wasser aufgenommen und in dieser Lösung das Phosphat als Strychninmolybdophosphat bestimmt (siehe § 1, C, S. 72). — 3. Bestimmung des organischen Phosphors. Man entfernt den anorganischen Phosphor, schließt den Rückstand mit Schwefelsäure, Salpetersäure und Wasserstoffperoxyd auf (siehe S. 275) und bestimmt das gebildete Phosphat mit Ammoniummolybdat.

Arbeitsvorschrift von* Davis *für Soja. Man verascht Sojabohnenöl unter Zusatz von Calciumacetat, löst die Asche in Salzsäure, fällt nach Zugeben von Eisen(III)-chlorid mit Ammoniak und bestimmt in der Lösung dieses Niederschlages die Phosphorsäure mit Ammoniummolybdat.

Arbeitsvorschrift von* Thomae *für Eierteigwaren. 2 g sehr fein gemahlene Eierteigware werden in einem Mikro-Besson-Kolben 2 Std. lang mit 25 ml absolutem Alkohol extrahiert. Zum Auszug werden 5 ml 1%ige Magnesiumacetatlösung gegeben, und die Mischung wird nach dem Eindampfen auf dem Wasserbade verascht. Die Asche wird in 1 ml Salpetersäure (D 1,2) gelöst, die Lösung in einen 20 ml-Meßkolben filtriert und zur Marke aufgefüllt. In 2 ml Lösung erfolgt die Fällung der Phosphorsäure mit Ammoniummolybdat, und das gefällte Ammoniummolybdophosphat wird alkalimetrisch bestimmt (siehe § 1, A, S. 58).

Arbeitsvorschrift von* Siegfried *und* Singewald *für Fleischextrakt. 1. Gesamtphosphor. Aliquote Teile der Lösung des Fleischextraktes werden in einer Silberschale eingedampft, mit Natriumhydroxyd und Kaliumnitrat geschmolzen, und in der Lösung der Schmelze wird das Phosphat in üblicher Weise mit Ammoniummolybdat bestimmt. — 2. Organischer Phosphor. 15 g Fleischextrakt werden in einem 500 ml-Meßkolben in 200 bis 300 ml Wasser gelöst. Es werden 10%ige Bariumchloridlösung und 10%iges Ammoniak zugegeben, wodurch das anorganische Phosphat gefällt wird. Nach dem Auffüllen der Mischung zur Marke werden 450 ml abfiltriert und wie unter 1. angegeben weiterverarbeitet.

Arbeitsvorschrift von* Ebach *und* Müller *für Wurst. 1. Wasserlösliche Phosphorsäure. 10 g durch den Fleischwolf gedrehte Wurst werden mit 150 ml Wasser 2 Std. bei Raumtemperatur und ½ Std. auf dem Wasserbade stehengelassen. Nach der Abkühlung werden 3 ml 20%ige Schwefelsäure und zur Klärung 3 ml Carrez-Lösung zugegeben; die Mischung wird auf 200 ml aufgefüllt. 40 ml Filtrat werden auf die Hälfte eingedampft, mit 20 ml Schwefelsäure-Salpetersäure-Gemisch 10 Min. lang erwärmt. Es wird Ammoniummolybdophosphat gefällt, das nach Scheffer titriert wird (siehe § 1, A, S. 61). — 2. Gesamtphosphorsäure. 5 g Wurst werden mit 4 ml Magnesiumacetatlösung vermischt und verascht. Die Asche wird in Schwefelsäure-Salpetersäure gelöst und die Lösung wie unter 1. behandelt.

C. Bestimmung des Phosphors in Wein.

In Wein, Most und Traubensaft ist Phosphor unter zweierlei Gestalt vorhanden, nämlich als anorganisches Phosphat und als organische Phosphorsäureester, von denen ein Teil wiederum als „Lecithin“ bezeichnet wird. Sowohl die Menge des Gesamtphosphors als auch die der beiden Verbindungsgruppen ist für die Kennzeichnung des Weines, Mostes und Traubensaftes von Bedeutung und ihre Bestimmung deshalb für jeden Wein usw. vorzunehmen. Auf Grund vorbereitender Arbeiten sind in Deutschland unter dem Datum des 25. 6. 1896 Vorschriften für die chemische Untersuchung des Weines erlassen worden. Diese Vorschriften erfuhren später (1920) verschiedene Veränderungen. In jüngster Zeit sind von REICHARD Beiträge zur Neubearbeitung der amtlichen Vorschriften zur Untersuchung von Wein und Most veröffentlicht worden, die die bisherigen Verfahren bei gleichbleibender oder gesteigerter Genauigkeit vereinfachen. Diese Vorschriften von REICHARD werden hier besonders berücksichtigt.

Nach den erwähnten amtlichen Vorschriften wird eine Menge von 50 ml Wein od. dgl. verascht, und in der Asche wird die Gesamtphosphorsäure bestimmt, und zwar maßanalytisch durch Bestimmung des Säuregrades und gewichtsanalytisch nach dem Molybdatverfahren (siehe § 1, S. 30). Diese Veraschung erfolgt nach dem Eindampfen des Weines unter Zusatz eines Gemisches aus Natriumcarbonat und Kaliumnitrat. Eine analoge Arbeitsweise hat BURNAZZI vorgeschlagen. Einen Säureaufschluß haben WIRTH (Salpetersäure), LASZLO (Salpetersäure) und GLASER und MÜHLE (erst mit Salpetersäure, dann mit Schwefelsäure und Quecksilber) verwendet. Nach W. FRESENIUS geben Weine mit nicht zu hohem Zuckergehalt bei der Bestimmung der Phosphorsäure in der Asche richtige Werte, aber bei sehr hohem Zuckergehalt treten erhebliche Phosphorverluste auf. Deshalb empfiehlt er das Schmelzen mit Natriumcarbonat und Kaliumnitrat oder die Vergärung des Zuckers mit wenig Hefe. WOY führt solche Phosphorverluste bei der Veraschung auf die Bildung von Pyrophosphat zurück, was besonders bei hohem Zuckergehalt zu beobachten ist. Durch längeres Kochen mit Salpetersäure geht das Pyrophosphat in Orthophosphat über.

Die Bestimmung des Phosphates erfolgt nach den amtlichen Vorschriften und auch nach den vorstehend genannten Autoren mit Hilfe des Molybdatverfahrens, und zwar entweder gewichtsanalytisch als Ammoniummolybdophosphat direkt oder nach Umwandlung in Ammoniummagnesiumphosphat oder maßanalytisch. Für die letztgenannte Art empfiehlt ARRAGON das Verfahren von GRETE (siehe § 1, A, S. 65) nach der Vertreibung des Alkohols. DENIGÈS hat sein in § 1, D, S. 106 beschriebenes Verfahren ohne vorherige Mineralisierung des Weines angewendet, bzw. hat er das anorganische Phosphat neben dem organisch gebundenen Phosphor bestimmt. ŞUMULEANU und GHIMICESCU haben die Fällung des Phosphates als Uranylphosphat und die colorimetrische Bestimmung des Urans mit gelbem Blutlaugensalz in Gegenwart von Schwefelsäure benutzt.

Zur Bestimmung des organisch gebundenen Phosphors im Lecithin extrahieren SALVADORI und MAZZARON den bei einer Temperatur von 60° erhaltenen Eindampfrückstand von mit Quarzsand versetztem Wein mit wenig absolutem Alkohol, und in dem Abdampfrückstand dieses Auszuges bestimmen sie das Phosphat nach der Mineralisierung. DORMANC bestimmt im Extrakt aus 200 ml Wein das Gesamtphosphat nach dem Veraschen mit Calciumoxyd, das anorganische Phosphat durch Behandlung des Extraktes mit sehr verdünnter Salzsäure und das organisch gebundene Phosphat nach dem 2stündigen Kochen des Extraktes mit starker Salzsäure zwecks Verseifung der organischen Verbindungen.

REICHARD bestimmt nach der neuen Vorschrift das anorganische Phosphat im Wein und Most direkt durch Fällung mit Ammoniummolybdat, das Gesamtphosphat nach der Veraschung und das organische Phosphat aus der Differenz dieser beiden Bestimmungen. Er verwendet nur je 10 ml Wein oder Most, bestimmt das gefällte Ammoniummolybdophosphat gewichtsanalytisch oder alkalimetrisch und spart erheblich an Zeit. Für eine Einzelbestimmung wird etwa 1 Std. benötigt, für Reihenanalysen entsprechend weniger. Das colorimetrische Verfahren ist mit Absicht nicht angewendet worden. Die neue Vorschrift ist eingehend geprüft und für sehr brauchbar gefunden worden. REICHARD gibt an, daß die „formelgerechte Verbindung $(NH_4)_3PO_4 \cdot 12\,MoO_3 \cdot 2\,HNO_3 \cdot H_2O$" mit dem Molekulargewicht 2021,04 ausfalle, obwohl er die Fällung im Sieden vornimmt, was auch schon SARTORI empfohlen hatte (siehe dazu jedoch § 1, A, Bemerkung IV, S. 35).

Verfahren von REICHARD. ***Reagenzien.*** *1. 3%ige Ammoniummolybdatlösung.* — *2. Salpetersäure:* 392 ml Salpetersäure (D 1,4) in 1 l Wasser. — *3. Ammoniumnitratlösung:* 340 g Ammoniumnitrat in 1 l Wasser. — *4. Waschflüssigkeit:* 50 g Ammoniumnitrat und 40 ml Salpetersäure (D 1,4) in 1 l Wasser.

Arbeitsvorschriften. **1. Bestimmung des anorganischen Phosphates.** 20 ml Wein oder Most werden mit einer Messerspitze voll aschefreier Aktivkohle geschüttelt. Die Mischung wird durch ein Faltenfilter glanzhell und farblos filtriert. Bei Rotweinen muß mehr Aktivkohle genommen werden.

a) Gewichtsanalytische Bestimmung. 10,0 ml Filtrat werden in einem 200 ml-Becherglase mit 40 ml Wasser verdünnt, mit 10 ml Salpetersäure (2) versetzt und zum Sieden erhitzt. Noch siedend werden mittels Pipette tropfenweise 10 ml Ammoniummolybdatlösung (1) (etwa 10 ml für 10 mg PO_4) zugefügt. Die Mischung wird 2 Min. lang bei kleiner Flamme im Sieden gehalten, dann wird der Niederschlag absitzen gelassen. Es wird nun durch einen Glasfiltertiegel 1 G 4 in der Weise filtriert, daß die Flüssigkeit aufgegossen, der Niederschlag zweimal durch Umschwenken mit je 10 ml Waschflüssigkeit ausgewaschen, dann in den Filtertiegel übergespült, einmal nachgewaschen und scharf abgesaugt wird. Dann wird der Niederschlag im Filtertiegel zweimal mit je 1 bis 2 ml Alkohol gewaschen, wobei die Tiegelwandung abgespritzt wird. Nach dem scharfen Absaugen wird der Tiegel im Exsiccator über Calciumchlorid oder Kieselgel 10 Min. bei Unterdruck getrocknet und nach weiteren 10 Min. gewogen. Durch Multiplikation der ausgewogenen Menge des Niederschlages mit dem Faktor 4,7 werden die mg anorganisches PO_4 im Liter Wein oder Most erhalten.

b) Maßanalytische Bestimmung. Hierzu wird der Niederschlag im Tiegel in 10,00 ml 0,1 n Kalilauge gelöst. Die Lösung wird in ein Becherglas, das in einem WITTschen Topfe steht, gesaugt, der Tiegel mit Wasser ausgespült und die Lösung mit 0,1 n Salzsäure und Phenolphthalein als Indicator titriert. $(10{,}00 - a) \cdot 20{,}1 =$ mg anorganisches PO_4 in 1 l Wein oder Most ($a =$ Verbrauch an Salzsäure).

2. Bestimmung des Gesamtphosphates. 10,0 ml Wein oder Most werden in einer Platinschale auf dem Wasserbade eingedampft, und der Rückstand wird über einem Pilzbrenner bei anfänglich kleiner, dann gesteigerter Flamme möglichst vollständig verascht (am besten im elektrischen Muffelofen bei 600°). Die Asche wird mit 5 ml Wasser und 1 Tropfen Salpetersäure abgedampft und dann weiß gebrannt. Sie wird mit 5 ml Wasser und 3 Tropfen Salpetersäure auf dem Wasserbade kurz erhitzt. Die Lösung wird durch ein kleines Filter in ein 200 ml-Becherglas (mit Marke bei 50 ml) filtriert und das Filter nachgewaschen. Nach dem Auffüllen des Filtrates auf 50 ml wird die Bestimmung des Phosphates wie oben beschrieben ausgeführt.

3. Zur Bestimmung des organisch gebundenen Phosphates wird die Differenz Gesamtphosphat — anorganisches Phosphat = organisch gebundenes Phosphat gebildet.

D. Bestimmung des Phosphors in Futtermitteln.

Auch bei der Bestimmung des Phosphors in Futtermitteln, wie Gras, Heu, Getreide usw., ist eine vorhergehende Veraschung des Untersuchungsmaterials notwendig, wie sie auf S. 273 ff. beschrieben ist. Diese kann sowohl auf trockenem als auch auf nassem Wege erfolgen. Jenen beschreiten CARLES (Eintragen des Gemisches mit gleichem Gewichtsteil Natriumnitrat und $^1/_{10}$ Gewichtsteil Natriumhydrogencarbonat in einen rotglühenden Platintiegel), SARUDI (v. STETINA) (Tränken der Einwaage mit gesättigtem Kalkwasser oder mit 0,1 n Natriumcarbonatlösung, Eindampfen und Veraschen), LEPPER (Veraschen mit Calciumcarbonat) und GREENHILL und POLLARD (Veraschen mit Magnesiumnitrat); diesen wählen GERRITZ sowie AFZELIUS (Behandlung mit Schwefelsäure und Salpetersäure). Die Bestimmung des Phosphates in der Aschenlösung geschieht meist mit Hilfe des Molybdatverfahrens, wobei die Wahl der Ausführungsform durch die vorhandene Phosphatmenge bestimmt wird. Bei größeren Mengen kann das Verfahren nach v. LORENZ angewendet werden (AFZELIUS; SARUDI; LEPPER), bei kleinen Gehalten wird die colorimetrische Bestimmung bevorzugt (GREENHILL und POLLARD, BORDEIANU). Zur Phosphatanreicherung benutzt WILEY die Fällung von Eisen(III)-phosphat aus der Aschenlösung. PONS und GUTHRIE extrahieren Pflanzenstoffe mit Trichloressigsäure, weil diese keinen organisch gebundenen Phosphor löst. Im Extrakt erfolgt die Bestimmung nach BERENBLUM und CHAIN (siehe § 1, D, S. 92).

Literatur.

AFZELIUS, I.: Svensk kem. Tidskr. **51**, 119 (1939); durch C. **110**, **II**, 3210 (1939). — ARRAGON, CH.: Revue gén. Chim. pure et appl. **6**, 9 (1903); durch C. **74**, **I**, 542 (1903).

BAUMANN, E. J.: Pr. Soc. exp. Biol. Med. **20**, 171 (1922); durch C. **95**, **I**, 1836 (1924). — BÄUMER, E. v.: Fr. **20**, 375 (1881). — BAY, I.: C. r. **146**, 814 (1908); durch C. **79**, **I**, 1948 (1908). — BERGAMINI DI CAPUA, CL.: Atti X Congr. int. Chim., Roma **3**, 401 (1940); durch C. **112**, **I**, 1202 (1941). — BEVERIDGE, J. M. R., u. S. E. JOHNSON: Canadian J. Res. (Sect. E) **27**, 159 (1949); durch Fr. **132**, 196 (1951). — BOOS, R. N., u. J. B. CONN: Anal. Chem. **23**, 674 (1951); durch Fr. **135**, 454 (1952). — BORDEIANU, C. V.: Ann. sci. Univ. Jassy **14**, 353 (1927); durch C. **98**, **II**, 141 (1927). — BOURDON, D., J. COTTE u. M.-L. GIELFRICH: Chim. analyt. [4] **33**, 170 (1951); durch C. **123**, 2728 (1952). — BRÜGELMANN, G.: Fr. **15**, 1 (1876); **16**, 1 (1877). — BURNAZZI, T.: Staz. sperim. agrar. ital. **37**, 489 (1904); durch C. **75**, **II**, 847 (1904).

CAMIS, M., u. V. BOLCATO: Boll. Soc. biol. sperim. **1**, 222 (1926); durch C. **98**, **I**, 1713 (1927). — CARLES, P.: Ann. Chim. anal. **14**, 57 (1909); durch C. **80**, **I**, 1504 (1909). — CHERBULIEZ, E., u. FR. MEYER: Helv. **16**, 613 (1933).

DAVIS, C. W.: Canadian J. Res. **16**, Sect. B 227 (1938); durch C. **110**, **I**, 2464 (1939). — DENIGÈS, G.: Ann. Falsific. **21**, 136 (1928); durch C. **99**, **I**, 3122 (1928). — DORMANC, J.: Bl. Assoc. Chim. de Sucre et Dist. **29**, 63 (1911); durch C. **82**, **II**, 1376 (1911).

EBACH, K., u. F. W. MÜLLER: Vorratspflege u. Lebensmittelforsch. **4**, 497 (1941); durch C. **113**, **I**, 2603 (1942). — ELEK, A.: Am. Soc. **50**, 1213 (1928). — ELEK, A., u. D. W. HILL: Am. Soc. **55**, 3479 (1933). — ERNSTER, L., R. ZETTERSTRÖM u. O. LINDBERG: Acta chim. Scand. **4**, 942 (1950); durch C. **122**, **II**, 282 (1951).

FARNELL, R. G. W.: Internat. Sugar J. **31**, 149 (1929); durch C. **100**, **I**, 2595 (1929). — FLEURENT, E.: Bl. [3] **33**, 101 (1905); durch C. **76**, **I**, 468 (1905). — FRESENIUS, W.: Fr. **28**, 67 (1889).

GARELLI, F., u. B. CARLI: Atti Accad. Sci. Torino **67**, 397 (1932); durch C. **104**, **I**, 3222 (1933). — GAROLA, J.: Ann. Chim. anal. [2] **5**, 326 (1923); durch C. **95**, **I**, 812 (1924). — GASPARINI, O.: G. **37**, 426 (1907). — GERRITZ, H. W.: J. Assoc. offic. agric. Chem. **22**, 131 (1939); durch C. **110**, **II**, 1406 (1939); Ind. eng. Chem. Anal. Edit. **7**, 116 (1935); durch Fr. **107**, 80 (1936). — GILBERT, C.: Ch. Z. **4**, 582 (1880). — GLASER, F., u. K. MÜHLE: Ch. Z. **20**, 723 (1896). — GREENHILL, A. W., u. N. POLLARD: J. Soc. chem. Ind. **54**, 404 (1935); durch Fr. **108**, 151 (1937). — GRISWOLD, B. L., F. L. HUMOLLER u. A. R. MCINTYRE: Anal. Chem. **23**, 192 (1951); durch Fr. **135**, 318 (1952).

HANKE, U.: Mühlenlabor **8**, 153 (1938); durch C. **110**, **I**, 1473 (1939). — HARDIN, L. J., u. W. H. MCINTIRE: J. Assoc. offic. agric. Chem. **31**, 400 (1948); durch SIMMONS, W. R., u. J. H. ROBERTSON (a), siehe dort. — HELLER, K.: Mikrochem. **7**, 208 (1929).

IOLSSON, L. M., u. A. P. MARKINA: Non-ferrous Metals (russ.) **12** Nr 8, 35 (1937); durch C. **109**, **I**, 947 (1938).

JACOBSON, M., u. S. A. HALL: Anal. Chem. **20**, 736 (1948). — JONES, A. S., W. A. LEE u. A. R. PEACOCKE: Soc. **1951**, 623; durch C. **122**, **II**, 2505 (1951). — JONES, W., u. M. E. PERKINS: J. biol. Chem. **55**, 343 (1923). — JOSEPHSON, K., u. K. SJÖBERG: Svensk kem. Tidskr. **36**, 267 (1924); durch C. **96**, **I**, 128 (1925).

KOCSIS, E. A., u. I. HEGEDÜS: Z. Lebensm. **70**, 474 (1936); durch Fr. **108**, 428 (1937). — KONEK, F. v.: Angew. Ch. **17**, 886 (1904). — KUHN, R.: H. **129**, 64 (1923).

LÁSZLÓ, E.: Angew. Ch. **10**, 177 (1897). — LEAVITT, SH., u. J. A. LE CLERC: Am. Soc. **30**, 617 (1908); durch C. **79**, **I**, 1853 (1908). — LEMOULT, P.: C. r. **149**, 511 (1909); durch C. **80**, **II**, 1773 (1909). — LEPPER, W.: L. V. St. **111**, 159 (1930); durch C. **102**, **I**, 706 (1931). — LIEB, H.: in F. PREGL: Die quantitative organische Mikroanalyse, 4. Aufl., S. 157 u. 158, herausgegeb. von H. ROTH. Berlin 1935. — LIEB, H., u. O. WINTERSTEINER: Mikrochem. **2**, 78 (1924).

MARIE, CH.: C. r. **129**, 766 (1899); Bl. [3] **23**, 44 (1900); durch C. **71**, **I**, 62 u. 371 (1900); Ann. Chim. Phys. [8] **3**, 335 (1904); durch C. **75**, **II**, 1709 (1904). — MITSCHERLICH, A.: B. **6**, 1000 (1873). — MONTHULÉ, C.: Ann. Chim. anal. **9**, 308 (1904); durch C. **75**, **II**, 853 (1904).

NEUMANN, A.: H. **37**, 115 (1902/03); **43**, 32 (1904).

OLIVIER, S. C. J.: R. **59**, 872 (1940).

PELLET, H.: Ann. Chim. anal. **10**, 93 (1905); durch C. **76**, **I**, 1274 (1905). — PERKOW, W., u. H. KODDEBUSCH: Fr. **136**, 189 (1952). — PLÜCKER, W.: Z. Lebensm. **17**, 446 (1909); durch C. **80**, **I**, 2016 (1909). — POGGI, R., u. A. POLVERINI: Atti Accad. Lincei [6] **4**, 315 (1926); durch C. **98**, **I**, 632 (1927). — PONS JR., W. A., u. J. D. GUTHRIE: Ind. eng. Chem. Anal. Edit. **18**, 184 (1946); durch C. **118**, 89 (1947) (Akademie-Verlag, Berlin). — PRINGSHEIM, H. H.: Am. Chem. J. **31**, 386 (1904); durch C. **75**, **I**, 1427 (1904); B. **41**, 4267 (1908).

REICHARD, O.: Z. Lebensm. **85**, 158 (1943).

SALVADORI, R., u. A. MAZZARON: G. **38**, **I**, 54 (1908); durch C. **79**, **I**, 973 (1908). — SARTORI, A.: Ch. Z. **25**, 263 (1901). — SARUDI (v. STETINA), I.: Öst. Ch. Z. **41**, 436 (1938). — SIEGFRIED, M., u. E. SINGEWALD: Z. Lebensm. **10**, 521 (1905); durch C. **77**, **I**, 94 (1906). — SIMMONS, W. R., u. J. H. ROBERTSON: (a) Anal. Chem. **22**, 294 (1950); (b) 1177. — STUTZER, A.: Angew. Ch. **20**, 1637 (1907); Bio. Z. **7**, 471 (1908). — ŞUMULEANU, C., u. GH. GHIMICESCU: Ann. sci. Univ. Jassy **23**, 182 (1937); durch C. **108**, **II**, 150 (1937).

TÄUFEL, K., H. THALER u. K. STARKE: Angew. Ch. **48**, 191 (1935). — THOMAE, E.: Z. Lebensm. **74**, 34 (1937); durch Fr. **113**, 231 (1938). — TSCHOPP, E.: Bio. Z. **203**, 267 (1928). — TSENG, CHAO-LUN, u. F. WEI: Sci. Quart. nat. Univ. Peking **2**, 15 (1937); durch C. **108**, **II**, 2041 (1937).

VILA, A.: C. r. **198**, 657 (1934).

WILEY, H. W.: Am. Soc. **19**, 320 (1897); durch C. **68**, **I**, 1071 (1897). — WIRTH, R.: Ch. Z. **19**, 1786 (1895). — WÖRNER, E.: Z. Lebensm. **15**, 732 (1908); durch C. **79**, **II**, 541 (1908). — WOY, R.: Ch. Z. **25**, 291 (1901). — WREATH, A. R.: J. Assoc. offic. agric. Chem. **31**, 800 (1948); durch SIMMONS, W. R., u. J. H. ROBERTSON (a), siehe dort. — WUHRMANN, H., u. O. HÖGL: Mitt. Lebensmittelunters. Hyg. **35**, 273 (1944). — WURZSCHMITT, B.: Mikrochemie. **36/37**, 769 (1951); durch Fr. **134**, 372 (1952). — WURZSCHMITT, B., u. W. ZIMMERMANN: Fortschr. chem. Forsch. **1**, 485 (1949/50).

E. Die Bestimmung der Phosphorsäure im biologischen Material.

Von K. LANG, Mainz.

Phosphorsäure kommt in Tieren und Pflanzen in freier und gebundener Form vor. Viele Bausteine der Zellen und Gewebe sind phosphorsäurehaltig. Zahlreiche Umsetzungen im Stoffwechsel verlaufen über phosphorylierte Zwischenprodukte. Die zahlreichen, im biologischen Material enthaltenen Phosphorsäureverbindungen pflegt man auf Grund ihres analytischen Verhaltens folgendermaßen einzuteilen:

I. Eiweißphosphor (Nucleoproteide, Phosphoproteide). Diese Fraktion wird bei der Enteiweißung ausgefällt.

II. Säurelöslicher Phosphor. Man versteht darunter die Summe aller Phosphorsäure enthaltenden Verbindungen, die bei der Enteiweißung mit Trichloressigsäure in das Filtrat übergehen. Zu ihnen gehören:

a) Die anorganische Phosphorsäure (PO_4-Ionen). Ihre Menge ist in den meisten Organen und Gewebsflüssigkeiten nur gering.

b) Nucleotide, wie z. B. Adenylsäure und Adenosintriphosphorsäure.

c) Phosphorsäureester der Kohlenhydrate.

d) Phosphoglycerinsäure, Phosphobrenztraubensäure, Glycerinphosphorsäure u. dgl.

e) Die Phosphagene (Kreatinphosphorsäure und Argininphosphorsäure).

III. Lipoidphosphor. Diese Fraktion kann durch ihre Löslichkeit in Äther oder anderen organischen Lösungsmitteln von den übrigen Verbindungen abgetrennt werden.

Viele der aufgeführten Verbindungen pflegt man in Form von Phosphorsäure zu bestimmen. Die Analyse mancher biologisch wichtiger Phosphorsäureester erfolgt durch Aufnahme von Hydrolysekurven unter Verfolgung der abgespaltenen Phosphorsäure. Die Bestimmung der Phosphorsäure im biologischen Material ist, wie man sieht, mannigfaltiger Anwendungen fähig und besitzt eine größere praktische Bedeutung. Im folgenden wird lediglich auf die Phosphorsäurebestimmung als solche eingegangen werden. Ihre Anwendung zur Erfassung der einzelnen aufgeführten organischen Verbindungen soll nicht beschrieben werden. Zumeist stehen vom biologischen Material nur kleine Substanzmengen zur Verfügung. Im allgemeinen sind daher nur Mikromethoden anwendbar.

Phosphorsäurebestimmungen im biologischen Material haben zur Voraussetzung, daß man sich grundsätzlich darüber im klaren ist, was erfaßt werden soll. Will man nur das präformierte anorganische Phosphat erfassen, so muß dafür Sorge getragen werden, daß nicht Phosphorsäureester sekundär im Analysengang aufgespalten werden. Im allgemeinen geht man zur Bestimmung der anorganischen Phosphorsäure so vor, daß das Material mit Trichloressigsäure enteiweißt wird, worauf man im Filtrat die vorhandene Phosphorsäure ermittelt. Sind leicht aufspaltbare Phosphorsäureester zugegen, so müssen besondere Kautelen eingeschaltet werden. Dies ist vor allem bei der Analyse der Muskulatur zu beachten. Muskeln enthalten Phosphagen, das schon während der üblichen Phosphatbestimmung zu Kreatin und Phosphorsäure aufgespalten wird. Man ist daher in diesem Falle gezwungen, rasch und bei tiefer Temperatur zu arbeiten sowie das präformierte anorganische Phosphat durch eine Fällung bei alkalischer Reaktion zu isolieren. Näheres hierüber siehe weiter unten bei der Bestimmung des „wahren anorganischen Phosphors". Über Möglichkeiten der Enteiweißung im neutralen oder alkalischen Gebiet siehe HINSBERG und LÁSZLÓ. Über die Spaltbarkeit der wichtigsten im biologischen Material vorkommenden Phosphorsäureester orientiert die Tabelle 18. Über die katalytische Wirkung von Molybdat auf die Hydrolyse von Phosphatverbindungen siehe WEIL-MALHERBE.

Tabelle 18. Spaltbarkeit von Phosphorsäureestern.

Phosphorsäureester	Hydrolyse in n HCl bei 100° $k \cdot 10^{-3}$
Glucose-1-phosphorsäure	200
Glucose-6-phosphorsäure	0,23
Fructose-1-phosphorsäure	75
Fructose-6-phosphorsäure	4,2
Fructose-1,6-diphosphorsäure	a) 52 b) 4,2
Galaktose-1-phosphorsäure	5,9[1]
Mannose-1-phosphorsäure	0,29
Glycerinaldehyd-phosphorsäure	36
Dioxyaceton-phosphorsäure	34
3-Phosphoglycerinsäure	0,14
2-Phosphoglycerinsäure	0,14
Phosphobrenztraubensäure	36
α-Glycerinphosphorsäure	0,009
Kreatinphosphorsäure	2,1[2]

Will man die gesamte im biologischen Material (vgl. Tabelle 19) oder in einer bestimmten Fraktion enthaltene Phosphorsäure bestimmen, so muß das Analysensubstrat zuerst verascht werden. Hierfür benützt man heute praktisch ausschließlich die nasse Veraschung mit Schwefelsäure-Salpetersäure oder Überchlorsäure. Man versetzt die zu untersuchende Substanz in einem Mikro-KJELDAHL-Kolben mit etwas konzentrierter Schwefelsäure, engt bei kleiner Flamme ein, bis die ersten Schwefelsäuredämpfe entweichen (Auftreten weißer Nebel), und tropft dann konzentrierte Salpetersäure zu. Die Veraschung ist beendet, wenn sich die Flüssigkeit bei stärkerem Erhitzen nicht mehr verfärbt. Man kocht dann mit etwas Wasser einige Minuten, um die Nitrosylschwefelsäure zu zerstören und etwaige Pyro-

[1] Hydrolyse in 0,25 n HCl bei 37°.
[2] *Hydrolyse in n HCl bei 20°. Die Hydrolyse wird durch Molybdat stark beschleunigt.*

phosphorsäure oder Metaphosphorsäure in Orthophosphorsäure zu überführen. Sind Trichloressigsäurefiltrate zu veraschen, die nur wenig organische Substanz enthalten, so kann man unter Umständen bei der Veraschung schon mit 1 bis 2 cm^3 2 n Schwefelsäure und wenigen Tropfen 2 n Salpetersäure auskommen. Man mache es sich zur Regel, möglichst wenig Säure zu verwenden und übermäßig starkes oder langes Erhitzen zu vermeiden.

Tabelle 19. Normalwerte für den P-Gehalt von Körperflüssigkeiten und Organen.

Organ	mg% P in der frischen Substanz	
	Anorganischer P	Gesamt-P
Blut	2—4	30—50
Lymphe	2—3	3—7
Liquor cerebrospinalis	1—2	1,5—2,5
Milch	35—55	65—80
Muskel	16—38	220—300
Leber	18—35	300—400
Niere	18—35	200—300
Gehirn	15—25	160—200
Lunge	15—22	75—120

Vorbereitung der Substrate zur Bestimmung der anorganischen Phosphorsäure: *Blut, Serum* und *Plasma:* 1 Vol. wird mit 8 Vol. Wasser verdünnt und mit 1 Vol. 20%iger Trichloressigsäure versetzt. Man filtriert oder zentrifugiert nach einigem Stehen und verwendet einen aliquoten Teil des Filtrats zur Analyse.

Organe: Die Enteiweißung erfolgt wie bei Blut beschrieben nach Zerreiben der Organe mit Quarzsand oder sonstiger ausgiebiger Zerkleinerung. Muskulatur muß anders behandelt werden. Näheres hierüber siehe bei Bestimmung des „wahren anorganischen Phosphors".

Liquor cerebrospinalis: 1 Vol. Liquor wird mit 1 Vol. 10%iger oder 15%iger Trichloressigsäure versetzt. Man erhitzt kurz im siedenden Wasserbad und zentrifugiert dann (Tropp, Seuberling und Eckardt).

Milch: In einen 100 cm^3 fassenden Meßkolben gibt man 10 cm^3 20%iger Trichloressigsäure und setzt tropfenweise 5 cm^3 Milch zu. Nach einigem Stehen wird mit Wasser zur Marke aufgefüllt und filtriert (Lang und Miethke).

Enzymansätze: Die Enteiweißung erfolgt durch Trichloressigsäure, wodurch gleichzeitig die enzymatische Aufspaltung abgestoppt wird.

Harn: Normalerweise liegen 99% und mehr des im Harn enthaltenen Phosphats in Form von anorganischem Phosphat vor. Zumeist kann der Harn ohne jede Vorbehandlung analysiert werden. Eiweißhaltige Harne müssen enteiweißt oder verascht werden.

Kot: Im allgemeinen interessiert nur der Gesamt-P-Gehalt. Soll jedoch das anorganische Phosphat bestimmt werden, so extrahiert man den Kot mit 33%iger Trichloressigsäure (Barac und Brull).

Manly hat alle bis 1939 zur Mikrobestimmung der Phosphorsäure im biologischen Material angegebenen Mikromethoden tabellarisch zusammengestellt und Berechnungen über ihre Zuverlässigkeit mitgeteilt, leider jedoch nicht auf Grund eigener Überprüfungen, sondern nur unter Verwendung der von den Autoren mitgeteilten Daten.

Literatur.

Barac, G., u. L. Brull: Bl. Soc. Chim. biol. **21**, 134 (1939).
Hinsberg, K., u. D. László: Bio. Z. **217**, 354 (1930).
Lang, K., u. M. Miethke: Bio. Z. **254**, 484 (1932).
Manly, R. S.: Mikrochem. **27**, 145 (1939).
Tropp, C., O. Seuberling u. B. Eckardt: Bio. Z. **290**, 320 (1937).
Weil-Malherbe, H.: Biochem. J. **49**, 286 (1951).

Bestimmung als Phosphormolybdat.

1. Colorimetrische Methoden.

Phosphorsäurebestimmungen im biologischen Material erfolgen heute nahezu ausschließlich nach diesem Prinzip, das sich gut bewährt hat. Da die Verfahren einfach sind und nur wenig Material und Zeit beanspruchen, lassen sich unschwer große Reihenuntersuchungen ohne großen Aufwand durchführen. Man versetzt die zu untersuchende Flüssigkeit mit Ammoniummolybdat in saurer Lösung und reduziert die entstandene Phosphormolybdänsäure zu Molybdänblau. Die zahlreichen vorgeschlagenen Verfahren unterscheiden sich im wesentlichen nur durch die Wahl des Reduktionsmittels. Alle colorimetrischen Verfahren haben die Abwesenheit von Arsenat und Silicat zur Voraussetzung. Als Reduktionsmittel wurden empfohlen:

I. Hydrochinon (Bell und Doisy, Briggs, Barac, Urbach, Zambotti, Warkany). Die Verwendung von Hydrochinon ist nicht vorteilhaft, da die Reaktion stark temperaturabhängig ist, nicht zu Ende verläuft und überdies sich als relativ unempfindlich erwiesen hat.

II. 1,2,4-Aminonaphtholsulfosäure („Eikonogen") (Fiske und Subbarow, Lohmann und Jendrassik, Teorell, Siwe). Diese Verfahren haben sich gut bewährt. Leider ist Eikonogen heute nicht mehr im Handel erhältlich.

III. 2,4-Diaminophenol („Amidol") (E. Müller, Allen, Borei, Egsgaard). Die Verwendung des Diaminophenol hat sich gut bewährt.

IV. Methyl-p-aminophenol (E. Tschopp und E. Tschopp).

V. Zinn(II)-chlorid (G. Denigès, Kuttner und Lichtenstein, Berenblum und Chain, Hahn, Ohle, Pfeilsticker, Smith, Dyer, Bodansky). Diese Verfahren sind die empfindlichsten, weil man bei ihnen die größte Farbintensität erhält. Sie sind im Bereich der üblichen Mikromethodik empfehlenswert. Bei Ultramikrobestimmungen sind jedoch die Werte weniger gut reproduzierbar als bei der Verwendung von 2,4-Diaminophenol (Norberg).

VI. Reduziertes Molybdat (R. Zinzadze, I. A. Schricker und Dawson, Geritz). Diese Bestimmungsmethode ist hochempfindlich und liefert gut reproduzierbare Werte. Ihr Nachteil besteht darin, daß längere Zeit bei stark saurer Reaktion auf 100° erhitzt werden muß, wobei leicht hydrolysierbare Phosphorsäureester teilweise gespalten werden. Das Verfahren ist daher nur dann anwendbar, wenn derartige Komplikationen ausgeschlossen sind, wie z. B. bei der Analyse von Aschelösungen.

VII. Ascorbinsäure (Ammon und Hinsberg). Bei der Verwendung von Ascorbinsäure besteht die Schwierigkeit, daß das Beersche Gesetz nicht gilt. Das Verfahren kann wertvoll sein, wenn Phosphat neben Arsenat zu bestimmen ist.

Eine Zusammenstellung noch vieler anderer Reduktionsmittel und eine Diskussion ihrer Eignung findet man bei E. Tschopp und E. Tschopp. Kritische Überprüfungen der colorimetrischen Methoden verdanken wir Woods und Mellon sowie Norberg, der sich mit der Ultramikroanalyse der Phosphorsäure befaßt hat. Mit Hilfe seiner Methode kann man unter Verwendung eines Mikrophotometers noch $0{,}5 \cdot 10^{-4}\,\gamma$ P bestimmen, so daß der P-Gehalt einzelner Zellen meßbar geworden ist.

Bei allen angeführten Verfahren nimmt die Farbintensität mit zunehmender Säurekonzentration ab. Es ist daher zu beachten, daß Analysenlösung und Standardlösung stets die gleiche Säurekonzentration aufweisen.

Die colorimetrische P-Bestimmung wird durch solche Substanzen gestört (vgl. Tabelle 20), die entweder die gleiche Farbreaktion ergeben wie Phosphorsäure, oder mit Molybdat Komplexe bilden oder die Reduktion zu Molybdänblau beeinträchtigen. Näheres über die störenden Konzentrationen findet man bei den einzelnen Arbeitsvorschriften. Weiterhin darf die zu untersuchende Lösung höchstens 0,5 m an Natriumchlorid, Ammoniumsulfat oder Harnstoff sein.

Substanzen, welche mit Phosphormolybdänsäure Niederschläge ergeben, wie z. B. Alkaloide, machen die direkte colorimetrische Bestimmung unmöglich. In diesem Falle muß man die Phosphorsäure zunächst durch eine Fällung isolieren. Hierzu eignet sich entweder die Fällung als $MgNH_4PO_4$, deren Durchführung bei der Bestimmung des „wahren anorganischen Phosphors" beschrieben ist, oder die Fällung als Calciumphosphat, die bis zu 10 γ P herab brauchbar ist (DELORY).

Tabelle 20. Substanzen, welche die colorimetrische P-Bestimmung stören.

Citronensäure	Fluoride
Oxalsäure	Nitrite
Brenztraubensäure	Silicate
Weinsäure	Arsenat
Äpfelsäure	Eisensalze
Milchsäure	
Glykolsäure	

***Arbeitsvorschrift von* DELORY.** Die zu analysierende Probe wird in einem Zentrifugenglas zunächst mit konzentriertem Ammoniak gegen Phenolphthalein neutralisiert, worauf man einen Ammoniaküberschuß von 0,2 cm³ hinzufügt. Dann wird mit 1 cm³ 2,5%iger $CaCl_2$-Lösung und 1 cm³ einer 0,5%igen Suspension von $MgCO_3$ versetzt, gut geschüttelt und mindestens 30 Min. stehengelassen. Das Calciumphosphat wird abzentrifugiert und die oben stehende Flüssigkeit abgesaugt und verworfen. Man wäscht den Niederschlag in üblicher Weise in der Zentrifuge mit 5 cm³ 2%iger Ammoniaklösung aus, löst ihn dann in dem sauren Molybdatreagens und überführt in einen passenden Meßkolben, worauf die colorimetrische Bestimmung angeschlossen wird.

Da sich die entstehende Blaufärbung mit Butanol ausschütteln läßt, kann man Phosphatbestimmungen auch in trüben oder eine Eigenfarbe aufweisenden Lösungen durchführen. Näheres hierüber findet man bei der Arbeitsvorschrift von ALLEN (siehe S. 108).

Arsenat wird häufig als Enzymgift verwendet, so daß man mitunter gezwungen ist, Phosphat in Gegenwart von Arsenat zu bestimmen. Dies gelingt, wenn man das Arsenat zu Arsenit reduziert (PETT, SCHÄFFNER und KRUMMEY).

***Arbeitsvorschrift von* PETT.** Man gibt die Analysenprobe in einen 25 cm³ fassenden Meßkolben, versetzt mit 0,5 cm³ 3 n Schwefelsäure und 0,4 g $NaHSO_3$ und hält den Kolben ½ Std. lang in einem Wasserbad von 50°. Dann erfolgt die übliche colorimetrische P-Bestimmung. Die Standardlösung muß in derselben Weise behandelt werden.

AMMON und HINSBERG weisen darauf hin, daß es in Gegenwart von Arsenat günstig ist, Ascorbinsäure als Reduktionsmittel zu wählen, mit der man gleichzeitig Arsenat zu Arsenit und Phosphormolybdänsäure zu Molybdänblau reduzieren kann.

***Arbeitsvorschrift von* LOHMANN *und* JENDRASSIK.** Die zu untersuchende Lösung wird in einem 25 cm³ fassenden Meßkolben mit 5 cm³ einer 2,5%igen Lösung von Ammoniummolybdat in 5 n H_2SO_4 und 1 cm³ Eikonogenlösung (oder Amidollösung) versetzt und mit Wasser zur Marke aufgefüllt. Man stellt 7 Min. in ein Wasserbad von 37° ein, dann nochmals 7 Min. in ein solches von Zimmertemperatur, worauf colorimetriert oder photometriert wird. Bei Verwendung des Stupho mißt man unter Vorschalten des Filters S 72. Das BEERsche Gesetz gilt genau. Die Farbe ist beständig. Die Methode ist im Bereich von einem bis zu einigen hundert γ P anwendbar.

Eikonogen- (Amidol-) Lösung: 0,5 g 1, 2, 4-Aminonaphtholsulfosäure (Eikonogen) bzw. 2, 4-Diaminophenolchlorhydrat (Amidol) werden in 195 cm³ einer 15%igen $NaHSO_3$-Lösung und 5 cm³ einer 20%igen Na_2SO_3-Lösung gelöst. Das Reagens ist nicht unbegrenzt haltbar.

Die Eichkurven sind für Eikonogen und Amidol nicht identisch. Das Verfahren von LOHMANN und JENDRASSIK hat sich gut bewährt und daher eine häufige Anwendung gefunden. EGSGAARD macht darauf aufmerksam, daß man die Empfindlichkeit um rd. 50% steigern kann, wenn bei einer Säurekonzentration von 0,66 n Schwefelsäure und bei einer Temperatur von 60° gearbeitet wird. Er empfiehlt daher, eine Lösung von 2,5% Ammoniummolybdat in 3n Schwefelsäure zu verwenden und den Ansatz zur Entwicklung der Farbe 15 Min. auf 60° zu erwärmen. Man läßt dann noch 10 Min. bei Zimmertemperatur stehen. Im übrigen wird nach der Vorschrift von LOHMANN und JENDRASSIK verfahren.

Soll der Phosphatgehalt einer Aschelösung bestimmt werden, so neutralisiert man diese zunächst mit Ammoniak unter Verwendung eines Tropfens einer 0,1%igen wäßrigen Lösung von p-Nitrophenol als Indicator. Arbeitet man mit Trichloressigsäurefiltraten, so gibt man der Standardlösung die gleiche Menge Trichloressigsäure zu.

HORECKER, MA und HAAS haben die Methode zur Bestimmung von 1 bis 5 γ P umgearbeitet. Bei Verwendung von Mikroküvetten lassen sich P-Mengen in der Größenordnung der Zehntel γ bestimmen (SIWE). An Stelle eines gewöhnlichen Colorimeters kann auch ein lichtelektrisches Instrument verwendet werden (McCUNE und WEECH).

D. R. DAVIES und W. C. DAVIES geben als maximale, gerade eben nicht mehr störende Menge bei einem Endvolumen der Analysenflüssigkeit von 15 cm³ an:

Citronensäure	30 mg	Oxalsäure	50 mg
Brenztraubensäure	50 mg	Weinsäure	90 mg
Äpfelsäure	120 mg	Milchsäure	120 mg
Glykolsäure	250 mg		

Sind die aufgeführten Substanzen in einer höheren Konzentration vorhanden, so kann man sich durch Erhöhung der Molybdatkonzentration helfen, wodurch ihr störender Einfluß vermindert wird.

Bestimmung des „wahren anorganischen Phosphors" nach **LOHMANN.** Man zerdrückt den zu untersuchenden Muskel in einer Reibschale, die in einer Kältemischung vorgekühlt ist, mit gut gekühlter, zweckmäßigerweise teilweise gefrorener 5%iger Trichloressigsäure. Auf 1 Teil Muskel nimmt man 10 Teile Trichloressigsäure. Es wird möglichst rasch filtriert und ein aliquoter Teil Filtrat, der etwa 0,1 bis 0,5 mg P enthalten soll, in ein spitz zulaufendes, 10 bis 15 cm³ fassendes Zentrifugenglas gegeben, das schon vorher mit 1 cm³ 10%igem Ammoniak und 2 cm³ Magnesiumcitratreagens beschickt worden war. Zur Erleichterung der Abscheidung der Kristalle von $MgNH_4PO_4$ stellt man einen dünnen Glasstab in das Zentrifugenglas. Nach Stehen über Nacht im Eisschrank wird zentrifugiert, die oben stehende Flüssigkeit verworfen und der Niederschlag in üblicher Weise in der Zentrifuge mit 5 cm³ 1%iger Ammoniaklösung ausgewaschen. Man löst dann den Niederschlag in 5 cm³ Ammoniummolybdatlösung, spült in einen 25 cm³ fassenden Meßkolben über und verfährt wie bei der Phosphatbestimmung nach LOHMANN und JENDRASSIK. An Stelle des Magnesiumcitratreagens kann man auch „Magnesiamixtur" (50 g $MgCl_2$ und 105 g NH_4Cl im Liter) verwenden.

Magnesiumcitratreagens nach MATHISON: Man löst 40 g Citronensäure in 500 cm³ Wasser in der Hitze, trägt in die heiße Lösung 20 g MgO ein, fügt nach dem Abkühlen 400 cm³ konzentriertes Ammoniak hinzu und füllt mit Wasser auf 1500 cm³ auf. Nach 12- bis 14stündigem Stehen wird filtriert.

Näheres über die Eignung der Ausfällung der Phosphorsäure als $MgNH_4PO_4$ zu Mikro-Phosphatbestimmungen findet man bei HINSBERG und LÁSZLÓ.

Das geschilderte Vorgehen ist dann notwendig, wenn wie im Muskel äußerst leicht hydrolisierbare Phosphorsäureverbindungen enthalten sind, die schon unter den Bedingungen des Analysengangs gespalten werden. Dies sind in erster Linie die Phosphagene (Kreatinphosphorsäure und Argininphosphorsäure).

Nach ENNOR und STOCKEN ist eine colorimetrische Bestimmung von anorganischem Phosphat neben Phosphagen oder anderen leicht spaltbaren Phosphorsäureverbindungen möglich, wenn man bei Zimmertemperatur arbeitet und die entstandene Phosphormolybdänsäure sofort mit Isobutanol nach BERENBLUM und CHAIN ausschüttelt. Die Bildung von Phosphormolybdänsäure verläuft so rasch, daß eine nennenswerte Aufspaltung von Phosphagen vermieden werden kann.

***Arbeitsvorschrift von* KUTTNER *und* LICHTENSTEIN.** Die neutrale Untersuchungsflüssigkeit wird in einem 10 cm^3 fassenden Meßkolben mit 4 cm^3 Molybdatreagens und 1 cm^3 Zinn(II)-chloridlösung versetzt, zur Marke aufgefüllt, worauf man innerhalb der nächsten 2 Std. colorimetriert oder photometriert.

Molybdatreagens: a) 10 n Schwefelsäure. b) 7,5%iges Natriummolybdat. — Unmittelbar vor Gebrauch mischt man einen Teil der Schwefelsäure mit 2 Teilen Wasser, kühlt und gibt dann 1 Teil Ammoniummolybdat zu.

Zinn(II)-chlorid-Reagens: 10 g $SnCl_2$ werden in 25 cm^3 konzentriertem HCl gelöst. Zur Bestimmung wird ein Teil dieser Stammlösung mit Wasser auf das Zweihundertfache verdünnt. Die verdünnte Lösung ist nicht haltbar.

***Arbeitsvorschrift von* HAHN.** HAHN machte die Beobachtung, daß Molybdänblau im Sonnenlicht relativ rasch ausbleicht. Er empfiehlt daher, die Proben bis zur Beendigung der Farbentwicklung ins Dunkle zu stellen. Im einzelnen gibt er zur Bestimmung des Gesamtphosphors folgende Vorschrift: die Probe, die bis zu 150 γ P enthalten darf, wird in einem Reagensglas oder in einem Mikro-KJELDAHL-Kolben mit 15 cm^3 konzentrierter Schwefelsäure versetzt und im elektrischen Sandbad erhitzt. Wenn die Veraschung nahezu beendet ist, wird noch 1 Tropfen Perhydrol zugegeben. Man spült in einen 100 cm^3 fassenden Meßkolben über, setzt einen Tropfen einer 1%igen wäßrigen Lösung von o-Dinitrobenzol zu und läßt aus einer Bürette so viel 3 n Natriumacetatlösung zutropfen, bis ein schwach gelber Farbton auftritt. Hierzu sind etwa 4 cm^3 erforderlich. Dann wird mit Wasser auf etwa 80 bis 85 cm^3 verdünnt, worauf man 2 cm^3 Molybdatlösung (1 Teil 10%ige Ammoniummolybdatlösung + 3 Teile 19,4 n Schwefelsäure) zusetzt, mischt und 3 Tropfen frisch bereiteter Zinn(II)-chloridlösung (1 g $SnCl_2$ in 10 cm^3 konzentriertem HCl unter vorsichtigem Erwärmen gelöst) hinzufügt. Nach kräftigem Umschütteln wird mit Wasser zur Marke aufgefüllt, die Probe für mindestens 30 Min. ins Dunkle gestellt und dann photometriert.

***Arbeitsvorschrift von* BERENBLUM *und* CHAIN.** Der Vorteil dieses Verfahrens besteht darin, daß die Phosphatbestimmung durch die Anwesenheit der sonst störenden Substanzen wie z. B. Citronensäure, Fluorid, Oxalat usw. kaum beeinträchtigt wird (siehe S. 89).

***Arbeitsvorschrift von* ZINZADZE** (s. S. 104).

***Arbeitsvorschrift von* NORBERG.** Sie stellt eine wesentliche Verbesserung der Originalvorschrift von ZINZADZE dar. Die Herstellung des Molybdänblaureagenses ist vereinfacht.

Herstellung des Molybdänblaureagenses: Man löst 5,7 g MoO_3 unter Erhitzen in 100 cm^3 konzentrierter Schwefelsäure. Dann werden bei einer Temperatur von 150 bis 180° 0,26 g Molybdänpulver eingetragen. Das fertige Reagens ist 0,27 m an MoO_3 und 0,15 n an Mo_2O_5.

Die zu untersuchende Lösung wird mit so viel Reagens versetzt, daß dessen Endkonzentration 1% beträgt. Man erhitzt 25 Min. auf 100°, läßt erkalten, adjustiert das Volumen und photometriert.

***Arbeitsvorschrift von* SOYENKOFF.** SOYENKOFF verwendet ein völlig neuartiges Prinzip. Seine Methode beruht darauf, daß Chinaldinrot durch Bildung eines Komplexes mit Phosphormolybdänsäure einen Farbwechsel erleidet. Der entstehende Farbstoff-Phosphormolybdänsäure-Komplex wird durch ein Schutzkolloid in Lösung gehalten. Das Verfahren soll etwa 15mal empfindlicher als die im Vorstehenden beschriebenen colorimetrischen Methoden sein.

Blut wird mit Trichloressigsäure enteiweißt. Organe verascht man trocken und löst die Asche in n HCl. 2 cm³ der zu untersuchenden Lösung werden mit 2 cm³ Farbstofflösung und 1 cm³ Molybdatlösung (8,85 g Ammoniummolybdat und 250 cm³ 10 n Schwefelsäure im Liter) unter ständigem Rühren gemischt. Man läßt 10 Min. stehen und mißt dann die Extinktion in einem photoelektrischen Colorimeter unter Verwendung eines Filters, das bei 402 mμ absorbiert. Da die Farbentwicklung durch Trichloressigsäure beeinflußt wird, muß die Standardlösung dieselbe Menge Trichloressigsäure enthalten.

Farbstofflösung: 50 mg Chinaldinrot und 25 mg Gummi arabicum werden mit 500 cm³ Wasser 1 Std. auf dem Dampfbad erhitzt, wobei alle 10 Min. gut gerührt werden muß. Man kühlt die Mischung dann rasch ab.

Neuerdings wird von SOYENKOFF an Stelle des Chinaldinrots 2-p-Dimethylaminostyrylchinolin-äthylsulfat, das besser löslich ist, verwendet. Man enteiweißt Blut (bzw. Plasma) mit 9 Vol. 10%iger Trichloressigsäure und verdünnt das Filtrat mit Wasser auf das Zehnfache. Organe werden trocken oder mit Schwefelsäure-Salpetersäure verascht. Veraschung unter Verwendung von Perchlorsäure eignet sich für dieses Bestimmungsverfahren nicht. Man versetzt 2 cm³ der Probe mit 2 cm³ Farbstoffreagenslösung und unter Rühren mit 1 cm³ Molybdat-Sulfatlösung (letztere sehr genau abmessen!) und photometriert nach 10 Min. bei 510 mμ.

Farbstoffreagenslösung: 1,22 g Benzoesäure, 1,23 g Nicotinsäure, 94 cm³ Wasser und 2,84 g NH_4HCO_3 werden gerührt, bis vollständige Lösung erfolgt ist. Dann gibt man 1,18 g Bernsteinsäure zu und beseitigt das in Freiheit gesetzte CO_2 durch Rühren. Darauf werden 10 cm³ Farbstofflösung (0,1%ige Lösung von 2-p-Dimethylaminostyrylchinolin-äthylsulfat in Wasser), 2 cm³ einer frisch bereiteten 1%igen Lösung von Gummi arabicum und 88 cm³ Wasser zugesetzt. p_H der Lösung 5,60 bis 5,64. Nur 2 Wochen haltbar.

Molybdat-Sulfatlösung: Zu einer frisch hergestellten Lösung von 8,85 g Ammoniummolybdat in 500 cm³ Wasser gibt man 270 cm³ 10 n H_2SO_4 und füllt mit Wasser auf 1 l auf.

2. Titrimetrische Methoden.

Die meisten beruhen darauf, daß die Phosphorsäure als Phosphormolybdänsäure gefällt und diese anschließend acidimetrisch ermittelt wird. Diese Verfahren sind nur dann anwendbar, wenn keine Phosphorsäureester zugegen sind, weil die Fällung bei erhöhter Temperatur in einem stark sauren Milieu vorgenommen werden muß. Zur Bestimmung der Gesamtphosphorsäure sind sie gut geeignet. Kleinste Phosphorsäuremengen lassen sich jedoch nicht mehr erfassen. Die zuerst von NEUMANN angegebene Bestimmungsmethode ist in der Folgezeit vielfach modifiziert worden, so z. B. von GREGERSEN, HEUBNER, KLEINMANN, SAMSON, STEWART und ARCHIBALD, WIDMARK und VAHLQUIST, MACHEBOEF, PLIMMER, HAMMARSTEN, KUHN, GADDUM, LINDNER und KIRK.

***Arbeitsvorschrift von* PLIMMER.** Die 10 bis 100 γ P enthaltende Untersuchungslösung wird in einem 100 cm³-Kolben mit 10 bis 20 cm³ 10%iger Ammoniumnitratlösung und 0,5 bis 1,0 cm³ konzentrierter Schwefelsäure versetzt. Man erhitzt zum Sieden und gibt dann 1 bis 10 cm³ PREGLscher Ammoniummolybdatlösung zu. Die Fällung beginnt sofort. Nach 15 Min. filtriert man durch ein Asbestfilter und wäscht 6mal mit 3 bis 6 cm³ Alkohol aus. Der Trichter wird dann auch von außen gut abgewaschen und in die eine Öffnung eines doppelt durchbohrten Stopfens gesetzt. In die andere Öffnung kommt ein Rohr, das an die Wasserstrahlpumpe angeschlossen wird. Man läßt nun aus einer Bürette einen geringen Überschuß 0,05 n NaOH zufließen und bringt damit unter Rühren den Niederschlag in Lösung, wobei die Flüssigkeit in einem darunter befindlichen Kolben gesammelt wird. Man wäscht 6mal mit Wasser nach, so daß das Gesamtvolumen auf etwa 25 cm^3 kommt und kocht dann 5 Min. zur Entfernung des Ammoniaks. Hierauf wird unter Zusatz von 1 Tropfen Phenolphthaleinlösung mit 0,05 n Säure titriert. Man gibt zunächst einen Überschuß an Säure zu, kocht zur Austreibung von CO_2 und titriert dann den Säureüberschuß mit 0,05 n Lauge zurück.

$$1\ cm^3\ 0{,}05\ n\ NaOH = 0{,}1268\ mg\ P_2O_5 = 0{,}05532\ mg\ P.$$

Ammoniummolybdatlösung nach PREGL: 150 g gepulvertes Ammoniummolybdat werden mit 400 cm^3 Wasser bis zur Lösung gekocht. Nach dem Abkühlen läßt man langsam unter Schütteln in eine Lösung von 50 g Ammoniumsulfat in 500 cm^3 Salpetersäure (D 1,36) einlaufen. Nach 2 Tagen wird filtriert. Die Aufbewahrung soll in einer braunen Flasche erfolgen.

An Stelle des Asbestfilters kann man auch Porzellanfiltertiegel verwenden. Die älteren Autoren sammelten den Niederschlag auf Filtern, was weniger empfehlenswert ist.

***Arbeitsvorschrift von* GADDUM.** GADDUM hat die titrimetrische Bestimmungsmethodik durch Abzentrifugieren des Niederschlags und Verwendung von Mikrobüretten erheblich verfeinert. Er versetzt 2 cm^3 Trichloressigsäurefiltrat in einem spitzen Zentrifugenglas mit 0,25 cm^3 Salpetersäure-Schwefelsäure (50 cm^3 konzentrierte Schwefelsäure in 1 l Salpetersäure der D 1,19), erhitzt im siedenden Wasserbad und gibt 2 cm^3 Molybdatlösung hinzu. Der Niederschlag wird abzentrifugiert und 2mal mit je 5 cm^3 2%iger Ammoniumnitratlösung, die durch Zusatz von 1 Tropfen konzentrierter Salpetersäure je 100 cm^3 Lösung auf p_H 4 gebracht wurde, in der Zentrifuge ausgewaschen. Man leitet dann 1 Min. CO_2-freie Luft in das Glas ein, gibt aus einer Mikrobürette 0,5 cm^3 0,1 n Lauge auf den Niederschlag und titriert nach Zusatz von 1 Tropfen 0,02%iger Phenolrotlösung auf p_H 7,4. 1 cm^3 0,1 n Lauge entspricht 0,1225 mg P.

Die Methode von LINDNER und KIRK erlaubt als „Tropfenanalyse" die Erfassung noch kleinerer Phosphatmengen. SAMSON zentrifugiert den gebildeten Niederschlag gleichfalls ab. Die von ihm benützte Entfernung des Ammoniaks durch Zusatz von Formalin ist nicht empfehlenswert. Am besten hat es sich bewährt, den Niederschlag zunächst in einem Laugenüberschuß zu lösen und das Ammoniak durch Erhitzen auszutreiben.

Molybdatlösung: Man löst 50 g Ammoniumsulfat in 500 cm^3 Salpetersäure (D 1,36) sowie 150 g Ammoniummolybdat in 400 cm^3 Wasser. Beide Lösungen werden vereinigt und auf einen Liter mit Wasser aufgefüllt.

***Arbeitsvorschrift von* WIDMARK *und* VAHLQUIST.** Die Autoren saugen den Niederschlag auf ein Mikrofilterstäbchen ab. Die Methode ist sehr zu empfehlen. Man verascht das Material in üblicher Weise mit Schwefelsäure und Salpetersäure, verdünnt die Aschelösung mit 15 cm^3 Wasser und kocht dann 3 Min. Nach Zusatz von 5 cm^3 50%iger Ammoniumnitratlösung und erneutem Aufkochen wird 1 cm^3 10%ige Ammoniummolybdatlösung zugefügt und dann so lange gekocht, bis ein deutlich grobkörniger Niederschlag ausgefallen ist. Man hält die Flüssigkeit weitere 2 Min. bei 80°, läßt mindestens 1 Std. bei Zimmertemperatur stehen und saugt dann auf ein Mikrofilterstäbchen ab. Dann wird dreimal mit je 5 cm^3 eisgekühltem Wasser unter Aufschlämmen und vollständigem Trockensaugen nach jeder Waschung ausgewaschen. Der Kolben wird zur Hälfte mit Wasser gefüllt, dem man dann 2 bis 3 cm^3 mehr als die berechnete Menge 0,04 n Lauge zufügt. Unter vorsichtigem Kochen wird die Flüssigkeit auf 10 bis 15 cm^3 eingedampft. Das Filterstäbchen wird nach völliger Lösung des Niederschlags herausgenommen und mit einigen Kubikzentimetern warmen Wassers abgespült. Nach Zusatz von einem Tropfen 1%iger Phenolphthaleinlösung wird mit 0,04 n Schwefelsäure neutralisiert, worauf man noch etwa 0,5 cm^3 im Überschuß zusetzt. Man kocht zum Austreiben von CO_2 auf, läßt erkalten und titriert mit 0,04 n Lauge zurück. 1 cm^3 0,04 n Lauge = 0,0443 mg P.

Das Verfahren ist im Bereich von 10 bis 1000 γ P anwendbar. Bei der Bestimmung von 100 γ übersteigt der Fehler in der Regel nicht 1%.

Javillier und Djelatides, ferner Thivolle machen von einem anderen Prinzip Gebrauch. Sie fällen die Phosphorsäure als Phosphormolybdänsäure aus, reduzieren aber dann das Ammoniummolybdat mit Aluminium bzw. Zink zu Mo_2O_3 und titrieren dieses mit Permanganat.

Dumazert und Morgue zersetzen den Niederschlag mit Lauge, destillieren das Ammoniak ab und bestimmen letzteres in der Vorlage jodometrisch. Ihr Verfahren ist für P-Mengen zwischen 10 und 180 γ anwendbar. Auch Sörensen und Macheboeuf bestimmen den Niederschlag in Form von Ammoniak. King und Delory fällen die Phosphomolybdänsäure mit 8-Oxychinolin aus und bestimmen das niedergeschlagene Oxychinolin colorimetrisch mit dem Phenolreagens von Folin. Auf 1 Mol Phosphat kommen 3 Mole Oxychinolin (siehe S. 71).

3. Gravimetrische Bestimmung.

Gravimetrische Verfahren zur Bestimmung der Phosphorsäure im biologischen Material werden heute nur noch in Ausnahmefällen angewandt, da sie zu umständlich sind, um größere Reihenuntersuchungen zu erlauben. Sie erfordern überdies relativ große Substanzmengen.

***Arbeitsvorschrift von* Holtz.** Zum Abfiltrieren des Niederschlags dienen Mikro-Porzellanfiltertiegel. Zur Reinigung kocht man sie zuerst mit einer Mischung gleicher Teile konzentrierter Salpetersäure und Salzsäure, dann einige Male mit Wasser aus, saugt Wasser und zuletzt Alkohol durch und trocknet bei 145 bis 155°.

Das Material, das 10 bis 100 γ P enthalten soll, wird in einem Mikro-Kjeldahl-Kolben mit Schwefelsäure und Salpetersäure verascht. Man versetzt dann mit 3 cm^3 einer Mischung von 7 Vol. 25%iger Ammoniumnitratlösung und 1 Vol. 60%iger Salpetersäure (D 1,36) und hängt 30 Min. ins kochende Wasserbad. Die Fällung erfolgt direkt nach dem Herausnehmen aus dem Wasserbad durch Einfließenlassen von 2 cm^3 Molybdatreagens in die 100° heiße Lösung, wobei die Berührung von Kolbenhals und -wandungen unbedingt vermieden werden muß, weil sonst zu hohe Analysenwerte durch Ausfallen weißer Molybdänsäure entstehen. Man führt die Pipette daher zweckmäßigerweise durch ein Glasrohr geschützt in den Kolben ein. Nach der Fällung wird der Kolben geschüttelt und für eine Stunde in ein Wasserbad von 60 bis 65° eingehängt. Während dieser Zeit muß etwa 8 mal geschüttelt werden. Zuletzt läßt man noch 10 Std. stehen. Man saugt dann den gelben Niederschlag in den Tiegel ab und wäscht mit je 1 cm^3 Flüssigkeit nach folgendem Schema:

Ausspülen des Kolbens	Nachwaschen des Tiegels
2 mal mit Waschflüssigkeit	1 mal mit Waschflüssigkeit
1 mal mit Alkohol	1 mal mit Alkohol
1 mal mit Waschflüssigkeit	1 mal mit Waschflüssigkeit
1 mal mit Alkohol	2 mal mit Alkohol.

Waschflüssigkeit ist eine 2- bis 3%ige Ammoniumnitratlösung, die mit einigen Tropfen Salpetersäure angesäuert ist. Nach Ablaufen des letzten Alkohols saugt man noch etwa ½ Min. Luft durch den Tiegel und setzt ihn dann auf eine trockene Lage Filtrierpapier, das die Feuchtigkeit aus der Filterschicht saugt. Der Tiegel wird äußerlich mit Filtrierpapier abgetrocknet und auf eine kalte Glasplatte in die obere Etage eines auf 145 bis 155° erhitzten Trockenschranks gesetzt. Die untere Etage wird mit einem 1 bis 2 g Ammoniumcarbonat enthaltendem Gefäß beschickt. Nach etwa 15 Min. ist das Ammoniumcarbonat verdampft, worauf man eine weitere Menge davon in den Trockenschrank setzt. Nach weiteren 10 Min. werden die Filtertiegel in einen mit Calciumchlorid beschickten Exsiccator übergeführt, in dem sie ½ Std. neben der Waage stehend verbleiben. Nach dem Wägen auf der Mikrowaage werden die

Tiegel mit 5%igem Ammoniak gefüllt, das 10 Min. später abgesaugt wird. Der Niederschlag muß völlig verschwunden sein. Dann wird ausgewaschen, und zwar zuerst 3mal mit verdünntem Ammoniak, 2mal mit Wasser, 1mal mit Alkohol, nochmals mit Wasser und zuletzt mit Alkohol. Die Tiegel werden wie oben beschrieben auf Filtrierpapier gestellt, mit Filtrierpapier äußerlich abgetrocknet und kommen dann für 15 Min. in den Trockenschrank, der aber diesmal kein Ammoniumcarbonat enthält. Nach ½stündigem Stehen im Exsiccator werden sie gewogen. 1 mg Niederschlag = 0,01468 mg P.

Molybdatreagens: 16 g Ammoniummolybdat werden in 100 cm³ Wasser in der Siedehitze gelöst und nach dem Erkalten mit 100 cm³ 60%iger Salpetersäure (D 1,36), die 10% Ammoniumsulfat enthält, versetzt. Die Mischung wird in einem Wasserbad 3 bis 5 Std. auf 60 bis 65° erhitzt, 12 Std. bei Zimmertemperatur stehengelassen und zuletzt durch eine Glasfilternutsche filtriert.

Bestimmung als Strychnin-Phosphormolybdat.

Die von EMBDEN in die biologische Mikroanalyse eingeführte Fällung als Strychnin-Phosphormolybdat ist der als Ammonium-Phosphormolybdat überlegen, weil sie in der Kälte vorgenommen werden kann, so daß man Phosphorsäure auch in der Gegenwart von Phosphorsäureestern bestimmen kann.

***Arbeitsvorschrift von* MYRBÄCK** (siehe S. 79). Sie ist eine Mikromodifikation der Methode von EMBDEN, mit deren Hilfe sich 20 bis 500 γ P bestimmen lassen.

Betr. des Verfahrens von BERGOLD und PISTER siehe § 1, C, S. 77.

Bestimmung als Uranylphosphat.

Die auf der Ausfällung der Phosphorsäure als Uranylphosphat beruhenden titrimetrischen Methoden sind zur Mikrobestimmung von Phosphat im biologischen Material nicht geeignet und sollen daher an dieser Stelle nicht besprochen werden. Verschiedene Autoren haben colorimetrische Verfahren beschrieben, mit denen man kleine Phosphormengen erfassen kann [YOSHIMATSU, HINSBERG und LANG (siehe S. 132)].

Literatur.

ALLEN, R. I.: Biochem. J. **34**, 858 (1940). — AMMON, R., u. K. HINSBERG: Z. physiol. Ch. **239**, 207 (1936).

BARAC, G.: Bl. Soc. Chim. biol. **21**, 138 (1939); **29**, 836 (1947). — BELL, R. D., u. E. A. DOISY: J. biol. Chem. **44**, 55 (1920). — BERENBLUM, J., u. E. CHAIN: Biochem. J. **32**, 286, 295 (1938). — BODANSKY, A.: J. biol. Chem. **99**, 197 (1933). — BOREI, H.: Bio. Z. **314**, 351 (1943). — BRIGGS, A. P.: J. biol. Chem. **53**, 1 (1922); **59**, 255 (1924).

DAVIES, D. R., u. W. C. DAVIES: Biochem. J. **26**, 2046 (1932). — DELORY, G. E.: Biochem. J. **32**, 1161 (1938). — DENIGÈS, G.: C. r. Soc. Biol. **84**, 875 (1921). — DUMAZERT, C., u. M. MORGUE: Bl. Soc. Chim. biol. **21**, 1151 (1939).

EGSGAARD, J.: Acta physiol. Scand. **16**, 179 (1948). — EMBDEN, G.: Z. physiol. Ch. **113**, 138 (1931). — ENNOR, A. H., u. L. A. STOCKEN: Austr. J. exp. Biol. med. Sci. **28**, 647 (1951).

FISKE, C. H., u. Y. SUBBAROW: J. biol. Chem. **66**, 375 (1925).

GADDUM, J. H.: Biochem. J. **20**, 1204 (1926). — GERITZ, H. W.: J. Assoc. offic. agric. Chem. **23**, 321 (1940). — GREGERSEN, J. P.: Z. physiol. Ch. **53**, 453 (1907).

HAHN, F.: Angew. Ch. **60**, 207 (1948). — HAMMARSTEN, G.: C. r. Carlsberg **17** Nr 5 (1927). — HEUBNER, W.: Bio. Z. **64**, 393 (1914). — HINSBERG, K., u. K. LANG: Bio. Z. **196**, 465 (1928). — HINSBERG, K., u. D. LÁSZLÓ: Bio. Z. **217**, 346 (1930). — HORECKER, B. L., u. E. HAAS: J. biol. Chem. **136**, 775 (1940). — HOLTZ, F.: Bio. Z. **210**, 252 (1929).

IVERSEN, P.: Bio. Z. **104**, 15, 22 (1920).

JAVILLIER, M., u. D. DJELATIDES: Bl. Soc. Chim. biol. **10**, 342 (1928).

KING, E. J.: Biochem. J. **26**, 292 (1932). — KING, E. J., u. G. E. DELORY: Biochem. J. **31**, 2046 (1937). — KLEINMANN, H.: Bio. Z. **99**, 95 (1919). — KUHN, R.: Z. physiol. Ch. **129**, 64 (1923). — KUTTNER, T., u. L. LICHTENSTEIN: J. biol. Chem. **86**, 671 (1930); **95**, 661 (1934).

LINDNER, R., u. P. L. KIRK: Mikrochem. **22**, 300 (1937). — LOHMANN, K.: Bio. Z. **194**, 306 (1928). — LOHMANN, K., u. L. JENDRASSIK: Bio. Z. **178**, 419 (1926).

MACHEBOEUF, M.: Bl. Soc. Chim. biol. 8, 464 (1926); 9, 94 (1927). — MCCUNE, D. J., u. A. A. WEECH: Pr. Soc. exp. Biol. Med. 45, 559 (1940). — MÜLLER, E.: Z. physiol. Ch. 237, 35 (1935). — MYRBÄCK, K.: Z. physiol. Ch. 148, 197 (1925).

NEUMANN, A.: Z. physiol. Ch. 37, 115 (1902/03). — NORBERG, B.: Acta physiol. Scand. 5, Suppl. 14 (1942).

OHLE, W.: Angew. Ch. 51, 906 (1938).

PETT, L. B.: Biochem. J. 27, 1672 (1933). — PFEILSTICKER, K.: Fr. 82, 276 (1930). — PLIMMER, R. H. A.: Biochem. J. 27, 1810 (1933).

SAMSON, K.: Bio. Z. 164, 288 (1925); 208, 230 (1929). — SCHÄFFNER, A., u. F. KRUMMEY: Z. physiol. Ch. 243, 149 (1936). — SCHRICKER, J. A., u. P. R. DAWSON: J. Assoc. offic. agric. Chem. 22, 167 (1939). — SIWE, S. A.: Bio. Z. 278, 437 (1935). — SMITH, G. R., W. J. DYER, C. L. WRENSHALL u. W. A. DE LONG: Canadian J. Res. 17, Sect. B 178 (1939). — SÖRENSEN, M.: C. r. Carlsberg 15 Nr 10 (1925). — SOYENKOFF, B.: J. biol. Chem. 168, 447 (1947); 198, 221 (1952). — STEWART, C. P., u. W. ARCHIBALD: Biochem. J. 19, 484 (1925).

TEORELL, T.: Bio. Z. 230, 1 (1930). — THIVOLLE, L.: Bl. Soc. Chim. biol. 17, 1427 (1935); C. r. Soc. Biol. 128, 1208 (1938). — TSCHOPP, E., u. E. TSCHOPP: Helv. 15, 793 (1932).

URBACH, C.: Bio. Z. 239, 28 (1931); 268, 457 (1934).

WARKANY, J.: Bio. Z. 190, 336 (1927). — WIDMARK, G., u. V. VAHLQUIST: Bio. Z. 230, 245 (1930). — WOODS, J. T., u. M. G. MELLON: Ind. eng. Chem. Anal. Edit. 13, 760 (1941).

YOSHIMATSU: Tôhoku J. exp. Med. 7, 553 (1926).

ZAMBOTTI, V.: Mikrochem. 26, 113 (1938). — ZINZADZE, R.: Z. Pflanzenernähr. Düng. Bodenkunde 16, 129 (1930).

§ 18. Trennung der Phosphorsäure von anderen Elementen.

Allgemeines.

Bei der Trennung der Phosphorsäure von anderen Elementen kann die Aufgabe nach zwei Seiten hin gestellt sein: einmal kann es sich darum handeln, die Phosphorsäure zu bestimmen, wobei die anderen Elemente mehr oder weniger unberücksichtigt bleiben; zum anderen Male sollen gerade die anderen Elemente bestimmt werden, und hierfür muß die unter Umständen störend wirkende Phosphorsäure entfernt werden. Dieser letztere Fall kommt entsprechend der Anlage des vorliegenden Handbuches hier nicht in Betracht. Der erste Fall hat besonders früher eine große Bedeutung gehabt, weil bei den älteren Bestimmungsverfahren, wie der Fällung als Ammoniummagnesiumphosphat oder mit Uranylsalz, viele Elemente störend wirken. Durch die Einführung des SONNENSCHEINschen Molybdatverfahrens (siehe § 1, S. 30) sind diese Schwierigkeiten weitestgehend beseitigt worden. Bei der Fällung der Phosphorsäure mittels Ammoniummolybdates in salpetersaurer Lösung stört nur Blei, das in mehr oder weniger großer Menge als Bleimolybdat mitfallen kann, wenn von den Elementen Vanadium und Wolfram abgesehen wird. Die zahlreichen älteren Arbeiten über die Ausschaltung des Einflusses von insbesondere Eisen (in 3wertiger Form), Aluminium und Calcium, die normale Bestandteile der Phosphaterze sind, haben demgemäß ihre damalige Bedeutung eingebüßt. Eine Trennungsmöglichkeit für Phosphorsäure von anderen Elementen mit ziemlich allgemeiner Anwendbarkeit bietet sich in jüngster Zeit in steigendem Maße durch die Benutzung von Ionenaustauschharzen. Beispiele hierfür sind in § 7, S. 150 und § 10, A, S. 159, 161 und 163 angeführt.

Bei Anwesenheit von Zinn in der Analysensubstanz bildet sich bei der Auflösung in Salpetersäure eine unlösliche Adsorptionsverbindung von Zinn(IV)-oxydhydrat mit Phosphorsäure, die je nach den Mengenverhältnissen der beiden Bestandteile in der Analysenprobe die gesamte oder nur einen Teil der Phosphorsäure enthält. Verfahren zur Trennung von Zinn und Phosphorsäure sind in § 16, S. 266 beschrieben.

A. Abtrennung der Phosphorsäure durch Verflüchtigung.

Nach Vorversuchen von JANNASCH und HEIMANN, die Phosphorsäure aus ihren Verbindungen mit Metallen bei Gegenwart von Kohle im Chlorstrome zu verflüchtigen, gelangten JANNASCH und JILKE durch Anwendung eines Stromes von Chlor und Tetrachlorkohlenstoffdampf zu quantitativen Erfolgen. Obwohl das Verfahren eine besondere Apparatur mit Quarzrohr, Quarz- oder Platinschiffchen, hohe Temperaturen und ziemlich viel Zeit erfordert, möge es in der von JANNASCH und LEISTE angegebenen Ausführungsform hier etwas eingehender mitgeteilt werden, weil es für irgendwelche Sonderfälle vielleicht brauchbar ist. Da Chlor einen ungünstigen Einfluß auf die Reaktion ausübt, verwenden die Verfasser nur noch Tetrachlorkohlenstoff, den sie intermittierend mit Kohlendioxyd anwenden. Sie setzen außerdem dem Analysengute Quarzpulver als Magerungsmittel und zur Erleichterung des Gaszutrittes zu. Voraussetzung für das Gelingen der Analyse ist absolute Wasserfreiheit der Reagenzien. Die nach 2½ bis 3½ Std. beendete Reaktion vollzieht sich im Sinne folgender Gleichungen:

$$P_2O_5 + 2\,CCl_4 = 2\,POCl_3 + COCl_2 + CO_2,$$
$$2\,P_2O_5 + 3\,CCl_4 = 4\,POCl_3 + 3\,CO_2,$$
$$MePO_4 + 2\,CCl_4 = MeCl_3 + POCl_3 + COCl_2 + CO_2.$$

Die Apparatur besteht aus einem geneigten Quarzrohre von 650 mm Länge und 17 mm Durchmesser, das durch weite Quarzschliffe am erhöhten Ende mit der Vergasungsvorrichtung für Tetrachlorkohlenstoff (Tropftrichter mit einer in einem Heizbade von 120 bis 150° liegenden Glasrohrspirale und Zuleitung für Kohlendioxyd) und am tiefer liegenden Ende mit einer birnförmigen Vorlage und einem Zehnkugelrohr verbunden ist. Der kugelförmig erweiterte Quarzschliff am Anfang des Quarzrohres wird durch einen Mikrobrenner erhitzt, um zurückdiffundierte und verflüssigte Produkte zu verdampfen. Das Quarzrohr wird in einem Ofen mit 15 Brennern erhitzt. Im Rohre befindet sich hinter dem Schiffchen mit der Substanz ein 10 cm langer Bausch aus Quarzwolle zum Zurückhalten von staubförmigen Teilchen der Substanz.

Genaue Arbeitsvorschriften sind nicht mitgeteilt, das Erhitzen muß bis zu heller Rotglut gesteigert werden, und es werden Tetrachlorkohlenstoff und Kohlendioxyd abwechselnd eingeleitet. Es ist möglich, die Phosphorsäure zu verflüchtigen aus Alkali- und Erdalkaliphosphaten, aus den Phosphaten der Metalle der Ammoniumsulfid- und der Schwefelwasserstoffgruppe mit Ausnahme von Aluminium und Zinn, bei deren Anwesenheit Kaliumchlorid zugeschlagen werden muß. Schwierigkeiten treten durch die gleichzeitige Verflüchtigung von Eisen (und anderen Elementen ?) auf.

Das Verfahren ist angewendet worden auf die Analyse der Phosphatmineralien Apatit, Pyromorphit, Vivianit, Triphyllin und von Aschen.

B. Trennung von Phosphorsäure und Borsäure.

Die Phosphorsäure und Borsäure enthaltende Lösung wird nach KONINGH mit überschüssigem Natriumcarbonat versetzt und mit Calciumchlorid gefällt. Es fällt nur Calciumphosphat aus. Es kann aber auch die Phosphorsäure als Ammoniummagnesiumphosphat gefällt werden. Siehe auch § 4, B, S. 141.

C. Trennung der Phosphorsäure von Titan.

Die Trennung von Titan und Phosphorsäure bereitet deshalb Schwierigkeiten, weil sich mit dem Titan leicht Titanphosphate wechselnder Zusammensetzung gleichzeitig abscheiden. Daher findet man Phosphorsäure bereits bei der Abscheidung der Kieselsäure (aus Mineralien usw.), und nach dem Glühen liegt dann ein emailartiger Rückstand vor, der mit Natriumcarbonat aufgeschlossen werden muß. Wird er in Wasser aufgenommen, so gehen Phosphorsäure und Kieselsäure größtenteils in Lösung, während sich Titandioxydhydrat infolge hydrolytischer Spaltung von Natriumtitanat abscheidet. Immerhin bleibt etwas Titan in Lösung, das neuerdings gefällt werden muß. Nachteilig dabei ist außerdem, daß die Titansäure immer Phosphat enthält, und es muß daher das Aufschließen, Lösen usw. mehrfach wiederholt werden, was umständlich und zeitraubend ist (MOSER, NEUMAYER und WINTER).

Die einwandfreie Trennung haben MOSER und Mitarbeiter dadurch erreicht, daß Titan in n schwefelsaurer Lösung mit Tannin und Antipyrin gefällt wird, also in so stark saurer Lösung, daß die Titanphosphate in Lösung bleiben. Die Trennung ist selbst bei großem Phosphatgehalt bei einmaliger Fällung des Titans vollständig. Da nur Titanbestimmungen ausgeführt wurden, so werden hier keine näheren Angaben gemacht. Die Arbeit enthält keine Mitteilungen in bezug auf die Bestimmung der Phosphorsäure und deren Ergebnisse. Bez. der Titan-Fällung siehe dieses Handbuch III. Teil, Bd. IVb, Kapitel Ti.

THORNTON fällt Titan bei Gegenwart von Weinsäure in der Kälte quantitativ in flockiger, leicht filtrierbarer Form durch Kupferron (Ammoniumsalz des Nitrosophenylhydroxylamins).

D. Trennung der Phosphorsäure von Vanadium.

Bei Gegenwart von Vanadat ist eine genaue Bestimmung von Phosphorsäure nicht möglich, weil sich in saurer Lösung leichtlösliche Salze von Vanadatophosphorsäuren (Heteropolysäuren) bilden, die mit Ammoniummolybdat als Fällungsmittel gemischte Heteropolysäuren liefern. Es ist deshalb nötig, entweder Vanadat und Phosphat gemeinsam zu fällen und im Niederschlage in zweckentsprechender Weise die beiden Säuren zu trennen oder aber das Vanadat zu Vanadylsalz zu reduzieren und danach das Phosphat in üblicher Weise entweder als Ammoniummagnesiumphosphat oder als Ammoniummolybdophosphat zu fällen.

Von älteren Arbeiten über gemeinsame Fällung beider Säuren ist die von GIBBS zu nennen, bei der Quecksilber(I)-nitrat als Fällungsmittel angegeben ist. Der Niederschlag wird verglüht und die Summe von V_2O_5 und P_2O_5 bestimmt. In einer besonderen Probe wird aus dem Niederschlage von Ammoniumvanadat NH_4VO_3 der Vanadinpentoxydgehalt ermittelt, während der Gehalt an P_2O_5 aus der Differenzbildung folgt. EDGAR fällt durch überschüssige, eingestellte 0,1 n Silbernitratlösung Silbervanadat und Silberphosphat gemeinsam aus und bestimmt im Filtrat das überschüssige Silbernitrat nach VOLHARD (1 ml 0,1 n $AgNO_3$ = 3,03 mg V_2O_5 und = 2,366 mg P_2O_5). Der Niederschlag wird in Schwefelsäure gelöst, das Vanadat mit schwefliger Säure reduziert und das entstandene vierwertige Vanadium mit Kaliumpermanganatlösung titriert (1 ml 0,05 n $KMnO_4$ = 4,55 mg V_2O_5).

SIDENER und SKARTVEDT setzen Aluminiumsalzlösung zu und fällen nach der Reduktion des Vanadates mit Ammoniumhydrogensulfit mittels Phenylhydrazin und Ammoniak Aluminiumphosphat aus, das aber noch stark vanadiumhaltig ist, so daß die Fällung mehrmals wiederholt werden muß. Eine Verbesserung dieses Verfahrens hat KROPF angegeben.

Als Reduktionsmittel wird vielfach schweflige Säure benutzt. Dies dürfte auf HOLVERSCHEIT zurückgehen, der gefunden hat, daß sich in Gemischen, die Vanadinsäure und Phosphorsäure enthalten, diese gut bestimmen läßt, wenn das Vanadat durch schweflige Säure zu Vanadylsalz ($VO^{\cdot\cdot}$) reduziert wird. Nach dem Verkochen der überschüssigen schwefligen Säure wird aus der mit Ammoniumnitrat versetzten und mit Salpetersäure angesäuerten Lösung *in der Kälte* Ammoniummolybdophosphat gefällt. Es kann jedoch durch die Salpetersäure ein Teil des Vanadylsalzes zu Vanadat oxydiert werden, was besonders eintritt, wenn viel Vanadium neben wenig Phosphor vorliegt, und es kann dann zuviel Phosphor gefunden werden. In diesem Falle wird bei 50 bis 60° gefällt und nach dem Erkalten sofort filtriert. Außerdem wird ein großer Molybdatüberschuß angewendet. Das ausgefällte Ammoniummolybdophosphat wird in Ammoniummagnesiumphosphat verwandelt. Das Verfahren von HOLVERSCHEIT ist wegen seiner Unsicherheit heute verlassen, wenn auch der erste Schritt der Reduktion des Vanadates mittels schwefliger Säure von späteren Bearbeitern beibehalten ist. Als andere Reduktionsmittel hat KROPF Citronensäure oder Weinsäure vorgeschlagen. IWANTSCHEFF und MEUWSEN verwenden Hydraziniumsulfat (siehe darüber § 15, B, S. 257). Nach HOLDER ist jedoch deren Verfahren bei Vorliegen einer größeren Menge Vanadinsäure nicht einwandfrei durchführbar und die Abscheidung der Phosphorsäure nicht quantitativ. Er bringt das durch schweflige Säure reduzierte vierwertige Vanadium durch Weinsäure und überschüssiges Ammoniak in komplexe Bindung. Aus solchen violett gefärbten Komplexverbindungen wird durch Magnesiamischung kein vierwertiges Vanadium ausgefällt, wenn der Luftsauerstoff ausgeschlossen oder die Lösung mit Hydraziniumsulfat versetzt wird.

Das an Gemischen aus Alkalivanadat und -phosphat erprobte Verfahren wird unten angeführt. Es sei noch bemerkt, daß CAIN und TUCKER Eisen(II)-sulfat als Reduktionsmittel verwendet haben.

Nach DOERNER soll die Trennung von Vanadinsäure und Phosphorsäure dadurch möglich sein, daß beim starken Ansäuern der Lösung Vanadinsäure ausfällt, während Phosphorsäure in Lösung bleibt. Die Trennung der Phosphorsäure von Arsen, Aluminium und Vanadium führen TRAVERS und LU durch Erhitzen des Stoffes im Chlorstrome aus. Bei 400° verflüchtigt sich Vanadylchlorid $VOCl_3$, bei 450° geht das Arsen flüchtig, und bei Steigerung der Temperatur auf 800° sublimiert Eisen(III)-chlorid. Im Schiffchen hinterbleiben Aluminiumoxyd und Phosphorsäure, die leicht zu trennen sind.

1. Verfahren von KROPF.

Abscheidung der Phosphorsäure als Aluminiumphosphat.

Arbeitsvorschrift. Die Vanadat und Phosphat enthaltende salpetersaure Lösung wird nach der Zugabe von 0,5 bis 1 g eines löslichen Aluminiumsalzes zum Sieden erhitzt und dann mit Ammoniak in kleinem Überschuß versetzt. Nach kurzem Aufkochen wird der entstandene Niederschlag abfiltriert und heiß ausgewaschen. Er wird in heißer, verdünnter Salpetersäure gelöst, die Lösung mit Ammoniak z. T. neutralisiert und nun zur Reduktion von mitgefälltem Vanadat mit 10 ml Citratlösung 3 Min. lang gekocht. (Herstellung der Citratlösung: 1 kg Citronensäure wird in 1 l Wasser gelöst. Die mit konzentriertem Ammoniak neutralisierte Lösung wird auf 5 l aufgefüllt.) Dann werden 30 ml 40%ige Ammoniumnitratlösung, 10 ml Salpetersäure (D 1,18) und 80 bis 100 ml Ammoniummolybdatlösung zugefügt. Das ausgefällte Ammoniummolybdophosphat wird zunächst 2- bis 3mal mit 1%iger Salpetersäure gewaschen und dann je nachdem, ob der Niederschlag gravimetrisch oder titrimetrisch bestimmt werden soll, weiterbehandelt (siehe § 1, A, S. 32).

Über die direkte Fällung der Phosphorsäure mit Ammoniummolybdat siehe § 10, C, S. 169.

2. Verfahren von HOLDER.

Bildung von komplexen Vanadylverbindungen mit Weinsäure.

Arbeitsvorschrift. Nach der Reduktion des Vanadates mit schwefliger Säure und dem Verkochen von deren Überschuß wird die Lösung mit 30 ml Magnesiamischung, 30 ml gesättigter Ammoniumchloridlösung und 5 g Weinsäure versetzt und zum Sieden erhitzt. Nach dem Zusatz von konzentriertem Ammoniak fällt Ammoniummagnesiumphosphat aus. Das auch bei Gegenwart von Aluminium brauchbare Verfahren liefert befriedigende Werte. (Seine Anwendbarkeit auf Stähle und Erze ist nicht geprüft worden, ist aber wahrscheinlich möglich, u. U. mit Umfällung des Ammoniummagnesiumphosphates.)

E. Trennung der Phosphorsäure von Wolfram.

Die Trennung von Phosphorsäure und Wolframsäure nach SPRENGER durch Fällung der Wolframsäure mittels Gerbsäure ist auch in der von BARBER verbesserten Form nach HINRICHSEN und DIECKMANN (siehe dazu § 15, A, S. 253) nicht verwendbar. Eine annähernde Trennung der beiden Säuren ist nach v. KNORRE durch Fällung mit Benzidin möglich, jedoch durch die Schwerlöslichkeit des Benzidinphosphates erschwert. Besser gelingt die Niederschlagung der Wolframsäure durch Tolidinchlorhydrat, allerdings ist eine Umfällung des ersten Niederschlages nötig, um schließlich reines Wolframtrioxyd zu erhalten. Über die Bestimmung der im Filtrat befindlichen Phosphorsäure ist keine Angabe gemacht (siehe dazu § 15, A, S. 253).

Um Phosphorsäure von größeren Mengen Wolframsäure zu trennen, wird diese nach LUNDELL und HOFFMAN in Ammoniak gelöst. Die Lösung wird mit Salzsäure angesäuert und mit 1 g Alaun (in wäßriger Lösung) versetzt. Durch Zusatz von Ammoniak in möglichst geringem Überschuß wird die Phosphorsäure als Aluminiumphosphat neben Aluminiumoxydhydrat gefällt, und sie kann in der Lösung dieses Niederschlages in bekannter Weise bestimmt werden. — Um die Phosphorsäure quantitativ abzuscheiden, muß mindestens die fünffache Menge Aluminium anwesend sein, und ein großer Überschuß an Ammoniak ist zu vermeiden, selbst wenn sehr viel Aluminium vorhanden ist.

Verfahren von v. Knorre. ***Reagens.*** 20 g Tolidinchlorhydrat (p, p′ Diamino-m, m′ dimethyldiphenyl $H_2N\langle\quad\rangle-\langle\quad\rangle NH_2$) werden in Wasser suspendiert und
CH₃ CH₃
mit 28 ml Salzsäure (D 1,12) in Lösung gebracht. Nach dem Filtrieren wird die Lösung auf 1000 ml aufgefüllt. 10 ml genügen für die Fällung von 220 mg WO_3, es muß aber ein 3- bis 5facher Überschuß angewendet werden.

Arbeitsvorschrift. Die auf 300 bis 400 ml verdünnte Lösung von Phosphorwolframat wird mit 3 ml Salzsäure (D 1,12) zum Sieden erhitzt und heiß mit überschüssiger Tolidinlösung versetzt. Nach vollständigem Erkalten wird der Niederschlag abfiltriert, mit der 5- bis 10fach verdünnten Tolidinlösung gewaschen und im Platintiegel verascht. Der Glührückstand wird im Platintiegel mit Natriumcarbonat geschmolzen. Die wäßrige Lösung der Schmelze wird mit Salzsäure angesäuert (Methylorange als Indicator), mit 3 ml Salzsäure (D 1,12) versetzt, auf 200 bis 300 ml verdünnt und wie oben beschrieben zum zweiten Male gefällt. Nach dem Glühen des Niederschlages liegt reines Wolframtrioxyd vor.

F. Trennung der Phosphorsäure von Aluminium und Eisen.

Bevor die Bestimmung der Phosphorsäure durch Fällung als Ammoniummolybdophosphat zu einem allgemein brauchbaren und zuverlässigen Verfahren vervollkommnet war, und solange sie hauptsächlich durch die Fällung des Ammoniummagnesiumphosphates aus ammoniakalischer Lösung erfolgen mußte, war es notwendig, den Einfluß gleichzeitig anwesenden 3wertigen Eisens und Aluminiums (und der Erdalkalimetalle) auszuschalten oder diese vor der Phosphatfällung abzutrennen. Aus dem umfangreichen Schrifttum über derartige Verfahren werden hier nur einige Arbeiten zitiert, weil heutzutage für die Bestimmung der Phosphorsäure in Gegenwart von den genannten Kationen weitestgehend die Molybdatfällung angewendet wird. Wenn es sich darum handelt, diese Kationen bei Gegenwart von Phosphat zu bestimmen, so gibt es heute auch dafür verschiedene Verfahren, bei denen die Phosphorsäure nicht stört und über die in diesem Handbuche bei den betreffenden Kapiteln nachgelesen werden möge (z. B. § 11, A, S. 180).

Eine der ältesten Vorschriften über die Abtrennung der Phosphorsäure von Aluminium, Eisen und den Erdalkalimetallen dürfte von R. Fresenius stammen. Danach wird 3wertiges Eisen zuerst durch schweflige Säure zu 2wertigem reduziert, dann wird überschüssiges Schwefeldioxyd verkocht, die Lösung durch Natriumcarbonat teilweise neutralisiert, nun einige Tropfen Chlorwasser und Natriumacetat im Überschuß zugefügt, worauf weißes Eisen(III)-phosphat ausfällt. Durch tropfenweisen, weiteren Zusatz von Chlorwasser wird die teilweise Oxydation des 2wertigen Eisens fortgesetzt und die Lösung gekocht, bis sie farblos geworden ist. Im Niederschlag befindet sich die gesamte Phosphorsäure als Eisen(III)-phosphat und etwas basisches Eisen(III)-acetat. Die im Filtrat befindliche Hauptmenge des Eisens und die Erdalkalimetalle können weiter getrennt werden. Der Eisenphosphatniederschlag wird in Salzsäure gelöst und das Eisen nach der Reduktion mit Natriumsulfit durch Kochen mit überschüssiger Natronlauge als schwarzes Eisen(II, III)-oxyd gefällt, so daß im Filtrat davon die Phosphorsäure bestimmt werden kann. — Zur Trennung von Aluminium und Phosphorsäure wird die saure Lösung mit einem kleinen Überschuß von Ammoniak und so lange mit Bariumchlorid versetzt, wie noch ein Niederschlag fällt. Dieser enthält das Aluminium und die Phosphorsäure. Nach dem Auswaschen wird der Niederschlag in Salzsäure gelöst und diese Lösung mit Bariumcarbonat in der Wärme gesättigt. Dann wird mit überschüssiger Natronlauge erwärmt und Natriumcarbonat zugefügt. Der Niederschlag enthält die Phosphorsäure und das Filtrat das Aluminium. Aus der Lösung des Niederschlages in Salzsäure wird das beigemengte Barium als Sulfat gefällt, und nunmehr kann im Filtrat vom Bariumsulfat die Phosphorsäurebestimmung in Form des Ammoniummagnesiumphosphates erfolgen.

GIRARD benutzte die Bildung der unlöslichen Adsorptionsverbindung zwischen Zinn(IV)-oxydhydrat und Phosphorsäure zu deren Abtrennung von Eisen und Aluminium. Da dieses Verfahren aber nur brauchbar für die Phosphorsäurebestimmung ist, sei die Erwähnung hier genügend. Nach der Vorschrift von SOLAJA werden Aluminium und Phosphat bei einem Verhältnis $Al_2O_3 : P_2O_5 = 2$ bis $3:1$ mit Diamminquecksilberchlorid $Hg(NH_3)_2Cl_2$ gemeinsam quantitativ gefällt und von Mangan, ferner bei Gegenwart von Hydroxylamin von 2wertigem Eisen, ebenso von Calcium und Magnesium getrennt. Da in der Arbeit keine Angaben über die Trennung von Aluminium und Phosphorsäure gemacht werden, diese auch nur in kleinerer Menge vorliegen darf, so sei hier auf das Verfahren nicht näher eingegangen. Es soll noch auf die von THURNWALD und BENEDETTI-PICHLER im Mikromaßstabe durchgeführte Trennung von Phosphorsäure von Aluminium hingewiesen werden, die sich im allgemeinen mit der in § 10, C, S. 171 beschriebenen Methode deckt. Es wird zunächst die Phosphorsäure als Ammoniummolybdophosphat abgeschieden, das in Ammoniummagnesiumphosphat verwandelt wird. Der geringe Überschuß an Ammoniummolybdat wird durch Behandlung mit Schwefelwasserstoff unter Druck als Molybdänsulfid entfernt, und nun erfolgt die übliche Fällung des Aluminiums mit Oxin.

In einfacher Weise wird das Problem der Bestimmung der Phosphorsäure als Ammoniummagnesiumphosphat bei Gegenwart von Eisen und Aluminium von MOSER und BRUKL gelöst. Die beiden störenden Kationen werden durch Thiosalicylsäure komplex gebunden, so daß die Phosphorsäure ohne weiteres gefällt werden kann.

***Arbeitsvorschrift von* MOSER *und* BRUKL.** Die Lösung, die Phosphorsäure und bis zu 0,5 g der Metalloxyde enthält, wird mit 50 ml 33%iger Thiosalicylsäurelösung und mit festem Ammoniumchlorid (5 bis 10 g/100 ml) und dann mit einem geringen Überschuß an konzentriertem Ammoniak versetzt. Unter Umrühren der bei Anwesenheit von Eisen dunkelrotvioletten Lösung wird in einem Guß Magnesiamischung zugegeben. Sollte der Niederschlag flockig erscheinen, so ist entweder zu wenig Thiosalicylsäure oder zu wenig Ammoniumchlorid zugegen. Nach der Ausfällung wird noch $^1/_3$ des Gesamtvolumens an Ammoniak zugefügt. Nachdem die Mischung einige Stunden in der Kälte gestanden hat, wird der Niederschlag durch Dekantieren mit 3%igem Ammoniak, dem auf 100 ml 2 ml Thiosalicylsäurelösung zugesetzt sind, ausgewaschen. Auf das Filter gebracht, erfolgt das weitere Auswaschen bis zum Verschwinden der Thiosalicylsäure mittels 2,5%igen Ammoniaks. Im Filtrat können Eisen und Aluminium bestimmt werden. — Sollte das Magnesiumpyrophosphat nach dem Glühen nicht rein weiß sein, so war die Thiosalicylsäure nicht genügend ausgewaschen.

Literatur.

BARBER, M.: M. **27**, 379 (1906).

CAIN, J. R., u. F. H. TUCKER: Ind. eng. Chem. **5**, 647 (1913); durch C. **84**, **II**, 1517 (1913); J. Franklin Inst. **175**, 531 (1913); durch C. **84**, **II**, 174 (1913).

DOERNER, H. A.: Ind. eng. Chem. **15**, 1014 (1923); durch C. **95**, **I**, 1243 (1924).

EDGAR, G.: Am. Chem. J. **44**, 467 (1910); durch C. **82**, **I**, 261 (1911).

FRESENIUS, R.: J. pr. **45**, 258, 263 (1848).

GIBBS, W.: Am. Chem. J. **7**, 209 (1885). — GIRARD, A.: C. r. **54**, 468 (1862); durch Fr. **1**, 366 (1862).
HINRICHSEN, F. W., u. TH. DIECKMANN: Mitt. K. Materialprüf.-Amt **28**, 229 (1910). — HOLDER, G.: Fr. **128**, 231 (1948). — HOLVERSCHEIT, R.: Diss. Berlin 1890; durch C. **61**, **I**, 977 (1890).
JANNASCH, P., u. E. HEIMANN: B. **39**, 2625 (1906). — JANNASCH, P., u. W. JILKE: B. **40**, 3605 (1907); J. pr. [2] **78**, 21 (1908); J. pr. [2] **80**, 113 (1909). — JANNASCH, P., u. R. LEISTE: J. pr. [2] **88**, 129, 273 (1913).
KNORRE, G. v.: Fr. **47**, 37 (1908). — KONINGH, L.: Am. Soc. **19**, 385 (1897); durch C. **68**, **II**, 69 (1897). — KROPF, A.: Ch. Z. **41**, 877, 890 (1917).
LUNDELL, G. E. F., u. J. I. HOFFMAN: Ind. eng. Chem. **15**, 44 (1923); durch Fr. **85**, 293 (1931).
MOSER, L., u. A. BRUKL: B. **58**, 380 (1925). — MOSER, L., K. NEUMAYER u. K. WINTER: M. **55**, 96 (1930).
SIDENER, C. F., u. P. M. SKARTVEDT: Ind. eng. Chem. **5**, 838 (1913); durch C. **84**, **II**, 1825 (1913). — SOLAJA, B.: Fr. **80**, 334 (1930). — SPRENGER, M.: J. pr. [2] **22**, 421 (1880).
THORNTON, W. M.: Am. J. Sci. Silliman [4] **37**, 407 (1914); Z. anorg. Ch. **87**, 375 (1914). — THURNWALD, H., u. A. A. BENEDETTI-PICHLER: Mikrochem. **9**, 324 (1931). — TRAVERS, A., u. M. N. LU: C. r. **196**, 703 (1933).

2. Abschnitt.

Pyrophosphorsäure, Metaphosphorsäuren und Polyphosphorsäuren.

A. Pyrophosphorsäure.

$H_4P_2O_7$, Molekulargewicht 177,99.

Bestimmungsmöglichkeiten.

I. Die *gewichtsanalytische Bestimmung* der Pyrophosphorsäure kann mit Hilfe folgender Verfahren erfolgen:

1. Fällung und Wägung als Magnesiumpyrophosphat, § 4, S. 311.
2. Fällung als Zinkpyrophosphat und Wägung als Ammoniumzinkphosphat, § 6, D, S. 322.
3. Fällung und Wägung als Cadmiumpyrophosphat, § 4, S. 311.
4. Bei Vorliegen reiner Pyrophosphatlösungen kann Umwandlung in Orthophosphat durch 1- bis 2stündiges Kochen mit Salpetersäure vorgenommen und dieses Orthophosphat nach den im 1. Abschnitt, S. 30 angeführten Verfahren bestimmt werden.

II. Für die *maßanalytische Bestimmung* der Pyrophosphorsäure können folgende Verfahren herangezogen werden:

Acidimetrisch. 1. Unmittelbare Titration der freien Pyrophosphorsäure, § 1, A, S. 307.

2. Titration von Pyrophosphaten nach Zusatz von Calciumchlorid bzw. Bariumchlorid, § 1, B, S. 307.

3. Titration von Pyrophosphaten nach Zusatz von Zinksulfat bzw. Zinkjodid, § 1, C, S. 308 bzw. § 6, D, S. 319.

Argentometrisch. Fällung von Silberpyrophosphat und Bestimmung des hierbei überschüssig angewendeten Silbers nach VOLHARD, § 2, S. **309**.

Polarographisch. Durch Fällung mit Cadmiumacetat und polarographische Bestimmung des in Salzsäure gelösten Niederschlages, § 3, S. 310.

Amperometrisch. Durch Fällung mit Hexammin-kobalt(III)-chlorid, § 3, S. 310.

Eignung der wichtigsten Verfahren.

Bei der Bestimmung von Pyrophosphorsäure ist zu beachten, daß die Säure und ihre Salze in wäßrigem Medium mehr oder weniger schnell infolge von Hydratation in Orthophosphorsäure bzw. deren Salze übergehen.

Zur gravimetrischen Bestimmung der Pyrophosphorsäure und ihrer Salze kann die Fällung als Magnesiumpyrophosphat $Mg_2P_2O_7$ (BERTHELOT und ANDRÉ) oder von Zinkpyrophosphat $Zn_2P_2O_7$ (TRAVERS und CHU) dienen. Diese Fällung kann auch für die acidimetrische Titration verwendet werden, indem die aus sauren Pyrophosphaten entstehende freie Säure bestimmt wird. In analoger Weise kann die Fällung durch Erdalkalimetallsalze (v. KNORRE; STOLLENWERK und BÄURLE) bzw. durch Silbernitrat (BALAREW; LUTZ) erfolgen. Über die direkte acidimetrische Titration der freien Pyrophosphorsäure bzw. ihrer sauren Salze liegen Angaben von BALAREW, KOLTHOFF (a) und von GERBER und MILES vor. Die sehr umständliche Titration von Pyrophosphat mit Uranylsalz nach DWORZAK und REICH-ROHRWIG ist nach KOLTHOFF (d) wegen ihrer geringen Genauigkeit wenig empfehlenswert und wird deshalb hier nur erwähnt. Konduktometrisch können verdünnte Pyrophosphatlösungen (etwa 0,05 m) mit n Salzsäure bis zum sekundären Salz genau titriert werden [KOLTHOFF (b)].

Eine häufig vorkommende Aufgabe ist die Bestimmung der Pyrophosphorsäure neben Orthophosphorsäure. Hierfür sind verschiedene Verfahren ausgearbeitet worden, von denen diejenigen von WURZSCHMITT und SCHUHKNECHT, von JONES und von BELL bzw. von AUDRIETH und BELL die empfehlenswertesten sind.

Eigenschaften der Pyrophosphorsäure.

Wasserfreie Pyrophosphorsäure bildet glasige Kristalle. Ihr Schmelzpunkt liegt bei 65°. In Wasser ist sie leicht löslich, und diese Lösung reagiert stark sauer. Als vierbasige Säure kann Pyrophosphorsäure vier Reihen von Salzen bilden, von denen jedoch nur die neutralen und die zweifach sauren Salze größere Bedeutung haben. Die Alkalisalze sind in Wasser löslich, die Lösungen der neutralen Salze reagieren alkalisch, die der zweifach sauren sauer. Andere Pyrophosphate sind in Wasser unlöslich, sie lösen sich aber leicht in Säuren. Pyrophosphorsäure und ihre Salze gehen in wäßriger Lösung allmählich, in saurer Lösung schneller und beim Erhitzen mit Salpetersäure in kurzer Zeit in Orthophosphorsäure bzw. deren Salze über.

B. Metaphosphorsäuren.

Nach neuen Forschungsergebnissen sind als Metaphosphorsäuren bzw. als Metaphosphate im echten Sinne nur zwei Verbindungstypen als gesichert anzusehen, nämlich die Salze mit trimerem bzw. tetramerem Anion P_3O_9''' bzw. P_4O_{12}'''' mit ringförmigem Bau und den entsprechenden Bezeichnungen Trimetaphosphat bzw. Tetrametaphosphat (THILO; ANDRESS, GEHRING und FISCHER). Andere echte Metaphosphate sind bisher nicht bekannt und besonders kein Hexametaphosphat, wie das GRAHAMsche Salz auch heute noch, nachdem zuerst KARBE und G. JANDER festgestellt haben, daß es *hochpolymer* ist, genannt wird. Über die analytische Bestimmung des Tri- bzw. Tetrametaphosphates liegen erst einige wenige, noch nicht voll befriedigende Arbeiten vor. Es handelt sich meist um die Trennung dieser Metaphosphate von anderen Phosphaten in technischen Stoffen, wie besonders Wasserenthärtungsmitteln und Reinigungsmitteln, wobei hauptsächlich von der Leichtlöslichkeit des Bariumtrimetaphosphates Gebrauch gemacht wird, das somit in das Filtrat einer Fällung anderer Phosphate gelangt. Hierin wird das Metaphosphat durch Kochen mit Salpetersäure zu Orthophosphat hydratisiert und dieses in bekannter Weise bestimmt. In alkalischem Medium werden die Tri- bzw. Tetrametaphosphate hydrolytisch zu Polyphosphaten aufgespalten, nämlich zu Triphosphat P_3O_{10}''''' bzw. Tetraphosphat P_4O_{13}'''''' (THILO).

C. Polyphosphorsäuren.

Zu den Polyphosphorsäuren gehört als erstes Glied die Orthophosphorsäure. Als nächstes Glied folgt Pyrophosphorsäure, die jedoch hier, bisherigem Gebrauche folgend, gesondert behandelt wird (siehe oben). Das dritte Glied ist die Triphosphorsäure (oft Tripolyphosphorsäure genannt) $H_5P_3O_{10}$, deren neutrales Natriumsalz als Wasserenthärtungsmittel eine technische Rolle spielt. Schließlich ist noch die Tetraphosphorsäure $H_6P_4O_{12}$ zu erwähnen, von der bisher nur das Natriumsalz bekannt ist und die nur eine wissenschaftliche Bedeutung besitzt. In die Gruppe der Polyphosphate ist noch das in Wasser unlösliche MADRELLsche Salz einzureihen. Die Silber- und Bariumsalze der Polyphosphate niederen Anionengewichtes sind schwer löslich und fallen direkt und momentan aus. In saurer Lösung werden alle Polyphosphate leicht, in alkalischer sehr viel schwerer hydrolysiert. Für die analytische Bestimmung von Triphosphat sind Bestimmungsverfahren ausgearbeitet worden (BELL; THILO und SCHULZ; RAISTRICK und Mitarbeiter), die aber noch verbesserungsbedürftig sind. Auf die papierchromatographische Trennung verschiedener Phosphate nach EBEL und VOLMAR sei besonders aufmerksam gemacht.

Zu den Polyphosphaten, besser gesagt den kondensierten Phosphaten, gehören das GRAHAMsche $(NaPO_3)_x$ und das KURROLsche Salz $(KPO_3)_y$, von denen nur jenes in Wasser löslich und von großer technischer Bedeutung ist. Das GRAHAMsche Salz entsteht aus einer Schmelze, die beim Abschrecken glasig erstarrt, und es ist hochpolymer. Nach KARBE und G. JANDER ist der Polymerisationsgrad von der Erhitzungstemperatur abhängig und erreicht bei etwa 1100° C ein Maximum, dem ein Anionengewicht von der Größe 3460, unter gewissen Vorbehalten etwa 44 PO_3-Gruppen entsprechend, zukommt. Es ist also völlig abwegig, von „Hexametaphosphat“ zu sprechen, sondern vorläufig kann als Formel für das GRAHAMsche Salz nur $(NaPO_3)_x$ geschrieben werden. Feststehen dürfte nur, daß die Anionen einen kettenförmigen Bau aufweisen, was aber hier nicht diskutiert zu werden braucht. In alkalischem Medium ist das GRAHAMsche Salz bis zu 60° ziemlich beständig, darüber hinaus tritt Hydrolyse ein. Bei längerem Kochen mit Salpetersäure wird quantitativ Orthophosphat gebildet. Dieses kann wie üblich bestimmt werden. Zur Abtrennung von anderen Phosphaten kann die Fällung als Bariumsalz aus schwach salzsaurer Lösung benutzt werden (JONES). Auch an eine Fällung mit organischen Amino-Verbindungen kann gedacht werden [DEWALD und SCHMIDT (d)]. Eine konduktometrische Titration mit Hilfe von Calciumacetat hat JAHR beschrieben.

§ 1. Alkalimetrische Titration der Pyrophosphorsäure.

A. Direkte Titration.

Bei Zusatz von Natriumchlorid kann Pyrophosphorsäure mit Natronlauge und Phenolphthalein als Indicator bis zu dessen Rotfärbung nach BALAREW richtig bis zum neutralen Salz $Na_4P_2O_7$ titriert werden. KOLTHOFF (a) verwendet als Indicator Dimethylgelb bei der Gehaltsbestimmung von Pyrophosphaten durch Titration mit Säure, wobei ebenfalls Natriumchlorid zur Verlangsamung der Hydratation zugesetzt wird. Eine sehr genaue Vorschrift für die Titration freier Pyrophosphorsäure und ihrer Salze haben GERBER und MILES mitgeteilt. Diese wird auf S. 321 näher beschrieben.

B. Titration nach der Fällung mit Erdalkalimetallsalz.

Auf Zusatz von Calciumchloridlösung zu der Lösung von Dinatriumdihydrogenpyrophosphat entsteht eine äquivalente Menge freier Salzsäure, die nach v. KNORRE mit Kalkwasser titriert werden kann:

$$Na_2H_2P_2O_7 + CaCl_2 + Ca(OH)_2 = Ca_2P_2O_7 + 2\,NaCl + 2\,H_2O.$$

STOLLENWERK und BÄURLE haben das Verfahren vervollkommnet und durch Anwendung von Bariumchlorid modifiziert. Es ermöglicht die Bestimmung von Pyrophosphorsäure neben Orthophosphorsäure, und es ist nach den Erfahrungen von KOLTHOFF (c) recht brauchbar (vgl. 1. Abschnitt, § 4. S. 139).

Verfahren von STOLLENWERK und BÄURLE *zur Bestimmung von Pyrophosphorsäure und Orthophosphorsäure nebeneinander.* Bei der Titration eines Gemisches von Orthophosphat und Pyrophosphat mit Säure bis zum Umschlag von Methylorange liegt das Orthophosphat als Dihydrogenphosphat-Ion, das Pyrophosphat als Dihydrogenpyrophosphat-Ion vor. Wird nunmehr zu dieser Lösung eine solche von Calcium- oder von Bariumchlorid zugefügt, so entsteht wiederum freie Säure nach den Gleichungen:

$$2\,H_2PO_4' + 3\,Ba^{\cdot\cdot} = Ba_3(PO_4)_2 + 4\,H^{\cdot}, \tag{1}$$

$$H_2P_2O_7'' + 2\,Ba^{\cdot\cdot} = Ba_2P_2O_7 + 2\,H^{\cdot}, \tag{2}$$

die mit 0,1 n Lauge und Phenolphthalein als Indicator titriert wird. In einem anderen Teil der Analysenprobe wird das vorhandene Pyrophosphat durch Kochen mit Salpetersäure in Orthophosphat übergeführt und dieses mit dem ursprünglich vorhandenen Orthophosphat zusammen als Gesamt-Orthophosphat titriert.

***Arbeitsvorschriften.* 1. Bestimmung des gesamten Phosphates als Orthophosphat.** Ein aliquoter Teil der Analysenlösung wird 1 bis 2 Std. lang mit Salpetersäure gekocht. Die Lösung wird mit Lauge gegen Methylorange abgestumpft und das Orthophosphat in bekannter Weise titriert (etwa nach der Fällung mit Silbernitrat, siehe 1. Abschnitt, § 5, D, S. 146). — **2. Bestimmung des Pyrophosphates neben Orthophosphat.** Man titriert einen aliquoten Teil der Analysenlösung mit Säure gegen Methylorange bis zum Umschlag, fügt einen Überschuß von Bariumchloridlösung hinzu und titriert nun mit 0,1 n Lauge und Phenolphthalein. Wegen der Störung der Färbung des Phenolphthaleins durch das anwesende Methylorange gibt man in einem dritten Teil der Probelösung die bei der Titration mit Methylorange ermittelte Menge Säure ohne diesen Indicator zu und dann den 3- bis 4fachen Überschuß an Bariumchloridlösung. Nun erhitzt man zum Sieden, kühlt ab und titriert mit carbonatfreier Lauge bei Gegenwart von Phenolphthalein, bis die Lösung neutral reagiert. Man erwärmt erneut auf 80°, kühlt ab und titriert nunmehr zu Ende. — **3. Berechnung.** Zu 1. Da bei der Umwandlung von 1 Mol Dinatriumdihydrogenpyrophosphat 2 Mol Natriumdihydrogenorthophosphat entstehen ($Na_2H_2P_2O_7 \rightarrow 2\,NaH_2PO_4$), so wird auch die doppelte Menge Lauge hierfür gebraucht, während der Laugeverbrauch des ursprünglich vorhandenen Orthophosphates unverändert bleibt. Die Differenz zwischen dem Laugeverbrauch für das Gesamt-Orthophosphat A und für die Summe der beiden Einzelsäuren B entspricht also dem Gehalt an Pyrophosphat: $(A - B)\,\frac{26{,}595}{20}$ mg $Na_4P_2O_7$. Die Differenz zwischen B und $(A - B)$ entspricht dem ursprünglich vorhandenen Orthophosphat: $(2\,B - A)\,\frac{14{,}198}{20}$ mg Na_2HPO_4. Zu 2. Gemäß obiger Gleichung (1) entspricht 1 ml 0,1 n NaOH $\frac{14{,}198}{20}$ mg Na_2HPO_4 und entsprechend Gleichung (2) $\frac{26{,}595}{20}$ mg $Na_4P_2O_7$.

C. Titration nach der Fällung mit Zinksalzlösung.

Wird eine Lösung des Dinatriumdihydrogenpyrophosphates mit Zinksulfatlösung versetzt, so fällt Zinkpyrophosphat aus, und es entsteht eine äquivalente Menge Schwefelsäure, die nach BRIZKE und DRAGUNOW titriert wird:

$$Na_2H_2P_2O_7 + 2\,ZnSO_4 = Zn_2P_2O_7 + Na_2SO_4 + H_2SO_4.$$

TRAVERS und CHU benutzen die Fällung des Zinkpyrophosphates zur Trennung von Pyrophosphat und Orthophosphat (siehe S. 321). Dies ist möglich, weil Zinkorthophosphat in Essigsäure löslich ist bei einem p_H-Wert $< 4{,}7$, während Zinkpyrophosphat in demselben Medium erst bei dem $p_H < 3{,}7$ löslich ist. Nach WURZSCHMITT und SCHUHKNECHT ist die Fällung des Zinkpyrophosphates nicht gut, weil der Niederschlag voluminös und deshalb nie rein ist, und weil die entstehende Säure die quantitative Fällung verhindert. Wenn aber zur Neutralisierung Natronlauge zugefügt wird, so läßt sich eine kurzfristige Überschreitung des zulässigen p_H-Wertes nicht vermeiden, und dann enthält der Niederschlag auch Zinkorthophosphat. Nach denselben Autoren liefert das Verfahren von BRIZKE und DRAGUNOW leidliche Werte. Allerdings entspricht der Natronlaugeverbrauch nicht der Theorie, der Umschlag des Indicators (Bromphenolblau) ist unscharf, denn durch Adsorption des Farbstoffes am Niederschlage wird dieser grau gefärbt (siehe auch § 6, S. 320). DEWALD und SCHMIDT (a) schlagen eine Verbesserung des Verfahrens von BRITZKE und DRAGUNOW vor, die auf der Berechnung unter Anwendung eines „Potentiometrierfaktors" beruht. Ihre

Arbeitsvorschrift lautet: Man löse 0,5 g der auf Pyrophosphat zu untersuchenden Probe, die frei von Poly- und „Hexametaphosphat" (GRAHAMsches Salz) sein muß, in einem 250 ml-Becherglas mit 100 ml Wasser, stelle das Glas auf die Titrationsanordnung, rühre etwa 2 Min. lang und füge n Salzsäure bzw. 0,1 n Natronlauge zu, bis der p_H-Wert genau 3,8 beträgt. Dann setze man 70 ml 12,5%ige Lösung von Zinksulfat, die vorher ebenso auf p_H 3,8 gebracht worden war, hinzu, rühre etwa 2 Min. und titriere dann langsam mit 0,1 n Natronlauge auf p_H 3,8 zurück. Den Natronlaugeverbrauch multipliziere man mit dem aus der Tabelle 21 zu entnehmenden „Potentiometrierfaktor", den man am besten als Schaubild zeichnet. 1 ml 0,1 n NaOH = 13,23 mg $Na_4P_2O_7$. (Schaubild im Original.) Man kann den Faktor folgendermaßen bestimmen: Nach Durchführung der Pyrophosphatbestimmung titriert man eine bestimmte Menge 0,1 bis 0,2 n Salzsäure mit 0,1 n Natronlauge, so daß gerade etwa die gleiche Menge NaOH verbraucht wird wie bei der Pyrophosphatbestimmung, und zwar einmal gegen Methylrot (*a* ml NaOH verbraucht), das andere Mal folgendermaßen: Zu 70 bis 95 ml Wasser vom p_H 3,8 gibt man 70 ml Zinksulfatlösung mit p_H 3,8, fügt die gleiche Menge Salzsäure wie bei der vorigen Titration hinzu und titriert nach etwa 2 Min. langem Rühren mit 0,1 n Natronlauge auf p_H 3,8 (Verbrauch *b* ml). Mit dem Quotienten *a*/*b* multipliziert man das Ergebnis der Pyrophosphatbestimmung. — Der Potentiometrierfaktor ist bei Verwendung der äquivalenten Menge Zinkchlorid sehr klein und zu vernachlässigen, die Werte sind aber nicht so gut reproduzierbar wie mit Zinksulfat (siehe auch das Verfahren von BELL, S. 316).

Tabelle 21. Potentiometrierfaktor F_P.

ml HCl vorgelegt der ungefähren Stärke	ml 0,1 n NaOH verbraucht gegen Methylrot	ml 0,1 n NaOH unter Bedingungen der Titration nach BR.-DR. verbraucht	F_P
5 · 0,1 n	$4{,}97_5$	4,70	$1{,}058_5$
10 · 0,1 n	9,88	9,60	1,029
20 · 0,1 n	19,76	19,40	$1{,}018_6$
20 · 0,2 n	38,18	37,80	1,010
30 · 0,2 n	57,60	57,10	$1{,}008_7$

§ 2. Argentometrische Titration der Pyrophosphorsäure.

Durch Fällung mit Silbernitrat in Gegenwart von Essigsäure entsteht das neutrale Silberpyrophosphat $Ag_4P_2O_7$. Nach BALAREW wird der Niederschlag abfiltriert, und im Filtrat bestimmt man den Überschuß an Silber nach VOLHARD. Die erhaltenen Werte sind brauchbar. Nach LUTZ werden um so bessere Ergebnisse erhalten, je größer die Verdünnung der Lösung nach der Fällung ist, da hierdurch die Bildung von Doppelsalzen vermieden wird. Unter Umständen muß man die Pyrophosphatlösung allmählich zu der Silbernitratlösung hinzufügen. Wegen der großen Löslichkeit des Silberpyrophosphates in Säure muß die Lösung nach der Fällung vorsichtig mit 0,1 n Lauge neutralisiert werden.

§ 3. Polarographische Bestimmung von Pyrophosphat nach COHN und KOLTHOFF.

Es ist nach COHN und KOLTHOFF nicht möglich, den Überschuß einer definierten Cadmiumacetatlösung nach der Fällung von Cadmiumpyrophosphat polarographisch zu ermitteln und den Pyrophosphatgehalt aus der Differenz zu bestimmen. Es kann nur der in Salzsäure gelöste Niederschlag selbst polarographiert werden. Zur Ausfällung müssen die Pyrophosphatlösungen 0,002 bis 0,01 molar sein bei gleichzeitiger Anwesenheit von 4- bis 16facher Orthophosphat- und 8- bis 32facher Calciummenge.

Reagenzien. 1. *0,1 m Cadmiumchloridlösung* (zur polarographischen Vergleichsmessung). — 2. *0,1 m, 0,2 m, 0,4 m und 3 m Lösungen von Cadmiumacetat-2-Hydrat* in Wasser, von denen nur die erste genau eingestellt sein muß. — 3. *Acetatpufferlösungen.* a) p_H 6,1. 4,7 m Natriumacetat und 0,14 m Essigsäure, b) p_H 4,7. 1 m Natriumacetat und 1 m Essigsäure, c) p_H 3,6. 1 m Ammoniumacetat und 8 m Essigsäure.

Arbeitsvorschrift. Der in Gegenwart einiger Tropfen Gelatinelösung (1 mg/ml) gefällte Niederschlag wird zentrifugiert und 4mal mit je 50 ml Wasser, dem Gelatinelösung zugesetzt ist, unter Schütteln und Zentrifugieren gewaschen. Sodann löst man ihn in Salzsäure (1:4) und überträgt die Lösung in einen 100 ml-Meßkolben. Ansreichende Zugabe von Kaliumchlorid ist zur Behebung des Wanderstromes nötig. Der Diffusionsstrom wird bei 25° mit 0,8, 0,9 und 1 Volt gemessen (Hg-Anode in 0,5 m KCl-Lösung). Zur Korrektur des Reststromes sind 0,15 Mikroamp. von den gemessenen Stromwerten abzuziehen. Die Cadmiumkonzentration der Lösung erhält man aus dem Anstieg des Diffusionsstromes unter sukzessivem Zufügen von drei bekannten Mengen Cadmiumchloridlösung (1). Lineare Extrapolation, bei der der Diffusionsstrom der Prüflösung als Nullpunkt genommen wird, liefert die gesuchte Cadmiummenge. Der Fehler beträgt 2 bis 3%. Zwecks erneuter Ausfällung löst man den Niederschlag bei Raumtemperatur in 2 bis 3 ml Salzsäure (1:4) und versetzt die Lösung sofort tropfenweise mit 6 n Natronlauge bis zum Umschlag von Tropäolin 00 von Rot nach Orangegelb. Hierauf werden 5 bis 10 ml Acetatpuffer (3c) zugefügt. Zur quantitativen Ausfällung des Niederschlages fügt man die gleiche Cadmiumacetatmenge zu, die bei der ersten Ausfällung angewendet wurde.

Zur Bestimmung neben Orthophosphat und Calcium wird die neutrale oder schwach alkalische Lösung (0,002 bis 0,1 m Pyrophosphat, 0,03 m Orthophosphat) mit 5 ml Acetatpuffer (3 c) und 15 bis 20 ml 0,4 m Cadmiumacetatlösung (2) versetzt. Wenn nach 5- bis 6stündigem leichtem Schütteln der voluminös-schleimige Niederschlag kristallin geworden ist, wird er zentrifugiert und gewaschen. Nach Lösung des Niederschlages in einigen Millilitern Salzsäure (1:4) gibt man 25 ml 2 m Kaliumchloridlösung zu und füllt auf 100 ml auf. Bei Bestimmung geringer Pyrophosphatmengen ist die Lösungsmenge entsprechend zu vermindern. Sofern größere Orthophosphatmengen vorliegen, wird der Niederschlag nach Schütteln und Zentrifugieren in Salzsäure gelöst. Die Lösung wird sofort mit Natronlauge gegen Tropäolin neutralisiert und wie oben beschrieben weiterbehandelt. Der Orthophosphatgehalt wird erhalten, indem man einen Teil der Lösung mit Säure zum Sieden erhitzt, den Gesamtphosphatgehalt ermittelt und von diesem den Pyrophosphatgehalt abzieht.

LAITINEN und BURDETT benutzen die Fällung von Pyrophosphat mit Hexamminkobalt(III)-chlorid, indem sie mit einer 0,05 bis 0,01 m Lösung des Reagenses titrieren und den Endpunkt amperometrisch mit der Quecksilber-Tropfelektrode bestimmen. Die Lösung muß 20% Alkohol und als indifferenten Elektrolyten 0,1 m Natriumnitrat enthalten. Der p_H-Wert kann zwischen 9 und 12 liegen. Der Fehler beträgt etwa $\pm 0,2$%. Orthophosphat stört in 10%iger alkoholischer Lösung nicht. Natriumtriphosphat und Natriumhypophosphit geben keine Niederschläge, wohl aber Natriumsubphosphat und glasiges Natriummetaphosphat in konzentrierter alkoholfreier Lösung.

§ 4. Bestimmung von Pyrophosphat und Orthophosphat nebeneinander.

Die Bestimmung von Orthophosphat neben Pyrophosphat durch Ausfällung des Orthophosphates als Ammoniummagnesiumphosphat ist nach KIEHL und HANSEN nur in einem beschränkten Konzentrationsbereich möglich, am besten dann, wenn das Verhältnis von Ortho : Pyro etwa = 1 : 1 ist. Bei größeren Mengen an Pyrophosphat wird dieses wahrscheinlich mitgefällt, und wenn der Niederschlag in Säure aufgelöst wird, um ihn nochmals zu fällen, so tritt bereits Hydratation des Pyrophosphates zu Orthophosphat ein, und die Werte für das Orthophosphat werden zu hoch. Wenn aber das Verhältnis von Ortho : Pyro etwa = 3 : 1 wird, und wenn nicht mehr als 10 mg P in Form von Pyrophosphat vorliegen, dann werden die Werte besser.

DWORZAK und REICH-ROHRWIG fällen Magnesiumpyrophosphat aus gepufferter essigsaurer Lösung bei einem p_H-Wert von 4,5 mit saurer Magnesiamischung (siehe 1. Abschnitt, § 2, S. 118). Sie fügen zu 50 ml Lösung mit nicht mehr als 0,2 g P 100 ml der Fällungslösung, 20 ml kalt gesättigte Ammoniumchloridlösung und 20 ml kalt gesättigte Ammoniumacetatlösung. Der entstehende Niederschlag wird nach Zusatz von 30 bis 40 ml 2 n Essigsäure 3 bis 4 Std. auf dem Wasserbade stehengelassen, wobei alles Pyrophosphat als Magnesiumpyrophosphat ausfällt. Der nach dem Erkalten auf einem Filtertiegel abfiltrierte Niederschlag wird mit Wasser, das je 1% Ammoniumacetat, Ammoniumchlorid und Essigsäure enthält, gewaschen und dann in Salpetersäure gelöst. Nach dem Kochen der Lösung zur Überführung des Pyrophosphates in Orthophosphat wird dieses als Ammoniummagnesiumphosphat gefällt.

COHN und KOLTHOFF fällen Cadmiumpyrophosphat bei Raumtemperatur in Gegenwart von Acetatpuffer (3 c) mit 3 m Cadmiumacetatlösung (2). Die Fällung bleibt über Nacht stehen und wird dann durch ein 4 G-Glasfilter filtriert. Dabei ist zu starkes Saugen zu vermeiden, da Niederschlag verlorengehen kann. Nach dem Waschen mit Wasser wird bei 250° C getrocknet und gewogen. Fehler etwa $\pm 1\%$. (Reagenzien siehe S. 310.)

HINSBERG und LÁSZLÓ finden, daß die Fällung von Orthophosphat als Ammoniummagnesiumphosphat bei Gegenwart von Pyrophosphat ohne Fehler möglich ist, wenn der Niederschlag bis zur Chlorfreiheit ausgewaschen wird. Jedoch ist die Fällung des Pyrophosphates als Magnesiumpyrophosphat nach BERTHELOT und ANDRÉ bei Mengen von etwa 1 mg P_2O_5 nicht brauchbar wegen dessen zu großer Löslichkeit. Auch kann aus dem gleichen Grunde die Fällung als Zinkpyrophosphat nicht angewendet werden. Deshalb schlagen die Verfasser Orthophosphat und Pyrophosphat gemeinsam als Calciumsalze nieder, waschen den Niederschlag mit 70%igem, ammoniakalischem Alkohol (nicht mit Wasser!), lösen ihn in 5 n Schwefelsäure und überführen das Pyrophosphat in Orthophosphat, das nach LOHMANN und JENDRASSIK colorimetrisch bestimmt wird (siehe 1. Abschnitt, § 1, D, S. 102). Das als Ammoniummagnesiumphosphat gesondert bestimmte Orthophosphat wird von dem erhaltenen Wert subtrahiert, wodurch das vorhandene Pyrophosphat gefunden wird. Für 0,5 bis 1 mg Ortho-P_2O_5 beträgt der Fehler etwa bis $\pm 5\%$, für 0,5 mg Pyro-P_2O_5 etwa bis $\pm 4\%$.

Mehrere Autoren bestimmen Orthophosphat neben Pyrophosphat colorimetrisch mit Hilfe des Molybdatverfahrens (siehe 1. Abschnitt, § 1, D, S. 81). Hierbei hatten DAVIES und DAVIES festgestellt, daß die Entwicklung der blauen Farbe durch die Anwesenheit von Pyrophosphat verhindert wird, weil dieses einen Teil des Molybdates verbraucht. Eine genaue colorimetrische Bestimmung sei nur möglich, wenn weniger als 10 mg Alkalipyrophosphat je 0,1 g Ammoniummolybdat anwesend sind, bzw. wenn ein genügend großer Überschuß von diesem Reagens angewendet wird.

BORATYŃSKI bestimmt Orthophosphat bei Gegenwart von Pyrophosphat zur

Vermeidung der Hydratation des Pyrophosphates nach dem Verfahren von FISKE und SUBBAROW (siehe 1. Abschnitt, § 1, D, S. 102), das in schwach schwefelsaurem Medium arbeitet. Die Substanz wird nach dem Verdünnen auf 70 ml mit 10 ml Ammoniummolybdatlösung und 4 ml einer Lösung von 1-Amino-2-naphtholsulfosäure versetzt. Nach dem Auffüllen auf 100 ml hält man die Mischung 10 Min. bei 25° und 5 Min. bei 15° und colorimetriert alsdann. Auch BORATYŃSKI stellt fest, daß größere Mengen Pyrophosphat große Minusfehler verursachen können, die bei großem Überschuß von Ammoniummolybdat vermeidbar sind. Die Gegenwart von über 100 mg Meta-P_2O_5 stört die Bestimmung nicht. Man kann noch 1 mg Ortho-P_2O_5 neben 25 mg Pyro-P_2O_5 bestimmen, aber in Gegenwart von 100 mg Pyro-P_2O_5 kann Orthophosphat nur bei Anwendung einer großen Menge Ammoniummolybdat ermittelt werden.

COURTOIS benutzt die Arbeitsweise von COPAUX (siehe 1. Abschnitt, § 1,E, S. 111) zur Bestimmung von Orthophosphat neben Pyrophosphat. Hiernach wird in schwefelsaurer Lösung, in welcher die Hydratation des Pyrophosphates zu Orthophosphat am langsamsten erfolgt, unter Kühlung die Ätherverbindung der Molybdophosphorsäure erzeugt und diese alsbald abzentrifugiert. Man muß länger zentrifugieren als in pyrophosphatfreien Lösungen und mehr Molybdat anwenden. Die Werte für Orthophosphat werden um so höher, je mehr Pyrophosphat anwesend ist. Der Fehler kann ausgemerzt werden durch Leerversuche mit reinen Pyrophosphatlösungen, deren Werte vom Resultat abzuziehen sind. Wenn sehr viel Pyrophosphat anwesend ist, empfiehlt COURTOIS dessen Abtrennung als Magnesiumpyrophosphat nach BERTHELOT und ANDRÉ und die Bestimmung des Orthophosphates nach COPAUX nach dem Abfiltrieren des Niederschlages.

VAN DER STRAATEN und ATEN untersuchen die Trennung von Ortho- und Pyrophosphat mit Hilfe von radioaktivem Phosphor bei der Fällung mit Zink- bzw. Cadmiumsulfat bei p_H 3,7 bis 4,7. Sie finden Gleichwertigkeit beider Verfahren. Bei der Fällung von Ammoniummagnesiumphosphat in der Kälte aus einer Mischung beider Phosphate und Filtration nach 12stündigem Stehen sind etwa 33% Pyrophosphat mitgefällt.

§ 5. Bestimmung von kondensiertem Phosphat (GRAHAMsches Salz).

Zur Bestimmung von GRAHAMschem Salz („Hexametaphosphat") eignet sich am besten die Fällung mit Bariumchlorid aus ganz schwach salzsaurer Lösung, wie sie JONES beschrieben hat und wie sie seitdem von verschiedenen Seiten benutzt wird. Das Verfahren ist in § 6, S. 313 mitgeteilt. Eine konduktometrische Titration unter Verwendung von Calciumacetat hat JAHR benutzt. Die maßanalytische bzw. colorimetrische Bestimmung von GRAHAMschem Salz in technischen Produkten bzw. in Wasser unter Verwendung von Aluminium- bzw. Eisen(III)-chlorid nach PETUCHOWA, RUMJANZEWA und FEDOROWA sei nur erwähnt.

Auf die von DEWALD und SCHMIDT (d) für den *qualitativen* Nachweis des GRAHAMschen Salzes („Hexametaphosphat") mit Hilfe von organischen Aminoverbindungen durchgeführten Versuche sei besonders deswegen hingewiesen, weil die Verfasser zukünftige Versuche in quantitativer Hinsicht auszuführen beabsichtigen. Lösungen von GRAHAMschem Salz bilden Trübungen bzw. Ausflockungen mit wäßrigen bzw. essigsauren Lösungen von m-Phenylendiaminhydrochlorid und 1,2,4-Diaminophenolhydrochlorid bzw. o-Tolidin, während Lösungen von Pyrophosphat, Triphosphat und Trimetaphosphat mit allen drei Reagenzien klar bleiben. Früher hat schon NEU verschiedene quartäre Ammoniumverbindungen, darunter besonders „Zephirol" [Dimethyl-(alkyl)-benzyl-ammoniumchlorid], als Fällungsmittel für GRAHAMsches Salz im Gegensatz zu Ortho- und Pyrophosphat zum qualitativen Nachweis des erstgenannten erkannt.

Konduktometrische Titration nach JAHR.

Bei der Leitfähigkeitstitration von Lösungen des GRAHAMschen Salzes mit Bariumacetat oder Calciumacetat erhält man Diagramme mit drei einander in zwei Punkten sich schneidenden geradlinigen Abschnitten. Einem ansteigenden Abschnitt folgt ein zur Abszisse nahezu parallel verlaufender, an den sich wieder die stärker ansteigende „Überschußgerade" anschließt. Der erste Schnittpunkt entspricht dem Verbrauch von 1 Mol Bariumacetat je 4 Mole $NaPO_3$, der zweite Schnittpunkt zeigt die vollständige Bildung des schwerlöslichen Bariummetaphosphates an, wird also nach Zugabe von 2 Mol Bariumsalz je 4 Mole $NaPO_3$ beobachtet. Entsprechendes gilt für die Titration mit Calciumacetat. Zweckmäßig wird die Titration umgekehrt ausgeführt und am besten Calciumacetatlösung verwendet. Die Leitfähigkeit stellt sich nach dem Zusatz der zu analysierenden Phosphatlösung schnell ein, und die Titration dauert etwa 10 bis 15 Min.

In schwach essigsaurer Lösung sind die Orthophosphate des Calciums und Bariums vollständig löslich, während die entsprechenden Polymetaphosphate schwer löslich sind. Dadurch wird die Bestimmung von GRAHAMschem Salz neben Orthophosphat möglich. Der maximale Fehler der Bestimmung beträgt $\pm 0{,}5\%$. Die Gegenwart des Orthophosphates beeinträchtigt die Genauigkeit bei der direkten Titration nicht. Dagegen darf der Orthophosphatgehalt der zu bestimmenden Polymetaphosphatlösung nicht mehr als ¼ der Gesamtkonzentration an P_2O_5 betragen, wenn bei der Titration vorgelegter Calciumacetatlösung noch brauchbare Resultate erzielt werden sollen.

§ 6. Bestimmung von Orthophosphat, Pyrophosphat, Polyphosphat und Metaphosphat nebeneinander.

A. Bestimmung von Pyrophosphat und hochkondensierten Phosphaten („Metaphosphaten") nebeneinander.

Zur Bestimmung von hochpolymerem Phosphat (früher „Hexametaphosphat" genannt) hat JONES eine Vorschrift ausgearbeitet, nach der das polymere Phosphat aus ganz schwach saurer Lösung durch Bariumchlorid gefällt wird. Im Filtrat dieser Fällung wird Pyrophosphat durch Mangan(II)-chlorid gefällt. Das Verfahren von JONES umfaßt auch die Bestimmung von Ortho- und Trimetaphosphat. Die Endbestimmung aller Phosphatarten erfolgt durch Überführung in Orthophosphat, dessen Fällung mit Ammoniummolybdat und der alkalimetrischen Titration dieses Niederschlages. Da das Verfahren von JONES noch nicht ganz befriedigend durchführbar ist, haben sich besonders DEWALD und SCHMIDT um Verbesserung bemüht. Sie bedienen sich zur Trennung der hochpolymeren Stoffe (GRAHAMsches und KURROLsches Salz) von Pyrophosphat der Fällung jener durch Bariumchlorid. Das GRAHAMsche Salz ist nach den Verfassern (b) kaum jemals ein einheitlicher Stoff, sondern es besteht aus verschiedenen hochpolymeren „Metaphosphaten" neben Trimetaphosphat.

1. Verfahren von JONES.

Reagenzien. *1. 2,5%ige Lösung von Bariumchlorid* ($BaCl_2 \cdot 2H_2O$). — *2. 10%ige Lösung von Mangan(II)-chlorid* ($MnCl_2 \cdot 4H_2O$).

Arbeitsvorschrift. *Bestimmung von GRAHAMschem Salz.* Diese Bestimmung muß möglichst bald nach der Bereitung der Lösung erfolgen. Die etwa 50 mg P_2O_5 enthaltende Lösung wird auf 50 ml verdünnt und mit 1 Tropfen Methylorangelösung versetzt. Man säuert gerade mit n Salzsäure an und gibt noch 0,5 ml Überschuß davon zu. Wenn die Probelösung sauer ist, wird sie erst gegen Methylorange alkalisiert und dann wie zuvor beschrieben angesäuert. Man gibt langsam unter Rühren 15 ml Bariumchloridlösung hinzu und läßt den Niederschlag sich absetzen. Wenn die

Lösung trübe bleibt, ohne daß sich der Niederschlag innerhalb 1 Min. absetzt, rührt man in Zwischenräumen von je 15 Sek. kräftig um, bis nach dem Aufhören des Rührens der Niederschlag zu Boden zu sinken beginnt. Man dekantiert die Flüssigkeit ab und wäscht den Niederschlag dekantierend mit kalter 0,1%iger Bariumchloridlösung, bringt ihn dann auf ein Filter und wäscht noch 4 mal mit derselben Lösung. Der Niederschlag wird in 25 ml Salpetersäure (1:1) gelöst und durch 15 Min. langes Kochen in Orthophosphat verwandelt. Im Filtrat der Bariumchloridfällung erfolgt die

Bestimmung von Trimetaphosphat. Man versetzt das Filtrat mit n Natronlauge bis zum Umschlag von Phenolphthalein. Der ausgefällte Niederschlag von Bariumphosphaten wird abfiltriert und das im Filtrat befindliche Trimetaphosphat in üblicher Weise in Orthophosphat verwandelt und als solches bestimmt. — Zur *Bestimmung von Orthophosphat* muß ein neuer aliquoter Teil der Probelösung auf 100 ml verdünnt und mit n Salzsäure gegen Methylrot angesäuert werden. Der auf Zusatz von 25 ml Bariumchloridlösung entstehende Niederschlag wird abfiltriert. Das Filtrat wird auf 20 bis 25° abgekühlt, mit 8 bis 10 g Ammoniumnitrat und dann mit Ammoniummolybdat versetzt. Unter diesen Bedingungen wird nur Orthophosphat als Ammoniummolybdophosphat gefällt. — Die *Bestimmung von Pyrophosphat* wird in einem neuen aliquoten Teil der Probelösung, die mit Salzsäure gegen Methylorange angesäuert ist, ausgeführt. Man gibt 10% mehr an Bariumchlorid zu, als zur Fällung von GRAHAMschem Salz stöchiometrisch nötig ist. (In dessen Abwesenheit unterbleibt der Bariumchloridzusatz.) Nach kräftigem Rühren wird der Niederschlag abfiltriert und ausgewaschen. Das etwa 125 ml betragende Filtrat wird mit 5 ml Manganchloridlösung versetzt und das p_H mit 0,1 n Natronlauge auf 4,1 eingestellt. Dann werden unter Umrühren 7 bis 8 ml Aceton zugefügt. Die Mischung bleibt bei 20 bis 30° 12 bis 16 Std. lang stehen. Der Niederschlag wird abfiltriert, mit 0,1%iger Manganchloridlösung gewaschen und in üblicher Weise in Orthophosphat verwandelt. Das Filtrat vom Manganpyrophosphat wird zur qualitativen Probe auf Polyphosphate mit 25 ml Bariumchloridlösung versetzt. Wenn innerhalb von 15 Min. eine Trübung oder ein Niederschlag auftritt, dann ist Tetraphosphat $Na_6P_4O_{13}$ anwesend. Triphosphat gibt keinen Niederschlag. — Die *Ermittlung des Polyphosphatgehaltes* erfolgt aus der Differenz zwischen dem Gesamt-P_2O_5 und der Summe der einzelnen Phosphate, jeweils als P_2O_5 berechnet, wobei man je nach Ausfall der qualitativen Probe auf Tri- oder Tetraphosphat umrechnen muß.

2. Verfahren von DEWALD und SCHMIDT (b).

Arbeitsvorschrift. 1 g Substanz wird in 100 ml Wasser gelöst. Die in einem 200 bis 300 ml-Weithals-ERLENMEYER-Kolben mit Normalschliff befindliche Lösung wird mit n Salzsäure gegen Methylorange neutralisiert und mit 1,2 bis 1,25 ml n Salzsäure im Überschuß versetzt. Dann werden 60 ml einer 2,5%igen Lösung von Bariumchlorid langsam unter Umschütteln zugegeben. Der Niederschlag (bei sehr hochviscosen Proben von schleimig-faseriger Beschaffenheit) wird nach einigen Minuten abfiltriert und gründlich mit 0,1%iger Bariumchloridlösung gewaschen. Das Filter mit dem Niederschlage wird in den ERLENMEYER-Kolben gebracht und sodann mit 25 bis 50 ml 0,1 n Salzsäure über Nacht unter Rückfluß gekocht. Das in Lösung gegangene Barium wird anschließend mit 20 ml 5%iger Natriumsulfatlösung tropfenweise in der Hitze gefällt. Nach dem Erkalten wird zweckmäßigerweise die der vorgelegten Menge Salzsäure äquivalente Menge 0,1 n Natronlauge aus der gleichen Pipette zugegeben, und nach Zusatz von ziemlich viel (etwa 1 ml) Thymolphthaleinlösung wird mit 0,1 n Natronlauge auf „eben blau" titriert. (Der nächste Tropfen Natronlauge muß deutlich wahrnehmbare Blaufärbung erzeugen.) Es empfiehlt sich, drei Parallelbestimmungen vorzunehmen und bei der zweiten und dritten kurz vor dem Umschlagspunkt noch einige Tropfen Thymolphthaleinlösung zuzusetzen, da der Indicator von dem zerfaserten Filtrierpapier offenbar sehr stark adsorbiert werden kann. Die Gesamtmenge Natronlauge (gegen Methylrot eingestellt) wird mit 0,9958 oder die überschüssige Natronlaugemenge mit 0,9961 multipliziert. Dann entspricht 1 ml überschüssiger 0,1 n NaOH 11,808 mg KPO_3 oder 7,098 mg P_2O_5. Die Pyrophosphatbestimmung erfolgt nach der Vorschrift von DEWALD und SCHMIDT (a), siehe S. 315.

Bemerkungen. Hat man vor dem Fällen mit Bariumchlorid versehentlich zu viel Salzsäure zugegeben, so ist es nicht erlaubt, noch nach dem Fällen die entsprechende Menge Natronlauge zuzusetzen, da dann anscheinend saures Bariumpyrophosphat gefällt wird, das nicht mehr von selbst in Lösung geht und zu hohe Titrationswerte zur Folge hat. — Beim Kochen unter Rückfluß dürfen weder Kork- noch Gummistopfen verwendet werden, da hierdurch fehlerhafte Werte erhalten werden. Der zu verwendende Schliff darf nur schwach mit Vaseline gefettet werden. — Die Beleganalysen zeigen gute Übereinstimmung zwischen den gegebenen und den gefundenen Mengen an KURROLschem Salz und Natriumpyrophosphat ($Na_4P_2O_7$). Wie die Verfasser in einer späteren Arbeit (c) feststellen, ist bei Untersuchungen an *reinem* KURROLschen Salz der empirische Faktor nicht anwendbar. — Das Verfahren ist mit gleichem Erfolge auf Mischungen von GRAHAMschem Salz und Pyrophosphat anwendbar, wenn mit dem empirischen Faktor 0,9958 gerechnet wird, 1 ml 0,1 n NaOH entspricht 10,198 mg $NaPO_3$. — Ein etwaiger Gehalt des GRAHAMschen Salzes an „Nichtmetaphosphaten" kann bestimmt werden durch Alkalischmachen des Filtrates der Bariumchloridfällung, Abfiltrieren des Niederschlages, Auflösen in halbkonzentrierter Salpetersäure und ½stündigem Kochen. Aus der Lösung wird nach Zugabe von Ammoniumcitratlösung Ammoniummagnesiumphosphat gefällt, das nach 12 Std. abgesaugt wird. Zur Bestimmung von Trimetaphosphat wird das Filtrat eingedampft, das Chlorid durch 2maliges Abrauchen mit Salpetersäure entfernt und dann die aus dem Trimetaphosphat entstandene Orthophosphorsäure mit Ammoniummolybdat gefällt und als Magnesiumpyrophosphat bestimmt.

B. Bestimmung von Trimetaphosphat neben anderen Phosphaten.

1. Bestimmung von Trimetaphosphat und Pyrophosphat nebeneinander.

Nach DEWALD und SCHMIDT (a) wird Pyrophosphat nach der von den Verfassern abgeänderten Methode von BRIZKE und DRAGUNOW (siehe S. 309) titrimetrisch oder nach BELL (siehe S. 316) gravimetrisch ermittelt. Im Filtrat wird nach dem Eindampfen mit Salpetersäure die Fällung mit Magnesiumchlorid in Gegenwart von Ammoniumcitrat wie üblich vorgenommen. Der zuerst erhaltene Niederschlag von Ammoniummagnesiumphosphat ist zinkhaltig und muß umgefällt werden.

2. Bestimmung von Trimetaphosphat neben anderen Phosphaten.

In einer anderen Arbeit geben DEWALD und SCHMIDT (e) Vorschriften zur Bestimmung von Trimetaphosphat neben GRAHAMschem Salz, Triphosphat, Pyrophosphat und Orthophosphat, die aber vielfach unbefriedigende Werte erzielen lassen. Sie halten es deshalb für besser, nach der Methode von JONES (siehe S. 313) zu arbeiten, die bei Einhalten der unten angegebenen Arbeitsvorschrift richtige Trimetaphosphat-Werte gibt, wenn außerdem nur GRAHAMsches Salz, Polyphosphate und geringe Mengen Pyrophosphat vorhanden sind, dagegen in Gegenwart von viel Pyrophosphat zu niedrige, aber größenordnungsmäßig richtige und in Gegenwart von Orthophosphat falsche Werte ergibt.

Arbeitsvorschrift. Die in 200 ml 1 g des zu untersuchenden Phosphatgemisches enthaltende Lösung wird gegen Methylorange neutralisiert, zur Ausfällung von GRAHAMschem Salz („Hexametaphosphat" in der Originalvorschrift) mit 2 bis 2,5 ml n Salzsäure und 120 ml 2,5%iger Bariumchloridlösung unter Umrühren versetzt. Nach Ausflocken des Barium„hexametaphosphates" (im allgemeinen nach 10 bis 20 Min.) wird filtriert und mit 0,1%iger Bariumchloridlösung gewaschen. Sodann gibt man Phenolphthalein hinzu und versetzt unter Umrühren mit n Natronlauge, bis die Lösung eben rot bleibt. Entfärbt sie sich im Verlaufe der nächsten halben Stunde, so wird die zur Erzielung bleibender Rotfärbung noch nötige Menge Natronlauge zugefügt. Nach insgesamt 30 Min. wird durch ein genügend großes Filter filtriert und gründlich mit 0,1%iger Bariumchloridlösung gewaschen. Ein allmähliches Trübwerden des Filtrates, was vor allem bei größeren Prozentgehalten an Trimetaphosphat beobachtet werden kann, deutet auf eine geringe Hydrolyse des Trimetaphosphates und hat auf das Ergebnis keinen Einfluß. Das Filtrat wird mit Salpetersäure vorsichtig bis fast zur Trockene eingedampft, zweimal mit Salpetersäure vorsichtig abgeraucht, verdünnt und mit Ammoniak fast neutralisiert. Das gebildete Orthophosphat wird nun in üblicher Weise mit Ammoniummolybdat gefällt, in Ammoniummagnesiumphosphat übergeführt und als Magnesiumpyrophosphat gewogen.

C. Bestimmung von Triphosphat neben anderen Phosphaten.

Eine ausführliche Vorschrift stammt von Bell bzw. von Audrieth und Bell, die sich einer alkalimetrischen Titration nach einer Fällung mit Zinksalz bedient. Thilo und Schulz teilen ein Analysenverfahren mit, bei dem Triphosphat im Filtrat einer in ammoniakalischer Lösung erfolgten Fällung von Ortho- und Pyrophosphat mit Magnesiamischung bestimmt wird. Raistrick und Mitarbeiter bringen eine Vorschrift zur Analyse der Handelssorten von Natriumtriphosphat. Eine neuartige Trennung des Triphosphates von anderen Phosphaten durch Papierchromatographie beschreiben Ebel und Volmar.

1. Verfahren von Bell.

Das Verfahren lehnt sich an das von Brizke und Dragunow zur Bestimmung von Pyrophosphat entwickelte an, berücksichtigt aber gleichzeitig anwesende andere Phosphate.

Reagenzien. *1. 0,1 n Natronlauge. — 2. 0,2 n Salzsäure. — 3. 12,5%ige Lösung von Zinksulfat* ($ZnSO_4 \cdot 7\,H_2O$), auf p_H 3,8 genau eingestellt.

Arbeitsvorschrift. 500 mg der Probe werden in 50 ml Wasser gelöst, und die Lösung wird mit so viel Natronlauge versetzt, daß ein p_H-Wert von 7 erreicht wird. Nun wird so viel 0,04%ige Bromphenolblaulösung zugegeben, daß eine blaue Farbe entsteht, dann 0,2 n Salzsäure bis zur Gelbfärbung. Nun wird mit Wasser auf 100 ml verdünnt. Unter Verwendung einer Glaselektrode mit entsprechendem Meßgerät wird durch Zusatz von 0,1 n Natronlauge genauestens auf p_H 3,8 eingestellt, und nun werden 70 ml Zinksulfatlösung zugesetzt. Man rührt 1 bis 2 Min. und stellt mit der Natronlauge wieder auf p_H 3,8 ein. Es treten folgende Vorgänge ein:

$$Na_5P_3O_{10} + 2\,HCl = Na_3H_2P_3O_{10} + 2\,NaCl\ (3,8),$$
$$Na_3H_2P_3O_{10} + ZnSO_4 = Na_3ZnP_3O_{10} + H_2SO_4,$$
$$Na_4P_2O_7 + 2\,HCl = Na_2H_2P_2O_7 + 2\,HCl\ (3,8),$$
$$Na_2H_2P_2O_7 + 2\,ZnSO_4 = Zn_2P_2O_7 + Na_2SO_4 + H_2SO_4.$$

Es entsteht also auch gleich ein Niederschlag von Zinkpyrophosphat. Den Niederschlag läßt man sich absetzen (30 bis 60 Min.), dann filtriert man ihn ab, wäscht ihn etwas aus und reinigt ihn auf folgende Weise. Man löst ihn in 15 bis 20 ml 0,2 n Salzsäure und verdünnt die Lösung bis zu etwa 150 bis 200 ml. Nun werden 25 ml Zinksulfatlösung zugefügt und das p_H mit 0,1 n Natronlauge wieder auf 3,8 gebracht. Der abgesetzte Niederschlag wird abfiltriert und mit destilliertem Wasser von Raumtemperatur gewaschen. Er wird erst bei 400 bis 500°, dann bei 700 bis 800° geglüht und als Zinkpyrophosphat ausgewogen. Der Pyrophosphatgehalt der Probe wird aus dem Gewicht des Zinkpyrophosphates berechnet. Der Triphosphatgehalt wird aus der Titration berechnet, nachdem die Menge Lauge, die dem Pyrophosphat äquivalent ist, subtrahiert ist. Man rechnet mit folgenden empirischen Faktoren, die nur gelten, wenn die Konzentration des Zinksulfates in der Lösung der hier angegebenen entspricht.

g $Zn_2P_2O_7 \times 0,572 = g\ P_2O_5$	ml 0,1 n NaOH $\times 0,0177 = g\ P_2O_5$
$\times 0,584 = g\ H_4P_2O_7$	$\times 0,0181 = g\ H_5P_3O_{10}$
$\times 0,872 = g\ Na_4P_2O_7$	$\times 0,0258 = g\ Na_5P_3O_{10}$
$\times 65,5$ = ml 0,1 n NaOH für Pyrophosphat	

Zur Bestimmung von kondensiertem Phosphat („Hexametaphosphat") werden nach Jones 100 mg der Probe (oder ein entsprechender aliquoter Teil einer Lösung) auf 50 ml verdünnt und mit n Salzsäure gegen Methylrot angesäuert. 0,5 ml überschüssige Salzsäure werden noch zugesetzt. Durch langsamen Zusatz von 15 ml 10%iger Bariumchloridlösung unter Rühren wird Bariumpolyphosphat gefällt. Der Niederschlag wird durch Kochen mit Salpetersäure in Orthophosphat übergeführt, das in üblicher Weise bestimmt wird. Das Gesamtphosphat wird in einer Probe von 100 mg nach Kochen mit Salpetersäure als Ammoniummolybdophosphat gefällt.

Bemerkungen. Die *Genauigkeit* des Verfahrens ist nicht allzu groß, aber ausreichend. Für anwesendes Trimetaphosphat ist es besonders vorsichtig zu verwenden. Die Differenz zwischen dem Gesamtgehalt an wasserlöslichem P_2O_5 und der Summe der für die anderen Phosphate berechneten Menge P_2O_5 wird gewöhnlich dem Trimetaphosphatgehalt zugeschrieben und als solcher berechnet. Wenn dieser zu einem bemerkenswerten Prozentbetrag ansteigt, kann die Anwesenheit von Trimetaphosphat durch Zusatz von 1 g Natriumhydroxyd zu einem aliquoten Teil von 50 ml (500 mg), 5 Min. langes Kochen und Wiederbestimmung des Triphosphatgehaltes sichergestellt werden. Bei dieser Operation wird nämlich das Trimetaphosphat zu Triphosphat hydrolytisch aufgespalten: $Na_3P_3O_9 + 2\,NaOH = Na_5P_3O_{10} + H_2O$. Jede Zunahme an Triphosphat wird auf Trimetaphosphat berechnet. Wenn dieses Verfahren auch nicht ganz genau ist, so beweist es doch die Anwesenheit von Trimetaphosphat und erlaubt eine Schätzung der anwesenden Menge. — Der Zusatz der Natronlauge muß langsam erfolgen, damit etwa ausfallendes Zinkhydroxyd sich wieder auflösen kann. — Bei kleiner Konzentration an Pyrophosphat fällt dieses sehr langsam aus. Dann muß abfiltriert werden, wenn die Lösung erst etwa halb geklärt ist. Wenn bei hoher Konzentration an Pyrophosphat ein gelatinöser Niederschlag entsteht, muß die Lösung verdünnt werden. Bei Gegenwart von viel anderen Phosphaten muß das Zinkpyrophosphat umgefällt werden, weil sonst zu hohe Werte für Pyrophosphat erhalten werden.

2. Verfahren von THILO und SCHULZ.

Arbeitsvorschrift. Die Lösung der Einwaage von etwa 150 bis 300 mg in 40 ml Wasser wird schwach ammoniakalisch gemacht und in der Kälte mit überschüssiger Magnesiamischung versetzt. Es fallen aus (Arsenat), Orthophosphat und Pyrophosphat, in Lösung bleibt Triphosphat. Das Filtrat wird stark ammoniakalisch gemacht und 3 Std. lang gekocht. Dabei fallen Ammoniummagnesiumphosphat und Magnesiumpyrophosphat aus. Nach dem Auflösen in Salpetersäure wird der Phosphor mit Molybdat bestimmt. — Der erste mit Magnesiamischung in der Kälte entstandene Niederschlag, der (Arsenat), Phosphat und Pyrophosphat enthalten kann, wird in möglichst wenig Essigsäure gelöst, wenn nötig mit Natriumacetat auf p_H 3 abgestumpft und mit einem Überschuß von festem Natriumdithionit ($Na_2S_2O_4$) (0,4 bis 0,6 g) kurz aufgekocht. Dabei wird 5wertiges Arsen zu 3wertigem reduziert, das durch Zinkacetat nicht mehr fällbar ist. Das Pyrophosphat wird aber nicht hydratisiert. Nach Abfiltrieren vom Schwefel und Abkühlen wird im Filtrat das Pyrophosphat durch Zinkacetat in der Kälte bei p_H 3,0 bis 3,5 gefällt und abfiltriert. Der Niederschlag wird in Orthophosphat verwandelt und dieses mit Molybdat gefällt und bestimmt (Genauigkeit etwa 0,8%). (Im Filtrat wird Arsen durch Schwefelwasserstoff gefällt.) Im Filtrat der Arsensulfid-Fällung wird nach den üblichen Operationen das Phosphat auf eine bekannte Weise bestimmt.

3. Analyse von handelsüblichem Natriumtriphosphat.

Das von RAISTRICK, HARRIS und LOWE angegebene Verfahren erlaubt die Bestimmung von Pyrophosphat, Trimetaphosphat, Orthophosphat und glasigem Metaphosphat (GRAHAMsches Salz) neben Triphosphat. Wenn die Probe weniger als 0,5% GRAHAMsches Salz enthält, braucht es nicht abgetrennt zu werden. Das Verfahren eignet sich zur Untersuchung von Proben mit Höchstgehalten von 4% Natriumhydrogenphosphat (Na_2HPO_4) und 4% glasigem Metaphosphat.

Arbeitsvorschrift. 1. *Bestimmung von glasigem Metaphosphat.* a) Die Lösung von 1 g Muster in 20 ml Wasser versetzt man in einer 50 ml-Zentrifugierflasche mit 20 ml 2 n Salzsäure und dann mit 5 ml Benzidinreagens (20 g Benzidin reibt man mit 30 ml konzentrierter Salzsäure an, löst mit Wasser zu 500 ml und verwendet die geklärte Lösung nach 12 Std.). Falls ein Niederschlag entsteht, trennt man das im folgenden (siehe 2.) zu untersuchende Filtrat vom Niederschlag durch Zentrifugieren und Dekantieren ab, kocht den Niederschlag mit 50 ml 3 n Schwefelsäure 45 Min. lang, kühlt, füllt auf 100 ml auf, filtriert vom ausgeschiedenen Benzidinsulfat ab und bestimmt den Phosphatgehalt des Filtrates colorimetrisch nach 2.

b) Bei einem Metaphosphatgehalt von über 0,5% löst man 1 g Probe im 50 ml-Zentrifugierglas mit 15 ml Wasser und 20 ml 2 n Salzsäure und setzt unmittelbar für je 1% des vorher bestimmten Metaphosphates 0,15 ml Benzidinreagens zu. Man rührt 1 Min., zentrifugiert und wäscht den Niederschlag dekantierend 4mal mit je 7 ml Wasser. Der Niederschlag wird verworfen und die Flüssigkeit in einen 250 ml-Becher übertragen, der 15,7 ml 2 n Salzsäure und 7 g Zinkacetat-Dihydrat enthält. Nach Rühren und völligem Lösen setzt man 22 ml n Natronlauge zu und behandelt weiter wie bei 3. angegeben.

2. *Die Bestimmung von Orthophosphat* erfolgt colorimetrisch. In eine von zwei gleich großen 50 ml-Nessler-Röhren gibt man 50 ml der Standard-Farbvergleichslösung, in beide 27 ml Salpetersäure [500 ml Säure (D 1,42) auf 2700 ml verdünnt] und 20 ml 10%ige Ammoniummolybdatlösung. Man titriert aus der Bürette rasch mit der unbekannten Lösung, bis Farbgleichheit erreicht ist. Man muß so rasch arbeiten, daß kein Niederschlag ausfällt. Als Farbstandard dient eine Lösung von 3 g Eisenalaun in 85 ml konzentrierter Salzsäure, die auf 1000 ml verdünnt und sodann noch mit 100 ml konzentrierter Salzsäure und 900 ml Wasser versetzt wird. Die Lösung wird mit einer Lösung von 200,0 mg Na_2HPO_4 in 100 ml Wasser wie beschrieben eingestellt.

3. *Bestimmung von Pyrophosphat und Triphosphat.* 1 g einer gesonderten, bei 120° getrockneten Einwaage löst man in einem 250 ml-Becher in 20 ml Wasser und gibt 36 ml 2 n Salzsäure mit 7 g Zinkacetat-Dihydrat hinzu. Nach vollkommener Lösung fügt man 22 ml n Natronlauge unter starkem Rühren langsam innerhalb 20 Min. tropfenweise zu und rührt dann noch 25 Min. lang weiter. Nach 15 Min. langem Stehen bringt man den Niederschlag mit Hilfe von Mutterlauge in einen Glasfiltertiegel und wäscht mit etwa 70 ml 99%igem Alkohol aus. Das Filtrat prüft man auf Trimetaphosphat (siehe 4.), den Niederschlag trocknet man 30 Min. lang bei 130 bis 140°, glüht dann etwa 30 Min. lang bei 460 bis 480° und wägt die Summe von $Zn_2P_2O_7$ und $NaZn_2P_3O_{10}$. Nach Wiederauflösen bestimmt man die Menge Zink nach dem Oxinverfahren und kann daraus die Gehalte von Pyro- und Triphosphat berechnen.

4. *Bestimmung von Trimetaphosphat.* Das Filtrat von der vorausgehenden Untersuchung 3. kocht man mit 50 ml 3 n Schwefelsäure 1 Std. lang, um Trimetaphosphat zu hydrolysieren. Nach Verdünnen auf 100 ml im Meßkolben bestimmt man die Summe von ursprünglich vorhandenem und von neu gebildetem Orthophosphat colorimetrisch wie unter 2. und rechnet das zuvor bestimmte ursprüngliche Orthophosphat ab.

4. Papierchromatographische Trennung.

Ebel und Volmar wenden auf Gemische der Natriumsalze von Ortho-, Pyro-, Tri-, Trimeta-, Tetrameta- und kondensiertem Phosphat (Grahamsches Salz) das Verfahren der aufsteigenden Papierchromatographie an. Sie benutzen ein saures und ein alkalisches Lösungsmittel. Bei jenem muß das verwendete Papier (Whatman Nr. 4) mit alkoholischer Oxinlösung, bei diesem mit verdünnter Salzsäure vorbehandelt werden. Die gefundenen R_f-Werte sind in Tabelle 22 zusammengestellt. Die Indikation kann auf zweierlei Weise erfolgen. 1. Das getrocknete Papier wird mit einer perchlorsauren Lösung von Ammoniummolybdat besprüht, bei 80° getrocknet, dann einer Schwefelwasserstoff-Atmosphäre ausgesetzt, wobei die Flecken blau werden. So können 5 μg P nachgewiesen werden. — 2. Das getrocknete Papier wird mit einer salpetersauren Lösung von Ammoniummolybdat besprüht, die ein wenig basisches Chininsulfat enthält. Nach Trocknenlassen bei 80° wird in UV-Licht geprüft. Chininiummolybdophosphat bildet einen dunklen Fleck auf blau fluorescierendem Grunde. Dieses Verfahren erlaubt photographische Auswertung.

Tabelle 22. R_f-Werte verschiedener Phosphate.

Lösungsmittel	R_f-Werte für					
	Ortho	Pyro	Tri	Trimeta	Tetrameta	GRAHAM
Isopropanol (70), Wasser (30), Trichloressigsäure (5) . . .	0,76	0,56	0,44	0,34	0,22	0,00
Isopropanol (40), Isobutanol (20), Wasser (39), konz. Ammoniak (1)	0,43	0,33	0,30	0,54	0,48	0,00

Es wird eine kombinierte Anwendung von saurem und alkalischem Lösungsmittel in zweidimensionaler Chromatographie empfohlen. Die ringförmig gebauten Metaphosphate setzen sich in einem Gebiet ab, das von dem der linearen Polyphosphate genau abgegrenzt ist.

Die quantitative Auswertung soll durch Ausschneiden der Flecken, Veraschen und colorimetrische Mikrobestimmung nach BERENBLUM und CHAIN (siehe 1. Abschnitt, § 1, D, S. 92) möglich sein.

D. Bestimmung von Orthophosphat, Pyrophosphat und GRAHAMschem Salz („Metaphosphat") nebeneinander.

An dieser Stelle werden einige ältere Arbeiten besprochen, von denen das sorgfältig ausgearbeitete und gute Ergebnisse liefernde Verfahren von WURZSCHMITT und SCHUHKNECHT an erster Stelle zu nennen ist. Die Titrationsverfahren von BALAREW, von AOYAMA und von GERBER und MILES seien ebenso wie das gravimetrische Verfahren von TRAVERS und CHU, das eine Fällung mit Zinksalz benutzt, der Vollständigkeit halber angeführt. Die von PARIS und ROBERT vorgeschlagene thermometrische Messung der Neutralisationswärmen sei nur erwähnt. Die Kurve der Temperatur als Funktion des Volumens der zugefügten Lauge zeigt deutliche Knicke bei den entsprechenden Äquivalenzpunkten. Die Genauigkeit der in ½ Std. ausführbaren Bestimmung soll 1 bis 1,5% betragen. Es sei noch erwähnt, daß in den folgenden Beschreibungen unter „Metaphosphat" die Form des GRAHAMschen Salzes verstanden wird.

1. Verfahren von WURZSCHMITT und SCHUHKNECHT.

Man bestimmt die Summe der drei Phosphate nach vollständiger Überführung in Orthophosphat durch Fällung als Ammoniummolybdophosphat nach v. LORENZ, das Orthophosphat allein durch Extraktion als Molybdophosphorsäure nach STOLL (siehe 1. Abschnitt, § 1, D, S. 93) und anschließende Fällung nach v. LORENZ, das Pyrophosphat durch acidimetrische Titration nach Fällung mit Zinkjodid und das „Meta"phosphat als Differenz[1].

Reagenzien. **1. Mischindicator.** Gleiche Teile je 0,1%iger alkoholischer Lösungen von Dimethylgelb und von Methylenblau werden gemischt. Das Gemisch wird in einer dunklen Flasche aufbewahrt. — **2. Zinkjodidlösung.** Man löst 100 g Zinkjodid und 200 g Ammoniumjodid in 1 l Wasser und neutralisiert die Lösung unter Verwendung des Mischindicators. Freies Jod wird durch einige Tropfen Natriumthiosulfatlösung beseitigt. — **3. n Natronlauge,** gegen eine Pyrophosphatlösung be-

[1] SPENGLER verweist bezüglich der Bestimmung des Orthophosphates auf die gute Brauchbarkeit seiner Vorschriften (siehe 1. Abschnitt, § 1, A, S. 33).

kannten Gehaltes nach der unten angegebenen Vorschrift 2 eingestellt. — **4. n Salzsäure.** — **5. 10%ige Natriummolybdatlösung.** — **6. Essigester.**

Arbeitsvorschrift. **1. Bestimmung des Gesamtphosphates** nach Erwärmen mit 10 ml Salpetersäure (D 1,2) durch Fällung mit Ammoniummolybdat nach v. LORENZ (siehe 1. Abschnitt, § 1, A, S. 32). Hierbei sollen nicht mehr als 30 bis 40 mg Gesamt-P_2O_5 vorliegen. — **2. Bestimmung des Pyrophosphates.** Etwa 1 g der Probe wird unmittelbar vor der Bestimmung in 100 ml kaltem Wasser gelöst. Nach Zusatz von 6 bis 10 Tropfen Mischindicator wird die Lösung mit n Säure oder n Lauge bis zur Grünfärbung neutralisiert. Man fügt 25 ml Zinkjodidlösung hinzu und titriert mit n Natronlauge (Reagens 3), bis der nach dem Zusatz der Zinkjodidlösung blaurote Farbton über grau wieder rein grün geworden ist. (Aus der titrierten Lösung wird das Jod wiedergewonnen.) — **3. Bestimmung des Orthophosphates.** 250 mg der Probe oder im Falle der Anwesenheit unlöslicher Stoffe ein aliquoter filtrierter Teil der unmittelbar vor der Bestimmung *kalt* bereiteten Lösung werden in einen Scheidetrichter mit Zwei-Wege-Hahn (siehe Abb. 27) gebracht und nach Zusatz von 15 g Natriumchlorid, 50 ml Natriummolybdatlösung, 30 ml Essigester und 100 ml Wasser durch kräftiges Umschütteln gelöst. Man schließt den Scheidetrichter und die Ablaufrohre mit Gummistopfen und kühlt ihn durch Einstellen in Eis. Nach 15 bis 20 Min. fügt man 50 ml eiskalte n Salzsäure hinzu, schüttelt die Mischung um und kühlt sie wieder ab. Sobald sich nach etwa 1 bis 2 Min. die Schichten getrennt haben, trennt man die Esterschicht von der wäßrigen Lösung, indem man jede für sich durch ein Ablaufrohr laufen läßt. Hierdurch wird eine Verunreinigung des Extraktes durch die wäßrige Lösung vermieden. Die wäßrige Lösung wird in den Scheidetrichter zurückgeschüttet und noch 3mal mit je 30 ml eisgekühltem Essigester behandelt. Beim Ablassen ist es besser, etwas Ester mit der wäßrigen Lösung abzulassen, als von der wäßrigen Schicht etwas in die Esterschicht gelangen zu lassen. Die vier Auszüge werden vereinigt, auf dem Wasserbade zur Trockene eingedampft und mit wenig konzentrierter Salpetersäure oxydiert. Den Rückstand löst man in Ammoniak und bestimmt das Orthophosphat durch Fällung nach v. LORENZ. — **4.** Die **Bestimmung des Metaphosphates** erfolgt aus der Differenz.

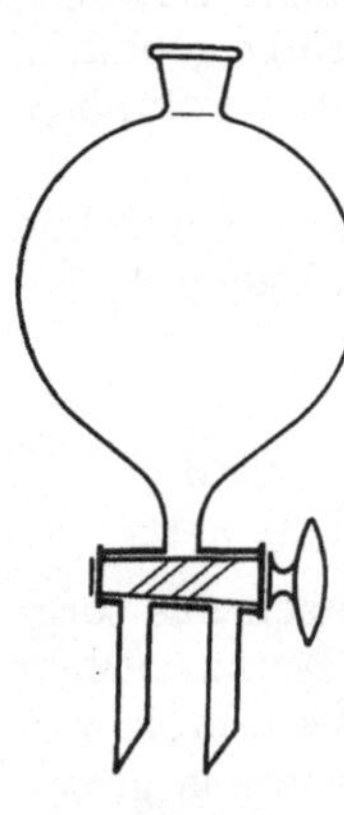

Abb. 27. Scheidetrichter nach WURZSCHMITT und SCHUHKNECHT.

Berechnung. Gesamt-P_2O_5 = % G (in % P_2O_5).

Pyrophosphat: % P (in % P_2O_5)

$$= \frac{\text{Verbrauch an Lauge (in ml)} \times P_2O_5\text{-Titer der Lauge (in g/ml)} \times 100}{\text{Einwaage der Probe (in g)}}.$$

Orthophosphat: % O (in % P_2O_5)

$$= \frac{\text{Gewicht des Molybdatniederschlages (in g)} \times F \times 100}{\text{Einwaage der Probe (in g)}}.$$

Metaphosphat: % M (in % P_2O_5) = % G − % O − % P.

Bemerkung. Das Verfahren liefert zuverlässige Werte für alle drei Phosphate.

2. Alkalimetrische Verfahren.

I. Verfahren von BALAREW. Man titriert in drei Proben mit Natronlauge unter Verwendung von Methylorange bzw. von Phenolphthalein bzw. nach Zusatz von Silbernitratlösung unter Verwendung von Lackmus. Wenn die Mengen Natronlauge in g mit a bzw. b bzw. c bezeichnet werden, die für die jeweilige Neutralisation der Ortho- bzw. Pyro- bzw. Metasäure notwendig sind, und wenn x bzw. y bzw. z die zur Neutralisation von je einem Wasserstoffatom der drei Säuren erforderliche Menge Natronlauge in g bezeichnen, so gelten die Beziehungen:

$$x + 2y + z = a,$$
$$2x + 4y + z = b,$$
$$3x + 4y + z = c,$$

aus denen die einzelnen Säuren errechnet werden können.

II. Verfahren von Aoyama (a). Man fällt alle drei Säuren mit einer gemessenen Menge 0,1 n Silbernitratlösung im Überschuß, den man im Filtrat der Fällung zurücktitriert (verbrauchte Silbernitratlösung zur vollständigen Fällung: *c* ml). Um die Fällung der Silbersalze der Phosphorsäuren quantitativ zu machen, wird die Lösung mit Borax neutralisiert. Der abfiltrierte und ausgewaschene Silberniederschlag wird in Wasser suspendiert und durch Schwefelwasserstoff zerlegt. Das mit Natriumchlorid versetzte Filtrat wird mit 0,1 n Kalilauge gegen Methylorange (*a* ml) und dann gegen Phenolphthalein (*b* ml) titriert. Zur Berechnung dienen die gleichen Beziehungen wie bei dem oben beschriebenen Verfahren von Balarew.

In einer Kontroverse mit Dworzak und Reich-Rohrwig beweist Aoyama (b), daß sein Verfahren richtige Werte liefert. Es muß jedoch eine genügende Menge Natriumchlorid zugesetzt werden, da ohne dieses bei Gegenwart von Metaphosphat ungenaue Werte erhalten werden.

III. Verfahren von Gerber und Miles. Für die Bestimmung der freien Säuren dient eine colorimetrische p_H-Titration in drei Stufen gegen Vergleichslösungen mit bekannten p_H-Werten. Man titriert mit dem Indicator Bromkresolgrün bis zum $p_H = 4{,}4$. Hiernach liegen vor: neutrales Natriummetaphosphat, Dinatriumdihydrogenpyrophosphat, Natriumdihydrogenorthophosphat. Nach der Titration mit Thymolblau als Indicator bis $p_H = 8{,}8$ liegen vor: neutrales Natriumpyrophosphat und Dinatriumhydrogenorthophosphat. In einer dritten Probe werden die drei Säuren durch einen Überschuß neutraler Silbernitratlösung gefällt und im Filtrat gegen Methylrot ein Wasserstoffatom der Orthophosphorsäure titriert. Durch nacheinanderfolgende Subtraktionen aus den drei Titrationen berechnet man die Anteile der drei Säuren.

Die p_H-Werte 4,4 und 8,8 sind die Mittelwerte aus den Säurestufen der sauren Salze der Ortho- bzw. Pyrophosphorsäure, nämlich

NaH_2PO_4	4,6	Na_2HPO_4	8,5
$Na_2H_2P_2O_7$	4,2	$Na_4P_2O_7$	9,1

Man titriert deshalb gegen Vergleichslösungen mit den Säurestufen 4,2, 4,4, 4,6 bzw. 8,4, 8,6, 8,8, 9,0, 9,2 und liest die Endwerte aus einer Skala ab, die vom Verhältnis von Orthosäure zu Pyrosäure abhängt.

Arbeitsvorschrift für die freien Säuren. Man löst 10 g sirupöse Phosphorsäure in 200 ml Eiswasser, füllt auf 500 ml auf und nimmt je 25 ml zur Titration. Die erste Probe titriert man mit 0,1409 n NaOH (1 ml = 10 mg P_2O_5) nach Zusatz von 20 g Natriumnitrat zur Vermeidung der Hydratation mit Bromkresolgrün als Indicator bis $p_H = 4{,}2$ bzw. 4,4 bzw. 4,6. Dann fügt man überschüssige Silbernitratlösung hinzu und titriert weiter gegen Methylrot. Eine zweite Probe wird in analoger Weise gegen Thymolblau bis $p_H = 8{,}4$ bis 9,2 titriert.

Die ***Genauigkeit*** wird mit $\pm$ 0,4% vom Gesamt-P_2O_5 angegeben.

Zur Titration der Natriumsalze der drei Säuren muß die Lösung völlig carbonatfrei sein und während der Titration vor dem Zutritt von Kohlendioxyd geschützt werden. Zur Befreiung von Kohlendioxyd säuert man die Lösung an und leitet Luft hindurch.

Arbeitsvorschrift für Salze. Die Probe, die etwa 1,6 g P_2O_5 enthalten soll, wird in einem gemessenen Überschuß von 0,5 n Schwefelsäure oder Salpetersäure gelöst. Nach dem Verdünnen auf 70 ml leitet man kräftig Luft hindurch, füllt dann auf 100 ml auf und entnimmt 3 Proben von je 25 ml. Die beiden ersten Proben titriert man in derselben Weise wie oben für die Titration der freien Säure beschrieben. Die dritte Probe versetzt man mit 7 ml konzentrierter Salpetersäure, verdünnt auf 100 ml, kocht auf, kühlt ab und neutralisiert gegen 1 Tropfen Bromkresolgrünlösung mit 50%iger Natronlauge. Dann titriert man nach Zusatz von 0,5 ml 0,4%iger Bromkresolgrünlösung mit Natronlauge bis $p_H = 4{,}5$, fügt 25 ml 0,85 n Silbernitratlösung und 0,5 ml 0,2%ige Methylrotlösung hinzu und titriert weiter, bis die Rotfärbung eben verschwunden ist und die Lösung eine grünlichgelbe Färbung annimmt.

Anwesende Polyphosphate werden als Gemisch von Meta- und Pyrophosphat titriert und verursachen erhebliche Unsicherheit. — Einzelheiten, Beleganalysen und Fehlerquellen werden im Original mitgeteilt.

3. Gravimetrische Bestimmung.

Auf die verschiedene Löslichkeit der Zinksalze von Orthophosphorsäure bzw. von Pyrophosphorsäure bei verschiedenen Säurestufen gründen Travers und Chu ein Bestimmungsverfahren für die drei Phosphorsäuren, wobei sie die Fällung von Zinkmetaphosphat durch einen reichlichen Zusatz von Ammoniumchlorid verhindern. Zinkpyrophosphat löst sich in Essigsäure erst bei einer Säurestufe $<3{,}7$, während Zinkorthophosphat schon bei einer Säurestufe $<4{,}7$ löslich ist. Man fällt daher zuerst Zinkpyrophosphat aus, dann im Filtrat das Orthophosphat als Ammoniumzinkphosphat, während das Metaphosphat in Lösung bleibt. Dieses wird in Orthophosphat verwandelt und dann ebenfalls als Ammoniumzinkphosphat gefällt. Die

Fällungsform des Zinkdoppelsalzes wird bevorzugt, weil es sich leicht filtrieren und auswaschen und auch acidimetrisch titrieren läßt.

Arbeitsvorschrift. 100 ml neutrale Lösung der Alkalisalze mit nicht mehr als 0,4 g P werden mit 5 bis 10 g Ammoniumchlorid versetzt. Man fügt einen geringen Überschuß an Zinksulfatlösung hinzu und bringt die Lösung mit 0,1 n Essigsäure auf den p_H-Wert 4,5, worauf beim Erwärmen Zinkpyrophosphat ausfällt. Der nach 30 Min. durch ein Papierfilter abfiltrierte Niederschlag wird zuerst mit Essigsäure ($p_H = 4{,}5$), dann mit Wasser gewaschen und in Salpetersäure gelöst. Nach ½stündigem Kochen der Lösung fällt man bei $p_H = 7$ Ammoniumzinkphosphat aus (siehe 1. Abschnitt, § 9, S. 157).

Man kann auch die Analysenlösung in der Kälte mit 30 bis 40 ml Zinkacetatlösung (8 g Zinkacetat, 25 ml Eisessig und 175 ml Wasser) versetzen, den Niederschlag in 2 n Natronlauge lösen, diese Lösung mit Essigsäure neutralisieren, 5 ml Zinkacetatlösung zufügen und das sich ausscheidende Zinkpyrophosphat im Porzellanfiltertiegel abfiltrieren und bei 900° glühen[1].

Das Filtrat vom Zinkpyrophosphatniederschlag wird mit Ammoniak neutralisiert, bis bei $p_H = 7$ das anwesende Orthophosphat als Ammoniumzinkphosphat ausfällt.

Im Filtrat dieser Fällung wird das vorhandene Metaphosphat durch Kochen der Lösung mit Salpetersäure in Orthophosphat verwandelt und dieses ebenfalls als Ammoniumzinkphosphat gefällt.

Die Ergebnisse werden als „sehr zufriedenstellend“ bezeichnet. Beachte jedoch die Erfahrungen von WURZSCHMITT und SCHUHKNECHT, S. 309.

Literatur.

ANDRESS, K., W. GEHRING u. K. FISCHER: Z. anorg. Ch. **260**, 331 (1949). — AOYAMA, S.: (a) J. pharm. Soc. Japan **1925** Nr 520, 7; durch C. **96, II**, 2009 (1925); Fr. **84**, 31 (1931); (b) J. pharm. Soc. Japan **50**, 106 (1930); durch C. **102, I**, 116 (1931). — AUDRIETH, L. F., u. R. N. BELL: Inorganic Syntheses, Bd. III, S. 93. New York 1950.

BALAREW, D.: Z. anorg. Ch. **99**, 184 (1917). — BELL, R. N.: Anal. Chem. **19**, 97 (1947). — BERTHELOT, M., u. G. ANDRÉ: C. r. **123**, 773 (1896); durch C. **68, I**, 76 (1897); C. r. **124**, 261 (1897); durch C. **68, I**, 560 (1897). — BORATYŃSKI, K.: Roczniki Nauk rolniczych leśnych **34**, 95 (1935); durch C. **106, II**, 1922 (1935); Fr. **102**, 421 (1935). — BRIZKE, E., u. S. DRAGUNOW: J. chem. Ind. (russ.) **4**, 49 (1927); durch C. **98, II**, 1983 (1927).

COHN, G., u. I. M. KOLTHOFF: Ind. eng. Chem. Anal. Edit. **14**, 886 (1942); durch Fr. **129**, 403 (1950). — COURTOIS, J.: J. Pharm. Chim. [8] **23**, 232 (1936); durch Fr. **111**, 32 (1937/38).

DAVIES, D. R., u. W. C. DAVIES: Biochem. J. **26**, 2046 (1932). — DEWALD, W., u. H. SCHMIDT: (a) Fr. **134**, 17 (1951); (b) 86; (c) 245; (d) **136**, 420 (1952); (e) **137**, 178 (1952). — DUPUIS, TH., u. CL. DUVAL: Anal. chim. Acta [Amsterdam] **4**, 256 (1950); durch C. **122, II**, 112 (1951). — DWORZAK, R., u. W. REICH-ROHRWIG: Fr. **77**, 14 (1929).

EBEL, J. P., u. Y. VOLMAR: C. r. **233**, 415 (1951); durch Fr. **136**, 290 (1952).

GERBER, A. B., u. F. T. MILES: Ind. eng. Chem. Anal. Edit. **10**, 519 (1938); durch C. **110, I**, 1009 (1939); **13**, 406 (1941); durch C. **113, I**, 2303 (1942).

HINSBERG, K., u. D. LÁSZLÓ: Bio. Z. **217**, 346 (1930).

JAHR, K. F.: Forschungen und Fortschritte **24**, 1. Sonderheft, 3 (1948); siehe auch bei PFUNDT, O., u. G. JANDER: Fr. **128**, 376 (1948). — JONES, L. T.: Ind. eng. Chem. Anal. Edit. **14**, 536 (1940).

KARBE, K., u. G. JANDER: Kolloidchem. Beih. **54**, 1 (1942). — KIEHL, S. J., u. W. C. HANSEN: Am. Soc. **48**, 2802 (1926). — KNORRE, G. v.: Z. angew. Ch. **5**, 639 (1892). — KOLTHOFF, I. M.: (a) Pharm. Weekbl. **57**, 474 (1920); durch C. **91, III**, 74 (1920); (b) Z. anorg. Ch. **112**, 165 (1920); (c) Die Maßanalyse, 2. Teil, S. 150; (d) S. 269. Berlin 1928.

LAITINEN, H. A., u. L. W. BURDETT: Anal. Chem. **23**, 1265 (1951); durch C. **123**, 4981 (1952). — LUTZ, F.: Magyar Chem. Folyóirat **25**, 96 (1919); durch C. **92, II**, 949 (1921).

NEU, R.: Fr. **131**, 102 (1950).

PARIS, R., u. J. ROBERT: Bl. [5] **10**, 224 (1943); durch C. **114, II**, 1653 (1943). — PETUCHOWA, W. P., W. A. RUMJANZEWA u. G. W. FEDOROWA: Betriebslab. **13**, 663 (1947); durch C. **118 E**, 406 (1947).

---

[1] Nach DUPUIS und DUVAL ist Zinkpyrophosphat bis über 610° beständig.

RAISTRICK, B., F. J. HARRIS u. E. J. LOWE: Analyst [London] **76**, 230 (1951); durch Fr. **135**, 376 (1952).

SPENGLER, W.: Angew. Ch. **53**, 214 (1940). — STOLLENWERK, W., u. A. BÄURLE: Fr. **77**, 81 (1929). — STRAATEN, H. VAN DER, u. A. H. W. ATEN: R. **69**, 561 (1950); durch C. **121**, II, 1796 (1950).

THILO, E.: Chem. Techn. **4**, 345 (1952). — THILO, E., u. G. SCHULZ: Z. anorg. Ch. **266**, 34 (1951). — TRAVERS, A., u. CHU: Helv. **16**, 913 (1933).

WURZSCHMITT, B., u. W. SCHUHKNECHT: Angew. Ch. **52**, 711 (1939).

3. Abschnitt.

Phosphorige Säure.

H_3PO_3, Molekulargewicht 82,00.

Bestimmungsmöglichkeiten.

I. Die *gewichtsanalytische Bestimmung* der phosphorigen Säure kann mit Hilfe der Abscheidung von Quecksilber(I)-chlorid erfolgen, siehe § 4, S. 330.

II. Für die *maßanalytische Bestimmung* der phosphorigen Säure kommen folgende Verfahren in Betracht:

Jodometrisch. 1. Oxydation der phosphorigen Säure zu Orthophosphorsäure durch freies Jod in gepufferter Lösung und Rücktitration des überschüssig angewendeten Jodes, § 1, S. 325.

2. Oxydation der phosphorigen Säure zu Orthophosphorsäure mittels Jodats in saurer Lösung und Rücktitration des überschüssig angewendeten Jodats, § 1, S. 326.

Bromometrisch. 1. Oxydation der phosphorigen Säure zu Orthophosphorsäure durch freies Brom in gepufferter Lösung und Rücktitration des überschüssig angewendeten Broms, § 2, S. 326.

2. Oxydation der phosphorigen Säure zu Orthophosphorsäure mittels Bromats in saurer Lösung und Rücktitration des überschüssig angewendeten Bromats, § 2, S. 327.

Manganometrisch. 1. Unmittelbare Titration in schwefelsaurer Lösung mit Kaliumpermanganat und Rücktitration des überschüssig angewendeten Kaliumpermanganates, § 3, S. 328.

2. Titration in alkalischer Lösung mit Kaliumpermanganat, Abfangen des entstandenen Kaliummanganates durch Bariumnitrat und Rücktitration des überschüssig vorhandenen Kaliumpermanganates mit Natriumformiatlösung, § 3, S. 329.

3. Oxydation mit alkalischer Kaliummanganatlösung und Rücktitration des Überschusses an Kaliummanganat mit Oxalsäure im Überschuß, der mit Kaliummanganatlösung zurücktitriert wird, § 3, S. 330.

Eignung der wichtigsten Verfahren.

Die unter „Bestimmungsmöglichkeiten" genannten Verfahren eignen sich nur für die Bestimmung größerer Mengen phosphoriger Säure oder ihrer Salze. Höchstens die jodometrischen Methoden können wegen ihrer allgemein größeren Genauigkeit auch für die Ermittlung kleiner Mengen in Betracht kommen. Mikroverfahren sind für phosphorige Säure überhaupt nicht beschrieben worden. Wenn es sich in besonderen Fällen um die Bestimmung kleiner Mengen Phosphit-Ion handelt, und wenn nicht gleichzeitig andere Säuren des Phosphors anwesend sind, so wird man vorteilhaft das Phosphit-Ion durch Erhitzen mit konzentrierter Salpetersäure zu Phosphat oxydieren und dieses nach den im 1. Abschnitt, S. 30 beschriebenen Verfahren bestimmen. Selbstverständlich können auch größere Mengen Phosphit in dieser Weise ermittelt werden.

Eigenschaften der phosphorigen Säure und der Phosphite.

Reine phosphorige Säure bildet eine farblose kristalline Masse, die bei 74° schmilzt. Sie ist sehr leicht löslich in Wasser und tritt als mittelstarke Säure auf, die zweibasig ist. Sie dissoziiert nur in der 1. Stufe stark. Beim Erhitzen der wasserfreien Säure tritt Zerfall in Phosphin und Phosphorsäure ein: $4\,H_3PO_3 = PH_3 + 3\,H_3PO_4$. Entsprechend der zweibasigen Natur der phosphorigen Säure bildet sie zwei Reihen von Salzen, von denen hauptsächlich die neutralen bekannt sind. Die Phosphite der Alkalimetalle und des Calciums sind in Wasser löslich, alle übrigen Phosphite schwer- oder unlöslich. Die Lösungen sind praktisch unzersetzt haltbar. Beim Erhitzen der festen Phosphite bildet sich Phosphin. Phosphorige Säure und ihre Salze sind Reduktionsmittel, sie gehen bei der Einwirkung von Halogenen, unterchloriger Säure, Salpetersäure u. a. in Orthophosphat über.

§ 1. Maßanalytische Bestimmung der phosphorigen Säure durch jodometrische Titration.

Die jodometrische Bestimmung der phosphorigen Säure und ihrer Salze beruht auf deren Oxydation zu Orthophosphorsäure mittels freien Jodes gemäß der Gleichung:

$$HPO_3'' + J_2 + H_2O = HPO_4'' + 2\,HJ.$$

Diese Umsetzung vollzieht sich nach Rupp und Finck schnell in schwach alkalischer Lösung, d. h. bei Gegenwart von überschüssigem Natriumhydrogencarbonat, aber sehr langsam in saurer Lösung. Während auch Boyer und Bauzil die Oxydation des Phosphits mit Jod unter Zusatz von Natriumhydrogencarbonat vornehmen, sind von anderen Autoren mehrere andere Wege vorgeschlagen worden, um in einem schwach alkalischen Medium arbeiten zu können. So verwenden Raquet und Pinte 10%ige Natriumtetraboratlösung, Schwicker (a) setzt sogar Kalilauge bzw. Ammoniak oder eine Ammoniumboratlösung zu, und Kiehl und Moose benutzen eine Pufferlösung aus Borsäure und Kalilauge. Die letztgenannten Maßnahmen sollen eine wesentliche Herabsetzung des für die Oxydation notwendigen Zeitbedarfes bezwecken, welcher nach Rupp und Finck 2 Std. beträgt, sich aber nach den Vorschlägen Schwickers (a) auf 30 bis 10 Min. zurückführen läßt. Da bei Anwendung von Natriumhydrogencarbonat nach Carré Jodat entstehen kann, so werden nach dem Rupp-Finckschen Verfahren ungenaue Werte erhalten. Deshalb schlägt Carré vor, eine mit Kohlendioxyd gesättigte Lösung von Natriumhydrogencarbonat zu verwenden und das Reaktionsgemisch vor dem Zurücktitrieren des überschüssigen Jodes mit Natriumthiosulfat anzusäuern, weil hierbei etwa doch gebildetes Jodat mit dem entstandenen Jodid zu freiem Jod rückgebildet wird. Wolf und Jung haben die Oxydation der phosphorigen Säure und der unterphosphorigen Säure (siehe 4. Abschnitt, § 1, C, S. 334) mit Jod eingehend geprüft und einige Widersprüche im Schrifttum aufgeklärt. Während Boyer und Bauzil gefunden haben, daß phosphorige Säure in saurer Lösung durch Jod überhaupt nicht oxydiert werde, hatten schon Rupp und Finck festgestellt, daß diese Oxydation sich doch langsam vollziehe. Aber schon Steele bzw. Orlow bzw. Mitchell hatten die Oxydation der phosphorigen Säure in saurer Lösung durch Jod beobachtet, und diese Beobachtungen werden von Wolf und Jung bestätigt. Danach wird die phosphorige Säure in saurer Lösung durch Jod zwar langsam, aber doch mit meßbar großer Geschwindigkeit oxydiert. Diese Erkenntnis ist von besonderer Bedeutung für die Bestimmung der phosphorigen Säure in Gegenwart von unterphosphoriger und Unterphosphorsäure (4. Abschnitt, § 1, C, S. 335 u. 5. Abschnitt, § 7, S. 345). Es kommt deshalb für die jodometrische Bestimmung der phosphorigen Säure mit freiem Jod nur das Arbeiten in schwach alkalischem Medium in Betracht.

Es kann aber die phosphorige Säure auch in saurer Lösung zu Orthophosphorsäure oxydiert werden, und zwar durch Jodsäure (BRUKL und BEHR). Diese wird hierbei zu freiem Jod reduziert, welches durch Kochen aus der Lösung entfernt wird. Die überschüssige Jodsäure wird alsdann mit Kaliumjodid zu freiem Jod umgesetzt, welches mit Thiosulfat titriert wird. Es wird bei dieser Arbeitsweise eine 6fache Menge an Jod umgesetzt, und es kann deshalb eine größere Genauigkeit erzielt werden. Die Umsetzungsgleichung lautet: $15\,H_3PO_3 + 6\,HJO_3 = 15\,H_3PO_4 + 3\,J_2 + 3\,H_2O$, und da 1 Mol Jodsäure bei der Umsetzung mit Jodid 6 Grammatome Jod liefert, so entsprechen also 15 Molen phosphoriger Säure 36 Grammatome Jod.

Nach SCHWICKER (a) wird freie phosphorige Säure durch ein Jodid-Jodatgemisch unter Freisetzung einer äquivalenten Menge Jod zu Orthophosphorsäure oxydiert. Hierauf läßt sich ein Bestimmungsverfahren für phosphorige Säure gründen. Der Überschuß an angewendetem Jodat wird durch Titration des nach dem Ansäuern mit Salzsäure in Freiheit gesetzten Jodes mit Natriumthiosulfat bestimmt. Dann ist die Differenz des Anfangs- und Endtiters des Jodid-Jodatgemisches gleich der Menge des zur Oxydation der phosphorigen Säure verbrauchten Jodes.

Mit angesäuerter Kaliumjodatlösung in Gegenwart von Quecksilber(II)-perchlorat in Kohlendioxydatmosphäre und bei erhöhter Temperatur arbeitet HOVORKA zur Bestimmung der phosphorigen Säure. Die etwas umständlichen Reaktionsvorgänge lassen das Verfahren als nicht sehr empfehlenswert erscheinen, und es dürfte gegenüber der Arbeitsweise von BRUKL und BEHR kaum die gleiche Genauigkeit erreichen.

A. Oxydation mit freiem Jod.

***Arbeitsvorschrift von* WOLF *und* JUNG.** Die zu bestimmende Lösung wird in eine 250 bis 500 ml fassende Schliffflasche gebracht und genau neutralisiert. Nach Zusatz von 50 ml einer 0,2 m, mit Kohlendioxyd gesättigten Natriumhydrogencarbonatlösung werden 50 ml 0,1 n Jodlösung zugefügt. Nachdem die Mischung in der gut verschlossenen Flasche 45 bis 60 Min. gestanden hat, wird das überschüssige Jod mit Arsenit oder mit Thiosulfat zurücktitriert. 1 ml 0,1 n Jodlösung = 4,10 mg H_3PO_3.

***Bemerkungen.* 1. Genauigkeit.** WOLF und JUNG geben an, daß die Übereinstimmung zwischen der titrimetrischen und gravimetrischen Bestimmung sehr gut sei. — **2. Einfluß des Lichtes.** RUPP und FINCK haben angegeben, die Reaktionsmischung im Dunkeln stehenzulassen. Dies ist jedoch nach den Erfahrungen von WOLF und JUNG nicht erforderlich.

3. Andere Arbeitsvorschriften. I. Verfahren von SCHWICKER (a). *a) Bei Gegenwart von Kaliumhydroxyd.* Die Phosphitlösung wird mit einem Überschuß an Jodlösung versetzt und dann *langsam* eine dem angewendeten Jod äquivalente Menge Kaliumhydroxydlösung unter Umschwenken zugetropft. Nach 30 Min. langem Stehen ist die Oxydation beendet. Man säuert mit 2 n Salz- oder Schwefelsäure an und titriert das unverbrauchte Jod zurück. Am besten wird $^1/_{10}$ der Anzahl der angewendeten ml 0,1 n Jodlösung an n KOH oder NaOH, also z. B. auf 30 ml Jodlösung 3 ml Kaliumhydroxydlösung zugesetzt. — *b) Bei Gegenwart von Ammoniak.* An Stelle von Kaliumhydroxyd werden bei sonst völlig gleicher Arbeitsweise 3 bis 4 ml n Ammoniak eingetropft. An Stelle von Ammoniak können auch 5 ml 10%ige Ammoniumchloridlösung und dann tropfenweise n Kalilauge zugesetzt werden. — *c) Bei Gegenwart von Ammoniumborat.* 20 g Borsäure werden in 170 ml 10%igem Ammoniak gelöst, dann wird mit Wasser auf 1000 ml aufgefüllt. Von dieser Lösung werden bei sonst gleicher Arbeitsweise wie unter a) bzw. b) 5 ml in einem Guß zu der zu untersuchenden Lösung zugesetzt. Bei allen drei Arbeitsweisen werden gute Ergebnisse erzielt. Die Anwesenheit von unterphosphoriger Säure bewirkt keine Störung. — **II. Verfahren von BOYER und BAUZIL.** In einer verschließbaren Flasche werden 10 ml etwa 1%ige Phosphitlösung mit 10 ml 5%iger Natriumhydrogencarbonatlösung und 20 ml 0,1 n Jodlösung vermischt. Nach 2 Std. wird mit 10%iger Essigsäure angesäuert und das unverbrauchte Jod mit Thiosulfatlösung zurücktitriert. An Stelle des Natriumhydrogencarbonates kann auch die gleiche Menge kalt gesättigter Boraxlösung angewendet werden. — **III. Verfahren von KIEHL und MOOSE.** 25 ml etwa 0,05 n Lösung von phosphoriger Säure werden mit 60 ml einer aus 0,5 m Borsäurelösung und 0,05 m Kalilauge bereiteten Pufferlösung und dann mit 50 ml 0,05 n Jodlösung versetzt. Nach etwa 15 Min. wird angesäuert und der Jodüberschuß zurücktitriert. Man arbeitet am vorteilhaftesten bei einer Temperatur zwischen 25 und 30°. — **IV. Bestimmung von Orthophosphit neben Pyrophosphit nach KIEHL und MOOSE.** Die Lösung wird mit einer aus 0,18 m Dinatriumhydrogenphosphatlösung und 0,072 m

Natriumdihydrogenphosphatlösung bereiteten Pufferlösung versetzt und auf 30° erwärmt. Man fügt einen doppelten Überschuß an 0,05 n Jodlösung hinzu und titriert nach 10 Min. zurück. Mit steigendem Gehalt an Pyrophosphit-Ion P_2O_5'' steigen die Fehler an, sie betragen bei

50% des Phosphors als Pyrophosphit 0,3%,
70% „ „ „ „ 0,6%,
90% „ „ „ „ 5,1%.

B. Oxydation mit Jodsäure bzw. mit Kaliumjodat.

***Arbeitsvorschrift von* Brukl *und* Behr.** Die Lösung, welche keine Salzsäure oder Salpetersäure enthalten darf, wird mit Schwefelsäure schwach angesäuert und mit eingestellter 2,5%iger Jodsäurelösung versetzt, und zwar für je 100 mg phosphoriger Säure 125 mg Jodsäure. Die Mischung wird über freier Flamme so lange erhitzt, bis das bei der Reaktion entstandene freie Jod vertrieben und die Flüssigkeit farblos geworden ist. Nach dem Erkalten wird die 5fache Menge an Kaliumjodid zugesetzt und das frei gewordene Jod mit Natriumthiosulfatlösung titriert.

Berechnung. Wenn a die Anzahl ml Natriumthiosulfatlösung, welche der Jodmenge entspricht, die die angewendete Jodsäure mit Kaliumjodid in Freiheit setzt, und wenn b die Anzahl ml der zurücktitrierten Thiosulfatlösung (Jod aus der unverbrauchten Jodsäure und Kaliumjodid) bezeichnet, so ist $a - b = c$ die 6fache Jodmenge, welche dem Jod in der Jodsäure entspricht (Umsetzungsgleichung siehe S. 325). Es lagen z. B. vor 125,8 mg H_3PO_3, und es wurden angewendet 196,9 mg HJO_3, welche 64,88 ml Natriumthiosulfatlösung (1 ml = 13,14 mg J) entsprechen. Es wurden zurücktitriert 28,34 ml Natriumthiosulfatlösung und also 35,54 ml verbraucht. 1 ml 0,1 n $Na_2S_2O_3$ = 3,417 mg H_3PO_3.

Abb. 28. Umsetzungskolben nach Schwicker.

Der ***Fehler*** bewegt sich zwischen + 0,2% und — 0,5%.

***Arbeitsvorschrift von* Schwicker (a).** In einer verschließbaren Flasche werden zu einer Mischung aus 50 ml 0,1 n Kaliumjodatlösung (3,5686 g KJO_3/l) 1 g Kaliumjodid und dann 10 ml etwa 0,1 m phosphoriger Säure zugefügt. Nach 2- bis 2½stündigem Stehen bei Raumtemperatur werden 10 ml 2 n Salzsäure zugesetzt, und das ausgeschiedene Jod wird mit 0,1 n Natriumthiosulfatlösung zurücktitriert. Wenn ein phosphorigsaures Salz vorliegt, so wird die Umsetzung durch Zusatz von 1 ml n Salzsäure eingeleitet. — In einen Kolben von 200 ml Fassungsvermögen und der in Abb. 28 gezeigten Form wird die gleiche Mischung, wie oben angegeben, eingebracht. Dann wird in den Kolbenhals ein mit einigen Tropfen 10%iger Kaliumjodidlösung befeuchteter Wattebausch eingeführt. Der so vorbereitete Kolben wird nun bis zur Höhe des Spiegels des Reaktionsgemisches in ein Wasserbad von 45 bis 50° eingestellt und darin 15 bis 20 Min. belassen. Dann wird auf den Wattebausch etwas Wasser getropft und der Kolben durch Einstellen in kaltes Wasser abgekühlt. Durch das infolge der Abkühlung im Kolben entstehende Vakuum wird das Wasser mit der Kaliumjodidlösung, in welcher sich etwas verflüchtigtes Jod aufgelöst hatte, in den Kolben hineingesaugt. Die Watte wird nunmehr entfernt und das Jod mit Natriumthiosulfatlösung titriert. — Unterphosphorige Säure stört die Bestimmung nicht.

§ 2. Maßanalytische Bestimmung der phosphorigen Säure durch bromometrische Titration.

Die bromometrische Bestimmung der phosphorigen Säure ist nach den Erfahrungen von Manchot und Steinhäuser gut durchführbar mit freiem Brom, aber nicht unmittelbar mit Bromat. Bei jenem läßt sich eine direkte Titration in einer mit Natriumhydrogencarbonat oder mit Natriumacetat gepufferten Lösung durchführen. — Schwicker (b) hat mannigfache Abänderungen für die bromometrische

Bestimmung mitgeteilt. Danach läßt sich Phosphit mittels Bromats in schwefelsaurer Lösung bei Siedehitze zu Phosphat oxydieren, und das Bromat kann nach dem Abkühlen zurückgemessen werden. Durch einen Zusatz von wenig Bromid läßt sich die Reaktionsgeschwindigkeit noch erhöhen. Anstatt freies Brom anzuwenden, wie das MANCHOT und STEINHÄUSER vorgeschlagen haben, wird besser ein Bromid-Bromat-Gemisch in saurer Lösung genommen, das freies Brom entwickelt. Überschüssiges Bromat wird sodann jodometrisch zurücktitriert. Ferner schlägt SCHWICKER (b) vor, Quecksilber(II)-chlorid durch phosphorige Säure zu Quecksilber(I)-chlorid zu reduzieren, dieses mit Bromat wieder in Lösung zu bringen und nun den Bromatüberschuß zurückzumessen.

A. Verfahren von MANCHOT und STEINHÄUSER mit freiem Brom.

Reagenzien. *1. Gesättigte Lösung von Natriumhydrogencarbonat* oder *10%ige Lösung von Natriumacetat. — 2. Bromlösung:* 0,1 n Brom in n Kaliumbromidlösung. — *3. 0,2%ige Lösung von Indigocarmin. — 4. 0,1 n Arsenitlösung.*

Arbeitsvorschrift. Die zu bestimmende Lösung von phosphoriger Säure oder von Phosphit, welche freie Orthophosphorsäure oder eine andere Mineralsäure enthalten kann, wird mit Natriumhydrogencarbonat oder mit Natriumacetat bis zur neutralen Reaktion versetzt (bei stark sauren Lösungen ist jenes diesem vorzuziehen). Dann werden 20 bis 30 ml gesättigte Natriumhydrogencarbonatlösung oder 10%ige Natriumacetatlösung im Überschuß auf je 0,1 g phosphorige Säure und dann so viel 0,1 n Bromlösung, bis die Bromfarbe bestehenbleibt, zugefügt. Diese wird mit eingestellter Arsenitlösung zum Verschwinden gebracht, und deren Überschuß wird unter Verwendung von Indigocarmin als Indicator mit Bromlösung zurücktitriert.

Bemerkungen. **1. Genauigkeit.** Die Verfasser geben Werte an, aus denen die gute Übereinstimmung zwischen der titrimetrischen und der gravimetrischen Bestimmung ersichtlich ist. — **2.** Die **Anwendungsmöglichkeit** des Verfahrens erstreckt sich auch auf die Analyse von Phosphor(III)-chlorid und auf die Bestimmung niederer Oxyde in Phosphor(V)-oxyd. — **3. Abänderung von DUNAJEW (a).** Die unter Umständen zuvor mit Ammoniak, Natriumcarbonat oder Natriumhydrogencarbonat neutralisierte Lösung wird mit 30 ml gesättigter Natriumhydrogencarbonatlösung und dann mit einem etwa 5 ml betragenden Überschuß an 0,1 n Bromlösung versetzt. Nach 2 bis 3 Min. werden 10 ml 5%ige Kaliumjodidlösung und 10 ml 4 n Schwefelsäure zugefügt. Nach weiteren 5 Min. wird mit 0,05 n Natriumthiosulfatlösung das ausgeschiedene Jod titriert. — **4. Bestimmung von phosphoriger Säure neben Orthophosphorsäure nach DUNAJEW (b).** Man bestimmt die phosphorige Säure mit Bromlösung in Gegenwart von Natriumhydrogencarbonat, kocht mit Salpetersäure auf und bestimmt die Orthophosphorsäure nach einem der im 1. Abschnitt, S. 30, beschriebenen Verfahren.

B. Verfahren von SCHWICKER (b) mit Bromat.

1. Arbeitsvorschrift. Da Phosphit in schwefelsaurer Lösung sehr langsam mit Bromat reagiert, wird zur Beschleunigung bei höherer Temperatur etwas Bromid zugesetzt. Die zu bestimmende Lösung wird mit 5 ml 4 n Schwefelsäure und 25 bis 30 ml einer 0,1 n Kaliumbromatlösung, welcher auf je 100 ml je 1,99 g Kaliumbromid zugesetzt sind, vermischt und zum Sieden erhitzt. Man läßt ½ Std. stehen und kocht dann das nach der Gleichung

$$5\,H_2PO_3' + 2\,BrO_3' + 2\,H^{\cdot} = 5\,H_2PO_4' + Br_2 + H_2O$$

entstandene freie Brom fort. Der Überschuß an Bromat wird nach dem Erkalten zurücktitriert. 1 ml 0,1 n $KBrO_3$ = 3,417 mg H_3PO_3.

2. Arbeitsvorschrift. In einer gut schließenden Glasstöpselflasche wird in einer gemessenen Menge 0,1 n Kaliumbromatlösung 1 g Kaliumbromid aufgelöst, 1 ml n Salzsäure und sodann die zu bestimmende Phosphitlösung zugefügt. Die verschlossene Flasche bleibt 1 Std. lang stehen. Die Umsetzung vollzieht sich nach der Gleichung:

$$H_2PO_3' + Br_2 + H_2O = H_2PO_4' + 2\,Br' + 2\,H^{\cdot}.$$

Nach Zusatz von Arsenit wird mit Bromat zurücktitriert.

3. Arbeitsvorschrift. Wie in der 2. Arbeitsvorschrift wird zu der zu bestimmenden Lösung ein Überschuß an 0,1 n Kaliumbromatlösung und 2 n Salzsäure bis zum doppelten Volumen zugefügt. Nach 1½stündigem Stehen wird der Bromatüberschuß jodometrisch zurückgemessen.

4. Arbeitsvorschrift. In einem Kochkolben von 150 ml Inhalt wird eine Mischung von 15 ml einer Lösung von 100 g Quecksilber(II)-chlorid und 30 g Natriumchlorid in 1000 ml Wasser, 5 ml n Salzsäure, 20 ml Wasser und 10 ml der zu bestimmenden, etwa 0,05 m Phosphitlösung 5 Min. lang auf einem siedenden Wasserbade erhitzt. Man tropft nun so lange Natronlauge zu, bis eine bleibende gelbliche Opalescenz von kolloidem Quecksilber(II)-oxyd entsteht. Nachdem die Mischung noch ½ Std. auf dem Wasserbade gestanden hat, läßt man erkalten und versetzt mit 10 bis 15 ml konzentrierter Salzsäure. Aus einer Bürette wird nunmehr 0,1 n Kaliumbromatlösung so lange zugegeben, bis das durch die Reduktionswirkung der phosphorigen Säure entstandene unlösliche Quecksilber(I)-chlorid klar in Lösung gegangen und ein kleiner Überschuß an Brom vorhanden ist. Diesen bindet man durch Zusatz von 10 ml 0,1 n Arsenitlösung, tropft etwas Methylorangelösung hinzu und titriert mit Bromat bis zur Entfärbung. 1 ml 0,1 n $KBrO_3$, welches zur Oxydation des Quecksilber(I)-chlorides verbraucht wird, entspricht 4,1 mg H_3PO_3. — Die erhaltenen Werte entsprechen den theoretischen.

§ 3. Maßanalytische Bestimmung der phosphorigen Säure durch manganometrische Titration.

Permanganat wirkt auf phosphorige Säure bzw. auf Phosphite in saurer Lösung unter Entfärbung ein, und Phosphit-Ion wird zu Phosphat-Ion oxydiert. Die Umsetzung verläuft anfangs schnell, verlangsamt sich jedoch mit abnehmender Phosphitkonzentration immer mehr (SALZER). AMAT fand, daß die Oxydation des Phosphit-Ions mit Kaliumpermanganat sich um so schneller vollziehe, je konzentrierter die angewandten Lösungen, je saurer die Flüssigkeit und je höher die Temperatur sei. Am vorteilhaftesten werde bei 50° ½ Std. stehengelassen. Dennoch konnte diese Arbeitsweise nicht völlig befriedigen. KÜHLING schlug deshalb vor, in neutraler Lösung bei Gegenwart von Zinkoxyd zu arbeiten und 1 bis 2 Std. lang im Wasserbade zu erwärmen. Unter diesen Bedingungen wird das Permanganat zu Mangan(IV)-oxydhydrat reduziert. Man kann entweder so lange titrieren, bis die über dem sich absetzenden Niederschlage stehende Lösung gerade einen rötlichen Farbton von überschüssigem Permanganat annimmt, oder aber es wird das durch einen Überschuß von Kaliumpermanganat erzeugte Mangan(IV)-oxydhydrat abfiltriert und danach jodometrisch bestimmt. Dieses Verfahren dürfte heute kaum noch zur Anwendung empfohlen werden können. Da die Umsetzung zwischen Phosphit und Permanganat in alkalischer Lösung viel schneller vor sich geht als in saurer Lösung, tragen MARIE und LUCAS in eine Lösung von 3 g ausgeglühtem Kaliumcarbonat in 50 ml Wasser 50 ml 0,04 n Kaliumpermanganatlösung ein, erwärmen auf 80° und geben nun die zu bestimmende Lösung von phosphoriger Säure oder von Phosphit zu. Nachdem die Mischung eine Viertelstunde lang bei 80° gehalten wurde, werden vorsichtig 50 ml einer 0,5%igen, schwefelsauren Lösung von MOHRschem Salz eingetragen, wodurch das zuvor ausgeschiedene Mangan(IV)-oxydhydrat in Lösung gebracht wird. Schließlich wird mit Permanganat zurücktitriert. Nach ROSENHEIM und PINSKER kann phosphorige Säure in schwefelsaurer Lösung quantitativ und verhältnismäßig schnell mit Permanganat titriert werden, wenn immer abwechselnd Permanganat bis zur Rotfärbung und Oxalsäure bis zur Entfärbung so lange zugesetzt werden, bis schließlich die Rotfärbung durch Permanganat bestehenbleibt. STAMM und HAUER benutzen bei der Titration mit Kaliumpermanganat in alkalischer Lösung nur den Übergang des Permanganates in das dunkelgrüne Manganat, wobei sie den Kunstgriff anwenden, die sehr labile Stufe des 6wertigen Mangans vor weiterer Reduktion dadurch zu bewahren, daß sie durch Zusatz von Bariumnitrat das außerordentlich schwer lösliche Bariummanganat ausfällen. Dieses hat das sehr kleine Löslichkeitsprodukt $L_{BaMnO_4} = 2{,}46 \cdot 10^{-10}$. Infolgedessen geht das Abfangen des entstandenen Manganat-Ions so schnell vor sich, daß es der weiteren Einwirkung des Reduktionsmittels bei Einhaltung geeigneter Bedingungen mit Sicherheit entzogen wird, und die überstehende Lösung wird gänzlich entfärbt. Unter diesen Bedingungen läßt sich Phosphit genau bestimmen, besonders wenn noch zur Erhöhung der Reaktionsgeschwindigkeit ein Katalysator, wie z. B. Nickelnitrat, hinzugefügt wird. Allerdings erfordert das Verfahren eine Reihe von besonderen Lösungen, so daß es wohl nur bei Reihenuntersuchungen lohnend sein dürfte. GALL und DITT führen die Oxydation des Phosphites in alkalischer Lösung mit Kaliummanganat durch.

A. Oxydation mit Kaliumpermanganat.

***Arbeitsvorschrift von* ROSENHEIM *und* PINSKER.** Die zu bestimmende Lösung wird mit Schwefelsäure schwach angesäuert, mit einigen Millilitern 0,1 n Kaliumpermanganatlösung versetzt und auf 80 bis 90° erwärmt. Bei bleibender Rotfärbung wird schnell mit eingestellter Oxalsäure entfärbt. Dann werden wieder einige Milliliter Permanganatlösung zugefügt und wieder mit Oxalsäure entfärbt, und dieses Verfahren wird stets unter Anwendung *geringer* Mengen Permanganat so oft wiederholt, bis die durch Permanganat verursachte Rotfärbung bei 5 Min. anhaltendem Erwärmen der Lösung bestehenbleibt. Dann wird endgültig mit Oxalsäure entfärbt. 1 ml 0,1 n $KMnO_4 = 4,10$ mg H_3PO_3.

Verfahren von STAMM und HAUER. ***Reagenzien.*** 1. *0,1 m Kaliumpermanganatlösung,* eingestellt gegen 0,5 n Oxalsäure in schwefelsaurer Lösung. (Es ist zu beachten, daß diese 0,1 m Lösung den 5fachen Wirkungswert gegenüber der sonst gebräuchlichen 0,1 n Lösung hat!) — 2. *Natriumhydroxyd* reinst (am besten e natrio) in Plätzchen. — 3. Heiß gesättigte Lösung von *Bariumnitrat* (etwa 25 g in 100 ml Wasser). — 4. 1%ige Lösung von *Nickelnitrat.* — 5. 0,1 n *Natriumformiatlösung* (3,400 g in 1000 ml). Zu deren *Einstellung* werden in einem Kantkolben 10 Plätzchen Natriumhydroxyd (etwa 1,5 g) in 5 ml Wasser gelöst und 10 ml heiß gesättigte Bariumnitratlösung zugefügt. Nach dem Abkühlen auf Raumtemperatur werden 20 ml 0,1 m Kaliumpermanganatlösung eingemessen. Aus einer Bürette wird nun die Natriumformiatlösung unter ständigem Umschwenken anfangs schnell, später in 2 bis 3 Tropfen je Sek. zugegeben. Wenn $^{19}/_{20}$ der insgesamt erforderlichen Menge zugetropft sind und eine deutliche Aufhellung der Lösung über dem dunkelgrünen Niederschlage des Bariummanganates bemerkbar ist, werden 10 Tropfen 1%ige Nickelnitratlösung zugefügt (nicht früher!), und nun wird bis zur völligen Entfärbung vorsichtig weiter titriert. Die Natriumformiatlösung muß ihrer geringen Haltbarkeit wegen alle 4 bis 6 Tage neu eingestellt werden.

Arbeitsvorschrift. In einem Kantkolben werden 10 Plätzchen Natriumhydroxyd in 5 ml Wasser gelöst, und nach dem Erkalten werden 20 ml 0,1 m Kaliumpermanganatlösung und dann 10 ml der zu bestimmenden Phosphitlösung zugefügt. Nach kurzer Zeit werden 10 ml Bariumnitratlösung (3) zugesetzt. Dann wird der Permanganatüberschuß mit Natriumformiatlösung (5) zurücktitriert, wobei gegen den Schluß 10 Tropfen Nickelnitratlösung (4) zugegeben werden.

Bemerkungen. **1. Genauigkeit.** Die Verfasser haben eine gute Übereinstimmung zwischen ihrer Arbeitsweise und dem bromometrischen Verfahren erzielt. — **2.** Eine **Störung** wird durch anwesendes Sulfat dadurch verursacht, daß ausfallendes Bariumsulfat infolge Mischkristallbildung Kaliumpermanganat einschließt und dieses so der Reaktion entzieht. Deshalb muß etwa anwesendes Sulfat vor dem Zusatz des Permanganates ausgefällt werden. Es ist jedoch nicht unbedingt erforderlich, das ausgefallene Bariumsulfat abzufiltrieren. — **3.** Es muß ein genügender **Überschuß an Bariumnitrat** vorhanden sein. Dieser darf jedoch nicht zu groß werden, da sonst durch die Umsetzung des Natriumhydroxydes zu Bariumhydroxyd die Alkalität zu klein wird. Bei zuwenig Natriumhydroxyd tritt eine Reaktionsverzögerung, bei zuviel eine Selbstzersetzung des Kaliumpermanganates ein.

B. Oxydation mit Kaliummanganat.

Verfahren von GALL und DITT. ***Reagenzien.*** 1. *Kaliummanganatlösung* (nach GALL und LEHMANN). 4 g Kaliumpermanganat werden in eine in einem Silbertiegel befindliche konzentrierte Lösung von 20 g Kaliumhydroxyd eingetragen und zur Trockene eingeschmolzen. Der Trockenrückstand wird mit 50%iger Kalilauge aufgenommen und die dunkelgrüne Lösung durch einen Jenaer Glasfiltertiegel filtriert. Nach einigen Tagen wird die im Dunkeln recht gut haltbare Lösung nochmals filtriert. Zum Gebrauche werden kleinere Anteile auf einen Laugegehalt von 20% verdünnt. Die Einstellung erfolgt in schwefelsaurer Lösung gegen Natriumoxalat nach SÖRENSEN. — 2. 25%ige *Schwefelsäure.* — 3. *Natriumoxalatlösung,* deren Gehalt etwa dem der Kaliummanganatlösung äquivalent ist.

Arbeitsvorschrift. Die neutrale oder besser alkalische Phosphitlösung wird mit einem deutlichen Überschuß an Kaliummanganatlösung versetzt und etwa 10 Min. lang in schwachem Sieden erhalten. Der Überschuß an Kaliummanganat muß so groß sein, daß die überstehende Flüssigkeit intensiv grün gefärbt ist. Dann gibt man annähernd die gleiche Menge Oxalatlösung (3), welche dem angewendeten Manganat entspricht, zu und säuert mit Schwefelsäure (2) an. Bei 60° wird schließlich die überschüssige Oxalsäure mit Manganat zurücktitriert. 1 ml 0,1 n K_2MnO_4 = 4,10 mg H_3PO_3.

Der ***Fehler*** liegt zwischen +0,1% und —0,5%.

§ 4. Verschiedene Verfahren.

Zur Bestimmung der phosphorigen Säure hat schon ROSE die durch ihre Reduktionswirkung erfolgende Fällung von Quecksilber(I)-chlorid vorgeschlagen, und auch KRAUT und PRECHT haben dieses Verfahren benutzt. Nach ROSENHEIM und PINSKER ist die Reaktion aber nach 3tägigem Erwärmen noch nicht beendet, denn es darf eine Temperatur von 60° nicht überschritten werden, weil sonst das ausgefällte Quecksilber(I)-chlorid weiter zu Quecksilber reduziert wird. TREADWELL läßt das Reaktionsgemisch zunächst 24 Std. bei Raumtemperatur stehen und erwärmt dann 6 Std. auf 50°. MANCHOT und STEINHÄUSER haben das Verfahren durch Arbeiten in Acetatpuffer vervollkommnet.

Die schnell erfolgende Umsetzung zwischen phosphoriger Säure und alkalischer Natriumhypochloritlösung benutzt SCHWICKER (b) zur Bestimmung, bei welcher unterphosphorige Säure nicht stört.

WINGLER oxydiert bei gewöhnlicher Temperatur die phosphorige Säure mittels Brom zu Orthophosphorsäure. Danach werden diese und die entstandene Bromwasserstoffsäure zuerst mit Methylorange und dann mit Phenolphthalein alkalimetrisch titriert. Nach WINGLER ist das in ½ Std. leicht mit größter Genauigkeit ausführbare Verfahren auch deshalb noch besonders vorteilhaft, weil es die gleichzeitige Bestimmung der in der Handelssäure fast stets enthaltenen Phosphorsäure gestattet. Nach MANCHOT und STEINHÄUSER beeinträchtigt aber der Versuchsfehler bei dem Farbumschlag der Methylorange bis zur Rotfärbung des Phenolphthaleins das Verfahren erheblich. Auch muß unbedingt nur eine frisch bereitete, *säurefreie* Bromlösung verwendet werden. In salzsaurer oder schwefelsaurer Lösung ist das Verfahren daher überhaupt nicht benutzbar. Es soll wegen dieser Einwände nicht näher auf das Verfahren eingegangen werden.

Eine alkalimetrische Bestimmung reiner phosphoriger Säure, welche aus gesättigter Salzsäure und Phosphor(III)-chlorid nach 5maligem Umkristallisieren chloridfrei erhalten wurde, haben MIŁOBEDZKI und BORATYŃSKI beschrieben. Sie titrieren mit Natronlauge das erste Wasserstoffion unter Verwendung des Indicators Bromphenolblau und das zweite Wasserstoffion mit dem Indicator α-Naphtholphthalein.

KORINFSKI hat ein Verfahren zur Bestimmung von phosphoriger Säure in rotem Phosphor mitgeteilt (siehe 7. Abschnitt, § 1, B, S. 361).

A. Bestimmung der phosphorigen Säure durch Fällung und Wägung von Quecksilber(I)-chlorid.

***Arbeitsvorschrift von* MANCHOT *und* STEINHÄUSER.** 100 ml 1%iger Quecksilber(II)-chloridlösung werden mit 20 ml 10%iger Natriumacetatlösung und 5 ml Eisessig vermischt. Man fügt die etwa 0,1 m Lösung des zu bestimmenden Phosphites oder der phosphorigen Säure hinzu und erwärmt 1½ Std. lang auf 50°. Das ausgefällte Quecksilber(I)-chlorid wird abfiltriert, mit 6%iger Salzsäure und mit warmem Wasser gewaschen, bei 110° getrocknet und gewogen. Die erhaltenen Werte sind als sehr gut zu bezeichnen.

B. Bestimmung der phosphorigen Säure mit Hypochlorit.

***Arbeitsvorschrift von* SCHWICKER (b).** Die zu bestimmende Lösung wird mit Natriumhydrogencarbonat neutralisiert. Man fügt einen Überschuß einer aus Chlorkalklösung und Natriumcarbonat bereiteten, alkalischen und jodometrisch eingestellten Natriumhypochloritlösung hinzu. Nach 10 Min. werden 1 g Natriumhydrogencarbonat und Stärkelösung dazugegeben, und es wird mit 0,0167 n Kaliumjodidlösung zurücktitriert. Es werden gute Werte mitgeteilt.

Literatur.

AMAT, L.: C. r. **111**, 678 (1890); durch C. **62**, **I**, 13 (1891).

BOYER u. BAUZIL: J. Pharm. Chim. [7] **18**, 321 (1918); durch C. **90**, **II**, 720 (1919). — BRUKL, A., u. M. BEHR: Fr. **64**, 23 (1924).

CARRÉ, P.: C. r. **186**, 436 (1928); durch C. **99**, **I**, 1893 (1928).

DUNAJEW, A. P.: (a) Mineral. Rohstoffe u. Nichteisenmetalle (russ.) **4**, 424 (1929); durch C. **101**, **I**, 1012 (1930); (b) J. chem. Ind. **8**, Nr 14, S. 35 (1931); durch C. **103**, **I**, 1939 (1932).

GALL, H., u. M. DITT: Fr. **87**, 333 (1932). — GALL, H., u. G. LEHMANN: B. **60**, 2496 (1927).

HOVORKA, V.: Chem. Listy **26**, 19 (1932); durch C. **103**, **I**, 1806 (1932).

KIEHL, S. J., u. M. F. MOOSE: Am. Soc. **60**, 257 (1938). — KORINFSKI, A. A.: Betriebslab. **8**, 861 (1940); durch C. **112**, **I**, 672 (1941). — KRAUT, K., u. H. PRECHT: A. **177**, 274 (1875). — KÜHLING, O.: B. **33**, 2914 (1900).

MANCHOT, W., u. F. STEINHÄUSER: Z. anorg. Ch. **138**, 304 (1924). — MARIE, C., u. A. LUCAS: C. r. **145**, 60 (1907); durch C. **78**, **II**, 941 (1907). — MIŁOBEDZKI, T., u. K. BORATYŃSKI: Roczniki Chem. **8**, 554 (1928); durch C. **100**, **I**, 1240 (1929). — MITCHELL, A. D.: Soc. **123**, 2241 (1923).

ORLOW, E.: J. Russ. phys.-chem. Ges. **46**, 535 (1914).

RAQUET, D., u. P. PINTE: J. Pharm. Chim. [8] **18**, 5 (1933); durch C. **104**, **II**, 1898 (1933). — ROSE, H.: durch KRAUT, K., u. H. PRECHT (siehe dort). — ROSENHEIM, A., u. J. PINSKER: Z. anorg. Ch. **64**, 332 (1909). — RUPP, E., u. A. FINCK: B. **35**, 3691 (1902).

SALZER, TH.: A. **211**, 6 (1882). — SCHWICKER, A.: (a) Fr. **78**, 103 (1929); (b) **110**, 165 (1937). — STAMM, H., u. W. HAUER: Angew. Ch. **47**, 791 (1934). — STEELE, B. D.: Soc. **93**, 2203 (1908).

TREADWELL, F. P.: Lehrbuch der analytischen Chemie, 10. Aufl. 1922, II, S. 318.

WINGLER, A.: Fr. **62**, 335 (1923). — WOLF, L., u. W. JUNG: Z. anorg. Ch. **201**, 337 (1931).

4. Abschnitt.

Unterphosphorige Säure.

H_3PO_2, Molekulargewicht 66,00.

Bestimmungsmöglichkeiten.

I. Eine *gewichtsanalytische Bestimmung* mit der Abscheidungsform eines Hypophosphites ist nicht möglich, weil alle Hypophosphite in Wasser löslich sind. Unterphosphorige Säure und ihre Salze können aber nach deren Oxydation zu Orthophosphorsäure mit Hilfe der für diese Säure bekannten und im 1. Abschnitt, S. 30, beschriebenen Verfahren gewichtsanalytisch bestimmt werden.

II. Für die *maßanalytische Bestimmung* können folgende Verfahren herangezogen werden:

Jodometrisch. 1. Oxydation der unterphosphorigen Säure mit Jod in zwei Stufen: a) in schwefelsaurer Lösung zu phosphoriger Säure, b) nach Zusatz von Natriumhydrogencarbonat zu Orthophosphorsäure und Rücktitration des überschüssig angewendeten Jodes, § 1, S. 332.

2. Oxydation der unterphosphorigen Säure zu Orthophosphorsäure mittels Jodats in saurer Lösung und Rücktitration des überschüssig angewendeten Jodats, § 1, S. 334.

Bromometrisch. 1. Oxydation der unterphosphorigen Säure zu Orthophosphorsäure durch freies Brom in gepufferter Lösung und Rücktitration des überschüssig angewendeten Broms, § 2, S. 335.

2. Oxydation der unterphosphorigen Säure zu Orthophosphorsäure mittels Bromats in saurer Lösung und Rücktitration des überschüssig angewendeten Bromats, § 2, S. 336.

Manganometrisch. 1. Oxydation des Hypophosphites in neutraler Lösung mit Kaliumpermanganat und Rücktitration des überschüssigen Kaliumpermanganates auf jodometrischem Wege, § 3, S. 338.

2. Oxydation des Hypophosphites mit Kaliumpermanganat in schwefelsaurer Lösung und jodometrische Rücktitration des überschüssig angewendeten Kaliumpermanganates, § 3, S. 338.

3. Titration in alkalischer Lösung mit Kaliumpermanganat, Abfangen des entstandenen Kaliummanganates durch Bariumnitrat und Rücktitration des überschüssig vorhandenen Kaliumpermanganates mit Natriumformiatlösung, § 3, S. 338.

4. Oxydation mit alkalischer Kaliummanganatlösung und Rücktitration des Überschusses an Kaliummanganat mit Oxalsäure im Überschuß, der mit Kaliummanganatlösung zurücktitriert wird, § 3, S. 338.

Eignung der wichtigsten Verfahren.

Für die Bestimmung der unterphosphorigen Säure und ihrer Salze gilt im allgemeinen das im 3. Abschnitt, S. 323, über die Eignung der wichtigsten Verfahren für die Bestimmung der phosphorigen Säure Gesagte.

Eigenschaften der unterphosphorigen Säure und der Hypophosphite.

Wasserfreie unterphosphorige Säure bildet große, farblose, blättrige Kristalle, die bei 26,5° schmelzen. Sie ist sehr leicht löslich in Wasser. Bei der elektrolytischen Dissoziation wird nur ein Hydronium-Ion gebildet, unterphosphorige Säure ist also eine einbasige Säure, die dementsprechend nur eine Reihe von Salzen bildet. — Beim Erhitzen der wasserfreien unterphosphorigen Säure tritt Zerfall in Phosphin und Orthophosphorsäure ein: $2\,H_3PO_2 = PH_3 + H_3PO_4$. Alle Hypophosphite sind in Wasser löslich, einige auch in Alkohol. Die neutralen Lösungen der Salze sind unter Luftabschluß beständig, in alkalischen Lösungen bilden sich unter Entwicklung von Wasserstoff Phosphite. Feste Hypophosphite liefern beim Erhitzen Phosphin. Die freie Säure und ihre Salze sind kräftige Reduktionsmittel. Sie fällen die Edelmetalle aus ihren Salzen, mit Kupfersalzen entsteht der rote Kupferwasserstoff (Kupferhydrid) CuH. Hierbei geht die unterphosphorige Säure in phosphorige Säure über. Durch starke Oxydationsmittel, wie die Halogene und Salpetersäure, wird Orthophosphat gebildet.

§ 1. Maßanalytische Bestimmung der unterphosphorigen Säure durch jodometrische Titration.

Die Oxydation der unterphosphorigen Säure mit Jod vollzieht sich in zwei Stufen. In der ersten Stufe erfolgt die Oxydation zu phosphoriger Säure, und in der zweiten Stufe wird diese zu Orthophosphorsäure oxydiert. Es finden also folgende

Umsetzungen statt:

$$H_2PO_2' + J_2 + H_2O = HPO_3'' + 3\,H^{\cdot} + 2\,J',$$
$$HPO_3'' + J_2 + H_2O = HPO_4'' + 2\,H^{\cdot} + 2\,J',$$

insgesamt also

$$H_2PO_2' + 2\,J_2 + 2\,H_2O = HPO_4'' + 5\,H^{\cdot} + 4\,J'.$$

Nach RUPP und FINCK vollzieht sich die Umsetzung in der ersten Stufe zum Unterschied von der zweiten Reaktion in schwach alkalischer Lösung langsam, aber schnell in saurer Lösung. Das entgegengesetzte Verhalten soll die zweite Umsetzung zeigen. Dazu stellen WOLF und JUNG fest, daß in schwach alkalischer Lösung, d. h. bei Gegenwart von Natriumhydrogencarbonat, unterphosphorige Säure überhaupt nicht durch Jod oxydiert wird, daß im besonderen selbst nach 5 Std. keinerlei Jodverbrauch zu beobachten ist. In saurer Lösung wird jedoch die unterphosphorige Säure mit nicht allzu großer Geschwindigkeit zu phosphoriger Säure oxydiert. WOLF und JUNG schlagen in Analogie zu RUPP und FINCK deshalb vor, mit einem genügenden Überschuß an Jod in schwefelsaurer Lösung zunächst die Oxydation der unterphosphorigen Säure zu phosphoriger Säure vorzunehmen, danach mit Natriumhydrogencarbonat im Überschuß zu versetzen und dadurch die Oxydation der phosphorigen Säure zu Orthophosphorsäure zu vollziehen. Der Jodüberschuß ist alsdann zurückzutitrieren.

Infolge des eben geschilderten Verhaltens der unterphosphorigen Säure gegenüber Jod ist eine Bestimmung der unterphosphorigen Säure neben phosphoriger Säure auf jodometrischem Wege nicht möglich, da phosphorige Säure sowohl in saurer als auch in natriumhydrogencarbonathaltiger Lösung durch Jod oxydiert wird. Wohl kann aber phosphorige Säure neben unterphosphoriger Säure jodometrisch bestimmt werden, weil bei Gegenwart von Natriumhydrogencarbonat nur jene allein mit Jod reagiert (siehe hierzu die Ausführungen im 3. Abschnitt, § 1, S. 324).

BOYER und BAUZIL fanden eine Zunahme der Oxydationsgeschwindigkeit mit zunehmender Säuremenge, die jedoch nicht beliebig gesteigert werden kann wegen der nachfolgenden Titration mit Natriumthiosulfat. Auch ein Überschuß an Jod beschleunigt den Reaktionsablauf. Empfehlenswert ist die Fernhaltung von Sonnenlicht, während diffuses Tageslicht nur von geringem Einfluß ist. KAMECKI (a) stellte fest, daß in 0,1 n bis 0,5 n Schwefelsäure die Geschwindigkeit der Oxydation der unterphosphorigen Säure mittels Jods zu phosphoriger Säure mit steigender Schwefelsäurekonzentration zunehme, daß sie aber bei 1 n bis 4 n Schwefelsäure praktisch gleichbleibe. Wenn die gesamte unterphosphorige Säure zu phosphoriger Säure oxydiert ist, so verläuft die weitere Oxydation zu Orthophosphorsäure sehr langsam. (Hierdurch wird eine jodometrische Schnellbestimmung von unterphosphoriger Säure in 0,1 n bis 0,2 n schwefelsaurer Lösung ermöglicht.)

RAQUET und PINTE arbeiten zur Bestimmung der unterphosphorigen Säure ebenso wie andere Analytiker zunächst in saurer Lösung bei gewöhnlicher Temperatur, danach in lauwarmer, mit Borax versetzter Lösung (siehe 3. Abschnitt, § 1, S. 324). Nach BRUKL und BEHR sind jedoch bei der mitgeteilten Arbeitsweise Jodverluste nicht zu vermeiden, und deshalb soll hier auf das Verfahren von RAQUET und PINTE nicht näher eingegangen werden.

Genau wie bei phosphoriger Säure führen BRUKL und BEHR die Bestimmung der unterphosphorigen Säure mit freier Jodsäure durch (siehe 3. Abschnitt, § 1, S. 326). Die Umsetzungsgleichung lautet:

$$15\,H_3PO_2 + 12\,HJO_3 = 15\,H_3PO_4 + 6\,H_2O + 12\,J,$$

und da 1 Mol Jodsäure bei der Umsetzung mit Jodid 6 Grammatome Jod liefert, so entsprechen also 15 Molen unterphosphoriger Säure 72 Grammatome Jod.

In gleicher Weise wie bei phosphoriger Säure nimmt HOVORKA die Bestimmung der unterphosphorigen Säure mit angesäuerter Kaliumjodatlösung bei Gegenwart von Quecksilber(II)-perchlorat vor (siehe 3. Abschnitt, § 1, S. 325).

A. Oxydation mit freiem Jod.

***Arbeitsvorschrift von* Rupp *und* Finck** in der Modifikation von Wolf und Jung. Das Verfahren beruht auf der Oxydation der unterphosphorigen Säure in zwei Stufen, 1. in schwefelsaurer Lösung zu phosphoriger Säure, 2. nach Zusatz von Natriumhydrogencarbonat zu Orthophosphorsäure.

Die neutrale Lösung wird mit 10 ml 15%iger Schwefelsäure und einem Überschuß an 0,1 n Jodlösung versetzt und in einem sorgfältig verschlossenen Gefäß 10 Std. lang stehengelassen. Nach dieser Zeit wird eine breiige Aufschlämmung von Natriumhydrogencarbonat in Wasser so lange zugefügt, bis die Entwicklung von Kohlendioxyd beendet ist. Dann werden noch 50 ml einer 0,2 m Lösung von Natriumhydrogencarbonat, welche mit Kohlendioxyd gesättigt ist, zugesetzt. Nach 1stündigem Stehen wird das überschüssige Jod mit 0,1 n Natriumthiosulfatlösung zurücktitriert. 1 ml 0,1 n Jodlösung = 1,650 mg H_3PO_2.

***Bemerkungen.* 1. Genauigkeit.** Die von Wolf und Jung mitgeteilten Analysenzahlen zeigen gute Übereinstimmung zwischen der titrimetrischen und der gravimetrischen Bestimmung. — **2.** Nur bei **Anwendung luftfreier Reagenzien** sind einwandfreie Ergebnisse zu erzielen.

***Arbeitsvorschrift von* Boyer *und* Bauzil.** Bei diesem Verfahren wird nur die erste Stufe der Oxydation der unterphosphorigen Säure zu phosphoriger Säure benutzt.

10 ml etwa 1%ige Hypophosphitlösung in ausgekochtem Wasser werden in einem verschließbaren Kolben mit 10 ml Schwefelsäure (25 g H_2SO_4 in 100 ml Wasser) und 30 ml 0,1 n Jodlösung versetzt. Nach 8- bis 10stündigem Stehen an einem dunklen Ort wird mit Thiosulfatlösung zurücktitriert. 1 ml 0,1 n Jodlösung = 3,300 mg H_3PO_2.

***Arbeitsvorschrift von* Kamecki (b).** 0,15 g Calciumhypophosphit werden in Wasser gelöst und ein Viertel bis ein Drittel Überschuß der zur Oxydation zu phosphoriger Säure erforderlichen 0,1 n Jodlösung und so viel Salzsäure zugefügt, daß das Gemisch daran 2 n wird. Man läßt 2½ Std. im Dunkeln stehen und titriert den Überschuß an Jod mit Natriumthiosulfatlösung zurück. 1 ml 0,1 n Jodlösung = 4,252 mg $Ca(H_2PO_2)_2$.

B. Oxydation mit Jodsäure.

Die ***Arbeitsvorschrift von* Brukl *und* Behr** ist im 3. Abschnitt, § 1, S. 326 beschrieben. 1 ml 0,1 n $Na_2S_2O_3$ = 1,375 mg H_3PO_2.

Der ***Fehler*** beträgt etwa ±0,05%.

C. Bestimmung von unterphosphoriger Säure neben phosphoriger Säure.

Die Bestimmung der unterphosphorigen Säure neben phosphoriger Säure auf jodometrischem Wege ist dadurch möglich, daß jene nur in saurer Lösung, diese aber nur in natriumhydrogencarbonathaltiger Lösung mit Jod reagiert. Um also phosphorige Säure neben unterphosphoriger Säure zu bestimmen, wird nach der Vorschrift von Wolf und Jung in einer ersten Probe die phosphorige Säure bei Gegenwart von Natriumhydrogencarbonat mit Jod umgesetzt, und in einer zweiten Probe wird zunächst in saurer Lösung die unterphosphorige Säure mit Jod zu phosphoriger Säure oxydiert, und danach wird die so gebildete phosphorige Säure gemeinsam mit der ursprünglich vorhandenen nach Zusatz von Natriumhydrogencarbonat mit Jod vollständig zu Orthophosphorsäure oxydiert. Dieses Verfahren ist innerhalb weiter Grenzen anwendbar.

Eine *Trennung* der unterphosphorigen Säure von der phosphorigen Säure kann nach Brukl und Behr auf die sehr geringe Löslichkeit des Kaliumphosphites in 96%igem Alkohol gegründet werden. 10 ml Alkohol lösen bei gewöhnlicher Temperatur nur eine Menge Kaliumphosphit, welche 0,7 mg H_3PO_3 entspricht.

Eine indirekte Bestimmung von unterphosphoriger Säure und phosphoriger Säure nebeneinander beschreibt Treadwell. Sie beruht auf der Bestimmung des Gesamtphosphorgehaltes nach der Oxydation mit Salpetersäure als Magnesiumpyrophosphat und der Bestimmung beider Säuren durch Fällung und Wägung von Quecksilber(I)-chlorid (siehe 3. Abschnitt, § 4, S. 331). Ist das Gewicht des Magnesiumpyrophosphates $= p$ und das des Quecksilber(I)-chlorides $= q$, so gelten die Gleichungen

$$H_3PO_2 = q \cdot 0{,}1398 - p \cdot 0{,}5930 \quad \text{und} \quad H_3PO_3 = p \cdot 1{,}4735 - q \cdot 0{,}1737.$$

***Arbeitsvorschrift von* Wolf *und* Jung.** 1. Die Bestimmung der phosphorigen Säure erfolgt in natriumhydrogencarbonathaltiger Lösung nach der im 3. Abschnitt, § 1, S. 324 angegebenen Vorschrift. Der Verbrauch an 0,1 n Jodlösung werde mit a bezeichnet. 2. In einer zweiten Probe wird die Summe der unterphosphorigen Säure und der phosphorigen Säure nach der auf S. 334 angegebenen Vorschrift bestimmt. Wenn bei dieser Titration b ml 0,1 n Jodlösung verbraucht werden, so ergibt sich die Menge der vorhandenen unterphosphorigen Säure aus $b - a$ ml 0,1 n Jodlösung.

Bemerkungen. **I.** Der **Fehler** liegt zwischen $-0{,}2\%$ und $+0{,}1\%$. — **II.** Der **Anwendungsbereich** erstreckt sich über ein stark wechselndes Verhältnis zwischen den beiden Säuren. Wolf und Jung haben Bestimmungen ausgeführt mit 160 mg H_3PO_3 neben 10 bis 100 mg H_3PO_2, bzw. mit 100 mg H_3PO_2 neben 16 bis 160 mg H_3PO_3.

***Arbeitsvorschrift von* Brukl *und* Behr.** Das Gemisch, welches Phosphit und Hypophosphit enthält, wird in einer Porzellanschale mit alkoholischer Kalilauge in geringem Überschuß zur Trockene eingedampft. Der Trockenrückstand wird mit 96%igem Alkohol in einen 50 ml-Meßkolben übergeführt. Man läßt 2 Std. unter gelegentlichem Umschütteln stehen. Das ausgefallene Kaliumphosphit wird durch ein trockenes Filter abfiltriert, und das in der Lösung befindliche Hypophosphit wird in einem aliquoten Teile des Filtrates nach dem Verdampfen des Alkohols nach der Vorschrift auf S. 334 mit Jodsäure bestimmt. In einer anderen Probe wird die Summe der beiden Säuren nach den Vorschriften im 5. Abschnitt, § 7, S. 344, ermittelt.

Ist a der Gesamtverbrauch an Jod in Milliliter Natriumthiosulfatlösung (für unterphosphorige Säure + phosphorige Säure) und b der Verbrauch an Jod in Milliliter Thiosulfatlösung für die unterphosphorige Säure, so ist $a - b$ der auf die phosphorige Säure allein kommende Verbrauch an Natriumthiosulfatlösung.

Bemerkung. Der **Fehler** bei der Bestimmung der unterphosphorigen Säure liegt zwischen $\pm 0\%$ und $-0{,}6\%$. Für die phosphorige Säure sind keine Werte angegeben.

D. Bestimmung von unterphosphoriger Säure neben Orthophosphorsäure, Pyrophosphorsäure und Unterphosphorsäure.

Die Bestimmung der unterphosphorigen Säure neben den in der Überschrift genannten Säuren geschieht nach Treadwell durch deren Fällung als Bariumsalze. Da Bariumhypophosphit unter den Fällungsbedingungen löslich ist, kann die Bestimmung der unterphosphorigen Säure im Filtrat der Bariumfällung auf jodometrischem Wege (siehe S. 334) erfolgen. Zur Fällung der Bariumsalze wird die Lösung der Alkalisalze der Säuren, die etwa 100 ml betragen soll, mit 1 ml 5%iger Essigsäure, 25 ml 20%iger Natriumacetatlösung und kalt gesättigter Bariumnitratlösung versetzt. Der Niederschlag wird im Porzellanfiltertiegel abgesaugt und 3 mal mit Wasser gewaschen.

Über die Bestimmung der unterphosphorigen Säure neben phosphoriger Säure und neben Unterphosphorsäure siehe 5. Abschnitt, § 7, S. 344.

§ 2. Maßanalytische Bestimmung der unterphosphorigen Säure durch bromometrische Titration.

Die bromometrische Bestimmung der unterphosphorigen Säure kann grundsätzlich auf die gleichen Weisen wie die der phosphorigen Säure gemäß der Umsetzungsgleichung: $H_3PO_2 + 2\,Br_2 + 2\,H_2O = H_3PO_4 + 4\,HBr$ erfolgen (siehe

3. Abschnitt, § 2, S. 326). So arbeiten MANCHOT und STEINHÄUSER mit freiem Brom, während SCHWICKER mannigfache Variationen mitgeteilt hat, deren wichtigste die Anwendung eines Bromid-Bromat-Gemisches in saurer Lösung ist, aus welchem das zur Oxydation notwendige Brom entwickelt wird. Überschüssiges Bromat kann nach der Umsetzung zurücktitriert werden.

***Arbeitsvorschrift von* MANCHOT *und* STEINHÄUSER.** Die zu untersuchende Lösung wird mit Natriumacetatlösung und Bromlösung im Überschuß versetzt (Reagenzien siehe Abschnitt 3, § 2, S. 327) und ½ Std. lang auf höchstens 60° erwärmt. Der Überschuß an Brom wird mit Arsenitlösung und diese mit Bromlösung unter Verwendung von Indigocarmin als Indicator zurücktitriert.

Eine direkte Bestimmung der unterphosphorigen Säure ist auf diese Weise nicht möglich, aber das Verfahren läßt sich erheblich schneller ausführen als das auf S. 334 mitgeteilte von RUPP und FINCK. Über die Genauigkeit liegen keine Angaben vor.

***Arbeitsvorschriften von* SCHWICKER. 1. Mit Kaliumbromat allein.** Das Hypophosphit wird mit Kaliumbromat umgesetzt:

$$5\,H_2PO_2' + 2\,BrO_3' + 2\,H^{\cdot} = 5\,H_2PO_3' + Br_2 + H_2O.$$

Die entstandene phosphorige Säure wird in weiterer Reaktion zu Orthophosphorsäure oxydiert (siehe 3. Abschnitt, § 2, S. 327). Nach dem Verkochen des frei gewordenen Broms wird der Überschuß an Bromat zurücktitriert. 1 ml 0,1 n $KBrO_3$ = 1,375 mg H_3PO_2.

10 bis 20 ml der etwa 0,025 m Hypophosphitlösung werden mit 5 ml 4 n Schwefelsäure und 25 bis 30 ml 0,1 n Kaliumbromatlösung (im Überschuß) versetzt. Man erhitzt zum Sieden, läßt ½ Std. stehen und titriert den Bromatüberschuß nach dem Verkochen des frei gewordenen Broms zurück.

2. Mit Kaliumbromid-Kaliumbromat-Gemisch. In einer gut schließenden Glasstöpselflasche wird in einer gemessenen Menge 0,1 n Kaliumbromatlösung 1 g Kaliumbromid gelöst, die zu bestimmende Hypophosphitlösung und 1 ml n Salzsäure zugefügt und die verschlossene Flasche 1 Std. stehengelassen. Nach Zusatz von überschüssigem Arsenit wird mit Bromat zurücktitriert. Die Umsetzung verläuft nach der Gleichung:

$$H_2PO_2' + Br_2 + H_2O = H_2PO_3' + 2\,Br' + 2\,H^{\cdot}.$$

Dieses Verfahren (unter Verwendung von Schwefelsäure) empfiehlt KOLTHOFF (b) als das angenehmste.

3. Mit Quecksilber(II)-chlorid und Kaliumbromat. Das Verfahren ist im 3. Abschnitt, § 2, S. 328 beschrieben. 1 ml 0,1 n $KBrO_3$, welches zur Oxydation des durch die Reduktionswirkung der unterphosphorigen Säure entstandenen Quecksilber(I)-chlorides verbraucht wird, entspricht 3,3 mg H_3PO_2. — Die erhaltenen Werte entsprechen den theoretischen.

Bestimmung der phosphorigen Säure neben unterphosphoriger Säure nach MANCHOT *und* STEINHÄUSER.

1. Man ermittelt den Gesamtverbrauch an 0,1 n Bromlösung für die Oxydation der phosphorigen Säure und der unterphosphorigen Säure. Die Gewichtsmenge Brom wird mit a bezeichnet. — 2. Man oxydiert beide Säuren vollständig zu Orthophosphorsäure mittels Brom und bestimmt diese gravimetrisch nach den Verfahren, welche im 1. Abschnitt, S. 30, beschrieben sind. Enthält das zu untersuchende Gemisch von vornherein Orthophosphorsäure, so ist diese gesondert zu bestimmen und in Abzug zu bringen. Das Gewicht des gefundenen Magnesiumpyrophosphates wird mit b bezeichnet. Wenn mit x die Menge der phosphorigen Säure und mit y die der unterphosphorigen Säure bezeichnet wird, so gilt:

$$\frac{2\,Br}{H_3PO_3}\,x + \frac{4\,Br}{H_3PO_2}\,y = a \quad \text{und} \quad \frac{Mg_2P_2O_7}{2\,H_3PO_3}\,x + \frac{Mg_2P_2O_7}{2\,H_3PO_2}\,y = b.$$

Unter Einsetzung der Atom- bzw. Molekulargewichte folgt: $y = 0{,}413\,a - 0{,}593\,b$ und $x = 1{,}473\,b - 0{,}513\,a$.

Die mitgeteilten Werte für die phosphorige Säure sind gut, die für die unterphosphorige Säure brauchbar.

§ 3. Maßanalytische Bestimmung der unterphosphorigen Säure durch mangonometrische Titration.

Unterphosphorige Säure wird in schwefelsaurer Lösung durch Kaliumpermanganat anfangs schnell, allmählich immer langsamer oxydiert. Diese Oxydation führt zunächst zu phosphoriger Säure, welche langsam zu Orthophosphorsäure oxydiert wird. Schon PÉAN DE ST. GILLES kam zu dem Ergebnis, daß die Reaktion weder im sauren noch im alkalischen Medium regelmäßig und vollständig verlaufe. JÁL fand jedoch, daß in ganz schwach schwefelsaurer Lösung und mit einem großen Überschuß an Kaliumpermanganat bei Siedehitze die Oxydation der unterphosphorigen Säure sich glatt vollziehe, wobei das Permanganat zu Mangan(IV)-oxydhydrat reduziert wird. Dieses wird in überschüssiger Oxalsäure zur Auflösung gebracht und der Überschuß an Oxalsäure mit Permanganat zurückgenommen. AMAT hat, wohl ohne Kenntnis der JÁLschen Befunde, fast in gleicher Weise wie dieser gearbeitet. Er findet, daß die Umsetzung der unterphosphorigen Säure mit Permanganat um so rascher verlaufe, je konzentrierter die angewandten Lösungen, je saurer die Flüssigkeit und je höher die Temperatur sei, und er empfiehlt deshalb, das Reaktionsgemisch ½ Std. bei 50° stehenzulassen. MARINO und PELLEGRINI arbeiten in alkalischer Lösung mit überschüssigem Kaliumpermanganat, dessen Überschuß sie in schwefelsaurer Lösung mit Oxalsäure zurücktitrieren.

In neuerer Zeit hat KOLTHOFF (a) wiederum bestätigt, daß die Bestimmung von unterphosphoriger Säure mit Permanganat in saurer Lösung und beim anhaltenden Kochen unregelmäßige Werte liefere. Er läßt deshalb die mit überschüssiger Permanganatlösung versetzte Lösung 24 Std. lang stehen und mißt den Überschuß jodometrisch zurück, wobei er theoretische Werte erhält. Kurz vor KOLTHOFF (a) hatte KÖSZEGI (a) ein Verfahren zur Bestimmung der unterphosphorigen Säure mit Permanganat in neutraler Lösung in der Siedehitze mitgeteilt. Das hierbei entstehende Mangan(IV)-oxydhydrat wird abfiltriert und der Permanganatüberschuß jodometrisch zurückgemessen. Der Einwand KOLTHOFFS (a), daß das Kochen falsche Werte liefere, wird von KÖSZEGI (b) entkräftet. Die in der ersten Arbeit von KÖSZEGI (a) veröffentlichte Tabelle enthält Rechenfehler, welche in der Erwiderung (b) richtiggestellt werden. Danach liefert das Verfahren von KÖSZEGI brauchbare Werte bei geringem Zeitbedarf. MARTINI empfiehlt, sofort nach dem mit Kaliumpermanganat erzielten Farbumschlag zu der heißen Lösung einen Überschuß an 0,1 n Oxalsäurelösung zuzusetzen, der zur Auflösung des Niederschlages von Mangan(IV)-oxydhydrat genügt. Dieser Überschuß wird mit Permanganat zurücktitriert. Um die Oxydation der unterphosphorigen Säure durch Permanganat zu beschleunigen, schlägt POUND einen Zusatz von Kaliumbromid vor, durch welchen die Reaktionszeit bei gewöhnlicher Temperatur auf 2 bis 3 Std. herabgesetzt wird. SCHWICKER erhöht die Reaktionsgeschwindigkeit durch einen Zusatz von Ammoniummolybdat. Wie bei der manganometrischen Bestimmung der phosphorigen Säure im 3. Abschnitt, § 3, S. 329 mitgeteilt, benutzen STAMM und HAUER bei der Titration mit Kaliumpermanganat in alkalischer Lösung nur den Übergang des Permanganats in das dunkelgrüne Manganat. In ganz analoger Weise läßt sich nach diesen Autoren die Bestimmung der unterphosphorigen Säure ausführen. GALL und DITT führen die Oxydation des Hypophosphites in alkalischer Lösung mit gutem Erfolge mittels Kaliummanganats durch.

A. Oxydation mit Kaliumpermanganat.

***Arbeitsvorschrift von* KÖSZEGI (a).** 20 ml einer etwa 0,01 n Alkalihypophosphitlösung werden in einem 100 ml-Meßkolben mit 40 ml 0,1 n Kaliumpermanganatlösung nach Zusatz von 20 bis 25 ml Gipswasser 5 Min. lang zum Sieden erhitzt. Nach dem Erkalten wird bis zur Marke aufgefüllt und der aus Mangan(IV)-oxydhydrat und Calciumphosphat bestehende, gut filtrierbare Niederschlag durch ein trockenes Filter abfiltriert. 50 ml des in einem trockenen Gefäß aufgefangenen Filtrates werden mit 1,5 g Kaliumjodid und mit verdünnter Salzsäure versetzt, um das im Überschuß vorhandene Kaliumpermanganat zu bestimmen. Das in Freiheit gesetzte Jod wird mit Natriumthiosulfatlösung titriert.

Zur Berechnung dient der Ansatz: ml $KMnO_4 - 2 \times$ ml $Na_2S_2O_3 =$ Menge 0,1 n $KMnO_4$, welche für die in 20 ml vorhandene Substanz verbraucht wurde. Diese Zahl, mit dem Faktor 0,99 multipliziert, ergibt die gesuchte Menge H_3PO_2.

***Arbeitsvorschrift von* KOLTHOFF (a, c).** In einem mit Dichromat-Schwefelsäure-Gemisch gut gereinigten ERLENMEYER-Kolben mit Schliffstopfen werden 20 ml etwa 0,1 n (das entspricht etwa 0,025 m) Hypophosphitlösung mit 50 ml 0,1 n Kaliumpermanganatlösung und mit 10 ml 4 n Schwefelsäure versetzt. Gleichzeitig werden 2 Blindversuche mit je 25 ml Kaliumpermanganatlösung, 5 ml Wasser und 5 ml Schwefelsäure angesetzt. Alle drei Ansätze bleiben 24 Std. stehen. Nach Ablauf dieser Zeit werden zu den Mischungen je 1,5 g Kaliumjodid zugesetzt, und das frei gewordene Jod wird mit Natriumthiosulfatlösung titriert. Unter Berücksichtigung der Blindwerte werden theoretische Ergebnisse erzielt.

***Arbeitsvorschrift von* SCHWICKER.** Zu der Probelösung (etwa 0,025 m) werden 10 ml 2 n Schwefelsäure und in kleinen Anteilen von je 0,5 ml 0,1 n Kaliumpermanganatlösung und ein Überschuß daran zugefügt. Man erwärmt ½ Std. lang auf 50° und titriert den Überschuß an Permanganat zurück. Durch Zusatz von 4 bis 5 Tropfen 5%iger Ammoniummolybdatlösung wird die Oxydationsgeschwindigkeit erheblich erhöht. Die erhaltenen Werte sind gut.

***Arbeitsvorschrift von* POUND.** 5 ml der Hypophosphitlösung (etwa 0,1 n) werden in einem Schliffkolben der Reihe nach mit 10 ml 0,1 n Kaliumpermanganatlösung, 0,5 bis 1 ml 10 n Schwefelsäure und 0,1 ml m Kaliumbromidlösung versetzt. Nach 2 bis 3 Std. werden 10 ml frisch eingestellter Eisen(II)-sulfatlösung zugefügt. Der Kolben wird verschlossen, umgeschüttelt und der Überschuß an Eisen(II)-ion mit Permanganatlösung zurücktitriert. — Die Genauigkeit liegt bei ± 1%. — Ein größerer Überschuß an Säure ist zu vermeiden.

***Arbeitsvorschrift von* STAMM *und* HAUER.** Die Bestimmung erfolgt in analoger Weise, wie sie für phosphorige Säure im 3. Abschnitt, § 3, S. 329 beschrieben ist. Der Zusatz des Bariumnitrates darf jedoch erst nach beendeter Oxydation erfolgen, weil das als Zwischenprodukt auftretende Phosphit durch Barium-Ion gefällt wird. Hierdurch würde die Weiteroxydation zu Phosphat behindert, und es würden schwankende Werte erhalten werden. — Die Übereinstimmung zwischen diesem und dem bromometrischen Verfahren ist gut.

***Arbeitsvorschrift von* MARINO *und* PELLEGRINI.** Die mit Wasser verdünnte Hypophosphitlösung wird zum Sieden erhitzt und mit der gleichen Anzahl ml Kaliumpermanganatlösung bis zum Bestehenbleiben der Rotfärbung und dann mit einer Kaliumcarbonatlösung aus 20 g K_2CO_3 und 0,4 g KOH in 1 l Wasser versetzt. Man säuert mit verdünnter Schwefelsäure an und titriert mit Oxalsäure zurück.

B. Oxydation mit Kaliummanganat.

***Arbeitsvorschrift von* GALL *und* DITT.** Die Bestimmung erfolgt in analoger Weise, wie sie für phosphorige Säure im 3. Abschnitt, § 3, S. 330 beschrieben ist. — 1 ml 0,1 n $KMnO_4 = 1{,}6500$ mg H_3PO_2. Die Fehler der mitgeteilten Beleganalysen liegen zwischen ± 0% und $-0{,}3$%.

§ 4. Verschiedene maßanalytische Verfahren.

Die reduzierende Wirkung der unterphosphorigen Säure kann noch auf einige Weisen von geringerer Bedeutung für analytische Zwecke ausgenützt werden. So erwähnen BENRATH und RULAND, daß unterphosphorige Säure durch Cer(IV)-sulfat in der Siedehitze nach der Gleichung:

$$H_3PO_2 + H_2O + 2\,Ce(SO_4)_2 = H_3PO_3 + Ce_2(SO_4)_3 + H_2SO_4$$

zu phosphoriger Säure oxydiert werde. Die Verfasser machen jedoch keinerlei Angaben in analytischer Beziehung. — IONESCO-MATIU und POPESCO bestimmen unterphosphorige Säure indirekt, indem sie Quecksilber(II)-nitrat zu Quecksilber reduzieren lassen, welches sie nach Abscheidung und Auflösung titrimetrisch bestimmen. Das Verfahren erfordert einen empirischen Faktor. — KOMAROWSKY, FILINOWA und KORENMAN benutzen als Oxydationsmittel das gut dosierbare Chloramin (Heyden). Die Oxydation erfordert 24 Std. Zeit und ist daher der üblichen jodometrischen Bestimmung nicht überlegen. — Eine alkalimetrische Bestimmung der unterphosphorigen Säure neben phosphoriger Säure und Orthophosphorsäure hat MORTON mitgeteilt.

***Arbeitsvorschrift von* IONESCO-MATIU *und* POPESCO.** 1 bis 4 ml etwa 1%iger Hypophosphitlösung werden mit dem gleichen Raumteil 5%iger Quecksilber(II)-nitratlösung im Wasserbade 10 Min. lang erhitzt. Das abgeschiedene Quecksilber wird zentrifugiert, mit Wasser gewaschen und in einem Gemisch aus 1 ml konzentrierter Salpetersäure und 5 ml Schwefelsäure aufgelöst. Nach dem Entfernen nitroser Gase mittels Kaliumpermanganat wird nach Zusatz von Natriumnitroprussiat mit 0,1 n Natriumchloridlösung titriert. Auf Grund eines empirischen Faktors entspricht 1 ml 0,1 n NaCl 2,204 mg $NaH_2PO_2 \cdot H_2O$.

Arbeitsvorschrift von* KOMAROWSKY *und Mitarbeitern. 20 ml einer Lösung von 1,1304 g Calciumhypophosphit in 250 ml Wasser werden mit 10 ml Schwefelsäure (1:5) und 30 ml 0,1 n Chloraminlösung (15 g/l, gegen arsenige Säure eingestellt) versetzt. Nach 24stündigem Stehen werden 2 g Kaliumjodid zugefügt und das durch das überschüssige Chloramin in Freiheit gesetzte Jod mit Thiosulfatlösung titriert. 1 Mol Hypophosphit verbraucht 1 Mol Chloramin (Äquivalentgewicht 140,82). — Man erhält befriedigende, wenn auch etwas niedrigere Werte im Vergleich mit der jodometrischen Bestimmung nach RUPP und FINCK (siehe S. 334).

***Arbeitsvorschrift von* MORTON** zur alkalimetrischen Bestimmung von unterphosphoriger Säure neben phosphoriger Säure und neben Orthophosphorsäure. Bei der Titration von unterphosphoriger Säure mit Lauge gegen Methylorange werden phosphorige Säure und Orthophosphorsäure mit erfaßt. Richtig ist es, mit Natronlauge am besten gegen Dimethylaminoazobenzol zu titrieren und dann nach Zusatz von Kresolphthalein weiter zu titrieren. Sind x und y die verbrauchten Mengen Lauge, so sind die dem Phosphit (+ Orthophosphat) und der unterphosphorigen Säure entsprechenden Natriumhydroxydmengen y und $x - y$. In ähnlicher Weise können auch phosphorige Säure und Phosphorsäure in unterphosphoriger Säure nach vorheriger Neutralisation gegen Kresolphthalein durch Titration mit Salzsäure gegen Dimethylaminoazobenzol bestimmt werden.

§ 5. Bestimmung der unterphosphorigen Säure in Arzneimitteln.

***Arbeitsvorschrift von* FEIST** *für Sirup. hypophosphit. compos.* 3 g Sirup werden mit 10 mg Ammoniumvanadat und 15 g Salpetersäure (D 1,4) auf dem Wasserbade zur Trockene gebracht. Der Rückstand wird in 50 ml Wasser und 10 ml 25%iger Salpetersäure gelöst und die Orthophosphorsäure erst mit Ammoniummolybdat, dann mit Magnesiamischung gefällt (siehe 1. Abschnitt, § 1, A, S. 55).

***Arbeitsvorschrift von* RAURICH** *zur Bestimmung von unterphosphoriger Säure und Phosphorsäure nebeneinander.* Nach diesem Verfahren wird Silbernitrat durch unterphosphorige Säure zu metallischem Silber reduziert. Dessen Menge ist ein Maß für die vorhandene unterphosphorige Säure. Im Filtrat vom Silber wird nach Zusatz von überschüssigem Natriumacetat Silberphosphat gefällt. Die gefundene Menge Gesamtphosphorsäure vermindert um die durch Silbernitrat aus unterphosphoriger Säure entstandene Menge Phosphorsäure ist gleich der ursprünglich vorhandenen Menge Orthophosphorsäure.

Im Filtrat vom Silberphosphatniederschlag kann etwa vorhandene Glycerophosphorsäure bestimmt werden. Hierzu wird das Filtrat mit Schwefelsäure und rauchender Salpetersäure, dann mit Kaliumpermanganat und mit Wasserstoffperoxyd behandelt. Die hierbei aus ursprünglicher Glycerophosphorsäure entstandene Phosphorsäure kann nach dem Molybdatverfahren bestimmt werden (siehe 1. Abschnitt, § 1, S. 30).

Literatur.

AMAT, L.: C. r. **111**, 678 (1890); durch C. **62**, **I**, 13 (1891).

BENRATH, A., u. K. RULAND: Z. anorg. Ch. **114**, 267 (1920). — BOYER u. BAUZIL: J. Pharm. Chim. [7] **18**, 321 (1918); durch C. **90**, **II**, 720 (1919). — BRUKL, A., u. M. BEHR: Fr. **64**, 23 (1924).

FEIST, K.: Apoth.-Z. **26**, 253 (1911); durch C. **82**, **I**, 1378 (1911).

GALL, H., u. M. DITT: Fr. **87**, 333 (1932).

HOVORKA, V.: Chem. Listy **26**, 19 (1932); durch C. **103**, **I**, 1806 (1932).

IONESCO-MATIU, A., u. A. POPESCO: J. Pharm. Chim. [8] **13**, 12 (1931); durch C. **102**, **II**, 91 (1931).

JÁL: Anz. böhm. Naturforsch.Vers. **63** (1882); durch C. **53**, 824 (1882).

KAMECKI, J.: (a) Roczniki Chem. **16**, 199 (1936); durch C. **107**, **II**, 2689 (1936); (b) Wiadomości farmac. **64**, 593 (1937); durch C. **109**, **I**, 937 (1938). — KOLTHOFF, I. M.: (a) Fr. **69**, 36 (1926); (b) Pharm. Weekbl. **53**, 909 (1916); durch Fr. **64**, 23 (1924); (c) Pharm. Weekbl. **61**, 954 (1924); durch C. **95**, **II**, 1832 (1924). — KOMAROWSKY, A. S., W. F. FILINOWA u. I. M. KORENMAN: Fr. **96**, 321 (1934). — KÖSZEGI, D.: (a) Fr. **68**, 216 (1926); (b) Fr. **70**, 347 (1927).

MANCHOT, W., u. F. STEINHÄUSER: Z. anorg. Ch. **138**, 304 (1924). — MARINO, L., u. A. PELLEGRINI: G. **43**, **I**, 494 (1913); durch C. **84**, **II**, 307 (1913). — MARTINI, L.: Ann. Chim. appl. **25**, 525 (1935); durch C. **107**, **I**, 3546 (1936). — MORTON, C.: Quart. J. Pharmac. Pharmacol. **3**, 438 (1930); durch C. **102**, **I**, 1885 (1931).

PÉAN DE ST. GILLES: Ann. Chim. Phys. [3] **55**, 383 (1859); durch H. BECKURTS: Die Methoden der Maßanalyse, S. 524. Braunschweig 1913. — POUND, J. R.: Soc. **1942**, 307; durch C. **113**, **II**, 1493 (1942).

RAQUET, D., u. P. PINTE: J. Pharm. Chim. [8] **18**, 5 (1933); durch C. **104**, **II**, 1898 (1933). — RAURICH, F. E.: An. Españ. **28**, 160 (1930); durch C. **101**, **I**, 2777 (1930). — RUPP, E., u. A. FINCK: Ar. **240**, 663 (1902).

SCHWICKER, A.: Fr. **110**, 165 (1937). — STAMM, H., u. W. HAUER: Angew. Ch. **47**, 791 (1934).

TREADWELL, W. D.: Tabellen und Vorschriften zur quantitativen Analyse, S. 163. Leipzig u. Wien 1938.

WOLF, L., u. W. JUNG: Z. anorg. Ch. **201**, 337 (1931).

5. Abschnitt.

Unterphosphorsäure.

$H_4P_2O_6$, Molekulargewicht 161,99.

Bestimmungsmöglichkeiten.

I. Die *gewichtsanalytische Bestimmung* der Unterphosphorsäure ist möglich durch die Fällung von Silbersubphosphat $Ag_4P_2O_6$, das in Silberchlorid umgewandelt und als solches gewogen wird, § 4, S. 343.

II. Für die *maßanalytische Bestimmung* der Unterphosphorsäure kommen folgende Verfahren in Betracht:

Alkalimetrisch. Durch Titration mit Natronlauge, § 6, S. 344.

Manganometrisch. Durch Titration mit Kaliumpermanganat, § 2, S. 341.

Jodometrisch. Die beim Kochen einer Subphosphatlösung mit Salzsäure entstehende phosphorige Säure wird mittels der für diese Säure üblichen jodometrischen Titration bestimmt, § 1, S. 341.

Cerimetrisch. Durch Oxydation mit Cer(IV)-salz zu Orthophosphat und Rücktitration des Überschusses mit Arsenitlösung, § 3, S. 342.

Argentometrisch. Durch Ausfällung des Silbersubphosphates mittels überschüssiger Silbernitratlösung und deren Rücktitration nach VOLHARD, § 4, S. 343.

Potentiometrisch. 1. Durch Titration mit Silbernitratlösung, § 4, S. 343.

2. Durch Titration mit Uran(IV)-sulfatlösung, § 5, S. 344.

Eignung der wichtigsten Verfahren.

Als genaueste Bestimmungsverfahren sind diejenigen, die auf der Bildung des Silbersubphosphates beruhen, zu bezeichnen. Dies gilt sowohl von der gewichtsanalytischen als auch von der maßanalytischen Bestimmung. Ziemlich ungenau sind die alkalimetrische und die manganometrische Bestimmung. Wegen des relativ großen Faktors kann auch die jodometrische Titration kaum empfohlen werden. Alle Verfahren sind nur für größere Mengen Subphosphat brauchbar. Wenn reines Subphosphat vorliegt, so ist auch dessen Oxydation zu Orthophosphat, z. B. durch Kochen mit konzentrierter Salpetersäure, und die Bestimmung der Orthophosphorsäure mittels der im 1. Abschnitt, S. 30 beschriebenen Verfahren zu empfehlen. Hierdurch lassen sich auch kleine Mengen Subphosphat mit großer Genauigkeit erfassen.

Eigenschaften der Unterphosphorsäure und der Subphosphate.

Die Unterphosphorsäure bildet rhombische Tafeln. Sie ist sehr zerfließlich und sehr leicht löslich in Wasser. Beim Erhitzen der Lösung der freien Säure oder der sauren Lösungen der Subphosphate tritt Zerfall in phosphorige Säure und Orthophosphorsäure ein: $H_4P_2O_6 + H_2O = H_3PO_3 + H_3PO_4$. Auch die kristallisierte Unterphosphorsäure zerfällt wegen ihres Kristallwassergehaltes auf die gleiche Weise, aus der entstehenden phosphorigen Säure bildet sich bei weiterem Erhitzen Phosphin und Orthophosphorsäure. Die Unterphosphorsäure ist eine vierbasige Säure, die vier Reihen von Salzen bildet. Die Subphosphate, mit Ausnahme derer der Alkalimetalle, sind schwer löslich. Sie erleiden beim Erhitzen Zersetzung. Unterphosphorsäure besitzt nur schwach reduzierende Eigenschaften.

§ 1. Maßanalytische Bestimmung der Unterphosphorsäure durch jodometrische Titration.

Jod wirkt auf Unterphosphorsäure im allgemeinen nicht ein. Rosenheim und Pinsker konnten bei einer Lösung von Subphosphat, welche mit 5 bis 10 ml 10%iger Salzsäure angesäuert war, selbst bei 100° in einer Druckflasche während 2 bis 3 Std. keine Einwirkung des Jodes feststellen. In stark saurer Lösung jedoch findet eine Aufspaltung der Unterphosphorsäure in phosphorige Säure und Phosphorsäure statt (siehe oben), und unter diesen Umständen kann eine jodometrische Bestimmung der Unterphosphorsäure dadurch erfolgen, daß die durch die Spaltung entstandene phosphorige Säure jodometrisch ermittelt wird (siehe 3. Abschnitt, § 1, S. 324). Hierauf gründen Rupp und Finck sowie van Name und Huff Bestimmungsverfahren für Unterphosphorsäure, von denen das letztere im Zusammenhang mit der gleichzeitigen Ermittlung anderer Phosphorsäuren in diesem Abschnitt in § 7, E auf S. 347 näher besprochen wird.

***Arbeitsvorschrift von* Rupp *und* Finck.** Die zu bestimmende, subphosphathaltige Lösung wird mit 10 ml 25%iger Salzsäure ½ bis 1 Std. lang gekocht. Die entstehende phosphorige Säure wird nach der Neutralisation der Lösung mit überschüssigem Natriumhydrogencarbonat nach der im 3. Abschnitt, § 1, S. 325 angegebenen Vorschrift bestimmt. 1 ml 0,1 n Jodlösung = 8,099 mg $H_4P_2O_6$.

§ 2. Maßanalytische Bestimmung der Unterphosphorsäure durch manganometrische Titration.

Schon Salzer fand, daß eine schwefelsaure Lösung von unterphosphorsaurem Salz mit Kaliumpermanganat in der Kälte nur sehr langsam, in der Hitze jedoch schnell unter Entfärbung reagiert. Er fand aber dennoch nur schwankende Werte und bevorzugte deshalb die Bestimmung der bei der Oxydation entstandenen Phosphorsäure auf gravimetrischem Wege. DRAWE bestimmt wegen der Langsamkeit der Reaktion zwischen Unterphosphorsäure und Kaliumpermanganat diese indirekt, indem er das in feingepulvertem Zustande in heißem, gut ausgekochtem Wasser aufgeschlämmte unterphosphorsaure Salz mit Kaliumpermanganat im Überschuß zum Sieden erhitzt. Dann wird verdünnte Salpetersäure zugesetzt, das entstehende Mangan(IV)-oxydhydrat wird in Oxalsäure gelöst und deren Überschuß mit Permanganat zurückgemessen. Aber auch dieses Verfahren, das auch BANSA benutzte, konnte in der Folgezeit nicht befriedigen, jedoch haben ROSENHEIM und PINSKER die manganometrische Bestimmung der Unterphosphorsäure unter Einhaltung bestimmter Bedingungen zu einem brauchbaren quantitativen Verfahren gestalten können. Hierbei gehen sie so vor, wie das schon im 3. Abschnitt, § 3, S. 329 für die manganometrische Bestimmung der phosphorigen Säure beschrieben worden ist. Bez. der Ausführung der Bestimmung wird deshalb auf die genannte Stelle verwiesen. 1 ml 0,1 n $KMnO_4$ = 8,099 mg $H_4P_2O_6$.

§ 3. Maßanalytische Bestimmung der Unterphosphorsäure durch cerimetrische Titration.

Eine schnell verlaufende Oxydation der Unterphosphorsäure zu Orthophosphorsäure nach der Gleichung

$$P_2O_6'''' + 2\,Ce^{\cdot\cdot\cdot\cdot} + 2\,H_2O = 2\,PO_4''' + 2\,Ce^{\cdot\cdot\cdot} + 4\,H^{\cdot}$$

haben MOELLER und QUINTY gefunden.

Arbeitsvorschrift. 5 ml einer etwa 0,025 m Dinatriumdihydrogensubphosphatlösung werden mit 10 ml 0,1 n Ammonium-cer(IV)-nitratlösung und 5 ml Salpetersäure (D 1,42) erhitzt, bis der zuerst gebildete orangebraune Niederschlag gelöst ist. Es muß noch Salpetersäure zugesetzt werden, wenn der Niederschlag nach 2 bis 3 Min. langem Kochen nicht verschwindet, was in Mengen von je 2 ml geschieht. Insgesamt sollen aber nicht mehr als 10 bis 12 ml Salpetersäure verwendet werden. Die Lösung wird auf Raumtemperatur abgekühlt und ein hierbei sich bildender Niederschlag wieder in Salpetersäure gelöst (10 bis 20 ml). Der Überschuß an Cer(IV)-ion wird potentiometrisch mit Arsenitlösung und einer Spur Osmiumsäure als Katalysator zurücktitriert. — Der Fehler beträgt etwa 0,2%.

§ 4. Bestimmung der Unterphosphorsäure durch Ausfällung von Silbersubphosphat.

Silbersubphosphat $Ag_4P_2O_6$ bildet sich als sehr schwer löslicher, weißer, flockiger und wenig lichtempfindlicher Niederschlag beim Versetzen einer neutralen oder schwach alkalischen Lösung eines unterphosphorsauren Salzes mit Silbernitrat. Der Niederschlag ist leicht löslich in stärkeren Mineralsäuren, auch in Phosphorsäure. PROBST verwandte die Fällung des Silbersubphosphates zuerst zu einer indirekten Bestimmung der Unterphosphorsäure dadurch, daß er das abgetrennte Silbersubphosphat in Ammoniak löste, in Silberchlorid verwandelte und dieses auswog. Das nur einen geringen Zeitaufwand erfordernde Verfahren liefert brauchbare Werte. WOLF und JUNG (a) haben das Verfahren von PROBST aufgegriffen und zu einem maßanalytischen Verfahren dadurch umgestaltet, daß sie das bei der Fällung angewendete überschüssige Silber nach VOLHARD titrieren. Dieses Verfahren soll nach den Angaben der Verfasser auch bei Gegenwart von phosphoriger Säure anwendbar sein, wenn nur durch möglichst schnelles Arbeiten dafür gesorgt wird, daß die phosphorige Säure nicht auf das Silbersalz reduzierend einwirken kann. GRUNDMANN und HELLMICH sind aber der Meinung, daß das Verfahren von WOLF und JUNG (a) befriedigende Werte nur in Abwesenheit von phosphoriger Säure liefere, da die Filtration des abgeschiedenen Silbersubphosphates doch recht vorsichtig durchgeführt werden müsse, so daß dann die phosphorige Säure genügend Zeit zur Reduktion des Silbersalzes fände. GRUNDMANN und HELLMICH haben deshalb die potentiometrische Bestimmung der Unterphosphorsäure mit Silbernitrat in gepufferter Lösung durchgeführt. Diese potentiometrische Bestimmung ist auch möglich bei Gegenwart von phosphoriger Säure, jedoch nicht bei Anwesenheit von unterphosphoriger Säure. Anwesende Chlorid-, Bromid-, Jodid-, Rhodanid- und Cyanid-Ionen fallen vor dem Subphosphat aus und stören deshalb die potentiometrische Bestimmung nicht.

A. Fällung des Silbersubphosphates und Wägung als Silberchlorid.

***Arbeitsvorschrift von* PROBST.** 0,5 g Natriumsubphosphat $Na_2H_2P_2O_6 \cdot 6\,H_2O$ werden in 100 bis 120 ml Wasser gelöst. Man fügt einen geringen Überschuß einer 10%igen Lösung von Silbernitrat unter Umrühren hinzu. Nach mehrstündigem Stehen wird der Niederschlag auf einem Jenaer Glasfiltertiegel 1 G 4 abfiltriert und bis zur Silberfreiheit ausgewaschen. Der Niederschlag wird in 15%igem Ammoniak gelöst, die Lösung mit Wasser verdünnt, und nach dem Ansäuern mit Salpetersäure wird das darin befindliche Silber als Chlorid gefällt. Dieses wird in bekannter Weise weiterbehandelt und ausgewogen.

B. Maßanalytische Bestimmung des bei der Fällung des Silbersubphosphates überschüssig angewendeten Silbers.

***Arbeitsvorschrift von* WOLF *und* JUNG (a).** Die neutrale Lösung eines Subphosphates wird nach Zusatz einiger Milliliter Äther mit etwa der doppelten Menge an 0,1 n Silbernitratlösung als zur Fällung erforderlich ist versetzt und tüchtig durchgemischt. Die Filtration des gut zusammengeballten Niederschlages erfolgt mit Hilfe einer Schliffflasche von etwa 250 ml Inhalt, auf welche ein doppelt durchbohrter Gummistopfen aufgesetzt wird. Durch die eine Bohrung wird das Ansatzrohr eines für einen Jenaer Glasfiltertiegel passenden Vorstoßes und durch die andere Bohrung ein zweimal rechtwinklig gebogenes Capillarrohr zwecks vorsichtigen Evakuierens geführt. Auf die Filterplatte des Filtertiegels werden 2 eng anliegende Rundfilter gelegt. Unter sehr schwachem Saugen wird die Flüssigkeit abgegossen, der Niederschlag im Fällungsgefäße mehrmals mit destilliertem Wasser dekantiert und schließlich auf der Filterplatte gründlich gewaschen. Das Filtrat wird mit ausgekochter Salpetersäure angesäuert und mit Ammoniumrhodanidlösung nach VOLHARD titriert. 1 ml 0,1 n $AgNO_3 = 8{,}099$ mg $H_4P_2O_6$. — Der *Fehler* beträgt $\pm 0{,}2$% bei Mengen zwischen 125 mg und 15 mg Unterphosphorsäure.

C. Potentiometrische Bestimmung.

***Arbeitsvorschrift von* GRUNDMANN *und* HELLMICH.** Als Indicatorelektrode dient eine Silberjodidelektrode. Die Vergleichselektrode ist die „stabilisierte Silberelektrode“ nach HILTNER und GRUNDMANN. Weil die Titration schnell erfolgen muß, wird als Meßinstrument das Zwillingsröhrenpotentiometer nach HILTNER verwendet. Die zu messende Lösung wird mit Natriumacetat oder mit Dinatriumhydrogenphosphat gepuffert. Mit diesem ist aber der Potentialsprung am Äquivalenzpunkt etwas kleiner als mit jenem.

Bei Gegenwart von Orthophosphorsäure und von phosphoriger Säure wird die zu messende Lösung mit Natriumacetatlösung bis zur schwachen Blaufärbung von Bromthymolblau versetzt. Der auftretende einzige Potentialsprung tritt am Äquivalenzpunkt für die Unterphosphorsäure ein, da sowohl phosphorige Säure als auch Orthophosphorsäure unter den gewählten Bedingungen nicht potentiometrisch bestimmbar sind.

§ 5. Bestimmung der Unterphosphorsäure mittels Uransalzen.

ROSENHEIM und PINSKER haben eine Tüpfeltitration der Unterphosphorsäure mittels Uranylnitrats auf Grund der Umsetzung: $Na_2H_2P_2O_6 + UO_2(NO_3)_2 = (UO_2)H_2P_2O_6 + 2\,NaNO_3$ ohne Angabe einer Ausführungsvorschrift mitgeteilt. Der bei Tüpfeltitrationen meist nicht ganz kleine Fehler liegt bei etwa —1%.

Die Niederschlagsbildung der Unterphosphorsäure mit 4wertigen Kationen zeigt sich bekanntermaßen mit Thoriumsalzen. Auch Uran(IV)-salze bilden mit Unterphosphorsäure einen Niederschlag des sehr schwer löslichen Uran(IV)-subphosphates UP_2O_6. TREADWELL und SCHWARZENBACH benutzen diese Reaktion zur Titration der Unterphosphorsäure in schwefelsaurer Lösung mit elektrometrischer Endpunktsbestimmung.

Verfahren von TREADWELL und SCHWARZENBACH. ***Meßlösung.*** Die Uran(IV)-sulfatlösung wird hergestellt durch Reduktion einer 0,1 m Lösung von Uranylsulfat, welche zugleich 0,5 n an Schwefelsäure ist, im Cadmiumreduktor und Einstellung gegen 0,1 n Kaliumpermanganatlösung.

Arbeitsvorschrift. Als Indicatorelektrode dient eine frisch platinierte Platinelektrode, die Vergleichselektrode ist ein Silberstab, welcher in eine Suspension von Silberchlorid in 0,1 n Kaliumchloridlösung eintaucht. Vor der Titration, welche in einer Atmosphäre von Kohlendioxyd vorgenommen werden muß, werden der zu messenden Lösung 5 ml einer etwa 0,002 n Uranylsulfatlösung zur Einstellung eines definierten Potentials zugesetzt.

Bemerkung. **Störungen.** Die Konzentration der Schwefelsäure darf 1 n nicht übersteigen, da sonst ein zu geringer Verbrauch an Uran(IV)-sulfatlösung die Folge ist. Gegenwart von Phosphat stört nicht, Phosphit ergibt einen Mehrverbrauch an Meßlösung, und Hypophosphit verhindert den Potentialsprung völlig.

§ 6. Maßanalytische Bestimmung der Unterphosphorsäure durch alkalimetrische Titration.

Nach den Befunden von ILSE MÜLLER tritt der Umschlag von Methylorange bei dem Verhältnis von 1 Äquivalent Unterphosphorsäure zu 1 Äquivalent Natriumhydroxyd ein. Bei Anwendung von Phenolphthalein ist das Verhältnis 1 Mol Unterphosphorsäure zu 3 Mol Natriumhydroxyd. Beide Indicatorumschläge sind jedoch nicht scharf. Auch TREADWELL und SCHWARZENBACH teilen mit, daß der Umschlag von Phenolphthalein bei der Bildung des Salzes $Na_3HP_2O_6$ erfolge. Aus den Messungen MÜLLERS über die für das neutrale Natriumsalz bzw. für das einfach saure Natriumsalz gültigen Wasserstoffionenkonzentrationen folgen die Werte $[H^+] = 1{,}5 \cdot 10^{-9}$ bzw. $1{,}13 \cdot 10^{-5}$. Daraus ergeben sich als besser brauchbare Indicatoren Alizaringelb für das neutrale Salz und p-Nitrophenol für das saure Salz. Die alkalimetrische Bestimmung erfolgt zweckmäßig unter Anwendung von Vergleichslösungen, und am besten hat sich p-Nitrophenol bewährt. Aber auch mit diesem Indicator beträgt der Fehler immer noch etwa + 1%. Als quantitatives Bestimmungsverfahren ist deshalb die alkalimetrische Titration für höhere Ansprüche an Genauigkeit nicht zu empfehlen.

§ 7. Bestimmung der Unterphosphorsäure neben anderen Säuren des Phosphors.

Die Hauptschwierigkeit bei der Bestimmung der Unterphosphorsäure neben anderen Säuren des Phosphors bereitet die unterphosphorige Säure, in deren Gegenwart alle Verfahren zur Bestimmung der Unterphosphorsäure versagen. Auch die argentometrische Bestimmungsweise (siehe S. 343) ist nicht anwendbar, weil die unterphosphorige Säure selbst in salpetersaurer Lösung das Silbersubphosphat fast augenblicklich reduziert. Deshalb ist es nach WOLF und JUNG (b) notwendig, die unterphosphorige Säure vor jeder weiteren Bestimmung zu entfernen, was am besten auf Grund der leichten Löslichkeit ihrer Erdalkalimetallsalze, insonderheit des Bariumsalzes, derart geschieht, daß durch Bariumnitrat alle anderen Säuren des Phosphors gefällt und in diesem Niederschlag zweckentsprechend bestimmt werden, während sich die unterphosphorige Säure quantitativ in der Lösung befindet und darin ermittelt werden kann. Andere Verfahren zur Bestimmung der Säuren des Phosphors rühren insbesondere von ROSENHEIM und PINSKER her, und auch VAN NAME und HUFF haben einige Angaben darüber gemacht.

A. Bestimmung von Unterphosphorsäure, unterphosphoriger Säure, phosphoriger Säure und Orthophosphorsäure nebeneinander.

1. Verfahren von WOLF und JUNG (b). *Allgemeiner Gang.* Die *qualitative Prüfung* auf phosphorige und unterphosphorige Säure erfolgt mit alkalischer, 0,1 n Kaliumpermanganatlösung. Mit konzentrierten Lösungen tritt sofort ein Niederschlag von Mangan(IV)-oxydhydrat auf. In verdünnten Lösungen entsteht eine grüne Färbung, herrührend von Manganat. Dieser Farbumschlag wird noch durch 50 γ unterphosphorige Säure bewirkt und ist bei Anwendung von Vergleichsproben bis zu 6 γ erkennbar. — Die Unterphosphorsäure wird an dem in stark salzsaurer Lösung auftretenden Niederschlag mit Thoriumnitrat erkannt.

Die *quantitative Analyse* wird in vier Ansätzen durchgeführt. 1. Phosphorige Säure wird bei Gegenwart von Natriumhydrogencarbonat mit Jod bestimmt. 2. Unterphosphorige Säure wird mit Jod erst in saurer, dann nach Zusatz von Natriumhydrogencarbonat bestimmt. 3. Die genau neutralisierte Lösung wird mit Bariumnitratlösung versetzt, der Niederschlag in Phosphorsäure gelöst und die in der Lösung befindliche Unterphosphorsäure argentometrisch ermittelt. 4. Nach energischer Oxydation der übrigen Säuren wird die Orthophosphorsäure als Magnesiumpyrophosphat ausgewogen. Bei kleinen Mengen an Orthophosphorsäure wird das Verfahren von MALJUGIN und CHRENOWA empfohlen (siehe 1. Abschnitt, § 1, D, S. 86).

***Arbeitsvorschrift.* Qualitative Probe.** Die neutrale Lösung wird mit 2 bis 3 Tropfen 10%iger Natronlauge reinster Qualität und mit 1 bis 2 Tropfen 0,1 n Kaliumpermanganatlösung versetzt. Eine Vergleichsprobe mit reinem Wasser wird mit den gleichen Reagensmengen angesetzt. Eine nach 2 bis 3 Min. auftretende Grünfärbung zeigt die Anwesenheit von phosphoriger oder unterphosphoriger Säure oder von beiden an.

Quantitative Bestimmung. 1. Phosphorige Säure. Hierfür dient die im 3. Abschnitt, § 1, S. 325 mitgeteilte Vorschrift. Der anzuwendende Überschuß an Jodlösung soll mindestens 10 ml betragen.

2. Unterphosphorige Säure. Die Bestimmung erfolgt nach der im 4. Abschnitt, § 1, S. 334 angegebenen Vorschrift. Zur Berechnung ist der Jodverbrauch von der Bestimmung der phosphorigen Säure zu subtrahieren.

3. Unterphosphorsäure. Die Lösung wird gegen Phenolphthalein neutralisiert, mit 2 Tropfen 10%iger Essigsäure, 20 bis 25 ml 20%iger Natriumacetatlösung und 25 ml einer bei Raumtemperatur gesättigten Lösung von chloridfreiem Bariumnitrat versetzt. Man zentrifugiert 20 bis 30 Min. lang, rührt den Niederschlag mit Wasser auf und zentrifugiert noch einmal. Die Lösungen werden weggegossen, der hypophosphitfreie Niederschlag in 20 bis 25 ml 10%iger Phosphorsäure gelöst und die Unterphosphorsäure in dieser Lösung argentometrisch nach der auf S. 343 angegebenen Vorschrift bestimmt.

4. Orthophosphorsäure. Die Lösung wird mehrmals mit Königswasser eingedampft und die Phosphorsäure als Magnesiumpyrophosphat nach der Vorschrift im 1. Abschnitt, § 2, S. 119 ausgewogen. Der Phosphorgehalt aus den Bestimmungen 1 bis 3 ist zu subtrahieren.

***Bemerkung.* Genauigkeit.** Für phosphorige Säure und für unterphosphorige Säure werden fast theoretische Werte erhalten. Bei Unterphosphorsäure tritt ein Fehler bis zu 1 mg $H_4P_2O_6$ auf, aber nur bei kleinen Mengen. Orthophosphorsäure kann mit etwa der gleichen Genauigkeit bestimmt werden.

2. Verfahren von ROSENHEIM und PINSKER.

Bei der Ausführung dieses Verfahrens sind 4 Bestimmungen notwendig, nämlich die Bestimmung des Gesamtphosphors nach der Oxydation mit Salpetersäure, die Bestimmung der Unterphosphorsäure, der unterphosphorigen Säure und der phosphorigen Säure durch Titration mit Permanganat, die Bestimmung der phosphorigen Säure und der unterphosphorigen Säure mittels Jodes und die Bestimmung der Unterphosphorsäure und der Orthophosphorsäure durch Titration mit Uranylnitratlösung (siehe hierzu § 4, S. 344 und 1. Abschnitt, § 3, S. 129).

1. Das Gemisch der vier Säuren wird mit Salpetersäure vollständig zu Orthophosphorsäure oxydiert und diese mit Magnesiamischung gefällt. Es sei g das Gewicht des erhaltenen $Mg_2P_2O_7$, x, y, z, t die Mengen der H_3PO_4, H_2PO_3, H_3PO_3 und H_3PO_2. Es ist dann

$$\frac{Mg_2P_2O_7}{2\,H_3PO_4}x + \frac{Mg_2P_2O_7}{2\,H_2PO_3}y + \frac{Mg_2P_2O_7}{2\,H_3PO_3}z + \frac{Mg_2P_2O_7}{2\,H_3PO_2}t = g_1,$$

oder

$$\frac{x}{H_3PO_4} + \frac{y}{H_2PO_3} + \frac{z}{H_3PO_3} + \frac{t}{H_3PO_2} = \frac{2\,g_1}{Mg_2P_2O_7},$$

oder, wenn man abkürzt:

$$\frac{1}{H_3PO_4} = a_1, \quad \frac{1}{H_2PO_3} = a_2, \quad \frac{1}{H_3PO_3} = a_3, \quad \frac{1}{H_3PO_2} = a_4, \quad \frac{2\,g_1}{Mg_2P_2O_7} = m;$$

$$a_1 x + a_2 y + a_3 z + a_4 t = m. \tag{1}$$

2. Ein gemessenes Volumen des Gemisches wird mit Kaliumpermanganatlösung oxydiert, wobei die Phosphorsäure nicht reagiert.

Es seien g_2 Permanganatlösung verbraucht. Es ist dann:

$$\frac{KMnO_4}{5\,H_2PO_3}y + \frac{2\,KMnO_4}{5\,H_3PO_3}z + \frac{4\,KMnO_4}{5\,H_3PO_2}t = g_2,$$

oder

$$\frac{y}{H_2PO_3} + \frac{2\,z}{H_3PO_3} + \frac{4\,t}{H_3PO_2} = \frac{5\,g_2}{KMnO_4},$$

oder wenn $n = \frac{5\,g_2}{KMnO_4}$ ist:

$$a_2 y + 2a_3 z + 4a_4 t = n. \tag{2}$$

3. Ein drittes Volumen wird mit Jodlösung titriert, wobei nur phosphorige und unterphosphorige Säure reagieren, und zwar H_3PO_3 (82 g) 2 J, H_3PO_2 (66 g) 4 J verbrauchen. Ist g_3 die bei der Titration verbrauchte Jodmenge, so ergibt sich, wenn $k = \frac{g_3}{2\,J}$ ist:

$$a_3 z + 2a_4 t = k. \tag{3}$$

4. Ist die Uranylnitratlösung so eingestellt, daß 1 ml $q \cdot g \cdot P_2O_5$ entspricht, und seien zur Titration S ml verbraucht, so folgt, da nur die Phosphorsäure und Unterphosphorsäure mit Uranylnitrat reagieren, und zwar 1 Molekül $UO_2(NO_3)_2$ mit 1 Molekül H_3PO_4, und 2 Molekülen H_2PO_3, wenn $l = \frac{a_1 S}{P_2O_5}$ ist:

$$a_1 x + \frac{a_2}{2} y = l. \tag{4}$$

Zur Berechnung der vier Unbekannten dienen mithin die vier Gleichungen:

$$a_1 x + a_2 y + a_3 z + a_4 t = m,$$
$$a_2 y + 2a_3 z + 4a_4 t = n,$$
$$a_3 z + 2a_4 t = k,$$
$$a_1 x + \frac{a_2}{2} y = l.$$

Hieraus ergibt sich:

$$x = \frac{2l + 2k - n}{2a_1}, \quad y = \frac{n - 2k}{a_2}, \quad z = \frac{k + 2m - 2l - n}{a_3}, \quad t = \frac{2l + n - 2m}{2a_4}. \tag{5}$$

In den vorstehenden Gleichungen ist die früher übliche Schreibweise H_2PO_3 für die Formel der Unterphosphorsäure beibehalten worden, um die Umrechnungsformeln nicht zu komplizieren.

B. Bestimmung von Unterphosphorsäure neben Orthophosphorsäure.

***Arbeitsvorschrift von* Rosenheim *und* Pinsker.** Die Bestimmung der Unterphosphorsäure erfolgt manganometrisch (siehe S. 341). Orthophosphorsäure wird ermittelt nach vollständiger Oxydation mit Salpetersäure durch Auswägung als Magnesiumpyrophosphat unter Subtraktion des für die Unterphosphorsäure gefundenen Phosphorwertes.

***Arbeitsvorschrift von* Treadwell.** Die 100 ml betragende Lösung der Alkalisalze wird durch Zusatz von Natriumhydrogensulfat auf $p_H = 2$ gebracht und tropfenweise mit 0,1 n Silbernitratlösung versetzt. Den Niederschlag von Silbersubphosphat filtriert man durch ein dichtes Papierfilter ab, wäscht ihn 4- bis 5mal mit natriumhydrogensulfathaltigem Wasser und löst ihn in möglichst wenig 15%igem Ammoniak. In dieser Lösung fällt man Silberchlorid durch Zusatz von Salzsäure (siehe S. 343). Das Filtrat vom Silbersubphosphatniederschlag befreit man durch Zugabe von Salpetersäure und Natriumchloridlösung vom überschüssig angewendeten Silber und bestimmt die Orthophosphorsäure durch Fällung als Ammoniummagnesiumphosphat.

C. Bestimmung von Unterphosphorsäure neben phosphoriger Säure.

***Arbeitsvorschriften von* Rosenheim *und* Pinsker.** 1. Beide Säuren werden manganometrisch bestimmt, phosphorige Säure wird durch Titration mit Jod ermittelt. — 2. Die Bestimmung der Unterphosphorsäure erfolgt durch Tüpfeltitration mit Uranylnitrat und die der phosphorigen Säure auf jodometrischem Wege.

D. Bestimmung der Unterphosphorsäure, der unterphosphorigen Säure und der phosphorigen Säure nebeneinander.

***Arbeitsvorschrift von* Rosenheim *und* Pinsker.** Unterphosphorsäure wird durch Tüpfeln mit Uranylnitrat bestimmt. Die beiden anderen Säuren werden gemeinsam durch Titration mit Jod ermittelt.

E. Bestimmung der Unterphosphorsäure neben phosphoriger Säure und Orthophosphorsäure.

1. Verfahren von van Name und Huff. Es wird in 3 Ansätzen gearbeitet. 1. Phosphorige Säure wird jodometrisch bestimmt. 2. Nach dem Kochen der Lösung mit konzentrierter Salzsäure wird die durch den Zerfall der Unterphosphorsäure entstandene phosphorige Säure zusammen mit der ursprünglich vorhandenen phosphorigen Säure bestimmt. 3. Unterphosphorsäure und phosphorige Säure werden mittels Königswasser zu Orthophosphorsäure oxydiert und mit der ursprünglich vorhandenen Phosphorsäure gemeinsam bestimmt.

2. ***Arbeitsvorschrift* von Wolf und Jung (a).** Die halogenfreie Lösung wird gegen Phenolphthalein neutralisiert und dann mit 20 bis 25 ml 10%iger Phosphorsäure versetzt. Man fügt die zur Fällung des Silbersubphosphates erforderliche Menge an Silbernitratlösung und noch die gleiche Menge hinzu und arbeitet nach der auf S. 343 beschriebenen Vorschrift weiter. Es muß möglichst schnell titriert werden, damit die phosphorige Säure nicht die Silbersalze reduzieren kann. Silberorthophosphat ist bei der vorgeschriebenen Phosphorsäurekonzentration löslich.

Die Bestimmung der Unterphosphorsäure allein neben anderen Säuren des Phosphors erfolgt nach der von Wolf und Jung (b) angegebenen Vorschrift (siehe S. 345).

Literatur.

Bansa, C.: Z. anorg. Ch. **6**, 137 (1894).

Drawe, P.: Diss. Rostock 1888; durch H. Beckurts: Die Methoden der Maßanalyse, S. 526. Braunschweig 1913.

Grundmann, W., u. R. Hellmich: J. pr. **143**, 100 (1935).

Hiltner, W.: Ch. Fabr. **6**, 111 (1933). — Hiltner, W., u. W. Grundmann: Ph. Ch. Abt. A **168**, 291 (1934).

Moeller, Th., u. G. H. Quinty: Anal. Chem. **24**, 1354 (1952). — Müller, I.: Z. anorg. Ch. **96**, 41 (1916).

Name, R. G. van, u. W. J. Huff: Am. J. Sci. [4] **45**, 91 (1918); durch C. **90**, **IV**, 890 (1919).

Probst, J.: Z. anorg. Ch. **179**, 155 (1929).

Rosenheim, A., u. J. Pinsker: Z. anorg. Ch. **64**, 327 (1909). — Rupp, E., u. A. Finck: Ar. **240**, 671 (1902).

Salzer, Th.: A. **211**, 6 (1882).

Treadwell, W. D.: Tabellen und Vorschriften zur quantitativen Analyse, S. 163. Leipzig u. Wien 1938. — Treadwell, W. D., u. G. Schwarzenbach: Helv. **11**, 405 (1928).

Wolf, L., u. W. Jung: (a) Z. anorg. Ch. **201**, 347 (1931); (b) **201**, 353 (1931).

6. Abschnitt.

Phosphin.

PH_3, Molekulargewicht 34,00.

Bestimmungsmöglichkeiten.

Für die quantitative Bestimmung des Phosphins (Phosphorwasserstoff) stehen drei Möglichkeiten zur Verfügung:

1. Aufnahme des Phosphins in geeigneten Absorptionsflüssigkeiten und eudiometrische Messung der Volumenänderung;
2. Oxydation des Phosphins durch Einleiten in Lösungen von Natriumhypochlorit, Jodsäure, Brom-Salzsäure u. a. und Bestimmung der gebildeten Phosphorsäure auf eine übliche Weise;
3. Verbrennung des Phosphins zu Phosphorpentoxyd, dessen Absorption in Wasser mit Umsetzung zu Phosphorsäure und deren Bestimmung.

Eignung der wichtigsten Verfahren.

Bei der Bestimmung hochprozentigen Phosphins können die Absorptionsverfahren angewendet werden, während die Oxydationsmethoden hierfür meist deshalb nicht brauchbar sind, weil sich das Phosphin bei der Absorption entzünden kann. Daher werden die Oxydationsverfahren am besten für die Bestimmung niedrigprozentigen Phosphins (unter 25% PH_3) angewendet. Für sehr kleine Phosphinmengen sind die Verbrennungsverfahren besonders gut geeignet. Diese werden auch für die Phosphorbestimmung in Legierungen verwendet (siehe 1. Abschnitt, § 16, C, S. 268).

Eigenschaften des Phosphins.

Phosphin ist ein unangenehm riechendes, farbloses Gas von außerordentlicher Giftigkeit. Bereits 0,25 bis 0,5% in der Luft tötet Tiere in 8 bis 30 Min. Die Dampfdichte ist 1,214 (bezogen auf Luft = 1). Siedepunkt — 87,8°, Schmelzpunkt — 133,8°. 1 Raumteil Wasser löst 0,1122 Raumteile Phosphin. Man fängt deshalb das Gas über gesättigter Natriumchloridlösung auf. Reines Phosphin entzündet sich nicht an der Luft. Wenn ihm aber nur $^1/_{500}$ Gewicht an Diphosphin P_2H_4 beigemengt ist, so tritt an der Luft Selbstentzündung ein.

§ 1. Absorptionsverfahren.

Als ältestes Absorptionsverfahren ist wohl das von Cl. Winkler angeführte, auf Rose zurückgehende zu nennen, bei welchem das Phosphin in überschüssiger Silbernitratlösung aufgenommen wird: $8\,AgNO_3 + PH_3 + 4\,H_2O = 8\,Ag + H_3PO_4 + 8\,HNO_3$. Das überschüssige Silbernitrat wird als Silberchlorid ausgefällt und zusammen mit dem zuerst entstandenen Silber abfiltriert. Im Filtrat wird die nach obiger Gleichung gebildete Phosphorsäure gravimetrisch als Ammoniummagnesiumphosphat bzw. als Magnesiumpyrophosphat bestimmt. In ähnlicher Weise arbeiten Moser und Brukl mit 0,1 n Silbernitratlösung, nur lösen sie das zuerst ausgeschiedene Silber in Salpetersäure auf, fällen alles Silber-Ion mit Salzsäure und bestimmen die Phosphorsäure als Magnesiumpyrophosphat. Der Fehler beträgt ±0,1%. Auch Göpner hat in analoger Weise gearbeitet. Er hat auch vorgeschlagen, das Phosphin in Goldchloridlösung zu absorbieren und das ausgeschiedene Gold zu wägen. Reckleben (a) hat die Absorption in n Silbernitratlösung als gut bezeichnet.

Die Absorption des Phosphins in saurer Kupfersulfatlösung hat Joannis erprobt, während Riban (a) salzsaure Kupferchloridlösung verwendet hatte. Dieses Verfahren hält Riban (b) aus verschiedenen Gründen für besser als das von Joannis, das ohnehin bei Gegenwart von Acetylen, Kohlenmonoxyd und Sauerstoff unbrauchbar ist. Moser und Brukl bezeichnen die Absorption mit Kupfersulfat als schlecht.

Als ein sehr gutes Absorptionsmittel ist Quecksilber(II)-chloridlösung zu betrachten. Bergé und Reychler haben das nach der Gleichung: $2\,PH_3 + 6\,HgCl_2 = Hg_3P_2 \cdot 3\,HgCl_2 + 6\,HCl$ ausgefällte Doppelsalz Quecksilberphosphidchlorid in Salpetersäure gelöst und die hierbei entstehende Phosphorsäure nach dem Molybdatverfahren bestimmt. Reckleben (a) hat die Absorption in Quecksilber(II)-chloridlösung als gut bezeichnet. Moser und Brukl haben diese Arbeitsweise geprüft und einen Fehler von ±0,2% gefunden. Wilmet (a) hat die bei der Absorption entstehende Salzsäure (siehe obige Umsetzungsgleichung) nach dem Abfiltrieren des Niederschlages mit 0,01 n Natriumcarbonatlösung gegen Methylorange mit 5% Genauigkeit titriert [1 ml 0,01 n HCl = 0,784 ml PH_3 (15°, 760 Torr)]. Diese Arbeitsweise wird von Beyer nicht empfohlen, weil sie für kleine Phosphinmengen nicht brauchbar ist. Beyer verwendet aber die Absorption mit Quecksilber(II)-chloridlösung selbst für sehr kleine Mengen Phosphin, und er bezeichnet dieses Absorptionsverfahren als das beste. Die Bestimmung führt er oxydimetrisch durch (siehe S. 353).

Reckleben (a) hat verschiedene Absorbentien geprüft. Als gut bezeichnet er 0,5 n Jod-Jodkaliumlösung, 1,5%ige Natriumhypochloritlösung (nach Lunge und Cedercreutz, siehe S. 350) und frisch bereitete Natriumhypobromitlösung. Brauchbar sind 0,16%iges Chlorwasser, gesättigtes Bromwasser, angesäuerte 0,2 n Kaliumbromid-Bromatlösung und 0,5 n Kaliumpermanganatlösung. Nach den letztgenannten Absorbentien ist aber eine zweite Absorption für Chlor, Brom oder Sauerstoff erforderlich. Die gasanalytische Bestimmung des Phosphins ist überhaupt dann nicht möglich, wenn kein geeignetes Reagens vorhanden ist, welches das

Phosphin vollständig absorbiert, ohne andere anwesende Gase zu lösen oder zu verändern. Dann kann nur ein gravimetrisches Bestimmungsverfahren Anwendung finden, für das Reckleben (b) die Oxydation mit Natriumhypochlorit oder -hypobromit, auch mit Jodsäure empfiehlt (siehe den folgenden Paragraphen).

Zur Analyse eines Gasgemisches aus H_2S, CO_2, AsH_3, PH_3, C_2H_2 empfiehlt Wilmet (b), die einzelnen Gase nacheinander mit konzentrierter Zinkacetatlösung, Kalilauge, 80%iger Cadmiumacetatlösung, 30%iger seleniger Säure und alkalischer Kaliumquecksilberjodidlösung zu absorbieren. Phosphin wird schnell aufgenommen. Wegen der Löslichkeit der Gase in den Absorptionsflüssigkeiten sind Korrekturen nötig.

§ 2. Oxydationsverfahren.

Für die oxydative Absorption des Phosphins sind sehr verschiedene Oxydationsmittel vorgeschlagen worden. Natriumhypochlorit ist von Lunge und Cedercreutz erstmalig angewendet worden. Die durch die Oxydation entstandene Phosphorsäure wird von ihnen als Magnesiumpyrophosphat bestimmt. Auf einige Fehlerquellen und deren Beseitigung hat Perks aufmerksam gemacht. Strishewski und Tschechowitsch haben das Verfahren dadurch vereinfacht, daß sie das Zehnkugelrohr durch eine Waschflasche mit Glasfritte ersetzt haben. Die Gasgeschwindigkeit kann von 4 auf 30 l/Std. gesteigert werden. Allerdings ist das Verfahren von Lunge und Cedercreutz nach den Erfahrungen von Moser und Brukl nur für verdünntes Phosphin brauchbar, weil bereits 25%iges sich in der Absorptionslösung entzündet. Nach Hinrichsen wird zu wenig Phosphor gefunden, er empfiehlt das Verfahren von Lidholm (siehe S. 354).

In Anlehnung an Lunge und Cedercreutz hat Zieke zur oxydativen Absorption Natriumhypobromit verwendet und die Phosphorsäure nach dem Molybdatverfahren gravimetrisch bestimmt. — Mit Brom-Salzsäure hat Franck das Phosphin zu Phosphorsäure oxydiert.

Durch Jodsäure haben Moser und Brukl Phosphin in Phosphorsäure übergeführt, was schon Reckleben (a) als vorzüglich bezeichnet hatte. Sie bestimmen die entstandene Phosphorsäure gravimetrisch. Beyer hat als Oxydationsmittel Jod angewendet, mit dem er das Doppelsalz Quecksilberphosphidchlorid oxydiert. Den Jodüberschuß mißt er mit Natriumthiosulfatlösung zurück, und er kann auf diese Weise noch sehr kleine Mengen Phosphin in Luft mit großer Genauigkeit ermitteln.

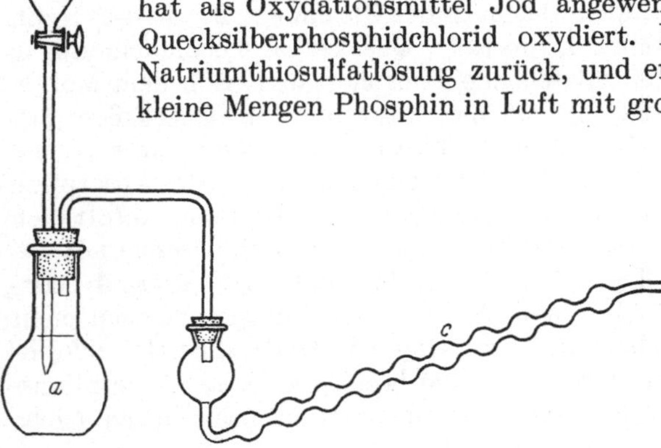

Abb. 29. Apparatur von Lunge und Cedercreutz.

Es muß noch erwähnt werden, daß Gurewitsch und Raschkowan zur Oxydation des Phosphins konzentrierte Salpetersäure verwenden, während Müller hierzu schwefelsaure Kaliumpermanganatlösung benutzt und die gebildete Phosphorsäure colorimetrisch als Phosphomolybdänblau bestimmt.

A. Oxydation mit Natriumhypochlorit.

1. Verfahren von Lunge und Cedercreutz. Zur Bestimmung von Phosphin in Acetylen wird das zu untersuchende Calciumcarbid in erbsengroßen Stücken (50 bis 70 g) in den ½ l-Kolben *a* (siehe Abb. 29) eingewogen. Aus dem Tropftrichter *b*, dessen Stiel zu einer Spitze ausgezogen ist, läßt man Wasser mit einer Geschwindigkeit von 6 bis 7 Tropfen je Minute 3 bis 4 Std. lang zutropfen. Das Zehnkugelrohr c ist mit 75 ml 2- bis 3%iger Natriumhypochloritlösung gefüllt. Nach vollendeter Umsetzung des Carbids wird der Kolben *a* mit Wasser angefüllt und noch kurze Zeit Luft durch die Apparatur hindurchgesaugt. Den Inhalt des Kugelrohres schüttet man in ein Becherglas und bestimmt die Phosphorsäure nach dem Ammoniummagnesiumphosphat-Verfahren (siehe 1. Abschnitt, § 2, S. 118). Auf die Vereinfachung des Verfahrens durch STRISHEWSKI und TSCHECHOWITSCH durch Anwendung einer Waschflasche mit Glasfritte an Stelle des Zehnkugelrohres sei hingewiesen (siehe S. 350).

2. Verfahren von DENNIS und O'BRIEN. Zur Bestimmung von Phosphin in Acetylen wird ein kleiner KIPPscher Apparat mit 50 g erbsengroßen Stücken Calciumcarbid beschickt und die Luft durch Wasserstoff verdrängt. Man schließt zwei mit 3%iger Natriumhypochloritlösung gefüllte Spiralwaschflaschen an und zersetzt das Carbid mit kalt gesättigter Natriumchloridlösung. Nach der Zersetzung spült man die ganze Apparatur mit Wasserstoff durch. Die Absorptionslösungen erhitzt man in einem Becherglase mit 10 ml Salzsäure, bis kein Chlor mehr entweicht, und fällt dann die Phosphorsäure als Ammoniummagnesiumphosphat.

3. Verfahren von ARUTJUNJAN und MNATZAKANJAN. Die Absorptionsapparatur besteht aus 3 U-Rohren von 15 bis 20 cm Höhe mit einem weiten (2 bis 2,5 cm) und einem engen (0,8 cm) Rohr, an die unten Glasrohre mit Schlauch und Quetschhahn angeschlossen sind. Das erste U-Rohr ist am engen Arm oben erweitert und trägt dort einen Tropftrichter mit Natriumhypochloritlösung. Hinter die U-Rohre sind Waschflaschen angeordnet. Den Zulauf der Hypochloritlösung stellt man auf 60 bis 70 ml in 10 Min. ein und saugt aus einem Gasometer ein gemessenes Volumen Acetylen (etwa 6 l) mit einer Geschwindigkeit von 40 l/Std. durch die Apparatur. Die U-Rohre werden mit Wasser, das aus dem Tropftrichter zugegeben wird, ausgewaschen. Die in den Waschflaschen angesammelte Lösung dient zur Bestimmung der Phosphorsäure.

B. Oxydation mit Natriumhypobromit bzw. mit Brom.

1. Verfahren von ZIEKE. Das Verfahren arbeitet in Anlehnung an LUNGE und CEDERCREUTZ und dient zur Bestimmung des in Calciumcarbid enthaltenen Phosphids und Phosphats.

2 g gepulvertes Carbid (mit 1 bis 2% P — bei kleineren oder größeren Gehalten muß mehr oder weniger Carbid eingewogen werden) werden in ein gewogenes, 4 bis 5 cm langes, 0,5 bis 1 cm weites, mit einem Schliffstopfen versehenes Glasröhrchen eingewogen und mit absolut trockenem Natriumsulfat überschichtet. Inzwischen leitet man durch einen 150 bis 200 ml fassenden Weithalskolben der Zersetzungsapparatur trockenen, von Sauerstoff befreiten Stickstoff, bis alle Luft entfernt ist. Der Kolben ist mit einem 3fach durchbohrten Gummistopfen verschlossen. Durch die Bohrungen sind geführt: ein Tropftrichter von 50 ml Inhalt, dessen zu einer Spitze ausgezogenes Rohr bis an den Boden des Kolbens reicht, ein mit dem Stopfen abschließendes Gasableitungsrohr und ein ebensolches Einwurfrohr von gleicher Weite wie das Wägeröhrchen. Der Tropftrichter dient als Einleitungsrohr für den Stickstoff, das Gasableitungsrohr ist geschlossen, und der Stickstoff entweicht aus dem Einwurfrohr. Vor der Apparatur befindet sich ein T-Stück, durch das der Stickstoff umgeleitet werden kann. Den Einwurf verbindet man mittels eines 5 cm langen Gummischlauches mit dem geöffneten Wägeröhrchen und verschließt den Schlauch mit einem Quetschhahn. Nun leitet man den Stickstoff durch das T-Stück, nimmt die Stickstoffleitung vom Tropftrichter weg und schließt dessen Hahn. Nun bringt man 50 ml Wasser in den Tropftrichter, drückt es mittels des wieder angeschlossenen Stickstoffstromes in den Kolben und leitet 10 bis 15 Min. lang Stickstoff ein. Man schließt nun ein Zehnkugelrohr mit Brom und 80 ml Wasser und ein zweites

mit 80 ml Natriumhypobromitlösung (5% NaOH, 2% Br) an die Apparatur an und leitet einige Sekunden Stickstoff durch die Rohre. Man schließt den Hahn des Tropftrichters, öffnet den Quetschhahn am Einwurf und läßt langsam das Carbid in das im Kolben befindliche Wasser einfallen, wobei eine stürmische Entwicklung vermieden werden muß. Danach drückt man durch den Tropftrichter 50 ml 20%ige Schwefelsäure, schließt den Hahn und erhitzt den Kolbeninhalt zum Sieden. Nun nimmt man die Flamme weg, quetscht zwischen Kolben und Zehnkugelrohr schnell ab und leitet Stickstoff in den Kolben bis zu dessen völliger Abkühlung ein.

Die Lösung in beiden Rohren wird in einer Porzellanschale auf dem Wasserbade zur Vertreibung des Broms erwärmt, dann mit konzentrierter Salpetersäure bis fast zum Sieden erhitzt. Man filtriert das gebildete Acetylenbromid ab, wäscht es aus und bestimmt im Filtrat die aus dem Phosphin entstandene Phosphorsäure nach dem Molybdatverfahren (siehe 1. Abschnitt, § 1, S. 32).

Die im Zersetzungskolben befindliche Lösung wird zur Bestimmung des im Carbid befindlichen Phosphates in einem KJELDAHL-Kolben eingeengt, noch 1 Std. gekocht und mit Wasser verdünnt. Man filtriert vom ausgeschiedenen Calciumsulfat ab, wäscht es aus und bestimmt im Filtrat nach teilweiser Neutralisation mit Ammoniak die Phosphorsäure.

2. Verfahren von FRANCK. Zur Gehaltsbestimmung von Aluminiumphosphid wird aus diesem Phosphin entwickelt, das in Brom-Salzsäure absorbiert und zu Phosphorsäure oxydiert wird.

Ein Entwicklungskolben steht über einen Tropftrichter mit einem KIPPschen Apparat für Kohlendioxyd in Verbindung. Das Ableitungsrohr führt zu drei Waschflaschen mit 20, 20 und 15 ml Brom-Salzsäure. Man füllt die Apparatur mit Kohlendioxyd und bringt das abgewogene Aluminiumphosphid (unter möglichst weitgehendem Abschluß der Luftfeuchtigkeit) in den trockenen Kolben. Nachdem man noch einmal Kohlendioxyd durchgeleitet hat, gibt man durch den Tropftrichter 50 ml Wasser in den Kolben und dann allmählich unter Kohlendioxyddruck 50 ml Schwefelsäure. Man schließt den Hahn des Tropftrichters, überläßt die Apparatur ½ Std. sich selbst, erhitzt dann ½ Std. zum Kochen und leitet dann ½ Std. lang Kohlendioxyd durch die Apparatur. Die Absorptionslösung wird zur Trockene eingedampft, mit Salpetersäure aufgenommen und die Phosphorsäure nach dem Molybdatverfahren bestimmt.

Die Absorption ist in den ersten beiden Waschflaschen quantitativ. — In der schwefelsauren Lösung im Kolben kann das Aluminium bestimmt werden.

Nach BEYER kann auch das aus Quecksilber(II)-chloridlösung gefällte Quecksilberphosphidchlorid mit eingestellter Kaliumbromidbromatlösung oxydiert und deren Überschuß jodometrisch gemessen werden (siehe S. 353), oder man oxydiert den Niederschlag mit Bromwasser, verkocht den Bromüberschuß und bestimmt die gebildete Phosphorsäure colorimetrisch (siehe 1. Abschnitt, § 1, D, S. 81).

C. Oxydation mit Jodsäure bzw. mit Jod.

1. Verfahren von MOSER und BRUKL. Die Absorption des Phosphins erfolgt mit n bis 2 n Jodsäurelösung (29 g HJO_3/l). Die Oxydation des Phosphins vollzieht sich nach der Gleichung:

$$\begin{array}{l} 3\,PH_3 + 4\,HJO_3 = 3\,H_3PO_4 + 4\,HJ \\ 5\,HJ + HJO_3 = 3\,J_2 + 3\,H_2O \\ \hline 5\,PH_3 + 8\,HJO_3 = 5\,H_3PO_4 + 4\,J_2 + 4\,H_2O \end{array}$$

Die Umsetzung wird in dem Absorptiometer von MOSER vorgenommen (siehe Abb. 30).

Zur Analyse wird der Drei-Wege-Hahn *H* des Absorptiometers in die Stellung *c* gebracht und die Absorptionsflüssigkeit (29,3 g HJO_3/l) aus einem untergestellten

Becherglase mit einer Wasserstrahlpumpe in die Kugel bis an den Hahn *H* gesaugt. Man bringt den Hahn in die Stellung *b*, unterbricht die Verbindung zur Pumpe und füllt durch Ansaugen von Wasser bei *e* die Verbindung zur Gasbürette. Nun wird der Hahn in Stellung *d* gebracht und die Gasbürette bei *e* angeschlossen. Bei der Hahnstellung *a* bringt man das Gas in die Bürette und nimmt diese nach Drehen des Hahnes in *d* wieder ab. Während das Ansatzrohr dauernd in die Flüssigkeit im Becherglase eintaucht, schüttelt man das Absorptiometer um. Die sich beim Umschütteln bildenden weißen Nebel verschwinden nach etwa ½ Std. Wenn das Flüssigkeitsniveau konstant bleibt, schließt man die Gasbürette wieder an und treibt den Gasrest aus dem Absorptiometer bei Hahnstellung *a* in die Gasbürette, bis die Absorptionsflüssigkeit am Hahn steht. Dann schließt man für einen Augenblick den Hahn der Gasbürette, taucht den Schlauchansatz des Drei-Wege-Hahnes in ein mit Wasser gefülltes Gefäß, bringt Hahn *H* in Stellung *b*, öffnet den Bürettenhahn, saugt den in der Verbindung befindlichen Gasrest in die Gasbürette zurück und mißt das Volumen. Nun wird die Verbindung zur Gasbürette gelöst, die Absorptionsflüssigkeit in das Becherglas abgelassen und die Kugel mit Wasser nachgespült. Man erhitzt zum Sieden, vertreibt die Hauptmenge des Jodes, reduziert die noch vorhandene Jodsäure mit schwefliger Säure, verkocht deren Überschuß und bestimmt nun die Phosphorsäure als Magnesiumpyrophosphat.

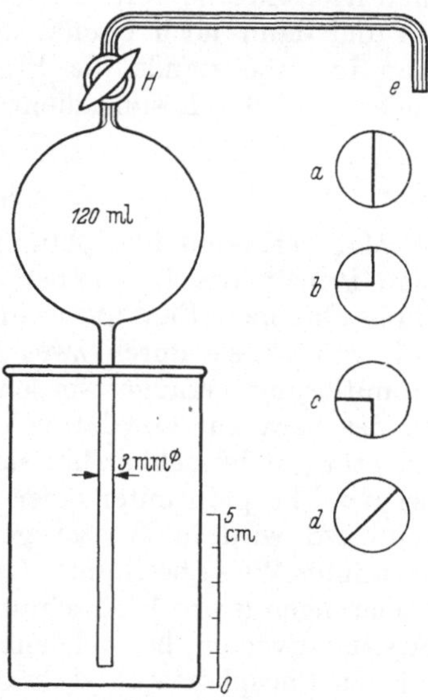

Abb. 30. Absorptiometer nach MOSER und BRUKL.

2. Verfahren von BEYER. Das Phosphin wird in Quecksilber(II)-chloridlösung absorbiert. Der hierbei entstehende Niederschlag von $P(HgCl)_3$ wird mit Jod oxydiert: $P(HgCl)_3 + 4\,J_2 + 4\,H_2O = H_3PO_4 + 3\,HgJ_2 + 2\,HJ + 3\,HCl$. Der Überschuß an Jod wird mit Natriumthiosulfatlösung zurückgemessen. Das Verfahren arbeitet mit einem Fehler zwischen +0,1 und −0,9% und dient zur Bestimmung kleiner Gehalte der Luft an Phosphin.

50 bis 100 l phosphinhaltige Luft werden mit einer Geschwindigkeit von etwa 600 l/Std. (bei etwa 1 mg PH_3/l) durch zwei Absorptionsflaschen mit je 100 ml 5%iger Quecksilber(II)-chloridlösung gesaugt. Die Einleitungsrohre haben unten eine kleine Kugel mit mehreren Löchern. Auf diese Weise wird beim Durchsaugen eine gute Verteilung des Gasstromes erreicht, wodurch eine bessere quantitative Absorption erfolgt. Es bildet sich ein weißer bis gelber Niederschlag. Bei nicht zu schnellem Saugen wird das Phosphin bereits quantitativ in der ersten Flasche absorbiert. Die Lösung mit dem Niederschlage wird mit so viel festem Kaliumjodid versetzt, bis das anfänglich ausgeschiedene Quecksilberjodid in Lösung gegangen ist. Dann fügt man etwa die doppelte Menge 0,1 n Jodlösung hinzu und schüttelt um, bis der Quecksilberphosphidchlorid-Niederschlag in Lösung gegangen ist. Man titriert mit 0,1 n Natriumthiosulfatlösung den Jodüberschuß zurück. Bei sehr kleinen Mengen Phosphin werden verdünntere Normallösungen verwendet. 1 ml 0,1 n Jodlösung = 0,4255 mg PH_3.

D. Oxydation mit Salpetersäure.

Verfahren von GUREWITSCH und RASCHKOWAN. Das Verfahren bezieht sich auf die getrennte Bestimmung von nebeneinander in Luft vorhandenem Phosphin und Arsin.

Die in einer Flasche befindliche Gasprobe wird mit 20 bis 25 ml Salpetersäure (D 1,4) öfter umgeschüttelt. Am nächsten Tage dampft man einen aliquoten Teil der Säure in einer Porzellanschale zur Trockene und dampft den Rückstand noch zweimal mit Wasser ab. Den festen Rückstand aus Phosphorsäure und Arsensäure nimmt man mit Wasser auf und teilt die Lösung in zwei Teile. Einen Teil dampft man nach Zugabe von 1 ml 12%iger Kaliumbromidlösung und 5 ml Salzsäure (1:1) ein und dann noch einmal mit der gleichen Menge Salzsäure. Danach bestimmt man im Rückstande die Phosphorsäure nach einem bekannten Verfahren. Der andere Teil der Lösung dient zur Arsenbestimmung.

§ 3. Verbrennungsverfahren.

Man verbrennt Phosphin in Gemisch mit anderen Gasen in einem Brenner nach dem Prinzip des DANIELLschen Hahnes (EITNER und KEPPELER) oder in einem Bunsenbrenner (FRAENKEL) und fängt die Verbrennungsgase unter einer Glashaube auf, von wo sie durch zwei Zehnkugelrohre mit Wasser bzw. mit Natriumhypobromitlösung gesaugt werden zwecks Absorption des gebildeten Phosphorpentoxydes bzw. zur Oxydation etwa vorhandener niedrigerer Oxyde des Phosphors. Als sehr gut brauchbar hat sich die von LIDHOLM mitgeteilte Anordnung erwiesen, bei der Phosphin unter einer Glasglocke verbrannt wird. Das gebildete Phosphorpentoxyd wird in Wasser gelöst und die hierbei entstehende Phosphorsäure in bekannter Weise bestimmt. Das Verfahren bewährt sich auch bei der Analyse von Legierungen (siehe 1. Abschnitt, § 16, C, S. 268). Es sei noch auf das Verfahren von SOYER verwiesen, bei welchem das Phosphin aus einer Platinspitze in einem Quarzrohr zu Phosphorsäure verbrannt wird, die in Waschflaschen absorbiert wird.

Verfahren von LIDHOLM. Das Verfahren von LIDHOLM ist für die Bestimmung des Gehaltes des Calciumcarbides an Calciumphosphid, das bei der Zersetzung des Carbides mit Wasser Phosphin bildet, ausgearbeitet worden. Bei dieser Bestimmung wird das Carbid zur Erzeugung einer gleichmäßigen Gasentwicklung allerdings mittels verdünnten Alkohols zersetzt, und außerdem wird ein Wasserstoffstrom durch die Apparatur geleitet und der Wasserstoff mitverbrannt. Die Brenneröffnung muß so eng sein, daß das Acetylen ohne Rußbildung verbrennt.

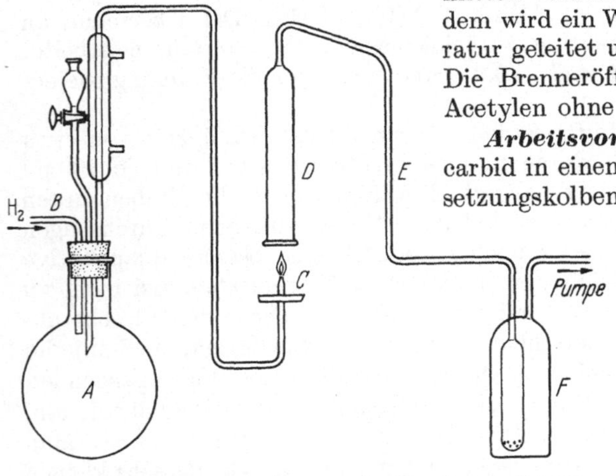

Abb. 31. Apparatur zur Bestimmung des Phosphors in Calciumcarbid nach LIDHOLM.

Arbeitsvorschrift. Man wägt 10 g Calciumcarbid in einen Tiegel ein, den man in den Zersetzungskolben A (siehe Abb. 31) von 500 ml Inhalt hineinstellt. Durch das Zuleitungsrohr B wird Wasserstoff geleitet, der bei C entzündet wird. Gleichzeitig werden die Wasserstrahlpumpe und das Kühlwasser angestellt. Aus dem Tropftrichter gibt man tropfenweise 30 ml absoluten Alkohol und die gleiche Menge Wasser in den Kolben A. Das Acetylen entwickelt sich langsam, und es verbrennt zusammen mit dem Wasserstoff und dem beigemengten Phosphin. Das daraus gebildete Phosphorpentoxyd schlägt sich an der Wand des Zylinders D, der 5 cm weit und etwa 30 cm lang ist, nieder. Ein kleiner Teil gelangt durch das 5 mm weite Glasrohr E in die mit Wasser gefüllte Waschflasche F. Wenn die Gasentwicklung beendet ist, gibt man durch den Tropftrichter Salzsäure in den Kolben und bringt dessen Inhalt zum Kochen, um alles Phosphin auszutreiben. Wenn die Flamme bei *C* 10 Min. lang entleuchtet gebrannt hat, stellt man den Wasserstoffstrom ab. Zylinder, anschließendes Glasrohr und die Waschflasche spült man mit verdünntem Ammoniak und Wasser in ein Becherglas, filtriert die Lösung, um Flocken von Kieselsäure, die aus dem Silicidgehalt des Carbides stammt, zu entfernen, und fällt die Phosphorsäure als Ammoniummagnesiumphosphat.

Literatur.

ARUTJUNJAN, S., u. R. MNATZAKANJAN: Synthet. Kautschuk (russ.) **5**, Nr 11/12, S. 13 (1936); durch C. **108, I**, 4272 (1937).

BERGÉ, A., u. A. REYCHLER: Bl. [3] **17**, 218 (1897). — BEYER, K.: Angew. Ch. **56**, 14 (1943); Z. anorg. Ch. **250**, 312 (1942/43).

DENNIS, L. M., u. W. J. O'BRIEN: Ind. eng. Chem. **4**, 834 (1912); durch C. **84, I**, 1137 (1913).

EITNER, P., u. G. KEPPELER: J. Gasbeleucht. **44**, 548 (1901); durch C. **72, II**, 662 (1901).

FRAENKEL, A.: J. Gasbeleucht. **51**, 431 (1908); durch C. **79, II**, 644 (1908). — FRANCK, L.: Fr. **37**, 173 (1898).

GÖPNER, C.: Chem. Ind. **34**, 31 u. 64 (1911); durch C. **82, I**, 747 (1911). — GUREWITSCH, W. G., u. B. A. RASCHKOWAN: Chem. J. Ser. A **5**, 1317 (1935); durch C. **107, I**, 3545 (1936).

HINRICHSEN, F. W.: Mitt. K. Materialprüf.-Amt **25**, 110 (1907).

JOANNIS, A.: C. r. **128**, 1322 (1899); durch C. **70, II**, 142 (1899).

LIDHOLM, H. J.: Angew. Ch. **17**, 1452 (1904). — LUNGE, G., u. E. CEDERCREUTZ: Angew. Ch. **10**, 651 (1897).

MOSER, L.: Fr. **59**, 424 (1911). — MOSER, L., u. A. BRUKL: Z. anorg. Ch. **121**, 73 (1921). — MÜLLER, W.: Arch. Hyg. Bakteriol. **129**, 286 (1943); durch C. **114, I**, 2518 (1943).

PERKS, T. E.: Analyst **49**, 32 (1924); durch C. **95, I**, 2224 (1924).

RECKLEBEN, H.: (a) Fr. **54**, 241 (1915); (b) 308. — RIBAN, J.: (a) C. r. **88**, 581 (1879); (b) C. r. **128**, 1452 (1899). — ROSE, H.: Ausführl. Handb. d. analyt. Chem., 5. Aufl. 1851, I, S. 494.

SOYER, J.: Ann. Chim. anal. **23**, 221 (1918); durch C. **90, IV**, 311 (1919). — STRISHEWSKI, J. J., u. M. D. TSCHECHOWITSCH: Betriebslab. **8**, 220 (1939); durch C. **111, II**, 3073 (1940).

WILMET, M.: (a) C. r. **185**, 206 (1927); durch C. **98, II**, 1738 (1927); (b) C. r. **185**, 1136 (1927); durch C. **99, I**, 727 (1928). — WINKLER, CL.: Anleitung zur chemischen Untersuchung der Industriegase, S. 390 (1876).

ZIEKE, K.: Fr. **114**, 193 (1938).

7. Abschnitt.

Elementarer Phosphor.

Atomgewicht 30,975.

Vorbemerkungen.

In diesem Abschnitt werden die Bestimmungsverfahren für den elementaren Phosphor in seiner farblosen und in seiner roten Modifikation besprochen. Für den technischen roten Phosphor wird auch die Bestimmung der Beimengungen abgehandelt. Nach der Besprechung der Analysenverfahren für einige Phosphorzubereitungen folgt ein Paragraph, in dem die Bestimmungsmethoden des Phosphors in dem offizinellen Phosphoröl (Phosphorus solutus) mitgeteilt werden. Den Schluß des Abschnittes bildet die Besprechung der wenigen Arbeiten über die spektralanalytische Bestimmung des Phosphors.

Bestimmungsmöglichkeiten.

Die Bestimmung des elementaren Phosphors geschieht hauptsächlich durch dessen Oxydation zu Phosphorsäure und deren Bestimmung. Als Oxydationsmittel kommen die freien Halogene Jod, Brom oder Chlor sowie Jodsäure oder Salpetersäure in Betracht. Es kann aber auch farbloser Phosphor mit Silber- oder Kupfersalzlösung zu Metallphosphid umgesetzt werden, das darauf durch Salpetersäure zu Phosphorsäure oxydiert wird. Einen besonderen Vorteil gewährt keines der möglichen Verfahren.

Eigenschaften des elementaren Phosphors.

Elementarer Phosphor tritt in mehreren allotropen Modifikationen auf, von denen hier nur die farblose und rote Form von Bedeutung sind.

Farbloser Phosphor ist sehr reaktionsfähig. Er entzündet sich an der Luft bei 50 bis 60° und verbrennt zu weißem Phosphorpentoxyd. Wegen der niedrigen Entzündungstemperatur muß farbloser Phosphor unter Wasser aufbewahrt werden. Auf der Haut entzündet sich Phosphor schnell und ruft tiefgehende, schwer heilende Brandwunden hervor. Farbloser Phosphor ist ein starkes Gift, das in einer Menge von nur 0,1 g, in den Magen gebracht, einen erwachsenen Menschen tötet.

Farbloser Phosphor schmilzt bei 44,1°. In Wasser lösen sich nur Spuren, aber in Schwefelkohlenstoff, Tetrachlorkohlenstoff oder Äther ist farbloser Phosphor gut löslich, auch löst er sich in Ölen. D 1,82.

Roter Phosphor ist viel weniger reaktionsfähig als farbloser Phosphor und ungiftig. Er entzündet sich an der Luft erst oberhalb 400°. In Wasser und organischen Lösungsmitteln ist er unlöslich. D 2,20.

§ 1. Analysenverfahren für elementaren Phosphor.

Zur Gehaltsbestimmung des handelsüblichen elementaren Phosphors wird dieser in zweckentsprechender Weise zu Phosphorsäure oxydiert, die danach in bekannter Weise bestimmt wird. Bei farblosem Phosphor wird als Oxydationsmittel Jod, Jodsäure oder Brom, auch Chlor, verwendet. Roter Phosphor kann durch Salpetersäure zu Phosphorsäure oxydiert werden. Da roter Phosphor jedoch immer mehr oder weniger farblosen Phosphor sowie auch niedrigere Säuren des Phosphors enthält, so wird hierbei höchstens der Gesamtphosphor ermittelt. Um die Einzelbestandteile zu bestimmen, sind einzelne Arbeitsgänge notwendig, die in verschiedener Weise ausgeführt werden können.

A. Analysenverfahren für farblosen Phosphor.

1. Verfahren von RUPP und FINCK.

Das Verfahren beruht auf der Oxydation des farblosen Phosphors mit Jod bei Gegenwart von SEIGNETTE-Salz zu Phosphorsäure ($2\,P + 5\,J_2 + 5\,H_2O = P_2O_5 + 10\,HJ$) und Rücktitration des unverbrauchten Jodes mit Natriumthiosulfatlösung. Als Lösungsmittel für den Phosphor dient Schwefelkohlenstoff. — Nach VIEBÖCK (a) vollzieht sich die Umsetzung zwischen Phosphor und Jod nur in gepufferter Lösung.

Reinigung des Schwefelkohlenstoffes. Schwefelkohlenstoff wird mit ⅓ seines Raumteiles an rauchender Salpetersäure 24 Std. lang öfter umgeschüttelt, dann mit Wasser säurefrei gewaschen und destilliert.

Arbeitsvorschrift. 300 mg farbloser Phosphor bleiben mit 5 ml Schwefelkohlenstoff, 3 bis 5 g SEIGNETTE-Salz und 100 ml 0,1 n Jodlösung 24 Std. lang stehen. Nach dieser Zeit wird das unverbrauchte Jod mit Natriumthiosulfatlösung zurücktitriert.

Bemerkung. Bei *Gegenwart von Arsen* wird dieses ebenfalls oxydiert. Es ist deshalb erforderlich, das Arsen in einer besonderen Probe zu bestimmen. Hierzu wird 0,1 g Phosphor mit 3 g Jod, 3 g Kaliumjodid, 3 g Natriumhydrogencarbonat, 10 ml Schwefelkohlenstoff und 50 ml Wasser 26 Std. stehengelassen. Die gebildete Arsensäure wird mit Kaliumjodid in schwefelsaurer Lösung zu arseniger Säure reduziert. Das entstandene Jod wird aus der Lösung ausgekocht, Reste werden mit schwefliger Säure reduziert und deren Überschuß wird ebenfalls verkocht. Die arsenige Säure wird in bekannter Weise mit 0,01 n Jodlösung titriert. Der Phosphorgehalt folgt aus der Differenz der Bestimmungen.

2. Verfahren von BUEHRER und SCHUPP.

Nach THOMSEN wird farbloser Phosphor bei der Oxydation mit verdünnter Jodsäure teils zu phosphoriger Säure, teils zu Orthophosphorsäure oxydiert, während die Jodsäure zu Jodwasserstoff reduziert wird. Mit konzentrierter Jodsäure entsteht jedoch quantitativ Orthophosphorsäure und freies Jod. BUEHRER und SCHUPP haben die Geschwindigkeit der verschiedenen Reaktionen bestimmt und gefunden, daß die Reaktion 4, nämlich die Oxydation der phosphorigen Säure zu Phosphorsäure durch Jod die Reaktionsgeschwindigkeit der ganzen Umsetzung bestimmt:

(1) $5\,P + 3\,JO_3' + 3\,H^{\cdot} + 6\,H_2O = 5\,H_3PO_3 + 3/2\,J_2$ (langsam),

(2) $2\,P + 3\,J_2 + 6\,H_2O = 2\,H_3PO_3 + 6\,HJ$ (schnell),

(3) $5\,H_3PO_3 + 2\,JO_3' = 5\,H_2PO_4' + 3\,H^{\cdot} + H_2O$ (sehr langsam),

(4) $H_3PO_3 + J_2 + H_2O = H_2PO_4' + 3\,H^{\cdot} + 2\,J'$ (langsam, abhängig vom p_H-Wert).

Das die Oxydation vermittelnde Jod entsteht z. T. aus der Umsetzung zwischen dem Jodat und dem gebildeten Jodwasserstoff:

(5) $JO_3' + 5\,J' + 6\,H^{\cdot} = 3\,J_2 + 3\,H_2O$ (schnell).

Aus der Summierung der Gleichungen (1) bis (5) ergibt sich die Gesamtumsetzung zu:

(6) $2\,P + 2\,JO_3' + 2\,H_2O = 2\,H_2PO_4' + J_2$.

Auf diese Umsetzung (6) gründen BUEHRER und SCHUPP ein maßanalytisches Bestimmungsverfahren für elementaren Phosphor.

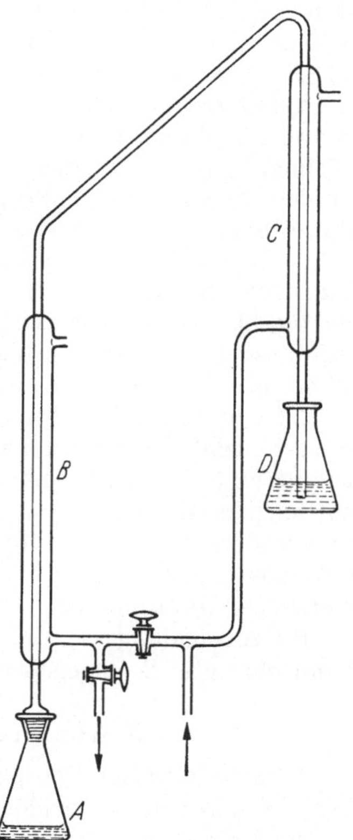

Abb. 32. Apparatur von BUEHRER und SCHUPP zur Analyse von farblosem Phosphor.

Arbeitsvorschrift. 100 mg Phosphor und etwa 800 mg Kaliumjodat werden in den ERLENMEYER-Kolben *A* (siehe Abb. 32) eingewogen. Es werden einige Glasperlen, 10 ml 4 n Schwefelsäure, 65 ml Wasser und 2 ml Tetrachlorkohlenstoff zugegeben. Der Kolben wird schnell an den Kühler *B* angeschlossen. Man kocht nun 3 bis 4 Std. lang unter Kühlung mit Kühler *B*, läßt ihn dann leerlaufen und nimmt Kühler *C* in Betrieb. Das entweichende Jod wird in der Vorlage *D* aufgefangen. Diese enthält Natriumthiosulfatlösung und Eis. Natriumthiosulfatlösung soll im Unterschuß vorhanden sein, um eine Rücktitration mit Jod zu vermeiden. Um das im Kühler *C* angesammelte Jod zu lösen, wird die Flamme unter dem Kolben *A* entfernt. Die in den Kühler *C* hineinsteigende Lösung löst das Jod auf. Wenn alles Jod ausgetrieben ist, destilliert man weiter, um durch das Kondenswasser den Kühler *C* auszuwaschen. Nun wird der Kühler *B* angestellt, und es wird weiter gekocht, wodurch sich der Kühler *B* reinigt. Die Flüssigkeit im Kolben *A* wird abgekühlt, mit Eis und Kaliumjodid versetzt und das aus dem überschüssigen Kaliumjodat entstandene Jod sofort mit Thiosulfatlösung titriert. Man bekommt auf diese Weise gleichzeitig zwei einander entsprechende Bestimmungen. Der Fehler beträgt bis 0,3%.

3. Verfahren von Hurka.

Die Oxydation des Phosphors wird von Hurka mittels einer Lösung von Brom in Tetrachlorkohlenstoff vorgenommen. Die energische Reaktion, die beim Zusammentreffen von Phosphor mit Brom auftritt, führt zur Bildung von Phosphorbromiden, die in kleinen Mengen dampfförmig entweichen, wodurch unter Umständen Verluste bis zu 30% auftreten. Überschichtet man aber das Reaktionsgemisch mit Wasser, so werden die Phosphorbromide zu nichtflüchtigen Verbindungen zersetzt, und die Umsetzung ist für quantitative Bestimmungen brauchbar. Die bei der Umsetzung entstehende Phosphorsäure wird colorimetrisch nach dem Verfahren von Bell und Doisy (siehe 1. Abschnitt, § 1, D, S. 95) bestimmt. Bei steigenden Phosphormengen ergibt sich aus Schwankungen des Extinktionskoeffizienten, daß die Oxydation durch Brom offenbar unvollständig ist. Es empfiehlt sich deshalb eine Nachoxydation durch Behandlung der erhaltenen Lösung mit Salpetersäure-Schwefelsäure. Bei Ersatz des Broms durch eine Lösung von Chlor in Tetrachlorkohlenstoff entfallen diese Unstimmigkeiten zumindest dann, wenn man mit Phosphormengen zwischen 0,673 und 6,716 mg arbeitet. In diesem Bereich ist der Extinktionskoeffizient genügend konstant, es kann also die nachfolgende Säurebehandlung entfallen und eine Bestimmung in 20 Min. ausgeführt werden.

Reagenzien. **1. Bromlösung.** Man wägt 4 g Brom in 10 g Tetrachlorkohlenstoff ein. — **2. Chlorlösung.** Man leitet 3 g Chlor in 10 g Tetrachlorkohlenstoff ein. — Zur photometrischen Phosphorsäurebestimmung werden die im 1. Abschnitt, § 1, D, S. 95 angeführten Reagenzien benötigt.

Arbeitsvorschriften. In ein Reagensglas gibt man 3 ml Wasser, tropft den in Schwefelkohlenstoff gelösten Phosphor in das Wasser ein und wägt die eingetropfte Lösung. Es kann aber auch farbloser Phosphor unmittelbar unter Wasser eingewogen werden. Nun unterschichtet man vorsichtig mit 2 ml der Halogen-Tetrachlorkohlenstofflösung. Es kann auf zweierlei Weisen weitergearbeitet werden.

1. Nach 5 Min. Stehen spült man das Reaktionsgemisch in einen 100 ml fassenden Erlenmeyer-Kolben. Man erwärmt über freier Flamme unter Umschütteln vorsichtig, bis kein Geruch nach Halogen vorhanden bzw. der gesamte Schwefelkohlenstoff ausgetrieben ist. Die Lösung wird in einen 100 ml fassenden Meßkolben gespült. 10 ml davon werden zur photometrischen Bestimmung verwendet.

2. Nach 5 Min. Stehen spült man die Mischung in einen Mikro-Kjeldahl-Kolben, setzt vorsichtig je 1 ml konzentrierte Salpetersäure und konzentrierte Schwefelsäure zu und erhitzt so lange, bis alles Brom entfernt ist und keine braunen Dämpfe mehr entweichen. Man läßt erkalten, fügt 2 ml Wasser zu und erhitzt wieder. Diese Operation wiederholt man noch ein zweites Mal. Dann spült man die Lösung in einen 100 ml fassenden Meßkolben, füllt bis zur Marke auf und entnimmt 10 ml zur photometrischen Bestimmung.

Bei Anwendung von Chlor als Oxydationsmittel und von nicht mehr als 7 mg P kann die unter 2. angegebene Oxydation entfallen.

B. Analysenverfahren für roten Phosphor.

Technischer roter Phosphor enthält neben mechanischen Verunreinigungen und Wasser immer etwas farblosen Phosphor und ferner durch Oxydation beim Liegen an der Luft entstandene phosphorige Säure und Phosphorsäure. Zur Bestimmung dieser Bestandteile haben erstmalig R. Fresenius und Luck Vorschriften ausgearbeitet, für die kleine Abänderungen und Vorschriften für besondere Zwecke von verschiedenen Autoren mitgeteilt worden sind.

1. Verfahren von Fresenius und Luck.

Durch Auslaugen des roten Phosphors mit Wasser werden die Säuren entfernt und als phosphorige Säure und Orthophosphorsäure ermittelt. In dem nach dem Auslaugen mit Wasser verbleibenden Rückstand wird die Summe des roten und farblosen Phosphors durch Oxydation mit Salpetersäure zu Phosphorsäure und deren Bestimmung gefunden. Der farblose Phosphor wird mittels Schwefelkohlenstoff in einer besonderen Probe extrahiert und in dieser Lösung bestimmt, während der hinterbleibende rote Phosphor ebenfalls bestimmt wird, und zwar werden auch wieder beide Formen des Phosphors in Phosphorsäure übergeführt.

I. Bestimmung der phosphorigen Säure und der Phosphorsäure. 5 g roter Phosphor werden in einem Glasfiltertiegel so lange mit immer wieder abgesaugtem Wasser behandelt, als das Filtrat noch saure Reaktion aufweist. Das Filtrat wird auf 250 ml aufgefüllt. a) 100 ml des Filtrates werden mit 5 ml Salpetersäure bis auf einen Rest von 1 ml eingedampft. Nach Zufügen einiger Tropfen roter rauchender Salpetersäure wird die Mischung nochmals erwärmt, dann mit Wasser verdünnt und in bekannter Weise Ammoniummagnesiumphosphat gefällt. b) 100 ml des Filtrates werden mit Salzsäure und Quecksilber(II)-chloridlösung versetzt und auf 60° erwärmt. Der infolge der Reduktionswirkung der phosphorigen Säure entstandene Niederschlag von Quecksilber(I)-chlorid wird abfiltriert und bestimmt. (Wegen anderer Bestimmungsmöglichkeiten der phosphorigen Säure siehe 3. Abschnitt, S. 323.) Während sich aus der unter b) beschriebenen Analyse der Gehalt des roten Phosphors an phosphoriger Säure ergibt, wird der Gehalt an Phosphorsäure aus der Differenz der Bestimmungen a) und b) errechnet.

II. Bestimmung der Summe des roten und farblosen Phosphors. 0,5 g roter Phosphor werden wie oben mit Wasser extrahiert. Der Rückstand wird in einer Retorte mit Salpetersäure (D 1,2) oxydiert. An die Retorte ist ein U-Rohr mit 5 ml roter rauchender Salpetersäure angeschlossen. Beide Lösungen werden eingedampft und nach Zusatz von rauchender Salpetersäure noch einmal zur Trockene verdampft. In der Lösung des Rückstandes wird in üblicher Weise Ammoniummagnesiumphosphat gefällt.

III. Bestimmung des roten Phosphors. 0,5 g roter Phosphor werden, wie oben beschrieben, mit Wasser extrahiert. Dann wird die Vorlage gewechselt und der Phosphor mit absolutem Alkohol und Äther gewaschen. Diese Lösungen werden beiseite gestellt. Nun wird der Rückstand mit Schwefelkohlenstoff so lange ausgewaschen, bis der Verdampfungsrückstand einiger Tropfen des Filtrates im Dunkeln nicht mehr leuchtet. Die Schwefelkohlenstofflösung wird ebenfalls beiseite gestellt. Der Rückstand wird im Kohlendioxydstrom bei 40 bis 60° trockengesaugt und zu Phosphorsäure oxydiert, die als Ammoniummagnesiumphosphat bestimmt wird.

IV. Bestimmung des farblosen Phosphors. Die nach der Vorschrift unter III. erhaltene Schwefelkohlenstofflösung des farblosen Phosphors wird in einem Destillierkolben mit Jod im Überschuß versetzt. Nach dem Abdampfen des Schwefelkohlenstoffes wird die Alkohol-Äther-Lösung in den Destillierkolben gebracht, und die Lösungsmittel werden ebenfalls abdestilliert. Der Rückstand wird mit etwas Wasser versetzt, die Lösung mit Salpetersäure auf dem Wasserbade zur Vertreibung des Jodes abgedampft und der Rückstand in Wasser gelöst. In dieser Lösung wird die Phosphorsäure als Ammoniummolybdophosphat gefällt, das in Ammoniummagnesiumphosphat verwandelt wird.

V. Bestimmung der Verunreinigungen und des Wassers. Der Rückstand, der bei der Behandlung einer Probe mit Jod und Wasser hinterbleibt, wird ausgewogen. Der Wassergehalt folgt als Differenz aus den vorhergehenden Bestimmungen.

2. Verfahren von Tolkatschoff und Portnoff.

Da die Oxydation des Phosphors mit Salpetersäure auch nach stundenlangem Kochen unter Rückfluß unvollständig ist, verwenden Tolkatschoff und Portnoff als Oxydationsmittel eine gesättigte Lösung von Brom in konzentrierter Salpetersäure, nach deren Einwirkung keine niederen Säuren des Phosphors in der erhaltenen Lösung vorhanden sind.

I. Bestimmung der Säuren im roten Phosphor. Etwa 20 g roter Phosphor werden in einem 250 ml-Meßkolben mit 20 ml 2 n Schwefelsäure und Wasser 12 bis 15 Std. lang geschüttelt. Die zur Marke aufgefüllte Mischung wird durch ein leinenes Filter filtriert, wobei die Lösung mit dem Niederschlag auf einmal aufgegeben und der erste Anteil des Filtrates fortgegossen wird. Das Filter soll nur zu 3/4 gefüllt sein, weil sonst etwas roter Phosphor über den Rand kriecht. 50 ml des Filtrates werden in einer Porzellanschale mit 5 ml Bromsalpetersäure auf dem Wasserbade eingedampft. Dieser Vorgang wird wiederholt. Der Rückstand wird in wenig heißem Wasser gelöst und in der filtrierten Lösung die Phosphorsäure als Ammoniummolybdophosphat gefällt.

II. Bestimmung des Gesamtphosphors. 0,25 g roter Phosphor werden in einem 100 ml-PHILIPPS-Kolben mit einer 2 bis 3 cm hohen Wasserschicht bedeckt. Unter Erhitzen auf dem Wasserbade werden in den mit einem Uhrglase bedeckten Kolben Anteile von Bromsalpetersäure gegeben. Hierbei ist darauf zu achten, daß die Reaktion ruhig verläuft und sich keine weißen Dämpfe auf der Wasseroberfläche bilden. Nach etwa 20 Min. ist die Umsetzung beendet. Die Lösung wird in einer Schale eingedampft, dann noch zweimal nach jeweiligem Zusatz von 5 ml Bromsalpetersäure so lange auf dem Wasserbade erwärmt, bis keine sauren Dämpfe mehr entweichen. Der Rückstand wird in wenig heißem Wasser gelöst, und in der filtrierten Lösung wird die Phosphorsäure als Ammoniummagnesiumphosphat gefällt.

III. Bestimmung des farblosen Phosphors. 15 bis 20 g roter Phosphor werden in einem 100 ml-Meßkolben 12 bis 15 Std. lang mit Schwefelkohlenstoff geschüttelt. Die Lösung wird schnell in einen mit Kohlendioxyd gefüllten Kolben filtriert, wobei während des Filtrierens Kohlendioxyd auch in den Trichter geleitet wird, um eine Oxydation zu vermeiden. Mittels einer Pipette werden 50 ml der Lösung in einen mit Bromwasser beschickten Kolben gebracht. Beim Ausfließen wird die Pipette mit einem Kohlendioxydapparat verbunden und die Schwefelkohlenstofflösung aus der Pipette durch Kohlendioxyd verdrängt. Ohne diese Vorsichtsmaßnahme erscheinen bei bedeutendem Gehalt an farblosem Phosphor in der Pipette reichlich weiße Nebel. Die Mischung wird umgeschüttelt und unter Umständen so lange mit Bromwasser versetzt, bis die Bromfarbe bestehen bleibt. Nun wird der Schwefelkohlenstoff auf dem Wasserbade abgedampft und der Rückstand im Kolben mit 5 ml Bromsalpetersäure erwärmt. Die Lösung wird in einer Schale eingedampft und wie unter I. beschrieben weiterbehandelt.

3. Andere Verfahren.

Roten Phosphor analysierten RUPP und FINCK in analoger Weise wie farblosen (siehe S. 356), nur ersetzen sie das SEIGNETTE-Salz durch Natriumhydrogencarbonat. Zur Bestimmung kleiner Mengen farblosen Phosphors (unter 0,003%) in rotem Phosphor benutzt KRAY die mit Kupfersulfat auf Filtrierpapier entstehende Braunfärbung. Hierzu werden 20 g roter Phosphor mit 30 ml Schwefelkohlenstoff 24 Std. lang in einer Glasstöpselflasche geschüttelt. Mit der rasch filtrierten Lösung wird auf das Papier getüpfelt. Für die Testfärbungen wird Filtrierpapier mit 10%iger Kupfersulfatlösung getränkt und getrocknet. Die Anfärbung erfolgt mit entsprechend verdünnten Lösungen von farblosem Phosphor in Schwefelkohlenstoff. Als Stammlösung dient eine 0,5%ige Lösung. Es werden 8 bis 10 Teste mit 1 bis 0,15 mg P hergestellt. KORINFSKI und GOLUBEWA bestimmen die farblose Form im roten Phosphor durch Extraktion von 20 g rotem Phosphor mit 40 ml Benzol und 1/2stündigem Schütteln oder 12stündigem Stehen. Auf Filtrierpapier wird 1 Tropfen 1%ige Silbernitratlösung und nach genau 1 Min. 1 Tropfen der filtrierten Benzollösung gebracht. Der dunkle Fleck wird mit solchen aus Standardlösungen erzeugten verglichen. ALDRED löst den Phosphor in besonderen Extraktoren in Benzol und versetzt mit einem Überschuß 25%iger Kupfernitratlösung (20 g Kupfernitrat je Gramm P). Der nach dem Abdampfen des Benzols verbleibende Rückstand wird mit 5 ml Salpetersäure versetzt. Von der auf 250 ml aufgefüllten Lösung wird eine höchstens 15 mg P enthaltende Menge mit 15 ml 60%iger Perchlorsäure versetzt, auf 2 bis 3 ml eingedampft, die Lösung neutralisiert und die Phosphorsäure wie üblich gefällt. Die hellrote Modifikation bestimmt KORINFSKI (a) im roten Phosphor durch den mit Kupfersulfatlösung entstehenden Niederschlag. Hierbei nimmt er an, daß 1 g-Atom P 2 g-Atome Cu fällt. Da auch farbloser Phosphor Kupfer ausfällt, so muß seine Menge gesondert bestimmt und in Abzug gebracht werden. Das Verfahren ist nicht sehr genau, aber im allgemeinen ausreichend. Eine eingehende Untersuchung des roten Phosphors hat KRJUKOWA beschrieben. Sie bestimmt nebeneinander Unterphosphorsäure, unterphosphorige Säure, phosphorige Säure und Orthophosphorsäure. Über diese Bestimmung siehe 5. Abschnitt, § 7, S. 344. Um Phosphorsuboxyd P_4O zu ermitteln, wird der farblose Phosphor extrahiert, und die freien Säuren werden ausgewaschen. Der Rückstand wird mit 0,1 n Silbernitratlösung 2 Std. gekocht, und der Silberüberschuß wird nach VOLHARD zurücktitriert Für die Umsetzung gilt die Gleichung:

$$P_4O + 10\,AgNO_3 + 11\,H_2O = 4\,H_3PO_3 + 10\,Ag + 10\,HNO_3.$$

Die Bestimmung des roten Phosphors geschieht folgendermaßen: Der farblose Phosphor wird mit Schwefelkohlenstoff extrahiert und nach der Oxydation zu Phosphorsäure bestimmt. Der Rückstand wird mit Wasser ausgelaugt, und die freien Säuren werden in diesem Auszug bestimmt. Im Rückstand wird das Phosphorsuboxyd wie oben angegeben ermittelt. Im Rückstand von dieser Bestimmung wird der rote Phosphor mit Bromsalpetersäure oxydiert und als Ammoniummagnesiumphosphat bestimmt. — KORINFSKI (b) hat eine Vorschrift zur Bestimmung der phosphorigen Säure in rotem Phosphor mitgeteilt. 10 g roter Phosphor werden in einem Meßkolben von 250 ml mit 200 ml 1%iger Salzsäure ½ Std. lang geschüttelt. Man füllt mit 1%iger Salzsäure auf, filtriert vom Ungelösten ab, neutralisiert 25 ml des Filtrates mit 0,5 n Natronlauge genau gegen Methylorange und fügt 50 ml 0,01 n Kaliumpermangantlösung hinzu. Gleichzeitig werden in einem gleichartigen Gefäß 25 ml Wasser und 50 ml Kaliumpermanganatlösung erhitzt. Beide Gefäße werden auf 40 bis 50° abgekühlt, je 10 ml 3%ige Kaliumjodidlösung und 5 ml konzentrierte Salzsäure zugefügt und mit 0,01 n Natriumthiosulfatlösung titriert. Wenn a die für die blinde Probe, b die für die untersuchte Probe verbrauchten Milliliter Natriumthiosulfatlösung und n die Einwaage bedeuten, so gilt $(a - b) \cdot 0{,}041 \cdot 10 \cdot 100/n = \%\ H_3PO_3$. Bei mehr als 3 bis 4% Säure werden die Ergebnisse ungenau. — Abgase der Phosphorsäuregewinnung leiten LÜTRINGSHAUSER und WLADIMIROW durch Quarz- und Elektrofilter. Aus den Rückständen bestimmen sie den farblosen Phosphor in üblicher Weise. Die Säuren des Phosphors lösen sie in Wasser und titrieren sie nach der Oxydation mittels Brom mit Lauge. KRJUKOWA und LÜTRINGSHAUSER oxydieren in Abgasen der Phosphorsäuregewinnung Phosphor und Phosphin mit Luftsauerstoff in Gegenwart von Wasserdampf und scheiden die Säurenebel mit Elektrofiltern ab. Die Filter werden mit Wasser gewaschen, und in der erhaltenen Lösung werden die Säuren mit Methylorange als Indicator als einbasige Säuren titriert. — Für die Untersuchung von Phosphorschlamm und von Rohphosphor haben BROWN, MORGAN und RUSHTON Vorschriften angegeben. Wäßriger phosphorhaltiger Schlamm wird zentrifugiert, das Volumen der festen und der flüssigen Phase wird abgelesen, die Flüssigkeit fortgeschüttet und die feste Phase mit Wasser in ein Becherglas gespült. Fester Rohphosphor wird gekörnt, indem die Probe in einem großen Kolben unter Wasser geschmolzen und unter kräftigem Schütteln abgekühlt wird. Die Bestimmung des Gehaltes der Probe an Wasser und an in Benzol unlöslichen Bestandteilen erfolgt mittels besonderer im Original beschriebener Apparaturen. Zur Bestimmung des Phosphors wird die Benzollösung aus dem Extraktionsapparat in einen 250 ml-Meßkolben gebracht, der Apparat mit Benzol ausgespült, die Spülflüssigkeit in den Meßkolben gebracht und dieser mit Benzol bis zur Marke gefüllt. Zweimal je 10 ml werden in zwei 100 ml-ERLENMEYER-Kolben gebracht, deren jeder 20 ml 25%ige Kupfersulfatlösung enthält. Die verschlossenen Kolben werden in Abständen von je 2 Min. 10 Min. lang geschüttelt. Nach Zusatz von je 50 ml heißem Wasser wird das Benzol verdampft. Zum Rückstand werden vorsichtig 5 ml mit Brom gesättigte 15 n Salpetersäure zugefügt. Nach Beendigung der Reaktion werden noch einmal 7 ml Bromsalpetersäure zugefügt, und die Mischung wird zur Vertreibung des Broms und der Salpetersäure gekocht. In der verbleibenden Lösung wird die entstandene Phosphorsäure in üblicher Weise bestimmt. — DESHMUKH und SANT ersetzen das von BUEHRER und SCHUPP verwendete Kaliumjodat durch Kaliumbromat. Die Umsetzung des *roten* Phosphors vollzieht sich in völlig analoger Weise wie die des farblosen Phosphors (siehe S. 357). Das unverbrauchte Bromat wird in üblicher Weise zurücktitriert. Etwa 50 mg roter Phosphor (frei von farblosem) werden in einem KJELDAHL-Kolben mit eingeschliffenem Kühler mit einer bestimmten Menge eingestellter Kaliumbromatlösung und 5 bis 10 ml Tetrachlorkohlenstoff oder Chloroform versetzt. Die Mischung wird auf etwa 100 ml verdünnt und mit 10 ml 4 n Schwefelsäure angesäuert. Man erhitzt allmählich in einem Wasserbade und hält unter Rückfluß etwa 1 Std. lang im Sieden, mindestens bis alle roten Phosphorteilchen verschwunden sind. Nach Entfernung des Kühlers wird die Lösung gelinde gekocht, um das frei gemachte Brom aus dem organischen Lösungsmittel zu entfernen. Durchleiten eines Luftstromes bewirkt mit Sicherheit die vollständige Vertreibung des Broms. Nach dem Abkühlen der Lösung wird titriert. — Die Acidität der Lösung ist von großer Bedeutung für den richtigen Verlauf der Umsetzung, die gesamte Lösung soll etwa 0,5 n an Schwefelsäure sein. — OKSS und KOSSTIN stellen fest, daß zur Extraktion des farblosen Phosphors Benzol besser als Schwefelkohlenstoff geeignet sei. Sie finden auch, daß die Oxydation des Extraktes mit Brom-Salpetersäure und anschließende Bestimmung des Phosphates als Ammoniummagnesiumphosphat zu hohe Werte liefere. Als neues Verfahren schlagen sie vor, den roten Phosphor mit 10 g Benzol zu extrahieren, den Extrakt im Scheidetrichter mit 0,02 n Kaliumpermanganatlösung und Schwefelsäure (10 ml konzentrierte Säure auf 1 l Permanganatlösung) zu oxydieren, die wäßrige Lösung nach dem Abtrennen so lange zu kochen, bis alles Mangan als Mangan(IV)-oxydhydrat ausgefallen ist, und dann das Phosphat colorimetrisch zu bestimmen.

§ 2. Bestimmung des Phosphors in Phosphorzubereitungen.

A. In Mäuselatwerge.

Nach MACH und LEDERLE werden 10 g Mäuselatwerge mit 5 g gebranntem, gut abbindendem Gips gemischt. Das trockene Pulver wird quantitativ in einen 200 ml fassenden Schüttelzylinder mit Glasstopfen gebracht und mit 100 ml Schwefelkohlenstoff 1 Std. lang im Rotierapparat geschüttelt. Von der geklärten Lösung werden 10 ml mit einer Pipette unter Verwendung der Saugpumpe abgemessen und in ein Becherglas mit 50 ml gesättigtem Bromwasser gebracht. Nach 1 Std. wird der Schwefelkohlenstoff auf dem Wasserbade abgedampft, das überschüssige Brom wird durch Kochen der Lösung vertrieben, und die entstandene Phosphorsäure wird als Ammoniummagnesiumphosphat gefällt. — Phosphorlatwerge verliert bei der Aufbewahrung ziemlich schnell Phosphor, wenn sie nicht gut abgeschlossen aufbewahrt wird.

B. In Zündwaren und in Phosphorsulfiden.

Auf Baumwollitze befindliche Zündmasse wird nach BENDER analysiert, indem eine Anzahl solcher Bänder mit Brom übergossen und stehengelassen wird, bis alles zersetzt ist. Dann wird Wasser und Salzsäure zugefügt, von Paraffin abfiltriert, das Filtrat mit Salpetersäure und Kaliumnitrat eingedampft, der Rückstand geglüht und noch einmal mit Salpetersäure eingedampft. Aus der Lösung des Rückstandes wird die gebildete Phosphorsäure als Ammoniummolybdophosphat gefällt. — Phosphorsulfide werden nach BEELI mit rauchender Salpetersäure im Bombenrohr bei 250 bis 270° 10 bis 12 Std. lang erhitzt. Um roten Phosphor in Phosphorsulfiden nachzuweisen, können diese entweder in Schwefelkohlenstoff oder in Natronlauge gelöst werden. Die Trennung der Phosphorsulfide, z. B. P_4S_3 und P_4S_7, kann durch Lösen der leichter löslichen Verbindung in Schwefelkohlenstoff geschehen. In dem Kolben des hierzu verwendeten SOXHLET-Apparates kristallisiert der in Schwefelkohlenstoff schwer lösliche Bestandteil wieder aus und kann durch Dekantation von der Lösung getrennt werden. Es muß verhältnismäßig wenig Schwefelkohlenstoff angewendet werden, so daß der schwer lösliche Bestandteil nur zum geringen Teile gelöst wird. Die ausgeschiedenen Kristalle werden in einem Strome von trockenem Kohlendioxyd getrocknet und gewogen. Die Lösung wird zur Trockene eingedampft und der Rückstand ebenfalls gewogen. Hierbei muß die Luftfeuchtigkeit ferngehalten werden. Für den in Lösung gegangenen Anteil der schwer löslichen Komponente muß eine Korrektur angebracht werden. Diese beträgt für P_4S_7 in 125 ml CS_2 (158 g) 0,05 g. Die Trennung läßt sich mit einer Genauigkeit von $\pm 2\%$, die von P_4S_7 und P_4S_{10} mit $\pm 4\%$ ausführen. P_4S_3 und P_4S_{10} können auch durch Sublimation im Hochvakuum bei einigen Hundertstel Torr und 90 bis 95° während 25,5 Std. ziemlich gut getrennt werden. P_4S_3 befindet sich im Sublimat, P_4S_{10} im Rückstand. — Farblosen Phosphor in Phosphorhalogeniden bestimmt CHALISOWA, indem sie diese mit 0,1 n Silbernitratlösung schüttelt. Das gebildete Silberphosphid wird in Bromwasser gelöst, die Lösung eingedampft, mit Wasser aufgenommen und die aus dem elementaren Phosphor gebildete Phosphorsäure als Phosphomolybdänblau colorimetrisch bestimmt.

§ 3. Bestimmung des Phosphors in Arzneimitteln.

Farbloser Phosphor ist in Paraffinöl und in fetten Ölen, wie Lebertran, löslich und wird in dieser Form als Medikament verwendet. Hierzu wird „Phosphorus solutus" aus 1 Teil Phosphor, 5 Teilen Äther und 194 Teilen Paraffinöl bereitet. Von dieser Lösung werden 1 bis 2 Tropfen pro Dosis in Lebertran verabreicht. Die Bestimmung des Phosphors in diesen Zubereitungen, vor allen Dingen im „Phosphoröl" (Phosphorus solutus), wird auf verschiedene Weisen vorgenommen, die auf eine Oxydation des Phosphors zu Phosphorsäure und deren Bestimmung oder zu phosphoriger Säure und deren alkalimetrischer Bestimmung hinauslaufen. Hierzu wird der Phosphor entweder mit Brom oder mit Jod umgesetzt, oder man läßt ihn auf Kupfer- oder Silbersalzlösung einwirken, worauf das hierdurch gebildete Metallphosphid mit Salpetersäure zu Phosphorsäure oxydiert wird. Es kann schließlich auch das Phosphoröl mit Salpetersäure und Schwefelsäure nach NEUMANN (siehe 1. Abschnitt, § 17, A, S. 274) aufgeschlossen werden.

A. Umsetzung mit Brom oder Jod.

REED oxydiert den Phosphor in Schwefelkohlenstofflösung mit Brom, und zwar durch Titration mit einer Lösung von 5 bis 10 g Brom in 50 ml Schwefelkohlenstoff, die gegen eine bekannte Phosphormenge eingestellt wird. Hierbei sollen auf 1 Atom Phosphor 3 Atome Brom verbraucht werden. GERHARDT hat aber gezeigt, daß

5 Atome Brom auf 1 Atom Phosphor kommen. Das Bestimmungsverfahren ist bei Gegenwart von ungesättigten Fetten unbrauchbar, weil diese Brom addieren. STEMPEL titriert das überschüssige Brom jodometrisch zurück. Als Reagens benutzt er eine Lösung von Brom in Natriumbromid enthaltendem Methanol.

***Arbeitsvorschrift von* STEMPEL.** Man wägt genau 2 g Phosphorus solutus ab und löst sie in einem 200 ml fassenden ERLENMEYER-Kolben in 10 ml Chloroform. Man fügt 25 ml Reagenslösung und 15 ml 10%ige Kaliumjodidlösung hinzu und titriert das frei werdende Jod mit 0,1 n Natriumthiosulfatlösung zurück. Wenn a den Thiosulfatverbrauch im Hauptversuch, b den im Blindversuch und e die Einwaage bedeutet, dann erfolgt die Berechnung nach der Formel $\frac{0{,}062\,(a-b)}{e}$. Man kann mit der Reagenslösung auch direkt auf die eben sichtbare Gelbfärbung der Lösung durch freies Brom titrieren, da Brom mit Phosphor in einer Lösung von Methanol und Chloroform sofort reagiert.

Bei der Oxydation des Phosphors im Phosphoröl mit *Jod* bildet sich Phosphor(III)-jodid, PJ_3, das mit Wasser zu phosphoriger Säure und Jodwasserstoffsäure hydrolysiert wird: $PJ_3 + 3\,H_2O = H_3PO_3 + 3\,HJ$. Je Atom Phosphor entstehen also 5 Äquivalente Säure, die mit Natronlauge titriert werden können. Demnach entspricht 1 ml 0,1 n NaOH 0,62 mg P. Dieses Bestimmungsverfahren von ENELL ist nach BOHRISCH vorzüglich für die Untersuchung von Phosphoröl geeignet, und es ist auch vom DAB VI übernommen worden. Nach VIEBÖCK (a) geht aber die Oxydation des Phosphors in gepuffertem wäßrigem Medium durch überschüssiges Jod weiter als nur bis zur phosphorigen Säure, nämlich mindestens zum Teil bis zu Phosphorsäure. Aber der Laugeverbrauch nach der Jodoxydation erreicht mit Phenolphthalein als Indicator nicht 7 Äquivalente auf 1 Äquivalent Jod gemäß der Gleichung:

$$2\,P + 5\,J_2 + 8\,H_2O = 2\,H_3PO_4 + 10\,HJ$$
$$1\,P : 5\,J \qquad 1\,P : 7\,H \text{ oder } J : H = 1 : 1{,}4,$$

sondern nur das 1,25- bis 1,28fache des Jodverbrauches. Dies führt VIEBÖCK (a) auf die Bildung von Metaphosphorsäure, z. B. nach der Gleichung:

$$4\,P + 10\,J_2 + 13\,H_2O = 3\,HPO_3 + H_3PO_4 + 20\,HJ$$
$$1\,P : 5\,J \qquad 1\,P : 6{,}25\,H \text{ oder } J : H = 1 : 1{,}25$$

zurück. Auf Grund dieser experimentellen Feststellungen kommt VIEBÖCK (a) zu der unten angegebenen Vorschrift. Nur die Jodtitration gibt den genauen Gehalt des Phosphoröls an Phosphor an, und zwar entspricht 1 ml 0,1 n Jodlösung 0,62 mg P. Zur Kontrolle dieser Titration kann die mit Natriumthiosulfatlösung austitrierte Lösung mit Lauge gegen Phenolphthalein als Indicator titriert werden. Hierbei muß ein Analysenspielraum vom 1,25- bis 1,28fachen des Jodverbrauches gewährt werden. In einer weiteren Untersuchung, die jedoch in analytischer Beziehung weniger wichtig ist, kommt VIEBÖCK (b) zur Bestätigung seiner oben wiedergegebenen Ansicht, daß die Oxydation des Phosphors mit Jod in wäßrigem Medium nicht bei der phosphorigen Säure stehenbleibt. Bei Gegenwart von Alkohol ist wiederum ein anderer Reaktionsverlauf festzustellen. Schon RUPP hatte das Verfahren von ENELL nur für orientierend gehalten, da seine Fehler nicht innerhalb bestimmter Grenzen bleiben. Es hat auch nicht an Versuchen gefehlt, das ENELL-Verfahren zu verbessern. So hat FREY (b) die Umsetzung des Phosphors nur bis zum Phosphor(III)-jodid durchgeführt und das unverbrauchte Jod schnell mit Thiosulfat zurücktitriert. Nach BOHRISCH sind hierbei aber auch keine genauen Werte zu erzielen. BÖTTGER arbeitet mit einer Jodid-Jodatmischung unter Zusatz eines kleinen Säureüberschusses und titriert die entstandene Säure mit Lauge. Er findet, daß die jodometrisch ermittelten Werte etwa 25% höher als die acidimetrisch bestimmten sind.

Genauere Werte für den Phosphorgehalt des Phosphoröles sind wohl mittels der im folgenden Abschnitt B angeführten Vorschriften zu erhalten.

***Arbeitsvorschrift von* ENELL (DAB 6).** 1 g Phosphoröl wird in eine Schliffflasche eingewogen, mit 10 ml Alkohol, 20 ml Äther, 1 Tropfen Phenolphthaleinlösung und 12 ml 0,1 n Jodlösung versetzt und 3 bis 5 Min. geschüttelt. Der Jodüberschuß wird unter Umschütteln mit 0,1 n Natriumthiosulfatlösung genau entfernt und die Lösung *sogleich* mit 0,1 n Natronlauge titriert, bis die rote Farbe auf Zusatz von 2 Tropfen Lauge nicht mehr zunimmt. Man bestimmt außerdem die Acidität des Öles, indem man 1 g Öl mit 10 ml Alkohol, 20 ml Äther, 30 ml Wasser und 1 Tropfen Phenolphthaleinlösung schüttelt und mit 0,1 n Natronlauge titriert. Die Differenz der Acidität vor und nach der Jodbehandlung gibt den Gehalt des Öles an freiem Phosphor an, und zwar entspricht 0,01 g P 16,12 ml 0,1 n NaOH.

***Arbeitsvorschrift von* VIEBÖCK (a).** Man wägt, am besten in einem hohlen Schliffstopfen eines 100 ml fassenden Schliffkolbens, 1,5 g Phosphoröl ab, bringt in den Kolben 3 g neutrales Natriumacetat und aus einer Bürette rasch längs der Wandung und ohne Umschwenken 18 bis 20 ml 0,1 n Jodlösung. Dann verschließt man den Kolben mit dem Stopfen und schüttelt ihn 1 Min. kräftig um. Nach kurzer Zeit titriert man mit Natriumthiosulfatlösung zurück. 1 ml 0,1 n Jodlösung entspricht 0,62 mg P. Zur Kontrolle versetzt man die austitrierte Lösung sofort mit 3 bis 4 g Natriumchlorid und titriert mit Lauge und Phenolphthalein als Indicator. Der Laugeverbrauch ist das 1,25- bis 1,28fache des Jodverbrauches. Bei Lösungen von Phosphor in fetten Ölen ist das Verfahren nicht anwendbar wegen der Jodanlagerung an deren Doppelbindungen.

B. Umsetzung mit Kupfer- oder Silbersalz.

Zur Bestimmung des farblosen Phosphors in Arzneizubereitungen benutzte THÖT die Umsetzung der Lösung des Phosphors in Schwefelkohlenstoff mit Silbernitratlösung. Das hierbei entstehende Silberphosphid, das als schwarzer Niederschlag auftritt, wird mit Salpetersäure behandelt, wodurch Phosphorsäure entsteht, die bestimmt wird. LOUISE hat die Umsetzung sogar zu einer Titrationsmethode verwendet, indem die Lösung des Phosphoröls in Aceton mit Silbernitratlösung so lange titriert wird, bis kein schwarzer Niederschlag mehr gebildet wird. Das Verfahren ist jedoch nur zu orientierenden Zwecken verwendbar. FRÄNKEL hat zur Umsetzung heiße alkoholische Silbernitratlösung verwendet und den Niederschlag mit Königswasser oxydiert. Da er nur 90% des eingewogenen Phosphors wiederfindet, führt er die Differenz auf Verluste während der Herstellung und Aufbewahrung des Phosphoröles zurück. STICH hat das Arbeitsverfahren verbessert, und BOHRISCH findet die Arbeitsweise von STICH brauchbar. Als Lösungsmittel wird Aceton, das frei von Aldehyd sein muß, verwendet.

***Arbeitsvorschrift von* STICH-BOHRISCH.** Eine Lösung von 3 g Phosphoröl in 20 ml Aceton wird in eine frisch bereitete Lösung von 12 Tropfen 50%ige Silbernitratlösung in 100 ml Aceton eingegossen. Die Mischung wird 5 Min. lang umgeschüttelt und 12 Std. stehengelassen. Der Niederschlag wird abfiltriert, mit Äther-Aceton-Gemisch und mit absolutem Alkohol ausgewaschen. Nach dem Verdunsten der Waschflüssigkeit wird das Filter in einem Schüttelkolben mit 20 ml Salpetersäure und nach einigen Minuten mit 20 bis 30 Tropfen rauchender Salpetersäure übergossen. Nach der Einwirkung der Säure in der Kälte wird die Mischung auf dem Wasserbade erhitzt, bis sie farblos geworden ist. Nach dem Zufügen von Wasser wird filtriert, mit Salzsäure versetzt und das gefällte Silberchlorid abfiltriert. Nach dem Eindampfen des Filtrates auf 5 ml dient diese Lösung zur Fällung von *Ammoniummagnesiumphosphat*.

Bei der Einwirkung von farblosem Phosphor auf *Kupfernitrat*lösung entsteht ein schwarzer Niederschlag, der Kupferphosphid und Kupfer enthält. Mit Hilfe dieser Reaktion hat KATZ den Phosphorgehalt des Phosphoröls zu bestimmen versucht. Der Niederschlag wird mittels Wasserstoffperoxyds bei Gegenwart von Äther oxydiert und die entstandene Phosphorsäure bestimmt. BOHRISCH hält das Verfahren für ebenso gut wie das oben beschriebene von STICH. CHRISTOMANOS hat die Oxydation des Kupferphosphides mit Brom ausgeführt.

***Arbeitsvorschrift von* KATZ.** 10 g Phosphoröl werden in einem Scheidetrichter mit 20 ml 5%iger Kupfernitratlösung so lange heftig geschüttelt, bis eine beständige schwarze Emulsion entstanden ist. Dann werden 50 ml Äther und anteilweise 10 ml (phosphorfreies) Wasserstoffperoxyd oder mehr zugefügt, bis die Schwarzfärbung völlig verschwunden ist. Die wäßrige Flüssigkeit wird von der ätherischen Schicht getrennt und diese dreimal mit 10 bis 20 ml Wasser ausgeschüttelt. Die wäßrigen Lösungen werden unter Zugabe von einigen Tropfen Salzsäure auf dem Wasserbade auf 10 bis 20 ml eingedampft. Nach dem Abfiltrieren ausgeschiedener Öltröpfchen dient die Lösung zur Fällung von Ammoniummagnesiumphosphat.

C. Veraschung des Phosphoröles.

SEYDA verascht 30 Tropfen Phosphoröl im KJELDAHL-Kolben mit Salpetersäure. Der eingedampfte Rückstand wird mit einer Lösung von 3 g Natriumcarbonat und 1 g Kaliumnitrat eingedampft und verkohlt. Die Asche wird mittels Salpetersäure weiß gebrannt, und schließlich wird die entstandene Phosphorsäure mit Ammoniummolybdat gefällt. WÖRNER hat das Verfahren von NEUMANN (Oxydation mit Salpetersäure-Schwefelsäure und Titration des Ammoniummolybdophosphates, siehe 1. Abschnitt, § 17, A, S. 274) angewendet. Diese Arbeitsweise hat FREY (a) vereinfacht. In Phosphorpasten hat AUSTIN den Phosphor durch Behandlung mit Schwefelsäure und Natriumnitrit oxydiert. KAHANE läßt auf 1 g Phosphoröl zuerst eine Mischung aus 10 ml Salpetersäure (D 1,39) und 4 ml Schwefelsäure (D 1,80) bis zur Braunfärbung einwirken. Dann wird die Mischung mehrmals mit je 5 ml einer Mischung aus 2 Teilen Perchlorsäure (D 1,61) und 1 Teil Salpetersäure (D 1,39) bis zur Farblosigkeit oxydiert. Die Bestimmung der gebildeten Phosphorsäure geschieht in bekannter Weise. GOODLOE verascht 1 g Phosphoröl mit 1 g Zinkoxyd, löst die Asche in 10 ml 10 n Schwefelsäure und füllt die Lösung auf 250 ml auf. Mit 25 ml der Lösung wird die colorimetrische Bestimmung der Phosphorsäure durch Erzeugung von Phosphomolybdänblau mittels Zinn(II)-chlorids durchgeführt (siehe 1. Abschnitt, § 1, D, S. 83).

***Arbeitsvorschrift von* FREY (a).** Eine etwa 0,01 g P entsprechende Menge Phosphoröl wird in einer Porzellanschale von 200 bis 300 ml Inhalt in Zwischenräumen von je einigen Sekunden mit je 15 Tropfen rauchender Salpetersäure versetzt, bis nach dem etwa 15. Zusatz lebhafte Reaktion eintritt. Deren Ablauf wird abgewartet, dann werden 15 bis 20 ml Salpetersäure zugesetzt, und die Mischung wird nun auf dem Wasserbade erwärmt, bis keine braunen Dämpfe mehr entweichen. Nach Zusatz von 50 ml Wasser wird nochmals erwärmt. Dann wird Wachs oder Paraffin zugegeben, dieses geschmolzen, gut verrührt und erkalten gelassen. Die Mischung wird durch Watte in einen 200 ml-Meßkolben filtriert, die Watte 3 mal mit je 50 ml Wasser gewaschen und die Lösung bis zur Marke aufgefüllt. 100 ml der Lösung dienen zur Fällung von Ammoniummolybdophosphat, das alkalimetrisch bestimmt wird.

§ 4. Spektralanalytische Bestimmung.

Die spektralanalytische Bestimmung des Phosphors hat eine geringere Bedeutung als die von Metallen. Trotz der verhältnismäßig schnellen und einfachen Bestimmungsart, besonders in Eisen und Stahl oder anderen Legierungen, sind nur wenige Arbeiten auf diesem Gebiete bekanntgeworden. Infolge der hohen Anregungsspannung des Phosphors sind die empfindlichsten Linien so kurzwellig, daß sie nicht mehr unter normalen Bedingungen erfaßt werden können, vielmehr ist ein Quarzspektrograph erforderlich. Nach SALTMARSH besteht das Bogenspektrum wahrscheinlich aus 35 Linien, die im Ultraviolett jenseits 2555 Å liegen. Wichtig sind die beiden Dubletts 2534,0 — 2535,5 und 2553,3 — 2555,1. Im sichtbaren Teile des Spektrums liegen neben einigen weniger wichtigen Linien die empfindlichsten Linien 4178,4 und 5425,9, die nach GERLACH und RIEDL für den qualitativen Phosphornachweis benutzt werden.

Die Zusammenstellungen von KRAEMER von Phosphorlinien in Spektrogrammen von Stahl werden von GERLACH als „irreführende Veröffentlichungen“ bezeichnet, und sie werden deshalb hier nicht wiedergegeben.

An dieser Stelle möge eine spektroskopische Bestimmungsweise, die auf der Beobachtung einer Flammenfärbung beruht, Platz finden. Nach TÖRÖK (a) hört die spektrale Färbung einer Flamme nach stöchiometrischem Zusatz einer Phosphatlösung zu einer Erdalkalimetallsalzlösung auf und umgekehrt. Phosphat kann also bestimmt werden, indem zu dessen Lösung eine n Strontiumchloridlösung als Maßlösung hinzugefügt wird. Das Auftreten der Strontiumflamme dient als Indicator. Zur Erzeugung der Flamme dient eine Apparatur von TÖRÖK (b), die mit Zink, Salzsäure und der Salzlösung beschickt wird.

A. Bestimmung des Phosphors in Lösungen.

In Lösungen von Pflanzenaschen haben EWING, WILSON und HIBBARD Phosphor bestimmt. KONISHI und TSUGE haben an Spektrogrammen von Phosphorstandardlösungen mit einem Registrierphotometer die Schwärzung der Phosphorlinien in Abhängigkeit von der Konzentration der Lösungen gemessen und im Bereiche von 0,2 bis 8% P lineare Abhängigkeit gefunden. Sie haben das Verfahren auf Reis-, Weizen- und Sojastroh angewendet und Übereinstimmung der so ermittelten Werte mit den auf chemischem Wege erhaltenen festgestellt. Für verdünnte Lösungen haben RUEHLE und JAYCOX höhere Empfindlichkeit mit einem Wechselstrombogen von 2000 Volt erzielt. — Die spektralanalytische Bestimmung des Phosphors in Blutserum ohne Veraschung beschreibt PFEILSTICKER (b) unter Verwendung des Niederspannungsfunkens. Das Serum (0,5 bis 0,1 ml) wird unter Zusatz einer Lösung von Glucose, Glykokoll und Harnstoff auf die Kupferträgerelektrode aufgebracht. Die Bestimmung kann mit einem mittleren Fehler von 3,4 bis 4,3% ausgeführt werden. Wegen vieler experimenteller Einzelheiten muß auf das Original verwiesen werden. — In Schmieröl bestimmen PAGLIASSOTTI und PORSCHE den Phosphor mit einer Genauigkeit von etwa 5%.

***Arbeitsvorschrift von* EWING, WILSON *und* HIBBARD.** Es wird die Schwärzung der Linie 2536,38 Å gemessen. Phosphor verdampft langsam und zeigt etwa 1,5 Min. nach dem Zünden ein Maximum. Die Eichlösung wird aus Chloriden unter Zusatz von Salzsäure hergestellt, weil Chloride scharfe Spektrallinien verursachen und die störende Wirkung anderer Stoffe auf die Intensität der Linien verhindern. Die Eichlösung enthält $1 \cdot 10^{-1}$ bis $2 \cdot 10^{-4}$% Ca, Mg, Mn, Fe und P, 0,5% NaCl, 4,5% NH_4Cl und 0,45% HCl.

0,1 ml Lösung werden in der 7 mm tiefen Bohrung eines 8 mm dicken ACHESON-Graphitstabes bei 105° eingetrocknet. Dieser Stab dient als Anode, während ein Graphitstab die Kathode bildet. Mit einem 300 Volt-Bogen von 15 Sek. Brenndauer werden mehrere Aufnahmen unter Verwendung des rotierenden Sektors gemacht. Der maximale Fehler beträgt 6%.

B. Bestimmung des Phosphors in Stahl.

Nach SCHLIESSMANN erscheint die Anwendung des Abreißbogens für die Bestimmung des Phosphors in Stahl aussichtsreich, wenn die Anregung im Vakuumgefäß vorgenommen und Linien im äußersten UV beobachtet werden. Bei einer Dispersion von 31 Å je Millimeter bei 4000 Å sind Phosphorgehalte im Funken erst ab 2% zu erkennen, und deshalb ist die Funkenspektralanalyse nicht anwendbar. Im Abreißbogen beginnen meßbare Intensitäten von P 2554,9 ab 0,5%, also kann auf diese Weise Roh- und Gußeisen untersucht werden. Die empfindlichste Linie des Phosphors 2535,7 wird von der Eisenlinie 2535,6 überlagert. Falls durch sehr hohe Auflösung die Trennung beider Linien erreichbar ist, so ist eine Bestimmung von etwa 0,2% P ab möglich, im Abreißbogen ab etwa 0,05% P. Auf sensibilisierten Platten bei einem Bogen mit 4 Amp. mit 2 Min. Belichtungszeit und bei einer Spaltbreite von 10 μ treten ab 0,1% P die Bogenlinien 2136,20 und 2149,11 auf. Wenn ein Spektrograph mit großer Brennweite und der Abreißbogen verwendet werden, so kann durch bessere Trennung von Fe 2136,04 auch der quantitative Nachweis niedrigerer Gehalte bis etwa 0,05% P ermöglicht werden. — SWENTITZKI empfiehlt die Aufnahme von P I 2149,11 und P I 2136,19 auf Agfa-Gelbrapidplatten. — Unter Verwendung des Niederspannungsfunkens bestimmt PFEILSTICKER (a) Phosphor bis 0,1% mit der Linie P III 4246,7. — ALPATOW wählt als intensivste Linie 2149,8 und als Vergleichslinie Fe 2151,7 aus. — BRECKPOT und MARZEC bestimmen Phosphor bis herab zu 0,01% unter Benutzung der Linie 2136,19 mit einem Sekundärelektronenvervielfacher. — Mit einem GEIGER-MÜLLER-Zählgerät arbeitet sowohl HANS als auch ein ANONYMUS. Beide benutzen eine Lichtbogenentladung, deren Strom (2200 Volt, 2 Amp.) auf 0,05 Amp. konstant gehalten werden soll.

C. Bestimmung des Phosphors in Bronze.

Nach MILLIGAN und FRANCE können in Bronze noch 0,001% P mit $\pm 5\%$ Fehler bestimmt werden. Die Aufnahmen werden nach der Aufstellung von Schwärzungs- und Eichkurven photometrisch ausgewertet. Für die Linien 2534,01, 2553,28 und 2554,95 werden durch Auftragen des Logarithmus des Schwärzungsverhältnisses der Phosphorlinien und der Kupferlinie 2441,6 gegen die Phosphorkonzentration befriedigende Eichkurven erhalten.

200 mg der Probe werden in die 3 mm tiefe Aushöhlung der Anode gebracht (Wandstärke 0,75 mm). Die Kathode ist ein mit Graphit überzogener Kohlestab. Die Elektroden haben einen Abstand von 3 mm, der Bogen brennt mit 10 Amp. und 220 Volt. Nach 15 Sek. Brenndauer wird 1 Min. lang belichtet.

D. Bestimmung des Phosphors in Platin.

Schon sehr geringe Phosphorkonzentrationen in Platin und seinen Legierungen wirken sich nachteilig aus, z. B. zeigt eine Platinlegierung mit nur 0,005% P eine sehr schädliche Warmbrüchigkeit. So kleine Phosphormengen lassen sich mit einem stark belasteten Abreißbogen nach ROLLWAGEN und RUTHARDT sehr empfindlich nachweisen. Im kondensierten Funken gelingt noch der Nachweis von 0,1% P in Legierungen. Mit einem Dauerbogen von 12 Amp. und 110 Volt kann bis zu 0,005% P heruntergekommen werden. Aber bei dünnen Blechen und Drähten ist diese Versuchsanordnung nicht anwendbar. Gut bewährt hat sich eine Entladung, die etwa ein Mittelding zwischen Abreiß- und Dauerbogen darstellt. Dabei wird die Unterbrecherzahl des Abreißbogens auf etwa 2 je Sekunde herabgesetzt und der 3 bis 6 mm lange Bogen mit 10 Amp. bei 110 Volt betrieben. Bei ganz dünnen Drähten wird die Belastung etwas niedriger gehalten.

In Legierungen, die sicher noch unter 0,005% P enthalten, sind die Linien 2536 und 2553 noch deutlich nachweisbar. Die Linie 2555 ist vermutlich ebenfalls noch vorhanden, jedoch wegen Koinzidenz mit einer schwachen Platinlinie nicht zu erkennen. Die empfindlichste Phosphorlinie 2536 liegt direkt neben einer sehr schwachen Platinlinie, aber bei genügender Dispersion ist sie sehr leicht festzustellen. Bei Gegenwart von viel Eisen und Spuren Phosphor wird allerdings die Linie 2536 durch die Eisenlinie 2535,6 gestört, doch läßt sich in den praktisch wichtigen Fällen der Nachweis mit der Linie 2553 oder durch Vergleich der Intensitäten der Eisenlinien in einer sicher phosphorfreien, eisenhaltigen Legierung mit denen in der fraglichen Probe in bekannter Weise durchführen.

Die Genauigkeit ist etwas geringer als bei dem kondensierten Funken. Da es sich aber bei der Phosphorbestimmung um eine Art Erhitzungsanalyse handelt, bei der nach mehreren Aufnahmen derselben Stelle der Phosphorgehalt abnimmt, und da es für praktische Zwecke ausreichend ist, etwa zwischen 0,1, 0,05 usw. % P durch sehr starke Intensitätsunterschiede zu unterscheiden, so reicht das angewendete Verfahren hierfür aus.

Literatur.

Aldred, J. W. H.: Ind. eng. Chem. Anal. Edit. **13**, 390 (1941); durch C. **113**, **I**, 2303 (1942). — Alpatow, M. S.: Betriebslab. **15**, 857 (1949); durch Fr. **132**, 113 (1951). — Anonymus: Steel **126**, Nr. 5, 46 (1950); durch C. **121**, **II**, 1852 (1950). — Austin, F. J.: J. Am. pharm. Assoc. **12**, 857 (1923); durch C. **95**, **I**, 1428 (1924).

Beeli, Ch.: Helv. **18**, 1172 (1935). — Bender, C.: Chem. Ind. **28**, 679 (1905); durch C. **77**, **I**, 99 (1906). — Böttger, W.: Apoth.-Z. **43**, 1551 (1928); durch C. **100**, **I**, 1845 (1929). — Bohrisch, P.: P. C. H. **64**, 43, 55 (1923). — Breckpot, R., u. K. Marzec: Bl. Soc. chim. Belg. **58**, 280 (1949); durch Fr. **132**, 358 (1951). — Brown, E. H., H. H. Morgan u. E. R. Rushton: Ind. eng. Chem. Anal. Edit. **9**, 524 (1937); durch Fr. **124**, 58 (1942). — Buehrer, Th. F., u. O. E. Schupp: Am. Soc. **49**, 9 (1927).

Chalisowa, O. D.: Betriebslab. **8**, 940 (1939); durch C. **112**, **I**, 2564 (1941). — Christomanos, A. C.: Z. anorg. Ch. **41**, 305 (1904).

Deshmukh, G. S., u. B. R. Sant: Anal. Chem. **24**, 901 (1952).

Enell, H.: Pharm. Z. **50**, 601 (1905); durch C. **76**, **II**, 570 (1905). — Ewing, D. T., M. F. Wilson u. R. P. Hibbard: Ind. eng. Chem. Anal. Edit. **9**, 410 (1937); durch C. **109**, **I**, 1833 (1938).

Fränkel, A.: Pharm. Post **34**, 117 (1901); durch C. **72**, **I**, 912 (1901). — Fresenius, R., u. E. Luck: Fr. **11**, 63 (1872). — Frey, O.: (a) Pharm. Post **43**, 969 (1910); durch C. **82**, **I**, 425 (1911); (b) Pharm. Mh. **3**, 101 (1922); durch C. **93**, **IV**, 1120 (1922).

Gerhardt, D.: Nederl. Tijdschr. Pharm. **11**, 174 (1899); durch C. **70**, **II**, 227 (1899). — Gerlach, W.: Fr. **103**, 356 (1935). — Gerlach, W., u. E. Riedl: Die chemische Emissionsspektralanalyse, III. Teil, S. 93. Leipzig 1949. — Goodloe, P.: Ind. eng. Chem. Anal. Edit. **9**, 527 (1937); durch Fr. **117**, 346 (1939).

Hans, A.: J. Iron Steel Inst. **166**, 118 (1950); durch C. **122**, **I**, 3240 (1951). — Hurka, W.: Mikrochem. **32**, 127 (1944).

Kahane, E.: J. Pharm. Chim. [8] **20**, 26 (1934); durch C. **105**, **II**, 2562 (1934). — Katz, J.: Ar. **242**, 121 (1904). — Konishi, K., u. T. Tsuge: Bl. agric. chem. Soc. Japan **13**, 17 (1937); durch C. **108**, **II**, 2037 (1937). — Korinfski, A. A.: (a) Betriebslab. **4**, 762 (1935); durch C. **108**, **II**, 2217 (1937); (b) Betriebslab. **8**, 861 (1940); durch C. **112**, **I**, 672 (1941). — Korinfski, A. A., u. S. F. Golubewa: Betriebslab. **5**, 23 (1936); durch C. **107**, **II**, 657 (1936). — Kraemer, W.: Fr. **97**, 89; 401 (1934); **98**, 240 (1934); **99**, 410 (1934); **101**, 23 (1935). — Kray, R. H.: Ind. eng. Chem. **19**, 816 (1927); durch C. **98**, **II**, 1597 (1927). — Krjukowa, T. A.: Betriebslab. **6**, 47 (1937); durch C. **109**, **II**, 3957 (1938). — Krjukowa, T. A., u. G. F. Lütringshauser: Z. chem. Ind. (russ.) **14**, 1404 (1937); durch C. **109**, **II**, 1821 (1938).

Louise, E.: C. r. **129**, 394 (1899); durch C. **70**, **II**, 594 (1899). — Lütringshauser, G. F., u. L. W. Wladimirow: Betriebslab. **4**, 1321 (1935); durch C. **107**, **I**, 4768 (1936).

Mach, F., u. P. Lederle: Ch. Z. **42**, 491 (1918). — Milligan, W. E., u. W. D. France: Ind. eng. Chem. Anal. Edit. **13**, 24 (1941); durch C. **113**, **I**, 2041 (1942).

Okss, R. S., u. D. J. Kosstin: Betriebslab. **16**, 269 (1950); durch C. **121**, **II**, 1152 (1950).

Pagliassotti, J. P., u. F. W. Porsche: Anal. Chem. **23**, 198 (1951); durch Fr. **136**, 351 (1952). — Pfeilsticker, K.: (a) Naturforschung u. Medizin in Deutschland, Fiat-Review **29**, 108; (b) Spectrochim. Acta [London] **4**, 100 (1950); durch Fr. **133**, 367 (1951).

REED, L.: Analyst **24**, 33 (1899); durch C. **70**, **I**, 708 (1899). — ROLLWAGEN, W., u. K. RUTHARDT: Metallwirtsch., Metallwiss., Metalltechn. **15**, 187 (1936). — RUEHLE, A. E., u. E. K. JAYCOX: Ind. eng. Chem. Anal. Edit. **12**, 260 (1940); durch C. **111**, **II**, 2346 (1940). — RUPP, E.: Pharm. Z. **50**, 621 (1905); durch C. **76**, **II**, 706 (1905). — RUPP, E., u. A. FINCK: Ar. **241**, 321 (1903).

SALTMARSH, M. D.: Phil. Mag. [6] **47**, 874 (1924); durch C. **95**, **II**, 1312 (1924). — SCHLIESSMANN, O.: Angew. Ch. **55**, 104 (1942); Arch. Eisenhüttenw. **15**, 167 (1941/42); Techn. Mitt. Krupp **4**, 267 (1941). — SEYDA, A.: Z. öffentl. Ch. **3**, 13 (1897); durch C. **68**, **I**, 560 (1897). — STEMPEL, B.: P. C. H. **75**, 281 (1934); durch Fr. **112**, 127 (1938). — STICH, C.: Pharm. Z. **76**, 112 (1931). — SWENTITZKI, N. S.: Bl. Acad. URSS., Sér. physique **11**, 319 (1947); durch C. **119**, **II**, 878 (1948) (Akademie-Verlag, Berlin).

TÖRÖK, T.: (a) Fr. **119**, 120 (1940); (b) **116**, 29 (1939). — TÖTH, J.: Ch. Z. **17**, 1244 (1893). — THOMSEN, J.: B. **7**, 997 (1874). — TOLKATSCHOFF, S. A., u. M. A. PORTNOFF: Fr. **82**, 122 (1930).

VIEBÖCK, P.: (a) Ar. **272**, 84 (1934); (b) Ar. **272**, 88 (1934).

WÖRNER, E.: Pharm. Z. **53**, 398 (1908); durch C. **79**, **II**, 97 (1908).